Grundkurs Informatik

Hartmut Ernst · Jochen Schmidt
Gerd Beneken

Grundkurs Informatik

Grundlagen und Konzepte für die erfolgreiche IT-Praxis – Eine umfassende, praxisorientierte Einführung

6. Auflage 2016

Hartmut Ernst
Hochschule Rosenheim
Rosenheim, Deutschland

Jochen Schmidt
Hochschule Rosenheim
Rosenheim, Deutschland

Gerd Beneken
Hochschule Rosenheim
Rosenheim, Deutschland

ISBN 978-3-658-14633-7 ISBN 978-3-658-14634-4 (eBook)
DOI 10.1007/978-3-658-14634-4

Die Deutsche Nationalbibliothek verzeichnet diese Publikation in der Deutschen Nationalbibliografie; detaillierte bibliografische Daten sind im Internet über http://dnb.d-nb.de abrufbar.

Springer Vieweg

Die 1. Auflage 1999 und die 2. Auflage 2000 erschienen unter dem Titel „Grundlagen und Konzepte der Informatik“

Gedruckt auf säurefreiem und chlorfrei gebleichtem Papier

Springer Vieweg ist Teil von Springer Nature
Die eingetragene Gesellschaft ist Springer Fachmedien Wiesbaden GmbH

Vorwort

Wer sich heute als Student oder als Praktiker im Beruf ernsthaft mit Informatik beschäftigt, dem ist die Frage nach der Standortbestimmung seines Fachgebiets vertraut: Was ist eigentlich Informatik? Es gibt wenige Arbeitsfelder, die so interdisziplinär angelegt sind wie gerade die Informatik. Wer beispielsweise die Darstellung des Stoffes in Lehrbüchern über Wirtschaftsinformatik betrachtet, wird ganz erhebliche Unterschiede im Vergleich mit diesem Buch bemerken. Ebenso wird der Datenbank-Profi oder der mehr an der Hardware orientierte Entwickler manches Detail vermissen. Dennoch, die grundlegenden Konzepte, auf die es wirklich ankommt, sind für die verschiedenen Richtungen dieselben.

Es wurde daher mit diesem Buch der Versuch unternommen, einen möglichst umfassenden Überblick und Einblick in die wesentlichen Grundlagen und Konzepte der Informatik zu vermitteln. Dabei geht es nicht nur um die Darstellung von Sachverhalten, sondern auch darum, Zusammenhänge verständlich zu machen und zu vertiefen. Ferner sollte der Zugang zu weiterführenden Büchern und Originalliteratur erleichtert werden. Ziel war nicht ein weiteres Programmierlehrbuch zu schreiben, sondern eine umfassende Einführung in die Informatik.

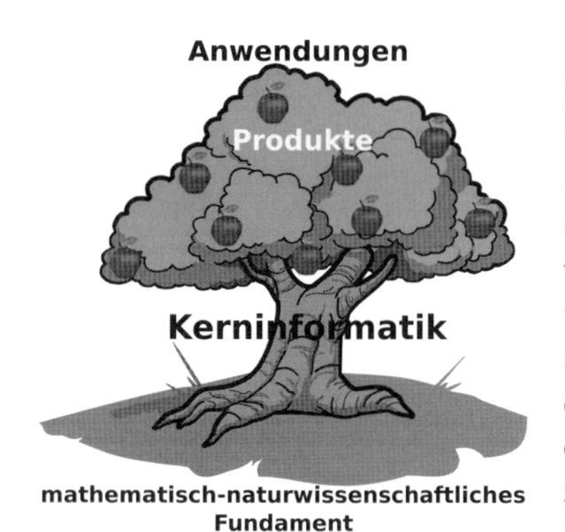

Als roter Faden wird die Betonung des algorithmischen Ansatzes verfolgt, denn gerade Algorithmen und deren effiziente Implementierung in Software und Hardware bilden ein zentrales Thema der Informatik. Die Stoffauswahl ist außerdem an Themen orientiert, die über längere Zeit relevant bleiben dürften. Dieses Lehrbuch versteht sich als praxisnah und anwendungsbezogen, wenn auch nicht in einem an Produkten und kommerziellen Softwaresystemen orientierten Sinne der angewandten Informatik. Vielmehr wurden die Autoren von der Überzeugung geleitet, dass Innovationen in der Praxis nur der leisten kann, der kreativ auf der Basis von „first principles" zu denken gelernt hat. Der Stellenwert der Theorie auch für den Praktiker wird damit betont. Auf der anderen Seite erfordert die hier angestrebte Orientierung an der Praxis nicht, dass jeder Satz im mathematischen Sinne streng bewiesen werden müsste. Es ist ja gerade der überbetonte Formalismus mancher Theorie, der auf den Praktiker abschreckend wirkt. Für den Theorie-Nutzer genügt es oft, die Formulierung eines Satzes zu verstehen, seinen Anwendungsbereich und seine Grenzen zu begreifen sowie Einsicht in seine Gültigkeit zu gewinnen. Dazu ist aus didaktischer Sicht an Stelle eines trockenen Beweises ein erhellendes Beispiel oft dienlicher.

Man kann die Informatik in manchen Aspekten mit einem voll im Leben stehenden Baum vergleichen. Weithin sichtbar ist vor allem seine Krone mit grünen Blättern und bunten Früchten, entsprechend den vielfältigen kommerziellen Anwendungen der Informatik. Und das ist es auch, was der praxisorientierte Informatikanwender von dem breiten Spektrum, das unter dem Begriff „Informatik" subsumiert wird, aus der Distanz in erster Linie wahrnimmt: Computer-Aided Anything, die anwendungsbetonte Informatik, die Lösungen für konkrete Probleme verkauft. Dort arbeitet die Mehrzahl der Informatiker, dort wird gutes Geld verdient.

Doch so wie die Krone eines Baumes im Wechsel der Jahreszeiten ihr Aussehen ändert, so ist auch dieser Teil der Informatik von kurzen Produktzyklen und in stetem Wandel begriffenen Systemumgebungen geprägt. Hier trägt die Informatik zwar ihre Früchte, doch sind diese oft leicht verderbliche Ware mit einem kurzfristigen Verfallsdatum. Für ein tiefer gehendes Informatikverständnis genügt eine hauptsächlich an Produkten orientierte Sichtweise daher definitiv nicht. Ohne profundes Hintergrundwissen ist es unmöglich, nachhaltige Entwicklungen von Sackgassen und Modeströmungen zu unterscheiden. Es mag ja sehr verlockend sein, Bill Gates nachzueifern und gleich in der obersten Etage der Informatikbranche einzusteigen. Doch an dieser Stelle muss man sich klar machen, dass es der Stamm ist, der die Krone trägt. In diesem Sinne ruht auch die anwendungsorientierte Informatik auf einem stabilen Unterbau, der Kerninformatik. Diese unterliegt einem vergleichsweise langsamen Wandel und sie gründet ihrerseits in tiefen Wurzeln auf einem zeitlosen mathematisch-naturwissenschaftlichen Fundament.

Um den Stamm des Informatikbaumes, die Kerninformatik, geht es in diesem Buch. Wer sich auf diesem Terrain sicher zu bewegen weiß, der wird keine Schwierigkeiten haben, auf einem tragfähigen Grundlagenwissen professionell die höchsten Äste der Baumkrone zu erklimmen – oder auch tiefer zu schürfen, um die wissenschaftliche Basis zu ergründen.

Zur Erleichterung des Einstiegs in die Lektüre werden im Folgenden die Themen der einzelnen Kapitel kurz charakterisiert.

In **Kapitel 1** wird nach einer geschichtlichen Einführung und einem kurzen Überblick über den prinzipiellen Aufbau von Rechnern die binäre Arithmetik behandelt.

Kapitel 2 beschäftigt sich ausführlich mit den begrifflichen und mathematischen Konzepten der fundamentalen Begriffe Nachricht und Information. Jeder, der sich ernsthaft mit der Informatik befasst, sollte mit diesen Grundlagen gut vertraut sein, da so das Verständnis der folgenden Kapitel erleichtert wird. Da Information und Wahrscheinlichkeit in enger Beziehung zueinander stehen, werden auch die erforderlichen mathematischen Methoden erläutert. Im letzten Abschnitt dieses Kapitels geht es dann um einen zentralen Begriff der Informatik, die Entropie.

In **Kapitel 3** werden aufbauend auf Kap. 2 zunächst die grundlegenden Begriffe Redundanz, Codeerzeugung und Codesicherung erläutert. Dazu gehört auch eine detaillierte Erläuterung der wichtigsten einschlägigen Algorithmen. Anschließend wird auf den in der Praxis besonders wichtigen Aspekt der Codierungstheorie eingegangen, nämlich auf Methoden zur Datenkompression.

Kapitel 4 behandelt die Verschlüsselung von Daten. Es wird sowohl auf klassische Verfahren eingegangen als auch auf moderne Methoden zur symmetrischen und asymmetrischen Verschlüsselung. Zusammen mit den Kapiteln 2 und 3 umfasst und vertieft der Stoff den Inhalt entsprechender Grundvorlesungen.

Kapitel 5 gibt einen Überblick über die Grundlagen der Computerhardware. Nach einer knappen Einführung in die Aussagenlogik und die boolesche Algebra wird auf Schaltnetze und Schaltwerke eingegangen. Am Schluss des Kapitels steht ein Abschnitt über Maschinensprache und Assembler.

In **Kapitel 6** geht es dann um Rechnerarchitekturen. Nach Einführung der üblichen Klassifikationsschemata folgt eine Erläuterung der für die Mehrzahl der Rechner noch immer maßgeblichen von-Neumann-Architektur sowie eine Einführung in die Konzepte der Parallelverarbeitung.

Kapitel 7 beschreibt den Aufbau von Rechnernetzen. Zentral ist hier das OSI-Schichtenmodell. Die im Internet verwendeten Übertragungsprotokolle werden erläutert.

Kapitel 8 beschreibt Architekturen und die wichtigsten Aufgaben von Betriebssystemen. Am Ende wird auch auf die immer wichtiger werdende Virtualisierung eingegangen.

Kapitel 9 bietet einen Überblick über Datenbankkonzepte, mit dem Fokus auf relationalen Datenbanken, der Datenbankabfragesprache SQL sowie XML. Auch Data Warehousing und Data

Mining werden gestreift.

Kapitel 10 beschäftigt sich mit der Automatentheorie und der Theorie der formalen Sprachen, die in der theoretischen Informatik als Grundlage von Programmiersprachen und Compilern einen wichtigen Platz einnehmen. Auch das Konzept der Turing-Maschine, die als algebraische Beschreibung eines Computers aufgefasst werden kann, wird ausführlich erklärt. Dabei wird mehr Wert auf eine verständliche Darstellung der grundlegenden Konzepte gelegt, als auf mathematische Strenge. Am Ende des Kapitels wird ohne Vertiefung des Themas kurz auf Compiler eingegangen.

Kapitel 11 baut unmittelbar auf Kap. 10 auf. Zunächst werden die Begriffe Berechenbarkeit und Komplexität erläutert und die Grenzen des mit Computern überhaupt Machbaren aufgezeigt. Es schließen sich Abschnitte über probabilistische Algorithmen und Rekursion an. Die Kapitel 10 und 11 entsprechen zusammen einem Grundkurs in theoretischer Informatik.

In **Kapitel 12** geht es im Detail um die in kommerzieller Software am häufigsten verwendeten Operationen, nämlich Suchen (einschließlich Hashing) und Sortieren.

Kapitel 13 ist den wichtigen Datenstrukturen Binärbäume, Vielwegbäume und Graphen gewidmet. Die Kapitel 12, 13 und 14.4 decken den Stoff einschlägiger Vorlesungen über Algorithmen und Datenstrukturen ab.

Kapitel 14 beginnt mit einer Diskussion der prinzipiellen Struktur höherer Programmiersprachen einschließlich Backus-Naur-Form und Syntaxgraphen. Es folgt ein Überblick über die weit verbreitete Programmiersprache C, der aber keinesfalls speziell diesem Thema gewidmete Lehrbücher ersetzen kann. Die Beschreibung der C-Funktionsbibliothek beschränkt sich auf einige Beispiele. Der letzte Abschnitt befasst sich intensiv mit den Datenstrukturen lineare Listen, Stapel und Warteschlangen.

Kapitel 15 bietet eine Einführung in das objektorientierte Paradigma. Exemplarisch wird auf die Sprache Java eingegangen.

Kapitel 16 befasst sich mit der Anwendungsprogrammierung im Internet. Neben der Beschreibung grundlegender Technologien liegt der Schwerpunkt auf der Entwicklung von Webanwendungen mit JavaScript.

Kapitel 17 gibt einen Überblick über Software-Engineering. Nach einer Beschreibung des Software-Lebenszyklus werden zwei in der Praxis häufig anzutreffende Vorgehensmodelle erläutert, nämlich das V-Modell und Scrum. Hilfsmittel für den Algorithmenentwurf werden vorgestellt.

Nachdem die fünfte Auflage komplett überarbeitet und erweitert wurde, enthält die jetzt vorliegende sechste Auflage in erster Linie Korrekturen und Klarstellungen. Herzlichen Dank an unsere aufmerksamen Leser für die Hinweise.

Ein Buch schreibt man nicht alleine; etliche Freunde und Kollegen haben uns dabei mit wertvollen Anregungen geholfen. Insbesondere bedanken wir uns bei den Kollegen Ludwig Frank, Helmut Oechslein und Theodor Tempelmeier, deren Hinweise und Sachverstand zur Qualität des Buches wesentlich beigetragen haben; außerdem bei Herrn Alexander Scholz für die tatkräftige Unterstützung bei der Neuerstellung der Zeichnungen. Besonderer Dank gilt unseren Frauen und unseren Familien für die ausgezeichnete Unterstützung während des Buch-Projektes.

Rosenheim,
18. Juni 2016

Hartmut Ernst
Jochen Schmidt
Gerd Beneken

Hinweise zu den Übungsaufgaben

An die meisten Kapitel schließen sich Übungsaufgaben an. Die Lösungen sind auf der das Buch ergänzenden Internetseite `http://www.gki-buch.de` zu finden. Die Übungsaufgaben sind thematisch sowie nach ihrem Schwierigkeitsgrad klassifiziert:

T für Textaufgaben,

M für mathematisch orientierte Aufgaben,

L für Aufgaben, die logisches und kombinatorisches Denken erfordern,

P für Programmieraufgaben.

0 bedeutet „sehr leicht“. Diese Aufgaben können unmittelbar gelöst werden, ggf. mit etwas Blättern im Buch.

1 bedeutet „leicht“ und kennzeichnet Aufgaben, die innerhalb von einigen Minuten mit wenig Aufwand zu lösen sind.

2 bedeutet „mittel“. Solche Aufgaben erfordern etwas geistige Transferleistung über den Buchinhalt hinaus und/oder einen größeren Arbeitsaufwand.

3 bedeutet „schwer“ und ist für Aufgaben reserviert, die erheblichen Arbeitsaufwand mit kreativen Eigenleistungen erfordern.

4 kennzeichnet „sehr schwere“ Aufgaben und aufwendige Projekte.

Inhaltsverzeichnis

Kapitel 1

Einführung

1.1 Was ist eigentlich Informatik?

Begriffsklärung

Der Begriff *Informatik* stammt ursprünglich aus einer Veröffentlichung von Karl Steinbuch aus dem Jahr 1957 [Ste57]. In der deutschen Sprache verbreitet hat er sich erst seit 1968 auf Vorschlag des damaligen Forschungsministers Gerhard Stoltenberg, in Anlehnung an den 1962 von dem französischen Ingenieur Philippe Dreyfus geprägten Begriff *informatique*. Im englischen Sprachraum spricht man meist von *Computer Science*, also „Computer-Wissenschaft". Der Begriff *Informatics* ist ebenfalls geläufig, wird aber gewöhnlich etwas umfassender verwendet, beispielsweise auch für die Informationsverarbeitung in biologischen oder sozialen Systemen. Das Wort Informatik vereinigt die Begriffe *Information* und *Automation*, bedeutet also in etwa automatische Informationsverarbeitung. In einem Lexikon-Eintrag heißt es [Cla06]:

Informatik (*Computer Science*): Wissenschaft von der systematischen Verarbeitung von Informationen, besonders der automatischen Verarbeitung mithilfe von Digitalrechnern.

Die Hilfsmittel einer solchen automatischen Informationsverarbeitung sind Rechenmaschinen (Computer) oder allgemeiner (elektronische) Datenverarbeitungsanlagen. Deren prinzipieller Aufbau wird unter Verzicht auf technische Details in Kap. 3 und 5 beschrieben. Was unter Information zu verstehen ist, davon hat jeder Mensch eine intuitive Vorstellung. Für professionelle Anwendungen ist jedoch eine Präzisierung erforderlich (siehe Kap. 2).

Wurzeln der Informatik

Möchte man eine klarere Vorstellung vom Wesen der Informatik erlangen, so ist es sinnvoll, nach den Wurzeln zu fragen. Historisch gesehen ist die Informatik aus der Mathematik und dem Elektroingenieurwesen hervorgegangen. Eine wichtige Rolle hat anfangs bei der Konstruktion von Rechenmaschinen auch die Mechanik gespielt. Im Vergleich mit anderen Wissenschaften steht die Informatik der Mathematik auch heute noch am nächsten, ist jedoch in wesentlich höherem Maße praxisorientiert. Von den Naturwissenschaften ist die Informatik durch ihre Beschäftigung mit ideellen Sachverhalten und künstlichen Systemen abgegrenzt und von den Ingenieurwissenschaften durch ihren teilweise immateriellen Arbeitsgegenstand. Mit all diesen Nachbardisziplinen besteht aber eine starke Wechselbeziehung. Man könnte die Informatik am ehesten unter dem umfassenderen Begriff der Wissenschaft von Strukturen und Systemen einordnen. Schlagwortartig, aber in gewissem Sinne auf den Punkt gebracht, kann man Informatik als „Intelligenzformalisierungstechnik" einstufen [Bra96, Har02].

Klassifizierung

Einer weiteren Begriffsklärung und Abgrenzung mag die Unterteilung der Informatik in folgende Bereiche dienen:

- Die *theoretische Informatik* befasst sich mit Informations- und Codierungstheorie, formalen Sprachen, Automatentheorie, Algorithmen, Berechenbarkeit, Datenstrukturen und mathematischen Methoden.
- Das Arbeitsgebiet der *praktischen Informatik* ist in erster Linie die Software-Entwicklung. Dazu gehören auch Betriebssysteme, Compiler, Datenbanken und Rechnernetze.
- Aufgabe der *technischen Informatik* ist die Erforschung und Anwendung ingenieurwissenschaftlicher und physikalischer Methoden, die für die Informatik benötigt werden. Ferner gehört dazu die Entwicklung von Computer-Hardware (vgl. Kap. 5) in der Teildisziplin Technik der Informatik.
- Bei dem weiten Feld der *angewandten Informatik* steht der Einsatz von Computern in einem mehr praktischen Sinne im Vordergrund. Man unterscheidet hier wirtschaftlich orientierte Anwendungen, beispielsweise in der Verwaltung, bei Banken und Versicherungen sowie die Informatik in der Technik, d. h. die Anwendung der Informatik auf technisch/wissenschaftliche Probleme. Weitere Anwendungsbereiche sind die Informatik in der Lehre, in der Medizin, in den Naturwissenschaften und in vielen anderen Fachgebieten. Von Bedeutung sind ferner Datenschutz und Datensicherheit sowie soziale und ethische Fragen. Oft entstehen so interdisziplinäre Arbeitsgebiete mit eigenen Namen wie Wirtschaftsinformatik, Ingenieurinformatik, Medieninformatik, Medizininformatik und Bioinformatik, um nur einige zu nennen.

Zur Abgrenzung gegen die angewandte Informatik fasst man die theoretische, praktische und technische Informatik unter dem Oberbegriff *Kerninformatik* zusammen.

In ihrem Selbstverständnis betrachten viele Informatiker ihr Arbeitsgebiet, trotz gewisser Probleme mit der eigenen Standortbestimmung, letztlich als Ingenieur-Disziplin. Ein Informatiker sollte sich daher auch eingehend über die Grundlagen der Ingenieurwissenschaften informieren [Czi12] und sich daran orientieren, zumindest soweit er im Bereich der technischen Informatik arbeitet.

Wegen der interdisziplinären Ausrichtung der Informatik konkurrieren mit den Informatikern in der beruflichen Praxis oft Absolventen anderer Studienrichtungen, die je nach ihrer Ausbildung Spezialkenntnisse mitbringen: Betriebswirte, Volkswirte und Wirtschaftsingenieure im kommerziellen Bereich sowie Ingenieure verschiedener Fachrichtungen im technisch-wissenschaftlichen Bereich, aber auch Mathematiker und Physiker.

Modellbildung

Ein sehr wesentlicher Aspekt bei der Arbeit des Informatikers ist die Modellbildung. Dabei wird ein Ausschnitt der Wirklichkeit der Welt mit Objekten, die Personen, Dinge, Abläufe und Beziehungen sein können, durch ein Modell ersetzt. Das Modell beschreibt mit logischen Begriffen reale oder auch nur gedachte (abstrakte) Objekte sowie Beziehungen zwischen ihnen. In der Informatik realisiert man Modelle durch eine Spezifikation (Beschreibung) und durch Algorithmen. Modelle der Wirklichkeit kann man nutzen, um Einsichten in Vergangenes zu erlangen, um Bestehendes zu ordnen, vor allem aber um Aussagen über zukünftige Ereignisse zu machen und diese zu steuern. Sehr wichtig ist es, sich durch Tests ein Bild vom Grad der Übereinstimmung des Modells mit der Wirklichkeit zu machen (Validierung) und für eine möglichst fehlerfreie Realisierung des

Modells durch eine Implementierung als Computerprogramm zu sorgen. Hier bleibt immer eine Restunsicherheit, welche die Verantwortung des Informatikers für sein Handeln bestimmt. Dies gilt insbesondere, wenn man wirkliche Abläufe mit weit reichenden Folgen steuert, die auch potentiell gefährlich sein können.

Studium der Informatik

In Deutschland wurde die Informatik als Studiengang Ende der 1960er Jahre eingeführt. Bis ca. 2005 war der akademische Grad Diplom-Informatiker(in) an Universitäten bzw. Diplom-Informatiker(in) (FH) an Hochschulen für angewandte Wissenschaften (Fachhochschulen) üblich. Im Zuge der Internationalisierung von Studienabschlüssen wurden in Deutschland an allen Hochschularten Bachelorstudiengänge mit sechs oder sieben Semestern Regelstudienzeit und darauf aufbauende Masterstudiengänge mit vier oder drei Semestern eingeführt. Die Studiengänge an den Universitäten sind mehr theoriebezogen sowie forschungsorientiert und an Hochschulen für angewandte Wissenschaften mehr anwendungsorientiert ausgerichtet. Nach dem Masterabschluss steht besonders begabten Absolventen die Promotion an Universitäten offen.

1.2 Zur Geschichte der Informatik

Die Wurzeln der Entwicklung der Informatik liegen im Bestreben der Menschen, nicht nur körperliche Arbeit durch den Einsatz von Werkzeugen und Maschinen zu erleichtern, sondern auch geistige Tätigkeiten. Dazu kam der Wunsch, Informationen zur Kommunikation mit anderen Menschen möglichst effizient zu übermitteln. Zu dieser Entwicklung haben zu allen Zeiten zahlreiche Menschen beigetragen [Sie99, Bau09].

1.2.1 Frühe Zähl- und Rechensysteme

Am Anfang der Entwicklung standen Rechenhilfen, deren älteste Formen Rechensteine und Rechenbretter waren. Die am weitesten verbreitete Rechenhilfe war der etwa vor 4000 Jahren vermutlich von den Babyloniern erfundene Abakus. Er gelangte über China nach Russland in die arabische Welt und war bis ins 20. Jahrhundert hinein in Teilen der Welt gebräuchlich. Es handelt sich hierbei um ein aus beweglichen Perlen aufgebautes Zählwerk mit Überlaufspeicher, welches das Rechnen mit den vier Grundrechenarten erlaubt.

Voraussetzung für die Konstruktion und den Gebrauch von Rechenhilfen sind logisch aufgebaute Zähl- und Rechensysteme, die sich bereits in vorgeschichtlicher Zeit zu entwickeln begannen. Schon vor über 20.000 Jahren findet man in steinzeitlichen Höhlenmalereien erste Zuordnungen von gleichartigen, relativ abstrakten Zählsymbolen zu Objekten, meist Tierdarstellungen [Dam88]. Nachweislich wurden vor ca. 12.000 Jahren in sesshaften Kulturen mithilfe von eindeutigen Zuordnungen zwischen Objekten und Symbolen Quantitäten kontrolliert. Eine über bloßes Zählen hinausgehende Arithmetik existierte damals jedoch noch nicht. Diese entwickelte sich vor etwa 5000 Jahren in Mesopotamien. Es gab allerdings zunächst keine auf Zahlen als ideelle Objekte bezogene Begriffsbildung. Dies zeigte sich zum Beispiel daran, dass der Wert von Zahlsymbolen vom Anwendungsbereich abhängen konnte.

Bereits um 1800 v. Chr. konnten die Babylonier schematische Lösungsverfahren einsetzen, z. B. um astronomische Probleme wie die Vorhersage von Sonnen- und Mondfinsternissen zu lösen, was damals religiöse Bedeutung hatte. Dennoch war damit vermutlich noch kein abstrakter Zahlbegriff

Abb. 1.1 Die Addiermaschine Pascaline von B. Pascal (1641).

verbunden. Diese kulturhistorische Entwicklungsstufe wurde nach heutigem Wissen erstmals in der griechischen Antike vor 2500 Jahren erreicht [Ger05]. Aus dieser Zeit sind die ersten begrifflichen Bestimmungen von Zahlen als rein ideelle Objekte, also losgelöst von realen Objekten und Anwendungen, überliefert. Damit und mithilfe der von Aristoteles begründeten Logik war dann erstmals der Beweis von Zahleigenschaften sowie arithmetischen und geometrischen Sätzen möglich. Damals entstandene Werke wie *Elemente* über die Grundlagen der Geometrie von Euklid oder die Arbeiten des Archimedes besitzen auch heute noch uneingeschränkte Gültigkeit.

Der wichtigste Schritt war damit schon getan, denn auf dem Rechnen mit ganzen Zahlen baut letztlich die gesamte computerbezogene Mathematik auf: „*Die ganzen Zahlen hat Gott geschaffen, alles andre ist Menschenwerk*“ (Ludwig Kronecker).

Die ältesten Zähl- und Rechensysteme sind uns von den Sumerern, Indern, Ägyptern und Babyloniern übermittelt. Unser Zählsystem sowie die Schreibweise unserer Ziffern geht auf das indische und das daraus entstandene arabische Ziffernsystem zurück. Insbesondere das von den Indern im 7. Jahrhundert v. Chr. entwickelte dezimale Stellensystem sowie die Einführung der Null waren wesentliche Fortschritte, durch die das Rechnen sehr erleichtert wurde. Bis ins Mittelalter war in Europa noch das römische Ziffernsystem verbreitet, mit dem selbst einfache Berechnungen nur sehr umständlich durchgeführt werden konnten [Bau96]. Die von Adam Ries (1492–1559) in seinen Rechenbüchern vorangetriebene Ziffernschreibweise in der heute gebräuchlichen Form sowie die üblichen formalen Regeln für das praktische Rechnen mit den vier Grundrechenarten sind erst ca. 500 Jahre alt.

1.2.2 Die Entwicklung von Rechenmaschinen

Mechanische Rechenmaschinen

Die konsequente Entwicklung von Rechenmaschinen begann im 17. Jahrhundert in Europa. Die Rechensteine bzw. die beweglichen Perlen des Abakus wurden durch die Zähne von Zahnrädern ersetzt. Die älteste dokumentierte Addiermaschine nach dem Zählradprinzip stammt von Wilhelm Schickard (1624). Im Laufe des 17. Jahrhunderts wurde das Prinzip weiterentwickelt und verfeinert, insbesondere durch Blaise Pascal (ab 1641, vgl. Abb. 1.1). Pascals Maschine wurde kommerziell unter anderem für die Berechnung von Währungs-Wechselkursen und Steuern eingesetzt. Der Universalgelehrte Gottfried Wilhelm Leibniz (1646–1716) konstruierte ab 1673 die ersten Rechenmaschinen unter Verwendung von Walzen mit neun achsenparallelen Zähnen, deren Länge gestaffelt ist, den sog. Staffelwalzen. Im 17. Jahrhundert waren also viele Grundsteine schon gelegt, die Mechanik der Rechenmaschinen war jedoch noch nicht mit der notwendigen Präzision und Stabilität herstellbar. Die zuverlässige, serienmäßige Produktion gelang erst Philipp Matthäus Hahn (1774).

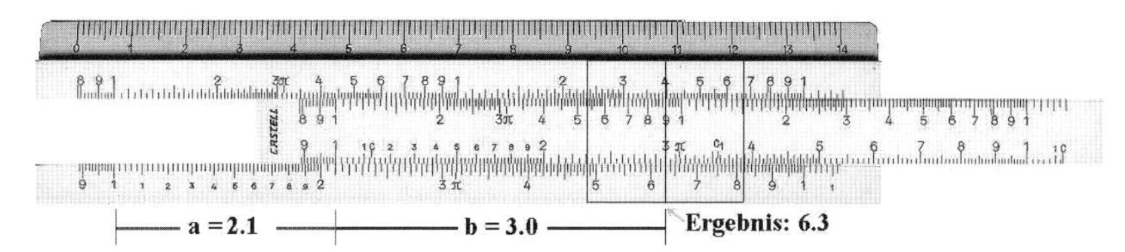

Abb. 1.2 Rechenschieber mit Demonstration der Berechnung $2{,}1 \cdot 3{,}0 = 6{,}3$

Binäre Arithmetik

Von Leibniz stammen weitere, sehr wesentliche Impulse, beispielsweise die Einführung der binären Arithmetik, die in den Arbeiten von George Boole (1815–1864) über die binäre Logik zu einer der Grundlagen der Informatik weiterentwickelt wurde. Leibniz war geleitet von der Vorstellung, es gäbe „... eine allgemeine Methode, mit der alle Wahrheiten der Vernunft auf eine Art Berechnung zurückgeführt werden können", eine Vermutung, die sich erst im 20. Jahrhundert als nicht haltbar erwies (vgl. Kap. 11.1).

Rechenschieber

Wegweisend war im 17. Jahrhundert die Idee, zwei gegeneinander bewegliche logarithmische Skalen zum Rechnen zu verwenden. Seth Partridge (1603–1686) entwickelte 1654 auf dieser Basis den ersten Rechenschieber, der ein sehr schnelles Multiplizieren und dividieren durch Addieren logarithmisch geteilter Lineale erlaubt. Bis zur Erfindung des elektronischen Taschenrechners im Jahre 1969 war der Rechenschieber das wichtigste Instrument für technische Berechnungen (vgl. Abb. 1.2).

Datenspeicher

Neben dem Rechenwerk ist ein Datenspeicher wesentlicher Bestandteil von Computern. Die Entwicklung von Speichern begann mit Holzbrettchen, die mit Bohrungen versehen waren und der Steuerung von Webstühlen dienten. Das erste brauchbare Modell, mit dem auf einfache Weise Stoffe mit beliebigen Mustern gewebt werden konnten, wurde von Joseph Maria Jacquard (1804) gebaut (siehe Abb. 1.3). Auch mechanische Spieluhren verdienen in diesem Zusammenhang genannt zu werden. Das Speichern von Daten auf Lochkarten wurde von Hermann Hollerith perfektioniert und 1886 für statistische Erhebungen bei Volkszählungen im großen Stil eingesetzt. In dieser Zeit datiert auch der erste Anschluss eines Druckers an eine mechanische Rechenmaschine durch die Firma Burroughs im Jahre 1889.

Computer-Konzept

Das erste umfassende Computer-Konzept nach heutigem Muster mit Rechenwerk, Speicher, Steuerwerk sowie Ein- und Ausgabemöglichkeiten ist von Charles Babbage (1792–1871) überliefert. Die wissenschaftliche und auch materielle Unterstützung von Ada Byron Countess of Lovelace[1] ermöglichte es Babbage, ab 1830 den Bau verschiedener Prototypen zu versuchen, darunter die Difference

[1] nach Ada Lovelace wurde übrigens die Programmiersprache ADA benannt

Abb. 1.3 Der mit Lochkarten gesteuerte Webstuhl von J. M. Jacquard (1804).

Abb. 1.4 Die Difference Engine von Ch. Babbage (1832).

Engine (siehe Abb. 1.4) und die Analytical Engine. Wegen der damals noch unzulänglichen Fertigungsmethoden und beschränkter Finanzmittel kam Babbage allerdings über ein Versuchsstadium nicht hinaus. Eine der richtungsweisenden Ideen Babbages war die Umsetzung von Algorithmen in auf Lochkarten gespeicherte Programme, die seine Rechenmaschine steuern sollte. Von Ada Lovelace stammen auch die ersten Computerprogramme nach diesem Muster.

Die Bezeichnung *Algorithmus* geht auf den arabischen Gelehrten Al Chwarizmi (um 820), zurück. Die Idee, Algorithmen als Lösungsverfahren mathematischer Probleme zu „mechanisieren" wurde in Europa um das Jahr 1000 von Gerbert d'Aurillac, dem späteren Papst Silvester II., propagiert. Die Beschreibung von Algorithmen – für Leibniz „nach festen Regeln ablaufende Spiele mit Zeichen" – erfordert die Formalisierung der Sprache zu einer symbolischen Sprache. Mit dieser um die Jahrhundertwende einsetzenden Entwicklung sind Namen wie Frege, Russel, Whitehead, Peano und Gödel eng verbunden. Letztlich ist ein Computerprogramm für Digitalrechner nichts anderes als die Übersetzung eines Algorithmus in eine für den Computer verständliche Sprache. Parallel dazu entstanden im 19. Jahrhundert die ersten Analogrechner, die zunächst auf mechanischer, später dann auf elektrischer und elektronischer Basis arbeiteten, aber erst ab 1930 Bedeutung erlangten.

Datenübertragung

Neben der Entwicklung von mechanischen Rechenmaschinen lieferten auch die Fortschritte in der Mechanisierung der Kommunikation wesentliche Beiträge zum Konzept eines Computers. Die Ursprünge sprachlicher Kommunikation liegen im Dunkel. Die ersten schriftlichen Aufzeichnungen sind Wort- und Silbensymbole, die auf über 5000 Jahre alten sumerischen Steintafeln gefunden wurden. Diese Schriftsysteme entwickelten sich dann in verschiedenen Teilen der Erde weiter über die ägyptische Hieroglyphenschrift sowie die chinesische und japanische Silbenschrift bis hin zur Etablierung bedeutungsunabhängiger, alphabetischer Schriftzeichen mit Konsonanten und Vokalen im Mittelmeerraum (Semiten, Phönizier, Etrusker und Griechen). Die ersten, vor etwa 3000 Jahren entstandenen Alphabete dienten dann als Grundlage für die griechischen und römischen Schriftzeichen, die im lateinischen Alphabet bis in unsere Zeit verwendet werden.

Tabelle 1.1 Das Morse-Alphabet. Ein Punkt steht für einen kurzen, ein Strich für einen langen Ton, die Zeichentrennung erfolgte durch eine längere Pause. Um codierte Texte kurz zu halten, wurde häufig auftretenden Zeichen wie e, t, i, a, n und m kurze Folgen aus Strichen und Punkten zugeordnet

Buchstaben			Ziffern
a .–	i ..	r .–.	1 .––––
ä .–.–	j .–––	s ...	2 ..–––
b –...	k –.–	t –	3 ...––
c –.–.	l .–..	u ..–	4 ....–
ch ––––	m ––	ü ..––	5 .....
d –..	n –.	v ...–	6 –....
e .	o –––	w .––	7 ––...
f ..–.	ö –––.	x –..–	8 –––..
g ––.	p .––.	y –.––	9 ––––.
h	q ––.–	z ––..	0 ––––––

Parallel mit der Entwicklung von Sprache und Schrift nahm schon in vorgeschichtlicher Zeit die optische und akustische Übertragung von Nachrichten über weite Strecken mit Signalfeuern, Rauchzeichen und Trommelsignalen ihren Anfang. Bekannt aus der griechischen Geschichte sind die Fackeln des Polybius, die vor allem zur optischen Übertragung militärischer Informationen verwendet wurden. Größere Bedeutung erlangte der optische Flügeltelegraph von C. Chappe gegen Ende des 18. Jahrhunderts. Noch heute sind in der Seefahrt Flaggensignale bekannt.

Global durchsetzen konnte sich die Informationsübertragung über weite Strecken aber erst nach der Erfindung der elektrischen Telegraphie und des Morse-Alphabets durch Samuel Morse, der 1836 in Amerika den ersten Schreibtelegraphen entwickelte. Das Morse-Alphabet ist in Tabelle 1.1 dargestellt.

Die erste elektrische Sprachübertragung (Telefonie) wurde 1861 von Philipp Reis in Frankfurt demonstriert und dann in Amerika durch A. G. Bell zur Marktreife gebracht. Weitere Meilensteine der Nachrichtentechnik sind die Inbetriebnahme der ersten Kabelverbindung von Europa nach Nordamerika in 1857, die erste Funkübertragung über den Ärmelkanal durch Markoni in 1899, die Erfindung der Nachrichtenspeicherung durch T. A. Edison auf Magnetwalzen und Schallplatten sowie die erste Bildübertragung zunächst in der Bildtelegrafie durch A. Korn (1902) und danach in Fernsehgeräten (General Electric, 1928).

1.2.3 Die Computer-Generationen

Beginnend mit den ersten elektromechanischen Rechnern hat man die Entwicklung der Computer in Generationen eingeteilt, wobei jeweils ein besonderer technischer Durchbruch prägend war [Bau09].

0. Generation – elektromechanische Rechenmaschinen

Bereits zwischen 1910 und 1920 hatte der Spanier Torres y Queveda elektromechanische Rechenmaschinen gebaut. Der erste Rechner mit einer Programmsteuerung nach dem Prinzip von Babbage war jedoch die aus elektromechanischen Schaltelementen bestehende Z1 von Konrad Zuse (1910–1996), die allerdings über ein Entwicklungsstadium nicht hinaus kam. Der Durchbruch zu einer voll funktionsfähigen Anlage gelang Zuse dann 1941 mit der Z3, die mit einigen tausend Relais für Steuerung, Speicher und Rechenwerk ausgestattet war (siehe Abb. 1.5). Die Maschine beherrschte die vier Grundrechenarten und war auch in der Lage, Wurzeln zu berechnen. Eine Multiplikation

Abb. 1.5 Nachbau des im 2. Weltkrieg zerstörten elektromechanischen Rechners Z3. © Venusianer / Wikimedia Commons / CC-BY-SA-3.0 / GFDL

Abb. 1.6 ENIAC (Electronic Numeric Integrator and Computer)

dauerte ca. 3 Sekunden. Programme wurden über Lochstreifen eingegeben. Zuses Verdienst ist auch die Einführung von Zahlen in Gleitkommadarstellung.

Die Entwicklung von Computern nahm dann einen steilen Aufschwung in den U.S.A. 1939 wurde durch George R. Stibitz bei den Bell Laboratories ein spezieller Rechenautomat auf Basis von Relais entwickelt, der die bei der Schaltungsentwicklung benötigte Multiplikation und Division komplexer Zahlen beherrschte. 1944 entstand MARK1, eine von Howard A. Aiken (1900–1973) entwickelte Maschine auf elektromechanischer Basis.

Da die elektromechanischen Maschinen mit Relais arbeiteten, kann man sie noch nicht als elektronische Rechenanlagen im engeren Sinne bezeichnen.

1. Generation – Zeitalter der Röhren

1946 war ENIAC (Electronic Numeric Integrator and Computer), der von John P. Eckert (1919–1995) und John W. Mauchly (1907–1980) konstruierte erste mit Elektronenröhren arbeitende Computer, einsatzbereit (siehe Abb. 1.6). Er nahm ca. 140 m^2 in Anspruch, hatte eine Leistungsaufnahme von ca. 150 kW und enthielt über 18.000 Röhren. ENIAC war etwa 1000 mal schneller als MARK1: Für die Multiplikation zweier zehnstelliger Zahlen benötigte er 2,8 Millisekunden. Haupteinsatzgebiet von ENIAC war die Berechnung von Bahnen für Flugkörper.

Als erster deutscher Computer mit Elektronenröhren wurde 1956 die PERM an der TU München in Betrieb genommen. An diesem Rechner hat noch die erste Generation von Informatikstudenten (einschließlich des Schreibers dieser Zeilen, H. Ernst) programmieren gelernt, bis 1974 der Betrieb eingestellt wurde. Stark geprägt wurde die Informatik in Deutschland damals durch F. L. Bauer (*1924), unter dessen Leitung die TU München als erste deutsche Universität 1967 einen eigenständigen Studiengang Informationsverarbeitung anbot.

Die Computer-Wissenschaft wurde in dieser Zeit wesentlich durch den Physiker und Mathematiker John von Neumann (1903–1957) beeinflusst. Nach ihm werden die damals entwickelten Prinzipien zum Bau von Rechenanlagen als von-Neumann-Architektur bezeichnet. Kennzeichnend dafür ist im Wesentlichen die sequentielle Abarbeitung von Programmen und der von Programmen und Daten gemeinsam genutzte Speicher.

Zu den Computern der 1. Generation zählen auch die ersten Rechner der Firmen Remington Rand und IBM (International Business Machines), die ab 1948 gebaut wurden. Geschichte machte der nicht nur für technisch/wissenschaftliche, sondern auch schon für kommerzielle Zwecke eingesetzte, 1952 in Serie gegangene IBM-Großrechner des Typs 701. Als Speicher dienten damals Magnettrommelspeicher. In dieser Zeit begann bei IBM auch die Entwicklung von Betriebssystemen unter Gene Amdahl. Programmiert wurde zunächst in Assembler, einer symbolischen Maschinensprache, die erstmals 1950 von H. V. Wilkes in England eingesetzt wurde. FORTRAN, entwickelt 1954 von John Backus, folgte als erste höhere Programmiersprache.

2. Generation – Zeitalter der Transistoren

Die zweite Computergeneration ist durch den Ersatz der Röhren durch die wesentlich kleineren, sparsameren und robusteren Transistoren definiert. Der erste Vertreter dieser Generation war ein 1955 bei den Bell Laboratories für militärische Zwecke gebauter Rechner mit nur noch 100 Watt Leistungsaufnahme, der 11.000 Dioden und 800 Transistoren enthielt. Wenig später wurde diese Technik auch bei kommerziellen Großrechnern eingesetzt. Als Hauptspeicher dienten magnetische Ferritkernspeicher, als externe Speicher Trommel- und Magnetbandspeicher. 1956 entstand als Vorläufer von LISP die KI-Sprache IPL, die aber wegen der geringen Leistungsfähigkeit der Hardware kaum Verwendung fand. 1960 war dann die bei IBM entwickelte erste kommerzielle Programmiersprache COBOL (Common Business Oriented Language) einsatzfähig, an deren Entwicklung die Computerpionierin und Admiralin Grace Hopper (1906–1992) wesentlich mitgearbeitet hatte. Ebenfalls 1960 wurde ALGOL (Algorithmic Language) als Alternative zu FORTRAN vorgestellt, konnte sich jedoch nicht durchsetzen.

4. Generation – VLSI und CPUs auf einem Chip

Die 4. Generation ist durch den Einsatz von höchstintegrierten Schaltkreisen (Very Large Scale Integration, VLSI) geprägt, wodurch es möglich war, eine vollständige CPU (Central Processing Unit) auf einem einzigen Chip zu integrieren. Zur vierten Generation gehört eine breite Palette von Computern, die vom preiswerten Personal-Computer bis zu den Supercomputern der damals führenden Hersteller Control Data Corporation (CDC) und Cray reicht Die Geschichte der Mikrocomputer begann 1973 auf Grundlage des Mikroprozessors 8080 der Firma Intel. Ein Meilenstein war der IBM Mikrocomputer 5100 mit 64 kByte Arbeitsspeicher, der in BASIC oder APL programmiert werden konnte und schon für 8.975,- Dollar zu haben war. 1977 brachten Steve Jobs (1955–2011) und Stephen Wozniak (*1950) den sehr erfolgreichen Apple-Computer heraus (vgl. Abb. 1.7). Am 12. August 1981 stellte endlich der Branchenriese IBM den Personal-Computer (PC) der Öffentlichkeit vor. 1982 drang dann der Computer mit dem Commodore 64 (und ab 1985 mit dem Amiga) auch in die Privathaushalte und Kinderzimmer vor.

Eng verbunden mit dem IBM-PC ist das Betriebssystem MS-DOS, das Microsoft für IBM entwickelt hat. Die geistigen Väter sind Tim Patterson und Bill Gates, der nach dem Siegeszug von Microsoft zu den reichsten Menschen der Welt zählte. Weit verbreitet war damals auch das 1976 bei Digital Research entstandene Betriebssystem CP/M (Control Program / Micro Computer) für Mikrocomputer. Auch die KI-Sprachen LISP und PROLOG erlangten in dieser Zeit Popularität. Meilensteine waren ferner die von B. W. Kernighan und D. M. Ritchie bei den Bell Laboratories entwickelte Programmiersprache C und das Betriebssystem Unix. Als Vertreter der 4. Generation sind schließlich noch die ersten elektronischen Taschenrechner von Texas Instruments (1972) und Hewlett-Packard (1973) zu nennen. Im Jahre 1976 folgten dann frei programmierbare Taschenrechner von Hewlett-Packard.

Abb. 1.7 Der historische Apple-Computer.

Abb. 1.8 Der erfolgreiche Supercomputer Cray

5. Generation – KI und Parallelverarbeitung

Seit Mitte der 1980er Jahre wird parallel zur vorherrschenden 4. Generation die 5. Rechnergeneration entwickelt, deren wesentliches Merkmal eine Abkehr von der vorherrschenden von-Neumann-Architektur ist. Parallele Verarbeitung mit mehreren Prozessoren steht dabei im Vordergrund. Auch gewinnt neben dem Rechnen mit Zahlen die Verarbeitung nicht-numerischer Daten immer mehr an Bedeutung. Zu nennen sind hier etwa komplexe Textverarbeitung, Datenbanken sowie Expertensysteme, Verstehen von Bildern und Sprache und andere Anwendungen im Bereich der künstlichen Intelligenz (KI). In diese Kategorie fallen auch Rechner, die nach dem Prinzip der Neuronalen Netze arbeiten sowie massiv parallele Multiprozessor-Systeme wie etwa die Connection Machine.

Seit den Zeiten des ENIAC bis zur 5. Computergeneration gelang eine Steigerung der Rechenleistung um ca. sechs Zehnerpotenzen. Parallel dazu stieg die Packungsdichte um etwa denselben Faktor, während die Herstellungskosten und die Leistungsaufnahme drastisch sanken. Dieser Trend hält noch stets an. Abbildung 1.8 zeigt als Beispiel einen Cray Supercomputer am NASA Ames Research Center in Kalifornien.

Diskutiert werden in diesem Zusammenhang auch die Grenzen des überhaupt Machbaren [Hof92, Pen09], bzw. inwieweit die Realisierung der sich eröffnenden Möglichkeiten auch wünschenswert und ethisch vertretbar ist [Wei78].

Übungsaufgaben zu den Kapiteln 1.1 und 1.2

A 1.1 (T0) Aus welchen Wissenschaften ist die Informatik in erster Linie hervorgegangen? Welche weiteren Wissenschaften sind für die Informatik von Bedeutung?

A 1.2 (T0) Was bedeutet „Kerninformatik“?

A 1.3 (T0) Grenzen Sie die Begriffe „technische Informatik“, „Technik der Informatik“ und „Informatik in der Technik“ voneinander ab.

A 1.4 (T0) Auf wen geht die binäre Arithmetik und Logik zurück?

A 1.5 (T1) Warum werden beim Morse-Alphabet manche Buchstaben mit kurzen und manche mit langen Folgen der Zeichen „.“ und „–“ dargestellt? Handelt es sich beim Morse- Alphabet um eine binäre Codierung?

A 1.6 (T0) Seit wann gibt es in Deutschland eigenständige Informatik-Studiengänge und wer hat die Entwicklung der Informatik in Deutschland maßgeblich geprägt?

A 1.7 (T0) Beschreiben Sie ausführlich den Begriff „4. Computergeneration".

A 1.8 (T1) Charakterisieren Sie die Computergenerationen 0 bis 5 jeweils durch ein Schlagwort für das innovative Funktionsprinzip, geben Sie die ungefähre Zeit der ersten Einführung an und nennen Sie außerdem ein typisches Rechnermodell für jede Computergeneration.

A 1.9 (L3) Die folgende Aufgabe stammt angeblich von Albert Einstein. Es wird behauptet, dass nur ca. 2% der Weltbevölkerung in der Lage seien, diese Aufgabe innerhalb von ca. einer Stunde zu lösen. Gehören Sie zu diesen schlauesten 2%? Zur Lösung ist kein Trick erforderlich, nur pure Logik.

1. Es gibt fünf Häuser mit je einer anderen Farbe.
2. In jedem Haus wohnt eine Person einer anderen Nationalität.
3. Jeder Hausbewohner bevorzugt ein bestimmtes Getränk, hält ein bestimmtes Haustier und raucht eine bestimmte (zu Einsteins Zeiten populäre) Zigarettenmarke.
4. Keine der fünf Personen bevorzugt das gleiche Getränk, raucht die gleichen Zigaretten oder hält das gleiche Tier wie irgendeine der anderen Personen.
5. Der Däne trinkt gerne Tee.
   Der Brite lebt im roten Haus.
   Der Schwede hält einen Hund.
   Der Deutsche raucht Rothmanns.
   Der Norweger wohnt im ersten Haus.
   Der Winfield-Raucher trinkt gerne Bier.
   Der Besitzer des grünen Hauses trinkt Kaffee.
   Der Norweger wohnt neben dem blauen Haus.
   Der Besitzer des gelben Hauses raucht Dunhill.
   Die Person, die Pall Mall raucht, hat einen Vogel.
   Der Mann, der im mittleren Haus wohnt, trinkt Milch.
   Das grüne Haus steht unmittelbar links vom weißen Haus.
   Der Mann mit dem Pferd wohnt neben dem Dunhill-Raucher.
   Der Marlboro-Raucher wohnt neben dem, der eine Katze hält.
   Der Mann, der Marlboro raucht, hat einen Nachbarn, der Wasser trinkt.

Frage: Wer hat einen Fisch?

1.3 Prinzipieller Aufbau von Computern

In diesem einführenden Kapitel werden die Komponenten von Computern kurz beschrieben. Eine detailliertere Behandlung des Themas folgt in Kap. 5 und 6.

1.3.1 Analog- und Digitalrechner

Prinzipiell unterscheidet man zwei Typen von Rechenanlagen nach ihrer Funktionsweise: Analogrechner und Digitalrechner.

In Analogrechnern werden Rechengrößen durch physikalische Größen angenähert. Beispiel: der Rechenschieber (siehe Abb. 1.2), bei dem Zahlen durch Längen ersetzt werden. Heute werden in Analogrechnern fast ausschließlich elektronische Systeme verwendet, wobei die Verbreitung im Vergleich zu Digitalrechnern stark abgenommen hat. Dabei wird die zu beschreibende Realität durch ein mathematisches Modell angenähert, dessen Parameter durch elektrische Spannungen bzw. Ströme repräsentiert werden.

Digitalrechner unterscheiden sich von Analogrechnern prinzipiell dadurch, dass Zahlen nicht als kontinuierliche physikalische Größen, sondern in diskreter Form dargestellt werden. In diesem Sinne ist bereits der Abakus eine digitale Rechenhilfe. Wenn man heute von Computern spricht, meint man in der Regel Digitalrechner. Grundsätzlich verwendet man elektrische Signale zur Repräsentation von Daten in binärer Darstellung. Alle Daten werden dabei in Analogie zu den beiden möglichen Zuständen „Spannung (bzw. Strom) vorhanden" und „Spannung (bzw. Strom) nicht vorhanden" codiert, wofür man üblicherweise „1" und „0" schreibt. Die Einheit dieser Binärdarstellung wird als Bit (von Binary Digit) bezeichnet. Mithilfe der binären Arithmetik lassen sich die vier Grundrechenarten in einem Rechenwerk, das Teil eines jeden Computers ist, in einfacherer Weise ausführen, als es im gewohnten Zehnersystem möglich ist. Dabei werden alle Rechenoperationen durch einfache elektronische Schaltungen realisiert. Auch die Speicherung von Daten oder Programmen kann durch elektronische Bauteile mit binärer Logik bewerkstelligt werden. Auf die elektronischen Komponenten von Computern wird in Kap. 5 näher eingegangen.

Gelegentlich werden Analog- und Digitalrechner kombiniert, man spricht dann von Hybridrechnern.

1.3.2 Das EVA-Prinzip

Jede Form der Datenverarbeitung beinhaltet immer einen Ablauf der Art

Eingabe Verarbeitung Ausgabe

Man bezeichnet dies als EVA-Prinzip (bzw. HIPO von Hierarchical Input, Processing and Output), wobei die Ein-/Ausgabegeräte die Schnittstelle zwischen Mensch und Maschine darstellen. Der Ablauf geschieht nach einem festen Schema (Programm), das über eine Eingabeeinheit (z. B. Tastatur oder externer Speicher) der Verarbeitungseinheit zugeführt wird. Abbildung 1.9 verdeutlicht dies.

1.3.3 Zentraleinheit und Busstruktur

Die CPU

Wesentliche Komponenten eines Rechners sind in einem einzigen integrierten Schaltkreis (IC, Integrated Circuit) vereinigt, der zentralen Verarbeitungseinheit oder Central Processing Unit (CPU).

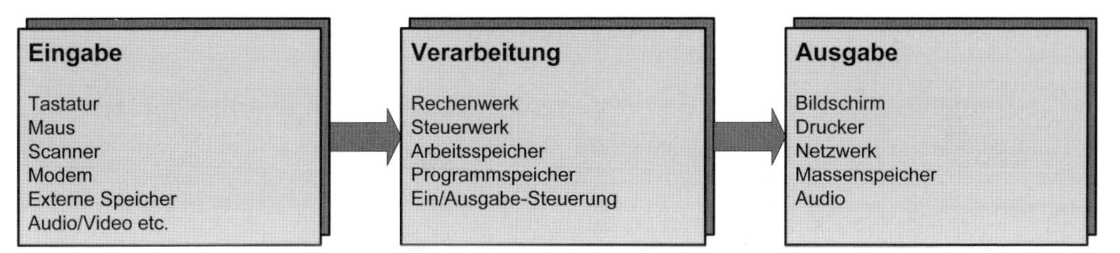

Abb. 1.9 Der Aufbau von Digitalrechnern nach dem Prinzip Eingabe, Verarbeitung, Ausgabe. Nach demselben Schema ist auch jedes Computerprogramm aufgebaut. Für die Eingabe kommen direkt bedienbare Geräte wie Tastatur und Maus in Frage, dazu Speichermedien, beispielsweise verschiedene Arten von Plattenspeichern und schließlich externe Datenverbindungen wie Netzwerke oder Audio-/Video-Systeme. Die Verarbeitung beinhaltet im Wesentlichen die Komponenten Rechenwerk, Steuerwerk, Arbeits- und Programmspeicher sowie Input-/Output- oder Ein/Ausgabe-Steuerung (I/O- oder E/A-Steuerung). Für die Ausgabe kommen Bildschirme, Drucker, Zeichengeräte (Plotter), Datenspeicher und Datenübertragungsgeräte zur Anwendung

Das in die CPU integrierte Rechenwerk führt die in einzelne Schritte aufgebrochenen Befehle des Programms aus, das – ebenso wie die zur Verarbeitung benötigten Daten – als Bitmuster im Arbeitsspeicher enthalten ist. Dieser Ablauf wird durch das Steuerwerk kontrolliert. Der Verkehr mit den Peripheriegeräten (d. h. der Außenwelt) für die Eingabe von Programmen und Daten sowie für die Ausgabe von Ergebnissen, wird durch die E/A-Steuerung geregelt.

Bussystem und Schnittstellen

Die Übertragung der Programmbefehle und Daten aus dem Speicher zum Rechenwerk der CPU erfolgt über den Datenbus, wobei durch den Adressbus ausgewählt wird, welche Speicherzelle angesprochen werden soll. Daneben sind noch eine Reihe von Steuerleitungen nötig, die beispielsweise spezifizieren, ob ein Lese- oder Schreibvorgang stattfinden soll, oder ob ein Zugriff auf den Arbeitsspeicher oder eine Ein-/Ausgabeoperation beabsichtigt ist. Die Gesamtheit von Adressbus, Datenbus und Steuerbus bezeichnet man als Systembus. Die Kommunikation mit den E/A-Geräten erfolgt über die E/A-Schnittstellen (Interfaces), die in ähnlicher Weise wie der Arbeitsspeicher angesprochen werden. In Abb. 1.10 ist der prinzipielle Aufbau einer digitalen Datenverarbeitungsanlage dargestellt.

Der Datenbus

Die Busbreite des Datenbusses, also die Anzahl der dafür verwendeten Leitungen, legt die maximal in einem Takt zwischen Speicher und CPU übertragbaren Daten fest. Als Minimum für den Datenbus verwendet man 8 Leitungen; man bezeichnet eine aus 8 Bit bestehende Dateneinheit als ein Byte. Die Breite des Datenbusses ist neben anderen Kriterien ein Maß für die Leistungsfähigkeit eines Computers. Übliche Busbreiten sind Vielfache von 8, etwa 32 oder 64 Bit. Die der Busbreite entsprechende Anzahl von Bits wird oft als Wort bezeichnet; die Wortlänge eines 32-Bit-Computers beträgt also 32 Bit oder 4 Byte. In Anlehnung an die in den meisten Programmiersprachen übliche Notation bezeichnet man jedoch als Wort in der Regel eine aus 16 Bit bestehende Dateneinheit und ein aus 32 Bit bestehendes Datum als Langwort.

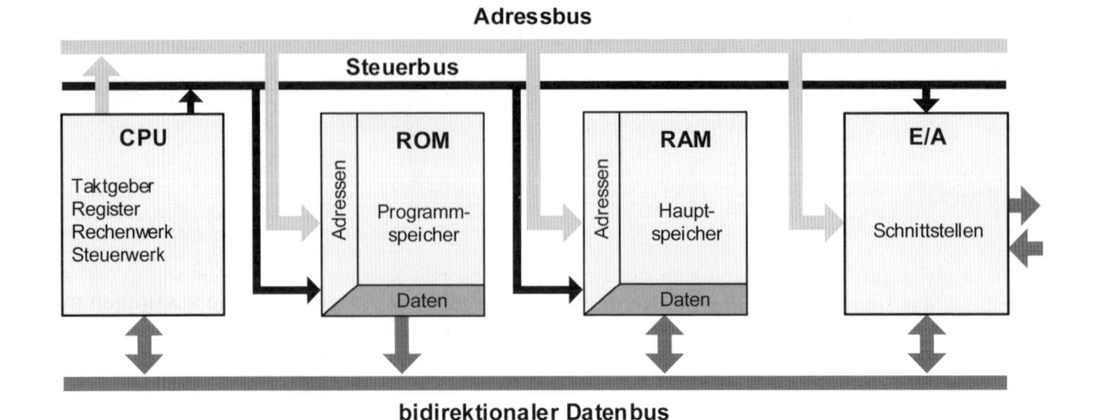

Abb. 1.10 Prinzipieller Aufbau einer digitalen Datenverarbeitungsanlage

Der Adressbus

Ein weiteres wichtiges Charakteristikum zur Klassifizierung eines Computers ist die Breite des Adressbusses und damit die Anzahl der Speicherplätze, auf die der Computer zugreifen kann. Als Minimum für Kleincomputer wurden lange Zeit 16 Bit verwendet. Damit kann man $2^{16} = 65\,536$ Speicherzellen adressieren, bzw. eine Datenmenge von 65 536 Byte, wenn jede Speicherzelle 8 Bit enthält. In abkürzender Schreibweise bezeichnet man $2^{10} = 1024$ Byte als ein Kilobyte (kByte), 1024 kByte als ein Megabyte (MByte), 1024 MByte als ein Gigabyte (GByte) und 1024 GByte als eine Terabyte (TByte). Mit einem 16-Bit Adressbus lassen sich also 64 kByte adressieren.

Selbst bei kleinen bis mittleren Anlagen kann der Adressraum heute viele GByte betragen. Die Nomenklatur ist aber nicht immer konsistent, denn vielfach werden auch in der Datenverarbeitung die bekannten metrischen Werte 10^3 für kilo (kB), 10^6 für Mega (MB), 10^9 für Giga (GB) und 10^{12} für Tera (TB) verwendet.

Zur klareren Abgrenzung wurde bereits 1996 vorgeschlagen, für die Binäreinheiten andere Präfixe zu verwenden, die in der internationalen Norm IEC 80000-13:2008 standardisiert wurden, nämlich 2^{10} Byte = 1 Kibibyte (KiB – Ki für Kilo, bi für binär), 2^{20} Byte = 1 Mebibyte (MiB), 2^{30} Byte = 1 Gibibyte (GiB), 2^{40} Byte = 1 Tebibyte (TiB). Diese konnten sich jedoch bisher nicht weit verbreitet durchsetzen.

Die Taktfrequenz

Als drittes Merkmal zur Einschätzung der Leistungsfähigkeit eines Rechners ist die Taktfrequenz der CPU zu nennen, die wesentlich bestimmt, wie schnell ein Programm abgearbeitet wird. Daneben ist als Maß für die Geschwindigkeit der CPU die Einheit MIPS (von Million Instructions per Second) gebräuchlich. Dabei werden typische arithmetische und logische Operationen sowie Speicherzugriffe in einem realistischen Mix bewertet. Bei numerischen Anwendungen, die zahlreiche mathematische Operationen mit Gleitkommazahlen beinhalten, ist das Leistungsmaß FLOPS (von Floating Point Operations per Second) sowie MFLOPS, GFLOPS und TFLOPS (für Mega-, Giga- und Tera-FLOPS) üblich. Es ist zu beachten, dass diese Größen keine vollständige Aussage über die Leistungsfähigkeit von Computern zulassen, da beispielsweise I/O-Operationen unberücksichtigt bleiben.

Bsp. 1.1 Berechnung der Datenrate für einen Bus

Für einen 16 Bit breiten, mit 20 MHz getakteten Bus berechnet man die resultierende Datenrate r wie folgt:

$$r = 16\,\text{Bit} \cdot 20\,\text{MHz} = 16 \cdot 20 \cdot 10^6\,\text{Bit/s} = \frac{16 \cdot 20 \cdot 10^6}{8 \cdot 1024 \cdot 1024}\,\text{MByte/s} \approx 38\,\text{MByte/s}$$

Auch für das Bussystem ist die Taktfrequenz ein wesentlicher Parameter, da sie zusammen mit der Busbreite die maximal übertragbare Datenrate (gemessen in Bit pro Sekunde) oder Bandbreite festlegt. Bus-Taktfrequenzen sind meist niedriger als die von CPUs. Siehe hierzu auch Bsp. 1.1.

Bus-Protokoll

Zur Charakterisierung eines Bussystems, bestehend aus Daten-, Adress- und Steuerbus, gehört außerdem ein Bus-Protokoll, das die Regeln für die Kommunikation über den entsprechenden Bus festlegt. Beispiele für Bussysteme sind der PCI-Bus der PC-Welt, der USB (Universal Serial Bus) für schnelle serielle Datenübertragung, der in der Automobilindustrie benutzte CAN-Bus und der in der Automatisierungstechnik verbreitete Profibus.

Eingebettete Systeme

Als eingebettete Systeme (Embedded Systems) sind hochintegrierte Mikroprozessoren mit festen Programmen und speziellen Bussystemen Bestandteil vieler Maschinen und Geräte, vom Fotoapparat über Kraftfahrzeuge und Flugzeuge bis hin zur Waschmaschine. Sie sind typischerweise in ein technisches System eingebettet und für den Benutzer weitgehend unsichtbar, der Markt für eingebettete Systeme ist jedoch um ein Vielfaches größer als der für PCs. So befinden sich in jedem Mittelklasse Pkw heute mehrere Dutzend solcher Systeme in Form von sog. Steuergeräten.

Hier liegt ein sehr weites Betätigungsfeld für die Informatik, detailliertere Ausführungen würden an dieser Stelle allerdings den Rahmen sprengen, weshalb auf die einschlägige Literatur wie z. B. [Wal12, Mar10, Lan13, Ber10] verwiesen wird.

1.3.4 Systemkomponenten

Ein Computer umfasst neben der Zentraleinheit mit Arbeitsspeicher und E/A-Steuerung eine mehr oder weniger große Anzahl weiterer Komponenten und Peripheriegeräte. Die Ausstattung kann dabei sehr unterschiedlich sein.

Eine wichtige Rolle bei der Auswahl eines Computers spielen die Kapazität und die Geschwindigkeit der angeschlossenen Massenspeicher. Meist werden USB-Sticks mit integrierten Halbleiterspeichern, externe Festplatten, wechselbare Halbleiterspeicher und optische Platten mit Kapazitäten bis zu vielen Terabyte verwendet. Die Speicherfähigkeit dieser Geräte beruht bei den meisten Funktionsprinzipien auf der Umorientierung magnetischer Bereiche auf einem Trägermaterial, wodurch die magnetischen und/oder optischen Eigenschaften verändert werden. Halbleiterspeicher bieten besonders kurze Zugriffszeiten, sind aber vergleichsweise teuer und nur für nicht zu großen Speicherbedarf geeignet. Magnetplattenlaufwerke bieten kurze Zugriffszeiten in der Größenordnung von Millisekunden und nahezu wahlfreien Zugriff auf die gespeicherten Daten. Von großer

Bedeutung sind optische Plattenspeicher, die sich durch besondere Vielseitigkeit (neben Daten-CDs auch Audio-CDs, DVDs und Blu-Rays) auszeichnen. Magnetbänder erlauben dagegen nur einen sequentiellen und verhältnismäßig langsamen Zugriff, sind dafür aber besonders preiswert und als Backup-Speicher zur Datensicherung geeignet. Bei den Ein-/Ausgabe-Geräten sind Tastatur, Maus, Bildschirm und Drucker am wichtigsten. Je nach Anwendungsgebiet stehen hier hohe Auflösung für Grafik, Farbe und Ausgabegeschwindigkeit im Vordergrund. Eine bedeutende Rolle spielen auch Kanäle zur Datenfernübertragung (DFÜ). Beispiele dafür sind die lokale Vernetzung mit anderen Rechnern über Ethernet sowie insbesondere die Verbindung zum Internet, das einen weltweiten Informationsaustausch ermöglicht.

Personal-Computer (PCs) sind heute im kommerziellen und im privaten Bereich der am weitesten verbreitete Computertyp. Üblicherweise findet man dort (auch für Computerspiele nutzbare) Multimedia-Peripheriegeräte, Netzwerkadapter und Kommunikationsanschlüsse, insbesondere für den Internet-Zugang. Zumeist werden PCs mit Windows als Einzelplatzbetriebssystem genutzt, oft aber auch in Netzwerken. Das Haupteinsatzgebiet von PCs liegt heute vor allem im Bürobereich mit den Schwerpunkten Textverarbeitung, Tabellenkalkulation, Datenbank- und Multimedia-Anwendungen. Der Übergang von PCs zu Workstations, dem professionellen Arbeitsmittel für Management-, Entwicklungs- und Designaufgaben, ist dabei fließend. Konsequente Vernetzung, Mehrplatz-Betriebssysteme wie Novell und diverse Unix-Derivate, insbesondere Linux, kombiniert mit hochwertigeren Peripheriegeräten, beispielsweise für CAD-Aufgaben, stehen im Vordergrund. Für industrielle Anwendungen stehen besonders robuste Industrie-PCs zur Verfügung, die auch Komponenten für die Automatisierungstechnik beinhalten. Aber auch Großrechner (Mainframes) spielen für Spezialanwendungen, beispielsweise die Wettervorhersage, noch immer eine Rolle.

Für mobile Anwendungen werden außerdem Smartphones und Tablets zunehmend wichtiger, und nicht zu vergessen die bereits oben erwähnten eingebetteten Systeme.

Übungsaufgaben zu Kapitel 1.3

A 1.10 (T0) Was versteht man unter EVA, HIPO, DFÜ, 4GL, ADA, CASE und KISS?
A 1.11 (T1) Was sind die typischen Unterschiede zwischen Digital-, Analog- und Hybridrechnern?
A 1.12 (M1) Ein Rechner habe 32 Datenleitungen und 21 Adressleitungen.

a) Wie viele Bits bzw. Bytes hat ein Wort dieser Anlage?
b) Wie lautet die größte damit in direkter binärer Codierung darstellbare Zahl?
c) Wie groß ist der Adressraum, d. h. wie viele Speicherzellen sind adressierbar?
d) Wie groß ist die maximal speicherbare Datenmenge in MByte?

A 1.13 (M1) Eine Digitalkamera habe eine Auflösung von 3318×2488 Pixeln (Bildpunkten). Jedes Pixel besteht aus den Farbkomponenten r, g, und b, die jeweils ganzzahlige Werte zwischen $0 < r,g,b < 255$ annehmen können. Wie groß ist der Speicherbedarf in MByte für ein solches Bild? Welche Bandbreite wäre für die Filmdarstellung von 30 Bildern/s nötig?
A 1.14 (T1) Nennen Sie Kriterien zur Beurteilung der Leistungsfähigkeit eines Computers.
A 1.15 (T0) Was versteht man unter dem Systembus eines Rechners?
A 1.16 (T0) Nennen Sie alle Ihnen bekannten Möglichkeiten zur Speicherung von Daten mit Hilfe eines Computers.
A 1.17 (M1) Berechnen Sie die maximal mögliche Datenrate in MByte/s für einen 64 Bit breiten und mit 180 MHz getakteten Bus.

1.4 Zahlensysteme und binäre Arithmetik

1.4.1 Darstellung von Zahlen

Für das praktische Rechnen verwendet man dem Problem angepasste Ziffernsysteme. Am geläufigsten ist das Dezimalsystem. Für die digitale Datenverarbeitung sind jedoch Ziffernsysteme günstiger, die dem Umstand Rechnung tragen, dass für die Darstellung von Zahlen in digitalen Rechenanlagen nur die beiden Ziffern 0 und 1 verwendet werden. Am häufigsten kommen daher für diesen Zweck das Binärsystem und das Hexadezimalsystem, bisweilen auch das Oktalsystem zur Anwendung.

Das Dezimalsystem

Im Dezimalsystem (Zehnersystem, dekadisches Ziffernsystem) wird eine natürliche Zahl z als Summe von Potenzen zur Basis $B = 10$ dargestellt:

$$z = a_n 10^n + a_{n-1} 10^{n-1} + \ldots + a_2 10^2 + a_1 10^1 + a_0 10^0 \quad , \tag{1.1}$$

wobei die Koeffizienten $a_0, a_1, \ldots, a_n$ aus der Menge der Grundziffern $G = \{0,1,2,3,4,5,6,7,8,9\}$ zu wählen sind.

Erweitert man dieses Konzept um negative Exponenten, so lassen sich auch Dezimalbrüche, d. h. rationale Zahlen r darstellen, die auch als Näherungen für reelle Zahlen dienen:

$$r = a_n 10^n + \ldots + a_1 10^1 + a_0 10^0 + a_{-1} 10^{-1} + a_{-2} 10^{-2} + \ldots + a_{-m} 10^{-m} \quad . \tag{1.2}$$

Eine rationale Zahl hat in obiger Notation also $n+1$ Vorkommastellen und m Nachkommastellen.

Beispiel: Die Zahl 123,76 lautet in der oben definierten Darstellung:
$123{,}76 = 1 \cdot 10^2 + 2 \cdot 10^1 + 3 \cdot 10^0 + 7 \cdot 10^{-1} + 6 \cdot 10^{-2} \quad .$

Es ist zu beachten, dass man beim Ersetzen eines unendlichen, d. h. nicht abbrechenden Dezimalbruchs oder einer reellen Zahl mit unendlich vielen Stellen einen Abbrechfehler von der Größenordnung 10^{-m} macht, wenn man den Bruch mit der m-ten Stelle nach dem Komma abbricht.

Das Dualsystem

Auf Grund der Repräsentation von Daten in DV-Anlagen durch die beiden Zustände „0“ und „1“ bietet sich in diesem Bereich das Dualsystem (auch Zweiersystem oder Binärsystem) an. Es arbeitet mit der

Basis $B = 2$ und den beiden Grundziffern $G = \{0, 1\}$.

Ein weiterer Grund für die Bevorzugung des Dualsystems ist die besondere Einfachheit der Arithmetik in diesem System, insbesondere der Subtraktion (siehe Kap. 1.4.3, S. 25).

Beispiel: Im Dualsystem lautet die Zahl 13_{dez}:
$1101_{\text{bin}} = 1 \cdot 2^3 + 1 \cdot 2^2 + 0 \cdot 2^1 + 1 \cdot 2^0 = 8 + 4 + 0 + 1 = 13_{\text{dez}} \quad .$

Das Oktalsystem

Im Dualsystem geschriebene Zahlen können sehr lang und daher schwer zu merken sein. Man kann eine Anzahl binärer Stellen zusammenfassen und so zu einem Ziffernsystem übergehen, dessen Basis eine Potenz von zwei ist. Im Oktalsystem oder Achtersystem fasst man drei binäre Stellen zu einer Oktalstelle zusammen. Damit lautet die

Basis $B = 2^3 = 8$ und die Menge der acht Grundziffern $G = \{0, 1, 2, 3, 4, 5, 6, 7\}$.

Man erhält aus einer binären Zahl die zugehörige oktale Schreibweise der gleichen Zahl, indem man – beginnend mit der niederwertigsten Stelle – jeweils drei Binärziffern zu einer Oktalziffer vereinigt.

Beispiel: Die Zahl 53_{dez} ist in das Binärsystem und dann in das Oktalsystem umzuwandeln.

$$53_{\text{dez}} = \underbrace{110}_{6}\,\underbrace{101}_{5} = 65_{\text{okt}} \quad .$$

Das Hexadezimalsystem

Eine noch kompaktere Zahldarstellung als im Oktalsystem ergibt sich, wenn man anstelle von drei Binärziffern jeweils vier Binärziffern zu einer Hexadezimalziffer zusammenzieht. Bei diesem in der Informatik sehr häufig benützten Hexadezimalsystem oder Sechzehnersystem verwendet man dementsprechend die

Basis $B = 2^4 = 16$ und die
16 Grundziffern $G = \{0, 1, 2, 3, 4, 5, 6, 7, 8, 9, \text{A}, \text{B}, \text{C}, \text{D}, \text{E}, \text{F}\}$.

Dieses Ziffernsystem ist u. a. deshalb sehr praktisch, weil die mit einem Byte codierbaren Zahlen gerade mit zweistelligen Hexadezimalzahlen geschrieben werden können.

Die Zahlenwerte von Brüchen ergeben sich durch Multiplizieren der Stellenwerte mit B^{-k}, wobei B die Basis des Ziffernsystems ist und k die Position, also z. B. 1 für die erste und 2 für die zweite Nachkommastelle. Im Hexadezimalsystem entspricht der ersten Nachkommastelle also der dezimale Zahlenwert $16^{-1} = 0{,}0625$, der zweiten $16^{-2} = 0{,}00390625$ usw. Im Binärsystem hat die erste Nachkommastelle den Wert $2^{-1} = 0{,}5$, die zweite den Wert $2^{-2} = 0{,}25$. Allgemein hat in einem Zahlensystem mit Basis B die k-te Nachkommastelle den dezimalen Wert B^{-k}.

1.4.2 Umwandlung von Zahlen in verschiedene Darstellungssysteme

Direkte Methode und Zusammenfassen von Binärstellen

Die Umwandlung von Binärzahlen in das mit dem Dualsystem eng verwandte oktale oder hexadezimale Ziffernsystem ist sehr einfach: Man fasst zur Umwandlung einer Binärzahl ins Oktalsystem jeweils drei binäre Stellen in eine oktale Stelle zusammen und zur Umwandlung ins Hexadezimalsystem jeweils vier Binärstellen in eine Hexadezimalstelle (siehe hierzu Bsp. 1.2).

Für die schwierigere, aber häufig nötige Aufgabe der Umwandlung von Dezimalzahlen in Dualzahlen oder Hexadezimalzahlen existieren verschiedene Methoden. Im einfachsten Fall, wenn es sich um relativ kleine Zahlen handelt, kann man für eine direkte Umwandlung Tabellen benützen, wie in Tabelle 1.2 gezeigt. Ein Beispiel hierfür ist in Bsp. 1.3 gerechnet.

Bsp. 1.2 Bei der Umwandlung einer Binärzahl in eine Hexadezimalzahl beginnt man mit dem niederwertigsten Bit und fasst jeweils vier Binärstellen zu einer Hexadezimalzahl zusammen. Ist die Anzahl der Binärziffern nicht durch vier teilbar, so muss man durch Anhängen von führenden Nullen die Binärzahl entsprechend ergänzen, was am Zahlenwert nichts ändert. In Beispiel a) wurden zwei und in Beispiel b) drei Nullen ergänzt. Bei Nachkommastellen müssen ggf. am Ende der Zahl Nullen angehängt werden. In Beispiel c) wurde eine Null angehängt

a) $53_{\text{dez}} = \underbrace{0011}_{3}\,\underbrace{0101}_{5}{}_{\text{bin}} = 35_{\text{hex}}$

b) $430_{\text{dez}} = \underbrace{0001}_{1}\,\underbrace{1010}_{A}\,\underbrace{1110}_{E}{}_{\text{bin}} = 1AE_{\text{hex}}$

c) $11{,}625_{\text{dez}} = 1011{,}101_{\text{bin}} = B{,}A_{\text{hex}}$

Tabelle 1.2 Die Zahlen von 0 bis 15 in dezimaler, binärer, oktaler und hexadezimaler Schreibweise

Dezimal	Dual	Oktal	Hexadezimal
0	0	0	0
1	1	1	1
2	10	2	2
3	11	3	3
4	100	4	4
5	101	5	5
6	110	6	6
7	111	7	7
8	1000	10	8
9	1001	11	9
10	1010	12	A
11	1011	13	B
12	1100	14	C
13	1101	15	D
14	1110	16	E
15	1111	17	F

Bsp. 1.3 Die Hexadezimalzahl 2E4 ist in binärer und dezimaler Schreibweise anzugeben

Die Umwandlung der Hexadezimalzahl in die zugehörige Binärzahl ergibt sich durch Ersetzen der einzelnen Hexadezimalziffern durch die entsprechenden vierstelligen Binärzahlen, die man in Tabelle 1.2 nachschlagen kann. Führende Nullen werden dabei unterdrückt:

$$2E4_{\text{hex}} = \underbrace{0010}_{2}\,\underbrace{1110}_{E}\,\underbrace{0100}_{4}{}_{\text{bin}} = 1011100100_{\text{bin}}$$

Die Dezimaldarstellung findet man durch Aufsummieren der den Binärstellen entsprechenden Potenzen von 2, jeweils multipliziert mit dem Stellenwert 0 oder 1:

$$\begin{aligned} 1011100100_{\text{bin}} &= 1\cdot 2^9 + 0\cdot 2^8 + 1\cdot 2^7 + 1\cdot 2^6 + 1\cdot 2^5 + 0\cdot 2^4 + 0\cdot 2^3 + 1\cdot 2^2 + 0\cdot 2^1 + 0\cdot 2^0 \\ &= 512 + 0 + 128 + 64 + 32 + 0 + 0 + 4 + 0 + 0 = 740_{\text{dez}} \end{aligned}$$

Einfache Divisionsmethode zur Umwandlung von Dezimalzahlen in Dualzahlen

Rechnerisch lässt sich eine Dezimalzahl durch das folgende, naheliegende Verfahren in eine Dualzahl umwandeln: Man dividiert die umzuwandelnde Dezimalzahl durch die größte Potenz von 2, die kleiner ist als diese Dezimalzahl und notiert als erste (höchstwertige) Binärstelle eine 1. Das Ergebnis wird nun durch die nächst kleinere Potenz von 2 dividiert; das Resultat, also 0 oder 1, gibt die nächste Binärstelle an. Auf diese Weise verfährt man weiter, bis schließlich nach der Division durch $2^0 = 1$ das Verfahren abbricht (siehe Bsp. 1.4). Auf analoge Weise kann man eine in irgendeinem Zahlensystem angegebene Zahl in eine beliebige andere Basis umwandeln.

Bsp. 1.4 Die Dezimalzahl 116_{dez} ist in binärer und hexadezimaler Schreibweise anzugeben

$$
\begin{array}{rl}
116:64 & = 1 \\
\underline{-64} & \\
52:32 & = 1 \\
\underline{-32} & \\
20:16 & = 1 \\
\underline{-16} & \\
4:8 & = 0 \\
\underline{-0} & \\
4:4 & = 1 \\
\underline{-4} & \\
0:2 & = 0 \\
\underline{-0} & \\
0:1 & = 0
\end{array}
\qquad \text{Ergebnis: } 1110100_{\text{bin}} = 74_{\text{hex}}
$$

Horner-Schema und Restwertmethode

Eine wesentlich elegantere und allgemein verwendete Möglichkeit zur Umwandlung von Zahlen ist die Restwertmethode nach dem Horner-Schema: Eine in einem Zahlensystem zur Basis B dargestellte Zahl z

$$z = a_n B^n + a_{n-1} B^{n-1} + \ldots + a_2 B^2 + a_1 B^1 + a_0 B^0 \tag{1.3}$$

kann durch vollständiges Ausklammern der Basis B in die Hornersche Schreibweise gebracht werden:

$$z = ((\ldots(a_n B + a_{n-1})B + \ldots + a_2)B + a_1)B + a_0 \quad . \tag{1.4}$$

Daraus folgt direkt, dass fortgesetzte Division einer Dezimalzahl durch B als Divisionsrest die Koeffizienten a_0 bis a_n für die Darstellung dieser Zahl zur Basis B liefert.

Das Bsp. 1.5 zeigt auch, dass offensichtlich die Umwandlung ins Hexadezimalsystem mit wesentlich weniger Divisionen verbunden ist, als die Umwandlung ins Dualsystem.

Die Restwertmethode für Nachkommastellen

Dezimalbrüche können ebenfalls nach der Restwertmethode konvertiert werden. Man wandelt dazu zunächst den ganzzahligen Anteil, also die Vorkommastellen, wie beschrieben um und anschließend die Nachkommastellen. Das Horner-Schema für die Nachkommastellen sieht wie folgt aus:

$$z = \frac{1}{B} \cdot \left(a_{-1} + \frac{1}{B} \cdot \left(a_{-2} + \frac{1}{B} \cdot \left(a_{-3} + \ldots + \frac{1}{B} \cdot \left(a_{-m+1} + \frac{1}{B} \cdot a_{-m} \right) \ldots \right) \right) \right) \quad . \tag{1.5}$$

Daraus ergibt sich für die Konversion der Nachkommastellen, dass man die Koeffizienten (= Ziffern) $a_{-1}, a_{-2}, \ldots$ bei fortgesetzter Multiplikation mit der gewünschten Basis als den ganzzahligen Teil (d. h. die Vorkommastellen des Multiplikationsergebnisses) erhält. Man lässt für den folgenden Schritt die Vorkommastellen weg und setzt dieses Verfahren fort, bis die Multiplikation eine ganze Zahl ergibt oder bis im Falle eines nicht abbrechenden Dezimalbruchs die gewünschte Genauigkeit erreicht ist. Siehe hierzu Bsp. 1.6.

Bsp. 1.5 Es soll die Zahl 10172_{dez} mit der Restwertmethode in duale und hexadezimale Schreibweise umgewandelt werden

Die Umwandlung in eine Dualzahl folgt aus der fortgesetzten Division durch 2:

10172 : 2 = 5086 Rest 0	317 : 2 = 158 Rest 1	9 : 2 = 4 Rest 1
5086 : 2 = 2543 Rest 0	158 : 2 = 79 Rest 1	4 : 2 = 2 Rest 0
2543 : 2 = 1271 Rest 1	79 : 2 = 39 Rest 1	2 : 2 = 1 Rest 0
1271 : 2 = 635 Rest 1	39 : 2 = 19 Rest 1	1 : 2 = 0 Rest 1
635 : 2 = 317 Rest 1	19 : 2 = 9 Rest 1	

Ergebnis: $10172_{dez} = 10011110111100_{bin}$.

Fortgesetzte Division durch 16 liefert für die Umwandlung in eine Hexadezimalzahl:

10172 : 16 = 635 Rest 12 (= C)
635 : 16 = 39 Rest 11 (= B)
39 : 16 = 2 Rest 7
2 : 16 = 0 Rest 2

Ergebnis: $10172_{dez} = 27BC_{hex}$.

Aus der Horner-Schreibweise von 10172 für die Basis 10 bzw. 16 lassen sich die durchgeführten Rechenschritte nachvollziehen:

$$10172 = (((1 \cdot \mathbf{10} + 0) \cdot \mathbf{10} + 1) \cdot \mathbf{10} + 7) \cdot \mathbf{10} + 2 = ((2 \cdot \mathbf{16} + 7) \cdot \mathbf{16} + 11) \cdot \mathbf{16} + 12.$$

Bsp. 1.6 Es soll die Dezimalzahl 39,6875 als Dualzahl dargestellt werden

1. Umwandlung des ganzzahligen Anteils

39 : 2 = 19 Rest 1	4 : 2 = 2 Rest 0
19 : 2 = 9 Rest 1	2 : 2 = 1 Rest 0
9 : 2 = 4 Rest 1	1 : 2 = 0 Rest 1

Ergebnis: $39_{dez} = 10011_{bin}$.

2. Umwandlung der Nachkommastellen

$0{,}6875 \cdot 2 = 1{,}375$	1 abspalten
$0{,}3750 \cdot 2 = 0{,}750$	0 abspalten
$0{,}7500 \cdot 2 = 1{,}500$	1 abspalten
$0{,}5000 \cdot 2 = 1{,}000$	1 abspalten (fertig, Ergebnis ganzzahlig)

Ergebnis für die Nachkommastellen: $0{,}6875_{dez} = 0{,}1011_{bin}$.

Insgesamt hat man also: $39{,}6875_{dez} = 100111{,}1011_{bin} = 27{,}B_{hex}$.

Im Hexadezimalsystem ist die Rechnung viel kürzer in nur einem Schritt durchführbar:

$0{,}6875 \cdot 16 = 11{,}000$ 11=B abspalten

Bsp. 1.7 Zur Erläuterung des Verfahrens wird die Hexadezimalzahl 3A,B im *Fünfersystem* dargestellt

Zunächst werden die Vorkommastellen, danach die Nachkommastellen konvertiert.

1. Umwandlung des ganzzahligen Anteils (Vorkommastellen) mit Division durch die Basis 5

   3A : 5 = B Rest 3 (Rechnung im Hexadezimalsystem)
   B : 5 = 2 Rest 1
   2 : 5 = 0 Rest 2

   Ergebnis: $3A_{hex} = 213_{fünf}$.

2. Umwandlung der Nachkommastellen durch fortgesetzte Multiplikation mit 5

$0{,}B \cdot 5 = 3{,}7$	3 abspalten
$0{,}7 \cdot 5 = 2{,}3$	2 abspalten
$0{,}3 \cdot 5 = 0{,}F$	0 abspalten
$0{,}F \cdot 5 = 4{,}B$	4 abspalten (ab hier periodisch)

Es ist zu beachten, dass in diesem Beispiel die Berechnung im Hexadezimalsystem erfolgt. Man rechnet also beispielsweise in der ersten Zeile des Beispiels explizit:

$$0{,}B \cdot 5 = \frac{11}{16} \cdot 5 = \frac{55}{16} = 3 + \frac{7}{16} = 3{,}7_{hex} \quad .$$

Nach vier Multiplikationsschritten sind schon alle Nachkommastellen gefunden, es ergibt sich: $0{,}B_{hex} = 0{,}\overline{3204}_{fünf}$. Es handelt sich offenbar um einen periodischen Bruch, wobei die Periode durch Überstreichen gekennzeichnet wurde. Insgesamt hat man also das Ergebnis: $3A{,}B_{hex} = 213{,}\overline{3204}_{fünf}$.

Umwandlung in andere Ziffernsysteme

Nach demselben Schema lässt sich die Darstellung einer beliebigen Zahl in irgendeinem Ziffernsystem in die Darstellung in ein anderes Ziffernsystem überführen. Dies ist in Bsp. 1.7 erläutert.

Da das Rechnen in anderen Darstellungen als dem Dezimalsystem für den Menschen ungewohnt ist, wird die Umwandlung typischerweise immer über dieses als Zwischensystem durchgeführt, wodurch man nur im Dezimalsystem rechnen muss. Die Konvertierung einer Zahl z zur Basis B_1 in die Basis B_2 erfordert also die Schritte $z_{B_1} \to z_{dez} \to z_{B_2}$ (siehe Bsp. 1.8). Ausgenommen davon ist die Konvertierung zwischen Binär- (Basis 2^1), Oktal- (Basis $8 = 2^3$) und Hexadezimalsystem (Basis $16 = 2^4$). Wie zu Beginn des Abschnitts beschrieben geschieht diese immer über das Binärsystem und Gruppierung in Dreier (oktal) bzw. Vierergruppen (hexadezimal) von Binärziffern, weswegen gerade das Hexadezimalsystem in der Informatik eine weite Verbreitung gefunden hat.

Periodische Brüche

Wie aus dem vorherigen Bsp. 1.8 ersichtlich, gibt es gebrochene Zahlen, bei denen durch Umwandlung in ein anderes System aus endlich vielen Nachkommastellen ein periodisch unendlicher Bruch entsteht. Insbesondere gibt es gebrochene Zahlen, die sich im Dezimalsystem exakt darstellen lassen, aber im Binärsystem periodisch unendlich lang werden (vgl. Bsp. 1.9).

Bsp. 1.8 Wie vorher soll die Hexadezimalzahl 3A,B im *Fünfersystem* dargestellt werden

1. Umwandlung des ganzzahligen Anteils ins Dezimalsystem

$$3\mathrm{A}_{\mathrm{hex}} = 3 \cdot 16 + 10 = 58_{\mathrm{dez}}$$

2. Umwandlung des Zwischenergebnisses mit Division durch die Basis 5

   58 : 5 = 11 Rest 3
   11 : 5 = 2 Rest 1
   2 : 5 = 0 Rest 2

   Ergebnis: $3\mathrm{A}_{\mathrm{hex}} = 58_{\mathrm{dez}} = 213_{\mathrm{fünf}}$.

3. Umwandlung der Nachkommastellen ins Dezimalsystem

$$0{,}\mathrm{B}_{\mathrm{hex}} = 11 \cdot \frac{1}{16} = 0{,}6875_{\mathrm{dez}}$$

4. Umwandlung des Zwischenergebnisses durch Multiplikation mit Basis 5

$0{,}6875 \cdot 5 = 3{,}4375$	3 abspalten
$0{,}4375 \cdot 5 = 2{,}1875$	2 abspalten
$0{,}1875 \cdot 5 = 0{,}9375$	0 abspalten
$0{,}9375 \cdot 5 = 4{,}6875$	4 abspalten (ab hier periodisch)

Insgesamt hat man also das Ergebnis: $3\mathrm{A{,}B}_{\mathrm{hex}} = 58{,}6875_{\mathrm{dez}} = 213{,}\overline{3204}_{\mathrm{fünf}}$.

Bsp. 1.9 Die Zahl $0{,}1_{\mathrm{dez}}$ soll ins Binärsystem umgewandelt werden

$0{,}1 \cdot 2 = 0{,}2$	0 abspalten
$0{,}2 \cdot 2 = 0{,}4$	0 abspalten
$0{,}4 \cdot 2 = 0{,}8$	0 abspalten
$0{,}8 \cdot 2 = 1{,}6$	1 abspalten
$0{,}6 \cdot 2 = 1{,}2$	1 abspalten (ab hier periodisch)

Ergebnis: $0{,}1_{\mathrm{dez}} = 0{,}0\overline{0011}_{\mathrm{bin}}$.

Da rechnerintern das Binärsystem verwendet wird, hat dies erhebliche Konsequenzen für die Softwareentwicklung: Ein Informatiker, der in einem Programm einer Variablen z. B. den Wert $0{,}1_{\mathrm{dez}}$ zuweist, muss sich darüber im Klaren sein, dass diese durch die notwendigerweise beschränkte Anzahl an Nachkommastellen nicht mehr exakt ist. Im Computer geht also Genauigkeit verloren, ohne dass überhaupt etwas gerechnet wurde! Der umgekehrte Weg ist unproblematisch: Alle gebrochenen Zahlen, die sich im Binärsystem exakt darstellen lassen, lassen sich auch als Dezimalzahl exakt darstellen.

Allgemein gilt: Eine rationale Zahl $\frac{p}{q}$ mit $\mathrm{ggT}(p,q) = 1$ lässt sich zur Basis B exakt darstellen, wenn *alle* Primfaktoren von q auch Primfaktoren von B sind. Die Funktion $\mathrm{ggT}(p,q)$ bezeichnet

Bsp. 1.10 Beispiele für periodische und nicht-periodische Brüche abhängig von der Basis

$\frac{1}{3} = 0{,}333\ldots_{\text{dez}}$	Nenner 3 ist kein Primfaktor der Basis 10
$\frac{1}{3} = 0{,}010101\ldots_{\text{bin}}$	Nenner 3 ist kein Primfaktor der Basis 2
$\frac{1}{3} = 0{,}1_{\text{drei}}$	Nenner 3 ist Primfaktor der Basis 3
$\frac{1}{10} = 0{,}1_{\text{dez}}$	2 und 5 sind Primfaktoren der Basis 10
$\frac{1}{10} = 0{,}000110011\ldots_{\text{bin}}$	5 ist kein Primfaktor der Basis 2

Tabelle 1.3 Wahrheitstafeln der logischen Grundfunktionen

OR:	$1 \vee 1 = 1$	$0 \vee 1 = 1$	$1 \vee 0 = 1$	$0 \vee 0 = 0$
AND:	$1 \wedge 1 = 1$	$0 \wedge 1 = 0$	$1 \wedge 0 = 0$	$0 \wedge 0 = 0$
NOT:	$\neg 1 = 0$	$\neg 0 = 1$		

den größten gemeinsamen Teiler von Zähler und Nenner; der Bruch muss also soweit wie möglich gekürzt sein. Beispiele hierzu sind in Bsp. 1.10 aufgeführt. Irrationale Zahlen wie π bleiben in jeder ganzzahligen Basis irrational.

Ist exaktes Rechnen mit gebrochenen Zahlen zwingend erforderlich (z. B. bei Kontobewegungen in einer Bank), müssen andere Zahlendarstellungen als die binäre verwendet werden, beispielsweise die *dezimale* Gleitkommadarstellung nach IEEE 754-2008 (siehe Kap. 1.4.4) oder BCD-Zahlen (siehe Kap. 3.1.3, S. 71).

1.4.3 Binäre Arithmetik

Die Rechenregeln für Binärzahlen sind ganz analog zu den Rechenregeln für Dezimalzahlen definiert. Die Ausführung von Algorithmen mithilfe eines Computers führt grundsätzlich zu einer Unterteilung des Problems in Teilaufgaben, die unter Verwendung der vier Grundrechenarten und der logischen Operationen gelöst werden können. Es genügt daher, sich auf die binäre Addition, Subtraktion, Multiplikation, Division und die logischen Operationen zu beschränken.

Logische Operationen

In Computersystemen werden logische Operationen grundsätzlich bitweise durchgeführt. Wesentlich sind dabei die beiden zweistelligen Operationen logisches UND (AND, Symbol: $\wedge$), logisches ODER (OR, Symbol: $\vee$) und die einstellige Operation Inversion oder Negation (NOT, Symbol: $\neg$). Alle anderen logischen Operationen können durch Verknüpfung der Grundfunktionen abgeleitet werden. Dazu sei auf das Kap. 5.2 über Boolesche Algebra verwiesen. Die logischen Grundfunktionen sind durch ihre Wahrheitstafeln definiert, wie in Tabelle 1.3 dargestellt.

Eine weitere wichtige logische Funktion ist das exklusive Oder (exclusive OR, XOR), das durch $a \text{ XOR } b = (a \wedge \neg b) \vee (\neg a \wedge b)$ bzw. die folgende Wahrheitstabelle definiert ist:

$$1 \text{ XOR } 1 = 0, \quad 0 \text{ XOR } 1 = 1, \quad 1 \text{ XOR } 0 = 1, \quad 0 \text{ XOR } 0 = 0 \quad .$$

Oft werden Binärzahlen mit mehr als einer Ziffer durch logische Operationen verknüpft. Diese erfolgt dann stellenweise (vgl. Bsp. 1.11).

Bsp. 1.11 Logische Verknüpfungen

Diese werden stellenweise ausgeführt:

$$\begin{array}{r} 10011 \\ \vee\ 10101 \\ \hline = 10111 \end{array} \qquad \begin{array}{r} 10011 \\ \wedge\ 10101 \\ \hline = 10001 \end{array} \qquad \begin{array}{r} \neg\ 10101 \\ \hline = 01010 \end{array}$$

Bsp. 1.12 Direkte Binäre Subtraktion

Die Aufgabe $13 - 11 = 2$ soll in binärer Arithmetik gelöst werden:

$$\begin{array}{rl} 1101 & \\ -\ 1011 & \\ -1 & \text{Übertrag} \\ \hline = 0010 & \text{Ergebnis} \end{array}$$

Bsp. 1.13 Binäre Addition

Die Aufgabe $11 + 14 = 25$ soll in binärer Arithmetik gelöst werden:

$$\begin{array}{rl} 1011 & \\ +\ 1110 & \\ 111 & \text{Übertrag} \\ \hline = 11001 & \text{Ergebnis} \end{array}$$

Die Aufgabe $151{,}875 + 27{,}625 = 179{,}5$ soll in binärer Arithmetik gelöst werden:

$$\begin{array}{rl} 10010111.111 & \\ +\ 11011.101 & \\ 111111\ 11 & \text{Übertrag} \\ \hline = 10110011.100 & \text{Ergebnis} \end{array}$$

Binäre Addition

Die Rechenregeln für die binäre Addition zweier Binärziffern lauten:

$$0+0=0, \quad 0+1=1, \quad 1+0=1, \quad 1+1=0 \text{ Übertrag } 1 \quad .$$

Offenbar sind die Regeln mit denen des logischen XOR identisch, es kommt lediglich der Übertrag hinzu. Die Additions-Rechenregeln lassen sich ohne weiteres auch auf Brüche anwenden, wie das Beispiel 1.13 zeigt.

Direkte Binäre Subtraktion

Die Rechenregeln für die binäre Subtraktion zweier Binärziffern lauten:

$$0-0=0, \quad 1-1=0, \quad 1-0=1, \quad 0-1=1 \text{ Übertrag } -1 \quad .$$

Eine ganzzahlige Subtraktion ist in Bsp. 1.12 gezeigt.

Zweierkomplement und Subtraktion

Für die praktische Ausführung mit Computern gibt es jedoch eine geeignetere Methode zur Subtraktion, die sich leichter als Hardware realisieren lässt: die Zweierkomplement-Methode. Diese soll im Folgenden schrittweise eingeführt werden.

Da Zahlen in Computern als Bitmuster dargestellt werden, wird man sinnvollerweise auch das Vorzeichen einer Zahl durch ein Bit codieren. Dafür verwendet man meist das Bit mit dem höchsten Stellenwert (Most Significant Bit, MSB). Allerdings muss dabei eine feste Stellenzahl n (in der Regel 8 Bit oder ein Vielfaches davon) vorausgesetzt werden. Außerdem ist zu bedenken, dass der Zahlenbereich das MSB nicht mit umfasst.

Auf den ersten Blick wäre es am einfachsten, an der Codierung der Zahl für positive und negative Zahlen nichts zu ändern und lediglich dem MSB einer Zahl den Wert 1 zu geben, wenn diese Zahl negativ ist und den Wert 0, wenn die Zahl Null oder positiv ist. Bei einer Stellenzahl von $n = 8$

ergäben sich damit z. B. für die Zahlen +5 und −5 die Binärdarstellungen

$$5_{\text{dez}} = 00000101_{\text{bin}} \text{ und } -5_{\text{dez}} = 10000101_{\text{bin}} \quad .$$

Das Rechnen damit wäre aber wegen der Sonderbehandlung des Vorzeichenbits aufwendig und man müsste weiterhin die Regeln der direkten Subtraktion anwenden. Ziel ist aber neben der Darstellung negativer Zahlen auch die Rückführung der Subtraktion auf die Addition. Diese oben beschriebene einfachste Methode wird daher in der Praxis nicht verwendet.

Durch den maschinell mit Invertern sehr einfach zu realisierenden Vorgang der bitweisen Invertierung (Stellenkomplement) könnte man positive Zahlen direkt codieren und für negative Zahlen die Stellen invertieren. Das hat den Vorteil, dass bei einer Vorzeichenänderung nur eine Inversion nötig ist und dass diese automatisch auch das Vorzeichenbit mit umfasst. Bei einer Stellenzahl von $n = 8$ ergeben sich damit für die Zahlen +5 und −5 die Binärdarstellungen

$$5_{\text{dez}} = 00000101_{\text{bin}} \text{ und } -5_{\text{dez}} = 11111010_{\text{bin}} \quad .$$

Wie man sieht, hat das MSB aller negativen Zahlen den Wert 1. Man kann also am MSB erkennen, ob die Zahl positive oder negativ ist, allerdings darf es nicht als ein vom Betrag der Zahl getrenntes Vorzeichenbit behandelt werden. Dies ist die Darstellung im sog. *Einerkomplement*. Hier könnte man die Subtraktion bereits einfacher durch Addition einer negativen Zahl ausführen als mit der oben beschriebenen direkten Subtraktion, wobei aber dabei entstehende Überläufe anschließend wieder addiert werden müssen (sog. Einerrücklauf).

In Hardware einfacher handhabbar und daher weiter verbreitet ist das *Zweierkomplement* (auch als echtes Komplement bezeichnet). Das Zweierkomplement einer binären Zahl erhält man ganz einfach durch Bildung des Stellenkomplements und Addieren von 1 zum Ergebnis. Wie beim Stellenkomplement gibt auch beim Zweierkomplement das MSB das Vorzeichen an. Der darstellbare Zahlenbereich umfasst dann das Intervall $[-2^{n-1}; 2^{n-1}-1]$, im Falle von $n = 8$ Bit also $[-128; 127]$.

Stellt man auf diese Weise eine negative Zahl durch das Zweierkomplement ihres Betrags dar, so kann man die Addition wie mit positiven Zahlen durchführen. Das Vorzeichen des Ergebnisses lässt sich dann am MSB ablesen, man muss lediglich die Überträge über die feste Stellenzahl hinaus berücksichtigen. Beispiele zum Rechnen im Zweierkomplement zeigt Bsp. 1.14.

Ist das Ergebnis einer Subtraktion eine positive Zahl, so tritt bei der Addition der letzten (höchstwertigen) Stelle ein Übertrag auf, das MSB wird dadurch automatisch 0. Bei einem negativen Ergebnis tritt dagegen kein Übertrag auf, das MSB bleibt also 1. In diesem Fall bildet man zur Bestimmung des Betrags des Ergebnisses abermals das Zweierkomplement. Dies liefert dann eine positive Zahl in gewohnter binärer Darstellung. Das negative Vorzeichen ist ja in diesem Fall wegen MSB = 1 bereits bekannt.

Für den Computer vereinfacht sich durch diese Art der Darstellung das Rechnen erheblich. Es können alle Zahlen gleich behandelt werden, ohne dass auf das Vorzeichen Rücksicht genommen werden müsste. Der Rechner muss nicht subtrahieren können – Addition genügt. Die beschriebene Umwandlung von negativen Zahlen aus der Komplementdarstellung muss tatsächlich nur dann durchgeführt werden, wenn die Zahlen in einer für den Menschen lesbaren Form benötigt werden.

Die Subtraktion lässt sich in Analogie zur Zweierkomplement-Darstellung im Binärsystem auch in einem beliebigen anderen Zahlensystem in Komplementdarstellung ausführen. Dabei wird das Stellenkomplement einer Zahl durch Ergänzen der einzelnen Ziffern auf die höchste Grundziffer bestimmt. So ist das Stellenkomplement von 3 im Zehnersystem $9 - 3 = 6$ und beispielsweise im Fünfersystem $4 - 3 = 1$. Beispiel 1.15 zeigt eine Rechnung im Zehnerkomplement.

Bsp. 1.14 Rechnen im Zweierkomplement

Unter Verwendung des Zweierkomplements ist mit $n = 8$ zu berechnen:

a) $7 - 4$

00000100	4
11111011	Stellenkomplement von 4
1	1 wird addiert
11111100	Zweierkomplement von 4 (entspricht −4)
00000111	7
100000011	Ergebnis der Addition: 9 Stellen → Überlauf streichen
00000011	Ergebnis ($n = 8$): $7 - 4 = 3$ (positiv, da MSB = 0)

Bei der Addition ergibt sich ein Übertrag über die feste Stellenzahl von 8 Bit hinaus, so dass MSB = 0 folgt.

b) $12 - 17$

00010001	17
11101110	Stellenkomplement von 17
1	1 wird addiert
11101111	Zweierkomplement von 17 (entspricht −17)
00001100	12
11111011	Ergebnis ($n = 8$): $12 - 17 = -5$ (negativ, da MSB = 1)

Für den Rechner ist an dieser Stelle Schluss, das Ergebnis steht fest. Als Mensch kann man feststellen, dass das Ergebnis tatsächlich −5 ist, indem man wieder das Zweierkomplement bildet und damit den Betrag der Zahl bestimmt:

11111011	−5
00000100	Stellenkomplement von −5
1	1 wird addiert
00000101	Zweierkomplement von −5 (entspricht 5)

Unter Verwendung des Zweierkomplements ist mit $n = 9$ mit 6 Vorkomma- und 3 Nachkommastellen zu berechnen:

c) $19{,}5 - 22{,}625$

010110,101	22,625
101001,010	Stellenkomplement von 22,625
1	1 wird addiert
101001,011	Zweierkomplement von 22,625 (entspricht −22,625)
010011,100	19,5
111100,111	Ergebnis: $19{,}5 - 22{,}625 = -3{,}125$ (negativ, da MSB = 1)
000011,000	Stellenkomplement von −3,125
1	1 wird addiert
000011,001	Zweierkomplement von −3,125 (entspricht 3,125)

Bsp. 1.15 Rechnen im Zehnerkomplement

Führt man als Beispiel die Subtraktion 385 − 493 im Dezimalsystem unter Verwendung der Zehnerkomplement-Methode durch so ergibt sich:

999	
−493	
506	Stellenkomplement von 493
1	1 wird addiert
507	Zehnerkomplement von 493 (entspricht −493)
385	Addition von 385
892	Ergebnis der Addition: kein Überlauf, also negatives Vorzeichen
999	
−892	
107	Stellenkomplement
1	1 wird addiert
108	Zehnerkomplement
108	Betrag des Ergebnisses

Eine genauere Betrachtung der Rechnung zeigt, dass die Durchführung der Subtraktion in Zehnerkomplement-Darstellung offenbar nur eine andere Schreibweise ist:
$999 - [385 + (999 - 493 + 1)] + 1 = 1000 - [385 + (1000 - 493)] = 108 \quad .$

Die Analyse des obigen Beispiels zum Zehnerkomplement zeigt, warum die Verwendung der Komplement-Methode gerade im Binärsystem so vorteilhaft ist: Ausschließlich im Binärsystem ist die Komplementbildung ohne Subtraktion durch die für logische Operationen ohnehin benötigte Invertierung möglich, was maschinell sehr einfach zu realisieren ist. Damit ist die Subtraktion im Binärsystem tatsächlich auf Addition und Invertierung zurückgeführt.

Binäre Multiplikation

Die Rechenregeln für die binäre Multiplikation entsprechen der logischen UND-Verknüpfung zweier Binärziffern, sie lauten:

$$0 \cdot 0 = 0, \quad 0 \cdot 1 = 0, \quad 1 \cdot 0 = 0, \quad 1 \cdot 1 = 1 \quad .$$

Die Multiplikation mehrstelliger Zahlen wird (wie von der Multiplikation im Zehnersystem gewohnt) auf die Multiplikation des Multiplikanden mit den einzelnen Stellen des Multiplikators und stellenrichtige Addition der Zwischenergebnisse zurückgeführt.

Die Beispiele in Bsp. 1.16 zeigen, dass die Multiplikation durch fortgesetzte Addition ersetzt wird, da die Multiplikation mit den Grundziffern 0 und 1 keinen Aufwand erfordern.

Binäre Division

Ähnlich wie die Multiplikation lässt sich auch die binäre Division in Analogie zu dem im Zehnersystem gewohnten Verfahren durchführen, siehe Bsp. 1.17.

Bsp. 1.16 Binäre Multiplikation

a) Die Aufgabe $10 \cdot 13 = 130$ ist in binärer Arithmetik zu lösen.

```
1010·1101
1010
 1010
  0000
   1010
10000010      Ergebnis
```

b) Die Erweiterung auf Brüche ist nach denselben Regeln ohne weiteres möglich: Die Aufgabe $17{,}375 \cdot 9{,}75 = 169{,}40625$ ist in binärer Arithmetik zu lösen.

```
10001,011 · 1001,11
10001011
    10001011
     10001011
      10001011
1010100101101       Zwischenergebnis
```

Nach stellenrichtigem Einfügen des Kommas erhält man das Ergebnis:

$$17{,}375_{\mathrm{dez}} \cdot 9{,}75_{\mathrm{dez}} = 10101001{,}01101_{\mathrm{bin}} = 169{,}40625_{\mathrm{dez}} \quad .$$

Bsp. 1.17 Die Aufgabe $20 : 6 = 3{,}333\ldots$ soll in binärer Arithmetik gelöst werden

```
10100 : 110 = 11,0101...
-110
 1000
 -110
  1000
  -110
   ...
```

Man erhält also auch in der Binärdarstellung einen unendlichen, periodischen Bruch.

Verschieben

Tatsächlich führt man Multiplikation und Division in digitalen Rechenanlagen durch eine Kombination von Verschieben (Shift) und Addieren bzw. Subtrahieren aus. Wird eine Binärzahl mit einer Zweierpotenz 2^k multipliziert, so entspricht dies – in Analogie zur Multiplikation mit einer Potenz von 10 im Zehnersystem – lediglich einer Verschiebung dieser Zahl um k Stellen nach links.

Beispiel: Die dezimale Multiplikation $13 \cdot 4 = 52$ lautet im Dualsystem:
$1101 \cdot 100 = 110100$.
Dieses Ergebnis erhält man durch Verschiebung der Zahl 1101 um zwei Stellen nach links, also durch Anhängen von zwei Nullen an der rechten Seite.

Register	Carry
00001101	0
00000110	1

Abb. 1.11 Verschieben der Binärzahl 1101 um eine Stelle nach rechts. Der obere Bildteil zeigt die Ausgangssituation, der untere Bildteil das Ergebnis nach der Schiebeoperation. Das Übertragsbit wurde in diesem Fall von 0 auf 1 gesetzt

Das Beispiel zeigt, dass man offensichtlich jede Multiplikation durch eine Kombination von Verschiebungen und Additionen ausführen kann.

In analoger Weise ist die Division durch Zweierpotenzen 2^k einer Verschiebung nach rechts um k Stellen äquivalent. Hier kann jedoch eventuell ein Informationsverlust auftreten, wenn bei der Division ein Rest verbleibt, der nicht entsprechend berücksichtigt wird.

Beispiel: Die Divisionsaufgabe $26 : 4 = 6$ (Rest 2) lautet im Dualsystem:
$11010 : 100 = 110 \quad (\text{Rest } 10) \quad .$

Bei der maschinellen Ausführung wird die zu verschiebende Zahl in einem dem Rechenwerk direkt zugeordneten Speicherplatz (Register, Akkumulator) abgelegt. Solche Register haben meist ein Übertragsbit (Carry), in dem das jeweils aus dem Register hinausgeschobene Bit gespeichert wird. Man bezeichnet diesen Vorgang auch als Setzen eines Flags. Dies wird in Abb. 1.11 verdeutlicht.

Im Beispiel aus Abb. 1.11 wurde das am linken Ende des Registers frei werdende MSB mit 0 besetzt; man bezeichnet dieses Vorgehen als logisches Verschieben. Alternativ dazu kann man bei der Verschiebung nach rechts auch das MSB reproduzieren, so dass eine 0 bzw. eine 1 erhalten bleibt. Dieses arithmetische Verschieben ist sinnvoll, wenn das Vorzeichen bei einer Verschiebeoperation erhalten bleiben soll.

1.4.4 Gleitkommazahlen

Die bisher besprochenen Festkommazahlen mit einer vorab festgelegten Anzahl Vor- und Nachkommastellen lassen wegen der Beschränkung auf eine feste Stellenzahl die Darstellung sehr kleiner oder sehr großer Zahlen nicht zu.

Günstiger und in der Computertechnik seit Zuse üblich sind Gleitkommazahlen[2] in halblogarithmischer Darstellung. In Gleitkommadarstellung schreibt man Zahlen in der Form $m \cdot b^e$. Dabei ist die Mantisse m eine Festkommazahl und b^e ein Faktor mit Basis b und Exponent e.

Beispiele: Dezimale Gleitkommazahlen mit der Basis $b = 10$:
$0{,}000112 = 1{,}12 \cdot 10^{-4}$, $7123458 = 7{,}123458 \cdot 10^6$, $-24{,}317 = -2{,}4317 \cdot 10^1$.

Üblicherweise schreibt man die Mantisse m so, dass genau eine Stelle vor dem Dezimalpunkt eine von Null verschiedene Ziffer ist. Man bezeichnet dies als die *Normalform*. Die Genauigkeit der Zahldarstellung hängt offenbar von der Stellenzahl der Mantisse ab, der darstellbare Zahlenbereich von der Basis und vor allem vom Exponenten.

[2] auch: Gleitpunktzahlen wegen der im englischen Sprachraum üblichen Verwendung eines Punktes an Stelle eines Kommas

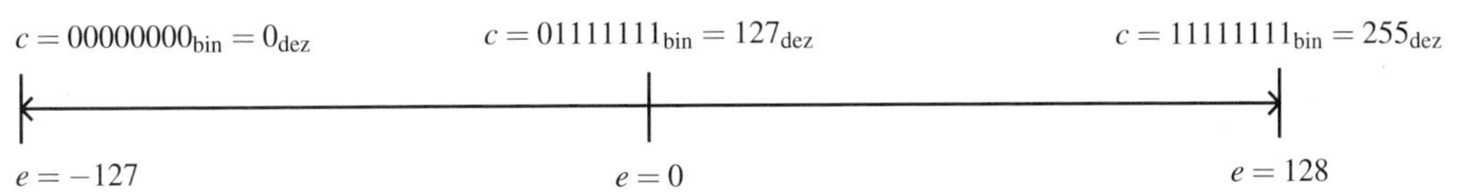

Abb. 1.12 Zur Darstellung des Exponenten e und der Charakteristik c im 127-Exzess-Code

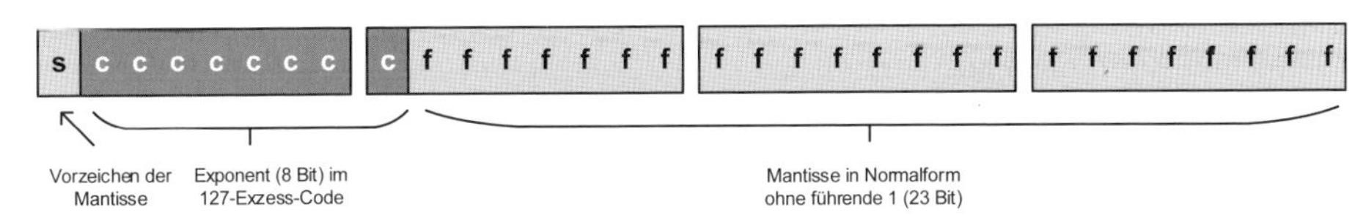

Abb. 1.13 Aufbau einer kurzen Gleitkommazahl nach dem IEEE 754 Standard

Definition binärer Gleitkommazahlen

Diese Logik für Gleitkommazahlen wurde mit $b = 2$ in die binäre Arithmetik übernommen. Nach dem Standard[3] IEEE 754 ist eine binäre Gleitkommazahl z mit Vorzeichenbit s, binärer Mantisse $1,f$ (in Normalform) und Exponent e wie folgt definiert:

$$z = (-1)^s \cdot 1,f \cdot 2^e \quad . \tag{1.6}$$

Hierbei steht $s = 0$ wegen $(-1)^0 = 1$ für positives und $s = 1$ wegen $(-1)^1 = -1$ für negatives Vorzeichen von z. Das Vorzeichenbit bildet das höchstwertige Bit (MSB) der binären Gleitkommazahl. Danach folgen die Bits des Exponenten, der jedoch nicht direkt als e, sondern in Form der sog. Charakteristik $c = e + B$ gespeichert wird. Zum tatsächlichen Exponenten e wird also eine Verschiebung (Bias) B addiert, die so gewählt ist, dass der Nullpunkt für e in die Mitte des zur Verfügung stehenden Wertebereichs $[0, 2B+1]$ verschoben wird. Auf diese Weise können Exponenten zwischen $e = -B$ (entsprechend $c = 0$) und $e = B+1$ (entsprechend $c = 2B+1$) dargestellt werden. Anschließend folgen die binären Nachkommastellen f der Mantisse. Die führende 1 muss nicht gespeichert werden (verborgene Eins, Hidden Bit), da diese ja nach Definition konstant ist.

Bei einer kurzen Gleitkommazahl werden 32 Bit verwendet, wobei 8 Bit für die Charakteristik $c = e + 127$ mit Wertebereich $[0, 255]$ und Bias $B = 127$ zur Verfügung stehen. Die Addition einer Verschiebung B bezeichnet man allgemein als *Exzess-Code* und speziell mit $B = 127$ als 127-Exzess-Code. In Abb. 1.12 ist dies verdeutlicht. Abbildung 1.13 zeigt den schematischen Aufbau einer kurzen Gleitkommazahl. Die Mantisse einer kurzen Gleitkommazahl mit 23 Bit für die Nachkommastellen lautet also:

$$m = 1,f_0 f_1 \ldots f_{22} \quad . \tag{1.7}$$

Daraus resultiert eine Genauigkeit von 2^{-24}, entsprechend 7 signifikanten Dezimalstellen.
Eine lange Gleitkommazahl umfasst 64 Bit. Sie ist folgendermaßen aufgebaut:

Bit 0 (MSB): Vorzeichenbit, 0 entspricht positiv, 1 entspricht negativ
Bit 1 bis 11: 11-Bit für die Charakteristik $c = e + 1023$

[3] in IEEE 754-2008 sind sowohl binäre Gleitkommazahlen (Basis 2) als auch dezimale Gleitkommazahlen (Basis 10) definiert. Letztere erlauben die exakte Darstellung von Dezimalzahlen ohne die in Kap. 1.4.2, S. 22 beschriebenen Konvertierungsfehler und können daher z. B. in kaufmännischen Anwendungen eine Alternative zur BCD-Codierung sein (siehe Kap. 3.1.3, S. 71)

Bsp. 1.18 148,625 ist in eine binäre Gleitkommazahl umzuwandeln

1. Schritt: $148{,}625_{dez} = 10010100{,}101_{bin}$
2. Schritt: $10010100{,}101 = 1{,}0010100101 \cdot 2^7$,
   Normalform ist erreicht, der Exponent ist $e = 7$
3. Schritt: Das Vorzeichen der Mantisse ist positiv, das MSB lautet also $s = 0$
4. Schritt: Charakteristik: $c = e + 127 = 134_{dez} = 10000110_{bin}$
5. Schritt: Ergebnis: 0**1000011** **0**0010100 10100000 $00000000_{bin} = 43\,14\,A0\,00_{hex}$
   Byte 1 Byte 2 Byte 3 Byte 4

Bit 12 bis 63: 52 Bit für die Mantisse in Normalform $m = 1{,}f_0 f_1 \ldots f_{53}$
Genauigkeit: ca. 15 signifikante Dezimalstellen

Bei der Umwandlung einer Dezimalzahl in eine kurze binäre Gleitkommazahl geht man dementsprechend folgendermaßen vor (siehe hierzu auch Bsp. 1.18)

1. Die Dezimalzahl wird in eine Binärzahl umgewandelt, ggf. mit Nachkommastellen.

2. Das Komma wird so weit verschoben, bis die Normalform $m = 1{,}f_0 f_1 \ldots f_{22}$ erreicht ist. Bei Verschiebung um je eine Stelle nach links wird der Exponent e der Basis 2 um eins erhöht, bei Verschiebung nach rechts um eins erniedrigt.

3. Das Vorzeichen s der Zahl (positiv: 0, negativ: 1) wird in das MSB des ersten Byte geschrieben.

4. Zum Exponenten e wird 127 addiert, das Ergebnis $c = e + 127$ wird in binäre Form mit 8 Stellen umgewandelt. Ist der Exponent positiv, so hat das führende Bit von c den Wert 1, sonst hat es den Wert 0. Die 8 Bit des Ergebnisses c werden im Anschluss an das Vorzeichenbit in die letzten 7 Bit des ersten und in das MSB des zweiten Byte eingefügt.

5. In die Bytes 2 (anschließend an das bereits für den Exponenten verwendete MSB), 3 und 4 werden schließlich die Nachkommastellen $f_0 f_1 \ldots f_{22}$ der Mantisse eingefügt.

6. Ist $c = 00000000$, also $e = -127$, so werden denormalisierte Gleitkommazahlen verwendet. Diese lauten $0{,}f_0 f_1 \ldots f_{22} \cdot 2^{-126}$. Details dazu werden weiter unten erläutert.

Das führende Bit von Byte 1 enthält das positive Vorzeichen s der Mantisse (MSB = 0). Es folgen die 8 Bit für den Exponenten (im obigen Beispiel fett gedruckt). Die Bytes 2 (ohne MSB), 3 und 4 bilden die Nachkommastellen der Mantisse; die führende 1 fällt weg, da diese wegen der Normalformdarstellung redundant ist.

Zu beachten ist ferner, dass Gleitkommazahlen nicht gleichmäßig verteilt sind: der Abstand zwischen je zwei benachbarten Gleitkommazahlen wird mit steigendem Betrag immer größer. Im gleichen Verhältnis wachsen auch die Abbrechfehler. In der Abb. 1.14 ist dieser Zusammenhang grafisch dargestellt.

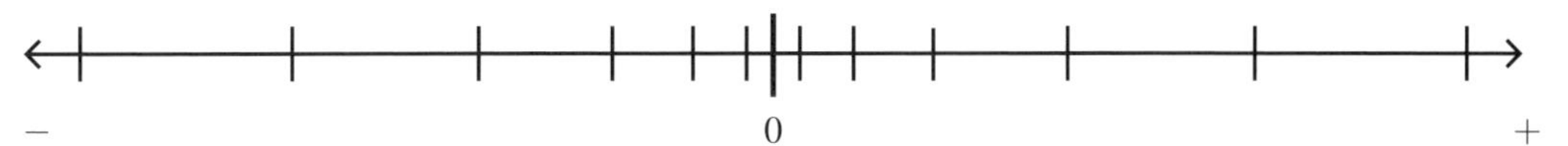

Abb. 1.14 Die Dichte der binären Gleitkommazahlen ist nicht konstant über der Zahlengeraden, sondern es besteht eine Häufung um den Nullpunkt

Denormalisierte Mantissen und weitere Sonderfälle

Zunächst fällt auf, dass eine nur aus 32 Nullen bestehende kurze Gleitkommazahl den endlichen Wert $z_{\min} = 2^{-127}$ hätte. Eine exakte Null ist so also nicht darstellbar. Außerdem ist noch zu definieren, ab wann eine Zahl als Unendlich ($\pm\infty$) anzusehen ist. Dies wird wie folgt gelöst: Für $c = 0$, also $e = -127$ wird die Annahme der normalisierten Mantisse $1,f$ fallen gelassen und durch denormalisierte Mantissen $0,f$ mit dem Exponenten $e = -126$ ersetzt. Die kleinste positive Gleitkommazahl mit normalisierter Mantisse ist also $z_{\min} = 2^{-126} \approx 1{,}1754943508 \cdot 10^{-38}$. Daran schließen sich die denormalisierten Gleitkommazahlen mit $0,f \cdot 2^{-126}$ an, die den Wertebereich $\pm 2^{-149}$ bis $\pm(1-2^{-23}) \cdot 2^{-126} \approx 1{,}1754942107 \cdot 10^{-38}$ umfassen.

Jetzt ergibt sich auch zwanglos mit $f = 0$ der exakte Zahlenwert $z = 0$, wenn alle 32 Bit den Wert 0 annehmen. Zu beachten ist, dass es bei Gleitkommazahlen sowohl eine positive ($+0{,}0$) als auch eine negative Null ($-0{,}0$) gibt (je nach Vorzeichenbit). Nach IEEE-Norm muss das Rechenwerk dafür sorgen, dass diese trotz unterschiedlicher Binärdarstellung bei Vergleichsoperationen als gleich behandelt werden. Eine negative Null ergibt sich beispielsweise, wenn Zahlen entstehen, die kleiner als die betragsmäßig kleinste darstellbare denormalisierte Gleitkommazahl sind. In diesem Fall, dem sog. Unterlauf (Underflow), wird auf Null gerundet, das Vorzeichen bleibt dabei erhalten: War die zu rundende Zahl positiv, so entsteht $+0{,}0$, war sie negativ entsteht $-0{,}0$.

Als Unendlich wird die Zahl $1{,}0 \cdot 2^{128}$ festgelegt. Die Nachkommastellen der Mantisse sind also alle Null und es gilt $c = 255$. Die größte Zahl lautet damit $z_{\max} = (2-2^{-23})2^{127} \approx 3{,}4028234664 \cdot 10^{38}$. Zwischen $+\infty$ und $-\infty$ wird durch das Vorzeichenbit entschieden. Unendlich erhält man beispielsweise bei der Division $x/0$ mit $|x| > 0$. Zahlen der Art $1,f \cdot 2^{128}$ mit $f > 0$ dienen ohne nähere Spezifizierung in der Norm zur Kennzeichnung unerlaubter Zahlenbereiche (NaN, Not a Number). Diese entstehen mit insbesondere bei $\infty \pm \infty$, $\frac{\infty}{\infty}$, $\sqrt{-|x|}$ (mit $|x| > 0$) und ähnlichen Operationen.

Rechnen mit Gleitkommazahlen

Beim Rechnen mit Gleitkommazahlen sind folgende Rechenregeln zu beachten:

Addition und Subtraktion Als erstes werden die Exponenten angeglichen, indem die Mantisse des Operanden mit dem kleineren Exponenten entsprechend verschoben wird. Dabei können Stellen verloren gehen, d. h. es entsteht dann ein Rundungs- oder Abbrechfehler. Anschließend werden die Mantissen addiert bzw. subtrahiert.

Multiplikation Die Mantissen der Operanden werden multipliziert, die Exponenten addiert.

Division Die Mantissen der Operanden werden dividiert, der neue Exponent ergibt sich als Differenz des Exponenten des Dividenden und des Divisors.

Nach allen Operationen ist zu prüfen, ob die Ergebnisse in der Normalform vorliegen, ggf. ist durch Verschieben wieder zu normalisieren. Außerdem sind die oben angegebenen betragsmäßig kleinste

Bsp. 1.19 Gleitkommaarithmetik ist nicht assoziativ und distributiv. Die Ungültigkeit des Assoziativgesetzes der Addition wird hier anhand von 8-stelligen Dezimalzahlen demonstriert

$$
\begin{aligned}
(1{,}1111113 \cdot 10^7 + (-1{,}1111111 \cdot 10^7)) + 7{,}5111111 \cdot 10^0 &= \\
2{,}0000000 + 7{,}5111111 &= 9{,}5111111 \\
1{,}1111113 \cdot 10^7 + (-1{,}1111111 \cdot 10^7 + 7{,}5111111 \cdot 10^0) &= \\
1{,}1111113 \cdot 10^7 + (-1{,}1111111 \cdot 10^7 + 0{,}0000008 \cdot 10^7) &= \\
1{,}1111113 \cdot 10^7 + (-1{,}1111103 \cdot 10^7) &= 10{,}000000
\end{aligned}
$$

Zahl $z_{\min}$ und die betragsmäßig größte Zahl $z_{\max}$ zu berücksichtigen. Resultate arithmetischer Gleitkomma-Operationen sind nicht notwendigerweise wieder Gleitkommazahlen; sie werden daher zu den nächstgelegenen Gleitkommazahlen gerundet. Wird dabei $z_{\max}$ überschritten, ergibt sich ein Überlauf (Overflow).

Diese Besonderheiten der endlichen Arithmetik bedeuten auch, dass die Ergebnisse arithmetischer Berechnungen von deren Reihenfolge abhängen können, Assoziativ- und Distributivgesetze gelten also nicht uneingeschränkt. Dies ist in Bsp. 1.19 demonstriert, der besseren Übersichtlichkeit wegen anhand von Dezimalzahlen. Der Fehler in diesem Beispiel entsteht wegen der bei der Addition notwendigen Anpassung der Exponenten und der damit einhergehenden Mantissenverschiebung. Nach IEEE 754 werden die Zahlen hierbei nicht abgeschnitten, sondern echt gerundet. Sind beide Summanden von ähnlicher Größenordnung, so entstehen kleinere Fehler.

Eine detaillierte Erörterung der bei Gleitkommaarithmetik auftretenden Probleme würde hier den Rahmen sprengen, es wird zur Vertiefung auf Spezialliteratur wie z. B. [Kul13] verwiesen.

Übungsaufgaben zu Kapitel 1.4

A 1.18 (M0) Wandeln Sie die folgenden Binärzahlen in oktale, hexadezimale und dezimale Darstellung um:
11 0101; 11 0111 0110 1001; 111,101 und 11 0101,0001 001.

A 1.19 (M1) Wandeln Sie die folgenden Dezimalzahlen ins Binär-, Oktal- und Hexadezimalsystem um: 43; 6789; 26,4375; 102,375.

A 1.20 (M2) Wandeln sie 497,888 ins Fünfersystem und 768,3 ins Siebenersystem um.

A 1.21 (M2) Führen Sie die folgenden binären Rechenoperationen durch:

$110101 + 11001$	$101{,}1101 + 1110{,}11$	$111011 + 11101$	$110{,}0111 + 1101{,}101$
$111011 - 10111$	$110{,}1001 - 101{,}11011$	$110001 - 1101101$	$1011{,}101 - 1001{,}1101$
$11011 \cdot 1011$	$101{,}11 \cdot 1011{,}101$	$1101 \cdot 1011$	$111{,}01 \cdot 1{,}0101$
$101000010 : 1110$	$1011{,}11 : 10{,}1111$	$111{,}01 : 10$	$1010{,}11 : 10{,}1$

A 1.22 (M1) Berechnen Sie 647 − 892 im Dezimalsystem unter Verwendung der Zehnerkomplement-Methode.

A 1.23 (T1) Warum ist die Subtraktion mit der Komplement-Methode gerade im Binärsystem so vorteilhaft?

A 1.24 (M2) Schreiben Sie als 32-Bit Gleitkommazahlen:

0	64,625	-3258	0,0006912	$-21{,}40625 \cdot 10^4$
-2	75,4	$-4{,}532 \cdot 10^3$	71,46875	$-439{,}1248$

A 1.25 (M2) Geben Sie die folgenden normalisierten und denormalisierten 32-Bit Gleitkommazahlen an: Die größte, die kleinste, die kleinste größer Null, die größte negative.

A 1.26 (M2) Berechnen Sie näherungsweise π unter Verwendung der ersten 11 Glieder der Leibnitz-Formel:

$$\frac{\pi}{4} = \sum_{k=1}^{\infty} (-1)^{k-1} \frac{1}{2k-1} = 1 - \frac{1}{3} + \frac{1}{5} - \frac{1}{7} + \frac{1}{9} - \ldots$$

Rechnen Sie stellenrichtig im Zehnersystem mit Gleitkommazahlen in Normalform und Mantissen mit drei Nachkommastellen, also $0{,}d_1 d_2 d_3 \cdot 10^e$ mit $d_1 > 0$. Ermitteln Sie die günstigste Strategie hinsichtlich der Minimierung der Abbrechfehler: (1) Abarbeitung der Terme von links nach rechts, (2) Abarbeitung der Terme von rechts nach links, (3) getrennte Addition aller positiven und negativen Terme von links nach rechts bzw. (4) von rechts nach links und anschließende Subtraktion der Zwischenergebnisse.

A 1.27 (M2, P1) Zur näherungsweisen Berechnung von Wurzeln $y = \sqrt{x}$ mit $x \geq 0$ ist die Newtonsche Iterationsformel $y_{k+1} = (y_k + \frac{x}{y_k})/2$ gut geeignet. Beginnend mit einem Startwert $y_0 \neq 0$ berechnet man Näherungswerte, bis der Fehler $\varepsilon = |y_{k+1} - y_k| < s$ mit gegebenem s wird.

a) Entwickeln Sie eine einfache Strategie zur Ermittlung eines Startwertes y_0, für den die zu erwartende Anzahl der Iterationen möglichst klein ist. Rechnen Sie dabei im Zehnersystem mit Gleitkommazahlen in Normalform, also $0{,}d_1 d_2 d_3 \ldots \cdot 10^e$ mit $d_1 > 0$.

b) Vergleichen Sie Ihre Strategie mit den Strategien $y_0 = 1$ und $y_0 = x$, indem Sie für einige repräsentative Beispiele die Anzahl der erforderlichen Iterationen zählen. Schreiben Sie dazu am besten ein Programm in einer beliebigen Programmiersprache Ihrer Wahl.

A 1.28 (L1) Berechnen Sie $(a \wedge \neg b) \vee c$ für $a = 10111011$, $b = 01101010$, $c = 10101011$. Zeigen Sie an diesem Beispiel, dass $(a \wedge \neg b) \vee c = (a \vee c) \wedge (\neg b \vee c)$ gilt.

A 1.29 (L1) Bestimmen Sie für 10110_{bin} und 10011011_{bin} jeweils das Ergebnis einer logischen und einer arithmetischen Verschiebung zunächst um eine und dann um zwei Stellen nach rechts und nach links. Gehen Sie dabei von einem 8-Bit-Register mit Übertragsbit aus.

Literatur

[Bau96] F. L. Bauer. Punkt und Komma. *Informatik Spektrum*, 19(2):93–95, 1996.

[Bau09] F. L. Bauer. *Kurze Geschichte der Informatik*. Von Fink, 2009.

[Ber10] K. Berns. *Eingebettete Systeme: Systemgrundlagen und Entwicklung Eingebetteter Software*. Vieweg+Teubner, 2010.

[Bra96] W. Brauer und S. Münch. *Studien- und Forschungsführer Informatik*. Springer, 1996.

[Cla06] V. Claus. *Duden Informatik A–Z. Fachlexikon für Studium, Ausbildung und Beruf*. Bibliographisches Institut und F.A. Brockhaus AG, 2006.

[Czi12] H. Czichos und M. Hennecke, Hg. *HÜTTE – Das Ingenieurwissen*. Springer, 34. Aufl., 2012.

[Dam88] P. Damerow, R. Englund und H. Nissen. Die ersten Zahldarstellungen und die Entwicklung des Zahlbegriffs. *Spektrum der Wissenschaft*, (3):46–55, März 1988.

[Ger05] H. Gericke. *Mathematik in Antike und Orient.* Fourier, 2005.
[Har02] W. Hartmann und J. Nievergelt. Informatik und Bildung zwischen Wandel und Beständigkeit. *Informatik Spektrum*, 25(6):265–476, 2002.
[Hof92] D. R. Hofstadter. *Gödel, Escher, Bach.* dtv, 1992.
[Kul13] U. Kulisch. *Computer Arithmetic and Validity: Theory, Implementation, and Applications.* de Gruyter, 2. Aufl., 2013.
[Lan13] W. Lange und M. Bogdan. *Entwurf und Synthese von Eingebetteten Systemen: Ein Lehrbuch.* Oldenbourg, 2013.
[Mar10] P. Marwedel. *Embedded System Design: Embedded Systems Foundations of Cyber-Physical Systems.* Springer, 2. Aufl., 2010.
[Pen09] R. Penrose. *Computerdenken.* Spektrum Akademischer Verlag, 2009.
[Sie99] D. Siefkes, A. Braun, P. Eulenhöfer, H. Stach und K. Städtler, Hg. *Pioniere der Informatik: Ihre Lebensgeschichte im Interview.* Springer, 1999.
[Ste57] K. Steinbuch. INFORMATIK: Automatische Informationsverarbeitung. *SEG-Nachrichten*, (4):171, 1957.
[Wal12] C. Walls. *Embedded Software: The Works.* Newnes, 2. Aufl., 2012.
[Wei78] J. Weizenbaum. *Die Macht der Computer und die Ohnmacht der Vernunft.* Suhrkamp, 13. Aufl., 1978.

Kapitel 2
Nachricht und Information

2.1 Abgrenzung der Begriffe Nachricht und Information

„Nachricht" und „Information" sind zentrale Begriffe der Informatik, die intuitiv sowie aus der Erfahrung heraus vertraut sind. Während man eine „Nachricht" als etwas Konkretes begreifen kann, ist dies mit der darin enthaltenen Information jedoch nicht ohne weiteres möglich.

Nachrichten, Alphabete und Nachrichtenübermittlung

Eine Nachricht lässt sich als Folge von Zeichen auffassen, die von einem Sender (Quelle) ausgehend, in irgendeiner Form einem Empfänger (Senke) übermittelt wird. Die Nachrichtenübermittlung erfolgt dabei im technischen Sinne über einen Kanal. Dies kann beispielsweise eine Fernsehübertragung sein, aber auch die Briefpost. In der Regel ist dabei eine Umformung der Originalnachricht in das für die Übertragung erforderliche Medium erforderlich. Dies geschieht durch einen Codierer. Auf der Empfängerseite werden die empfangenen Signale durch einen Decodierer wieder in eine durch den Empfänger lesbare Form gewandelt. Während der Übermittlung ist auch die Möglichkeit einer Störung der Nachricht zu beachten. Man kann eine Nachrichtenübermittlung also wie in Abb. 2.1 dargestellt skizzieren. Die exakte Definition einer Nachricht baut auf dem Begriff des Alphabets auf (Beispiele für Alphabete zeigt Bsp. 2.1):

Definition 2.1 (Alphabet)**.** Ein Alphabet A besteht aus einer abzählbaren Menge von Zeichen (Zeichenvorrat) und einer Ordnungsrelation, d. h. eine Regel, durch die eine feste Reihenfolge der Zeichen definiert ist. Meist betrachtet man Alphabete mit einem endlichen Zeichenvorrat, gelegentlich auch abzählbar unendliche Zeichenvorräte wie die natürlichen Zahlen.

Definition 2.2 (Nachricht)**.** Eine Nachricht ist eine aus den Zeichen eines Alphabets gebildete Zeichenfolge. Diese Zeichenfolge muss nicht endlich sein, aber abzählbar (d. h. man muss die einzelnen Zeichen durch Abbildung auf die natürlichen Zahlen durchnummerieren können), damit die Identifizierbarkeit der Zeichen sichergestellt ist.

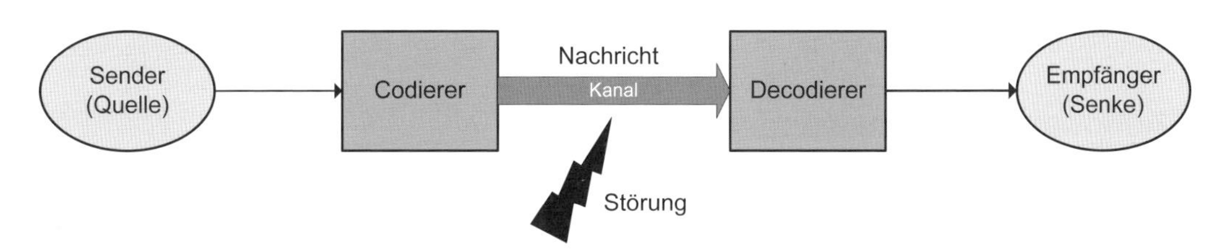

Abb. 2.1 Schematische Darstellung des Modells einer Nachrichtenübermittlung

Bsp. 2.1 Alphabete

Die folgenden geordneten, abzählbaren Mengen sind nach Definition 2.1 Alphabete:

a) $\{a, b, c, \ldots, z\}$ Die Menge aller Kleinbuchstaben in lexikografischer Ordnung.
b) $\{0, 1, 2, \ldots, 9\}$ Die Menge der ganzen Zahlen 0 bis 9 mit der Ordnungsrelation „<".
c) $\{\blacklozenge, \heartsuit, \spadesuit, \clubsuit\}$ Die Menge der Spielkartensymbole in der Reihenfolge ihres Spielwertes.
d) $\{2, 4, 6, \ldots\}$ Die unendliche Menge der geraden natürlichen Zahlen mit Ordnung „<".
e) $\{0, 1\}$ Die Binärziffern 0 und 1 mit $0 < 1$.

Der Nachrichtenraum

Die Menge aller Nachrichten, die mit den Zeichen eines Alphabets A gebildet werden können, heißt *Nachrichtenraum* $\mathrm{N}(A)$ oder A^* über A. Bisweilen schränkt man den betrachteten Nachrichtenraum auf Zeichenreihen mit einer maximalen Länge s ein; in diesem Fall umfasst der eingeschränkte Nachrichtenraum $\mathrm{N}(A^s)$ nur endlich viele Elemente, sofern das zu Grunde liegende Alphabet endlich ist. Nachrichten sind somit konkrete, wenn auch idealisiert immaterielle Objekte, die von einem Sender zu einem Empfänger übertragen werden können. Allerdings wird die Nachricht meist nicht in ihrer ursprünglichen Form, sondern in einer technisch angepassten Art und Weise übertragen, z. B. akustisch, optisch oder mithilfe elektromagnetischer Wellen.

Interpretation und Information

Die Extraktion von Information aus einer Nachricht setzt eine Zuordnung (Abbildung) zwischen Nachricht und Information voraus, die *Interpretation* genannt wird.

Die Interpretation einer Nachricht ist jedoch nicht unbedingt eindeutig, sondern subjektiv. In noch stärkerem Maße gilt das für die Bedeutung, die eine Nachricht tragen kann. Ein und dieselbe Nachricht kann bisweilen auf verschiedene Weisen interpretiert werden. Dies ist etwa im Falle des Wortes „Fuchsschwanz" möglich, wobei man je nach Kontext an den Schwanz eines Fuchses denken kann, oder aber an eine Säge. Die Interpretationsvorschrift muss auch nicht unbedingt offensichtlich sein, wie etwa im Falle des Wortes KITAMROFNI; der Schlüssel zur Information ist in diesem Beispiel die Transposition oder Krebsverschlüsselung. Die Lehre von der Verschlüsselung von Nachrichten oder Kryptologie entwickelte sich als ein Teilgebiet der Informatik mit großer praktischer Bedeutung. Davon wird in Kap. 4 noch ausführlicher die Rede sein.

„Information" ist also ein sehr vielschichtiger Begriff, der mathematisch nicht einfach und vor allem auch nicht allgemein in all seinen Facetten fassbar ist. Daher sind im Sinne der Informatik Informationen, im Gegensatz zu Nachrichten, nicht exakt definierbare abstrakte Objekte. DV-Anlagen sind deshalb genau genommen nicht Geräte zur Informationsverarbeitung, sondern zur Nachrichtenverarbeitung.

Übungsaufgaben zu Kapitel 2.1

A 2.1 (T1) Welche Mengen sind Alphabete: die geraden Zahlen, die reellen Zahlen, die Menge der Verkehrszeichen, die Primzahlen, die Noten der musikalischen Notenschrift?
A 2.2 (T1) Was ist der Unterschied zwischen Nachrichten- und Informationsverarbeitung?
A 2.3 (T1) Lässt sich die Zahl π als Nachricht übermitteln?

2.2 Biologische Aspekte

2.2.1 Sinnesorgane

Biologische Organismen verfügen sowohl über Organe zum Empfangen von Nachrichten, die Rezeptoren (auch Sinnesorgane oder Sensoren), als auch zum Senden von Nachrichten, die Effektoren. Ein Beispiel für einen Effektor ist der menschliche Sprechapparat, mit dem Schallwellen mit einer Frequenz von etwa 16 bis 16.000 Hz erzeugt werden können. Das entsprechende Wahrnehmungsorgan ist der Gehörsinn, die Art der Nachrichtenübermittlung geschieht akustisch mit Schallwellen als physikalischem Träger der Nachricht. Die Übertragung von Reizen erfolgt biologisch, also auch im menschlichen Körper, in Form von elektrochemischen Impulsen mit ca. 1 ms Breite und Amplituden von bis zu 80 mV. Die Übertragungsgeschwindigkeit ist ungefähr der Wurzel aus dem Nervenquerschnitt proportional und liegt zwischen 1 und 120 m/s. Im Vergleich zu technischen Systemen ist diese Übertragungsgeschwindigkeit sehr langsam.

Die Stärke einer Reizempfindung wird durch die Frequenz (bis zu 250 Hz) der elektrischen Impulse codiert. Diese besonders störsichere Codierung wird als Pulsfrequenzmodulation bezeichnet. Die Stärke der Reizempfindung R ist dabei proportional zum Logarithmus der physikalischen Reizstärke S mit einer individuellen Proportionalitätskonstante c (Fechnersches Gesetz):

$$R = c \cdot \log\left(\frac{S}{S_0}\right) \quad . \tag{2.1}$$

Ein Reiz muss dabei einen Schwellenwert S_0, die Reizschwelle, übersteigen, damit er überhaupt wahrgenommen werden kann. Außerdem folgt aus dem Übertragungsprinzip nach der Pulsfrequenzmodulation, dass die Verarbeitung schwacher Reize länger dauert als die Verarbeitung starker Reize. Die Verarbeitungszeiten schwanken je nach Reiz zwischen etwa 50 ms und 800 ms. Diese Verarbeitungszeiten sind im Vergleich zu der Leistung von Computern sehr lange, was aber durch ein hohes Maß an Parallelverarbeitung teilweise wieder aufgewogen wird.

Wesentlich für die Einschätzung der Leistungsfähigkeit von Sinnesorganen ist das Auflösungsvermögen für kleine Reizunterschiede. Nach dem Weberschen Gesetz gilt, dass die Auflösung, also die kleinste wahrnehmbare Differenz zwischen zwei Reizen S_1 und S_2, proportional zur Stärke des Reizes ist:

$$S_2 - S_1 = k \cdot S_1 \quad . \tag{2.2}$$

Die Werte der Proportionalitätskonstanten k streuen bei verschiedenen Versuchspersonen stark. In Tabelle 2.1 sind typische Werte für k sowie der Bereich zwischen Reizschwelle und Schmerzgrenze sowie die Anzahl der unterscheidbaren Reize für einige Sinneswahrnehmungen zusammengestellt. Die Anzahl der unterscheidbaren Reize lässt sich im Falle der Helligkeitswahrnehmung beispielsweise dadurch messen, dass man eine Versuchsperson entscheiden lässt, welcher von jeweils zwei nebeneinander projizierten Lichtpunkten der hellere ist. Die Anzahl der gleichzeitig unterscheidbaren Helligkeitsstufen – etwa bei der Betrachtung eines Bildes – ist dagegen wesentlich geringer, sie beträgt nur etwa 40 Stufen.

2.2.2 Datenverarbeitung im Gehirn

Bei den Reaktionszeiten auf äußere Reize spielen neben den Zeiten für die Wahrnehmung im Sinnesorgan selbst auch die Verarbeitungszeiten in den übergeordneten Strukturen wie Rückenmark, Thalamus und Großhirnrinde eine wichtige Rolle. Die den einzelnen Sinnesorganen zugeordneten

Tabelle 2.1 Proportionalitätsfaktor k, Wahrnehmungsbereich und Anzahl der unterscheidbaren Reize für ein Reihe von Sinneseindrücken. Es handelt sich hierbei um ungefähre, aus Messungen mit zahlreichen Versuchspersonen bestimmte Werte

Sinneseindruck	k	Wahrnehmungsbereich	Anzahl der unterscheidbaren Reize
Helligkeit	0,02	$1:10^{10}$	1200
Lautstärke	0,09	$1:10^{12}$	320
Tonhöhe	0,003	$1:10^{3}$	2300

Bereiche des Gehirns kann man gut lokalisieren und die Nervenaktivität mittel Magnetresonanztomographie (MRT) auch messen.

Als Beispiel für die Mitwirkung des Gehirns bei der Verarbeitung von Sinneseindrücken mag das in Abb. 2.2 demonstrierte Phänomen der optischen Täuschung und der Gestaltwahrnehmung dienen. Bei Panoptikum[1] und bei Wikipedia finden sich viele Beispiele für eindrucksvolle optische Täuschungen.

Sinnesorgane und die biologische Signalverarbeitung sind in vielfältiger Weise Vorbild für technische Entwicklungen (Sensoren) und Algorithmen zur Signalverarbeitung. Die Entwicklung technischer Systeme nach dem Vorbild der Natur bezeichnet man auch als *Bionik*. Die digitale Bild- und Sprachanalyse sowie die Mustererkennung sind Beispiele dafür. Ein ehrgeiziges Ziel ist dabei die Ersetzung menschlicher Sinne durch künstliche Komponenten mit direkter Interaktion zwischen Nervenleitungen und elektronischen Schaltungen.

Biologische Gehirne bestehen aus Milliarden von Neuronen, die auf komplexe Art und Weise miteinander vernetzt sind. Im Unterschied zu konventionellen Digitalrechnern arbeiten biologische Gehirne in hohem Maße fehlertolerant und parallel, ferner erfolgt der Speicherzugriff nicht lokal durch vorgegebene Adressen, sondern assoziativ, also inhaltsbezogen. Solche Strukturen dienen als Vorbild für die technische Realisierung Neuronaler Netze.

2.2.3 Der genetische Code

Die Entdeckung des genetischen Codes

Nachdem Charles Darwin um 1850 die Entwicklung der Arten durch die Evolutionstheorie begründet hatte, setzte Gregor Mendel mit der experimentellen Entdeckung einiger Vererbungsregeln im Jahre 1866 einen weiteren Meilenstein. Allerdings begann man sich erst Anfang des 20. Jahrhunderts wieder für dieses Fachgebiet zu interessieren, da erst dann Fortschritte in Biologie und Physik ein tieferes Verständnis der Vererbungsvorgänge erlaubten. Durch Versuchsreihen an Fruchtfliegen (Drosophila) und Bakterien konnte der Sitz verschiedener Erbeigenschaften auf den Chromosomen nach und nach lokalisiert werden. Wegbereitend waren insbesondere Arbeiten des Mediziners Salvador Luria und des Physikers Max von Delbrück, denen unter anderem der Nachweis spontaner Änderungen der Erbinformation durch Mutationen gelang. Es folgte die Entdeckung, dass Bakterien Erbinformationen untereinander austauschen und neu kombinieren. Damit entstanden neue Forschungsgebiete, die Molekularbiologie und die Genetik. 1943 diskutierte Erwin Schrödinger, der 1933 den Nobelpreis für Physik erhielt, in einer viel beachteten Arbeit die Frage „Was ist Leben?“ vom physikalischen Standpunkt aus [Sch99]. Hier wurde erstmals die Idee des genetischen Codes

[1] `http://www.panoptikum.net`

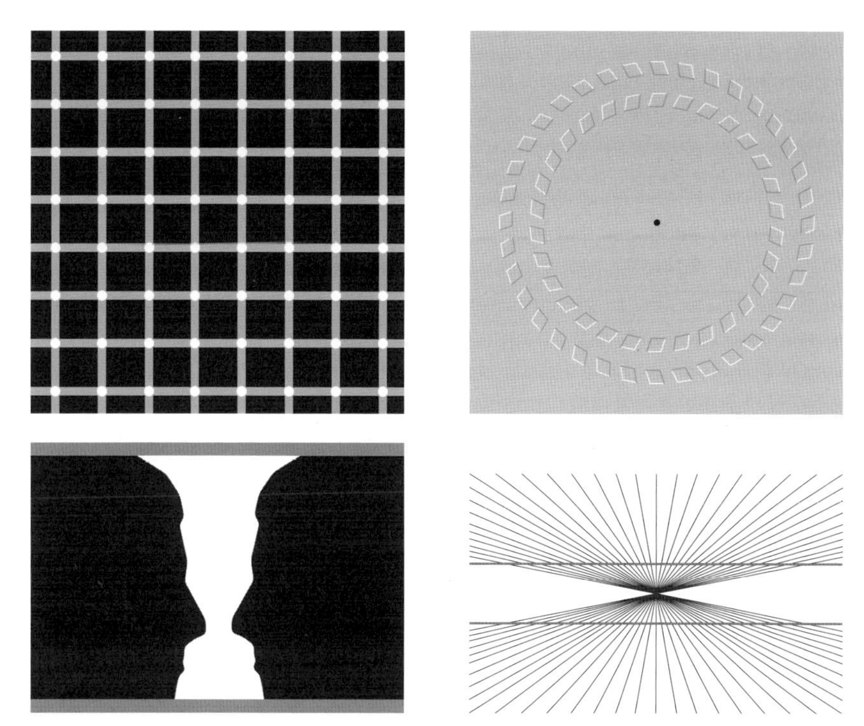

Abb. 2.2 Einige optische Täuschungen.
Oben links: Die grau flimmernden Punkte auf den kreuzenden Linien sind alle weiß.
Oben rechts: Schaut man auf den schwarzen Punkt und bewegt den Kopf vor und zurück scheinen die Kreise sich zu drehen.
Unten links: Je nach Betrachtungsweise erkennt man eine weiße Vase auf schwarzem Hintergrund oder zwei schwarze Gesichter auf weißem Hintergrund.
Unten rechts: Die beiden parallelen Linien erscheinen konvex gekrümmt.

entwickelt. Wenig später gelang dann der Nachweis, dass die Gene aller Lebewesen der Erde aus Nukleinsäuren bestehen, nämlich DNS (Desoxyribonukleinsäure) bzw. RNS (Ribonukleinsäure), und dass diese tatsächlich für sämtliche vererbbaren Eigenschaften verantwortlich sind (Avery, Hershey und Chase). Einen ersten Höhepunkt fand die Genetik 1953 mit der durch einen Nobelpreis belohnten Entschlüsselung der Doppelhelix-Struktur des Erbmaterials durch James Watson und Francis Crick. Mittlerweile gesellte sich zur Genetik die Gentechnologie mit dem Zweck der medizinischen und industriellen Nutzung einschlägiger wissenschaftlicher Erkenntnisse [Bro99].

Das Alphabet des genetischen Codes

Die Buchstaben des genetischen Codes sind die Nukleotide Adenin (A), Cytosin (C), Guanin (G) und Thymin (T). Jeweils drei in einem Strang des DNS-Moleküls unmittelbar aufeinander folgende Nukleotide codieren als Gen für eine Nukleinsäure. Der zweite Strang der Doppelhelix enthält eine vollständige Kopie des ersten Stranges. Ab ca. 2000 wurde im Human Genome Project das aus ca. 30.000 Genen bestehende menschliche Genom in einem beispiellosen Wettlauf mithilfe von Hochleistungsrechnern entschlüsselt; dies war auch eine Sternstunde der Bioinformatik. Insgesamt gibt es $4^3 = 64$ verschiedene Möglichkeiten, jeweils drei der vier Nukleotide zu einem Codewort aneinander zu reihen, wobei auch Wiederholungen zugelassen sind (vgl. Kap. 2.4.6, S. 56). Da nur 20 Nukleinsäuren zu codieren sind, stehen in der Regel mehrere, oft bis zu 6 verschiedene Codewörter für dieselbe Nukleinsäure. So codieren beispielsweise die Codewörter GAA und GAG beide die Glutaminsäure. Vier spezielle Codewörter (ATG, TAA, TGA und TGG) steuern den Beginn und den Abbruch der Synthese von Proteinen, die aus den 20 verschiedenen Nukleinsäuren aufgebaut werden. Die aneinander gereihten Nukleotide codieren also Sequenzen von Nukleinsäuren, aus denen Proteine als Bausteine des Organismus während des Wachstums synthetisiert werden. Darüber hinaus wird in der Folge vieler Zellteilungen auch die Spezialisierung bestimmter Zellen festgelegt, die beispielsweise zur differenzierten Herausbildung von Gliedmaßen und Organen führt.

Beim genetischen Code handelt es sich also um einen digitalen Code mit vier verschiedenen Zeichen, in direkter Analogie zu den in Computern verwendeten Codes, die der Gegenstand dieses Kapitels sind.

Genetischer Code und Informationsverarbeitung

Die Vererbung und die Entwicklung der Arten ist durch Mutationen, durch Rekombination von Erbmaterial und durch Selektion („survival of the fittest") geprägt. Diese Strategien lassen sich auch formalisieren und zur Lösung von Optimierungsproblemen in Computern nachvollziehen. Zu nennen sind hier die um 1960 entstandenen Arbeiten von Ingo Rechenberg [Rec73] und John Holland [Hol92]. Interessant ist auch der biologische Kopiervorgang der Erbinformation bei der Zellteilung, der ja mit dem Kopieren digitaler Informationen mithilfe eines Computers verglichen werden kann. Angetrieben wird die Reproduktion der Doppelhelix durch die thermische Brownsche Molekularbewegung. Dies ist, wie Charles Bennett und andere um 1980 zeigen konnten [Ben82], eine äußerst effiziente Methode, bei der im Grenzfall beliebig langer Kopierzeiten der Energiebedarf gegen Null geht. Prinzipiell wird nur beim Erzeugen oder Löschen von Informationen Energie benötigt. Eng damit verbunden ist auch die Frage nach dem Zusammenhang der informationstheoretischen Entropie (vgl. Kap. 2.5.2, S. 62) mit der aus der Thermodynamik bekannten physikalischen Entropie, auf die bereits Leo Szilard 1952 eine Teilantwort geben konnte, indem er nachwies, dass zum Gewinnen eines Informationsbits mindestens eine Energie von kT aufgewendet werden muss, wobei T die Temperatur des Systems ist und k die in der Thermodynamik wichtige Boltzmann-Konstante.

Übungsaufgaben zu Kapitel 2.2

A 2.4 (T0) Beschreiben Sie kurz die wesentlichen Details des genetischen Codes.

A 2.5 (T1) Vergleichen Sie biologische Gehirne mit digitalen Computern hinsichtlich Verarbeitungsgeschwindigkeit, Parallelität, Fehlertoleranz und Speicherprinzip.

A 2.6 (M1) Der einer Tonhöheempfindung R_1 entsprechende physikalische Reiz S_1 betrage 1% des Maximalreizes $S_{\max}$. Das Verhältnis von Maximalreiz zu Reizschwelle hat den Wert $S_{\max}/S_0 = 10^3$. Um welchen Faktor muss ein physikalischer Reiz S_2 größer sein als S_1, damit sich die zugehörige Reizempfindung von R_1 auf R_2 verdoppelt?

A 2.7 (M2) Die zu einem empfundenen Helligkeitsreiz R gehörige Pulsfrequenz f ist proportional zu R, es gilt also $f \sim R$. Außerdem gilt nach dem Fechnerschen Gesetz $R \sim \log(S/S_0)$. Für das Helligkeitsempfinden kennt man die zum physikalischen Maximalreiz $S_{\max}$ gehörende maximale Pulsfrequenz $f_{\max} = 250\,\text{Hz}$ sowie das Verhältnis von Maximalreiz zu Reizschwelle $S_{\max}/S_0 = 10^{10}$ aus experimentellen Untersuchungen. Welche Pulsfrequenz gehört zu einem physikalischen Reiz

$S_1 = S_{max}/10$?

A 2.8 (M3) Nach dem Weberschen Gesetz gilt für eine von biologischen Rezeptoren gerade noch auflösbare Differenz ΔS eines physikalischen Reizes S die Beziehung $\Delta S = k \cdot S$. Berechnen Sie daraus mit gegebener Proportionalkonstante k und gegebenem S_{max}/S_0 (Maximalreiz zu Reizschwelle) die Anzahl der aufgelösten Reizstufen für folgende Reize:

a) Helligkeit: $S_{max}/S_0 = 10^{10}$, $k = 0{,}02$

b) Lautstärke: $S_{max}/S_0 = 10^{12}$, $k = 0{,}09$

c) Tonhöhe: $S_{max}/S_0 = 10^3$, $k = 0{,}003$

A 2.9 (T1) Nennen Sie Parallelen zwischen biologischer und elektronischer Datenverarbeitung.

2.3 Diskretisierung von Nachrichten

Nachrichten müssen vor ihrer digitalen Verarbeitung aus der für gewöhnlich kontinuierlichen Form durch Diskretisierung (Digitalisierung) in eine diskrete Form überführt werden. Man setzt dabei voraus, dass die Nachricht als reelle Funktion vorliegt, die stetig oder zumindest von beschränkter Schwankung (lebesgue-integrierbar) ist; insbesondere darf die entsprechende Funktion also keine Unendlichkeitsstellen (Pole) haben. Anschaulich bedeutet dies, dass in der Nachricht wohl Sprünge vorkommen dürfen, dass aber die jeweils zugeordneten physikalischen Werte, z. B. Helligkeiten oder Tonhöhen, immer endliche Beträge aufweisen müssen.

2.3.1 Abtastung

Als *Abtastung* oder *Sampling* bezeichnet man die Abtastung der Werte einer Funktion an bestimmten vorgegebenen Stellen, also die Diskretisierung des Definitionsbereichs der Funktion. Der kontinuierliche Verlauf des Funktionsgraphen wird dann durch eine Treppenfunktion oder eine Anzahl von Pulsen angenähert, die im Allgemeinen äquidistant auf dem Definitionsintervall der Funktion angeordnet sind. Der Vorgang der Abtastung ist in Abb. 2.3 veranschaulicht. Stellt man sich die zu verarbeitende Funktion $f(t)$ als eine Funktion der Zeit t vor, so bedeutet die Abtastung, dass der Funktionswert $f(t)$ in äquidistanten Zeitschritten t_s bestimmt wird.

Das Shannonsche Abtasttheorem

Der theoretische Hintergrund der Abtastung wird durch das Shannonsche Abtasttheorem beschrieben [Sha48]: Mathematisch lässt sich jede Funktion $f(t)$, die als Fourier-Integral mit der Grenzfrequenz ν_G darstellbar ist, alternativ auch als eine Summe über schmale Pulse, deren Höhe durch den Funktionswert bestimmt sind, schreiben:

$$f(t) = \sum_n f(nt_s) \cdot \delta\left(\frac{t}{t_s} - n\right) \quad . \tag{2.3}$$

Die zur Beschreibung von Impulsen verwendete Deltafunktion $\delta(t)$ ist dadurch definiert, dass der entsprechende Impuls (das Integral über die Deltafunktion) den Wert 1 hat, wenn das Argument t zu 0 wird, was an den Abtaststellen $t = nt_s$ der Fall ist. An allen anderen Stellen ist der Funktionswert 0. Auch für mehrdimensionale Funktionen – etwa zweidimensionale Bilder oder räumliche Schichtaufnahmen, wie sie in der medizinischen Computer-Tomografie vorkommen – ist dieses Verfahren anwendbar.

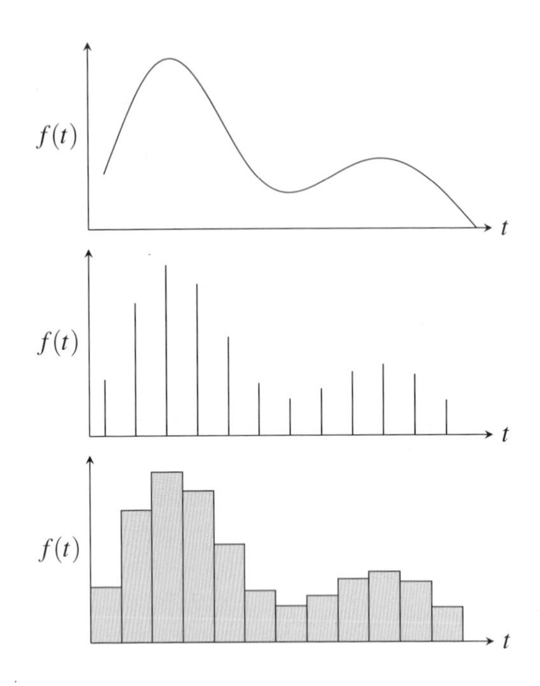

Abb. 2.3 Abtastung einer Funktion $f(t)$.
Oben: Kontinuierliche Funktion $f(t)$ in Abhängigkeit von der Zeit
Mitte: Abgetastete Funktion: Darstellung durch eine Folge äquidistanter Pulse
Unten: Abgetastete Funktion: Alternative Darstellung durch eine Treppenfunktion

Die Nyquist-Bedingung

Die in $f(t)$ enthaltene Information wird exakt wiedergegeben, wenn für die Abtastrate (Sampling Rate) mindestens der doppelte Wert der Grenzfrequenz ν_{G} gewählt wird. Für den zeitlichen Abstand t_{s} der Abtastpulse gilt dann:

$$t_{\mathrm{s}} \leq \frac{1}{2\nu_{\mathrm{G}}} \quad . \tag{2.4}$$

Dieser Zusammenhang wird als *Nyquist-Bedingung* bezeichnet.

Die Nyquist-Bedingung kann man etwa folgendermaßen in Worte fassen: Wenn man eine Funktion der Zeit als Fourierintegral über Schwingungen mit einer Grenzfrequenz bzw. Bandbreite ν_{G} darstellen kann, dann beinhaltet die Abtastung *keinen* Informationsverlust, sofern man die Abtastfrequenz $\nu_{\mathrm{S}} = 1/t_{\mathrm{s}}$ größer als die doppelte Grenzfrequenz wählt. Aus der abgetasteten Funktion lässt sich dann die ursprüngliche Funktion wieder *exakt* rekonstruieren.

Die Gültigkeit der Nyquist-Bedingung kann man sich mit folgendem Beispiel klar machen: Wird eine reine Sinusschwingung mit Frequenz ν mit einer Abtastfrequenz $\nu_{\mathrm{S}} < 2\nu$ abgetastet, dann ist die Rekonstruktion nicht eindeutig: außer der abgetasteten Schwingung ist auch eine Schwingung mit der Frequenz $\nu_1 = \nu - \nu_{\mathrm{S}}$ rekonstruierbar. Ist jedoch die Abtastfrequenz $\nu_{\mathrm{S}} \geq 2\nu$, so ist die Sinusschwingung eindeutig definiert. Bei technischen Anwendungen kann man immer davon ausgehen, dass eine Grenzfrequenz existiert, da alle realen Apparate grundsätzlich bei einer endlichen Frequenz „abschneiden“, d. h. nicht mit beliebig hohen Frequenzen schwingen können.

2.3.2 Quantisierung

Der Übergang von einer kontinuierlichen zu einer digitalen Nachricht erfordert nach der Abtastung noch einen zweiten Diskretisierungsschritt, die *Quantisierung*. Dazu wird der Wertebereich der zu

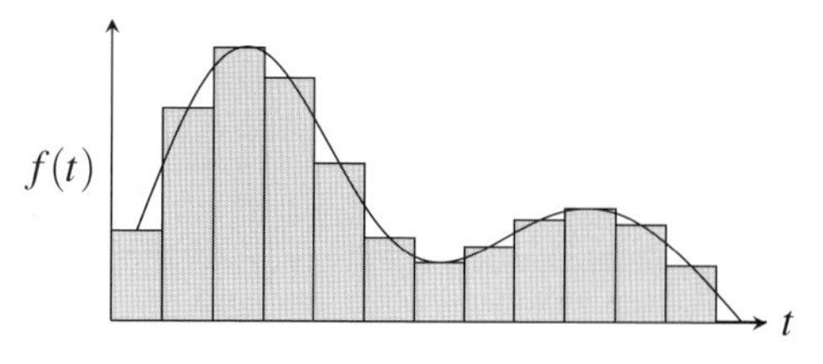

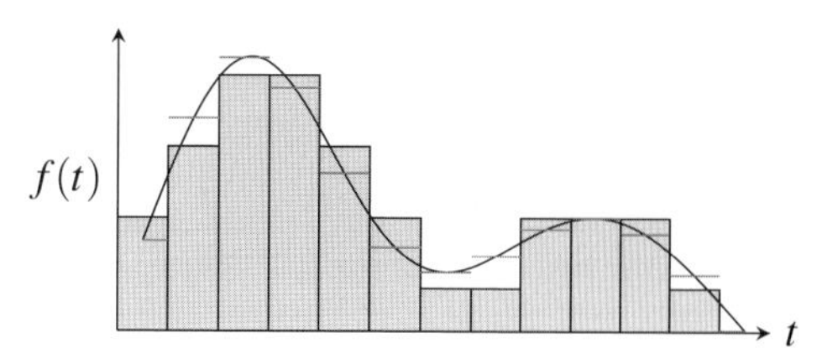

Abb. 2.4 Quantisierung einer abgetasteten Funktion $f(t)$.
Links: Abgetastete Funktion $f(t)$ in Abhängigkeit von der Zeit, jedoch mit kontinuierlichem Wertebereich
Rechts: Die gleiche Funktion mit quantisiertem Wertebereich und abgetasteten Definitionsbereich. Die ursprünglichen Werte sind als Balken mit eingezeichnet

diskretisierenden Funktion in eine Menge von Zahlen abgebildet, die das Vielfache einer bestimmten Zahl sind, des sogenannten Quantisierungsschritts. Hierbei wird wieder vorausgesetzt, dass die zu quantisierende Funktion beschränkt ist, denn nur dann führt die Quantisierung schließlich auf eine endliche Menge von Zahlen – und nur endliche Mengen von Zahlen können technisch verarbeitet werden.

Man erhält auf diese Weise aus einer beliebigen Nachricht eine digitale Nachricht, die aus einer endlichen Folge von natürlichen Zahlen besteht, die ihrerseits wieder in ein beliebiges Alphabet abgebildet werden können. Den hier beschriebenen Vorgang der digitalen Abtastung einer analogen Nachricht bezeichnet man auch als Pulscode-Modulation (siehe Kap. 7.2). Dies ist die Grundvoraussetzung für die Verarbeitung von Nachrichten mithilfe einer digitalen Datenverarbeitungsanlage. In Abb. 2.4 wird der Vorgang der Quantisierung verdeutlicht.

Quantisierungsfehler

Anders als bei der Abtastung ist mit der Quantisierung eine irreversible Änderung der ursprünglichen Nachricht verbunden, wobei die Abweichungen umso kleiner sein werden, je mehr Quantisierungsstufen man verwendet. Die Frage ist nun, wie viele Quantisierungsstufen man bei der Digitalisierung kontinuierlicher Nachrichten sinnvollerweise verwenden sollte. Als Quantisierungsfehler (auch Quantisierungsrauschen) definiert man den Betrag r der Differenz zwischen dem exakten Funktionswert $f(t)$ und dem durch die Quantisierung gewonnenen Näherungswert f_q:

$$r = |f(t) - f_q| \quad . \tag{2.5}$$

Der Quantisierungsfehler r nimmt offenbar mit der Anzahl der Quantisierungsstufen ab. Oft wird als Maß für die Güte einer Quantisierung auch der relative Quantisierungsfehler, also der Quotient f/r angegeben. Da r meist viel kleiner ist als f, kann f/r sehr groß werden. Aus diesem Grund, und weil dies auch dem physiologischen Empfinden besser entspricht, verwendet man den als *Signal-Rausch-Abstand* (Signal-to-Noise Ratio, SNR) bezeichneten Logarithmus dieses Quotienten mit der Maßeinheit dB (Dezibel):

$$\mathrm{SNR} = 20 \cdot \log(f/r) \quad [\mathrm{dB}]. \tag{2.6}$$

Von einem praxisbezogenen Standpunkt aus ist es also sinnvoll, die Quantisierung gerade so fein zu wählen, dass das Quantisierungsrauschen mit dem durch andere Störquellen verursachten Rauschen vergleichbar wird. Bei exakter mathematischer Formulierung der Quantisierung lassen sich noch weitere Kriterien für die notwendige Anzahl der Quantisierungsstufen angeben.

In der technischen Realisierung werden für die Diskretisierung Analog/Digital-Konverter (ADCs) verwendet. In vielen Anwendungen wählt man für die Digitalisierung 8 Bit (d. h. ein Byte), entsprechend $2^8 = 256$ Quantisierungsstufen, nämlich alle ganzen Zahlen von 0 bis 255. Gebräuchlich sind in der Messtechnik sowie der Audio- und Videotechnik auch ADCs mit 10, 12 oder 16 Bit. Generell gilt, dass ein zusätzliches Bit bei der Quantisierung den Signal-Rausch-Abstand um ca. 6 dB erhöht.

Übungsaufgaben zu Kapitel 2.3

A 2.10 (M1) Ein elektronisches Thermometer soll einen Temperaturbereich von -40°C bis $+50$°C erfassen und eine zur Temperatur proportionale Spannung zwischen 0 und 5 V ausgeben. Die Aufnahme dieser Temperaturdaten soll mithilfe einer in einen PC einzubauenden Digitalisierungskarte erfolgen. Zur Auswahl einer geeigneten Karte sind einige Fragen zu klären.

a) Wie viele Bit sind mindestens für die Digitalisierung nötig, wenn die Auflösung ca. 0,1°C betragen soll?

b) Wie groß ist das durch das Quantisierungsrauschen bedingte Signal-Rausch-Verhältnis im mittleren Temperaturbereich?

c) Die Elektronik des Temperatursensors überlagert dem Temperatursignal ein elektronisches weißes Rauschen von $3 \cdot 10^{-4}$ des maximalen Ausgangssignals. Vergleichen Sie dieses elektronische Rauschen mit dem Quantisierungsrauschen. Ist das Ergebnis mit dem in Teilaufgabe a) gefundenen Ergebnis zu vereinbaren?

A 2.11 (M1) Ein Videosignal mit einer Grenzfrequenz von 7,5 MHz soll durch einen 10-Bit ADC digitalisiert werden. Welchen zeitlichen Abstand sollten die äquidistanten Abtastschritte mindestens einhalten? Geben Sie außerdem das SNR an.

A 2.12 (T1) Grenzen Sie die folgenden Begriffe gegeneinander ab: Digitalisierung, Diskretisierung, Abtastung, Sampling und Quantisierung.

2.4 Wahrscheinlichkeit und Kombinatorik

In der Informatik geht man oft von einer statistischen Deutung des Begriffs Information aus; dies gilt insbesondere dann, wenn es um die Codierung und Übermittlung von Informationen bzw. Nachrichten geht. Im Folgenden werden zunächst einige in diesem Zusammenhang wichtige mathematische Begriffe erläutert (siehe auch [Geo09, Har12]).

2.4.1 Die relative Häufigkeit

Definition der relativen Häufigkeit

Als relative Häufigkeit h bezeichnet man den Quotienten aus der Anzahl von Dingen (Ereignissen), die ein bestimmtes Merkmal aufweisen und der Gesamtzahl der auf dieses Merkmal hin untersuchten Dinge. Diese Vorgehensweise zur Bestimmung der relativen Häufigkeiten wird auch als Abzählregel bezeichnet. Es gilt also:

$$h = \frac{\text{Anzahl der Ereignisse, die das gewünschte Merkmal aufweisen}}{\text{Anzahl der betrachteten Ereignisse}} \quad . \tag{2.7}$$

Aus der Definition folgt, dass immer die Einschränkung $0 \leq h \leq 1$ gelten muss.

Ein erhellendes Beispiel ist das Würfelspiel: Es gibt offenbar sechs mögliche Ereignisse beim Wurf eines Würfels, nämlich das Erscheinen einer der Punktezahlen 1, 2, 3, 4, 5 oder 6. Die relative Häufigkeit für jede der möglichen Punktezahlen ermittelt man durch eine große Anzahl von Würfen. Je mehr Würfe man macht, desto weniger werden sich erfahrungsgemäß die gefundenen relativen Häufigkeiten für den Wurf einer bestimmten Punktezahl von dem Wert $1/6$ unterscheiden.

Zufallsexperimente

Betrachtet man allgemein Zufallsexperimente, d. h. Vorgänge oder Versuche, die dem Zufall unterliegen, oder deren Ausgang aus anderen Gründen nicht vorhersagbar ist, so kann man mit den mathematischen Methoden der Statistik dennoch quantitative Aussagen machen, wenn die Versuche unter gleich bleibenden Bedingungen sehr oft wiederholt werden. Bei jedem Versuch gibt es eine Anzahl von möglichen, einander in der Regel ausschließenden Versuchsergebnissen, die man in ihrer Gesamtheit als die Menge der Elementarereignisse bezeichnet.

Betrachtet man als Beispiel den Versuch „einmaliges Werfen einer Münze“, so gibt es die beiden Elementarereignisse „Kopf“ und „Zahl“. Beim Versuch „einmaliges Werfen eines Würfels“ lauten die sechs Elementarereignisse „die Punktezahl ist 1, 2, 3, 4, 5 oder 6“. Die Menge der Elementarereignisse kann auch unendlich sein, wie etwa bei dem Versuch „Messung der Lebensdauer einer Glühbirne“. In vielen Fällen interessiert man sich auch für Ereignisse, die nicht unbedingt Elementarereignisse sind, sondern noch Nebenbedingungen unterliegen. Beispielsweise kann man beim Würfelspiel komplexere Ereignisse der Art „die gewürfelte Punktezahl ist kleiner als 4“ betrachten.

2.4.2 Die mathematische Wahrscheinlichkeit

Wahrscheinlichkeit und relative Häufigkeit

Die mathematische Wahrscheinlichkeit lässt sich mit der relativen Häufigkeit in Beziehung bringen. Im Falle des Würfelspiels erfasst man intuitiv: Die Wahrscheinlichkeit, mit einem Würfel eine

6 zu werfen ist zahlenmäßig gleich dem erwarteten Grenzwert der relativen Häufigkeit für eine sehr hohe Anzahl von Würfen, nämlich $1/6$. Dieser als das *Gesetz der großen Zahl* bekannte Zusammenhang kann auf beliebige Zufallsereignisse verallgemeinert werden. Man postuliert also für die Wahrscheinlichkeit $P(A)$, dass das Ereignis A eintritt, den Grenzwert der relativen Häufigkeit für unendlich viele Versuche:

$$P(A) = \lim_{n \to \infty} h(A) \quad . \tag{2.8}$$

Dabei steht A für das betrachtete Ereignis und n für die Anzahl der Versuche.

Die Axiome der mathematischen Wahrscheinlichkeit

Mathematisch ist der Begriff „Wahrscheinlichkeit" jedoch nicht durch die relative Häufigkeit, sondern durch die nachstehend angegebenen Beziehungen definiert, nämlich die drei Kolmogorowschen Axiome der Wahrscheinlichkeitstheorie.

Axiom 1: Die Wahrscheinlichkeit $P(A)$ für das Eintreffen eines bestimmten Ereignisses A ist eine reelle Funktion, die alle Werte zwischen Null und Eins annehmen kann:

$$0 \leq P(A) \leq 1 \quad . \tag{2.9}$$

Axiom 2: Die Wahrscheinlichkeit für das Auftreten eines Ereignisses A, das mit Sicherheit eintrifft, hat den Wert 1:

$$P(A) = 1 \quad . \tag{2.10}$$

Axiom 3: Für sich gegenseitig ausschließende Ereignisse A und B gilt:

$$P(A \text{ oder } B) = P(A \cup B) = P(A) + P(B) \quad . \tag{2.11}$$

Der Term $P(A \text{ oder } B)$ ist dabei als die Wahrscheinlichkeit zu interpretieren, dass entweder Ereignis A oder Ereignis B eintritt, aber nicht beide Ereignisse zugleich, da sich A und B gegenseitig ausschließen sollen. Dieses Additionsgesetz lässt sich auf beliebig viele, sich gegenseitig ausschließende Ereignisse $A_1, A_2, A_3, \ldots$ erweitern:

$$P(A_1 \cup A_2 \cup A_3 \ldots) = P(A_1) + P(A_2) + P(A_3) + \ldots \quad . \tag{2.12}$$

Dieser Zusammenhang ist sofort einleuchtend. Betrachtet man wieder das Würfelspiel, so ist die Wahrscheinlichkeit, bei einem Wurf mit einem Würfel eine 5 oder eine 6 zu würfeln nach der Abzählregel und in Übereinstimmung mit Axiom 3 offenbar $1/6 + 1/6 = 1/3$. Es ist anzumerken, dass die für praktische Zwecke übliche Gleichsetzung der Wahrscheinlichkeit mit dem Grenzwert der relativen Häufigkeit im Sinne der Axiome zulässig, aber nicht zwingend ist. Die Axiome 1 bis 3 lassen sich auch mit anderen Zuordnungen erfüllen. Das Kolmogorowsche Axiomensystem ist in diesem Sinne also nicht vollständig.

Folgerungen aus den Axiomen

Aus den Axiomen 1 bis 3 lassen sich eine ganze Reihe von Folgerungen herleiten. So ergibt sich die Wahrscheinlichkeit $P(A)$ für ein mit Sicherheit nicht eintretendes Ereignis A zu:

$$P(A) = 0 \quad . \tag{2.13}$$

Ferner gilt: Die Wahrscheinlichkeit $P(\overline{A})$ dafür, dass ein Ereignis A nicht eintritt, ist:

$$P(\text{nicht } A) = P(\overline{A}) = 1 - P(A) \quad . \tag{2.14}$$

Für die Wahrscheinlichkeit $P(A \text{ und } B)$ dafür, dass zwei Ereignisse A und B gemeinsam eintreten, findet man:

$$P(A \text{ und } B) = P(A \cap B) = P(A)P(B) \quad . \tag{2.15}$$

Voraussetzung für ein gemeinsames Eintreten ist natürlich, dass sich die beiden Ereignisse A und B nicht gegenseitig ausschließen und voneinander unabhängig sind. Wirft man beispielsweise mit zwei unterscheidbaren Würfeln (z. B. einem roten und einem schwarzen) gleichzeitig, so ist die Wahrscheinlichkeit dafür, dass man mit dem roten Würfel eine 1 und mit dem schwarzen Würfel eine 2 würfelt $(1/6) \cdot (1/6) = 1/36$. Das gleiche Ergebnis erhält man, wenn man mit einem Würfel zweimal hintereinander würfelt und verlangt, dass man mit dem ersten Wurf eine 1 und mit dem zweiten Wurf eine 2 würfelt. Die Verhältnisse ändern sich etwas, wenn man mit zwei ununterscheidbaren Würfeln würfelt und nach der Wahrscheinlichkeit fragt, dass eine 1 und eine 2 erscheint. Die Wahrscheinlichkeit ist nun $(1/6 + 1/6) \cdot (1/6) = 1/18$. Dieses Resultat erhält man auch, wenn man mit nur einem Würfel zweimal hintereinander würfelt und dabei nicht darauf achtet, ob erst eine 1 und dann eine 2 fällt oder erst eine 2 und dann eine 1.

Die bedingte Wahrscheinlichkeit

Oft hängt die Wahrscheinlichkeit eines Ereignisses A davon ab, ob ein anderes Ereignis B eingetreten ist oder nicht. Es gilt dann für die bedingte Wahrscheinlichkeit $P(A \mid B)$ für das Eintreffen des Ereignisses A unter der Bedingung, dass Ereignis B bereits eingetroffen ist:

$$P(A \mid B) = \frac{P(A \cap B)}{P(B)} \quad . \tag{2.16}$$

Sind A und B voneinander unabhängige Ereignisse, so ist $P(A \mid B) = P(A)$ und aus obiger Gleichung wird wieder $P(A \cap B) = P(A)P(B)$. Schließen sich zwei Ereignisse A und B nicht gegenseitig aus, so erhält man das verallgemeinerte Additionsgesetz:

$$P(A \cup B) = P(A) + P(B) - P(A \cap B) \quad . \tag{2.17}$$

Beispiele zur bedingten Wahrscheinlichkeit sind in Bsp. 2.2 gezeigt.

Das Resultat d) dieses Beispiels lässt sich auf eine Aussage verallgemeinern, die auf den ersten Blick überraschend erscheinen mag: Die Wahrscheinlichkeit, aus einem vollständigen Kartenspiel in einem Zug eine bestimmte Karte zu ziehen ist genauso groß, wie die Wahrscheinlichkeit, aus einem Kartenspiel, dem zuvor eine beliebige Anzahl von zufällig ausgewählten Karten entnommen worden ist, diese Karte zu ziehen. Dies läuft letztlich auf die Selbstverständlichkeit hinaus, dass die Wahrscheinlichkeit, aus einem vollständigen Spiel mit 32 Karten eine bestimmte Karte zu ziehen identisch mit der Wahrscheinlichkeit ist, dass ebendiese Karte übrig bleibt, wenn man von dem Spiel 31 Karten wegnimmt.

2.4.3 Totale Wahrscheinlichkeit und Bayes-Formel

Das Kausalprinzip

Man betrachtet nun den in der Praxis häufig auftretenden Fall, dass ein Ereignis B als Wirkung verschiedener, voneinander unabhängiger Ursachen $A_1, A_2, A_3, \ldots$ eintritt.

Bsp. 2.2 Bedingte Wahrscheinlichkeit

In einem Kartenspiel mit 32 Karten befinden sich vier Damen. Man fragt nun nach folgenden Wahrscheinlichkeiten:

a) Wie hoch ist die Wahrscheinlichkeit $P(D_1)$ bei einmaligem Ziehen aus einem vollständigen Kartenspiel eine Dame zu ziehen?

   Unter Verwendung der Abzählregel erhält man sofort das Ergebnis: $P(D_1) = 4/32 = 1/8$.

b) Wie hoch ist die Wahrscheinlichkeit dafür, in zwei aufeinander folgenden Zügen jeweils eine Dame zu ziehen, wenn nach dem ersten Zug die gezogene Dame nicht ins Spiel zurückgelegt wird?

   Für den Zug der ersten Dame gilt wieder $P(D_1) = 4/32$. Nun sind nur noch 31 Karten mit 3 Damen im Spiel, so dass man für die Wahrscheinlichkeit, im zweiten Zug ebenfalls eine Dame zu ziehen $P(D_2) = 3/31$ ermittelt. Insgesamt ist also: $P(D_1 \cap D_2) = P(D_1)P(D_2) = (4/32)(3/31) \approx 0{,}0121$.

c) Wie hoch ist die Wahrscheinlichkeit dafür, in zwei aufeinander folgenden Zügen jeweils eine Dame zu ziehen, wenn nach dem ersten Zug die gezogene Dame wieder ins Spiel zurückgelegt wird? Jetzt ist $P(D_1) = P(D_2) = 4/32$, da jeder Zug aus einem vollständigen Spiel gemacht wird. Das Ergebnis ist also $P(D_1)P(D_2) = (4/32)(4/32) \approx 0{,}0156$.

d) Wie groß ist die Wahrscheinlichkeit dafür, aus einem Kartenspiel, dem in einem Zug eine beliebige Karte entnommen worden ist, in einem anschließenden Zug eine Dame zu ziehen? Gesucht ist also die Wahrscheinlichkeit $P(D_2)$ für das Ziehen einer Dame im zweiten Zug. Es gibt nun zwei Möglichkeiten, nämlich erstens, dass im ersten Zug eine Dame gezogen wurde und zweitens, dass im ersten Zug keine Dame gezogen wurde. Diese beiden Ereignisse schließen sich gegenseitig aus, so dass die Gesamtwahrscheinlichkeit nach dem Additionsgesetz folgendermaßen berechnet werden kann:
   $P(D_2) = P(D_2 \cap D_1) + P(D_2 \cap \overline{D_1})$.
   Für den ersten Summanden gilt $P(D_2 \cap D_1) = P(D_2 \mid D_1) \cdot P(D_1) = (3/31)(4/32)$ und für den zweiten Summanden

   $$P(D_2 \cap \overline{D_1}) = P(D_2 \mid \overline{D_1}) \cdot P(\overline{D_1}) = P(D_2 \mid \overline{D_1}) \cdot (1 - P(D_1)) = (4/31)(1 - 4/32) \quad .$$

   Den Wert $P(D_2 \mid \overline{D_1}) = 4/31$ für die bedingte Wahrscheinlichkeit dafür, im zweiten Zug eine Dame zu ziehen, wenn im ersten Zug keine Dame gezogen worden war, erhält man mit der Abzählregel. Insgesamt berechnet man also:
   $P(D_2) = (3/31)(4/32) + (4/31)(1 - 4/32) = 1/8$.

   Dies ist das gleiche Ergebnis wie in a)! Die Wahrscheinlichkeit, aus einem vollständigen Kartenspiel in einem Zug eine Dame zu ziehen ist also genauso groß wie die Wahrscheinlichkeit, aus einem Kartenspiel, dem auf gut Glück eine Karte entnommen worden ist, eine Dame zu ziehen.

Es ist dies Ausdruck des Kausalprinzips, d. h. der Vorstellung, dass ein Ereignis ausschließlich als Wirkung von Ursachen eintreten kann. Aristoteles bringt diese Überzeugung des klassischen Determinismus durch die Worte „die Wissenschaft befasst sich nur mit Ursachen, nicht mit Zufällen" auf den Punkt. Einen „echten Zufall", also ein nicht-kausales Ereignis, das ohne Ursache auftritt, kann es nach dieser Vorstellung nicht geben. Bezeichnet man dennoch ein Ereignis als zufällig, so wird damit lediglich ausgedrückt, dass so vielfältige und komplexe Ursachen eine Rolle spielen, dass die Kenntnis aller Details nicht möglich ist, so dass die betrachteten Ereignisse zufällig wirken. Dem steht gegenüber, dass für chaotische und für quantenmechanische Vorgänge Ereignisse nicht einzeln sondern nur im statistischen Sinne vorhergesagt werden können; als Folgerung daraus muss man den klassischen Determinismus einschränken und auf quantenmechanischer Ebene tatsächlich echt zufällige Ereignisse zulassen.

Man muss jedoch festhalten, dass ein klassischer Computer weder ein chaotisches noch ein quantenmechanisches System ist, so dass das Kausalprinzip streng gilt. Dazu ein Zitat von John von Neumann: „Anyone who considers arithmetical methods of producing random digits, is, of course, in a state of sin."

Die totale Wahrscheinlichkeit

Aus den Axiomen der Wahrscheinlichkeit und der Definition der bedingten Wahrscheinlichkeit $P(B \mid A_j)$ als der Wahrscheinlichkeit, dass das Eintreffen des Ereignisses A_j (Ursache) das Ereignis B als Wirkung nach sich zieht, folgt der Ausdruck für die totale Wahrscheinlichkeit $P(B)$:

$$P(B) = \sum_{j=1}^{n} P(B \mid A_j) \cdot P(A_j) \quad . \tag{2.18}$$

In Worte gefasst also die Summe der Wahrscheinlichkeiten des Eintreffens von B, wenn man weiß, dass eine Ursache A_j eingetreten ist, multipliziert mit der Wahrscheinlichkeit, dass diese Ursache überhaupt auftritt. Siehe hierzu auch Bsp. 2.3.

Die Bayessche Erkenntnisformel

Durch Umkehrung der Formel für die totale Wahrscheinlichkeit lässt sich eine sehr wirksame Methode für den Wissensgewinn auf der Basis von Beobachtungen herleiten. Man betrachtet dazu ein Zufallsexperiment, dessen Ausgang B ist, und fragt nach der Wahrscheinlichkeit $P(A_k \mid B)$, dass das Ereignis B gerade durch die Ursache A_k bedingt wurde, wenn es durch die Ereignisse A_1 bis A_n hätte bedingt werden können. Auf das vorige Beispiel bezogen kann man also etwa nach der Wahrscheinlichkeit fragen, dass sich Hans ausgerechnet in Heidi verliebt.

Für die Umkehrung der Formel der totalen Wahrscheinlichkeit verwendet man die sich aus (2.16) ergebende Identität

$$P(A \cap B) = P(A)P(B \mid A) = P(B)P(A \mid B) \tag{2.19}$$

und erhält mit (2.18) den als Erkenntnisformel bekannten Satz von Thomas Bayes (1702–1761):

$$P(A_k \mid B) = \frac{P(A_k) \cdot P(B \mid A_k)}{P(B)} = \frac{P(A_k) \cdot P(B \mid A_k)}{\sum_{j=1}^{n} P(B \mid A_j) \cdot P(A_j)} \quad . \tag{2.20}$$

Die Erkenntnisformel gibt also eine Antwort auf Fragen der Art „mit welcher Wahrscheinlichkeit kann aus der Beobachtung eines Ereignisses B darauf geschlossen werden, dass B als Folge einer

Bsp. 2.3 Totale Wahrscheinlichkeit

Hans fühlt sich einsam und wendet sich an eine Agentur zur Vermittlung von Bekanntschaften. Der Computer der Agentur wählt drei Personen aus der Kartei aus, die auf Grund ihres Persönlichkeitsprofils zu Hans passen könnten, nämlich Heike, Heini und Heidi. Es wird nun ein Rendezvous vorgeschlagen, an dem Hans eine der Personen kennen lernen kann; der Einfachheit halber wird angenommen, dass nur genau eine der ausgewählten Personen, also entweder Heike oder Heini oder Heidi erscheint (vielleicht gehen die anderen leise wieder weg, wenn sie sehen, dass schon jemand da ist). Die Wahrscheinlichkeit $P(\heartsuit)$, dass Hans sich nun verlieben wird, richtet sich dann nach den Wahrscheinlichkeiten $P(\text{Heike})$, $P(\text{Heini})$ und $P(\text{Heidi})$, die angeben, dass diese tatsächlich zum Rendezvous erscheinen und nach den Wahrscheinlichkeiten $P(\heartsuit \mid \text{Heike})$, $P(\heartsuit \mid \text{Heini})$, $P(\heartsuit \mid \text{Heidi})$, dass sich Hans tatsächlich in die jeweils erschienene Person verlieben wird. Für das Beispiel sollen nun folgende Zahlenwerte angenommen werden:

$P(\heartsuit \mid \text{Heike}) = 5/9$, $P(\heartsuit \mid \text{Heini}) = 1/9$, $P(\heartsuit \mid \text{Heidi}) = 1/3$
$P(\text{Heike}) = 7/15$, $P(\text{Heini}) = 2/15$, $P(\text{Heidi}) = 6/15$

Man beachte, dass sich die Wahrscheinlichkeiten $P(\text{Heike})$, $P(\text{Heini})$ und $P(\text{Heidi})$ zu 1 addieren, da ja nach Voraussetzung genau eine dieser Personen zum Rendezvous erscheinen wird. Die Wahrscheinlichkeiten, dass Hans sich in eine dieser Personen verlieben wird, müssen sich dagegen nicht zu 1 summieren, denn es könnte ja sein, dass er sich in keine dieser Personen verliebt. Nach der Formel für die totale Wahrscheinlichkeit ergibt sich also:

$$P(\heartsuit) = \frac{5}{9} \cdot \frac{7}{15} + \frac{1}{9} \cdot \frac{2}{15} + \frac{1}{3} \cdot \frac{6}{15} = \frac{11}{27} \approx 0{,}4074 \quad ,$$

so dass sich Hans mit einer Wahrscheinlichkeit von etwas über 40% verlieben wird.

bestimmten Ursache A_k eingetreten ist“. Man kann also berechnen, mit welcher Wahrscheinlichkeit man aus dem Ausgang eines Experimentes auf die Gültigkeit einer Hypothese schließen kann. Dies ist die Grundlage wissenschaftlichen Vorgehens: man stellt eine Hypothese auf und testet sie, um deren Gültigkeit zu ermitteln. Die Alternative zu diesem Vorgehen sind Dogmen, die zwar unwiderlegbar sind, aber auch keine logisch und statistisch untermauerten Aussagen zulassen. Der Satz von Bayes ist auch für Methoden der künstlichen Intelligenz und Data Mining (siehe Kap. 9.7) von Bedeutung. Die einzelnen Terme dieser Formel haben folgende anschauliche Bedeutung:

$P(B \mid A_j)$ Wahrscheinlichkeit dafür, dass aus der Hypothese A_j das Ergebnis B folgt.

$P(A_j)$ Wahrscheinlichkeit dafür, dass die Hypothese A_j gilt. Diese muss a priori vor Durchführung des Experiments als Vorwissen bekannt sein.

$P(B) = \sum_{j=1}^{n} P(B \mid A_j) \cdot P(A_j)$ Wahrscheinlichkeit dafür, dass eine der bekannten möglichen Hypothesen A_1 bis A_n das Ergebnis B bewirkt hat, dass B also überhaupt eintrifft.

Beispiele hierzu zeigen Bsp. 2.4 und 2.5.

Bsp. 2.4 Bayessche Erkenntnisformel – 1

Mithilfe der Bayes-Formel lässt sich als Fortsetzung von Bsp. 2.3 die Wahrscheinlichkeit $P(\text{Heidi} \mid \heartsuit)$ dafür ermitteln, dass die Ursache für Hansens Verliebtheit Heidi war, denn es gilt:

$P(\heartsuit \mid \text{Heidi}) = 1/3$	Wahrscheinlichkeit dafür, dass aus der Hypothese „Heidi erscheint" das Ergebnis „Hans verliebt sich" folgt.
$P(\text{Heidi}) = 6/15$	Wahrscheinlichkeit dafür, dass die Hypothese „Heidi erscheint" gilt.
$P(\heartsuit) = 11/27$	Wahrscheinlichkeit dafür, dass sich Hans überhaupt verliebt hat.

Das Ergebnis lautet also: $P(\text{Heidi} \mid \heartsuit) = \frac{(6/15)(1/3)}{11/27} = 18/55 \approx 0{,}32727$.

Wenn also Hans nach der ganzen Aktion überhaupt verliebt ist, so ist er dies mit einer Wahrscheinlichkeit von fast 33% in Heidi.

Bsp. 2.5 Bayessche Erkenntnisformel – 2

Es seien fünf Behälter („Urnen") gegeben, nämlich:

2 vom Typ A_1 mit je 2 weißen und 3 schwarzen Kugeln,

2 vom Typ A_2 mit je 1 weißen und 4 schwarzen Kugeln,

1 vom Typ A_3 mit je 4 weißen und 1 schwarzen Kugeln.

Nun wird blind eine Kugel aus irgend einer Urne gezogen. Das Ereignis B laute „die Kugel ist weiß". Wie groß ist die Wahrscheinlichkeit $P(A_2 \mid \text{weiß})$ dafür, dass die weiße Kugel aus einer Urne vom Typ A_2 stammt?

Zunächst berechnet man unter Verwendung der Abzählregel folgende Wahrscheinlichkeiten:

$P(A_1) = 2/5$	Es gibt unter den 5 Urnen 2 vom Typ A_1
$P(A_2) = 2/5$	Es gibt unter den 5 Urnen 2 vom Typ A_2
$P(A_3) = 1/5$	Es gibt unter den 5 Urnen 1 vom Typ A_3
$P(\text{weiß} \mid A_1) = 2/5$	2 der 5 Kugeln in den Urnen vom Typ A_1 sind weiß
$P(\text{weiß} \mid A_2) = 1/5$	1 der 5 Kugeln in den Urnen vom Typ A_2 ist weiß
$P(\text{weiß} \mid A_3) = 4/5$	4 der 5 Kugeln in der Urne vom Typ A_3 sind weiß

Die totale Wahrscheinlichkeit $P(\text{weiß})$ dafür, eine weiße Kugel zu ziehen ist:

$$P(\text{weiß}) = \frac{2}{5} \cdot \frac{2}{5} + \frac{1}{5} \cdot \frac{2}{5} + \frac{4}{5} \cdot \frac{1}{5} = \frac{2}{5} \quad .$$

Damit folgt durch Einsetzen in die Bayes-Formel:

$$P(A_2 \mid \text{weiß}) = \frac{(2/5)(1/5)}{2/5} = \frac{1}{5} \quad .$$

Prinzip des unzureichenden Grundes

Ein gewisses Problem in der Anwendung der Bayes-Formel liegt darin, dass die Wahrscheinlichkeiten für die Gültigkeit der Hypothesen a priori bekannt sein müssen. In den obigen Beispielen war dies zwar der Fall; im Allgemeinen kann man jedoch nicht davon ausgehen. Oft verwendet man dann das Prinzip des unzureichenden Grundes (Principle of Indifference), das nichts anderes besagt, als dass man für Annahmen, deren Gültigkeit nicht bekannt ist, einfach von einer Gleichverteilung ausgeht, d. h. alle unbekannten Ereignisse werden als gleich wahrscheinlich angenommen. Eine solche Schätzung ist natürlich etwas fragwürdig und sollte nur angewendet werden, wenn ein intelligenteres Raten nicht möglich ist. Diese Bezeichnung wurde übrigens um 1920 von dem Nobelpreisträger für Wirtschaftswissenschaften, J. M. Keynes geprägt [Key21], früher sprach man oft weniger beschönigend vom Prinzip des ungenügenden Verstandes. Da jedoch die Ergebnisse der Anwendung der Bayes-Formel wieder Wahrscheinlichkeiten liefern, die als verbesserte a priori Wahrscheinlichkeiten für folgende Experimente herangezogen werden können, wird der Einfluss von Fehlern früherer Schätzungen nach und nach eliminiert.

2.4.4 Statistische Kenngrößen

Der Mittelwert

Zur globalen Beschreibung von Daten benutzt man statistische Kenngrößen wie Mittelwert, Streuung, Standardabweichung etc. Der oft benötigte arithmetische Mittelwert $\overline{x}$ einer Menge von n Daten $x_1, \ldots, x_n$ ist definiert als:

$$\overline{x} = \frac{1}{n}\sum_{i=1}^{n} x_i \quad \text{oder} \quad \overline{x}_w = \frac{1}{n}\sum_{i=1}^{n} x_i w_i \text{ mit } \sum w_i = n \tag{2.21}$$

mit Gewichtsfaktoren w_i, dann als gewichtetes arithmetisches Mittel bezeichnet. Die Gewichtsfaktoren legen dabei fest, wie stark die einzelnen Werte zum Mittelwert beitragen. Oft normiert man auch $\sum w_i = 1$; die Formel für den gewichteten Mittelwert lautet dann $\overline{x}_w = \sum_{i=1}^{n} x_i w_i$.

Streuung, Varianz und Standardabweichung

Die Streuung oder Varianz σ^2 ist definiert als:

$$\sigma^2 = \frac{1}{n-1}\sum_{i=1}^{n}(x_i - \overline{x})^2 = \frac{1}{n-1}\left(\left(\sum_{i=1}^{n} x_i^2\right) - n \cdot \overline{x}^2\right) \quad . \tag{2.22}$$

Aus der Streuung folgt die Standardabweichung σ der Einzelwerte: $\sigma = \sqrt{\sigma^2}$. Diese gibt an, wie stark die einzelnen Werte um den Mittelwert streuen. Die Standardabweichung s des Mittelwerts $\overline{x}$ ergibt sich aus: $s = \sigma/\sqrt{n}$. Sie gibt an, wie gut der Mittelwert die Daten repräsentiert. Wie man sieht wird die Schätzung des Mittelwerts durch Verwendung von mehr Daten (d. h. größerem n) immer besser.

Meist gibt man zur Charakterisierung eines Datensatzes $\{x_i\}$ den Mittelwert $\overline{x}$ mit der zugehörigen Standardabweichung s des Mittelwertes in der Form $\overline{x} \pm s$ an.

2.4.5 Fakultät und Binomialkoeffizienten

Bei vielen Problemen der Statistik werden bei der Berechnung von relativen Häufigkeiten und Wahrscheinlichkeiten Methoden der mathematischen Kombinatorik verwendet. In diesem Zusammenhang sind die Fakultät und die Binomialkoeffizienten von grundlegender Bedeutung und sollen daher zunächst eingeführt werden.

Die Fakultät

Als Fakultät von n, mit der Schreibweise $n!$, bezeichnet man das Produkt $1 \cdot 2 \cdot 3 \cdot \ldots \cdot n$ aus allen Zahlen von 1 bis n. Dabei muss n eine natürliche Zahl $n \in \mathbb{N}_0$ sein. Man definiert:

Definition 2.3 (Fakultät). $n! = 1 \cdot 2 \cdot 3 \cdot \ldots \cdot n$ und zusätzlich: $0! = 1$.

Die Berechnung der Fakultät ist auf den ersten Blick sehr einfach. Es handelt sich hierbei jedoch um eine extrem schnell wachsende Funktion, so dass auch für kleine Argumente das Ergebnis die in Computern üblicherweise erlaubte größte darstellbare Zahl rasch übersteigen kann. Die Berechnung der Fakultät kann auf einfache Weise rekursiv erfolgen:

$$n! = n \cdot (n-1)! \quad . \tag{2.23}$$

Die Rekursivität ist ein in Mathematik und Informatik häufig verwendetes Konzept, bei dem ein Funktionswert $f(n)$ aus einem oder mehreren vorherigen Werten, z. B. $f(n-1)$, berechnet wird. Wichtig ist dabei ein Abbruchkriterium. Für die Fakultät ergibt sich das Abbruchkriterium daraus, dass ein Anfangswert nicht rekursiv definiert wird, nämlich $0! = 1$. Auf Rekursion wird in Kap. 11.4 nochmals ausführlicher eingegangen.

Die Binomialkoeffizienten

Eng verwandt mit der Fakultät sind die Binomialkoeffizienten, die wie folgt definiert sind:

Definition 2.4 (Binomialkoeffizient).

$$\binom{n}{m} = \frac{n!}{m!(n-m)!} \quad \text{mit } n, m \in \mathbb{N}_0, n \geq m \quad .$$

Folgende Spezialfälle ergeben sich direkt aus der Definition:

$$\binom{n}{0} = \binom{n}{n} = 1 \quad \text{und} \quad \binom{n}{1} = \binom{n}{n-1} = n \quad .$$

Außer für Anwendungen in der Kombinatorik und Statistik sind die Binomialkoeffizienten vor allem in der Algebra von Bedeutung, wobei der Ausgangspunkt der Wunsch ist, einen binomischen Ausdruck der Art $(a+b)^n$ als Potenzsumme zu schreiben. Für kleine n führt direktes Ausmultiplizieren zum Ziel, für große n ist dies jedoch nicht mehr praktikabel. Für die praktische Berechnung der bei den Potenzen von a und b stehenden Faktoren, die sich als die Binomialkoeffizienten erweisen, eignet sich das folgende rekursive Bildungsgesetz:

$$\binom{n}{m} = \binom{n-1}{m-1} + \binom{n-1}{m} \quad . \tag{2.24}$$

n	0	1	2	3	4	5	...
0	1	0	0	0	0	0	...
1	1	1	0	0	0	0	...
2	1	2	1	0	0	0	...
3	1	3 +	3 ↓	1	0	0	...
4	1	4 ↘	6	4	1	0	...
5	1	5	10	10	5	1	...
...	...	...	...	...	...	...	...

(Spaltenüberschrift: m)

Tabelle 2.2 Das Pascalsche Dreieck dient zur rekursiven Berechnung der Binomialkoeffizienten $\binom{n}{m}$. Beispielsweise ergibt sich $\binom{4}{2} = 3+3 = 6$

Dieses Bildungsgesetz kann durch das Pascalsche Dreieck veranschaulicht werden, wie in Tabelle 2.2 gezeigt. Offenbar ist jede Zahl im Pascalschen Dreieck (mit Ausnahme der Einsen und Nullen am linken bzw. oberen Rand) gerade gleich der Summe der unmittelbar darüber und links darüber stehenden Zahlen.

Mithilfe der Binomialkoeffizienten lässt sich der binomische Satz zur Umwandlungen von Binomen $(a+b)^n$ in Potenzreihen in einfacher Weise schreiben:

$$(a+b)^n = \sum_{m=0}^{n} \binom{n}{m} a^{n-m} b^m \quad . \tag{2.25}$$

Daraus folgt auch mit $a = b = 1$ ein Ausdruck zur Berechnung von Zweierpotenzen:

$$2^n = \sum_{m=0}^{n} \binom{n}{m} \quad . \tag{2.26}$$

Der praktische Nutzen des Pascalschen Dreiecks wird anhand eines Beispiels deutlich: Die Koeffizienten der zum Binom $(a+b)^5$ gehörenden Potenzreihe stehen in der fünften Zeile des Dreiecks, wobei man die Zählung der Zeilen (und Spalten) mit 0 beginnt. Ordnet man alle Summanden nach fallenden Potenzen von a oder b (was wegen der Symmetrie des Dreiecks äquivalent ist), so liest man die Koeffizienten 1, 5, 10, 10, 5, 1 ab und es folgt:

$$(a+b)^5 = a^5 + 5a^4b + 10a^3b^2 + 10a^2b^3 + 5ab^4 + b^5 \quad .$$

2.4.6 Kombinatorik

Die Grundaufgabe der Kombinatorik

Bei der Kombinatorik geht es um das Abzählen aller Möglichkeiten, aus einer Menge mit n Elementen genau m Elemente auszuwählen. Dabei wird vorausgesetzt, dass n und m natürliche Zahlen sind. Ein interessantes Beispiel ist das Zahlenlotto: Aus den 49 Zahlen von 1 bis 49 werden 6 Zahlen ausgewählt. Die Anzahl der verschiedenen Möglichkeiten, aus 49 Zahlen 6 Zahlen auszuwählen, kann man mithilfe der Kombinatorik berechnen.

Meist ist zu unterscheiden, ob es bei der Auswahl der Elemente auf die Reihenfolge der Auswahl ankommt oder nicht. Beim Lottospiel etwa kommt es nur darauf an, *welche* Zahlen ausgewählt wurden, die Reihenfolge der Auswahl ist ohne Bedeutung. Weiter muss noch beachtet werden, ob

Elemente mehrmals ausgewählt werden dürfen oder nicht. Auch hier ist das Beispiel des Zahlenlottos lehrreich, bei dem jede Zahl nur *einmal* ausgewählt werden darf. Demgemäß unterscheidet man die im Folgenden erläuterten Varianten.

Variationen

Als Variationen $V(m,n)$ bezeichnet man die Anzahl der Möglichkeiten, m Elemente aus einer Menge von n Elementen auszuwählen, wobei *die Reihenfolge eine Rolle* spielt. Sind Wiederholungen erlaubt, so erhält man:

$$V(m,n) = n^m \quad . \tag{2.27}$$

Sind keine Wiederholungen zugelassen, so folgt:

$$V(m,n) = \frac{n!}{(n-m)!} \quad . \tag{2.28}$$

Für den Sonderfall $n = m$ wird die Variation $V(n,n)$ ohne Wiederholung zur Permutation $P(n)$, für welche man unter Berücksichtigung von $(n-n)! = 0! = 1$ findet:

$$V(n,n) = P(n) = n! \quad . \tag{2.29}$$

Kombinationen

Die Anzahl der Möglichkeiten, m Elemente aus einer Menge von n Elementen *ohne Beachtung der Reihenfolge* auszuwählen, nennt man Kombinationen $C(m,n)$. Sind Wiederholungen erlaubt, so gilt:

$$C(m,n) = \binom{n+m-1}{n-1} \quad . \tag{2.30}$$

Sind keine Wiederholungen erlaubt, so muss gelten $m \leq n$. Es folgt die Beziehung:

$$C(m,n) = \binom{n}{m} \quad . \tag{2.31}$$

Beispiele zur Kombinatorik sind in Bsp. 2.6, 2.7 und 2.8 gezeigt.

Übungsaufgaben zu Kapitel 2.4

A 2.13 (M1) Sie haben es in die Vorrunde des Millionenspiels geschafft. Die Einstiegsfrage lautet: Ordnen Sie die folgenden Mittelmeerinseln in der Reihenfolge von Ost nach West:
A: Kreta, B: Korsika, C: Sizilien, D: Zypern
Da Sie keine Ahnung haben, raten Sie. Mit welcher Wahrscheinlichkeit liegen Sie richtig?
A 2.14 (L1) Mithilfe eines Zufallsgenerators werde eine Folge aus den Zeichen 0 und 1 erzeugt. Der Vorgang soll beendet werden, sobald entweder die Teilfolge 111 oder die Teilfolge 101 auftritt. Welcher Ausgang ist wahrscheinlicher?
A 2.15 (M2) Wie wahrscheinlich ist es, im Lotto 6 aus 49, 5 bzw. 3 Richtige zu tippen?
A 2.16 (M2) Ein Geschäftsmann reist von Tokyo über Singapur und Bahrein nach München. In jedem der vier Flughäfen ist die Wahrscheinlichkeit dafür, dass sein Koffer verloren geht p. Der Geschäftsmann wartet in München vergeblich auf seinen Koffer. Berechnen Sie für jeden der Flughäfen die Wahrscheinlichkeit, dass der Koffer gerade dort verloren ging.

Bsp. 2.6 Unterschiede und Gemeinsamkeiten zwischen Variationen, Permutationen und Kombinationen

Es wird das aus den drei Buchstaben a, b und c bestehende Alphabet $A = \{a, b, c\}$ betrachtet; in den obigen Formeln ist also $n = 3$ einzusetzen. Man berechnet:

a) Permutationen aller drei Elemente: $3! = 6$
{abc, acb, bac, bca, cab, cba}

b) Variationen von zwei Elementen aus {a, b, c} mit Wiederholungen: $3^2 = 9$
{aa, ab, ac, ba, bb, bc, ca, cb, cc}

c) Variationen von zwei Elementen aus {a, b, c} ohne Wiederholungen: $\frac{3!}{(3-2)!} = 6$
{ab, ac, ba, bc, ca, cb}

d) Kombinationen von 2 Elementen aus {a, b, c} mit Wiederholungen: $\binom{3+2-1}{3-1} = 6$
{aa, bb, cc, ab, bc, ca}

e) Kombinationen von zwei Elementen aus a,b,c ohne Wiederholungen: $\binom{3}{2} = 3$
{ab, bc, ca}

A 2.17 (L3) Die Journalistin Marilyn vos Savant hat folgendes Fernseh-Quiz in Amerika populär gemacht: Einem Kandidaten werden 3 Türen gezeigt und mitgeteilt, dass sich hinter zwei Türen je eine Ziege befindet und hinter einer Tür ein Auto. Errät der Kandidat die Tür, hinter der das Auto steht, so erhält er es als Gewinn. Der Kandidat zeigt nun ohne diese zu öffnen auf eine Tür. Der Spielleiter öffnet nun von den verbleibenden beiden Türen diejenige, hinter der sich eine Ziege befindet. Der Kandidat darf nun nochmals wählen. Mit welcher Wahrscheinlichkeit gewinnt der Kandidat mit den drei folgenden Strategien das Auto?

a) Er bleibt bei der getroffenen Wahl.

b) Er wählt nun die andere noch geschlossene Tür.

c) Er wirft zur Wahl der beiden verfügbaren Türen eine Münze.

A 2.18 (L3) Schafkopfen ist ein Spiel mit 32 Karten für 4 Mitspieler, die jeweils 8 Karten erhalten. Wahrscheinlichkeiten und Kombinatorik sind dabei von großer Bedeutung.

a) Wie hoch ist die Wahrscheinlichkeit, ein „Sie“ (d. h. alle 4 Unter und alle 4 Ober) auf die Hand zu bekommen?

b) Wie hoch ist die Wahrscheinlichkeit, einen „Wenz mit 4“ (d. h. alle 4 Unter und sonst beliebige Karten) auf die Hand zu bekommen?

Bsp. 2.7 Lottospiel

Die Wahrscheinlichkeit, beim Lottospiel einen Gewinn zu erzielen, lässt sich gut mithilfe der Kombinatorik und der relativen Häufigkeit berechnen.
Beim Lottospiel werden 6 Elemente ohne Wiederholungen aus einer Menge von 49 Elementen ausgewählt, wobei die Reihenfolge der Auswahl keine Rolle spielt. Es handelt sich also um Kombinationen ohne Wiederholungen. Zunächst soll berechnet werden, wie groß die Wahrscheinlichkeit ist, alle 6 richtigen Zahlen zu tippen. Die Anzahl der Möglichkeiten ist:

$$\binom{49}{6} = 13\,983\,816 \quad .$$

Nach Abzählregel (2.7) „Anzahl der günstigen Fälle/Anzahl der möglichen Fälle" folgt:

$$P(6 \text{ richtige}) = \frac{1}{13\,983\,816} \quad .$$

Etwas schwieriger ist es, allgemein die Wahrscheinlichkeit für das Tippen von $m \leq k$ richtigen Zahlen aus $k = 6$ Gewinnzahlen zu berechnen, die aus einer Menge von $n = 49$ Zahlen gezogen wurden. Dazu ist zunächst die Anzahl der günstigen Fälle zu berechnen. Diese ergibt sich als die Anzahl der Möglichkeiten, die m Gewinnzahlen aus den 6 gezogenen Zahlen auszuwählen, multipliziert mit der Anzahl der Möglichkeiten, die $k-m$ getippten Nicht-Gewinnzahlen auf die verbleibenden $n-k$ nicht gezogenen Zahlen zu verteilen. Insgesamt folgt dann z. B. für $m = 4$:

$$P(m \text{ richtige}) = \frac{\binom{k}{m}\binom{n-k}{k-m}}{\binom{n}{k}} = \frac{\binom{6}{4}\binom{43}{2}}{\binom{49}{6}} = \frac{15 \cdot 903}{13\,983\,816} = \frac{1}{1032} \approx 0{,}00097 \quad .$$

Diese auch für viele andere Anwendungen wichtige Funktion trägt den Namen hypergeometrische Verteilung. Anwendungen findet man unter anderem in der Statistik bei der Qualitätssicherung von produzierten Teilen durch die Analyse von Stichproben.

Bsp. 2.8 Nachrichtenraum $\mathrm{N}(A^3)$ über Alphabet $A = \{0, 1\}$

Der Bezug zur Informatik wird durch das folgende Beispiel deutlicher. Gegeben sei das aus den beiden Binärziffern 0 und 1 bestehende Alphabet $A = \{0, 1\}$. Wie viele Elemente umfasst der Nachrichtenraum $\mathrm{N}(A^3)$ wenn die Wortlänge auf maximal 3 Zeichen beschränkt wird? Es handelt sich hier offenbar um Variationen mit Wiederholungen aus einem Alphabet mit zwei Elementen. Damit berechnet man, dass $\mathrm{N}(A^3)$ aus insgesamt 14 Worten besteht, nämlich:
$2^1 = 2$ Worte mit Länge 1, $2^2 = 4$ Worte mit Länge 2 und $2^3 = 8$ Worte mit Länge 3
Der Nachrichtenraum A^3 enthält also 14 Worte und lautet explizit:
$\mathrm{N}(A^3) = \{0, 1, 00, 01, 10, 11, 000, 001, 010, 011, 100, 101, 110, 111\}$.

2.5 Information und Wahrscheinlichkeit

2.5.1 Der Informationsgehalt einer Nachricht

Statistischer Informationsgehalt und Elementarentscheidungen

Als statistischen Informationsgehalt oder Entscheidungsinformation einer Nachricht, d. h. eines Wortes aus dem Nachrichtenraum A^* über einem Alphabet A, bezeichnet man die Mindestanzahl der zur Erkennung (Identifizierung) aller Zeichen der Nachricht nötigen Elementarentscheidungen.

In Abgrenzung von dem sehr weit gefassten intuitiven Begriff Information spricht man in dem hier betrachteten speziellen Fall von der mathematisch fassbaren Entscheidungsinformation, die ihrem Wesen nach rein statistischen Charakter trägt und somit nicht nach der semantischen Bedeutung einer Information oder dem damit verfolgten Zweck fragt.

Die Shannonsche Informationstheorie

Die Shannonsche Informationstheorie wurde maßgeblich von Claude Shannon (1916–2001) von 1940 bis 1950 entwickelt [Sha48, Sha76]. Für die mathematische Beschreibung des statistischen Informationsgehalts $I(x)$ eines Zeichens oder Wortes x, das in einer Nachricht mit der Auftrittswahrscheinlichkeit $P(x)$ vorkommt, stellt man einige elementare Forderungen:

1. Je seltener ein bestimmtes Zeichen x auftritt, d. h. je kleiner $P(x)$ ist, desto größer soll der Informationsgehalt dieses Zeichens sein. $I(x)$ muss demnach zu einer Funktion, die von $1/P(x)$ abhängt, proportional sein und streng monoton wachsen.

2. Eine Zeichenkette x_1x_2 aus voneinander unabhängigen Zeichen x_1 und x_2 hat die Auftrittswahrscheinlichkeit $P(x_1x_2) = P(x_1) \cdot P(x_2)$. Die Gesamtinformation dieser Zeichenkette soll sich aus der Summe der Einzelinformationen ergeben, also:

$$I(x_1x_2) = I(x_1) + I(x_2) \quad . \tag{2.32}$$

   Dieses Additionsgesetz lässt sich auf beliebig lange Zeichenketten erweitern.

3. Für den Informationsgehalt eines mit Sicherheit auftretenden Zeichens x, also für den Fall $P(x) = 1$, soll $I(x) = 0$ gelten.

Offenbar werden die obigen Forderungen durch die Logarithmusfunktion erfüllt. Tatsächlich kann man beweisen, dass die Logarithmusfunktion bis auf einen Skalenfaktor die einzige Funktion ist, die dies leistet [Ash90]. Für die Abhängigkeit des Informationsgehalts eines Zeichens x von seiner Auftrittswahrscheinlichkeit $P(x)$ schreibt man daher:

$$I(x) = \log_b \frac{1}{P(x)} = -\log_b P(x) \quad . \tag{2.33}$$

Da eine Wahrscheinlichkeit $P(x)$ immer zwischen null und eins liegt, ist der Informationsgehalt stets positiv.

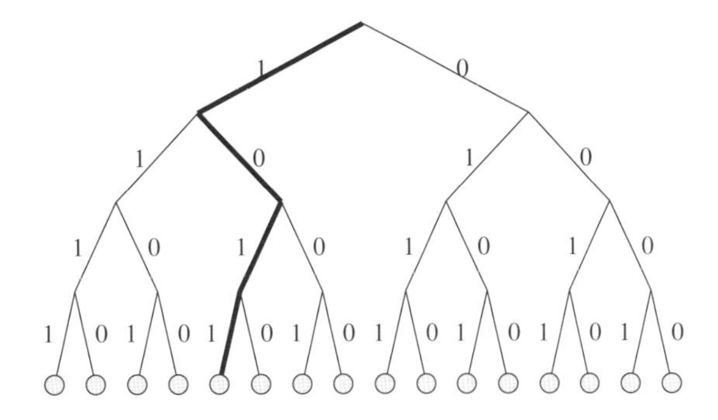

Abb. 2.5 Entscheidungsbaum für ein vierstelliges Binärwort. Der Entscheidungspfad zur Identifikation des Wortes 1011 ist fett markiert. Die Leserichtung geht von der Wurzel (oben) zu den Endknoten (Blättern) des Baumes

Das Bit als Maß für eine Informationseinheit

Die Basis b des Logarithmus in (2.33) bestimmt lediglich den Maßstab, mit dem man Informationen schließlich messen möchte. Zur Festlegung dieses Maßstabes geht man von dem einfachsten denkbaren Fall einer Nachricht aus, die nur aus einer Folge der beiden Zeichen 0 und 1 besteht, wobei die beiden Zeichen mit der gleichen Wahrscheinlichkeit $p_0 = p_1 = 0{,}5$ auftreten sollen. Dem Informationsgehalt eines solchen Zeichens wird nun per Definitionem der Zahlenwert 1 mit der Maßeinheit Bit (von binary digit) zugeordnet. Daraus ergibt sich $\log_b(1/0{,}5) = \log_b(2) = 1$ und folglich durch Auflösung dieser Gleichung nach b die Basis $b = 2$. Man erhält also schließlich für den statistischen Informationsgehalt eines mit der Wahrscheinlichkeit $P(x)$ auftretenden Zeichens x den Zweierlogarithmus (logarithmus dualis, ld) aus der reziproken Auftrittswahrscheinlichkeit:

$$I(x) = \mathrm{ld}\,\frac{1}{P(x)} = -\,\mathrm{ld}\,P(x) \quad [\mathrm{Bit}]. \tag{2.34}$$

Man kann die Basis b, die auch als Entscheidungsgrad bezeichnet wird, als die Anzahl der Zustände interpretieren, die in der Nachrichtenquelle angenommen werden können. Im Falle von $b = 2$ sind das nur zwei Zustände, die man ohne Beschränkung der Allgemeinheit mit 0 und 1 bezeichnen kann. In dieser computergemäßen binären Darstellung gibt der Informationsgehalt einer Nachricht die Anzahl der als Elementarentscheidungen bezeichneten Alternativentscheidungen an, die nötig sind, um eine aus Nullen und Einsen bestehende Nachricht Zeichen für Zeichen eindeutig identifizieren zu können.

Informationsgehalt und Stellenzahl eines Binärwortes

Die binäre Darstellung von Nachrichten verdeutlicht auch, dass die Maßeinheit Bit eine sinnvolle Wahl ist, denn der (auf die nächstgrößere ganze Zahl gerundete) Informationsgehalt eines Zeichens ist gerade die Anzahl der Stellen des Binärwortes, das man für eine eindeutige binäre Darstellung des Zeichens verwenden muss.

Empfängt man eine Nachricht in Form eines Binärworts, so ist für jedes der empfangenen Zeichen nacheinander die Elementarentscheidung zu treffen, ob es sich um das Zeichen 0 oder das Zeichen 1 handelt. Die Anzahl der Entscheidungen, also der Informationsgehalt der Nachricht, ist hier notwendigerweise mit der Anzahl der binären Stellen der Nachricht identisch. Einen derartigen Entscheidungsprozess kann man in Form eines Binärbaumes veranschaulichen. So hat beispielsweise der zur Nachricht 1011 gehörige Binärbaum die in Abb. 2.5 dargestellte Form.

Die Definition und insbesondere der verwendete Maßstab „Bit" für den statistischen Informationsgehalt sind also insofern den Erfordernissen der Datenverarbeitung gut angepasst, als die Wortlänge

Bsp. 2.9 Berechnung des Informationsgehaltes

Die Berechnung des Informationsgehaltes lässt sich ohne weiteres auf nicht-binäre Nachrichten, etwa das lateinische Alphabet, übertragen, wie das folgende Beispiel zeigt.
In einem deutschsprachigen Text tritt der Buchstabe b mit der Wahrscheinlichkeit 0,016 auf. Wie groß ist der Informationsgehalt dieses Zeichens? Die Lösung dafür lautet:

$$I(\mathrm{b}) = \mathrm{ld}\,\frac{1}{0{,}016} = \frac{\log\frac{1}{0{,}016}}{\log 2} \approx \frac{1{,}79588}{0{,}30103} \approx 5{,}97\,\mathrm{Bit}.$$

Für die tatsächliche binäre Codierung müsste man also – notwendigerweise aufgerundet auf die nächst größere natürliche Zahl – die Stellenzahl 6 wählen.

und der Informationsgehalt von Binärworten identisch sind, wenn die Auftrittswahrscheinlichkeiten der Zeichen 0 und 1 beide den Wert 0,5 haben. Siehe hierzu Bsp. 2.9.

Praktisches Rechnen mit Zweierlogarithmen

Für die praktische Berechnung des Zweierlogarithmus, der ja auf Taschenrechnern meist nicht implementiert ist, wurde in Bsp. 2.9 die folgende Gleichung benützt, welche einen Logarithmus zu einer beliebigen Basis durch den Zehnerlogarithmus ausdrückt:

$$\log_b x = \frac{\log_{10} x}{\log_{10} b} \quad \text{also } \mathrm{ld}\,x = \log_2 x = \frac{\log_{10} x}{\log_{10} 2} \text{ mit } \log_{10} 2 = \log 2 \approx 0{,}30103 \quad .$$

Ob man für die Rechnung den Zehnerlogarithmus verwendet, oder den Logarithmus zu einer beliebigen anderen Basis, ist tatsächlich egal. Für $\log_{10} x$ schreibt man üblicherweise einfach $\log x$ und für $\log_2 x$ einfach $\mathrm{ld}\,x$. In der Mathematik wird sehr häufig der natürliche Logarithmus zur Basis $\mathrm{e} \approx 2{,}71828$ verwendet. Statt $\log_{\mathrm{e}} x$ schreibt man dafür $\ln x$.

2.5.2 Die Entropie einer Nachricht

Die Entropie als mittlerer Informationsgehalt

Eine Nachricht setzt sich im Allgemeinen aus Zeichen bzw. aus zu Worten verbundenen Zeichen zusammen, die einen unterschiedlichen Informationsgehalt tragen, da sie mit unterschiedlicher Häufigkeit auftreten. Man führt daher den Begriff des mittleren Informationsgehalts oder der *Entropie* H einer Nachricht ein, die aus den Zeichen $x_1, x_2, \ldots, x_n$ eines Alphabets A besteht. Die Entropie ist durch den Mittelwert der mit den Auftrittswahrscheinlichkeiten gewichteten Informationsgehalte der Zeichen gegeben:

$$H = \sum_{i=1}^{n} P(x_i) I(x_i) = \sum_{i=1}^{n} P(x_i)\,\mathrm{ld}\,\frac{1}{P(x_i)} = -\sum_{i=1}^{n} P(x_i)\,\mathrm{ld}\,P(x_i) \quad . \tag{2.35}$$

Die Bezeichnung Entropie wurde wegen der formalen und in gewisser Weise auch inhaltlichen Ähnlichkeit mit einem physikalischen Gesetz der Thermodynamik gewählt, die im Grunde ebenfalls eine Theorie mit statistischem Charakter ist.

Der maximale Informationsgehalt

Man kann nun fragen, für welche Auftrittswahrscheinlichkeiten $P(x_i)$ der mittlere Informationsgehalt H einer aus den Zeichen x_i bestehenden Nachricht maximal wird. Man findet durch Ableiten der Entropieformel nach P und Nullsetzen des Ergebnisses, dass dies dann der Fall ist, wenn alle Auftrittswahrscheinlichkeiten $P(x_i)$ gleich sind. Zu berücksichtigen ist allerdings die Nebenbedingung, dass die Summe aller Wahrscheinlichkeiten gleich eins sein muss. Dies wird durch einen Lagrange-Multiplikator erreicht, d. h. bei n Zeichen geht man von folgender Funktion aus (mit $P(x_i) = p_i$):

$$h(p_i,\lambda) = H + \lambda\left(\left(\sum_{i=1}^{n} p_i\right) - 1\right) = -\sum_{i=1}^{n} p_i \operatorname{ld} p_i + \lambda\left(\left(\sum_{i=1}^{n} p_i\right) - 1\right) \quad . \tag{2.36}$$

Die Bestimmung der partiellen Ableitungen $\frac{\partial h}{\partial p_i}$ und $\frac{\partial h}{\partial \lambda}$ liefert ein Maximum für $p_1 = p_2 = \ldots = p_n$.

Die Rechnung läuft für ein aus nur zwei Zeichen bestehendes Alphabet $A = \{x_1, x_2\}$ mit den Auftrittswahrscheinlichkeiten $P(x_1) = p$ und $P(x_2) = 1 - p$ folgendermaßen: Für $h(p,\lambda)$ erhält man:

$$h(p,\lambda) = -\sum_{i=1}^{2} p \operatorname{ld} p + \lambda\left(\left(\sum_{i=1}^{2} p\right) - 1\right) = -p \operatorname{ld} p - (1-p)\operatorname{ld}(1-p) + \lambda(2p-1) \quad .$$

Die partiellen Ableitungen ergeben sich dann zu:

$$\frac{\partial h}{\partial p} = -\operatorname{ld} p - \frac{p}{p \ln 2} + \operatorname{ld}(1-p) + \frac{1-p}{(1-p)\ln 2} + 2\lambda = -\operatorname{ld} p + \operatorname{ld}(1-p) + 2\lambda \quad ,$$
$$\frac{\partial h}{\partial \lambda} = 2p - 1 \quad .$$

Nullsetzen und auflösen nach p, λ ergibt $p = 0{,}5$. Setzt man $p = 0{,}5$ in die zweite Ableitung von H ein, so liefert dies ein negatives Ergebnis, woraus folgt, dass es sich bei dem gefundenen Extremwert tatsächlich um ein Maximum handelt. Der höchste Informationsgehalt ergibt sich demnach, wenn alle Zeichen mit der gleichen Wahrscheinlichkeit auftreten.

Die Ungewissheit (Surprisal) einer Nachrichtenquelle

Der Begriff Entropie lässt sich auch so interpretieren, dass bei einem Vergleich zweier Nachrichtenquellen für diejenige mit der kleineren Entropie das Auftreten eines bestimmten Zeichens mit größerer Sicherheit vorhersagbar ist. Um diesen Sachverhalt auszudrücken, führt man den Begriff Ungewissheit (Surprisal) ein: Je höher die Entropie einer Nachrichtenquelle ist, umso höher ist ihre Ungewissheit. Vergleiche dazu Bsp. 2.10.

Die statistische Unabhängigkeit von Zeichen

Bei der Einführung der Entropie war vorausgesetzt worden, dass das Auftreten von Zeichen statistisch voneinander unabhängig erfolgt. Mit anderen Worten, die Wahrscheinlichkeit für das Auftreten eines bestimmten Zeichens soll statistisch unabhängig davon sein, welches Zeichen unmittelbar vorher aufgetreten war. Diese Bedingung ist jedoch häufig nicht erfüllt. In der deutschen Sprache ist beispielsweise die Wahrscheinlichkeit dafür, dass das Zeichen „n“ auftritt etwa 10 mal höher,

Bsp. 2.10 Ungewissheit (Surprisal) einer Nachrichtenquelle

Es werden zwei Alphabete A_1 und A_2 betrachtet: $A_1 = \{a, b, c, d\}$ mit den Auftrittswahrscheinlichkeiten $P(a) = 11/16$, $P(b) = P(c) = 1/8$, $P(d) = 1/16$ und $A_2 = \{+, -, *\}$ mit den Auftrittswahrscheinlichkeiten $P(+) = 1/6$, $P(-) = 1/2$, $P(*) = 1/3$. Für die zugehörigen Entropien berechnet man:

$$H_1 = \frac{11}{16}\,\mathrm{ld}\frac{16}{11} + \frac{1}{8}\,\mathrm{ld}\,8 + \frac{1}{8}\,\mathrm{ld}\,8 + \frac{1}{16}\,\mathrm{ld}\,16 \approx 1{,}372 \text{ Bit/Zeichen},$$
$$H_2 = \frac{1}{6}\,\mathrm{ld}\,6 + \frac{1}{2}\,\mathrm{ld}\,2 + \frac{1}{3}\,\mathrm{ld}\,3 \approx 1{,}460 \text{ Bit/Zeichen}.$$

In diesem Falle ist die Ungewissheit für A_2 größer als für A_1, da H_2 größer ist als H_1. Anschaulich bedeutet dies, dass man bei einer Nachrichtenquelle, die Zeichen aus A_1 sendet, mit höherer Treffsicherheit vorhersagen kann, welches Zeichen als Nächstes gesendet wird, als dies bei einer Nachrichtenquelle der Fall wäre, die Zeichen aus A_2 sendet.

wenn unmittelbar zuvor das Zeichen „u“ aufgetreten war, als wenn unmittelbar zuvor das Zeichen „t“ aufgetreten war. Die Kombination „un“ kommt im Deutschen also 10 mal häufiger vor als die Kombination „tn“. Man sagt dann, diese Zeichen sind miteinander korreliert. Diese Korrelation wird sehr deutlich, wenn man die in Tabelle 2.3 aufgelisteten Auftrittswahrscheinlichkeiten der Einzelzeichen betrachtet und mit denen der paarweisen Kombinationen in Tabelle 2.4 vergleicht. Das Zeichen „u“ hat die Auftrittswahrscheinlichkeit 0,0319, das Zeichen „n“ hat die Auftrittswahrscheinlichkeit 0,0884. Wären „u“ und „n“ nicht korreliert, dann wäre die Auftrittswahrscheinlichkeit von „un“ $0{,}0319 \cdot 0{,}0884 = 0{,}0028$. Wegen der starken Korrelation dieser beiden Zeichen findet man aber durch Abzählen in deutschen Texten den viel größeren Wert 0,0173. Die Berechnung der Entropie unter Berücksichtigung von Korrelationen ist etwas aufwendiger als für unabhängige Zeichen, für Details wird auf weiterführende Literatur verwiesen.

2.5.3 Zusammenhang mit der physikalischen Entropie

Wie schon erwähnt, wurde die Bezeichnung „Entropie“ für den mittleren Informationsgehalt nicht zufällig gewählt, sondern wegen der formalen und bis zu einem gewissen Grade auch inhaltlichen Verwandtschaft mit der aus der Thermodynamik bekannten physikalischen Entropie.

Maxwells Dämon und das Perpetuum Mobile zweiter Art

Interessant ist in diesem Zusammenhang ein Gedankenexperiment, das der Physiker J. C. Maxwell 1871 veröffentlicht hat. Danach könnte ein mikroskopisch kleines, intelligentes Wesen („Maxwells Dämon“) den zweiten Hauptsatz der Thermodynamik auf molekularer Ebene eventuell umgehen. Vereinfacht ausgedrückt verbietet es der zweite Hauptsatz, dass Wärme von einem kühleren zu einem wärmeren Reservoir fließt, ohne dass dabei äußere Arbeit geleistet, also Energie zugeführt wird. Dies bedeutet unter anderem die Unmöglichkeit eines Perpetuum Mobiles zweiter Art. Ein solches wäre beispielsweise ein Schiff, das seine Antriebsenergie allein durch Abkühlung des ihn umgebenden Ozeans gewinnt. Maxwell stellte sich zwei gasgefüllte, miteinander durch ein Ventil verbundene Gefäße vor, die zunächst beide dieselbe Temperatur haben. Da sich die Temperatur eines

Tabelle 2.3 Wahrscheinlichkeiten für das Auftreten von Buchstaben in einem typischen deutschen Text. Zwischen Groß- und Kleinbuchstaben wird dabei nicht unterschieden

Buchstabe x_i	$P(x_i)$	Buchstabe x_i	$P(x_i)$
andere Zeichen	0,1515	o	0,0177
e	0,1470	b	0,0160
n	0,0884	z	0,0142
r	0,0686	w	0,0142
i	0,0638	f	0,0136
s	0,0539	k	0,0096
t	0,0473	v	0,0074
d	0,0439	ü	0,0058
h	0,0436	p	0,0050
a	0,0433	ä	0,0048
u	0,0319	ö	0,0025
l	0,0293	j	0,0016
c	0,0267	y	0,0002
g	0,0267	q	0,0001
m	0,0213	x	0,0001

Tabelle 2.4 Auftrittswahrscheinlichkeiten für die 20 häufigsten Kombinationen von zwei Buchstaben in einem typischen deutschen Text. Zwischen Groß- und Kleinbuchstaben wird nicht unterschieden

Gruppe g_i	$P(g_i)$	Gruppe g_i	$P(g_i)$
en	0,0447	ge	0,0168
er	0,0340	st	0,0124
ch	0,0280	ic	0,0119
nd	0,0258	he	0,0117
ei	0,0226	ne	0,0117
de	0,0214	se	0,0117
in	0,0204	ng	0,0107
es	0,0181	re	0,0107
te	0,0178	au	0,0104
ie	0,0176	di	0,0102
un	0,0173	be	0,0096

Gases durch die statistische Bewegung der Gasmoleküle beschreiben lässt, könnte der Dämon nun das Ventil bedienen und Moleküle, deren Geschwindigkeit die mittlere Geschwindigkeit übersteigt, vom linken Gefäß in das rechte wechseln lassen. Es schien, als könne dies durch eine sinnreiche Konstruktion ohne Energieaufwand (also unter Verletzung des zweiten Hauptsatzes) erreicht werden; das wärmere Gefäß würde sich also „von selbst“ allein durch Abkühlung des kälteren Gefäßes weiter erhitzen. Der Dämon muss dazu nicht wirklich intelligent sein, sondern lediglich ein Automat, der dazu in der Lage ist, eine Messung durchzuführen, die dadurch gewonnene binäre Information für kurze Zeit zu speichern und einfache mechanische Verrichtungen (z. B. das Öffnen eines Ventils) vorzunehmen. Der Physiker Leo Szilard löste 1929 das Rätsel, indem er zeigte, dass durch den Messprozess und die Speicherung des resultierenden Ja/Nein-Ergebnisses ein Mindestbetrag an (physikalischer) Entropie $S_{\min}$ produziert wird, der mindestens so groß ist wie die dem Wärmebad entzogene Entropie [Szi29]. Dafür berechnet Szilard den Wert

$$S_{\min} = k \ln 2 \quad ,$$

wobei k die in der Thermodynamik wichtige Boltzmann-Konstante ist. Man kann daher Szilard mit gewissem Recht als einen der Entdecker der Informationseinheit „Bit“ betrachten, auch wenn diese Bezeichnung erst später eingeführt wurde. Der minimalen Informationseinheit eines Ja/Nein-Messergebnisses entspricht also eine minimale physikalische Entropie, ohne dass diese beiden Größen allerdings identisch wären. Hier wurde erstmals ein Zusammenhang zwischen physikalischer Entropie und Informations-Entropie hergestellt, noch lange bevor die Informationstheorie entstand.

Informationsverarbeitung und Energiebedarf

Spätere Untersuchungen zeigten, dass der kritische Moment bei der physikalischen Untersuchung der Informationsverarbeitung nicht etwa das Messen oder Speichern von Information ist, sondern das Löschen (oder auch Überschreiben). Erst Jahrzehnte nach Szilards Überlegungen gelang es Charles Bennet [Ben82], den mit dem Löschen von Information verbundenen Mindestbetrag an physikalischer Entropie und den dafür nötigen minimalen Energieaufwand zu bestimmen.

Auf den Punkt gebracht kann man sagen, dass bei der üblichen Art der Informationsverarbeitung nicht nur keinerlei Information erzeugt wird, sondern dass vielmehr Information vernichtet wird. Dies wird bereits an einem einfachen Beispiel klar: Erscheint am Ausgang eines OR-Gatters das Ergebnis 1, so kann daran nicht mehr unterschieden werden, welche der drei Möglichkeiten (0, 1), (1, 0) oder (1, 1) an den beiden Eingängen des Gatters vorgelegen hatte. Es ging also tatsächlich Information verloren. Es wäre nun naheliegend, in einem Computer bzw. einer Turing-Maschine (siehe Kap. 10.1.5) nur Schaltkreise einzusetzen, bei denen keine Information gelöscht wird. Diese hypothetischen, so genannten Fredkin-Gatter [Fre82] würden im Prinzip den Aufbau einer Turing-Maschine zur reversiblen Informationsverarbeitung ermöglichen. Eine solche Maschine könnte also ohne Energieaufwand und ohne Erhöhung der physikalischen Entropie Informationen verarbeiten; auch wäre zu jedem Zeitpunkt die gesamte Information in Form interner Zustände vorhanden.

Die Brownsche Turing-Maschine

Dem Prinzip einer reversiblen Turing-Maschine kommt die aus der Biochemie bekannte Brownsche Turing-Maschine sehr nahe. Es handelt sich dabei um einen bei der Weitergabe von Erbanlagen während der Zellteilung wichtigen Prozess, bei dem Kopien von DNA-Segmenten der in den Chromosomen der Zelle enthaltenen Gene hergestellt werden. Der Kopiervorgang ist quasi-reversibel: nahe am chemischen Gleichgewicht erfolgen fast ebenso viele Kopiervorgänge in der umgekehrten Richtung wie in Vorwärtsrichtung. Der Motor dieses Kopiervorgangs ist die thermische Brownsche Bewegung der umgebenden Moleküle, unterstützt durch eine schwach antreibende Kraft, die eine Vorzugsrichtung definiert. Diese Kraft und damit die nötige Energie kann prinzipiell beliebig reduziert werden, die Ausführungszeiten werden dann aber immer länger und streben bei verschwindender Kraft gegen Unendlich.

Was ist Information?

Da Information also weder Energie noch Materie ist, kann man sich darunter vielleicht am ehesten eine immaterielle Qualität vorstellen, etwa in Analogie zu abstrakten physikalischen Größen wie Ladung, Spin etc. [Sto91]. Es stellt sich aber die Frage, inwieweit Information unabhängig von einem Beobachter ist. Es leuchtet ein, dass ein DNA-Kristall viel mehr Information enthält als etwa ein Salzkristall, und zwar unabhängig davon, ob die DNA nun entziffert ist oder nicht. Es scheint jedoch so zu sein, dass thermodynamische Aspekte wie Energieverbrauch und Entropieerhöhung erst ins Spiel kommen, wenn – vielleicht in Analogie zu einem quantenmechanischen Messprozess – ein Beobachter aktiv Informationen im weitesten Sinne verarbeitet. Man kann zusammenfassen:

- Die Gewinnung, Verarbeitung und Übertragung von Information kann nur in Systemen mit mindestens zwei verschiedenen physikalischen Zuständen erfolgen.

- Informationssysteme können nur arbeiten, wenn ihr thermodynamischer Zustand um eine Mindestdistanz vom thermodynamischen Gleichgewicht entfernt ist.

- Das Gewinnen oder Löschen eines Informationsbetrags ist immer mit der Erzeugung physikalischer Entropie verbunden.
- Die informationstheoretische Entropie ist eng mit der physikalischen Entropie verwandt, jedoch nicht mit dieser identisch.

Übungsaufgaben zu Kapitel 2.5

A 2.19 (L0) Wie viele Elementarentscheidungen sind zur Identifikation des Binärwortes 10110 erforderlich? Skizzieren Sie den zugehörigen Entscheidungsbaum (Codebaum) und markieren Sie den durch die getroffenen Elementarentscheidungen definierten Weg durch diesen Baum.
A 2.20 (T0) Welcher Prozess bei der Nachrichtenverarbeitung ist prinzipiell immer mit einem Energieaufwand verbunden?
A 2.21 (T0) Was ist mit damit gemeint, wenn man sagt, das Auftreten von Buchstabenpaaren in deutschen Texten sei korreliert?
A 2.22 (M2) Gegeben sei die Menge $M = \{\text{a, b, c, d}\}$.

a) Wie viele Teilmengen von M gibt es? Geben Sie diese explizit an.

b) Auf wie viele verschiedene Arten lässt sich die Menge M in zwei nichtleere, disjunkte Teilmengen zerlegen, so dass die Vereinigungsmenge dieser beiden Teilmengen wieder M ergibt? Teilmengen sind disjunkt, wenn ihr Durchschnitt leer ist.

c) Auf wie viele verschiedene Arten lassen sich aus der Menge M zwei nichtleere, disjunkte Teilmengen bilden, wenn die Vereinigung der beiden Teilmengen nicht unbedingt M ergeben muss.

A 2.23 (M1) Die folgende Aufgabe ist als das Botenproblem bekannt. Zum Übertragen einer Nachricht stehen zwei Kanäle A und B zur Verfügung, wobei die Wahrscheinlichkeit für das Auftreten eines Fehlers bei der Übertragung einer Nachricht für Kanal B doppelt so hoch ist wie für Kanal A. Mit welcher der beiden Strategien erreicht eine Nachricht den Empfänger mit größerer Sicherheit:

a) Die Nachricht wird über Kanal A gesendet.

b) Die Nachricht wird zweimal über Kanal B gesendet.

A 2.24 (L2) Gegeben seien ein Alphabet A sowie zwei Worte $s = s_1s_2s_3\ldots s_n$ und $t = t_1t_2t_3\ldots t_m$ mit $s_j, t_j \in A$ aus dem Nachrichtenraum A^* über diesem Alphabet. Geben Sie eine exakte Definition der lexikografischen Ordnung $s < t$.
A 2.25 (M1) Eine Person wählt in Gedanken zwei verschiedene natürliche Zahlen aus, die beide nicht kleiner als 1 und nicht größer als 100 sind. Wie viele Fragen muss man mindestens stellen, um die beiden Zahlen mit Sicherheit bestimmen zu können, wenn die befragte Person immer nur mit „ja“ oder „nein“ antwortet?
A 2.26 (M1) Gegeben sei das Alphabet $A = \{\text{a, e, i, o, u}\}$ mit den Auftrittswahrscheinlichkeiten $P(\text{a}) = 0{,}25$, $P(\text{e}) = 0{,}20$, $P(\text{i}) = 0{,}10$, $P(\text{o}) = 0{,}30$, $P(\text{u}) = 0{,}15$. Berechnen Sie die Informationsgehalte der Zeichen von A und die Entropie von A.
A 2.27 (M2) Berechnen Sie den mittleren Informationsgehalt des Textes dieser Aufgabe. Am besten schreiben Sie dazu ein einfaches Programm in C oder Java.

A 2.28 (M2) Gegeben sei das Alphabet $A = \{a, b, c, d\}$.

a) Wie viele verschiedene Worte der Länge 8 lassen sich mit diesem Alphabet bilden?

b) Wie viele Worte enthält der eingeschränkte Nachrichtenraum A^8, d. h. wie viele verschiedene Worte mit der Maximallänge 8 lassen sich mit diesem Alphabet bilden?

c) Wie viele Worte können mit dem Alphabet A gebildet werden, wenn die Buchstaben innerhalb der Worte lexikografisch angeordnet sein sollen und wenn sich keine Buchstaben innerhalb eines Wortes wiederholen dürfen?

Literatur

[Ash90] R. Ash. *Information Theory.* Dover Publications, 1990.

[Ben82] C. Bennett. The Thermodynamics of Computing – A Review. *Int. Journal of Theoretical Physics*, 21(12):905–940, 1982.

[Bro99] T. Brown. *Moderne Genetik.* Spektrum Akademischer Verlag, 1999.

[Fre82] E. Fredkin und T. Toffoli. Conservative Logic. *Int. Journal of Theoretical Physics*, 21(3-4):219–253, 1982.

[Geo09] H.-O. Georgii. *Stochastik: Einführung in die Wahrscheinlichkeitstheorie und Statistik.* De Gruyter, 2009.

[Har12] P. Hartmann. *Mathematik für Informatiker.* Vieweg+Teubner, 2012.

[Hol92] J. H. Holland. *Adaptation in Natural and Artificial Systems.* MIT Press, Cambridge, MA, USA, 2. Aufl., 1992.

[Key21] J. Keynes. *Treatise on Probability.* Macmillan & Co, 1921.

[Opt] Optische Täuschungen. `http://www.panoptikum.net`.

[Rec73] I. Rechenberg. *Evolutionsstrategie Optimierung technischer Systeme nach Prinzipien der biologischen Evolution.* Friedrich Frommann Verlag, Stuttgart-Bad Cannstatt, 1973.

[Sch99] E. Schrödinger. *Was ist Leben?* Pieper, 1943, Neuauflage 1999.

[Sha48] C. Shannon. A mathematical theory of communication. *Bell System Techn. Journ.*, 27:379–423, 1948.

[Sha76] C. Shannon und W. Weaver. *Mathematische Grundlagen der Informationstheorie.* Oldenbourg, 1976.

[Sto91] T. Stonier. *Information und die innere Struktur des Universums.* Springer, 1991.

[Szi29] L. Szilard. Über die Entropieverminderung in einem thermodynamischen System bei Eingriffen intelligenter Wesen. *Zeitschrift für Physik*, 53:840–856, 1929.

Kapitel 3
Codierung

3.1 Grundbegriffe

3.1.1 Definition des Begriffs Codierung

Wesentlich bei der Speicherung und Übertragung von Nachrichten ist eine dem Problem angepasste Darstellung der Nachricht. Gegeben seien ein Nachrichtenraum A^* (die Quelle) über einem Alphabet $A = \{a_1, a_2, \ldots, a_n\}$ und ein Nachrichtenraum B^* (das Ziel) über einem Alphabet $B = \{b_1, b_2, \ldots, b_m\}$. Eine umkehrbar eindeutige Abbildung von A^* in B^* (es braucht also nicht die gesamte Menge B^* erfasst zu werden) heißt Codierung C [Ber74, Ham87, Wil99]. Es ist zu beachten, dass $C \subseteq B^*$ gilt, dass also C eine Teilmenge von B^* ist. In Abb. 3.1 ist diese Beziehung skizziert.

Die Codierung heißt Binärcodierung, wenn es sich bei der Zielmenge um den Nachrichtenraum B^* über dem Alphabet $\{0, 1\}$ handelt. Aus technischen Gründen verwendet man in der Datentechnik fast ausschließlich die Binärcodierung.

Die Codierung betrifft Zeichenfolgen bzw. Wörter, aber auch Einzelzeichen. Dabei ist der Unterschied zwischen Wörtern und Zeichen fließend, da man Wörter auf einer höheren Ebene auch als Zeichen auffassen kann. Wenn die Quellmenge und die Zielmenge nur Einzelzeichen umfassen, bezeichnet man die Codierung auch als Chiffrierung.

Wie bereits in Kap. 2.1 kurz erwähnt, kann man die Übertragung einer Nachricht unter Einbeziehung der Codierung und des dazu inversen Vorgangs der Decodierung wie in Abb. 3.2 gezeigt schematisch darstellen.

Von einer guten Codierung wird man vor allem erwarten, dass sie die Darstellung zu sendender Daten mit möglichst wenigen Zeichen erlaubt und dass sie möglichst unempfindlich gegen Störungen ist. Ferner sollte der Code in einer DV-Anlage leicht zu verarbeiten sein.

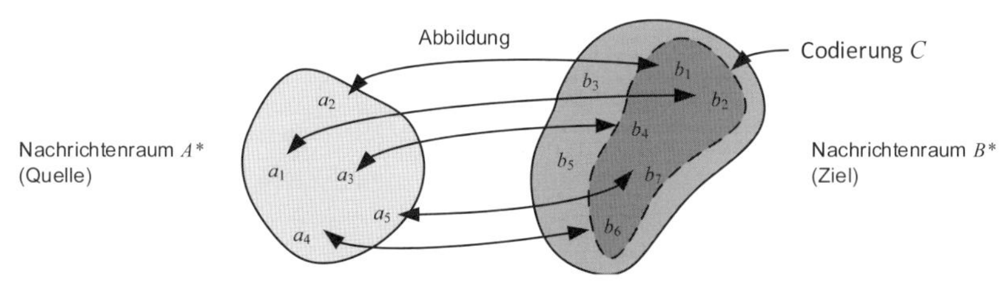

Abb. 3.1 Beispiel einer Codierung, d. h. einer umkehrbar eindeutigen Abbildung von A^* in B^*. Es wird also jedem Element von A^* umkehrbar eindeutig genau ein Element von B^* zugeordnet. Dabei müssen jedoch nicht alle Elemente von B^* erfasst werden. Im Beispiel gehören offenbar b_3 und b_5 nicht zu C

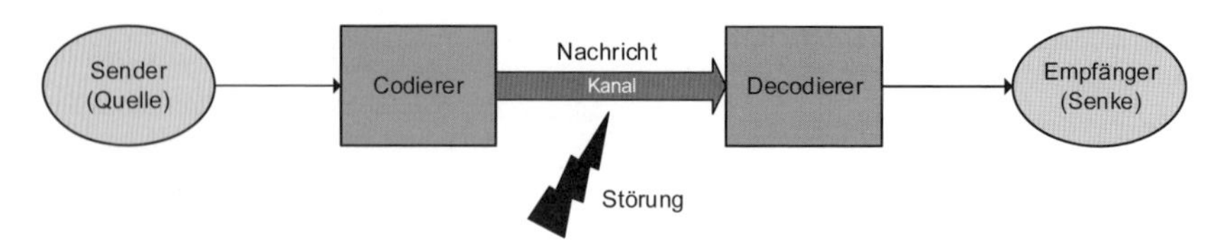

Abb. 3.2 Schematische Darstellung der Codierung und Übertragung einer Nachricht (siehe auch Abb. 2.1)

3.1.2 Mittlere Wortlänge und Code-Redundanz

Die mittlere Wortlänge

Ein wesentliches Charakteristikum eines Codes ist seine mittlere Wortlänge L. Diese ist definiert durch

$$L = \sum_{i=1}^{n} p_i l_i \quad , \tag{3.1}$$

wobei l_i die Wortlänge des i-ten Zeichens bzw. Wortes im Zielcode ist und p_i die zugehörige Auftrittswahrscheinlichkeit. Die Summe läuft über alle n codierten Zeichen. Dies entspricht genau dem gewichteten arithmetischen Mittel in (2.21): Die Gewichte sind hier die Wahrscheinlichkeiten; da diese sich zu eins summieren, erreicht man automatisch eine Normierung.

Es wurde bereits gezeigt, dass die Entropie H maximal ist, wenn alle Zeichen mit gleicher Häufigkeit auftreten. Daraus folgt die als Shannonsches Codierungstheorem bekannte Beziehung:

$$H \leq L \quad , \tag{3.2}$$

wobei das Gleichheitszeichen genau dann gilt, wenn alle Wahrscheinlichkeiten p_i gleich sind. H ist demnach die untere Grenze der bei einer im Sinne der Wortlängenreduktion optimalen Codierung erzielbaren mittleren Wortlänge.

Man kann immer eine Codierung finden, so dass $L - H$ beliebig klein wird, wenn man sich nicht auf die Codierung von einzelnen Zeichen beschränkt, sondern Gruppen von Zeichen zusammenfasst, die möglichst übereinstimmende Auftrittswahrscheinlichkeiten haben. Im Allgemeinen wird jedoch $L > H$ sein.

Die Code-Redundanz

Die Redundanz oder Code-Redundanz R ist als Differenz aus mittlerer Codewortlänge und Entropie definiert:

$$R = L - H \quad \text{[Bit/Zeichen]} \quad . \tag{3.3}$$

Sie gibt an, wie groß der Anteil einer Nachricht ist, der im statistischen Sinne keine Information trägt.

Im Sinne einer schnellen Nachrichtenübertragung und Platz sparenden Speicherung sind natürlich Codes mit einer geringen Redundanz wünschenswert. Andererseits kann die Redundanz auch zur Erhöhung der Störsicherheit beitragen, da auf Grund der Redundanz aus einer gestörten Nachricht innerhalb gewisser Grenzen die ungestörte Nachricht rekonstruierbar ist (siehe Kap. 3.3).

Es ist zu erwarten, dass sich die mittlere Wortlänge L eines Codes verringern lässt, wenn man an Stelle von Blockcodes, bei denen alle codierten Zeichen eine konstante Wortlänge aufweisen, eine Codierung mit variabler Wortlänge verwendet, wobei häufig auftretende Zeichen einen kurzen und selten auftretende Zeichen einen langen Code erhalten. Ein Beispiel dafür ist der Morse-Code (siehe Tabelle 1.1, S. 7), der als erster technischer Code mit variabler Zeichenlänge gilt und früher zur Übertragung telegraphischer Botschaften verwendet wurde. Allerdings handelt es sich hier eigentlich nicht um einen Binärcode im strengen Sinne, da neben den beiden Zeichen Punkt (.) und Strich (−) noch die Pause als drittes Zeichen hinzukommt. Codes mit variabler Wortlänge haben aber technische Nachteile, beispielsweise bei Speicherung und Zugriff oder bei byteweiser paralleler Übertragung.

Die Quellen-Redundanz

Die Quellen-Redundanz R_Q ist als Differenz aus der maximal möglichen Entropie H_0 der Quelle und tatsächlicher Entropie H definiert:

$$R_\mathrm{Q} = H_0 - H \quad \text{[Bit/Zeichen]} \quad . \tag{3.4}$$

Sie gibt an, wie stark der mittlere Informationsgehalt der betrachteten Quelle vom maximal möglichen bei gleichem Alphabet aber anderer Auftrittswahrscheinlichkeiten der Zeichen abweicht. Praktisch ist die Quellen-Redundanz von geringerer Bedeutung als die Code-Redundanz.

Die maximal möglichen Entropie H_0 der Quelle erhält man, wenn alle Zeichen des Alphabets A gleich wahrscheinlich sind. Für n Zeichen in A ergibt sich aus (2.35):

$$H_0 = \sum_{i=1}^{n} P(x_i)\,\mathrm{ld}\,\frac{1}{P(x_i)} = \sum_{i=1}^{n} \frac{1}{n}\,\mathrm{ld}\,n = \frac{1}{n}\sum_{i=1}^{n} \mathrm{ld}\,n = \frac{1}{n} n\,\mathrm{ld}\,n = \mathrm{ld}\,n \quad . \tag{3.5}$$

Die Quellen-Redundanz hängt also nur von der Anzahl Zeichen des Alphabets ab, sie ist unabhängig vom tatsächlich verwendeten Code.

3.1.3 Beispiele für Codes

BCD-Codierung

Für die Codierung von Zahlen verwendet man in der Regel die hexadezimale bzw. binäre oder – vor allem im kaufmännischen Bereich[1] – die BCD-Codierung (von Binary Coded Decimal). Die Umwandlung einer Zahl vom Dezimalsystem in einen BCD-Code funktioniert ähnlich wie die Konvertierung zwischen Hexadezimal- und Binärsystem: Aus einer Dezimalziffer werden vier binäre, die Dezimalziffern werden separat in ihren zugehörigen Binärcode umgewandelt.

Für finanzmathematische Anwendungen wird oft mit BCD-Ziffern im Dezimalsystem gerechnet, damit auch bei sehr großen Zahlen stellengenaue Ergebnisse garantiert werden können. Wie in Kap. 1.4.2 erläutert, ist eine exakte Umwandlung selbst von vielen einfachen Dezimalbrüchen wie 0,1 ins Binärsystem nicht möglich, da unendlich viele Nachkommastellen entstehen. Diese werden abgeschnitten, es ergeben sich dadurch Fehler, die in vielen Fällen unerwünscht sind. Die BCD-Codierung behebt dieses Problem; erkauft wird der Genauigkeitsvorteil typischerweise mit einer geringeren Rechengeschwindigkeit.

In Tabelle 3.1 sind diese verschiedenen Möglichkeiten sowie zusätzlich noch der früher zur Codierung von Zahlen verwendete Stibitz-Code dargestellt. Beim BCD- und beim Stibitz-Code werden

[1] eine Alternative, die ebenfalls Zahlen ohne Konvertierungsfehler darstellen kann, sind dezimale Gleitkommazahlen nach IEEE 754-2008, mit einem ähnlichen Aufbau wie die in Kap. 1.4.4, S. 30 beschriebenen binären Gleitkommazahlen

Tabelle 3.1 Dezimale, hexadezimale, direkt binäre, BCD- und Stibitz-Codierung der Zahlen von 1 bis 15. BCD- und Stibitz-Code sind vor allem für kaufmännische Berechnungen im Dezimalsystem nützlich. Der Stibitz-Code unterscheidet sich vom direkten Binärcode dadurch, dass zu jedem Codewort binär 3 addiert wurde (3-Exzess-Code); dies erleichtert die Bildung des für die Arithmetik im Dezimalsystem wichtigen Neuner-Komplements

Dez.	Hex.	Binär	BCD	Stibitz	Dez.	Hex.	Binär	BCD	Stibitz
0	0	0000	0000 0000	0000 0011	8	8	1000	0000 1000	0000 1011
1	1	0001	0000 0001	0000 0100	9	9	1001	0000 1001	0000 1100
2	2	0010	0000 0010	0000 0101	10	A	1010	0001 0000	0100 0011
3	3	0011	0000 0011	0000 0110	11	B	1011	0001 0001	0100 0100
4	4	0100	0000 0100	0000 0111	12	C	1100	0001 0010	0100 0101
5	5	0101	0000 0101	0000 1000	13	D	1101	0001 0011	0100 0110
6	6	0110	0000 0110	0000 1001	14	E	1110	0001 0100	0100 0111
7	7	0111	0000 0111	0000 1010	15	F	1111	0001 0101	0100 1000

für jede Ziffer vier binäre Stellen verwendet. Nach diesem Schema konstruierte Codes werden als Tetraden-Codes bezeichnet (von griechisch tetra = vier). Da es 16 verschiedene Codewörter mit Wortlänge 4 gibt, aber für die Codierung der Ziffern von 0 bis 9 im BCD- und Stibitz-Code nur 10 Wörter benötigt werden, existieren offenbar 6 Vier-Bit-Wörter, denen keine Ziffer entspricht. Man bezeichnet diese redundanten Wörter als Pseudo-Tetraden. Bitmuster, die nicht direkt zur Codierung von Ziffern benötigt werden, werden oft anderweitig genutzt, z. B. für Vorzeichen.

Beispiel: Darstellung von 439 als BCD-Zahl: 0100 0011 1001
Darstellung von 52,11 als BCD-Zahl: 0101 0010,0001 0001

Der ASCII-Code

Zur Codierung von Buchstaben, Ziffern und Sonderzeichen wird häufig der ASCII-Zeichensatz (American Standard Code for Information Interchange) verwendet. Er wurde 1968 unter ANSI X3.4 sowie ISO 8859/1.2 standardisiert und seither um viele nationale Zeichensätze erweitert.

Die Zeichen 0 bis 32 des ASCII-Codes sind Sonderzeichen; sie dienen der Formatierung von Text und zu technischen Zwecken bei der Übertragung. Die wichtigsten Sonderzeichen sind Zeilenvorschub (Line Feed, LF), Wagenrücklauf (Carriage Return, CR), Seitenvorschub (Form Feed, FF), Rückwärtsschritt (Backspace, BS), horizontaler und vertikaler Tabulator (HT und VT), Eingabe löschen (Escape, ESC) und Leerzeichen (BLANK). Viele dieser Sonderzeichen sind noch an den früher üblichen elektromechanischen Fernschreibgeräten (Teletype) orientiert und daher heute in vielen Aspekten veraltet. Auf Tastaturen kann der Code der Sonderzeichen in der Regel durch gleichzeitiges Drücken der Tasten Control und A (Sonderzeichen 0) bis Control und Z (Sonderzeichen 26) erzeugt werden.

Für praktische Anwendungen ist es sehr nützlich, dass der Code aller Buchstaben mit einer 1 in Bit 7 beginnt und dass die Bits 1 bis 5 die Buchstaben von 1 (entsprechend A) bis 26 (entsprechend Z) durchnummerieren. Die Codes der Großbuchstaben unterscheiden sich von denen der Kleinbuchstaben nur durch Bit 6. Dadurch ist die Umwandlung von Groß- in Kleinbuchstaben einfach durch eine ODER-Verknüpfung mit der Bitmaske 0100000 zu bewerkstelligen und die Umwandlung von

Tabelle 3.2 Der ASCII-Code (7-Bit)

Binär	Hex.	Dez.	Zeichen	Binär	Hex.	Dez.	Zeichen	Binär	Hex.	Dez.	Zeichen
000 0000	00	0	NUL	010 1011	2B	43	+	101 0110	56	86	V
000 0001	01	1	SOH	010 1100	2C	44	,	101 0111	57	87	W
000 0010	02	2	STX	010 1101	2D	45	-	101 1000	58	88	X
000 0011	03	3	ETX	010 1110	2E	46	.	101 1001	59	89	Y
000 0100	04	4	EOT	010 1111	2F	47	/	101 1010	5A	90	Z
000 0101	05	5	ENQ	011 0000	30	48	0	101 1011	5B	91	[Ä
000 0110	06	6	ACK	011 0001	31	49	1	101 1100	5C	92	\ Ö
000 0111	07	7	BEL	011 0010	32	50	2	101 1101	5D	93	] Ü
000 1000	08	8	BS	011 0011	33	51	3	101 1110	5E	94	~
000 1001	09	9	HT	011 0100	34	52	4	101 1111	5F	95	_
000 1010	0A	10	LF	011 0101	35	53	5	110 0000	60	96	’
000 1011	0B	11	VT	011 0110	36	54	6	110 0001	61	97	a
000 1100	0C	12	FF	011 0111	37	55	7	110 0010	62	98	b
000 1101	0D	13	CR	011 1000	38	56	8	110 0011	63	99	c
000 1110	0E	14	SO	011 1001	39	57	9	110 0100	64	100	d
000 1111	0F	15	SI	011 1010	3A	58	:	110 0101	65	101	e
001 0000	10	16	DLE	011 1011	3B	59	;	110 0110	66	102	f
001 0001	11	17	DC1	011 1100	3C	60	>	110 0111	67	103	g
001 0010	12	18	DC2	011 1101	3D	61	=	110 1000	68	104	h
001 0011	13	19	DC3	011 1110	3E	62	<	110 1001	69	105	i
001 0100	14	20	STOP	011 1111	3F	63	?	110 1010	6A	106	j
001 0101	15	21	NAK	100 0000	40	64	@ §	110 1011	6B	107	k
001 0110	16	22	SYN	100 0001	41	65	A	110 1100	6C	108	l
001 0111	17	23	ETB	100 0010	42	66	B	110 1101	6D	109	m
001 1000	18	24	CAN	100 0011	43	67	C	110 1110	6E	110	n
001 1001	19	25	EM	100 0100	44	68	D	110 1111	6F	111	o
001 1010	1A	26	SS	100 0101	45	69	E	111 0000	70	112	p
001 1011	1B	27	ESC	100 0110	46	70	F	111 0001	71	113	q
001 1100	1C	28	FS	100 0111	47	71	G	111 0010	72	114	r
001 1101	1D	29	GS	100 1000	48	72	H	111 0011	73	115	s
001 1110	1E	30	RS	100 1001	49	73	I	111 0100	74	116	t
001 1111	1F	31	US	100 1010	4A	74	J	111 0101	75	117	u
010 0000	20	32	BLANK	100 1011	4B	75	K	111 0110	76	118	v
010 0001	21	33	!	100 1100	4C	76	L	111 0111	77	119	w
010 0010	22	34	”	100 1101	4D	77	M	111 1000	78	120	x
010 0011	23	35	#	100 1110	4E	78	N	111 1001	79	121	y
010 0100	24	36	$	100 1111	4F	79	O	111 1010	7A	122	z
010 0101	25	37	%	101 0000	50	80	P	111 1011	7B	123	{ ä
010 0110	26	38	&	101 0001	51	81	Q	111 1100	7C	124	| ö
010 0111	27	39	’	101 0010	52	82	R	111 1101	7D	125	} ü
010 1000	28	40	(	101 0011	53	83	S	111 1110	7E	126	° ß
010 1001	29	41	)	101 0100	54	84	T	111 1111	7F	127	DEL
010 1010	2A	42	*	101 0101	55	85	U				

Klein- in Großschreibung durch eine UND-Verknüpfung mit der Maske 1011111.

Eine weitere Besonderheit des ASCII-Codes ist, dass man den Wert der Ziffern 0 bis 9 aus dem zugehörigen Code erhält, wenn man nur die vier niederwertigen Bits betrachtet. Man erhält also den numerischen Wert durch UND-Verknüpfung mit der Maske 0001111.

Da der ASCII-Code zunächst nur die in den USA gebräuchlichen Zeichen unterstützte, führten Anpassungen an andere nationale Zeichensätze zu Doppelbelegungen einiger Codewörter. Der 7-Bit ASCII-Code wurde daher durch Anhängen eines achten Bits als MSB zur Umschaltung von Zeichensätzen sowie zur Darstellung von Sonderzeichen und Symbolen erweitert. Der so entstandene Latin-1-Code wurde 1986 als ISO 8859-1 und DIN 66303 standardisiert. In dem in Tabelle 3.2 aufgelisteten ASCII-Code sind auch die Codes für die deutschen Umlaute und für den speziellen Buchstaben „ß“ mit angegeben, die durch Interpretation des Bit 8 alternativ zum US-Zeichensatz aktiviert werden können.

Der Unicode

Der Unicode ist eine Erweiterung des ASCII-Codes auf 16 bzw. 32 Bit, mit dem sämtliche Zeichensysteme in den bekannten Schriftkulturen ausgedrückt werden können. Moderne Betriebssysteme basieren intern auf dem Unicode-System. Zum Unicode gehören auch zahlreiche Sonderzeichen, mathematische Formelzeichen, fernöstliche Silbensymbole sowie Angaben über die Schreibrichtung und Stellung der Zeichen. Damit lassen sich Zeichen auch dynamisch kombinieren, so kann man das deutsche „ä“, für das es natürlich im Unicode ein eigenes Codewort gibt, auch durch ein „a“ und zwei darüber angeordnete Punkte darstellen. Die Version 2.0 des Unicode-Systems ist konform zur internationalen Norm ISO/IEC 10646, die auch den standardisierten Universal Character Set (UCS) umfasst. Codetabellen und weitere Details findet man beispielsweise auf der Unicode-Webseite[2].

Die Umsetzung des Unicode-Zeichensatzes in konkrete Codierungen erfolgt mit dem Unicode Transformation Format (UTF). Dieses existiert in verschiedenen Ausprägungen, die sich insbesondere in der für ein einzelnes Zeichen benötigten Byte-Anzahl unterscheiden. UTF-32 verwendet beispielsweise immer genau 4 Byte. Häufig würde bei Einsatz dieser Codierung viel Speicherplatz verschwendet (vgl. 1 Byte bei ASCII), weshalb die flexibleren Varianten UTF-16 (Windows, OS-X) und UTF-8 (WWW, Email, Unix) weiter verbreitet sind. UTF-16 benötigt pro Zeichen 2 Byte (für die „gebräuchlichen“ Symbole) oder 4 Byte (für die „exotischeren“ Symbole). UTF-8 verwendet zur Codierung zwischen einem und vier Byte. Es hat den Vorteil, dass die 1-Byte Codierung exakt mit dem 127-Bit ASCII Code übereinstimmt und ist daher bei Verwendung von lateinischen Zeichen sehr effizient (im Vergleich zu 2 Byte bei UTF-16). Für andere Schriften benötigt UTF-8 dagegen typischerweise 3 Byte (UTF-16: 2 Byte).

Übungsaufgaben zu Kapitel 3.1

A 3.1 (T0) Was ist der Unterschied zwischen einer Codierung und einer Chiffrierung?

A 3.2 (L1) Geben Sie für die folgenden Manipulationen auf ASCII-Zeichen einfache logische Operationen mit Bit-Masken an:

a) Extraktion des Zahlenwertes aus den ASCII-Codes für die Ziffern 0 bis 9.

b) Umwandlung von Kleinbuchstaben in Großbuchstaben und umgekehrt.

A 3.3 (T0) Was ist ein Blockcode, was ist der BCD-Code? Was sind Pseudo-Tetraden?

[2] `http://www.unicode.org`

A 3.4 (L1) Ein Code ist eine umkehrbar eindeutige Abbildung von einem Nachrichtenraum A^* in einen Nachrichtenraum B^*. Welche Aussagen sind richtig:

a) Es kann Elemente aus A^* geben, die kein Bild in B^* haben.
b) Es kann Elemente in B^* geben, die kein Urbild in A^* haben.
c) Es ist zulässig, dass ein Element aus A^* auf zwei verschiedene Elemente aus B^* abgebildet wird.
d) Es ist ausgeschlossen, dass zwei verschiedene Elemente aus A^* auf dasselbe Element aus B^* abgebildet werden.

A 3.5 (M2) Das Alphabet $A = \{\text{a, e, i, o, u}\}$ mit den Auftrittswahrscheinlichkeiten $P(\text{a}) = 0{,}25$, $P(\text{e}) = 0{,}20$, $P(\text{i}) = 0{,}10$, $P(\text{o}) = 0{,}30$ und $P(\text{u}) = 0{,}15$ sei mit $B = \{11, 10, 010, 00, 011\}$ binär codiert. Berechnen Sie die mittlere Wortlänge und die Redundanz dieses Codes.

3.2 Code-Erzeugung

3.2.1 Codebäume

Die einfachste Möglichkeit, aus einem gegebenen Alphabet von Zeichen mit bekannter Auftrittswahrscheinlichkeit einen Code mit variabler Wortlänge zu erzeugen, ist die Bestimmung der Wortlänge aus den ganzzahlig aufgerundeten Informationsgehalten und die Anordnung der Codewörter als Endknoten (Blätter) eines Codebaums. Ein einführendes Beispiel zeigt Bsp. 3.1.

Es sei nochmals darauf hingewiesen, dass die Entropie allein von den Eigenschaften der Nachrichtenquelle, aber nicht von der konkreten Codierung abhängt. Die mittlere Wortlänge und damit auch die Redundanz hängen dagegen von der Codierung ab.

Die in Bsp. 3.1 verwendete Konstruktion eines Codes mit variabler Wortlänge durch Bestimmung der Wortlänge aus den ganzzahlig aufgerundeten Informationsgehalten ist wenig systematisch und nicht notwendigerweise optimal, da es in der Regel möglich ist, noch kürzere Codes zu finden. Man erkennt dies an dem erzeugten Codebaum, wenn noch unbesetzte Blätter (Endknoten) vorhanden sind, die näher an der Wurzel liegen (und damit einem kürzeren Codewort entsprechen) als andere, bereits besetzte Blätter. Es ist naheliegend, den Code auf folgende Weise zu verbessern: Freie Blätter werden mit Zeichen besetzt, deren Wortlänge größer ist als die zu dem freien Blatt gehörende Wortlänge, wobei aber darauf zu achten ist, dass keinesfalls der Code für ein Zeichen mit geringerer Auftrittswahrscheinlichkeit kürzer ist als der Code für ein Zeichen mit höherer Auftrittswahrscheinlichkeit. Einen verbesserten Code zeigt Bsp. 3.2.

3.2.2 Der Huffman-Algorithmus

Codes mit minimaler Redundanz

Es stellt sich die Frage, ob man die Generierung eines Codes mit variabler Wortlänge noch weiter verbessern kann, so dass der Code hinsichtlich der Redundanzminimierung nachweislich minimal wird. Dies wurde mit dem als Huffman-Algorithmus bekannten Verfahren 1952 von dem amerikanischen Mathematiker David A. Huffman (1925–1999) tatsächlich erreicht [Huf52].

Zur Konstruktion eines Codes ordnet man zunächst alle Zeichen nach ihren Auftrittswahrscheinlichkeiten und fasst die beiden Zeichen mit den geringsten Wahrscheinlichkeiten p_1 und p_2 zu einem Knoten zusammen, dem dann die Wahrscheinlichkeit $p_1 + p_2$ zugeordnet wird. Damit erhält man eine neue Folge von Wahrscheinlichkeiten, die auch den neu gebildeten Knoten mit einschließt,

Bsp. 3.1 Zur Einführung soll eine Auswahl von sechs Buchstaben des lateinischen Alphabets, nämlich c, v, w, u, r, z, mit möglichst geringer Redundanz binär codiert werden

Die Auftrittswahrscheinlichkeiten für die Buchstaben dieses Alphabets {c, v, w, u, r, z} entnimmt man Tabelle 2.3. Da man nur dieses verkürzte Alphabet betrachtet, müssen die Auftrittswahrscheinlichkeiten $P(x_i)$ noch so normiert werden, dass ihre Summe 1 ergibt. Das Ergebnis sowie die berechneten Informationsgehalte $I(x_i)$ sind in Tabelle 3.3 gezeigt. Für den in der Tabelle gezeigten Code wurden als Wortlängen die zur nächsthöheren ganzen Zahl aufgerundeten Informationsgehalte der Zeichen benutzt. Die Codewörter mit der gewünschten Wortlänge wurden durch Probieren „erfunden". Man kann diese mithilfe eines Codebaumes veranschaulichen:

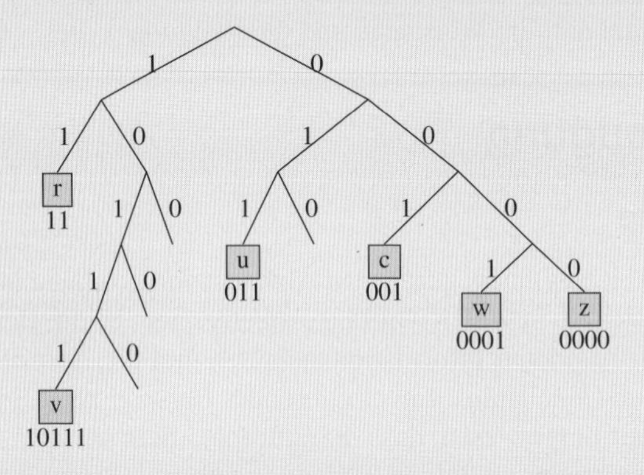

Für die Entropie dieser Nachrichtenquelle berechnet man:

$$H = P(\mathrm{c}) \cdot I(\mathrm{c}) + P(\mathrm{v}) \cdot I(\mathrm{v}) + P(\mathrm{w}) \cdot I(\mathrm{w}) + P(\mathrm{u}) \cdot I(\mathrm{u}) + P(\mathrm{r}) \cdot I(\mathrm{r}) + P(\mathrm{z}) \cdot I(\mathrm{z})$$
$$\approx 0{,}4275 + 0{,}2025 + 0{,}3067 + 0{,}4605 + 0{,}5255 + 0{,}3067 = 2{,}2295 \text{ Bit/Zeichen.}$$

Die mittlere Wortlänge L dieses Codes ist:

$$L = P(\mathrm{c}) \cdot l(\mathrm{c}) + P(\mathrm{v}) \cdot l(\mathrm{v}) + P(\mathrm{w}) \cdot l(\mathrm{w}) + P(\mathrm{u}) \cdot l(\mathrm{u}) + P(\mathrm{r}) \cdot l(\mathrm{r}) + P(\mathrm{z}) \cdot l(\mathrm{z})$$
$$\approx 0{,}4914 + 0{,}2270 + 0{,}3484 + 0{,}5871 + 0{,}8418 + 0{,}3484 = 2{,}8441 \text{ Bit/Zeichen.}$$

Für die Redundanz folgt damit: $R = L - H \approx 2{,}8441 - 2{,}2295 = 0{,}5491$ Bit/Zeichen.
Es wird bei dieser Codierung also pro Zeichen im Mittel etwa ein halbes Bit verschwendet.

die Wahrscheinlichkeiten der soeben bearbeiteten Zeichen jedoch nicht mehr enthält. Im nächsten Schritt fasst man wiederum die zu den beiden kleinsten Wahrscheinlichkeiten gehörenden Elemente (das können nun Zeichen oder Knoten sein) zu einem neuen Knoten zusammen. Man verfährt weiter auf diese Weise, bis alle Zeichen einen Platz im so entstandenen Huffman-Baum gefunden haben. Man kann zeigen, dass es durch Codierung von Einzelzeichen nicht möglich ist, einen Code zu finden, der eine geringere Redundanz aufweist als der nach dem Huffman-Verfahren erzeugte. Ein Beispiel zur Code-Generierung mit diesem Verfahren ist in Bsp. 3.3 gezeigt.

Tabelle 3.3 Beispiel zur Codierung einer Auswahl von sechs Buchstaben des Alphabets (vgl. Bsp. 3.1)

x_i	$P(x_i)$	$I(x_i)$	$l(x_i)$	Codebeispiel
c	0,1638	2,6100	3	001
v	0,0454	4,4612	5	10111
w	0,0871	3,5212	4	0001
u	0,1957	2,3533	3	011
r	0,4209	1,2485	2	11
z	0,0871	3,5212	4	0000

Tabelle 3.4 Verbesserte Codierung des Alphabets {c, v, w, u, r, z} (vgl. Bsp. 3.2)

x_i	$l(x_i)$	Codebeispiel
c	2	10
v	4	0001
w	3	001
u	2	01
r	2	11
z	4	0000

Bsp. 3.2 Verbesserter Codebaum

Der Codebaum aus Bsp. 3.1 weist offenbar vier Äste auf, die keine durch Codewörter besetzte Blätter tragen, wobei diese aber näher an der Wurzel liegen, als bereits besetzte. Das im Text beschriebene Optimierungsverfahren ist also anwendbar. Die neue Codetabelle ist in Tabelle 3.4 gezeigt, der Codebaum sieht wie folgt aus:

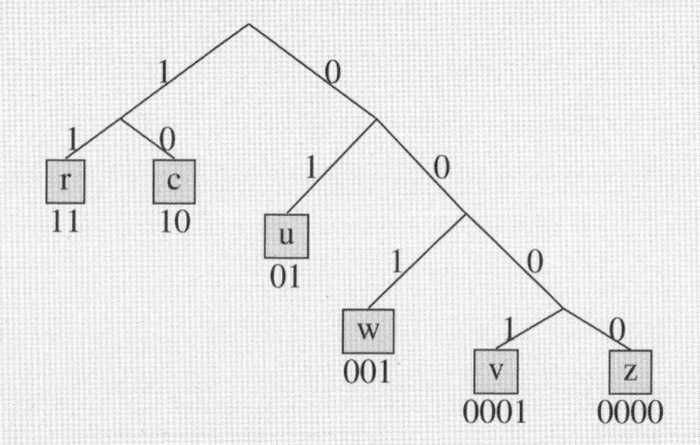

Die mittlere Wortlänge L für diesen verbesserten Code ist nun:

$$L \approx (0{,}1638 + 0{,}1957 + 0{,}4209) \cdot 2 + 0{,}0871 \cdot 3 + (0{,}0454 + 0{,}0871) \cdot 4 = 2{,}3521 \text{ Bit/Zeichen.}$$

und die zugehörige Redundanz: $R \approx 2{,}3521 - 2{,}2295 = 0{,}1226$ Bit/Zeichen.
Die Redundanz wurde also von 0,5491 auf nur noch 0.1226 Bit/Zeichen reduziert.

Bsp. 3.3 Code-Generierung mit dem Huffman-Verfahren

Wendet man dieses Verfahren auf Bsp. 3.1 mit den Wahrscheinlichkeiten nach Tabelle 3.3 an, so ergibt sich der in Abb. 3.3 dargestellte Codebaum mit dem zugehörigen Huffman-Code. Wegen der von den Blättern ausgehenden, rekursiven Konstruktion des Codes, entsteht der Baum im Vergleich mit den beiden zuvor betrachteten Codebäumen in umgekehrter Anordnung.

Die mittlere Wortlänge für diesen Code ist nun:

$$L \approx 0{,}4209 + (0{,}1957 + 0{,}1638 + 0{,}0871) \cdot 3 + (0{,}0871 + 0{,}0454) \cdot 4 = 2{,}2907 \text{ Bit/Zeichen.}$$

und die zugehörige Redundanz: $R \approx 2{,}2907 - 2{,}2295 = 0{,}0612$ Bit/Zeichen.

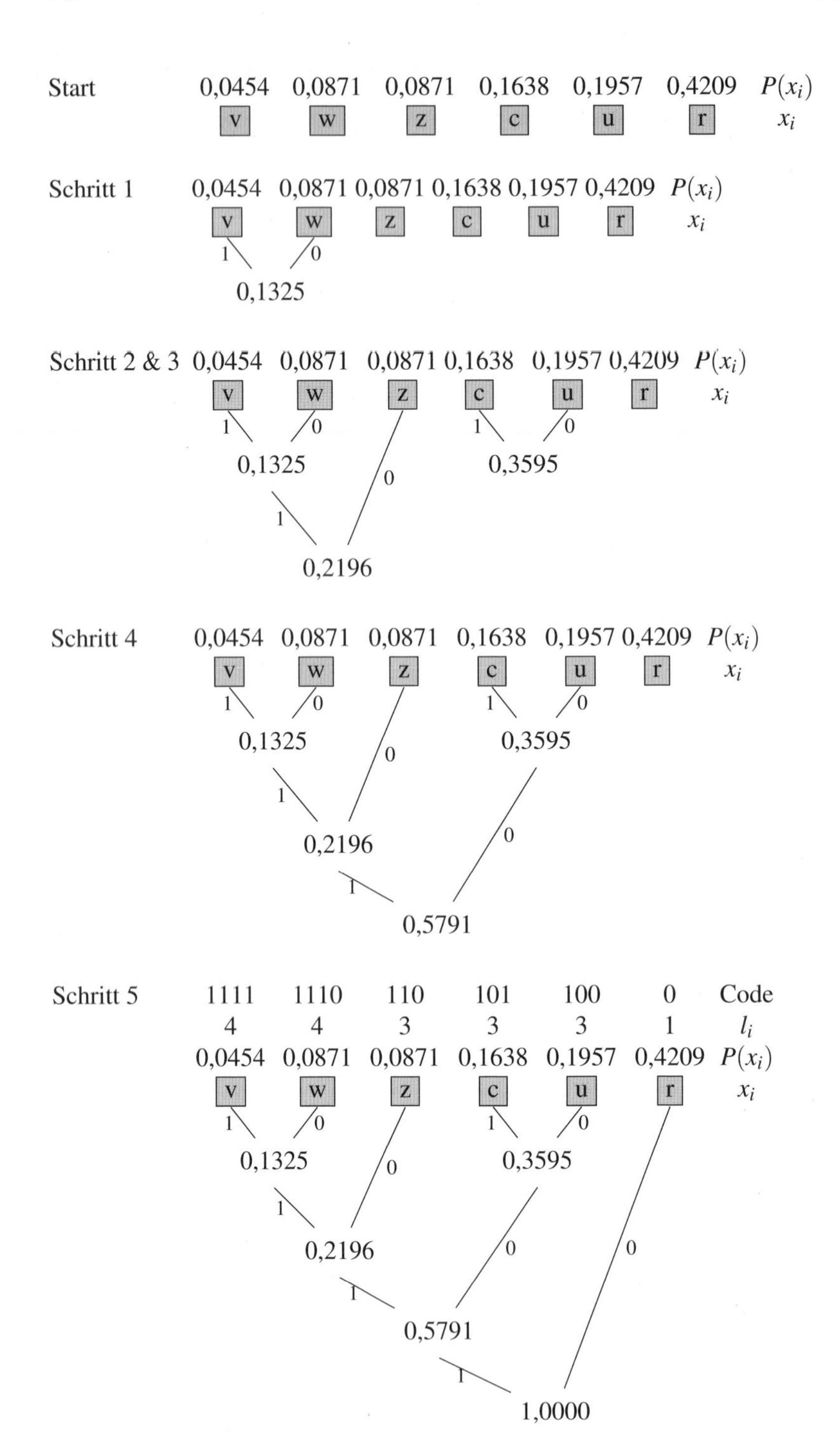

Abb. 3.3 Schrittweiser Aufbau des Huffman-Baum und Huffman-Code für das Alphabet {c, v, w, u, r, z}

Im Sinne einer Minimierung der Redundanz ist von den vorgestellten Codierungen die mit der Methode von Huffman erzeugte die beste; dennoch ist offenbar auch die optimale Codierung mit dem Huffman-Algorithmus nicht redundanzfrei. Eine Codierung mit verschwindender Redundanz ist im Idealfall gleicher Auftrittswahrscheinlichkeiten für alle Zeichen erreichbar, kommt aber in der Praxis fast nie vor. Eine weitere Verminderung der Redundanz lässt sich für das obige Beispiel nur noch durch Gruppencodierung, also durch Codieren von Zeichengruppen, erzielen.

Die Fano-Bedingung

Eine sehr wesentliche Forderung an einen Code ist, dass er in eindeutiger Weise decodierbar sein muss. Bei Codes mit konstanter Wortlänge (Blockcodes) stellt dies kein Problem dar, da sich ein Wortende einfach durch Abzählen der Zeichen ermitteln lässt. Im Falle von Codes mit variabler Wortlänge lässt sich die eindeutige Decodierbarkeit in folgende, von Robert Fano (*1917) formulierten, als Fano-Bedingung bekannte Forderung fassen:

Definition 3.1 (Fano-Bedingung)**.** Ein Code mit variabler Wortlänge muss so generiert werden, dass kein Codewort eines Zeichens mit dem Anfang (Präfix) des Codewortes irgendeines anderen Zeichens übereinstimmt. Mit dieser Formulierung ist gleichbedeutend, dass bei Darstellung eines Codes als Codebaum die Codewörter nur die Blätter (Endknoten) des Baumes besetzen dürfen, nicht aber die Verzweigungsstellen (innere Knoten). Ein der Fano-Bedingung genügender Code, oder allgemeiner eine Sprache, heißt präfixfrei oder Präfixcode.

Alle in diesem Kapitel erzeugten Codes genügen offenbar der Fano-Bedingung. Ein Beispiel für einen Code mit variabler Wortlänge, der nicht der Fano-Bedingung genügt, ist das Morse-Alphabet (siehe Kap. 1.2.2). Um die eindeutige Unterscheidbarkeit der einzelnen Zeichen und damit die Decodierbarkeit auch für das Morse-Alphabet sicherzustellen, wird eine Lücke zwischen den Codewörtern auf andere Weise gekennzeichnet, nämlich durch eine kleine Pause zwischen je zwei Codewörtern. Man kann diese Pause auch als ein drittes Zeichen neben dem kurzen (.) und dem langen Ton (–) interpretieren; allerdings handelt es sich dann nicht mehr um einen binären Code.

Decodierung

Bei Codes mit variabler Wortlänge, welche die Fano-Bedingung erfüllen, lässt sich eine gegebene Zeichenkette eindeutig decodieren. Für die Decodierung werden die zu interpretierenden Zeichen Bit für Bit in einem Puffer gesammelt und laufend mit den tabellierten Codes verglichen. Sobald der Pufferinhalt mit einem tabellierten Codewort übereinstimmt, ist das entsprechende Zeichen decodiert. Der Puffer wird dann gelöscht und der Decodiervorgang beginnt von neuem für das nächste Zeichen.

Beispiel: Ausgehend vom Huffman-Code gemäß Abb. 3.3 kann man die Zeichenfolge 1011001011000100110 als den Text cucuruz identifizieren.

3.2.3 Der Fano-Algorithmus

Von R. Fano wurde auch ein Algorithmus angegeben, mit dem ein Code unter automatischer Einhaltung der Fano-Bedingung erzeugt werden kann. Der Fano-Algorithmus ist einfach zu implementieren, es ist jedoch nicht garantiert, dass der Code im Sinne der Redundanzminimierung in jedem Fall optimal ist, wenn auch die Abweichungen in der Praxis kaum eine Rolle spielen. Man geht dabei folgendermaßen vor:

1. Die zu codierenden Zeichen x_i und die Auftrittswahrscheinlichkeiten $P(x_i)$ werden in einer Tabelle nach fallenden Auftrittswahrscheinlichkeiten $P(x_i)$ geordnet.
2. In der dritten Spalte werden – beginnend mit der kleinsten Wahrscheinlichkeit – die Teilsummen $\sum P(x_i)$ eingetragen. In der ersten Zeile steht also 1.
3. Die Folge der Teilsummen wird in zwei Intervalle unterteilt, wobei der Schnitt möglichst nahe bei der Hälfte der jeweiligen Teilsumme erfolgen muss.
4. Für alle Zeichen oberhalb des Schnitts wird für das Codewort eine 0 eingetragen, für alle Zeichen unterhalb des Schnitts eine 1 (oder umgekehrt).
5. Alle entstandenen Intervalle werden gemäß Schritt 3 wieder halbiert und die nächste Binärstelle wird gemäß Schritt 4 eingetragen.
6. Enthält ein Intervall nur noch ein Zeichen, so endet das Verfahren für dieses Zeichen, da dessen Code nun komplett ist.

Beispiel 3.4 zeigt das Fano-Verfahren für das bereits in Bsp. 3.1 verwendete Alphabet.

Der Fano-Algorithmus erzeugt in diesem Beispiel denselben Code wie der Huffman-Algorithmus, was jedoch durchaus nicht immer so sein muss. Der Fano-Algorithmus liefert also – anders als der Huffman-Algorithmus – nicht in jedem Fall den optimalen Code im Sinne der Redundanzminimierung. Insbesondere für längere Alphabete sind die Abweichungen aber vernachlässigbar. Ferner können zwei Zeichen mit identischen Auftrittswahrscheinlichkeiten durchaus verschiedene Wortlängen erhalten. Ohne Änderungen der Eigenschaften des Codes könnte man in Bsp. 3.4 etwa die Zuordnung der Codewörter zu den Zeichen z und w auch vertauschen.

Huffman-Codes sind garantiert immer optimal, d. h. es existiert kein Algorithmus, der einen besseren Code im o. g. Sinne liefern könnte! Da das Huffman-Verfahren ähnlich einfach zu implementieren ist, werden Fano-Codes in der Praxis kaum verwendet, während sich der Huffman-Algorithmus als eine Komponente der Datenkompression weit verbreitet hat, beispielsweise in Dateiformaten wie JPEG oder MP3 zur verlustbehafteten Bild- bzw. Musikkompression.

Übungsaufgaben zu Kapitel 3.2

A 3.6 (M3) Gegeben sei das unten tabellierte Alphabet $\{x_i\}$ mit den zugehörigen Auftrittswahrscheinlichkeiten $\{p_i\}$:

x_i	A	E	I	O	U	Y
p_i	0,105	0,22	0,105	0,04	0,45	0,08

a) Berechnen Sie die Informationsgehalte $I(x_i)$ sowie die Entropie.

b) Bilden Sie einen Binärcode durch Aufstellen eines einfachen Codebaums, wobei für die Wortlängen der Codewörter die ganzzahlig aufgerundeten zugehörigen Informationsgehalte der zugehörigen Zeichen x_i gewählt werden sollen.

c) Bilden Sie den optimalen Binärcode mithilfe des Huffman-Algorithmus.

d) Bilden Sie einen Binärcode unter Verwendung des Fano-Algorithmus.

Bsp. 3.4 Code-Generierung mit dem Fano-Verfahren

Für das bereits in Bsp. 3.3 mithilfe des Huffman-Verfahrens codierte Alphabet {c, v, w, u, r, z} generiert man mit dem Fano-Algorithmus und den Wahrscheinlichkeiten nach Tabelle 3.3 schrittweise den folgenden Code:

Start

x_i	$P(x_i)$	$\sum P(x_i)$
r	0,4209	1,0000
u	0,1957	0,5791
c	0,1638	0,3834
z	0,0871	0,2196
w	0,0871	0,1325
v	0,0454	0,0454

Schritt 1

x_i	$P(x_i)$	$\sum P(x_i)$	Code
r	0,4209	1,0000	0
u	0,1957	0,5791	1
c	0,1638	0,3834	1
z	0,0871	0,2196	1
w	0,0871	0,1325	1
v	0,0454	0,0454	1

Schritt 2

x_i	$P(x_i)$	$\sum P(x_i)$	Code
r	0,4209	1,0000	0
u	0,1957	0,5791	10
c	0,1638	0,3834	10
z	0,0871	0,2196	11
w	0,0871	0,1325	11
v	0,0454	0,0454	11

Schritt 3

x_i	$P(x_i)$	$\sum P(x_i)$	Code
r	0,4209	1,0000	0
u	0,1957	0,5791	100
c	0,1638	0,3834	101
z	0,0871	0,2196	11
w	0,0871	0,1325	11
v	0,0454	0,0454	11

Schritt 4

x_i	$P(x_i)$	$\sum P(x_i)$	Code
r	0,4209	1,0000	0
u	0,1957	0,5791	100
c	0,1638	0,3834	101
z	0,0871	0,2196	110
w	0,0871	0,1325	111
v	0,0454	0,0454	111

Schritt 5

x_i	$P(x_i)$	$\sum P(x_i)$	Code
r	0,4209	1,0000	0
u	0,1957	0,5791	100
c	0,1638	0,3834	101
z	0,0871	0,2196	110
w	0,0871	0,1325	1110
v	0,0454	0,0454	1111

Wie schon im Fall der Huffman-Codierung erhält man für die mittlere Wortlänge 2,2907 Bit/Zeichen und die zugehörige Redundanz: $R \approx 2{,}2907 - 2{,}2295 = 0{,}0612$ Bit/Zeichen.

e) Berechnen Sie für die in b), c) und d) gebildeten Codes die mittleren Wortlängen und die Redundanzen.

A 3.7 (L2) Gegeben sei das binäre Alphabet $B = \{0, 1\}$. Geben Sie alle Teilmengen des Nachrichtenraums über B^* an, welche folgende Bedingungen erfüllen: Die Teilmengen umfassen mindestens drei Wörter; die Wörter bestehen aus höchstens zwei Zeichen; die Wörter erfüllen die Fano-Bedingung.

A 3.8 (L3) Gegeben sei ein Alphabet mit n Zeichen. Bestimmen Sie die Wortlänge des Zeichens mit dem längsten Codewort, das eine binäre Huffman-Codierung im Extremfall liefern kann. Welche Bedingung muss dann für die Auftrittswahrscheinlichkeiten p_i gelten?

A 3.9 (M3) Gegeben sei das Alphabet {A, B} mit den Auftrittswahrscheinlichkeiten $p_A = 0{,}7$ und $p_B = 0{,}3$. Geben Sie die Huffman-Codes für die Codierung von Einzelzeichen, von Gruppen aus zwei Zeichen, von Gruppen aus drei Zeichen und von Gruppen aus vier Zeichen an. Berechnen Sie dazu jeweils die mittleren Wortlängen und die Redundanzen in Bit/Zeichen.

A 3.10 (M2) Welche Bedingungen sind dafür hinreichend und notwendig, dass der Huffman-Algorithmus einen Blockcode liefert?

A 3.11 (L1) Genügt die Deutsche Sprache der Fano-Bedingung?

3.3 Codesicherung

Oft wählt man absichtlich eine redundante Codierung, so dass sich die Codewörter zweier Zeichen (Nutzwörter) durch möglichst viele binäre Stellen von allen anderen Nutzwörtern unterscheiden. Zwischen den Nutzwörtern sind also eine Anzahl von Wörtern eingeschoben, die kein Zeichen repräsentieren und demnach nur infolge einer Störung entstehen können. Dementsprechend werden sie als Fehlerwörter bezeichnet. Ein Blick auf den in Tabelle 3.1, S. 72 aufgelisteten BCD-Code, der die Ziffern 0 bis 9 mit vier binären Stellen codiert, zeigt, dass neben den 10 Nutzwörtern 6 Fehlerwörter existieren, die sog. Pseudo-Tetraden. So entspricht beispielsweise dem Codewort 1011 keine Ziffer, es muss demnach (möglicherweise bei der Übertragung) ein Fehler aufgetreten sein. Der richtige Code könnte also, wenn man von einem 1-Bit Fehler ausgeht, 0011 oder 1001 gelautet haben, die anderen beiden Möglichkeiten, 1111 und 1010 scheiden aus, da es sich dabei ebenfalls um Fehlerwörter handelt. Die redundante Codierung erlaubt daher im Falle von Störungen die Fehlererkennung und in günstigen Fällen auch die Fehlerkorrektur.

Ziel bei einer effizienten Datenübertragung oder -speicherung ist also, zunächst die unnütze Redundanz zu entfernen (z. B. mit dem Huffman-Algorithmus aus Kap. 3.2.2) um anschließend nützliche Redundanz gezielt hinzuzufügen, die zwar keine Information über die eigentliche Nachricht enthält, aber der Codesicherung dient.

Um Kompressionsmethoden und Verfahren zur Codesicherung zu verbinden, führt man zunächst eine Datenkompression aus, beispielsweise mit dem Huffman-Code oder mit einer der in Kap. 3.4 beschriebenen Methoden. Danach teilt man dann das Ergebnis in Blöcke gleicher Länge und wendet darauf die hier besprochenen Verfahren zur Codesicherung an.

3.3.1 Stellendistanz und Hamming-Distanz

Definition der Hamming-Distanz

Ein Maß für die Störsicherheit, also für die Fehlererkennung und Fehlerkorrektur eines Codes ist die von Richard W. Hamming (1915–1998) eingeführte Hamming-Distanz (auch Hamming-Abstand oder Hamming-Gewicht) h, die als die minimale paarweise Stellendistanz eines Codes definiert ist [Ham50]. Als Stellendistanz $d(x,y)$ wird dabei die Anzahl der Stellen bezeichnet, in denen sich zwei gleich lange Binärwörter x und y unterscheiden. Zur Berechnung bildet man $x \,\mathrm{XOR}\, y$ und zählt die resultierenden Einsen. Für unterschiedlich lange Codewörter ist die Stellendistanz nicht definiert. Die Stellendistanz ist auch ein Maß für die bei einer Übertragung eines Wortes entstandenen Fehler. Wird beispielsweise ein binäres Wort x gesendet und y empfangen, so gibt $d(x,y)$ die Anzahl der fehlerhaften Binärstellen von y an; bei korrekter Übertragung ist $x = y$ und daher $d(x,y) = 0$. Die Stellendistanz erfüllt alle drei Axiome, die eine Distanz (Metrik) in einem linearen Raum definieren, nämlich:

Axiom 1: $d(x,x) = 0$,

Axiom 2: $d(x,y) = d(y,x)$ (Symmetrie),

Axiom 3: $d(x,z) \leq d(x,y) + d(y,z)$ (Dreiecksungleichung).

Es besteht damit eine Analogie zu anderen Distanzen, z. B. zu der in der Geometrie üblicherweise verwendeten euklidischen Distanz zwischen zwei Punkten A und B im Raum. Ein Beispiel zur Berechnung der Hamming-Distanz zeigt Bsp. 3.5.

Bsp. 3.5 Stellen- und Hamming-Distanz von Codewörtern

Gegeben seien die Ziffern 1 bis 4 in ihrer binären Codierung: $1 = 001$, $2 = 010$, $3 = 011$, $4 = 100$. Man erhält daraus folgende Stellendistanzen d von je zwei Codewörtern:

$$\begin{array}{lll} d(010,001)=2 & & \\ d(011,001)=1 & d(011,010)=1 & \\ d(100,001)=2 & d(100,010)=2 & d(100,011)=3 \end{array}$$

Die Berechnung der Stellendistanzen lässt sich durch folgendes Matrix-Schema erleichtern und formalisieren:

	001	010	011	100
001	–	–	–	–
010	2	–	–	–
011	1	1	–	–
100	2	2	3	–

Die Hamming-Distanz als kleinste Stellendistanz ist in diesem Beispiel $h = 1$. Fehler lassen sich hier nicht in jedem Fall erkennen, da es offenbar Nutzwörter gibt, zwischen denen keine Fehlerwörter liegen.

Fehlererkennung und -korrektur

Ein Code hat offensichtlich mindestens die Hamming-Distanz $h = 1$, da sonst zwei Codewörter übereinstimmen würden. Beträgt die Hamming-Distanz $h = 2$, so lassen sich Fehler, die ein einzelnes Bit betreffen, als Fehler erkennen, aber nicht korrigieren. Unter gewissen Bedingungen können Fehler aber nicht nur erkannt, sondern auch korrigiert werden. Bei gegebener Hamming-Distanz h gilt:

- Sind maximal $h - 1$ Bit in einem Wort fehlerhaft, so kann dies erkannt werden.
- Sind maximal $(h - 1)/2$ Bit fehlerhaft, so können diese Fehler korrigiert werden.

Die Korrektur erfolgt dann durch Ersetzen des erkannten Fehlerworts durch dasjenige Nutzwort mit der geringsten Stellendistanz zum Fehlerwort.

Bei $h = 1$ können also fehlerhafte Binärstellen prinzipiell nicht erkannt werden, da solche Fehler wieder zu einem gültigen Codewort führen. Bei $h = 2$ können 1-Bit Fehler zwar erkannt, aber nicht korrigiert werden: Durch den Fehler entsteht ein ungültiges Codewort, das aber in mindestens einem Fall mehr als ein Codewort mit Stellendistanz eins als Nachbarn hat. In diesem Fall ist keine Entscheidung möglich, auf welches der beiden gleich weit entfernten Wörter die Korrektur erfolgen sollte. Bei $h = 3$ und $h = 4$ können 1-Bit Fehler korrigiert oder 2-Bit bzw. 3-Bit Fehler erkannt werden; bei $h = 5$ und $h = 6$ können auch 2-Bit Fehler korrigiert oder 4-Bit bzw. 5-Bit Fehler erkannt werden, etc.

Beispiel 3.6 zeigt einen im Vergleich zu Bsp. 3.5 leicht veränderten Code mit anderer Hamming-Distanz und besseren Fehlererkennungseigenschaften. Beide Beispiele verdeutlichen das sog. Code-Überdeckungsproblem: Wie kann man einen optimalen Code mit vorgegebener Hamming-Distanz

Bsp. 3.6 Hamming-Distanz

Es ist in Bsp. 3.5 möglich, einen von der oben verwendeten binären Zifferncodierung etwas abweichenden Code anzugeben, der bei gleicher Wortlänge die Hamming-Distanz $h = 2$ aufweist und daher vom Standpunkt der Codesicherheit überlegen ist, da nun eine eindeutige Fehlererkennung von 1-Bit Fehlern möglich ist. Der modifizierte Code lautet: $1 = 000$, $2 = 011$, $3 = 101$, $4 = 110$. Man erhält daraus folgende Stellendistanzen d von je zwei Codewörtern:

	000	011	101	110
000	–	–	–	–
011	2	–	–	–
101	2	2	–	–
110	2	2	2	–

Die Hamming-Distanz ist also in der Tat $h = 2$.

Bsp. 3.7 Fehlererkennung oder Fehlerkorrektur?

Man betrachte die beiden Codewörter $x = 1010\,1110$ und $y = 0010\,1011$, die aus einem Code mit Hamming-Distanz drei entnommen sein sollen. Die Wörter unterscheiden sich an genau drei Stellen. Angenommen, das Codewort x wurde gesendet, und es traten bei der Übertragung Fehler auf. Zunächst der Fall, dass ein einzelnes Bit falsch ist, und aus x z. B. durch Kippen des MSB $x' = 0010\,1110$ wird. Da das nächstliegende gültige Codewort x mit einer Distanz von eins ist, wird der Fehler richtig korrigiert.
Nun seien 2 Bit verändert worden, es entstand während der Übertragung $x'' = 0010\,1111$. Offensichtlich kann man den Fehler erkennen, da dies kein gültiges Codewort sein kann (das nächste gültige muss eine Mindestdistanz von drei haben). Das gleiche Wort könnte aber aus y durch einen 1-Bit Fehler im dritten Bit von rechts entstanden sein: $y' = 0010\,1111 = x''$. Auf Empfängerseite sind diese beiden Fälle nicht unterscheidbar. Hat man sich für die Option der Fehlerkorrektur statt reiner Erkennung entschieden, so würde bei einem Doppelfehler in x fälschlicherweise auf y korrigiert.

generieren? Unter „optimal" kann z. B. verstanden werden, dass die Codewörter so kurz wie möglich sein sollen. Auf eine allgemeine Lösung kann hier nicht eingegangen werden, spezielle Lösungen werden weiter unten vorgestellt.

Bei Verwendung eines definierten Codes muss festgelegt werden, welche der beiden Möglichkeiten – Korrektur oder reine Erkennung – genutzt werden soll. Man kann beispielsweise bei einem Code mit $h = 3$ nicht gleichzeitig 1-Bit Fehler korrigieren und 2-Bit Fehler erkennen. Ein 2-Bit Fehler sieht nämlich (bei mindestens einem Codewort-Paar) so aus wie ein 1-Bit Fehler. Erkennung ist somit zwar möglich, korrigiert würde aber auf das (falsche) nächstliegende Codewort (vgl. hierzu Bsp. 3.7).

Bei einem Code mit $h = 4$ kann man 1-Bit Fehler erkennen und korrigieren, 2-Bit Fehler erkennen aber nicht korrigieren (diese Fehlerwörter liegen genau in der Mitte zwischen zwei gültigen Codewörtern), 3-Bit Fehler würden dann evtl. wieder falsch korrigiert. Das Problem ist: Der Empfänger

Tabelle 3.5 Codierung der Ziffern von 0 bis 9 mit einem 2-aus-5 und einem 1-aus-10-Code

Ziffer	2-aus-5-Code	1-aus-10-Code
0	00011	0000000001
1	00101	0000000010
2	00110	0000000100
3	01001	0000001000
4	01010	0000010000
5	01100	0000100000
6	10001	0001000000
7	10010	0010000000
8	10100	0100000000
9	11000	1000000000

weiß nicht, wie viele Bit falsch sind, und kann daher nicht zwischen einem 1-Bit und einem 3-Bit Fehler unterscheiden.

Ob man sich in der Praxis eher für reine Fehlerkennung oder eine Fehlerkorrektur entscheidet, hängt stark von der Anwendung ab. Eine reine Fehlererkennung ist dann sinnvoll, wenn die Daten vom Sender neu angefordert werden können. Ist dies nicht möglich, wie beispielsweise bei Daten-Streaming für digitale Videoübertragungen, wo ein erneutes Senden zu inakzeptablen Verzögerungen führen würde, sind Mechanismen zur Fehlerkorrektur die bessere Wahl. Ebenso bei Speichermedien wie Audio-CD und Blu-Ray, aber auch bei den beliebten QR-Codes für Smartphones, da hier bei (Teil-)Zerstörung der Daten gar keine erneute Anforderung möglich wäre. Details hierzu findet man in Kap. 3.3.8 und 3.3.10.

3.3.2 m-aus-n-Codes

Neben den bereits genannten Tetraden-Codes (z. B. dem BCD-Code), bei denen die Pseudo-Tetraden als Fehler erkennbar waren, verwendet man vielfach m-aus-n-Codes. Dies sind Blockcodes mit der Wortlänge n, bei denen in jedem Codewort genau m Einsen und somit $n-m$ Nullen vorkommen. Bei gegebenem m und n gibt es offenbar genau $\binom{n}{m}$ Codewörter. Da in allen Codewörtern dieselbe Anzahl von Einsen enthalten sind, müssen sich zwei verschiedene Codewörter in mindestens zwei Stellen unterscheiden, so dass die Hamming-Distanz von m-aus-n-Codes $h=2$ ist. Damit sind 1-Bit Fehler immer erkennbar, jedoch nicht in jedem Fall korrigierbar. Tabelle 3.5 zeigt zwei Beispiele für m-aus-n-Codes.

3.3.3 Codes mit Paritätsbits

Eine häufig verwendete Möglichkeit zur Fehlererkennung und Fehlerkorrektur ist die Einführung einer Paritätsprüfung (Parity Check). Man fügt dazu ein Paritätsbit oder Prüfbit als LSB an jedes Codewort an, das die Anzahl der Einsen (oder Nullen) jedes Codewortes auf eine gerade Anzahl (gerade Parität, even parity) oder ungerade Anzahl (ungerade Parität, odd parity) ergänzt. An das Wort 1011 0101 würde bei gerader Parität also als Prüfbit eine 1 angefügt. 1-Bit Fehler können damit erkannt, aber nicht korrigiert werden.

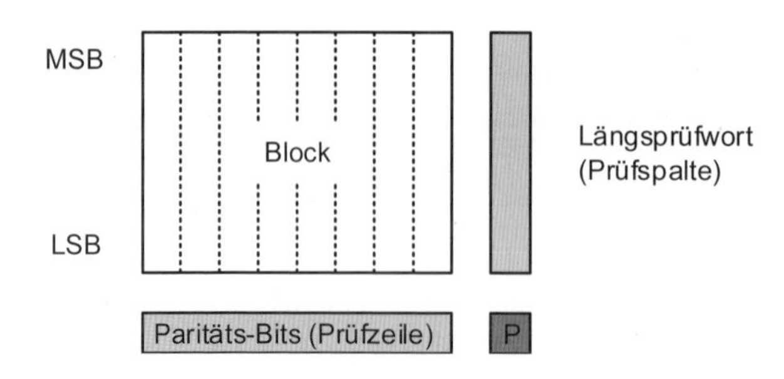

Abb. 3.4 Prinzipieller Aufbau eines Blocks aus übertragenen Codewörtern mit Prüfzeile und Längsprüfwort

Prüfzeilen und Prüfspalten: Kreuzparitätskontrolle

Um 1-Bit Fehler nicht nur erkennen, sondern auch korrigieren zu können, führt man eine Kreuzparitätskontrolle ein. Zunächst fasst man die Paritätsbits einer Anzahl von Wörtern zu einer Prüfzeile (Longitudinal Redundancy Check, LRC) zusammen. Zusätzlich wird nach einem Block von k Codewörtern die Parität der einzelnen Zeilen des Blocks in einer Prüfspalte (Längsprüfwort, Vertical Redundancy Check, VRC) auf gerade (oder ungerade) Parität ergänzt. Abbildung 3.4 zeigt die Struktur eines übertragenen Blocks mit Kreuzparitätskontrolle. Das zusätzliche Prüfbit P in der rechten unteren Ecke wird so gesetzt, dass es die Anzahl der Einsen im gesamten Datenblock auf die gewünschte Parität ergänzt. Bei der Erkennung und Korrektur von 1-Bit Fehlern können folgende Situationen auftreten:

1. Der Fehler tritt im Block auf, also in einem der gesendeten Codewörter. Es müssen dann sowohl ein Bit des Längsprüfworts als auch ein Bit des Paritäts-Prüfworts (Prüfzeile) die Parität verletzen. Die Positionen dieser beiden die Parität verletzenden Bits definiert dann die Position des fehlerhaften Bits im Block. Zur Korrektur wird einfach das ermittelte Bit invertiert. Zusätzlich verletzt in diesem Fall auch das Prüfbit P die Parität.

2. Der Fehler tritt in einem der beiden Prüfwörter auf, nicht aber im Bit P. Dies zeigt sich darin, dass eine Paritätsverletzung entweder in der Prüfzeile oder in der Prüfspalte gefunden wird, aber nicht in beiden gleichzeitig. Da in diesem Fall ein Paritätsbit fehlerhaft ist, ist keine Korrektur der Daten erforderlich.

3. Der Fehler tritt in Bit P auf. Da aber weder die Parität der Prüfzeile noch die der Prüfspalte verletzt ist, muss P selbst fehlerhaft sein. Eine Korrektur der Daten ist nicht erforderlich.

Durch die Paritätsbits wird eine Redundanz eingeführt, die von der Anzahl s der Bits pro Wort und von der Anzahl k der Worte pro Block abhängt. Die Anzahl der Bits des Blocks ist dann $k \cdot s$ und die Anzahl der Paritätsbits $k+s+1$. Für die Redundanz ergibt sich daraus:

$$R = \frac{k+s+1}{k} \text{ [Bit/Wort]}. \tag{3.6}$$

Die Redundanz des Codes selbst ist dabei nicht berücksichtigt, sondern nur die durch die Paritätsbits darüber hinaus eingeführte zusätzliche Redundanz. Ein Beispiel ist in Bsp. 3.8 dargestellt. Mit Kreuzparitätskontrolle lassen sich entweder 1-Bit Fehler korrigieren oder 2-Bit und 3-Bit Fehler erkennen, der Code hat also eine Hamming-Distanz von $h = 4$, siehe hierzu auch Bsp. 3.9.

Bsp. 3.8 Absicherung des Wortes INFORMATIK mit Kreuzparitätskontrolle

Zur binären Codierung des Wortes INFORMATIK wird der ASCII-Code (siehe Tabelle 3.2) benützt, wobei die Anzahl der Einsen zu einer geraden Zahl in einem Paritätsbit und nach jedem vierten Wort in einem Längsprüfwort ergänzt wird. Bei der Übertragung seien 1-Bit Fehler aufgetreten, so dass das Wort ANFORMAPIK empfangen wird. Wie oben beschrieben, lassen sich diese beiden Übertragungsfehler erkennen und korrigieren, das korrekte Wort INFORMATIK lässt sich also wieder restaurieren. Der Decodiervorgang ist in Tabelle 3.6 dargestellt.

Tabelle 3.6 Das im ASCII-Zeichensatz codierte Wort INFORMATIK wird mit Paritätsbits und Längsprüfwörtern in gerader Parität seriell übertragen. Die Übertragung erfolgte in Blöcken, wobei die beiden ersten Blöcke je vier und der dritte Block nur noch zwei Zeichen enthält, er wurde daher mit Nullen zur vollen Länge von vier Zeichen aufgefüllt. Es sind zwei Fehler (A statt I in Spalte 1 und P statt T in Spalte 8) aufgetreten. Diese lassen sich lokalisieren und korrigieren. Die zur Fehleridentifikation führenden Paritätsbits sowie die entsprechenden Bits der Längsprüfworte sind durch Pfeile markiert, die fehlerhaft übertragenen Bits sind grau unterlegt

	empfangene Daten				Längs-prüfwort	empfangene Daten				Längs-prüfwort	empfangene Daten				Längs-prüfwort	
MSB	1	1	1	1	0	1	1	1	1	0	1	1	0	0	0	
	0	0	0	0	0	0	0	0	0	0	0	0	0	0	0	
	0	0	0	0	0	1	0	0	1	0	0	0	0	0	0	
	0	1	0	1	1 ⇐	0	1	0	0	1	1	1	0	0	0	
	0	1	1	1	1	0	1	0	0	0 ⇐	0	0	0	0	0	
	0	1	1	1	1	1	0	0	0	1	0	1	0	0	1	
LSB	1	0	0	1	0	0	1	1	0	0	1	0	0	0	1	
	1	0	1	1	1	1	0	0	1	0	1	1	0	0	0	Paritätsbits
	⇑								⇑							
	A	N	F	O		R	M	A	P		I	K				empfangener Text
	⇑								⇑							
	I								T							Korrekturen

Bsp. 3.9 Kreuzparitätskontrolle hat eine Hamming-Distanz von vier

Dies soll am ersten Datenblock von Bsp. 3.8 erläutert werden, bei dem also nur der Wortteil INFO im ASCII-Code übertragen wurde. Beispiele für Einzel-, Doppel-, Dreifach- und Vierfachfehler sind in Tabelle 3.7 gezeigt. Am Dreifach-Fehler in Tabelle 3.7c mit nur zwei falschen Paritätsbits erkennt man die mögliche Verwechslung mit einem 1-Bit Fehler; der 3-Bit Fehler würde also bei Einsatz als korrigierender Code als 1-Bit Fehler interpretiert und falsch korrigiert. Ein vierfacher Fehler ist wie in 3.7d zu sehen nicht in jedem Fall erkennbar.

Tabelle 3.7 Die zur Fehleridentifikation führenden Paritätsbits sowie die entsprechenden Bits der Längsprüfworte sind durch Pfeile markiert, die fehlerhaft übertragenen Bits sind grau unterlegt

(a) 2-Bit Fehler mit zwei falschen Paritätsbits

1	1	1	1	0
0	0	0	0	0
0	0	0	0	0
0	1	0	0	1
0	1	1	1	1
0	1	1	1	1
1	0	0	1	0
1	0	1	1	1
⇑			⇑	

(b) 2-Bit Fehler mit vier falschen Paritätsbits

1	1	1	1	0
0	0	0	0	0
0	0	0	1	0 ⇐
0	1	0	1	1 ⇐
0	1	1	1	1
0	1	1	1	1
1	0	0	1	0
1	0	1	1	1
⇑			⇑	

(c) 3-Bit Fehler mit zwei falschen Paritätsbits

1	1	1	1	0
1	0	0	0	0 ⇐
0	0	0	0	0
0	1	0	0	1
0	1	1	1	1
0	1	1	1	1
1	0	0	1	0
1	0	1	1	1
			⇑	

(d) 4-Bit Fehler: alle Paritätsbits korrekt

1	1	1	1	0
1	0	0	1	0
0	0	0	0	0
0	1	0	0	1
0	1	1	1	1
0	1	1	1	1
1	0	0	1	0
1	0	1	1	1

Tabelle 3.8 Direkter binärer Tetraden-Code der Ziffern von 0 bis 9 mit drei Paritätsbits

Ziffer	Code	Ziffer	Code
0	0000111	5	0101010
1	0001100	6	0110100
2	0010010	7	0111111
3	0011001	8	1000000
4	0100001	9	1001011

Tabelle 3.9 Zur Lokalisierung des Fehlers mithilfe der Prüfbits. Aus den ersten drei Zeilen der Tabelle geht hervor: Verletzt nur ein Prüfbit die Parität, so ist dieses Prüfbit selbst fehlerhaft. In der Tabelle steht r für „richtig" und f für „falsch"

Fehlerhaftes Bit	b_2	b_1	b_0
0	r	r	f
1	r	f	r
2	f	r	r
3	r	f	f
4	f	r	f
5	f	f	r
6	f	f	f

Tetraden mit drei Paritätsbits

Es liegt nun nahe, das Konzept der Paritätsbits so zu erweitern, dass man für ein Codewort mehr als ein Paritätsbit zur Verfügung stellt. Dies hat den Vorteil, dass jedes Wort für sich geprüft werden kann. Als ein Beispiel dafür werden Tetraden mit drei Paritätsbits betrachtet, insgesamt also Wörter mit 7 Bit. In dem in Tabelle 3.8 gezeigten Code sind die vier höherwertigen Bits b_6, b_5, b_4 und b_3 direkt binär codierte Ziffern (Tetraden). Die niederwertigen Bits b_2, b_1, und b_0 sind Paritätsbits, die nach folgender Regel gebildet werden:

$b_2 = 1$ wenn die Anzahl der Einsen in b_6, b_5, b_4 gerade ist,

$b_1 = 1$ wenn die Anzahl der Einsen in b_6, b_5, b_3 gerade ist,

$b_0 = 1$ wenn die Anzahl der Einsen in b_6, b_4, b_3 gerade ist.

Da drei Paritätsbits zur Verfügung stehen, können $2^3 = 8$ Zustände unterschieden werden, nämlich

Tabelle 3.10 Ein vierstelliger Gray-Code für die Ziffern von 0 bis 9

dezimal:	0	1	2	3	4	5	6	7	8	9
direkt Binär:	0000	0001	0010	0011	0100	0101	0110	0111	1000	1001
Gray:	0000	0001	0011	0010	0110	1110	1111	1101	1100	1000

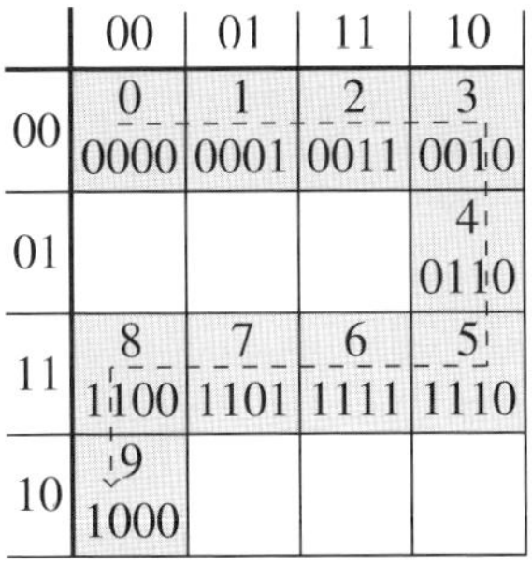

	00	01	11	10
00	0 0000	1 0001	2 0011	3 0010
01				4 0110
11	8 1100	7 1101	6 1111	5 1110
10	9 1000			

Abb. 3.5 Erzeugung eines Gray-Codes durch ein Tableau, das einem Karnaugh-Veitch-Diagramm (vgl. Kap. 5.2.4) ähnelt. Von einem Eintrag der Tabelle gelangt man zu einem horizontal oder vertikal benachbarten Eintrag durch Änderung genau eines Bits. Der Code ergibt sich durch Zusammensetzen des der Zeile zugeordneten Wortes mit dem der Spalte zugeordneten Teil. Für die Codierung der Ziffer 7 findet man damit das Codewort 1101

„kein Fehler" und „Fehler in einer der 7 Stellen". Im Falle eines 7-Bit-Codes können demnach 1-Bit-Fehler erkannt und korrigiert werden. Das Schema für die Ermittlung der fehlerhaften Stelle aus den Prüfbits ist in Tabelle 3.9 dargestellt. Unter der Annahme, dass alle zehn Ziffern mit derselben Wahrscheinlichkeit $p = 1/10$ auftreten, hat die Entropie nach (3.5) den Wert $H = \text{ld}(1/p) = \text{ld}\,10 \approx 3{,}3219$. Für die Redundanz dieses Codes folgt damit: $R = L - H \approx 7 - 3{,}3219 = 3{,}6781$ Bit/Zeichen.

Zu dieser Redundanz tragen die drei Prüfbits mit 3 Bit/Zeichen bei und die vier Informationsbits des Codes mit 0,6781 Bit/Zeichen, da von den möglichen 16 Zeichen tatsächlich nur 10 verwendet werden. Für die vier Informationsbits des Codes ist die Hamming-Distanz offenbar $h = 1$. Zusammen mit den drei Prüfbits wird die Hamming-Distanz des Codes jedoch $h = 3$. Damit können entweder 1-Bit Fehler erkannt und korrigiert werden oder 2-Bit Fehler nur erkannt, aber nicht korrigiert werden. Eine Weiterentwicklung dieses Konzepts führt auf lineare Codes, die in Kap. 3.3.5 besprochen werden.

3.3.4 Fehlertolerante Gray-Codes

Bei der Erzeugung fehlertoleranter Gray-Codes geht man einen anderen Weg, als den über Paritätsbits. Insbesondere bei der Erzeugung von Ziffern-Codes versucht man, benachbarte Zahlen so zu codieren, dass sie sich in möglichst wenigen Bits unterscheiden, idealerweise nur durch ein einziges. Man erreicht damit, dass 1-Bit Fehler zwar zu fehlerhaften Codewörtern führen, jedoch bei der Interpretation in vielen technischen Anwendungen, insbesondere bei der Digitalisierung analoger Daten (etwa zur Steuerung eines Roboters oder bei Messung von Größen wie Druck und Temperatur) keine schwerwiegenden Fehler verursachen. Diesem Prinzip gehorchende Ziffern-Codes bezeichnet man nach dem Erfinder F. Gray (1951) als Gray-Codes.

Ein Beispiel für einen Gray-Code ist in Tabelle 3.10 und Abb. 3.5 gegeben. Dieser Code ist darüber hinaus ein einschrittiger Code (progressiver Code) in dem Sinne, dass sich aufeinander folgende Codewörter nur in einem Bit unterscheiden.

Ein Gray-Code ist so konstruiert, dass ein 1-Bit Fehler mit hoher Wahrscheinlichkeit das Codewort eines unmittelbar benachbarten Zahlenwerts erzeugt (im obigen Beispiel also z. B. 7 oder 9 aus dem Codewort für 8), oder aber ein Fehlerwort. Nur mit geringer Wahrscheinlichkeit wird ein 1-Bit Fehler

Bsp. 3.10 Fehlerkorrektur mit Gray-Codes

Durch 1-Bit Fehler können beispielsweise aus dem nach dem Gray-Code gemäß Tabelle 3.10 erzeugten Codewort 1111 für die Ziffer 6 die folgenden Wörter entstehen:

0111	Fehlerwort, wird auf 6, 4 oder 2 korrigiert
1011	Fehlerwort, wird auf 6 oder 2 korrigiert
1101	7
1110	5

das Codewort einer wesentlich verschiedenen Ziffer ergeben. Solche wesentlichen Änderungen treten für das in Abb. 3.5 dargestellte Beispiel bei den durch 1-Bit Fehler möglichen Umwandlungen von 9 in 0, von 5 in 8 und von 3 in 0 auf. Entsteht ein Fehlerwort, so ist die günstigste Strategie zur Fehlerbehandlung die Korrektur auf das nächstliegende Nutzwort (siehe Bsp. 3.10).

Bei der Behandlung von Störungen wird meist davon ausgegangen, dass eine Störung ein statistischer Prozess ist, der mit gleicher Wahrscheinlichkeit die Übergänge $0 \to 1$ und $1 \to 0$ verursacht (symmetrische Störung). Dies ist jedoch nicht immer garantiert, da auch technisch bedingte asymmetrische Störungen auftreten können. Bei Annahme einer symmetrischen Störung lässt sich die im obigen Beispiel betrachtete fehlerhaft übertragene Ziffer 6 mit einer Wahrscheinlichkeit von $17/24 = 70{,}8\overline{3}\%$ auf den korrekten oder wenigstens einen unmittelbar benachbarten Wert (5 oder 7) korrigieren. Bei Zweideutigkeiten wird auch oft die dem zeitlich vorhergegangenen Wert näher liegende Korrektur verwendet.

Bei dem oben dargestellten Beispiel für einen Gray-Code wurden von den 16 möglichen Codewörtern nur 10 als Nutzworte verwendet und die verbleibenden 6 als Fehlerworte. Möchte man bei gegebener Stellenzahl s alle 2^s Codeworte ausnützen und keine Fehlerworte zulassen, so wird sich nur bei 2 der s möglichen 1-Bit Fehler ein unmittelbar benachbartes Codewort ergeben; für die verbleibenden $s-2$ möglichen 1-Bit-Fehler werden durchaus auch größere Differenzen auftreten. Nimmt man dies in Kauf, so ergibt sich die im Folgenden beschriebene einfache Vorschrift zur Erzeugung von derartigen Gray-Codes.

Konstruktionsmethode für Gray-Codes

Zur Konstruktion von Gray-Codes geht man von einer frei wählbaren Binärzahl als Startwert aus. Die von links gerechnet erste 1 des zugehörigen Wortes im Gray-Codes steht dann an derselben Stelle wie die erste 1 des entsprechenden Wortes im Binärcode. Danach wird nach rechts fortschreitend eine 1 eingetragen, wenn sich die korrespondierende Binärziffer des aktuellen Binär-Wortes von der links von ihr stehenden Ziffer unterscheidet, sonst eine 0. Dies ist gleichbedeutend mit einer XOR-Verknüpfung der Binärzahl x_{bin} mit der um eins nach rechts geschobenen Binärzahl x'_{bin}, wobei das LSB verloren geht und von links Nullen nachgezogen werden. Der Gray-Code g ergibt sich also aus (wobei $\text{RSH}(x)$ die Schiebeoperation (Right Shift) darstellt):

$$\begin{aligned} x'_{\text{bin}} &= \text{RSH}(x_{\text{bin}}) \\ g &= x_{\text{bin}}\,\text{XOR}\,x'_{\text{bin}} \quad . \end{aligned} \tag{3.7}$$

Tabelle 3.11 Zur automatischen Umwandlung eines 5-stelligen Binärcodes in einen Gray-Code

Dezimal	Binär	Gray	Dezimal	Binär	Gray	Dezimal	Binär	Gray
0	00000	00000	11	01011	01110	22	10110	11101
1	00001	00001	12	01100	01010	23	10111	11100
2	00010	00011	13	01101	01011	24	11000	10100
3	00011	00010	14	01110	01001	25	11001	10101
4	00100	00110	15	01111	01000	26	11010	10111
5	00101	00111	16	10000	11000	27	11011	10110
6	00110	00101	17	10001	11001	28	11100	10010
7	00111	00100	18	10010	11011	29	11101	10011
8	01000	01100	19	10011	11010	30	11110	10001
9	01001	01101	20	10100	11110	31	11111	10000
10	01010	01111	21	10101	11111			

Tabelle 3.12 Wahrheitstafeln für die Operationen Konjunktion und Antivalenz im booleschen Raum

a	b	a AND b	a XOR b
0	0	0	0
0	1	0	1
1	0	0	1
1	1	1	0

Beispiel: Es soll das Codewort zur Zahl 17 berechnet werden. Die Binärdarstellung ist $x_{\text{bin}} = 10001$. Um eins nach rechts geschoben ergibt sich $x'_{\text{bin}} = 01000$. Die stellenweise XOR-Verknüpfung liefert $g = 11001$.

Tabelle 3.11 zeigt die Ergebnisse dieses Verfahrens für einen 5-stelligen Gray-Code.

3.3.5 Definition linearer Codes

Boolescher Körper und Boolescher Raum

Da eine Codierung als Abbildung von einem Nachrichtenraum A^* in einen Nachrichtenraum B^* definiert ist, sind für s-stellige Blockcodes die Codewörter s-Tupel aus Elementen des Alphabets B. Wenn B so gewählt wird, dass es durch Einführung geeigneter Operationen zu einem algebraischen Körper wird, bildet B^s einen linearen Raum (Vektorraum). Ist der betrachtete Code C ein Unterraum von B^s, also $C \subseteq B^s$, so können Methoden der linearen Algebra angewendet werden, um Eigenschaften des Codes C zu studieren [Ham87].

Betrachtet man das binäre Alphabet $B = \{0, 1\}$, so bildet B mit den booleschen Verknüpfungen Konjunktion (AND) und Antivalenz (exklusives Oder, XOR) einen Körper, den booleschen Körper. B^s ist dann ein Vektorraum, der sog. boolesche Raum. Die Operationen Konjunktion und Antivalenz sind durch Wahrheitstafeln (vgl. Kap. 5.2) wie in Tabelle 3.12 definiert.

In Analogie zum Körper $\mathbb{R}$ der reellen Zahlen entspricht im Körper B die Konjunktion AND einer Multiplikation und die Antivalenz XOR einer Addition, so dass die üblichen Schreibweisen

ab für die Multiplikation (AND) und $a+b$ für die Addition (XOR) naheliegen. Man kann leicht nachprüfen, dass damit alle Körper-Axiome erfüllt sind. Dazu gehört auch, dass für jedes $x \in B$ die bezüglich der Multiplikation und der Addition inversen Elemente zu dem Körper gehören, für die man $x^{-1} = 1/x$ und $-x$ schreibt. Damit sind auch die Division und die Subtraktion als Multiplikation bzw. Addition mit den entsprechenden inversen Elementen definiert. Es können daher für AND und XOR die von der Zahlenarithmetik gewohnten Rechenregeln verwendet werden, so dass die Schreibweisen $a \cdot b$ oder ab für a AND b sowie $a+b$ für a XOR b gerechtfertigt sind.

Es ist an dieser Stelle anzumerken, dass für die häufig zu findende Ersetzung von $a \vee b$ durch $a+b$ die hier angesprochene Analogie nicht ganz erfüllt ist, da B zusammen mit den Operationen AND und OR keinen Körper bildet. Auch sind die durch diese Schreibweise suggerierten Rechenregeln für Multiplikation und Addition bezüglich des Distributivgesetzes nicht mit denen für AND und OR identisch.

Lineare Codes und Hamming-Distanz

Ein Code $C \subseteq B^s$ mit $n = 2^r$ Codewörtern der Länge s wird nun als linearer Code, bzw. spezifischer als linearer (s,r)-Code bezeichnet, wenn er ein Unterraum von B^s ist. Wegen $C \subseteq B^s$ muss auch $2^r \leq 2^s$ gelten. Dass C nicht nur eine Teilmenge, sondern ein Unterraum von B^s ist, bedeutet insbesondere, dass alle Operationen in C abgeschlossen sind, dass also die Verknüpfungen beliebiger Elemente aus C wieder Elemente aus C liefern und nicht etwa Elemente aus der Differenzmenge zwischen C und B^s. Oft bezeichnet man dann die Codewörter in Anlehnung an den Sprachgebrauch der linearen Algebra als Vektoren.

Man definiert nun als nächsten Schritt das Gewicht $g(\boldsymbol{x})$ eines Codeworts (Vektors) $\boldsymbol{x}$ als die Anzahl der Einsen des Vektors $\boldsymbol{x}$. Das Gewicht $g(\boldsymbol{x})$ entspricht offenbar der Stellendistanz $d(\boldsymbol{x},\boldsymbol{0})$ zum Nullvektor $\boldsymbol{0}$, d. h. zu demjenigen Codewort, das aus s Nullen besteht. In C gibt es nun sicher ein Minimalgewicht $g_{\min}$, das als das kleinste Gewicht des Codes definiert ist, wobei aber der Nullvektor auszuschließen ist:

$$g_{\min} = \min\{g(\boldsymbol{x}) \mid \boldsymbol{x} \in C, \boldsymbol{x} \neq \boldsymbol{0}\} \quad . \tag{3.8}$$

Aus den obigen Voraussetzungen und Definitionen folgt ein wichtiger Satz für lineare Codes:

Satz. Das Minimalgewicht eines linearen Codes ist mit dessen Hamming-Distanz identisch.

Im Allgemeinen ist zur Bestimmung der Hamming-Distanz h eines Codes die Ermittlung aller Stellendistanzen erforderlich. Wie aus Kap. 3.3.1 hervorgeht, sind dies bei n Codewörtern $(n^2-n)/2$ Operationen. Für lineare Codes kann man sich aber wegen $h = g_{\min}$ auf die Bestimmung von $g_{\min}$ beschränken, wofür nur die n Stellendistanzen zum Nullvektor zu berechnen sind.

Geometrische Interpretation linearer Codes

Die Interpretation linearer Codes als Vektorräume liefert eine geometrische Veranschaulichung von Codes. Man ordnet dazu die $n = 2^r$ Codewörter den Ecken eines r-dimensionalen Würfels bzw. einer r-dimensionalen Kugel zu. Da es sich bei dem zu Grunde liegenden linearen Raum um einen diskreten Raum handelt, sind Würfel und Kugel identisch. Im Falle $r = 3$ erhält man also einen dreidimensionalen Würfel, dessen Ecken die 8 Wörter zugeordnet werden, die sich aus drei binären Stellen bilden lassen. Die Zuordnung muss so erfolgen, dass sich beim Übergang von einer Ecke zu allen unmittelbar benachbarten Ecken nur jeweils ein Bit ändert. 1-Bit-Fehler bedeuten also Übergänge längs einer Kante zu einer benachbarten Ecke. Ein Code mit gegebener

(a) Für $r = 1$ enthält der Code $2^1 = 2$ Codewörter. Der zugehörige eindimensionale Würfel ist eine Gerade

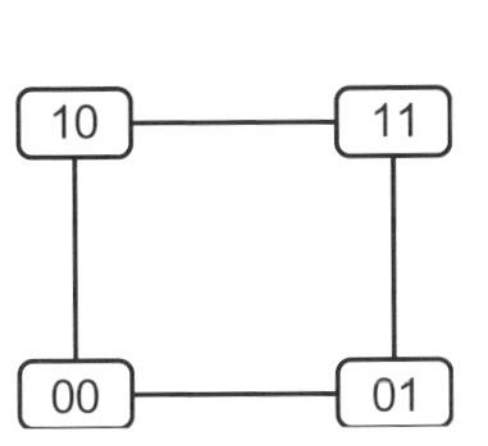

(b) Für $r = 2$ enthält der Code $2^2 = 4$ Codewörter. Der zugehörige zweidimensionale Würfel ist ein Quadrat

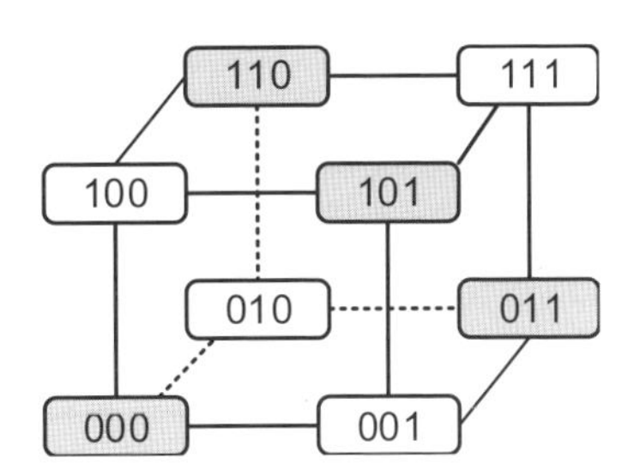

(c) Für $r = 3$ enthält der Code $2^3 = 8$ Codewörter. Die geometrische Anordnung aller aus drei Bit bildbaren Wörter führt dann zu einem dreidimensionalen Würfel. Die grau unterlegten Wörter bilden einen Code mit Hamming-Distanz $h = 2$, ebenso die hell unterlegten Wörter

Abb. 3.6 Geometrische Interpretation linearer Codes

Abb. 3.7 Anordnung sämtlicher Vier-Bit-Wörter an den Ecken eines Hyperkubus der Dimension 4

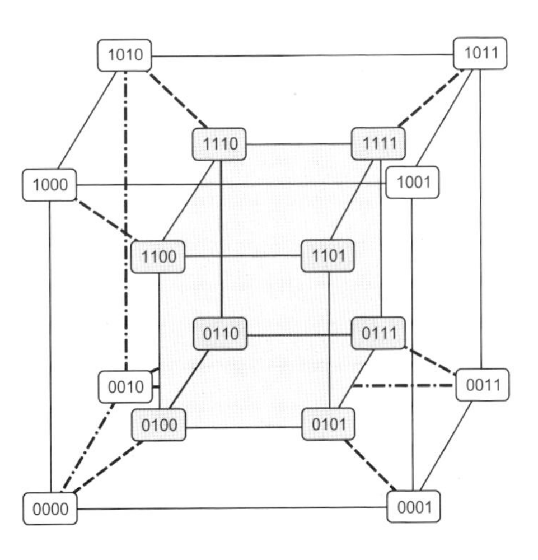

Hamming-Distanz h ist nun dadurch gekennzeichnet, dass der kürzeste Weg von einem Nutzwort zu einem beliebigen anderen Nutzwort über mindestens h Kanten führt. Für $r = 1, 2$ und 3 ist dies in Abb. 3.6 dargestellt.

Das Konzept der Anordnung von Codewörten an den Ecken eines Würfels lässt sich formal auch auf Codes mit einer Wortlänge $s > 3$ ausdehnen, wenn man zu höherdimensionalen Würfeln (Hyperwürfel, Hyperkuben) übergeht, die auch für andere Teilgebiete der Informatik von Bedeutung sind. Abbildung 3.7 zeigt als Beispiel die zu den 16 Binär-Worten mit Wortlänge 4 gehörende Projektion eines Hyperkubus der Dimension 4 auf die Ebene.

Ausgehend von dieser geometrischen Interpretation kann man die Aufgabe, einen Code zu konstruieren, bei dem bis zu e-Bit Fehler pro Codewort korrigierbar sein sollen, auch so formulieren: Die Codewörter sind in der Weise anzuordnen, dass jedes Codewort Mittelpunkt einer Kugel mit Radius e ist und dass sich diese Kugeln nicht gegenseitig überlappen. Für die Hamming-Distanz folgt daraus: $h = 2e + 1$.

Tabelle 3.13 Beispiele für 8-stellige Codes mit vier Codewörtern. Code 1 und Code 2 sind nichtlinear mit Hamming-Distanz $h = 5$, Code 3 ist linear, hat aber nur $h = 4$. Da für diesen Code die abgebildeten Verknüpfungstabellen für AND und XOR abgeschlossen sind, ist er tatsächlich linear

	Code 1	Code 2	Code 3
a:	11111111	11111111	11110000
b:	00000111	10101000	00001111
c:	11100000	01010000	11111111
d:	00011000	00000111	00000000

AND	a	b	c	d
a	a	d	a	d
b	d	b	b	d
c	a	b	c	d
d	d	d	d	d

XOR	a	b	c	d
a	d	c	b	a
b	c	d	a	b
c	b	a	d	c
d	a	b	c	d

Möchte man Einzelfehler korrigieren können, so ist $h = 3$ erforderlich. Dies bedeutet, dass die den Codewörtern zugeordneten, sich nicht gegenseitig überlappenden Kugeln mindestens den Radius $e = 1$ haben müssen. Eine obere Grenze n_e für die Anzahl von Codewörtern, die unter dieser Bedingung gebildet werden können, ergibt sich unmittelbar aus der Bedingung:

$$n_e \leq \frac{V_{\text{ges}}}{V_e} \quad , \tag{3.9}$$

wobei V_{ges} das Gesamtvolumen und V_e das Volumen einer Kugel mit Radius e ist. Als Maß für das Volumen ist hier die Anzahl der enthaltenen Vektoren zu verstehen. Der gesamte lineare Raum B^s hat daher das Volumen 2^s, da er bei gegebener Dimension s, d. h. gegebener Stellenzahl der Codewörter, gerade 2^s Vektoren umfasst. Das Volumen einer Kugel mit Radius 1 umfasst den Mittelpunkt der Kugel sowie alle über eine Kante erreichbaren nächsten Nachbarn, es beträgt also $V_1 = 1 + s$. Als obere Grenze für die Anzahl n_1 der Codewörter, für welche die Korrigierbarkeit von Einzelfehlern gefordert wird, ergibt sich also:

$$n_1 \leq \frac{2^s}{V_1} = \frac{2^s}{1+s} \quad . \tag{3.10}$$

Im allgemeinen Fall von e pro Codewort korrigierbaren Fehlern ist in (3.10) an Stelle von V_1 das Volumen V_e einer Kugel mit Radius e einzusetzen. Durch Abzählen aller Punkte, die von dem betrachteten Punkt aus über maximal e Kanten erreichbar sind, erhält man:

$$V_e = 1 + \sum_{i=1}^{e} \binom{s}{i} \quad . \tag{3.11}$$

Die obere Grenze für die Anzahl n_e der s-stelligen Codewörter eines Codes, für welche die Korrigierbarkeit von e Fehlern möglich ist, lautet damit:

$$n_e \leq \frac{2^s}{V_e} = \frac{2^s}{1 + \sum_{i=1}^{e} \binom{s}{i}} \quad . \tag{3.12}$$

Dieses Ergebnis bedeutet nur, dass n_e eine Obergrenze für die Anzahl der Codewörter ist. Es wird jedoch nichts darüber ausgesagt, ob diese Anzahl tatsächlich erreichbar ist und wie derartige Codes konstruiert werden können. Wird n_e tatsächlich erreicht, so nennt man den zugehörigen Code einen *perfekten Code*. Perfekte Codes zeigen besonders einfache Symmetrieeigenschaften; sie sind jedoch selten (siehe Bsp. 3.11).

3.3.6 Lineare Hamming-Codes

Eine spezielle Lösung des Problems, einen Code mit vorgegebener Hamming-Distanz zu erzeugen, sind die linearen Hamming-Codes [Ham50], bei denen für die Codierung von s-stelligen Wörtern q

Bsp. 3.11 Perfekte Codes

a) Für $s = 3$ und $e = 1$ berechnet man: $n_1 \leq 2^3/(1+3) = 2$. Tatsächlich findet man einen Code mit zwei Codewörtern, nämlich $\{000, 111\}$, für den $e = 1$ und $h = 3$ ist. Dies ist also ein perfekter Code.

b) Für $s = 8$, $e = 2$ und damit $h = 5$ berechnet man:

$$n_2 \leq \frac{2^8}{1+\sum_{i=1}^{2}\binom{8}{i}} = \frac{256}{1+8+28} = \frac{256}{37} \approx 6{,}9 \quad .$$

Für $s = 8$ findet man zwar einige Codes mit $h = 5$, diese umfassen aber nur maximal 4 Codewörter und sind auch nicht linear. Sucht man einen linearen 8-stelligen Code mit vier Codewörtern, so lässt sich jedoch nur die Hamming-Distanz mit $h = 4$ realisieren. Tabelle 3.13 zeigt dafür Beispiele.

Prüfpositionen eingeführt werden, so dass $s - q$ Bits für die eigentliche Information verbleiben. Es handelt sich also um einen $(s, s-q)$-Code mit 2^{s-q} Codewörtern und $2^s - 2^{s-q}$ Fehlerwörtern. Die Idee dazu ist, dass die direkte binäre Codierung der Bits an den Prüfpositionen die Fehlerposition angeben soll, und dass für eine fehlerfreie Übertragung alle Bits der Prüfpositionen den Wert Null haben sollen. Mit q Prüfpositionen kann man 2^q Zustände unterscheiden. Für eine Fehlererkennung müssen $s+1$ Zustände unterschieden werden können, nämlich die korrekte Übertragung und s Fehlerpositionen bei Auftreten eines Fehlers. Daraus folgt:

$$2^q \geq s+1 \quad . \tag{3.13}$$

Beschränkt man sich auf $e = 1$, also $h = 3$, so wird der gesuchte Code C ein $(s-q)$-dimensionaler Unterraum des s-dimensionalen Vektorraums B^s sein. In die Formel für die Anzahl der Codewörter (3.10) ist also $n_1 = 2^{s-q}$ einzusetzen. Damit erhält man in Einklang mit der Grundidee des Hamming-Codes:

$$2^{s-q} \leq \frac{2^s}{1+s} \quad \Rightarrow \quad 1+s \leq \frac{2^s}{2^{s-q}} \quad \Rightarrow \quad 2^q \geq s+1 \quad . \tag{3.14}$$

Wählt man $q = 3$ Prüfpositionen, so folgt aus $8 = 2^3 \geq s+1$ die Stellenzahl $s = 7$, entsprechend einem (7, 4)-Code mit 4 Informations- und 3 Prüfbits. Zur Codierung ordnet man nun zunächst alle 7 Kombinationen der Prüfbits p_i, die Fehlern entsprechen (also ohne 000 für fehlerfreie Übertragung), in einem als Kontrollmatrix $\boldsymbol{M}$ bezeichneten Schema an. Die Nummerierung der Stellen des Wortes beginnt hier links mit eins:

Fehlerhafte Stelle	Prübits: p_1	p_2	p_3
1	0	0	1
2	0	1	0
3	0	1	1
4	1	0	0
5	1	0	1
6	1	1	0
7	1	1	1

$$\boldsymbol{M} = \begin{pmatrix} 0 & 0 & 1 \\ 0 & 1 & 0 \\ 0 & 1 & 1 \\ 1 & 0 & 0 \\ 1 & 0 & 1 \\ 1 & 1 & 0 \\ 1 & 1 & 1 \end{pmatrix} \quad . \tag{3.15}$$

An dieser Stelle können nun wieder, da es ja um einen linearen Code geht, die Methoden der linearen Algebra verwendet werden. Zunächst sieht man, dass die Kontrollmatrix $\boldsymbol{M}$ den Rang[3] $q = 3$ hat. Löst man das zugehörige homogene lineare Gleichungssystem $\boldsymbol{x} \cdot \boldsymbol{M} = \boldsymbol{0}$ auf, so ergibt sich in diesem Beispiel als Lösungsgesamtheit ein linearer Raum der Dimension $s - q = 4$, der also aus 16 Vektoren mit jeweils 7 Komponenten besteht. Des Weiteren kann man zeigen, dass es sich bei dem so gefundenen linearen Raum in der Tat um einen Code mit Hamming-Distanz 3 handelt. Der Code ist sogar ein perfekter Code, da $2^q = s + 1$ erfüllt ist.

Vor der eigentlichen Codierung müssen nun noch die Positionen der Prüfstellen festgelegt werden. Dabei ist zu beachten, dass alle Prüfbits voneinander linear unabhängig sein müssen. Beispielsweise sind die Positionen 1, 2 und 3 wegen der Linearkombination $3 = 1 + 2$ nicht als Prüfposition zulässig, da sich die dritte als Summe der ersten und zweiten ergibt. Zur Sicherstellung der linearen Unabhängigkeit wählt man als Positionen Zweierpotenzen, also $1, 2, 4, \ldots$ Damit hat hier ein Codewort $\boldsymbol{x}$ die allgemeine Form $\boldsymbol{x} = \begin{pmatrix} p_1 & p_2 & i_1 & p_3 & i_2 & i_3 & i_4 \end{pmatrix}$ mit den gegebenen Informationsbits i_1, i_2, i_3, i_4 und den Prüfbits p_1, p_2, p_3, die aus dem durch die Kontrollmatrix definierten homogenen linearen Gleichungssystem berechnet werden:

$$\begin{aligned} \boldsymbol{x} \cdot \boldsymbol{M} &= \begin{pmatrix} p_1 & p_2 & i_1 & p_3 & i_2 & i_3 & i_4 \end{pmatrix} \begin{pmatrix} 0 & 0 & 1 \\ 0 & 1 & 0 \\ 0 & 1 & 1 \\ 1 & 0 & 0 \\ 1 & 0 & 1 \\ 1 & 1 & 0 \\ 1 & 1 & 1 \end{pmatrix} \\ &= \begin{pmatrix} p_3 + i_2 + i_3 + i_4 & p_2 + i_1 + i_3 + i_4 & p_1 + i_1 + i_2 + i_4 \end{pmatrix} \stackrel{!}{=} \boldsymbol{0} \quad . \end{aligned} \tag{3.16}$$

Für die drei Elemente des entstandenen Zeilenvektors ergeben sich demnach folgende Gleichungen:

$$\begin{aligned} p_3 + i_2 + i_3 + i_4 &= 0 \\ p_2 + i_1 + i_3 + i_4 &= 0 \\ p_1 + i_1 + i_2 + i_4 &= 0 \quad . \end{aligned} \tag{3.17}$$

Setzt man nacheinander alle möglichen Kombinationen für i_1, i_2, i_3, i_4 ein, so folgt der gesuchte Hamming-Code. Dabei ist zu beachten, dass die „Addition“ hier der XOR-Operation entspricht, die auch als Hardware sehr leicht zu realisieren ist. In der Praxis ist es daher meist günstiger, den zu sendenden Code aus den Informationsbits zu berechnen, als auf eine vorgefertigte Tabelle zurückzugreifen. Die Berechnung kann auf einfache Weise mithilfe der Generatormatrix $\boldsymbol{G}$ erfolgen. Diese Matrix muss so gewählt sein, dass sich bei Multiplikation mit dem Datenwort bestehend aus den Informationsbits $\boldsymbol{x}' = \begin{pmatrix} i_1 & i_2 & i_3 & i_4 \end{pmatrix}$ das Codewort $\boldsymbol{x}$ mit den korrekt berechneten Paritätsbits ergibt und die Informationsbits unverändert bleiben, aber an der richtigen Position stehen:

$$\begin{aligned} \boldsymbol{x} = \boldsymbol{x}' \cdot \boldsymbol{G} &= \begin{pmatrix} i_1 & i_2 & i_3 & i_4 \end{pmatrix} \begin{pmatrix} 1&1&1&0&0&0&0 \\ 1&0&0&1&1&0&0 \\ 0&1&0&1&0&1&0 \\ 1&1&0&1&0&0&1 \end{pmatrix} \\ &= \begin{pmatrix} i_1 + i_2 + i_4 & i_1 + i_3 + i_4 & i_1 & i_2 + i_3 + i_4 & i_2 & i_3 & i_4 \end{pmatrix} \quad . \end{aligned} \tag{3.18}$$

[3] der Rang einer Matrix gibt an, wie viele linear unabhängige Zeilen/Spalten sie hat. Eine $m \times n$-Matrix kann höchstens Rang $\min(m, n)$ haben

Tabelle 3.14 Tabelle des (7, 4)-Hamming-Codes mit drei Prüfstellen (grau hinterlegt) und vier Informationsbits

p_1	p_2	i_1	p_3	i_2	i_3	i_4	p_1	p_2	i_1	p_3	i_2	i_3	i_4
0	0	0	0	0	0	0	1	1	1	1	1	1	1
1	1	1	0	0	0	0	0	0	0	1	1	1	1
1	0	0	1	1	0	0	0	1	1	0	0	1	1
1	0	0	0	0	1	1	0	1	1	1	1	0	0
0	1	0	1	0	1	0	1	0	1	0	1	0	1
0	1	0	0	1	0	1	1	0	1	1	0	1	0
0	0	1	0	1	1	0	1	1	0	1	0	0	1
0	0	1	1	0	0	1	1	1	0	0	1	1	0

Tabelle 3.15 Schematischer Aufbau des (7, 4)-Hamming-Codes. Es ist gezeigt, aus welchen Informationsbits sich die Paritäten berechnen lassen

1	2	3	4	5	6	7
p_1	p_2	i_1	p_3	i_2	i_3	i_4
p_1	–	i_1	–	i_2	–	i_4
–	p_2	i_1	–	–	i_3	i_4
–	–	–	p_3	i_2	i_3	i_4

Tabelle 3.16 Schematischer Aufbau des (15, 11)-Hamming-Codes. Es ist gezeigt, aus welchen Informationsbits sich die Paritäten berechnen lassen

1	2	3	4	5	6	7	8	9	10	11	12	13	14	15
p_1	p_2	i_1	p_3	i_2	i_3	i_4	p_4	i_5	i_6	i_7	i_8	i_9	i_{10}	i_{11}
p_1	–	i_1	–	i_2	–	i_4	–	i_5	–	i_7	–	i_9	–	i_{11}
–	p_2	i_1	–	–	i_3	i_4	–	–	i_6	i_7	–	–	i_{10}	i_{11}
–	–	–	p_3	i_2	i_3	i_4	–	–	–	–	i_8	i_9	i_{10}	i_{11}
–	–	–	–	–	–	–	p_4	i_5	i_6	i_7	i_8	i_9	i_{10}	i_{11}

Tabelle 3.17 Schematischer Aufbau des (31, 26)-Hamming-Codes. Es ist gezeigt, aus welchen Informationsbits sich die Paritäten berechnen lassen

1	2	3	4	5	6	7	8	9	10	11	12	13	14	15	16	17	18	19	20	21	22	23	24	25	26	27	28	29	30	31
p_1	p_2	i_1	p_3	i_2	i_3	i_4	p_4	i_5	i_6	i_7	i_8	i_9	i_{10}	i_{11}	p_5	i_{12}	i_{13}	i_{14}	i_{15}	i_{16}	i_{17}	i_{18}	i_{19}	i_{20}	i_{21}	i_{22}	i_{23}	i_{24}	i_{25}	i_{26}
p_1	–	i_1	–	i_2	–	i_4	–	i_5	–	i_7	–	i_9	–	i_{11}	–	i_{12}	–	i_{14}	–	i_{16}	–	i_{18}	–	i_{20}	–	i_{22}	–	i_{24}	–	i_{26}
–	p_2	i_1	–	–	i_3	i_4	–	–	i_6	i_7	–	–	i_{10}	i_{11}	–	–	i_{13}	i_{14}	–	–	i_{17}	i_{18}	–	–	i_{21}	i_{22}	–	–	i_{25}	i_{26}
–	–	–	p_3	i_2	i_3	i_4	–	–	–	–	i_8	i_9	i_{10}	i_{11}	–	–	–	–	i_{15}	i_{16}	i_{17}	i_{18}	–	–	–	–	i_{23}	i_{24}	i_{25}	i_{26}
–	–	–	–	–	–	–	p_4	i_5	i_6	i_7	i_8	i_9	i_{10}	i_{11}	–	–	–	–	–	–	–	–	i_{19}	i_{20}	i_{21}	i_{22}	i_{23}	i_{24}	i_{25}	i_{26}
–	–	–	–	–	–	–	–	–	–	–	–	–	–	–	p_5	i_{12}	i_{13}	i_{14}	i_{15}	i_{16}	i_{17}	i_{18}	i_{19}	i_{20}	i_{21}	i_{22}	i_{23}	i_{24}	i_{25}	i_{26}

Die Spalten, in denen Informationsbits direkt übernommen werden stehen folglich Einheitsvektoren, die Spalten zur Berechnung der Paritätsbits ergeben sich direkt aus (3.17).

In Tabelle 3.14 sind die 16 Codewörter des (7, 4)-Hamming-Codes aufgelistet. Man erkennt aus der Tabelle, dass ein Prüfbit genau dann auf 1 gesetzt wird, wenn die Anzahl der Einsen der zugehörigen Informationsbits ungerade ist. Das Verfahren ist also mit dem Setzen von Paritätsbits eng verwandt, es stellt dieses aber auf eine sichere theoretische Grundlage.

Tabellen 3.15 zeigt nochmals schematisch den Aufbau des (7, 4)-Hamming-Codes. Gemäß (3.14) ergeben sich die nächstlängeren Hamming-Codes mit $q = 4$ bzw. $q = 5$ Prüfbits zu (15, 11)- bzw. (31, 26)-Codes. Die Tabellen 3.16 und 3.17 zeigen deren Aufbau ebenfalls schematisch. Gut erkennbar ist, aus welchen Informationsbits sich strukturiert die Paritäten ergeben.

Bei jedem empfangenen Wort kann nun leicht festgestellt werden, ob es einen 1-Bit Fehler enthält

Bsp. 3.12 Fehlerkorrektur mit Hamming-Codes

Das Wort $\boldsymbol{y} = 1010011$ sei empfangen worden. Die Informationsbits lauten also 1011. Zur Prüfung, ob eine Fehler vorliegt, wird $\boldsymbol{y}$ mit der Kontrollmatrix $\boldsymbol{M}$ multipliziert:

$$\boldsymbol{y} \cdot \boldsymbol{M} = \begin{pmatrix} 1 & 0 & 1 & 0 & 0 & 1 & 1 \end{pmatrix} \begin{pmatrix} 0 & 0 & 1 \\ 0 & 1 & 0 \\ 0 & 1 & 1 \\ 1 & 0 & 0 \\ 1 & 0 & 1 \\ 1 & 1 & 0 \\ 1 & 1 & 1 \end{pmatrix} = \begin{pmatrix} 1+1 & 1+1+1 & 1+1+1 \end{pmatrix} = \begin{pmatrix} 0 & 1 & 1 \end{pmatrix} \quad .$$

Das Ergebnis der Multiplikation ist offenbar nicht der Nullvektor, sondern der Vektor $\begin{pmatrix} 0 & 1 & 1 \end{pmatrix}$, der in direkter binärer Codierung die Ziffer 3 liefert. Damit ist die dritte Stelle von links als fehlerhaft erkannt, die Korrektur liefert den korrekten Code 1000011 aus dem die korrekten Informationsbits 0011 folgen. Die Stellenzählung beginnt dabei mit 1, da ja 0 zum Anzeigen der korrekten Übertragung verwendet wird.

oder ob es korrekt ist. Dazu nützt man aus, dass alle Codewörter ja nach ihrer Konstruktion Lösung des Gleichungssystems $\boldsymbol{x} \cdot \boldsymbol{M} = \boldsymbol{0}$ sein müssen. Empfängt man nun ein Wort $\boldsymbol{y}$, so berechnet man $\boldsymbol{y} \cdot \boldsymbol{M}$. Ist das Resultat der Nullvektor, so ist $\boldsymbol{y}$ ein gültiges Codewort und die Informationsbits können von den entsprechenden Stellen abgelesen werden. Ist das Resultat dagegen vom Nullvektor verschieden, so gibt es direkt binär codiert die Fehlerposition an (mit der Nummerierung beginnend links bei eins). Die Korrektur erfolgt dann einfach durch Inversion des betreffenden Bits. Die Matrixmultiplikation erfolgt wie gewohnt nach dem Prinzip „Zeile mal Spalte". Die XOR-Operation bewirkt, dass bei der Summation das Ergebnis Null folgt, wenn die Anzahl der Einsen gerade ist und das Ergebnis eins, wenn die Anzahl der Einsen ungerade ist. Siehe hierzu Bsp. 3.12.

3.3.7 Zyklische Codes und Code-Polynome

Eine spezielle Gruppe linearer Codes sind zyklische Codes. Sie gehören zu den handlichsten und leistungsfähigsten Codes. Ein zyklischer Code C ist dadurch definiert, dass man durch zyklische Vertauschung der Stellen eines Codeworts wieder ein Codewort erhält:

Definition 3.2 (zyklischer Code)**.** C ist ein zyklischer Code, wenn für jedes $a_0 a_1 a_2 \ldots a_{s-2} a_{s-1} \in C$ gilt, dass auch $a_{s-1} a_0 a_1 a_2 \ldots a_{s-2} \in C$ ist.

Code-Polynome

Zur Konstruktion zyklischer Codes interpretiert man die Elemente des linearen Raums (Codewörter) als Polynome der Art:

$$p(x) = a_0 + a_1 x + a_2 x^2 + \ldots + a_{s-1} x^{s-1} \quad . \tag{3.19}$$

Im Allgemeinen dürfen die Koeffizienten a_i aus einem beliebigen endlichen Körper gewählt werden, was später in Kap. 3.3.10 noch eine Rolle spielen wird. Beschränkt man sich wieder auf den booleschen Körper $B = \{0,1\}$, so ist $(a_0\ a_1\ \dots\ a_{s-1}) \in B^s$. Die Koeffizienten a_i können nur die Werte 0 und 1 annehmen, man spricht dann von Code-Polynomen. Zu beachten sind wieder die Rechenregeln für die Operationen XOR und AND, das einer Multiplikation modulo 2 entspricht. Beispielsweise erhält man $(x+1)^2 = x^2 + 2x + 1 = x^2 + 1$, da alle entstehenden Koeffizienten modulo zwei reduziert werden und damit der Term $2x$ weg fällt, weil $2 \bmod 2 = 0$ gilt.

Nun wählt man Polynome $f(x)$, $g(x)$ und $h(x)$ aus, so dass $f(x) = g(x)h(x)$ ist. Da dann $f(x)/g(x) = h(x)$ gilt, ist das Polynom $g(x)$ ein Teiler des Polynoms $f(x)$. Man bezeichnet hier $g(x)$ als Basispolynom oder Generatorpolynom und $f(x)$ als Hauptpolynom.

Man definiert nun, dass die Koeffizienten aller Polynome $c(x) \bmod f(x)$ Codewörter des Codes $C \subseteq B^s$ sein sollen, für die $c(x) = g(x)b(x)$ gilt. Die Koeffizienten von $b(x)$ stellen die zu sendende Information dar und können somit beliebig gewählt werden.

Sollen die Codewörter s Stellen haben und hat man für $g(x)$ den Grad q gewählt, dann ist die Anzahl der Koeffizienten (also die Anzahl der Informationsbits) des Polynoms $b(x)$ gerade $s-q$. Das Polynom $c(x)$, entsprechend dem zu sendenden Codewort $(c_0\ c_1\ \dots\ c_{s-1})$, findet man dann durch Ausführen der Multiplikation $c(x) = g(x)b(x)$. Es gibt dementsprechend 2^{s-q} Codewörter mit jeweils s Stellen, von denen $s-q$ Stellen als Positionen für die Informationsbits dienen und q Stellen als Prüfstellen.

Für die Codierung ist demnach lediglich die Multiplikation mit dem Generatorpolynom $g(x)$ auszuführen, was im booleschen Körper eine einfache und leicht als Hardware realisierbare Operation ist. Für die Decodierung ist das einem empfangenen Wort entsprechende Polynom durch $g(x)$ zu teilen. Geht die Division ohne Rest auf, so liefert das Divisionsergebnis die gesuchte Information $b(x)$. Verbleibt ein Divisionsrest, so ist ein Fehler aufgetreten und die Koeffizienten des Restpolynoms codieren die Fehlerstelle.

Mit der speziellen Wahl $f(x) = x^m - 1$ entspricht die Multiplikation mit x lediglich einer Verschiebung. Aus diesem Grund erhält man so zyklische Codes. Als problematisch kann es sich erweisen, geeignete Teiler von $f(x)$ zu finden. Dieses Problem wird vereinfacht, wenn man $s = 2^k$ bzw. $m = 2^k - 1$ für die höchste Potenz des Polynoms wählt. Ein Beispiel ist in Bsp. 3.13 gezeigt.

Primpolynome

Damit zyklische Codes die Ermittlung von Fehlerpositionen und die Korrektur von Fehlern erlauben, verwendet man Polynome $g(x)$, die sich als Produkte von Polynomen darstellen lassen, die irreduzibel, also nicht weiter zerlegbar sind (Primpolynome). Für das Polynom aus Bsp. 3.13 lautet die entsprechende Zerlegung in Primpolynome:

$$g(x) = 1 + x + x^2 + x^4 + x^5 + x^8 + x^{10} = (1 + x + x^4)(1 + x + x^2)(1 + x + x^2 + x^3 + x^4).$$

Damit lassen sich drei Fehler korrigieren, deren Positionen sich als die Wurzeln der Primpolynome über dem endlichen Körper mit 2^4 bzw. 2^2 Elementen (die Grade der Primpolynome) ergeben. Auf diese Weise generierte Codes werden als Bose-Chaudhuri-Hocquenghem-Codes oder BCH-Codes bezeichnet.

Eine besondere Form irreduzibler Polynome sind die sog. primitiven Polynome (siehe z. B. [Mil92]). Diese zeichnen sich dadurch aus, dass sie bei Polynomdivision volle Zykluslänge haben und damit alle möglichen Polynome mit Grad kleiner als den Grad q von $g(x)$ erzeugen, nämlich genau $2^{q-1} - 1$ Stück. Damit ein Polynom primitiv ist, muss es auf jeden Fall den konstanten Term enthalten, sonst könnte man durch x dividieren und es wäre nicht einmal irreduzibel. Im vorliegenden Fall des booleschen Körpers mit zwei Elementen muss jedes primitive Polynom eine ungerade

Bsp. 3.13 Code-Polynome

Als Beispiel wird $s = 2^4 = 16$, also $m = 2^4 - 1 = 15$ und $f(x) = x^{15} - 1$ betrachtet. Als einen Teiler von $f(x)$ findet man unter anderen ein Polynom vom Grad $q = 10$, so dass folgt:

$$f(x) = g(x)h(x) = (1+x+x^2+x^4+x^5+x^8+x^{10})(1+x+x^3+x^5) \quad .$$

Der Code hat also 16 Stellen mit 10 Prüfstellen und 6 Informationsstellen. Codiert man beispielsweise die Information 010110, so ist diese zuerst als Polynom zu schreiben, also hier als $b(x) = 0 \cdot x^0 + 1 \cdot x^1 + 0 \cdot x^2 + 1 \cdot x^3 + 1 \cdot x^4 + 0 \cdot x^5 = x + x^3 + x^4$. Dieses Polynom ist dann mit $g(x)$ zu multiplizieren:

$$\begin{aligned} c(x) = g(x)b(x) &= (1+x+x^2+x^4+x^5+x^8+x^{10})(x+x^3+x^4) \\ &= x+x^2+x^5+x^7+x^{12}+x^{13}+x^{14} \quad . \end{aligned}$$

Die Koeffizienten des Ergebnis-Polynoms $c(x)$ entsprechen dem zu sendenden Codewort 0110010100001110. Da der so gewonnene Code zyklisch ist, müssen beispielsweise auch die Wörter 0011001010000111, 1001100101000011, 1100110010100001 etc. zum Code gehören. Ferner sind auch der Nullvektor sowie alle durch Bit-Inversion aus den bereits ermittelten Wörtern hervorgehenden Wörter Codewörter.

Anzahl an Termen haben, da alle Polynome mit gerader Termanzahl durch das kleinste primitive Polynom $1+x$ teilbar sind.

Als Spezialfall gehören auch die in Kap. 3.3.6 betrachteten Hamming-Codes zu den zyklischen Codes. Diese sind eine Untermenge der BCH-Codes mit den Generatorpolynomen $g(x) = 1+x+x^3$ für den (7, 4)-Code, $g(x) = 1+x+x^4$ für den (15, 11)-Code und $g(x) = 1+x^2+x^5$ für den (31, 26)-Code. Zu beachten ist, dass die sich so ergebende Reihenfolge der Bits anders ist als in Kap. 3.3.6. Ebenfalls ein Spezialfall der BCH-Codes sind die später in Kap. 3.3.10 eingeführten Reed-Solomon-Codes.

3.3.8 CRC-Codes

Die bisher betrachteten Codes dienen in erster Linie der Detektion und Korrektur von zufällig auftretenden Fehlern, die nur wenige Bit betreffen. Solche Codes sind daher für Anwendungen, bei denen sog. Bündelfehler (engl. Burst Error) auftreten, nicht geeignet. Ein Bündelfehler ist dadurch charakterisiert, dass mehrere direkt aufeinander folgende Bit fehlerhaft sind. Sie treten beispielsweise bei Datenübertragungen in Mobilfunknetzen auf, oder auch bei radialen Kratzern auf optischen Datenträgern.

Die im Folgenden erläuterten CRC-Codes können solche Fehler erkennen. Auch eine Fehlerkorrektur von Einzelfehlern ist möglich; überwiegend werden CRC-Codes allerdings in Fällen eingesetzt, in denen entweder eine reine Validierung der Daten genügt oder in denen ein erneutes Senden möglich ist. Dieses Kapitel beschränkt sich daher auf eine Beschreibung der Fehlererkennung mit CRC-Codes. Fehlerkorrigierende Codes, wie sie beispielsweise für Audio-CDs verwendet werden, wo man bei einem Kratzer natürlich nicht die Daten neu senden kann, werden in Kap. 3.3.10 beschrieben. Detailliertere Ausführungen zu diesen Codes finden sich z. B. in [Fri96, Hof14].

Wegen ihrer guten Fehlererkennungseigenschaften und auch der einfachen Implementierung in Hardware sind CRC-Codes sehr weit verbreitet. Sie werden z. B. in Übertragungsprotokollen wie Ethernet, USB und Bluetooth verwendet, aber auch in Bussystemen im Automobilbereich wie CAN und FlexRay. Entwickelt wurden CRC-Codes 1961 von W. Peterson und D. Brown [Pet61].

CRC steht für Cyclic Redundancy Check, also zyklische Redundanzprüfung. Wie der Name impliziert, sind dies also zyklische Codes, wie sie in Kap. 3.3.7 eingeführt wurden, bei denen die zu sendende Nachricht als Koeffizienten eines dyadischen Polynoms (also Rechnung im endlichen Körper modulo zwei) aufgefasst wird. Die grundlegende Idee ist, an die zu sendende Information, dargestellt als Polynom $b(x)$, einen CRC-Code der Länge q anzuhängen, so dass das übertragene Code-Polynom $c(x)$ ohne Rest durch den Generator $g(x)$ vom Grad q teilbar ist. Erstellt und geprüft wird der CRC-Code durch eine Polynomdivision. Für die Berechnung des CRC-Codes führt der Sender nun folgende Schritte durch:

1. Berechne das Polynom $t(x) = b(x) \cdot x^q$. Dies erweitert die zu sendende Nachricht durch anhängen von q Nullen auf die Länge des Code-Polynoms $c(x)$, schafft also rechts am Codewort Platz für einen q-stelligen CRC.

2. Berechne den Rest $r(x)$ bei Division von $t(x)$ durch $g(x)$, also $t(x) \bmod g(x)$.

3. Sende $c(x) = t(x) - r(x)$. Da in einem endlichen Körper modulo zwei gerechnet wird, gilt $t(x) - r(x) = t(x) + r(x)$. Da $r(x)$ höchstens Grad $q-1$ hat, ändert diese Addition nur die vorher angehängten q Null-Koeffizienten von $t(x)$. Es werden also lediglich die Koeffizienten von $r(x)$ rechts an die zu sendende Nachricht angehängt (mit Länge q, d. h. mit führenden Nullen).

Die Berechnung der Polynomdivision im booleschen Körper erfolgt modulo zwei. Daher gilt $1+1 = 1-1 = 0$, die Subtraktion kann wie vorher durch ein stellenweises XOR erfolgen. Begonnen wird mit der XOR-Verknüpfung immer beim ersten Koeffizienten der erweiterten Nachricht $t(x)$, der ungleich Null ist. Dies ist in Bsp. 3.14 verdeutlicht.

Beim Empfänger kommt nun eine Bitfolge dargestellt durch das Polynom $c'(x) = c(x) + e(x)$ an. Hierbei ist $e(x)$ ein Polynom, dessen Koeffizienten die bei der Übertragung entstandenen Bitfehler repräsentieren. Bei fehlerfreier Übertragung gilt $e(x) = 0$ und damit $c'(x) = c(x)$. Genau wie der Sender berechnet der Empfänger den Rest $r'(x)$ bei Division von $c'(x)$ durch den Generator $g(x)$: Ist $r'(x) = 0$ dann war die Übertragung fehlerfrei, sonst ist mindestens ein Bit im empfangenen Code falsch. Beispiel 3.15 zeigt die Überprüfung der in Bsp. 3.14 gesendeten Nachricht auf Korrektheit.

Welche Arten von Fehlern mit CRC-Codes detektiert werden können, hängt vom Generatorpolynom $g(x)$ ab. Erkannt werden können offensichtlich alle Fehler, bei denen die Polynomdivision nicht aufgeht, d. h. wo das Fehlerpolynom $e(x)$ kein Vielfaches des Generators $g(x)$ ist. Hieraus ergeben sich folgende Design-Anforderungen an das Generatorpolynom $g(x)$ vom Grad q. Erkannt werden können

- alle 1-Bit Fehler, wenn x^q und der konstante Term 1 vorhanden sind,
- alle 2-Bit Fehler, wenn $g(x)$ mindestens drei Terme hat, und die Größe der Daten kleiner als die Zykluslänge des Generators ist, welche im Fall eines primitiven Polynoms vom Grad q $2^{q-1} - 1$ Bit beträgt (siehe auch Kap. 3.3.7),
- alle k-Bit Fehler für ungerade k, wenn $g(x)$ eine gerade Anzahl von Termen hat, insbesondere, wenn es den Faktor $(x+1)$ enthält,
- alle Bündelfehler der Länge kleiner q, wenn $g(x)$ den konstanten Term enthält,
- die meisten Bündelfehler der Länge $\geq q$.

Bsp. 3.14 CRC-Codes: Berechnung des CRC und zu übertragende Nachricht

Gesendet werden soll die Nachricht 10011010. Dargestellt als Polynom:
$b(x) = 1 \cdot x^7 + 0 \cdot x^6 + 0 \cdot x^5 + 1 \cdot x^4 + 1 \cdot x^3 + 0 \cdot x^2 + 1 \cdot x^1 + 0 \cdot x^0 = x^7 + x^4 + x^3 + x.$
Als Generatorpolynom für den CRC wird $g(x) = x^3 + x^2 + 1$ (entspricht 1101) verwendet. Dies hat Grad $q = 3$, ergibt also einen Divisionsrest vom Grad höchstens zwei, entsprechend drei Koeffizienten, was die Länge des angehängten CRCs ist.
Anhängen von $q = 3$ Nullen an die Nachricht ergibt $t(x) = b(x) \cdot x^3 = x^{10} + x^7 + x^6 + x^4$ (entspricht 10011010000). Nun folgt die Polynomdivision $t(x)/g(x)$ durch fortlaufende XOR-Verknüpfung. Das tatsächliche Ergebnis der Division ist uninteressant, wichtig ist nur der sich ergebende Divisionsrest:

```
10011010000
1101
 1001
 1101
  1000
  1101
   1011
   1101
    1100
    1101
       1000
       1101
        101
```

Der Rest ist also 101, was dem Polynom $r(x) = x^2 + 1$ entspricht. Gesendet wird $c(x) = t(x) + r(x) = x^{10} + x^7 + x^6 + x^4 + x^2 + 1$. Dies entspricht der Bitfolge 10011010101, bei der an die Nachricht der Divisionsrest mit Länge drei angehängt wurde.

Bsp. 3.15 CRC-Codes: Prüfung der in Bsp. 3.14 gesendeten Nachricht auf Korrektheit

Es sollen zwei Fälle betrachtet werden: Die Polynomdivision auf der linken Seite ergibt sich, wenn der Code fehlerfrei empfangen wurde. Die rechte Seite enthält dagegen einen Doppelfehler, es wurden zwei benachbarte Bit vertauscht.

```
10011010101
1101
 1001
 1101
  1000
  1101
   1011
   1101
    1100
    1101
       1101
       1101
          0
```

Der Divisionsrest ist 0, die CRC-Prüfung ergibt keinen Fehler.

```
10010110101
1101
 1000
 1101
  1011
  1101
   1101
   1101
      0101
```

Der Divisionsrest ist 101, die CRC-Prüfung ergibt einen Fehler.

Tabelle 3.18 Verbreitete Generatorpolynome für CRC-Codes sowie deren Faktorisierung in Primpolynome. Man findet hier immer den konstanten Term (Erkennung von 1-Bit und Bündelfehlern) und in vielen Fällen den Faktor $(x+1)$ (Erkennung beliebiger ungerader Fehler)

Name	Verwendung	Generatorpolynom
CRC-1	Paritätsbit	1
CRC-4-CCITT	Telekommunikation = (15, 11)-Hamming	x^4+x+1
CRC-5-USB	USB	x^5+x^2+1
CRC-5-Bluetooth	Bluetooth	$x^5+x^4+x^2+1=(x^4+x+1)(x+1)$
CRC-8-ITU-T	ISDN	$x^8+x^2+x+1=$ $(x^7+x^6+x^5+x^4+x^3+x^2+1)(x+1)$
CRC-15-CAN	CAN-Bus (Automotive)	$x^{15}+x^{14}+x^{10}+x^8+x^7+x^4+x^3+1=$ $(x^7+x^3+x^2+x+1)(x^7+x^3+1)(x+1)$
CRC-32	Ethernet, Serial ATA, ...	$x^{32}+x^{26}+x^{23}+x^{22}+x^{16}+x^{12}+x^{11}+$ $x^{10}+x^8+x^7+x^5+x^4+x^2+x+1$

Tabelle 3.19 Beispiele für erkennbare und ggf. korrigierbare Fehler in natürlicher Sprache

Empfangener Text	Korrigierter Text	Bemerkung
Vorlesunk	Vorlesung	eindeutig korrigierbar
Vorlosung	Verlosung / Vorlesung?	zweideutig
Der Memsch denkt	Der Mensch denkt	eindeutig korrigierbar?
Der Mensch lenkt	Der Mensch denkt / lenkt?	nicht erkennbar

Tabelle 3.18 zeigt eine kleine Auswahl verbreiteter Generatoren sowie deren Faktorisierung in Primpolynome. Man findet hier immer den konstanten Term und in vielen Fällen den Faktor $(x+1)$.

3.3.9 Sicherung nicht-binärer Codes

Die Codesicherung ist natürlich nicht auf binäre Codes beschränkt. Manche Fehler in der Übertragung natürlicher Sprache lassen sich auf Grund der Redundanz ohne weiteres erkennen und korrigieren, d. h. die Korrektur ist aus dem Zusammenhang des Textes ersichtlich. Manchmal ergeben sich jedoch auch Zweideutigkeiten und manche Fehler führen zu gültigen Worten, sind also nicht als Fehler erkennbar. Eine Korrektur von Fehlern in Übereinstimmung mit den gültigen Rechtschreibregeln ist in Textverarbeitungsprogrammen Standard, etwa unter Verwendung von Wortdistanzen, z. B. die in Kap. 12.2.4 beschriebene Levenshtein-Distanz. Tabelle 3.19 zeigt dazu einige Beispiele.

Gegen Fehleingaben gesicherte Ziffern-Codes

Bei manueller Eingabe von Dezimalziffern, beispielsweise Bestellnummern, ist mit Fehlern zu rechnen. Die meisten Methoden zur Aufdeckung von Fehleingaben arbeiten mit Prüfziffern. Auf einfachste Weise kann man Zahlenreihen durch Bildung der Quersumme (die Summe der die

Bsp. 3.16 Berechnung einer ISBN-Prüfziffer

Für die ISBN-10-Nummer 3-528-25717-2 berechnet man zur Ermittlung der Prüfziffer $p = 2$ im ersten Schritt die gewichtete Quersumme
$10 \cdot 3 + 9 \cdot 5 + 8 \cdot 2 + 7 \cdot 8 + 6 \cdot 2 + 5 \cdot 5 + 4 \cdot 7 + 3 \cdot 1 + 2 \cdot 7 = 229$.
Anschließend bestimmt man die kleinste durch 11 teilbare Zahl, die größer als 229 ist, sie lautet offenbar 231. Man muss also 2 zu 229 addieren, um 231 zu erhalten. Die gesuchte Prüfziffer lautet also in der Tat $p = 2$.

betreffende Zahlenreihe bildenden Ziffern) absichern. Zur Reduktion auf eine Dezimalstelle wird die Quersumme dazu Modulo 10 dividiert, das Ergebnis (also der Divisionsrest) wird dann als Prüfziffer an das Ende der Zahlenreihe angefügt. Die Eingabe einer falschen Ziffer wird nach diesem Verfahren durch Vergleich der resultierenden Prüfziffer mit der erwarteten Prüfziffer in vielen Fällen erkannt. Das bei Eingaben über eine Tastatur häufig auftretende Vertauschen zweier Ziffern (Zahlendreher) wird auf diese Weise jedoch nicht erfasst. Es sind daher verschiedene Systeme zur Gewichtung der Ziffern bei der Quersummenberechnung in Gebrauch, die dann auch auf Vertauschungsfehler sensitiv sind.

Exemplarisch werden die ISBN-10 Buchnummern der Art a_1-$a_2a_3a_4$-$a_5a_6a_7a_8a_9$-p betrachtet. Dabei ist a_1 die Ländergruppennummer (3 steht für Deutschland, Österreich und die Schweiz), $a_2a_3a_4$ die Verlagsnummer und $a_5a_6a_7a_8a_9$ die Titelnummer für das Buch des betreffenden Verlags. Die letzte Ziffer p ist die Prüfziffer. Zu ihrer Ermittlung berechnet man zunächst:

$$10a_1 + 9a_2 + 8a_3 + 7a_4 + 6a_5 + 5a_6 + 4a_7 + 3a_8 + 2a_9 \quad .$$

Anschließend bestimmt man p so, dass die obige Summe durch Addition von p auf eine ohne Rest durch 11 teilbare Zahl ergänzt wird und fügt p als letzte Stelle an die ISBN an. Da hierbei $0 \leq p \leq 10$ gilt, kann auch die zweistellige Prüfziffer 10 auftreten; diese wird dann durch das Einzelzeichen X ersetzt. Für eine korrekte ISBN-10 gilt also:

$$(10a_1 + 9a_2 + 8a_3 + 7a_4 + 6a_5 + 5a_6 + 4a_7 + 3a_8 + 2a_9 + p) \bmod 11 = 0 \quad .$$

Damit sind falsch eingegebene einzelne Ziffern und die Vertauschung von zwei Ziffern immer als Fehler erkennbar. In den meisten Fällen wird auch die falsche Eingabe von zwei Ziffern sowie das Vertauschen von mehr als zwei Ziffern erkannt. Siehe hierzu Bsp. 3.16.

Nach demselben Muster sind mit $(2a_1 + 3a_2 + 4a_3 + 5a_4 + 6a_5 + 7a_6 + p) \bmod 11 = 0$ auch die siebenstelligen Pharmazentralnummern $a_1a_2a_3a_4a_5a_6p$ gesichert. Tritt dabei $p = 10$ auf, so wird die entsprechende Nummer nicht verwendet.

Ebenfalls durch Addition einer Prüfziffer p auf eine durch 10 teilbare Zahl werden die als Ziffern- und als Strichcodes (siehe Abb. 3.9a) gebräuchlichen 8- oder 13-stelligen Europäischen Artikelnummern (EAN) gesichert. Als Gewichte dienen von links nach rechts abwechselnd die Zahlen 1 und 3. Der Strichcode besteht aus senkrechten dunklen und hellen Streifen, die auch lückenlos zu entsprechend breiteren Streifen aneinander anschließen können.

Ein weiteres Beispiel ist das einheitliche Kontonummernsystem (EKONS) der Banken. Es verwendet zur Sicherung der maximal zehnstelligen Kontonummern ein etwas einfacheres System. Man ergänzt dort die Summe $2a_1 + a_2 + 2a_3 + a_4 + 2a_5 + a_6 + 2a_7 + a_8 + 2a_9$ durch Addition einer Prüfziffer p auf eine durch 10 teilbare Zahl. Hier werden fast alle Fehler durch falsche Ziffern und Zahlendreher aufgedeckt.

Bsp. 3.17 Berechnung und Validierung einer IBAN

Für die deutsche Bankleitzahl 711 500 00 und Kontonummer 215 632 soll die IBAN berechnet werden. Kombination der beiden Zahlen mit rechts angehängtem Länderkürzel und Prüfziffern Null lautet: 711 500 00 0000 215 632 DE 00.
Nach dem Ersetzen des Kürzels DE mit den Positionen im Alphabet plus 9 (D=13, E=14) erhält man: 711 500 00 0000 215 632 1314 00.
Der Rest bei Division durch 97 liefert: 711 500 00 0000 215 632 1314 00 mod 97 = 49.
Die gesuchten Prüfziffern lauten also 98 − 49 = 49, die gesamte IBAN ergibt sich zu DE 49 711 500 00 0000 215 632.

Eine Validierung der IBAN liefert 711 500 00 0000 215 632 1314 49 mod 97 = 1, diese ist also korrekt.

Abb. 3.8 Fehlertolerante Codierungen aus dem Bereich der digitalen Bildverarbeitung

(a) 13-stelliger EAN-Strichcode mit zugehöriger Ziffernfolge.

abcdefghijklm
nopqrstuvwxyz
ABCDEFGHIJKLM
NOPQRSTUVWXYZ
0123456789 !"
§$%&/()=*,.-^

(b) Zeichensatz der 1973 gemäß ISO 1073-2 genormten maschinenlesbaren Schrift OCR-B

Mit der global eindeutigen internationalen Bankkontonummer IBAN wurde ein sichereres Verfahren eingeführt.[4] Eine solche Nummer kann aus bis zu 34 Zeichen bestehen, normalerweise ist sie aber kürzer. In Deutschland hat sie 22 Stellen und den Aufbau
DE $p_1 p_2\ b_1 b_2 b_3 b_4 b_5 b_6 b_7 b_8\ k_1 k_2 k_3 k_4 k_5 k_6 k_7 k_8 k_9 k_{10}$,
wobei $k_1 k_2 \ldots k_{10}$ und $b_1 b_2 \ldots b_8$ die ehemalige Kontonummer bzw. Bankleitzahl ist, und $p_1 p_2$ Prüfziffern. Zur Berechnung der Prüfziffern werden zunächst Länderkürzel und die auf Nullen gesetzten Prüfziffern ganz nach rechts gestellt und anschließend die Buchstaben der Länderkennung durch ihre Position im Alphabet plus 9 ersetzt (also A=10, B=11, ...). Für die so entstandene Zahl wird der Rest bei Division durch 97 berechnet und die Ziffern dann so festgelegt, dass sich bei der Prüfung der korrekten IBAN eins ergibt. Siehe hierzu Bsp. 3.17.

Man beachte, dass für diese Berechnungen ganzzahlige Arithmetik mit bis zu 36-stelligen Zahlen notwendig ist. Mit Standarddatentypen von bis zu 64 Bit, wie sie in gängigen Programmiersprachen verfügbar sind, lassen sie sich daher nicht durchführen.

Optische Zeichenerkennung

Bei der Konstruktion genormter, durch optische Zeichenerkennung lesbarer Balkenschriften sind ebenfalls redundante und fehlertolerante Codierungen gebräuchlich: je zwei Zeichen unterscheiden sich durch wesentliche geometrische Details. Beispiele dafür sind die zahlreichen Varianten maschinenlesbarer OCR-Normschriften (OCR = Optical Character Recognition). Auch bei nur teilweise

[4] siehe `http://www.iban.de`

(a) Aztec-Code

(b) DataMatrix-Code

(c) MaxiCode

(d) QR-Code

Abb. 3.10 Beispiele für 2D-Barcodes (Matrix-Codes)

sichtbaren Zeichen (beispielsweise in abgenutzten oder verschmutzten Autokennzeichen) ist mit Methoden der digitalen Bildverarbeitung und Mustererkennung noch eine robuste Erkennbarkeit gewährleistet. Ein Beispiel für eine genormte maschinenlesbare Schrift zeigt Abb. 3.9b.

2D-Barcodes

2D-Barcodes oder Matrix-Codes arbeiten vom Grundprinzip her ähnlich wie Strichcodes, aber auf zwei Dimensionen erweitert. Weitere Details zu den hier beschriebenen Codes finden sich z. B. in [Len02]. Es gibt viele verschiedene Varianten, einige sind exemplarisch in Abb. 3.10 gezeigt. Typisch ist die Verwendung unterschiedlich breiter Punkte und Striche mit Lücken dazwischen, die einen hohen Kontrast beim Auslesen mit Laserscanner oder Kamera liefern und mit Methoden der digitalen Bildverarbeitung analysiert werden.

Der in Abb. 3.11a dargestellte Aztec-Code zeigt im Zentrum eine immer vorhandene rechteckige Markierung mit Orientierungspunkten, die zur leichteren Detektion des Codes bei der Bildverarbeitung dienen und mit der auch eine Rotation des Codes bestimmt werden kann. Solche Markierungen finden sich in ähnlicher Form auch in den anderen Matrix-Codes: mehrere rechteckige beim QR-Code (Abb. 3.11d), konzentrische Kreise beim MaxiCode (Abb. 3.11c) und, nicht ganz so offensichtlich, durchgehende linke und untere Begrenzungslinien beim DataMatrix-Code (Abb. 3.11b). In vielen Fällen lassen sich größere 2D-Codes aus den in der Abbildung gezeigten einfachen Varianten bilden, die dann mehrere Markierungen enthalten.

Der Aztec-Code wurde 1995 entwickelt [And95] und ist in ISO/IEC 24778 normiert. Verwendet wird er beispielsweise für Online-Tickets bei der deutschen, schweizer und österreichischen Bahn und auch bei vielen Fluggesellschaften. Codiert werden können zwischen 12 und 3000 Zeichen. Hierzu wird ein Reed-Solomon Code zur Fehlerkorrektur eingesetzt, der eine korrekte Decodierung auch bei einer Zerstörung des Aztec-Codes von bis zu 25% erlaubt. Eine Einführung in Reed-Solomon Codes findet sich in Kap. 3.3.10.

Der in Abb. 3.11b gezeigte DataMatrix-Code entstand in den 1980er Jahren und ist in ISO/IEC 16022 normiert. Benutzt wird er zur dauerhaften Beschriftung von Produkten mit Lasern, ist aber vermutlich eher wegen der Verwendung bei der deutschen (und auch schweizer) Post zur Freimachung von Sendungen ohne Briefmarke bekannt. Codiert werden können bis zu ca. 3000 Zeichen. Zur Datensicherung wurde früher der CRC-Code eingesetzt, mittlerweile ist man aber auch hier auf Reed-Solomon Codes übergegangen.

Optisch etwas aus der Rolle fällt der MaxiCode in Abb. 3.11c, der statt rechteckiger hexagonale Punkte einsetzt. Dieser Code wurde 1989 entwickelt und ist in ISO/IEC 16023 normiert. Ein einzelner Code kann bis zu 93 Zeichen enthalten, und es dürfen bis zu acht Codes kombiniert werden (744 Zeichen). Verwendet wird der MaxiCode von der Firma UPS zur Verfolgung von

Paketen. Auch hier kommt ein Reed-Solomon Code zum Einsatz.

Der QR-Code (Quick Response, Abb. 3.11d) wurde 1994 für industrielle Anwendungen im Automotive-Bereich entwickelt, erlangte aber mittlerweile weite Verbreitung bei Smartphones. Er ist normiert in ISO/IEC 18004. Je nach Modus (Codierung nur von Ziffern, lateinischen Buchstaben, ganzen Bytes, ...) und gewünschter Robustheit gegen Fehler kann man ca. 1800 bis 7000 Zeichen codieren. Werden mehr Daten benötigt, so ist eine Aufteilung auf bis zu 16 Einzelcodes möglich. Je nachdem, welche Variante eines fehlerkorrigierenden Reed-Solomon Codes eingesetzt wird, können zwischen 7% und 30% des Codes zerstört sein, und es bleibt dennoch eine fehlerfreie Decodierung möglich. Die hohe Robustheit macht man sich bei Design-QR-Codes zu Nutze: Hier wird absichtlich ein Teil des Codes zerstört, um beispielsweise ein Firmenlogo anzubringen. Design-QR-Codes sind nur wegen der extrem guten Fehlerkorrekturmechanismen der Reed-Solomon Codes möglich. Wegen ihrer sehr weiten Verbreitung werden diese im folgenden Kapitel näher betrachtet.

3.3.10 Reed-Solomon Codes

Irving Reed und Gustave Solomon veröffentlichten 1960 einen Artikel, der die Beschreibung der heute nach ihnen benannten Reed-Solomon Codes enthielt [Ree60]. Mittlerweile sind diese Codes weit verbreitet und werden nicht nur bei vielen Matrix-Codes (siehe Kap. 3.3.9) eingesetzt, sondern beispielsweise auch auf der Audio-CD, DVD und Blu-Ray. Diese Codes sind eine Untermenge der in Kap. 3.3.7 beschriebenen BCH-Codes, also zyklische, nicht-binäre Codes, die die Erkennung und Korrektur von zufälligen Mehrfachfehlern und Bündelfehlern sowie die Rekonstruktion von fehlenden Daten (Auslöschungen) erlauben. Weitere Details zu diesen Codes findet man z. B. in [Skl01, Hof14].

Wie vorher bei den zyklischen Codes betrachtet, wird die zu sendende Nachricht entsprechend (3.19) als Koeffizienten eines Polynoms über einem endlichen Körper aufgefasst. Die Anzahl der Elemente q eines endlichen Körpers $\mathbb{F}_q$ ist immer eine Primzahlpotenz, also $q = p^k$ mit p prim und $k \in \mathbb{N}$. Im einfachsten Fall $k = 1$ entstehen die Elemente durch Rechnung modulo p, wie vorher beim booleschen Körper $\mathbb{F}_2$ mit zwei Elementen modulo zwei. Im Fall von $k > 1$ kann man die Elemente des Körpers $\mathbb{F}_q = \mathbb{F}_{p^k}$ selbst wieder als Polynome auffassen, deren Koeffizienten aus $\mathbb{F}_p$ stammen und höchstens Grad $k - 1$ haben. Diese Polynome ergeben sich in Analogie zur Rechnung modulo p, indem an Stelle der natürlichen Zahlen und der Primzahl p alle Polynome $\mathbb{F}_q[x]$ mit Koeffizienten aus $\mathbb{F}_q$ betrachtet werden, und statt modulo einer Primzahl rechnet man modulo eines Primpolynoms $g(x)$ (d. h. es ist irreduzibel) vom Grad k. Die Addition erfolgt hier wie gewohnt komponentenweise und mit anschließender Reduktion der Koeffizienten modulo p. Die bei der Multiplikation entstehenden Polynome vom Grad größer $k - 1$ werden ebenfalls reduziert, nämlich modulo des Primpolynoms $g(x)$. Verbreitet ist bei Reed-Solomon Codes $p = 2$, so dass sich beispielsweise bei Verwendung des Körpers mit $2^8 = 256$ Elementen eine Nachricht gut byteweise codieren lässt. Beispiele für endliche Körper sind in Bsp. 3.18 dargestellt.

Wie man an diesem Beispiel für $\mathbb{F}_8$ sieht, hängt das Ergebnis der Multiplikation vom gewählten Polynom $g(x)$ ab. Da es verschiedene geeignete Polynome geben kann, entstehen auf den ersten Blick verschiedene Körper mit q Elementen. Es lässt sich aber nachweisen, dass diese alle isomorph sind, daher sprechen wir hier immer nur von *dem* Körper $\mathbb{F}_q$.

Im Folgenden soll nun Codierung und Decodierung betrachtet werden. Die grundlegende Idee von Reed und Solomon ist, das Codewort durch Auswertung des die Nachricht repräsentierenden Polynoms an einer definierten Anzahl Stellen zu generieren. Diese werden übertragen, auf der Empfängerseite erfolgt die Decodierung durch Interpolation.

Bsp. 3.18 Die endlichen Körper $\mathbb{F}_5$ und $\mathbb{F}_8$

Die Elemente des endlichen Körpers $\mathbb{F}_5$ entstehen durch Rechnung modulo 5. Sie lauten $\mathbb{F}_5 = \{0,1,2,3,4\}$.

Die Elemente des endlichen Körpers $\mathbb{F}_8$ (d. h. $p = 2, k = 3$) sind alle möglichen Polynome mit Koeffizienten aus $\mathbb{F}_2$ (also 0 oder 1) und Grad kleiner drei:
$\mathbb{F}_8 = \{0, 1, x, x+1, x^2, x^2+1, x^2+x, x^2+x+1\}$. Alternativ lassen sich die Körperelemente nur durch die Polynomkoeffizienten darstellen, also als
$\mathbb{F}_8 = \{000, 001, 010, 011, 100, 101, 110, 111\}$.
Dieser Körper entsteht beispielsweise durch Rechnung modulo $g(x) = x^3 + x^2 + 1$.
Komponentenweise Addition mit anschließender Reduktion der Koeffizienten modulo p ergibt z. B. $(x^2+x+1)+(x^2+x) = 2x^2+2x+1 = 1$.
Bei Multiplikation dieser beiden Elemente erhält man zunächst $(x^2+x+1)\cdot(x^2+x) = x^4 + 2x^3 + 2x^2 + x = x^4 + x$. Reduktion modulo $g(x)$, also Polynomdivision (durchgeführt durch fortlaufende XOR-Verknüpfung wie bei den CRC-Codes aus Kap. 3.3.8), ergibt

$$
\begin{array}{l}
10010 = x^4 + x \\
\underline{1101} \;\; = x^3 + x^2 + 1 = g(x) \\
\;\;1000 \\
\;\;\underline{1101} \\
\;\;\;\;101 = x^2 + 1
\end{array}
$$

Das Vorgehen zur Konstruktion eines Reed-Solomon Codes $\mathrm{RS}(q,m,n)$ besteht aus folgenden Schritten:

- Wähle einen endlichen Körper $\mathbb{F}_q$ mit $q = p^k$ Elementen als Alphabet, mit p prim, $k \in \mathbb{N}$.
- Fasse die Nachricht (Block aus m Symbolen) $\boldsymbol{a} = (a_0, a_1, \ldots, a_{m-1})$ als Polynom $p(x)$ über $\mathbb{F}_q$ auf:
$$p(x) = a_0 + a_1 x + a_2 x^2 + \ldots + a_{m-1} x^{m-1} \quad .$$
- Wähle n paarweise verschiedene Elemente $(n \geq m)$ $u_0, \ldots, u_{n-1} \in \mathbb{F}_q$. Da es im Körper $\mathbb{F}_q$ nur q Elemente gibt, gilt $n \leq q$.

Reed-Solomon Codierung

Die Codierung mithilfe des Codes $\mathrm{RS}(q,m,n)$ erfolgt nun durch Auswertung von $p(x)$ an den n Stellen u_i. Zur Berechnung sollte entweder das Horner-Schema (siehe (1.4), Kap. 1.4.2) verwendet werden oder, bei größeren Polynomen, die diskrete Fourier-Transformation (DFT, siehe Kap. 3.4.6), da diese effizienter ist (in ihrer schnellen Form als FFT – Fast Fourier Transform – mit einer Zeitkomplexität von $\mathcal{O}(m \log m \log n)$ für die gleichzeitige Auswertung eines Polynoms vom Grad kleiner n (hier m) an n Stellen [vzG13]. Details zum Thema Komplexität folgen in Kap. 11.2.). Das Codewort ergibt sich also durch $\boldsymbol{c} = (p(u_0), p(u_1), \ldots, p(u_{n-1}))$. In Bsp. 3.19 ist eine Codierung über dem Körper $\mathbb{F}_5$ gezeigt.

Bsp. 3.19 Reed-Solomon: Codierung mit RS(5, 3, 5) im Körper $\mathbb{F}_5$

Betrachtet wird nun der Code RS(5, 3, 5), also im Körper $\mathbb{F}_5$, der durch Rechnung modulo 5 entsteht. Die Nachricht hat Länge drei, und das Polynom wird an fünf Stellen ausgewertet (die maximal mögliche Anzahl). Zu senden sei die Nachricht $\boldsymbol{a} = (1, 1, 2)$. Diese entspricht dem Polynom $p(x) = 1 + x + 2x^2$. Zur Codierung wird $p(x)$ an $n = 5$ Stellen ausgewertet (man beachte die Rechnung modulo 5):

$$
\begin{aligned}
p(0) &= 1 + 0 + 0 &&= 1 \\
p(1) &= 1 + 1 + 2 &&= 4 \\
p(2) &= 1 + 2 + 8 = 11 &&= 1 \\
p(3) &= 1 + 3 + 18 = 22 &&= 2 \\
p(4) &= 1 + 4 + 32 = 37 &&= 2
\end{aligned}
$$

Das zu sendende Codewort lautet damit $\boldsymbol{c} = (1, 4, 1, 2, 2)$.

Reed-Solomon Decodierung – Ausfälle

Offensichtlich toleriert ein Reed-Solomon Code $\mathrm{RS}(q, m, n)$ bis zu $n - m$ Ausfälle, da zur eindeutigen Rekonstruktion des Nachrichtenpolynoms $p(x)$ vom Grad $m - 1$ nur m Punkte nötig sind. Ausfall bedeutet, dass ein Teil des Codes nicht empfangen (oder vom Datenträger gelesen) werden konnte. Die Positionen der Ausfälle sind somit bekannt. Aus den verbleibenden m Datenpunkten lässt sich die Nachricht (= Koeffizienten von $p(x)$) durch Lagrange-Interpolation wie folgt rekonstruieren:

Gegeben sind mindestens m Datenpunkte $(u_i, p(u_i))$. Zur Vereinfachung der Notation wird o. B. d. A. angenommen, dass die ersten m Stück empfangen wurden. Man konstruiert nun zunächst zu jedem Punkt ein Polynom $h_i(x)$ mit:

$$h_i(x) = \prod_{j=0, j \neq i}^{m-1} (x - u_j), \quad i = 0, \ldots, m-1 \quad . \tag{3.20}$$

Die Konstruktion ist so gewählt, dass die Nullstellen des Polynoms genau den Auswertestellen entsprechen, ausgenommen der aktuell betrachteten Stelle i, es gilt $h_i(u_j) = 0, j \neq i$. Das gesuchte Polynom $p(x)$ erhält man dann aus

$$p(x) = \sum_{i=0}^{m-1} \frac{p(u_i)}{h_i(u_i)} h_i(x) \quad . \tag{3.21}$$

Beispiel 3.20 zeigt in Fortsetzung von Bsp. 3.19 die Decodierung eines Reed-Solomon Codeworts mit Ausfällen.

Bsp. 3.20 Reed-Solomon: Decodierung mit Ausfällen, RS(5, 3, 5) im Körper $\mathbb{F}_5$

Wie in Bsp. 3.19 betrachten wir wieder den Code RS(5, 3, 5), das gesendete Codewort war $\boldsymbol{c} = (1,4,1,2,2)$. Es seien nun die letzten beiden Werte ausgefallen, empfangen wurde nur $(1,4,1,\varepsilon,\varepsilon)$ (das hier verwendete ε entspricht dem leeren Wort, vgl. Kap. 10). Zur Verfügung hat man demnach die Datenpunkte (0, 1), (1, 4) und (2, 1), aus denen die Polynome $h_i(x)$ bestimmt werden (man beachte auch hier die Reduktion der Koeffizienten modulo 5):
$h_0(x) = (x-1)(x-2) = x^2 - 3x + 2 = x^2 + 2x + 2$
$h_1(x) = x(x-2) \quad = x^2 - 2x \quad = x^2 + 3x$
$h_2(x) = x(x-1) \quad = x^2 - x \quad = x^2 + 4x$
Wie aus (3.21) ersichtlich, müssen diese Polynome nun an den ursprünglich bei der Codierung benutzten Auswertestellen u_i evaluiert werden, also hier $u_i = 0,1,2$. Dies ergibt für $h_i(u_i)$:

$$\begin{aligned}
h_0(0) &= 2 \\
h_1(1) &= 1 + 3 = 4 \\
h_2(2) &= 4 + 8 = 12 = 2
\end{aligned}$$

Zu beachten ist, dass die Division durch diese Werte in (3.21) im Körper $\mathbb{F}_5$ erfolgt. Es müssen hierfür demnach die inversen Elemente bestimmt werden, mit denen dann anschließend multipliziert wird. Da $\mathbb{F}_5$ ein Körper ist, muss es für jedes Element $x \in \mathbb{F}_5$ außer Null ein eindeutiges Inverses x^{-1} geben, für das gilt $x \cdot x^{-1} = x^{-1} \cdot x = 1$. In der Praxis lässt sich dieses z. B. mit dem erweiterten euklidischen Algorithmus bestimmen (zur Berechnung der modularen Inversen siehe Kap. 4.1.2, S. 146). In $\mathbb{F}_5$ kann man die Inversen wegen der wenigen Elemente auch sehr schnell durch ausprobieren erhalten: $2^{-1} = 3$ (da $2 \cdot 3 = 6 = 1 \bmod 5$) und damit $3^{-1} = 2$ und $4^{-1} = 4$. Einsetzen in (3.21) liefert

$$\begin{aligned}
p(x) &= p(0)h_0^{-1}(0)h_0(x) + p(1)h_1^{-1}(1)h_1(x) + p(2)h_2^{-1}(2)h_2(x) \\
&= 1 \cdot 2^{-1}h_0(x) + 4 \cdot 4^{-1}h_1(x) + 1 \cdot 2^{-1}h_2(x) \\
&= 3h_0(x) + 16h_1(x) + 3h_2(x) \\
&= 3(x^2 + 2x + 2) + 1(x^2 + 3x) + 3(x^2 + 4x) \\
&= 7x^2 + 66x + 6 \\
&= 2x^2 + x + 1 = 1 + x + 2x^2
\end{aligned}$$

Dieses Polynom entspricht dem ursprünglichen, die gesendete Nachricht lässt sich an den Koeffizienten ablesen und lautete $\boldsymbol{a} = (1,1,2)$.

Reed-Solomon Fehlerkorrektur

Wegen der Auswertung des Nachrichtenpolynoms $p(x)$ vom Grad $m-1$ an n Stellen hat ein Reed-Solomon Code $\mathrm{RS}(q,m,n)$ offensichtlich eine Hamming-Distanz von $h=n-m+1$. Für $n \geq m$ können zwei Polynome nämlich nur an $m-1$ Stellen die gleichen Werte haben – sonst wären sie identisch, und damit auch die Nachrichten. Die Werte der Polynome unterscheiden sich demnach an $n-m+1$ Stellen, was dem minimalen Abstand zwischen zwei Codewörtern entspricht. Damit lassen sich also $\frac{n-m}{2}$ Fehler korrigieren.

Zur Fehlerkorrektur definiert man zunächst zwei neue Polynome mit noch unbekannten Koeffizienten:

$$\begin{aligned} f(x) &= f_0 + f_1 x + f_2 x^2 + \ldots \quad \text{vom Grad } \left\lceil \frac{n-m}{2} \right\rceil \\ h(x) &= h_0 + h_1 x + h_2 x^2 + \ldots \quad \text{vom Grad } \left\lceil \frac{n-m}{2} \right\rceil + m - 1 \end{aligned} \tag{3.22}$$

und konstruiert mit diesen ein weiteres neues Polynom in zwei Variablen

$$r(x,y) = yf(x) + h(x) \quad . \tag{3.23}$$

Nun bestimmt man die Koeffizienten von $r(x,y)$ so, dass gilt $r(u_i,y_i)=0$, wobei u_i wieder die Auswertestellen des Nachrichtenpolynoms $p(x)$ und y_i die korrespondierenden Werte, d. h. das Codewort, sind. Die ursprünglich gesendete Nachricht ergibt sich dann aus

$$p(x) = -\frac{h(x)}{f(x)} \quad . \tag{3.24}$$

Beispiel 3.21 zeigt in Fortsetzung von Bsp. 3.19 die Decodierung eines Reed-Solomon Codeworts mit Fehlern. Es sei angemerkt, dass diese Rechnung der Veranschaulichung des Prinzips dient. In der Praxis erfolgt die Decodierung mit schnelleren (und komplizierteren) Verfahren wie z. B. dem Berlekamp-Massey Algorithmus, dessen Erläuterung hier den Rahmen sprengen würde.

Auf einer Audio-CD werden zwei hintereinander geschaltete Reed-Solomon Codes verwendet und die einzelnen Codewörter räumlich verteilt, sog. Cross-Interleaved Reed-Solomon Coding (CIRC). Die beiden Codes sind RS(33, 28, 32) und RS(29, 24, 28). Lesefehler auf der CD werden als Ausfälle behandelt. Hiermit sind Bündelfehler von bis zu ca. 4000 Bit (entspricht etwa einem kreisförmigen Kratzer der Länge 2,5 mm) *exakt* korrigierbar.

Das Verfahren ist auf der DVD ähnlich, allerdings werden wegen der höheren Datendichte größere Codes eingesetzt, nämlich RS(209, 192, 208) und RS(183, 172, 182). Ebenso auf der Blu-Ray Disc, mit noch längeren Codes.

Bei den in Kap. 3.3.9 beschriebenen QR-Codes variiert der Reed-Solomon Code je nach gewünschter Robustheit. Auch hier werden nicht lesbare Teile des Codes als Ausfälle behandelt.

Bsp. 3.21 Reed-Solomon: Decodierung mit Fehlerkorrektur, RS(5, 3, 5) im Körper $\mathbb{F}_5$

Betrachten wir erneut den Code RS(5, 3, 5). Dieser kann $\frac{n-m}{2} = \frac{5-3}{2} = 1$ Fehler korrigieren. Das gesendete Codewort war $\boldsymbol{c} = (1,4,1,2,2)$. Nun sei an einer beliebigen Stelle ein Fehler aufgetreten, und beim Empfänger kam das Wort $(1,0,1,2,2)$ an. Die Polynome aus (3.22) sind damit

$$f(x) = f_0 + f_1 x \quad \text{vom Grad} \left\lceil \frac{n-m}{2} \right\rceil = 1$$

$$h(x) = h_0 + h_1 x + h_2 x^2 + h_3 x^3 \quad \text{vom Grad} \left\lceil \frac{n-m}{2} \right\rceil + m - 1 = 3 \quad .$$

Die Kombination ergibt $r(x,y) = yf(x) + h(x) = f_0 y + f_1 xy + h_0 + h_1 x + h_2 x^2 + h_3 x^3$.
Mit dem empfangenen Wort lauten die Paare (u_i, y_i): (0, 1), (1, 0), (2, 1), (3, 2), (4, 2), was folgendes unterbestimmte homogene lineare Gleichungssystem ergibt:

$$\begin{array}{lr} \text{I} & f_0 + h_0 = 0 \\ \text{II} & h_0 + h_1 + h_2 + h_3 = 0 \\ \text{III} & f_0 + 2f_1 + h_0 + 2h_1 + 4h_2 + 8h_3 = 0 \\ \text{IV} & 2f_0 + 6f_1 + h_0 + 3h_1 + 9h_2 + 27h_3 = 0 \\ \text{V} & 2f_0 + 8f_1 + h_0 + 4h_1 + 16h_2 + 64h_3 = 0 \end{array}$$

Man beachte, dass wieder modulo 5 gerechnet wird, d. h. die Division wird ersetzt durch die modularen Inversen (siehe vorheriges Beispiel), und alle Zahlen sollten möglichst früh wieder modulo 5 reduziert werden, um diese klein zu halten. Außerdem kann jede negative Zahl durch eine positive ersetzt werden. Zur Vereinfachung lösen wir zunächst (I) nach h_0 auf, dies ergibt $h_0 = -f_0 = 4f_0$, und setzen dies in alle anderen Gleichungen ein. Nach Reduktion modulo 5 ergibt sich

$$\begin{array}{lr} \text{II'} & 4f_0 + h_1 + h_2 + h_3 = 0 \\ \text{III'} & 2f_1 + 2h_1 + 4h_2 + 3h_3 = 0 \\ \text{IV'} & f_0 + f_1 + 3h_1 + 4h_2 + 2h_3 = 0 \\ \text{V'} & f_0 + 3f_1 + 4h_1 + h_2 + 4h_3 = 0 \end{array}$$

Fortsetzung der Rechnung in Bsp. 3.22.

Bsp. 3.22 Reed-Solomon: Decodierung mit Fehlerkorrektur, RS(5, 3, 5) im Körper $\mathbb{F}_5$ (Fortsetzung)

Die Lösung des Systems kann z. B. mit dem Gauß-Eliminationsverfahren erfolgen, welches unten links Nullen erzeugt. Dies ist im Folgenden durchgeführt, wobei nur die Koeffizienten gezeigt werden. Von einem Schritt zum nächsten werden nur die geänderten Gleichungen dargestellt. Rechts hinter den Gleichungen sind die Faktoren angegeben, mit denen jeweils die erste Gleichung des aktuellen Schrittes multipliziert werden muss um in der jeweiligen Zeile eine Null in der entsprechenden Spalte zu erzeugen. Außerdem wurde die Reihenfolge der Gleichungen umgestellt:

	f_0	f_1	h_1	h_2	h_3	Faktoren um Nullen zu erzeugen
IV'	1	1	3	4	2	
V'	1	3	4	1	4	$\cdot(-1)=4$
II'	4	0	1	1	1	$\cdot(-4)=(-1)\cdot(4)=4\cdot 4=1$
III'	0	2	2	4	3	
V''	0	2	1	2	2	
II''	0	1	4	0	3	$\cdot(-\frac{1}{2})=(-1)\cdot 2^{-1}=4\cdot 3=2$
III''	0	2	2	4	3	$\cdot(-1)=4$
II'''	0	0	1	4	2	$\cdot(-1)=4$
III'''	0	0	1	2	1	
III''''	0	0	0	3	4	

Da man ein unterbestimmtes System mit vier Gleichungen für fünf Unbekannte hatte, kann man eine beliebig ($\neq 0$) wählen, z. B. $h_2 = 1$. Damit erhält man für (III''''): $3+4h_3=0$, aufgelöst $h_3 = 3$. Beide eingesetzt in (II''') ergibt $h_1+4+6=0$, aufgelöst $h_1 = 0$. Einsetzen in (V''): $2f_1+2+6=0$, aufgelöst $f_1 = 1$. Wieder einsetzen in (IV') gibt $f_0+1+4+6=0$, d. h. $f_0 = 4$. Damit sind alle Unbekannten bestimmt und die Polynome $f(x)$ bzw. $h(x)$ lauten:

$$f(x) = 4+x, \quad h(x) = 1+x^2+3x^3 \quad .$$

Nun wird mit (3.24) das Nachrichtenpolynom $p(x)$ berechnet. Hierzu ist eine Polynomdivision von $-h(x)$ durch $f(x)$ nötig:

$$\begin{array}{l}
(-3x^3-x^2-1):(x+4) = -3x^2+x-4 \\
\underline{-(-3x^3-2x^2)} \\
\qquad x^2-1 \\
\quad \underline{-(x^2+4x)} \\
\qquad\quad -4x-1 \\
\quad\quad \underline{-(-4x-1)} \\
\qquad\qquad -
\end{array}$$

Man erhält $p(x) = -4+x-3x^2 = 1+x+2x^2$ und kann die ursprünglich gesendete Nachricht an den Koeffizienten ablesen: $\boldsymbol{a} = (1,1,2)$.

Übungsaufgaben zu Kapitel 3.3

A 3.12 (T0) Wie berechnet man Stellendistanzen? Was ist der Unterschied zwischen Stellendistanz und Hamming-Distanz?

A 3.13 (L1) Bestimmen Sie die Stellendistanzen und die Hamming-Distanzen für die folgenden Codes: a) $\{110101, 101011, 010011, 101100\}$ b) $\{2B, 4A, 78, A9\}$.

A 3.14 (L2) Bestimmen Sie die Hamming-Distanz für den Code $\{1101011, 1010110, 0000011, 0001100\}$ und modifizieren Sie diesen Code dann durch Änderung eines einzigen Bit so, dass sich eine um eins erhöhte Hamming-Distanz ergibt.

A 3.15 (L2) Bei einer seriellen Datenübermittlung werden mit 7 Bit codierte ASCII-Zeichen mit einem zusätzlichen Paritätsbit und einem Längsprüfwort nach jeweils 8 Zeichen gesendet. Es gilt gerade Parität. Im Sender wird folgende Nachricht empfangen:

MSB	1 0 1 1 1 1 1 1	0	
	0 1 1 1 1 1 1 1	1	
	0 1 0 0 0 0 0 1	0	
Datenbits	0 0 0 1 0 1 0 0	0	Prüfspalte
	1 0 1 0 0 0 1 0	1	
	1 1 0 0 1 0 0 1	0	
LSB	0 0 1 1 0 1 1 0	0	
Paritätsbits	1 0 0 0 1 0 0 0	0	

Wie lautet die empfangene Nachricht? Sind Übertragungsfehler aufgetreten? Wenn ja, wie lautet die korrekte Nachricht? Bestimmen Sie die durch die Paritätsbits bedingte zusätzliche Redundanz.

A 3.16 (T0) Was ist ein Gray-Code? Geben Sie einen Gray-Code für die direkt binär codierten Zahlen von 0 bis 16 an.

A 3.17 (L3) Finden Sie einen Binärcode mit Wortlänge 4 für die Ziffern 0 bis 9, wobei folgende Bedingung einzuhalten ist: Wenn bei der Übertragung für eine Ziffer x ein 1-Bit Fehler auftritt, so soll entweder ein Fehlerwort entstehen oder für die zu dem wegen des Fehlers entstehenden Codewort gehörende Ziffer y soll gelten: $|x-y| \leq 2$. Kann man unter Einhaltung dieser Bedingung noch mehr Ziffern codieren?

A 3.18 (M2) Wie viele verschiedene Codewörter kann ein 2-aus-6-Code und wie viele ein 1-aus-15-Code maximal enthalten? Geben Sie für die beiden Codes die Hamming-Distanz und die Redundanzen an. Dabei kann für alle Codewörter dieselbe Auftrittswahrscheinlichkeit angenommen werden.

A 3.19 (M1) Zeigen Sie, dass 40182735 ein korrekt gebildeter 8-stelliger EAN-Code ist.

A 3.20 (M1) Bestimmen Sie die Prüfziffer p in der ISBN-10-Nummer $0-521-43108-p$.

A 3.21 (M1) Gegeben sei ein Hamming-Code mit der nebenstehenden Kontrollmatrix $\boldsymbol{M}$. Geben Sie für die beiden empfangenen Worte 1011010 und 1101011 an, ob es sich um ein Codewort oder ein Fehlerwort handelt. Im Falle eines Fehlerwortes: Wie lautet unter der Annahme eines 1-Bit Fehlers das korrekte Wort? Extrahieren Sie auch die Informationsbits aus den empfangenen Nachrichten.

$$\boldsymbol{M} = \begin{pmatrix} 0&0&1 \\ 0&1&0 \\ 0&1&1 \\ 1&0&0 \\ 1&0&1 \\ 1&1&0 \\ 1&1&1 \end{pmatrix}$$

A 3.22 (M2) Geben Sie allgemein an, wie viele verschiedene Codewörter ein Code mit s Stellen und vorgegebener Hamming-Distanz h maximal umfassen kann. Wie viele Codewörter kann ein Code mit $s=6$ Stellen und Hamming-Distanz $h=5$ maximal umfassen?

3.4 Datenkompression

3.4.1 Vorbemerkungen und statistische Datenkompression

Blockcodes und Huffman-Codierung

Wie in den vorangehenden Kapiteln gezeigt, ist es aus verschiedenen Gründen sinnvoll, zu speichernde oder zu übertragende Informationen binär zu codieren. Am häufigsten werden dabei Blockcodes verwendet, die Codewörter haben also eine feste Wortlänge. In der Praxis erfolgt die Codierung oft unter Verwendung von Analog/Digital-Convertern (ADCs, siehe Kap. 2.3), die analoge Signale in binäre Daten mit fester Wortlänge umwandeln. In technischen Anwendungen hat sich dafür der Begriff Pulse-Code-Modulation (PCM) eingebürgert. Blockcodes weisen bekanntlich (vgl. Kap. 3.2) eine vergleichsweise hohe Redundanz auf, die sich durch den Einsatz von Codes mit variabler Wortlänge reduzieren lässt. Solche Codes kann man beispielsweise mithilfe des in Kap. 3.2.2 vorgestellten Huffman-Verfahrens generieren. Aus dieser Redundanzminimierung ergibt sich in vielen Fällen bereits eine beachtliche Datenkompression im Vergleich zu Blockcodes. Ein Maß für die Effizienz der Datenkompression, d. h. der Kompressionsfaktor, folgt dann einfach aus einem Vergleich der mittleren Wortlänge des Huffman-Codes mit der konstanten Wortlänge des entsprechenden Blockcodes. Oft wird die durch spezielle Chips sehr schnell und preiswert durchführbare Huffman-Codierung als letzter Schritt in mehrstufigen Kompressionsverfahren eingesetzt.

Da die Kompression bei der Huffman-Codierung und ähnlichen Methoden auf einem rein statistischen Verfahren beruht, spricht man von einer statistischen Datenkompression. Neben der Datenkompression durch Huffman-Codes stehen noch zahlreiche andere Methoden zur Verfügung. Bei Auswahl oder Entwicklung eines Datenkompressionsverfahrens muss man sich jedoch auch darüber im Klaren sein, dass mit datenkomprimierenden Codes der Aspekt der Korrigierbarkeit von Übertragungsfehlern (siehe Kap. 3.3) in Konkurrenz steht. Weiterführende Details zum Thema Datenkompression finden sich beispielsweise in [Say12, Dan06].

Generell stehen bei der Datenkompression die beiden folgenden Strategien zur Wahl:

verlustfreie Kompression Ziel der Codierung ist eine Redundanzminimierung möglichst auf null, um die zu speichernde bzw. zu übertragende Datenmenge möglichst gering zu halten und so Übertragungszeit bzw. Speicherplatz zu sparen. Man spricht in diesem Fall von einer verlustfreien Datenkompression. Eine wesentliche Forderung ist hier also, dass die in den Daten enthaltene Information ohne Änderung erhalten bleibt.

verlustbehaftete Kompression Ziel der Codierung ist eine über die verlustfreie Datenkompression hinausgehende Verringerung der Datenmenge, wobei die Information im Wesentlichen erhalten bleibt, aber ein gewisser Informationsverlust in Kauf genommen wird. Man spricht dann von einer Datenreduktion oder verlustbehafteten Datenkompression. Selbstverständlich ist diese Strategie nicht in jedem Fall anwendbar. Vorteile ergeben sich bei der Verarbeitung von Messwerten, da diese immer durch Rauschen überlagert sind, das keine sinnvolle Information trägt. Ein anderes Beispiel sind Bilddaten, bei denen es meist nicht auf eine bitgenaue Darstellung ankommt, sondern nur darauf, dass der visuelle Eindruck des komprimierten Bildes sich nicht erkennbar von dem des Originalbildes unterscheidet. Ebenso bei Musik.

Oft ist es so, dass Methoden für die verlustfreie Datenkompression mit geringen Modifikationen auch zur verlustbehafteten Datenkompression verwendbar sind.

Zeichen c_i	Auftrittswahrsch. p_i	Intervall $[u;o[$
E	2/5	[0,0;0,4[
S	2/5	[0,4;0,8[
N	1/5	[0,8;1,0[

Tabelle 3.20 Der Quelltext ESSEN ist arithmetisch zu codieren. Dazu werden zunächst die Auftrittswahrscheinlichkeiten p_i der Einzelzeichen c_i ermittelt. Danach wird jedem Zeichen ein Intervall $[u;o[$ mit Untergrenze u und (nicht mehr zum Intervall gehöriger) Obergrenze o zugeordnet, dessen Länge zu der entsprechenden Auftrittswahrscheinlichkeit proportional ist

Typischerweise werden Daten wie Texte und Programmcode verlustfrei, Bilder und Musik wahlweise verlustfrei oder verlustbehaftet gespeichert. Bekannte verlustbehaftete Formate sind JPEG (Bilder, siehe Kap. 3.4.6) und MP3 (Musik), während z. B. das PNG-Format Bilder verlustfrei komprimiert. Ein wesentlicher Vorteil verlustbehafteter Kompression ist, dass die Kompressionsraten erheblich größer sind als bei verlustfreier Kompression, und der Anwender typischerweise abwägen kann, ob höhere oder niedrigere Kompressionsraten gewünscht sind (und damit auch schlechtere bzw. bessere Qualität).

Im Folgenden werden nun einige verbreitete Kompressionsmethoden näher betrachtet.

3.4.2 Arithmetische Codierung

Eine Alternative zum Huffman-Verfahren ist die arithmetische Codierung, die ebenfalls verlustfrei arbeitet und die ungleichmäßige Häufigkeitsverteilung von Einzelzeichen ausnutzt.

Beim Huffman-Code erhält jedes Zeichen des Quelltextes ein Codewort mit variabler, aber notwendigerweise ganzzahliger Länge. Im Gegensatz dazu wird bei der arithmetischen Codierung dem gesamten Quelltext eine Gleitkommazahl x im Intervall $0 \leq x < 1$ zugeordnet. Dies bedeutet, dass Einzelzeichen implizit auch einen nicht-ganzzahligen Informationsgehalt tragen können. Es gelingt daher in vielen Fällen, mit der arithmetischen Codierung die Redundanz noch etwas weiter zu verringern als mit einem Huffman-Code. Dennoch ist die arithmetische ebenso wie die Huffman-Codierung insofern eine Codierung von Einzelzeichen, als Korrelationen zwischen benachbarten Zeichen unberücksichtigt bleiben.

Vor der eigentlichen Codierung eines Quelltextes mit n Zeichen wird zunächst die Häufigkeitsverteilung der Zeichen ermittelt. Dann wird das rechtsseitig offene Intervall $[0;1[$ in n aneinander anschließende Intervalle aufgeteilt, wobei jedem Intervall ein Zeichen zugeordnet wird und die Länge der Intervalle den Auftrittswahrscheinlichkeiten der Zeichen entsprechen. Tabelle 3.20 gibt dafür ein Beispiel für den Eingabetext ESSEN. Diese Tabelle ist sowohl für die Codierung als auch für die Decodierung erforderlich. Die Auftrittshäufigkeiten der Einzelzeichen müssen daher mit übertragen werden, was den datenkomprimierenden Effekt des Verfahrens etwas beeinträchtigt.

Der Kompressions-Algorithmus für arithmetische Codierung

Zu Beginn der Codierung werden die Parameter u und o mit $u = 0$ und $o = 1$ initialisiert. Die Intervalllänge ist also $d = o - u = 1{,}0$. Sodann werden Schritt für Schritt u vergrößert und o verkleinert, entsprechend den tabellierten Unter- und Obergrenzen der zu den jeweils eingelesenen Zeichen des Textes gehörenden Intervalle. Das Berechnungsschema ist in Abb. 3.12 als Pseudocode dargestellt. Mit $u(c_i)$ und $o(c_i)$ werden in dem Algorithmus die in der Tabelle gespeicherten Untergrenzen und Obergrenzen der zu dem jeweiligen Zeichen c_i gehörenden Intervalle bezeichnet. Da der Multiplikator d immer kleiner ist als 1, können u und o nie die Grenzen des durch den ersten

Abb. 3.12 Kompressions-Algorithmus für arithmetische Codierung als Pseudocode

Setze $u := 0$ und $o := 1$
Lies nächstes Eingabezeichen c_i und berechne:
$d := o - u$ aktuelle Länge des Intervalls
$o := u + d \cdot o(c_i)$ neue Obergrenze, $o(c_i)$ aus Tabelle
$u := u + d \cdot u(c_i)$ neue Untergrenze, $u(c_i)$ aus Tabelle
bis das Textende erreicht ist
Gib u als Ergebnis x aus.

Bsp. 3.23 Arithmetische Codierung des Textes ESSEN mithilfe des in Abb. 3.12 dargestellten Algorithmus

Die Schritte zur Codierung von ESSEN sind nach Abb. 3.12:

Zeichen c_i	Intervalllänge d	Untergrenze u	Obergrenze o
Initialisierung	0,0	0,0	1,0
E	1,0	0,0	0,4
S	0,4	0,16	0,32
S	0,16	0,224	0,288
E	0,064	0,224	0,2496
N	0,0256	0,24448	0,2496

Das Ergebnis ist $x = 0{,}24448$; die zu übertragenden Nachkommastellen 24448 der berechneten Zahl x umfassen zwar ebenso wie der Ausgangstext 5 Zeichen, diese erfordern als Ziffern jedoch weit weniger Bit als die ASCII-Zeichen des Ausgangstextes. Es sei angemerkt, dass die Reihenfolge der Buchstaben in Tabelle 3.20 willkürlich nach Auftreten im Wort gewählt wurde und natürlich die sich ergebende Gleitkommazahl beeinflusst.

Buchstaben gegebenen Intervalls unter- bzw. überschreiten. Außerdem kann der durch das jeweils nächste codierte Zeichen hinzukommende Zuwachs nie größer sein, als die zu diesem Zeichen gehörende Intervalllänge. Dadurch ist sichergestellt, dass die Codierung umkehrbar eindeutig ist. Die Ziffern des Ergebnisses sind nun annähernd gleichverteilt. In einem Programm würde man die Ziffern hexadezimal als Blockcode darstellen und nicht ins Dezimalsystem umrechnen. Beispiel 3.23 zeigt die Anwendung des Verfahrens zur Codierung des Textes ESSEN.

Der Dekompressions-Algorithmus für arithmetische Codierung

Aus einem komprimierten Text kann der Ursprungstext durch Umkehrung des Codierungsformalismus wieder gewonnen werden. Dies geschieht nach der in Abb. 3.13 gezeigten Vorschrift. Das Verfahren basiert darauf, das aktuell betrachtete Intervall auf $[0;1[$ zu strecken, wodurch man auf einfache Weise das zu dekodierende Zeichen in der Zeichentabelle (wie Tabelle 3.20) nachschlagen kann. Ein Problem der arithmetischen Codierung ist, dass dem Dekompressions-Algorithmus bekannt sein muss, wann mit der Decodierung Schluss ist; dieser läuft sonst immer weiter. Daher müssen entweder die Anzahl der tatsächlich codierten Zeichen mit übertragen (bzw. gespeichert)

Lies Code x
solange noch nicht alle Zeichen decodiert sind
  suche Zeichen c_i, in dessen Intervall x liegt und gib c_i aus
  $d := o(c_i) - u(c_i)$ Intervalllänge
  $x := \frac{x-u(c_i)}{d}$ neuer Code

Abb. 3.13 Dekompressions-Algorithmus für arithmetische Codierung als Pseudocode

Bsp. 3.24 Arithmetische Dekompression mithilfe des in Abb. 3.13 dargestellten Algorithmus

Für den Beispieltext ESSEN ergab sich laut Bsp. 3.23 der Code $x = 0{,}24448$. Nach Abb. 3.13 wird der Ursprungstext schrittweise wieder gewonnen:

Code x	Intervalllänge d	Untergrenze u	Obergrenze o	Ausgabezeichen c_i
0,24448	0,4	0,0	0,4	E
0,6112	0,4	0,4	0,8	S
0,528	0,4	0,4	0,8	S
0,32	0,4	0,0	0,4	E
0,8	0,2	0,8	1,0	N
0,0	–	–	–	Ende

werden, oder es muss ein spezielles Zeichen zur Kennzeichnung des Endes der Decodierung verwendet werden, das dann natürlich im zu codierenden Text selbst niemals auftreten darf. In Fortsetzung von Bsp. 3.23 demonstriert Bsp. 3.24 die Dekompression des Textes ESSEN.

Bei der Implementierung des Kompressions- und Dekompressions-Algorithmus erweist sich der Umgang mit Gleitkommazahlen als problematisch. Dies ergibt nämlich unvermeidlich Rundungsfehler, so dass die Wahl $x = u$ zu Fehlern führen kann. Es ist daher besser, als Ergebnis der Kompression die Intervallmitte $x = (u+o)/2$ zu wählen. Das Verfahren zur Dekompression ändert sich dadurch nicht. Zudem erreichen die in Hardware und gängigen Programmiersprachen vorhandenen Gleitkommatypen nach IEEE (siehe Kap. 1.4.4) sehr schnell die Grenzen der Genauigkeit (nach etwa 15 Zeichen), so dass eine nicht im Standardumfang üblicher Programmiersprachen enthaltene Langzahlarithmetik eingesetzt werden muss.

3.4.3 Lauflängen-Codierung

Eindimensionale Lauflängen-Codierung

Bei der eindimensionalen Lauflängen-Codierung (Run-Length Coding, RLC oder Run-Length Encoding, RLE) werden nicht nur die codierten Einzelzeichen der Daten abgespeichert, sondern zusätzlich die als Lauflänge bezeichnete Anzahl aufeinander folgender, identischer Zeichen. Man speichert also Zahlenpaare der Art (c, r) ab, wobei c den Code des Zeichens und r die Lauflänge angibt, gerechnet ab Anfang des Datenstroms, bzw. ab Ende der vorhergehenden Sequenz.

Mithilfe dieses Verfahrens lassen sich nur Daten effizient komprimieren, in denen zahlreiche homogene Bereiche auftreten, die durch ein einziges Codewort charakterisiert werden können. Dies

Bsp. 3.25 Lauflängen-Codierung eines Binärbildes

Codiert werden soll das folgende Binärbild aus 64 Bildpunkten, die entweder schwarz oder weiß sind (links). In der Mitte steht das dem Bild zugeordnete Bitmuster. Null entspricht Schwarz, eins entspricht Weiß. Rechts die Lauflängen-Codierung des Bildes.

Bitmuster	Lauflängen-Codierung
0 0 0 0 0 0 0 0	0 0 0 0
0 0 0 0 0 0 0 0	0 0 0 0
0 0 0 1 1 0 0 0	0 0 1 1 1 0 1 0 0 0 1 1
0 0 1 1 1 1 0 0	0 0 1 0 1 1 0 0 0 0 1 0
0 1 1 1 1 1 1 0	0 0 0 1 1 1 1 0 0 0 0 1
1 1 1 1 1 1 1 1	1 0 0 0
0 0 0 0 0 0 0 0	0 0 0 0
0 0 0 0 0 0 0 0	0 0 0 0

Zuerst wird der Code c des Bildpunktes angegeben, also 0 oder 1. Danach folgen die drei Bits der Lauflänge r mit $001 = 1$, $010 = 2$, $011 = 3$, $100 = 4$, $101 = 5$, $110 = 6$, $111 = 7$ und $000 = 8$ (da eine Lauflänge von 0 nicht benötigt wird, kann sie anderweitig verwendet werden). Es wurde offenbar eine Kompression von 64 auf 56 Bit erreicht.

ist vor allem in computergenerierten Bildern und Grafiken sowie in Binärbildern mit nur zwei Helligkeitsstufen der Fall, wie Bsp. 3.25 zeigt. Enthält eine Datei dagegen nur wenige längere Sequenzen identischer Zeichen, so kann sich anstelle einer Kompression sogar eine Vergrößerung der Datei ergeben. Eine Verbesserung der Kompressionswirkung lässt sich durch nachfolgende Huffman-Codierung erreichen (z. B. in JPEG, siehe Kap. 3.4.6).

Quadtrees

Eine gut für Computergrafiken und Bilder mit größeren homogenen Bereichen geeignete Erweiterung der Lauflängen-Codierung auf zwei Dimensionen erreicht man durch Quadtrees. Dabei wird eine Baumstruktur von rechteckigen Bereichen abnehmender Größe mit jeweils einheitlichem Wert generiert. Ein Quadtree ist folgendermaßen aufgebaut:

- Die Wurzel repräsentiert als unterste Ebene den Gesamtbereich, bzw. einen ausgewählten rechteckigen Ausschnitt. Haben alle Daten des der Wurzel entsprechenden Rechtecks denselben Wert, so ist der Aufbau des Baums bereits abgeschlossen.

- Von der Wurzel verzweigen gegebenenfalls vier Kanten (Äste) zu Knoten, von denen jeder ein Viertel des Mutterrechtecks enthält. Haben die Daten eines Rechtecks alle denselben Wert, so ist der entsprechende Knoten ein Endknoten (Blatt), für alle anderen Knoten wird die beschriebene Knotenbildung zur nächstfeineren Unterteilungsebene fortgeführt.

- Das Verfahren endet, wenn nur noch Endknoten vorhanden sind. Im Extremfall können die Endknoten einzelne Werte sein, eine Datenkompression ist dann nicht mehr gegeben.

Bei der Speicherung eines Quadtrees kann man für jeden Knoten mit einem Bit markieren, ob er weiter zerlegt werden muss (1) oder ob es sich bereits um einen Endknoten handelt (0). Durch diese Bitfolge ist die Baumstruktur eindeutig festgelegt, für die Endknoten ist lediglich noch

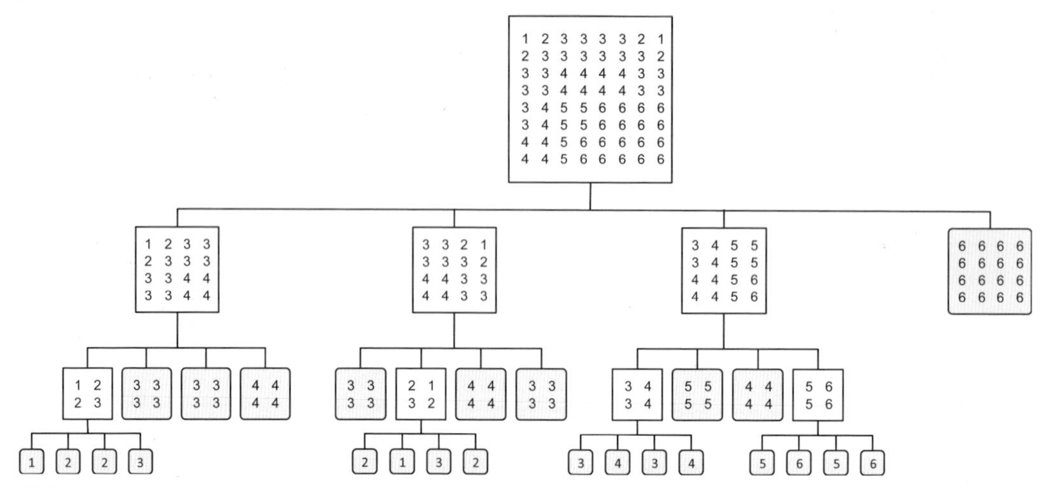

Abb. 3.14 Beispiel für einen Quadtree für ein einfaches Bild. Gespeichert werden die Knotenadressen als Folge von 1en (innere Knoten) und 0en (Blätter mit gerundeten Ecken) und danach die den Blättern zugeordneten Grauwerte. Hier ergeben sich 17 Bit für die Baumstruktur gefolgt von 25 Grauwerten: 1 1110 1000 0100 1001 6334343541223213234345656. Bei einer Codierung der Grauwerte mit 8 Bit ergibt sich eine Kompression von 512 Bit auf 217 Bit

der zugehörige Code anzugeben. Im ungünstigsten Fall kann es jedoch dazu kommen, dass die Endknoten alle nur ein Zeichen enthalten, so dass keine Kompression erfolgt, sondern sogar eine Vergrößerung der Datei; diese Vergrößerung ist allerdings bei Grauwertbildern mit 8 Bit pro Bildpunkt auf denen geringen Wert von ca. 3,1% beschränkt.

Beispiel: Abbildung 3.14 zeigt einen Quadtree für ein einfaches Bild mit Grauwerten zwischen 1 und 6. Bei einer Codierung der Grauwerte mit 8 Bit ergibt sich eine Kompression von 512 Bit auf 217 Bit.

Zu erwähnen ist noch die Erweiterung auf drei Dimensionen. Die Knoten des Baumes, der in diesem Fall als Octtree bezeichnet wird, entsprechen dann würfelförmigen Volumenelementen (Voxeln). Sowohl Quadtree als auch Octtree sind sowohl in der Computergrafik als auch in der Bildverarbeitung auch für andere Anwendungen als Datenkompression weit verbreitet.

3.4.4 Differenz-Codierung

Eine besonders für numerische Daten, beispielsweise Messwerte, gut geeignete Datenkompressionsmethode ist die Differenz-Codierung. Dabei werden nicht die Daten selbst, sondern nur die Differenzen aufeinander folgender Werte abgespeichert. Wegen der meist starken Korrelation aufeinander folgende Messwerte sind diese Differenzen in der Regel kleiner als die Messwerte und erfordern daher zur Codierung eine geringere Wortlänge als die Messwerte selbst.

Tabelle 3.21 Darstellung eines Differenz-Codes D_1 mit variabler Wortlänge und eines Differenz-Codes D_2 mit konstanter Wortlänge zur Codierung von 8-Bit Werten

Differenz d	Code D_1	Code D_2
0	1	0000
1	0100	0001
-1	0101	1001
2	0110	0010
-2	0111	1010
3	00100	0011
-3	00101	1011
4	00110	0100
-4	00111	1100
5	000100	0101
-5	000101	1101
6	000110	0110
-6	000111	1110
7	0000100	0111
-7	0000101	1111
8	0000110	$\|d\| > 7$ 1000 und
-8	0000111	danach 8 Bit für den Datenwert
$\|d\| > 8$	00000	und danach 8 Bit für den Datenwert

Tabelle 3.22 Zwei Differenz-Codes (variable und konstante Wortlänge) für verlustbehaftete Differenz-Codierung. Hier werden mehrere Differenzen dem gleichen Codewort zugeordnet

Differenz d	Code D_1	Code D_2
$-1,\ 0,\ 1$	1	0000
$2,\ 3,\ 4$	0100	0001
$-2,\ -3,\ -4$	0101	0010
$5,\ 6,\ 7$	0110	0011
$-5,\ -6,\ -7$	0111	0100
$8,\ 9,\ 10$	00100	0101
$-8,\ -9,\ -10$	00101	0110
$11,\ 12,\ 13$	00110	0111
$-11,\ -12,\ -13$	00111	1000
$14,\ 15,\ 16$	000100	1001
$-14,\ -15,\ -16$	000101	1010
$17,\ 18,\ 19$	000110	1011
$-17,\ -18,\ -19$	000111	1100
$20,\ 21,\ 22$	0000100	1101
$-20,\ -21,\ -22$	0000101	1110
$23,\ 24,\ 25$	0000110	$\|d\| > 22$ 1111 und
$-23,\ -24,\ -25$	0000111	danach 8 Bit für den Datenwert
$\|d\| > 25$	00000	und danach 8 Bit für den Datenwert

Verlustfreie Differenz-Codierung

Bezeichnet man den ersten Messwert mit f_0 so ist zunächst dieser zu speichern bzw. zu senden und danach jeweils nur die aufeinander folgenden Differenzen d_i:

$$d_i = f_i - f_{i-1} \quad . \tag{3.25}$$

Es ist sinnvoll, die Differenzen nur dann zur Codierung heranzuziehen, wenn diese einen Maximalwert nicht überschreiten. Für größere Differenzen wird besser der tatsächliche Zahlenwert abgespeichert, der dann als neuer Bezugspunkt für die folgenden Differenzen dient. Man verwendet dabei meist Codes mit variabler Wortlänge, da dann den am häufigsten auftretenden Differenzen die kürzesten Codewörter zugeordnet werden können. Ein spezielles Codewort muss allerdings zur Kennzeichnung des Falls reserviert werden, dass die Differenz den vorgesehenen Maximalwert übersteigt, so dass als nächstes Codewort keine Differenz, sondern ein Messwert folgt. Tabelle 3.21 zeigt zwei Möglichkeiten für solche Codes, einen mit variabler und einen mit konstanter Wortlänge.

Treten häufig Differenzen auf, die größer sind als die im Code vorgesehene Maximaldifferenz (in der Tabelle also $|d| > 8$ bzw. $|d| > 7$), so erzielt man keine Kompressionswirkung, die Datei kann dann sogar größer werden. Ein Vorteil der Differenz-Codierung liegt auch darin, dass sie als Hardware einfach zu implementieren ist und zu sehr schnellen Algorithmen führt.

Bsp. 3.26 Prädiktive Differenz-Codierung mit äquidistanten Messdaten

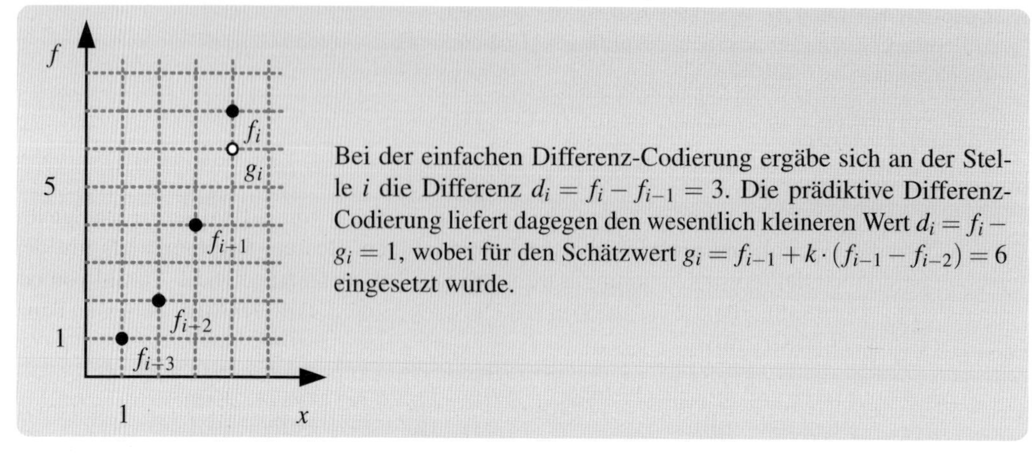

Bei der einfachen Differenz-Codierung ergäbe sich an der Stelle i die Differenz $d_i = f_i - f_{i-1} = 3$. Die prädiktive Differenz-Codierung liefert dagegen den wesentlich kleineren Wert $d_i = f_i - g_i = 1$, wobei für den Schätzwert $g_i = f_{i-1} + k \cdot (f_{i-1} - f_{i-2}) = 6$ eingesetzt wurde.

Verlustbehaftete Differenz-Codierung

Die Differenz-Codierung lässt sich leicht von einem verlustfreien Verfahren zu einem verlustbehafteten Verfahren erweitern, das dann auch größere Differenzen verarbeiten kann. Dazu ordnet man einem Codewort nicht einen einzigen Zahlenwert zu, sondern ein Intervall. Eine mögliche Codebelegung ist in Tabelle 3.22 angegeben.

Prädiktive Differenz-Codierung

Eine Variante der Differenz-Codierung zur Steigerung der Effizienz der Datenreduktion ist die prädiktive Differenz-Codierung. Man speichert hier nicht einfach die Differenz aufeinander folgender Messwerte ab, sondern die Differenz d_i zwischen dem aktuellen Wert f_i und einem aus dem bisherigen Datenverlauf geschätzten Wert g_i.

Natürlich muss g_i so bestimmt werden, dass die Differenzen zwischen g_i und f_i im Mittel kleiner werden als die im vorigen Abschnitt eingeführten einfachen Differenzen, da sich nur dann eine wirkliche Verbesserung der Datenreduktion ergibt. Für die Bestimmung von g_i bieten sich verschiedene Verfahren an. Eine viel verwendete Möglichkeit zur Bestimmung des Schätzwertes g_i an der Stelle i ist die Addition der numerischen Ableitung des Datenverlaufs zum Wert f_{i-1}. Nimmt man als Näherungswert für die erste Ableitung die Differenz aufeinander folgender Werte, so erhält man die folgende Schätzfunktion für g_i:

$$g_i = f_{i-1} + k \cdot (f_{i-1} - f_{i-2}) \tag{3.26}$$

und daraus

$$d_i = f_i - g_i \quad . \tag{3.27}$$

Der Faktor k in (3.26) legt fest, mit welchem Gewicht die Ableitung berücksichtigt wird. Meist wählt man für k Werte zwischen 0 und 2. Für $k = 0$ ergibt sich wieder die oben beschriebene einfache Differenz-Codierung. Ein Beispiel zur Illustration der prädiktiven Differenz-Codierung mit äquidistanten Messdaten zeigt Bsp. 3.26

Die prädiktive Differenz-Codierung lässt sich auch leicht als Hardware realisieren, die im wesentlichen aus einer Schaltung zur Differenzbildung aufeinander folgender Signale besteht und aus einem Pulsgenerator, der einen positiven Impuls erzeugt, wenn die Differenz größer als Null war und einen negativen Impuls für Differenzen, die kleiner als Null waren. Diese Methode ist als Delta-Modulation in der Signalverarbeitung bekannt. Probleme können bei schnell ansteigenden oder abfallenden Kanten entstehen, was aber durch die Wahl einer höheren Abtastrate wieder ausgeglichen werden kann.

Ein Nachteil der Differenz-Codierung ist, dass in der Umgebung von Extremwerten die Schätzfunktionen naturgemäß keine gute Vorhersage liefern können. Bessere Ergebnisse als mit der linearen, prädiktiven Differenz-Codierung lassen sich erzielen, wenn eine höhere Anzahl von benachbarten Messwerten in die Schätzfunktion mit einbezogen wird. Bei drei Messwerten ist dann die Schätzfunktion eine Parabel.

Man kann noch einen Schritt weiter gehen und beispielsweise nur jeden zweiten Messwert verwenden. Bei dieser Interpolations-Codierung wird dann bei der Decodierung die fehlende Information durch Interpolation näherungsweise wieder ergänzt. In Frage kommen unter anderem die lineare und kubische Interpolation, aber auch die Interpolation mit Spline- sowie Bezier-Funktionen.

3.4.5 Der LZW-Algorithmus

Für die verlustfreie Kompression beliebiger Daten hat sich als sehr effizientes Verfahren seit 1977 der nach seinen Erfindern Abraham Lempel, Jakob Ziv und Terry A. Welch benannte LZW-Algorithmus durchgesetzt [Ziv77, Ziv78, Wel84]. Es handelt sich dabei um ein statistisches Verfahren, das aber anders als das Huffman-Verfahren oder die arithmetische Codierung nicht nur Einzelzeichen codiert, sondern Zeichengruppen unterschiedlicher Länge. Dadurch lassen sich nicht nur die Häufigkeiten von Einzelzeichen bei der Codierung berücksichtigen, sondern auch durch Korrelationen aufeinander folgender Zeichen bedingte Redundanzen. Der LZW-Algorithmus minimiert also auch Redundanzen, die dadurch entstehen, dass sich identische Zeichenfolgen (Strings) in den Eingabedaten mehrmals wiederholen. Dies führt zu einer umso besseren Kompressionswirkung, je häufiger solche Wiederholungen auftreten und je länger die sich wiederholenden Zeichengruppen sind. Das Ergebnis der Kompression besteht dann aus einer praktisch unkorrelierten Zeichenfolge, die verlustfrei nicht mehr weiter komprimierbar ist. Der Algorithmus wird in erster Linie in Bild- (GIF, TIFF) und Dokumentenformaten (PDF, Postscript) zur Kompression eingesetzt.

Das Prinzip des LZW-Algorithmus

Der LZW-Algorithmus arbeitet mit einer Codetabelle in der jeder Eintrag aus einem String mit Zeichen des Quellalphabets und dem zugehörigen komprimierten Code besteht. Die Codetabelle wird am Anfang mit allen Einzelzeichen des Quellalphabets vorbesetzt und während der Kompression nach und nach erweitert und an die Eingabe angepasst. Wegen dieser automatischen Anpassung benötigt der LZW im Voraus keinerlei Informationen über die Statistik des Eingabetextes; er kann daher als Ein-Schritt-Verfahren realisiert werden. Auch muss die Codetabelle nicht zusammen mit den codierten Daten gespeichert bzw. übertragen werden, da sie im Decoder aus den codierten Daten in identischer Weise wieder neu erzeugt werden kann.

Zu Beginn der Codierung muss jedes Zeichen des Eingabetextes einzeln codiert werden, weil ja die Codetabelle nur mit den Einzelzeichen des Quellalphabets vorbesetzt ist und noch keine längeren Strings enthält. Zu Beginn ist also noch kein Kompressionseffekt zu erwarten. Im Laufe

```
Initialisiere die Codetabelle mit den Einzelzeichen
Weise dem Präfix P den Leerstring zu
Wiederhole, solange Eingabezeichen vorhanden sind:
  Lies nächstes Eingabezeichen c aus dem Eingabestring Z
  Wenn Pc in der Codetabelle gefunden wird:
    setze P = Pc
  Sonst:
    Wenn Codetabelle noch nicht voll:
      Trage Pc in die nächste freie Position ein
    Gib den Code für P aus
    setze P = c
Ende der Schleife
Gib den Code für das letzte Präfix P aus
```

Abb. 3.15 LZW-Algorithmus zur Kompression eines Strings Z

Bsp. 3.27 LZW-Kompression der Zeichengruppe ABABCBABAB

Die Codetabelle wird mit den Zeichen A, B, C des Quellalphabets und den entsprechenden Codes des Ausgabealphabets vorbesetzt. Wählt man für das Beispiel als maximale Länge der Codetabelle acht Einträge, so benötigt man in der Ausgabe 3 Bit pro Codewort. Die Code-Tabelle wird also wie in Tabelle 3.23 gezeigt vorbesetzt.
Der Codierungsvorgang läuft damit wie in Tabelle 3.25 dargestellt ab, nach Beendigung der Codierung hat der Inhalt der Codetabelle die Form wie in Tabelle 3.24.

der Verarbeitung sammeln sich aber in der Tabelle immer mehr und immer längere mehrfach aufgetretene Strings an, von denen angenommen werden kann, dass sie im noch zu komprimierenden Text ebenfalls noch häufig auftreten werden. Dadurch steigt die Effizienz der Kompression immer weiter an, bis die Codetabelle vollständig gefüllt ist. Danach geht die Anpassungseigenschaft des Algorithmus verloren. Die Kompressionsrate bleibt dann zunächst gleich, sie kann sich aber auch wieder verschlechtern, wenn sich die Charakteristika der Eingabedaten ändern. Dem kann man durch Erstellen einer neuen Code-Tabelle entgegenwirken.

Der Kompressions-Algorithmus

Die Codierung einer Zeichenkette Z läuft nun nach folgendem Schema ab: zunächst wird das nächste Eingabezeichen c des Eingabestrings Z eingelesen und an den als Präfix bezeichneten Anfangs-Teilstring P des Strings Z angehängt, es wird also der String Pc gebildet. Zu Beginn wird der Präfix P mit dem leeren String vorbesetzt. Ist Pc in der Codetabelle bereits vorhanden, so wird $P = Pc$ gesetzt und das nächste Zeichen eingelesen. Andernfalls wird P ausgegeben, Pc in die Code-Tabelle eingetragen und der neue Präfix $P = c$ gesetzt. Kommt der soeben eingetragene Teilstring Pc später im Text nochmals vor, so kann er durch ein einziges Codewort ersetzt werden. Darauf beruht letztlich die komprimierende Wirkung des LZW-Verfahrens. Der Kompressions-Algorithmus ist in Abb. 3.15 als Pseudocode dargestellt, ein Beispiel ist in Bsp. 3.27 gezeigt.

Im Beispiel wurde die Codetabelle nur mit den tatsächlich im Text auftretenden Zeichen initialisiert, was wiederum zur Notwendigkeit der Übertragung der initialen Codetabelle führen würde.

Tabelle 3.23 Vorbesetzung der Codetabelle für die Kompression des Strings Z = ABABCBABAB mit dem LZW-Algorithmus. Die ersten drei Einträge sind mit den Einzelzeichen vorbesetzt. Somit sind noch vier Plätze für längere Zeichenketten frei

Zeichenkette	Ausgabe-Code
A	0 = 000
B	1 = 001
C	2 = 010
–	3 = 011
–	4 = 100
–	5 = 101
–	6 = 110
–	7 = 111

Tabelle 3.24 Codetabelle nach Beendigung der Kompression des Strings Z = ABABCBABAB

Zeichenkette	Ausgabe-Code
A	0 = 000
B	1 = 001
C	2 = 010
AB	3 = 011
BA	4 = 100
ABC	5 = 101
CB	6 = 110
BAB	7 = 111

Tabelle 3.25 Codierung des Strings Z = ABABCBABAB mit dem LZW-Algorithmus. Die codierte Nachricht lautet 013247

Schritt	Zeichen c	Präfix P	Eintrag in Code-Tabelle	Ausgabe
0	–	–	Vorbesetzung	–
1	A	A	–	–
2	B	B	AB = 3	0
3	A	A	BA = 4	1
4	B	AB	–	–
5	C	C	ABC = 5	3
6	B	B	CB = 6	2
7	A	BA	–	–
8	B	B	BAB = 7	4
9	A	BA	–	–
10	B	BAB	–	–
11	–	–	–	7

In der Praxis initialisiert man daher typischerweise immer gleich (wenn auch unterschiedlich für verschiedene Dateiformate), z. B. mit allen 256 Zeichen des ASCII-Zeichensatzes.

Methoden zur Optimierung des Verfahrens

Weil jeder neue Eintrag in der Codetabelle nur eine Verlängerung eines darin enthaltenen Strings darstellt, ist es nicht nötig, zu jedem Code den vollständigen String zu speichern. Es genügt, nur das letzte Zeichen des Strings zu speichern und einen Verweis auf den String, aus dem er hervorgegangen ist. Der Code ABC aus dem obigen Beispiel wird dann als 4C abgespeichert. Dadurch erfordert jeder Tabelleneintrag bei 8 Byte Eingabezeichen und 12 bis 16 Bit Code nur drei Byte: ein Byte für das letzte Zeichen und zwei für den Verweis. Meist werden 12 Bit Codes mit 4096 Tabelleneinträgen oder 13 Bit Codes mit 8192 Tabelleneinträgen verwendet. Bei einer Verlängerung der Codetabelle können zwar mehr und längere Teilstrings abgespeichert werden; dies führt jedoch nicht unbedingt zu einer Verbesserung der Kompressionsrate, weil eine größere Tabelle auch zu längeren Codewörtern führt. Insbesondere zu Beginn der Kompression, wenn noch Einzelzeichen codiert werden, führt dies

```
Initialisiere die Codetabelle mit den Einzelzeichen
Weise dem Präfix P den Leerstring zu
Wiederhole, solange Codewörter vorhanden sind:
  Lies nächstes Codewort c
  Wenn c in der Codetabelle enthalten ist:
    Gib den zu c gehörenden String aus
    Setze k = erstes Zeichen dieses Strings
    Trage Pk in die Codetabelle ein, falls noch nicht vorhanden
    Setze P auf den zu dem Code c gehörigen String
  Sonst (Sonderfall):
    setze k = erstes Zeichen von P
    Gib Pk aus
    Trage Pk in die Codetabelle ein
    Setze P = Pk
Ende der Schleife
Gib letztes Präfix P aus
```

Abb. 3.16 LZW-Algorithmus zur Dekompression einer Nachricht

zunächst nicht zu einer Kompression, sondern zu einer Verlängerung des Textes.

Außerdem muss nicht immer die volle Länge der Codes übertragen werden. Umfasst die Tabelle nicht mehr als 512 Einträge, reichen 9 Bit für die Darstellung der Codewörter aus, zwischen 513 und 1024 Einträgen genügen 10 Bit usw. Sowohl der Kompressor als auch der Dekompressor können anhand ihrer Codetabelle feststellen, mit welcher Wortlänge gerade gearbeitet wird. Oft wird auch die Erhöhung der Wortlänge durch ein eigenes, dafür reserviertes Codewort signalisiert, weil dann nicht schon beim Eintragen eines längeren Codewortes in die Tabelle umgeschaltet werden muss, sondern erst dann, wenn tatsächlich das erste längere Codewort verwendet wird.

Wenn die Codetabelle vollständig gefüllt ist, kann man entweder mit dieser Tabelle weiterarbeiten oder aber die Tabelle löschen und mit einer neu initialisierten Tabelle fortfahren. Bei der zweiten Strategie sinkt zwar die Kompressionsrate zunächst, aber die Code-Tabelle kann dafür wieder neu an die Eigenschaften der Eingabedaten angepasst werden. Dies erweist sich dann als sinnvoll, wenn damit zu rechnen ist, dass sich die Charakteristik der Daten ändern wird. Dies ist insbesondere bei der Kompression von Bilddaten der Fall. Eine Neuinitialisierung der Code-Tabelle muss in den komprimierten Daten allerdings durch Einfügen eines dafür reservierten Codeworts kenntlich gemacht werden.

Bei der Komprimierung der Daten muss bei jedem Schritt nach dem String Pc gesucht werden, also dem aktuellen Präfix plus nächstes Eingabezeichen. Eine sequentielle Suche würde sehr viel Zeit benötigen, so dass sich die Verwendung einer Hash-Tabelle (siehe Kap. 12.3) empfiehlt. Dazu wird neben der Codetabelle noch eine Hash-Tabelle zur Speicherung von Verweisen auf die Code-Tabelle aufgebaut.

Eine weitere Verbesserung, allerdings auf Kosten der Ausführungszeit, kann erzielt werden, wenn man das Verfahren nicht einschrittig auslegt, sondern eine statistische Analyse vorschaltet. Besonders häufig auftretende Strings können so vorab ermittelt und bereits bei der Initialisierung der Codetabelle berücksichtigt werden.

Bsp. 3.28 LZW-Dekompression einer Nachricht, Fortsetzung von Bsp. 3.27

Nun soll das in Bsp. 3.27 gewonnene Kompressions-Ergebnis 013247 des Strings ABABCBABAB wieder dekomprimiert werden. Zunächst wird die leere Codetabelle mit den Zeichen A, B und C vorbesetzt. Der Dekompressor liest dann das erste Codezeichen (= 0) ein, sucht das zugehörige Zeichen des Quellalphabetes in der Codetabelle (= A) und gibt dieses Zeichen aus. Anschließend wird das nächste Zeichen (= 1) eingelesen, decodiert (= B) und ausgegeben. Zusätzlich wird jetzt der String AB, bestehend aus dem zuvor decodierten Zeichen A und dem soeben decodierten Zeichen B auf die nächste freie Position, hier also 3, der Codetabelle eingetragen. Das folgende Zeichen (= 3) ergibt den String AB, der soeben erst in die Codetabelle eingetragen wurde. Zusätzlich wird der String BA, bestehend aus dem Zeichen B des vorhergehenden Schritts und dem ersten Zeichen des Strings AB, in die Codetabelle eingetragen. Die weiteren Decodierungsschritte folgen aus Tabelle 3.26.
Man erkennt, dass der Dekompressor tatsächlich dieselben Strings in die Codetabelle einträgt wie der Kompressor, allerdings immer einen Schritt später. Der Dekompressor kann beispielsweise den String AB erst dann eintragen, wenn er auch den Code für B bereits verarbeitet hat, weil erst dann bekannt ist, dass bei der Komprimierung auf das Zeichen A ein B folgte. Dieses Nachhinken kann zu dem oben bereits erwähnten Sonderfall führen, dass ein benötigter Code in der Codetabelle noch nicht enthalten ist. In dem betrachteten Beispiel ist dies in Schritt 6 der Fall. Dort trifft der Dekompressor auf den Code 7, den er in der Codetabelle nicht findet, weil dafür noch kein String eingetragen worden ist. Wenn dieser Fall eintritt, ist aber bekannt, dass der fehlende String mit demselben Zeichen beginnen muss, wie der unmittelbar zuvor decodierte und ausgegebene String.

Tabelle 3.26 Decodierung der komprimierten Nachricht 013247 mit dem LZW-Algorithmus. Es wird wieder die ursprüngliche Nachricht ABABCBABAB aufgebaut

Schritt	Code c	Zeichen k	Präfix P = Ausgabe	Eintrag in Code-Tabelle
0	–	–	–	Vorbesetzung
1	0	A	A	–
2	1	B	B	AB
3	3	A	AB	BA
4	2	C	C	ABC
5	4	B	BA	CB
6	7	B	BAB	BAB

Der Dekompressions-Algorithmus

Die Dekompression ist zunächst etwas unanschaulicher, aber auch nicht schwieriger zu implementieren als die Kompression. Zunächst wird wie bei der Kompression eine Code-Tabelle angelegt, und mit den Eingabezeichen vorbesetzt. Der Dekompressor liest nun ein Zeichen nach dem anderen ein, sucht den zugehörigen String in der Codetabelle auf und gibt ihn aus. Zusätzlich wird an den im vorherigen Schritt decodierten String das erste Zeichen des aktuell decodierten Strings angehängt und das Ergebnis in die nächste freie Position der Codetabelle eingetragen. Auf diese Weise wird schrittweise dieselbe Codetabelle aufgebaut, mit der auch der Kompressor gearbeitet hat. Es gibt dabei jedoch eine Komplikation: Wenn bei der Kompression ein String in die Codetabelle eingetragen und im nächsten Schritt bereits wieder verwendet wurde, so kann er bei der Dekompression an dieser

Stelle noch nicht in der Tabelle enthalten sein. In diesem Fall ist aber klar, dass der fehlende Code einfach durch Verlängerung des Präfix um das erste Zeichen des zuvor ausgegebenen Strings entsteht. Der in die Codetabelle einzutragende String ist in diesem Sonderfall mit dem auszugebenden String identisch. Der Algorithmus ist in Abb. 3.16 als Pseudocode dargestellt, Bsp. 3.28 zeigt ein Beispiel.

3.4.6 Datenreduktion durch unitäre Transformationen (JPEG)

Die Fourier-Transformation

In vielen technischen Anwendungen werden Daten, insbesondere Messdaten und Bilder, mit Hilfe der Fourier-Transformation in eine Frequenzdarstellung transformiert. In diesem Kapitel wird gezeigt, dass auf diese Weise auch eine sehr effiziente Datenkompression erreicht werden kann. Weiterführende Literatur, insbesondere zur Anwendung in der Bildverarbeitung, ist z. B. [Jäh12, Str09, Gon08].

Im Falle diskreter Daten können die in der kontinuierlichen Transformation auftretenden Integrale durch Summen ersetzt werden; man spricht dann von der diskreten Fourier-Transformation, für die es sehr effiziente Algorithmen gibt. Der bekannteste ist der DFFT-Algorithmus (von Discrete Fast Fourier Transform). Damit kann man eine aus N Punkten bestehende Datenmenge f_n aus dem Ortsraum in ihre Entsprechung F_u im Frequenzraum transformieren und auch wieder rücktransformieren[5]

$$F_u = \frac{1}{\sqrt{N}} \sum_{n=0}^{N-1} f_n \mathrm{e}^{-2\pi \mathrm{i} \frac{nu}{N}}, \qquad u \in [0; N-1] \quad \text{Fourier-Transformation} \tag{3.28}$$

$$f_n = \frac{1}{\sqrt{N}} \sum_{u=0}^{N-1} F_u \mathrm{e}^{2\pi \mathrm{i} \frac{nu}{N}}, \qquad n \in [0; N-1] \quad \text{inverse Fourier-Transformation} \tag{3.29}$$

In den Summen tritt die Exponentialfunktion mit der imaginären Einheit i auf. Man muss also mit komplexen Zahlen z der Art $z = a + \mathrm{i}b$ rechnen. Dabei sind der Realteil a und der Imaginärteil b reelle Zahlen.

Die Summen in diesen Gleichungen lassen sich durch Multiplikation einer die Exponentialterme enthaltenden Matrix $\boldsymbol{\Phi}_F$ mit einem Vektor $\boldsymbol{f} = \begin{pmatrix} f_0 & f_1 & \ldots & f_{N-1} \end{pmatrix}^\mathsf{T}$ darstellen, dessen Komponenten die zu transformierenden Daten sind. Die einzelnen Komponenten des transformierten Vektors ergeben sich also durch Berechnung des Skalarproduktes aus der entsprechenden Matrixzeile mit dem Datenvektor. Betrachtet man die Zeilen der Matrix als Basisvektoren, so wird durch das Skalarprodukt diejenige Komponente des Datenvektors transformiert, die in Richtung des entsprechenden Basisvektors zeigt. Die DFT in Matrixschreibweise lautet dann:

$$\boldsymbol{F} = \boldsymbol{\Phi}_F \boldsymbol{f} = \frac{1}{\sqrt{N}} \begin{pmatrix} 1 & 1 & 1 & 1 & \ldots & 1 \\ 1 & \omega & \omega^2 & \omega^3 & \ldots & \omega^{N-1} \\ 1 & \omega^2 & \omega^4 & \omega^6 & \ldots & \omega^{2(N-1)} \\ 1 & \omega^3 & \omega^6 & \omega^9 & \ldots & \omega^{3(N-1)} \\ \vdots & \vdots & \vdots & \vdots & \vdots & \vdots \\ 1 & \omega^{N-1} & \omega^{2(N-1)} & \omega^{3(N-1)} & \ldots & \omega^{(N-1)(N-1)} \end{pmatrix} \begin{pmatrix} f_0 \\ f_1 \\ \ldots \\ f_{N-1} \end{pmatrix}, \tag{3.30}$$

[5] hier ist die symmetrische DFT gezeigt. Es existieren andere Varianten, bei denen ein Faktor $\frac{1}{N}$ entweder nur bei der Berechnung von F_u oder nur bei der von f_n auftritt.

wobei die Einträge die Potenzen der N-ten komplexen Einheitswurzel $\omega = e^{-\frac{2\pi}{N}i}$ sind. Es sei angemerkt, dass in der Praxis nicht die Matrixmultiplikation durchgeführt wird, sondern die schnelle Fourier-Transformation (FFT), die die Struktur von $\boldsymbol{\Phi}_F$ geschickt ausnutzt und so die Komplexität der Berechnung von $\mathcal{O}(N^2)$ auf $\mathcal{O}(N \log_2 N)$ reduziert.

Unitäre und orthogonale Transformationen

Dieses Prinzip soll nun verallgemeinert werden. Dazu wird die bei der Fourier-Transformation verwendete Matrix $\boldsymbol{\Phi}_F$ durch eine zunächst beliebige, als Kern der Transformation bezeichnete Matrix $\boldsymbol{\Phi}$ der Dimension $N \times N$ ersetzt und bei der Rücktransformation die zu $\boldsymbol{\Phi}$ inverse Matrix $\boldsymbol{\Phi}^{-1}$ verwendet:

$$\boldsymbol{F} = \boldsymbol{\Phi} \boldsymbol{f} \qquad \text{allgemeine unitäre Transformation} \tag{3.31}$$

$$\boldsymbol{f} = \boldsymbol{\Phi}^{-1} \boldsymbol{F} \qquad \text{unitäre inverse Transformation} \tag{3.32}$$

Für sinnvolle Transformationen müssen die Basisvektoren des Kerns, also die Zeilen der Matrix $\boldsymbol{\Phi}$, einen Vektorraum mit Dimension N aufspannen. Dies ist dann der Fall, wenn alle N Zeilenvektoren (Basisvektoren) linear unabhängig, also in einer geometrischen Betrachtungsweise nicht parallel zueinander sind. Besonders einfach wird die mathematische Beschreibung, wenn die Basisvektoren nicht nur linear unabhängig, sondern orthogonal sind, also – geometrisch interpretiert – aufeinander senkrecht stehen. Für komplexe Matrizen bedeutet dies, dass die inverse Matrix $\boldsymbol{\Phi}^{-1}$ mit der konjugiert komplexen und transponierten Matrix $\boldsymbol{\Phi}^*$ übereinstimmt ($\boldsymbol{\Phi}^*$ heißt *adjungierte* Matrix):

$$\boldsymbol{\Phi}^{-1} = \boldsymbol{\Phi}^* \quad \text{oder} \quad \boldsymbol{\Phi}^{-1} \boldsymbol{\Phi}^* = \boldsymbol{I} \quad , \tag{3.33}$$

wobei $\boldsymbol{I}$ die $N \times N$ Einheitsmatrix ist. Komplexe Matrizen mit dieser Eigenschaft werden als unitäre Matrizen bezeichnet, dementsprechend heißen auch die durch sie vermittelten Transformationen unitäre Transformationen. Insbesondere gehört auch die Fourier-Transformation zur Klasse dieser Transformationen. Im Falle reeller Matrizen stimmt die inverse Matrix mit der transponierten Matrix überein, man spricht dann von orthogonalen Matrizen und orthogonalen Transformationen. Ist die orthogonale Transformationsmatrix außerdem noch eine symmetrische Matrix, so ist sie mit ihrer Inversen bzw. Transponierten identisch. Da das Rechnen mit komplexen Zahlen doch einen gewissen Aufwand bedeutet, werden in der Praxis orthogonale Transformationen mit reellen, möglichst auch noch symmetrischen Matrizen, bevorzugt verwendet. Das bekannteste Beispiel für eine orthogonale Transformation ist wohl die Rotation bzw. Drehung von Koordinatensystemen, was bei der Robotersteuerung oder in CAD-Anwendungen zum täglichen Brot gehört.

Im allgemeinen Fall ist die Berechnung der inversen Matrix recht aufwendig, die Bestimmung der transponierten Matrix dagegen trivial: man erhält die transponierte Matrix einfach durch Spiegelung an der Hauptdiagonalen. Damit ist auch sofort klar, dass orthogonale, symmetrische Matrizen zu sich selbst invers sind, so dass für die Hintransformation und die Rücktransformation identische Matrizen verwendet werden können.

Hat man einen Datensatz durch eine unitäre bzw. orthogonale Transformation in eine andere Darstellung überführt, so ist noch stets die gleiche Datenmenge zu speichern, eine Kompression wurde dadurch also nicht bewirkt. Bei der Fourier-Transformation wurde die Datenmenge sogar verdoppelt, da man statt reeller Zahlen nun komplexe mit Real- und Imaginärteil hat. Auch bei reellen Transformationen werden die Daten möglicherweise mehr, wenn man wie bei Bildern von

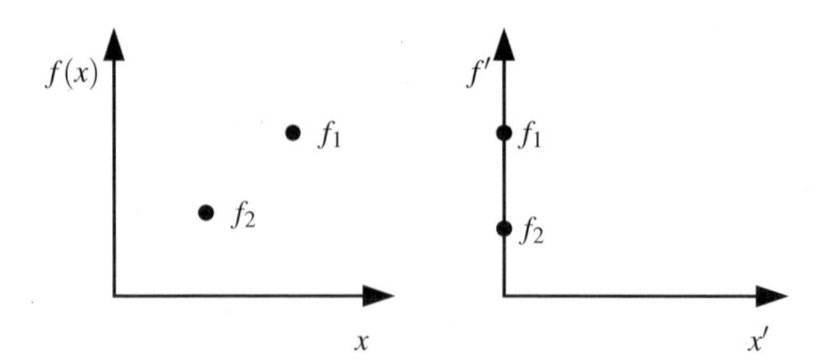

Abb. 3.17 Durch eine geeignete Koordinatentransformation wird erreicht, dass die x'-Komponenten für die beiden Datenpunkt f_1 und f_2 zu Null werden und daher nicht gespeichert werden müssen. Dies entspricht einer Datenkompression

ganzzahligen Farbwerten (mit z. B. einem Byte pro Pixel) auf Gleitkommazahlen (mit z. B. acht Byte pro Zahl) übergehen muss.

Eine sehr effiziente Möglichkeit zur Datenreduktion liegt aber darin, dass bei geeigneter Wahl der Transformation manche Komponenten nur wenig Information tragen und daher weggelassen werden können (siehe Abb. 3.17). Der Grund dafür ist, dass man orthogonale Transformationen angeben kann, bei denen die Komponenten des Ergebnisses weitgehend unkorreliert sind, während die zu transformierenden Daten in der Regel sehr stark miteinander korreliert sind, da sie sich für gewöhnlich stetig ändern. Anders ausgedrückt: kennt man einige aufeinanderfolgende Werte der zu transformierenden Ausgangsdaten, so lässt sich der Wert des nächsten Wertes mit hoher Wahrscheinlichkeit voraussagen; für das Ergebnis einer geeigneten orthogonalen Transformation gilt das aber nicht mehr.

Ordnet man den Zeilen des Kerns als Basisfunktionen Schwingungen mit ansteigender Frequenz zu, so wird ein Datenvektor durch Überlagerungen dieser Basisfunktionen ausgedrückt. Hohe Frequenzanteile in Daten entstehen in Bildern durch scharfe Kanten und durch Rauschen. Werden nun die den hohen Frequenzanteilen entsprechenden Komponenten vernachlässigt, so führt dies zu einer Rauschunterdrückung, aber – da es sich hierbei im Grunde um einen Tiefpass-Filter handelt – auch zu einer Kantenverschmierung. Für die Matrix $\boldsymbol{\Phi}$ bedeutet dies, dass sie nicht mehr quadratisch (und damit nicht mehr invertierbar) ist, da nur die ersten Zeilen verwendet werden.

Die Kosinus-Transformation

Bei der Fourier-Transformation besteht der Kern aus einer komplexen Exponentialfunktion $\mathrm{e}^{\mathrm{i}x}$, die sich in einen reellen Kosinus-Anteil und einen imaginären Sinus-Anteil zerlegen lässt:

$$\mathrm{e}^{\mathrm{i}x} = \cos x + \mathrm{i} \sin x \quad . \tag{3.34}$$

Die Kosinusfunktionen oder Sinusfunktionen alleine bilden in diesem Fall jedoch keine Basis, da die Kosinusfunktionen gerade Funktionen und die Sinusfunktionen ungerade Funktionen sind. Mit den Kosinusfunktionen alleine kann man also nur gerade Funktionen darstellen, das Ergebnis ist dann rein reell. Mit den Sinusfunktionen alleine sind nur ungerade Funktionen darstellbar, und zwar mit rein imaginärem Ergebnis. Für Funktionen bzw. Daten ohne diese besonderen Symmetrien wird also die komplexe Kombination aus Kosinus- und Sinustermen benötigt.

Weil ein reelles Ergebnis in den meisten Anwendungsfällen bequemer zu handhaben ist, greift man zu einem Kunstgriff: Man symmetrisiert die zu transformierenden Daten durch Spiegeln an der vertikalen Koordinatenachse. Nun wird eine Fourier-Transformation über diesen um den Faktor zwei vergrößerten Datenvektor durchgeführt, wobei sich die Summation nun über $2N$ Terme erstreckt.

Das Ergebnis ist jetzt aber rein reell und enthält nur Kosinusfunktionen. Wegen der künstlich erzeugten geraden Symmetrie lassen sich viele Summanden zusammenfassen, so dass sich schließlich wieder nur genauso viele Terme ergeben, wie man bei Summation über die ursprünglichen Daten erhalten hätte, wobei sich aber die Wellenlängen der Kosinusfunktionen verglichen mit der Fourier-Transformation verdoppelt haben. Das Ergebnis ist die rein reelle diskrete Kosinus-Transformation (DCT) [Str09], die in der Praxis größte Bedeutung erlangt hat. Die Transformationsformeln lauten[6]:

$$\begin{aligned} F_u &= c_u \sqrt{\frac{2}{N}} \sum_{n=0}^{N-1} f_n \cos\left(\frac{(2n+1)\pi u}{2N}\right) \\ f_n &= \sqrt{\frac{2}{N}} \sum_{u=0}^{N-1} c_u F_u \cos\left(\frac{(2n+1)\pi u}{2N}\right) \end{aligned} \quad \text{mit } u,n \in [0;N-1], \quad c_u = \begin{cases} \frac{1}{\sqrt{2}} & \text{für } u=0 \\ 1 & \text{sonst} \end{cases} \tag{3.35}$$

Die Transformationsmatrix $\boldsymbol{\Phi}_C$ für die DCT besteht also aus den Elementen

$$\Phi_{C_{un}} = c_u \sqrt{\frac{2}{N}} \cos\left(\frac{(2n+1)\pi u}{2N}\right) = c_u \sqrt{\frac{2}{N}} \cos\left(\frac{\pi}{N}\left(n+\frac{1}{2}\right)u\right) \quad , \tag{3.36}$$

mit u, n, c_u wie in (3.35).

JPEG-Kompression

Die Kosinus-Transformation hat sich als Standard bei der Bilddatenkompression in JPEG etabliert. Da Bilder zweidimensionale Signale sind, benötigt man eine zweidimensionale DCT. Die Transformation (wie auch die DFT) hat die Eigenschaft, dass sie separierbar ist, d. h. man kann eine zweidimensionale Transformation durch zwei hintereinander geschaltete eindimensionale Transformationen durchführen, erst entlang der Bildzeilen und dann entlang der Spalten. Hier verwendet man Kerne mit $N = 8$, d. h. es wird nicht das gesamte Bild auf einmal transformiert, sondern immer nur 8×8 große Blöcke. Der Vorteil liegt in einer wesentlichen schnelleren Berechnung für Kompression und Dekompression, der Nachteil ist in erster Linie die Entstehung von Blockartefakten bei höheren Kompressionsraten. Für $N = 8$ lautet die Transformationsmatrix:

$$\begin{aligned} \boldsymbol{\Phi}_{C8} &= (\Phi_{C8_{un}}) = \left(c_u \frac{1}{2} \cos\left(\frac{(2n+1)\pi u}{16}\right)\right) \\ &= \begin{pmatrix} 1.0000 & 1.0000 & 1.0000 & 1.0000 & 1.0000 & 1.0000 & 1.0000 & 1.0000 \\ 1.3870 & 1.1759 & 0.7857 & 0.2759 & -0.2759 & -0.7857 & -1.1759 & -1.3870 \\ 1.3066 & 0.5412 & -0.5412 & -1.3066 & -1.3066 & -0.5412 & 0.5412 & 1.3066 \\ 1.1759 & -0.2759 & -1.3870 & -0.7857 & 0.7857 & 1.3870 & 0.2759 & -1.1759 \\ 1.0000 & -1.0000 & -1.0000 & 1.0000 & 1.0000 & -1.0000 & -1.0000 & 1.0000 \\ 0.7857 & -1.3870 & 0.2759 & 1.1759 & -1.1759 & -0.2759 & 1.3870 & -0.7857 \\ 0.5412 & -1.3066 & 1.3066 & -0.5412 & -0.5412 & 1.3066 & -1.3066 & 0.5412 \\ 0.2759 & -0.7857 & 1.1759 & -1.3870 & 1.3870 & -1.1759 & 0.7857 & -0.2759 \end{pmatrix} . \end{aligned} \tag{3.37}$$

Bei der Ausführung der Transformation geht man am besten durch Erweiterung der Koeffizienten mit einer Potenz von 2, beispielsweise $2^{13} = 8192$, zu einer Integer-Darstellung über, so dass für alle Berechnungen Integer-Arithmetik genügt.

[6] auch hier gibt es mehrere Varianten. Diese wurde so gewählt, dass die Transformationsmatrix orthogonal ist

8	8	7	7	6	5	4	4
8	7	6	5	4	3	2	2
7	6	5	3	2	2	1	1
7	5	3	2	1	1	0	0
6	4	2	1	1	0	0	0
5	3	2	1	0	0	0	0
4	2	1	0	0	0	0	0
4	2	1	0	0	0	0	0

Tabelle 3.27 Eine datenkomprimierende Bitzuordnungstabelle (Quantisierungstabelle) für die 8×8 Kosinus-Transformation. Der Kompressionsfaktor beträgt für dieses Beispiel ca. drei

Die zweidimensionale DCT liefert als Ausgabe quadratische Matrizen mit einer zuvor festgelegten Komponentenzahl, 8×8 bei $\boldsymbol{\Phi}_{C8}$. Es wird nun angestrebt, diese Einträge möglichst Platz sparend abzuspeichern, wozu ein Teil der Information so zu entfernen ist, dass es in den rekonstruierten Daten nur zu geringen, nicht relevanten Änderungen kommt. Bei der Entscheidung, welche Matrixkomponenten übertragen werden und mit wie vielen Bits sie dargestellt werden sollen, gibt es prinzipiell zwei verschiedene Möglichkeiten:

Ein Ansatz besteht darin, die Entscheidung von der Position der Komponenten in der Matrix abhängig zu machen. Man geht dabei von der Überlegung aus, dass die niederfrequenten Anteile mehr zur Information beitragen als die zu höheren Frequenzen gehörenden Komponenten. Die Ergebnismatrix wird dementsprechend in verschiedene Zonen aufgeteilt, für die in einer Bit-Zuordnungstabelle oder Quantisierungstabelle festgelegt wird, wie viele Bits für die Codierung der Matrixkomponenten in den jeweiligen Zonen zu verwenden sind. Dabei werden für die niederfrequenten Matrixkomponenten mehr Bits reserviert als für die höherfrequenten. Die höchsten Frequenzen werden oft ganz unterdrückt, was durch den Eintrag Null gekennzeichnet wird. Tabelle 3.27 zeigt eine mögliche Bit-Zuordnung für eine 8×8 Matrix, entsprechend einer Datenreduktion um etwa den Faktor 3.

Der zweite Ansatz zur Datenkompression besteht darin, die Quantisierung nicht nach der Lage der Matrixelemente zu entscheiden, sondern nach deren Größe. Man geht hier von der Annahme aus, dass Matrixeinträge mit großen Beträgen auch viel Information tragen. Dies trägt der Tatsache Rechnung, dass scharfe Kanten in Messdaten oder Bildern im Verlauf der Daten auch zu signifikanten hochfrequenten Komponenten führen, deren Unterdrückung zu einer Kantenverschmierung führen würde. Alle Matrixelemente werden daher mit einem voreinstellbaren Schwellwert verglichen und nur übertragen, wenn sie größer sind als dieser Schwellwert. Allerdings muss dann auch die Position der Matrixelemente mit codiert werden. Fehlende Einträge werden bei der Rücktransformation wie beim ersten Verfahren durch Null ergänzt.

Beide Methoden können zu Problemen führen. Das erste Verfahren berücksichtigt nicht, dass auch hochfrequente Matrixelemente wichtige Information tragen können. Das zweite Verfahren codiert aber stattdessen niederfrequente Anteile nur dann, wenn sie über dem Schwellwert liegen. Da aber die erste Matrixkomponente den Mittelwert der codierten Daten repräsentiert, wird deutlich, dass diese Komponente auch dann nicht ohne Qualitätsverlust weggelassen werden darf, wenn sie sehr klein ist. Eine optimale Lösung muss demnach beide Methoden kombinieren und die Anzahl der Bits für die Codierung der einzelnen Matrixkomponenten in Abhängigkeit von deren Position und Größe entscheiden.

Die Kosinus-Transformation mit 8×8 Matrizen ist wesentlicher Bestandteil des 1992 vorgestellten, in ISO/IEC 10918-1 genormten JPEG-Standards für die verlustbehaftete Bilddaten-Codierung, bei der nach den oben beschriebenen Strategien kleine und/oder hochfrequente Komponenten auf null gesetzt werden. Dadurch ergeben sich häufig längere Sequenzen von Nullen, die durch eine Lauflängen-Codierung komprimiert werden. Zusätzlich werden die Koeffizienten aufeinander folgender 8×8 Bereiche mittels Differenz-Codierung weiter komprimiert. Im letzten Schritt steht dann eine Huffman-Codierung oder eine arithmetische Codierung zur Minimierung der verbleibenden Einzelzeichen-Redundanz. Für Bilder ergeben sich dann bei Kompressionsraten um ca. den Faktor 10 gute visuelle Eindrücke, obwohl der Informationsgehalt wesentlich reduziert wurde.

Weitere Kompressionsverfahren

Von großer praktischer Bedeutung ist die Kompression bewegter Bilder nach dem MPEG-Standard (siehe [Str09, Gha10, Ric10]), der sich in mehreren Versionen ab 1993 entwickelt hat. Die Kompression von Einzelbildern erfolgt dabei wie beim JPEG-Verfahren durch DCT. Es werden jedoch nicht alle Bilder, sondern nur Stützbilder (beispielsweise jedes vierte) vollständig komprimiert, Zwischenbilder aber nur aus den Stützbildern interpoliert. Zusätzlich wird durch die Übernahme örtlich verschobener, aber sonst unveränderter Bildbereiche von einem Bild zum nächsten ein weiterer Kompressionseffekt erzielt. Insgesamt sind Kompressionsraten bis etwa um den Faktor 100 möglich.

Als weitere Methode der Bilddatenkompression ist die fraktale Bildkompression [Wel99] zu nennen, bei der Bilder durch typische, kleine Bildausschnitte und deren Kombination zu fraktalen Mustern durch Überlagerung sowie unter Verwendung affiner Abbildungen approximiert werden.

Erwähnenswert ist ferner die Wavelet-Transformation [Str09, Naj12, Wel99], bei der die zur Bildbeschreibung benötigte Funktionsbasis im Gegensatz zu Sinus und Kosinus schnell abklingende Wellen sind, die sich je nach auftretender Frequenz an das zu komprimierende Bild adaptieren können. Die Verwendung der Wavelet-Transformation liefert bei gleicher Bildqualität höhere Kompressionsraten als die DCT. Da sie zudem schneller ist, beschränkt man sich nicht auf 8×8 Blöcke, sondern kann auch das gesamte Bild komplett transformieren, wodurch keine Blockartefakte entstehen. Diese Vorteile sind im JPEG 2000 Format umgesetzt, das in ISO/IEC 15444-2 standardisiert ist. Leider hat es sich bisher nicht gegen das extrem weit verbreitete JPEG Format mit DCT durchsetzen können.

Übungsaufgaben zu Kapitel 3.4

A 3.23 (T0) Warum führt die LZW-Kompression in der Regel zu einer stärkeren Redundanz-Minimierung als das Huffman-Verfahren?

A 3.24 (T1) Ordnen Sie die fünf Kompressionsverfahren MPEG, JPEG, LZW, RLC (Run Length Code), PDC (Prädiktive Differenzcodierung) den folgenden fünf Datenarten zu, für welche sie jeweils am besten geeignet sind: Videofilm, Computerprogramm, CAD-Strichzeichnung, Digitalfoto, Temperaturmesswerte mit 100 Messungen/s.

A 3.25 (L3) Komprimieren Sie das Wort HUMUHUMUNUKUNUKUAPUAA (ein nach einem Fischchen benannter Cocktail aus Hawaii) mit arithmetischer und LZW-Kompression.

A 3.26 (L2) Lässt sich der String ANTANANARIVO (das ist die Hauptstadt von Madagaskar) oder PAPAYAPALMEN (die wachsen in Madagaskar, sind aber eigentlich keine Palmen) durch den LZW-Algorithmus effizienter codieren? Bitte begründen Sie Ihre Antwort.

A 3.27 (M1) Es soll ein aus 2^{16} Zeichen bestehender Text komprimiert werden, dessen Quellalphabet aus 40 mit gleicher Häufigkeit auftretenden Zeichen besteht. Weiter sei nichts über den Text und das Alphabet bekannt.

a) Berechnen Sie die Entropie dieses Alphabets.

b) Wie viele Bits pro Zeichen benötigt man mindestens für eine Codierung mit einem binären Blockcode?

c) Ist das folgende Kompressionsverfahren für dieses Beispiel sinnvoll? Man kann eine Anzahl n von Codewörtern mit 5 Bit und die verbleibenden $40-n$ Codewörter mit 6 Bit codieren. Dabei muss n so bestimmt werden, dass die mittlere Wortlänge möglichst klein wird.

d) Wie viele Byte umfasst dann der komprimierte Text? Welchem Kompressionsfaktor entspricht dies im Vergleich mit dem Blockcode aus a)?

A 3.28 (L3) Gegeben sei das unten stehende, aus den Grauwerten 1, 2, 3, 4, 5 und 6 bestehende Bild.

1	1	2	2	2	2	1	1
1	1	2	2	2	2	1	1
1	1	1	4	4	1	1	1
3	3	3	4	4	3	3	3
1	1	5	5	5	5	1	1
1	1	5	5	5	5	1	1
1	1	5	5	5	5	1	1
1	6	6	1	1	6	6	1
1	6	6	1	1	6	6	1
1	6	6	1	1	6	6	1

a) Bestimmen Sie die Auftrittswahrscheinlichkeiten der Grauwerte.

b) Geben Sie für die Grauwerte einen Binärcode mit minimaler konstanter Wortlänge an und berechnen Sie die Größe (in Bit) des so codierten Bildes.

c) Berechnen Sie die Entropie des gegebenen Bildes.

d) Konstruieren Sie unter Verwendung des Huffman-Verfahrens einen optimalen Code mit variabler Wortlänge. Berechnen Sie dabei auch die mittlere Wortlänge und die Redundanz. Wie viel Bit umfasst nun das Bild?

e) Konstruieren Sie nun einen möglichst effizienten Lauflängen-Code. Wie viele Bit umfasst das Bild, wenn man es mit diesem Lauflängen-Code codiert?

f) Wie groß ist das Bild, wenn man es, so weit möglich, mit einem Quadtree codiert?

g) Codieren Sie nun das Bild mit dem LZW-Verfahren. Wie groß ist das Bild jetzt?

A 3.29 (P3) Schreiben Sie C-Programme für folgende Datenkompressions-Methoden:

- Differenzcodierung mit vier Bit langen Blockcodes und zwei Codewörtern pro Byte.
- LZW-Datenkompression.

Literatur

[And95] L. Andrew und R. Hussey. *Two Dimensional Data Encoding Structure and Symbology for use with Optical Readers*. 1995. Patent US 5591956, eingereicht 1995, erteilt 1997.

[Ber74] E. Berlekamp. *Key Papers in the Development of Coding Theory*. IEEE Press, 1974.

[Dan06] W. Dankmeier. *Grundkurs Codierung: Verschlüsselung, Kompression, Fehlerbeseitigung*. Vieweg + Teubner, 2006.

[Fri96] B. Friedrichs. *Kanalcodierung: Grundlagen und Anwendungen in modernen Kommunikationssystemen*. Springer, 1996.

[Gha10] M. Ghanbari. *Standard Codecs: Image Compression to Advanced Video Coding*. Institution Engineering & Tech, 3. Aufl., 2010.

[Gon08] R. Gonzalez und R. Woods. *Digital Image Processing*. Pearson Prentice Hall, 3. Aufl., 2008.

[Ham50] R. Hamming. Error Detecting and Error Correcting Codes. *Bell System Techn. Journ.*, 29(2):147–160, 1950.

[Ham87] R. Hamming. *Information und Codierung*. VCH, 1987.

[Hof14] D. W. Hoffmann. *Einführung in die Informations- und Codierungstheorie*. Springer Vieweg, 2014.

[Huf52] D. Huffman. A Method for the Construction of Minimum-Redundancy Codes. *Proceedings of the IRE*, 40(9):1098–1101, Sept 1952.

[IBA] IBAN. `http://www.iban.de`.

[Jäh12] B. Jähne. *Digitale Bildverarbeitung und Bildgewinnung*. Springer Vieweg, 7. Aufl., 2012.

[Len02] B. Lenk. *Handbuch der automatischen Identifikation. Band 2: 2D-Codes, Matrixcodes, Stapelcodes, Composite Codes, Dotcodes*. Lenk Monika Fachbuchverlag, 2002.

[Mil92] O. Mildenberger. *Informationstheorie und Codierung*. Vieweg, 2. Aufl., 1992.

[Naj12] A. H. Najmi. *Wavelets*. John Hopkins University Press, 2012.

[Pet61] W. Peterson und D. Brown. Cyclic Codes for Error Detection. *Proceedings of the IRE*, 49(1):228–235, Jan 1961.

[Ree60] I. S. Reed und G. Solomon. Polynomial Codes Over Certain Finite Fields. *Journal of the Society for Industrial and Applied Mathematics (SIAM)*, 8(2):300–304, 1960.

[Ric10] I. Richardson. *The H.264 Advanced Video Compression Standard*. John Wiley & Sons, 2. Aufl., 2010.

[Say12] K. Sayood. *Introduction to Data Compression*. Elsevier Science & Techn., 2012.

[Skl01] B. Sklar. *Digital Communications: Fundamentals and Applications*. Prentice Hall, 2. Aufl., 2001.

[Str09] T. Strutz. *Bilddatenkompression: Grundlagen, Codierung, Wavelets, JPEG, MPEG, H.264*. Vieweg + Teubner, 4. Aufl., 2009.

[Uni] Unicode. `http://www.unicode.org`.

[vzG13] J. von zur Gathen und J. Gerhard. *Modern Computer Algebra*. Cambridge University Press, 3. Aufl., 2013.

[Wel84] T. Welch. A Technique for High-Performance Data Compression. *Computer*, 17(6):8–19, June 1984.

[Wel99] S. T. Welstead. *Fractal and Wavelet Image Compression Techniques*. SPIE Press, 1999.

[Wil99] W. Willems. *Codierungstheorie*. De Gruyter, 1999.

[Ziv77] J. Ziv und A. Lempel. A Universal Algorithm for Sequential Data Compression. *IEEE Transactions on Information Theory*, 23(3):337–343, May 1977.

[Ziv78] J. Ziv und A. Lempel. Compression of Individual Sequences via Variable-rate Coding. *IEEE Transactions on Information Theory*, 24(5):530–536, Sep 1978.

Kapitel 4

Verschlüsselung

Zu allen Zeiten strebte man danach, Informationen zuverlässig und vertraulich über unsichere Kanäle zu senden. Übermittelt beispielsweise Alice eine unverschlüsselte Nachricht an Bob, so könnte eine unbefugte Person, vielleicht Cleo (oft auch Mallory), diese Nachricht abfangen, mitlesen und eventuell auch unbemerkt verändern. Cleo könnte sogar eine erfundene Nachricht an Bob senden und vorgeben, Alice zu sein. Um den Nachrichtenaustausch sicherer zu gestalten, kann man Nachrichten verschlüsseln, d. h. so codieren, dass die darin enthaltene Information verborgen ist und dass die Decodierung ohne den Schlüssel sehr schwierig, im Idealfall sogar unmöglich ist.

Das Verschlüsseln (Encipherment, Encryption) einer im Klartext gegebenen Nachricht $x \in A^*$ mit Alphabet A wird durch eine Funktion $y = e(x, k_\mathrm{e})$ vermittelt, das Entschlüsseln (Decipherment, Decryption) des verschlüsselten Geheimtextes durch eine Funktion $x = d(y, k_\mathrm{d})$. Beim Verschlüsseln wird ein Schlüssel k_e verwendet, beim Entschlüsseln ein Schlüssel k_d. Sind die Schlüssel k_e und k_d identisch, so spricht man von symmetrischen Verschlüsselungsverfahren, andernfalls von asymmetrischen.

Die effiziente Verschlüsselung und Entschlüsselung von Nachrichten ist das Aufgabengebiet der Kryptographie, die ein Teilbereich der Kryptologie ist (siehe [Bau00] und [Beu09]). Zur Kryptologie rechnet man ferner die Steganographie, das ist die Technik des Verbergens der bloßen Existenz von Nachrichten durch technische oder linguistische Methoden. Weiterführende Details zum Thema Kryptographie und den hier beschriebenen Verfahren findet man in [Paa10, Wät08, Sch13].

Eine abgefangene oder mitgehörte verschlüsselte Nachricht zu entziffern (Kryptanalyse) oder zu verändern ist nicht ohne weiteres möglich. Man kann z. B. versuchen, durch eine Häufigkeitsanalyse den Geheimtext zu entziffern, was jedoch bei modernen Verfahren praktisch unmöglich ist. Es ist aber zu bedenken, dass theoretisch zwar absolut sichere Verschlüsselungsmethoden (z. B. das Vernam-Verfahren) möglich, aber praktisch kaum einsetzbar sind. Man muss daher auf eine absolute Sicherheit verzichten und sich stattdessen mit einer immer wieder in Frage zu stellenden praktischen Sicherheit zufrieden geben. Als größtes Sicherheitsrisiko verbleibt, dass Cleo von dem geheimen Schlüssel Kenntnis erhält und dadurch in der Lage wäre, geheime Nachrichten zu lesen und zu fälschen.

Wichtige Anwendungen von Verschlüsselungsmethoden finden sich in vielen Bereichen der Informationstechnologie. Zu nennen sind ganz allgemein der Datenaustausch im Internet, insbesondere E-Mail, Electronic Banking, Electronic Commerce, Electronic Cash (elektronisches Geld) und weitere damit zusammenhängende Anwendungen. Ein nützliches Programmpaket zu diesem Thema findet man unter `http://www.cryptool.de`.

Forderung an ein sicheres Kommunikationssystem

Miteinander kommunizierende Partner werden also vier wesentliche Forderungen an ein sicheres System stellen:

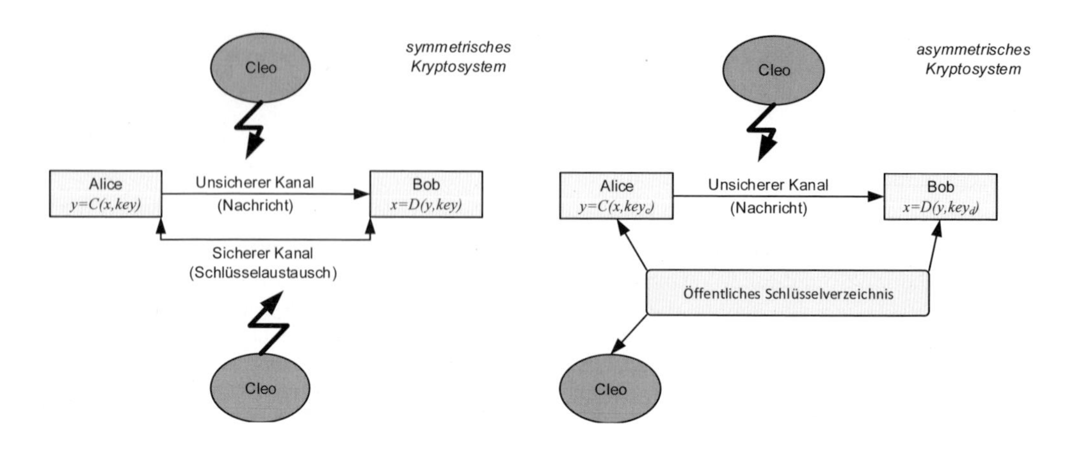

Abb. 4.1 Modell eines symmetrischen (links) und eines asymmetrischen Kryptosystems (rechts)

- Einem Unbefugten soll es nicht möglich sein, ausgetauschte Nachrichten zu entschlüsseln und mitzulesen (Geheimhaltung, Vertraulichkeit, Confidentiality).
- Einem Unbefugten soll es nicht möglich sein, abgefangene Nachrichten zu verändern (Integrität, Integrity), zumindest nicht so, dass es unerkannt bleibt.
- Sender und Empfänger wollen die Gewissheit über die Identität des Kommunikationspartners haben (Authentizität, Authenticity).
- Die Art und Weise wie Schlüssel erzeugt, verwahrt, weitergegeben und wieder gelöscht werden, muss sicher sein (Key Management).

Anwendungsbereiche

Insbesondere bei der Datenfernübertragung in Kommunikationsnetzen und beim Speichern von Daten in öffentlichen Netzen ist deren Sicherheit von größter Bedeutung. Ein Beispiel dafür ist die Abwicklung von Bankgeschäften oder die Bestellung und Bezahlung von Waren und Dienstleistungen im Internet (E-Commerce). Verschlüsselungsprotokolle sind daher auch Bestandteil des OSI-Schichtenmodells (von Open Systems Interconnection, siehe Kap. 7) sowie anderer Kommunikationsstandards. Wichtig ist dabei der Schutz lokaler Netze, die an übergeordnete offene Netze (insbesondere das Internet) angeschlossen sind, vor unerwünschtem Zugriff von außen. Zu diesem Zweck werden Firewall-Systeme eingesetzt, die in einer Kombination aus Hardware und Software den Datenfluss zwischen lokalen Netzen und der Außenwelt kontrollieren und protokollieren. Zu erwähnen ist ferner die Bedeutung von Verschlüsselungssystemen im Zusammenhang mit den juristischen Anforderungen von Datenschutz und Datensicherheit.

Einige Möglichkeiten zur Verschlüsselung werden im Folgenden vorgestellt. Dabei wird, wie in Abb. 4.1 skizziert, zwischen symmetrischen Kryptosystemen mit geheimen Schlüsseln (Secret-Key Cryptosystems) und asymmetrischen Verfahren mit öffentlichen Schlüsseln (Public-Key Cryptosystems) unterschieden.

Symmetrisches Kryptosystem mit geheimen Schlüsseln

Bei einem symmetrischen Verfahren mit einem geheimen Schlüssel k verschlüsselt Alice ihre Nachricht x mit der Formel $y = e(x,k)$ und sendet den verschlüsselten Text y über einen möglicherweise unsicheren Kanal an den Empfänger Bob. Dieser entschlüsselt mittels $x = d(y,k)$ die Nachricht und erhält den Klartext x. Da ein unsicherer Kanal verwendet wird, könnte Cleo in den Besitz der verschlüsselten Nachricht gelangen. Ohne Kenntnis des Schlüssels k kann sie die Nachricht jedoch nicht ohne weiteres entschlüsseln, dies gelingt praktisch nur dann, wenn sie in Besitz des Schlüssels k kommt. Bei diesem Verfahren mit geheimen Schlüsseln wird zum Verschlüsseln und zum Entschlüsseln derselbe Schlüssel k verwendet. Daher rührt auch die Bezeichnung „symmetrisches Verfahren". Der Schwachpunkt ist dabei der Schlüsselaustausch, da n Partner, die miteinander kommunizieren wollen, zuvor unter Verwendung sicherer Kanäle wegen der Beziehung „Jeder mit Jedem" bis zu $\binom{n}{2} = n(n-1)/2$ geheime Schlüssel austauschen müssen.

In den folgenden Kapiteln werden zunächst einige klassische Verfahren betrachtet, d. h. solche die etwa vor 1950 entwickelt wurden. Diese sind dem Verständnis förderlich, haben aber heute – abgesehen von One-Time-Pads – praktisch keine Bedeutung mehr, da sie zu leicht zu brechen sind. Anschließend erfolgt eine kurze Betrachtung moderner Blockchiffren. Hier hat sich der 1977 entwickelte Data Encryption Standard (DES, vgl. Kap. 4.2.1) durchgesetzt, der jedoch in seiner einfachen Variante bereits seit längerem nicht mehr als sicher gilt. Er wird mehr und mehr durch den Advanced Encryption Standard (AES, vgl. Kap. 4.2.2) abgelöst.

Asymmetrisches Kryptosystem mit öffentlichen und privaten Schlüsseln

Bei einem asymmetrischen Verfahren verschlüsselt Alice ihre Nachricht x mit der Formel $y = e(x,k_\mathrm{e})$ und sendet den verschlüsselten Text y über einen möglicherweise unsicheren Kanal an den Empfänger Bob. Den dazu nötigen Schlüssel k_e entnimmt Alice aus dem öffentlichen Schlüsselverzeichnis. Bob entschlüsselt unter Verwendung seines nur ihm bekannten privaten Schlüssels k_d mittels $x = d(y,k_\mathrm{d})$ die Nachricht und erhält den Klartext x. Auch hier kann Cleo ohne Kenntnis des Schlüssels eventuell abgefangene Nachricht praktisch nicht entschlüsseln. Da jedoch ein Schlüsselaustausch entfällt, kann Cleo kaum in den Besitz des privaten Schlüssels gelangen. Problematischer ist allerdings die Verwaltung der öffentlichen Schlüssel, auf die ja auch ein Angreifer uneingeschränkten Zugriff hat.

Bei Verfahren mit öffentlichen Schlüsseln werden zum Verschlüsseln und zum Entschlüsseln verschiedene Schlüssel verwendet, was die Bezeichnung „asymmetrisches Verfahren" rechtfertigt. Als De-facto-Standard hat sich das 1977 von Ronald L. Rivest, Adi Shamir und Leonard Adleman [Riv78] beschriebene und nach ihnen benannte RSA-Verfahren durchgesetzt (siehe Kap. 4.3.2 und 4.3.3).

4.1 Klassische Verfahren

4.1.1 Substitutions-Chiffren

Eine sehr naheliegende, allgemeine Methode zur Verschlüsselung ist das Ersetzen von Zeichen des Klartextes durch Chiffre-Zeichen, die für gewöhnlich aus demselben Alphabet stammen. Man nennt solche Verschlüsselungsverfahren Tausch-Chiffren oder Substitutions-Chiffren. Beim Ersetzen einzelner Zeichen spricht man von einer monographischen, beim Ersetzen von Zeichengruppen von einer polygraphischen Substitution.

Der Cäsar-Code

Die einfachsten Substitutions-Chiffren sind Verschiebe-Chiffren. Ein Zeichen x_i des n Zeichen umfassenden Alphabets A wird dabei nach folgender Vorschrift ersetzt:

$$x_i \rightarrow x_{(i+d) \bmod n} \quad . \tag{4.1}$$

Der Index i läuft von 0 bis $n-1$ und nummeriert die Zeichen des Alphabets, wobei wegen der Modulo-Division durch n der Index 0 dem Index n entspricht. Der Schlüssel ist hier einfach eine Distanz d, die bestimmt, durch welchen Buchstaben das Zeichen x_i zu ersetzen ist. Durch die Modulo-Division wird sichergestellt, dass die Ersetzung alle Zeichen des Alphabets erfassen kann, aber auf dieses beschränkt bleibt. Man kann die Schlüssel bzw. Distanzen auch durch dem verwendeten Alphabet entnommene Schlüsselzeichen ausdrücken. Im Falle des lateinischen Alphabets erhält man dementsprechend A für $d=0$, B für $d=1$ etc. Dieses Verfahren wurde mit $d=3$ bereits durch Gaius Julius Cäsar (100 bis 44 v. Chr.) für militärische Zwecke eingesetzt; es ist daher als Cäsar-Code bekannt. Siehe hierzu Bsp. 4.1.

Kryptanalyse

Einfache Substitutions-Chiffren wie der Cäsar-Code sind durch eine Häufigkeitsanalyse leicht zu entschlüsseln. Man muss zur Kryptanalyse nur für die empfangenen Zeichen einer (möglichst langen) verschlüsselten Nachricht deren Auftrittshäufigkeiten tabellieren und mit den für die jeweilige Sprache typischen Werten vergleichen. Bei Bsp. 4.1 tritt im chiffrierten Text das Zeichen Z am häufigsten auf, nämlich drei Mal. Die Zeichen Q und A treten je zweimal auf. Für einen durchschnittlichen deutschen Text gelten folgende relative Häufigkeiten für das Auftreten der häufigsten

Bsp. 4.1 Cäsar-Code

Es werden nur die 26 Buchstaben des lateinischen Alphabets verwendet. Der Schlüssel sei $d=12$. Interpunktionen und Zwischenräume bleiben unberücksichtigt. Zur besseren Übersichtlichkeit schreibt man den Klartext in Kleinbuchstaben und den verschlüsselten Geheimtext in Großbuchstaben. So wird beispielsweise aus einem e, dem Zeichen Nummer 4 des Alphabets (beginnend bei 0), durch Addition von 12 das Zeichen 16, also ein Q. Aus dem Klartext „Legionen nach Rom!“ wird also:

Klartext: `legionennachrom`
Geheimtext: `XQSUAZQZZMOTDAY`

Bsp. 4.2 Vigenère-Code

Als Beispiel soll wieder der Text „Legionen nach Rom!“ verwendet werden. Als Schlüssel diene das Wort NEW, entsprechend den Distanzen $d_1 = 13$, $d_2 = 4$, $d_3 = 22$, wobei die Zählung mit A = 0 beginnt. Bei der Verschlüsselung ergibt sich nacheinander:
$l+N \to Y, e+E \to I, g+W \to C, i+N \to V, o+E \to S$ usw.
Klartext: `legionennachrom`
Schlüssel: `NEWNEWNEWNEWNEW`
Geheimtext: `YICVSJRRJNGDESI`
Die Verschlüsselung ist zwar etwas aufwendiger als im Falle des Cäsar-Codes, doch mit Hilfe des in Tabelle 4.1 gezeigten Vigenère-Tableaus ohne große Mühe durchführbar.

Zeichen (siehe Tabelle 2.3, S. 65):

$$p_{\text{e}} = 0{,}147,\ p_{\text{n}} = 0{,}0884,\ p_{\text{r}} = 0{,}0686,\ p_{\text{i}} = 0{,}0638,\ p_{\text{s}} = 0{,}0539,\ p_{\text{t}} = 0{,}0473 \text{ etc.}$$

Man wird also in dem obigen Beispiel zunächst versuchen, Z mit E zu identifizieren und dementsprechend für den Schlüssel $d = 21$ einsetzen. Dies ergibt jedoch keinen vernünftigen Klartext. Bereits die nächste sinnvolle Annahme, nämlich die Identifikation von Z mit N, führt aber schon zum korrekten Ergebnis $d = 12$.

Eine weitere Möglichkeit der kryptanalytischen Attacke ist das exhaustive Durchsuchen des gesamten Schlüsselraumes, d. h. des Ausprobierens aller prinzipiell möglichen Schlüssel. Im Falle von Cäsar-Codes können bei einem zu Grunde liegenden Alphabet mit 26 Zeichen ja nur 25 verschiedene Schlüssel existieren, so dass ein Knacken dieses Codes selbst per Hand sehr einfach ist.

Eine für Cleo günstige Situation für einen kryptanalytischen Angriff ist der Known-Plaintext-Angriff, bei dem ihr zu einem abgefangenen Text auch der Klartext (wenigstens ein Teil) in die Hände fällt. Beim Cäsar-Codes genügt offenbar ein einziges verschlüsseltes Zeichen mit dem zugehörigen Klartextzeichen zur sofortigen Bestimmung des Schlüssels.

Vigenère-Codes

Um die Sicherheit der Substitutions-Verschlüsselung zu erhöhen, wurde der Vigenère-Code entwickelt, der mehrstellige Schlüssel einsetzt. Diese werden aus mehreren Teilschlüsseln $d_1, d_2, \ldots, d_m$ zusammengesetzt und auf jeweils m benachbarte Zeichen angewendet. Dies ist in Bsp. 4.2 demonstriert.

Ist der Schlüssel genauso lang wie der Klartext, dann spricht man vom Vernam-Chiffre. Dieses ist nachweislich perfekt sicher, wenn der Schlüssel völlig zufällig erzeugt wurde. In diesem Fall liegt dann ein sog. One-Time-Pad vor, näheres hierzu folgt in Kap. 4.2.3. Problematisch ist hier vor allem der Schlüsseltausch: Wenn der Schlüssel genau so lang ist wie die Nachricht und über einen unsicheren Kanal übertragen muss, hat man nichts gewonnen.

Der Kasiski-Test

Zur Kryptanalyse von Texten, für welche ein Vigenère-Code vermutet wird, gilt es als erstes, die Schlüssellänge zu ermitteln. Eine einfache und effiziente Methode dazu ist der Kasiski-Test. Man nutzt dabei aus, dass für zwei identische Klartextzeichen auch die Geheimtextzeichen identisch sein

Tabelle 4.1 Das Vigenère-Tableau. Mithilfe einer quadratischen Tabelle der Zeichen des verwendeten Alphabets lassen sich die Verschlüsselung und Entschlüsselung bequem per Hand durchführen. Aus dem Klartextzeichen c wird beispielsweise mit dem Schlüssel E gemäß der Zeile $d = 4$ das Geheimtextzeichen G.

	a	b	c	d	e	f	g	h	i	j	k	l	m	n	o	p	q	r	s	t	u	v	w	x	y	z
d=0	A	B	C	D	E	F	G	H	I	J	K	L	M	N	O	P	Q	R	S	T	U	V	W	X	Y	Z
1	B	C	D	E	F	G	H	I	J	K	L	M	N	O	P	Q	R	S	T	U	V	W	X	Y	Z	A
2	C	D	E	F	G	H	I	J	K	L	M	N	O	P	Q	R	S	T	U	V	W	X	Y	Z	A	B
3	D	E	F	G	H	I	J	K	L	M	N	O	P	Q	R	S	T	U	V	W	X	Y	Z	A	B	C
4	E	F	G	H	I	J	K	L	M	N	O	P	Q	R	S	T	U	V	W	X	Y	Z	A	B	C	D
5	F	G	H	I	J	K	L	M	N	O	P	Q	R	S	T	U	V	W	X	Y	Z	A	B	C	D	E
6	G	H	I	J	K	L	M	N	O	P	Q	R	S	T	U	V	W	X	Y	Z	A	B	C	D	E	F
7	H	I	J	K	L	M	N	O	P	Q	R	S	T	U	V	W	X	Y	Z	A	B	C	D	E	F	G
8	I	J	K	L	M	N	O	P	Q	R	S	T	U	V	W	X	Y	Z	A	B	C	D	E	F	G	H
9	J	K	L	M	N	O	P	Q	R	S	T	U	V	W	X	Y	Z	A	B	C	D	E	F	G	H	I
10	K	L	M	N	O	P	Q	R	S	T	U	V	W	X	Y	Z	A	B	C	D	E	F	G	H	I	J
11	L	M	N	O	P	Q	R	S	T	U	V	W	X	Y	Z	A	B	C	D	E	F	G	H	I	J	K
12	M	N	O	P	Q	R	S	T	U	V	W	X	Y	Z	A	B	C	D	E	F	G	H	I	J	K	L
13	N	O	P	Q	R	S	T	U	V	W	X	Y	Z	A	B	C	D	E	F	G	H	I	J	K	L	M
14	O	P	Q	R	S	T	U	V	W	X	Y	Z	A	B	C	D	E	F	G	H	I	J	K	L	M	N
15	P	Q	R	S	T	U	V	W	X	Y	Z	A	B	C	D	E	F	G	H	I	J	K	L	M	N	O
16	Q	R	S	T	U	V	W	X	Y	Z	A	B	C	D	E	F	G	H	I	J	K	L	M	N	O	P
17	R	S	T	U	V	W	X	Y	Z	A	B	C	D	E	F	G	H	I	J	K	L	M	N	O	P	Q
18	S	T	U	V	W	X	Y	Z	A	B	C	D	E	F	G	H	I	J	K	L	M	N	O	P	Q	R
19	T	U	V	W	X	Y	Z	A	B	C	D	E	F	G	H	I	J	K	L	M	N	O	P	Q	R	S
20	U	V	W	X	Y	Z	A	B	C	D	E	F	G	H	I	J	K	L	M	N	O	P	Q	R	S	T
21	V	W	X	Y	Z	A	B	C	D	E	F	G	H	I	J	K	L	M	N	O	P	Q	R	S	T	U
22	W	X	Y	Z	A	B	C	D	E	F	G	H	I	J	K	L	M	N	O	P	Q	R	S	T	U	V
23	X	Y	Z	A	B	C	D	E	F	G	H	I	J	K	L	M	N	O	P	Q	R	S	T	U	V	W
24	Y	Z	A	B	C	D	E	F	G	H	I	J	K	L	M	N	O	P	Q	R	S	T	U	V	W	X
25	Z	A	B	C	D	E	F	G	H	I	J	K	L	M	N	O	P	Q	R	S	T	U	V	W	X	Y

müssen, wenn die zugehörigen Schlüsselzeichen gleich sind. Die Distanzen sich wiederholender Zeichen oder Zeichengruppen im Geheimtext sind daher mit hoher Wahrscheinlichkeit Vielfache der Schlüssellänge, die sich somit als der am häufigsten auftretende gemeinsame Primfaktor verschiedener Distanzen ergibt. Allerdings können Übereinstimmungen auch durch Zufall entstehen. Im obigen Beispiel `YICVSJRRJNGDESI` kommen die Zeichen I, S, J und R je zweimal vor. Die Distanzen $d_\mathrm{I} = 13$, $d_\mathrm{S} = 9 = 3 \cdot 3$, $d_\mathrm{J} = 3$ und $d_\mathrm{R} = 1$ legen die (hier korrekte) Schlüssellänge 3 nahe, da 3 der häufigste Primfaktor ist.

Nun ordnet man den Geheimtext in Zeichengruppen mit der Schlüssellänge d an, hier also `YIC VSJ RRJ NGD ESI`. Die häufigsten Zeichen in den Dreiergruppen sind an zweiter Position S und an dritter Position J. Über die erste Position ist keine Aussage möglich, da die Zeichen Y, V, R und E nur je einmal auftreten. Immerhin kann man so das zweite oder dritte Schlüsselzeichen am ehesten mit dem häufigsten Klartextzeichen e identifizieren. Weitere statistische Aussagen sind hier jedoch nicht möglich und wegen der Kürze des Textes auch nicht zu erwarten.

Man beachte, dass diese Art von Analyse bei einem Vernam-Chiffre mit zufälligem Schlüssel unmöglich ist.

Die beschriebenen einfachen Verfahren sind, mit Ausnahme des Vernam-Chiffre/One-Time-Pad heute nur noch zur Einführung in die Thematik von didaktischem und geschichtlichem Interesse. Ihre frühere praktische Bedeutung haben sie längst verloren, da sie heutzutage keine ausreichende Sicherheit mehr bieten.

4.1.2 Transpositions-Chiffren und Enigma

Definition von Transpositions-Chiffren

Mehr Sicherheit als Verschiebe-Chiffren bieten die sog. Transpositions-Chiffren. Man versteht darunter Permutationen des Klartextes. Die Zeichen x_i eines Alphabets A mit n Zeichen werden bei einer allgemeinen Permutation nach der Vorschrift

$$x_i \rightarrow x_{(k \cdot i + d) \bmod n} \tag{4.2}$$

auf Zeichen desselben Alphabets abgebildet. Dabei müssen der multiplikative Schlüssel k und der additive Schlüssel d beide kleiner als n sein. Außerdem dürfen n und k keine gemeinsamen Faktoren haben, der größte gemeinsame Teiler $\mathrm{ggT}(k,n)$ muss also 1 sein. Im Folgenden wird auf diese Bedingung noch detaillierter eingegangen. Man sieht, dass der Cäsar-Code mit $k = 1$ als ein Spezialfall in der Klasse der Transpositions-Chiffren enthalten ist. Ein weiterer Sonderfall liegt vor, wenn der additive Schlüssel $d = 0$ ist; man spricht dann von Produkt-Chiffren.

Da derartige Verfahren für den manuellen Gebrauch zu komplex und damit zu fehleranfällig sind, konnten sie sich erst mit der Verfügbarkeit elektromechanischer Verschlüsselungsautomaten durchsetzen.

Die Funktionsweise von Enigma

Das erste im großen Stil verwendete, auf Transpositions-Chiffren aufbauende Kryptosystem war das elektromechanische Verschlüsselungsgerät mit dem Namen *Enigma* (von Altgriechisch „Rätsel") [Dew88, Dew89]. Es diente der deutschen Wehrmacht im zweiten Weltkrieg insbesondere zur Kommunikation mit der U-Boot-Flotte. Mit Enigma konnten die 26 Buchstaben des lateinischen Alphabets verschlüsselt und entschlüsselt werden.

Die Maschine bestand in ihrer ersten Variante aus zwei feststehenden Scheiben und drei beweglichen, auswechselbaren Zahnrädern, die über jeweils 26 Schleifkontakte miteinander verbunden waren. Die erste, feststehende Scheibe arbeitete als Transpositionsschlüssel; durch steckbare Kabel konnte eine beliebige Permutation eingestellt werden. Die Verdrahtung der drei beweglichen Zahnräder war dagegen fest, es konnten jedoch drei Räder aus einem Vorrat von fünf verschiedenen Rädern ausgewählt werden.

Jedes Zahnrad realisierte durch die interne Verkabelung eine umkehrbar eindeutige Abbildung auf das Alphabet $\{\mathrm{A}, \mathrm{B}, \ldots, \mathrm{Z}\}$. Sowohl bei der Verschlüsselung als auch bei der Entschlüsselung wird das erste Zahnrad bei jedem Zeichen um eine Position weiter gedreht. Nach 26 Schritten wird das zweite Rad um eine Position weiter gedreht und nach 26 Schritten des zweiten Rades schließlich das dritte Rad. Insgesamt ergibt dies $26 \cdot 26 \cdot 26 = 17.576$ verschiedene Stellungen, entsprechend einer Chiffrierung mit dieser Schlüssellänge. Die letzte Scheibe ist als Reflektor geschaltet, so dass der Signalfluss die Maschine zunächst in Vorwärtsrichtung und dann durch den Reflektor wieder zurück in der Gegenrichtung durchläuft. Wegen dieser Symmetrie kann in derselben Anordnung ein Text sowohl verschlüsselt als auch entschlüsselt werden; die Symmetrie bedingt aber auch, dass mit der Codierung $x \rightarrow y$ auch $y \rightarrow x$ gilt. Der für die Verschlüsselung und für die Entschlüsselung zu übermittelnde Schlüssel besteht also nur aus der Auswahl der drei Zahnräder und deren Anfangsstellung. Abbildung 4.2 zeigt die Funktionsweise von Enigma.

Zur Analyse des Codes ist für einen Angreifer der Besitz einer Enigma-Maschine von Vorteil, zumindest aber die Kenntnis der Verschaltung der feststehenden Scheiben und der Zahnräder. In

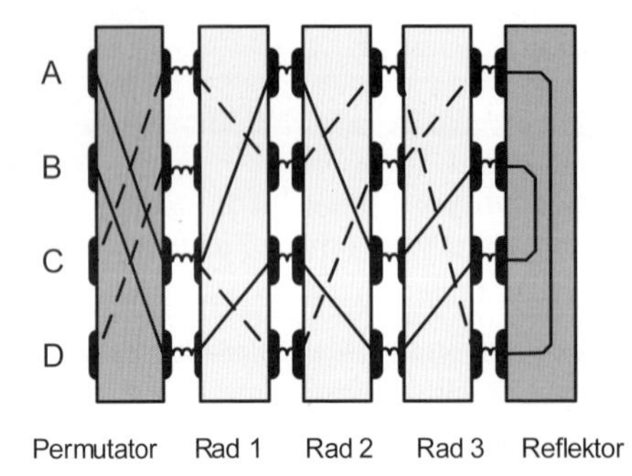

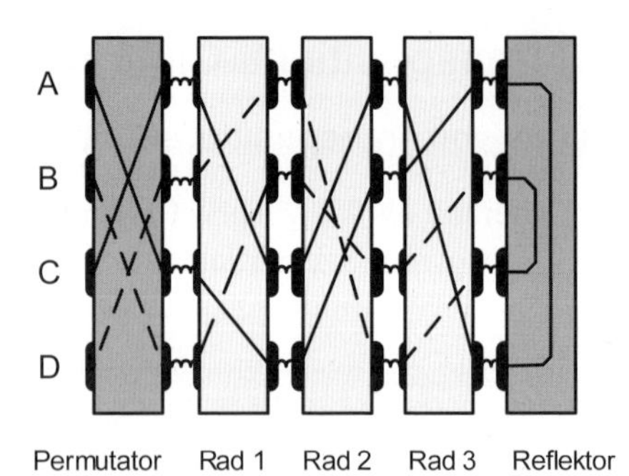

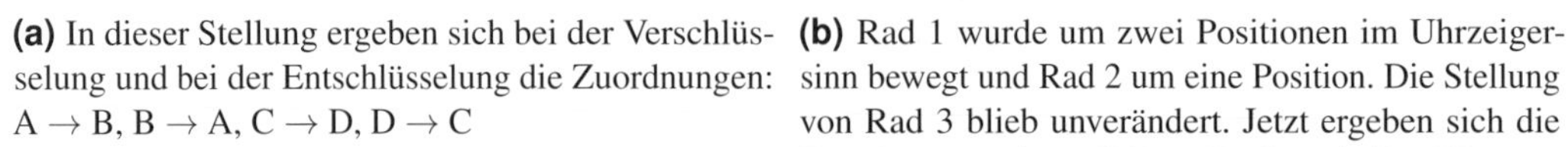

(a) In dieser Stellung ergeben sich bei der Verschlüsselung und bei der Entschlüsselung die Zuordnungen: $A \to B$, $B \to A$, $C \to D$, $D \to C$

(b) Rad 1 wurde um zwei Positionen im Uhrzeigersinn bewegt und Rad 2 um eine Position. Die Stellung von Rad 3 blieb unverändert. Jetzt ergeben sich die Zuordnungen: $A \to C$, $B \to D$, $C \to A$, $D \to B$

Abb. 4.2 Enigma bestand aus einer feststehenden Permutatorscheibe, drei drehbaren Zahnrädern und einer ebenfalls feststehenden Reflektorscheibe. In diesem vereinfachten Modell werden nur die vier Buchstaben A, B, C und D codiert. Links ist die Ausgangsstellung angegeben, daneben eine Stellung, in der Rad 1 um zwei Positionen und Rad 2 um eine Position weiterbewegt wurde

den letzten Jahren des zweiten Weltkriegs ist den Engländern ein Exemplar der Enigma samt Bedienungsanleitung in die Hände gefallen. Unter Leitung von Alan Turing gelang es dann englischen Wissenschaftlern, den Enigma-Code zu brechen. Der U-Boot-Krieg war damit entschieden.

Multiplikative Schlüssel

Die Enigma-Verschlüsselung beruht im Wesentlichen auf den oben definierten Transpositions-Chiffren, die jetzt etwas genauer untersucht werden sollen. Während Verschiebungen, wie im vorigen Kapitel beschrieben, Schlüssel-Additionen entsprechen, benötigt man für allgemeine Transpositionen auch Produkte. Geht man von einem Alphabet A mit n Zeichen aus, so multipliziert man die Position eines Zeichens mit dem Schlüssel k und berechnet so Modulo n die Position des chiffrierten Zeichens. Durch die Modul-Arithmetik wird sichergestellt, dass die Abbildungen auf die zulässigen Zeichen des Alphabets A beschränkt bleiben, dass also die Position 0 wieder der Position n entspricht, die Position 1 der Position $n+1$ usw. Es zeigt sich jedoch, dass nicht jede beliebige Kombination aus Schlüssel k und Modul n zu einer eindeutigen Abbildung führt (vgl. Bsp. 4.3).

Für eine brauchbare Kombination (k,n) muss man fordern, dass mit $k \cdot a = k \cdot b \bmod n$ auch $a = b \bmod n$ gilt, d. h. man kann durch k ohne Rest dividieren. Damit ist gleichbedeutend, dass k und n teilerfremd sind, d. h. dass der größte gemeinsame Teiler $\mathrm{ggT}(k,n) = 1$ ist. Daraus folgt weiter, dass genau diejenigen Schlüssel k für eine Chiffrierung taugen, die eine modulare Inverse k^{-1} haben. Die Inverse k^{-1} einer Zahl $k \neq 0$ bezüglich der Multiplikation ist üblicherweise durch $k \cdot k^{-1} = 1$ definiert. In Analogie dazu definiert man die modulare Inverse durch $k \cdot k^{-1} \bmod n = 1$. Zur Feststellung, ob eine Inverse existiert, genügt der Test auf $\mathrm{ggT}(k,n) = 1$. Die eigentliche Berechnung ist etwas aufwendiger und wird weiter unten erläutert. Ist n prim, so rechnet man in einem endlichen Körper und alle $k \neq 0$ sind zulässig. Beispiel 4.4 demonstriert die Auswahl eines geeigneten Schlüssels. Wie man sieht, ergibt sich die Anzahl der möglichen Schlüssel aus der eulerschen Funktion $\Phi(n)$.

Bsp. 4.3 Untauglicher multiplikativer Schlüssel

Betrachtet man wieder die lateinischen Buchstaben mit $n = 26$ und den multiplikativen Schlüssel $k = 4$, so ergibt das die folgende Zuordnung von Klarzeichen zu Chiffrezeichen:

Index:	0	1	2	3	4	5	6	7	8	9	10	11	12	13	14	15	16	17	18	19	20	21	22	23	24	25
Klarzeichen:	a	b	c	d	e	f	g	h	i	j	k	l	m	n	o	p	q	r	s	t	u	v	w	x	y	z
Chiffrezeichen:	A	E	I	M	Q	U	Y	C	G	K	O	S	W	A	E	I	M	Q	U	Y	C	G	K	O	S	W

Offenbar wiederholt sich die Folge der verschlüsselten Zeichen ab Index 13 (Zeichen A). Diese Abbildung ist daher nicht eindeutig und somit für eine Verschlüsselung untauglich, da die Entschlüsselung nicht eindeutig möglich wäre.

Bsp. 4.4 Auswahl eines geeigneten multiplikativen Schlüssels

Für die in Bsp. 4.3 probeweise als Schlüssel gewählte Zahl $k = 4$ gilt $\text{ggT}(4, 26) = 2$, die Zahlen k und n sind also nicht teilerfremd. Die notwendige Bedingung ist nicht erfüllt, daraus folgt, dass $k = 4$ nicht als Schlüssel geeignet ist, es kann keine bezüglich 26 modular Inverse zu $k = 4$ geben, was sich schon daran erweist, dass die Gleichung $4 \cdot k^{-1} = 1 \bmod 26$ keine Lösung haben kann, weil $4 \cdot k^{-1}$ eine ungerade Zahl sein müsste, damit bei der Division durch 26 der Rest 1 verbleiben könnte. Da aber 4 gerade ist, ist dies auch $4 \cdot k^{-1}$. Damit ist auch klar, dass für den Schlüssel k keine geraden Zahlen in Frage kommen und dass nur der Bereich $1 < k < 26$ sinnvoll ist.
Für $n = 26$ sind demnach nur die 12 ungeraden multiplikativen Schlüssel $\{1, 3, 5, 7, 9, 11, 15, 17, 19, 21, 23, 25\}$ möglich, wobei jedoch der Schlüssel 1 keine Verschlüsselung bewirken würde. Man beachte, dass durchaus nicht alle ungeraden Zahlen eine modular Inverse bezüglich 26 haben müssen. So besitzt beispielsweise 13 keine modular Inverse und wurde daher als möglicher Schlüssel ebenfalls ausgeschlossen. Betrachtet man die Menge der verbliebenen Schlüssel, so erkennt man, dass dies gerade die zu 26 teilerfremden Zahlen sind. Die Anzahl der zu n teilerfremden natürlichen Zahlen (und damit die Anzahl der möglichen Schlüssel) kleiner n, ist als die in der Zahlentheorie bedeutsame eulersche Funktion $\Phi(n)$ bekannt.

Die eulersche Phi-Funktion

Da die eulersche Funktion $\Phi(n)$ auch später von Bedeutung ist (z. B. in Kap. 4.3.1 und 4.3.2), soll sie hier kurz erläutert werden.

Definition 4.1. (Eulersche Phi-Funktion) Die Funktion $\Phi(n)$ ist die *Anzahl* der zu $n \in \mathbb{N}$ teilerfremden Zahlen:

$$\Phi(n) = |\{x \in \mathbb{N} \mid 1 \leq x \leq n \text{ und } \text{ggT}(x, n) = 1\}| \quad .$$

Für eine Primzahl p sind definitionsgemäß alle natürlichen Zahlen von 1 bis $p - 1$ zu p teilerfremd und es gilt:

$$\Phi(p) = p - 1 \quad , \tag{4.3}$$

$$\Phi(p^i) = p^{i-1}(p-1) \quad \text{für } i \in \mathbb{N} \quad , \tag{4.4}$$

$$\Phi(pq) = \Phi(p)\Phi(q) = (p-1)(q-1) \quad \text{für } q \text{ prim und } p \neq q \quad . \tag{4.5}$$

Bsp. 4.5 Berechnung der eulerschen Funktion $\Phi(n)$

$\Phi(12) = 4$, da zu 12 die vier teilerfremden Zahlen 1, 5, 7 und 11 gehören.
$\Phi(7) = 6$, da 7 eine Primzahl ist.
$\Phi(15) = \Phi(3)\Phi(5) = 2 \cdot 4 = 8$, da 3 und 5 die Primfaktoren von 15 sind.
In Bsp.4.4 erhält man durch Zählen $\Phi(26) = 12$. Das gleiche Ergebnis bekommt man durch Primfaktorzerlegung, ohne tatsächlich die zu 26 teilerfremden Zahlen zu kennen:
$\Phi(26) = \Phi(2)\Phi(13) = 1 \cdot 12 = 12$.
$\Phi(72) = \Phi(2^3 \cdot 3^2) = 2^{3-1}(2-1) \cdot 3^{2-1}(3-1) = 2^2 \cdot 3^1 \cdot 2 = 24$.

Bsp. 4.6 Berechnung des größten gemeinsamen Teilers

Der größte gemeinsame Teiler der Zahlen $n = 455$ und $k = 20$ ist zu ermitteln. Man rechnet:

$$\mathrm{ggT}(455,20) = \mathrm{ggT}(20,15) = \mathrm{ggT}(15,5) = \mathrm{ggT}(5,0) = 5 \quad .$$

Explizit rechnet man: 455 : 20 = 22 (Rest 15), 20 : 15 = 1 (Rest 5), 15 : 5 = 3 (Rest 0). Die Zahlen $k = 20$ und $n = 455$ haben also den größten gemeinsamen Teiler 5 und sind damit nicht teilerfremd. Bei jedem Rechenschritt halbieren sich die Zahlenwerte der verbleibenden Reste ungefähr, so dass die Anzahl der Rechenschritte mit zunehmendem n nur sehr langsam ansteigt, nämlich in etwa wie $\mathrm{ld}(n)$. Man sagt, die Komplexität des Algorithmus sei von der Ordnung $\mathcal{O}(\log n)$. Details zum Thema Komplexität folgen in Kap. 11.2.

Hat man die Primfaktorzerlegung einer Zahl $n = p_1^{e_1} p_2^{e_2} \dots p_r^{e_r}$, so erhält man den Wert durch

$$\Phi(n) = \prod_{i=1}^{r} p_i^{e_i - 1}(p_i - 1) \quad . \tag{4.6}$$

Beispiele zur Berechnung von $\Phi(n)$ zeigt Bsp. 4.5.

Der euklidische ggT-Algorithmus

Die bisherigen Ausführungen zeigen, dass für den Umgang mit Transpositions- bzw. Tausch-Chiffren festgestellt werden muss, ob zwei natürliche Zahlen n und k teilerfremd sind, d. h. ob ihr größter gemeinsamer Teiler 1 ist. Dies ist mit dem euklidischen Algorithmus zur Bestimmung des größten gemeinsamen Teilers sehr effizient zu erledigen. Das Verfahren lässt sich folgendermaßen rekursiv formulieren:

$$\begin{aligned} \mathrm{ggT}(n,k) &= \mathrm{ggT}(k, n \bmod k) \quad \text{für } n,k \in \mathbb{N}, n > k \\ \mathrm{ggT}(n,0) &= n \end{aligned} \tag{4.7}$$

Beispiel 4.6 zeigt die Berechnung von $\mathrm{ggT}(455,20)$.

Die Berechnung der modularen Inversen

Mit den beiden eben definierten Funktionen Φ und ggT lässt sich bestimmen, wie viele modulare Inverse es gibt, und ob zu einer gegebenen Zahl eine solche existiert. Modulare Inverse spielen nicht nur hier eine Rolle. Sie werden u. a. auch im RSA-Algorithmus (Kap. 4.3.2) sowie bei der Reed-Solomon Codierung (Kap. 3.3.10) verwendet.

Um die modulare Inverse x^{-1} einer Zahl x bei Rechnung modulo n zu ermitteln, kann man von der Definitionsgleichung $x^{-1} \cdot x \bmod n = 1$ ausgehen. Man kann also x^{-1} aus der Gleichung $x^{-1} = (n \cdot i + 1)/x$ ermitteln, indem man die natürliche Zahl i mit 1 beginnend bis maximal n so lange erhöht, bis sich für x^{-1} schließlich eine ganzzahlige Lösung ergibt.

Beispiel: Für $x = 7$ und $n = 26$ ermittelt man bereits mit $i = 4$ die Lösung $x^{-1} = (26 \cdot 4 + 1)/7 = 105/7 = 15$.

Dieses Vorgehen ist bei kleinen Zahlen und Rechnungen per Hand in manchen Fällen geeignet. Praktisch verwendet man jedoch effizientere Methoden. Ist der Wert der eulerschen Funktion $\Phi(n)$ bekannt, so lässt sich die Inverse aus dem Satz von Euler bestimmen:

$$x^{\Phi(n)} \bmod n = 1 \quad \text{für } x \in \mathbb{Z}, n \in \mathbb{N}, \text{ggT}(x,n) = 1. \tag{4.8}$$

Ist der Modul eine Primzahl p so ergibt sich als Spezialfall mit (4.3) der kleine Satz von Fermat:

$$x^{p-1} \bmod p = 1 \quad \text{für } x \in \mathbb{Z}, \text{ggT}(x,p) = 1. \tag{4.9}$$

Dieser Satz wird später (Kap. 11.3.3) noch für Primzahltests eingesetzt. Aus dem Satz von Euler ergibt sich direkt die modulare Inverse als

$$x^{-1} = x^{\Phi(n)-1} \bmod n \quad , \tag{4.10}$$

bzw., wenn der Modul eine Primzahl p ist, als $x^{-1} = x^{p-2} \bmod p$.

Beispiel: Für $x = 7$ und $n = 26$ hat man $\Phi(26) = 12$ und daraus $7^{-1} = 7^{12-1} \bmod 26 = 15$.

Praktisch ist diese Methode geeignet, wenn der Modul eine Primzahl ist, da dann die Berechnung der eulerschen Funktion trivial ist. In anderen Fällen benötigt man eine Primfaktorzerlegung, was für große Zahlen ein Problem darstellt (vgl. Kap. 4.3.2). Daher setzt man hier den erweiterten euklidischen Algorithmus ein, der direkt die modulare Inverse berechnet.

Der erweiterte euklidische Algorithmus

Der erweiterte euklidische Algorithmus stellt den größten gemeinsamen Teiler zweier Zahlen durch eine Linearkombination wie folgt dar:

$$\text{ggT}(a,b) = s \cdot a + t \cdot b \quad \text{mit } s,t \in \mathbb{Z}. \tag{4.11}$$

Ist $\text{ggT}(a,b) = 1$ so ist t nach der Berechnung das modulare Inverse von $b \bmod a$. Es wird im Grunde der normale ggT-Algorithmus durchgeführt, nur dass in jedem Schritt der Rest bei Division wieder durch eine solche Linearkombination dargestellt wird und zusätzlich der ganzzahlige Quotient in jedem Schritt benötigt wird. Die Berechnung erfolgt wieder rekursiv. Der Rest r_i in Schritt i ergibt sich aus (für eine Herleitung siehe z. B. [Paa10])

$$\begin{aligned} r_i &= s_i a + t_i b \quad , \\ s_i &= s_{i-2} - q_{i-1} s_{i-1} \quad , \\ t_i &= t_{i-2} - q_{i-1} t_{i-1} \end{aligned} \tag{4.12}$$

Bsp. 4.7 Berechnung des modularen Inversen von 7 mod 26 mit dem erweiterten euklidischen Algorithmus

Zur Berechnung des modularen Inversen von 7 mod 26 geht man wie in Tabelle 4.2 gezeigt vor. Es wird in jedem Schritt wieder so umgeformt, dass eine Linearkombination von 7 und 26 entsteht. Das Endergebnis ist die Gleichung $1 = 3 \cdot 26 - 11 \cdot 7$. Auf der linken Seite steht der ggT (dieser ist eins, d. h. das Inverse existiert), rechts kann man mit $t = -11 = 15$ das modulare Inverse zu 7 ablesen.
Zur Berechnung genügt es, sich die Werte für die Rekursionsformel (4.12) in jedem Schritt aufzuschreiben. Dies ist in Tabelle 4.3 dargestellt.

Tabelle 4.2 Beispiel zum erweiterten euklidischen Algorithmus. Gezeigt ist die Berechnung des modularen Inversen von 7 mod 26

$$
\begin{aligned}
26 &= 3 \cdot 7 + 5 \rightarrow 5 = 26 - 3 \cdot 7 \\
7 &= 1 \cdot 5 + 2 \rightarrow 2 = 7 - 1 \cdot 5 = 7 - (26 - 3 \cdot 7) \\
&\qquad\qquad\qquad = -26 + 4 \cdot 7 \\
5 &= 2 \cdot 2 + 1 \rightarrow 1 = 5 - 2 \cdot 2 \\
&\qquad\qquad\qquad = 26 - 3 \cdot 7 - 2 \cdot (-26 + 4 \cdot 7) \\
&\qquad\qquad\qquad = 3 \cdot 26 - 11 \cdot 7 \\
2 &= 1 \cdot 2 + 0
\end{aligned}
$$

Tabelle 4.3 Beispiel zur tabellarischen Berechnung des erweiterten euklidischen Algorithmus. Es ist $q_{i-1} = \left\lfloor \frac{r_{i-2}}{r_{i-1}} \right\rfloor$ und $r_i = r_{i-2} \bmod r_{i-1}$, die Werte für s_i und t_i ergeben sich aus (4.12). r_4 enthält den ggT, t_4 das modulare Inverse

i	q_{i-1}	r_i	s_i	t_i
0	–	26	1	0
1	–	7	0	1
2	3	5	1	−3
3	1	2	−1	4
4	2	**1**	3	**−11**
5	2	0		

mit den Startwerten $s_0 = t_1 = 1, s_1 = t_0 = 0$. Die Rekursion bricht ab, wenn $r_i = 0$ erreicht ist. Beispiel 4.7 demonstriert die Berechnung einer modularen Inversen.

Kombination multiplikativer und additiver Schlüssel

Durch Kombination von multiplikativen und additiven Schlüsseln nach (4.2) ergeben sich effiziente Verschlüsselungsverfahren (vgl. Bsp. 4.8), wofür Enigma ein Beispiel gibt. Im einfachsten Fall kann man einen multiplikativen Schlüssel k mit einem additiven Schlüssel d verknüpfen, was jedoch mit $n = 26$ keinen wirksamen Schutz bietet, da nur $n \cdot (\Phi(n) - 1)$, hier also $26 \cdot 11 = 286$ Schlüsselkombinationen bestehen, so dass eine exhaustive Suche mit Computerhilfe kein Problem ist. Auch die Known-Plaintext-Attacke führt mit nur zwei bekannten Zeichen schon zum Ziel.

Die Known-Plaintext-Attacke für Transpositions-Chiffren

Verwendet man nur einen multiplikativen Schlüssel k und einen additiven Schlüssel d, so genügt für eine erfolgreiche Known-Plaintext-Attacke die Kenntnis von zwei Klartext-Zeichen (z. B. die Vermutung aus einer Häufigkeitsanalyse) mit den Positionen x_1 und x_2 und deren Chiffre-Zeichen mit den Positionen y_1 und y_2. Man erhält damit zwei Gleichungen mit den beiden Unbekannten k und d und rechnet wie folgt. Gegeben sind die beiden Gleichungen:

$$y_1 = (x_1 \cdot k + d) \bmod n \quad \text{und} \quad y_2 = (x_2 \cdot k + d) \bmod n \quad . \tag{4.13}$$

Bsp. 4.8 Kombination multiplikativer und additiver Schlüssel

Alice wählt den additiven Schlüssel $d = 5$ und den multiplikativen Schlüssel $k = 7$. Dies führt mit $x_i \rightarrow x_{(k \cdot i + d) \bmod n}$ zu folgender Zuordnungstabelle:

Index:	0	1	2	3	4	5	6	7	8	9	10	11	12	13	14	15	16	17	18	19	20	21	22	23	24	25
Klarzeichen:	a	b	c	d	e	f	g	h	i	j	k	l	m	n	o	p	q	r	s	t	u	v	w	x	y	z
Multipl. mit $k = 7$:	A	H	O	V	C	J	Q	X	E	L	S	Z	G	N	U	B	I	P	W	D	K	R	Y	F	M	T
Add. von $d = 5$:	F	M	T	A	H	O	V	C	J	Q	X	E	L	S	Z	G	N	U	B	I	P	W	D	K	R	Y

Wie man sieht tritt jedes Zeichen nur einmal auf. Die Verschlüsselung des Textes „liebling" ergibt:

Klartext:	l i e b l i n g
Multipl. mit $k = 7$:	Z E C H Z E N Q
Add. von $d = 5$:	E J H M E J S V

Zur Entschlüsselung wendet Bob die entsprechenden inversen Operationen an. Er subtrahiert also zunächst $d = 5$ und müsste danach durch $k = 7$ dividieren. Dieser Division entspricht die Multiplikation mit der modularen Inversen k^{-1} von k, nämlich $k^{-1} = 15$. Offenbar ist $7 \cdot 15 \bmod 26 = 105 \bmod 26 = 1$, so dass 15 tatsächlich die gesuchte Inverse ist. Bob rechnet:

verschlüsselter Text:	E J H M E J S V
Verschiebung um $-d = -5$:	Z E C H Z E N Q
Multipl. mit $k^{-1} = 15$:	l i e b l i n g

Bsp. 4.9 Known-Plaintext-Attacke für Transpositions-Chiffren

Greift man aus Bsp. 4.8 willkürlich b $\rightarrow$ M und i $\rightarrow$ J heraus, also $x_1 = 1, y_1 = 12, x_2 = 8$ und $y_2 = 9$, so erhält man die beiden Gleichungen:

$$12 = 1 \cdot k + d \quad \text{und} \quad 9 = 8 \cdot k + d \quad \text{, also}$$

$k = (12-9)(1-8)^{-1} \bmod 26 = 3 \cdot (-7)^{-1} \bmod 26 = 3 \cdot 19^{-1} \bmod 26 = 3 \cdot 11 \bmod 26 = 7$. Damit ist das richtige Ergebnis $k = 7$ gefunden. Es war zu beachten, dass -7 äquivalent mit $26 - 7 = 19$ ist und dass 11 die modular Inverse von 19 ist. Existiert keine Inverse, so führt direkte Division zum Ziel. Für den additiven Schlüssel d folgt nun sofort: $d = 12 - 1 \cdot 7 = 5$.

Im Folgenden sei angenommen, dass alle Rechnungen $\bmod n$ erfolgen, so dass $\bmod n$ weggelassen werden kann. Zunächst berechnet man nun den Schlüssel k:

$$y_1 - y_2 = x_1 \cdot k - x_2 \cdot k = (x_1 - x_2) \cdot k \quad \text{also} \quad k = (y_1 - y_2)(x_1 - x_2)^{-1} \quad . \tag{4.14}$$

Bei der Bildung der Differenzen $(x1 - x2)$ und $(y1 - y2)$ können negative Zahlen auftreten. Bei der Modulo-Arithmetik muss dann n addiert werden, damit Zahlen im erlaubten Bereich von 1 bis n bleiben. Für d findet man dann mit dem schon bekannten k:

$$d = y_1 - x_1 \cdot k \quad . \tag{4.15}$$

Dies ist in Bsp. 4.9 gezeigt.

4.2 Moderne symmetrische Verfahren

4.2.1 Der Data Encryption Standard (DES)

Nach einer öffentlichen Ausschreibung der US-Regierung setzte sich 1976 das von Horst Feistel und Kollegen bei IBM entwickelte symmetrische Verschlüsselungsverfahren *Data Encryption Standard* (DES) weltweit durch. Der zugehörige Verschlüsselungs-Algorithmus (Data Encryption Algorithm, DEA) arbeitet in erster Linie mit Permutationen und Substitutionen, wobei je nach Betriebsmodus auch die weiter unten erklärten Stromchiffren sowie die involutorische XOR-Verknüpfung Verwendung finden. Einzelheiten wurden durch das amerikanische National Bureau of Standards (NBS), heute National Institute of Standards and Technology (NIST), festgelegt und veröffentlicht [Fed75]. Mittlerweile existieren verschiedene Versionen, die auch als Hardware (Chip) verfügbar sind und in Echtzeit, also ohne merkliche Zeitverzögerung, die Codierung und Decodierung durchführen können. Die erste Version (siehe Abb. 4.3) arbeitet mit sechs Permutationstabellen und einem 64-Bit Schlüssel, wovon jedoch 8 Bit Paritätsbits sind und vor der eigentlichen Verschlüsselung abgetrennt werden, so dass die effektive Schlüssellänge nur 56 Bit beträgt. Der DEA arbeitet mit hoher praktischer Sicherheit, was sich z. B. daran erweist, dass für jeden 64-Bit Block des Eingabetextes jedes Ausgangs-Bit von jedem Eingangs-Bit abhängt und dass sich bei Änderung nur eines Eingangs-Bits ca. 50% der Ausgangs-Bits ändern.

Obwohl der Algorithmus (fast) vollständig offen gelegt wurde, bleibt für die Entschlüsselung einer abgefangenen Nachricht ohne Kenntnis des Schlüssels neben einigen Abkürzungen im Wesentlichen das exhaustive Durchsuchen des Schlüsselraums, also das Ausprobieren aller möglichen Schlüssel nach der Strategie „Versuch und Irrtum“, was durchaus nicht aussichtslos ist. Der DEA folgt damit Kerckhoffs Prinzip, nach dem die Sicherheit des Systems nicht von der Geheimhaltung des Algorithmus sondern von der des Schlüssels bestimmt sein muss – das Grundprinzip jedes guten Verschlüsselungsalgorithmus.

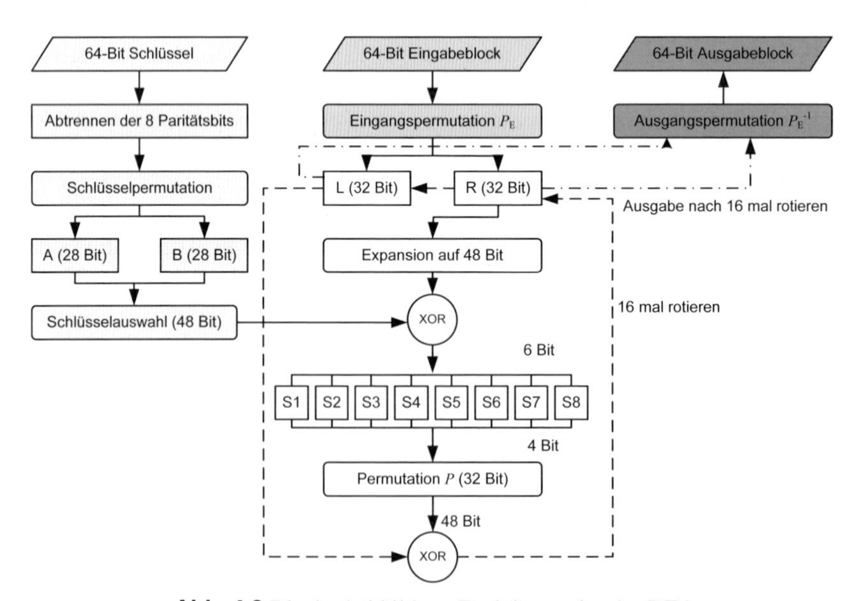

Abb. 4.3 Blockschaltbild zur Funktionsweise des DEA

Nach Abtrennung der Paritätsbits wird im DEA der aus 56 Bit bestehende Schlüssel in zwei Register A und B mit je 28 Bit aufgeteilt. Pro Verschlüsselungsrunde für einen 64-Bit Textblock werden nun die beiden Schlüsselregister so um ein oder zwei Bit nach links rotiert, dass nach 16 Schritten wieder die Ausgangsstellung erreicht ist. Aus dem zusammengefassten Ergebnis werden dann 48 Bit ausgewählt. Der so gebildete Schlüssel wird jetzt für die Verschlüsselung der in 64-Bit-Blöcke unterteilten Eingabedaten verwendet. Diese werden nach einer Eingangspermutation IP in eine linke (L) und rechte Hälfte (R) mit je 32 Bit Länge aufgeteilt. Nun folgt eine Schleife von 16 zyklischen Verschlüsselungsschritten, die in der Abbildung durch die gestrichelte Linie angedeutet ist. Zunächst wird der rechte Block R auf 48 Bit erweitert und sodann durch exklusives Oder (XOR) mit dem dazugehörigen 48-Bit Schlüssel verknüpft. Das Ergebnis wird in acht 6-Bit Blöcke aufgeteilt und den Substitutions-Boxen S1 bis S8 zugeführt. Dort werden den 6-Bit Blöcken jeweils 4 Bit entnommen und zu einem 32-Bit Wort zusammengefasst. Danach folgt eine weitere Permutation P. Nun wird das wieder auf 48 Bit erweiterte Ergebnis mit dem Inhalt des L-Registers durch die XOR-Funktion verknüpft und dem R-Register zugewiesen, während der alte Inhalt des R-Registers in das L-Register übertragen wird. Dieser Zyklus wird 16 mal durchlaufen. Im letzten Schritt werden die Inhalte der L- und R-Register wieder zu einem 64-Bit Block zusammengefasst, mit der Ausgangspermutation P^{-1} bearbeitet und als Ergebnis ausgegeben.

Ein wesentliches Element des DEA ist die XOR-Verknüpfung. Von großem Vorteil ist in diesem Zusammenhang, dass die XOR-Verknüpfung involutorisch ist, d. h. dass eine nochmalige Anwendung wieder die Ausgangsdaten reproduziert. Es gilt also mit einem binären Schlüssel k:

$$y = x \,\mathrm{XOR}\, k \quad \text{und} \quad x = y \,\mathrm{XOR}\, k \quad . \tag{4.16}$$

Dies hat zur Folge, dass für die Verschlüsselung und die Entschlüsselung derselbe Algorithmus verwendet werden kann. Es muss lediglich die Durchlaufrichtung der Verschlüsselungsrunden umgekehrt werden.

DES hat sich seit seiner Einführung extrem weit verbreitet, gilt aber, wegen seiner kurzen Schlüssellänge, heute nicht mehr als sicher. Von der Verwendung wird abgeraten. Das Verfahren wurde bereits 1994 mit einem Known-Plaintext Angriff erstmals gebrochen, bei einer Rechenzeit von 50 Tagen verteilt auf 12 Rechner [Mat94]. Wegen der extrem hohen Anzahl an benötigten Klartexten wurde hier zwar das Prinzip demonstriert, praktische Bedeutung hatte der Angriff aber nicht. Mit der Verteilung auf 100.000 PCs und anschließendem Einsatz eines Spezialchips der Electronic Frontier Foundation bei der DES-Challenge 1999 reduzierte sich die benötigte Zeit auf etwa 22 Stunden. Mittlerweile kann DES auf günstiger, kommerziell verfügbarer Hardware in etwa einem Tag gebrochen werden [Gün13]. Einzig in der Variante 3DES („Triple DES"), bei dem der Algorithmus dreimal hintereinander zur Verschlüsselung verwendet wird, kann das Verfahren noch als sicher angesehen werden.

4.2.2 Der Advanced Encryption Standard (AES)

Wegen der Sicherheitsprobleme bei DES begann man 1997 mit der Ausschreibung eines Entwicklungswettbewerbs, der 2001/02 im *Advanced Encryption Standard* (AES) mündete. Zur Verschlüsselung wird der Rijndael-Algorithmus verwendet, benannt nach den belgischen Entwicklern J. Daemen und V. Rijmen [Dae02]. AES ist nicht nur sicherer als 3DES, sondern auch ca. dreimal schneller als DES, und damit etwa neunmal schneller als 3DES.

AES rechnet im endlichen Körper $\mathbb{F}_{256}$ mit $2^8 = 256$ Elementen, der sich durch Division modulo des irreduziblen Polynoms $x^8 + x^4 + x^3 + x + 1$ ergibt (vgl. hierzu auch Kap. 3.3.10). Die Elemente

Schlüssellänge l	Blockgröße b $b = 128$	$b = 192$	$b = 256$
$l = 128$	10	12	14
$l = 192$	12	12	14
$l = 256$	14	14	14

Tabelle 4.4 Anzahl der nötigen Runden r in Abhängigkeit von Schlüssellänge l und Blockgröße b für den Rijndael-Algorithmus. Relevant für AES ist $b = 128$

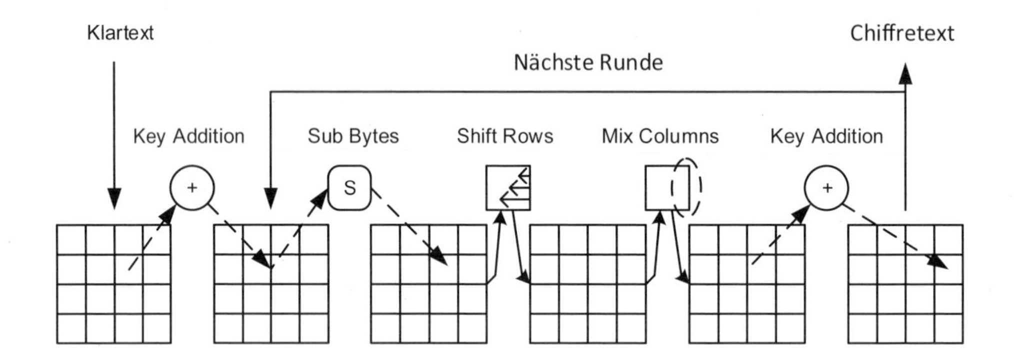

Abb. 4.4 Rundenstruktur des AES, bestehend aus der Kombination von vier Basisoperationen

dieses Körpers sind also alle Polynome maximal siebten Grades, deren acht Koeffizienten aus dem Körper mit zwei Elementen $\{0, 1\}$ bestehen. So können die einzelnen Bit jedes zu verschlüsselnde Bytes als Polynomkoeffizienten aufgefasst werden.

Der Klartext wird in Blöcken von 128 Bit verschlüsselt und in ebenso große Chiffreblöcke umgewandelt. Je nach Anforderung an die Sicherheit können Schlüssellängen von 128, 192 oder 256 Bit verwendet werden. Die eigentliche Verschlüsselung erfolgt in mehreren Runden, wobei für jede Runde aus dem Chiffrier-Schlüssel (128–256 Bit) ein separater Rundenschlüssel fester Länge (je 128 Bit) generiert wird (Key Schedule). Die Zahl der Runden r ist abhängig von der Blockgröße b und der Schlüssellänge l. Der Zusammenhang ist in Tabelle 4.4 dargestellt. Die für AES relevante Blockgröße ist $b = 128$, der Rijndael-Algorithmus kann allerdings auch mit anderen Blockgrößen arbeiten. Die erforderliche Rundenzahl für größere Blöcke mit 192 bzw. 256 Bit ist ebenfalls in der Tabelle enthalten. Da vor der ersten Runde ebenfalls eine Schlüsseloperation angewendet wird, benötigt man immer einen Rundenschlüssel mehr als die Anzahl der Runden (d. h. 11–15 Stück).

Zunächst werden die 16 Bytes des 128 Bit Klartextblocks in einem 4×4 Raster angeordnet, jedes Byte interpretiert als ein Element des Körpers $\mathbb{F}_{256}$. Eine Runde besteht aus der Kombination von vier Basisoperationen wie in Abb. 4.4 gezeigt. Diese werden im Folgenden kurz erläutert.

Sub Bytes

Ähnlich wie bei DES wird eine nichtlineare[1] Byte-Substitution verwendet, allerdings sind die S-Boxen im Gegensatz zu DES in jeder Runde gleich. Jedes Byte wird nach einem definierten und,

[1] es gilt also $\text{SubBytes}(A + B) \neq \text{SubBytes}(A) + \text{SubBytes}(B)$. Alle anderen Schritte sind linear und damit mit Matrixoperationen darstellbar.

damit man auch wieder entschlüsseln kann, invertierbaren Schema unabhängig von den anderen durch einen neuen Wert ersetzt (zu Details siehe z. B. [Paa10]).

Shift Rows

Die Operationen Shift Rows und Mix Columns dienen dazu, die in der 4×4 Matrix enthaltene Information über die gesamte Matrix zu verteilen. Nach drei AES-Runden hängt jedes Byte der Matrix von jedem der 16 Klartext-Bytes ab. Shift Rows führt eine zyklische Verschiebung (Rotation) der Zeilen nach rechts durch, wobei die erste Zeile unverändert bleibt, die zweite um ein Byte nach rechts geschoben wird, die dritte um zwei Byte und die vierte um drei Byte.

Mix Columns

Die Mix Columns Operation transformiert jede Spalte der Matrix in eine neue Spalte an der gleichen Position. Um die neuen Werte zu berechnen, wird jede Spalte der Eingangsmatrix als Vektor aufgefasst und mit einer festen 4×4 Matrix multipliziert. Zu beachten ist, dass die Rechnung im Körper $\mathbb{F}_{256}$ erfolgt und die Elemente der Matrix-Vektor Multiplikation daher Polynome sind.

Key Addition

Einmal ganz am Anfang und dann am Ende jeder einzelnen Runde erfolgt die Addition des Rundenschlüssels. Die Länge des Rundenschlüssels ist unabhängig von der gewählten AES-Schlüssellänge immer 128 Bit und damit genau so groß wie der zu verschlüsselnde Block. Der Rundenschlüssel wird auf den Block addiert, die Addition in $\mathbb{F}_{256}$ entspricht einem bitweisen XOR.

Die Rundenschlüssel werden aus dem AES-Schlüssel mithilfe einer nichtlinearen Substitutions-Box und anschließender Addition (in $\mathbb{F}_{256}$) einer rundenabhängigen Konstanten.

Verwendung und Sicherheit

AES wird in gängigen Protokollen wie SSH (Secure Shell) zum verschlüsselten Login auf einem entfernten Rechner eingesetzt. Es ist auch Bestandteil der Netzwerkprotokolle TLS (Transport Layer Security) und IPSec (Internet Protocoll Security), mit denen Verbindungen z. B. beim Online-Banking oder zu Online-Shops verschlüsselt werden. Das Problem des Schlüsselaustauschs über das Internet (ein unsicherer Kanal) wird mithilfe des Verfahrens von Diffie-Hellman (Kap. 4.3.1) bzw. RSA (Kap. 4.3.2) gelöst.

Zudem wird AES zur Verschlüsselung von WLAN-Verbindungen verwendet, wenn zur Sicherung des Netzes Wi-Fi Protected Access 2 (WPA2) gewählt wird.

AES ist gut untersucht und gilt derzeit als sicher, der beste bekannte Angriff [Bog11] ist nur etwa um den Faktor vier besser als Brute-Force (also das Durchsuchen des gesamten Schlüsselraums). Praktisch relevant ist dies selbst mit extrem leistungsfähigen Rechnern nicht, das Brechen der Verschlüsselung erfordert bei AES-128 immer noch $2^{126,1}$ Rechenschritte (statt 2^{128} bei vollständiger Suche), bei AES-192 $2^{189,7}$ und $2^{254,4}$ bei AES-256.

4.2.3 One-Time-Pads und Stromchiffren

One-Time-Pads und Vernam-Code

Wegen der Möglichkeit des exhaustiven Durchsuchens des Schlüsselraums hängt die Sicherheit eines jeden Verfahrens stark von der Schlüssellänge ab. Idealerweise sollte man als Schlüssel eine Folge zufällig angeordneter Bits verwenden, die genauso lang ist wie der zu verschlüsselnde Text und diese Folge durch XOR-Verknüpfung auf den Text anwenden. Außerdem sollte man einen Schlüssel nur ein einziges Mal verwenden. Ein derartiges Verfahren ist nicht nur praktisch sicher, etwa wegen eines unvertretbar hohen Rechenaufwands für einen Angriff, sondern als einziges bekanntes Verfahren auch absolut sicher, und zwar in dem Sinn, dass wegen der Verwendung von Zufallszahlen prinzipiell kein Erfolg versprechender Algorithmus für einen Angriff existieren kann. Man bezeichnet einen solchen Schlüssel als *One-Time-Pad* oder *Vernam-Code* (benannt nach G. Vernam, einem der Erfinder, 1917). Da die Schlüssel aber so lang wie der zu verschlüsselnde Text sein sollen und nur einmal verwendet werden dürfen, ist der sichere Schlüsselaustausch so problematisch, dass dieses ansonsten gegen Angriff sehr resistente Verfahren nicht besonders praxistauglich ist. Als Vorteil bleibt, dass die Übermittlung der verschlüsselten Nachricht zu einem beliebigen Zeitpunkt nach dem Schlüsselaustausch erfolgen kann und dass man mehrere Schlüssel zugleich übergeben kann.

Eine – zumindest in Spionageromanen – populäre Variante ist die Verwendung eines dicken Buches, beispielsweise „Die Abenteuer des Felix Krull“ als Pseudo-Zufallsfolge, so dass als Schlüssel nur der Anfangspunkt (z. B. Seite 69, vierte Zeile, drittes Zeichen) übermittelt werden muss. Ohne Kenntnis des bezogenen Buchs kann die Angreiferin Cleo den Schlüssel nicht ermitteln. Da Texte aus Büchern aber alles andere als zufällig sind, bieten sich hier vielfältige Angriffsmöglichkeiten.

Stromchiffren und Schieberegister

Anstelle der Verwendung von Büchern können auch technische Lösungen zur Erzeugung von One-Time-Pads herangezogen werden, beispielsweise Stromchiffren. Man generiert dabei beliebig lange Schlüssel durch identische Pseudo-Zufallszahlengeneratoren auf der Sender- und Empfängerseite und tauscht nur (kurze) Initialisierungswerte aus. Die Techniken zur Erzeugung der Pseudozufallszahlen müssen jedoch genauso streng unter Verschluss gehalten werden wie die Schlüssel selbst. Die Geheimhaltung von Algorithmen über einen längeren Zeitraum ist aber ein nahezu aussichtsloses Unterfangen.

Das einfachste Verfahren zur Erzeugung von Pseudo-Zufallszahlen sind lineare Schieberegister. Diese bestehen aus m Zellen s_0 bis s_{m-1}, die jeweils ein Bit speichern. Nach jedem Schritt wird der Inhalt des Registers um eine Position nach rechts geschoben; das dabei aus dem Register „heraus fallende“ Bit dient als nächstes Schlüssel-Bit. Die links am Anfang des Registers freigewordene Zelle s_0 füllt man mit dem Ergebnis der XOR-Operation $s_0 := s_0 \text{ XOR } s_k$, wobei der Zellenindex $0 < k < m-1$ variabel sein kann. Abbildung 4.5 verdeutlicht dies.

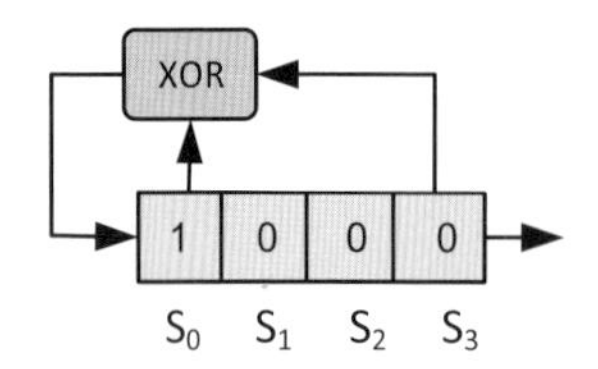

Abb. 4.5 Ein lineares Schieberegister der Länge $m = 4$. Es erzeugt die sich periodisch wiederholende Bitfolge 100110101111000. Die Periodenlänge ist mit $2^4 - 1 = 15$ maximal

Da jede Zelle nur zwei Zustände einnehmen kann, nämlich 0 oder 1, ist die maximale Periodenlänge so erzeugter Bitfolgen $2^m - 1$. Ob diese maximale Periodenlänge für ein Schieberegister (wie in Abb. 4.5) tatsächlich erreicht wird, hängt von der Vorbesetzung und dem Index k der für die XOR-Verknüpfung verwendeten Speicherzelle ab. Eine weitere Bedingung, die brauchbare lineare Schieberegister einhalten müssen, ist die Vermeidung des Nullzustandes, in dem alle Zellen den Inhalt 0 tragen, da in diesem Fall nur noch Nullen am Ausgang erzeugt werden. Man bezeichnet diese einfache Form von Schieberegistern als linear, weil nur eine XOR-Verknüpfung verwendet wird.

Einem Known-Plaintext Angriff bieten lineare Schieberegister nicht besonders viel Widerstand. Es genügen bereits $2m$ bekannte Zeichen, um Gleichungssysteme zur Ermittlung der anfänglichen Zelleninhalte und des Index k aufzustellen. Eine naheliegende Verbesserung ist die beliebige logische Verknüpfung aller m Zelleninhalte zur Berechnung des neuen Zelleninhaltes s_0. Man spricht dann von nichtlinearen Schieberegistern.

Neben Schieberegistern kommen auch andere Verfahren zur Generierung von Pseudo-Zufallszahlen infrage (siehe Kap. 11.3.1). Der Known-Plaintext Angriff auf nichtlineare Schieberegister ist ein schwieriges Problem, so dass entsprechende Verfahren als vergleichsweise sicher gelten.

Sicherheit und praktische Anwendung

Wie oben erwähnt bieten One-Time-Pads prinzipiell perfekte Sicherheit, d. h. die verschlüsselten Daten lassen (außer der Länge) *keinerlei* Rückschlüsse auf den Klartext zu, die übertragenen Daten sehen komplett zufällig aus. Das Verfahren kann nicht gebrochen werden, egal wie hoch die eingesetzte Rechenleistung ist – auch Brute-Force Angriffe durch Probieren aller Schlüssel führen nicht zum Erfolg, dies liefert nur alle möglichen Klartexte, ohne Hinweis darauf, welcher der richtige wäre. Der Beweis dafür wurde von C. Shannon 1949 veröffentlicht [Sha49].

Das Gesagte gilt allerdings nur, wenn der Schlüssel tatsächlich aus echten Zufallszahlen erzeugt wird. Da Sender und Empfänger Zugriff auf die gleiche Folge von Zufallszahlen haben müssen, stellt dies in der Praxis ein Problem dar. Typischerweise werden daher Pseudo-Zufallszahlengeneratoren eingesetzt, was aber die Sicherheit beeinträchtigt. Daher werden One-Time-Pads eher selten verwendet.

4.3 Moderne asymmetrische Verfahren

4.3.1 Diffie-Hellman Schlüsselaustausch

Alle bisher besprochenen symmetrischen Verschlüsselungsmethoden haben den Nachteil, dass die Teilnehmer identische Schlüssel haben und diese unverschlüsselt über möglichst sichere Kanäle ausgetauscht werden müssen, beispielsweise durch Boten oder Funkbotschaften. Aber Boten können abgefangen und Funkverkehr kann abgehört werden. Tatsächlich ergeben sich durch symmetrische Verfahren noch andere Probleme, auf die in Kap. 4.3.2 eingegangen wird. Hier soll zunächst das Problem des Schlüsselaustauschs über einen unsicheren Kanal betrachtet werden.

Prinzip der asymmetrischen Verschlüsselung

Ein Ausweg wäre denkbar, wenn es gelänge, auch ohne den Austausch von Schlüsseln verschlüsselte Nachrichten zu senden. Gesucht ist also ein asymmetrisches Verschlüsselungsverfahren mit öffentlichen Schlüsseln (Public-Key Cryptosystem) [Sch13, Paa10, Wät08]. Zunächst scheint dies ein Widerspruch in sich zu sein, doch tatsächlich ist eine sichere Verschlüsselung durchaus möglich, ohne dass der Empfänger den Schlüssel des Senders kennen müsste. Dies ist sogar ohne Datenverarbeitung auf einfache Weise durchführbar. Man geht dazu wie folgt vor (vgl. Abb. 4.6):

Alice verschließt eine Tasche, die eine Botschaft für Bob enthält, mit einem Vorhängeschloss, zu dem nur sie einen Schlüssel besitzt. Dann sendet sie die Tasche an Bob. Bob kann nun die Tasche zunächst nicht öffnen; er bringt stattdessen ein zweites Vorhängeschloss an, zu dem nur er selbst einen Schlüssel hat und sendet die Tasche wieder zurück an Alice. Alice entfernt sodann ihr Vorhängeschloss und sendet die Tasche wieder an Bob. Dieser entfernt jetzt sein eigenes Schloss und entnimmt der nun offenen Tasche die Botschaft. Anschließend kann Bob entweder die Tasche leer und unverschlossen an Alice zurücksenden, oder aber die Tasche mit einer Antwort füllen, mit seinem Vorhängeschloss verschließen und dann an Alice zurücksenden.

Das mathematische Äquivalent der beschriebenen Taschen-Methode könnte in etwa so aussehen: Alice und Bob generieren je eine große Primzahl p_{Alice} bzw. p_{Bob} und verwenden diese als ihre geheimen Schlüssel. Möchte Alice eine Nachricht an Bob senden, so transformiert sie diese zunächst mit einem allen Teilnehmern bekannten Verfahren in eine große Primzahl x oder zumindest in eine Zahl x, die sehr große Primfaktoren enthält (aus Sicherheitsgründen, vgl. auch Kap. 4.3.2). Nun sendet sie das mit ihrem geheimen Schlüssel p_{Alice} gebildete Produkt $y = x \cdot p_{\text{Alice}}$ an Bob. Dieser oder auch Cleo können aus y nicht ohne weiteres wieder x berechnen, da das Faktorisieren sehr

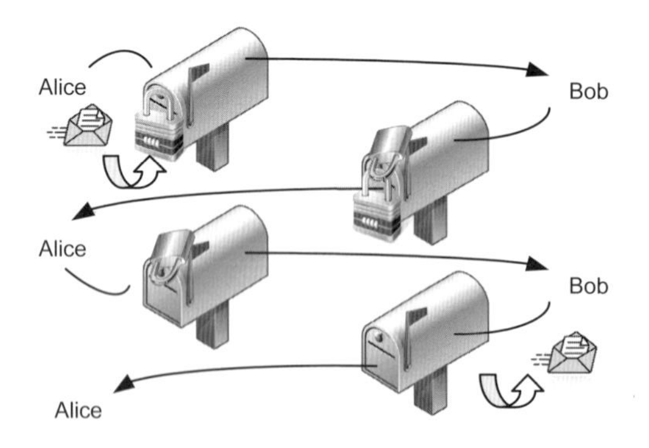

Abb. 4.6 Eine Möglichkeit zum sicheren Senden von Nachrichten über offene Kanäle ohne Schlüsselaustausch. Erklärung im Text

großer Zahlen einen extrem hohen, in der Praxis nicht durchführbaren Rechenaufwand erfordert. Bob multipliziert nun y mit seiner geheimen Primzahlen p_{Bob} und sendet $z = y \cdot p_{\mathrm{Bob}}$ zurück an Alice. Diese dividiert $z = x \cdot p_{\mathrm{Alice}} \cdot p_{\mathrm{Bob}}$ durch p_{Alice} und sendet das Ergebnis $x \cdot p_{\mathrm{Bob}}$ wiederum an Bob, der schließlich nach Division durch p_{Bob} die numerisch codierte Nachricht x ermittelt. Daraus kann er mit dem bekannten Verfahren den Klartext der Nachricht gewinnen. Cleo kann zwar y abfangen, aber da sie weder p_{Alice} noch p_{Bob} kennt, kann Sie die Nachricht x nicht extrahieren.

Dieses einfache Verfahren ist jedoch nicht praxistauglich, da es mehrere Schwächen hat: Da ist zunächst das dreimalige Senden, außerdem ist das Transformieren der Nachricht in die numerische Darstellung x sowie die Rücktransformation in den Klartext keine triviale Aufgabe, da ja x aus sehr großen Primfaktoren bestehen muss. Ein weiterer Nachteil ist, dass Alice und Bob wegen ihrer Kenntnis der Nachricht x ihre gegenseitigen Schlüssel berechnen können. Dies könnte jedoch geheilt werden, wenn beide jedes Mal eine neue Primzahl verwenden oder wenn sie künftig das nur ihnen beiden bekannten Produkt $p_{\mathrm{Alice}} \cdot p_{\mathrm{Bob}}$ als gemeinsamen symmetrischen Schlüssel ausschließlich für die Kommunikation untereinander verwenden und gut geheim halten. Das Verfahren wäre dann immerhin ein gesicherter Austausch eines gemeinsamen Schlüssels.

Schlüsselaustausch nach Diffie-Hellman

Das erste, auch heute noch eingesetzte Konzept eines wirksamen und praktisch durchführbaren Verschlüsselungsverfahrens mit öffentlichen Schlüsseln wurde 1976 von W. Diffie und M. Hellman vorgeschlagen [Dif76]. Erst viel später wurde bekannt, dass der gleiche Algorithmus bereits 1975 von J. Ellis, C. Cocks und M. Williamson beim britischen Geheimdienst GCHQ entdeckt und umgesetzt, aber nicht veröffentlicht wurde. Genau genommen werden mit diesem Verfahren keine Schlüssel ausgetauscht, sondern es wird beim Sender und Empfänger der gleiche Schlüssel generiert.

Dazu einigen sich zunächst alle Teilnehmer auf eine Primzahl p und eine (auch als Generator bezeichnete) Basis $g \in \{2, 3, \ldots, p-2\}$, die beide veröffentlicht werden. Nun wählt Alice zufällig eine Zahl $x_{\mathrm{A}} \in \{2, 3, \ldots, p-2\}$ und berechnet

$$y_{\mathrm{A}} = g^{x_{\mathrm{A}}} \bmod p \quad . \tag{4.17}$$

Die Zahl x_{A} bleibt geheim, y_{A} wird an Bob gesendet. Dieser wählt ebenfalls eine zufällige Zahl $x_{\mathrm{B}} \in \{2, 3, \ldots, p-2\}$ und berechnet

$$y_{\mathrm{B}} = g^{x_{\mathrm{B}}} \bmod p \quad , \tag{4.18}$$

wieder bleibt x_{B} geheim, y_{B} wird an Alice gesendet. Nun rechnet Alice

$$k_{\mathrm{AB}} = y_{\mathrm{B}}^{x_{\mathrm{A}}} \bmod p = (g^{x_{\mathrm{B}}} \bmod p)^{x_{\mathrm{A}}} \bmod p = g^{x_{\mathrm{B}} x_{\mathrm{A}}} \bmod p \quad . \tag{4.19}$$

Bob rechnet

$$k_{\mathrm{AB}} = y_{\mathrm{A}}^{x_{\mathrm{B}}} \bmod p = (g^{x_{\mathrm{A}}} \bmod p)^{x_{\mathrm{B}}} \bmod p = g^{x_{\mathrm{A}} x_{\mathrm{B}}} \bmod p \quad . \tag{4.20}$$

Der im weiteren Verlauf zum Nachrichtenaustausch verwendete Schlüssel ist k_{AB}. Dieser ist nun beiden bekannt, obwohl er nie explizit über den unsicheren Kanal ausgetauscht wurde. Beispiel 4.10 demonstriert dies.

Bsp. 4.10 Schlüsselaustausch nach Diffie-Hellman

Als öffentliche Teile werden die Primzahl $p = 23$ und die Basis $g = 5$ festgelegt. Alice wählt zufällig eine Zahl $x_A \in \{2,3,\ldots,21\}$ und entscheidet sich für $x_A = 3$. Damit ergibt sich $y_A = 5^3 \bmod 23 = 10$, was an Bob gesendet wird. Dieser wählt die Zahl $x_B = 5$, es ergibt sich $y_B = 5^5 \bmod 23 = 20$, was an Alice gesendet wird. Der nur den beiden bekannte geheime Schlüssel k_{AB} ergibt sich für Alice aus $20^3 \bmod 23 = 19$ und für Bob aus $10^5 \bmod 23 = 19$.

Diffie-Hellman – Sicherheit

Grundsätzlich ist das Verfahren wie oben beschrieben mit beliebiger Wahl von p und g im Rahmen der Vorgaben funktionsfähig, aber nicht sicher. Werden die Zahlen falsch gewählt, so ist die Berechnung der geheimen Teile x_A bzw. x_B für einen Angreifer erheblich vereinfacht.

Die Parameter p und g müssen so gewählt werden, dass $g^x \bmod p$ alle Zahlen von 1 bis $p-1$ durchläuft, wenn x die Zahlen von 1 bis $p-1$ durchläuft – allerdings in einer anderen Reihenfolge. Man sagt dann, g erzeugt die multiplikative Gruppe $\mathbb{Z}_p^* = \{1,2,3,\ldots,p-1\}$. Damit diese Bedingung erfüllt ist, muss p eine *sichere Primzahl* und g eine *primitive Wurzel modulo p* sein.

Eine Primzahl p heißt *sicher*, wenn p einen großen Primteiler q besitzt; d. h. es muss eine kleine natürliche Zahl j geben, so dass $p = q \cdot j + 1$ ist. Meist wählt man $j = 2$, also $p = 2q + 1$. Ist diese Bedingung nicht erfüllt gibt es Nachrichten, die durch das Verfahren überhaupt nicht verändert werden, bei denen gilt $y_A = g^{x_A} \bmod p = g$.

Damit g alle Elemente von $\mathbb{Z}_p^*$ erzeugt, muss g die Ordnung $p-1$ haben, d. h. es muss gelten

$$g^{p-1} = 1 \mod p \quad \text{und} \quad g^a \neq 1 \mod p \quad \text{für alle } a \text{ mit } 0 < a < p-1 \quad . \tag{4.21}$$

Die Basis g ist genau dann eine *primitive Wurzel*, wenn gilt

$$g^{\frac{p-1}{r}} \neq 1 \mod p \quad \text{für jeden Primfaktor } r \text{ von } p-1 \quad . \tag{4.22}$$

Dies ist offensichtlich für sichere Primzahlen der Form $p = 2q + 1$ erfüllt, wenn $g^2 \bmod p \neq 1$ und $g^q \bmod p \neq 1$ gilt. Die Anzahl solcher erzeugender Elemente ergibt sich aus der eulerschen Phi-Funktion (vgl. Kap. 4.1.2, S. 145) durch $\Phi(p-1)$. Für eine sichere Primzahl bedeutet dies:

$$\Phi(p-1) = \Phi(2q) = \Phi(2)\Phi(q) = q - 1 = \frac{p-3}{2} \quad . \tag{4.23}$$

Da $\mathbb{Z}_p^*$ $p-1$ Elemente hat, liegt die Wahrscheinlichkeit, dass eine zufällig gewählte Zahl eine primitive Wurzel ist, für die in der Praxis verwendeten großen Primzahlen bei etwa 50%.

Ist g keine primitive Wurzel, so entstehen zyklische Untergruppen von $\mathbb{Z}_p^*$, die viel kürzer sein können als die Anzahl Elemente von $\mathbb{Z}_p^*$. Da man immer durch fortlaufendes Quadrieren der übertragenen Nachricht irgendwann diese wieder erhält, vereinfacht sich das Brechen des Verfahrens evtl. erheblich. Beispiele zu sicheren Primzahlen und primitiven Wurzeln zeigt Bsp. 4.11.

Für praktische Zwecke ist eine so kleine Primzahl wie in diesem Beispiel natürlich völlig ungeeignet. Als sicher gelten heute Zahlen mit einer Länge ab 2000 Bit, d. h. die Primzahl p muss größer als 2^{2000} sein. Dies entspricht einer Zahl mit etwa 602 Dezimalstellen! Für Algorithmen zum Finden solcher Primzahlen sei auf Kap. 11.3.3 verwiesen.

Bsp. 4.11 Sichere Primzahlen und primitive Wurzeln

Die in Bsp. 4.10 gewählte Primzahl ist sicher, da $p = 23 = 2 \cdot 11 + 1$, es gibt $\Phi(22) = 10$ primitive Wurzeln, die für g in Frage kommen. Die gewählte Basis $g = 5$ ist eine primitive Wurzel, da $5^{\frac{22}{2}} = 5^{11} = 22 \mod 23$ und $5^{\frac{22}{11}} = 5^2 = 2 \mod 23$. Das bedeutet, $g = 5$ fortlaufend mit sich selbst multipliziert erzeugt alle Zahlen von 1 bis 22.
Die Wahl $g = 2$ wäre schlecht, da 2 keine primitive Wurzel ist. Es gilt nämlich $2^{\frac{22}{2}} = 2^{11} = 1 \mod 23$, und 2 fortlaufend mit sich selbst multipliziert erzeugt nicht alle Zahlen von 1 bis 22, sondern nur $\{2,4,8,16,9,18,13,3,6,12,1\}$. Für einen Angreifer reduziert sich damit der Suchraum auf die Hälfte verglichen mit einer korrekten Wahl von g.

Verwendet wird der Diffie-Hellman Schlüsselaustausch z. B. in den Protokollen SSH (Secure Shell), TLS (Transport Layer Security) und IPSec (Internet Protocoll Security). Der hier automatisch berechnete gemeinsame Schlüssel wird dann als Schlüssel für ein schnelles symmetrisches Verfahren wie 3DES oder AES verwendet (siehe Kap. 4.2.1 bzw. 4.2.2). Erweiterungen des Verfahrens, die insbesondere auch das Problem der Authentifizierung angehen, sind das Authenticated Diffie-Hellman Key Agreement Protocol sowie die 1985 veröffentlichte Variante von T. El Gamal, bei der in jeder Sitzung noch eine geheime Zufallszahl gewählt werden muss.

Einweg- und Falltürfunktionen

Die Sicherheit des Diffie-Hellman Schlüsselaustauschs basiert auf der Verwendung einer Einwegfunktion, hier im speziellen der diskreten Exponentiation:

$$y = g^x \mod p \quad . \tag{4.24}$$

Diese ist auch für große Zahlen einfach zu berechnen. Die Umkehrung, der diskrete Logarithmus, d. h. die Berechnung von x aus y, ist dagegen sehr schwierig (zumindest glaubt man das, einen Beweis dafür gibt es nicht). Ein Weg, das Verfahren ohne Berechnung des diskreten Logarithmus zu brechen ist bisher nicht bekannt.

Im allgemeinen versteht man unter einer Einwegfunktion eine injektive Funktion $f : X \to Y$, für die $y = f(x)$ für alle $x \in X$ effizient berechenbar ist, für die aber x aus der Kenntnis von y nicht effizient (d. h. nur mit exponentieller Komplexität, vgl. Kap. 11.2) berechnet werden kann. Die Umkehrfunktion $x = f^{-1}(y)$ ist also nur mit einem nicht praktikablem Aufwand berechenbar. Ob solche Einwegfunktionen überhaupt existieren, ist zurzeit unbekannt! Ein Beweis dafür würde den Beweis für P $\neq$ NP einschließen, eines der größten offenen Probleme der Informatik (siehe Kap. 11.2). Die Umkehrung gilt nicht.

Dennoch wurden neben der bereits genannten diskreten Exponentiation einige Funktionen gefunden, die gute Kandidaten für Einwegfunktionen sind. Dies sind insbesondere kryptographische Hash-Funktionen wie MD5, SHA-1 und SHA-2, wie sie typischerweise zur Verschlüsselung von Passwörtern eingesetzt werden[2]. Passwörter, die vom Benutzer z. B. bei der Anmeldung am Rechner eingegeben werden, müssen nicht entschlüsselt werden. Sie werden verschlüsselt gespeichert, und es wird nach Eingabe eines Passworts nur der Chiffretext verglichen. So kann man zwar feststellen,

[2]wobei MD5 und SHA-1 wegen ihrer Schlüssellängen von 128 bzw. 160 Bit nicht mehr als sicher gelten

ob das Passwort korrekt war, aber auch für einen Administrator ist es nicht möglich die Passwörter auszulesen, ohne das Verschlüsselungsverfahren zu brechen.

Ein weiteres Beispiel für Einwegfunktionen ist das Produkt aus zwei (großen) Primzahlen: Die Multiplikation ist einfach, Faktorisierung dagegen schwer.

Ein Spezialfall von Einwegfunktionen sind die sog. Falltürfunktionen. Im Unterschied zu gewöhnlichen Einwegfunktionen sind hier die Umkehrfunktionen unter Verwendung einer Zusatzinformation (eines Schlüssels) effizient berechenbar. Auf der Basis von Falltürfunktionen lassen sich asymmetrische Verschlüsselungsalgorithmen entwickeln, bei denen die Übertragung eines geheimen Schlüssels nicht notwendig ist. Das wohl am weitesten verbreitete solche Verfahren wird im nachfolgenden Abschnitt beschrieben.

4.3.2 Der RSA-Algorithmus

Wesentliche Probleme symmetrischer Verfahren, neben dem zum Schlüsseltausch notwendigen sicheren Kanal, ergeben sich insbesondere dann, wenn Sender und Empfänger noch nie miteinander zu tun hatten oder wenn Nachrichten an mehrere Empfänger gleichzeitig versendet werden müssen. Beide Situationen kommen bei der Datenkommunikation oft vor. Problematisch ist auch die große Anzahl von Schlüsseln: wenn von n Personen jede Person mit jeder anderen kommunizieren möchte, so sind $\binom{n}{2} = n(n-1)/2$ Schlüssel erforderlich. Bei 10 Personen sind das immerhin schon 45 Schlüssel. Ein weiterer, sehr wesentlicher Nachteil symmetrischer Verfahren mit geheimen Schlüsseln besteht darin, dass die Authentizität einer Nachricht nicht gewährleistet ist. Da die Kommunikationspartner identische Schlüssel zum Verschlüsseln und Entschlüsseln verwenden, könnte sich Alice selbst eine Nachricht schicken und behaupten, sie käme von Bob. Es liegt auf der Hand, welche Verwirrung derartige Fälschungen in einem elektronischen Buchungssystem einer Bank stiften könnten.

Der 1978 von R. Rivest, A. Shamir und L. Adleman beschriebene RSA-Algorithmus [Riv78] ist ein prominentes Beispiel für asymmetrische Verschlüsselungsverfahren, bei denen jeder Teilnehmer einen öffentlichen und einen privaten Schlüssel besitzt. Der öffentliche Teil dient zum Verschlüsseln, entschlüsselt werden kann dagegen nur mit dem geheimen privaten Schlüssel.

Die Sicherheit von RSA basiert auf der Annahme[3], dass die Zerlegung großer Zahlen in ihre Primfaktoren (Faktorisierung) sehr aufwendig ist, während das Erzeugen einer solchen Zahl durch Multiplikation zweier Primzahlen offensichtlich sehr einfach ist.

RSA – Schlüsselgenerierung und Verschlüsselung

Zunächst werden zwei große Primzahlen p und q ausgewählt und das Produkt n (der RSA-Modul) dieser beiden Zahlen berechnet. Der RSA-Modul ist der erste Teil des öffentlichen Schlüssels. Da die Entschlüsselung einer Nachricht auf die Faktorisierung von n hinausläuft, müssen die Primzahlen p und q so groß gewählt werden, dass die Faktorisierung praktisch nicht in vertretbarer Zeit durchführbar ist. Eine gängige Länge für n zur sicheren Verschlüsselung liegt zurzeit bei 2048 Bit, dies entspricht etwa 616 Dezimalstellen, d. h. 308 Stellen pro Primzahl. Bei Kenntnis von p oder q erfordert dagegen die Faktorisierung von n lediglich eine einzige Division, weshalb es erforderlich

[3] ein Beweis hierfür existiert nicht. Tatsächlich ist Primfaktorisierung – wie auch der bei Diffie-Hellman eingesetzte diskrete Logarithmus – vermutlich nicht einmal NP-vollständig (vgl. Kap. 11.2). Es ist daher unklar, ob deren Berechnung tatsächlich schwierig ist; allerdings hat man bisher noch keinen effizienten Algorithmus gefunden und vermutet, dass es keinen gibt.

ist, die beiden Primzahlen geheim zu halten (bzw. sie nach der Schlüsselgenerierung zu löschen, da sie dann nicht mehr benötigt werden).

Nun wird der zweite Teil des öffentlichen Schlüssels berechnet, der Verschlüsselungsexponent c. Zur Codierung einer Nachricht x in die verschlüsselte Nachricht y dient dann die Funktion:

$$y = x^c \bmod n \quad . \tag{4.25}$$

Der Exponent c mit $1 < c < \Phi(n)$ muss dabei der Bedingung genügen, dass er mit der eulerschen Funktion (vgl. Kap. 4.1.2, S. 145)

$$\Phi(n) = \Phi(p)\Phi(q) = (p-1)(q-1) \tag{4.26}$$

keine gemeinsamen Teiler hat, es muss also

$$\text{ggT}(c, \Phi(n)) = 1 \tag{4.27}$$

sein. Diese Einschränkung ist erforderlich, damit die zur Verschlüsselung verwendete Falltürfunktion tatsächlich eine Umkehrfunktion besitzt. Entsprechende als Schlüssel taugende Exponenten c lassen sich mit dem euklidischen ggT-Algorithmus (siehe Kap. 4.1.2, S. 146) zur Bestimmung des kleinsten gemeinsamen Teilers zweier Zahlen schnell und in großer Zahl finden. Das Paar (c, n) bildet den öffentlichen Schlüssel.

Die zur Entschlüsselung verwendete Umkehrfunktion hat dieselbe Struktur wie die Verschlüsselungsfunktion (4.25), es wird nur an Stelle des Exponenten c ein privater Schlüssel d als Exponent verwendet:

$$x = y^d \bmod n \quad . \tag{4.28}$$

Der springende Punkt ist die Ermittlung des geheim zu haltenden, privaten Exponenten d, der die zur Umkehrung der Falltürfunktion (4.25) benötigte Zusatzinformation darstellt. Der private Schlüssel d kann nach der Formel

$$c \cdot d \bmod \Phi(n) = 1 \tag{4.29}$$

mit geringem Aufwand ermittelt werden. Hat ein Teilnehmer einen Exponenten c als seinen öffentlichen Schlüssel erhalten, so wird das zugehörige d so bestimmt, dass bei der Division des Produktes $c \cdot d$ durch $\Phi(n)$ der Rest 1 verbleibt. Der private Schlüssel d ist also die modular Inverse von c bezüglich $\Phi(n)$. Die Berechnung erfolgt mit dem erweiterten euklidischen Algorithmus wie in Kap. 4.1.2 ab S. 146 beschrieben. Sind p und q sichere Primzahlen der Form $p = 2p' + 1$ und $q = 2q' + 1$, mit p', q' ebenfalls prim, so ist $\Phi(\Phi(n))$ aus (4.6) einfach bestimmbar und die Inverse lässt sich auf Basis des Satzes von Euler aus (4.10) berechnen:

$$\begin{aligned} d = c^{\Phi(\Phi(n))-1} \bmod \Phi(n) &= c^{\Phi(2p'2q')-1} \bmod (p-1)(q-1) \\ &= c^{2(p'-1)(q'-1)-1} \bmod (p-1)(q-1) \end{aligned} \tag{4.30}$$

Offensichtlich genügt zur Bestimmung des privaten Schlüssels die Kenntnis des Wertes $\Phi(n)$. Dieser ist daher, genau wie p und q, geheim zu halten bzw. zu löschen. Tatsächlich kann RSA ohne Primfaktorisierung von n gebrochen werden, indem man die eulersche Phi-Funktion berechnet. Man geht davon aus, dass dies mindestens so schwierig ist wie die Faktorisierung selbst, so dass das Verfahren praktisch sicher ist.

Bsp. 4.12 Ver- und Entschlüsselung mit dem RSA-Algorithmus

Alice möchte an Bob eine verschlüsselte Nachricht senden, wobei nur die 26 lateinischen Buchstaben verwendet werden. Für die numerische Darstellung wird jedem Buchstaben seine Position im Alphabet zugeordnet, „a" entspricht also der Zahl 1 und „z" der Zahl 26. Die Aufteilung der Nachricht erfolgt der Einfachheit halber in Blöcke, die nur jeweils ein Zeichen enthalten. Mit der Wahl $p = 5$ und $q = 11$ folgt $n = 5 \cdot 11 = 55$ und $\Phi(n) = (5-1)(11-1) = 40 = 2 \cdot 2 \cdot 2 \cdot 5$. Bob kann daher für seinen öffentlichen Schlüssel beispielsweise $c = 3$ verwenden, da 3 keinen Teiler mit $\Phi(n)$ gemeinsam hat.
Da $p = 2 \cdot 2 + 1$ und $q = 2 \cdot 5 + 1$ sichere Primzahlen sind, ergibt sich Bobs privater Schlüssel gemäß (4.30) zu $d = 3^{2 \cdot (2-1)(5-1)-1} \bmod (5-1)(11-1) = 3^7 \bmod 40 = 27$.
Zur Verschlüsselung des Textes „cleo" bildet Alice zunächst die numerische Darstellung 3, 12, 5, 15 und rechnet dann weiter mit Bobs öffentlichem Schlüssel $c = 3$:

c: $y_1 = 3^3 \bmod 55 = 27$
l: $y_2 = 12^3 \bmod 55 = 1728 \bmod 55 = 23$
e: $y_3 = 5^3 \bmod 55 = 125 \bmod 55 = 15$
o: $y_4 = 15^3 \bmod 55 = 3375 \bmod 55 = 20$

Als Ergebnis der Verschlüsselung sendet Alice die Zahlenfolge 27, 23, 15, 20 an Bob. Dieser verwendet zur Entschlüsselung seinen geheimen Schlüssel $d = 27$ und rechnet:

$x_1 = 27^{27} \bmod 55 = 3 \quad \Rightarrow \mathrm{C}$
$x_2 = 23^{27} \bmod 55 = 12 \quad \Rightarrow \mathrm{L}$
$x_3 = 15^{27} \bmod 55 = 5 \quad \Rightarrow \mathrm{E}$
$x_4 = 20^{27} \bmod 55 = 15 \quad \Rightarrow \mathrm{O}$

Dass auf die beschriebene Weise die Entschlüsselung tatsächlich funktioniert, kann man leicht nachrechnen. Ver- und Entschlüsselung aus (4.25) und (4.28) kombiniert ergeben

$$x = y^d \bmod n = (x^c \bmod n)^d \bmod n = x^{cd} \bmod n \quad . \tag{4.31}$$

Nun ist noch zu beweisen, dass cd tatsächlich eins ergibt. Aus (4.29) folgt $cd = 1 + k\Phi(n)$ und damit

$$x^{cd} \bmod n = x^{1+k\Phi(n)} \bmod n = xx^{k\Phi(n)} \bmod n = x\left(x^{\Phi(n)}\right)^k \bmod n = x \quad . \tag{4.32}$$

Der letzte Schritt ergibt sich direkt aus dem Satz von Euler (4.8), nach dem $x^{\Phi(n)} \bmod n = 1$ gilt.

Zu ergänzen ist noch, dass die Nachricht x eine natürliche Zahl in den Grenzen $0 < x < n$ sein muss, damit die sowohl bei der Verschlüsselung als auch bei der Entschlüsselung auftretenden Modulberechnungen sinnvoll sind. Die Nachricht x ist also vor der Verschlüsselung entsprechend umzuwandeln. Da x jedoch keine Primzahl sein muss, kann dies auf einfachste Weise durch Aufteilung der in binärer Form dargestellten Nachricht in gleich lange Bitfolgen $x_1, x_2, x_3, \ldots$ geschehen, die dann als Binärzahlen interpretiert werden. Die Stellenzahl der x_i ist so zu wählen, dass der maximal mögliche numerische Wert kleiner ist als n. Beispiel 4.12 demonstriert den RSA-Algorithmus.

Auf den ersten Blick scheint das Rechnen mit den hohen auftretenden Potenzen sehr aufwendig zu sein. Unter Ausnutzung der Rechenregel

$$a \cdot b \bmod c = [(a \bmod c) \cdot (b \bmod c)] \bmod c \tag{4.33}$$

Bsp. 4.13 Modulare Exponentiation

Zur Berechnung von 15^{27} wird der Term erst so umgeformt, dass der Exponent in seine Zweierpotenzen zerlegt wird. Anschließend klammert man so aus, dass nur quadriert oder mit der Basis multipliziert werden muss:

$$\begin{aligned}15^{27} &= 15^{16}\cdot 15^{8}\cdot 15^{2}\cdot 15 = (15^{8}\cdot 15^{4}\cdot 15)^2\cdot 15 = ((15^{4}\cdot 15^{2})^2\cdot 15)^2\cdot 15\\ &= (((15^{2}\cdot 15)^2)^2\cdot 15)^2\cdot 15\end{aligned}$$

Nun kann von innen nach außen gerechnet werden, wobei immer sofort modulo 55 reduziert wird (die Operation mod 55 wurde in der Rechnung aus Gründen der Übersichtlichkeit weggelassen):

$$\begin{aligned}15^{27} &= (((15^{2}\cdot 15)^2)^2\cdot 15)^2\cdot 15\\ &= (((5\cdot 15)^2)^2\cdot 15)^2\cdot 15\\ &= ((75^2)^2\cdot 15)^2\cdot 15\\ &= ((20^2)^2\cdot 15)^2\cdot 15\\ &= (15^2\cdot 15)^2\cdot 15\\ &= (5\cdot 15)^2\cdot 15\\ &= 20^2\cdot 15\\ &= 15\cdot 15\\ &= 5\end{aligned}$$

vermindert sich der Aufwand jedoch drastisch (siehe Bsp. 4.13).

Man erkennt an den bisherigen Ausführungen, dass die natürlichen Zahlen, insbesondere die Primzahlen und deren Eigenschaften eine große Rolle für Verschlüsselungsalgorithmen spielen. Dies ist das Arbeitsgebiet der Zahlentheorie, die vor ihrer Relevanz in der Kryptographie nur in der theoretischen Mathematik von Interesse war. Sie ist ein Paradebeispiel dafür, dass man Grundlagenforschung nicht sofort ad acta legen sollte, nur weil sie sich nicht sofort praktisch auszahlt. Im Fall der Zahlentheorie liegen zwischen dem euklidischen Algorithmus und dessen Anwendung in der Kryptographie ein paar tausend Jahre. Jetzt kommen alle Erkenntnisse aus diesem langen Zeitraum an einem Punkt zusammen und liefern uns so elegante Algorithmen wie RSA, Diffie-Hellman oder AES, die jeder, der im Internet unterwegs ist, täglich nutzt.

Tatsächlich galt die Zahlentheorie bis vor einigen Jahrzehnten als ein Teil der Mathematik, der keinerlei praktische Anwendung hat. So äußerte der Mathematiker G. Hardy noch 1940 „No one has yet discovered any warlike purpose to be served by the theory of numbers or relativity, and it seems unlikely that anyone will do so for many years.“ [Har40]. Da hat er sich (sowohl bzgl. der Zahlen- als auch der Relativitätstheorie) leider getäuscht, bereits mit der Enigma (siehe Kap. 4.1.2, S. 143) hatte sich das erledigt.

RSA – Sicherheit

Um die Sicherheit des RSA-Verfahrens zu zeigen, startete die Firma RSA Security im März 1991 einen Wettbewerb (die RSA Factoring Challenge[4]), bei dem Produkte n aus genau zwei Primzahlen p und q veröffentlicht wurden. Die Länge von n betrug zwischen 330 und 2048 Bit (entsprechend 100 bis 617 Dezimalstellen). Je nach Schwierigkeit wurden Preisgelder zwischen US$ 1000 und US$ 200.000 für die Veröffentlichung der Primfaktoren ausgelobt. Die kleinste Zahl mit 330 Bit war bereits wenige Tage nach Start des Wettbewerbs faktorisiert. Im Jahr 2007 wurde die Challenge beendet, wobei immer noch durch einzelne Gruppen an Faktorisierungen gearbeitet wird. Die größte bisher gebrochene Zahl[5] in 2009 hatte 768 Bit, die erforderliche Rechenzeit betrug umgerechnet auf einen Single-Core AMD Opteron Prozessor mit 2,2 GHz etwa 2000 Jahre [Kle10]. Die Faktorisierung der nächst größeren Zahl des Wettbewerbs mit 1024 Bit ist etwa um den Faktor 1000 schwerer als die für 768 Bit. Zurzeit gelten 2048 Bit Schlüssellänge auch auf Jahre hinaus als sicher.

Wie bereits oben erwähnt ist Faktorisierung des RSA Moduls n nicht der einzige Weg das Verfahren zu brechen, ein weiterer führt über die Berechnung von $\Phi(n)$, da man damit den privaten Schlüssel bestimmen kann. Auch lässt sich durch wiederholtes Verschlüsseln (also diskrete Exponentiation) der ursprünglich übertragene Chiffretext wieder erzeugen. Ist dieser erreicht, kennt man den Wiederherstellungsexponenten für den Klartext, der genau eins weniger ist.

Um solche Angriffe möglichst schwer zu machen, müssen die Primzahlen p und q, ähnlich wie beim Diffie-Hellman Schlüsseltausch, gewissen Anforderungen genügen, damit das Verfahren nicht nur funktioniert, sondern auch sicher ist. So sollten $p-1$ und $q-1$ große Primfaktoren[6] enthalten und $\text{ggT}(p-1, q-1)$ sollte sehr klein sein. Diese Bedingungen sind beispielsweise bei sicheren Primzahlen erfüllt. Schon Euklid hat bewiesen, dass unendlich viele Primzahlen existieren; es ist allerdings noch unklar, ob es überhaupt unendlich viele sichere Primzahlen gibt. Weitere Details finden sich in der einschlägigen Literatur [Paa10, Wät08, Sch13].

Es sei hier nochmals darauf hingewiesen, dass eine sichere Implementierung kryptographischer Verfahren viel detailliertes Fachwissen erfordert und auf keinen Fall ausschließlich auf Basis der hier vorgestellten Grundlagen erfolgen sollte.

RSA – Verwendung

RSA ist weit verbreitet, man findet es z. B. in den Übertragungs-Protokollen SSH (Secure Shell) und TLS (Transport Layer Security) zum gesicherten Aufbau von Verbindungen über das Internet. Da es etwa um den Faktor 1000 langsamer ist als gängige symmetrische Verschlüsselungsverfahren (wie AES), ist der Algorithmus jedoch ungeeignet zur Verschlüsselung kompletter Datenübertragungen. Es liegt daher nahe, hybride Methoden zu verwenden, bei denen RSA nur zur geheimen Übergabe eines Session-Keys für eine nachfolgende symmetrische Verschlüsselung der Daten dient. Man stellt so einen sicheren Kanal für den Schlüsselaustausch zur Verfügung, der eigentliche Datenaustausch erfolgt mit symmetrischen Verfahren.

Bekannt geworden sind PGP (Pretty Good Privacy) von P. Zimmermann und davon abgeleitete Varianten wie etwa GnuPG (Gnu Privacy Guard, GPG) die auf diese Weise arbeiten und beispielsweise in die Frontends von E-Mail Anwendungen integriert werden können. Hier wird ein zufällig

[4] für weitere Details siehe `http://en.wikipedia.org/wiki/RSA_Factoring_Challenge`

[5] aus diesem Wettbewerb. Tatsächlich wurden schon vor dessen Ende größere Zahlen mit über 1000 Bit und speziellem Aufbau faktorisiert

[6] abgesehen vom Faktor zwei, der immer einmal enthalten ist da die Zahlen gerade sind

erzeugter symmetrischer Schlüssel verwendet, mit dem die E-Mail chiffriert wird. Der Schlüssel wird an die chiffrierte Nachricht angehängt und mit einem asymmetrischen Verfahren wie RSA verschlüsselt, so dass der Empfänger zunächst den symmetrischen Schlüssel dechiffrieren und die E-Mail anschließend in Klartext umwandeln kann. Dem Man-in-the-Middle Angriff und anderen Angriffen begegnet PGP durch digitale Unterschriften (siehe Kap. 4.3.3) und dem Web of Trust.

Man-in-the-Middle Angriff

Ohne weitere Sicherheitsmaßnahmen sind Kryptosysteme mit öffentlichen Schlüsseln bei Verwendung eines zentralen Schlüsselmanagements (Key-Server) anfällig gegen den Man-in-the-Middle Angriff. Gefahr droht etwa beim Verbindungsaufbau zu einem Server über das Internet mit https, z. B. beim Online-Banking oder Online-Shopping. Dabei nistet sich Cleo im Key-Server ein (bzw. zwischen dem eigenen Rechner und der Bank) und gibt bei einer Anfrage Bobs nach Alices öffentlichem Schlüssel ihren eigenen Schlüssel heraus. Sodann fängt sie Bobs Nachricht ab und entschlüsselt diese mit ihrem eigenen Schlüssel. Schließlich verschlüsselt sie die (eventuell auch noch modifizierte) Nachricht neu mit Alices öffentlichem Schlüssel und sendet sie an Alice weiter. Alice nimmt an, die Nachricht sei von Bob und bemerkt die Attacke nicht. Abhilfe schaffen das Web of Trust und digitale Unterschriften.

Web of Trust

Das Web of Trust basiert auf der Idee der Einrichtung dezentraler Sammelstellen für öffentliche Schlüssel (Key-Server), in der Schlüssel vertrauenswürdiger Schlüsselquellen gesammelt werden. Diese werden dann durch Certification Authorities, aber auch von Privatpersonen beglaubigt (zertifiziert). Ein Zertifikat entspricht einer digitalen Unterschrift auf einen Schlüssel, abgegeben durch eine Person oder Zertifizierungsstelle, die ebenfalls am Web of Trust teilnimmt, nachdem diese sich über die Identität des Schlüsselinhabers versichert hat. Das Vorgehen ist dabei wie folgt:

Alice erzeugt ein Schlüsselpaar, signiert dieses mit einer digitalen Unterschrift und schickt den öffentlichen Schlüssel an den Schlüsselserver. Möchte Bob mit Alice kommunizieren, so holt er sich Alices Schlüssel vom Schlüsselserver und verifiziert dann die Echtheit, z. B. auf Basis eines digitalen Fingerabdrucks, oder auch über einen persönlichen Kontakt. Zertifizierungsstellen verlangen zum Nachweis der Identität typischerweise die Vorlage des Personalausweises. Hat sich Bob der Echtheit des öffentlichen Schlüssels versichert, so signiert er Alices öffentlichen Schlüssel mit seiner Unterschrift. Nun möchte Karl mit Alice kommunizieren. Er holt ebenfalls ihren öffentlichen Schlüssel vom Schlüsselserver und stellt fest, dass Bob den Schlüssel bereits überprüft hat. Wenn Karl Bob vertraut, vertraut er dem Schlüssel von Alice und muss keine Prüfung ihrer Identität mehr durchführen.

4.3.3 Digitale Unterschrift

Gemäß der oben beschriebenen Verwendung des RSA-Verfahrens könnte Cleo ohne weiteres eine Nachricht an Bob senden und behaupten, sie käme von Alice. Die Authentizität lässt sich aber durch Übermitteln einer elektronischen bzw. digitalen Unterschrift auf einfache Weise sicherstellen.

Eine naheliegende Möglichkeit zur Sicherstellung der Authentizität durch eine digitale Unterschrift bzw. Signatur besteht darin, dass Alice zunächst aus ihrer an Bob zu übermittelnden Botschaft

x unter Verwendung ihres eigenen privaten Schlüssels d_{Alice} gemäß

$$s = x^{d_{\text{Alice}}} \bmod n \tag{4.34}$$

ein Zwischenergebnis s berechnet. Anschließend verschlüsselt Alice das Zwischenergebnis s wie gewohnt mit Bobs öffentlichem Schlüssel c_{Bob}:

$$y = s^{c_{\text{Bob}}} \bmod n = \left(x^{d_{\text{Alice}}}\right)^{c_{\text{Bob}}} \bmod n \quad . \tag{4.35}$$

Empfängt Bob eine so signierte Nachricht y von Alice, so verwendet er zunächst wie gewohnt seinen privaten Schlüssel und erhält das Zwischenergebnis s:

$$s = y^{d_{\text{Bob}}} \bmod n \quad . \tag{4.36}$$

Da die Nachricht angeblich von Alice stammt, kann Bob nun Alices öffentlichen Schlüssel c_{Alice} im Schlüsselverzeichnis nachschlagen und damit aus s den Klartext x ermitteln:

$$x = s^{c_{\text{Alice}}} \bmod n = \left(y^{d_{\text{Bob}}}\right)^{c_{\text{Alice}}} \bmod n \quad . \tag{4.37}$$

Erhält Bob so ein vernünftiges Ergebnis, kann er sicher sein, dass die Nachricht tatsächlich von Alice stammt, denn Cleo ist ohne Kenntnis des privaten Schlüssels von Alice nicht zu einer Fälschung in der Lage.

Ein offensichtlicher Nachteil ist, dass sowohl bei der Verschlüsselung als auch bei der Entschlüsselung der aufwendige RSA-Algorithmus auf die Nachricht anzuwenden ist. Die Authentizität ist aber fast ebenso sicher, wenn man die Berechnung von s auf einen oder mehrere kleinere Teile der Nachricht x beschränkt. Man bezeichnet die Zwischenergebnisse s_i dann als Signaturblöcke. Da in diese auch die zu sendende Nachricht mit eingeht, hängt die Signatur also nicht nur vom Sender ab, sondern auch vom gesendeten Text. Die Sicherheit des Verfahrens ist deshalb sogar höher als bei einer konventionellen Unterschrift, die ja unabhängig vom unterzeichneten Dokument immer dieselbe ist.

Beschränkt man den Signaturblock auf eine von der eigentlichen Nachricht verschiedene kurze Zeichenfolge, so spricht man auch von einem digitalen Fingerabdruck. Das übliche Vorgehen besteht in der Berechnung eines Hashwerts (vgl. auch Kap. 12.3) mit einer kryptograhischen Hashfunktion wie SHA-2. Dadurch entsteht ein Block, der sich direkt aus der kompletten Nachricht ergibt, und der immer gleich lang ist. Typische Größen liegen bei 256 Bit.

Übungsaufgaben zu Kapitel 4

A 4.1 (M1) Warum ist bei der Verschlüsselung mit multiplikativen Schlüsseln bei einem Alphabet mit $n = 26$ Zeichen der multiplikative Schlüssel $k = 6$ nicht verwendbar?

A 4.2 (M2) Bob möchte Alice die Nachricht „ferien" senden. Die beiden haben die Verwendung der 26 lateinischen Großbuchstaben vereinbart, A entspricht also 0, B entspricht 1 usw. Sie benutzen zur Verschlüsselung den multiplikativen Schlüssel 5 und den additiven Schlüssel 8. Wie lautet der Geheimtext, den Bob sendet? Für die Entschlüsselung benötigt Alice die modulare Inverse des multiplikativen Schlüssels 5. Berechnen Sie diese und entschlüsseln Sie die von Alice empfangene Nachricht.

A 4.3 (M2) Alice sendet Bob die verschlüsselte Nachricht CHJF. Die beiden haben die Verwendung der 26 lateinischen Buchstaben mit den Positionen im Alphabet als numerische Codierung (also A=0 bis Z=25) vereinbart und sie benutzen zur Verschlüsselung den multiplikativen Schlüssel $k = 3$ und den additiven Schlüssel $s = 5$. Wie bestimmt Alice aus der empfangenen verschlüsselten Nachricht den Klartext und wie lautet dieser?

Cleo hat die Nachricht CHJF abgefangen und außerdem Bobs Abfalleimer durchwühlt. Dort hat sie einen Papierschnipsel mit dem Text zs gefunden, in welchem sie den zu CH gehörenden Klartext vermutet. Berechnen Sie daraus (unter der Annahme, dass ein entsprechendes Verschlüsselungsverfahren verwendet wurde) den additiven Schlüssel s und den multiplikativen Schlüssel k.

A 4.4 (M1) Bob sendet die folgende verschlüsselte Nachricht an seine Freundin Alice: HVOBVXVEXCYVHRUXYSTIJLZOJXVLZAX. Cleo fängt die Nachricht ab. Sie weiß, dass Bob und Alice einen Vigenère-Code verwenden. Als ersten Schritt der Entschlüsselung muss Cleo daher die Schlüssellänge bestimmen. Ermitteln Sie die wahrscheinlichste Schlüssellänge für die verschlüsselte Nachricht.

A 4.5 (L1) Der Text MARIA wurde unter Verwendung des 7-Bit ASCII-Codes mit einem One-Time-Pad verschlüsselt. Das Ergebnis ist JOSEF. Wie lautet der One-Time-Pad?

A 4.6 (T1) Was sind Falltürfunktionen und Einwegfunktion?

A 4.7 (M2) Berechnen Sie $\mathrm{ggT}(16269, 693)$ und $31^{4123} \bmod 40251$.

A 4.8 (M2) Beim RSA-Verfahren wird im Schlüsselverzeichnis eine Zahl n veröffentlicht, die das Produkt zweier großer Primzahlen p und q ist, sowie für jeden Teilnehmer ein öffentlicher Schlüssel c, für den $\mathrm{ggT}(c, \Phi(n)) = 1$ gilt. Jeder Teilnehmer erhält ferner als geheimen Schlüssel d die modulare Inverse von c bezüglich $\Phi(n)$. Zur Verschlüsselung einer Nachricht x dient die Funktion $y = x^c \bmod n$ und zur Entschlüsselung die Funktion $x = y^d \bmod n$.

a) Es sei $p = 3$ und $q = 11$. Ermitteln Sie die kleinste für Bob als öffentlicher Schlüssel c in Frage kommende Zahl. Berechnen Sie nun Bobs geheimen Schlüssel d.

b) Alice möchte an Bob die Nachricht „ei" senden. Berechnen Sie die buchstabenweise verschlüsselte Nachricht y. Dabei wird als numerische Codierung der Buchstaben deren Position im Alphabet, beginnend mit a=1 verwendet.

c) Bob hat die Nachricht 26, 3 empfangen und möchte sie entschlüsseln. Wie rechnet er?

Literatur

[Bau00] F. L. Bauer. *Entzifferte Geheimnisse. Methoden und Maximen der Kryptographie*. Springer, 2000.

[Beu09] A. Beutelspacher. *Kryptologie*. Vieweg + Teubner, 9. Aufl., 2009.

[Bog11] A. Bogdanov, D. Khovratovich und C. Rechberger. Biclique Cryptanalysis of the Full AES. In D. Lee und X. Wang, Hg., *Advances in Cryptology – ASIACRYPT 2011*, Bd. 7073 von *Lecture Notes in Computer Science*, S. 344–371. Springer, 2011.

[Cry] Cryptool. `http://www.cryptool.de`.

[Dae02] J. Daemen und V. Rijmen. *The Design of Rijndael: AES – The Advanced Encryption Standard*. Springer, 2002.

[Dew88] A. Dewdney. Computer-Kurzweil: Die Geschichte der legendären ENIGMA (Teil 1). *Spektrum der Wissenschaft*, (12):8–1, 1988.

[Dew89] A. Dewdney. Computer-Kurzweil: Die Geschichte der legendären ENIGMA (Teil 2). *Spektrum der Wissenschaft*, (1):6–10, 1989.

[Dif76] W. Diffie und M. Hellmann. New Directions in Cryptography. *IEEE Transactions on Information Theory*, 22(6):644–654, 1976.

[Fed75] Federal Register, Vol. 40, No. 52 and No. 149, 1975.

[Gün13] T. Güneysu, T. Kasper, M. Novotný, C. Paar, L. Wienbrandt und R. Zimmermann. High-Performance Cryptanalysis on RIVYERA and COPACOBANA Computing Systems. In W. Vanderbauwhede und K. Benkrid, Hg., *High Performance Computing Using FPGAs*, S. 335–366. Springer, 2013.

[Har40] G. H. Hardy. *A Mathematician's Apology*. Cambridge University Press, 1940.

[Kle10] T. Kleinjung, K. Aoki, J. Franke, A. Lenstra, E. Thomé, J. Bos, P. Gaudry, A. Kruppa, P. Montgomery, D. Osvik, H. Riele, A. Timofeev und P. Zimmermann. Factorization of a 768-Bit RSA Modulus. In T. Rabin, Hg., *Advances in Cryptology – CRYPTO 2010*, Bd. 6223 von *Lecture Notes in Computer Science*, S. 333–350. Springer, 2010.

[Mat94] M. Matsui. The First Experimental Cryptanalysis of the Data Encryption Standard. In Y. Desmedt, Hg., *Advances in Cryptology – CRYPTO '94*, Bd. 839 von *Lecture Notes in Computer Science*, S. 1–11. Springer, 1994.

[Paa10] C. Paar, J. Pelzl und B. Preneel. *Understanding Cryptography: A Textbook for Students and Practitioners*. Springer, 2010.

[Riv78] R. Rivest, A. Shamir und L. Adleman. A Method for obtaining Digital Signatures and Public Key Cryptosystems. *Communications of the ACM*, 21(2):120–126, 1978.

[RSA] RSA Factoring Challenge. `http://en.wikipedia.org/wiki/RSA_Factoring_Challenge`.

[Sch13] K. Schmeh. *Kryptografie: Verfahren – Protokolle – Infrastrukturen*. Dpunkt Verlag, 5. Aufl., 2013.

[Sha49] C. Shannon. Communication Theory of Secrecy Systems. *Bell System Techn. Journ.*, 28(4):656–715, 1949.

[Wät08] D. Wätjen. *Kryptographie: Grundlagen, Algorithmen, Protokolle*. Spektrum Akademischer Verlag, 2. Aufl., 2008.

Kapitel 5
Computerhardware und Maschinensprache

Die wesentlichen Komponenten von Rechenanlagen bzw. Computern (siehe Kap. 1.3) sind die Zentraleinheit (Central Processing Unit, CPU), der Speicher (Memory) für Programme und Daten, Peripheriegeräte sowie Busse zur Verbindung der Komponenten. Diese bestehen im Wesentlichen aus elektronischen Schaltungen mit komplexen integrierten Schaltkreisen (Chips) die ihrerseits aus Transistoren und weiteren Bauelementen aufgebaut sind.

In diesem Kapitel wird zunächst kurz auf elektronische Grundschaltungen und logische Gatter eingegangen. Danach wird die eng mit der Aussagenlogik verwandte Schaltalgebra bzw. boolesche Algebra eingeführt. Diese befasst sich mit der Rückführung digitaler Schaltungen auf eine mathematische Beschreibung [Das05, Sta12]. Ist eine Schaltaufgabe vorgegeben, so kann damit eine Übertragung in eine konkrete Schaltung gefunden werden. Die wichtigsten Schaltnetze und Schaltwerke wie Decodierer, Flipflops und Addierer, die letztlich die Bestandteile von Computern sind, werden dann etwas genauer betrachtet. Im letzten Teil dieses Kapitels wird als Übergang von der Hardware zur Software auf Maschinencode und maschinennahe Programmierung mittels Assembler eingegangen.

5.1 Digitale Grundschaltungen

5.1.1 Stromkreise

Herkömmliche Computer bestehen aus elektronischen Schaltungen sowie mechanischen Komponenten. Dazu kommen noch diverse Technologien für Peripheriegeräte, insbesondere Speichersysteme auf magneto-optischer Basis. Die physikalische Grundlage der Elektronik sind elektrische Ladungen, also negativ geladene Elektronen. Diese können sich in leitenden Materialien, insbesondere Metallen, bewegen und sie können gespeichert werden. Wesentlich ist dabei die Funktion eines Schalters, der den Stromfluss einschalten oder unterbrechen kann. Zunächst (siehe Kap. 1.2.3) wurden dazu in elektromechanischen Rechnern Relais verwendet. Später folgten im Übergang zur Elektronik Elektronenröhren und schließlich Transistoren. Grundsätzlich sind auch andere Schaltelemente möglich, insbesondere Licht in optischen Computern und Quantensysteme in Quantencomputern.

Spannung, Strom und Leistung

In elektrischen Leitern können sich Elektronen frei bewegen. Bei Vorhandensein einer in der Einheit Volt (V) gemessenen elektrischen Spannung werden die negativen Ladungsträger, also die Elektronen, vom positiven Pol (Anode) der Spannungsquelle, z. B. einer Batterie, je nach Höhe der Spannung mehr oder weniger stark angezogen und vom negativen Pol (Kathode) abgestoßen, d. h. sie bewegen sich durch das leitende Material.

Bsp. 5.1 Spannung, Strom und Leistung

1. Im Stromkreis einer am Stromnetz mit 230 V angeschlossene Glühbirne wird ein Strom von 0,1739 Ampere gemessen. Welche Leistung hat die Glühbirne? Durch Einsetzen in die Formel $P = U \cdot I$ findet man: $P = 230\,\text{V} \cdot 0{,}1739\,\text{A} \approx 40\,\text{W}$.

2. Auf einem Elektronik-Gleichspannungsnetzteil ist angegeben: 120 Watt, 5 Volt. Welcher Strom darf maximal fließen, damit das Netzteil nicht überlastet wird? Einsetzen in die Formel $P = U \cdot I$ und Auflösen nach I ergibt: $I = 120\,\text{W}/5\,\text{V} \approx 24\,\text{A}$.

Die Stromstärke ist eine Größe, die zur Anzahl der pro Sekunde durch einen cm^2 fließenden Elektronen proportional ist. Man misst sie in Ampere (A). Im technischen Sprachgebrauch ist die Stromrichtung vom positiven zum negativen Pol definiert, wohingegen sich die Elektronen tatsächlich vom negativen zum positiven Pol bewegen. Ein elektrischer Strom kann auch durch den Fluss von positiv oder negativ geladenen Atomen, sog. Ionen, erzeugt werden. Dies ist z. B. in biologischen Nervenleitungen der Fall.

Bei elektrischen Spannungen unterscheidet man noch, ob deren Polarität konstant ist, man spricht dann von einer Gleichspannung (Direct Current, DC) oder ob diese mit einer bestimmten Frequenz wechselt, man spricht dann von einer Wechselspannung (Alternating Current, AC). Das Stromnetz liefert eine Wechselspannung von ca. 230 Volt mit 50 Hz, Batterien liefern Gleichspannung. Aus einer Wechselspannung lässt sich durch einen Gleichrichter eine Gleichspannung erzeugen. In der Computertechnik werden zur Stromversorgung Gleichspannungen in geringer und ungefährlicher Höhe von 1 bis 24 Volt verwendet.

Der elektrische Strom kann Arbeit leisten, insbesondere Wärme und Licht erzeugen, etwa in einer Glühbirne. Die elektrische Leistung (d. h. die pro Sekunde verrichtete Arbeit) misst man in Watt (W). Bezeichnet man die Leistung mit P, die Spannung mit U und den Strom mit I, so berechnet sich die in diesem Stromkreis verbrauchte Leistung aus der Formel

$$P = U \cdot I \quad . \tag{5.1}$$

Dieser Zusammenhang gilt nur für Gleichstrom exakt, für Wechselstrom sind die Verhältnisse komplizierter, die angegebene Formel ist dann nur eine Näherung. Eine Beispielrechnung ist in Bsp. 5.1 gezeigt.

Stromkreise und Widerstände

Verbindet man eine Spannungsquelle mit einem Verbraucher, beispielsweise einer Glühlampe oder allgemein einem Widerstand (Resistor, R) oder einem Netzwerk aus Widerständen, so entsteht ein Stromkreis. Widerstände misst man in der Einheit Ohm (Ω). Der in einem Stromkreis fließende Strom I berechnet sich aus der angelegten Spannung U und dem im Stromkreis enthaltenen Widerstand R nach dem ohmschen Gesetz:

$$U = I \cdot R \quad . \tag{5.2}$$

Je höher also ein Widerstand ist, desto geringer ist bei gegebener Spannung der durch diesen Widerstand fließende Strom. Die in einem Stromkreis enthaltenen Widerstände können parallel

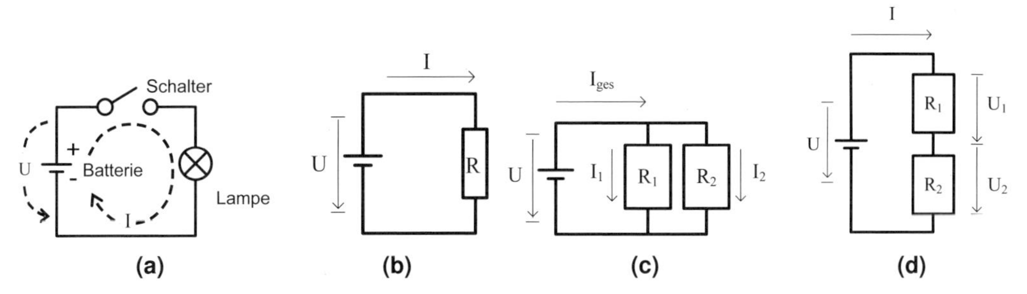

Abb. 5.1 Schaltungen mit Spannungsquelle und Widerständen

a) Eine von einer Batterie gelieferte Gleichspannung U wird über einen Schalter mit einer Lampe verbunden. Bei geschlossenem Schalter fließt ein Strom I in der technischen Stromrichtung vom Pluspol zum Minuspol der Batterie durch die Lampe, die dann leuchtet. Der Strom I hängt von der Höhe der Spannung U und vom Widerstand R der Lampe ab.

b) Die Batterie liefert die Spannung U. Durch den Widerstand R fließt dann nach dem ohmschen Gesetz der Strom $I = U/R$.

c) Hier sind zwei Widerstände R_1 und R_2 parallel geschaltet. An beiden Widerständen liegt dieselbe Spannung U an. Für den Gesamtstrom gilt: $I_{ges} = I_1 + I_2$. Der Gesamtwiderstand ist $R_{ges} = 1/\left(\frac{1}{R_1} + \frac{1}{R_2}\right)$.

d) Hier sind zwei Widerstände R_1 und R_2 in Serie geschaltet. Durch beide Widerstände fließt derselbe Strom I. Der Gesamtwiderstand ist $R_{ges} = R_1 + R_2$. Für die an den Widerständen anliegenden Spannungen gilt: $U_1 = U \cdot R_1/R$ und $U_2 = U \cdot R_2/R$ mit $U = U_1 + U_2$.

oder in Serie (in Reihe) geschaltet sein. Nach den kirchhoffschen Regeln fließt bei Serienschaltung durch jeden Widerstand derselbe Gesamtstrom I und man misst an jedem der Widerstände $R_1, R_2, \ldots$ Teilspannungen $U_1, U_2, \ldots$, die sich zur Gesamtspannung U der Spannungsquelle addieren. Der Gesamtwiderstand ergibt sich bei Serienschaltung durch Addition der Einzelwiderstände. Bei Parallelschaltung liegt an jedem Widerstand dieselbe Spannung an, aber die Ströme teilen sich entsprechend dem ohmschen Gesetz so auf die einzelnen Widerstände $R_1, R_2, \ldots$ auf, dass die Summe der Teilströme $I_1, I_2, \ldots$ den Gesamtstrom I ergibt. Bei der Berechnung des Gesamtwiderstandes von parallel geschalteten Widerständen muss man die Kehrwerte der Einzelwiderstände berechnen. Diese Zusammenhänge sind in Abb. 5.1 erläutert. Es ergeben sich die folgenden Formeln:

$$\text{Serienschaltung:} \quad R_{ges} = R_1 + R_2 + R_3 + \ldots \qquad U_{ges} = U_1 + U_2 + U_3 + \ldots \qquad I = \text{const} \tag{5.3}$$

$$\text{Parallelschaltung:} \quad \frac{1}{R_{ges}} = \frac{1}{R_1} + \frac{1}{R_2} + \frac{1}{R_3} + \ldots \qquad I_{ges} = I_1 + I_2 + I_3 + \ldots \qquad U = \text{const} \tag{5.4}$$

Zur Verwendung siehe Bsp. 5.2.

5.1.2 Dioden, Transistoren und integrierte Schaltkreise

Halbleiter

Neben Leitern, insbesondere Metallen und Graphit, in denen sich die Elektronen frei bewegen können, und Isolatoren, in denen die Elektronen fest gebunden und daher unbeweglich sind, gibt es auch Halbleiter, in denen die Elektronen normalerweise unbeweglich sind, aber bei Zufuhr von Energie

Bsp. 5.2 Stromkreise und Widerstände

Es sind die Ströme und Spannungen in Abb. 5.1 b), c) und d) für $U = 5\,\text{V}, R = 10\,\Omega, R_1 = 50\,\Omega$ und $R_2 = 25\,\Omega$ zu berechnen:

b) Nach dem ohmschen Gesetz $U = I \cdot R$ folgt $I = 5\,\text{V}/10\,\Omega = 0{,}5\,\text{A}$.

c) Es ist $U_1 = U_2 = U = 5\,\text{V}$, also
$I_1 = U/R_1 = 5\,\text{V}/50\,\Omega = 0{,}1\,\text{A}$ und $I_2 = U/R_2 = 5\,\text{V}/25\,\Omega = 0{,}2\,\text{A}$.
Der Gesamtwiderstand ist $R_{\text{ges}} = 1/(1/R_1 + 1/R_2) = 1/(1/50\,\Omega + 1/25\,\Omega) \approx 16{,}667\,\Omega$.
Der Gesamtstrom ist $I_{\text{ges}} = I_1 + I_2 = 0{,}1\,\text{A} + 0{,}2\,\text{A} = U/R_{\text{ges}} = 5\,\text{V}/16{,}667\,\Omega = 0{,}3\,\text{A}$.

d) Der Gesamtwiderstand ist $R_{\text{ges}} = R_1 + R_2 = 50\,\Omega + 25\,\Omega = 75\,\Omega$.
Es folgt $I = I_1 = I_2 = U/R_{\text{ges}} = 5\,\text{V}/75\,\Omega = 0{,}06667\,\text{A}$.

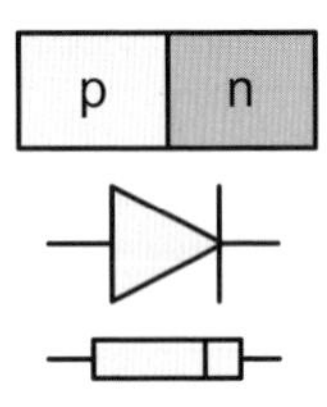

Abb. 5.2 Diode
Oben: pn-Halbleiterübergang.
Mitte: Schaltsymbol einer pn-Diode. Das Dreieck steht für die p-Schicht (Anode), der senkrechte Balken für die n-Schicht (Kathode). Die technische Stromrichtung in Durchlassrichtung ist von der Anode zur Kathode.
Unten: Skizze einer Diode als Bauteil. Die Kathode ist durch eine Ringmarkierung gekennzeichnet.

frei werden, so dass ein elektrischer Strom fließen kann. Diese Energiezufuhr kann beispielsweise durch Wärme oder Licht, aber insbesondere auch durch eine genügend hohe elektrische Spannung erfolgen.

Der technisch wichtigste Halbleiter ist Silizium (Si), für spezielle Anwendungen werden auch Germanium (Ge) und Galliumarsenid (GaAs) verwendet. Silizium ist eines der häufigsten Elemente der Erde, In Form von Siliziumoxid (SiO_2) ist es als Quarzsand weit verbreitet. Durch gezielte Zugabe von Verunreinigungen (Dotierung) kann man die Halbleiter-Eigenschaften kontrollieren. Bei n-Dotierung werden negative Ladungsträger, also Elektronen, nach Zufuhr einer geringen Energiemenge beweglich, bei p-Dotierung werden Fehlstellen von Elektronen, sog. Elektronenlöcher als positive Ladungsträger frei beweglich.

Dioden

Dioden bestehen aus einer mit Anschlüssen nach außen geführten p- und einer n-leitenden Schicht, die miteinander verbunden und in einem Gehäuse lichtdicht gekapselt sind. Dioden sind nur in einer Richtung, nämlich von der p-Schicht zur n-Schicht leitend. Eine Diode wird normalerweise mit dem Plus-Pol an der Anode in Durchlassrichtung betrieben. Abbildung 5.2 zeigt schematische Darstellung und Schaltsymbol einer pn-Diode.

Eine typische Diodenkennlinie ist in Abb. 5.3 zu sehen. Legt man eine Spannung U in Durchlassrichtung (also Pluspol an die Anode, Minuspol an die Kathode) an eine Diode an, so fließt erst ein merklicher Strom, wenn die angelegte Spannung die Durchlassspannung U_D übersteigt. Für Siliziumdioden ist $U_D \approx 0{,}7\,\text{V}$. Der Strom wächst dann bei steigender Spannung exponentiell an. Ein höherer Strom als I_{max} muss vermieden werden, da sich sonst die Diode zu stark erwärmt und

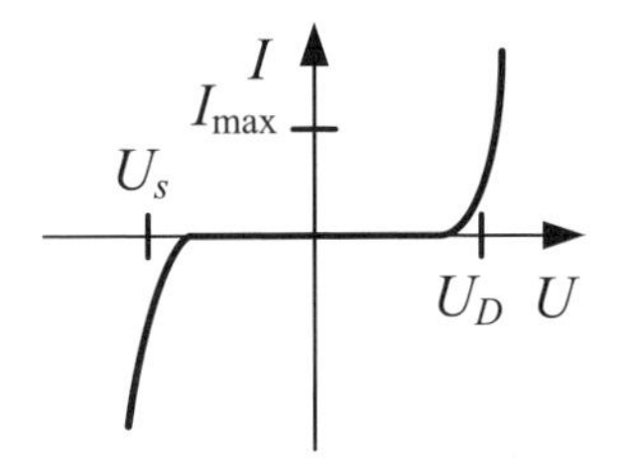

Abb. 5.3 Typische Diodenkennlinie $I = I(U)$

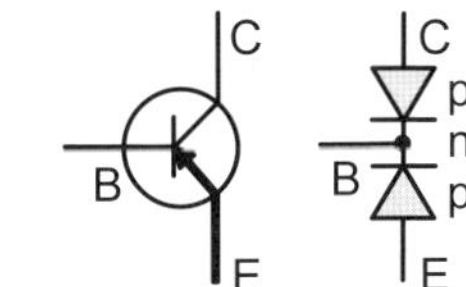

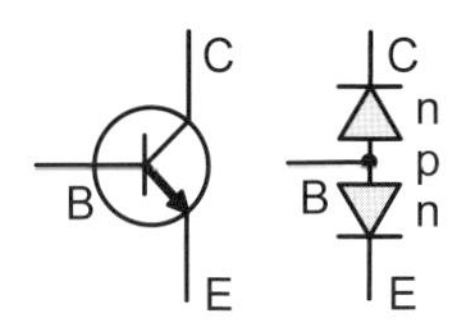

Abb. 5.4 Transistoren
Links: pnp-Transistor mit Dioden-Ersatzschaltbild.
Rechts: npn-Transistor mit Dioden-Ersatzschaltbild.

zerstört wird. Wird eine negative Spannung angelegt, so sperrt die Diode. Erst bei Spannungen, die negativer als die Durchbruchspannung U_s sind ($-10\,\text{V}$ bis $-10000\,\text{V}$), fließt plötzlich ein sehr großer Strom, der die Diode rasch thermisch zerstört.

Transistoren

Transistoren sind Halbleiterbauelemente aus zwei gegeneinander geschalteten Dioden zum Verstärken und Schalten elektrischer Signale. Abhängig davon, ob die beiden Dioden eine p- oder eine n-Schicht gemeinsam haben, unterscheidet man npn-Transistoren und pnp-Transistoren. Diese gemeinsame Schicht heißt Basis B, die beiden anderen Elektroden werden als Kollektor C und Emitter E bezeichnet. Siehe dazu die Skizze in Abb. 5.4.

Normalerweise betreibt man die Emitter-Basis-Strecke in Durchlassrichtung und die Basis-Kollektor-Strecke in Sperrrichtung. Das Hauptmerkmal eines Transistors ist, dass der Kollektorstrom I_C um den Stromverstärkungsfaktor β (typisch 50 bis 200) höher ist als der Basisstrom I_B:

$$I_\text{C} = \beta I_\text{B} \quad . \tag{5.5}$$

Es gibt zahlreiche Schaltungen für den Einsatz von Transistoren. Am wichtigsten und für die Computertechnik besonders relevant ist die Emitterschaltung von npn-Transistoren. Dabei wird über einen Vorwiderstand R_C (typisch $1\,\text{k}\Omega = 1000\,\Omega$) der positive Pol einer Versorgungsspannung (typisch 5 V) angeschlossen und mit dem Kollektor verbunden. Der negative Pol der Versorgungsspannung wird ebenso wie der Emitter auf Masse gelegt, außerdem werden alle Spannungen gegen Masse gemessen. Dies ist in Abb. 5.5 links ausführlich dargestellt und rechts in der üblichen verkürzten Form.

Die Emitter-Basis-Diode wird in Durchlassrichtung betrieben, d. h. an der Basis wird über einen Vorwiderstand R_B (typisch $50\,\text{k}\Omega$) eine positive Eingangsspannung U_e angelegt. Am Kollektor wird die Ausgangsspannung U_a abgegriffen. Ist die Eingangsspannung an der Basis deutlich kleiner als die Durchlassspannung der Emitter-Basis-Diode (ca. 0,7 V), so fließt nur ein minimaler Basisstrom I_B und der Transistor sperrt, d. h. der Kollektorstrom I_C ist ebenfalls minimal. Die Kollektor-Basis-Strecke hat dann einen viel höheren Widerstand als der damit in Reihe geschaltete Widerstand R_C. Dementsprechend ist die Ausgangsspannung U_a nahezu mit der Versorgungsspannung identisch.

Erhöht man nun die Basisspannung, so wächst der Basisstrom I_B an. Seine maximale Größe ist durch den Vorwiderstand R_B begrenzt. Dieser muss so bemessen werden, dass der maximal zulässige

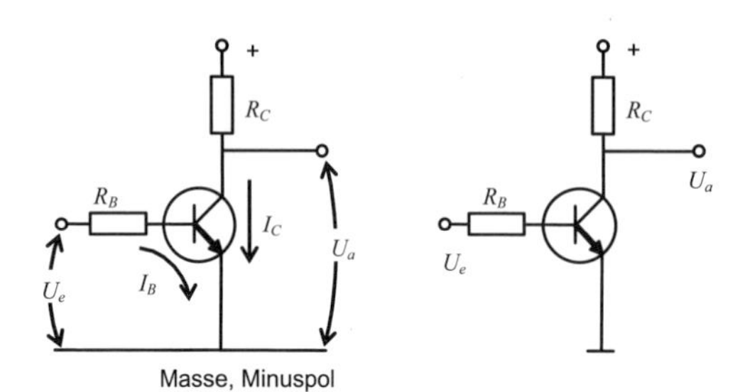

Abb. 5.5 Emitterschaltung mit einem npn-Transistor. Die Schaltung arbeitet als ein invertierender Schalter. Links ist das ausführliche, rechts das verkürzte Schaltbild gezeigt. Ist U_e (Eingang) auf Low (= 0), dann liegt am Ausgang U_a High (= 1) und umgekehrt

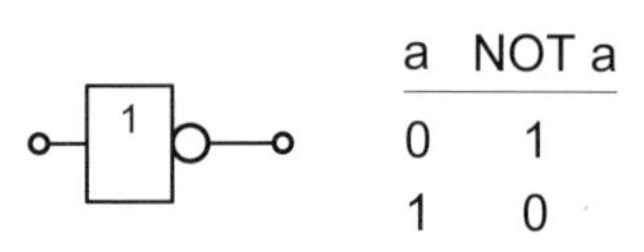

a	NOT a
0	1
1	0

Abb. 5.6 Schaltsymbol und Wahrheitstabelle für einen Inverter

Basisstrom I_{max} auch dann nicht erreicht wird, wenn man die volle Betriebsspannung anlegt und der Widerstand der Emitter-Basis-Diode in Durchlassrichtung als $0\,\Omega$ angenommen wird. Infolge des Anstiegs des Basisstroms wächst nun der Kollektorstrom I_C entsprechend der Stromverstärkung β nach (5.5) sehr viel stärker an als der Basisstrom. Die Kollektor-Emitter-Strecke ist jetzt leitend geworden und hat somit nur noch einen kleinen Widerstand. Dadurch sinkt die Ausgangsspannung U_a nahezu auf 0 V ab. Ersetzt man den Widerstand R_C durch eine Lampe, so würde diese nun leuchten.

Der Transistor wirkt offenbar als invertierender Schalter: Durch Erhöhen der Basisspannung von einem nahe 0 V liegenden Wert (Low) auf einen positiven Wert (High) in der Nähe der Versorgungsspannung, wird der Transistor leitend geschaltet, so dass nun ein um den Faktor β höherer Kollektorstrom fließt. Gleichzeitig sinkt die Ausgangsspannung von High auf Low. Man interpretiert High als „Bit auf 1 gesetzt" und Low als „Bit auf 0 gesetzt". Auf diesem Prinzip beruhen letztlich viele der für Computer benötigten elektronischen Schaltungen.

5.1.3 Logische Gatter

Durch geeignete Verschaltung von Transistoren und Widerständen lassen sich auf einfache Weise verschiedene Funktionen realisieren, deren Grundformen als logische Gatter bezeichnet werden. Die Eingänge der Gatter können nur die Werte 0 (niedrige Spannung) oder 1 (hohe positive Spannung) annehmen; sie werden im Folgenden mit lateinischen Kleinbuchstaben bezeichnet. Ein logisches Gatter hat definitionsgemäß nur einen Ausgang. Dieser kann ebenfalls nur die Werte 0 oder 1 annehmen, der aktuelle Wert folgt aus der entsprechenden logischen Verknüpfung der Ein- und Ausgänge.

Inverter

Die einfachste logische Funktion ist die Invertierung (NOT). Dieser Funktion entspricht auch das einfachste logische Gatter, der Inverter. Die Inverter-Schaltung benötigt nur einen Transistor; sie ist mit der bereits in Abb. 5.5 angegeben Emitterschaltung identisch. Abbildung 5.6 zeigt das zugehörige Schaltsymbol sowie die entsprechende Wahrheitstabelle.

Abb. 5.7 AND und OR durch Schalter
Links: Eine durch Schalter aufgebaute Und-Funktion. Die Lampe brennt nur, wenn Schalter a und Schalter b geschlossen sind.
Rechts: Eine durch Schalter aufgebaute Oder-Funktion. Die Lampe brennt, wenn Schalter a oder Schalter b oder beide geschlossen sind.

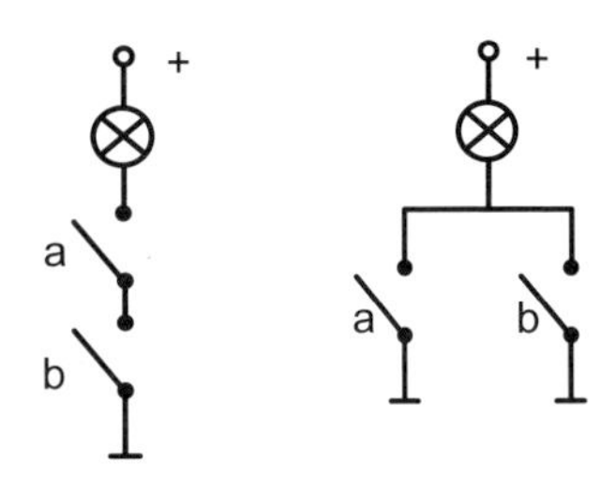

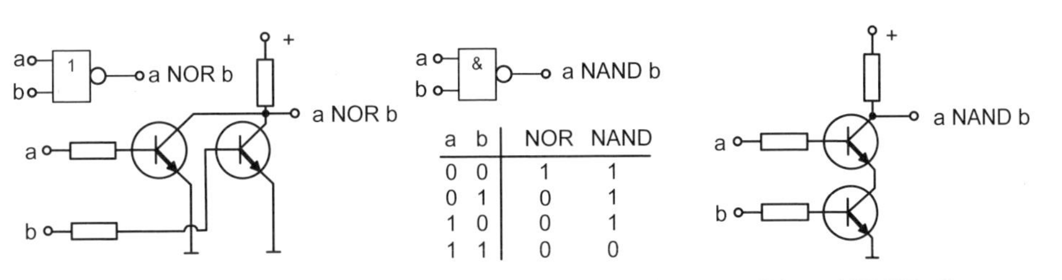

a	b	NOR	NAND
0	0	1	1
0	1	0	1
1	0	0	1
1	1	0	0

Abb. 5.8 Schaltsymbole, Schaltpläne und Wahrheitstabellen von NOR- und NAND-Gattern

AND und OR als Schalterkombination

Nach der Invertierung sind die Und-Verknüpfung (AND) und die Oder-Verknüpfung (OR) die einfachsten logischen Funktionen. Ihre Wirkungsweise kann man sich leicht durch eine Kombination von Schaltern verdeutlichen, wie Abb. 5.7 zeigt. Das Ersetzen der Schalter durch Transistoren ist dann der nächste Schritt.

NAND- und NOR-Gatter

Auf den ersten Blick könnte man meinen, dass Und- und Oder-Gatter als logische Grundfunktionen auch einfach realisiert werden können. Doch da beim Schalten eines Transistors gleichzeitig eine Invertierung erfolgt, erfordern tatsächlich Und-Gatter und Oder-Gatter mit nachfolgender Invertierung einen noch geringeren Aufwand. Diese Gatter werden als NAND-Gatter (von NOT AND) bzw. als NOR-Gatter (von NOT OR) bezeichnet. Abbildung 5.8 zeigt die zugehörigen Schaltungen mit Wahrheitstabellen und Schaltsymbolen.

Weitere Gatter

Und-Gatter bzw. Oder-Gatter kann man einfach durch Nachschalten eines weiteren Transistors aus NAND- bzw. NOR-Gattern erzeugen. Mithilfe der erläuterten Gatter lassen sich beliebige logische Verknüpfung realisieren. Abbildung 5.9 zeigt die gebräuchlichen Schaltsymbole der wichtigsten logischen Gatter in zwei verschiedenen Normen.

Integrierte Schaltkreise

Seit ca. 1960 entstand die Technologie, mehrere Transistoren auf einem integrierten Schaltkreis aus Silizium, einem Chip, unterzubringen. Außer Transistoren wurden auch Dioden, Widerstände und Leiterbahnen auf den Chips integriert, so dass mehrere logische Gatter auf einem Chip untergebracht werden konnten. Ab 1970 folgte dann mit der 5. Computergeneration (siehe Kap. 1.2.3) der Übergang

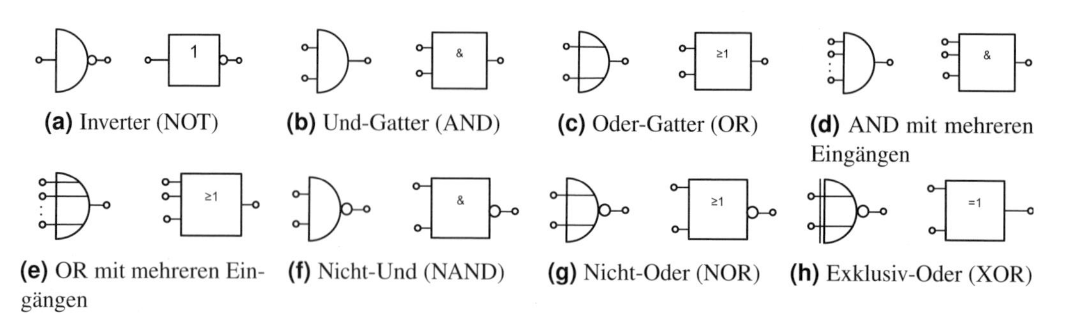

(a) Inverter (NOT) **(b)** Und-Gatter (AND) **(c)** Oder-Gatter (OR) **(d)** AND mit mehreren Eingängen

(e) OR mit mehreren Eingängen **(f)** Nicht-Und (NAND) **(g)** Nicht-Oder (NOR) **(h)** Exklusiv-Oder (XOR)

Abb. 5.9 Schaltsymbole der wichtigsten logischen Gatter nach DIN 40700 (links) und IEC 60617-12 (rechts)

zu höchstintegrierten Schaltkreisen (Very Large Scale Integration, VLSI) mit vielen tausenden Transistoren pro cm^2. Wesentliche Parameter sind neben der Anzahl der Transistoren die Breite der kleinsten Strukturen, der Energieverbrauch, die Schaltgeschwindigkeit der Transistoren und der Preis. Um 2014 lag für typische CPUs die Anzahl der Transistoren pro cm^2 über 700 Millionen, die kleinsten Strukturen bewegten sich um 0,1 μm, die Schaltzeiten betrugen weniger als 0,1 Nanosekunden (1 ns = 10^{-9} s) pro Transistor und der Energieaufwand war für typische CPUs auf ca. 10 Watt gesunken. Je kleiner die Strukturen werden, umso geringer sind auch die Schaltzeiten und der Energieverbrauch. Auch die Höhe der Versorgungsspannung wirkt sich auf den Energieverbrauch aus. Für Standardsysteme sind 5 V üblich, für Low-Power-Varianten, die etwa in Laptops eingesetzt werden, aber auch 2 V; dies führt allerdings wieder zu längeren Schaltzeiten. Von großer Bedeutung sind auch die Leitungslängen. Da elektrischer Strom mit Lichtgeschwindigkeit fließt (nur der Strom, die Elektronen selbst bewegen sich viel langsamer), beträgt die Signallaufzeit 30 ns pro Zentimeter, was bereits größer ist als übliche Schaltzeiten.

Chip-Produktion

Für die Produktion moderner Chips wird aus Quarzsand gewonnenes hochreines Silizium verflüssigt. Aus der Schmelze werden dann große Einkristalle von ca. 20 cm Durchmesser gezogen und in dünne Scheiben, sog. Waver gesägt. In zahlreichen Arbeitsgängen werden mittels Photolithografie Lage für Lage die erforderlichen Strukturen erzeugt. Dies beinhaltet das Erzeugen von p- und n-Dotierungen durch Diffusion, dann Oxidationsprozesse und das Aufbringen polykristalliner sowie leitender Schichten für Verbindungsbahnen sowie äußere Anschlüsse. Bei größeren CPUs werden mehrere Hundert Leitungen nach außen geführt. Für den Chip-Entwurf sind CAD-Programme und Simulationssysteme wichtige Werkzeuge.

Prinzipielle Grenzen

Eine physikalische Grenze bei der Produktion herkömmlicher Chips wird erreicht sein, wenn die Strukturen der Größe einzelner Moleküllagen entsprechen und für die Speicherung eines Bits nur noch wenige Elektronen verwendet werden. In optischen Computern und Quantencomputern eingesetzte Technologien werden dann die Vorreiterrolle übernehmen, doch auch diese unterliegen den Naturgesetzen. Eine nicht zu überschreitende Grenze bei der Verarbeitungsgeschwindigkeit ist durch die Endlichkeit der Lichtgeschwindigkeit gegeben, aber auch thermisches Rauschen und quantenmechanische Effekte wie beispielsweise die Unschärferelation spielen eine Rolle.

5.2 Boolesche Algebra und Schaltfunktionen

5.2.1 Aussagenlogik

Der Wahrheitswert von Aussagen

Formal versteht man unter Aussagen Elemente einer Menge, wobei diese Elemente – neben anderen, in diesem Zusammenhang nicht relevanten Eigenschaften – einen Wahrheitswert besitzen, der nur die beiden Zustände wahr oder falsch annehmen kann. Dafür sind verschiedene Abkürzungen gebräuchlich, z. B.:

Wahr:	W (von wahr)	T (von true)	H (von high)	1 (Bit gesetzt)
Falsch:	F (von falsch)	F (von false)	L (von low)	0 (Bit nicht gesetzt)

Im Folgenden wird 1 für wahr und 0 für falsch verwendet.

Beispiele für wahre Aussagen sind etwa die Sätze „5 ist eine Primzahl" und „3 ist kleiner als 5". Falsch ist beispielsweise der Satz „2 ist Teiler von 5". Allerdings ist nicht jede sprachliche Formulierung eine Aussage, der ein Wahrheitswert zugeordnet werden könnte, so etwa der Satz „komme bitte rechtzeitig zur Prüfung".

Verknüpfungen von Aussagen

In der Aussagenlogik studiert man Verknüpfungen von Aussagen durch logische Operatoren, die als Wahrheitsfunktionen bezeichnet werden. Die Ergebnisse von Verknüpfungen sind wiederum Aussagen. Dabei führt man die in Tabelle 5.1 dargestellten logischen Grundverknüpfungen ein. Hier werden die Schreibweisen $\neg a$, $a \wedge b$, $a \vee b$, $a \Rightarrow b$ und $a \Leftrightarrow b$ verwendet, wobei die Kleinbuchstaben für Variablen stehen, welche die Wahrheitswerte 0 oder 1 annehmen können.

Der Wahrheitswert des Ergebnisses einer Wahrheitsfunktion hängt nur von den Wahrheitswerten der Argumente ab. Da es nur die beiden Wahrheitswerte wahr und falsch gibt, kann man Wahrheitsfunktionen immer durch endliche Tabellen eindeutig definieren. Für die oben genannten Verknüpfungen sind die zugehörigen Tabellen in Tabelle 5.2 gezeigt.

Offenbar muss es über diese Grundfunktionen hinaus weitere einstellige und zweistellige Verknüpfungen geben, nämlich $2^2 = 4$ verschiedene einstellige und $2^4 = 16$ verschiedene zweistellige Wahrheitsfunktionen. Man findet diese durch Kombination aller möglichen Zuordnungen von Argumenten und Ergebnissen, wie in den Tabellen 5.3 und 5.4 gezeigt.

Man kann leicht zeigen, dass alle ein- und zweistelligen Wahrheitsfunktionen durch Kombinationen der logischen Grundfunktionen Konjunktion, Disjunktion und Negation ausgedrückt werden

Tabelle 5.1 Die logischen Grundverknüpfungen in der Reihenfolge ihrer Bindung

Verknüpfung	Name	gebräuchliche Schreibweisen
nicht a	Negation	$\neg a, \overline{a}$
a und b	Konjunktion	$a \wedge b, a\&b, a \cdot b, ab$
a oder b	Disjunktion	$a \vee b, a + b$
wenn a dann b	Implikation	$a \rightarrow b, a \Rightarrow b$
a genau dann wenn b	Äquivalenz	$a \leftrightarrow b, a \Leftrightarrow b$

Tabelle 5.2 Wahrheitstabellen für die wichtigsten logischen Grundverknüpfungen

(a) Zweistellige Verknüpfungen von a mit b

a	b	$a \vee b$	$a \wedge b$	$a \Rightarrow b$	$a \Leftrightarrow b$
0	0	0	0	1	1
0	1	1	0	1	0
1	0	1	0	0	0
1	1	1	1	1	1

(b) Einstellige Verknüpfung von a

a	$\neg a$
0	1
1	0

a	$\neg a$ (Negation)	a (Identität)	Konstante 0	Konstante 1
0	1	0	0	1
1	0	1	0	1

Tabelle 5.3 Zusammenstellung aller prinzipiell möglichen einstelligen logischen Verknüpfungen

können. Diese lauten exemplarisch für die Funktionen f_1, f_6, f_{14} und f_{16}:

f_1: $a \wedge a = a \wedge 0 = b \wedge 0 = 0$ $\quad$ f_6: $b \wedge 1 = b$

f_{14}: $a \Rightarrow b = \neg a \vee b$ $\quad$ f_{16}: $a \vee a = 1$

Die Axiome der Aussagenlogik

Nach diesen Vorbemerkungen werden nun die vier Axiome eingeführt, welche die Grundlage für alle Sätze der Aussagenlogik darstellen:

Axiom 5.1 (Kommutativgesetze). $a \wedge b = b \wedge a$ und $a \vee b = b \vee a$.

Axiom 5.2 (Distributivgesetze). $a \wedge (b \vee c) = (a \wedge b) \vee (a \wedge c)$ und $a \vee (b \wedge c) = (a \vee b) \wedge (a \vee c)$.

Axiom 5.3 (Existenz der neutralen Elemente). $a \wedge 1 = a$ und $a \vee 0 = a$.

Axiom 5.4 (Definition des komplementären (inversen) Elements). $a \wedge \neg a = 0$ und $a \vee \neg a = 1$.

Alle weiteren Regeln für das Rechnen mit logischen Verknüpfungen ergeben sich aus diesen vier Axiomen. Insbesondere lassen sich die folgenden wichtigen Beziehungen herleiten:

Satz (Assoziativität). $a \vee (b \vee c) = (a \vee b) \vee c$ und $a \wedge (b \wedge c) = (a \wedge b) \wedge c$.

Satz (Involution). $\neg(\neg a) = a$.

Satz (Idempotenz). $a \wedge a = a$ und $a \vee a = a$.

Satz (Absorption). $a \wedge (a \vee b) = a$ und $a \vee (a \wedge b) = a$.

Satz (de Morgansche Gesetze). $\neg(a \wedge b) = \neg a \vee \neg b$ und $\neg(a \vee b) = \neg a \wedge \neg b$.

Diese Folgerungen sind ohne große Schwierigkeiten unter Verwendung der Axiome 5.1 bis 5.4 zu beweisen.

Beispiel: Es ist die Gültigkeit des Idempotenz-Gesetzes $a \wedge a = a$ zu beweisen:
$a \wedge a = (a \wedge a) \vee 0 = (a \wedge a) \vee (a \wedge \neg a) = a \wedge (a \vee \neg a) = a \wedge 1 = a$.
Die Axiome wurden in der Reihenfolge 5.3, 5.4, 5.2, 5.4, 5.3 angewendet.

Tabelle 5.4 Zusammenstellung aller prinzipiell möglichen zweistelligen logischen Verknüpfungen

a b	0 0 1 1 0 1 0 1	Schreibweise	Bezeichnung
f_1	0 0 0 0	0	Konstante 0
f_2	0 0 0 1	$a \wedge b$	Konjunktion (AND)
f_3	0 0 1 0	$\neg(a \Rightarrow b)$	Negation der Implikation
f_4	0 0 1 1	a	Identität a
f_5	0 1 0 0	$\neg(b \Rightarrow a)$	Negation der Implikation
f_6	0 1 0 1	b	Identität b
f_7	0 1 1 0	$\neg(a \Leftrightarrow b)$	Antivalenz (XOR)
f_8	0 1 1 1	$a \vee b$	Disjunktion (OR)
f_9	1 0 0 0	$\neg(a \vee b)$	Nicht-Oder (NOR)
f_{10}	1 0 0 1	$a \Leftrightarrow b$	Äquivalenz
f_{11}	1 0 1 0	$\neg b$	Negation von b
f_{12}	1 0 1 1	$b \Rightarrow a$	Implikation
f_{13}	1 1 0 0	$\neg a$	Negation von a
f_{14}	1 1 0 1	$a \Rightarrow b$	Implikation
f_{15}	1 1 1 0	$\neg(a \wedge b)$	Nicht-Und (NAND)
f_{16}	1 1 1 1	1	Konstante 1

5.2.2 Der boolesche Verband

Die Aussagenlogik lässt sich durch Einführung einer als *boolescher Verband* bezeichneten algebraischen Struktur (nach George Boole, 1815–1864) auf eine allgemeine mathematische Grundlage stellen.

Definition 5.1 (Verband)**.** Eine nichtleere Menge V, in der zwei zweistellige Verknüpfungen definiert sind, heißt ein Verband, wenn die folgenden Axiome der Verbandstheorie erfüllt sind: Kommutativität, Assoziativität, Absorption und Existenz eines Nullelements und eines Einselements sowie Verknüpfung damit.

Definition 5.2 (distributiver Verband)**.** Ein Verband heißt distributiver Verband, wenn außerdem die Distributivgesetze gelten.

Definition 5.3 (komplementärer distributiver Verband)**.** Ein Verband heißt ein komplementärer distributiver Verband, wenn zusätzlich komplementäre Elemente eingeführt werden.

Definition 5.4 (boolescher Verband)**.** Ein komplementärer distributiver Verband wird als boolescher Verband bezeichnet.

Wählt man als Verknüpfungen $\wedge$ und $\vee$ und identifiziert das zu a komplementäre Element mit $\neg a$, so erkennt man, dass der Aussagenlogik die algebraische Struktur eines booleschen Verbandes zu Grunde liegt. Wie man leicht zeigen kann, lassen sich insbesondere die logischen Verknüpfungen Implikation, Äquivalenz und Exklusiv-Oder auch durch Konjunktion, Disjunktion und Negation ausdrücken, so dass tatsächlich die beiden zweistelligen Verknüpfungen $\wedge$ und $\vee$ ausreichen:

Satz (Implikation)**.** $a \Rightarrow b = \neg a \vee b$.

Satz (Äquivalenz)**.** $a \Leftrightarrow b = (a \wedge b) \vee (\neg a \wedge \neg b)$.

Satz (Exklusiv-Oder (Antivalenz))**.** $a \,\mathrm{XOR}\, b = \neg(a \Leftrightarrow b) = (a \vee b) \wedge (\neg a \vee \neg b)$.

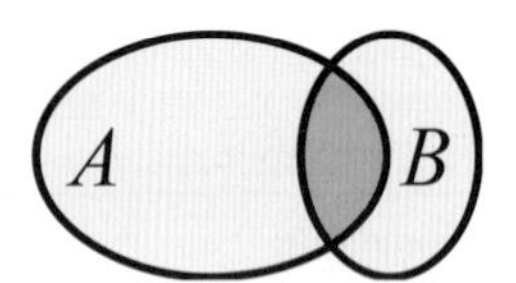

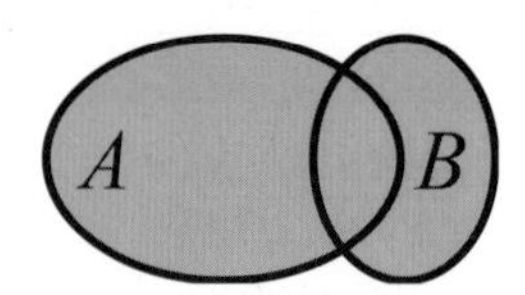

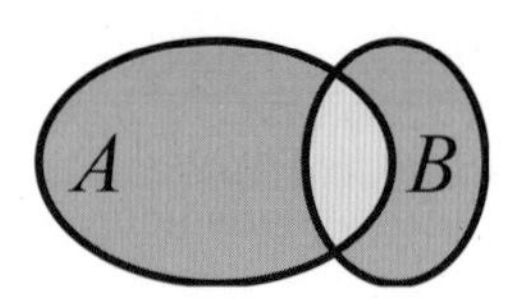

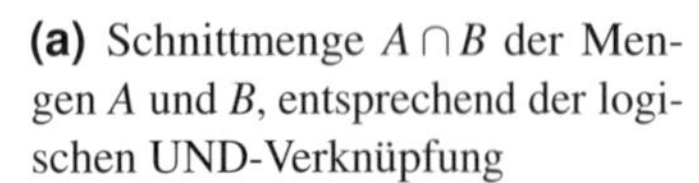

(a) Schnittmenge $A \cap B$ der Mengen A und B, entsprechend der logischen UND-Verknüpfung

(b) Vereinigungsmenge $A \cup B$ der Mengen A und B, entsprechend der ODER-Verknüpfung

(c) $(A \cup B) \cap (\overline{A} \cup \overline{B})$, entsprechend der XOR-Verknüpfung

Abb. 5.10 Beispiele für Venn-Diagramme. Die Ergebnisse der Operationen sind jeweils dunkel dargestellt

Mengenalgebra

Ein weiteres Beispiel für einen Verband ist die Mengenalgebra mit den Operationen $\cup$ (Vereinigung) und $\cap$ (Durchschnitt). Wegen dieser strukturellen Übereinstimmung (Isomorphie) mit der Aussagenlogik hat man auch die an die Symbole der Mengenoperationen erinnernde Schreibweise $\vee$ und $\wedge$ für die logischen Verknüpfungen ODER und UND eingeführt. Diese Isomorphie erlaubt es, mengenalgebraische und logische Verknüpfungen in gleicher Weise durch sogenannte Venn-Diagramme anschaulich darzustellen, wie Abb. 5.10 zeigt.

Die häufig verwendete Schreibweise $a+b$ für $a \vee b$ und $a \cdot b$ oder auch ab für $a \wedge b$ hat sich wegen der Ähnlichkeit eines booleschen Verbands mit der aus der Arithmetik bekannten algebraischen Struktur Integritätsbereich (beispielsweise die ganzen Zahlen mit den Verknüpfungen Addition und Multiplikation) eingebürgert. In der Tat herrscht eine weitgehende Übereinstimmung; Distributivität und komplementäre Elemente weichen allerdings etwas ab und die Absorption hat in einem Integritätsbereich keine Entsprechung. Wendet man also mit dieser Analogie nur die Regeln der Arithmetik an, so macht man zwar keine Fehler, man wird aber manche Möglichkeiten der booleschen Algebra nicht nutzen. Eine tatsächliche strukturelle Übereinstimmung hätte man, wenn statt $a \vee b$ das exklusive Oder $a \,\mathrm{XOR}\, b$ verwendet würde.

Schaltfunktionen

Wendet man die boolesche Algebra auf die Analyse und Synthese von digitalen Schaltungen an, so identifiziert man „wahr“ bzw. 1 mit dem Zustand „Spannung vorhanden“ und „falsch“ bzw. 0 mit dem Zustand „Spannung nicht vorhanden“. Die boolesche Algebra wird dann als *Schaltalgebra* bezeichnet und Funktionen von Wahrheitswerten als *Schaltfunktionen*. Präziser spricht man von n-stelligen binären Schaltfunktionen $f(x_1, x_2, \ldots, x_n)$ mit den Variablen $x_1, x_2, \ldots, x_n$, da die Argumente x_i nur die beiden Werte 0 und 1 annehmen können. Sowohl der Definitionsbereich als auch der Wertebereich sind also auf die Werte $\{0, 1\}$ beschränkt. Es gibt daher nur 2^{2^n} n-stellige binäre Schaltfunktionen, die sich wegen der Endlichkeit von Definitions- und Wertebereich immer in Form von endlichen Wahrheitstabellen angeben lassen.

Die bereits eingeführten logischen Verknüpfungen kann man demnach auch als ein- und zweistellige Schaltfunktionen auffassen. Alle vier einstelligen und alle 16 zweistelligen Schaltfunktionen sind somit bereits in Form logischer Verknüpfungen oder Wahrheitsfunktionen eingeführt worden (siehe Tabellen 5.3 und 5.4). Allgemein lässt sich eine Schaltfunktion als „schwarzer Kasten“ mit einem Ausgang und einem oder mehreren Eingängen darstellen, wie in Abb. 5.11 gezeigt.

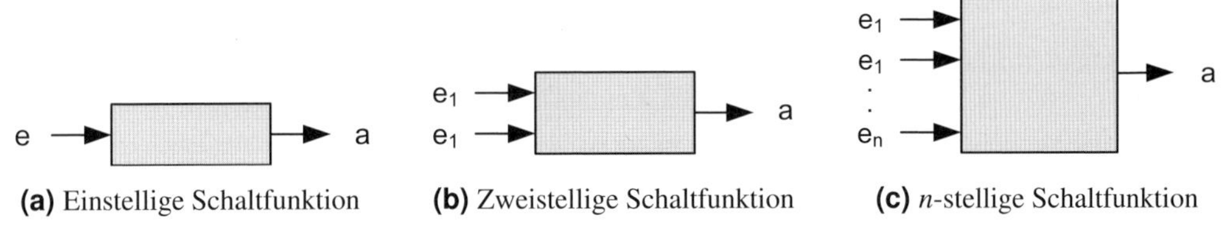

(a) Einstellige Schaltfunktion **(b)** Zweistellige Schaltfunktion **(c)** n-stellige Schaltfunktion

Abb. 5.11 Symbolische Darstellung von Schaltfunktionen

5.2.3 Das boolesche Normalform-Theorem

Das im Folgenden eingeführte boolesche Normalform-Theorem bietet eine einfache Möglichkeit, aus einer Wahrheitstabelle die zugehörige Schaltfunktion zu konstruieren.

Minterme und disjunktive Normalform

Zur Herleitung des booleschen Normalform-Theorems geht man von folgender Identität aus, die sich unmittelbar aus den Axiomen des booleschen Verbandes ergibt:

$$f(x_1,x_2,\dots,x_n) = (\neg x_1 \wedge f(0,x_2,x_3,\dots,x_n)) \vee [x_1 \wedge f(1,x_2,x_3,\dots,x_n)) \quad . \tag{5.6}$$

Mehrmalige Anwendung dieses Satzes liefert eine eindeutige Darstellung der Funktion $f(x_1,\dots,x_n)$, die man als boolesches Normalform-Theorem bezeichnet:

$$\begin{aligned} f(x_1,x_2,\dots,x_n) =&(x_1 \wedge x_2 \wedge \dots x_n \wedge f(1,1,\dots,1,1))\vee \\ &(\neg x_1 \wedge x_2 \wedge \dots x_n \wedge f(0,1,\dots,1,1))\vee \\ &(x_1 \wedge \neg x_2 \wedge \dots x_n \wedge f(1,0,\dots,1,1))\vee \\ &\dots \\ &(\neg x_1 \wedge \neg x_2 \wedge \dots \neg x_{n-1} \wedge x_n \wedge f(0,0,\dots,0,1))\vee \\ &(\neg x_1 \wedge \neg x_2 \wedge \dots \neg x_{n-1} \wedge \neg x_n \wedge f(0,0,\dots,0,0)) \end{aligned} \tag{5.7}$$

Man nennt diese Darstellung die *disjunktive Normalform*. Die durch ODER verknüpften Terme bezeichnet man als *Minterme* m_i. Für eine n-stellige Funktion kann es höchstens $k = 2^n$ Minterme m_0 bis m_{k-1} geben, von denen aber im Allgemeinen viele verschwinden werden, nämlich genau diejenigen, für welche $f(x_1,x_2,\dots,x_n) = 0$ ist.

Maxterme und konjunktive Normalform

Äquivalent zu der disjunktiven Normalform ist die *konjunktive Normalform*, die aus der disjunktiven Normalform durch Negation hervorgeht:

$$\begin{aligned} f(x_1,x_2,\dots,x_n) =&(\neg x_1 \vee \neg x_2 \vee \dots \neg x_n \vee \neg f(1,1,\dots,1,1))\wedge \\ &(x_1 \vee \neg x_2 \vee \dots \neg x_n \vee \neg f(0,1,\dots,1,1))\wedge \\ &(\neg x_1 \vee x_2 \vee \dots \neg x_n \vee \neg f(1,0,\dots,1,1))\wedge \\ &\dots \\ &(x_1 \vee x_2 \vee \dots x_{n-1} \vee \neg x_n \vee \neg f(0,0,\dots,0,1))\wedge \\ &(x_1 \vee x_2 \vee \dots x_{n-1} \vee x_n \vee \neg f(0,0,\dots,0,0)) \end{aligned} \tag{5.8}$$

Bsp. 5.3 Disjunktive und konjunktive Normalform

Betrachtet wird die Umwandlung einer als Wahrheitstabelle gegebenen Funktion (siehe Tabelle 5.5) in eine Schaltfunktion mittels Oder-Verknüpfung von Mintermen in disjunktiver Normalform sowie Und-Verknüpfung von Maxtermen in konjunktiver Normalform.
Zur disjunktiven Normalform tragen nur die Minterme bei, d. h. $f(a,b,c) = 1$. In jedem Term werden die Variablen, die den Wert 0 haben, negiert:

$$f(a,b,c) = m_1 \vee m_2 \vee m_4 \vee m_7 = (\neg a \wedge \neg b \wedge c) \vee (\neg a \wedge b \wedge \neg c) \vee (a \wedge \neg b \wedge \neg c) \vee (a \wedge b \wedge c).$$

Zur konjunktiven Normalform tragen nur die Maxterme bei, d. h. $f(a,b,c) = 0$. In jedem Term werden die Variablen, die den Wert 1 haben, negiert:

$$f(a,b,c) = M_0 \wedge M_3 \wedge M_5 \wedge M_6 = (a \vee b \vee c) \wedge (a \vee \neg b \vee \neg c) \wedge (\neg a \vee b \vee \neg c) \wedge (\neg a \vee \neg b \vee c).$$

a	0 0 0 0 1 1 1 1
b	0 0 1 1 0 0 1 1
c	0 1 0 1 0 1 0 1
$f(a,b,c)$	0 1 1 0 1 0 0 1

Tabelle 5.5 Beispiel einer Wahrheitstabelle zur Umwandlung einer Funktion in Normalform. Zur disjunktiven Normalform tragen nur die Minterme bei, d. h. $f(a,b,c) = 1$, zur konjunktiven Normalform nur die Maxterme, d. h. $f(a,b,c) = 0$

Die durch UND verknüpften Terme der konjunktiven Normalform werden als *Maxterme* M_i bezeichnet.

Zur disjunktiven Normalform (Minterme) tragen alle Kombinationen der Argumente bei, für welche die Funktion den Wert 1 annimmt, zur konjunktiven Normalform (Maxterme) tragen alle Kombinationen der Argumente bei, für welche die Funktion den Wert 0 annimmt. Ist eine Schaltfunktion durch eine Wahrheitstabelle gegeben, so lassen sich disjunktive und konjunktive Normalform leicht angeben, wie Bsp. 5.3 zeigt.

5.2.4 Vereinfachen boolescher Ausdrücke

Mithilfe der Normalform entwickelte Ausdrücke bestehen meist aus vielen Termen und sind daher unübersichtlich. Durch Anwendung der Rechenregeln der booleschen Algebra gelingt jedoch oft eine beträchtliche Vereinfachung, wie man in Bsp. 5.4 sieht.

Benachbarte Terme

Das Vereinfachen boolescher Ausdrücke unter Anwendung der Rechenregeln ist allerdings nicht ganz einfach und erfordert viel Übung. Eine Erleichterung ergibt sich dadurch, dass häufig sog. benachbarte Terme auftreten. Das sind Terme, die sich nur durch Negation einer Komponente voneinander unterscheiden und sich daher zusammenfassen lassen. Betrachtet man den Ausdruck

$$(\neg a \wedge b \wedge c) \vee (\neg a \wedge b \wedge \neg c) = (\neg a \wedge b) \vee (c \wedge \neg c) = \neg a \wedge b \quad ,$$

so erkennt man, dass die beiden in Klammern gesetzten Terme benachbart sind. Durch Ausklammern von $\neg a \wedge b$ und unter Beachtung von $c \wedge \neg c = 1$ folgt dann das Ergebnis $\neg a \wedge b$.

Bsp. 5.4 Vereinfachen boolescher Ausdrücke

Der folgende Term soll vereinfacht werden:

$$
\begin{aligned}
&(\neg a \wedge b \wedge \neg c) \vee (a \wedge b \wedge \neg c) \vee (a \wedge b \wedge c) = \\
&(\neg a \wedge b \wedge \neg c) \vee (((a \wedge b) \wedge \neg c) \vee ((a \wedge b) \wedge c)) = \\
&(\neg a \wedge b \wedge \neg c) \vee ((a \wedge b) \wedge \underbrace{(\neg c \vee c)}_{=1}) = (\neg a \wedge b \wedge \neg c) \vee (a \wedge b) = \\
&b \wedge ((\neg a \wedge \neg c) \vee a) = b \wedge ((\neg a \vee a) \wedge (\neg c \vee a)) = b \wedge (\neg c \vee a)
\end{aligned}
$$

	x_2	$\overline{x}_2$
x_1	x_1x_2	$x_1\overline{x}_2$
$\overline{x}_1$	$\overline{x}_1x_2$	$\overline{x}_1\overline{x}_2$

(a) Zwei Variablen

	x_2		$\overline{x}_2$	
x_1	$x_1x_2\overline{x}_3$	$x_1x_2x_3$	$x_1\overline{x}_2x_3$	$x_1\overline{x}_2\overline{x}_3$
$\overline{x}_1$	$\overline{x}_1x_2\overline{x}_3$	$\overline{x}_1x_2x_3$	$\overline{x}_1\overline{x}_2x_3$	$\overline{x}_1\overline{x}_2\overline{x}_3$
	$\overline{x}_3$	x_3		$\overline{x}_3$

(b) Drei Variablen

	x_2		$\overline{x}_2$		
x_1	$x_1x_2\overline{x}_3\overline{x}_4$	$x_1x_2\overline{x}_3x_4$	$x_1\overline{x}_2\overline{x}_3x_4$	$x_1\overline{x}_2\overline{x}_3\overline{x}_4$	$\overline{x}_3$
	$x_1x_2x_3\overline{x}_4$	$x_1x_2x_3x_4$	$x_1\overline{x}_2x_3x_4$	$x_1\overline{x}_2x_3\overline{x}_4$	x_3
$\overline{x}_1$	$\overline{x}_1x_2x_3\overline{x}_4$	$\overline{x}_1x_2x_3x_4$	$\overline{x}_1\overline{x}_2x_3x_4$	$\overline{x}_1\overline{x}_2x_3\overline{x}_4$	
	$\overline{x}_1x_2\overline{x}_3\overline{x}_4$	$\overline{x}_1x_2\overline{x}_3x_4$	$\overline{x}_1\overline{x}_2\overline{x}_3x_4$	$\overline{x}_1\overline{x}_2\overline{x}_3\overline{x}_4$	$\overline{x}_x$
	$\overline{x}_4$	x_4		$\overline{x}_4$	

(c) Vier Variablen

Abb. 5.12 Die allgemeinen KV-Diagramme für zwei, drei und vier Variablen. Man beachte, dass sich die Einträge (Minterme) in benachbarten Feldern nur in jeweils einer Stelle unterscheiden. Für eine konkrete Schaltfunktion trägt man die logischen Werte der Minterme ein, also 0 bzw. 1 oder auch ein Fragezeichen, wenn der betreffende Minterm für die Schaltfunktion keine Rolle spielt. Nach demselben Bildungsschema werden auch KV-Diagramme für beliebige Anzahlen von Variablen erstellt

Karnaugh-Veitch-Diagramme

Für das Vereinfachen von booleschen Ausdrücken mit mehreren Variablen gibt es eine Reihe von systematischen Verfahren. Sehr oft verwendet wird das Karnaugh-Veitch-Diagramm, bei dem allen möglichen Mintermen ein Feld in einem rechteckigen Schema zugeordnet wird. Die Felder werden dabei so angeordnet, dass im obigen Sinne algebraisch benachbarte Minterme auch geometrisch benachbart sind. Die Felder werden nun mit 0 oder 1 besetzt, je nachdem, ob der zugehörige Minterm in der betrachteten Schaltfunktion enthalten ist oder nicht. Zusammenhängend mit 1 besetzte Gebiete können dann gemäß der Vorschrift für das Zusammenfassen benachbarter Terme vereinfacht werden.

Der allgemeinen Praxis folgend, wird hier die Notation $a+b$ für $a \vee b$, ab für $a \wedge b$ und $\overline{a}$ für $\neg a$ verwendet. Abbildung 5.12 zeigt allgemeine KV-Diagramme für zwei, drei und vier Variablen. Da in KV-Diagrammen logisch benachbarte Terme auch geometrisch benachbart sind, kann man in einer Funktion mit n Variablen Blöcke aus 2, 4, 8 oder allgemein 2^k Termen, die alle Einsen enthalten, zu nur einem Term zusammenfassen, der nur noch $n-k$ Variablen hat. Dies ist in Bsp. 5.5 gezeigt.

Für die technische Realisierung von Schaltfunktionen, wovon im folgenden Kapitel die Rede sein wird, ist es nützlich, Schaltfunktionen unter ausschließlicher Verwendung von NAND-Gattern auszudrücken. Dazu ist die konjunktive Normalform gut geeignet, da eine doppelte Negation (die ja an der Schaltfunktion nichts ändert) und die nachfolgende Anwendung der de Morganschen Regel bereits zum Ziel führen. Analog geht dies auch mit NOR-Gattern.

Bsp. 5.5 Karnaugh-Veitch-Diagramme

Gegeben sei die folgende Funktion in disjunktiver Normalform
$y = x_1\bar{x}_2\bar{x}_3x_4 + x_1\bar{x}_2x_3x_4 + \bar{x}_1\bar{x}_2x_3x_4 + \bar{x}_1\bar{x}_2\bar{x}_3x_4 + x_1x_2x_3x_4$.
Durch Einsetzen von 1 in die den Mintermen der Funktion y entsprechenden Felder und 0 in die verbleibenden Felder erhält man das KV-Diagramm:

	x_2		$\bar{x}_2$		
x_1	0	0	1	0	$\bar{x}_3$
x_1	0	1	1	0	x_3
$\bar{x}_1$	0	0	1	0	x_3
$\bar{x}_1$	0	0	1	0	$\bar{x}_3$
	$\bar{x}_4$	x_4		$\bar{x}_4$	

Im ersten Schritt kann man die vier Einsen in der dritten Spalte zusammenfassen, der resultierende Term ist $\bar{x}_2x_4$. Zusammen mit dem verbleibenden Term ergibt sich also $y = \bar{x}_2x_4 + x_1x_2x_3x_4$. Man kann aber zusätzlich noch die zu den beiden benachbarten Einsen in der zweiten Zeile gehörenden Terme zusammenfassen und erhält dann $y = \bar{x}_2x_4 + x_1x_3x_4$.
Diese beiden auf den ersten Blick sehr unterschiedlich erscheinenden Ergebnisse sind aber in der Tat identisch, wie die folgende Umformung unter wesentlicher Verwendung der Absorptionsregel zeigt:

$$\begin{aligned} y &= \bar{x}_2x_4 + x_1x_2x_3x_4 = x_4(\bar{x}_2 + x_2(x_1x_3)) \\ &= x_4((\bar{x}_2 + x_2)(\bar{x}_2 + x_1x_3)) = x_4(\bar{x}_2 + x_1x_3) = \bar{x}_2x_4 + x_1x_3x_4 \quad . \end{aligned}$$

Beispiel: Die Schaltfunktion aus Bsp. 5.5 soll durch NAND-Gatter dargestellt werden:
$y = \bar{x}_2x_4 + x_1x_3x_4 = \overline{\overline{\bar{x}_2x_4 + x_1x_3x_4}} = \overline{\overline{\bar{x}_2x_4} \cdot \overline{x_1x_3x_4}}$.

Übungsaufgaben zu Kapitel 5.2

A 5.1 (T1) Beantworten Sie die folgenden Fragen:

a) Was wird durch die Aussagenlogik beschrieben?

b) Was ist eine logische Verknüpfung?

c) Geben Sie die Absorptionsgesetze an.

d) Was ist ein boolescher Verband?

e) Was ist ein Venn-Diagramm?

f) Was ist eine binäre Schaltfunktion?

g) Beschreiben Sie das boolesche Normalformtheorem.

h) Was sind Maxterme und Minterme?

i) Was sind benachbarte Terme?

A 5.2 (L1) Stellen Sie die zweistelligen logischen Verknüpfungen Implikation, NOR, NAND, Äquivalenz und XOR unter ausschließlicher Verwendung von Konjunktion, Disjunktion und Negation dar.

A 5.3 (L2) Vereinfachen Sie den folgende booleschen Ausdruck so weit wie möglich:
$(a \wedge b \wedge d) \vee (a \wedge \bar{b} \wedge c) \vee (a \wedge b \wedge \bar{d})$.

A 5.4 (L2) Vereinfachen Sie die folgende Schaltfunktion so weit wie möglich und geben Sie das Ergebnis unter ausschließlicher Verwendung von NAND an:
$f(x_1,x_2,x_3) = (x_1 \wedge x_2 \wedge x_3) \vee (x_1 \wedge \bar{x}_2 \wedge x_3) \vee (x_1 \wedge \bar{x}_2 \wedge \bar{x}_3) \vee (\bar{x}_1 \wedge \bar{x}_2 \wedge x_3) \vee (\bar{x}_1 \wedge \bar{x}_2 \wedge \bar{x}_3)$.
A 5.5 (L3) Geben Sie die konjunktive und die disjunktive Normalform der folgenden Schaltfunktion an: $f(x_1,x_2,x_3) = (x_1 \wedge x_2)\,\mathrm{XOR}\,(x_1 \wedge x_3)\,\mathrm{XOR}\,(x_2 \wedge x_3)\,\mathrm{XOR}\,\overline{(x_1 \wedge x_3)}$.
A 5.6 (L3) Es seien f und g zwei n-stellige Schaltfunktionen. Dann sind auch logische Verknüpfungen wie $f \wedge g$ etc. ebenfalls Schaltfunktionen. Zeigen Sie:

a) $f \vee (\neg f \wedge g) = f \vee g$,

b) $f \vee (f \wedge g) = f$,

c) $f = g$ gilt genau dann, wenn $(\neg f \wedge g) \vee (f \wedge \neg g) = 0$ gilt.

A 5.7 (L3) Eine Schaltfunktion y mit drei Eingängen x_1,x_2,x_3 sei durch folgende Funktionstabelle gegeben:

x_1	0 0 0 0 1 1 1 1
x_2	0 0 1 1 0 0 1 1
x_3	0 1 0 1 0 1 0 1
$y = f(x_1,x_2,x_3)$	0 1 1 0 0 1 1 1

Geben Sie die Schaltfunktion in disjunktiver Normalform an, erstellen Sie das zugehörige KV-Diagramm und vereinfachen Sie die Funktion so weit wie möglich.

5.3 Schaltnetze und Schaltwerke

5.3.1 Schaltnetze

Definition von Schaltnetzen

Unter Schaltnetzen (siehe [Lip10]) versteht man die technische Realisierung von Schaltfunktionen auf einem abstrakten Niveau, auf dem von physikalischen Einzelheiten, insbesondere konkreten Schaltungen und Signallaufzeiten, abgesehen wird. Dabei dürfen Schaltfunktionen miteinander verknüpft werden, aber nur so, dass keine Rückkopplungen, also Zyklen von Ausgängen auf Eingänge in dem die Schaltung beschreibenden Graphen (siehe Kap. 13.3) auftreten. Leitungen werden in dieser Beschreibung als gerichtete Kanten und die als Grundbausteine verwendeten logischen Gatter als Knoten interpretiert.

Man kann sich ein Schaltnetz als einen „schwarzen Kasten“ mit Eingängen $e_1,e_2,\ldots,e_n$ und Ausgängen $a_1,a_2,\ldots,a_m$ vorstellen, wobei sowohl Eingänge als auch Ausgänge nur die Zustände 0 und 1 annehmen können (siehe Abb. 5.13).

Schaltnetze sind aus kombinatorischen Schaltungen aufgebaut d. h. der Zustand der Ausgänge hängt ausschließlich vom Zustand der Eingänge ab. Die Abhängigkeit der Ausgangssignale von den

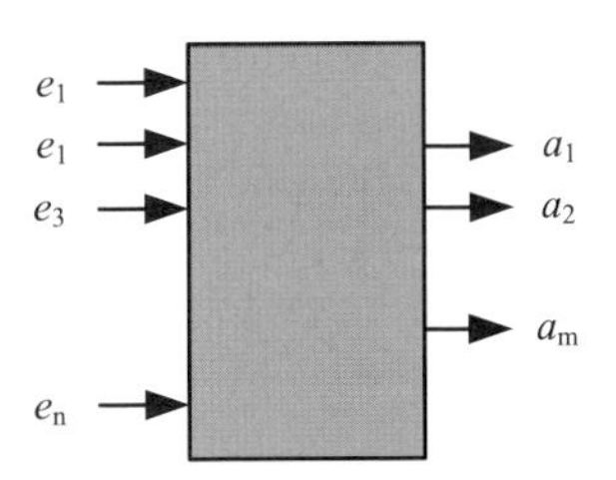

Abb. 5.13 Symbolische Darstellung eines Schaltnetzes als „schwarzer Kasten“

Bsp. 5.6 Das Distributivgesetz

Interpretiert man das Distributivgesetz $a \wedge (b \vee c) = (a \wedge b) \vee (a \wedge c)$ als Schaltnetz, so ergeben sich aus der linken und rechten Seite der Gleichung zwei Schaltnetze, die dasselbe leisten, die sich aber im Hardware-Aufwand deutlich unterscheiden, wie aus Abb. 5.14 ersichtlich ist. Es lohnt sich also, in die Vereinfachung von Schaltnetzen etwas Mühe zu investieren.

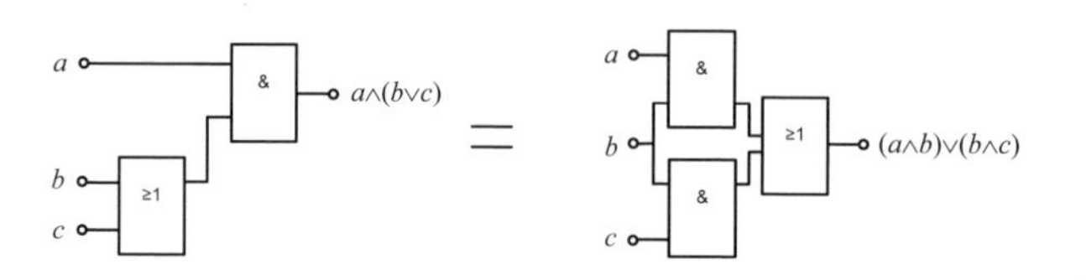

Abb. 5.14 Interpretation des Distributivgesetzes als Schaltnetz in zwei Varianten

Eingangssignalen wird dabei in der Regel durch eine Schaltfunktion definiert, die wiederum als Wahrheitstabelle angegeben wird.

Es besteht eine Parallele zwischen Schaltnetzen und endlichen Automaten (siehe Kap. 10.1), deren Verhalten ebenfalls durch eine funktionale Beschreibung der Abhängigkeit der Ausgänge von den auf die Eingänge gegebenen Eingabezeichen definiert ist, wobei im Falle von Automaten aber auch noch innere Zustände hinzukommen.

Schaltnetze und logische Gatter

Bei der technischen Realisierung eines Schaltnetzes in der Praxis geht man wie folgt vor:

- Die Eingänge und Ausgänge einer Schaltaufgabe werden definiert.
- Der Zusammenhang zwischen den Eingängen und Ausgängen wird durch eine Wahrheitstabelle dargestellt.
- Die Wahrheitstabelle wird mithilfe der booleschen Algebra in eine Schaltfunktion übertragen, die dann nach Bedarf vereinfacht und umgeformt wird. Bei der Vereinfachung werden häufig auch KV-Diagramme verwendet.
- Das Ergebnis wird als Schaltplan mit logischen Gattern dargestellt. Dazu sind nur UND-Gatter, ODER-Gatter und Inverter erforderlich.
- Die Schaltung wird unter Verwendung geeigneter ICs technisch realisiert.

Aus den in Kap. 5.1.3 eingeführten logischen Gattern lassen sich also unter Verwendung der in Kap. 5.2 beschriebenen booleschen Algebra beliebige Schaltnetze zusammensetzen. Bei dieser Prozedur kann es jedoch durchaus mehrere verschiedene Lösungen geben, wie in Bsp. 5.6 zu sehen ist.

5.3.2 Spezielle Schaltnetze

Decoder

Häufig werden sog. Dekodierer oder Decoder benötigt. Diese transformieren nach einer vorgegebenen Regel eine Anzahl von Eingangssignalen in die Ausgangssignale. Zur Verdeutlichung dieses

e_1	e_0	a_3	a_2	a_1	a_0
0	0	0	0	0	1
0	1	0	0	1	0
1	0	0	1	0	0
1	1	1	0	0	0

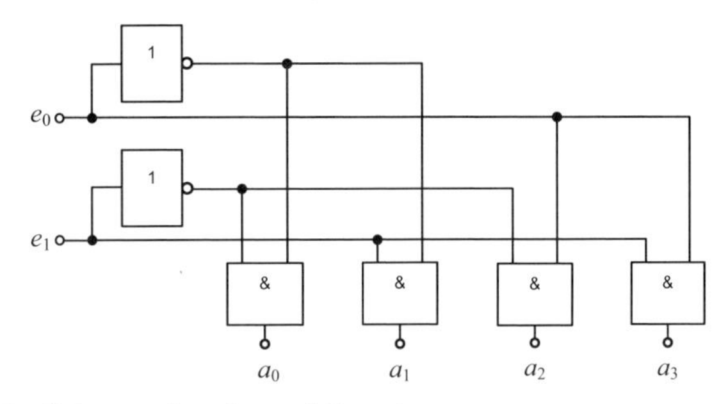

Abb. 5.15 Realisierung eines 1-aus-4-Decoders

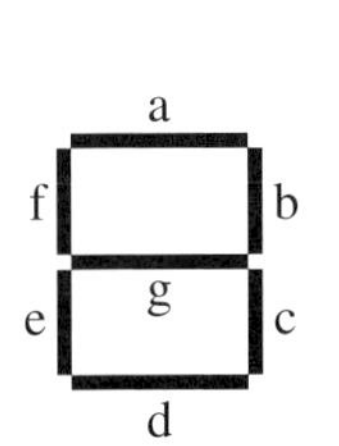

Abb. 5.16 Schema einer 7-Segmentanzeige

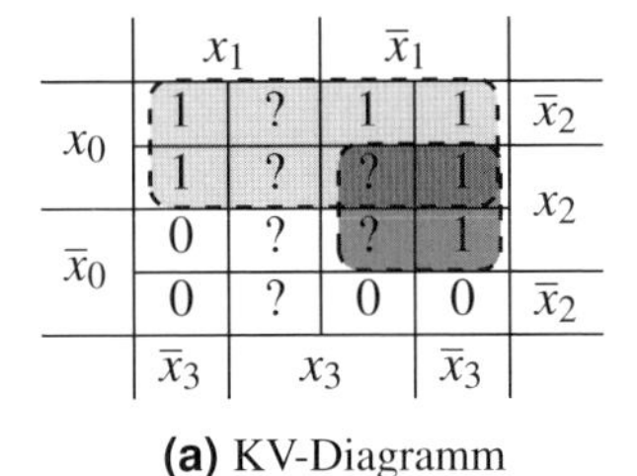

(a) KV-Diagramm

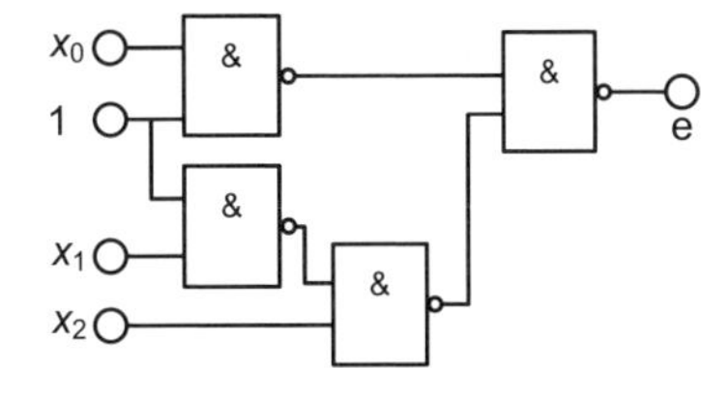

(b) Schaltung mit NAND-Gattern

Abb. 5.17 KV-Diagramm und Schaltung für das Segment „e"

Prinzips wird hier ein 1-aus-4-Decoder betrachtet. Dieses Schaltnetz besitzt zwei Eingänge, e_0 und e_1 und vier Ausgänge a_0 bis a_3, von denen in Abhängigkeit von dem am Eingang anliegenden Binärwort jeweils nur einer auf 1 gesetzt wird. Solche Decoder werden beispielsweise für die Ansteuerung von Anzeigeelementen vielfach eingesetzt. Zur Realisierung siehe Abb. 5.15.

7-Segmentanzeige

In manchen Fällen spielen nicht alle Kombinationen der Eingangsvariablen für die Schaltfunktion eine Rolle. Ein Beispiel dafür ist die Ansteuerung der sieben Elemente einer 7-Segmentanzeige zur Darstellung der Ziffern 0 bis 9 (siehe Abb. 5.16). Die 7 Segmente a bis g können durch Decodierung von vier Eingängen x_0 bis x_3 an- und ausgeschaltet werden. Dazu wird eine negative Logik verwendet, d. h. „0" bedeutet „Segment an" und „1" bedeutet „Segment aus". Da nur die 10 Ziffern 0 bis 9 anzuzeigen sind, mit vier Eingängen aber 16 Kombinationen existieren, spielen offenbar sechs prinzipiell mögliche Kombinationen keine Rolle. Man bezeichnet diese als Pseudo-Tetraden. Die Schaltfunktion als Wahrheitstabelle ist in Tabelle 5.6 dargestellt.

Bei Verwendung eines KV-Diagramms können daher die entsprechenden Einträge beliebig 0 oder 1 gesetzt werden. Durch diese Redundanz wird die Zusammenfassung von Termen erheblich vereinfacht. Als Beispiel ist für das Segment „e" der 7-Segment-Anzeige das KV-Diagramm sowie die zugehörige, vereinfachte Schaltung mit NAND-Gattern angegeben (Abb. 5.17). Die beiden grauen Bereiche im KV-Diagramm zeigen die 8 bzw. 4 zusammengefassten benachbarten Felder. Für die den Pseudo-Tetraden entsprechenden Fragezeichen darf 0 oder 1 eingesetzt werden, hier also innerhalb der grauen Bereiche 1. Für den Ausgang ergibt sich damit die Funktion:

$$e = \overline{x}_3\overline{x}_2\overline{x}_1x_0 + \overline{x}_3\overline{x}_2x_1x_0 + \overline{x}_3x_2\overline{x}_1\overline{x}_0 + \overline{x}_3x_2\overline{x}_1x_0 + \overline{x}_3x_2x_1x_0 + x_3\overline{x}_2\overline{x}_1x_0 = x_0 + \overline{x}_1x_2 = \overline{\overline{x}_0\overline{\overline{x}_1x_2}} \quad .$$

Eingänge x_3 x_2 x_1 x_0	Segmente a b c d e f g	Ziffer
0 0 0 0	0 0 0 0 0 0 1	0
0 0 0 1	1 0 0 1 1 1 1	1
0 0 1 0	0 0 1 0 0 1 0	2
0 0 1 1	0 0 0 0 1 1 0	3
0 1 0 0	1 0 0 1 1 0 0	4
0 1 0 1	0 1 0 0 1 0 0	5
0 1 1 0	0 1 0 0 0 0 0	6
0 1 1 1	0 0 0 1 1 1 1	7
1 0 0 0	0 0 0 0 0 0 0	8
1 0 0 1	0 0 0 0 1 0 0	9
1 0 1 0	? ? ? ? ? ? ?	?
1 0 1 1	? ? ? ? ? ? ?	?
1 1 0 0	? ? ? ? ? ? ?	?
1 1 0 1	? ? ? ? ? ? ?	?
1 1 1 0	? ? ? ? ? ? ?	?
1 1 1 1	? ? ? ? ? ? ?	?

Tabelle 5.6 Wahrheitstabelle für eine 7-Segment-Anzeige mit vier Eingängen x_0, x_1, x_2, x_3. Für die redundanten, nicht verwendeten Pseudo-Tetraden wurden Fragezeichen (?) eingetragen. Es ist zu beachten: 0 bedeutet „Segment an", 1 bedeutet „Segment aus"

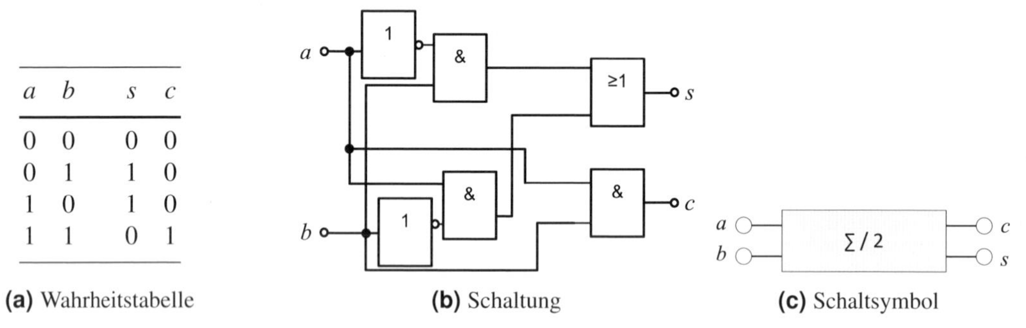

a	b	s	c
0	0	0	0
0	1	1	0
1	0	1	0
1	1	0	1

(a) Wahrheitstabelle **(b)** Schaltung **(c)** Schaltsymbol

Abb. 5.18 Wahrheitstabelle und Schaltfunktionen für einen Halbaddierer. Dieser addiert die beiden an den Eingängen a und b liegenden Bits und gibt die Summe s sowie den Übertrag c aus

Halb- und Volladdierer

Eine sehr wichtige Anwendung von Schaltfunktionen und Schaltnetzen sind Halbaddierer. Ein Halbaddierer dient zur Addition von zwei binären Stellen a und b. Das Ergebnis wird in zwei Ausgängen angegeben, nämlich der Summe s und dem Übertrag (Carry) c. Wahrheitstabelle und Schaltfunktionen sind in Abb. 5.18 dargestellt. Für s und c ergibt sich:

$$\begin{aligned} s &= (a \wedge \neg b) \vee (\neg a \wedge b) = a \,\mathrm{XOR}\, b \quad , \\ c &= a \wedge b \quad . \end{aligned} \tag{5.9}$$

Aus zwei Halbaddierern lässt sich ein Volladdierer aufbauen. Ein Volladdierer hat drei Eingänge: a, b und c, wobei c der Übertrag aus der Addition der vorhergehenden binären Stelle ist. Wie der Halbaddierer, so hat auch der Volladdierer zwei Ausgänge, nämlich die Summe S und den Übertrag

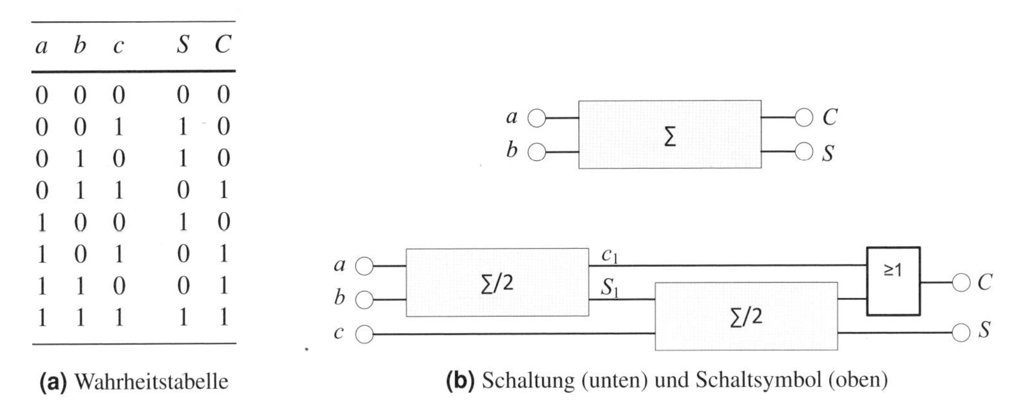

a	b	c	S	C
0	0	0	0	0
0	0	1	1	0
0	1	0	1	0
0	1	1	0	1
1	0	0	1	0
1	0	1	0	1
1	1	0	0	1
1	1	1	1	1

(a) Wahrheitstabelle **(b)** Schaltung (unten) und Schaltsymbol (oben)

Abb. 5.19 Wahrheitstabelle und Schaltfunktionen für einen aus zwei Halbaddierern aufgebauten Volladdierer

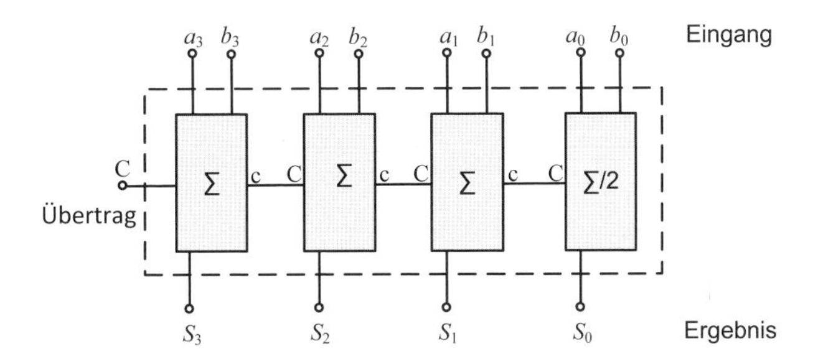

Abb. 5.20 Addierwerk für die Addition von zwei 4-stelligen Binärzahlen $S_3S_2S_1S_0 = a_3a_2a_1a_0 + b_3b_2b_1b_0$

C. Wahrheitstabelle und Schaltfunktionen sind in Abb. 5.19 dargestellt. Für S und C ergibt sich:

$$\begin{aligned} S &= (\neg a \wedge \neg b \wedge c) \vee (\neg a \wedge b \wedge \neg c) \vee (a \wedge \neg b \wedge \neg c) \vee (a \wedge b \wedge c) \quad , \\ C &= (a \wedge b) \vee (b \wedge c) \vee (a \wedge c) \quad . \end{aligned} \tag{5.10}$$

Zur Addition einer beliebigen Anzahl binärer Stellen dienen Addierwerke. Für die Addition der ersten Stelle genügt ein Halbaddierer, da ja hier noch kein Übertrag als Eingang zu berücksichtigen ist. Zur Addition der folgenden Stelle werden Volladdierer eingesetzt. Abbildung 5.20 zeigt ein Beispiel für die Addition von zwei 4-stelligen Binärzahlen.

5.3.3 Schaltwerke

Im Unterschied zur statischen Betrachtungsweise bei Schaltnetzen (kombinatorischen Schaltungen) wird bei Schaltwerken der dynamische Vorgang des Wechsels von Zuständen mit berücksichtigt [Lip10] . Man verlässt also die idealisierende Annahme der verzögerungsfreien Verarbeitung der Eingangsvariablen und trägt den technisch bedingten Schaltzeiten, die in der Größenordnung von 10^{-9} Sekunden (Nanosekunden) liegen, durch Einführung von Verzögerungsgliedern (Delay) Rechnung. Dadurch lassen sich realistische Ersatzschaltbilder für logische Gatter angeben, wie in Abb. 5.21 dargestellt.

Die Schaltvariablen werden damit zu Funktionen der Zeit und haben nur noch zu bestimmten Zeiten, den Taktzeitpunkten, gültige Werte. Verzögerungsglieder ermöglichen auch die Realisierung von Rückkopplungen, die das Verhalten logischer Schaltungen wesentlich beeinflussen. Bei der

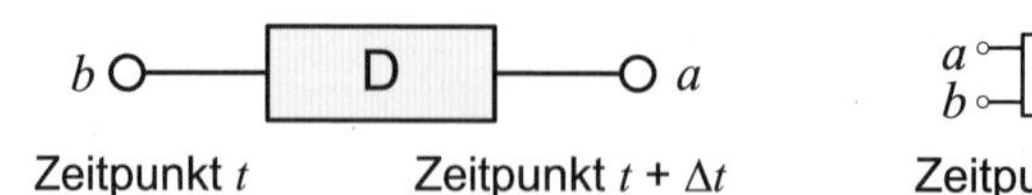

(a) Schaltsymbol für ein Verzögerungsglied

(b) Realistisches Ersatzschaltbild für ein UND-Gatter; Δt ist die für das Gatter typische, technisch bedingte Verzögerungszeit

Abb. 5.21 Verzögerungsglied und realistisches Ersatzschaltbild für UND-Gatter

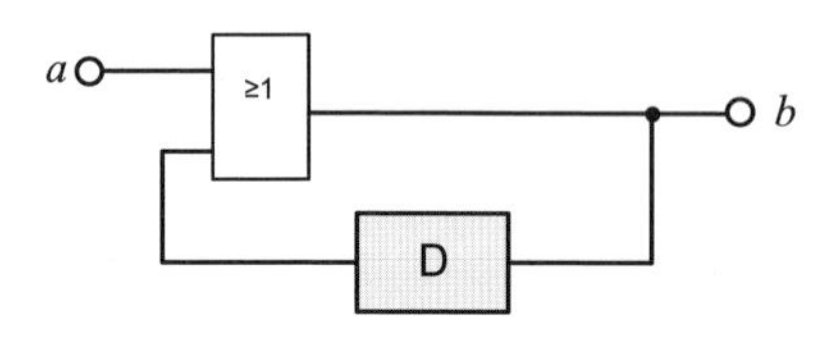

Abb. 5.22 Oder-Gatter mit Rückkopplung. Tritt am Eingang der Wert $a = 1$ auf, so setzt sich dieser am Ausgang durch und bleibt dort erhalten, auch wenn nun am Eingang wieder 0 angelegt wird

Darstellung von Schaltungen durch Graphen dürfen bei Schaltwerken also auch Zyklen auftreten. Ein ODER-Gatter mit Rückkopplung sieht damit wie in Abb. 5.22 aus. Daraus ergibt sich nun:

Definition 5.5 (Schaltwerk)**.** Ein Schaltwerk ist ein Schaltnetz mit Verzögerungs- und Rückkopplungsgliedern.

Serienaddierer

Als wichtiges Beispiel für ein Schaltwerk wird zunächst ein Serienaddierer betrachtet. Es handelt sich hierbei um einen Volladdierer, bei dem der Übertrag über ein Verzögerungsglied in den Addierer zurückgekoppelt wird. Unterteilt man nun die Zeit in äquidistante Zeitpunkte $t_1, t_2, \ldots, t_n$, wobei der Abstand zwischen zwei Zeitpunkten der im Verzögerungsglied gewählten Verzögerungszeit Δt entspricht, so kann man mit nur einem Volladdierer beliebig lange Binärzahlen stellenweise im vorgegebenen Zeittakt addieren. Das Zeitverhalten von Schaltfunktionen lässt sich durch ein Übergangsdiagramm veranschaulichen (vgl. Abb. 5.23).

Der Ausgangszustand eines Schaltwerks ist also nicht nur vom Zustand der Eingangsvariablen abhängig, sondern auch von den als Hilfsgrößen eingeführten Variablen, die den internen Zustand beschreiben. Für den Serienaddierer ist der Ausgang S eine Funktion der Eingänge a und b sowie der internen Variablen.

RS-Flip-Flop

Eine sehr wichtige Klasse von Schaltnetzen sind Flip-Flops. Hierbei handelt es sich um einfache Schaltwerke mit zwei Eingängen und zwei Ausgängen, die in Abhängigkeit von den Eingängen und dem aktuellen Zustand zwei stabile Zustände annehmen können. Damit ist ein Flip-Flop der Grundbaustein für Speicher[1], es kann ein einzelnes Bit speichern. Zudem werden Flip-Flops als Verzögerungsglieder, in Zählern und vielen anderen Anwendungen eingesetzt.

Die einfachste Form des Flip-Flops ist das RS-Flip-Flop. Es kann mit NOR-Gattern wie in Abb. 5.24 gezeigt realisiert werden. Bei einem RS-Flip-Flop sind die Ausgänge Q und $\overline{Q}$ immer zueinander invers, der Zustand $Q = \overline{Q}$ ist also ausgeschlossen. Die Eingänge R (Reset) und S (Set) haben folgende Funktion: Ist S $= 0$ und R $= 0$, so bleibt der aktuelle Zustand des Flip-Flops

[1] statische Speicher und Register in einer CPU. Nicht bei dynamischem RAM, hier werden Kondensatoren verwendet

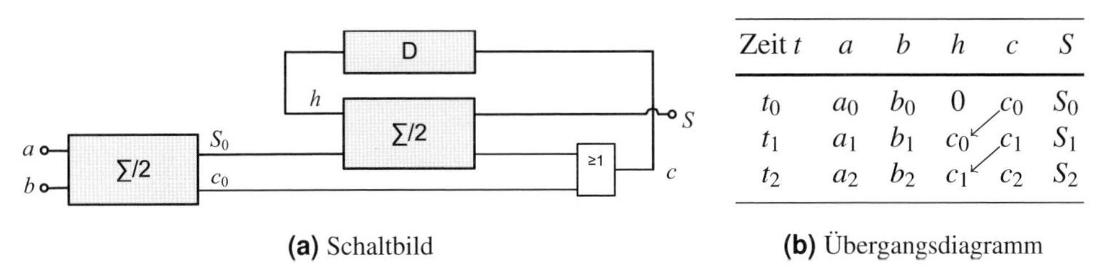

Zeit t	a	b	h	c	S
t_0	a_0	b_0	0	c_0	S_0
t_1	a_1	b_1	c_0	c_1	S_1
t_2	a_2	b_2	c_1	c_2	S_2

(a) Schaltbild **(b)** Übergangsdiagramm

Abb. 5.23 Schaltbild und Übergangsdiagramm für einen Serienaddierer. Neben den Eingabevariablen a und b sowie der Ausgabevariablen S sind zur Charakterisierung des Schaltwerkes die internen Variablen s_0, c_0, h und c eingeführt worden

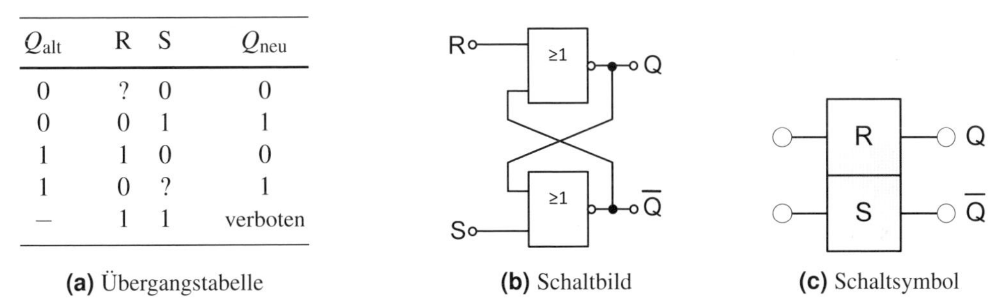

Q_{alt}	R	S	Q_{neu}
0	?	0	0
0	0	1	1
1	1	0	0
1	0	?	1
–	1	1	verboten

(a) Übergangstabelle **(b)** Schaltbild **(c)** Schaltsymbol

Abb. 5.24 Übergangstabelle, Schaltbild und Schaltsymbol für ein RS-Flip-Flop. Der Eintrag ? (don't care) für R oder S in der Übergangstabelle bedeutet, dass hier beliebig 0 oder 1 stehen kann

unverändert. Ist R $= 1$ und S $=0$, so stellt sich der Zustand $Q = 0$ und $\overline{Q} = 1$ ein. Ist R $= 0$ und S $= 1$, so stellt sich der Zustand $Q = 1$ und $\overline{Q} = 0$ ein. R $= 1$ und S $= 1$ führt zu keinem stabilen Zustand von Q und $\overline{Q}$ und muss deshalb vermieden werden.

JK-Flip-Flop und T-Flip-Flop

Man kann die nicht erlaubte Kombination R $= 1$ und S $= 1$ ausschließen, indem man eine weitere Rückkopplung einführt. Das so modifizierte Flip-Flop wird als JK-Flip-Flop bezeichnet (siehe Abb. 5.25). Wird jetzt J $=$ K $= 1$ gesetzt, so kippt das Flip-Flop in den Zustand $Q \to \overline{Q}$, $\overline{Q} \to Q$, denn zuvor ist ja entweder $Q = 1$ oder $\overline{Q} = 1$ gewesen, so dass sich nun entweder an R oder an S der Zustand 1 einstellen wird, aber niemals an R und S gleichzeitig. Fasst man die Eingänge J und K zu nur einem Eingang T zusammen, so erhält man ein T-Flip-Flop mit dem Trigger-Eingang T. Ist T $= 0$, so behält das Flip-Flop seinen Zustand bei. Ist T $= 1$, so kippt das Flip-Flop, d. h. es erfolgt der Übergang $Q \to \overline{Q}$, $\overline{Q} \to Q$.

D-Flip-Flop

Eine weitere Variante ist das D-Flip-Flop, das als Verzögerungsglied verwendet werden kann. Dazu wird der S-Eingang eines RS-Flip-Flops über einen Inverter mit dem R-Eingang verbunden. Es ist dadurch immer S $= \overline{\text{R}}$ sichergestellt, so dass sich der Zustand an D mit einer gewissen Verzögerungszeit am Ausgang Q durchsetzt. Die Schaltung und die Übergangstabelle sind in Abb. 5.26 gezeigt.

Q_{alt}	J	K	Q_{neu}
0	?	0	0
0	0	1	1
0	1	1	1
1	1	0	0
1	0	?	1
1	1	1	0

(a) Übergangstabelle

(b) Schaltbild

Abb. 5.25 Übergangstabelle und Schaltung für ein JK-Flip-Flop

Q_{alt}	D	Q_{neu}
0	0	0
0	1	0
1	0	0
1	1	1

(a) Übergangstabelle

(b) Schaltbild

Abb. 5.26 Übergangstabelle und Schaltung für ein D-Flip-Flop

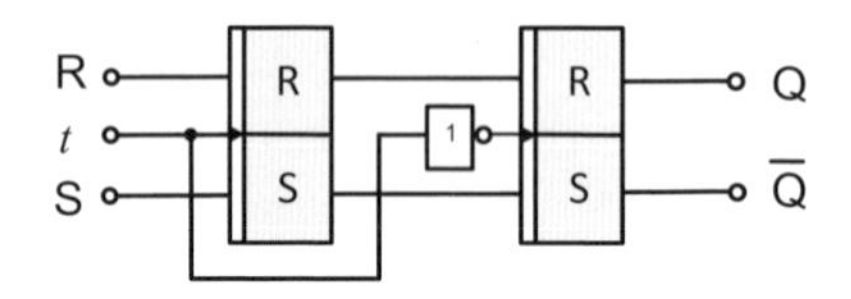

Abb. 5.27 Schaltbild eines getakteten Master-Slave-Flip-Flops

Taktgesteuertes Flip-Flop

Meist werden Flip-Flops mit einem zusätzlichen Eingang t, dem Takteingang, versehen. Man spricht dann von einem taktgesteuerten Flip-Flop. Die am Eingang anliegende Information wird in diesem Fall erst dann wirksam, wenn ein Taktimpuls an t erscheint. Dabei wird noch unterschieden, ob das Flip-Flop mit der steigenden Flanke, dem stabilen Zustand, oder der fallenden Flanke des Taktimpulses schaltet.

Master-Slave-Flip-Flop

Schließlich sei noch das Master-Slave-Flip-Flop erwähnt, das aus zwei hintereinander geschalteten, taktgesteuerten Flip-Flops besteht. Bei einem Taktimpuls übernimmt das erste Flip-Flop die anliegende neue Information, während das zweite Flip-Flop zunächst in seinem Zustand verbleibt und erst beim folgenden Taktimpuls die Information des ersten Flip-Flops übernimmt (siehe Abb. 5.27).

Komponenten von Rechenanlagen

Die Komponenten digitaler Rechenanlagen, beispielsweise Rechenwerk, Steuerwerk, Register und Speicher bestehen im Wesentlichen aus Schaltwerken, die daher eine zentrale Stellung in der technischen Informatik einnehmen [Fli05]. Tatsächlich sind Schaltwerke eine vollständige Beschreibung dessen, was Computer prinzipiell berechnen können und damit äquivalent zu anderen Beschreibungsformen wie etwa Turing-Maschinen (siehe Kap. 10.1.5, S. 386) und μ-rekursiven Funktionen (siehe dazu Kap. 11.1, S. 417). Für die Schaltungsentwicklung stehen außerdem programmierbare integrierte Bausteine sowie Entwicklungswerkzeuge auf der Basis von Hochsprachen, z. B. VHDL zur Verfügung [Rei12]. Damit lassen sich sowohl Schaltnetze als auch Schaltwerke frei konfigurieren.

Übungsaufgaben zu Kapitel 5.3

A 5.8 (T1) Beantworten Sie die folgenden Fragen:

a) Erläutern Sie den Unterschied zwischen Schaltnetzen und Schaltwerken.

b) Was versteht man unter einer kombinatorischen Schaltung?

c) Beschreiben Sie die Aufgabe eines Dekodierers.

d) Was ist eine Pseudo-Tetrade?

e) Grenzen Sie die Begriffe Halb-, Voll- und Serienaddierer gegeneinander ab.

f) Wozu werden Flip-Flops in erster Linie eingesetzt?

g) Nennen Sie vier unterschiedliche Flip-Flop-Typen und charakterisieren Sie diese.

A 5.9 (L1) Erstellen Sie eine Wertetabelle und einen Schaltplan mit möglichst wenig Gattern für die folgende Schaltfunktion: $f(x_1, x_2, x_3) = (x_1 \wedge x_2 \wedge \overline{x}_3) \vee (x_1 \wedge \overline{x}_2 \wedge \overline{x}_3)$.

A 5.10 (L3) Gesucht ist eine Schaltung derart, dass eine Lampe von drei verschiedenen Schaltern ein- bzw. ausgeschaltet werden kann (eine sog. Kreuzschaltung). Erstellen Sie eine Wertetabelle, finden und minimieren Sie eine Schaltfunktion und geben Sie eine Schaltung an, die ausschließlich NOR-Gatter verwendet. Betrachten Sie dabei drei Varianten:

a) Die Lampe soll genau dann brennen, wenn genau ein Schalter geschlossen ist.

b) Die Lampe soll genau dann brennen, wenn mindestens ein Schalter geschlossen ist.

c) Die Lampe soll genau dann nicht brennen, wenn genau ein Schalter geöffnet ist.

A 5.11 (L2) Geben Sie für die nachfolgende Schaltung eine Schaltfunktion in konjunktiver Normalform an.

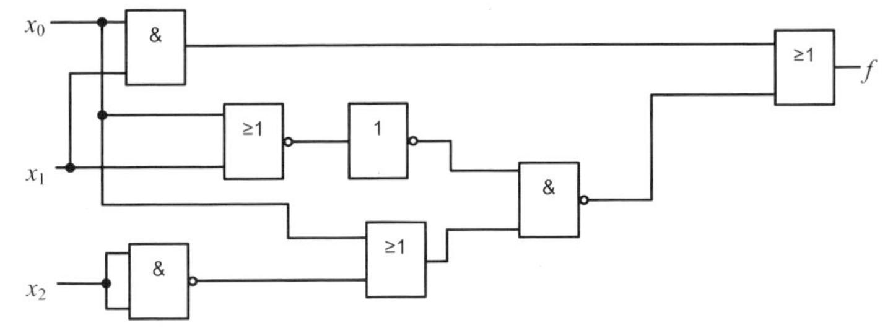

A 5.12 (L3) Geben Sie ein Schaltnetz mit vier Eingängen und vier Ausgängen an, welches das Produkt aus zwei zweistelligen Dualzahlen liefert. In der Schaltung dürfen Halbaddierer verwendet werden.

5.4 Die Funktion einer CPU am Beispiel des M68000

Im Folgenden soll am Beispiel des bereits seit Anfang der 1980er Jahre erhältlichen Mikroprozessors M68000 des amerikanischen Herstellers Motorola [Hil97] der Aufbau und die Funktion einer CPU erläutert werden. Dieser Prozessor ist einfach und übersichtlich strukturiert, weist aber dennoch die wesentlichen Merkmale typischer Mikroprozessoren auf [Wüs11]. Moderne CPUs von Intel oder anderen Herstellern sind dagegen so komplex strukturiert, dass die Grundprinzipien nicht mehr deutlich sichtbar werden. Allein die Erläuterung der vielen hundert Ein- und Ausgangspins würde den Rahmen einer Einführung sprengen. Der M68000 weist dagegen neben den Adress- und Datenleitungen nur wenige zusätzliche Anschlüsse auf. Die Funktionen sind überschaubar und für die Erläuterung der prinzipiellen Arbeitsweise von Prozessoren gut geeignet.

Viele der hier besprochenen Details sind auf die in eingebetteten Systemen (Embedded Systems) verwendeten Mikrocontroller übertragbar [Ber10, Fli05].

5.4.1 Die Anschlüsse der CPU M68000

In Abb. 5.28 sind alle nach außen geführten Anschlüsse (Pins) des M68000 dargestellt. Manche der Anschlüsse dienen (von der CPU aus gesehen) als Eingänge, manche als Ausgänge und einige (etwa die Adressleitungen) können sowohl als Eingänge als auch als Ausgänge verwendet werden. In der Abbildung ist dies durch die Pfeilrichtungen angedeutet.

Stromversorgung und Takt

Neben der Stromversorgung Vcc (= 5 V) und GND (von Ground = Masse bzw. 0 V) erkennt man den Takteingang. An diesen wird ein hochfrequenter, rechteckiger Spannungsverlauf angeschlossen, der durch einen externen, quarzgesteuerten Taktgenerator erzeugt wird. Dieser Takt (Clock, CLK) wird für die zeitliche Ablaufsteuerung des gesamten Systems benötigt. Beim M68000 war die Taktfrequenz anfangs 8 MHz, bei modernen Prozessoren sind es einige GHz.

Datenbus und Adressbus

Aus Abb. 5.28 geht hervor, dass es sich beim M68000 um einen 16-Bit-Mikroprozessor handelt, d. h. der Datenbus mit den Leitungen D0 bis D15 ist 16 Bit breit. Zusätzlich kann neben dem Zugriff auf 16-Bit-Worte beim Lesen aus einer Speicherzelle oder beim Schreiben in eine Speicherzelle auch ein Zugriff auf Byte-Daten mit 8 Bit erfolgen. Der Adressbus des M68000 umfasst die 23 Leitungen A1 bis A23, ergänzt um die weiter unten erläuterten Funktionscodes FC0, FC1, FC2. Damit können 2^{26} Speicherzellen adressiert werden, die jeweils ein Byte fassen. Der gesamte Adressraum umfasst also 64 MByte. Neben den weiter oben beschriebenen Adress- und Datenleitungen, der Stromversorgung und dem Clock-Eingang verfügt der M68000 über einen Steuerbus mit 20 Leitungen.

Funktionscode

Die drei als Funktionscodes bezeichneten Ausgänge FC0, FC1 und FC2 dienen in erster Linie der Wahl des Adressbereichs, in welchem der M68000 gerade arbeitet. In diesem Sinne verhalten sich FC0, FC1 und FC2 wie weitere Adressleitungen. Der Adressbereich beträgt damit 4 mal 16 MByte. Durch FC0 = 1 wird der Datenbereich, durch FC1 = 1 der Programmbereich charakterisiert. FC2 spezifiziert, ob sich der M68000 im User-Mode (0) oder im Supervisor-Mode (1) befindet. Durch

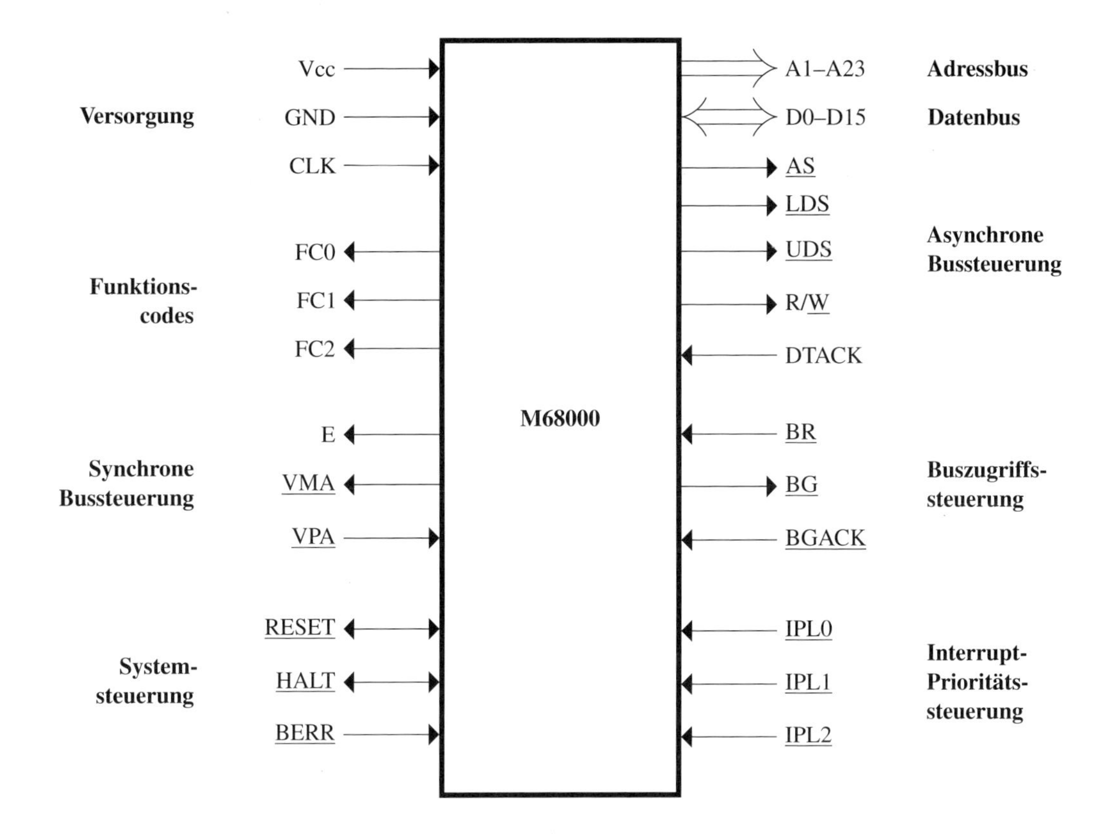

Abb. 5.28 Die Anschlüsse des Mikroprozessors M68000 von Motorola. Durch die Richtung der Pfeile sind Eingänge und Ausgänge kenntlich gemacht. Eine Unterstreichung bedeutet, dass das entsprechende Signal aktiv ist, wenn Low-Pegel anliegt (negative Logik)

(FC0, FC1, FC2) sind demnach folgende Adressbereiche von jeweils 16 MByte Umfang definiert: User Data: (1, 0, 0), User Program: (0, 1, 0), Supervisor Data/Program: (1, 0, 1) bzw. (0, 1, 1).

Zur schnellen Speicherverwaltung dienen spezielle Bausteine, so genannte Memory Management Units (MMUs), welche u. a. die Funktionscodes verwalten.

Eine weitere, von der Adressverwaltung unabhängige Verwendung der Funktionscodes ist die Interrupt-Bestätigung durch die Kombination FC0 = FC1 = FC2 = 1. Dadurch wird angezeigt, dass die CPU einen Interrupt empfangen und erkannt hat. Andere Kombinationen von FC0, FC1 und FC2 als die hier genannten können nicht auftreten.

Asynchrone Bussteuerung

Mithilfe der asynchronen Bussteuerung können Peripheriegeräte mit unterschiedlich langen Zugriffszeiten an den Adress- und Datenbus angeschlossen werden. Die Kommunikation erfolgt dabei nicht nach einem festen zeitlichen Rahmen, sondern asynchron nach „Angebot und Nachfrage", wobei die Synchronisation durch ein so genanntes Handshake vermittelt wird. Darunter ist zu verstehen, dass der Sender anzeigt, wenn die zu übertragenden Daten bereitstehen und dass danach der Empfänger meldet, wenn er die Daten ordnungsgemäß übernommen hat. Hierfür werden beim M68000 (ebenso wie bei anderen Prozessoren) Handshake-Leitungen verwendet. Für die Steuerung der asynchronen Datenübertragung steht eine Reihe von Signalen zur Verfügung, die im Folgenden erläutert werden. Dabei ist jeweils angegeben, ob es sich vom Prozessor aus gesehen um einen Eingang oder einen Ausgang handelt. Eine Unterstreichung bedeutet wieder, dass das entsprechende Signal aktiv ist, wenn der Low-Pegel anliegt.

R/W (Read/Write), Ausgang Zeigt an, ob ein Lese- (1) oder Schreib-Vorgang (0) stattfindet.

LDS (Lower Data Strobe) und UDS (Upper Data Strobe), Ausgänge LDS und UDS ersetzen das Adressbit 0, das am Adressbus selbst ja nicht vorhanden ist. Liegt eine ungerade Adresse an, so wird LDS auf 0 gesetzt und die untere Hälfte des Datenbusses (Bit 0 bis 7) ist aktiviert. Bei einem Byte-Zugriff mit gerader Adresse wird UDS gesetzt, also die obere Hälfte des Datenbusses (Bit 8 bis 15) aktiviert. Bei einem Wortzugriff liegt immer eine gerade Adresse an und es werden sowohl LDS als auch UDS auf 0 gesetzt. Sind LDS und UDS beide 1, so ist der Bus gesperrt. Damit ist durch Ersetzen des Adressbits 0 durch LDS und UDS die bereits erwähnte Möglichkeit geschaffen worden, mit einer 16-Bit CPU auch Byte-Zugriffe zu realisieren.

AS (Address Strobe), Ausgang Ein Low-Signal auf dieser Leitung zeigt an, dass eine gültige Adresse am Adressbus anliegt. Der Datentransfer kann dann beginnen.

DTACK (Data Transfer Acknowledge), Eingang Dies ist das Handshake-Signal das durch das mit der CPU kommunizierende Peripheriegerät geliefert werden muss. Wird DTACK auf 0 gesetzt, so signalisiert dies der CPU, dass der Schreib- bzw. Lesevorgang, soweit es die Peripherie betrifft, erfolgreich beendet ist. Die CPU wartet also nach der Einleitung eines Schreib-/Lesezyklus durch Nullsetzen des Ausgangssignals AS auf die Quittierung durch DTACK. Um zu vermeiden, dass die CPU beliebig lange wartet, wenn auf Grund eines Fehlers das Quittungssignal nicht eintrifft, kann nach einer voreingestellten Maximalzeit eine weitere Eingangsleitung, nämlich BERR (Bus Error, Busfehler) gesetzt werden. Dadurch wird dann die CPU veranlasst, in ein Unterprogramm zur Fehlerbehandlung zu verzweigen. Die Überwachung der maximalen Wartezeit wird im Wesentlichen durch einen externen Zähler realisiert; man bezeichnet dies als eine Wachhund-Schaltung (Watchdog).

Synchrone Bussteuerung

Neben der asynchronen Datenübertragung erlaubt der M68000 auch eine synchrone Datenübertragung. Schreib- oder Lesezyklen laufen hierbei nach einem festen zeitlichen Schema ab. Dazu liefert die CPU einen Taktausgang und zwei Handshake-Leitungen:

E (Enable, Synchron-Takt), Ausgang Der Synchrontakt wird aus dem Systemtakt (CLK) mit einem Teilungsverhältnis von 1:10 abgeleitet und den Peripheriebausteinen zugeführt.

VPA (Valid Peripheral Address, Peripherieadresse gültig), Eingang Durch Setzen von VPA = 0 wird dem Prozessor mitgeteilt, dass ein synchroner Schreib- bzw. Lesezyklus eingeleitet werden soll.

VMA (Valid Memory Address, Speicheradresse gültig), Ausgang Hier handelt es sich um ein vom Prozessor erzeugtes Quittungssignal, mit dem angezeigt wird, dass die Anforderung zur synchronen Datenübertragung von der CPU erkannt worden ist. Die Übertragung beginnt dann mit dem folgenden Taktzyklus.

Zur synchronen Datenübertragung gehört außerdem, wie auch bei der asynchronen Datenübertragung, das Anlegen der entsprechenden Adresse auf den Adressbus und das Setzen der Leitungen AS und R/W. Der angesprochene Peripheriebaustein sendet nun VPA = 0. Damit ist klar, dass keine asynchrone, sondern eine synchrone Datenübertragung stattfinden soll. Der Prozessor legt daraufhin gegebenenfalls einige Wartezyklen ein, bis der Taktausgang E Low-Pegel zeigt und sendet dann VMA = 0, worauf die Übertragung mit dem nächsten High-Pegel von E eingeleitet wird. Die Übertragung endet, wenn VPA = 1 gesetzt wird.

Unterbrechungen (Interrupts)

Mit den drei Eingangsleitungen IPL0, IPL1 und IPL2 können prinzipiell acht verschiedene Eingangszustände zur Charakterisierung einer Unterbrechung (Interrupt) codiert werden. Von diesen Möglichkeiten sind sieben realisiert, der achte Zustand IPL0 = IPL1 = IPL2 = 1 bedeutet, dass kein Interrupt vorliegt. Um eine Unterbrechung zu bewirken, muss also dafür gesorgt werden, dass durch das die Unterbrechung anfordernde Peripheriegerät eine der erlaubten Kombinationen auf die drei Interrupt-Eingänge des M68000 gelegt wird. Erkennt die CPU eine Unterbrechung, so werden zunächst als Quittung (Interrupt Acknowledge) die Funktionscodes FC0, FC1 und FC2 auf 1 gesetzt, sodann erfolgt eine Verzweigung in das vom Anwender für die entsprechende Unterbrechung vorgesehene Unterprogramm. Dieses Unterprogramm wird nun abgearbeitet; danach wird zu dem Befehl zurück verzweigt, der auf den unmittelbar vor Eintreffen der Unterbrechung ausgeführten Befehl folgt.

Die untersten sechs Interrupts können durch die Bits I0, I1 und I2 des Systembytes (siehe Abschnitt „Das Statusregister" ab S. 203) maskiert, d. h. inaktiviert werden. Der Interrupt 7, der die höchste Priorität hat, kann jedoch nicht ausmaskiert werden; er wird daher als unmaskierbare Unterbrechung (Non Maskable Interrupt, NMI) bezeichnet.

Für die Verzweigung in das einem Interrupt zugeordnete Unterprogramm gibt es zwei Möglichkeiten, nämlich den Autovektor-Interrupt und den Non-Autovektor-Interrupt:

Autovektor-Interrupt Mit der Interruptanforderung muss das Signal VPA gesetzt (d. h. auf Low gelegt) werden. Dem Prozessor wird dadurch mitgeteilt, dass das dem Interrupt zugeordnete Unterprogramm mit einer Adresse beginnt, die in einer direkt aus der Interrupt-Nummer folgenden Speicherzelle abgelegt ist. Dieser Speicherinhalt zeigt gewissermaßen auf die Stelle, an der mit der Programmausführung fortgefahren werden soll. Aus diesem Sachverhalt ist auch die Bezeichnung Vektor (Zeiger) abgeleitet. Die Zuordnung zwischen Interrupt-Nummer und Interrupt-Vektor geht aus Tabelle 5.7 hervor.

Non-Autovektor-Interrupt In diesem Fall muss mit dem Interrupt auch DTACK geliefert werden. Der Interrupt-Vektor wird nun nicht aus den in der obigen Tabelle angegebenen Adressen entnommen, sondern vom Datenbus gelesen. Es muss also von dem die Unterbrechung anfordernden Peripheriegerät dafür gesorgt werden, dass dem Datenbus die passende Adresse aufgeprägt wird. Mithilfe der Konstruktion des Non-Autovektor-Interrupts besteht die Möglichkeit, zu jeder erlaubten

Interrupt-Ebene	IPL0	IPL1	IPL2	Interrupt-Vektor
1	1	1	0	64H
2	1	0	1	68H
3	1	0	0	6CH
4	0	1	1	70H
5	0	1	0	74H
6	0	0	1	78H
7 (NMI)	0	0	0	7CH

Tabelle 5.7 Zuordnung zwischen Interrupt-Nummern und Interrupt-Vektoren

Kombination von IPL0, IPL1 und IPL2 eine große Anzahl verschiedener Interrupts zu generieren. Man spricht aus diesem Grunde auch von Interrupt-Ebenen. Bisweilen kann es – etwa auf Grund eines Störimpulses – geschehen, dass die Interrupt-Eingänge fälschlicherweise einen Interrupt anzeigen. In diesem Falle wird dann weder VPA noch DTACK aktiviert. Mithilfe der weiter unten erläuterten Watchdog-Schaltung kann man dann BERR setzen um eine solche Störung anzuzeigen. Auch die Adressen 0H bis 60H sind für Interrupt-Vektoren reserviert. Für Hardware-Interrupts gelten beispielsweise die Zuordnungen RESET (Adresse 0H), BERR (Adresse 8H); bei internen Fehlern wie „Division durch 0" (Adresse 14H) und beim Befehl `TRAP 'a` (Adresse 1CH) werden ebenfalls Interrupt-Vektoren aus diesem untersten Adressbereich verwendet.

Direct Memory Access (DMA)

Die Anschlüsse BR, BG und BGACK dienen dazu, die Kontrolle über Daten- und Adressbus von der CPU an eine andere Einheit abzugeben. Damit kann eine Kommunikation mit DMA-Controllern (Direct Memory Access Controller) zur schnellstmöglichen Datenübertragung ohne Mitwirkung der CPU aufgebaut werden, oder ein System mit mehreren parallel arbeitenden Prozessoren, die sich den gemeinsamen Bus teilen, realisiert werden. Die drei Leitungen haben die folgende Bedeutung:

BR (Bus request), Eingang Über diese Leitung fordert eine externe Einheit die Kontrolle über den Bus an. Die angesprochene CPU führt den in Ausführung befindlichen Befehl noch aus und gibt dann den Bus ab.

BG (Bus grant), Ausgang Damit signalisiert die CPU nach Empfang von BR, dass nun der Bus freigegeben ist. Die anfordernde Einheit kann daraufhin die Kontrolle übernehmen.

BGACK (Bus grant acknowledge), Eingang Diese Leitung bleibt unter der Kontrolle derjenigen Einheit, die momentan den Bus kontrolliert, solange gesetzt, d. h. auf Low-Pegel, bis der Datentransfer abgeschlossen ist. Wechselt BGACK wieder auf High, so kann die CPU die Buskontrolle wieder selbst übernehmen.

Starten, Halten und Busfehler

Die Leitungen RESET, HALT und BERR dienen dazu, den Prozessor zu starten, anzuhalten sowie Fehlerzustände anzuzeigen. Dabei können die Anschlüsse RESET und HALT sowohl als Eingänge als auch als Ausgänge fungieren.

RESET und HALT gleichzeitig als Eingänge Bei Einschalten der Stromversorgung muss dafür gesorgt werden, dass RESET und HALT gleichzeitig für mindestens 100 ms auf Low-Pegel bleiben, damit ein ordnungsgemäßer Start der CPU sichergestellt ist. Es werden das Trace Bit (T) auf 0, das Supervisor Bit (S) auf 1 und der Programmzähler (Program Counter, PC) auf 0 gesetzt.

RESET als Eingang Das Setzen der RESET-Leitung auf Low-Pegel ist die einzige Möglichkeit, die CPU hardwaremäßig bei eingeschalteter Betriebsspannung in einen definierten Zustand zu bringen. Es werden ebenfalls das Trace Bit (T) auf 0, das Supervisor Bit (S) auf 1 und der Programmzähler (PC) auf 0 gesetzt. Siehe dazu auch Kap. 5.4.2.

RESET als Ausgang Der RESET-Pin kann durch den privilegierten Assembler-Befehl `RESET` auf Low gesetzt werden. Dies kann dazu verwendet werden, Peripheriegeräte rückzusetzen, also in einen definierten Zustand zu bringen. Der Prozessor selbst wird dadurch nicht rückgesetzt.

HALT als Eingang Dadurch kann der Prozessor nach Ausführung des gerade bearbeiteten Befehls angehalten werden. Der Prozessor bleibt nun in einem Wartezustand und fährt mit der weiteren Programmausführung erst fort, wenn HALT wieder auf High-Pegel ist. Dadurch kann ein kontrollierter Einzelschrittbetrieb (Single Step) realisiert werden.

HALT als Ausgang Hierdurch wird ein katastrophaler Fehler – beispielsweise ein doppelter Busfehler – angezeigt, der die Fortführung des laufenden Programms unmöglich macht.

BERR als Eingang Dient zur Meldung von schweren Busfehlern, die beispielsweise bei der Kommunikation mit Peripheriegeräten oder bei der Interrupt-Behandlung auftreten können. Es erfolgt ein Interrupt mit Adresse 8H als Vektor.

5.4.2 Der innere Aufbau der CPU M68000

Speicherorganisation

Wie schon erwähnt, können beim M68000 einzelne Bytes (8 Bit) als kleinste Dateneinheit adressiert werden. Daneben gibt es auch Befehle, die den Zugriff auf ein Wort (16 Bit) oder ein Langwort (32 Bit) erlauben, wobei durch einen Befehl zwei im Speicher aufeinander folgende Worte adressiert werden (vgl. Abb. 5.29). Bei dieser Speicherorganisation werden Worte und Langworte immer beginnend mit einer geraden Adresse gespeichert; auf Bytes kann dagegen beliebig unter einer geraden oder ungeraden Adresse zugegriffen werden.

Blockschaltbild

Der innere Aufbau des M68000 geht aus Abb. 5.30 hervor. Als wesentliche Bestandteile der CPU erkennt man zunächst den Datenbus, den Adressbus und den Steuerbus. Die internen Busse der CPU sind durch Puffer mit den externen Bussen verbunden. Auf diese Weise können die internen auf die externen Busse durchgeschaltet oder von diesen abgekoppelt werden. Weitere wichtige Komponenten sind eine Reihe von schnellen Speichern, den sog. Registern, eine Arithmetik-Logik-Einheit (Arithmetic-Logic-Unit, ALU), die der arithmetischen und logischen Verknüpfung von Daten dient, ein Befehlsregister (Instruction Register, IR), ein Befehlsdecoder (Instruction Decoder),

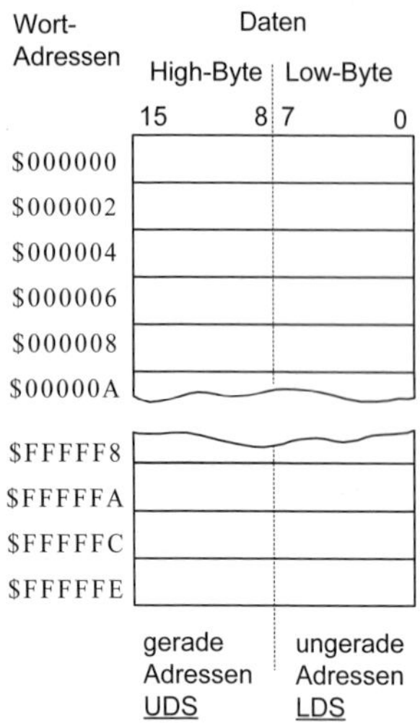

Wort-Adressen | Daten: High-Byte (15 … 8) | Low-Byte (7 … 0)

$000000
$000002
$000004
$000006
$000008
$00000A

$FFFFF8
$FFFFFA
$FFFFFC
$FFFFFE

gerade Adressen UDS | ungerade Adressen LDS

Abb. 5.29 Die Speicherorganisation des M68000

ein Mikroprogrammspeicher und eine Kontroll- und Steuereinheit (Controller/Sequenzer), welche für die Signale des Steuerbusses zuständig ist.

Befehlsausführung

Bei der Programmausführung müssen nun, beginnend mit einer bestimmten Adresse, der Startadresse, die Speicherinhalte des Programmspeichers nacheinander gelesen, interpretiert und schließlich abgearbeitet werden. Dazu wird zunächst der Inhalt des als Befehlszähler (Program Counter, PC) bezeichneten Registers auf den Adressbus gegeben. Damit wird eine ganz bestimmte Speicherzelle des Speichers angesprochen; bei Einschalten der Betriebsspannung ist dies die Adresse 0. Der Inhalt der so adressierten Speicherzelle gelangt nun über den Datenbus in das Befehlsregister und wird im nächsten Schritt durch den Befehlsdecoder interpretiert und zur Steuerung der Befehlsausführung mithilfe des Mikroprogrammspeichers sowie der Steuereinheit verwendet. Je nach Art des auszuführenden Befehls können dabei verschiedene Register als Speicher für Operanden oder das Ergebnis verwendet werden. Zur Ausführung der programmierten Operation wird die ALU in die benötigte Betriebsart geschaltet, z. B. Addieren, Vergleichen, Negieren etc. Außerdem können verschiedene Steuerleitungen gesetzt werden, etwa um anzuzeigen, ob ein Lese- oder Schreibvorgang mit Zugriff auf den internen oder den externen Speicher eingeleitet werden soll, oder ob eine Reaktion auf eine Unterbrechung (Interrupt), etwa eine Eingabe von der Tastatur, erforderlich ist.

Die Ausführungszeit für einen Befehl wird als Befehlszyklus bezeichnet. Sie setzt sich aus einer Anzahl von Taktzyklen zusammen, wobei ein Taktzyklus einer Periode der am CLK-Eingang angelegten Taktfrequenz entspricht, also beispielsweise 100 ns für eine Taktfrequenz von 10 MHz. Moderne CPUs arbeiten mit Taktfrequenzen von einigen GHz mit entsprechend geringeren Ausführungszeiten. Bei der hier als Beispiel gewählten CPU M68000 umfasst ein Befehlszyklus mindestens 4 Taktzyklen, entsprechend 400 ns bei 10 MHz Taktfrequenz. Viele Befehle nehmen jedoch eine wesentlich längere Ausführungszeit in Anspruch. Die Ablaufsteuerung der Befehlsausführung übernimmt die Kontroll- und Steuereinheit, die einzelnen auszuführenden Schritte sind im Mikroprogrammspeicher enthalten.

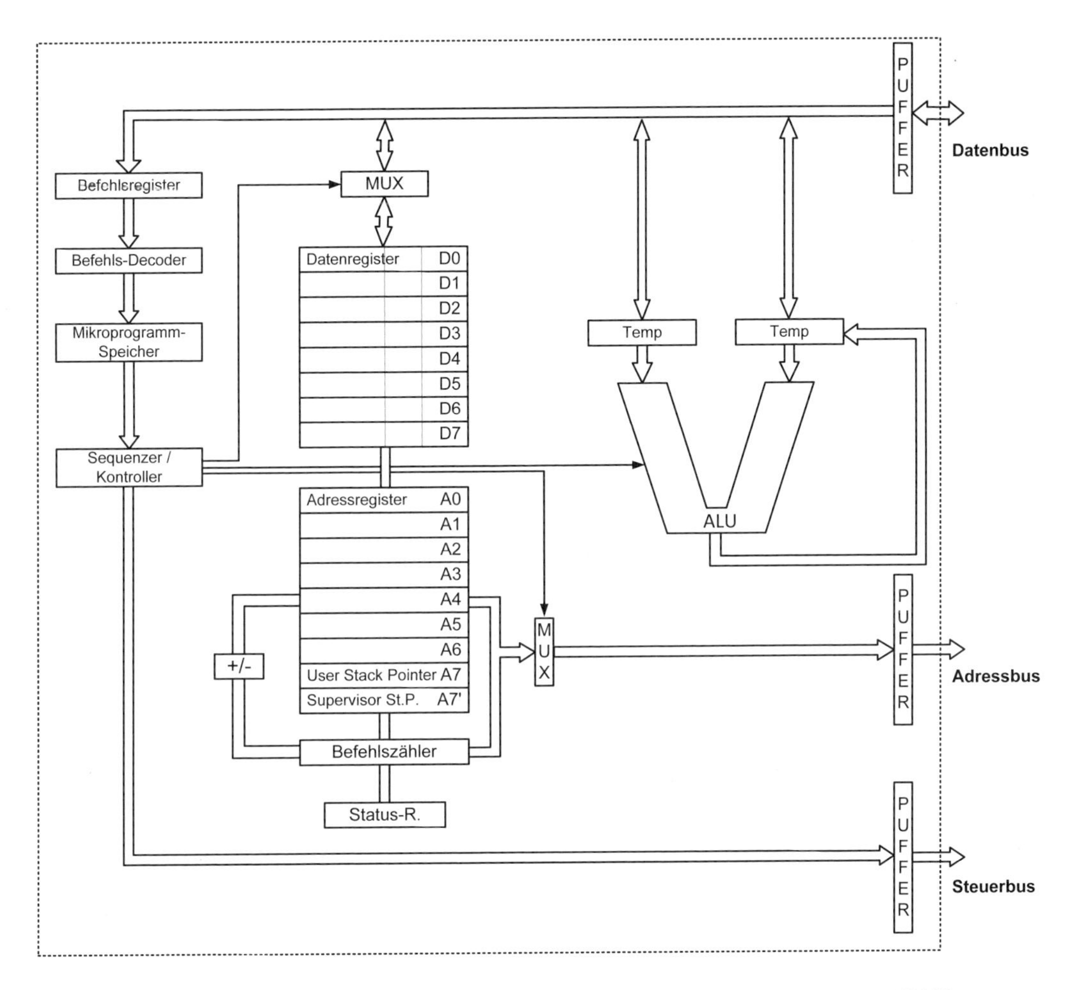

Abb. 5.30 Schematische Darstellung der inneren Struktur des Mikroprozessors M68000

Die Arithmetik-Logik-Einheit (ALU)

Das Herzstück der CPU ist die bereits erwähnte Arithmetik-Logik-Einheit (ALU). In ihr werden die an den beiden Eingängen anliegenden Daten verknüpft und über einen Puffer wieder auf den Datenbus gegeben.

Zur Speicherung von Operanden und Ergebnissen werden die bereits genannten Register verwendet. Sie sind, entsprechend ihrer hauptsächlichen Verwendung beim M68000 in 8 Datenregister und 8 Adressregister unterteilt. Alle Daten- und Adressregister sind 32 Bit breit, obwohl die Adressen eigentlich nur 24 Bit und die Datenworte nur 16 Bit umfassen. Ein Register kann demnach ein Langwort von 32 Bit aufnehmen. Die Datenregister können dabei auch in Teilbereiche von 8 Bit oder 16 Bit aufgeteilt werden. Es kann jeweils nur ein Register mit dem internen Bus verbunden werden. Gesteuert wird dies durch Multiplexer (MUX), die man sich als Auswahlschalter vorstellen kann. In der Regel wird das Ergebnis einer Operation wieder in dem Register gespeichert, das auch einen der zu verarbeitenden Operanden enthielt. Derart verwendete Register werden als Akkumulatoren

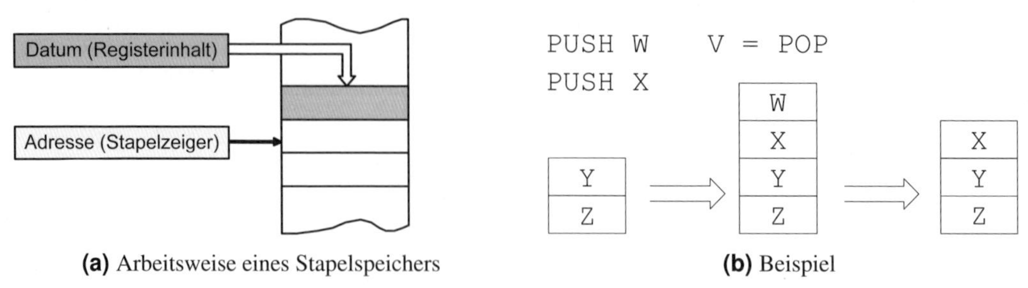

(a) Arbeitsweise eines Stapelspeichers **(b)** Beispiel

Abb. 5.31 Der Stapelspeicher (Stack):
(a) Schematische Darstellung der Arbeitsweise eines Stapelspeichers
(b) In einen Stapelspeicher, der bereits die Elemente `Y` und `Z` enthält, werden durch die Operationen `PUSH X` und `PUSH W` die Elemente `X` und `W` gespeichert. Durch die Operation `V = POP` wird der Inhalt `W` des obersten Speicherplatzes aus dem Stack entfernt und der Variablen `V` zugewiesen

bezeichnet. Im Fall des M68000 können alle Datenregister und in beschränktem Umfang auch die Adressregister als Akkumulatoren eingesetzt werden.

Durch die Verwendung desselben Speicherplatzes für einen Operanden und das Ergebnis sind nicht drei, sondern nur zwei verschiedene Adressen anzusprechen, was zu einer erheblichen Zeitersparnis bei der Befehlsausführung führt. Man bezeichnet diese Art der Adressierung als Zwei-Adress-Form und derartig organisierte Maschinen als Zwei-Adress-Maschinen. Auch Ein-Adress-Befehle sind üblich, beispielsweise bei Maschinen mit nur einem Akkumulator – der ja dann nicht eigens adressiert werden muss – oder bei einem Zugriff auf den im Folgenden näher erklärten Stapelspeicher.

Der Stapelspeicher (Stack)

Das Adressregister A7, der Stapelzeiger (Stack Pointer, SP) hat eine besondere Bedeutung: In ihm ist die Adresse des letzten gefüllten Speicherplatzes in einem reservierten Bereich des Arbeitsspeichers, der als Stapelspeicher (Stack) oder Kellerspeicher bezeichnet wird, enthalten. Die Hauptaufgabe des Stapelspeichers ist die Speicherung von Adressen und Registerinhalten während des Programmablaufs, insbesondere bei Verzweigungen in Unterprogramme. In jedem Mikroprozessor ist heute in der einen oder anderen Form mindestens ein Stapelspeicher vorgesehen.

Im M68000 sind zwei voneinander völlig unabhängige Stapelspeicher realisiert, nämlich der User Stack, dessen letzte besetzte Adresse im User-Stack-Pointer (USP) enthalten ist und der Supervisor Stack mit dem zugehörigen Supervisor-Stack-Pointer (SSP). Dies hängt damit zusammen, dass der M68000 in zwei Modi betrieben werden kann, eben dem User-Mode, in dem nur auf den User Stack zugegriffen werden kann, und dem Supervisor-Mode, in dem der Supervisor Stack verfügbar ist. In beiden Modi wird der Stack Pointer als Adressregister A7 angesprochen; hardwaremäßig sind jedoch zwei getrennte Stack Pointer implementiert, nämlich Register A7 für den USP und A7' für den SSP. Nach dem Anlegen der Betriebsspannung befindet sich der Prozessor anfangs immer im Supervisor-Mode.

Ein Stapelspeicher arbeitet nach dem LIFO-Prinzip (von Last-In-First-Out), d. h. der zuletzt eingespeicherte Wert wird als erster wieder gelesen. Der entsprechende Assembler-Befehl ist im Falle des M68000 eine Variante des generell für Speicherzugriffe vorgesehenen Befehls `MOVE`. In anderen Assembler-Sprachen wird häufig der mnemonische Code `PUSH` für Speichern und `POP` für Lesen verwendet. Die Arbeitsweise ist schematisch in Abb. 5.31 dargestellt.

Abb. 5.32 Das Statusregister des M68000 (* = nicht belegt)

T	*	T	*	*	I2	I1	I0	*	*	*	X	N	Z	V	C
System Byte								User Byte							

Das Statusregister

Ein Register von besonderer Bedeutung ist das Statusregister, das Informationen über den aktuellen Zustand der CPU enthält. Es besteht beim M68000 aus 16 Bit und wird in zwei Bytes eingeteilt: das Anwender-Byte (User Byte), das auch als Condition Code Register (CCR) bezeichnet wird, und das System-Byte (siehe Abb. 5.32).

Das Anwender-Byte enthält die Flags C, V, Z, N und X. Sie haben die folgende Bedeutung:

C-Flag (Carry, Übertrag) Das Carry-Flag wird gesetzt, d. h. es erhält den Wert 1, wenn im höchstwertigen Bit (Most Significant Bit, MSB) des Ergebnisses eine 1 als Übertrag oder als „Borgbit" bei einer Subtraktion entstanden ist. In allen anderen Fällen erhält das Carry-Flag den Wert 0. Das MSB kann in Abhängigkeit davon, ob eine Byte-, Wort- oder Langwortoperation durchgeführt wurde, das 8., 16. oder das 32. Bit sein.

V-Flag (Overflow, Überlauf) Das V-Flag zeigt das Überschreiten eines Zahlenbereichs bei Durchführung einer Operation an. Ein solcher Überlauf tritt beispielsweise auf, wenn das Ergebnis einer Addition zu einer negativen Zahl in der Zweierkomplementdarstellung führt, oder wenn bei einer Division der Quotient zu groß wird.

Z-Flag (Zero-Flag, Null-Flag) Das Z-Flag wird gesetzt, wenn das Ergebnis einer Operation 0 wird. Dies ist auch bei der Vergleichsoperation (`CMP`) der Fall, wenn die beiden verglichenen Operanden übereinstimmen.

N-Flag (Negativ) Es wird gesetzt, wenn nach Ausführung einer Operation das MSB den Wert 1 erhält, wenn also das Ergebnis in der Zweierkomplementdarstellung negativ ist.

X-Flag (Extend) Das X-Flag hat eine ähnliche Bedeutung wie das C-Flag im Falle der Addition oder Subtraktion, ändert sich aber nicht bei allen Operationen, die das C-Flag beeinflussen. Es wird z. B. verwendet, um ein Carry über mehrere Operationen hinweg zu speichern; dies ist hauptsächlich bei der Verarbeitung von Zahlen nötig, die größer als 32 Bit sind. Auch bei den Rotationsbefehlen spielt das X-Flag eine Rolle.

Die Flags C, V, N und Z sind bei praktisch allen CPUs in der einen oder anderen Form realisiert, während das X-Flag eine Spezialität des Prozessors M68000 ist.

Das System-Byte kann im User-Modus nur gelesen, im Supervisor-Modus gelesen und beschrieben werden. Es hat die folgende Bedeutung:

Trace Bit T Wird das Trace Bit gesetzt, so begibt sich der Prozessor in die Einzelschrittbetriebsart (Single-Step Mode). Man kann nun ein Programm Befehl für Befehl ablaufen lassen und beispielsweise Registerwerte oder Speicherinhalte abfragen. Dies ist für Testzwecke von großer Bedeutung und wird beispielsweise in Hilfsprogrammen zur Fehlersuche (Debugger) verwendet.

Supervisor Bit S Das Supervisor Bit zeigt an, ob sich der Prozessor im Supervisor-Mode (1) oder im User-Mode (0) befindet. Über den Anschluss FC2 ist das S-Bit nach außen geführt. Die

Modus-Umschaltung geschieht durch Setzen des S-Bits, was aber nur über eine so genannte Exception möglich ist. Der Begriff Exception lässt sich am ehesten durch „Ausnahmesituation“ übersetzen und ist in etwa vergleichbar mit einer Unterbrechung (Interrupt), die jetzt allerdings nicht von außen bewirkt wird, sondern durch einen Systemaufruf (System Call) durch den Benutzer. Wie bei einem Interrupt wird dann in ein der entsprechenden Exception zugeordnetes Unterprogramm verzweigt.

Interrupt-Masken I0, I1, I2 Der M68000 verfügt über drei Interrupt-Eingänge $\underline{\text{IPL0}}$, $\underline{\text{IPL1}}$, $\underline{\text{IPL2}}$, mit denen sieben Interrupt-Ebenen codiert werden können. Die Unterstreichung bedeutet wieder, dass die Signale bei Low-Pegel aktiv sind. Unter dem Begriff Interrupt oder Unterbrechung ist dabei eine Anforderung von außen, etwa von der Tastatur oder einem Peripheriegerät, an den Mikroprozessor zu verstehen, als Reaktion in ein bestimmtes Unterprogramm zu verzweigen und die dort programmierten Instruktionen auszuführen. Interrupts werden weiter unten noch detaillierter diskutiert, siehe dazu auch Tabelle 5.7. Mit den Bits I0, I1 und I2 lassen sich die untersten sechs Interrupt-Ebenen durch Setzen der entsprechenden Bits ausmaskieren (d. h. abschalten), jedoch nicht die höchste Prioritätsebene (7), die immer als unmaskierbarer Interrupt (Non Maskable Interrupt, NMI) wirkt.

User-Mode und Supervisor-Mode

Viele Prozessoren, so auch der Der M68000, können in zwei Betriebsarten verwendet werden: dem User-Mode und dem Supervisor-Mode. Der Supervisor-Mode unterscheidet sich vom User-Mode dadurch, dass eine Reihe von privilegierten Befehlen ausgeführt werden können, die im User-Mode nicht zugänglich sind. Außerdem ist im User-Mode nur der User-Stack-Pointer (USP) und im Supervisor-Mode nur der Supervisor-Stack-Pointer (SSP) zugänglich, wobei aber in beiden Fällen immer das Register A7 als Stack-Pointer angesprochen wird. Man muss aber beachten, dass es sich beim USP und SSP um zwei Register mit getrennter Hardware handelt. Diese Möglichkeit erweist sich als wichtiger Faktor bei der Zuverlässigkeit von Mehrbenutzerbetriebssystemen (Multi-User Operating Systems), auf die in Kap. 8 näher eingegangen wird. Versehentliche oder absichtliche Beeinflussungen geschützter Bereiche können dann durch das Betriebssystem im User-Mode weitgehend ausgeschlossen werden. Das Betriebssystem hat unter anderem die Aufgabe, die verfügbaren Betriebsmittel – beispielsweise CPU-Zeit, Speicherplatz und Peripheriegeräte – den einzelnen Benutzern zuzuweisen. Die Benutzer arbeiten dann in der Regel im User-Mode und haben damit nicht den vollen Zugang zu allen Funktionen des Systems. Der Wechsel vom User-Mode in den Supervisor-Mode kann per Software über eine Exception (z. B. mithilfe des Befehls `TRAP`) erfolgen, der Wechsel vom Supervisor-Mode in den User-Mode ist dagegen einfach durch Setzen des S-Bits im Status-Register auf den Wert 0 möglich (siehe oben). Der aktuelle Zustand des Systems wird durch die Funktionscode-Leitung FC2 nach außen mitgeteilt.

5.4.3 Befehlsformate und Befehlsausführung

Maschinenbefehle

Programme bestehen auf der maschinennächsten Ebene aus Maschinenbefehlen. Diese Befehle setzen sich aus einer unterschiedlichen Anzahl von Worten zusammen. Das erste Befehlswort enthält den der CPU verständlichen binären Code der auszuführenden Operation, es wird daher auch als OP-Code bezeichnet. Häufig – insbesondere wenn die Adressierung Register betrifft –

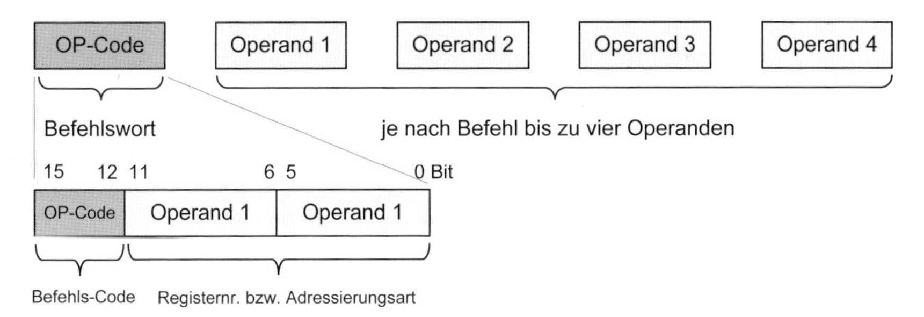

Abb. 5.33 Befehlsformat für M68000-Befehle

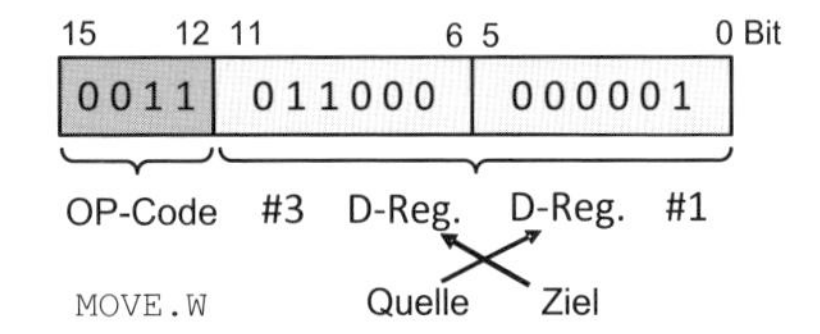

Abb. 5.34 Binärcode des Assembler-Befehls `MOVE.W D1,D3` zum Kopieren des Inhalts der unteren 16 Bit des Datenregisters `D1` (Quelle) in die untere Hälfte des Datenregisters `D3` (Ziel)

sind auch die entsprechenden Registernummern im ersten Befehlswort mit verschlüsselt; man spricht dann vom erweiterten OP-Code. Gegebenenfalls folgen noch weitere Worte, die Operanden enthalten, bei denen es sich um Daten oder Adressen handeln kann. In diesem Fall muss aus dem ersten Befehlswort hervorgehen, wie viele weitere Worte zum Befehl gehören und wie diese zu interpretieren sind. Im Falle des M68000 besteht ein Befehl aus mindestens einem 16-Bit-Wort, welches dann ein erweiterter OP-Code sein muss. Dem ersten Befehlswort können aber bis zu vier weitere Worte folgen, die Operanden enthalten. Siehe dazu Abb. 5.33.

Befehlsformat des M68000

Das Befehlsformat des M68000 soll nun exemplarisch anhand eines Beispiels erläutert werden. Die weitaus am häufigsten verwendete Operation ist der Datentransfer zwischen verschiedenen Speicherplätzen. Der entsprechende Befehl lautet im Falle des M68000: `MOVE.W OP1,OP2` .

Die aus Bitmustern bestehenden Maschinenbefehle werden in einem mnemonischen Code (mnemonisch bedeutet „gut merkbar“) durch Befehle einer Assembler-Sprache ersetzt. Der Assembler-Befehl `MOVE.W OP1,OP2` bewirkt den Transfer eines Wortes (16 Bit) von einer durch den Operanden `OP1` spezifizierten Adresse in eine durch den Operanden `OP2` spezifizierte Adresse. Anstelle der Befehlserweiterung `.W` für den Wort-Transfer gibt es auch die Erweiterung `.B` für Byte-Transfer und `.L` für Langwort-Transfer.

Als Beispiel wird nun der Befehl `MOVE.W D1,D3` betrachtet. Mit `D1` und `D3` sind die unteren 16 Bit (Least Significant Word, LSW) der 32 Bit breiten Datenregister `D1` und `D3` angesprochen. Es wird also der Registerinhalt der unteren Hälfte von Datenregister `D1` in die untere Hälfte des Datenregisters `D3` kopiert. Der ursprüngliche Inhalt von `D3` wird dabei überschrieben, der Inhalt von `D1` bleibt dagegen unverändert. Der Assembler-Befehl `MOVE.W D1,D3` wird folgendermaßen in Maschinencode umgesetzt (vgl. Abb. 5.34):

Im OP-Code ist durch 00 auf den Bit-Positionen 14 und 15 der Befehl `MOVE` verschlüsselt und durch 11 auf den Positionen 12 und 13 der Zusatz `.W`, der die Operandengröße spezifiziert. Nun folgen jeweils 6 Bit für die Codierung des Zieloperanden und des Quelloperanden. Man beachte,

0 0 1 1 1 0 1 0 0 0 1 1 1 1 0 0	Befehl: `MOVE.W Konstante, D5`
0 0 0 1 0 0 1 0 0 0 1 1 0 1 0 0	Konstante: 1234_{hex}

Abb. 5.35 Inhalt des Programmspeichers am Beispiel für einen 2-Wort-Befehl: `MOVE.W #$1234,D5`

dass die Reihenfolge der Operanden im Maschinencode umgekehrt ist wie im mnemonischen Assembler-Code. Bei der Codierung der Operanden wird zum einen die Registernummer mit drei Bits angegeben und zum andern mit drei weiteren Bits die Adressierungsart, die im folgenden Kapitel eingehend erläutert wird (hier 000 für „Datenregister direkt"). Offenbar benötigt man zur Codierung dieses Befehls nur ein Wort, da ein Transfer von Register zu Register stattgefunden hat, wofür keine volle 24-Bit-Adresse benötigt wird.

Verwendet man nun als Quelle nicht ein Register, sondern beispielsweise eine Wort-Konstante, so ergibt sich ein Zwei-Wort-Befehl, beispielsweise `MOVE.W #$1234,D5`. Dieser Befehl bewirkt, dass der hexadezimale Wert 1234_{hex} in die untere Hälfte von Datenregister `D5` übertragen wird. Mit dem der Konstante vorangestellten Dollarzeichen ($) wird in der M68000-Assembler-Sprache die Verwendung des Hexadezimalsystems gekennzeichnet. Das vorangehende Nummernzeichen (#) zeigt an, dass die folgende Bitkombination als Konstante zu interpretieren ist und nicht als Adresse. Abbildung 5.35 zeigt den Inhalt des Programmspeichers für dieses Beispiel.

Konstanten, die länger sind als 16 Bit, müssen als Langwort geschrieben werden. Der entsprechende `MOVE`-Befehl umfasst dann drei Worte, die im Programmspeicher unmittelbar aufeinander folgen, nämlich ein Wort für den `MOVE`-Befehl selbst, sodann das höherwertige Wort und schließlich das niederwertige Wort der 32-Bit-Konstanten. Natürlich muss jetzt aus dem OP-Code hervorgehen, dass nach dem ersten Wort noch zwei weitere 16-Bit-Worte für das Langwort folgen.

Befehlsausführung

Die Befehlsausführung läuft in mehreren Schritten, den Taktzyklen ab. Dabei ist ein Taktzyklus die kleinste durch die Taktfrequenz festgelegte Zeiteinheit. Im Falle einer Taktfrequenz von 10 MHz ergibt sich also ein Taktzyklus von 100 ns, für eine Taktfrequenz von 1 GHz nur noch 1 ns. Bisweilen nimmt man noch eine weitere Unterteilung vor, indem man mehrere Taktzyklen zu einem Maschinenzyklus zusammenfasst. Die Anzahl der für einen Befehl benötigten Taktzyklen hängt vom verwendeten Prozessor und der Art des Befehls ab. Beim M68000 variiert die Anzahl der für einen Befehl benötigten Taktzyklen zwischen 4 für die schnellsten Befehle und über 158 Zyklen für den langsamsten Befehl, nämlich die Division mit Vorzeichen (`DIVS`). Generell werden Ein-Wort-Befehle schneller ausgeführt als die aus mehreren Worten zusammengesetzten Befehle. So sind beispielsweise die Ausführungszeiten für die im obigen Beispiel eingeführten `MOVE`-Befehle:

4	Zyklen für	`MOVE.W Register1, Register2`
12	Zyklen für	`MOVE.W Wort-Konstante, Register`
16	Zyklen für	`MOVE.L Langwort-Konstante, Register`

Grundsätzlich erfolgt die Befehlsausführung in den Phasen Fetch, Decode und Execute:

Einlesen (Fetch) Der Befehl wird in das Befehlsregister eingelesen.

Dekodieren (Decode) Der Befehl wird dekodiert.

Ausführen (Execute) Der Befehl wird ausgeführt.

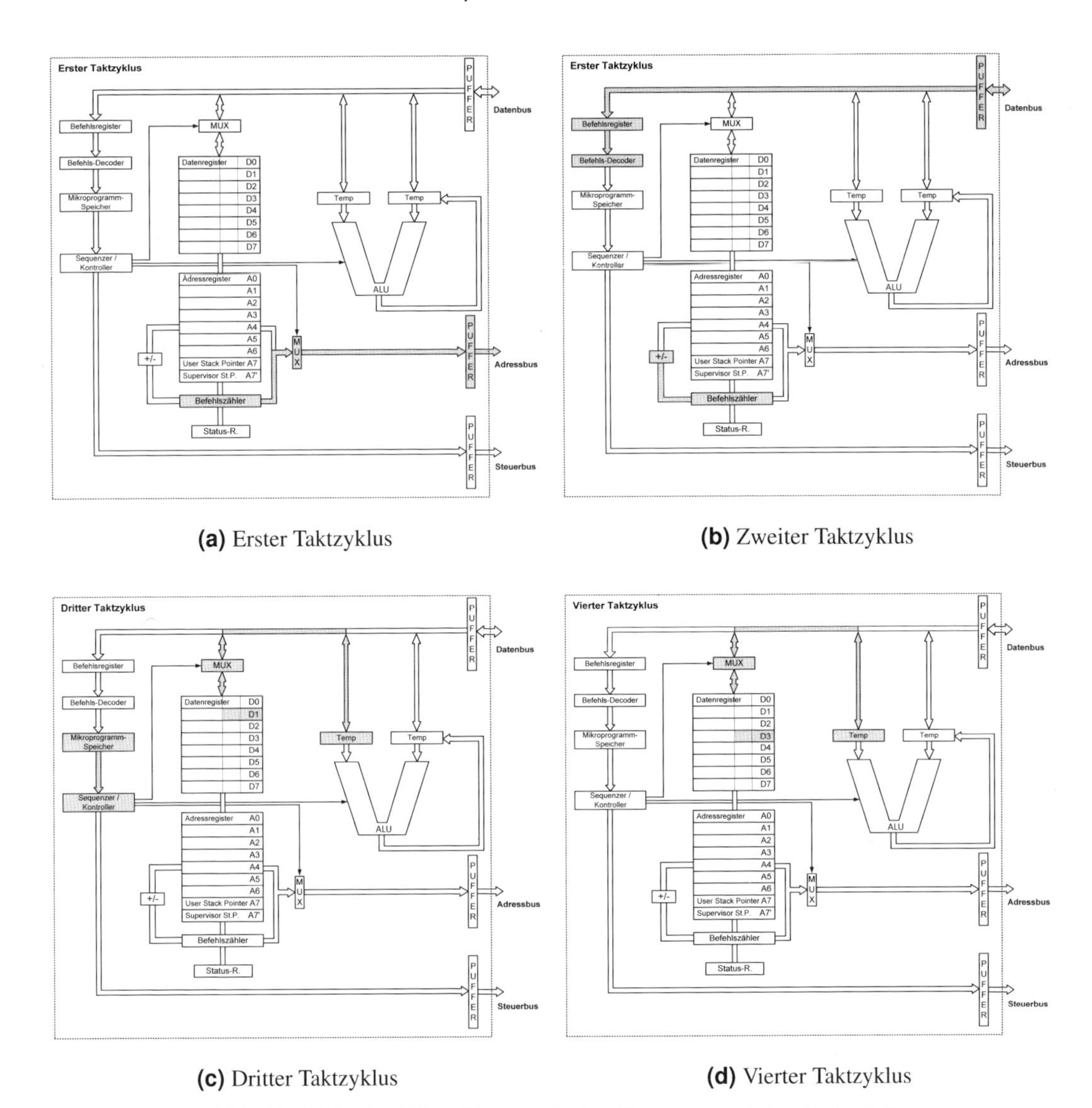

(a) Erster Taktzyklus

(b) Zweiter Taktzyklus

(c) Dritter Taktzyklus

(d) Vierter Taktzyklus

Abb. 5.36 Die vier Taktzyklen bei der Ausführung von `MOVE.W D1,D3`

Bei modernen Prozessoren laufen diese Prozesse in einer Befehls-Pipeline teilweise parallel ab, was eine erhebliche Geschwindigkeitssteigerung bewirkt. So kann während der Execute-Phase eines Befehls bereits der nächste Befehl eingelesen werden (Prefetch). Im Falle des Befehls `MOVE.W D1,D3` läuft die Ausführung, wie in Abb. 5.36 dargestellt, in den folgenden vier Zyklen ab:

Erster Taktzyklus Der Inhalt des Befehlszählers, d. h. die Adresse der den nun auszuführenden Befehl (also `MOVE.W D1,D3`) enthaltenden Speicherzelle wird auf den Adressbus gegeben.

Zweiter Taktzyklus Der Inhalt der adressierten Speicherzelle liegt nun auf dem Datenbus und wird von dort in das Befehlsregister übernommen und dekodiert. Gleichzeitig wird der Befehlszähler um 1 inkrementiert, also bereits für den nächsten Befehl vorbereitet.

Dritter Taktzyklus Der Inhalt des LSW von Register D1 wird über den Multiplexer auf den internen Datenbus kopiert und in einem temporären Register TMP zwischengespeichert.

Vierter Taktzyklus Der Inhalt des Registers TMP wird über den internen Datenbus und den Multiplexer in das LSW von Register D3 übernommen. Damit ist der Befehl `MOVE.W D1,D3` ausgeführt. Man beachte, dass dabei das MSW von Register D3 unverändert bleibt.

5.4.4 Adressierungsarten

Adressierung

Als Adressierung bezeichnet man die in einem Maschinenbefehl festgelegte Spezifikation des Speicherplatzes (Quelle), an welchem sich der Operand befindet, auf die der gerade auszuführende Befehl wirken soll sowie die Angabe des Speicherplatzes (Ziel), an dem das Ergebnis abgespeichert werden soll. Es gibt in jeder Maschinensprache eine ganze Reihe von Adressierungsarten, die dem Zweck dienen, ein Programm zu optimieren, und zwar hinsichtlich Ablaufgeschwindigkeit, Speicherbedarf und Verschiebbarkeit.

Verschiebbarkeit bedeutet in diesem Zusammenhang, dass ein Programm an einer beliebigen Stelle des Speichers geladen werden kann und dort ohne (oder nur mit minimalen) Änderungen ablauffähig ist. Adressen von Variablen sind dann relativ zu einer Startadresse des betreffenden Programms definiert.

Speichertypen

Man unterscheidet verschiedene Speichertypen, die bei der Adressierung angesprochen werden müssen. Im Folgenden werden diese Speichertypen in der Reihenfolge ihrer Zugriffsgeschwindigkeiten aufgelistet:

Register Ein Register ist kleiner Speicherbereich innerhalb der CPU, auf den sehr schnell zugegriffen werden kann. Register werden für die Zwischenspeicherung von Daten und Adressen während des Programmablaufs benützt.

Cache Unter einem Cache-Speicher versteht man einen schnellen, im Vergleich zum Hauptspeicher meist kleinen Speicherbereich für Programmteile und/oder Daten, der oft mit auf dem CPU-Chip integriert ist. Beim M68000 ist kein Cache-Speicher vorgesehen, wohl aber bei den Nachfolgertypen.

Stapelspeicher (Stack) Der Stapelspeicher, auch Kellerspeicher oder Stack genannt, ist ein nach dem LIFO-Prinzip (Last-In-First-Out) organisierter Teil des Arbeitsspeichers (RAM). Der Zugriff auf den Stack erfolgt schneller als der wahlfreie Zugriff auf eine beliebige Zelle des Arbeitsspeichers, da die Adresse, auf die zugegriffen werden soll, bereits vorab bekannt und im Stapelzeiger (Stack Pointer) enthalten ist.

Random-Access-Memory (RAM) Das Random-Access Memory (RAM) ist ein Speicher mit beliebigem Schreib- oder Lesezugriff, der als Arbeitsspeicher zur Aufnahme von Programmen und/oder Daten verwendet wird. In der Regel ist aus technischen Gründen der Zugriff auf das RAM schneller als auf das ROM. Bei der Adressierung bestehen aber sonst keine prinzipiellen Unterschiede zwischen RAM und ROM.

Read-Only-Memory (ROM) Das Read-Only-Memory (ROM) ist ein Festwertspeicher, der nicht beschrieben, sondern nur gelesen werden kann. Ein ROM dient hauptsächlich der Speicherung von Programmen, die nach dem Einschalten des Systems sofort ablaufen sollen. Insbesondere gilt dies für Teile des Betriebssystems.

Eingabe/Ausgabe (E/A) Die Eingabe/Ausgabe-Adressierung (Input/Output, I/O, E/A) benötigt man für die Kommunikation mit Peripheriegeräten (z. B. Tastatur, Drucker, Festplattenlaufwerke etc.). Man unterscheidet zwei Arten:

Isolierte E/A (Isolated I/O) Bei der isolierten E/A können unabhängig von der Speicheradressierung eine Anzahl von E/A-Kanälen über eigene, dafür reservierte Adressen angesprochen werden. Für diesen Zweck stehen spezielle Maschinenbefehle zur Verfügung. Diese Zugriffsart wird beispielsweise bei den vor allem in PCs verwendeten Prozessoren des Herstellers Intel verwendet.

Speicher-E/A (Memory Mapped I/O) Bei der Speicher-E/A wird ein Teil der eigentlich für den Arbeitsspeicher zur Verfügung stehenden Adressen zur Adressierung der E/A-Kanäle verwendet. Es gibt in diesem Fall konsequenterweise auch keine eigenen Assembler-Befehle für E/A, es wird vielmehr allein anhand der Adresse entschieden, ob ein Speicherplatz oder ein E/A-Kanal angesprochen ist. Dieser Weg wurde beispielsweise bei den Motorola-Prozessoren beschritten.

Virtueller Speicher Virtuelle Speicher werden durch spezielle Hard- und Software-Lösungen realisiert und in erster Linie für Multi-User-Betriebssysteme eingesetzt. Die Verwaltung des Speicherzugriffs auf einen virtuellen Speicher wird vom Betriebssystem vorgenommen, geschieht also nicht direkt auf Assembler-Ebene. Einzelheiten werden in Kap. 8 über Betriebssysteme besprochen.

Ein-, Zwei- und Drei-Adress-Form

Im Allgemeinen müssen bei einem Maschinenbefehl drei Adressen angegeben werden, nämlich die Adresse des ersten Operanden, die Adresse des zweiten Operanden und die Adresse, in der das Ergebnis gespeichert werden soll. Um jedoch die zeitraubende Anzahl der Speicherzugriffe zu minimieren, liegt es nahe, das Ergebnis auf dem gleichen Speicherplatz abzulegen, von dem der Operand (bzw. einer der Operanden) geholt wurde. Man bezeichnet diese bei Großrechnern wie bei Mikroprozessoren am häufigsten verwendete Adressierung als Zwei-Adress-Form und derartig organisierte Maschinen als Zwei-Adress-Maschinen. Die Drei-Adress-Form hat in der Praxis kaum Bedeutung. Die Ein-Adress-Form ist dagegen bei Stack-Zugriffen realisiert, da die Stack-Adresse ja schon bekannt ist.

Speicherorganisation in Segmenten

Um die Ablaufgeschwindigkeit zu optimieren, versucht man Adressen so kurz wie möglich darzustellen. Für einen Register-Zugriff genügen beim M68000 beispielsweise drei Bit, um eines der acht Datenregister auszuwählen. Auch beim Speicherzugriff kommt man mit nur einem Wort (16 Bit) für die Adressangabe aus, wenn man sich auf einen Speicherbereich von 64 kByte beschränkt. Dieses Konzept wurde besonders konsequent bei der Speicherorganisation in Segmenten von jeweils 64 kByte bei den Intel-Prozessoren verfolgt. Aber auch beim M68000 ist innerhalb von 64 kByte-Segmenten die kurze Adressierung mit 16 Bit möglich, ohne dass jedoch die lange Adressierung mit

15 12	11 6	5 0 Bit
OP-Code	effektive Zieladresse Register/Modus	effektive Quelladresse Modus/Register

Abb. 5.37 Effektive Adressen des Quell- und des Zieloperanden im ersten Befehlswort

Tabelle 5.8 Die Codierung der M68000-Adressierungsarten. Durch das Zeichen $ wird eine Hexadezimal-Zahl gekennzeichnet und durch # eine Konstante im Unterschied zu einer Adresse

Modus	Register	Adressierungsart	Schreibweise
000	Reg.-Nr.	Datenregister direkt	Dn
001	Reg.-Nr.	Adressregister direkt	An
010	Reg.-Nr.	Adressregister indirekt (ARI)	(An)
011	Reg.-Nr.	ARI mit Postinkrement	(An)+
100	Reg.-Nr.	ARI mit Predekrement	−(An)
101	Reg.-Nr.	ARI mit Adressdistanz	d16(An)
110	Reg.-Nr.	ARI mit Adressdistanz und Index	d8(An, Rx)
111 000	—	Absolut kurz	$XXXX
111 001	—	Absolut lang	$XXXXXX
111 010	—	PC relativ mit Adressdistanz	d16(PC)
111 011	—	PC relativ mit Adr.dist. und Index	d8(PC, Rx)
111 100	—	Konstante oder Statusregister	#, SR, CCR

24 Bit erschwert wurde. Damit steht ein linearer Adressraum von 2^{24} Speicherzellen zur Verfügung. In modernen Mikroprozessoren umfasst der Adressbus oft 32 oder 64 Bit mit einem entsprechend größerem linearem Adressraum von einigen GByte bzw. Exabyte.

Adressierungsarten des M68000

Prinzipiell besteht die Möglichkeit der Datenübertragung zwischen beliebigen der oben erläuterten Speichertypen. Von diesen Möglichkeiten sind im Falle des M68000 die folgenden realisiert:

Register ↔ Register
Register ↔ Speicher
Register ↔ Stack
Register ↔ E/A
Speicher ↔ Speicher
Speicher ↔ E/A
Speicher ↔ Stack

Im Folgenden werden nun diese Adressierungsarten anhand des `MOVE`-Befehls erläutert. In identischer oder ähnlicher Weise sind diese Adressierungsarten als grundlegendes Konzept auch bei Prozessoren anderer Hersteller realisiert. Bei den meisten Befehlen des M68000 werden die Quelladresse und die Zieladresse als effektive Adresse in den untersten 12 Bit des ersten Befehlswortes verschlüsselt (siehe Abb. 5.37). Die verschiedenen in den effektiven Adressen verschlüsselten Modi der Adressierungsarten für den M68000 sind in Tabelle 5.8 zusammengestellt.

Register-Adressierung (implizite oder direkte Adressierung) Hierbei sind die Operanden in Registern enthalten, deren Adressen im erweiterten OP-Code codiert sind. Sie stellen also einen impliziten Befehlsbestandteil dar. Siehe hierzu Abb. 5.38.

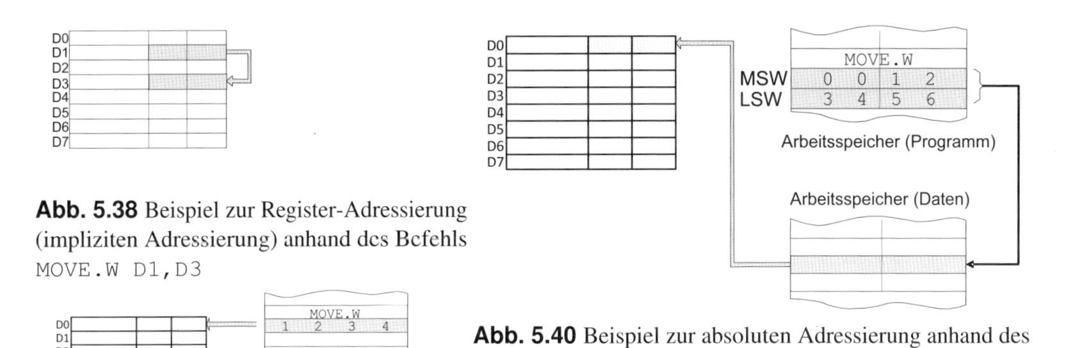

Abb. 5.38 Beispiel zur Register-Adressierung (impliziten Adressierung) anhand des Befehls `MOVE.W D1,D3`

Abb. 5.39 Beispiel zur unmittelbaren Adressierung anhand des Befehls `MOVE #$1234,D0`

Abb. 5.40 Beispiel zur absoluten Adressierung anhand des Befehls `MOVE.W $123456,D0`

Konstantenadressierung oder unmittelbare (immediate) Adressierung Hier wird als Operand der Inhalt der Speicherzelle verwendet, die unmittelbar auf die den OP-Code enthaltende Speicherzelle folgt. Ein Beispiel dafür ist der Befehl `MOVE #$1234,D0` zur Übertragung der Hex-Zahl 1234 ins Datenregister D0 (vgl. Abb. 5.39).

Absolute Adressierung Bei der absoluten Adressierung geben die beiden auf den OP-Code folgenden Wörter die Adresse der Speicherzelle an, die den Operanden enthält. So wird beim Befehl `MOVE.W $123456,D0` das in der Speicherzelle mit der Adresse 123456 enthaltene Wort wird in die untere Hälfte von Datenregister D0 transferiert. Die Adressangabe umfasst hier mehr als 16 Bit, daher werden zwei Speicherzellen für die Adresse benötigt, nämlich eine für das MSW 0012 und eine für das LSW 3456 (vgl. Abb. 5.40).

Bei der absoluten Adressierung ist noch zu unterscheiden, ob die angegebene Adresse 16 Bit (vier hexadezimale Stellen) oder mehr als 16 Stellen umfasst. Im ersten Fall ist die Adresse durch ein Wort darstellbar, man spricht von der kurzen absoluten Adressierung. Im zweiten Fall, der langen absoluten Adressierung, werden zwei Worte für die Adressangabe benötigt, wodurch die Ausführung auch mehr Zeit in Anspruch nimmt.

Im Beispiel aus Abb. 5.40 ist der Zieloperand in impliziter (bzw. Register-) Adressierung angegeben und der Quellenoperand in absoluter Adressierungsart. Es können auch beide Operanden absolut adressiert werden, etwa durch den Befehl `MOVE.W $24A6,$3E54`. Zu beachten ist ferner, dass bei einem Wortzugriff (.W) oder Langwortzugriff (.L) nur gerade Adressen zugelassen sind, bei einem Byte-Zugriff (.B) aber auch ungerade Adressen.

Als problematisch bei der absoluten Adressierung kann es sich erweisen, dass in einem Programm unabhängig davon, mit welcher Startadresse das Programm nach dem Laden beginnt, auf dieselben Speicheradressen zugegriffen wird. Dies kann gewollt sein, beispielsweise wenn der Zugriff den Bildspeicher einer Grafikkarte betrifft, es besteht aber auch die Gefahr, dass sich unbemerkt Fehler einschleichen.

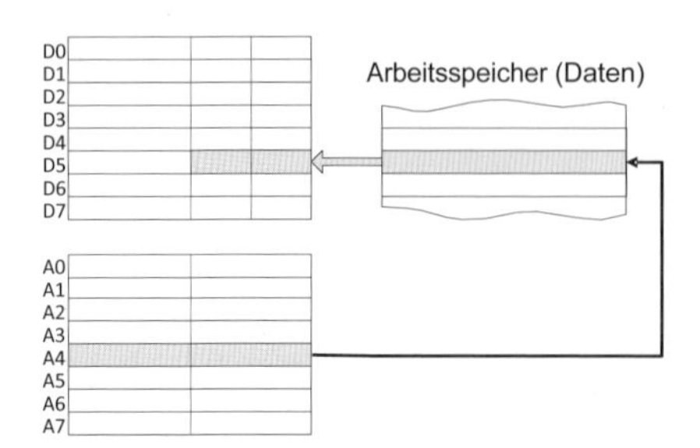

Abb. 5.41 Beispiel zur indirekten Adressierung anhand des Befehls `MOVE.W (A4),D5`

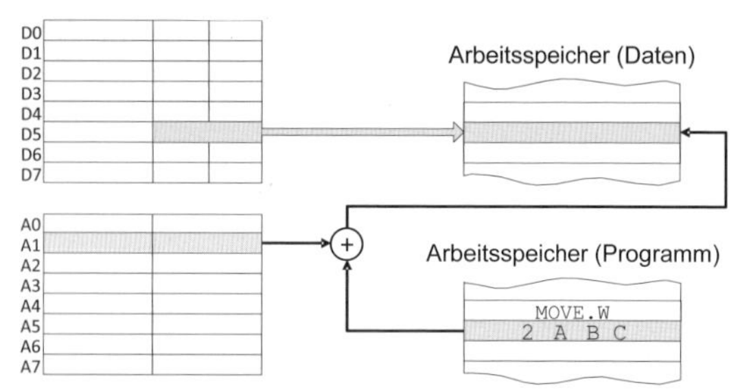

Abb. 5.42 Beispiel zur ARI mit Adressdistanz anhand des Befehls `MOVE.W D5,$2ABC(A1)`

Indirekte Adressierung (ARI) Die Adresse eines Operanden ist bei der indirekten Adressierung (Address Register Indirect, ARI) in einem Adressregister abgelegt. Dies wird dadurch gekennzeichnet, dass das die Adresse enthaltende Adressregister in Klammern gesetzt wird. Durch `MOVE.W (A4),D5` wird der Inhalt des Adressregisters A4 als Adresse interpretiert. Der Inhalt derjenigen Speicherzelle, auf welche die in A4 spezifizierte Adresse deutet, wird in das Datenregister D5 transferiert (vgl. Abb. 5.41).

Indirekte (relative) Adressierung mit Distanzangabe Häufig ist die Operandenadresse nicht einfach der Inhalt eines Adressregisters, sondern sie ergibt sich erst durch Addition (oder Subtraktion) einer Adressdistanz. Das Adressregister nennt man in diesem Falle Basisregister. Man spricht dann auch von relativer Adressierung. Folgende Möglichkeiten sind bei dieser Adressierungsart im M68000 realisiert (siehe auch das Beispiel in Abb. 5.42):

Adressregister indirekt mit Predekrement Als Beispiel für ARI mit Predekrement dient der Befehl `MOVE.W D0,-(A7)`. Hierbei handelt es sich um den Transfer des Inhalts des Registers D0 in den Stack. Die Adresse ergibt sich aus dem Inhalt von A7 minus 1. In manchen anderen Assemblersprachen wird diese Operation durch den Befehl `PUSH` codiert, dies gilt beispielsweise für die Intel-Prozessoren.

Adressregister indirekt mit Postinkrement Durch `MOVE.W (A7)+,D0` wird der Inhalt des durch (A7), d. h. durch den Inhalt des Adressregisters A7 adressierten obersten Stack-Elements wird in das Register D0 übertragen. Hier wird nach der Befehlsausführung der Inhalt von A7 durch Postinkrement um 1 erhöht. Die Operandenadresse ergibt sich dann aus dem Stack-Pointer A7. In anderen Assemblersprachen steht dafür oft der Befehl `POP`.

Adressregister indirekt mit Adressdistanz (Displacement) Durch den Befehl `MOVE.W D0,$100(A0)` wird der Inhalt von Datenregister D0 in derjenigen Speicherzelle abgespeichert, deren Adresse aus dem Inhalt von A0 plus 100H folgt. Die indirekte Adressierung ist auch mit dem Befehlszähler (PC) als Basis möglich, etwa im Befehl `MOVE.W $50(PC),D2`. Sie wird insbesondere bei Programmverzweigungen mit Sprungbefehlen angewendet.

Adressregister indirekt mit Indexregister und Adressdistanz Mit dem Befehl `MOVE.W $50(A0,D0),D1` wird der Inhalt derjenigen Speicherzelle in das Datenregister D1 kopiert, deren Adresse sich aus folgendem Ausdruck ergibt: (Inhalt von A0) + (Inhalt von D0) + 50H.

5.5 Maschinensprache und Assembler

5.5.1 Einführung

Maschinensprachen

Die Verarbeitung von binären Daten geschieht mithilfe eines Algorithmus, d. h. einer aus endlich vielen, elementaren Schritten bestehenden Verarbeitungsvorschrift. Damit ein solcher Algorithmus ausgeführt werden kann, muss er in eine Form gebracht werden, welche von der CPU des verwendeten Computers verstanden wird. Der direkteste Weg ist die bereits weiter oben eingeführte Formulierung in Maschinensprache, bei der die Anweisungen derart binär codiert sind, dass sie unmittelbar von der CPU interpretiert werden können. Dabei kann man im Allgemeinen nur auf einen geringen Umfang von einfachen Operationen zurückgreifen, etwa die logische und arithmetische Verknüpfung zweier Worte, bitweise Verschiebeoperationen, Datentransfer zwischen verschiedenen Speicherzellen etc. Ein Programm in Maschinensprache besteht daher aus einer großen Anzahl von Einzelbefehlen in binärer Codierung und ist entsprechend mühsam zu programmieren und schwer lesbar.

Assembler-Sprachen

Zur Vereinfachung hat man daher bereits um 1950 Assembler-Sprachen eingeführt, die im Wesentlichen aus Tabellen bestehen, mit deren Hilfe den Maschinenbefehlen leicht merkbare mnemonische Bezeichnungen zugeordnet werden, etwa `ADD` für Addieren und `CMP` (von compare) für Vergleichen. Ein in Assembler geschriebenes Programm besteht somit aus einer Folge von mnemonischen Codes und ist daher wesentlich einfacher zu erstellen und besser lesbar als ein Programm in Maschinensprache. Außerdem sind in Assembler-Sprachen bereits Variablen, Marken und Unterprogramme vorgesehen.

Bevor ein in Assembler geschriebenes Programm ablauffähig ist, muss es allerdings noch in Maschinensprache übertragen werden. Dies geschieht mithilfe eines als Assemblierer oder (wie die Sprache selbst) als Assembler bezeichneten Programms [Bac02, Die05].

Assembler-Sprachen werden auch als maschinenorientierte Sprachen bezeichnet, da sich die zur Verfügung stehenden Befehle an der verwendeten Maschine orientieren und nicht an den zu lösenden Problemen. Die Bedeutung von Assembler-Sprachen liegt heute darin, dass sie nach wie vor Zielsprache für Compiler sind und dass der maschinennahe Kern von Betriebssystemen Assembler-Elemente enthält. Eine gewisse Vertrautheit damit ist ferner Voraussetzung für ein tieferes Verständnis der in einer Datenverarbeitungsanlage ablaufenden Vorgänge.

Kompliziertere Aufgaben sind mit maschinenorientierten Sprachen nur unter großem Aufwand zu lösen. Selbst einfache Operationen, wie beispielsweise die Berechnung der Quadratwurzel einer Gleitpunktzahl, können je nach verwendeter CPU zu recht umfangreichen Programmen führen. Aus diesem Grunde wurden schon bald nach dem kommerziellen Einsatz von Datenverarbeitungsanlagen ab ca. 1954 problemorientierte Programmiersprachen (siehe Kap. 14) eingeführt, deren Aufbau weitgehend unabhängig von den Eigenschaften der verwendeten Maschine ist und somit ein wesentlich komfortableres Arbeiten erlaubt als die Verwendung von Assembler. Zudem wird damit die Portierbarkeit von Software auf Rechnerarchitekturen mit anderen CPUs wesentlich erleichtert.

5.5.2 Der Befehlssatz des M68000

In diesem Kapitel kann nicht detailliert auf die einzelnen Befehle des M68000 eingegangen werden. Es wird stattdessen ein tabellarischer Überblick über alle Befehle gegeben. Dabei wird außerdem auf die in Kap. 5.4.4 erläuterten Adressierungsarten Bezug genommen.

Flags

In vielen Fällen werden die bereits weiter oben eingeführten Flags C, V, Z, N und X (siehe Kap. 5.4.2, S. 203) entsprechend des Ergebnisses bestimmter Operation verändert. In den Tabellen wird dies jeweils angegeben, wobei folgenden Symbole verwendet werden:

0 Flag wird gelöscht, d. h. auf 0 gesetzt
1 Flag wird gesetzt, d. h. auf 1 gesetzt
- Flag bleibt unverändert
? Flag ist undefiniert
* Flag wird entsprechend dem Ergebnis der Operation gesetzt

Datenübertragungsbefehle

Der wichtigste Befehl zur Datenübertragung ist der bereits eingeführte `MOVE`-Befehl. Daneben gibt es einige spezielle Befehle, die Register und Stack betreffen. In Tabelle 5.9 sind alle Datenübertragungsbefehle zusammengestellt.

Beispielsweise bewirkt der Befehl `MOVE.W ea1,ea2` die Übertragung eines Datums von dem in ea1 (effektive Adresse der Quelle) spezifizierten Speicherplatz zu dem in ea2 (effektive Adresse des Ziels) spezifizierten Speicherplatz. Die Erweiterung .W kann auch weggelassen werden, es wird dann .W angenommen. Das Ziel darf dabei kein Adressregister sein.

Der Befehl `MOVE.W D0,(A1)` bewirkt, dass das in Bit 0 bis 15 des Datenregisters D0 enthaltene Wort (d. h. die untere Hälfte, also das LSW von D0) in diejenige Speicherzelle geschrieben wird, die durch die in Adressregister A1 enthaltene Adresse (d. h. die untersten 24 Bit von A1) spezifiziert wird.

Soll das Ziel der Datenübertragung ein Adressregister sein, so wird der Befehl `MOVEA.W` für 16-Bit Adressen und der Befehl `MOVEA.L` für 24-Bit Adressen verwendet. Die Flags werden in diesem Fall, wie bei fast allen Befehlen, die Adressen betreffen, nicht geändert. Durch `MOVEA.L D4,A3` wird der Inhalt von Register D4 in das Adressregister A3 kopiert.

Arithmetische Operationen

Diese Gruppe von Befehlen umfasst die vier Grundrechenarten mit ganzen Zahlen sowie die Zweierkomplementbildung und Vergleichsoperationen (siehe Tabelle 5.10).

Beispielsweise erfolgt beim Befehl `ADD.X` eine binäre Addition des Quelloperanden und des Zieloperanden, wobei das Ergebnis wieder am Speicherplatz des Zieloperanden abgelegt wird. Dabei muss entweder die Quelle oder das Ziel ein Datenregister sein und es darf kein Adressregister als Ziel verwendet werden.

Der Befehl `ADD.W D1,D2` führt die Operation Ziel + Quelle $\rightarrow$ Ziel aus. Er bewirkt also, dass der Inhalt von Datenregister D1 zum Inhalt von Datenregister D2 addiert und das Ergebnis in D2 gespeichert wird. Bei der Addition werden die Flags dem Ergebnis entsprechend beeinflusst. Ist das

Tabelle 5.9 Datenübertragungsbefehle des M68000. `X` beim Befehl `MOVE` steht für `B`, `W` oder `L`. Rechts sind die beeinflussten Flags zu sehen

Befehl	Bedeutung	X N Z V C
`MOVE.X ea1,ea2`	Übertrage ein Datum	- * * 0 0
`MOVE SR,ea`	Übertrage den Inhalt des SR	- - - - -
`MOVE ea,CCR`	Lade das CCR	* * * * *
1) `MOVE ea,SR`	Lade das Statusregister SR	* * * * *
`MOVE USP,An`	Lade den User Stackp. in An	- - - - -
1) `MOVE An,USP`	Lade An in den User Stackp.	- - - - -
2) `MOVEA.X ea,An`	Übertrage eine Adresse	- - - - -
`MOVEM.X Liste,ea`	Übertrage mehrere Register	- - - - -
`MOVEM.X ea,Liste`	Lade mehrere Register	- - - - -
`MOVEP.X Dn,d(Am)`	Übertrage Daten zur Peripherie	- - - - -
`MOVEP.X d(Am),Dn`	Lade Daten von Peripherie	- - - - -
`MOVEQ #const,Dn`	Lade schnell eine Konstante	- * * 0 0
`PEA ea`	Lege eine Adresse auf den Stack	- - - - -
`SWAP Dn`	Vertausche zwei Registerhälften	- * * 0 0
`LINK An,#const`	Baue einen Stack-Bereich auf	- - - - -
`UNLNK An`	Baue einen Stackbereich ab	- - - - -
`EXG Rn,Rm`	Austausch von Registern	- - - - -
`LEA ea,An`	Lade eine effektive Adresse	- - - - -

1) Privilegierter Befehl, nur im Supervisor-Modus zugänglich
2) Privilegierter Befehl, wenn das Ziel das Statusregister (SR) ist

Bsp. 5.7 Zur Ausführung des Befehls `MULS $123456,D3`

Der Befehl `MULS $123456,D3` bewirkt, dass der Inhalt der Bits 0 bis 15 des Datenregisters D3 mit dem Inhalt der Speicherzelle mit Adresse 123456H (d. h. mit dem MSW 0012H und dem LSW 3456H) multipliziert. Das Ergebnis wird wieder in D3 gespeichert, wobei aber jetzt grundsätzlich alle 32 Bit des Registers verwendet werden, da das Ergebnis der Multiplikation zweier 16-Bit Zahlen 32 Bit lang sein kann. In Abb. 5.43 ist dies verdeutlicht.

Ziel ein Adressregister, so muss der Befehl `ADDA.X ea,An` benutzt werden. Die Operandenlänge kann hier wieder nur ein Wort oder ein Langwort sein. Die Befehle zur Subtraktion führen die Operation Ziel $-$ Quelle $\rightarrow$ Ziel aus.

Bei der Multiplikation wird die Operation Ziel $*$ Quelle $\rightarrow$ Ziel ausgeführt (siehe auch Bsp. 5.7). Es stehen die beiden Befehle `MULS ea,Dn` für die Multiplikation von Operanden im Zweierkomplement mit Vorzeichen und `MULU ea,Dn` für die Multiplikation ohne Vorzeichen zur Verfügung. In beiden Fällen werden Wortoperanden mit je 16 Bit verwendet, wobei das Ziel ein 32-Bit Datenregister ist. Eine Multiplikation unter Verwendung von Adressregistern ist nicht möglich.

Bei den Befehlen zur Division wird berechnet: Ziel / Quelle $\rightarrow$ Ziel. Es stehen die Befehle `DIVS ea,Dn` zur Division mit Vorzeichen und `DIVU ea,Dn` zur Division ohne Vorzeichen zur Verfügung.

Tabelle 5.10 Arithmetik-Befehle des M68000. `X` bei den Befehlen steht für `B`, `W` oder `L`

Befehl	Bedeutung	X N Z V C
`ADD.X ea,Dn`	Binäre Addition	* * * * *
`ADD.X Dn,ea`	Binäre Addition	* * * * *
`ADDA.X ea,An`	Binäre Addition einer Adresse	- - - - -
`ADDI.X #const,Dn`	Addition einer Konstanten	* * * * *
`ADDQ.X #const,ea`	Schnelle Addition einer Konstanten	* * * * *
`ADDX.X Dn,Dm`	Addition mit Extend Flag	* * * * *
`ADDX.X -(An),-(AM)`	Addition mit Extend Flag	* * * * *
`CLR.X ea`	Löschen eines Operanden	- 0 1 0 0
`CMP.X ea,Dn`	Vergleich zweier Daten	- * * * *
`CMPA.X ea,An`	Vergleich zweier Adressen	- * * * *
`CMPI.X #const,ea`	Vergleich mit einer Konstanten	- * * * *
`CMPM.X (An)+,(Am)+`	Vergleich zweier Daten im Speicher	- * * * *
`DIVS ea,Dn`	Division mit Vorzeichen	- * * * 0
`DIVU ea,Dn`	Division ohne Vorzeichen	- * * * 0
`EXT.X Dn`	Vorzeichenrichtige Erweiterung	- * * 0 0
`MULS ea,Dn`	Multiplikation mit Vorzeichen	- * * 0 0
`MULU ea,Dn`	Multiplikation ohne Vorzeichen	- * * 0 0
`NEG.X ea`	Negation (Zweierkomplement)	* * * * *
`NEGX.X ea`	Negation mit Extend Flag	* * * * *
`SUB.X ea,Dn`	Binäre Subtraktion	* * * * *
`SUB.X Dn,ea`	Binäre Subtraktion	* * * * *
`SUBA.X ea,An`	Binäre Subtraktion von Adressen	- - - - -
`SUBI.X #const,ea`	Subtraktion einer Konstanten	* * * * *
`SUBQ.X #const,ea`	Schnelle Subtraktion einer Konstanten	* * * * *
`SUBX.X Dm,Dn`	Subtraktion mit Extend Flag	* * * * *
`SUBX.X -(Am),-(An)`	Subtraktion mit Extend Flag	* * * * *
`TST.X ea`	Testen eines Datums gegen Null	- * * 0 0

Wichtig für die Realisierung von Programmverzweigungen sind die ebenfalls zur Klasse der arithmetischen Operationen zählenden Vergleichsbefehle. Durch `CMP.X ea,Dn` wird der Inhalt eines Datenregisters Dn mit einem durch ea adressierten Operanden verglichen. Dazu wird eine Subtraktion durchgeführt, ohne dass allerdings das Ergebnis in den Zieloperanden, hier also Dn, geschrieben wird. Das Ergebnis des Vergleichs ist demnach nur an den Flags abzulesen, die wie bei einer Subtraktion gesetzt werden, also: Ziel $-$ Quelle $\rightarrow$ (Flags setzen).

Die Vergleichsoperation kann auch auf Adressregister angewendet werden, wobei ebenfalls das Ergebnis an den Flags abgelesen werden kann. Es ist dies der einzige Befehl, bei dem eine auf Adressregister wirkende Operation die Flags beeinflusst. Es stehen nur die beiden Befehle `CMPA.W` und `CMPA.L` zur Verfügung, da es keine Byte-Adressen gibt. Häufig möchte man einen Operanden nicht mit einem beliebigen Wert vergleichen, sondern mit Null. Hierfür wurde ein spezieller Befehl, `TST.X ea` realisiert, der schneller ausgeführt wird als `CMP.X`. Der Operand darf hierbei jedoch kein Adressregister sein.

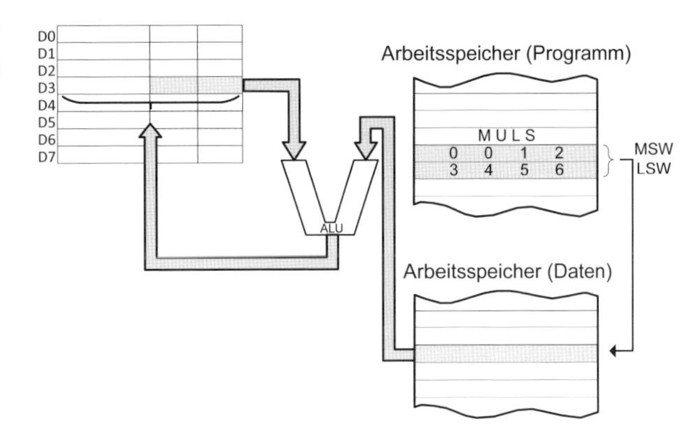

Abb. 5.43 Visualisierung der in Bsp. 5.7 beschriebenen Ausführung des Befehls `MULS $123456,D3`

Tabelle 5.11 Schiebe- und Rotationsbefehle des M68000. In den Befehlen steht `d` für die Richtung: Anstelle von `d` ist für Verschiebung nach rechts `R` und für Verschiebung nach links `L` einzusetzen

Befehl	Bedeutung	X N Z V C

`ASd.X Dm,Dn`
`ASd.X #const,Dn`
`ASd ea`
	Arithmetische Verschiebung	* * * * *

`LSd.X Dm,Dn`
`LSd.X #const,Dn`
`LSd ea`
	Logische Verschiebung	* * * 0 *

`ROd.X Dm,Dn`
`ROd.X #const,Dn`
`ROd ea`
	Rotieren	- * * 0 *

`ROXd.X Dm,Dn`
`ROXd.X #const,Dn`
`ROXd.X ea`
	Rotieren mit Extend-Flag	* * * 0 *

Schiebe- und Rotationsbefehle

Die Schiebebefehle und Rotationsbefehle dienen dazu, Daten bitweise um n Stellen nach links oder rechts zu verschieben. Dies entspricht einer Multiplikation mit 2^n bzw. einer Division durch 2^n. Die in Tabelle 5.11 zusammengestellten Schiebe- und Rotationsbefehle unterscheiden sich durch die Verwendung der Flags und dadurch, wie mit den frei werdenden Bit-Positionen verfahren wird.

Normalerweise haben die Schiebe- und Rotationsbefehle zwei Operanden, wobei der Zieloperand das zu verschiebende Datenregister angibt. Der Quelloperand, der ebenfalls ein Datenregister oder aber eine Konstante zwischen 0 und 8 sein kann, ist der Schiebezähler. Er gibt die Anzahl der Stellen an, um die verschoben bzw. rotiert werden soll. Man kann die Schiebe- und Rotationsbefehle aber auch mit nur einem Operanden verwenden, der sich dann im Speicher befinden muss und durch seine effektive Adresse ea spezifiziert wird. Damit entfällt die Angabe der Stellenzahl, um die verschoben werden soll, es wird in diesem Fall immer nur um eine Position verschoben, wobei allerdings die Operandengröße auf Wortlänge beschränkt ist.

Des Weiteren muss man zwischen den Befehlen für logisches Verschieben nach rechts bzw. links,

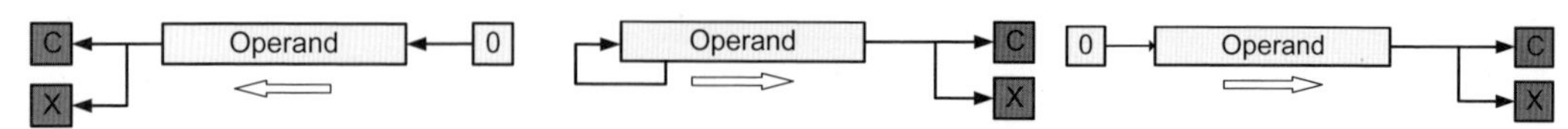

(a) Arithmetische Verschiebung nach links, `ASL.X`. Gleichbedeutend damit ist die logische Verschiebung nach links, `LSL.X`. Auf die frei werdenden Stellen werden Nullen nachgezogen

(b) Arithmetische Verschiebung nach rechts, `ASR.X`. Auf die frei werdenden Stellen wird das ursprüngliche, höchstwertige Bit nachgezogen

(c) Logische Verschiebung nach rechts, `LSR.X`. Auf die frei werdenden Stellen werden Nullen nachgezogen

Abb. 5.44 Die Wirkungsweise der Schiebebefehle

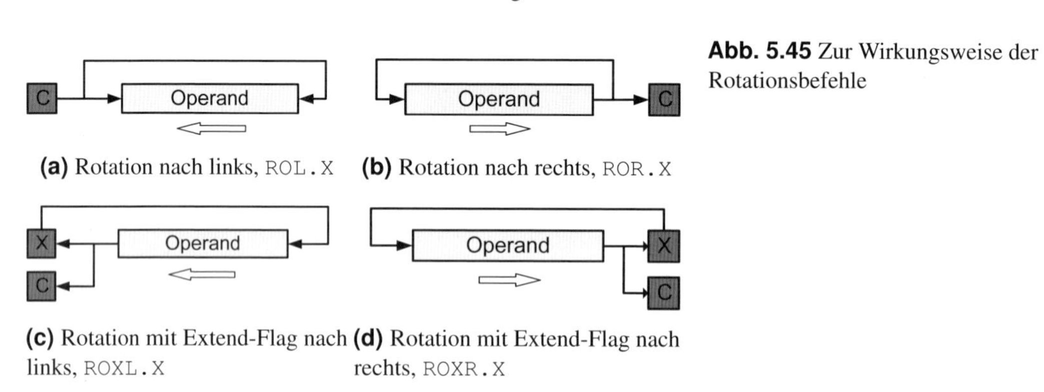

(a) Rotation nach links, `ROL.X` **(b)** Rotation nach rechts, `ROR.X`

(c) Rotation mit Extend-Flag nach links, `ROXL.X` **(d)** Rotation mit Extend-Flag nach rechts, `ROXR.X`

Abb. 5.45 Zur Wirkungsweise der Rotationsbefehle

`LSR.X` und `LSL.X`, sowie den Befehlen für arithmetisches Verschieben nach rechts bzw. links, `ASR.X` und `ASL.X` unterscheiden. Bei der logischen Verschiebung nach rechts oder nach links werden auf die frei werdenden Stellen Nullen nachgezogen, bei der arithmetischen Verschiebung nach links werden ebenfalls Nullen nachgezogen. Die Befehle `ASL.X` und `LSL.X` sind also identisch. Der einzige Unterschied besteht bei der arithmetischen Verschiebung nach rechts: hier wird auf die frei werdenden Stellen das ursprüngliche höchstwertige Bit nachgezogen. Damit bleibt bei der arithmetischen Verschiebung das üblicherweise als MSB codierte Vorzeichen erhalten; das ist auch der Grund dafür, dass diese Verschiebung als arithmetisch bezeichnet wird. Abbildung 5.44 zeigt Details. Die Rotationsbefehle sind den Schiebebefehlen sehr ähnlich. Ihre Bedeutung geht aus Abb. 5.45 hervor.

Bit-Manipulationsbefehle

Mithilfe dieser Befehle können einzelne Bits des Zieloperanden, der sich entweder in einem Datenregister oder im Speicher befinden darf, manipuliert werden. Die Länge des Zieloperanden ist 8 Bit, wenn sich der Zieloperand im Speicher befindet und 32 Bit, wenn sich der Zieloperand in einem Datenregister befindet. Die zu manipulierende Bitposition wird in einem Register oder als 8-Bit Konstante abgespeichert. Das Z-Flag wird auf 1 gesetzt, wenn das entsprechende Bit 0 ist, andernfalls auf 0. Alle anderen Flags bleiben unbeeinflusst. In Tabelle 5.12 sind alle Bit-Manipulationsbefehle zusammengestellt.

Unter anderem sind die Befehle zur Bit-Manipulation auch für Multitasking-Betriebssystem von Bedeutung, da sie zur Verwaltung von Semaphoren genutzt werden können. Bei vielen Mikroprozessoren existiert auch ein Befehl, bei dem die Bit-Operationen Test und Set auf Hardwareebene

Tabelle 5.12 Bit-Manipulationsbesfehle des M68000

Befehl	Bedeutung	X	N	Z	V	C
`BCHG Dn,ea`	Invertieren des durch Dn bezeichneten Bits	-	-	*	-	-
`BCHG #const,ea`	Invertieren des durch #const bezeichneten Bits	-	-	*	-	-
`BCLR Dn,ea`	Löschen des durch Dn bezeichneten Bits	-	-	*	-	-
`BCLR #const,ea`	Löschen des durch #const bezeichneten Bits	-	-	*		
`BSET Dn,ea`	Setzen des durch Dn bezeichneten Bits	-	-	*	-	-
`BSET #const,ea`	Setzen des durch #const bezeichneten Bits	-	-	*	-	-
`BTST Dn,ea`	Prüfen des durch Dn bezeichneten Bits	-	-	*	-	-
`BTST #const,ea`	Prüfen des durch #const bezeichneten Bits	-	-	*	-	-

Tabelle 5.13 BCD-Arithmetik-Befehle des M68000

Befehl	Bedeutung	X	N	Z	V	C
`ABCD.X Dm,Dn`	Addition zweier BCD-Zahlen in Datenregistern	*	?	*	?	*
`ABCD.X -(Am),-(An)`	Addition zweier BCD-Zahlen im Speicher	*	?	*	?	*
`SBCD Dm,Dn`	Subtraktion zweier BCD-Zahlen in Datenregistern	*	?	*	?	*
`SBCD -(Am),-(An)`	Subtraktion zweier BCD-Zahlen im Speicher	*	?	*	?	*
`NBCD ea`	Neunerkomplementbildung	*	?	*	?	*

unteilbar zusammengefasst sind. Dadurch lassen sich Verfahren zur Prozess-Kommunikation sicherer gestalten, da durch andere Prozesse oder Interrupts die Operationen Test und Set nicht getrennt werden können, was fatale Folgen haben könnte.

BCD-Arithmetik

Die Befehle für BCD-Arithmetik (vgl. Tabelle 5.13) beschränken sich auf Addition, Subtraktion und Negation, d. h. in diesem Falle Bildung des Neunerkomplements von binär codierten Dezimalzahlen. Diese Befehle werden insbesondere in finanzmathematischen Anwendungen verwendet. Die Befehle `SBCD` und `NBCD` sind nur auf Byte-Daten anwendbar.

Logische Befehle

An logischen Operationen sind in der Assembler-Sprache des M68000 die Und-Verknüpfung, die Oder-Verknüpfung, das exklusive Oder und die Invertierung realisiert (vgl. Tabelle 5.14). Bei den Befehlen `AND` und `OR` muss entweder das Ziel oder die Quelle ein Datenregister sein, beim Befehl `EOR` muss in jedem Fall die Quelle ein Datenregister sein. Logische Verknüpfungen mit Adressregistern sind nicht erlaubt. Die logischen Befehle sind privilegierte Befehle, wenn der Zieloperand das Statusregister (SR) ist.

Steuerbefehle

Zu den sehr wichtigen Steuerbefehlen gehören alle Befehle, die zu einer Programmverzweigung führen oder den Programmablauf in irgendeiner Weise beeinflussen. In Tabelle 5.15 sind alle

Tabelle 5.14 Die logischen Befehle des M68000

Befehl	Bedeutung	X N Z V C
`AND.X ea,Dn`	Logisches UND	- * * 0 0
`AND.X Dn,ea`	Logisches UND	- * * 0 0
`ANDI.X #const,ea`	Logisches UND mit einer Konstanten	- * * 0 0
`OR.X ea,Dn`	Logisches ODER	- * * 0 0
`OR.X Dn,ea`	Logisches ODER	- * * 0 0
`ORI.X #const,ea`	Logisches ODER mit einer Konstanten	- * * 0 0
`EOR.X Dn,ea`	Logisches EXCLUSIV-ODER	- * * 0 0
`EORI.X #const,ea`	Logisches EXCLUSIV-ODER mit Konst.	- * * 0 0
`NOT.X ea`	Einer-Komplement (Invertieren)	- * * 0 0

Tabelle 5.15 Die Steuerbefehle des M68000

Befehl	Bedeutung	X N Z V C
`Bcc Marke`	Verzweige bedingt	- - - - -
`BRA Marke`	Verzweige unbedingt	- - - - -
`BSR Marke`	Verzweige an ein Unterprogramm	- - - - -
`JMP ea`	Springe an Adresse ea	- - - - -
`JSR ea`	Springe auf ein Unterprogramm an ea	- - - - -
1) `RTE`	Rücksprung von einer Exception	* * * * *
`RTS`	Rücksprung aus einem Unterprogramm	- - - - -
`RTR`	Rücksprung aus U.P. mit Laden der Flags	* * * * *
1) `RESET`	Rücksetzen der Peripherie	- - - - -
1) `STOP #const`	Halte an, lade Statusregister	* * * * *
`NOP`	Keine Operation	- - - - -
`CHK ea,Dn`	Prüfe ein Datenregister gegen Grenzen	- * ? ? ?
`DBcc Dn,Marke`	Dekrementiere Dn und verzweige zu Marke, wenn Bed. cc nicht erfüllt ist	- - - - -
`DBRA Dn,Marke`	Dekrementiere Dn und verzweige zu Marke, wenn Dn > 0 ist	- - - - -
`Scc ea`	Setze ein Byte abhängig von Bedingung	- - - - -
`TAS ea`	Prüfe und setze ein bestimmtes Bit	- * * * *
`TRAP #const`	Gehe in Exception (Software Interrupt)	- - - - -
`TRAPV`	Prüfe ob V-Flag gesetzt ist und gehe ggf. in Exception mit Interrupt-Vektor 1CH	- - - - -

1) privilegierter Befehl

Steuerbefehle aufgelistet.

Der Befehl `TRAP` wird häufig im Zusammenhang mit Betriebssystem-Funktionen verwendet. Durch `TRAP #const` wird ein Betriebssystem-Aufruf (Supervisor Call) durchgeführt, wobei die Konstante `const` die Werte 0 bis 15 annehmen kann und den zugehörigen Interrupt-Vektor 80H bis BCH spezifiziert. Dies ist auch der einzige Weg, um vom User-Mode per Software in den Supervisor-

Mode zu wechseln. Oft werden diese Betriebssystem-Aufrufe auch als Ausnahmen (Exceptions) oder, etwas missverständlich, als Software-Interrupts bezeichnet. Da mit einer Exception immer der Aufruf eines Betriebssystem-Unterprogramms verbunden ist, kann der Wechsel in den Supervisor-Mode gut kontrolliert werden, was insbesondere bei Multi-User Betriebssystemen wichtig sind. Zur Rückkehr vom Supervisor-Mode in den User-Mode muss lediglich das S-Bit des Status-Registers, das im Supervisor-Mode den Wert 1 hat, gelöscht, also auf 0 gesetzt werden. Am einfachsten kann dies durch `MOVE #0,SR` geschehen, wobei allerdings das gesamte Status-Register gelöscht wird. Soll nur gezielt das S-Bit gelöscht werden, so empfiehlt sich die UND-Verknüpfung mit einer Maske: `ANDI #$DFFF,SR`.
Bei Programmverzweigungen unterscheidet man generell:

Sprungbefehle Sie bewirken, dass die Programmausführung an einer im Sprungbefehl als Operand spezifizierten neuen Adresse fortgesetzt wird. Dazu wird einfach der Befehlszähler mit der gewünschten Adresse geladen.

Unterprogrammaufrufe Hierbei findet zwar ebenfalls eine Verzweigung zu einer neuen Adresse statt, mit der ein Unterprogramm (Subroutine) beginnt. Nach einer Anzahl von Programmschritten, nämlich am Ende des Unterprogramms, wird aber durch einen Rücksprungbefehl wieder die Rückkehr in das rufende Programm bewirkt, und zwar zu dem auf den Unterprogrammaufruf folgenden Befehl. Damit dies erreicht werden kann, wird der ursprüngliche Wert des Befehlszählers vor Ausführung des Sprunges im Stack zwischengespeichert und beim Rücksprung wieder in den Befehlszähler kopiert.

Der Befehl `BRA Marke` (von branch, verzweigen) führt eine Verzweigung aus, indem der Befehlszähler PC um die Sprungdistanz d inkrementiert wird:

$$\mathrm{PC} + d \to \mathrm{PC} \quad .$$

Die im Zweierkomplement dargestellte Sprungdistanz d wird während des Assemblierens aus dem vom Benutzer frei gewählten Namen „Marke“ berechnet, der einfach im Programmtext vor die anzuspringende Programmzeile geschrieben wird. Flags werden dabei nicht beeinflusst. Ist d durch 8 Bit darstellbar, dann sind Sprünge über eine Distanz von -128 bis $+127$ Byte möglich und der Sprungbefehl umfasst nur ein Wort. Für Sprungbefehle zwischen -32768 und 32767 Byte sind zwei Worte zur Codierung des Sprungbefehls nötig, wobei dann die Bits 0 bis 7 im ersten Befehlswort alle 0 sein müssen.

Für die Verzweigung in ein Unterprogramm verwendet man den Befehl `BSR Marke`. Vor der Ausführung des Sprunges wird jetzt der Inhalt des Befehlszählers in den Stack gerettet, bevor er mit der neuen Adresse geladen wird:

$$\begin{aligned} &\mathrm{PC} \to -(A7) \\ &\mathrm{PC} + d \to \mathrm{PC} \quad . \end{aligned}$$

Für die Rückkehr aus Unterprogrammen stehen zwei Befehle zur Verfügung, nämlich `RTR` und `RTS`, je nachdem, ob das Statusregister CCR wieder aus dem Stack mit den Flags geladen werden soll (die dann natürlich zuvor in den Stack gespeichert worden sein sollten), oder nicht. In beiden Fällen wird in den Befehlszähler wieder der zuvor im Stack gespeicherte ursprüngliche Inhalt des Befehlszählers zurückgeschrieben. Es werden also folgende Operationen ausgeführt:

$$\begin{aligned} \mathtt{RTR}: &(\mathrm{A7})+ \to \mathrm{CCR} \qquad \mathtt{RTS}: (\mathrm{A7})+ \to \mathrm{PC} \\ &(\mathrm{A7})+ \to \mathrm{PC} \quad . \end{aligned}$$

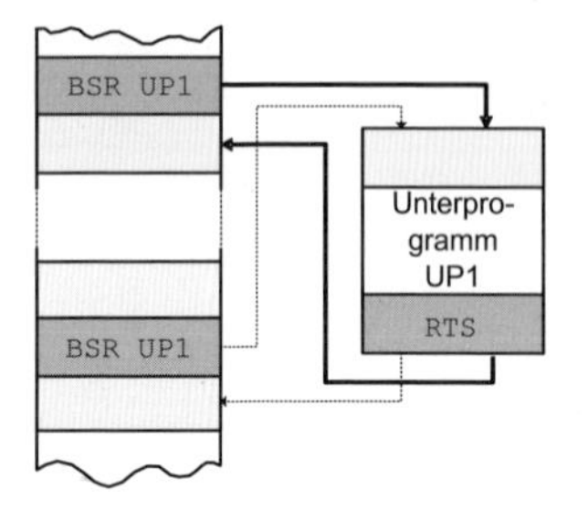

Abb. 5.46 Programmfluss bei zweimaligem Aufruf eines Unterprogramms namens `UP1`

In den Befehlen `BRA` und `BSR` ist für die Angabe der Sprungadresse die relative Adressierung vorgeschrieben. Dadurch werden die Programme frei verschiebbar, da nur Sprungdistanzen, aber keine absoluten Sprungadressen spezifiziert werden. Es besteht aber auch die Möglichkeit, Sprünge auf absolute Adressen zu programmieren. Dazu stehen die Befehle `JMP ea` für den unbedingten Sprung und `JSR ea` für die unbedingte Verzweigung auf ein Unterprogramm zur Verfügung. Dabei werden folgende Operationen ausgeführt:

$$\texttt{JMP}: \mathrm{ea} \to \mathrm{PC} \qquad \texttt{JSR}: \mathrm{PC} \to -(\mathrm{A7}) \quad .$$

Auch hier werden, wie schon bei `BRA` und `BSR`, keine Flags verändert. In Abb. 5.46 ist der Programmfluss bei Aufruf eines Unterprogramms skizziert.

Eine sehr wichtige Klasse von Befehlen, die bedingten Sprungbefehle, erlaubt Verzweigungen in Abhängigkeit von Bedingungen, die sich aus dem Zustand des CCR ergeben. Am häufigsten verwendet wird der Befehl `Bcc Marke`, wobei durch `cc` die Bedingung und durch `Marke` die Sprungdistanz bestimmt sind. Ist die in `cc` codierte Bedingung erfüllt, so wird der Befehlszähler mit der aus `Marke` bestimmten Sprungadresse geladen und die Verzweigung ausgeführt; ist die Bedingung nicht erfüllt, dann wird einfach mit dem nächstfolgendem Befehl fort gefahren. Flags werden durch diesen Befehl nur abgefragt, aber nicht verändert. Die Bedingung `cc` ist wie in Tabelle 5.16 angegeben codiert. Mit der Bedingung `cc=W` ist `Bcc` offenbar gleichbedeutend mit der unbedingten Verzweigung, wofür die beiden Befehle `BRA` bzw. `DBRA` zur Verfügung stehen. Die Bedingung `F` wird nicht verwendet.

Unterprogramme und Makros

Der Vorteil von Unterprogrammen ist, dass ein mehrmals an verschiedenen Stellen benötigter Programmteil nur einmal geschrieben werden muss. Dies minimiert den Speicherbedarf und führt zu besser lesbaren Programmen. Die Programmausführung nimmt jedoch wegen der hierbei nötigen Sprungausführungen etwas mehr Zeit in Anspruch, als wenn man das Unterprogramm jedes Mal an die Stelle kopieren würde, an der es benötigt wird. Ist der mehrmals benötigte Programmteil nur kurz, oder ist das bearbeitete Problem sehr zeitkritisch, dann verwendet man anstelle von Unterprogrammen besser Makros. Der wesentliche Unterschied ist, dass bereits beim Assemblieren die als Makro gekennzeichneten Programmteile Zeile für Zeile an alle Stellen des Programms kopiert werden, an denen ein Aufruf des Makros erfolgt. Dieses Verfahren benötigt natürlich viel Speicherplatz, führt aber zu einer schnelleren Programmausführung als bei Verwendung von Unterprogrammen und erlaubt dennoch ein übersichtliches Programmieren. Anders als Unterprogramme sind Makros Programmstrukturen, die nicht auf der Ebene der Maschinensprache realisiert werden, sondern auf Assembler-Ebene. Dementsprechend gibt es für die Programmierung von Makros auch keine für die verwendete CPU spezifischen Maschinenbefehle, sondern vielmehr Assembler-Anweisungen.

Tabelle 5.16 Bedingungscodes für den M68000: Im Befehl `Bcc` ist `cc` durch die hier angegebene Buchstabenkombination zu ersetzen, also z. B. `BGT` für einen Größer-Vergleich. Die Codes `W` und `F` werden für `Bcc` nicht verwendet

cc	Code	Bedeutung	Flag-Abfrage
(W)	0000	Wahr, keine Bedingung (1)	keine Abfrage
(F)	0001	Falsch (0)	keine Abfrage
HI	0010	Höher?	$C \vee Z = 0$
LS	0011	Niedriger oder identisch?	$C \vee Z = 1$
CC	0100	Carry gelöscht?	$C = 0$
CS	0101	Carry gesetzt?	$C = 1$
NE	0110	Ungleich?	$Z = 0$
EQ	0111	Gleich?	$Z = 1$
VC*	1000	Kein Überlauf?	$V = 0$
VS*	1001	Überlauf?	$V = 1$
PL	1010	Positiv?	$N = 0$
MI	1011	Negativ?	$N = 1$
GE*	1100	Größer oder gleich?	$(N \wedge V) \vee (\overline{N} \wedge \overline{V}) = 1$
LT*	1101	Kleiner?	$(N \wedge \overline{V}) \vee (\overline{N} \wedge V) = 1$
GT*	1110	Größer?	$(N \wedge V \wedge \overline{Z}) \vee (\overline{N} \wedge \overline{V} \wedge \overline{Z}) = 1$
LE*	1111	Kleiner oder gleich?	$Z \vee (N \wedge \overline{V}) \vee (\overline{N} \wedge V) = 1$

*) in Verbindung mit Arithmetik im Zweier-Komplement

5.5.3 Programmbeispiele

Die folgenden Programmbeispiele erheben nicht den Anspruch, tiefer gehende Kenntnisse zu vermitteln; sie sollen lediglich den Einstieg in weiterführende Literatur erleichtern. Alle Programme sind als Unterprogramme formuliert, die auf Adresse `$1000` beginnen. Zum Festlegen der Startadresse wird die Direktive `ORG $1000` verwendet, den Abschluss bildet das Statement `END`. Darüber hinaus wird hier nicht auf spezielle Notationen eingegangen. Alle im Unterprogramm verwendeten Register werden am Anfang auf den Stack abgelegt und vor dem Rücksprung ins rufende Programm (durch den Befehl `RTS`) wieder vom Stack zurückgeholt.

Kopieren eines Datenblocks

Ein Block von Daten wird an eine andere Stelle im Hauptspeicher kopiert. Die Startadresse des Blocks muss in Register A0, die Startadresse des Zielbereichs muss in Register A1 und die Anzahl der zu kopierenden Langworte muss in Register D0 gespeichert sein.

```
      ORG     $1000         * Startadresse
      SUBI    #1,D0         * D0 für Sprungbefehl vorbereiten
LOOP  MOVE.L  (A0)+,(A1)+   * Langworte kopieren
                            * und Adressen inkrementieren
      DBRA    D2,LOOP       * Sprung nach LOOP wenn D2>0, dekrementiere D2
      RTS                   * Rücksprung zum rufenden Programm
      END                   * Unterprogramm-Ende
```

Berechnung einer Prüfziffer

Aus einer Anzahl von Byte-Werten wird unter Verwendung des exklusiven Oders eine Prüfziffer berechnet. Das Register D0 muss die Anzahl der Werte enthalten, das Register A0 die Startadresse der Tabelle der Werte. Das Ergebnis steht nach Ablauf des Programms in Register D1.

```
      ORG     $1000       * Startadresse
      MOVEM.L D2,-(A7)    * Registerinhalt von D2 auf den Stack legen
      MOVE.B  (A0)+,D1    * Ersten Wert laden und Adresse inkrementieren
      JMP     STOP        * Nach STOP springen, dort wird dekrementiert
LOOP  MOVE.B  (A0)+,D2    * Nächsten Wert holen
      EOR.B   D2,D1       * Prüfziffer bilden: D1=D1 XOR D2
STOP  DBRA    D0,LOOP     * Sprung nach LOOP wenn D0>0, dekrementiere D0
      MOVEM.L (A7)+,D2    * Oberstes Stack-Element nach D2 kopieren
      RTS                 * Rücksprung zum rufenden Programm
      END                 * Unterprogramm-Ende
```

Arithmetisches Mittel von 16-Bit-Zahlen

Das Register D0 muss die Anzahl der Zahlen enthalten, das Register A0 die Startadresse der Tabelle der zu mittelnden Zahlen. Das Ergebnis wird in Register D1 gespeichert.

```
      ORG     $1000       * Startadresse
      MOVEM.L D2,-(A7)    * Registerinhalt von D2 auf den Stack legen
      MOVE.W  D0,D2       * Anz. der zu mittelnden Zahlen nach D2
      SUBI    #1,D2       * D2 für Sprungbefehl vorbereiten
      CLR.L   D1          * D1 auf 0 setzen
      MOVE.W  (A0)+,D1    * Ersten Wert laden und Adresse inkrementieren
LOOP  ADD.W   (A0)+,D1    * Werte aufaddieren und Adresse inkrementieren
      DBRA    D2,LOOP     * Sprung nach LOOP wenn D2>0, dekrementiere D2
      DIVU    D0,D1       * Division D1=D1/D0, Mittelwert steht in D1
      MOVEM.L (A7)+,D2    * Oberstes Stack-Element nach D2 kopieren
      RTS                 * Rücksprung zum rufenden Programm
      END                 * Unterprogramm-Ende
```

Berechnung der ganzzahligen Wurzel aus einer 16-Bit Zahl

Um die Wurzel aus einer Zahl a zu ermitteln, wird das Newtonsche Iterationsverfahren zur Berechnung der positiven Nullstelle der Funktion $f(x) = x^2 - a$ mit dem Startwert $x_0 = 0$ verwendet. Offenbar ist die gesuchte Nullstelle $x = \sqrt{a}$. Die jeweils folgende Näherung ergibt sich allgemein nach der Newtonschen Formel

$$x_{i+1} = x_i - f(x_i)/f'(x_i) \quad .$$

Die Ableitung $f'(x)$ kann hier leicht berechnet werden, man findet $f'(x) = 2x$. Daraus folgt schließlich:

$$x_{i+1} = \frac{1}{2}\left(x_i - \frac{a}{x_i}\right) \quad .$$

In dem folgenden Programm muss das Register D0 die Zahl enthalten, aus der die Wurzel zu ziehen ist. Das Ergebnis steht nach Ablauf des Programms in Register D1. In Register D2 steht nach Ablauf des Programms die Differenz aus dem Inhalt des Registers D0 und dem Quadrat des Inhalts von D1.

```
       ORG      $1000           * Startadresse
       MOVEM.L D3-D5,-(A7)      * Registerinhalte D3-D5 auf den Stack legen
       MOVE.L  D0,D2            * Radikand nach D2 kopieren
       MOVE.L  #1,D1            * Startwert für die Iteration in D1 laden
       MOVE.L  #999,D5          * Schleifenzähler für Abbruchbedingung setzen
LOOP   MOVE.L  D1,D3            *
       DIVU    D1,D0            *
       ADD     D0,D1            * Berechnung
       DIVU    #2,D1            * der Wurzel
       AND.L   #$0000FFFF,D1    * wie im Text
       MOVE.L  D2,D0            * beschrieben
       MOVE.L  D1,D4            *
       SUB     D3,D4            *
       DBEQ    D5,LOOP          *
       MOVE.L  D1,D3            *
       MULU    D1,D3            *
       SUB     D3,D2            *
       MOVEM.L (A7)+,D3-D5      * Oberstes Stack-Element nach D3-D5 kopieren
       RTS                      * Rücksprung zum rufenden Programm
       END                      * Unterprogramm-Ende
```

Übungsaufgaben zu Kapitel 5.5

A 5.13 (T1) Beantworten Sie die folgenden Fragen:

a) Beschreiben Sie kurz die Vor- und Nachteile von memory-mapped und isolated I/O.

b) Erläutern Sie die Wirkungsweise der Adressierungsart ARI und erklären Sie, warum gerade diese Adressierungsart in der Praxis besonders wichtig ist.

c) Erläutern Sie den Unterschied zwischen arithmetischer und logischer Verschiebung.

d) Grenzen Sie die Bedeutung des C-Flag und des X-Flag gegeneinander ab.

e) Welche Adressierungsarten werden vor allem bei Stack-Operationen angewendet.

A 5.14 (L2) Geben Sie für die folgenden Assembler-Befehle die Adressierungsarten für Quelle und Ziel an: a) `MOVE D0,A0` b) `MOVE #$123,(A1)` c) `MOVE (A7)+,D3` d) `MOVE D1,$12345`

A 5.15 (P3) Ein einfacher Mikroprozessor soll Befehle der Formate `OP adr` und `OP` verarbeiten können. Dabei soll der Befehlsteil `OP` jeweils durch ein Byte codiert sein, die Adressen `adr` sollen zwei Byte lang sein und die Speicherzellen sollen ein Byte speichern können. Es sind folgende Befehle möglich, wobei AC den Akkumulator bezeichnet:

OP	Befehl	Bedeutung
`A9`	`LDA a`	Lade ein Byte von Speicherzelle a in AC
`8D`	`STA a`	Speichere das in AC enthaltene Byte in Speicherzelle a
`C7`	`SUB a`	Subtrahiere das Byte in Speicherzelle a von dem Inhalt des AC
`C8`	`ADD a`	Addiere das Byte in Speicherzelle a zu dem Inhalt von AC
`76`	`HLT`	Programmende

a) Im Hauptspeicher sei ab Speicherzelle 0100_{hex} bis 0112_{hex} ein Programm gespeichert. Ferner sollen die Speicherzellen 0113_{hex} bis 0116_{hex} Daten enthalten. Der relevante Speicherausschnitt habe folgenden Inhalt:

```
0100hex: A9 01 14 C7 01 13 8D 01
0108hex: 13 A9 01 15 C7 01 13 8D
0110hex: 01 16 76 F0 FF 0F AB 01
```

Der Befehlszähler soll nun mit 0100_{hex} initialisiert werden und das Programm soll ausgeführt werden. Geben sie für jeden Einzelschritt den Inhalt des Akkumulators an. Was steht nach Beendigung des Programms in den Speicherzellen 0113_{hex} bis 0116_{hex}?

b) Schreiben Sie unter Verwendung der oben angegebenen Befehle ein Programm, das die Inhalte der Speicherzellen 0113_{hex} und 0114_{hex} vertauscht.

Literatur

[Bac02] R. Backer. *Programmiersprache Assembler*. Rowohlt, 2002.

[Ber10] K. Berns. *Eingebettete Systeme*. Vieweg+Teubner, 2010.

[Das05] J. Dassow und F. Staiß. *Logik für Informatiker*. Vieweg + Teubner, 2005.

[Die05] E.-W. Dieterich. *Assembler*. Oldenbourg, 5. Aufl., 2005.

[Fli05] T. Flik und H. Liebig. *Mikroprozessortechnik und Rechnerstrukturen*. Springer, 7. Aufl., 2005.

[Hil97] W. Hilf. *M68000 Grundlagen I. Architektur, Hardware, Befehlssatz MC68020/30/40/60, MC68332*. Franzis, 1997.

[Lip10] H. M. Lipp und J. Becker. *Grundlagen der Digitaltechnik*. Oldenbourg, 2010.

[Rei12] R. Reichardt und B. Schwarz. *VHDL-Synthese: Entwurf digitaler Schaltungen und Systeme*. Oldenbourg, 6. Aufl., 2012.

[Sta12] F. Staab. *Logik und Algebra: Eine praxisbezogene Einführung für Informatiker und Wirtschaftsinformatiker*. Oldenbourg, 2. Aufl., 2012.

[Wüs11] K. Wüst. *Mikroprozessortechnik: Grundlagen, Architekturen*. Vieweg+Teubner, 4. Aufl., 2011.

Kapitel 6
Rechnerarchitektur

6.1 Überblick

Computer sind im Wesentlichen aus den in Kap. 5 vorgestellten Einzelkomponenten aufgebaut. Abhängig vom Anwendungsgebiet gibt es verschiedene Faktoren, die den Entwurf der Hardware eines Computers beeinflussen. Einflussfaktoren sind immer der Stückpreis, die Rechenleistung (z. B. durchgeführte Befehle pro Sekunde[1]), die Leistung der Ein- und Ausgabegeräte (Datenmenge pro Sekunde), die Zuverlässigkeit, der Stromverbrauch sowie die Abwärme. Diese Faktoren sind in den Anwendungsfeldern verschieden stark gewichtet. Exemplarisch werden hier mehrere Anwendungsfelder vorgestellt:

Eingebettete Systeme Viele Produkte mit denen wir täglich umgehen, enthalten einen oder mehrere Computer, häufig auf einem einzigen Chip integriert – sogenannte Mikrocontroller. Diese messen, steuern und regeln technische Systeme, z. B. löst der Airbag-Controller unter bestimmten Bedingungen die Airbags im Auto aus oder die Motorsteuerung regelt die Kraftstoff-Verbrennung innerhalb eines Motors. In Autos und Flugzeugen wird bei den Mikrocontroller-Schaltungen auch von Steuergeräten (ECU = Electronic Control Unit) gesprochen. Diese Produkte werden häufig in sehr großer Stückzahl hergestellt, damit sind die Herstellungs- bzw. Stückkosten besonders wichtig. Die Rechenleistung der Hardware muss angemessen zum Regelungs- bzw. Steuerungsproblem sein, häufig wird Echtzeitfähigkeit erwartet, d. h. das System muss innerhalb eines bestimmten Zeitintervalls reagieren (also nicht notwendigerweise möglichst schnell). Daher sind noch heute einfache 4- oder 8-Bit Mikrocontroller im Einsatz.

Mobile Computer wie Smartphones, Tablet-Computer und auch Laptops: Diese Geräte sind mit einem Akku ausgestattet. Die Betriebszeit eines solchen Computers sollte mit einer Akkuladung möglichst lang sein. Wichtiges Entwurfskriterium für die Hard- und Software ist daher der Stromverbrauch und die Möglichkeiten, während des Betriebs Strom einzusparen.

Dennoch wird von diesen Computern punktuell eine sehr hohe Rechen- und Speicherleistung erwartet: Mit einem Smartphone werden z. B. in kurzer Folge viele hochauflösende Digitalfotos und -filme gemacht oder es wird ein HD-Videofilm abgespielt. Die Sprachsteuerung erfordert ebenfalls hohe Rechen- und Speicherkapazität zur Analyse eines Audiosignals und zum Erkennen der Kommandos in menschlicher Sprache.

Ein mobiler Computer ist ein Gerät, das interaktiv genutzt wird. Wenn ein Benutzer den Touch-Bildschirm berührt, erwartet er eine sofortige Reaktion des Computers. Antwortzeiten, die eine interaktive Nutzung erlauben, sind daher besonders wichtig.

---

[1] z. B. gemessen in MIPS (Million Instructions Per Second) oder MFLOPS (Million Floating Point Operations Per Second)

Spielekonsolen Im privaten Umfeld finden sich häufig Spielekonsolen, bzw. Personal Computer (PC) werden für Computerspiele verwendet. Hier ist das Berechnen von 3D-Animation in Echtzeit wichtig oder das Abspielen oder Bearbeiten von Medien wie Fotos oder Videos. In diesen Rechnern finden sich leistungsstarke Grafikkarten mit eigenen Hochleistungsprozessoren, die auf die Berechnung von Grafiken spezialisiert sind, sogenannte GPU (Graphics Processing Units). Sie führen viele gleichartige Berechnungen hochparallelisiert aus. Zusätzlich ist in diesen Geräten eine leistungsstarke Verbindung zwischen den Komponenten wichtig, damit der Videofilm auch vom Netzwerk in den Grafikchip übertragen werden kann.

Hardware-Server Auf eine Server-Hardware greifen in der Regel sehr viele Clients gleichzeitig zu. Die Clients führen ähnliche Aufgaben mithilfe des Servers aus, z. B. Banküberweisungen, Buchkäufe, Volltextsuche oder sie rufen einfach nur ein paar statische Web-Seiten ab. Damit muss eine Server-Hardware möglichst viele gleichartige Aufgaben gleichzeitig erledigen. Für Server-Hardware ist der Durchsatz ein besonders wichtiges Entwurfskriterium, möglichst viele Anfragen müssen pro Sekunde beantwortet werden, möglichst viele Daten müssen pro Sekunde gespeichert oder möglichst viele Transaktionen müssen durchgeführt werden.

Bei aller Vielfalt der hier genannten Rechnertypen und Anwendungen gibt es doch gemeinsame Konzepte, Strukturen und Komponenten, die hier unter dem Oberbegriff *Rechnerarchitektur* vorgestellt werden. In allen findet sich noch die von-Neumann-Architektur wieder, diese wird in Abschnitt 6.2 diskutiert.

G. Moore, einer der Gründer der Firma Intel, hat bereits 1965 die Beobachtung formuliert, dass sich die Zahl der Transistoren in integrierten Schaltungen ungefähr alle zwei Jahre verdoppelt (Mooresches Gesetz). Diese Beobachtung hat sich bis heute als richtig erwiesen. Damit gab und gibt es jedes Jahr einen enormen Leistungszuwachs der Mikroprozessoren am Markt. Da diese aus physikalischen Gründen nicht mehr höher als ca. 5 GHz getaktet werden können, ist der Geschwindigkeitszuwachs nur noch über Parallelisierung möglich: Mehrere Rechenkerne auf einem Chip, mehrere Befehlsstränge innerhalb eines Rechenkerns oder Rechnen mit Vektoren anstelle von Einzelwerten. Diese Entwicklungen werden in diesem Kapitel vorgestellt.

Ein Computer ist nur so gut wie es seine schwächste Komponente zulässt. Ein sehr schneller Mikroprozessor kann von einem zu langsamen Hauptspeicher oder einem Bussystem ausgebremst werden. Dieses Kapitel beschäftigt sich daher nicht nur mit den aktuellen Entwicklungen im Bereich der Mikroprozessoren sondern auch mit dem Hauptspeicher (Abschnitt 6.8) und der Kommunikation mit Peripheriegeräten (Abschnitt 6.9).

In diesem Kapitel werden Strukturen von Computern auf drei Ebenen betrachtet: Auf der untersten Ebene geht es um den Aufbau eines Mikroprozessors bzw. Mikrocontrollers und seinen Befehlssatz. Der einfache Mikroprozessor M68000 aus den 1980er Jahren wird als Beispiel bereits in Kap. 5.4 vorgestellt. Ein Mikroprozessor ist Bestandteil eines Computers, dessen Komponenten wie Hauptspeicher, Festplatten und andere Peripheriegeräte werden auf der zweiten Ebene betrachtet. Mehrere Computer können zu größeren Clustern integriert werden, dies ist die oberste Ebene der Betrachtung. Den Aufbau von Mikroprozessoren, Computern sowie Clustern aus Computern und die Funktionsweise dieser im Zusammenspiel ihrer Komponenten bezeichnen wir als Rechnerarchitektur.

Hardware-Struktur eines Computers

Die Hardware-Struktur eines Computers ist definiert durch Art und Anzahl seiner Hardware-Komponenten und deren Verbindungen untereinander. Zu den Hardware-Komponenten zählen Prozessoren, Speicher, Verbindungseinrichtungen (Busse, Kanäle, Netze) und Peripheriegeräte. Grob können folgende Strukturen innerhalb eines Computers unterschieden werden:

Einprozessor-Systeme sind die klassischen Systeme mit nur einem Mikroprozessor (der CPU), welcher autonom den Programmfluss steuert und alle Operationen ausführt. Moderne CPU enthalten mittlerweile mehr als einen Rechenkern. Somit entwickeln sich auch Systeme mit nur einem Prozessor intern zu Multi-Core-Systemen mit vergleichbaren Eigenschaften und Problemen wie die unten genannten Multiprozessor-Systeme mit mehreren CPUs.

Array- oder Vektorprozessor-Systeme sind parallel arbeitende Systeme, bei denen alle Einzelprozessoren vom gleichen Typ sind und nur jeweils mit den unmittelbaren Nachbarn in Verbindung stehen. Bei einem Verarbeitungsschritt führen alle Prozessoren identische Operationen durch und addieren oder multiplizieren beispielsweise Vektoren oder Matrizen.

Fließband-Systeme (Pipelines) sind Systeme aus einer Anzahl seriell verbundener, meist unterschiedlicher Prozessoren. Ein aufwendiger Algorithmus wird in sequenzielle Einzelschritte zerlegt. Jeder Schritt wird dann jeweils von einem Prozessor ausgeführt. Der Algorithmus wird damit wie an einem Fließband bearbeitet, jede Station (Prozessor) erledigt nur noch einen Schritt in der Verarbeitung, der nächste Schritt wird von der nächsten Station übernommen. Die Daten sind erst dann verarbeitet, wenn sie das gesamte Fließband aus Prozessoren durchlaufen haben.

Multiprozessor- bzw. Multicomputer-System ist ein allgemeiner Oberbegriff für Rechner, die über mehr als einen Prozessor verfügen. Sind alle Prozessoren gleichartig, spricht man von einem homogenen System, andernfalls von einem inhomogenen oder heterogenen System. Haben alle Prozessoren die gleiche Aufgabe zu bewältigen, so spricht man von einem symmetrischen System, andernfalls von einem asymmetrischen System. Ein Vektorprozessor-System ist demnach ein homogenes, symmetrisches System, während ein Fließband-System in der Regel den heterogenen, asymmetrischen Systemen zugerechnet werden kann.

Von besonderer Bedeutung ist hierbei die Verbindung der Prozessoren untereinander. Eine weitere begriffliche Unterscheidung ergibt sich aus den Ebenen, auf welche die Parallelisierung von Algorithmen angewendet wird: die explizite Parallelisierung oder die Parallelisierung im Großen (auf Modul- oder Task-Ebene), die Parallelisierung im Kleinen (auf Befehlsebene innerhalb einer CPU) und die Daten-Parallelisierung, also die Parallelisierung des Datenzugriffs, in welchem Falle jedem Prozessor ein bestimmter Speicherausschnitt zugeordnet ist [Rau12]. Während eine Daten-Parallelisierung vergleichsweise einfach realisiert werden kann (z. B. Vektorrechner) und explizite Parallelisierung zumindest teilweise durch Compiler automatisierbar ist, erfordert die Parallelisierung auf Befehlsebene viel Mühe beim Entwurf moderner Mikroprozessoren.

Kommunikationsstruktur

Hier werden Regeln für die Kommunikation und Kooperation zwischen den Hardware-Komponenten definiert. Insbesondere werden Protokolle für den Informationsaustausch festgelegt. Die Kommunikationsstruktur legt fest, wie die Hardware-Komponenten zur Erfüllung ihrer gemeinsamen Aufgabe zusammenwirken: Beispielsweise mithilfe eines gemeinsamen Busses oder eines gemeinsamen Speichers oder über ein Netzwerk.

Informationsstruktur

Hier handelt es sich um die Art und die binäre Repräsentation von Daten und um die darauf anwendbaren Operationen. Die Spezifikation kann durch abstrakte Datentypen (ADT) erfolgen. Abstrakt bedeutet hier, dass die Beschreibung der Datentypen gekapselt und unabhängig von der physikalischen Darstellungsform erfolgt. Beispiele sind: Zeichenketten, Gleitpunktzahlen, Felder, Tabellen, Stapel, Warteschlangen, Listen, indexsequentielle Dateien, Bäume und Graphen.

Operationsprinzip

Wie wir in Kap. 14 noch sehen werden, kann ein Algorithmus auf mehrere verschiedene Arten als Programm für einen konkreten Computer formuliert werden. Die Art und Weise, wie ein Computer ein Programm abarbeitet, wird auch als Operationsprinzip bezeichnet. Das Operationsprinzip beschreibt auch, wie die verschiedenen Hardware-Komponenten bei der Abarbeitung des Programms zusammenarbeiten.

Am weitesten verbreitet ist das von-Neumannsche Operationsprinzip, dieses wird im folgenden Abschnitt eingehend besprochen. Im Hauptspeicher befinden sich Daten und das Maschinenprogramm. Das Programm ist eine sequenzielle Folge von Maschinenbefehlen, diese wird Befehl für Befehl abgearbeitet. Die in den folgenden Kapiteln vorgestellten Programmiersprachen wie C, Java oder PHP eignen sich zur Programmierung solcher Computer, da auch sie ein Programm als sequenzielle Folge von Befehlen aufschreiben.

Alternativ kann das Operationsprinzip auch datenflussorientiert sein: Jeder Befehl wird genau dann ausgeführt, wenn seine Operanden berechnet sind. Damit ist der Befehlszähler überflüssig. Die Hardware muss so konstruiert sein, dass sie die ausführbaren Befehle identifizieren kann. Solche Computer können mit speziellen Sprachen programmiert werden, die den funktionalen Sprachen wie LISP (vgl. Kap. 14) ähneln.

6.2 Die von-Neumann-Architektur

Die historisch als erstes realisierte und noch immer wichtige Rechnerarchitektur ist die von-Neumann-Architektur. Seit den Zeiten des ENIAC (siehe Kap. 1.2) in den 40er Jahren beherrscht diese durch John von Neumann (1903–1957) und seine Kollegen in ihren Prinzipien formulierte Architektur die Szene für Jahrzehnte nahezu vollständig. Erst seit etwa 1980 werden Konzepte der Parallelverarbeitung in großem Stil verfolgt.

6.2.1 Komponenten eines von-Neumann-Rechners

Im einfachsten Fall hat ein von-Neumann-Rechner einen Zentralprozessor (CPU, Central Processing Unit). Dieser enthält ein Steuerwerk, ein Rechenwerk (ALU, Arithmetic Logic Unit) und Register. Der Zentralprozessor kommuniziert über einen Bus mit einer Eingabeeinheit, dem Arbeitsspeicher (Speicherwerk) sowie der Ausgabeeinheit. Dies ist in Abb. 6.1 schematisch dargestellt. Siehe dazu auch die Kap. 1.3 und 5.4, wo am Beispiel eines konkreten Prozessors auf die von-Neumann-Architektur eingegangen wird.

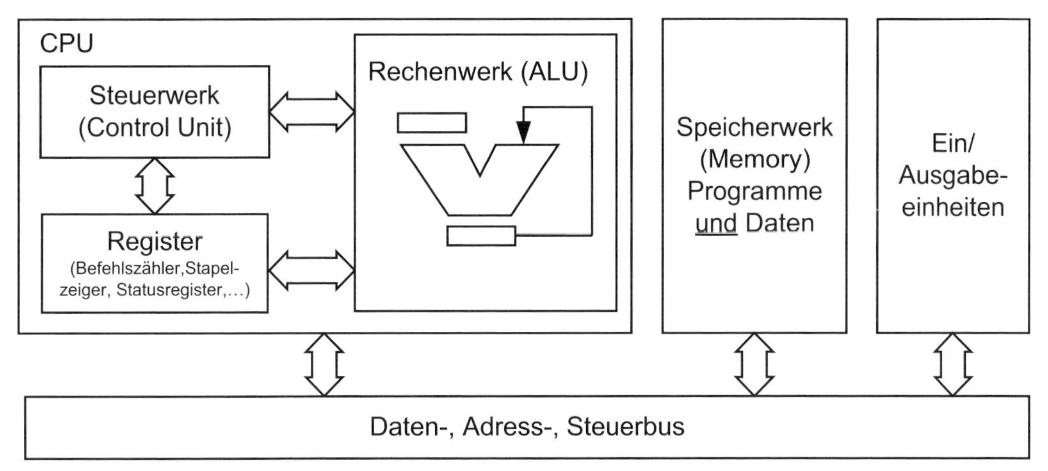

Abb. 6.1 Komponenten eines von-Neumann-Rechners

Steuerwerk

Das Steuerwerk übt die zentrale Kontrolle über das gesamte System aus. Es liest die Befehle des gerade laufenden Programms zeitlich nacheinander aus dem Arbeitsspeicher und interpretiert sie. Bestimmte Befehle wie Sprungbefehle und Prozessorzustands-Befehle werden auch durch das Steuerwerk direkt ausgeführt. Bei anderen Befehlen veranlasst das Steuerwerk die Ausführung durch das Rechenwerk oder durch die Ein-/Ausgabe-Einheit. In das Steuerwerk integriert ist eine Schaltung zur Adressberechnung, die zum Holen des nächsten Befehls und für Sprungbefehle benötigt wird.

Rechenwerk und Akkumulator

Das Rechenwerk (ALU) führt die arithmetischen und logischen Verknüpfungen durch. Eine ALU hat zwei Eingangsregister für die beiden Operanden und ein Ausgangsregister für das Ergebnis. Durch Steuerleitungen wird die durch die Steuereinheit spezifizierte Operation ausgewählt. Abhängig vom Zustand der ALU nach der Befehlsausführung wird ein Statusregister gesetzt, das interne Zustände anzeigt, etwa ob das Ergebnis einer Operation Null war oder ob ein Übertrag aufgetreten ist.

Eine zentrale Rolle bei der Befehlsausführung spielt der Akkumulator. Dieser ist ein der ALU vorgeschaltetes Register, das einen Operanden enthält und nach Ausführen der Operation auch das Ergebnis. Bei Ein-Adress-Maschinen (vgl. Abschnitt 5.4.4) existiert nur ein Akkumulator, der daher auch nicht adressiert werden muss, so dass nur die Adresse eines eventuell benötigten zweiten Operanden zu spezifizieren ist. Ein wesentlicher Nachteil solcher Maschinen ist, dass zum Retten von Zwischenergebnissen und Nachladen von Operanden häufige, zeitraubende Speicherzugriffe nötig sind. Durch wahlweise Verwendung mehrerer Register als Akkumulatoren gelangt man zur Zwei-Adress-Maschine, die trotz der jetzt erforderlichen Adressierung des gewünschten Akkumulators wegen der Reduzierung der Speicherzugriffe effizienter arbeiten kann. Eine Drei-Adress-Maschine, bei der die Adressen zweier Operanden sowie die Adresse des Ergebnisses spezifiziert werden müssen, ist demgegenüber wieder weniger effizient, so dass Zwei-Adress-Maschinen zum Standard wurden.

Speicherwerk (Arbeitsspeicher)

Der Arbeitsspeicher enthält das auszuführende Programm in Maschinensprache. Da Programme in Assembler (siehe Kap. 5.5) oder höheren Programmiersprachen geschrieben werden, ist vor dem Ablauf eine Übersetzung in Maschinensprache nötig, dies wird in Kap. 10.2.5 dargestellt.

Ein Teil des Arbeitsspeichers ist häufig als Festwertspeicher – meist als Flash EEPROM (Flash Electrically Erasable Programmable Read Only Memory) – ausgeführt; dieser enthält Programme (z. B. das BIOS), die bei Einschalten des Rechners automatisch aktiv werden. Der verbleibende Speicher ist als Schreib-/Lesespeicher mit beliebigem Zugriff (Random Access Memory, RAM) ausgeführt, der veränderliche Programme und Daten enthält. Dass sich Daten und Programm im selben Speicher befinden, ist ein wichtiges Kennzeichen der von-Neumann-Architektur.

Ein- und Ausgabeeinheit

Die Programme und Daten gelangen durch die Ein-/Ausgabeeinheit in den Arbeitsspeicher. Jeder nach der von-Neumann-Architektur konzipierte Rechner besitzt eine durch die Steuereinheit gesteuerte Ein-/Ausgabeeinheit zur Eingabe von Daten und zur Ausgabe von Ergebnissen. Die Ein-/Ausgabeeinheit dient auch zum Datenaustausch mit Peripheriegeräten, wie der Tastatur, der Maus oder dem Drucker.

Mit einem solchen System lässt sich die Verarbeitung von n Daten durch ein Programm im Prinzip so organisieren, dass man zuerst alle Daten einliest, dann die Daten sequentiell in n Schritten verarbeitet und schließlich das Ergebnis ausgibt. (EVA-Prinzip, vgl. Kap. 1.3).

Da der Datenaustausch mit den in der Regel langsamen Peripheriegeräten viel Zeit in Anspruch nehmen kann, besteht hier offensichtlich ein Engpass. Man modifiziert daher das Vorgehen insoweit, dass Ein- und Ausgabe zeitlich überlappend mit der Verarbeitung erfolgen können. In diesem Fall benötigt man dann selbständige Ein-/Ausgabeprozessoren, von denen DMA-Controller (Direct Memory Access) am verbreitetsten und bekanntesten sind. Diese Prozessoren erhalten ihre Aufträge zwar vom Zentralprozessor, wickeln sie dann aber selbständig ab und schreiben / lesen ihre Daten direkt in den Hauptspeicher, so dass die CPU entlastet wird.

6.2.2 Operationsprinzip

Neben der oben beschriebenen Hardware-Struktur ist auch das Operationsprinzip der von-Neumann-Architektur zu definieren. Dabei geht es um die Festlegung der Arten von Informationen und deren Darstellung im Rechner, um die auf diesen Daten ausführbaren Operationen und schließlich um die Algorithmen zur Interpretation und Transformation der Daten.

Informationstypen

In einem von-Neumann-Rechner ist als kleinste Dateneinheit ein Bitmuster (ein Wort aus dem Hauptspeicher) anzusehen, das einen Informationstyp repräsentiert und drei Bedeutungen haben kann:

- Es kann einen Maschinenbefehl darstellen,
- es kann ein Datum (z. B. eine Gleitpunktzahl oder einen Buchstaben) darstellen
- oder es kann die Adresse eines Speicherplatzes oder Peripheriegerätes darstellen.

Dem Bitmuster im Speicher ist nicht anzusehen, welchen der drei möglichen Informationstypen es repräsentiert. Die Unterscheidung kann nur anhand des Zustandes getroffen werden, in dem sich die Maschine gerade befindet. Dies geschieht nach folgendem Schema:

- Wird beim Programmstart oder nach vollständigem Abarbeiten eines Befehls mit dem Befehlszählerinhalt als Adresse auf eine Speicherzelle zugegriffen, so wird das gelesene Bitmuster als Befehl oder erster Teil eines aus mehreren Worten bestehenden Befehls interpretiert und in das Befehlsregister der CPU geladen.
- Wird im Verlauf des Einlesens eines Befehls mit einer zum Befehl gehörenden Adresse, die ggf. noch durch eine Adressberechnung modifiziert werden kann, direkt auf eine Speicherzelle zugegriffen, so wird deren Inhalt als Datum interpretiert. Beispielsweise als Zahl, und in ein Arbeitsregister des Prozessors geladen. Diese Art der Interpretation folgt immer aus der Dekodierung des ersten Teils des entsprechenden Befehls.
- Aus der Interpretation des zunächst eingelesenen Befehlsteils kann bei der indirekten Adressierung (siehe Kap. 5.4.4) auch hervorgehen, dass das im nächsten Schritt eingelesene Wort als Adresse zu interpretieren ist. In diesem Fall wird mit dieser Adresse auf den Speicher zugegriffen und das dort vorgefundene Bitmuster als Datum interpretiert.

Serielle Verarbeitung

Die Reihenfolge der Befehle im Arbeitsspeicher entspricht einer bestimmten sequentiellen Ordnung. Die Maschinenbefehle werden nacheinander abgearbeitet. Der Befehlszähler zeigt nach jedem Befehl auf den im Hauptspeicher folgenden Befehl, der danach ausgeführt wird. Der rein sequentielle Charakter kann jedoch unterbrochen werden: Einerseits können innerhalb des Maschinenprogramms Verzweigungen, Sprungbefehle, Programmschleifen und Unterprogrammaufrufe enthalten sein. Hier wird der Befehlszähler nicht einfach inkrementiert sondern auf die im Befehl enthaltene feste oder berechnete Adresse gesetzt. Als Reaktion auf ein Signal von außen kann andererseits eine Unterbrechung (Interrupt) der Befehlsfolge stattfinden und es wird eine bestimmte Routine zur Behandlung dieses Signals aufgerufen. Danach wird die ursprüngliche Befehlsfolge fortgesetzt.

Daten und Adressen können prinzipiell völlig ungeordnet gespeichert sein, auch wenn dies in der Praxis üblicherweise so nicht verwirklicht wird.

Befehlszyklus: Holen und Ausführen von Befehlen

Das Operationsprinzip der von-Neumann-Architektur ist ein Mehrphasen-Schema: In der Hole-Phase (Fetch) und der Interpretier-Phase (Decode) wird ein Befehl aus dem Speicher gelesen und interpretiert. In der dritten Phase, der Ausführungsphase (Execute) wird der Befehl dann ausgeführt.

Der von-Neumann-Flaschenhals

Ein inhärenter Nachteil der von-Neumann-Architektur ist die Tatsache, dass ein großer Teil der Zugriffe auf den Speicher nicht die zu verarbeitenden Daten betrifft, sondern Befehle und Adressen oder gar nur Adressen von Adressen. Die Verbindung zwischen CPU und Hauptspeicher wird damit zum Engpass. Die Überwindung dieses als von-Neumann-Flaschenhals (Bottleneck) bezeichneten Engpasses ist eine der Motivationen für die Entwicklung innovativer Erweiterungen und Alternativen zur von-Neumann-Architektur. Einige Beispiele werden in den folgenden Abschnitten vorgestellt.

6.3 Befehlssatz

Jede CPU hat einen Befehlssatz. Das sind die Maschinenbefehle, die sie ausführen kann. Die Art und Zusammenstellung der Befehle wird als Befehlssatzarchitektur (Instruction Set Architecture, ISA) bezeichnet. Wenn beispielsweise von einer x86-CPU gesprochen wird, ist keineswegs ein 8086-Prozessor gemeint, sondern ein Prozessor, der unter anderem denselben Befehlssatz ausführen kann wie der 8086-Prozessor aus dem Jahr 1978. Prozessoren mit x86-Befehlssatz finden sich in den meisten Desktop-Computern und Laptops. ARM (Advanced RISC Machines) ist ein zweiter bekannter Befehlssatz. Prozessoren mit ARM-Architektur finden sich in den meisten Smartphones und Tablet-Computern.

Die Optimierbarkeit der Hardware hängt mit den Eigenschaften des Befehlssatzes eng zusammen: Je einfacher der Befehlssatz einer CPU ist, desto leichter kann dessen Ausführung optimiert werden. Komplexe Befehle haben in der Regel komplexe Hardware zur Folge und lassen sich demzufolge schwieriger optimieren.

6.3.1 Mikroprogramme und CISC

Die ersten großen Mikroprozessoren wie die Prozessoren der IBM System/360 Familie Mitte der 1960er Jahre sollten universell für verschiedene Anwendungszwecke geeignet sein. Hierfür waren viele unterschiedliche, flexible Maschinenbefehle notwendig. Diese umfangreicheren Maschinenbefehle konnten bestenfalls für die High-End-Rechner komplett als Hardware abgebildet werden. Stattdessen erhielt die CPU interne Mikro-Maschinenbefehle über welche die komplexeren außen sichtbaren Befehle der CPU in Form von Mikroprogrammen implementiert wurden (vgl. Abb. 6.2). Der Aufruf eines Maschinenbefehls auf der CPU führt dazu, dass ein internes Mikroprogramm auf der CPU ausgeführt wird. Diese Architektur ist sehr flexibel, denn die internen Mikroprogramme lassen sich leichter anpassen, korrigieren oder austauschen als die auf Silizium belichtete Hardware-Architektur.

Mit diesem Ansatz können Prozessoren, die intern sehr verschieden strukturiert sind, nach außen denselben Befehlssatz anbieten. Auf diese Weise können auf Rechnern mit unterschiedlicher Hardware trotzdem dieselben Programme ausgeführt werden, ohne diese neu in Maschinensprache übersetzen zu müssen.

Nachteil dieses noch heute verwendeten Ansatzes sind jedoch die schwankenden Ausführungszeiten der verschiedenen Befehle. Denn diese sind vom Mikroprogramm abhängig: Der Intel 80386 benötigt beispielsweise für die Addition zweier Register zwei Taktzyklen, während die als Mikroprogramm gebaute Multiplikation bis zu 38 Takte benötigt [Wü11]. Viele verschiedene Adressierungsarten erschweren die Hardware-Optimierung zusätzlich: einige Befehle arbeiten beispielsweise mit

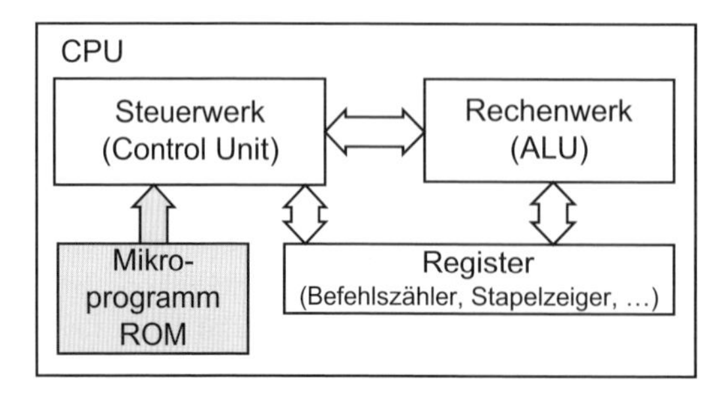

Abb. 6.2 Das Steuerwerk der CPU übersetzt die Maschinenbefehle eines Programms intern in Aufrufe von Mikroprogrammen. Diese befinden sich innerhalb (oder ggf. außerhalb) der CPU im Mikroprogramm-ROM

Registern, andere Varianten derselben Befehle verwenden Inhalte des Hauptspeichers als Operanden.

Prozessoren mit vielen verschiedenen Befehlen und Befehlsvarianten werden auch als CISC-Prozessoren bezeichnet. CISC steht hierbei für Complex Instruction Set Computer.

6.3.2 Reduced Instruction Set Computer: RISC

Im Jahr 1980 starteten D. Petterson und C. Séquin an der Berkeley Universität ein Projekt mit dem Ziel, ohne Mikroprogramme und mit stark vereinfachten Befehlssätzen auszukommen [Tan14]. Wenig später begann auch die Stanford-Universität unter J. Hennessy mit einem ähnlichen Projekt. Dieses Konzept wurde unter dem Namen RISC (Reduced Instruction Set Computer) bekannt [Pat11]. Kommerziell erfolgreich wurden RISC-Prozessoren wie die SPARC- und MIPS-Prozessoren sowie die ARM-Prozessoren, die sich derzeit in jedem Smartphone finden. RISC Prozessoren haben eine Reihe von gemeinsamen Eigenschaften, das sind:

- Jeder Befehl ist vollständig in Hardware ausgeführt. Auf Mikroprogramme wird verzichtet. Damit kann die Zahl der benötigten Taktzyklen für den Befehl gesenkt werden. Jeder Befehl muss innerhalb eines Zyklus geladen und dann möglichst einheitlich weiter verarbeitet werden können.

- Viele Register: RISC-Prozessoren verfügen über eine große Zahl von Registern. Damit können z. B. Zwischenergebnisse in Registern gespeichert werden und Zugriffe auf den Hauptspeicher werden vermieden.

- Load und Store-Architektur: (Rechen-)Befehle sind nur auf Registern erlaubt. Ein Datum wird daher zuerst in eines der Register geladen (Load) dort verarbeitet und das Ergebnis wird aus dem Ergebnis-Register wieder zurück in den Hauptspeicher geschrieben (Store). Dies schränkt die Variantenvielfalt der Befehle enorm ein, da sich die meisten Befehle nur noch auf Register-Inhalte beziehen.

Die über diese Vereinfachungen erreichte einfachere Struktur ermöglicht den Bau effizienterer Compiler und weiterer Hardware-Optimierungen. Die derzeit (2015) in Desktop-PCs eingesetzten x86-CPUs, etwa der Core i7 der Firma Intel sind Mischformen zwischen RISC und CISC. Ein RISC-Kern wird um Mikroprogramme für die komplexeren Befehle ergänzt, so dass die Grenze zwischen RISC und CISC fließend ist.

6.3.3 Abwärtskompatibilität

Kompatibilität ist ein wichtiges Thema, das hier noch erwähnt werden muss: Auch von modernen Prozessoren wird erwartet, dass diese Software (= Programme in Maschinensprache) ausführen können, die schon vor Jahren übersetzt wurde. Damit muss ein moderner Prozessor die Maschinenbefehle anbieten, die zum Zeitpunkt der Übersetzung der Software in Maschinensprache angeboten wurden. Auch moderne x86-Prozessoren unterstützen daher noch die Befehle der 8086-CPU aus dem Jahr 1978, auch wenn diese Befehle mithilfe von Mikroprogrammen und intern über einen RISC-Kern ausgeführt werden.

6.4 Klassifikation nach Flynn

In den folgenden Abschnitten werden verschiedene Optimierungen und Weiterentwicklungen der von-Neumann-Architektur sowie alternative Konzepte betrachtet. Ziel der Weiterentwicklungen ist es stets, die Leistung des jeweiligen Prozessors in irgendeiner Weise zu verbessern. Hierzu wird versucht, möglichst viel parallel ausführbar zu machen.

Eine verbreitete, aber grobe Klassifikationsmöglichkeit für verschiedene Rechnerstrukturen bietet die Flynn-Notation [Fly72]. Hier wird eine Unterscheidung bezüglich der parallel bearbeiteten Befehlsströme und Datenströme getroffen, diese wird zur weiteren Gliederung verwendet (siehe Abb. 6.3).

Single Instruction Single Data (SISD)

Beim Typ Single Instruction Single Data (SISD) wird ein Datenstrom mit einer sequenziellen Befehlsfolge verarbeitet. Zu diesem Typ gehören die von-Neumann-Rechner. Verschiedene Konzepte zur optimierten Abarbeitung der sequenziellen Befehlsfolge finden sich in modernen Prozessoren:

Große Wortbreite In den letzten Jahren wurde der Wandel von Prozessoren mit 32-Bit Wortbreite auf 64-Bit Wortbreite vollzogen. Je größer die Wortbreite, desto mehr Bit können mit einem Befehl gleichzeitig verarbeitet werden.

Fließbandverarbeitung (Pipelining) Ein Befehl wird nicht mehr als ganzes ausgeführt, sondern in einzelne Schritte zerlegt. Die Schritte werden dann mithilfe eines Fließbands aus verschiedenen Bearbeitungsstufen abgearbeitet.

(Super)Skalare Architekturen Es wird versucht, jeden Befehl in möglichst einem Taktzyklus des Prozessors zu starten, diese Architektur wird dann *skalar* genannt. Kann die CPU mehrere aufeinander folgende Befehle gleichzeitig starten, wird sie *superskalar* genannt. Beide Eigenschaften werden z. B. über eine oder mehrere parallel oder teilweise parallel arbeitende Befehls-Fließbänder erreicht.

Single Instruction Multiple Data (SIMD)

Beim Typ Single Instruction Multiple Data (SIMD) werden mehrere Datenströme gleichzeitig mit einem für alle Prozessoren (bzw. Verarbeitungseinheiten) identischen Befehlsstrom verarbeitet. In diese Klasse gehören Array- und Vektorrechner (bzw. -prozessoren). Ein Beispiel sind in einem Gitter angeordnete Prozessoren oder Recheneinheiten innerhalb eines Prozessors, wie sie sich

	Single Instruction	Multiple Instruction
Single Data	SISD	MISD
Multiple Data	SIMD	MIMD

Abb. 6.3 Mit den beiden Varianten (1) *Bearbeitung von nur einem Befehl oder gleichzeitige Bearbeitung von mehreren Befehlen* und (2) *Bearbeitung von nur einem Datum oder gleichzeitige Bearbeitung von mehreren Daten* ergeben sich vier Klassen von Rechnerstrukturen: SISD (Single Instruction Single Data), SIMD (Single Instruction Multiple Data), Multiple Instruction Single Data (MISD) sowie Multiple Instruction Multiple Data (MIMD)

beispielsweise in Grafikprozessoren finden (GPU = Graphics Processing Unit). Zur Bildverarbeitung kann jedem Prozessor ein Bildausschnitt zugeordnet werden. Moderne Prozessoren enthalten häufig spezielle Befehle zur Verarbeitung von Vektoren.

Multiple Instruction Single Data (MISD)

Tanenbaum lässt diesen Typ leer [Tan14]. Andere Autoren beschreiben Fließband-Architekturen in denen ein Datum über mehrere Befehle manipuliert wird, als MISD. Derartige Fließbänder müssten jedoch *gleichzeitig* verschiedene Befehle auf *denselben* Datenstrom anwenden.

Multiple Instruction Multiple Data (MIMD)

Der Typ Multiple Instruction Multiple Data (MIMD) ist der allgemeinste Typ, der sehr viele verschiedene Architekturen umfasst: Mehrere Datenströme werden durch mehrere Befehlsströme verarbeitet. In diese Kategorie fallen Multiprozessor-Systeme wie die früheren Großrechner IBM 3084 und Cray-2, aber auch Personal Computer oder Smartphones mit Multi-Core-Prozessoren sowie lose gekoppelte, verteilte Systeme. Innerhalb eines Prozessors ist die parallele Verarbeitung mehrerer Befehle möglich:

Hardwareseitiges Multithreading Die CPU erhält mehr als einen Befehlszähler und die Registerverwaltung wird derart erweitert, dass die CPU hardwareseitig mehrere Befehlsströme (Threads) gleichzeitig ausführen kann. Die eine physische CPU stellt sich für das Betriebssystem wie mehrere logische CPUs dar.

Multi-Core und Many-Core Architekturen In einem Prozessor befinden sich mehrere vollständige CPUs (Kerne). Damit können auf mehreren Kernen mehrere Befehlsströme parallel ausgeführt werden. Eine CPU kann dabei mehrere identische Kerne enthalten, beispielsweise x86-Kerne oder auch spezialisierte Kerne, beispielsweise einen Grafikprozessor.

Ebenso lassen sich mehrere Prozessoren in größeren Computern und mehrere Computer zu Computer-Clustern integrieren. Wenn die Prozessoren über einen gemeinsamen Speicher kommunizieren, spricht man von Multiprozessor-Systemen, fehlt der gemeinsame Speicher wird von Multicomputer-Systemen gesprochen [Tan14].

Moderne Prozessoren enthalten SIMD und MIMD Konzepte

In modernen Prozessoren finden sich in der Regel die genannten Optimierungen in irgendeiner Form wieder. Der Mikroprozessor Intel Core i7 4770k[2] (eingeführt im 2. Quartal 2013) hat beispielsweise vier Rechenkerne. Jeder Kern führt zwei Befehlsströme parallel aus. Er verfügt über Vektorbefehlssätze (SSE und AVX). Intel baut seit mehreren Jahren superskalare CPUs, die wegen mehrerer interner Pipelines bis zu vier Befehle gleichzeitig starten können (vgl. Abb. 6.5).

[2] `http://ark.intel.com/de/products/75123/Intel-Core-i7-4770K-Processor-8M-Cache-up-to-3_90-GHz`

6.5 Parallelität innerhalb einer Befehlssequenz

6.5.1 Fließbandverarbeitung – Optimierte Befehlsausführung

Die Abb. 6.4 zeigt ein Beispiel für die Abarbeitung mehrerer Befehle mithilfe einer Fließband-Architektur (Pipeline-Architektur). In einem Fließband wird die Ausführung eines Befehls auf der CPU in mehrere Schritte aufgeteilt. Für jeden Schritt gibt es eine Stufe in dem Fließband. Die Stufen sind jeweils durch ein Register als Zwischenspeicher getrennt.

Idealerweise muss ein Schritt innerhalb eines Prozessortaktes ausgeführt werden können. In dem Beispiel aus Abb. 6.4 wird die Ausführung eines Befehls in fünf Schritte aufgeteilt. Diese Aufteilung entspricht der Aufteilung in den ersten RISC-Prozessoren (MIPS) [Pat11] und enthält die drei Phasen des von-Neumann-Operationsprinzips.

Befehl holen (Instruction Fetch): Der Befehlszähler zeigt auf eine Speicheradresse. Ihr Inhalt wird geladen und als Befehl interpretiert. Danach wird der Befehlszähler inkrementiert.

Befehl dekodieren (Decode): Der Befehl wird dekodiert und die notwendigen Operanden werden aus den Registern geladen (Operand Fetch).

Befehl ausführen (Execute): Der Befehl wird ausgeführt.

Speicherzugriff (Memory Access): Bei Befehlen, die auf den Hauptspeicher zugreifen (Load und Store), findet der Speicherzugriff in diesem Schritt statt. Die Adresse, auf die zugegriffen wird, wurde im vorhergehenden Execute-Schritt berechnet.

Ergebnis zurückschreiben (Write Back): Das Ergebnis des Befehls wird in ein Register (oder ggf. in den Hauptspeicher) zurück geschrieben.

In einer idealen Fließband-Architektur kann in jedem Prozessortakt ein Befehl am Anfang des Fließbands gestartet und ein anderer Befehl am Ende des Fließbands beendet werden. In Abb. 6.4 ist dargestellt, dass zum Zeitpunkt $t+4$ fünf Befehle gleichzeitig in verschiedenen Verarbeitungsschritten verarbeitet werden. Ohne die Pipeline wären fünf (oder mehr) Prozessortakte für jeden Befehl erforderlich. Damit führt der Einsatz von Pipelines zu einer Beschleunigung des Prozessors. Praktisch alle modernen Prozessoren enthalten daher mehrere parallel arbeitende Pipelines.

Im Beispiel könnte man unterstellen, dass der Prozessor durch die Pipeline mit fünf Stufen auch fünfmal schneller wird. Dies trifft in der Praxis jedoch nicht zu, denn die Befehle hängen häufig voneinander ab, bzw. stehen im Konflikt zueinander. In diesem Fall wird auch von Fließband-Konflikten (Pipeline-Hazards) gesprochen. Drei Arten von Konflikten werden unterschieden [Pat11]:

	t	t+1	t+2	t+3	t+4	t+5	t+6	t+7	t+8
Befehl 1	Holen	Dekodieren	Ausführen	Speicher-zugriff	Ergebnis Schreiben				
Befehl 2		Holen	Dekodieren	Ausführen	Speicher-zugriff	Ergebnis Schreiben			
Befehl 3			Holen	Dekodieren	Ausführen	Speicher-zugriff	Ergebnis Schreiben		
Befehl 4				Holen	Dekodieren	Ausführen	Speicher-zugriff	Ergebnis Schreiben	
Befehl 5					Holen	Dekodieren	Ausführen	Speicher-zugriff	Ergebnis Schreiben

Abb. 6.4 Befehls-Pipelining

Daten-Konflikte (Data Hazards) Ein Befehl schreibt sein Ergebnis beispielsweise in ein Register, und der nächste Befehl benötigt in der obigen fünf-stufigen Pipeline den Inhalt dieses Registers zum Weiterrechnen. Damit kann der zweite Befehl erst dann in die Ausführung (Execute), wenn der erste Befehl sein Ergebnis in dieses Register geschrieben hat (Write Back). Der zweite Befehl muss in der Pipeline also mindestens einen Takt verzögert werden. Alle hinter dem zweiten Befehl stehenden Befehle werden ebenfalls um einen Takt verzögert.

Struktur-Konflikte (Structural Hazards) Zwei Befehle in der Pipeline brauchen gleichzeitig dasselbe Betriebsmittel, das aber nur einem Befehl exklusiv zur Verfügung stehen kann. Beispielsweise wird ein Befehl aus dem Hauptspeicher geladen (Fetch), gleichzeitig versucht ein anderer Befehl in den Hauptspeicher zu schreiben (Memory-Access). Diese Zugriffskonflikte können z. B. durch Verzögern des zweiten Befehls und der nachfolgenden Befehle in der Pipeline aufgelöst werden.

Steuer-Konflikte (Control Hazards) Bei Verzweigungen oder Sprunganweisungen, müssen die hinter diesem Befehl stehenden Befehle eventuell gelöscht werden, da jetzt die angesprungenen Befehle ausgeführt werden sollen. Bei einer einfachen (unbedingten) Sprunganweisung kann dies in der Dekodier-Einheit vermieden werden. Bei bedingten Sprüngen hängt jedoch das Sprungziel von einer vorab noch durchzuführenden Berechnung ab. Um dieses Problem zu lösen, findet sich in modernen Mikroprozessoren in der Regel eine Einheit zur Vorhersage des Sprungziels (Branch Prediction) [Wü11].

Moderne Mikroprozessoren enthalten viele Optimierungen im Bereich ihrer Fließbänder, speziell zur Vermeidung bzw. Reduktion der Konflikte. Hierfür können Befehle umsortiert werden, auch um Befehle deren Operanden schnell verfügbar sind, anderen Befehlen vorzuziehen, die noch auf Daten aus dem Hauptspeicher warten (datenflussorientiert). Die geeignete Sortierung von Befehlen, die von deren ursprünglichen Sortierung abweicht, wird auch als Out-Of-Order-Execution bezeichnet. Es wird auch versucht, bei Sprungbefehlen möglichst früh das Sprungziel richtig vorherzusagen, damit das Fließband richtig befüllt wird. Eventuell werden hinter einem bedingten Sprungbefehl zunächst weitere Befehle spekulativ ausgeführt, bevor die Sprungbedingung ausgerechnet ist. Solche Optimierungen nehmen einen immer größeren Teil der Chip-Fläche ein.

6.5.2 Superskalare Mikroprozessoren

Werden bestimmte Teile eines Mikroprozessors wie beispielsweise die ALU redundant ausgelegt, kann die CPU mehrere aufeinander folgende Befehle gleichzeitig abarbeiten. Damit führt der Mikroprozessor mehr als einen Befehl in einem Zyklus aus. Dies wird auch als superskalare Architektur bezeichnet. Die Abb. 6.5 zeigt eine stark vereinfachte Version der internen Architektur eines modernen Mikroprozessors[3]. Er verfügt über vier Dekodierer die gleichzeitig Befehle dekodieren und in Mikrobefehle übersetzen können. Die dekodierten Befehle (Mikrobefehle) werden in einem nächsten Schritt so umgestellt, dass sie mit möglichst wenig Problemen (Pipeline Hazards) auf die nachfolgenden Verarbeitungsstufen verteilt werden können (Out-of-Order-Execution). Der Verteiler (Scheduler) kann bis zu sechs Befehle gleichzeitig in nachfolgende Verarbeitungselemente (Functional Units) weitergeben. Verarbeitungselemente sind verschiedene ALUs sowie Einheiten zum Laden (Load) bzw. Speichern (Speichern) von Adressen und Daten.

[3]siehe: Intel 64 and IA-32 Architectures Software Developer's Manual, Februar 2014

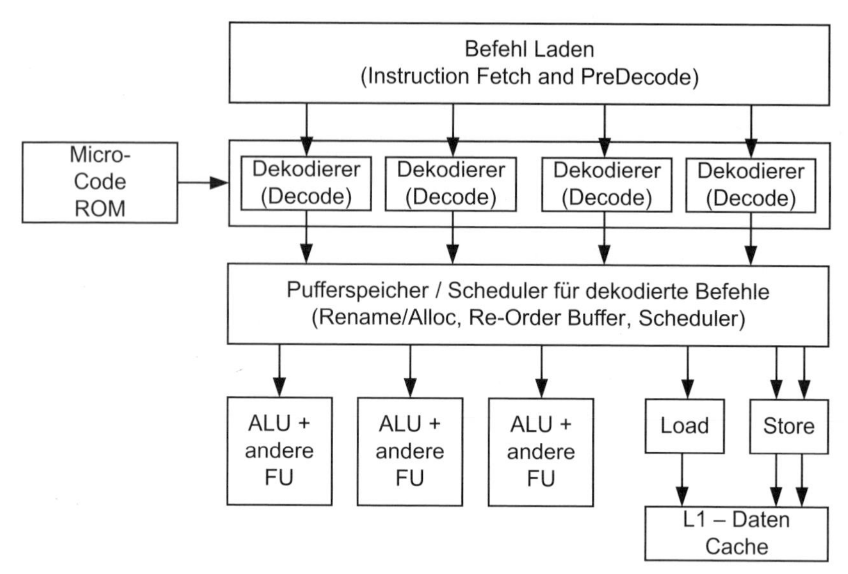

Abb. 6.5 Architektur einer superskalaren CPU

Wenn mehrere Befehle gleichzeitig durch den Mikroprozessor laufen, kann natürlich ein schnellerer Befehl (z. B. ein Shift-Befehl) einen langsameren Befehl (z. B. eine Gleitpunkt-Multiplikation) überholen. Der Mikroprozessor, der Compiler oder später der Programmierer muss hier sicherstellen, dass diese Umsortierung keine Inkonsistenzen zur Folge hat.

6.5.3 VLIW – Very Long Instruction Word

Wenn der Compiler die Interna des Mikroprozessors genau genug kennt, kann dieser die Parallelisierung der Befehle eines Programms vornehmen und mehrere Befehle in einem Instruktionswort zusammenfassen. Die Optimierung der Befehlsverteilung auf die verschiedenen Pipelines findet außerhalb der CPU statt. Der Intel Itanium hat beispielsweise Instruktionsworte mit 128 Bit. Diese enthalten jeweils drei Befehle mit jeweils 41 Bit sowie ein Template mit 5 Bit, das Informationen zur parallelen Ausführung der drei Befehle enthält [Wü11].

6.6 Parallelität in Daten nutzen: Vektorprozessoren und Vektorrechner

Vektorprozessoren (bzw. Vektorbefehle in einer modernen CPU) folgen dem SIMD-Prinzip nach Flynn. Ein Befehl bezieht sich nicht auf einzelne Werte aus dem Hauptspeicher, sondern auf Vektoren (Arrays) von Werten. Ein Vektor-Add Befehl addiert beispielsweise nicht mehr zwei Werte miteinander, sondern einen ganzen Vektor von Werten. Dadurch wird das Laden von Befehlen aus dem Hauptspeicher reduziert.

Folgendes Programm soll den Unterschied zwischen einem normalen Prozessor und einem Vektorprozessor verdeutlichen. Beispielaufgabe ist die Addition der beiden Vektoren A und B mit jeweils 100 Elementen. Das Ergebnis soll im Vektor C gespeichert werden.

$A = [a_0, \ldots, a_{99}]$
$B = [b_0, \ldots, b_{99}]$
$C = [c_0, \ldots, c_{99}]$

In einem typischen sequenziell arbeitenden Prozessor würde zur Addition beider Vektoren eine Schleife abgearbeitet und die beiden Vektoren Element für Element addiert. Jeder Befehl muss bei jedem Schleifendurchlauf wieder aus dem Speicher geladen und dekodiert werden, zusätzliche Befehle für das Abwickeln der Schleife sind notwendig.

```
for (int i=0; i < 100; i=i+1) {
    C[i] = A[i] + B[i];
}
```

Auf einem Vektorprozessor kann die Addition nur ein einziger Befehl sein, welcher die beiden Vektoren direkt addiert. Damit muss der Additionsbefehl nur einmal geladen und dekodiert werden.

```
C = A vector_add B;
```

Die Vektorbefehle können in Hardware unterschiedlich umgesetzt werden: Bei Befehlen, die sich auf Vektoren mit n Elementen beziehen, werden entsprechend n Addierer oder sogar n ALU in der CPU verwendet. Die Register der CPU müssen entsprechend groß ausgelegt sein, da sie mindestens beide Operanden-Vektoren und das Ergebnis aufnehmen müssen. Mit dieser Architektur kann der Vektorbefehl in einem Schritt ausgeführt werden. Dies wird auch als SIMD-Prozessor bezeichnet [Tan14]. Alternative dazu ist, dass die CPU mit nicht genügend ALUs den Vektorbefehl intern doch sequenziell ausführt. Auch diese Ausführung ist effizienter als die oben dargestellte explizit programmierte Schleife, da die CPU das Laden und Ausführen der Befehle zur Schleifensteuerung einsparen kann. Dies wird auch als Vektorprozessor bezeichnet [Tan14].

6.7 Parallele Ausführung mehrerer Befehlssequenzen

Die oben dargestellten Optimierungen gehen von einer einzigen sequenziellen Befehlsfolge aus. Das Optimierungspotenzial ist wegen Problemen wie Pipeline-Hazards jedoch begrenzt. Auch die Taktfrequenz moderner CPUs ist seit ca. 2004 bereits an ihre physikalische Grenze gestoßen. G. Koch stellte im Jahr 2005 fest, dass die Geschwindigkeitserhöhung von CPUs mit den bisher diskutierten Techniken nicht mehr möglich ist [Koc05]. Koch nennt drei wesentliche Gründe:

1. Die Geschwindigkeit der CPUs hat sich wesentlich schneller verbessert als die Zugriffszeiten auf dem Hauptspeicher (siehe Abschnitt 6.8). Eine CPU wird damit durch das Warten auf den Hauptspeicher ausgebremst.

2. Die Verbindungsdrähte innerhalb einer CPU wurden in der Vergangenheit immer länger, dies führt zu zusätzlichen Zeitverlusten. Rauber und Rünger führen dazu folgende Rechnung vor [Rau12]: Die maximale Geschwindigkeit mit der sich ein Signal ausbreiten kann ist die Lichtgeschwindigkeit im Vakuum. Das sind etwa $c \approx 0{,}3 \cdot 10^9$m/s. Ein Zyklus dauert bei einer mit 3 GHz laufenden CPU ca. 0,33ns $= 0{,}33 \cdot 10^{-9}$s. Ein elektrisches Signal kommt in einem Takt also gerade $0{,}3 \cdot 10^9$m/s $\cdot\, 0{,}33 \cdot 10^{-9}$s $\approx 0{,}1$m (also 10 cm) weit. Daher stagniert die Taktrate moderner CPUs seit etwa 2004 bei 3 bis 5 GHz.

3. Jeder Transistor verbraucht Strom und erzeugt Wärme. Der Wärmeverlust steigt abhängig von der Taktfrequenz. Für das Problem der Abwärme mussten neue Lösungen gefunden werden.

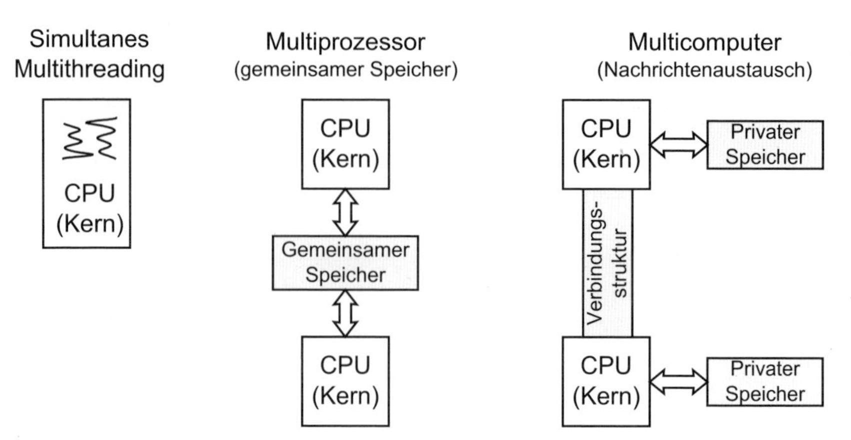

Abb. 6.6 Parallele Ausführung mehrerer Befehle

Den Herstellern moderner CPUs blieb seit Anfang des Jahrtausends keine andere Wahl, als die Zahl der vollständigen Rechenkerne in einer CPU zu erhöhen sowie innerhalb einer CPU mehr als eine Befehlsfolge auszuführen um die interne Parallelität zu vergrößern. Die echt parallele Ausführung mehrerer Befehlsfolgen hat deutliche Konsequenzen für die Programmierung moderner Systeme. Entwickler müssen sich stärker damit befassen: Um eine moderne CPU auszunutzen müssen parallele bzw. gut parallelisierbare Programme geschrieben werden.

Die Abbildung 6.6 zeigt drei im Folgenden vorgestellte Möglichkeiten, mehrere Befehle parallel auszuführen: Mehrere Threads werden parallel auf derselben CPU bzw. demselben CPU-Kern ausgeführt, dies wird auch als simultanes Multithreading bezeichnet. Mehrere CPUs können über einen gemeinsamen Speicher zusammenarbeiten, diese Systeme werden als Multiprozessor-Systeme bezeichnet, auch Multi-Core-CPUs gehören in diese Kategorie. Ist kein gemeinsamer Speicher vorhanden und mehrere CPU kommunizieren über den Austausch von Nachrichten innerhalb eines gemeinsamen Netzwerks heißen diese Systeme Multicomputer-Systeme [Tan14].

Amdahls Gesetz

Zur Quantifizierung der durch den Einsatz der parallelen Ausführung mehrerer Befehlssequenzen erzielten Leistungssteigerung definiert man die beiden Größen Speed-Up S und Effizienz E. Es sei t_1 die Zeit, die für die Lösung eines Problems auf einem Einprozessor-System benötigt wird und t_n die Zeit, die dafür auf einem System mit n parallel ausgeführten Befehlssequenzen erforderlich ist. Damit definiert man:

$$\text{Speed-Up:} \quad S = \frac{t_1}{t_n} \qquad \text{Effizienz:} \quad E = \frac{S}{n} \quad .$$

E gibt den Gewinn an Rechenleistung relativ zur Anzahl der parallelen Befehlssequenzen an. Ist $E = 1$, so spricht man von linearem Speed-Up. Damit halbiert sich die Rechenzeit bei Verdopplung der Parallelität. Es ist dies ein Optimum, das nur selten erreichbar ist. Natürlich gibt es auch bei der Parallelisierbarkeit Grenzen, die nicht überwunden werden können. Es sei a der Bruchteil eines Programms, der nur sequentiell bearbeitbar ist, dies erfordert also unabhängig von der Zahl der parallel ausführbaren Befehlssequenzen eine Mindestlaufzeit von $a \cdot t_1$. Daraus folgt dann zunächst für die kürzeste Bearbeitungszeit t_n auf einem System mit n parallelen Befehlssequenzen:

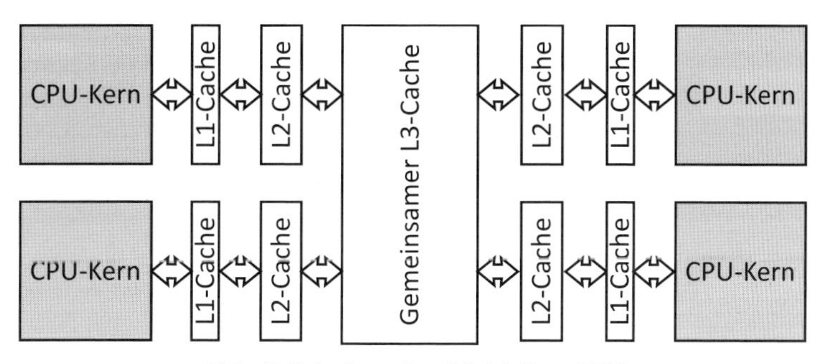

Abb. 6.7 Aufbau einer Multi-Core-CPU

$$t_n = a \cdot t_1 + \frac{t_1 \cdot (1-a)}{n} \quad .$$

Kann die Zahl der Befehlssequenzen beliebig erhöht werden, geht der zweite Summand irgendwann gegen 0. Für den Speed-Up ergibt sich damit die folgende, als Amdahls Gesetz der maximalen Parallelisierbarkeit bezeichnete Formel:

$$S = \frac{1}{a + \frac{1-a}{n}} < \frac{1}{a} \quad .$$

Unabhängig von der Zahl n paralleler Befehlssequenzen gilt also $S < {}^1/_a$. Ist also beispielsweise ein Bruchteil von 10% eines Programms nicht weiter parallelisierbar, so ist auch bei beliebiger Erhöhung der Prozessorzahl auf einem Parallel-Rechner bestenfalls eine um den Faktor 10 schnellere Bearbeitung möglich als auf einem Einprozessor-System.

6.7.1 Simultanes Multi-Threading innerhalb einer CPU

Um die Ressourcen eines Prozessors besser auszulasten und Abhängigkeiten der Befehle in einer Befehls-Pipeline zu verringern, gibt es folgende Idee: Auf einer CPU wird mehr als ein Befehlsstrom (Thread) gleichzeitig parallel ausgeführt. Hierzu müssen alle Bestandteile, die von einer Befehlsfolge (Thread) exklusiv genutzt werden, mehrfach ausgelegt werden. Das sind mindestens der Programmzähler und weitere Register (auch die Stack-Verwaltung).

Intel hat dieses Konzept unter der Überschrift *Hyperthreading* auf den Markt gebracht. Die CPU Core i7 4770 führt beispielsweise pro Kern zwei Threads parallel aus. Für das Betriebssystem sieht dies wie ein weiterer Kern innerhalb der CPU aus.

6.7.2 Multi-Core-CPU

In einer Multi-Core-CPU gibt es zwei oder mehr gleichartige Rechenkerne bzw. mehrere Rechenkerne mit unterschiedlichen Aufgaben (z. B. Grafikverarbeitung oder Signalverarbeitung). In Abb. 6.7 ist eine solche dargestellt. Derzeit finden sich beispielsweise zunehmend CPUs auf denen auch der Grafik-Prozessor (die GPU) mit integriert ist. Auf diese Weise kann bei steigender Rechenleistung die Taktrate und damit auch die abgegebene Wärme wieder sinken.

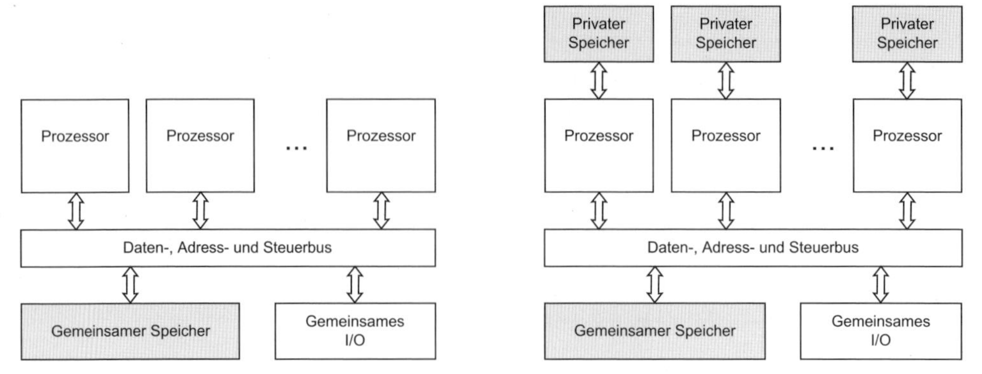

Abb. 6.8 Multiprozessor-System mit uniformen gemeinsamen Speicher (UMA) und mit nicht-uniformen gemeinsamen Speicher (NUMA)

6.7.3 Multiprozessor-Systeme

Die bis hier her dargestellten Elemente befinden sich innerhalb desselben Prozessors. Um die Leistung eines Rechners zu steigern, können in denselben Rechner mehrere Prozessoren eingebaut werden. Tanenbaum spricht bei einem System, das aus mehreren Prozessoren besteht, die aber über einem gemeinsamen Speicher kommunizieren, von einem Multiprozessor-System [Tan14].

Da das Multiprozessor-System über einen gemeinsamen Hauptspeicher verfügt, können die Betriebsmittel wie Hauptspeicher oder CPU-Zeit über eine einzige Instanz eines Betriebssystems verwaltet werden. Alle Prozessoren / Kerne sehen dieselbe Prozesstabelle und dieselbe Seitentabelle (vgl. Kap. 8.3). Windows NT wurde von Beginn an für solche Systeme entworfen (vgl. Kap. 8.5.1).

Gibt es nur einen gemeinsamen Speicher mit derselben Zugriffsgeschwindigkeit für alle Prozessoren wird dies als UMA (Uniform Memory Access) bezeichnet. Auch die oben bereits dargestellten Multi-Core-Prozessoren sind dieser Kategorie zuzuordnen. Wenn jeder Prozessor einen eigenen Speicher besitzt, der aber für die anderen Prozessoren erreichbar ist, hat der Zugriff auf lokale und entfernte Speicher eine unterschiedliche Geschwindigkeit. Hier wird von NUMA (Non-Uniform Memory Access) gesprochen.

Die Abb. 6.8 zeigt links mehrere Prozessoren, die über einen Bus gemeinsamen Speicher verwenden. Anstelle des gemeinsamen Busses werden häufig auch Kreuzschienenverteiler oder Verbindungsnetze zum Speicherzugriff verwendet. Rechts sind in Abb. 6.8 mehrere Prozessoren dargestellt, die zusätzlich einen privaten Speicher besitzen. Dies ist ein Beispiel für ein NUMA-System.

Synchronisation des Zugriffs

Der Zugriff auf den gemeinsamen Speicher wird über die Hardware koordiniert. Zwei Prozessoren oder Kerne dürfen nicht gleichzeitig auf dieselben Speicheradressen schreiben. Das würde zu Inkonsistenzen führen. Dazu notwendige Konzepte wie beispielsweise Semaphore, werden im Kap. 8 über Betriebssysteme diskutiert. Diese Konzepte werden vom Betriebssystem bereitgestellt und müssen von den Anwendungsprogrammierern angewendet werden.

Auch der Mikroprozessor und der Hauptspeicher leisten ihren Beitrag: Sie stellen unter anderem atomare (nicht durch Interrupts unterbrechbare) Befehle bereit, die Testen und Speichern zusammenfassen (Test and Set). Das atomare Test-And-Set wird zur Implementierung von Sperren benötigt, dies wird in Kap. 8.3.2 erläutert.

6.7.4 Multicomputer-Systeme

Hat jeder Prozessor einen eigenen Speicher, der nicht von anderen Prozessoren adressiert werden kann, spricht Tanenbaum von Multicomputer-Systemen [Tan14]. Die Prozessoren tauschen untereinander Nachrichten über ein Verbindungsnetzwerk aus und kommunizieren so miteinander. Hier ist keine Synchronisation von Speicherzugriffen notwendig. Es gibt keine gemeinsame Instanz eines Betriebssystems, sondern jeder Computer hat eine eigene Instanz.

Eine besondere Form der Multicomputer findet sich in vielen Rechenzentren wieder, das Rechner-Cluster. Darin werden mehrere vollständige (relativ preisgünstige) Rechner über ein Hochgeschwindigkeitsnetzwerk miteinander verbunden. Auf dem Cluster werden Infrastrukturen wie Web-, Applikations- oder Datenbankserver betrieben.

Wenn sehr viele Prozessoren innerhalb desselben logischen Rechners zum Einsatz kommen wird von massiv parallelen Systemen (MPP, Massively Parallel Processors) gesprochen. Paradebeispiel dafür ist die Mitte der 80er Jahre vorgestellte Connection Machine der Firma Thinking Machines, bei der in vier Blöcken insgesamt 65536 vergleichsweise einfache Prozessoren als 14-dimensionale Hyperwürfel-Struktur (siehe Abschnitt 6.10.5, S. 257) miteinander verbunden wurden. Zusätzlich ist jeder Prozessor direkt mit seinen vier nächsten Nachbarn verbunden, so dass gleichzeitig auch eine Gitterstruktur realisiert ist.

6.8 Speicherhierarchie

Die CPU ist in der Regel höher getaktet als der angeschlossene Hauptspeicher. Während ein Wort aus dem Hauptspeicher geladen wird, kann die CPU also mehrere Befehle ausführen. Mehrkern-CPUs und superskalare Architekturen vergrößern diese Lücke zusätzlich. Eine Intel i486 CPU Anfang der 1990er Jahre schaffte etwa sechs bis acht Taktzyklen während eines Speicherzugriffs. Die CPUs sind seitdem wesentlich schneller geworden, die Zugriffsgeschwindigkeit auf den Hauptspeicher ist nicht im gleichen Umfang gewachsen: Bereits die Intel Pentium Prozessoren im Jahr 2005 konnten 220 Taktzyklen während eines Speicherzugriffs ausführen [Koc05].

Dies wird zum Problem, da nicht nur die Daten sondern auch die Befehle aus dem Hauptspeicher geladen werden müssen (vgl. von-Neumann-Flaschenhals in Abschnitt 6.2). Ohne eine Lösung dieses Problems wird eine CPU durch ihren langsamen Hauptspeicher ausgebremst.

Häufig gehen Computer mit sehr großen Datenmengen um, digitale Videofilme werden beispielsweise je nach Qualität leicht mehrere GB groß. Diese Datenmengen überschreiten leicht die Größe des verfügbaren Hauptspeichers. Damit wird es notwendig, diese Daten bzw. Teile des Hauptspeichers auf Sekundärspeicher wie die Festplatte oder eine Solid State Disk auszulagern.

6.8.1 Speichertechnologien: Register, Cache und Hauptspeicher

In diesem Abschnitt werden zunächst gängige Speichertechnologien dargestellt. Diese finden sich auf den ersten Ebenen der Speicherhierarchie. Angefangen bei den Registern innerhalb der CPU bis hin zu einem eventuell sehr großen Hauptspeicher. Sekundärspeicher wie die Festplatte oder eine Solid State Disk werden in späteren Abschnitten dargestellt.

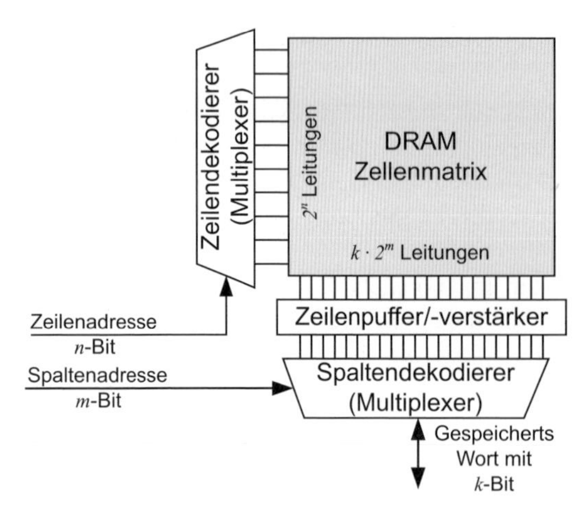

Abb. 6.9 Die Speicherzellen sind in einer Matrix organisiert, sie haben eine Zeilen- und eine Spaltenadresse. In die DRAM-Speicherzelle führen 2^n-Zeilen-Adressleitungen. Beim Lesen von Daten wird genau eine davon aktiviert. Die gesamte Zeile wird dann in den Zeilenpuffer gelesen. Nun wird mithilfe der Spaltenadresse eine der 2^m Spalten-Adressleitungen aktiviert und ein Wort mit k Bit gelesen. Die Matrix enthält somit 2^n Zeilen $k \cdot 2^m$ Spalten. Der Speicher hat damit eine Kapazität von $2^n \cdot 2^m$ Worten der Größe k Bit. Interessant ist hierbei, dass Worte aus derselben Zeile sehr schnell gelesen werden können, da nach dem Lesen des ersten Wortes aus der Zeile alle anderen Worte auch im Zeilenpuffer stehen

SRAM

Die Antwortzeit (Zeit für einen Taktzyklus) eines Speichers hängt von dessen technischer Umsetzung ab. Schnelle Speicherelemente, wie sie innerhalb von CPUs als Register umgesetzt werden, sind häufig Flip-Flops (siehe Kap. 5.3). Sie arbeiten im selben Takt wie der Prozessor selbst. Diese Speicherzellen werden auch als SRAM (statisches RAM) bezeichnet. Sie sind technisch aufwendig und verbrauchen mit vier bis sechs Transistoren relativ viel Platz auf einem Chip. Mit SRAM lassen sich kleine Speicher, z. B. mehrere Registersätze umsetzen. Ein großer Hauptspeicher mit z. B. 4 GB ist mit dieser Technik kaum realisierbar, das wäre recht teuer.

DRAM

Große Speichermengen können mithilfe von DRAM (Dynamic Random Access Memory) gebaut werden. Eine DRAM-Speicherzelle besteht im Wesentlichen aus einem Kondensator und einem Transistor. Wenn die Speicherzelle eine 1 enthält ist der Kondensator z. B. geladen. Ist der Kondensator nicht geladen, stellt die Speicherzelle eine 0 dar. So lassen sich auf sehr kleinem Raum auf einem Chip sehr viele, aber langsamere, Speicherzellen in Form einer Speichermatrix integrieren, wie in Abb. 6.9 dargestellt.

Ein Kondensator verliert mit der Zeit seine Ladung, daher muss DRAM-Speicher regelmäßig aufgefrischt werden. Deswegen heißt diese RAM-Version auch *dynamisch*.

Die DRAM-Speicherzellen sind in einer Matrix organisiert, sie haben eine Zeilen- und eine Spaltenadresse. In die DRAM-Speicherzelle führen 2^n-Zeilen-Adressleitungen. Beim Lesen von Daten wird genau eine davon aktiviert. Die gesamte Zeile wird dann in den Zeilenpuffer gelesen. Nun wird mithilfe der Spaltenadresse eine der 2^m Spalten-Adressleitungen aktiviert und ein Wort mit k Bit gelesen. Die Matrix enthält somit 2^n Zeilen $k \cdot 2^m$ Spalten. Der Speicher hat damit eine Kapazität von $2^n \cdot 2^m$ Worten der Größe k Bit. Interessant ist hierbei, dass Worte aus derselben Zeile sehr schnell gelesen werden können, da nach dem Lesen des ersten Wortes aus der Zeile alle anderen Worte auch im Zeilenpuffer stehen. Eine offensichtliche Optimierung ist es also, die gesamte gelesene Zeile bereitzustellen.

In Desktop-Computern werden beispielsweise DDR3-SDRAM-Bausteine (Double Data Rate Synchronous Dynamic RAM) verwendet. Dieses RAM wird über den Speicherbus getaktet, daher wird es als *synchron* bezeichnet. Der interne Takt im Speicher ist wegen des Stromverbrauchs bei neueren DDR-SDRAM deutlich geringer als die Taktrate des Speicherbusses. DDR bedeutet, dass aus dem RAM mit doppelter Datenrate gelesen und geschrieben werden kann. Das wird möglich, indem bei steigender und bei fallender Taktflanke jeweils aufeinander folgende Worte gelesen und geschrieben wird, also in jedem Takt zweimal. Bei DDR2 und DDR3 werden vier bzw. acht Worte in einem internen Speichertakt gelesen, diese werden dann über den wesentlich höheren Speicherbustakt sequenziell gelesen.

DDR3-1600 Speicherbausteine haben einen internen Takt von 200 MHz. Sie lesen bei jedem Takt jeweils 8 aufeinander folgende Worte aus dem Speicher und liefern diese jeweils bei steigender und Fallender Taktflanke über den 800 MHz getakteten Speicherbus. Damit ergibt sich ein effektiver Takt von 1600 MHz. Das wird natürlich nur erreicht, wenn die zu lesenden Wörter im Speicher aufeinander folgende Adressen haben.

6.8.2 Caching

Lokalität von Speicherzugriffen

Um das Problem eines großen aber für die CPU zu langsamen Hauptspeichers anzugehen, können zwei Eigenschaften von Programmen und Daten genutzt werden: Zeitliche und räumliche Lokalität. Befindet sich im Programm beispielsweise eine Schleife („while“ oder „for“ in C) werden dieselben Befehle innerhalb der Schleife mehrfach ausgeführt, z. B. die Inkrementierung und Abfrage des Schleifenzählers. Beim Zugriff auf ein Array in der Sprache C wird auf die Speicheradresse des ersten Array-Elements der Index des gesuchten Elementes addiert. Die Speicheradresse des ersten Elements im Array sowie die Befehle in der Schleife werden mehrfach verwendet. Dies wird als zeitliche Lokalität bezeichnet.

Werden dieselben Daten oder Programmteile in geringem zeitlichem Abstand mehrfach verwendet, lohnt es sich, diese in einem schnellen aber kleinen Speicher innerhalb der CPU zu behalten. Dieser Speicher wird auch als Cache bezeichnet.

Die Anweisungen eines Programms befinden sich typischerweise sequenziell hintereinander im Hauptspeicher. Solange keine Sprunganweisung kommt, wird Befehl für Befehl sequenziell aus dem Hauptspeicher gelesen. Die Elemente des eben erwähnten Arrays sind ebenfalls hintereinander im Hauptspeicher abgelegt. Dies wird auch als räumliche Lokalität bezeichnet.

Wenn verschiedene Daten, die zur selben Zeit verwendet werden, nahe im Hauptspeicher beieinander liegen, lohnt es sich größere Blöcke am Stück aus dem Hauptspeicher zu laden bzw. die Speicherchips für das sequenzielle Lesen zu optimieren. DRAM-Speicher unterstützen dies (siehe oben).

Caches

In einem Cache werden aus dem Hauptspeicher gelesene Daten zwischengespeichert. Wenn die CPU Daten oder Befehle lesen will, wird zunächst im Cache gesucht, ob diese Daten oder Befehle bereits dort vorliegen. Nur wenn die Daten oder Befehle nicht im Cache sind, wird auf den Hauptspeicher zugegriffen. Die Rate der im Cache gefundenen Daten bestimmt die Leistung des Systems mit. Diese Rate wird auch als *Hit-Rate* bezeichnet. Da der Speicherplatz im Cache eher klein ist, werden die vor einiger Zeit gelesenen Daten / Befehle nach verschiedenen Strategien gegen aktuell gelesene Daten / Befehle ersetzt.

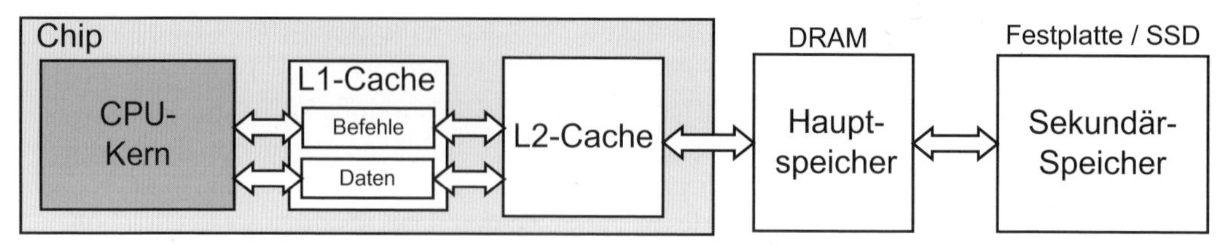

Abb. 6.10 Speicherhierarchie moderner Mikroprozessoren

Eine moderne CPU besitzt eine ganze Hierarchie (Level 1 bis 3) an immer größer werdenden Caches bis der Hauptspeicher erreicht ist. Die Abb. 6.10 stellt eine Speicherhierarchie dar, die aus zwei auf einander aufbauenden Caches besteht. Diese findet sich so oder so ähnlich in modernen Mikroprozessoren wieder. Im Level-1 Cache werden häufig Daten und Befehle getrennt verwaltet, in dieser Ebene werden die Daten und Befehle einzeln gelesen. Ab dem Level-2 Cache wird mit Speicherblöcken gearbeitet, beispielsweise mit 16, 32 oder 64 Byte-Blöcken [Wü11].

Der Mikroprozessor Intel Core i7 4770k hat beispielsweise für jeden der vier Kerne einen (Level-1) Cache mit zweimal 32 KB (Daten und Befehle getrennt), einen L2 Cache mit 256 KB sowie einen 8 MB großen L3 Cache, den die Kerne gemeinsam verwenden[4].

Die Abb. 6.10 stellt die Speicherhierarchie moderner Mikroprozessoren insgesamt vor. Nahe am Prozessor sind die Register. Darauf folgt eine Reihe von immer größer werdenden Caches. Diese erhalten ihre Daten aus dem Hauptspeicher, ist dieser nicht ausreichend groß, werden Daten auf einen Sekundärspeicher (Festplatte) ausgelagert.

Cache-Kohärenz

Greifen mehrere Prozessoren oder mehrere Kerne derselben CPU gleichzeitig auf dieselben Daten im Hauptspeicher zu, kann es zu Inkonsistenzen kommen, wenn Caches verwendet werden: Zwei Kerne lesen beispielsweise dieselbe Adresse des Hauptspeichers aus und speichern diese in ihrem Cache. Zu diesem Zeitpunkt gibt es den Inhalt dieser Adresse dreimal: Ein Original im Hauptspeicher und zwei Kopien in den beiden Caches. Wenn ein Prozessor/Kern den Inhalt modifiziert, wird zunächst die Kopie in seinem Cache geändert, eventuell schreibt der Cache diese Änderung direkt in den Hauptspeicher (Write-Through-Cache). Die Kopie im Cache des zweiten Kerns enthält nun einen veralteten Wert.

Die Synchronisierung der verschiedenen Kopien derselben Daten aus dem Hauptspeicher muss von der Hardware übernommen werden. Sie implementiert sogenannte Cache-Kohärenz Protokolle, die dafür sorgen, dass die Kopien der Daten entweder bei Änderungen aktualisiert werden oder dass die Kopien in den Caches als veraltet gekennzeichnet werden. Ein bekanntes Verfahren dazu ist das „Schnüffeln“ (Snooping). Jeder Cache überwacht die Verbindung der Prozessoren zum gemeinsamen Speicher. Wird über die Verbindung auf eine Adresse im Hauptspeicher schreibend zugegriffen, deren Inhalt sich auch im Cache befindet, wird dieser Inhalt im Cache als nicht mehr aktuell gekennzeichnet.

[4] `http://de.wikipedia.org/wiki/Intel-Core-i-Serie`

6.8.3 Memory Management Unit und virtueller Speicher

Zum Verwalten des Hauptspeichers verfügen viele Mikroprozessoren über eine Memory Management Unit (MMU). Sie organisiert den Zugriff der CPU auf den Hauptspeicher. Die MMU unterstützt hierbei das Konzept der Speicher-Virtualisierung, diese wird ausführlicher in Abschnitt 8.3.4 des Betriebssysteme-Kapitels beschrieben. Jeder Prozess erhält im Betriebssystem einen eigenen (virtuellen) Speicher. Die MMU rechnet die Speicheradressen des virtuellen Speichers auf die Adressen des physikalisch vorhandenen Hauptspeichers um. Ist der vorhandene Hauptspeicher zu klein, können Teile davon transparent auf einen Sekundärspeicher (Festplatte) ausgelagert werden – dies wird auch als Swapping bezeichnet, auch dies unterstützt die MMU.

6.8.4 Festplatten

Wenn Daten das Ausschalten des Rechners überdauern sollen, müssen Sie auf einer Festplatte, einem Flash-Speicher (etwa einer Solid-State-Disk) oder irgendwo in einem Netzwerk auf diesen Medien gespeichert werden. Moderne Festplatten haben inzwischen eine Kapazität von mehreren TB, Solid-State-Disks mit einem TB sind inzwischen auch erhältlich. Zu Aufbau und Verwendung von Festplatten siehe auch Kap. 12.6.2.

Eine Festplatte besteht aus mehreren übereinander angeordneten Scheiben die mit einem magnetisierbaren Material beschichtet sind. Die Scheiben selbst bestehen in der Regel aus Aluminium, es gibt auch Scheiben aus Glas oder Keramik. Sie drehen sich je nach Hersteller mit einer Geschwindigkeit von ca. 4000 bis zu ca. 15000 Umdrehungen pro Minute. Oberhalb und unterhalb jeder Scheibe befindet sich ein Schreib-/Lesekopf. Dieser ist im Prinzip ein kleiner Elektromagnet. Fließt Strom durch den Elektromagneten, kann über das entstehende Magnetfeld eine Stelle der Scheibe in die entsprechende Richtung magnetisiert werden. Wird der (stromlose) Elektromagnet später über eine solche Stelle bewegt, kann über den induzierten Strom die gespeicherte Information wieder gelesen werden.

Informationen sind auf einer Scheibe jeweils in konzentrischen Kreisen (Tracks bzw. Spuren) gespeichert. Der Schreib-/Lesekopf muss damit von Spur zu Spur bewegt werden. Jede Spur ist ihrerseits in Sektoren (Kreissegmente) eingeteilt. In jedem Sektor sind in der Regel 512 Datenbytes gespeichert. Inzwischen dürfen die Spuren einer Scheibe verschiedene Zahlen von Sektoren enthalten, die innen liegenden enthalten weniger Sektoren wie die äußeren. Alle übereinander liegenden Spuren, die denselben Abstand zum Mittelpunkt der Scheibe haben, werden als Zylinder zusammengefasst. Abbildung 6.11 veranschaulicht diese Begriffe. Ist die Zahl der Köpfe, Sektoren und Zylinder bekannt, kann die Speicherkapazität der Festplatte berechnet werden: Bei 16 Köpfen, 63 Sektoren und 1024 Zylindern ergibt sich eine Kapazität von $16 \cdot 63 \cdot 1024 \cdot 512\,\text{Byte} = 528\,482\,304\,\text{Byte} = 504 \cdot 1024 \cdot 1024\,\text{Byte} = 504\,\text{MB}$.

Gespeicherte Daten haben auf der Festplatte damit eine Adresse, die sich aus Kopf, Sektor und Zylinder zusammensetzt[5]: Beim Lesen von Informationen muss der Schreib-/Lesekopf über der sich drehenden Scheibe auf die richtige Spur bewegt werden. Danach muss abgewartet werden bis sich der gesuchte Sektor unter dem Schreib-/Lesekopf hinweg dreht. Erst dann können Daten gelesen oder geschrieben werden. Lesen und Schreiben erfolgt immer blockweise. Die Zugriffszeit auf Daten hängt also von der Rotationsgeschwindigkeit der Scheiben und der Geschwindigkeit ab,

[5] Alternativ dazu gibt es bei ATA-Festplatten das Logical Block Addressing, bei dem ein Block auf der Festplatte unabhängig von ihrer Geometrie über eine logische Adresse und nicht über Kopf, Sektor und Zylinder angesprochen wird.

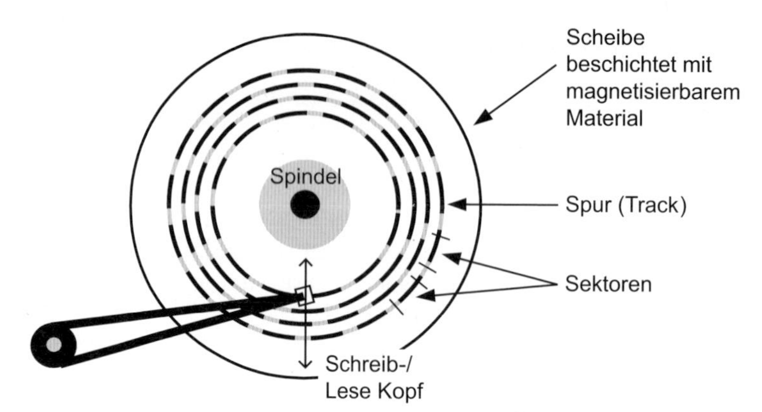

Abb. 6.11 Daten werden auf einer Festplatte damit über folgende Informationen adressiert: Adresse des Schreib-/Lesekopfs (in einer Festplatte finden sich mehrere), Adresse des Zylinders sowie die Adresse des Sektors

mit der der Schreib-/Lesekopf auf dem gesuchten Zylinder positioniert werden kann. Die mittleren Zugriffszeiten bewegen sich zwischen 5 ms und 20 ms.

In aktuellen PCs werden Festplatten mithilfe der SATA-Schnittstelle verbaut. SATA steht für Serial-ATA (Serial Advanced Technology Attachment). Daten werden seriell zwischen Speicher und Festplatte übertragen. Vorläufertechnologien angefangen bei IDE, EIDE bis hin zu ATAPI-6 waren über eine parallele Schnittstelle (breites, zum Teil 80-adriges Flachbandkabel) mit dem Rest des Computers verbunden. Die parallel laufenden Leitungen führen zu Effekten wie dem Übersprechen zwischen zwei Leitungen und auch zu Problemen bei der Lüftung in den Computer-Gehäusen, da das Kabel schlicht im Weg ist. SATA ist nur noch über einen 7-poligen Steckverbinder angeschlossen. Die serielle Übertragung unterbindet das Übersprechen und ähnliche Effekte. Die Übertragungsrate lag zu Beginn mit der ersten SATA-Version bei 150 MB/s, SATA 3 schafft bis zu 600 MB/s. Alternative zu SATA sind Festplatten mit serieller SCSI-Schnittstelle.

Beispiel für eine aktuelle (Mitte 2014) Festplatte ist die WD4001FAEX der Firma Western Digital. Sie hat eine Kapazität von 4 TB (Tera Byte) und die Scheiben sind 3,5 Zoll (8,9 cm) groß. Sie wird über eine SATA 3 Schnittstelle in einem Computer verbaut, damit sind theoretisch bis zu 600 MB/s als Datenübertragungsrate möglich, tatsächlich gemessene Übertragungsraten sind geringer, nämlich etwa zwischen 80 und 180 MB/s. Die Scheiben drehen sich mit einer Geschwindigkeit von 7200 Umdrehungen pro Minute[6].

Problematisch sind die bewegten Teile einer Festplatte aus mehreren Gründen: Der Antrieb der Scheiben verbraucht Strom, damit ist der Einsatz in mobilen Geräten schwieriger. Außerdem können mechanische Erschütterungen sowie Temperaturschwankungen zum Problem werden. Wenn ein Schreib-/Lesekopf eine der rotierenden Scheiben berührt, führt das eventuell zur Zerstörung der Festplatte (Platten-Crash).

6.8.5 Flash-Speicher und Solid State Disks

Seit einigen Jahren werden speziell in mobilen Geräten anstelle von Festplatten Flash-Speicher verwendet. Memory Sticks, die Speicherkarten in Digitalkameras oder Smartphones sowie auch die Solid State Disks sind Flash-Speicher.

Flash-Speicher sind EEPROMs (Electrically Erasable Programmable Read-Only Memory). Flash-Speicher behalten die gespeicherten Informationen, auch wenn kein Strom mehr anliegt. Damit

[6] vgl. `http://www.wdc.com/de/products/products.aspx?id=760`

können im Gegensatz zu SRAM oder DRAM Informationen langfristig gespeichert werden.

Eine Flash-Speicherzelle ist im Grunde ein Feldeffekt-Transistor. Beim Speichern der Information „1“ wird mithilfe einer (vergleichsweise) hohen Spannung (12 V) an der Basis des Transistors (Floating-Gate) eine elektrische Ladung aufgebracht. Da das Floating-Gate von allen anderen Komponenten elektrisch isoliert ist, verbleibt die Ladung dort dauerhaft, auch ohne dass der Transistor mit Strom versorgt wird. Wird die Ladung mithilfe der hohen Spannung wieder entfernt, wird aus der gespeicherten „1“ eine „0“. Die gespeicherte Ladung bewirkt, dass der Transistor „an“ bzw. „aus“ geschaltet ist.

Flash-Speicherzellen können abhängig von der Bauform bis zu 100 000 mal wieder beschrieben werden. Wegen dieses Verschleißes wird versucht, die zu speichernden Informationen gleichmäßig über größere Flash-Speicher zu verteilen und defekte Zellen zu identifizieren und nicht weiter zu verwenden. Häufig finden sich auch Reserve-Speicherzellen auf den entsprechenden Chips.

Eine *Solid State Disk* (SSD) bietet für Laptops oder PC dieselbe Schnittstelle wie eine Festplatte an, beispielsweise die SATA-3-Schnittstelle mit bis zu 600 MB/s tatsächlich erreichbarer Datenübertragungsrate. Eine „Disk“ wird man allerdings vergeblich suchen: Intern arbeiten sie mit Flash-Speicherzellen und sind mit Kapazitäten im Bereich von 1 TB erhältlich. Eine SSD bietet deutlich geringere mittlere Zugriffszeiten als Festplatten, da keine Scheiben rotieren und Schreib-/Leseköpfe bewegt werden müssen. Zusätzlich ist sie unempfindlich gegen mechanische Erschütterungen und verbraucht weniger Strom.

6.9 Ein- und Ausgabe

Die CPU ist mit den Ein- und Ausgabegeräten über irgendeine Form von Bus verbunden (PCI, PCIe, USB, ...). Die Peripheriegeräte sind in der Regel wesentlich langsamer als die CPU selbst. Außerdem kann bei einem Gerät eine Situation eintreten, welche nicht von der CPU beeinflusst werden kann: Der Benutzer bewegt beispielsweise die Maus oder drückt eine Taste auf der Tastatur. Um mit diesen Geräten zu kommunizieren, können verschiedene Strategien verwendet werden:

- Synchrone Kommunikation: Die CPU sendet einen Befehl an ein Gerät und wartet solange bis das Gerät reagiert. Das Warten, ohne etwas anderes zu tun, senkt die Gesamtleistung des Systems erheblich. Ereignisse, die am Gerät auftreten, können so kaum behandelt werden.
- Polling: Die CPU fragt das Gerät in regelmäßigen Abständen nach Ereignissen oder Ergebnissen übersendeter Befehle. Dies führt zu einer Belastung der Kommunikationsverbindung und der CPU selbst.
- Interrupts: Man kann den Spieß auch umdrehen und das Gerät benachrichtigt die CPU über ein Ereignis oder über das Vorliegen von Ergebnissen eines Befehls. Dazu wird ein Interrupt ausgelöst.

6.9.1 Unterbrechungen (Interrupts)

Ein Betriebssystem muss auf externe Ereignisse reagieren können. Das Berühren des Touch-Displays oder das Vorliegen gelesener Daten von einer Festplatte sind Beispiele für solche externen Ereignisse. Bei einem eingebetteten System sind das Eintreffen einer Nachricht an einer seriellen Schnittstelle oder eine logische „1“ an einem der Eingänge des Mikrocontrollers entsprechende Beispiele.

Typischerweise unterstützen Mikrocontroller und Mikroprozessoren die Verarbeitung solcher Ereignisse über sogenannte (Hardware-) Interrupts (vgl. Abschnitt 5.4): Liegt ein externes Ereignis vor, z. B. die „1" an einem Eingang des Mikrocontrollers, dann unterbricht der Mikrocontroller den aktuell laufenden Prozess und springt in eine (in der Regel vom Betriebssystem) bereitgestellte Routine zur Behandlung dieses Interrupts (sog. Interrupt Service Routine, ISR). In der Routine wird das Ereignis behandelt. Nach dem Aufruf der Routine wird der unterbrochene Prozess wieder genauso hergestellt und läuft an der unterbrochenen Stelle weiter.

Interrupts können abhängig von ihrer Quelle unterschieden werden. Hierfür hat jedes Gerät einen nicht immer eindeutigen Interrupt-Vektor (kleine Ganzzahl) um sich zu identifizieren. Diese Zahl ist dann der Index in einer Tabelle mit den zu dem Interrupt passenden Behandlungsroutinen (z. B. Interrupt Vector Table).

Es gibt bestimmte kritische Programmstellen, dazu gehören möglicherweise auch die Interrupt-Behandlungsroutinen selbst, die nicht durch einen Interrupt unterbrochen werden sollen. Daher ist die CPU bzw. das Betriebssystem in der Lage, bestimmte Interrupts für einen bestimmten Zeitraum an- und wieder auszuschalten. Da mehrere Geräte gleichzeitig Interrupts erzeugen können, ist es möglich, über Prioritäten eine Bearbeitungsreihenfolge zu erzwingen.

Von Interrupts grenzen sich sogenannte Traps (besondere Unterprogrammaufrufe) und Ausnahmen (Exceptions) ab. Auch sie unterbrechen den gerade ausgeführten Prozess; auch für sie gibt es passende Behandlungsroutinen. Interrupts signalisieren externe Ereignisse die asynchron zum gerade laufenden Prozess auftreten können. Während Ausnahmen und Traps vom Programm selbst hervorgerufen werden.

Ausnahmen (Exceptions) behandeln seltene Ereignisse, die durch den laufenden Prozess selbst hervorgerufen werden, häufig an der immer gleichen Stelle des Maschinenprogramms. Grund für eine Ausnahme kann eine Division durch Null oder ein Überlauf bei einer arithmetischen Operation sein. Die für eine solche Ausnahme hinterlegte Routine behandelt die Ausnahme entsprechend.

Ein *Trap* (Supervisor-Call) ist ein besonderer Unterprogramm-Aufruf (auf x86-CPU gibt es dazu den `int` Assembler-Befehl). Er wird unter anderem verwendet, wenn ein Prozess im Benutzermodus auf der CPU läuft. In diesem Modus darf der Prozess bestimmte, sog. privilegierte Befehle der CPU, z. B. zum Zugriff auf Peripheriegeräte, nicht ausführen. Wenn der Prozess auf ein Peripheriegerät zugreifen will, muss er das mithilfe des Betriebssystems tun. Dazu werden Traps verwendet (vgl. Abschnitt 8.6).

6.9.2 Direct Memory Access

Ein Peripheriegerät besitzt einen Controller, der für die Kommunikation mit der CPU des Rechners mit dem Gerät sorgt. Fordert die CPU beispielsweise Daten von einer Festplatte an, so wird eine entsprechende Nachricht von der CPU an den Controller der Festplatte gesendet. Dieser beschafft dann die geforderten Daten von der eigentlichen „Platte".

Damit CPU und Peripheriegerät unabhängig arbeiten können, darf der Festplatten-Controller die gelesenen Daten direkt in den Hauptspeicher des Rechners schreiben oder aus diesem lesen. Diese Technik wird als DMA (*Direct Memory Access*) bezeichnet. Ist der Lese- oder Schreibvorgang beendet, signalisiert der Festplatten-Controller dies über einen Interrupt. Daraufhin wird die zu dem Interrupt passende Behandlungsroutine aufgerufen und die Weiterverarbeitung startet.

6.10 Verbindungsstrukturen

Die Verbindungsstrukturen zwischen der CPU, dem Hauptspeicher und den Ein- und Ausgabegeräten sowie zwischen verschiedenen CPU in einem Multiprozessor-System beeinflussen die Leistung des gesamten Systems erheblich. Ein gemeinsamer, langsamer Bus, über den alle Komponenten des Systems kommunizieren müssen, kann beispielsweise das gesamte System ausbremsen. Der folgende Abschnitt zeigt verschiedene Optionen für Verbindungsstrukturen auf.

6.10.1 Gemeinsamer Bus

Im einfachsten Fall erfolgt die Kommunikation über einen gemeinsam genutzten Bus (Shared Bus) an den alle Prozessoren und ggf. der gemeinsam genutzte Speicher und Peripheriegeräte angeschlossen sind. Alle Teilnehmer sehen sämtliche übertragenen Daten auf dem Bus. Nur ein Prozessor bzw. ein Peripheriegerät darf zu einem bestimmten Zeitpunkt den Bus benutzen und beispielsweise ein Wort aus dem gemeinsamen Hauptspeicher lesen oder eines schreiben. Abbildung 6.12 zeigt ein Beispiel dafür, dass CPU, Hauptspeicher und Peripherie an demselben Bus hängen.

Ein Zuteilungsverfahren entscheidet darüber, welcher Prozessor bzw. welcher andere Busteilnehmer zu welchem Zeitpunkt den Bus verwenden darf. Der Teilnehmer, der gerade das Zugriffsrecht hat, wird auch als Master bezeichnet, die anderen Busteilnehmer haben die Rolle der Slaves. Der Master darf Daten abfragen oder senden, er kann einen Slave zum Senden auffordern.

ISA und PCI: Parallele Busse

Anfang der 1980er Jahre entschied IBM, die Baupläne der ersten Personal-Computer offenzulegen und so fremden Herstellern zu ermöglichen Steckkarten zur Erweiterung der damaligen PCs herzustellen, beispielsweise Grafikkarten, Netzwerkkarten oder Karten mit Mess- und Regelungstechnik. In der Folge entstand eine sehr große Industrie. Die zum Leidwesen von IBM nicht nur Erweiterungskarten sondern auch selbst PCs herstellte. Damit begann die den Markt beherrschende Stellung der IBM kompatiblen PC.

Der ISA-Bus (Industry Standard Architecture) war eines der ersten und bis Mitte der 1990er Jahre sehr weit verbreiteten Bussysteme in diesen PCs. Abgelöst wurde er durch den weiter unten beschriebenen PCI-Bus. Am Markt waren damals sehr viele Erweiterungskarten verfügbar. Der ISA-Bus ist ein paralleler Bus mit einer Breite von 16 Bit, also 16 parallelen Datenleitungen. Bei

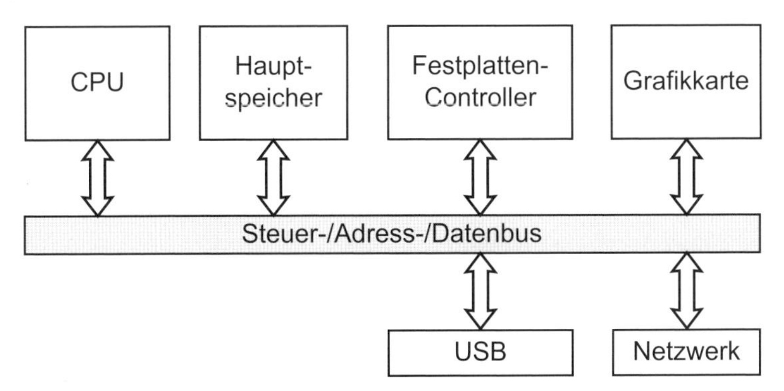

Abb. 6.12 CPU, Speicher und alle Peripheriegeräte hängen an demselben Bus

einem Bustakt von 8 MHz ist theoretisch eine maximale Datenübertragungsrate von 16 MBit/s = 2 MB/s möglich.

In PCs findet sich häufig (noch) der PCI-Bus (Peripheral Component Interconnect). Dieser Bus ist einer der Nachfolger von ISA und ist ebenfalls parallel ausgeführt: Ein 32-Bit Wort wird mithilfe von 32 parallelen Datenleitungen in einem Bustakt übertragen. Ein mit 33 MHz getakteter und 32 Bit breiter PCI-Bus schafft damit eine maximale Übertragungsrate von 133 MB/s.

Ein paralleler Bus besteht aus parallel laufenden Leitungen, dies kann zu Effekten wie dem Übersprechen führen: Eine Leitung beeinflusst die Daten auf einer parallelen Leitung. Beim Empfänger muss auf die langsamste Leitung gewartet werden, dies reduziert die maximal mögliche Taktung. Solche Busse verursachen wegen ihres Platzbedarfs und ihrer Größe ebenfalls Probleme: Um sich davon ein Bild zu machen genügt es, einen alten Personal-Computer aufzuschrauben und sich das 40 oder 80-adrige Flachbandkabel der alten IDE-Festplatten anzuschauen.

Da die Verarbeitung großer Datenmengen immer wichtiger geworden ist, sind die 133 MB/s des PCI-Busses für aktuelle Ansprüche zu langsam. Es sollen z. B. 4 GB Video-Filme von der Festplatte auf einen Memory-Stick kopiert werden oder ein Full-HD-Video mit 1920 × 1080 Bildpunkten soll mit 30 Frames pro Sekunde und einer Farbtiefe von 24 Bit abgespielt werden. Alleine der Film fordert mindestens eine Datenrate von 179 MB/s. PCI wurde durch den PCIe („e“ für Express) mit grundlegend anderer Technologie ersetzt – PCIe 3.0 schafft bis zu 16 GB/s und hat mit einem Bus nicht mehr viel zu tun, da es Punkt-zu-Punkt-Verbindungen verwendet (siehe dazu auch Abschnitt 6.10.3).

USB: Serieller Bus

USB (Universal Serial Bus) ist ein Beispiel für einen seriellen Bus, der Mitte der 1990er Jahre definiert wurde. USB dient zum Anschluss von Peripheriegeräten wie der Tastatur oder der Maus. USB 1.0 hatte eine maximale Übertragungsrate von 1,5 MBit/s. In den nachfolgenden Versionen wurde die Übertragungsrate immer weiter gesteigert. Der aktuelle USB 3.0 Standard erlaubt Übertragungsraten von bis zu 5 GBit/s. Über USB werden daher auch Massenspeicher wie Memory-Sticks oder externe Festplatten angeschlossen sowie auch Echtzeitdatenquellen wie Kameras oder Mikrophone. USB hat eine Baumstruktur, dies wird in Abb. 6.13 dargestellt.

Über USB werden Peripheriegeräte an einen Rechner angeschlossen. Damit das reibungslos funktioniert, sind folgende Eigenschaften besonders wichtig. Peripheriegeräte können

- über den USB-Anschluss auch mit Strom versorgt werden;
- im laufenden Betrieb an einen Rechner angeschlossen werden, ohne dass dieser neu gestartet werden muss;
- auch Echtzeitgeräte (Mikrophon, Kamera, etc.) sein, die einen isochronen Datenstrom liefern;
- sich automatisch über das Betriebssystem konfigurieren.

Auf eine Interrupt-Leitung zwischen Gerät und CPU wird bei USB verzichtet, stattdessen fragt die CPU zyklisch Geräte wie die Tastatur oder die Maus ab.

Eine Alternative zu USB ist der IEEE-1394-Bus, auch als FireWire aus dem Bereich der Digitalkameras und Camcorder bekannt.

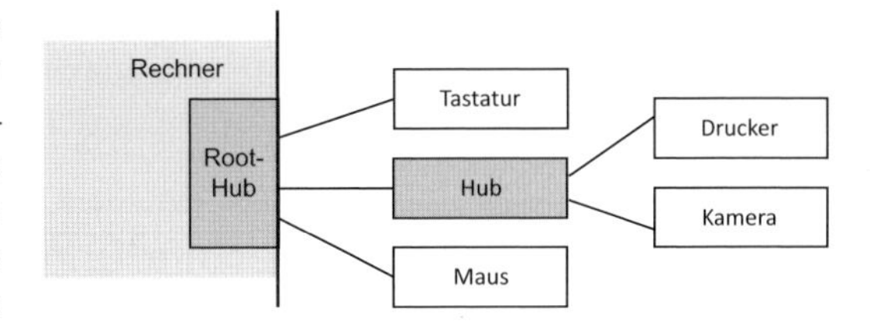

Abb. 6.13 Am Rechner selbst befindet sich der Root-Hub, welcher über andere Busse mit der CPU des Systems verbunden ist. An den Hub können mehrere USB Geräte angeschlossen werden. Jedes Gerät kann seinerseits wieder ein Hub sein, an den wieder mehrere Geräte angeschlossen werden können, so dass insgesamt eine Baumstruktur entsteht. In dem Baum können sich bis zu 127 Geräte befinden

Weitere Eigenschaften von Bussen

Man unterscheidet außerdem synchrone Busse und asynchrone Busse. Bei synchroner Kommunikation erfolgt die Datenübertragung mit einer festen Taktrate, während bei der asynchronen Datenübertragung die Kommunikationspartner nicht mit derselben Geschwindigkeit arbeiten müssen. In diesem Fall muss der Empfänger zunächst dem Sender die ordnungsgemäße Übernahme eines Datums bestätigen, bevor dieser mit dem Senden des nächsten Datums beginnen kann. Man bezeichnet diesen Vorgang als Handshake. Details der Kommunikation werden im Bus-Protokoll geregelt.

Neben dem in PC-Rechnern üblichen PCI(e)-Bus haben zahlreiche andere Busse für spezielle Anwendungen Verbreitung gefunden. Weitere Details zu Bus-Strukturen werden im Kap. 7 Rechnernetze behandelt, aber auch in Kap. 5.4.

Ein Nachteil des Bus-Konzepts ist, dass zu einem bestimmten Zeitpunkt immer nur eine Verbindung zwischen einem Master/Slave-Paar aufgebaut werden kann. Diese Blockierung der anderen Busteilnehmer führt zu einem Engpass bei erhöhtem Kommunikationsbedarf (Bus Bottleneck). Durch Einführung mehrerer, parallel arbeitender Busse kann hier Abhilfe geschaffen werden, jedoch um den Preis einer erhöhten Komplexität.

6.10.2 Zugriffsprotokolle für Busse und gemeinsame Speicher

Letztlich wird bei den bislang besprochenen Verfahren die Kommunikation zwischen Prozessoren bzw. der Zugriff auf einen gemeinsamen Speicherbereich zumindest teilweise serialisiert. Dazu sind verschiedene Zugriffsverfahren gebräuchlich, deren Einzelheiten das Zugriffsprotokoll bzw. Busprotokoll definieren. Beispiele dafür sind:

- Eine statistische Zuteilung des Übertragungskanals erfolgt auf Anfrage eines Teilnehmers, wenn der Kanal gerade frei ist. Es steht dann die volle Kapazität für die Datenübertragung zur Verfügung, bis diese vollständig abgeschlossen ist. Andere Teilnehmer müssen demzufolge mit Wartezeiten unbestimmter Länge rechnen.

- Beim Polling geben die verschiedenen Teilnehmer die Verfügung über den Datenkanal zyklisch weiter. Erhält ein Teilnehmer das Übertragungsrecht, ohne dass aktuell Daten zur Übertragung anstehen, so gibt er dieses Recht an den nächsten Teilnehmer weiter, andernfalls erfolgt die gesamte Datenübertragung und das Übertragungsrecht wird erst danach weitergegeben. Auch hier ist mit Wartezeiten unbestimmter Länge zu rechnen.

- Das Zeitscheibenverfahren ist dadurch gekennzeichnet, dass jedem Teilnehmer zyklisch ein Zeitintervall T für die Datenübertragung zugeteilt wird. Während dieser Zeit kann der Teilnehmer Daten übertragen. Stehen jedoch keine Daten zur Übertragung an, so ist der Übertragungskanal in dieser Zeit nicht durch andere Teilnehmer nutzbar. Bei n Teilnehmern steht also für jeden Teilnehmer nur der Bruchteil $1/n$ der gesamten Kapazität des Übertragungskanals zur Verfügung. Wartezeiten sind bei dieser Methode genau definiert.

6.10.3 Punkt-Zu-Punkt Verbindungen

Moderne Prozessoren versuchen über Verteiler(Chip-Sätze) auf Busse zu verzichten: Ein Bus an dem CPU, Hauptspeicher und alle Peripheriegeräten hängen, wird durch Punkt-Zu-Punkt Verbindungen ersetzt. Die CPU kommuniziert direkt mit dem Hauptspeicher und mit der ggf. vorhandenen Grafikkarte z. B. über eine PCIe-Verbindung (siehe Bsp. 6.1). Andere Geräte wie Festplatten (SATA), das Netzwerk oder USB-Geräte werden über einen Verteiler (Hub) sternförmig angebunden. Dies ist in Abb. 6.14 dargestellt. Damit kann es keine Zugriffskonflikte mehr geben, da die Verbindung beiden Kommunikationspartnern exklusiv zur Verfügung steht. Die serielle Datenübertragung führt zu weniger technischen Problemen.

Ein Verbindungsnetz, bei dem jede Verbindung zwischen zwei beliebigen Partnern unabhängig von bereits bestehenden Verbindungen hergestellt werden kann, heißt blockungsfrei.

6.10.4 Weitere Verbindungsstrukturen

Kreuzschienenverteiler

Eine Entschärfung des Bus-Flaschenhalses ist möglich, wenn man Matrixverbindungen einführt (vgl. auch Abb. 6.15). Diese werden beispielsweise durch Kreuzschienenverteiler (Crossbar Switch) realisiert. Dies ist allerdings technisch aufwendig. Es können gleichzeitig Verbindungen zwischen verschiedenen Mastern und Slaves geschaltet werden. Ein Konflikt entsteht erst dann, wenn zwei Master mit demselben Slave in Verbindung treten wollen.

Auch der Zugriff auf den Hauptspeicher kann über Kreuzschienenverteiler gelöst werden. In diesem Fall ist dann auch ein gleichzeitiger Zugriff mehrerer Prozessoren auf verschiedene Bänke eines gemeinsamen Speichers möglich.

Der Kreuzschienenverteiler verbindet beispielsweise n Prozessoren mit k Speicherbänken mithilfe einer Matrix aus $n \times k$ elektronischen Schaltern. Will der Prozessor P_i die Speicherbank S_j lesen oder beschreiben, werden beide über den Schalter mit dem Index (i, j) in der Matrix verbunden. Die Abb. 6.15 zeigt, wie die Prozessoren $P0_i$ mit den Prozessoren $P1_j$ über einen Kreuzschienenverteiler kommunizieren. Ein Master kann dabei wie bei Bussystemen auch mehrere Slaves adressieren. Die Matrix aus Verbindungen wird für viele Prozessoren und viele Speicher sehr groß.

Ein Kreuzschienenverteiler ist wegen der Matrixstruktur aufwendig zu implementieren. Einfachere Strukturen wie das Omega-Netzwerk sind dazu eine Alternative.

Bsp. 6.1 Punkt-Zu-Punkt Verbindungen: PCIe

PCIe als Nachfolger des PCI-Busses verwendet Punkt-zu-Punkt Verbindungen. Er arbeitet mit einer oder mehreren seriellen Leitungen. Ein 32-Bit Wort wird nur über eine Leitung (Lane) übertragen. Die Übertragungsgeschwindigkeit wird über parallele Leitungen gesteigert, da mehrere Worte gleichzeitig übertragen werden können. PCIe 2.0 nutzt z. B. bis zu 16 Leitungen und erreicht damit bis zu 8 GB/s [Tan14]. PCIe 3.0 verdoppelt diese Übertragungsrate.

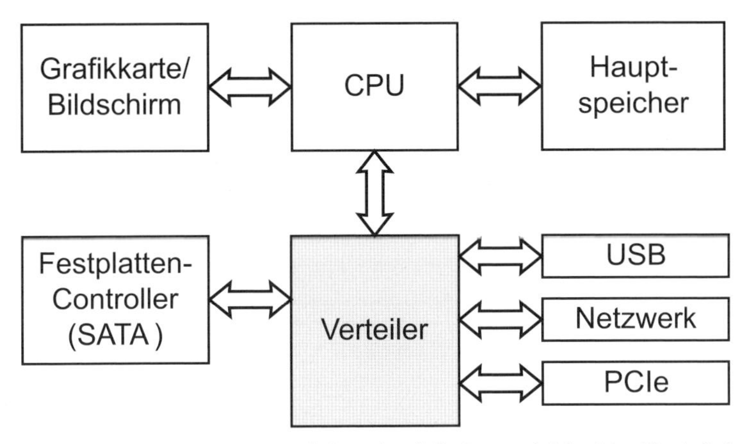

Abb. 6.14 Moderne CPU verwenden viele parallele und serielle Busse gleichzeitig: Vereinfachte Blockstruktur der 4. Intel Core Generation

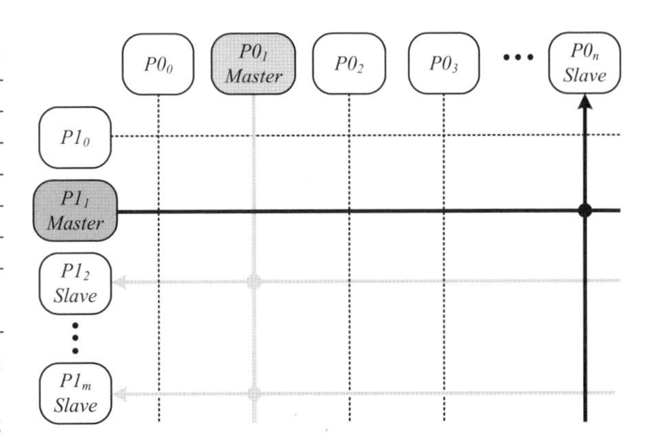

Abb. 6.15 Matrixartige Verbindung zwischen verschiedenen Prozessoren mittels eines Kreuzschienenverteilers. Die gestrichelten Linien markieren die möglichen Verbindungen. Einige aufgebaute Verbindungen werden durch die durchgezogenen Pfeile angedeutet, wobei die Pfeilrichtung die Richtung der Zugriffskontrolle angibt. Es ist also Prozessor $P0_1$ (Master) gleichzeitig mit den beiden Prozessoren $P1_2$ und $P1_m$ verbunden und außerdem Prozessor $P1_1$ (Master) mit dem Prozessor $P0_n$ (Slave). Es können nur Verbindungen der Prozessoren $P0_0$ bis $P0_n$ mit den Prozessoren $P1_0$ bis $P1_m$ geschaltet werden

Vermittlungsnetzwerke

Schließlich sollen noch Vermittlungsnetzwerke erwähnt werden, deren genauere Betrachtung allerdings dem Kap. 7 über Rechnernetze vorbehalten bleibt. Dabei können Übertragungswege durch Netzwerk-Controller weitgehend beliebig konfiguriert werden. Häufig werden dabei zu übertragende Datenpakete mit ihrer Zieladresse (Tag) versehen. Das Vermittlungsnetzwerk bestimmt dann aus der Zieladresse automatisch den Weg durch das Datennetz zum adressierten Ziel. Hier existiert eine große Anzahl von Verschaltungsmöglichkeiten, die teilweise blumige Namen tragen, wie Permutations-Netz, Baseline-Netz, Banyan-Netz oder Perfect-Shuffle-Netz.

6.10.5 Allgemeine topologische Verbindungsstrukturen

Die zumindest teilweise seriell erfolgende Datenübertragung kann zu gegenseitigen Behinderungen und unproduktiven Wartezeiten führen, wenn mehr als ein Teilnehmer mit einem weiteren Teilnehmer in Verbindung treten will oder wenn mehrere Teilnehmer denselben Übertragungskanal verwenden wollen.

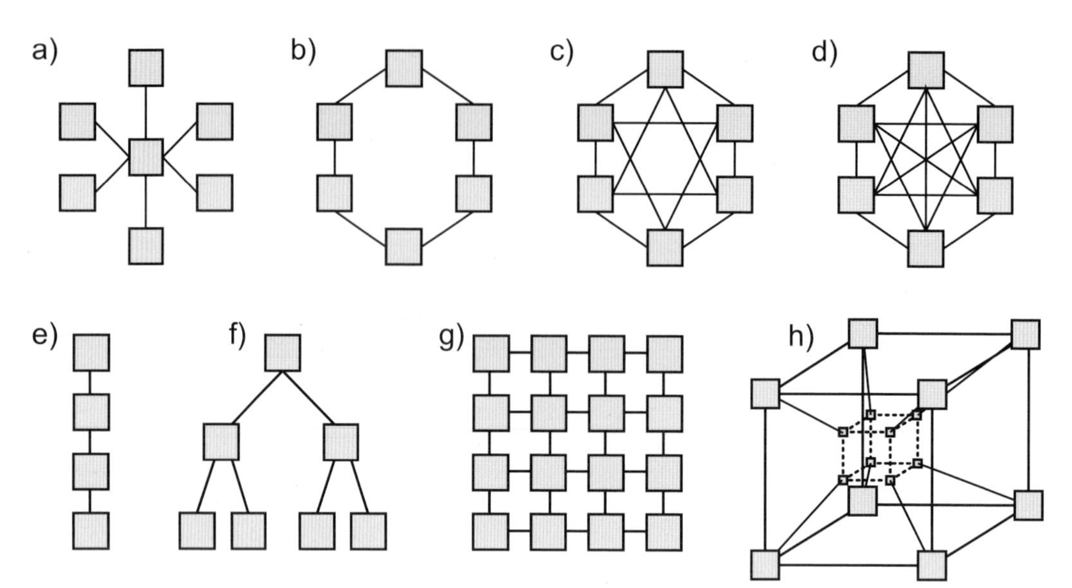

Abb. 6.16 Beispiele für statische Verbindungsstrukturen von Parallel-Rechnern. Jede Verbindungslinie zwischen zwei Knoten stellt einen bidirektionalen Kommunikationspfad dar. a) Stern b) Ring c) Chordaler Ring d) Vollständige Vermaschung e) Lineare Kette f) Baum g) Gitter h) Hyperwürfel der Dimension 4

Eine mögliche Lösung sind parallele, paarweise Verbindungen von Prozessoren oder anderen Teilnehmern, die allgemein als Knoten bezeichnet werden. Hierzu stehen verschiedene Topologien zu Verfügung, bei denen typischerweise ein Knoten mit einer festen Anzahl von benachbarten Knoten direkt verbunden ist, während andere nur über Umwege erreichbar sind. Man spricht dann von Systemen mit begrenzter Nachbarschaft.

Sind die Verbindungen konstruktiv vorgegeben, also unveränderbar, so spricht man von einer statischen Verbindungsstruktur, andernfalls von einer dynamischen Verbindungsstruktur; dazu gehören u. a. Kreuzschienenverteiler und Vermittlungsnetzwerke. Einige Beispiele für statische Verbindungsstrukturen sind in der Abb. 6.16 zusammengestellt.

In Anlehnung an die Graphentheorie (siehe Kap. 13) beschreibt man eine Verbindungstopologie als Graphen mit Knoten (z. B. Prozessoren) und Kanten (Kommunikationspfade). Eine grobe Klassifizierung ergibt sich dann durch die Anzahl n der Knoten, durch die Anzahl m der Kanten, durch den Grad g eines Knotens (also die Anzahl der von ihm ausgehenden Kanten) und durch den Durchmesser des Graphen, d. h. die maximale Entfernung d_{max} zwischen zwei Knoten. Beispielsweise ist $g_{\text{Baum}} = g_{\text{Ring}} = 2$ und $g_{\text{chordal}} = g_{\text{Gitter}} = 4$. Für d_{max} ergeben sich beispielsweise $d_{\text{max, Stern}} = 2$, $d_{\text{max, Kette}} = n - 1$ und $d_{\text{max, Hyperwürfel}} = \text{ld}\, n$.

Ein weiterer wichtiger Gesichtspunkt ist die Erweiterbarkeit eines Systems. Eine Ringstruktur ist beispielsweise auch durch Hinzufügen eines einzigen zusätzlichen Knotens erweiterbar, eine Hyperwürfel-Struktur (siehe Abb. 6.16 h) aber nur durch Verdopplung der Anzahl der Knoten. Eng damit verwandt ist der Begriff der Skalierbarkeit. Ein System heißt skalierbar, wenn die typischen Merkmale bei Erhöhung der Knotenzahl erhalten bleiben.

Offenbar ist bei einem statischen Verbindungsnetz außer bei der extrem aufwendigen vollständigen Vermaschung nicht jeder Knoten direkt von jedem anderen Knoten erreichbar, es müssen daher beim Verbindungsaufbau zwischen zwei Knoten in der Regel andere Knoten als Relais oder Router eingesetzt werden, was natürlich wieder eine Behinderung der Kommunikation bedeutet. In diesem Sinne ist die in Abb. 6.16 h) dargestellte Hyperwürfel-Struktur mit Dimension $k = 4$ optimal, da in diesem Fall bei gegebener Anzahl von $n = 2^k$ Knoten die Anzahl der Kanten und die maximale Entfernung zwischen zwei Knoten $d_{\text{max}} = k$ minimal ist, während die Anzahl direkt erreichbarer Knoten (also die Anzahl der nächsten Nachbarn, wofür sich ebenfalls der Wert k ergibt) maximal ist. Man erreicht mit dieser Topologie bei gegebener Anzahl von Verbindungselementen kürzest mögliche Wege zwischen den einzelnen Prozessoren, d. h. bei einer Kommunikation zwischen zwei Prozessoren ist die Anzahl der als Relais benötigten Prozessoren minimal.

Das in Abb. 6.16 g) skizzierte Gitter-Konzept ist ideal für die Vernetzung von Prozessorknoten mit vier Kommunikationskanälen geeignet. Wegweisend für diesen Entwicklungstrend waren die von der englischen Firma INMOS entwickelten Transputer mit RISC-artiger Struktur und vier eingebauten schnellen, seriellen Kommunikationskanälen, den sog. Links. Mit der im Zusammenhang damit entwickelten Programmiersprache OCCAM ließen sich parallele Prozesse verhältnismäßig einfach beschreiben. Auch Hyperwürfel der Dimension $k = 4$ mit 16 Knoten sind gut mit vierkanaligen Prozessorknoten realisierbar, da für diese Struktur der Grad $g = 4$ beträgt. Transputer haben mittlerweile keine Bedeutung mehr, das damit erstmals realisierte Konzept hat jedoch viele weitere Entwicklungen befruchtet.

6.11 Mikrocontroller und Spezialprozessoren

Mikroprozessoren bilden das Herz von PCs oder Servern. Ein Mikroprozessor ist für die Ausführung beliebiger Aufgaben geeignet und universell einsetzbar. Damit ein Mikroprozessor in einem Gerät verbaut werden kann, ist zusätzliche Hardware erforderlich, beispielsweise ein großer externer Hauptspeicher.

Für verschiedene Einsatzfelder sind spezialisierte Prozessoren entstanden. Eingebettete Systeme enthalten überwiegend Mikrocontroller. Für die Signalverarbeitung (z. B. in Smartphones) werden digitale Signalprozessoren eingesetzt. Annähernd jeder Computer mit grafischer Oberfläche verfügt über einen gesonderten Grafikprozessor.

6.11.1 Mikrocontroller

In fast jedem Gerät von der Waschmaschine bis hin zum Auto findet sich mindestens ein Mikrocontroller. Haupteinsatzgebiet von Mikrocontrollern sind eingebettete Systeme (Embedded Systems). Ein Mikrocontroller enthält im Kern einen Mikroprozessor. Dieser wird aber ergänzt um Interrupt-Controller sowie Ein- und Ausgabeeinheiten, wie zum Beispiel Analog/Digital-Wandler, Digital/Analog-Wandler sowie (serielle) Schnittstellen. Häufig stehen mehrere digitale Ein- und Ausgänge zur Verfügung. Auf dem Mikrocontroller befindet sich häufig auch interner Flash- oder ROM-Speicher für Programme (Firmware) sowie ein Arbeitsspeicher (RAM) mit überschaubarer Größe. Der 1980 eingeführte Mikrocontroller Intel 8051 enthält beispielsweise eine 8-Bit CPU, 128 Byte internes RAM sowie einen ROM-Programmspeicher mit 4 KB. Besonderes Merkmal sind seine vier 8 Bit Ein- und Ausgabe-Ports, sowie eine voll-duplex fähige serielle Schnittstelle. Dieser Mikrocontroller war lange Zeit sehr verbreitet und wird hier wegen seiner einfachen Struktur als Beispiel verwendet. Ein Blockschaltbild ist in Abb. 6.17 dargestellt.

Ein Mikrocontroller kann ohne große zusätzliche äußere Beschaltung direkt in Geräten eingebaut werden. Dies senkt die Stückkosten, was bei eingebetteten Systemen wichtig ist, die in großer

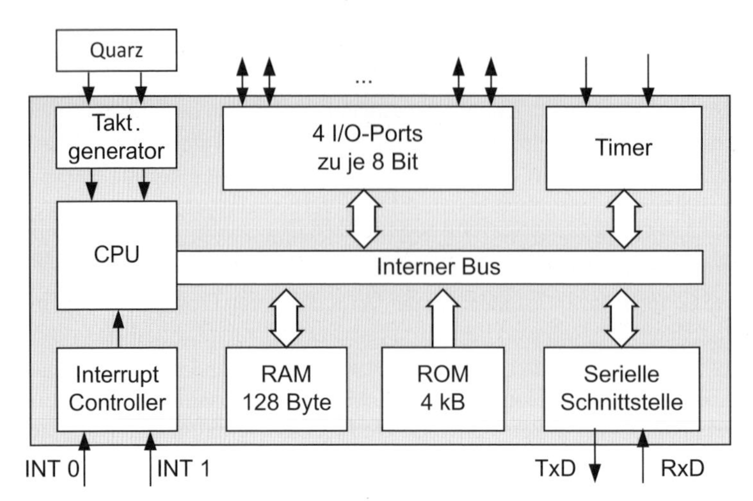

Abb. 6.17 Die Grafik zeigt ein vereinfachtes Blockschaltbild des Intel 8051 Mikrocontrollers. Mindestens ein externer Quarz ist zur Beschaltung erforderlich. Verschiedene Varianten des 8051 enthalten größeren Speicher oder den Programmspeicher als EPROM

Stückzahl produziert werden.

Durch das Arduino Projekt[7] erreichte die Mikrocontroller-Programmierung große Verbreitung. Software (Programmiersprache, Werkzeuge) und Hardware dieser Plattform stehen unter Open Source Lizenz. Sie können aus verschiedenen Quellen bezogen werden. M. Banzi und D. Cuartielles begannen 2005 mit der Entwicklung der Hardware. D. Mellis steuerte eine einfache Programmiersprache bei. Basis bilden Atmel AVR-Mikrocontroller, z. B. der ATmega 328. Die Testboards sind in verschiedenen Varianten erhältlich, es gibt sogar Boards zur Verarbeitung in Kleidung. Idee des Projekts ist es, mit preiswerter Hardware (ca. 20 Euro) Studierenden sowie interessierten Amateuren zu ermöglichen, eigene Projekte zu verwirklichen, beispielsweise eigene Komponenten einer Gebäudesteuerung [Ril12].

6.11.2 Digitale Signalprozessoren

Eine detaillierte Betrachtung digitaler Signalprozessoren (DSP) würde in diesem Einführungstext zu weit führen. Dieser Prozessortyp ist sehr weit verbreitet findet sich praktisch in jedem Smartphone oder MP3-Player wieder. Daher soll ein DSP hier kurz von Mikroprozessoren abgegrenzt werden.

Ein DSP kann kontinuierliche Signale in Echtzeit verarbeiten. Das Signal ist analog und wird zunächst über einen A/D-Wandler digitalisiert (abgetastet, siehe auch Kap. 2.3). Der DSP verarbeitet die abgetasteten Werte digital. Er verstärkt, filtert oder moduliert das Signal (auf ein anderes Signal). Nach der Verarbeitung wird das Signal digital weiter verarbeitet oder wieder in ein analoges Signal zurückübersetzt. Der Befehlssatz und die Verarbeitungseinheit (ALU) sind auf Signalverarbeitung spezialisiert.

6.11.3 Grafikprozessoren

Wenn eine Grafikausgabe für ein Gerät wichtig ist, kommen spezielle Grafikprozessoren zum Einsatz, diese werden auch GPU (Graphics Processing Unit) genannt. GPUs sind auf bestimmte Operationen in der Computergrafik optimiert und können Vektor- und Matrix-Operationen effizient ausführen. GPUs arbeiten in der Regel nur zusammen mit einem Mikroprozessor, einer CPU.

[7] vgl. `http://www.arduino.cc/`

Übungsaufgaben zu Kapitel 6.1

A 6.1 (T1) Informieren Sie sich im Internet oder in einem Fachgeschäft, aus welchen Komponenten aktuelle Laptops, PCs oder Tablet-Computer bestehen. Finden Sie durch eine Internet-Recherche heraus, was sich für eine CPU in Ihrem Smartphone oder in Ihrem PC befindet, welche anderen Komponenten sind in Ihrer eigenen Hardware verbaut?

A 6.2 (T1) Beschaffen Sie sich einen alten, nicht mehr benötigten (!) Computer und schrauben Sie diesen auf (Achtung, trennen Sie den Computer vorher vom Stromnetz!). Identifizieren Sie die CPU und den Hauptspeicher. Wie sind die Festplatten angeschlossen, schon seriell z. B. über SATA oder noch parallel mit einem Flachbandkabel? Welche Busse finden sich in dem Computer (ISA, EISA, PCI, PCIe)?

A 6.3 (T1) Beantworten Sie die folgenden Fragen:

a) Nennen Sie mindestens drei prinzipiell unterschiedliche Rechnerarchitekturen.
b) Was versteht man unter dem Bus-Bottleneck?
c) Grenzen Sie die Begriffe RISC und CISC gegeneinander ab.
d) Erläutern Sie das EVA-Prinzip.
e) Was sind: RAM, ROM, EPROM, EEPROM?
f) Was ist der Unterschied zwischen einer Festplatte und einer Solid-State-Disk?

A 6.4 (T2) Diskutieren Sie Vorteile und Nachteile der wesentlichen Merkmale der von-Neumann-Architektur.

A 6.5 (T2) Erläutern Sie die wesentlichen Merkmale der Flynn-Klassifikation. Was ist eine Schwäche dieser Klassifikation?

A 6.6 (M2) Gegeben sei folgendes Polynom dritten Grades: $p(x) = a_0 + a_1x + a_2x^2 + a_3x^3$

a) Formen Sie das Polynom so um, dass es auf einem von-Neumann-Rechner so effizient wie möglich berechnet werden kann; d. h. es dürfen nur Additionen und Multiplikationen vorkommen und die Anzahl dieser sequentiell auszuführenden Operationen ist zu minimieren. Wie viele Additionen und Multiplikationen benötigt man mindestens zur Auswertung dieses Polynoms dritten Grades?
b) Geben Sie nun (mit Induktionsbeweis) die Anzahl der Additionen und Multiplikationen für beliebige Polynome in Abhängigkeit vom Grad g des Polynoms an.

Literatur

[ard] Arduino Projekt. http://www.arduino.cc/.

[Fly72] M. J. Flynn. Some Computer Organizations and Their Effectiveness. *IEEE Trans. Comput.*, 21(9):948–960, 1972.

[Koc05] G. Koch. Discovering multicore: extending the benefits of Moore's law. *Technology@Intel Magazine*, 2005.

[Pat11] D. A. Patterson und J. L. Hennessy. *Computer Organization and Design: The Hardware/-Software Interface*. Morgan Kaufmann Publishers Inc., 4. überarbeitete Aufl., 2011.

[Rau12] T. Rauber und G. Rünger. *Parallele Programmierung*. Springer, 2012.

[Ril12] M. Riley. *Programming Your Home: Automate with Arduino, Android, and Your Computer*. O'Reilly, 2012.

[Tan14] A. Tanenbaum und T. Austin. *Rechnerarchitektur: Von der digitalen Logik zum Parallelrechner*. Pearson-Education, 6. aktualisierte Aufl., 2014.

[Wü11] K. Wüst. *Mikroprozessortechnik: Grundlagen, Architekturen, Schaltungstechnik und Betrieb von Mikroprozessoren und Mikrocontrollern*. Vieweg-Teubner Verlag, 4. Aufl., 2011.

Kapitel 7

Rechnernetze

Rechnernetze sind allgegenwärtig: Jedes Smartphone ist meistens mit dem Internet verbunden. Viele Haushalte verfügen über ein eigenes WLAN über das die Tablet-Computer, Fernseher und andere Unterhaltungselektronik untereinander und mit dem Internet kommunizieren. Jedes größere technische Gerät enthält ein oder mehrere Rechnernetze über welche die verbauten Steuergeräte kommunizieren. Ein modernes Auto enthält Bussysteme wie MOST, FlexRay oder verschiedene Varianten des CAN-Busses [Zim10], auch über Ethernet wird dort nachgedacht. In Gebäuden sind Bussysteme wie KNX oder DALI verbaut und erlauben intelligente Gebäudetechnik. Da viele anspruchsvolle Anwendungen nur durch die Kooperation mehrerer Computer, Steuergeräte oder Sensoren und Aktuatoren umsetzbar sind, sind Rechnernetze ein zentrales Thema.

Große Internetsysteme wie Google, YouTube oder Facebook bestehen nicht aus dem einen großen allumfassenden Computer, stattdessen sind sie aus tausenden kleineren weltweit verteilten Computern aufgebaut. Auch die Daten sind über dieses Netzwerk verteilt.

Immer mehr private Daten (Fotos, Videofilme, Adressen, Dokumente) sowie Firmendaten werden nicht mehr lokal auf einem Computer gespeichert, sondern irgendwo in der sogenannten (Internet) Cloud. So können diese Daten mit vielen verschiedenen Geräten verwendet werden. Datenspeicherung und viele andere solcher Cloud-Dienste sind verfügbar. Ohne zuverlässige Rechnernetze gäbe es diese nicht.

Dieses Kapitel ist eine Einführung in das Thema Datenübertragungstechniken und deren Systematik – dem OSI 7-Schichten-Modell. Das Kapitel beschäftigt sich mit den Technologien wie sie sich auch in privaten Haushalten finden: Ethernet, WLAN und Bluetooth. Darüber hinaus wird dargestellt, wie diese lokalen Netzwerke mit dem Internet verbunden werden können: ADSL und Mobilfunknetze werden beispielhaft vorgestellt. Der letzte große Abschnitt dieses Kapitels beschäftigt sich mit dem Thema Internet.

7.1 Das OSI-Schichtenmodell der Datenkommunikation

Als Modell für die Datenkommunikation in offenen Systemen wurde mit ISO 7498 (International Standard Organization) das OSI-Modell (Open Systems Interconnection) entwickelt. Hauptmerkmal des OSI-Modells ist eine hierarchische Strukturierung in sieben logische Schichten (Layer). Jede Schicht stellt dabei autonom – also unabhängig von allen anderen Schichten – bestimmte Dienste für Kommunikations- und Steuerungsaufgaben zur Verfügung, womit die Funktion der jeweils darüber liegenden Schicht unterstützt wird. In einem bestimmten Kommunikationssystem müssen allerdings nicht unbedingt alle OSI-Schichten wirklich realisiert sein.

Komponenten einer Schicht, die in der Lage sind, Informationen zu senden oder zu empfangen, können nur mit Komponenten derselben Schicht bei einem anderen Teilnehmer direkt kommunizieren. Eine Komponente einer höheren Schicht auf Stufe n kann jedoch von Komponenten der darunter

Tabelle 7.1 Die Hauptfunktionen der sieben OSI-Schichten nach ISO 7498

Nummer	Name	Funktion
7	Anwendungsschicht (Application Layer)	Dem Benutzer werden Anwendungsdienste zur Verfügung gestellt.
6	Darstellungsschicht (Presentation Layer)	Protokolle für die Kommunikation in einem heterogenen offenen System. Beispielsweise die Umsetzung von ASCII auf EBCDIC.
5	Sitzungsschicht (Session Layer)	Bereitstellen von Datenbereichen und Maßnahmen zur Prozess-Synchronisation verschiedener Anwendungen.
4	Transportschicht (Transport Layer)	Steuerung, Überwachung und Sicherung eines medien-unabhängigen Datenaustauschs sowie Fehlerbehandlung.
3	Netzwerkschicht (Network Layer)	Versenden (Routing) von Datenpaketen und Bereitstellung von Kommunikationswegen.
2	Sicherungsschicht (Link Layer)	Steuerung der Datenübertragung zwischen zwei benachbarten Knoten des Netzes. Erkennen von Bitfehlern. Sowie die Regelung des Zugangs zum Übertragungskanal.
1	Bitübertragungsschicht (Physical Layer)	Tatsächliches Codieren und Übermitteln von Bitströmen, Aufbau und Freigabe von Verbindungen bezogen auf die Hardware.

liegenden Schicht auf Stufe $n-1$ Dienste anfordern. Dies geschieht an Dienstzugriffspunkten (Service Access Points, SAP), über die dann Verbindungen hergestellt werden. Art und Ablauf der Kommunikation wird durch Protokolle festgelegt. Die Hauptfunktionen der sieben OSI-Schichten sind in Tabelle 7.1 zusammengestellt.

Für die tatsächliche Kommunikation sind die Schichten 1 bis 4 zuständig, sie stellen letztlich den Datenaustausch zwischen zwei kommunizierenden Knoten sicher. Die Aufgaben der Schichten 5 bis 7 sind dagegen eher datenverarbeitungsorientiert. Der Benutzer arbeitet mit Diensten und Programmen auf der Schicht 7.

Schicht 1 (Bitübertragungsschicht, Physical Layer)

In der Bitübertragungsschicht erfolgt das Codieren und Übermitteln von Bitströmen zwischen Sendern und Empfängern. Zwischen beiden Knoten befindet sich ein Übertragungsmedium (z. B. Twisted Pair-Kabel, Lichtwellenleiter, freier Raum). In Schicht 1 ist festgelegt, ob die Daten im Basisband übertragen werden, also ohne eine Trägerfrequenz: Leitungscodes wie die NRZ- oder die Manchester-Codierung entscheiden, wie 1 und 0 mithilfe von Spannungspegeln, Pegelwechseln oder Lichtimpulsen dargestellt werden. In den Standards der Schicht 1 sind auch Steckertypen oder Kabelarten festgelegt.

Bei einigen Netzwerk-Standards speziell bei der Datenübertragung per Funk wird dagegen eine Trägerfrequenz verwendet, auf welche die Daten aufmoduliert werden. Der Frequenzbereich ab 2,4 GHz wird beispielsweise häufig verwendet, da für diese Frequenz keine Lizenzgebühren entrichtet werden müssen. Durch geschickte Modulation können auch über Funk sehr hohe Übertragungsraten erreicht werden.

Auf Schicht 1 werden auf einem Übertragungsmedium verschiedene Übertragungskanäle definiert. Über dasselbe Medium können mehrere Verbindungen zwischen je zwei Knoten abgewickelt werden. Hierfür werden Multiplex-Verfahren verwendet. In einem Funknetz könnte ein Übertragungskanal durch eine Trägerfrequenz definiert sein. Werden mehrere verschiedene Trägerfrequenzen verwendet, stehen damit mehrere Kanäle zur Verfügung.

Um kabelbasierte Netze auf Schicht 1 zu vergrößern wird ein sog. *Hub* verwendet. Dieser leitet die Signale / Daten ungeändert und uninterpretiert weiter. An einen Hub können mehrere Knoten sternförmig angeschlossen werden, wie dies in Abb. 7.6 (c) zu sehen ist. Alle erhalten dieselben Signale. Auch ein Verstärker für Signale wird häufig eingesetzt um die Reichweite des Netzes zu vergrößern, ein sog. *Repeater*.

Schicht 2 (Sicherungsschicht, Link Layer)

Die Sicherungsschicht ist zuständig für Steuerung und Überwachung der Datenübertragung auf Abschnitten zwischen den Knoten des Netzes. Die Knoten müssen sich gegenseitig direkt über ein Übertragungsmedium erreichen können, sie sind z. B. über ein Kabel verbunden. In Schicht 2 wird geregelt, wann welcher Knoten auf das gemeinsame Übertragungsmedium zugreifen darf. Damit soll vermieden werden, dass zwei Knoten gleichzeitig senden und sich dabei stören, denn die Signale überlagern sich. Hierfür wird bei lokalen Netzen eine Teilschicht MAC (Media Access Control) mit entsprechenden Protokollen wie CSMA/CA oder CSMA/CD definiert (siehe Kap. 7.3.2).

Jeder Teilnehmer hat in der Schicht 2 eine eigene Adresse. Im Ethernet-Standard ist das beispielsweise die sog. MAC-Adresse, diese ist weltweit für jede Ethernet-Karte eindeutig. Zur Schicht 2 gehört auch die Erkennung von Fehlern (beispielsweise durch CRC-Prüfung, siehe Kap. 7.2), deren Korrektur durch Wiederholung sowie die Meldung nicht korrigierbarer Fehler an die darüber liegende Schicht 3. Die Eigenschaften der von Schicht 1 verwendeten Datenverbindungen werden vor Schicht 3 verborgen. In einem lokalen Kommunikationsnetz (LAN, WLAN) müssen mindestens die OSI-Schichten 1 und 2 realisiert sein.

Die Vergrößerung eines Netzes kann auf Schicht 2 (intelligenter) erfolgen. Ein *Switch* kann die übermittelten Pakete interpretieren und die Pakete abhängig vom Empfänger in das richtige Teilnetz weiterleiten. Damit kann der sonst vielfach übliche Broadcast an alle Knoten vermieden werden. An einen Switch können mehrere Knoten angeschlossen werden. Ein Switch kann auch als Brücke zwischen zwei oder mehr unabhängigen Teilnetzen arbeiten, in dieser Funktion wird er auch als *Bridge* (Brücke) bezeichnet.

Schicht 3 (Netzwerkschicht, Network Layer)

Die Netzwerkschicht sorgt für das Versenden von Datenpaketen zwischen zwei Computern, die nicht mehr über denselben Übertragungskanal sondern über ein größeres Netzwerk verbunden sind. Datenpakete werden von Knoten zu Knoten in einem Netzwerk vermittelt. Hierzu kann für jedes Datenpaket eine individuelle Route führen, je nachdem, wie es von den Zwischenknoten weitervermittelt wird. Zwischen Sender und Empfänger sind verschiedene Wege durch das Netz möglich. Auch die Erkennung und Korrektur von Fehlern in der Datenflusssteuerung gehört zu den Aufgaben der Schicht 3.

Das verbindungslose Internet Protokoll IP übernimmt Aufgaben, die mit den in Schicht 3 dargestellten vergleichbar sind: Jeder Computer kann über eine oder mehrere weltweit eindeutige IP-Adressen erreicht werden. Kennt ein Sender die IP-Adresse des Empfängers, kann der Sender beginnend bei seinem eigenen lokalen Netz über verschiedene Teilnetze des Internet hinweg in das lokale Netz des Empfängers ein IP-Datenpaket schicken. Die dazwischen liegenden Rechner (Router) vermitteln die Pakete jeweils weiter. Ein sog. *Router* leitet Datenpakete zwischen benachbarten

Netzen weiter. Er interpretiert die Datenpakete auf Schicht 3, findet also z. B. die IP-Adresse in einem IP-Datenpaket und leitet diese abhängig von deren IP-Adresse ggf. in ein anderes Netz weiter.

Eine Alternative zur oben beschriebenen *Paketvermittlung* ist die *Leitungsvermittlung*, dabei wird eine direkte (logische) Verbindung zwischen beiden Netzwerkknoten über die dazwischen befindlichen Knoten hergestellt. In den früheren Telefonnetzen war dies tatsächlich eine elektrische Verbindung, die über Relais in den Zwischenknoten geschaltet wurde. Derzeit wird die Verbindung auf logischer Ebene über eine darunter liegende paketvermittelte Schicht (ggf. mit garantierter Bandbreite) hergestellt.

Schicht 4 (Transportschicht, Transport Layer)

In der Transportschicht kommunizieren Prozesse und Dienste miteinander, die auf den beiden Computern ausgeführt werden. Dazu kann jeweils ein Prozess adressiert werden und nicht nur der gesamte Computer. Im Internet setzt sich diese Adresse meist aus der IP-Adresse des Computers (Schicht 3) sowie einem Port zusammen. Beispielsweise verwenden Webserver häufig Port 80. Hier hat sich eine standardisierte Liste eingebürgert, die angibt an welchem Port üblicherweise welcher Dienst (telnet, ftp, ssh, ...) angeboten wird, die „well known ports“[1].

Eine weitere Aufgabe ist die Sicherstellung der Dienstgüte (QoS, Quality of Service). Dienstgütemerkmale sind beispielsweise die Datenrate während der Übermittlung, die Fehlerhäufigkeit und die Dauer für den Aufbau einer Verbindung.

Schicht 5 (Sitzungsschicht, Session Layer)

Bei der Sitzungsschicht geht es um die Sicherstellung der Beziehungen zwischen verschiedenen Anwendungen, beispielsweise durch Bereitstellen gemeinsamer Datenbereiche und Maßnahmen zur Prozess-Synchronisation.

Schicht 6 (Darstellungsschicht, Presentation Layer)

Aufgabe der Darstellungsschicht ist vor allem die Überwindung der Unterschiedlichkeit der kommunizierenden Komponenten unter Bewahrung der Bedeutung der übermittelten Daten. So können Computer, welche den ASCII-Zeichensatz verwenden mit Computern kommunizieren, die stattdessen den EBCDIC-Zeichensatz verwenden. Zu dieser Schicht können im Prinzip auch die Codierverfahren für Bilder und Videos gezählt werden, wie JPG, PNG oder MPEG.

Schicht 7 (Anwendungsschicht, Application Layer)

Die Anwendungs- bzw. Applikationsschicht ist für den Benutzer naturgemäß die wichtigste Schicht, da hier die eigentliche Kommunikation vollzogen wird. Dies geschieht durch Bereitstellung von Anwendungsdiensten für den Benutzer, beispielsweise Datenbanksysteme, Dialog-Programme oder E-Mail-Programme. Zu Schicht 7 gehören beispielsweise die Verwaltung von Verbindungen, die Koordination von Operationen (z. B. Synchronisation und Konsistenzsicherung) oder das Ausführen von Operationen auf entfernten Systemen. Außerdem zählen unter anderem die Übertragung von Dateien (File Transfer), entfernter Datenbankzugriff, Versenden und Überwachung von Aufträgen an Rechner dazu.

[1] vgl. `http://www.iana.org/assignments/service-names-port-numbers/service-names-port-numbers.xhtml`

7.2 Bitübertragungsschicht

Medien zur Datenübertragung

Rechnernetze verbinden verschiedene Computer miteinander. Die Kommunikation findet über ein Übertragungsmedium statt, beispielsweise ein Twisted Pair-Kabel (Verdrillte Kupferdrähte) oder Lichtwellenleiter oder den freien Raum (vgl. Abb. 7.1). Die Eigenschaften des Mediums bestimmen, wie viele Daten pro Sekunde übertragen werden können und wie weit Sender und Empfänger voneinander entfernt sein dürfen. Häufig wird das Medium von mehreren Teilnehmern gleichzeitig verwendet.

Twisted Pair-Kabel: Twisted Pair-Kabel enthalten mehrere verdrillte isolierte Kupferadern. Das Signal wird als Spannungsdifferenz zwischen beiden Adern übertragen. Die Adern sind verdrillt, damit sich die Leitungen möglichst wenig gegenseitig beeinflussen. Zwei parallele Adern hätten eine Kapazität wie ein Kondensator und es käme zu Effekten wie dem Übersprechen, dass eine Ader auf der anderen ein Signal induziert. Üblicherweise finden sich vier Aderpaare in einem Kabel. Mit solchen Kabeln kann eine Reichweite von mehreren Kilometern und bei entsprechender Abschirmung eine Übertragungskapazität von bis zu 10 Gbit/s erreicht werden (Cat 7 Kabel). In lokalen Netzwerken werden typischerweise sog. Cat 5 Kabel verwendet (die typischen Patch-Kabel), dort finden sich vier Aderpaare. Werden alle vier verwendet, können bis zu 1 Gbit/s im Gigabit Ethernet erreicht werden. Man unterscheidet zwischen abgeschirmten (shielded) und unabgeschirmten (unshielded) Kabeln: STP (Shielded Twisted Pair) und UTP (Unshielded Twisted Pair). Die Schirmung ist eine leitende Folie, welche um alle Adernpaare oder auch um jedes einzelne Adernpaar gewickelt ist.

Koaxialkabel: Ein Koaxialkabel wird beispielsweise beim Kabelfernsehen verwendet und auch in älteren lokalen Netzen. Es besteht aus einer Ader in der Mitte des Kabels, dieses wird umgeben von einer Isolierschicht gefolgt von einer leitenden Folie, der Abschirmung. Mit diesen Kabeln kann eine Reichweite von mehreren Kilometern erreicht werden und Übertragungsraten von mindestens 10 Mbit/s.

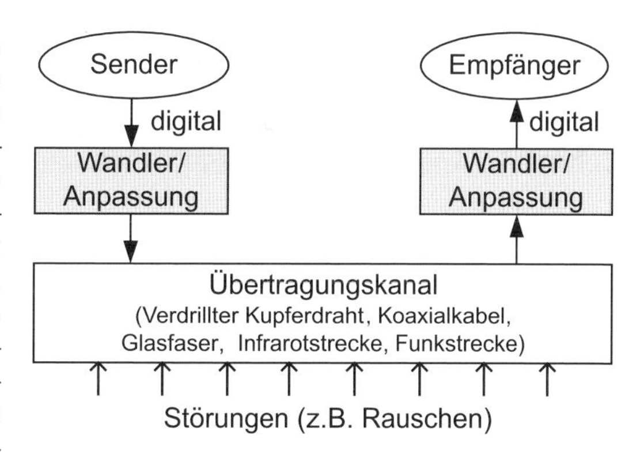

Abb. 7.1 Sender und Empfänger kommunizieren über ein Übertragungsmedium. Die Wandler setzen jeweils das Signal des Senders bzw. Empfängers so um, dass es über das Übertragungsmedium gesendet und empfangen werden kann. Beispielsweise wird das Signal per Funk mithilfe einer Trägerfrequenz übertragen oder als elektrisches Signal über Twisted Pair-Kabel. Die Übertragung ist Störungen ausgesetzt, wie etwa elektrischem oder thermischem Rauschen, sowie anderen Sendern oder Funkhindernissen. Jeder Übertragungskanal hat nur eine beschränkte Reichweite, denn ein Kupferkabel hat einen elektrischen Widerstand, der das Signal abschwächt und das Funksignal wird abhängig von der Sendefrequenz mit dem Abstand vom Sender immer schwächer

Lichtwellenleiter: Sehr hohe Übertragungsraten können mithilfe von Lichtwellenleitern erreicht werden, bis in den Tbit/s Bereich. Das Signal wird über eine Laserdiode erzeugt und in ein Glasfaserkabel eingespeist, am anderen Ende der Glasfaser sitzt eine Photodiode, die das optische Signal wieder in ein elektrisches Signal umwandelt. Ein Glasfaserkabel arbeitet mithilfe der Totalreflektion von Licht: Der Laserstrahl trifft in einem derart flachen Winkel auf die Außenwand der Glasfaser, dass eine Totalreflektion stattfindet. Die Übertragungskapazität kann durch Laser mit verschiedenen Farben sehr stark erhöht werden. Jede Farbe überträgt ein gesondertes Signal. Glasfaserkabel werden beispielsweise als Unterseekabel zwischen den USA und Europa verwendet sowie für die Backbones im Internet, wo diese sehr hohen Übertragungsraten die Kosten für das Kabel rechtfertigen.

Funk im freien Raum: Bewegen sich Sender oder Empfänger, kann nicht mehr mit Kabeln gearbeitet werden. Die Daten müssen über Funk übertragen werden. Damit arbeiten alle Mobilfunknetze (GPRS, UMTS, LTE) aber auch WLAN-Technologien oder Bluetooth. Beim Funk ist zu beachten, dass für die meisten Sendefrequenzen Gebühren zu entrichten sind, bzw. es ist verboten, diese Frequenz zu verwenden, da diese von der Polizei oder dem Militär genutzt wird. Die Lizenzen für die UMTS-Frequenzen haben dem Deutschen Staat im Jahr 2000 rund 50 Mrd. Euro Gewinn eingebracht. Lizenzfrei sind Sendefrequenzen ab 2,4 GHz sowie ab 5 GHz. 2,4 GHz ist ungefähr die Frequenz, die von Mikrowellenöfen verwendet wird. Beim Funk wird auf eine Trägerfrequenz ein Signal aufmoduliert, dabei wird die Amplitude, die Frequenz oder die Phase des Trägersignals so modifiziert, dass der Empfänger daraus wieder das eigentliche Nutzsignal ableiten kann. Großer Nachteil von Funknetzen ist die eher geringe Reichweite und die Störanfälligkeit durch Hindernisse oder andere Sender, etwa einen Mikrowellenofen. Die Reichweite kann beispielsweise durch eine höhere Sendeleistung erreicht werden, dies kostet jedoch Akkulaufzeit bei mobilen Geräten und erhöht die Gefahr für die Gesundheit.

Leitungscodierung

Wie soll eine Folge von 1 und 0 über ein Kabel übertragen werden? Dies wird in einem Leitungscode festgelegt. Eine Folge von 1 und 0 wird elektrisch in eine Folge von High- und Low-Pegeln übersetzt. Der Code sollte möglichst so gestaltet sein, dass der Gleichstromanteil bei elektrischer Übertragung möglichst gering ist. Daher ist der High-Pegel in der Regel eine positive Spannungsdifferenz während der Low-Pegel eine gleich große negative Spannungsdifferenz ist. Häufig wird zusätzlich mit einem dritten Wert gearbeitet, nämlich dem 0-Pegel.

In Abb. 7.2 werden zwei Beispiele gezeigt: Die Manchester-Codierung und die NRZ-Codierung. NRZ (Non Return To Zero) ist eine sehr einfache Codierung. Der High-Pegel (z. B. > 3 V) bedeutet eine logische 1 und der Low-Pegel (z. B. < -3 V) bedeutet eine logische 0. Dabei bleibt das Signal bei aufeinander folgenden Einsen auf High-Pegel und bei aufeinander folgenden Nullen auf Low-Pegel. Ein Umschalten von High auf Low bzw. von Low auf High erfolgt nur bei einem Wechsel $1 \rightarrow 0$ bzw. $0 \rightarrow 1$. Die Taktung von Sender und Empfänger muss daher gut synchronisiert sein.

Der Manchester-Code beinhaltet dagegen eine Möglichkeit zur Synchronisation bzw. zur Taktrückgewinnung: Eine logische 1 ist ein Wechsel von High- auf Low-Pegel (fallende Flanke), eine logische 0 ist eine steigende Flanke. Unabhängig von der Abfolge von 1 und 0 gibt es bei jedem Bit also einen Wechsel des Pegels. Bei aufeinander folgenden Einsen oder Nullen muss jedoch ein zusätzlicher Wechsel des Pegels erfolgen, dies reduziert die auf dem Kanal verfügbare Bandbreite. Die Manchester-Codierung wird beispielsweise im 10 Mbit/s Ethernet verwendet.

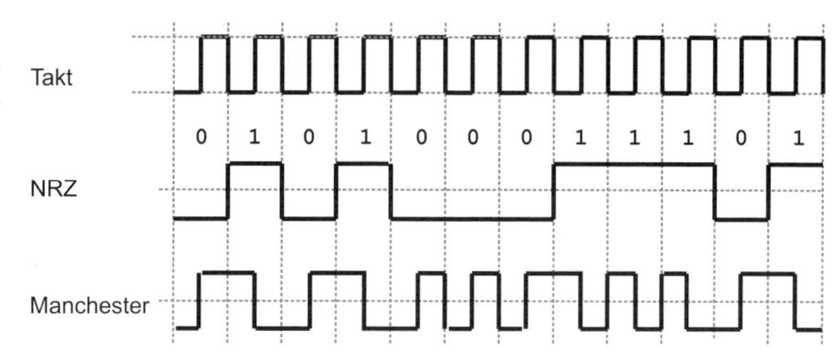

Abb. 7.2 Das Datum „010100011101" wird mithilfe von NRZ- und Manchester-Codierung umgesetzt

In neueren Fast Ethernet-Varianten wird ein sog. Blockcode verwendet: 4 Bit werden mithilfe von 5 Bit dargestellt, das ermöglicht Sondersymbole für die Steuerung der Übertragung, da ein Bit mehr zur Verfügung steht. Taktrückgewinnung ist durch Kombination mit dem MLT3-Code möglich, dieser verwendet zusätzlich zu High- und Low-Pegel noch 0 und wechselt bei einer Folge von 1 den Pegel nach einer festen Reihenfolge.

Fehlererkennung: Kanalcodierung

Im Rahmen der Kanalcodierung wird nützliche Redundanz in die übertragenen Daten eingefügt. Diese dient dazu, Übertragungsfehler zu erkennen. Beispiele für derartige Codes werden in Kap. 3.3 diskutiert. Auch Blockcodes kommen zum Einsatz.

Modulation

Die zu übertragenden Daten müssen an die Erfordernisse der Übertragungswege und der physikalischen Art der Übertragung angepasst werden. Dies geschieht durch Modulation. Als Grundlage wird eine für das verwendete Medium typische und diesem optimal angepasste Trägerfrequenz verwendet, ist keine Trägerfrequenz erforderlich spricht man von Basisbandübertragung.

Bei der kontinuierlichen Modulation ist das von der Zeit abhängige Trägersignal $x(t)$ eine Sinusschwingung der Art:

$$x(t) = A \cdot \sin(2\pi f t + \phi) \quad .$$

Dabei sind A die Amplitude, f die Frequenz und ϕ der Phasenwinkel des hochfrequenten Trägersignals. Bei der Modulation mit einem niederfrequenten Nutzsignal kann man nun eine dieser Größen in Proportion zu den zu sendenden Daten zeitabhängig variieren. Man hat demnach die folgenden grundsätzlichen Modulationsarten, wie sie in Abb. 7.3 dargestellt sind:

Amplitudenmodulation (AM):	Variation der Amplitude A
Frequenzmodulation (FM):	Variation der Frequenz f
Phasenmodulation (PM):	Variation der Phase ϕ

Da man es bei der Datenübertragung in der Regel mit binären Signalen zu tun hat (siehe Kap. 2.3), ergibt sich eine spezielle Modulationsvariante, die *digitale Modulation* oder *Umtastung*. Dazu wird die zu modulierende Größe zwischen zwei Werten umgeschaltet, beispielsweise zwischen 25% und 100% des Nominalwerts, entsprechend einem Modulationsgrad von 75%. Man spricht dann auch von *Amplitudenumtastung* (Amplitude Shift Keying, ASK), *Frequenzumtastung* (Frequency Shift Keying,

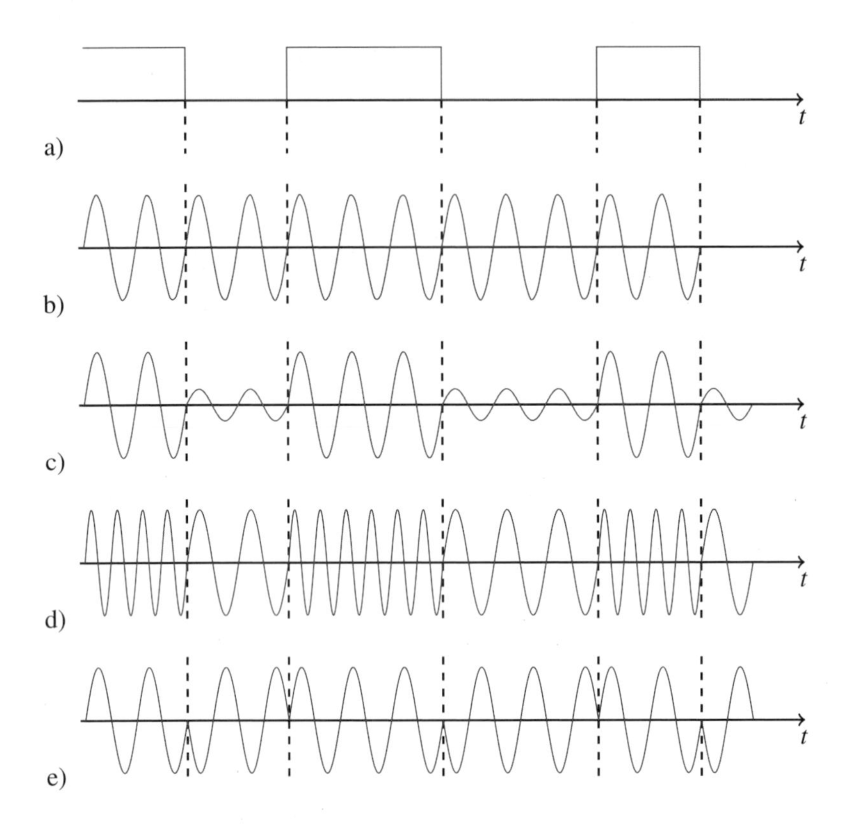

Abb. 7.3 Umtastung mit Amplituden-, Frequenz- und Phasenmodulation. a) Zu sendendes binäres Signal b) Unmoduliertes Trägersignal c) Amplitudenumtastung d) Frequenzumtastung e) Phasenumtastung

FSK) und *Phasenumtastung* (Phase Shift Keying, PSK). Aus Abb. 7.3 geht die Wirkungsweise dieses Verfahrens hervor.

Häufig wird auch die gemeinsame Variation von Frequenz und Phase bzw. der Amplitude und der Phase betrachtet. Da beispielsweise bei der Amplitude durchaus mehr als zwei Werte (25% und 100%) möglich sind ebenso wie bei der Phasenverschiebung, kann der Übertragungskanal effizienter genutzt werden. Während einer Sinusschwingung kann mehr als ein Bit übertragen werden. Ähnliches gilt für Phase und Frequenz. Auf diese Weise kann die Kapazität eines Übertragungskanals wesentlich erhöht werden. Beispiele für solche Kombinationen sind QPSK (Quadrature Phase Shift Keying), dort werden vier Phasensprünge verwendet (0, 90, 180 und 270 Grad), damit können 2 Bit gleichzeitig übertragen werden. EDGE (siehe Kap. 7.3.4) als Mobilfunkstandard verwendet 8-PSK mit 8 Phasensprüngen. Häufige Verwendung findet QAM 16 (Quadrature Amplitude Modulation, 16 Varianten), es kombiniert 4 Phasensprünge mit 4 Amplitudenstufen, so können 4 Bit gleichzeitig übertragen werden, QAM 64 und QAM 256 übertragen 6 bzw. 8 Bit gleichzeitig.

Die Geräte zur Modulation auf der Senderseite und Demodulation auf der Empfängerseite werden als *Modems* bezeichnet. Ein DSL-Modem findet sich beispielsweise in jedem Haushalt.

Multiplexing und Multiple Access: Gemeinsame Nutzung eines Übertragungsmediums

Wenn ein Übertragungsmedium von verschiedenen Teilnehmern gleichzeitig genutzt werden soll, sind *Multiplex-Verfahren* eine mögliche Lösung. Beim Multiplexing bündelt beim Sender ein Multiplexer mehrere Signale zu einem Signal, auf der Seite des Empfängers zerlegt ein Demultiplexer das gebündelte Signal wieder in die einzelnen Signale. Von *gemeinsamem Zugriff* (Multiple Access) wird immer dann gesprochen, wenn sich mehrere Teilnehmer ein Übertragungsmedium selbstständig oder über eine zentrale Stelle moderiert aufteilen. Damit ist es möglich, dass alle Teilnehmer gemeinsam quasi gleichzeitig das Übertragungsmedium nutzen können, das Medium beherbergt damit mehrere Kommunikationskanäle.

Raummultiplex (Space Division Multiplex, SDM bzw. Space Division Multiple Access, SDMA): Verschiedene Übertragungskanäle sind räumlich voneinander getrennt. Ein Übertragungskabel mit mehreren Adern ist ein Beispiel für SDMA, da mehrere Datenströme unabhängig voneinander über verschiedene Adern übertragen werden. Oder eine Funkfrequenz wird von zwei Sender-Empfänger Paaren mit ausreichendem räumlichen Abstand verwendet. In aktuellen Mobilfunk-Anwendungen und im WLAN kommt derzeit MIMO (Multiple Input Multiple Output) zum Einsatz. Dort werden mehrere Antennen parallel verwendet.

Zeitmultiplex (Time Division Multiplex, TDM bzw. TDMA): Die Nutzung des Übertragungsmediums wird in Zeitschlitze innerhalb einer Zeiteinheit aufgeteilt. Jedem Übertragungskanal wird ein fester Zeitschlitz zugeteilt bzw. bei Bedarf werden ihm Zeitschlitze zugeteilt. GSM als Mobilfunk-Standard verwendet eine Zeiteinheit von 4,615 ms als Rahmen dieser wird in in 8 Zeitschlitze zu je 0,577 s aufgeteilt. Acht Teilnehmer können gleichzeitig telefonieren, die digitalisierten Daten jedes Telefonats werden alle 4,615 ms über eine Dauer von 0,577 ms übertragen. Auch das 10 Mbit/s Ethernet nutzt in lokalen Netzwerken Zeitmultiplex: Alle Teilnehmer nutzen ein gemeinsames Kabel (das Medium). Es ist ein Verfahren implementiert, das erkennt, wenn zwei Sender gleichzeitig Senden und sich damit gegenseitig stören. Diese Kollisionserkennung wird im Abschnitt 7.3.2 zum Thema CSMA/CD beschrieben.

Frequenzmultiplex (Frequency Division Multiplex, FDM bzw. FDMA): Verschiedene Trägerfrequenzen werden auf demselben Übertragungsmedium verwendet. Auf jede Trägerfrequenz wird ein anderer Kanal aufmoduliert. Der Abstand der Trägerfrequenzen ist groß genug, dass sich die Kanäle gegenseitig nicht stören. Die Kanäle können beim Empfänger über eine Frequenzweiche voneinander getrennt werden.

Orthogonales Frequenzmultiplex (Orthogonal Frequency Division Multiplex, OFDM bzw. OFDMA): OFDM ist eine Weiterentwicklung von FDM, die sehr häufig eingesetzt wird. Sie findet sich beispielsweise im Mobilfunk-Standard LTE oder in mehreren WLAN-Standards. Bei OFDM ist der Abstand der Trägerfrequenzen geringer als bei FDM, damit kann das Übertragungsmedium besser genutzt werden, da mehr Trägerfrequenzen möglich sind. Die Trägerfrequenzen mit aufmoduliertem Nutzsignal können sich dabei überschneiden. Die gegenseitigen Störungen sind trotzdem gering, da die Frequenzen einen bestimmten Abstand zueinander haben (ganzzahlige Vielfache einer Grundfrequenz, orthogonal).

Codemultiplex (CDM bzw. CDMA): Der Codemultiplex überlagert verschiedene Funksignale zu einem, alle Kanäle werden gleichzeitig übertragen. Damit ein einzelner Kanal daraus wieder berechnet werden kann, wird ein übertragenes Bit mit einem Bit-Vektor, der z. B. 128 Bit lang ist, multipliziert. Anstelle des einen Bit werden 128 Bit übertragen. Jeder Kanal erhält einen anderen Bit-Vektor. Damit kann dieser Kanal aus dem überlagerten Signal wieder berechnet werden. Beim UMTS-Mobilfunk-Standard wird dieses Verfahren verwendet.

Gleichzeitige Nutzung mehrerer Kanäle

Um mehr Daten gleichzeitig übertragen zu können, werden die oben über Multiplexing entstandenen Kanäle zu einem Kanal mit höherer Datenübertragungsrate gebündelt. Bei einem Medium, das über Zeitmultiplex aufgeteilt ist, erhält der Kanal dabei mehr als einen der Zeitschlitze. Beim Frequenzmultiplex werden mehrere Trägerfrequenzen gleichzeitig genutzt. Bei der mobilen Datenübertragung durch GPRS werden beispielsweise mehrere der durch GSM vorgegebenen 8 Zeitschlitze für die Übertragung eines Datenstroms genutzt.

Übertragungsprinzipien

Ein weiteres Merkmal von Übertragungskanälen ist die Richtung des Informationsflusses zwischen zwei Teilnehmern. Kann der Kanal in beide Richtungen genutzt werden? Kann er gleichzeitig in beiden Richtungen genutzt werden? Hierfür sind folgende Begriffe definiert und in Abb. 7.4 skizziert:

Simplex-Verfahren: Die Informationsübertragung erfolgt immer nur in einer Richtung. Diese Betriebsart ist für den allgemeinen Datenverkehr nicht geeignet, wird aber beispielsweise in der Prozessdatenverarbeitung bei der Übermittlung von Messwerten oder Steuersignalen eingesetzt.

Duplex-Verfahren (auch Vollduplex-Verfahren). In dieser Betriebsart ist jederzeit gleichzeitiges Senden und Empfangen möglich. Bei serieller Datenübertragung kann dies am einfachsten mithilfe einer Vierdrahtleitung realisiert werden. Doch ist bei Einsatz von Richtungstrennern auch mit einer Zweidrahtleitung Duplexbetrieb möglich. Verwendet man beispielsweise unterschiedliche Trägerfrequenzen für den Hin- und den Rückkanal, so kann die Kanaltrennung durch Frequenzweichen realisiert werden.

Halbduplex-Verfahren: Hier ist zwar keine gleichzeitige Datenübertragung in beiden Richtungen möglich, die Übertragungsrichtung kann jedoch jederzeit umgeschaltet werden. Dies kommt immer dann zum Einsatz, wenn sich mehrere Sender denselben Übertragungskanal teilen. Hier kann nur ein Teilnehmer senden, alle anderen empfangen.

Interessant ist weiterhin die Frage, ob ein Sender mit genau einem Empfänger (*Unicast*) kommuniziert oder ob er seine Nachricht an mehrere spezifizierte (*Multicast*) oder sogar an alle Knoten des Netzes (*Broadcast*) weiterleitet. Diese Varianten sind in Abb. 7.5 dargestellt.

Netztopologien

Datenübertragungskanäle werden über Knoten zu Netzen zusammengeschaltet. Die topologische Struktur des Netzes legt die gegenseitige Zuordnung von Teilnehmern, Vermittlungseinrichtungen und Leitungen fest. Abb. 7.6 zeigt die wichtigsten Grundstrukturen.

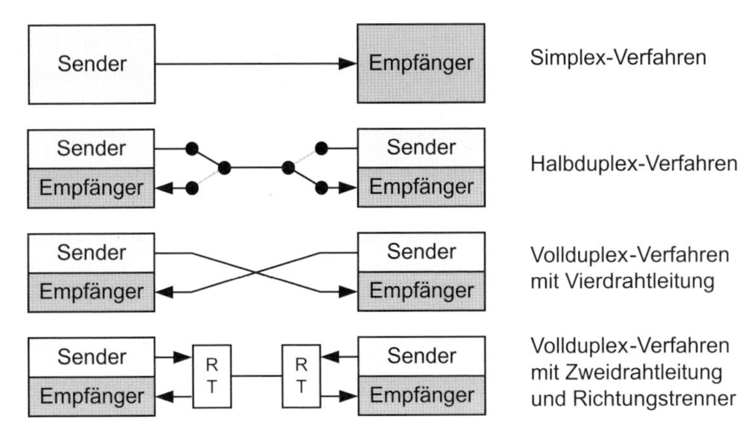

Abb. 7.4 Prinzipien der richtungsabhängigen Datenübertragung

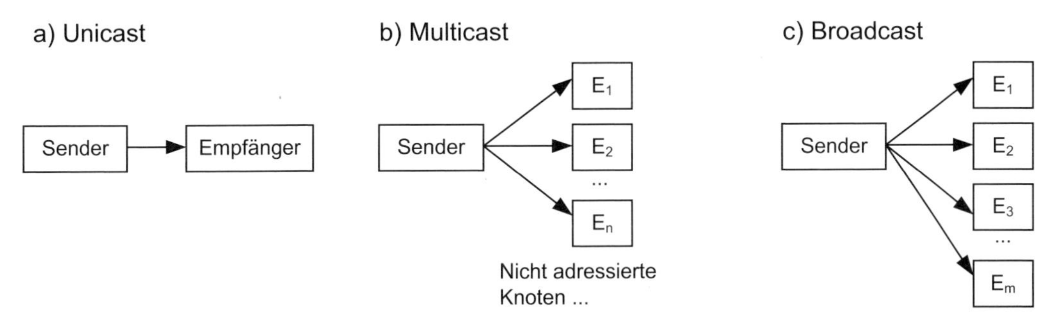

Abb. 7.5 a) Unicast, b) Multicast und c) Broadcast

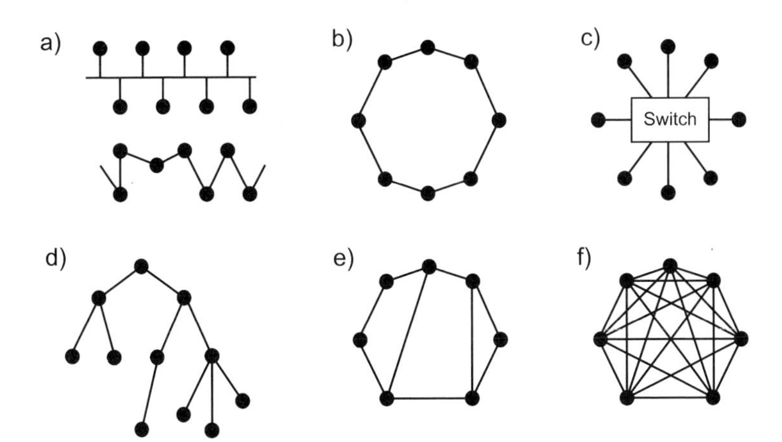

Abb. 7.6 Grundstrukturen von Netzverbindungen. a) Liniennetz b) Ringnetz c) Sternnetz mit Switch oder Hub in der Mitte d) Netz mit Baumstruktur e) Teilvermaschtes Netz f) Voll vermaschtes Netz

Liniennetze sind typisch für Busverbindungen und mit dem geringsten Leitungsaufwand zu realisieren. Allerdings sind sie gegen Leitungsausfall empfindlich. Ringstrukturen wurden vornehmlich in Rechnernetzen eingesetzt, die nach dem inzwischen veralteten Token-Ring-Verfahren funktionierten (vgl. dazu IEEE 802. 5). Bei Stern- und Baumnetzen erfolgt die Kommunikation über einen zentralen Knoten: einen Hub oder einen Switch. In vielen lokalen Netzwerken findet sich derzeit eine Sternstruktur mit einem Switch in der Mitte. Vermaschte Netze zeichnen sich durch hohe Ausfallsicherheit aus, da immer alternative Verbindungswege bestehen. Der Leitungsaufwand ist allerdings erheblich, insbesondere für voll vermaschte Netze, bei denen jeder Knoten mit jedem anderen direkt verbunden ist.

Eine Netzwerk-Topologie kann auf zwei Ebenen betrachtet werden: Auf der physischen Ebene werden Kabel und die damit verbundenen Geräte betrachtet. Ein physischer Bus ist ein Kabel, an das beispielsweise direkt oder indirekt die verschiedenen Geräte angeschlossen sind. Ein physisches Sternnetz hat beispielsweise einen Switch in der Mitte und alle Teilnehmer sind direkt an den Switch angeschlossen.

Ebenso kann das Netzwerk aber auch auf der logischen Ebene betrachtet werden: Ein Hub leitet beispielsweise Datenpakete an alle angeschlossenen Teilnehmer weiter. Damit verhält sich ein solches Netzwerk logisch wie ein Bus. Ein Switch könnte so konfiguriert sein, dass er die Daten wie in einer Ringstruktur weiterleitet, ein physisch vorhandener Stern verhält sich logisch wie ein Ring.

7.3 Technologien der Sicherungsschicht

7.3.1 Netze im Nahbereich (PAN)

Netzwerke im Nahbereich von einigen Zentimetern bis zu wenigen Metern werden auch als Personal Area Networks (PAN) bezeichnet. Über PAN werden beispielsweise Peripheriegeräte an ein Smartphone oder einen Laptop angeschlossen.

Bluetooth

Bluetooth ist ein Industrie-Standard über den drahtlose Kommunikation im Nahbereich bis zu 10 Meter möglich ist. PCs, Laptops, Smartphones oder Tablet-Computer verfügen in der Regel über eine Bluetooth-Schnittstelle. Diese wird unter anderem verwendet für den Anschluss von Tastaturen, Computer-Mäusen oder Headsets ohne die eventuell störenden Kabel.

Die Bluetooth-Initiative wurde 1998 von Ericsson, Intel, IBM, Nokia und Toshiba gegründet. Später kamen weitere Unternehmen hinzu und etwa ab 2001 waren die ersten Geräte am Markt. Ziel war es einen Funkstandard für den Nahbereich zu definieren, für den preiswerte Hardware (< 5 \$) produziert werden kann. Zweites Ziel ist der geringe Stromverbrauch, damit Bluetooth in mobilen (Peripherie-)Geräten eingesetzt werden kann.

Bluetooth verwendet zum Übertragen von Daten lizenzfreie Funkfrequenzen im Bereich ab 2,4 GHz, dort sind 79 jeweils 1 MHz breite Kanäle abgeteilt. Um robuster gegen Störungen zu sein, wird die Sendefrequenz 1600 mal pro Sekunde gewechselt. Mit Bluetooth 1.2 (seit 2003) sind Übertragungsraten von ca. 1 Mbit/s möglich. Der Nachfolgestandard Bluetooth 2.0 erlaubt schon 2,1 Mbit/s, Bluetooth 3.0 integriert inzwischen WLAN (siehe unten) und erhöht damit die Bandbreite deutlich. Die aktuellen Bluetooth 4.x Standard-Versionen sind nicht abwärtskompatibel. Sie sind durch verschiedene Änderungen optimiert auf geringen Stromverbrauch und verwenden AES-basierte Verschlüsselung (vgl. Abschnitt 4.2.2).

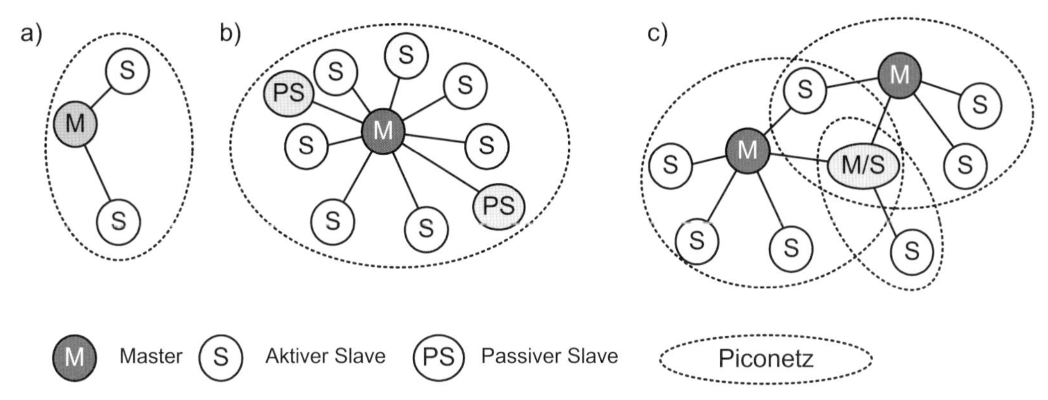

Abb. 7.7 a) Einfaches Piconetz mit einem Master und zwei Slaves. b) Piconetz mit 7 aktiven Slaves und zwei passiven. c) Sog. Scatternetz: Slaves können in mehreren Netzen teilnehmen. Kombinierte Master/Slave Teilnehmer sind möglich

Im einfachsten Fall findet über Bluetooth eine Master-Slave Kommunikation statt. Der Laptop oder das Smartphone ist dabei der Master, das Peripheriegerät ist der Slave. Bis zu 7 aktive Slaves sind möglich, denn jeder Teilnehmer wird über eine 3 Bit Adresse identifiziert. Der Master teilt den Slaves Adressen, Sendefrequenzen (Kanäle) und Sendezeitpunkte zu. Das so entstandene Netzwerk wird auch *Piconetz* genannt.

Ein Piconetz mit einem Master und zwei Slaves ist in Abb. 7.7 (a) dargestellt. Im Piconetz können sich auch passive Slaves befinden (Abb. 7.7 (b)), insgesamt bis zu 255 Geräte, aktiv oder passiv. Ein Gerät kann an mehreren Netzen auch in unterschiedlichen Rollen teilnehmen, dasselbe Gerät kann in einem Piconetz als Master und in einem weiteren als Slave fungieren, vgl. Abb. 7.7 (c).

7.3.2 Lokale Netze: LAN und WLAN

Ein lokales Kommunikationsnetz (LAN) hat eine räumlich beschränkte und abgegrenzte Ausdehnung, beispielsweise innerhalb eines Gebäudes. Es kann unterschiedliche Gerätetypen mit einbeziehen. Ein lokales Kommunikationsnetz beinhaltet mindestens die Merkmale der OSI-Schichten 1 und 2. In zumeist einfachen Strukturen wie Sternen mit einem Switch in der Mitte, aber auch noch Ringen oder Linien, werden eine Vielzahl von unterschiedlichen Endgeräten angeschlossen. Wobei Datenraten bis in die Größenordnung von 10, 100 oder über 1000 Mbit/s erreicht werden.

Als Übertragungsmedien kommen meist verdrillte Leitungspaare (Twisted Pair), Koaxialkabel (selten) oder Lichtwellenleiter zum Einsatz sowie der freie Raum (WLAN). Ein weiteres Merkmal von lokalen Netzen ist, dass die zweite OSI-Schicht (Sicherungsschicht) in eine obere Subschicht LLC (Logical Link Control) und eine untere Subschicht MAC (Media Access Control) unterteilt wird. LLC ist für die Übertragungssteuerung und die Fehlerbehandlung zuständig. MAC für den Zugriff der Knoten auf das gemeinsam genutzte Übertragungsmedium. Die LLC-Schicht ist im Standard IEEE 802.2 spezifiziert. Für die MAC Schicht sind auch abhängig vom Medium mehrere Standards gebräuchlich, unter anderem: Die MAC-Schicht des drahtgebundenen Ethernet ist im Standard IEEE 802.3 spezifiziert, das drahtlose WLAN findet sich in verschiedenen Varianten des IEEE 802.11.

Spezielle Kommunikationsprotokolle für LANs regeln den Zugriff auf den Kommunikationskanal. In den beiden hier vorgestellten Technologien wird CSMA verwendet: CSMA steht dabei für Carrier

Sense Multiple Access: Jeder Teilnehmer horcht (Carrier Sense) permanent den gemeinsamen Übertragungskanal ab. Der Übertragungskanal ist ein Kabel oder auch der freie Raum. Damit kann jeder Sender solange mit seiner Übertragung warten, bis der Übertragungskanal frei ist. Wenn der Kanal frei ist, gibt es verschiedene Verfahren um zu vermeiden, dass sich zwei Sender gegenseitig stören.

Ethernet

Unter der Bezeichnung *Ethernet* wurde eine der ersten LAN-Technologien der Firmengruppe Digital Equipment, Intel und Xerox auf den Markt gebracht. Erfunden wurde es wie viele andere Technologien im Forschungszentrum Xerox-PARC in Palo Alto, als Erfinder gilt R. M. Metcalfe. Ethernet wurde durch die IEEE als Norm IEEE 802.3 standardisiert und ist noch heute bei lokalen Netzwerken die am häufigsten eingesetzte Technologie. Eigentlich handelt es sich um eine ganze Familie verschiedener Technologien, wie noch deutlich werden wird. Die entsprechenden Standards legen neben Protokollen zum Nachrichtenaustausch auch Kabel- und Steckertypen fest.

Ethernet arbeitet auf der Grundlage von Nachrichten (Datenframes) mit einer Länge zwischen 64 und ca. 1500 Byte. Jede Nachricht wird im Ethernet dabei an alle Teilnehmer gesendet, die Identifizierung eines Teilnehmers erfolgt über die mitgesendete Adresse, die sogenannte MAC-Adresse mit 48 Bit. Diese sollte für jede Ethernet-Hardware weltweit eindeutig sein. Die IEEE vergibt die ersten 24 Bit dieser Adressen[2], diese kennzeichnen in der Regel den Hersteller der Hardware, die zweiten 24 Bit vergibt der jeweilige Hersteller dann selbst. Auch Computer werden so über ihre MAC-Adresse eindeutig identifiziert (unabhängig von ihrer IP-Adresse, die weiter unten besprochen wird).

Heutiger Standard ist das *Fast Ethernet* (100BaseTX, IEEE 802.3u) mit einer Datenrate von 100 Mbit/s auf der Grundlage von zwei Paaren verdrillter Adern und das *Gigabit Ethernet* mit Datenraten von 1 Gbit/s über vier Paare verdrillter Adern (1000BaseT, IEEE 802.3ab) bzw. Glasfaser-Kabel. Es gibt weitere Ethernet-Standards mit Übertragungsraten von 10 Gbit/s und 40 Gbit/s. Höhere Übertragungsraten von 100 Gbit/s sind in Vorbereitung.

Mittlerweile arbeiten Ethernet-Installationen mit einer Stern-Konfiguration, die einen einen Switch in der Mitte hat. Dieser kann den Inhalt der ausgetauschten Datenpakete interpretieren und so die Datenpakete nur zwischen Sender und Empfänger austauschen, alle anderen Teilnehmer erhalten diese Nachricht nicht mehr. Die MAC-Adresse des Empfängers ist in jeder Nachricht enthalten, darüber kann der Switch entscheiden, an welchen Port des Switches die Nachricht weitergeleitet wird. Es wird logisch eine Punkt-zu-Punkt Verbindung zwischen Sender und Empfänger hergestellt.

Frühere Ethernet-Installationen arbeiteten noch mit einem physischen Bus an dem alle Teilnehmer hingen. Wurde aus diesem Bus ein Teilnehmer entfernt, führte dies zu Störungen. Eine Stern-Topologie mit einem Hub in der Mitte behebt dieses Problem, da das Entfernen eines Teilnehmers nur noch einen Port des Hubs betrifft. Ein einfacher Hub hat aber den Nachteil, dass alle Nachrichten an alle Teilnehmer versendet werden müssen und es so zu Kollisionen bei der Übertragung und dadurch bedingt zur Verminderung der durchschnittlichen Datenübertragungsrate kommt. Zur Kollisionserkennung ist das CSMA/CD Verfahren definiert worden.

---

[2] siehe `http://standards.ieee.org/develop/regauth/oui/public.html`

CSMA/CD – Zugriff auf ein gemeinsames Medium (Zeitmultiplex)

Ethernet-Netzwerke waren ursprünglich vollständig als Bus organisiert, jetzt sind Stern-Topologien üblich. Jeder Teilnehmer an einem Bus erhält alle Nachrichten. Alle Teilnehmer teilen sich dasselbe Übertragungsmedium, z. B. ein Koaxialkabel wie bei Ethernet-10Base2 oder 10Base5 als Bus. Bei einem Bus ist es erforderlich, den Zugriff auf das gemeinsame Medium zu organisieren. Hierfür wurde das CSMA/CD Verfahren entwickelt:

CD steht darin für *Collision Detection* – also die Erkennung von Kollisionen: Wenn das Medium eine bestimmte zufällig gewählte Zeit lang frei ist, beginnt ein Teilnehmer zu senden. Während der Übertragung hört der Sender permanent das Übertragungsmedium ab, und versucht so parallel übertragene Daten eines anderen Senders und damit eine Kollision zu erkennen.

Tritt keine Kollision auf, dann wird das Senden erfolgreich beendet. Wenn eine Kollision festgestellt wird, also zwei Teilnehmer gleichzeitig senden und einer der Teilnehmer diese Kollision erkennt, dann sendet er ein Signal an alle anderen Teilnehmer (JAM), um diese über die Kollision zu informieren. Die in Kollision stehenden Teilnehmer versuchen dann, zu einem späteren Zeitpunkt zu senden. Beide Sender warten eine zufällig gewählte Zeitspanne, sonst beginnen sie eventuell wieder gleichzeitig. Eine Kollision muss natürlich während des Sendevorgangs erkannt werden, sonst merkt der Sender nicht, dass seine Daten nicht vollständig angekommen sind.

Der Durchsatz ist bei niedriger Netzbelastung gut, für hohe Aktivität und Echtzeitanforderungen ist das Verfahren jedoch weniger geeignet. Nachteilig ist ferner, dass wegen des stochastischen (zufallsbedingten) Medienzugriffs Sendezeiten auch bei bekannter Last nicht exakt vorausbestimmt werden können. CSMA/CD hat wegen sternförmiger Netze mit einem Switch in der Mitte an Bedeutung verloren, denn dort kann es praktisch nicht zu Kollisionen kommen.

WLAN

Das „W“ steht in WLAN für *Wireless* (drahtlos), häufig wird auch von WiFi gesprochen (Wireless Fidelity). WLAN bezeichnet eine lokales Funknetz mit einer Reichweite von bis zu 30 Metern in Gebäuden sowie 300 Metern in freiem Gelände unter idealen Bedingungen [Rig12]. Übertragungsraten im Gigabit-Bereich (IEEE 802.11ac) sind in den neuesten WLAN Versionen möglich und finden sich bereits in Smartphones und Laptops.

In der Standardfamilie IEEE 802.11 sind die technischen Details und Protokolle der verschiedenen WLAN-Versionen definiert. Varianten und Standard-Teile sind jeweils durch Buchstaben gekennzeichnet. Ein typischer Laptop unterstützt derzeit beispielsweise die Varianten IEEE 802.11b, IEEE 802.11g sowie IEEE 802.11n, neuere Laptops auch IEEE 802.11ac.

Viele Haushalte verfügen inzwischen über ein eigenes WLAN. Dies ist schon deswegen erforderlich, weil an Tablet-Computer und Smartphones kein Ethernet-Kabel mehr angeschlossen werden kann. Zusätzlich verfügen immer mehr Peripheriegeräte wie Drucker über einen WLAN Zugang, auch Unterhaltungselektronik wie Fernseher oder Stereo-Anlagen sind darüber vernetzt.

Ein WLAN wird in der Regel durch einen *Access Point* (AP) bereitgestellt (vgl. Abb. 7.8), alternativ ist auch ein ad-hoc Netz zwischen verschiedenen Computern möglich. Der Access Point gibt den Computern und anderen Geräten eine Möglichkeit, sich mit ihm zu verbinden, und er vermittelt die Kommunikation der verschiedenen Teilnehmer untereinander. Dazu wird jedem Teilnehmer eine MAC-Adresse wie im Ethernet zugeordnet. Der Access Point vermittelt die Datenpakete zwischen den Teilnehmern. Der Access Point ist in der Regel mit einem Ethernet-basierten LAN verbunden und stellt so auch eine Verbindung zum Internet bereit. In privaten Haushalten ist er häufig mit dem ADSL-Modem in demselben Gerät verbaut.

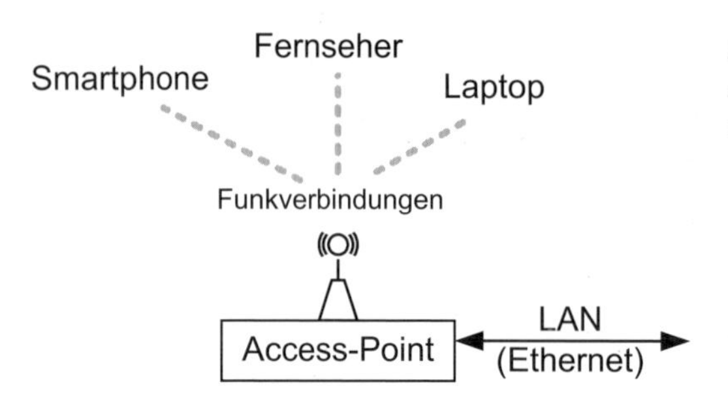

Abb. 7.8 Mobile Geräte kommunizieren über einen Access Point miteinander. Der Access Point ist mit einem lokalen Netzwerk verbunden

Der Access Point hat einen SSID (Service Set Identifier), der ihn eindeutig kennzeichnet. Diesen sendet er in regelmäßigen Abständen (mehrfach pro Sekunde) damit sich Kommunikationsteilnehmer damit verbinden können. Ein Teilnehmer kann in der Regel eine Liste der für ihn gerade sichtbaren WLANs über deren SSID erstellen. Ein Teilnehmer kann jeweils nur mit genau einem Access Point verbunden sein.

Große Herausforderung im WLAN ist dessen Abhörsicherheit. Bei Ethernet ist ein physischer Zugang über ein Kabel erforderlich, während im WLAN eine Antenne genügt. Verschiedene Verschlüsselungsverfahren werden hier angeboten: WEP (Wired Equivalent Privacy) sowie seine sichereren Nachfolger WPA (Wi-Fi Protected Access) und WPA2. WEP verwendet ein Stromchiffre verfahren (RC4, vgl. Abschnitt 4.2.3), es sollte nicht mehr verwendet werden [BSI09]. Empfohlen wird WPA2 zu verwenden, es verwendet die Verschlüsselung nach AES, vgl. Abschnitt 4.2.2. Details dazu sind im Standard IEEE 802.11i beschrieben.

In der Regel wird das Frequenzband ab 2,4 GHz verwendet, bestimmte WLAN-Varianten verwenden das Frequenzband ab 5 GHz. Beide Frequenzbänder können auf dem eigenen Grundstück lizenzfrei genutzt werden, d. h. es sind keine Gebühren an den Staat oder andere Lizenzinhaber zu entrichten. Andere Frequenzen sind kostenpflichtig oder dürfen nicht genutzt werden. Die verschiedenen IEEE 802.11 Varianten teilen die Frequenzen ab 2,4 bzw. 5 GHz in Kanäle auf. IEEE 802.11b teilt beispielsweise ab 2,4 GHz in 5 MHz Schritten bis zu 13 Kanäle ab. Um ein Signal zu übertragen wird aber eine Bandbreite von 20–22 MHz benötigt. Es sind damit also mehrere Kanäle belegt. Auf ein Trägersignal mit der entsprechenden Frequenz ab 2,4 GHz wird dann das Nutzsignal moduliert.

Abhängig von der IEEE 802.11 Variante, welche von beiden Kommunikationspartnern unterstützt werden muss, sind verschiedene Übertragungsraten möglich (siehe Tabelle 7.2), proprietäre Erweiterungen erlauben teilweise noch größere Übertragungsraten [Rig12]. Viele Laptops und Smartphones unterstützen IEEE 802.11b/g/n. Die Unterstützung von IEEE 802.11ac nimmt derzeit zu.

CSMA/CA – Zugriff auf ein gemeinsames Medium

Da der freie Raum und dort die verschiedenen Funkfrequenzen von allen Kommunikationspartnern gleichzeitig genutzt werden, sind Konflikte wahrscheinlich, wenn zwei Partner gleichzeitig auf derselben Frequenz senden wollen. Die WLAN-Standards arbeiten hier mit dem CSMA/CA-Verfahren, wobei CA für *Collision Avoidance*, also Kollisionsvermeidung steht. Wie bei CSMA/CD hören alle Teilnehmer den Übertragungskanal ab, empfangen also permanent. Da jedoch beim Senden eines Datenpakets aus technischen Gründen nicht gleichzeitig empfangen werden kann, kann das CSMA/CD Verfahren wie bei Ethernet nicht genutzt werden. Die Vermeidung von Kollisionen findet wie folgt statt:

Ein Sender horcht auf dem Medium, erst wenn dieses frei ist und nach Ablauf einer festen

Tabelle 7.2 Varianten und Übertragungsraten von IEEE 802.11 (WLAN)

Standard	Erschienen	Details
IEEE 802.11a	1999	bis zu 54 Mbit/s (Brutto), 5 GHz, relativ geringe Reichweite von 10 m in Gebäuden.
IEEE 802.11b	1999	5 / 11 / 22 Mbit/s (Brutto), 2,4 GHz, Reichweite ca. 30 m in Gebäuden
IEEE 802.11g	2003	bis zu 54 Mbit/s (Brutto), 2,4 GHz, Reichweite ca. 30 m in Gebäuden
IEEE 802.11n	2010	bis zu 600 Mbit/s (Brutto), 2,4 GHz und 5 GHz, Reichweite ca. 70 m in Gebäuden, mehrere Antennen
IEEE 802.11ac	2013	bis zu 6933 Mbit/s (Brutto), mit einer Bandbreite von 160 MHz, mehrere Antennen

Wartezeit „DIFS“ (Distributed Coordination Function Interframe Spacing) zuzüglich einer zufällig gewählten Zeit (Backoff) darf der Sender das Medium belegen. Nach dem Übertragen der Nachricht sendet der Empfänger nach einer kurzen Wartezeit „SIFS“ (Short Interframe Spacing) eine Empfangsbestätigung (Acknowledge) zurück. Diese Wartezeiten sollen verhindern, dass zwei Sender gleichzeitig nach der Beendigung einer anderen Übertragung anfangen wollen zu senden. Der Backoff sorgt dafür, dass ein Sender einem anderen zuvorkommt, da beide verschiedene Backoffs haben. Der Empfänger sendet das Acknowledge nach einer kürzeren Zeit „SIFS“, als ein anderer Sender auf die Idee für eine neue Übertragung kommen könnte, „SIFS“ < „DIFS“. Dies stellt sicher, dass das Acknowledge übertragen wird, bevor ein anderer Sender das Medium belegen kann.

Erhält der Sender kein Acknowledge hat offenbar eine Kollision oder ein anderes Problem stattgefunden. Der Sendeversuch wird daraufhin wie oben dargestellt wiederholt. Jedes Datenpaket enthält am Anfang auch die voraussichtliche Dauer der Übertragung, sodass alle anderen sendewilligen Teilnehmer entsprechend warten können.

Zusätzlich ist es möglich, das Medium durch besondere Nachrichten zu reservieren, diese Möglichkeit ist optional: Ein Sender schickt dem Empfänger eine RTS-Nachricht (Request-To-Send) und der Empfänger bestätigt den Erhalt dieser Nachricht mit einer CTS-Nachricht (Clear-To-Send). Damit sind alle Kommunikationsteilnehmer informiert, dass der Kanal für einen bestimmten Zeitraum belegt ist und unternehmen keine Sende-Versuche. Dies ist besonders dann wichtig, wenn Kommunikationsteilnehmer beide zwar den Access Point per Funk erreichen, sich aber gegenseitig nicht „sehen“. Hier hält nur das empfangene „CTS“ vom Access Point andere Sender vom Übertragen ab.

7.3.3 Vorgriff: Leitungs- und Paketvermittlung

Ein wesentliches Element von Kommunikationsnetzen ist das Prinzip des Verbindungsaufbaus zwischen zwei Teilnehmern. Zwischen beiden Teilnehmern befinden sich allerdings weitere Knoten des Netzwerks, welche die Daten weiter vermitteln müssen. Daher gehört das Thema Vermittlung eigentlich in das Kapitel 7.4, das die Protokolle der Netzwerkschicht behandelt, beispielsweise das IP-Protokoll. Um die wichtigsten Eigenarten von Mobilfunknetzen und kabelbasierten Netzen beschreiben zu können, werden bereits hier zwei Begriffe benötigt: Leitungs- und Paketvermittlung.

Mittlerweile setzen sich mit dem Siegeszug des Internet immer mehr paketvermittelte Netze durch. Das bekannteste paketvermittelte Netz ist das Internet mit der TCP/IP Protokollfamilie.

Leitungsvermittlung (Circuit Switching)

Aus den Telefonnetzen ist die Leitungsvermittlung bekannt. Beim Start eines Telefonats wird eine feste (elektrische) Verbindung aufgebaut, früher noch über manuell gesteckte Kabel, später über Telefonrelais in den Vermittlungsstellen, heute natürlich digital. Diese Verbindung bleibt für die Dauer des Telefonats bestehen und wird erst nach Beendigung des Telefonats wieder abgebaut. Gebühren sind für die Dauer der Verbindung zu entrichten. Die Leitungen zwischen Sender und Empfänger sind für diesen Zeitraum belegt. Bei den klassischen Wählverbindungen im Telefonnetz über analoge Modems sowie bei der mobilen Datenübertragung in 2G-Netzen wie dem GSM-Netz wird leitungsvermittelt gearbeitet. Ein wichtiger Grund dafür ist, dass der Netzbetreiber den beiden Teilnehmern Garantien über die erbrachte Qualität des Dienstes geben muss, beispielsweise über die Datenübertragungsrate.

Ist eine Verbindung zwischen zwei Teilnehmern hergestellt, so erfolgt der Datenaustausch nach bestimmten Kommunikationsprotokollen. Der gesamte Vorgang der Kommunikation ist dabei in fünf Schritte gegliedert:

1. Aufbau einer Verbindung
2. Aufforderung zum Datenaustausch von einer Datenstation an eine andere
3. Datenaustausch
4. Beendigung des Datenaustauschs
5. Abbau der Verbindung

Paketvermittlung (Packet Switching)

Zwischen Sender und Empfänger besteht zu keinem Zeitpunkt eine (elektrische) Verbindung. Stattdessen versendet der Sender ein Paket, das an den Empfänger adressiert ist. Das Netzwerk speichert das Paket zwischen und vermittelt es von Zwischenstation zu Zwischenstation (den Routern) zu dem Empfänger. Die Route kann sich von Paket zu Paket unterscheiden. Das Netzwerk wird nur für die Dauer der tatsächlichen Datenübertragung belegt. Es wird nur die Verbindung zwischen den Routern belegt, die gerade kommunizieren. Nur für übertragene Daten sind Gebühren fällig. Die Paketvermittlung stammt aus der Netzwerktechnik, z. B. das Internet ist mit seinem IP-Protokoll vollständig paketvermittelt. In Deutschland kann über einen ADSL Anschluss auf das paketvermittelte Internet zugegriffen werden. Ein Nachteil der Paketvermittlung ist der zusätzliche Verwaltungsaufwand sowie der von der Auslastung abhängige und daher nicht exakt zu bestimmende Zeitbedarf für die Übermittlung eines Pakets.

Auch in paketvermittelten Netzen sind Kommunikationsprotokolle erforderlich, obwohl eventuell keine (elektrische) Verbindung aufgebaut wird: Eventuell soll erkannt werden, ob Datenpakete verloren gegangen sind, dies ist beispielsweise über ein Acknowledge-Paket von Empfänger zu Sender möglich.

Die Implementierung leitungsvermittelter Netzwerke ist in einer darunter liegenden häufig Schicht paketvermittelt, da dies mit weniger Hardware-Aufwand möglich ist. Ein bekanntes Beispiel für diese Kombination ist das in Kap. 7.4.3 beschriebene TCP/IP-Protokoll. Die Anwendung arbeitet mit der TCP-Schicht leitungsvermittelt mit einer festen Verbindung zwischen beiden Teilnehmern. Die darunter liegende IP Schicht realisiert dies jedoch paketvermittelt.

7.3.4 Datenfernübertragung und der Zugang zum Internet

Wenn in einem Haushalt oder einem Unternehmen das Internet verfügbar sein soll oder es soll eine Netzwerkverbindung zu entfernten Computern hergestellt werden, muss *Datenfernübertragung* (DFÜ) genutzt werden. Dazu dient eine bestehende Infrastruktur, auf die beide Teilnehmer der Datenfernübertragung zugreifen können. Das sind beispielsweise das Telefonnetz oder das Netz eines (Internet) Providers.

PPP-Protokoll

Zur Kommunikation zwischen zwei Teilnehmern wird das PPP-Protokoll verwendet. PPP steht dabei für *Point-to-Point Protocol* und wird im RFC 1661, 1662 und 1663 standardisiert. PPP wird von Internetprovidern zum Verbindungsaufbau eines Kunden zum Internet über eine Standleitung angeboten. Diese Standleitung kann eine Wählverbindung über ein analoges Modem sein aber auch ein fester DSL-Anschluss oder eine mobile Verbindung über GPRS oder UMTS. PPP wird auf der Schicht 2 des OSI-Referenzmodells eingeordnet. PPP kann mit dem Internet Protocol (IP) aber auch mit anderen Protokollen auf Schicht 3 betrieben werden.

PPP setzt zunächst voraus, dass eine physische Verbindung zwischen den beiden Teilnehmern besteht, z. B. eine Telefonverbindung. Zum Aufbau der PPP Verbindung wird die grundsätzliche Konfiguration ausgehandelt, das ist unter anderem die Größe der übertragenen Datenpakete. Danach findet die Authentisierung des Knotens (beim Internetprovider) statt. War das erfolgreich, kann die eigentliche Kommunikation über PPP beginnen, also die Zuordnung einer IP-Adresse zu dem Computer oder dem DSL-Router der sich gerade verbunden hat. Während der Kommunikation übermittelt PPP die Pakete der darüber liegenden Schicht, indem es diese in seine eigenen Pakete verpackt und versendet.

Die nachfolgend beschriebenen Technologien, angefangen bei analogen Modems bis hin zu Mobilfunk-Standards wie GPRS oder UMTS, dienen jeweils immer dazu, eine Verbindung von einem PC, Laptop oder Smartphone zum Internet herzustellen. Hierzu ist es erforderlich, dass eine Punkt-zu-Punkt Verbindung zum Internetprovider hergestellt wird. Dabei wird eventuell das Gerät direkt oder ein von ihm aus erreichbarer Router mit dem Internetprovider über PPP verbunden. Über diese Verbindung kann dann das IP-Protokoll abgewickelt werden und Datenpakete werden darüber ins Internet geroutet.

Telefonleitungen und analoge Modems

Früher wurde häufig das Telefonnetz genutzt: Beide Teilnehmer besaßen ein analoges Modem und die Verbindung zwischen beiden wurde wie ein normales Telefongespräch hergestellt: Das Sender-Modem rief quasi das Empfänger-Modem an. Provider, die einen Zugang zum Internet anboten, verfügten über entsprechend viele Einwahlnummern und Modems. Die Übertragungsraten waren mit bis zu 56,6 kbit/s eher gering, da zur Übertragung nur hörbare Frequenzen bis 4000 Hz genutzt werden konnten.

Bei analogen Modems muss eine Verbindung zwischen Sender und Empfänger aufwendig aufgebaut und aufrechterhalten werden. Der Aufbau der Verbindung kann mehrere Sekunden dauern, da der Wählvorgang und die vom Protokoll erforderlichen Schritte davor ausgeführt werden müssen. Die Verbindung besteht für die gesamte Dauer der Kommunikation. Die Gebühren für diese Verbindung richten sich danach, wie lange die Verbindung bestanden hat.

ISDN

Das ISDN-Netz (Integrated Services Digital Network) ist ein universales, digitales Telefon- und Datennetz der Deutschen Telekom, das der Übertragung von Daten unabhängig von deren Inhalt dient. Die ISDN-Technik ist international über die ITU (International Telecommunication Union) standardisiert. Es ist seit ca. 1995 in Deutschland flächendeckend vorhanden, verliert aber wegen DSL und damit einhergehend mit Voice-Over-IP deutlich an Bedeutung.

Ein ISDN-Basisanschluss für Privatkunden basiert wie das analoge Telefonnetz auf denselben Kupferleitungen von der Vermittlungsstelle zum Hausanschluss. Ein „normaler" Telefonanschluss kann technisch sowohl anlog als auch über ISDN digital genutzt werden. Abhängig davon, was in der Vermittlungsstelle des Telefonanbieters geschaltet ist. Der Basisanschluss bietet zwei Basiskanäle (B-Kanäle) mit einer Datenrate von jeweils 64 kbit/s pro Kanal, also bis zu 128 kbit/s gesamt. Für Standleitungen und Großkunden steht auch ein Breitband-ISDN zur Verfügung, das eine Datenrate von Vielfachen von 155,52 Mbit/s bietet.

ISDN-fähige Endgeräte können im Vollduplexbetrieb mit dem ISDN-Netz verbunden werden, wobei ein oder zwei Basiskanäle und ein zusätzlicher Steuerkanal mit 16 kbit/s angeschlossen werden können. Der Steuerkanal übermittelt z. B. die Telefonnummer des Anrufers oder das Anklopfen. Ein ISDN-Anschluss hat im Haushalt einen sog. NTBA (Network Termination for ISDN Basic rate Access), an diesen werden die ISDN-fähigen Geräte, z. B. ein ISDN-Telefon, eine ISDN-Telefonanlage oder das digitale Modem eines Computers angeschlossen.

Das ISDN-Netz unterstützt leitungsvermittelnde (Datex-L) und paketvermittelnde Dienste (wie beispielsweise Datex-P) auf Basis der drei untersten OSI-Schichten. Dabei ist zu beachten, dass ISDN nicht per se paketorientiert ist. Bekannte und typische auf dem ISDN-Netz aufbauende Dienste sind Fernsprechen und Telefax, Bildtelefonie in geringer Auflösung und der Online-Informationsdienst Datex-J (das ehemalige Btx) sowie der Internetdienst T-Online.

Auch bei ISDN erfolgte die Verbindung zum Internet früher über Wählverbindungen. Auch ein ISDN-Modem ruft quasi den Provider oder eine anderes ISDN-Modem an um zu kommunizieren. Der Verbindungsaufbau erfordert allerdings weniger Zeit wie bei analogen Modems.

DSL

Durch analoge Telefonie und ISDN wird die mit herkömmlichen Kupferleitungen mögliche Bandbreite bei weitem nicht ausgeschöpft. Eine Verbesserung wurde mit der DSL-Technik (Digital Subscriber Line) eingeführt. Davon gibt es zwei Varianten: Zunächst SDSL, dabei steht das S für *symmetric*, da Senden (Upload) und Empfangen (Download) von Daten mit derselben Übertragungsrate möglich sind. In privaten Haushalten kommt in der Regel ADSL zum Einsatz. Hier ist die Datenrate *asymmetrisch*: Das Senden erfolgt mit 128 kbit/s, das Empfangen mit 768 kbit/s in der ersten ADSL-Version. Für Internetanwendungen (siehe Kap. 7.4) ist die Asymmetrie von Vorteil, da von privaten Nutzern weit mehr Daten aus dem Netz empfangen als gesendet werden.

DSL bietet im Gegensatz zu den Wählverbindungen über analoge oder ISDN-Modems eine Art Standleitung zu genau einem Provider. Eine Verbindung muss lediglich beim Start des DSL-Modems aufgebaut werden. Gebühren richten sich nicht mehr nach der Dauer der Verbindung, sondern nach der Menge der übertragenen Daten. Aktuell bieten die meisten Provider sogenannte Flatrates an, über die beliebig viele Daten übertragen werden können.

Für den Einsatz der ADSL-Technik ist, wenn parallel noch ISDN oder ein analoger Telefonanschluss genutzt werden soll, neben einem speziellen ADSL-Modem ein Splitter (eine Frequenzweiche) erforderlich, der Telefongespräche (< 4000 Hz) bzw. die von ISDN benötigten Frequenzbänder

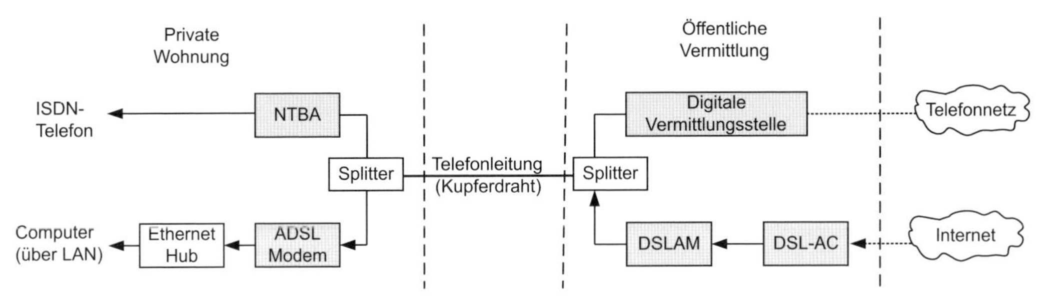

Abb. 7.9 Prinzipieller Aufbau einer Verbindung über ADSL in das Internet: Das ADSL-Modem kommuniziert über die Telefonleitung mit der DSLAM (DSL-Zugangsmultiplexer) in der Vermittlungsstelle, dieser kommuniziert mit mehreren ADSL-Modems gleichzeitig über PPP. Der DSLAM ist über ein DSL-AC (Access Concentrator) an ein Weitverkehrsnetz angeschlossen. Im Privathaushalt und evtl. auch in der Vermittlungsstelle werden die Telefonfrequenzen von den Datenfrequenzen über einen Splitter getrennt und unterschiedlich weiter verarbeitet

und die höheren Datenübertragungsfrequenzen auf derselben Telefonleitung voneinander trennt (vgl. Abb. 7.9).

ADSL teilt das Frequenzspektrum bis 1,1 MHz in Kanäle zu je 4 kHz auf. Auf jedem Kanal werden parallel Daten übertragen, die Zahl der verfügbaren Kanäle bestimmt die mögliche verfügbare Datenrate. Eigentlich ist ein DSL-Modem also nicht ein Modem sondern eine Menge von Modems (pro genutztem Kanal eines). Das Modem erkennt Kanäle, bei denen die Datenübertragung gestört ist und verwendet diese für die laufende Sitzung nicht mehr weiter.

ADSL-Anschlüsse verfügen mittlerweile über Kapazitäten von 8 Mbit/s und höher. Dies ist unter anderem dadurch möglich, dass ein breiteres Frequenzspektrum genutzt wird: ADSL verwendete anfänglich Trägerfrequenzen bis 1,1 MHz, neuere Varianten verwenden bis zu 2,2 MHz (ADSL2+ mit bis zu 25 Mbit/s Empfangsrate) oder noch höhere Frequenzen (VDSL mit bis zu 52 Mbit/s Empfangsrate). Große Datenraten sind jedoch nicht für jeden Hausanschluss verfügbar.

Exkurs: Voice over IP (VoIP)

Mittlerweile ersetzen reine ADSL-Anschlüsse sowohl analoge wie auch ISDN-Anschlüsse. Telefonate erfolgen als „Voice over IP“: Ein analoges Telefon wird an ein Gerät angeschlossen, in dem sich auch das ADSL-Modem befindet. Dieses Gerät übersetzt die analogen Signale des Telefons in IP-Datenpakete und kommuniziert mit einem entsprechenden VoIP-Server auf der Seite des Internetproviders: Der Server vermittelt das Telefonat dann über das Internet oder das Telefonnetz weiter. Die Telefonnummer im Ortsnetz wird noch zur Identifikation des Teilnehmers (Gerätes) verwendet, der Teilnehmer ist aber an diesen Ort nicht mehr physisch gebunden. Ein VoIP-Telefon, bzw. ein Computer mit der entsprechenden Software kann direkt an ein lokales Netzwerk über Ethernet oder WLAN angeschlossen werden.

Generationen der mobilen Datenübertragung

Der mobile Zugang zum Internet wird immer wichtiger. Benutzer von Smartphones erwarten an jedem Ort einen mobilen Zugang. Die mobil verfügbaren Übertragungsraten haben in den vergangenen Jahren immer weiter zugenommen, die Mobilfunk-Standards wurden weiterentwickelt.

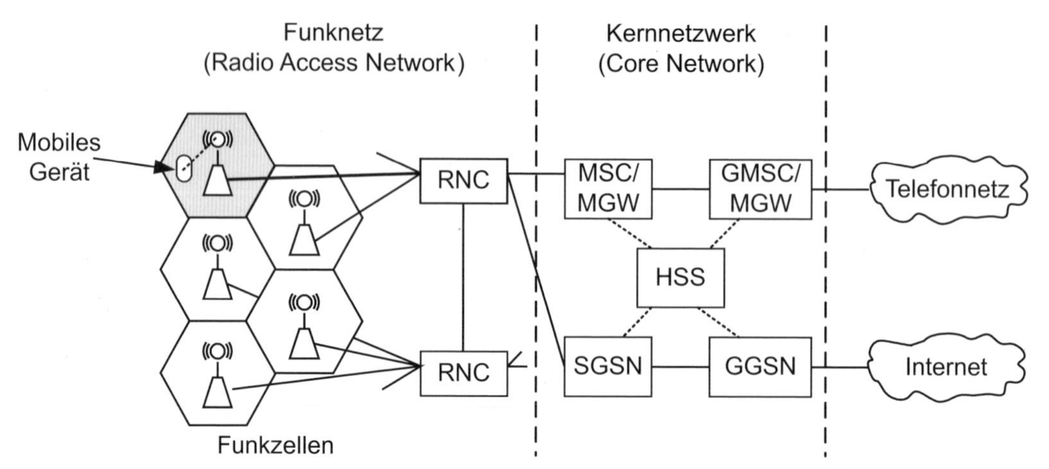

Abb. 7.10 Prinzipieller Aufbau einer Verbindung über UMTS in das Internet frei nach Tanenbaum [Tan12]: Das Smartphone kommuniziert mit einer Basisstation (Node-B) innerhalb einer Funkzelle. Mehrere Basisstationen werden über einen RNC (Radio Network Controller) zusammengefasst. Aus der GSM-Zeit stammt noch die Leitungsvermittlung ins Telefonnetz. Hierfür werden die MSC (Mobile Switching Center) bzw. GMSC (Gateway-MSC) verwendet. Paketvermittlung findet über die SGSN (Serving GPRS Support Node) bzw. GGSN (Gateway-GPRS Support Node) statt. Der HSS (Home Subscriber Server) dient zur Auffindung eines Teilnehmers, wenn ein Anruf diesen erreichen will

Die ersten Mobilfunknetze arbeiteten in Deutschland mit analoger Technik, Telefonate wurden analog auf eine Trägerfrequenz moduliert und ab einer Basisstation im Festnetz weiter vermittelt. Die analogen A-, B- und C-Netze werden auch als Netze der ersten Generation (1G) bezeichnet.

Die GSM (Global System for Mobile Communication) Netze werden auch Netze der 2. Generation genannt. Sie arbeiten im Unterschied zu den 1G-Netzen digital. Mobiltelefone haben in Deutschland ab etwa 1991 mit der Einführung der GSM-Standards sehr weite Verbreitung gefunden, mittlerweile übersteigt die Zahl der Mobilfunk-Anschlüsse in Deutschland die Zahl der Einwohner [Sau13].

Seit etwa 2006 werden diese Netze durch die Netze der 3. Generation (3G) ergänzt (Standards aus 1999). Die Bezeichnung 3G enthält den Standard UMTS (Universal Mobile Telecommunication System) sowie HSPA (High Speed Packet Access). Seit etwa 2010 wird in Deutschland ein Netz der vierten Generation (4G) aufgebaut, hier werden die LTE-(Advanced)-Standards verwendet (Long Term Evolution). Mit dieser vierten Generation steigt die verfügbare Datenrate im Upload bzw. Download noch einmal gegenüber UMTS.

GPRS und EDGE

GSM ist ein Funknetz, das in einzelne Funkzellen untergliedert ist. Die Zellen können mehrere Kilometer groß sein. Jede Zelle kann eine oder mehrere Basisstationen enthalten. Die Teilnehmer verbinden sich mit der Basisstation, welche gerade den besten Empfang hat. Die Basisstation ist ihrerseits mit anderen Basisstationen bzw. mit dem Festnetz verbunden. Dies ist in Abb. 7.10 am Beispiel des UMTS-Netzes dargestellt.

Ein Teilnehmer kann sich von Zelle zu Zelle im Mobilfunknetz bewegen, hierbei findet automatisch der Wechsel von Basisstation zu Basisstation statt ohne das der Benutzer dies merkt. Damit kann auch aus einem fahrenden Zug oder Auto telefoniert werden.

Die GSM ist leitungsvermittelt: Beim Zustandekommen eines Telefonats werden beide Teilnehmer mithilfe einer Vermittlungsstelle über eine reale bzw. in der Regel virtuelle Leitung verbunden (Circuit Switched). Die Verbindung wird erst bei der Beendigung des Telefonats durch einen Teilnehmer wieder entfernt. Dadurch, dass GSM die wesentlichen Eigenschaften des Festnetzes (Leitungsvermittlung) beibehält, konnten viele Technologien aus dem Festnetzbereich wiederverwendet werden [Sau13]. Die Übertragung des Telefonats erfolgt leitungsvermittelt, auch um Garantien zur Übertragungsqualität geben zu können [Tan12].

In seiner Sendefrequenz (ab 890 MHz im D-Netz bzw. 1710 MHz im E-Netz) erhält jeder Teilnehmer einen von acht Zeitschlitzen (auch als Kanäle bezeichnet) um seine Gesprächsdaten zu senden bzw. zu empfangen. Da GSM für Telefonie optimiert ist, sind lediglich geringe Übertragungsraten für Daten im Bereich von 9,6 kbit/s möglich.

Um für mobile Endgeräte bessere Datenübertragungsraten zu erzielen, wurde zum GSM Netz GPRS (General Packet Radio Service) ergänzt. GPRS arbeitet im Unterschied zu GSM verbindungslos und paketvermittelt. Damit ist keine feste Verbindung geschaltet, sondern die Datenpakete können flexibel durch das Netz geroutet werden und das Netz ist, dadurch dass mehrere Teilnehmer denselben Übertragungskanal nutzen, besser ausgelastet. Die erhöhte Übertragungsrate wird durch geschicktere Nutzung der Übertragungskanäle und durch Bündelung der bis zu 8 Kanäle erreicht. Ein Teilnehmer erhält also mehr als nur einen der 8 Zeitschlitze. Damit sind theoretisch bis zu 171,2 kbit/s möglich [Sau13]. Aber nur, wenn die Empfangsbedingungen optimal sind und kein weiterer Teilnehmer Bandbreite beansprucht. EDGE (Enhanced Data Rates for GSM Evolution) erreichte durch ein geändertes Modulationsverfahren für die Funkübertragung eine weitere Erhöhung der Datenrate auf bis zu 270 kbit/s.

UMTS und HSPA

UMTS (Universal Mobile Telecommunications System) ist zum einen verbindungslos und paketorientiert. Grundlage bildet dabei das IP-Protokoll (siehe Kap. 7.4.2). Zum anderen ist UMTS in der Telefonie auch aus Gründen der Abwärtskompatibilität leitungsvermittelt. UMTS erlaubt Übertragungsraten von bis zu 384 kbit/s. HSPA ist eine Erweiterung von UMTS und erlaubt im optimalen Fall eine Übertragungsgeschwindigkeit von bis zu 7,2 Mbit/s. UMTS verwendet im Vergleich zu GSM ein anderes Verfahren zur Datenübertragung per Funk: CDMA (Code Division Multiple Access). Dabei wird ein zu übertragendes Bit mit einem Vektor aus z. B. 128 Bit multipliziert (XOR) und übertragen, aus einem Bit werden 128 Bit. Diese *Spreizung* eines übertragenen Bits verringert die Störanfälligkeit. Der Multiplikations-Vektor ist für jeden Teilnehmer charakteristisch. Verschiedene Teilnehmer senden gleichzeitig auf demselben Kanal, damit addieren sich die übertragenen Signale. An der Basisstation können die Teilnehmer-Datenströme wieder aus dem Summen-Signal durch Multiplikation mit demselben Spreizungsvektor des Senders berechnet werden. Details zu diesem Codemultiplex-Verfahren finden sich z. B. bei Sauter [Sau13].

LTE

LTE steht für Long Term Evolution. Idee bei LTE ist, höhere Übertragungsraten zu erreichen durch Aufteilung eines schnellen Datenstroms in mehrere langsame Datenströme und diese getrennt voneinander zu übertragen. Das entsprechende Verfahren nennt sich OFDM (vgl. Kap. 7.2 zum Thema Multiplexing). Je nach verfügbarer Bandbreite können verschieden viele langsame Übertragungskanäle kombiniert werden, Übertragungsbandbreiten von 1,25 MHz bis zu 20 MHz mit entsprechend vielen Trägerfrequenzen sind spezifiziert. Stehen 20 MHz zur Verfügung können unter optimalen Bedingungen bis zu 100 Mbit/s über mehrere Trägerfrequenzen erreicht werden [Sau13].

Zweite Neuerung an LTE ist der komplette Verzicht auf die Leitungsvermittlung, wie sie noch in GSM oder UMTS anzutreffen ist. Die komplette Infrastruktur arbeitet nur noch paketvermittelt. Alle Dienste des Netzwerkes werden nur noch paketvermittelt angeboten.

Authentisierung über SIM

In allen Netzen von 2G bis 4G authentifiziert sich ein Teilnehmer über seine SIM-Karte (Subscriber Identity Module) im Netz. Darüber findet die Authentifizierung des Teilnehmers in einem mobilen Netzwerk statt. Da die SIM-Karte zwischen verschiedenen Geräten ausgetauscht werden kann, wird eher der Benutzer und nicht das Gerät über die SIM erkannt.

7.3.5 Die Behandlung von Übertragungsfehlern

Bei der Datenübertragung ist eine gewisse Fehlerrate unumgänglich, da Störungen der Übertragung kaum zu verhindern sind, vgl. Abb. 7.1. Das Aufspüren und ggf. das Korrigieren von Fehlern ist daher eine wichtige Maßnahme. Grundsätzlich werden infolgedessen Codes verwendet, die eine Fehlererkennung- bzw. Korrektur zulassen. In Frage kommen vor allem Codes mit Paritätsbits (Kap. 3.3.3) sowie lineare Codes, beispielsweise zyklische Codes (siehe Kap. 3.3.7) unter Verwendung von Prüfpolynomen im CRC-Verfahren (Cyclic Redundancy Check, siehe Kap. 3.3.8). Ein bewährtes, durch die IEEE 802.3 in der Sicherungsschicht empfohlenes Polynom ist beispielsweise:

$$p(x) = x^{32} + x^{26} + x^{23} + x^{22} + x^{16} + x^{12} + x^{11} + x^{10} + x^8 + x^7 + x^5 + x^4 + x^2 + x + 1 \quad \text{(CRC-32)}.$$

Die Erkennung und ggf. Korrektur von Fehlern kann sehr schnell durch preisgünstige Hardware-Komponenten durchgeführt werden. Typisch für derartige Codes ist, dass in vielen Fällen ein Fehler zwar erkannt, aber nicht korrigiert werden kann. In diesem Fall wird dann die Übertragung des fehlerhaften Abschnitts solange wiederholt, bis ein fehlerloser Empfang gelingt oder eine maximal zulässige Anzahl von Wiederholungen erreicht ist. Ist die maximale Zahl von Wiederholungen erreicht, wird die Übertragung mit einer Fehlermeldung abgebrochen.

Technisch wird die automatische Wiederholung (ARQ, von Automatic Repeat reQuest) durch eine Quittung (Acknowledge) gesteuert, die der Empfänger nach einem oder mehreren empfangenen Paketen sendet. Durch die Quittung wird dem Sender mitgeteilt, ob die Übertragung korrekt erfolgt ist (ACK, von Acknowledge) oder fehlerhaft (NAK, von Not Acknowledge). Das CSMA/CA Verfahren im WLAN basiert unter anderem darauf, dass für jedes Datenpaket ein Acknowledge gesendet werden muss. Bleibt das Acknowledge aus, wird davon ausgegangen, dass irgendein Übertragungsfehler vorliegt.

7.4 Netzwerk- und Transportschicht: TCP/IP und das Internet

7.4.1 Überblick über das Internet

Zur Geschichte des Internet

Die Geschichte des Internet geht auf ein seit Ende der 1960er Jahren aufgebautes Datennetz (ARPANET) des amerikanischen Militärs zurück. In den Zeiten des kalten Krieges wollte man den Informationsfluss dezentralisieren, um eine möglichst hohe Verfügbarkeit auch bei Teilausfällen sicherzustellen. Dabei sollte immer eine Punkt-zu-Punkt-Verbindung zwischen zwei miteinander kommunizierenden Rechnern aufgebaut werden, wobei der tatsächliche Pfad dieser Verbindung aber in einem als unsicher angesehenen Netz variabel sein musste.

Ein zweiter wichtiger Auslöser des Internet war, dass es damals keine allgemein akzeptierten Netzwerkprotokolle gab. Jeder Hersteller hatte seine eigenen Protokolle. Damit konnten (Groß)Rechner und Netzwerke verschiedener Hersteller nicht oder nur aufwendig miteinander kommunizieren. Daher beauftragte die (D)ARPA (Defense Advanced Research Projects Agency), eine Behörde im amerikanischen Verteidigungsministerium, mehrere amerikanische Universitäten mit der Entwicklung eines Protokolls, das von allen Herstellern eingefordert werden konnte. Zusätzlich wurde eine erste Implementierung allen Herstellern verfügbar gemacht.

Ein Meilenstein war die Fertigstellung des maßgeblich von V. Cerf und B. Kahn entwickelten Netzwerkprotokolls TCP/IP (Transmission Control Protocol / Internet Protocol) ab 1973, mit dem die Funktionalität des gesamten Netzes auch dann sichergestellt werden konnte, wenn einzelne Knoten nicht (mehr) erreichbar waren. Anfang der 1980er Jahre wurden die Protokolle TCP und IP standardisiert und das ARPANET wurde auf diese Protokolle umgestellt.

Im Laufe der Jahre wurden weitere staatliche Stellen einbezogen, zunächst insbesondere Universitäten und wissenschaftliche Einrichtungen. Damit war der entscheidende Schritt zur demokratischen Öffnung des Netzes getan, das seit Anfang der 1980er Jahre den Namen *Internet* trägt. In der folgenden stürmischen Entwicklung hat sich das Internet als weltweite, universelle Kommunikationsplattform etabliert. Erfreulicherweise wird das Netz heute für die unterschiedlichsten Anwendungsbereiche genutzt, aber kaum mehr für den ursprünglich anvisierten militärischen Einsatz. Allerdings ist ein kleiner, als MILNET bezeichneter Teil des Internet als Nachfolger des ARPANET für militärische Zwecke reserviert.

Nach der militärischen und der wissenschaftlichen folgte die private Nutzung, die durch Adressvergabe durch große Netzanbieter (Provider) wie beispielsweise 1 & 1 oder der Telekom in Deutschland organisiert wird. Mit der schon bald Millionen zählenden und stürmisch wachsenden Teilnehmerzahl wurde das Netz aber auch für kommerzielle Anwender als Präsentations-, Kommunikations- und Informationsforum interessant. Für die Abwicklung des kommerziellen Internetzugangs sorgen in der Regel lokale Provider, die über eigene Gebietsadressen (Domains) verfügen und an Großkunden auch weitere Domain-Adressen vergeben können.

Mit weltweit ca. einer Milliarde registrierter Hosts (Stand: Juli 2014)[3] hat sich das Internet als das weitaus größte und expansivste Datennetz der Welt etabliert. Die wichtigsten Einsatzgebiete sind heute:

- E-Mail, aber auch Telefonie (Voice over IP) und stark zunehmend Video-On-Demand,

[3]siehe `http://www.isc.org/services/survey/`

- Suche und Recherchen für private, kommerzielle und wissenschaftliche Zwecke,
- Abwicklung von Bankgeschäften inkl. Wertpapierhandel (Electronic Banking),
- Handel im privaten und geschäftlichen Bereich (Electronic Business),
- Technische Anwendungen wie Überwachung und Fernwartung.

Aufbau und Verwaltung des Internet

Das Internet besteht aus einer großen Anzahl von heterogenen Rechnern (Hosts), die miteinander über ein Konglomerat von Netzen, die unterschiedliche Technologien und Medien nutzen, weltweit unter Verwendung des IP-Protokolls kommunizieren können. Jeder zum Internet gehörende Host muss ein IP-Adresse haben und mit den anderen zum Netz gehörigen Hosts, die ebenfalls eine IP-Adresse haben, eine Verbindung aufbauen können.

Das höchste Verwaltungsorgan des Internet ist das Internet Architecture Board (IAB), dem in technischen Fragen die Internet Engineering Task Force (IETF) zur Seite steht. Dort werden Standards, Vereinbarungen sowie durchaus allgemeinverständliche Anwendungsrichtlinien erarbeitet und in durchnummerierten Requests for Comments (RFC) veröffentlicht (siehe `http://www.rfc-editor.org`). Die globale Koordination der Vergabe von IP-Adressen ist Angelegenheit der International Corporation for Assigned Names and Numbers (ICANN) und über das International Network Information Center (InterNIC, `http://www.internic.net`) teilweise an die europäische Organisation RIPE (`http://www.ripe.net`) und die nationalen NICs delegiert. Unterstützt werden diese dabei durch die Network Operation Centers (NOC). Für Deutschland registriert und vergibt das nationale DENIC (`http://www.denic.de`) die Adressen an überregionale und lokale Anbieter (Provider), die dann ihrerseits die Endkunden bedienen und auch die technische Ausrüstung für den Internetzugang bereitstellen. Dazu sind auch große Online-Dienste wie T-Online zu rechnen. Über das DENIC sind auch die RFCs erhältlich.

Als Grunddienste stellen Provider neben dem Internetzugang vor allem E-Mail-Adressen und Speicherplatz für Webseiten für den bedeutendsten Internetdienst, das World Wide Web (WWW) zur Verfügung. Zusätzlich werden auch Datenbankanwendungen angeboten. Dies geht von einem einfachen Gästebuch über Händlerverzeichnisse und Produktkataloge bis hin zu komplexen Online-Bestellsystemen. Die Kosten für eine kommerzielle Nutzung liegen naturgemäß höher als die für eine lediglich private Nutzung. Sie sind aber so gering, dass sie praktisch keine Hürde darstellen. Der Nutzungsumfang richtet sich vor allem nach der Größe der Webseiten, dem Umfang des Datentransfers und der Anzahl der E-Mail Adressen. In Abb. 7.11 ist die Anbindung von Netz-Anwendern über Provider an das Internet veranschaulicht.

Internet und Intranet

Zur Realisierung einer firmeninternen Kommunikations- und Dokumentationsplattform setzen heutzutage viele Unternehmen ein *Intranet* ein. Das Intranet ist ein lokales Netz (LAN, siehe Kap. 7.3.2), das nach dem Muster des Internet aufgebaut ist. Für die Firmen und deren Mitarbeiter ist die zusätzliche Möglichkeit des Zugriffs auf das Internet sowie die einheitliche Logik von Verbindungen, Datenstrukturen, Adressen und Benutzerschnittstellen ein großer Vorteil. Als Verbindungstechnik hat sich dabei das Ethernet durchgesetzt (siehe Kap. 7.3.2).

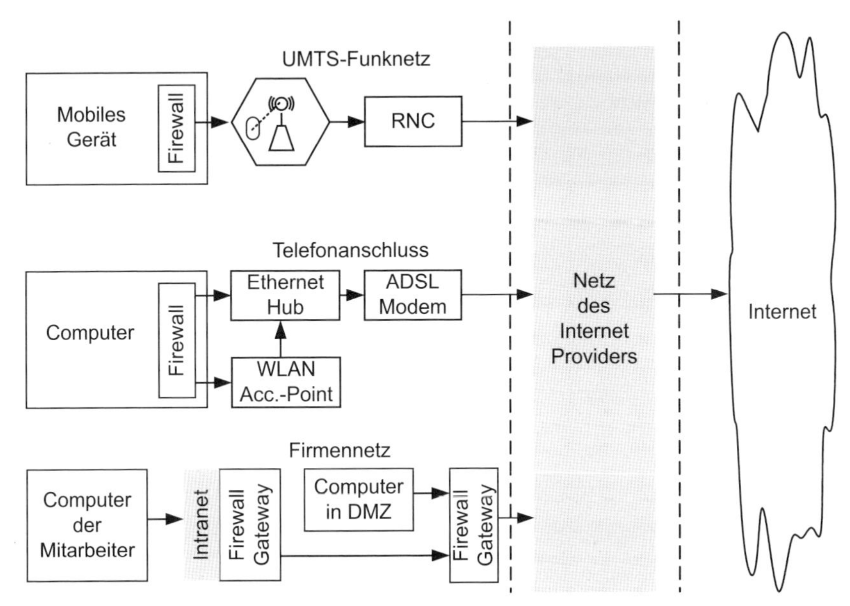

Abb. 7.11 Anbindung an das Internet wie im Abschnitt über DFÜ beschrieben über UMTS, DSL oder eine Standleitung. Dies stellt jeweils eine Verbindung des Smartphones oder Computers zum Netzwerk des Internetproviders über das PPP-Protokoll her, dieser sorgt dann für die Verbindung zu anderen Computern im Internet. Jeder Computer und jedes Firmennetz sollte über eine sog. *Firewall* vor Angriffen aus dem Internet geschützt werden. Unbefugte könnten sonst versuchen, über das Internet eine Verbindung zu dem Computer aufzubauen und dort über Sicherheitslücken Informationen auszuspähen oder Schaden anzurichten. Ein Firmennetz ist häufig in zwei Bereiche aufgeteilt, einen abgesicherten internen Bereich, der von außen nicht sichtbar ist und einen im Internet sichtbaren Bereich, die sog. *demilitarisierte Zone* (DMZ)

Sicherheitsaspekte

Als problematisch kann sich bei der Nutzung des Internet der Schutz der Daten vor fremdem Zugriff erweisen. Dies gilt vor allem bei der Verbindung eines lokalen, internen Datennetzes mit einem öffentlich zugänglichen. Das Einschleusen von Viren und Virenabkömmlingen wie Würmern und Trojanischen Pferden, das Ausspähen vertraulicher Informationen, die gezielte Fehlinformation sowie die unerwünschte und gehäufte Lieferung zweifelhafter, anstößiger oder verbotener Daten sind die Hauptprobleme.

Als Schutzmaßnahme empfiehlt sich in jedem Fall die Installation und Verwendung einer Firewall, wie sie in den meisten Betriebssystemen enthalten ist. Dabei handelt es sich um ein aus Hardware- und Software-Komponenten bestehendes Schutzsystem, das ein hohes Maß an Sicherheit für die eigenen an das Internet angeschlossenen Rechner bietet. Interne und externe Datenströme werden durch Verwendung von Sicherheits-Routern und einem dem lokalen Netz vorgelagerten Rechner streng voneinander getrennt. Datendurchgänge sind nur nach genau festgelegten Regeln möglich und können zudem protokolliert und auch inhaltlich überprüft werden.

Eine wichtige Rolle spielen vor allem die durch Betriebssysteme angebotenen Dienstprogramme. Solange dadurch keine Zugriffsrechte auf die Ressourcen, vor allem die Festplatte, des eigenen Rechners eingeräumt werden, sind Angriffe von außen kaum möglich. Allerdings ist die Vergabe solcher Rechte bei gewissen Betriebssystemen für die meisten Benutzer eher kryptisch. Zudem

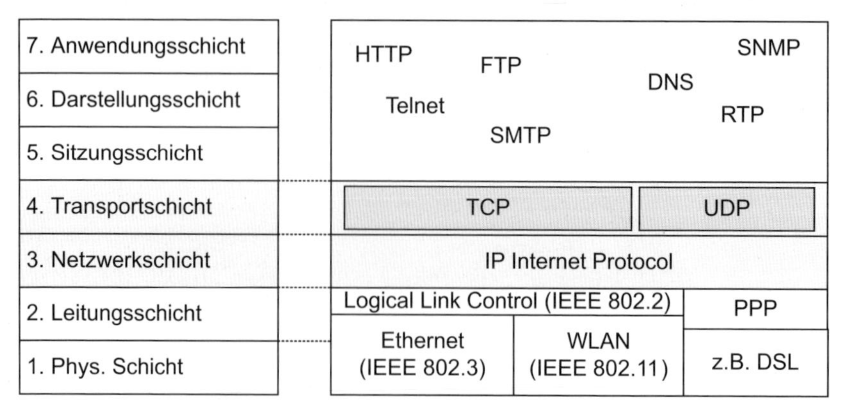

Abb. 7.12 Protokolle im Internet im Vergleich zum OSI-Schichtenmodell

können durch Fehler in Dienstprogrammen des Betriebssystems Einfalltore für Angreifer entstehen.

Das größte Sicherheitsproblem sind aber nach wie vor die Benutzer selbst. Zu einfache Passwörter wie „QWERTZUI“ oder „12345678“, offenes Speichern vertraulicher Daten, unverschlüsseltes Versenden schutzwürdiger Informationen (z. B. Kreditkartennummern), leichtsinniger Umgang mit E-Mails und nicht eingespielte Updates, die kritische Softwarefehler beheben etc. sind die häufigsten Fehler. Hier muss erst ein entsprechendes Sicherheitsbewusstsein geweckt werden.

7.4.2 IP: Internet Protocol

Das *Internet Protocol* IP ist das grundlegende Protokoll des Internet. Es liegt derzeit in zwei Versionen vor, IPv4 soll in Zukunft durch IPv6 abgelöst werden. Bei IP handelt es sich um ein verbindungsloses und zustandsloses Protokoll. IP sorgt durch Auswertung der IP-Adressen für die Auswahl eines Verbindungswegs (Routing) im Netz, doch dann steht jeder Kommunikationsvorgang für sich alleine, also ohne Bezug auf vorhergehende oder nachfolgende Aktionen. Eine logische Verbindung oder eine Kommunikationssitzung zwischen Sender und Empfänger besteht nicht, darüber liegende Protokolle wie TCP ergänzen dies. Technisch wird das Routing über *Router* (auch *Gateways*) und *Bridges* realisiert. Die Daten werden dabei in Pakete, die IP-Datagramme, zerlegt und unabhängig voneinander versendet. Zwei aufeinander folgende Pakete können auf verschiedenen Routen durch das Netzwerk laufen. Jeder Router über den ein Paket vermittelt wird, entscheidet nach internen Regeln und Parametern (wie der Erreichbarkeit der Nachbar-Router) für jedes Paket neu, an welchen Nachbar-Router dieses weitervermittelt wird. So wandert jedes Paket von Router zu Router durch das Netz. Auf dem Weg können Pakete unbemerkt verloren gehen und durch die unterschiedlichen Routen kann ein Paket ein anderes überholen. Insgesamt arbeitet IP nach der Best-Effort-Strategie: Es wird versucht, so gut und so schnell wie möglich die Pakete zuzustellen, Garantien über die Dienstqualität gibt es aber nicht.

IP entspricht in etwa der dritten OSI-Schicht (siehe Kap. 7.1). Die Internetprotokolle, das sind neben IP mindestens noch TCP und UDP, werden in Abb. 7.12 den OSI-Schichten gegenüber gestellt.

IPv4

IPv4-Adressen sind die derzeit bekannten und verwendeten Internetadressen. Sie sind 4 Byte, also 32 Bit lang. In dezimaler Schreibweise werden IPv4-Adressen als vier, durch Punkte getrennte Zahlen von 0 bis 255 dargestellt, z. B. 161.64.105.48. Details dazu finden sich im RFC 791.

Eine IP-Adresse besteht aus zwei wesentlichen Teilen: Der Adresse des Netzwerks (Subnet) und der Adresse des eigentlichen Hosts, der sich in dem genannten Netzwerk befindet. Der Firma IBM gehört beispielsweise das gesamte Subnetz mit 9.0.0.0[4] oder XEROX verwendet das Subnetz 13.0.0.0. Theoretisch könnten beide Firmen bis zu 16,7 Millionen ($= 256 \cdot 256 \cdot 256$) verschiedene IP-Adressen innerhalb des Unternehmens vergeben, die aus dem Internet direkt angesprochen werden können.

In Abb.7.13 sind verschiedene Adressklassen des IPv4 Protokolls dargestellt. Es werden dabei die Klassen A bis D unterschieden. Inzwischen haben diese Klassen die Bedeutung verloren und wurden 1993 über CIDR ersetzt (Classless Inter-Domain Routing, RFC 1518 und 1519). Zum besseren Verständnis von CIDR werden zunächst die Adressklassen dargestellt:

Klasse-A: In der Klasse-A ist das erste Bit der 32-Bit IP-Adresse eine 0. Die Adresse des Netzwerks hat 7 Bit, damit können also 127 Netzwerke erreicht werden, mit den Adressen 1.0.0.0 bis 127.255.255.255. Ein Beispiel für ein solches Netzwerk ist das Subnetz 9.0.0.0 der Firma IBM. Die anderen Klasse-A-Adressen sind natürlich auch vergeben. Die Adresse 127.0.0.0 ist eine sogenannte *Loopback-Adresse* mit der innerhalb desselben Hosts gearbeitet werden kann, 127.0.0.1 ist der sog. *Localhost*. Damit sind Netzwerkverbindungen innerhalb eines Rechners möglich.

Klasse-B: Für die Adresse des Subnetzes stehen 14 Bit zur Verfügung, damit können also $2^{14} =$ 16.384 Subnetze adressiert werden. Diese haben die Adressen 128.0.0.0 bis 191.255.255.255. Klasse-B Adressen sind fast vollständig an Internetprovider und große Unternehmen vergeben.

Klasse-C: Etwa 2 Millionen ($2^{21} = 2.097.152$) Subnetze können mit den Adressen der Klasse-C erreicht werden. Auch diese Adressen sind weitgehend belegt. Dabei haben Unternehmen oft mehr als nur ein Klasse-C Subnetz. Denn in einem solchen Subnetz können sich nur $2^8 = 256$ verschiedene Hosts befinden. Hier befinden sich die IP-Adressen 192.0.0.0 bis 223.255.255.255.

Klasse-D ist ein spezieller Bereich für Multicast-Adressen (erste drei Bit der Adresse sind 1, dann 0). Häufig wird noch eine Klasse-E erwähnt (erste vier Bit der Adresse sind 1), diese ist für spätere Verwendungen reserviert.

Bei der Betrachtung Ihres eigenen lokalen Netzes fällt auf, dass dort eventuell IP-Adressen im Bereich von 192.168.0.0 bis 192.168.255.0 verwendet werden. Diese 256 Klasse-C-Subnetze sind für die Nutzung in privaten Netzwerken freigegeben, die nicht (direkt) mit dem Internet verbunden sind, sondern beispielsweise über einen DSL-Router. Das gleiche gilt für das Klasse-A-Subnetz 10.0.0.0 und die 16 Klasse-B-Subnetze 172.16.0.0 sowie 172.31.0.0.

Das Leibniz Rechenzentrum in Garching bei München besitzt das Subnetz 129.187.0.0/16. Was bedeutet dabei die 16? Die oben dargestellten Adressklassen wurden bereits 1993 zugunsten des CIDR-Verfahrens aufgegeben. CIDR legt flexibel fest mit wie viel Bit das Subnetz adressiert wird.

[4]vgl. `http://www.iana.org/assignments/ipv4-address-space/ipv4-address-space.xhtml`

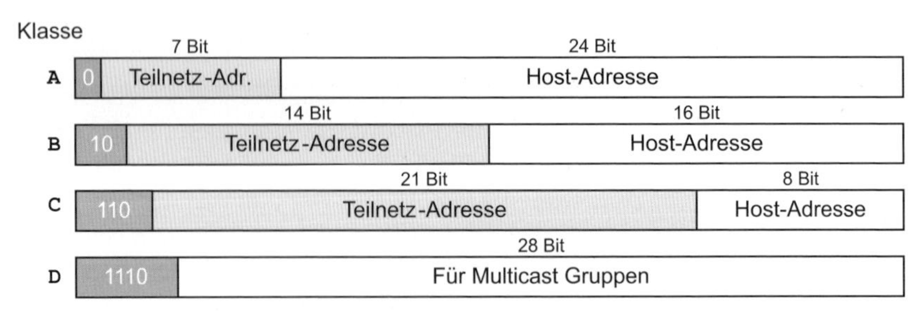

Abb. 7.13 Aufbau von IP-Adressen

Die Angabe nach dem Schrägstrich zeigt genau diese Zahl von Bits an, im Beispiel also 16 Bit (2 Bit + 14 Bit), das entspricht den früheren Klasse-B-Adressen. Ein /8 entspricht den Klasse-A-Adressen und /24 den Klasse-C-Adressen. Mit /27 hätte das Subnetz eine Adresse mit 27 Bit, darin könnte es nur noch 32 Hosts geben ($= 2^{32-27} = 2^5$).

Die Subnetzmaske maskiert durch eine bitweise Und-Verknüpfung die Adresse des jeweiligen Subnetzes aus einer IP-Adresse. Die Subnetzmaske im obigen Beispiel wäre demnach 255.255.0.0 und würde die ersten 16 Bit einer IP-Adresse maskieren, die letzten 16 Bit sind bei dieser Maske immer 0. Dies ist die kleinste in dem angegebenen Subnetz verfügbare Adresse. Die Subnetzmaske 255.255.255.192 entspricht beispielsweise einer Subnetzadresse mit 27 Bit.

Bei IP-Adressen innerhalb eines Subnetzes gibt es zwei besondere Adressen: Die kleinste mögliche Adresse identifiziert das Netzwerk aber keinen speziellen Host. Das Netzwerk vom Leibniz Rechenzentrum wird also durch 129.187.0.0 identifiziert. Die höchste mögliche Adresse ist die sog. Broadcast-Adresse. Werden Pakete an diese Adresse geschickt, werden sie an alle Hosts dieses Subnetzes weitergeleitet. In unserem Beispiel ist 129.187.255.255 die Broadcast-Adresse.

IPv6

Die Zahl der Hosts im Internet mit einer IP-Adresse ist in den vergangenen Jahren derart gestiegen, dass die 32 Bit IPv4 Adressen langsam ausgehen. IPv6 erweitert daher die IP-Adressen auf 128 Bit. Damit sind anstelle der 2^{32} nun $2^{128} \approx 3.4 \cdot 10^{38}$ Computer im Internet adressierbar. Bislang ist jedoch der flächendeckende Umstieg auf IPv6 noch nicht erfolgt. IPv6 Adressen werden üblicherweise hexadezimal angegeben, dabei werden 8 Blöcke zu je 16 Bit gebildet, also Blöcke mit jeweils vier hexadezimalen Ziffern. Die Blöcke werden über einen Doppelpunkt getrennt, beispielsweise:

```
ABCD:EF01:2345:6789:ABCD:EF01:2345:6789
```

oder

```
2001:DB8:::8:800:200C:417A
```

Führende Nullen dürfen weggelassen werden (vgl. RFC 4291). Das kann dazu führen, dass ein Block, der nur aus Nullen besteht, vollständig entfällt. Im zweiten Beispiel konnten zwei 0000-Blöcke in der Mitte weggelassen werden.

7.4.3 TCP: Transmission Control Protocol

Viele Internetdienste und -protokolle auf der Anwendungsebene nutzen das *TCP/IP-Protokoll*. Eigentlich handelt es sich bei TCP/IP um ein Protokollpaar, nämlich das *Transmission Control*

Protocol (TCP) und das *Internet Protocol* (IP). TCP und IP sind nicht durch ISO/OSI standardisierte Protokolle; die technische Spezifikation erfolgte vielmehr in verschiedenen RFCs. TCP/IP wird von praktisch allen Betriebssystemen unterstützt. Details sind in den RFCs 791,793 und 1122 festgelegt.

TCP impliziert Client-Server

TCP ist ein verbindungsorientiertes Transportprotokoll mit Vollduplexbetrieb (siehe auch Kap. 7.2). Zwischen Client und Server wird eine logische Verbindung über TCP aufgebaut. Bei TCP haben die Kommunikationspartner im Gegensatz zum weiter unten dargestellten UDP zwei verschiedene Rollen: Der Server (-Prozess) wird durch seine IP-Adresse und einen Port identifiziert. Der Server wird permanent ausgeführt und wartet darauf, dass sich ein Client mit ihm verbinden will. Er reagiert dann auf den Verbindungswunsch eines Clients. Der Server kann mit mehreren Clients verbunden sein. Zum Verbindungsaufbau tauschen Client und Server entsprechende Datenpakete aus. Der Client beginnt mit der Kommunikation, er baut die Verbindung zum Server auf. Danach können sich beide gegenseitig Datenpakete über die etablierte Verbindung senden. Daher sprechen wir ab jetzt wieder von Sender und Empfänger, wobei sowohl Client wie auch Server jeweils beide Rollen einnehmen können.

Datenpakete gehen nicht verloren

TCP stellt bei der Kommunikation sicher, dass die Datenpakete ankommen, und wenn dies nicht möglich ist, dass der Verlust eines Datenpaketes bemerkt wird. Hierzu sendet der Empfänger ein Acknowledge-Datenpaket zurück an den Sender, wenn er ein Datenpaket erhalten hat. Der Sender wartet bei jedem Paket auf das entsprechende Acknowledge. Bleibt dieses nach einer definierten Wartezeit aus, ist das Datenpaket oder Acknowledge verloren gegangen. Der Sender wiederholt die Übermittlung des Datenpaketes daraufhin. Die Datenpakete sind nummeriert, so dass festgestellt werden kann, ob sich während der Übermittlung Datenpakete wegen unterschiedlicher Routen im Netz überholt haben.

Feste Antwortzeiten können nicht garantiert werden, so dass TCP ohne Ergänzungen nicht für Echtzeitanwendungen geeignet ist. TCP entspricht in etwa der vierten OSI-Schicht (siehe Kap. 7.1, vgl. Abb. 7.12). Protokolle und Anwendungen wie FTP, Telnet oder HTTP setzen darauf auf.

7.4.4 UDP: User Datagram Protocol

Das *User Datagram Protocol* ist ein verbindungsloses Protokoll, das genau wie IP nach der Best-Effort-Strategie arbeitet. UDP garantiert weder, dass verlorengegangene Pakete erkannt werden noch dass die versendeten Pakete in der richtigen Reihenfolge ankommen. Viele Video- und Sprachdienste verwenden UDP wegen des geringeren Overheads für das Protokoll im Vergleich zu TCP. Bei Video- oder Audio-Daten können ruhig einzelne Datenpakete verloren gehen, ohne dass ein Benutzer dies wahrnimmt.

Die Kommunikation ist unkompliziert: Ein Sender schickt ein Datenpaket (UDP-Datagramm) an einen Empfänger los, ohne vorher eine Verbindung zu diesem etabliert zu haben. Im Gegensatz zu TCP ist daher eine Unterscheidung der Kommunikationspartner nach Server und Client nicht notwendig.

TCP und UDP Ports

Die IP-Adresse identifiziert in der Regel einen Rechner im Internet. Auf diesem Rechner laufen verschiedene Programme in eigenen Prozessen. Bestimmte Programme bieten Dienste an, die von anderen Rechnern aus benutzt werden können sollen. Beispiele für solche Dienste sind ein Webserver oder ein ssh / ftp / telnet-Dienst. Damit muss ein Programm von außen in der Lage sein, einen bestimmten Prozess oder Dienst auf einem Empfänger-Rechner zu adressieren. Hierzu werden bei TCP und UDP Ports verwendet. Ein Prozess bzw. Dienst wird damit über die IP-Adresse und den Port angesprochen. Ein Port ist durch eine Nummer zwischen 1 und 65.535 gekennzeichnet, die Ports werden durch das Betriebssystem verwaltet. Prozesse können daran gebunden werden.

Für bestimmte Dienste wurden Ports fest definiert, ein solcher Dienst auf einem Rechner sollte an genau diesen Port gebunden sein. Ein Webserver läuft beispielsweise auf Port 80, `telnet` auf Port 23 oder die `ssh` auf Port 22.

7.5 Anwendungsschicht: Von DNS bis HTTP und URIs

7.5.1 DNS: Domain Name System

Numerische IP-Adressen, besonders bei IPv6, sind nicht leicht zu merken und ihre Struktur lässt keine direkten Rückschlüsse auf Ort und Art der Adresse zu. Daher wurde das *Domain Name System* (DNS) eingeführt, das weltweit jeder IP-Adresse einen eindeutigen Namen zuweist. Das gesamte Netz ist dabei in Teilnetze gegliedert. Die oberste Ebene, die Top-Level Domain (TLD) bestimmt die Endung der Adresse. Diese ist in der Regel ein Ländercode, wie beispielsweise `.de` für Deutschland, `.nl` für die Niederlande und `.it` für Italien. Im Ursprungsland des Internet, den USA, entstanden neben dem wenig verwendeten Ländercode `.us` sechs weitere TLDs. Die TLDs `.com` und `.net` werden auch außerhalb der USA genutzt:

`.gov` für US-Behörden	`.mil` für militärische Organisationen
`.net` für Netzbetrieber	`.org` für Organisationen
`.edu` für Education. z. B. US-Universitäten	`.com` für kommerzielle Nutzer

Als nächste Hierarchiestufe stehen dann Haupt-Domänen, die in der Regel der Name des Providers sind sowie ggf. Sub-Domänen. Alle Namenskomponenten werden durch Punkte voneinander getrennt. Ein DNS-Name könnte also lauten: `firma.provider.de`

Alternativ können sich Firmen und Privatpersonen eigene Domänen bei der ICANN (siehe oben) bzw. für `.de`-Domänen bei der DENIC registrieren lassen, sofern diese noch nicht belegt sind. Beliebt sind unter anderem Domänen, die den Familiennamen des Domänenbesitzers widerspiegeln, also `mein-familienname.de`. Jede Firma möchte natürlich ihren Namen als Domäne für sich reservieren, also `firma.de`, oder ein bestimmtes Thema für sich in Form der Domäne belegen, z. B. `software-architektur.de` für das Thema Software-Architektur.

Domänennamen sind knapp und Firmen und Privatpersonen weichen aus: So könnte sich ein Rosenheimer Unternehmen, z. B. in Rumänien (Ländercode `.ro`) eine Domäne `firma.ro` reservieren. Beliebt sind auch Domänen in Tonga (Ländercode `.to`) oder in Tuvalu (Ländercode `.tv`). Im Laufe der Zeit wurden auch TLDs für Themenfelder definiert, wie `.name` für Privatpersonen oder `.museum` für Museen.

Vor der Verbindungsaufnahme muss der DNS-Name in eine IP-Adresse umgewandelt werden. Dazu fordert der Client vor der eigentlichen Herstellung der Verbindung zu dem gewünschten Server bei einem Name-Server (DNS-Server) die zu dem DNS-Namen gehörige IP-Adresse an. Dies läuft in der Regel vom Benutzer verborgen im Anwenderprogramm ab.

7.5.2 E-Mail

Über E Mail (*elektronische Post*) werden Nachrichten zwischen Internetnutzern und anderen Teilnehmern von Online-Diensten übertragen. Die Anfänge gehen auf schon vor 1980 in den USA entstandene Entwicklungen zurück. Technische Details und Standards sind in den durch die Internet Engineering Task Force (IETF) herausgegebenen RFC-Dokumenten festgelegt; für E-Mail ist dies RFC-822.

Die Vorteile von E-Mails gegenüber der konventionellen Post sind vor allem die hohe Übertragungsgeschwindigkeit und der geringe Preis, der oft in den Tarifen für den Internetanschluss ohnehin pauschaliert enthalten ist. Nützlich ist darüber hinaus, dass beliebige Dokumente (beispielsweise Grafiken, Bilder, Audiodateien, Programme etc.) an den E-Mail Text angehängt und mit übertragen werden können. Problematisch ist allerdings, dass so auch die Verbreitung von Computerviren und Spam immer weiter zunimmt.

Die von Providern an Firmen vergebenen E-Mail Adressen werden durch Voransetzen des Adress-Zeichens @ aus deren DNS-Namen abgeleitet, in den Beispielen nehmen wir den Provider mit dem Namen „Provider" an. Die einfachste Variante lautet damit: `firma@provider.de`. Wird pro Firma mehr als eine Adresse vergeben, so lauten diese: `name.firma@provider.de`

Wenn man über eine eigene Domain-Adresse verfügt, so taucht der Name des Providers nicht mehr auf, eine E-Mail Adresse hat dann beispielsweise die Form:

```
vorname.nachname@firma.de
```

Eingehende E-Mails werden zunächst auf einem E-Mailserver des Providers bzw. der Firma gespeichert. Der lesende Zugriff von einem (mobilen) Computer erfolgt dann über die Protokolle POP3 (Post Office Protocol) oder IMAP (Internet Message Access Protocol). Bei POP3 werden die E-Mails direkt vom Server auf den eigenen Rechner geladen und am Server entweder sofort oder nach einer wählbaren Zeitspanne gelöscht. Wird mit verschiedenen POP3 über verschiedene Geräte hinweg gearbeitet (z. B. Smartphone und Laptop), ist es unpraktisch, jede Mail ggf. auf jedem Gerät gesondert zu bearbeiten. Die Verwaltung der Mails geschieht am Client.

Bei IMAP bleiben die E-Mails auf dem Server des Providers und werden erst bei Bedarf auf den eigenen Rechner transferiert. Die Verwaltung der E-Mails geschieht jedoch am Mailserver. Wird mit dem Smartphone eine E-Mail bearbeitet (beispielsweise in ein Unterverzeichnis abgelegt), ist dies auch auf einem anderen Gerät sichtbar.

Für das Senden von E-Mails und den Austausch von E-Mails bei direktem TCP/IP Zugang dient das Simple Mail Transfer Protocol (SMTP). Zunächst waren E-Mails auf ASCII-Texte beschränkt. Durch den auf SMTP aufsetzenden MIME-Standard (Multipurpose Internet Mail Extension) wurden aber wesentliche Verbesserungen eingeführt. Im Wesentlichen werden in MIME-Feldern Details zu den Komponenten der E-Mail festgelegt. MIME-Dokumente bestehen aus einem Header mit Informationen über den Inhalt des Dokuments sowie dem Body, der die eigentliche Nachricht enthält. Die Einträge im Header-Feld Content-Type enthalten Informationen über den Aufbau des Dokuments, nämlich die Anzahl der Komponenten und deren Typen, also beispielsweise Text (unterstützt werden verschiedene Formate, z. B. rtf, html und xml), GIF- und JPEG-Bilder, MPEG-Video sowie die nicht mehr nur auf ASCII beschränkte Art der Zeichensätze. Im Feld Content-Transfer-Encoding werden Details zu Codierung auf Bitebene festgelegt.

Durch die Erweiterung Secure MIME (SMIME) kann auch eine Verschlüsselung der Daten mit einbezogen werden. Im Internet hat sich dafür das von Netscape eingeführte Verfahren SSL (Secure Socket Layer) als eine zwischen der Anwenderebene und TCP/IP angesiedelte Sicherheitsschicht etabliert. Auch für HTTP wurde mit dem Protokoll HTTPs dieser Sicherheitsmechanismus eingeführt. Zum Einsatz kommen dabei DES, der Diffie-Hellman-Schlüsselaustausch und damit verwandte Verfahren (siehe Kap. 4.2.1 und 4.3.1).

7.5.3 IRC: Internet Relay Chat

Das `irc` ermöglicht eine Online-Diskussion zwischen Internetbenutzern in Echtzeit. Jeder Teilnehmer benötigt ein irc-Client-Programm, die Steuerung der Kommunikation erfolgt über einen irc-Server. Die Diskussionsgruppen sind in Kanälen organisiert, wobei jeder Teilnehmer sich an bestehenden Kanälen (Channels) beteiligen oder neue eröffnen kann. Alle Teilnehmer eines Kanals sehen die Tastatureingaben der anderen Teilnehmer sofort auf ihrem Bildschirm. Dieser Dienst wird vielfach auch in spielerischen Anwendungen verwendet.

7.5.4 FTP: File Transfer Protocol

Der ftp-Dienst ist eine Art Datenbörse im Internet. Ftp übermittelt die Daten leider unverschlüsselt. Der Aufruf erfolgt durch `ftp hostname`, wobei `hostname` auch eine IP-Adresse sein kann. Möchte man eine ftp-Verbindung aufbauen, so benötigt man ein ftp-Client-Programm, über welches man mit einem ftp-Server Kontakt aufnehmen kann. Auf diesem muss dazu ein kleines Server-Programm als eigener Prozess laufen, der ftp-Dämon. Die Kommunikation wird über das reservierte Port 20 abgewickelt, technische Details sind in RFC 765 und RFC 1123 festgelegt. Ist die Verbindung etabliert, so können nach Eingabe von Benutzername und Passwort die dafür freigegebenen Verzeichnisse des Servers etwa auf dieselbe Art und Weise nach Dateien durchsucht werden wie die Verzeichnisse des eigenen Rechners. Dies können beispielsweise Texte, Bilder, Programm-Updates und Treiber sein, die dann über das Netz in den eigenen Rechner transferiert werden können (Download). Wenn Schreibrechte bestehen, können auch Dateien zum ftp-Server übertragen werden (Upload). Auf diese Weise werden üblicherweise die Dateien eigener Webseiten auf den dafür vorgesehenen Server des Providers übertragen. Mit `ftp` können Daten als Texte oder binär übertragen werden; außer im Falle der Übertragung von ASCII-Texten ist die binäre Codierung vorzuziehen. Eine Verschlüsselung erfolgt dabei durch `ftp` nicht.

Die wichtigsten ftp-Kommandos lauten: Anzeigen der Verzeichnisse: `dir;` Wechseln auf das Verzeichnis `path` beim Server: `cd path;` Wechseln auf das Verzeichnis `path` beim Client (local): `cd path;` Download einer Datei `name`: `get name;` Upload einer Datei `name`: `put name;` Beenden der Sitzung: `quit`.

7.5.5 SSH: secure shell und TELNET: teletype network

Bei `telnet` handelt es sich um ein System zur interaktiven Fernsteuerung von Rechnern oder Geräten über ein TCP/IP-fähiges Rechnernetz, also auch das Internet. Der Aufruf erfolgt durch `telnet hostname`. Die Kommunikation erfolgt über das Port 23, technische Details sind in RFC 854 und RFC 1123 festgelegt. Unabhängig von der Entfernung hat man damit nahezu dieselben Möglichkeiten, mit dem angewählten Rechner zu arbeiten wie mit einem lokalen Terminal, insbesondere können auch Programme gestartet werden. Für die Arbeit mit `telnet` benötigt der Client ein

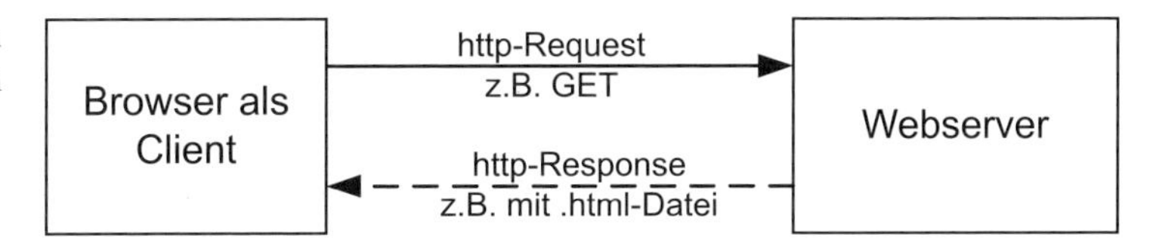

Abb. 7.14 Kommunikation eines Browsers mit einem Webserver über HTTP

telnet-Client-Programm und auf Seiten des Servers muss ein telnet-Dämon laufen. Bei der Einwahl muss durch Eingabe von Benutzername und Passwort eine Authentifizierung erfolgen. Durch das Kommando `quit` kann eine Sitzung beendet werden, mit `close` wird die Verbindung getrennt, `status` liefert Informationen über den Zustand und `?` zeigt Hilfetexte an. Ältere telnet-Programme arbeiten nur als ASCII-Terminals. Sowohl `ftp` als auch `telnet` werden durch Unix unterstützt; vgl. dazu Kap. 8.4.2.

Internetverbindungen können leicht abgehört werden, z. B. mit Werkzeugen wie Wireshark (`http://www.wireshark.org`). Ebenso wie das ftp-Protokoll schließt auch das telnet-Protokoll keine Verschlüsselung mit ein, sollte also nur noch in Sonderfällen verwendet werden. Stattdessen wird `ssh` eingesetzt. Auch mit `ssh` ist es möglich auf einem entfernten Computer (Host) mit einer Shell zu arbeiten. Die Kommunikation ist allerdings verschlüsselt, die aktuelle Version verwendet AES (vgl. Kap. 4.2.2) mit einer Schlüssellänge von 128 Bit. Zusätzlich muss sich der Server beim ssh-Client identifizieren, z. B. über ein RSA-Zertifikat (vgl. Kap. 4.3.2). ssh arbeitet standardmäßig auf Port 23.

7.5.6 HTTP: Hypertext Transfer Protocol

Das Basisprotokoll des WWW (World Wide Web) ist HTTP (Hypertext Transfer Protocol), aktuell wird die Version HTTP 1.1 (RFC 2616) verwendet. HTTP wurde ab 1989 von T. Berners-Lee, R. Fielding und anderen am europäischen Forschungszentrum CERN in Genf (Schweiz) entwickelt.

Mithilfe von HTTP kann ein Browser mit einem Webserver kommunizieren. Der Browser (oder ein anderes Programm) sendet einen HTTP-Request und der Webserver (oder ein anderes Programm, das HTTP implementiert) antwortet mit einem HTTP-Response; zum Ablauf siehe auch Abb. 7.14.

Es gibt dabei zunächst zwei wichtige Anwendungsfälle: Der Browser fordert vom Webserver eine Ressource an, z. B. eine Datei `index.html`. Als Antwort auf den Request schickt der Webserver diese Ressource zusammen mit Verwaltungsinformationen zurück. Wenn im Browser ein Formular ausgefüllt wurde, ist der zweite Anwendungsfall, dass diese Formulardaten oder größere Datenmengen (Ressourcen) an den Webserver übertragen werden. In der Regel sind die angeforderten Ressourcen Dateien, die HTML-Texte `.html` / `.htm` und andere Informationen zur Darstellung einer Webseite bzw. eines Webclients enthalten, etwa Cascading Style Sheets `.css` oder JavaScript-Programme `.js`. Dies wird ausführlich im Kap. 16 besprochen.

Für das Anfordern von Ressourcen stellt HTTP den `GET`-Request bereit, für das Übermitteln von Daten an den Server gibt es den `POST`-Request. Für bestimmte Anwendungen können auch weitere Request-Typen verwendet werden, etwa der `DELETE`-Request um eine Ressource vom Webserver zu löschen oder der `PUT`-Request um am Webserver vorhandene Ressourcen zu ändern.

Ein HTTP-Request kann auch ohne einen Browser mithilfe einer einfachen Zeichenfolge erstellt und beispielsweise per `telnet`-Client auf Port 80 an den Webserver abgesetzt werden (`telnet www.fh-rosenheim.de 80`):

```
GET /index.php HTTP/1.1
Host: www.fh-rosenheim.de
```

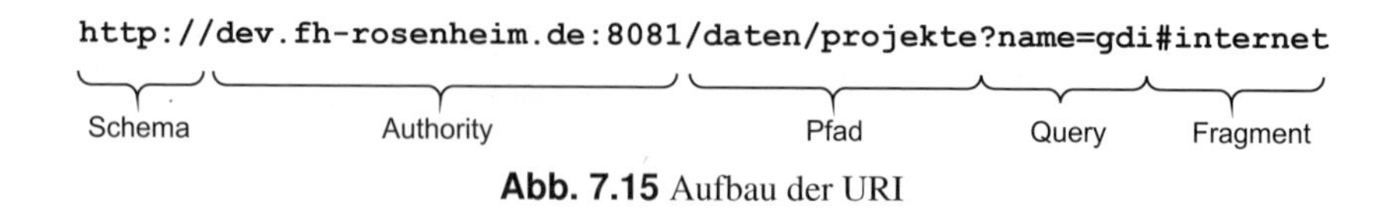

Abb. 7.15 Aufbau der URI

Auf diesen GET-Request Antwortet der Server mit Informationen zum Request selbst, dem sog. HTTP-Header. Hat der Webserver die angeforderte Ressource gefunden, antwortet er im Header beispielsweise mit dem Status-Code 200 (OK). Findet er die Ressource nicht, antwortet er mit dem Status-Code 404 (Not Found). Der Status-Code gibt Informationen über die Verarbeitung des Requests am Webserver. Der Header enthält auch Informationen zur Größe der Ressource (Content-Length) und ihrem Inhalt (Content-Type). Im unten stehenden Beispiel ist der Inhalt ein HTML-Text, der mit dem UTF-8 Zeichensatz gespeichert wurde. Auf den Header folgt dann die eigentliche Ressource als Body.

```
HTTP/1.1 200 OK
Date: Sun, 09 Nov 2014 12:38:49 GMT
Server: Apache
... ein paar Zeilen ausgelassen
Content-Length: 25995
Content-Type: text/html; charset=utf-8
... hier kommt der Body mit der angeforderten Ressource
```

Zu erwähnen ist ferner die um kryptographische Komponenten erweiterte HTTP-Version `HTTPS`. Damit können auch mittels SSL (Secure Socket Layer) verschlüsselte Ressourcen verwendet werden. Zur Verschlüsselung werden DES, RSA und ähnliche Verfahren eingesetzt.

7.5.7 URI: Uniform Resource Identifier

Jede Ressource ist eindeutig im Internet referenzierbar durch ihren eigenen URI (Uniform Resource Identifier) bzw. ihren URL (Uniform Resource Locator). Der URL ist die bekannteste Form des URI, daneben gibt es noch den URN (Uniform Resource Name) als zweite From des URI. Beispiel für einen URL ist etwa die Adresse Hochschule Rosenheim: `http://www.fh-rosenheim.de`.

Die URI ist durch ihre allgemeine Struktur universell für viele Internetdienste einsetzbar, nicht nur für das HTTP-basierte WWW: Eine URI kann folgenden Aufbau haben, dieses wird in Abb. 7.15 verdeutlicht:

```
URI = Schema ':' Hierarchischer-Teil ['?' query] ['#' fragment]
```

Mit dem Schema wird häufig das Protokoll bzw. der Dienst angegeben, welcher für die Kommunikation genutzt werden soll. Üblich sind neben `http` auch `ftp` für den Zugriff über das ftp-Protokoll, `file` für Dateien oder `mailto` für E-Mail-Dienste.

Der hierarchische Teil kann sich aus dem Teil `Authority` und einem optionalen Pfad zusammensetzen. Die Authority kann ein einfacher DNS-Name sein, z. B. `www.fh-rosenheim.de`. Davor kann sich noch eine Information zum Benutzer befinden, diese ist mit `@` vom DNS-Namen getrennt, z. B. `gerd.beneken@dev.fh-rosenheim.de`. Eine Port-Nummer kann am Ende der Authority durch „:" getrennt angegeben werden, z. B. `www.fh-rosenheim.de:80`. Der Pfad beschreibt, wie die Ressource innerhalb der Authority gefunden werden kann, z. B. `/die-hochschule/fakultaeten-institute/fakultaet-fuer-informatik/`.

Mithilfe der Query können Parameter an den Webserver übergeben werden. Diese werden als Name-Wert Paare angegeben und durch `&` voneinander getrennt, z. B. die zwei Parameter `user` und `role` in `?user=Beneken&role=Professor`. Über Fragment kann eine Stelle innerhalb einer Ressource referenziert werden, z. B. ein Abschnitt in einem HTML-Dokument.

Übungsaufgaben zu Kapitel 7

A 7.1 (L1) Machen Sie sich mit Ihrem Laptop/PC oder Smartphone vertraut:

- Welche Netzwerkschnittstellen hat Ihr eigener Laptop, Tablet-Computer bzw. Smartphone? Welche WLAN-Standards werden unterstützt? Welche Übertragungsraten können Sie damit erreichen? Wenn ein Gerät über eine Ethernet-Schnittstelle verfügt, um welches Ethernet handelt es sich genau? Welche Bluetooth-Version wird unterstützt und was genau bedeutet das?
- Finden Sie die MAC-Adresse ihres Laptops, Tablet-Computers, Smartphones in ihrem eigenen LAN oder WLAN heraus! Was genau ist eine MAC-Adresse? Rufen Sie beispielsweise unter Windows das Kommando `ipconfig /all` auf. Was genau sehen Sie dort noch?
- Finden Sie die IP-Adresse ihres Laptops/PCs/Smartphones in ihrem eigenen LAN oder WLAN heraus! Ist das eine IPv4 oder eine IPv6 Adresse? Unter Windows können Sie dazu beispielsweise das Kommando `netstat` in ihrer Konsole verwenden. Was genau ist die Ausgabe von `netstat`? Warum taucht dort die Adresse 127.0.0.1 so oft auf?
- Wie sind Sie mit dem Internet verbunden? Welchen Gateway verwenden Sie dazu und welche IP-Adresse hat dieser (`ipconfig /all`)?
- Auf welchen DNS-Server greifen Sie zu? Wozu brauchen Sie DNS?

A 7.2 (L1) Machen Sie sich mit dem Netzwerk in Ihrer Universität, Hochschule oder Firma vertraut:

- Welche IP-Adresse hat der Webserver Ihrer Universität, Hochschule oder Firma? Sie können das beispielsweise mithilfe des `ping`-Kommandos herausfinden.
- Untersuchen Sie, in welchem Subnetz sich Ihre Universität, Hochschule oder Firma befindet. Verwenden Sie dazu beispielsweise ihren Browser mit `http://whois.domaintools.com/`. Welche Subnetzmaske ist hier erforderlich? Wie viele Bit umfasst ihre Subnetzadresse?

A 7.3 (L1) Was genau macht das DHCP-Protokoll? Ermitteln Sie dessen Eigenschafen über eine Internetrecherche. Wo findet sich das ARP-Protokoll und wofür ist dieses zuständig?
A 7.4 (L2) Untersuchen Sie das HTTP-Protokoll: Was bedeuten die Status-Codes 200, 201, 204, 400, 404, 418 sowie 500? Machen Sie sich mit dem Kommando `curl` vertraut (eventuell müssen Sie dieses nachinstallieren). Was können Sie damit tun? Setzen Sie mindestens einen GET-Request und einen POST-Request ab. Wozu dienen die HTTP-Requests DELETE und PUT?

Literatur

[BSI09] Sichere Nutzung von WLAN (ISi-WLAN), BSI-Leitlinie zur Internet-Sicherheit (ISi-L), 2009.
[DEN] DENIC. www.denic.de.
[IAN] IANA IPv4 Address Space Registry. http://www.iana.org/assignments/ipv4-address-space/ipv4-address-space.xhtml.
[Int] International Network Information Center (InterNIC). www.internic.net.

[ISC] ISC Domain Survey. http://www.isc.org/services/survey/.

[MAC] MAC-Adressen, IEEE Standard. http://standards.ieee.org/develop/regauth/oui/public.html.

[Req] Requests for Comments (RFC). www.rfc-editor.org.

[Rig12] W. Riggert, M. Lutz und C. Märtin. *Rechnernetze: Grundlagen – Ethernet – Internet.* Hanser, 5. aktualisierte Aufl., 2012.

[RIP] RIPE Network Coordination Centre. www.ripe.net.

[Sau13] M. Sauter. *Grundkurs Mobile Kommunikationssysteme: UMTS, HSPA und LTE, GSM, GPRS, Wireless LAN und Bluetooth.* Springer-Vieweg, 5. Aufl., 2013.

[Tan12] A. Tanenbaum und D. Wetherall. *Computernetzwerke.* Pearson, 5. aktualisierte Aufl., 2012.

[Wel] Well Known Ports. http://www.iana.org/assignments/service-names-port-numbers/service-names-port-numbers.xhtml.

[Wir] Wireshark. www.wireshark.org.

[Zim10] W. Zimmermann und R. Schmidgall. *Bussysteme in der Fahrzeugtechnik: Protokolle, Standards und Softwarearchitektur.* Vieweg-Teubner, 4. Aufl., 2010.

Kapitel 8
Betriebssysteme

8.1 Überblick

Die Bedienung und Programmierung von Computern ist auf Maschinenebene unanschaulich und kompliziert. Insbesondere der Datenaustausch zwischen Speicher, Prozessor und Peripherie kann sich aufwendig gestalten. Letztlich müssen ja auch so profane und in keiner Weise problembezogene Details programmiert werden, wie etwa die Bewegung des Schreib-/Lesekopfes eines Festplatten-Laufwerks. Die Hauptaufgabe von Betriebssystemen (Operating Systems) ist die Verwaltung der Hardware-Betriebsmittel (CPU-Zeit, Hauptspeicher, Dateien, etc.) des Computers sowie die Entlastung des Benutzers durch Übernahme von Standard-Funktionen, beispielsweise zur Druckersteuerung, Datenspeicherung oder Tastaturabfrage. Als Vertiefung zu den vorgestellten Konzepten wird [Tan14, Sil13, Man12] empfohlen.

Vielfalt der Anwendungen

Die Verbreitung von Computern in unserem täglichen Leben ist sehr groß. In praktisch allen Geräten des täglichen Bedarfs finden sich Mikrocontroller bzw. vollständige Computer: In der Waschmaschine oder dem Espresso-Automaten ebenso wie im Auto, im Smartphone sowie den Servern der Internet-Cloud. Das Kap. 6 geht bereits darauf ein. Auf diesen Systemen befindet sich in der Regel ein wenigstens rudimentäres Betriebssystem. Seine Aufgaben sind so unterschiedlich wie der Einsatzzweck des Gerätes in denen es sich befindet. Folgende Beispiele sollen das verdeutlichen:

Eingebettete Systeme Ein eingebettetes System übernimmt häufig Mess-, Steuerungs- und Regelungsaufgaben. Der zur Verfügung stehende Computer (meist ein Mikrocontroller) verfügt oft über gerade eben genug Rechenleistung für das gegebene Problem. Ein einfaches eingebettetes System kommt mit einem sehr rudimentären Betriebssystem aus, beispielsweise als eingebundene Bibliothek (vgl. Kap. 14). Daher muss sich der Software-Ingenieur um Aufgaben wie die Betriebsmittelverwaltung weitgehend selbst kümmern.

Für Steuerungs- und Regelungsaufgaben muss ein eingebettetes System innerhalb enger zeitlicher Grenzen reagieren. Tut es das nicht, ist das ein Fehler, z. B. läuft ein Benzin-Motor nicht mehr gleichmäßig oder der Airbag-Controller löst nicht rechtzeitig aus. Die Fähigkeit, innerhalb definierter zeitlicher Grenzen auf Ereignisse von außen zu reagieren, wird auch als Echtzeitfähigkeit bezeichnet. Ein Betriebssystem für eingebettete Systeme unterstützt in der Regel Echtzeitfähigkeit.

Ein modernes Auto, Flugzeug oder Schiff enthält ebenso wie ein modernes Gebäude viele eingebettete Systeme (auch als Steuergeräte bezeichnet), die untereinander vernetzt sind. Hier ist ein Betriebssystem wichtig, um grundlegende Kommunikationsdienste bereitzustellen.

Typische Beispiele für Betriebssysteme in eingebetteten Systemen sind VxWorks, QNX oder Embedded Linux.

Smartphones und Tablet-Computer sind mobil und benötigen daher eine Batterie. Das Betriebssystem muss offenbar mit der verfügbaren Akkuleistung effizient umgehen, und z. B. das Display ausschalten, wenn der Benutzer eine Zeit lang keine Eingabe gemacht hat. In der Regel greift nur ein Nutzer gleichzeitig auf das Gerät zu. Dennoch will er verschiedene Aufgaben gleichzeitig erledigen lassen. Häufige Anwendungen liegen im Bereich Video-, Foto- und Audio-Darstellung sowie Telefonie und Geo-Dienste.

Smartphones und Tablet-Computer installieren ihre Anwendungssoftware nicht mehr mithilfe einer Produkt-DVD, sondern Anwendungen werden als *App* von beispielsweise Google-Play[1] oder dem Apple App Store[2] über das Internet geladen. Da Apps möglicherweise Schäden anrichten könnten, haben sie nur eingeschränkten Zugriff auf die Betriebsmittel des mobilen Geräts (Sandboxing).

Mit dem Aufkommen des iPhone von der Firma Apple im Jahr 1997 wurde ein Bedienkonzept populär: die Bedienung mit den Händen (Zoomen mit zwei Fingern, Wisch-Geste, ...). Weiterhin werden Daten aus Beschleunigungssensoren zur Lage des Geräts sowie den Geo-Koordinaten verwendet.

Typische Betriebssysteme für Smartphones und Tablet-Computer sind derzeit Android, iOS oder Windows 8.

Personal Computer (PC) Auf annähernd jedem Büro-Arbeitsplatz befindet sich ein PC mit dem ein Sachbearbeiter seine tägliche Arbeit erledigt. Diese Computer dienen als Clients für unten noch vorgestellte Server. Mit ihnen werden Briefe geschrieben oder Berechnungen in Tabellenkalkulationen durchgeführt. Das Betriebssystem Windows dominiert diesen Markt nach wie vor. An vielen Stellen wird inzwischen auch Linux verwendet.

Großrechner und Server-Cluster Auf Großrechnersystemen (auch Mainframes genannt) und Server-Clustern laufen die geschäftskritischen Anwendungen großer Unternehmen, wie Banken oder Versicherungen. Von einem solchen Betriebssystem wird sehr hohe Verfügbarkeit erwartet: Fällt der Großrechner einer Bank aus, können beispielsweise keine Überweisungen mehr getätigt werden. Viele Nutzer arbeiten gleichzeitig mit diesem Großrechner und verwenden dort wenige Programme; häufig sind das Software-Server und auf den PCs der Nutzer laufen die dazugehörigen (Web-)Clients. Das Betriebssystem muss sehr hohen Transaktionsdurchsatz unterstützen und möglichst effizient mit den verfügbaren Betriebsmitteln (Hauptspeicher, Threads) umgehen.

Da verschiedene (Server-)Programme unterschiedliche Betriebssysteme erfordern, muss der Großrechner und auch das Server-Cluster verschiedene Betriebssystem-Instanzen gleichzeitig betreiben können. Dies wird auch als Virtualisierung bezeichnet (siehe Abschnitt 8.6). Ein typisches Betriebssystem für Großrechner ist zOS (früher MVS oder OS 390). Betriebssysteme für große Server-Hardware (keine Mainframes) sind auch Linux und andere Unix-Derivate sowie Windows Server.

[1] `http://play.google.com`
[2] `http://itunes.apple.com`

8.1.1 Aufgaben

Das Spektrum angefangen bei einem Echtzeit-Betriebssystem beispielsweise in einem Steuergerät eines Autos bis hin zum Großrechner-Betriebssystem in einer Versicherung ist offenbar sehr groß. Dennoch gibt es Aufgaben, mit denen sich jedes Betriebssystem befassen muss:

Prozessverwaltung. In der Regel läuft auf einem modernen Betriebssystem mehr als ein Programm gleichzeitig. Ein laufendes Programm wird zusammen mit seinen Daten und seinem Zustand (Befehlszähler, Stapelzeiger, etc.) als Prozess bezeichnet. Ein Thread arbeitet innerhalb des Prozesses die Befehlsfolge des Programms ab. Ein Prozess kann mithilfe mehrerer Threads verschiedene Aufgaben (Befehlsfolgen) nebenläufig abarbeiten. Wenn auf derselben CPU mehrere Befehlsfolgen quasi gleichzeitig ausgeführt werden, spricht man von Multitasking und nebenläufiger Ausführung. Das Betriebssystem verteilt die vorhandene Rechenzeit auf einer CPU auf die Prozesse bzw. Threads, die Rechenzeit benötigen. Das Erstellen eines entsprechenden Ablaufplans wird als Scheduling bezeichnet.

Wenn mehrere Threads tatsächlich parallel, z. B. auf einer Mehrkern-CPU, ausgeführt werden, spricht man von Multiprocessing und paralleler Ausführung. Hier verteilt das Betriebssystem die Prozesse und deren Threads auf die vorhandenen Prozessoren (Kerne).

Speicherverwaltung. Jedem Prozess werden auf einem Rechner bestimme Bereiche des Hauptspeichers zugeordnet. Bei eingebetteten Systemen muss der benötigte Speicher häufig beim Start des Programms festgelegt sein (statisch allokiert) oder er kann bei größeren Systemen mithilfe des Betriebssystems dem Programm zur Laufzeit hinzugefügt werden (dynamisch allokiert).

Größere Systeme arbeiten in der Regel mit virtualisiertem Speicher: Jedem Prozess werden vom Betriebssystem (unterstützt durch die Hardware) Bereiche im Hauptspeicher zugeordnet. Die Speicheradressen in diesem Bereich sind jedoch nicht die physischen Adressen des realen Hauptspeichers, sondern virtuelle Adressen. Diese werden durch das Betriebssystem oder die Hardware erst in die physischen Adressen umgerechnet, wenn der Prozess auf diese zugreift. Das Betriebssystem sorgt dafür, dass verschiedene Prozesse sich nicht gegenseitig Speicherbereiche überschreiben und auch nicht auf die im Speicher befindlichen Betriebssystemteile zugreifen. Auch eine Auslagerung von gerade nicht benötigten Speicherbereichen auf einen Sekundärspeicher ist möglich. Das wird auch als Seitenwechsel (Paging) bezeichnet.

Ein-/Ausgabesteuerung (Geräte und Dateisystem). Ein Betriebssystem muss eine Vielzahl unterschiedlicher Peripheriegeräte ansteuern können, angefangen bei Tastatur und Maus bis hin zu einem Game-Controller. Um mit dieser Heterogenität umzugehen, wird eine allgemeine Schnittstelle z. B. für Drucker angeboten. Wird aber ein konkreter Drucker an das System angeschlossen, muss der entsprechende Treiber in das Betriebssystem geladen bzw. installiert werden. Der Treiber erledigt dann die tatsächliche Kommunikation mit dem Gerät.

An Geräten wie beispielsweise einer Maus oder der Tastatur können Ereignisse auftreten, z. B. das Drücken einer Taste oder das Bewegen der Maus. Damit das Betriebssystem das bemerkt, gibt es verschiedene Strategien. Interrupts (Unterbrechungen) sind eine Möglichkeit: Mithilfe der Hardware wird der laufende Prozess unterbrochen und weggesichert, dann wird eine Funktion des Betriebssystems aufgerufen, welche den Interrupt, also das externe Ereignis, behandelt. Danach wird der unterbrochene Prozess fortgesetzt.

Die Festplatte, Solid-State-Disks und andere Sekundärspeicher werden vom Betriebssystem verwaltet. Dort werden Daten in Form von Dateien abgelegt. Diese Daten müssen das Ausschalten des Rechners überleben. Die Dateiverwaltung ist eine der zentralen Aufgaben eines Betriebssystems.

Management des Stromverbrauchs. Mobile Systeme wie Smartphones oder Tablet-Computer haben in den letzten Jahren enorme Verbreitung gefunden. Da diese Geräte normalerweise über eine Batterie betrieben werden, ist es besonders wichtig, dass das Betriebssystem dafür sorgt, dass nicht unnötig Strom verbraucht wird, beispielsweise durch das Abschalten des Bildschirms oder durch Heruntertakten der CPU bzw. durch Ausschalten ganzer CPU-Kerne.

Sicherheit. Kein Prozess darf den Speicher eines anderen Prozesses lesen oder beschreiben, auch nicht den Speicher des Betriebssystems selbst. Wenn ein Prozess oder Gerätetreiber nicht mehr funktioniert (abstürzt), darf das Betriebssystem davon selbst nicht beeinflusst werden. Die meisten Systeme sind mit irgendeinem Netzwerk verbunden. Das Betriebssystem schützt sich gegen unbefugten Zugriff aus dieser Richtung: Jeder Benutzer muss sich authentisieren, beispielsweise über ein Passwort oder seinen Fingerabdruck. Jeder Benutzer darf nur die Daten sehen bzw. Programme ausführen, zu denen er die Berechtigung hat. Dies waren nur einige Aspekte des großen Themenfeldes Sicherheit.

8.1.2 Betriebsarten

Ein Computer kann in unterschiedlicher Art und Weise verwendet werden. Dies wird auch als *Betriebsart* bezeichnet. Ein Betriebssystem muss die verlangten Betriebsart(en) eines Computers realisieren.

Stapelverarbeitung und Dialogbetrieb

Die vorherrschende Betriebsart auf den ersten großen Computern der 1950er und 1960er Jahre war zunächst die Stapelverarbeitung (Batch Processing). Dabei wurde ein auszuführendes Programm zusammen mit Steueranweisungen als Job an das Betriebssystem übergeben. Anfänglich wurden die Jobs in Form von Lochkarten erstellt, so dass tatsächlich ein Stapel (engl. Batch) Lochkarten von dem Betriebssystem verarbeitet wurde. Interaktive Eingriffe waren dabei nicht möglich, alle Eingabedaten mussten in Dateien vorab bereitgestellt werden. Ergebnisse standen erst nach der vollständigen Abarbeitung des gesamten Jobs zur Verfügung, das galt übrigens auch für Programmierfehler. Auch heute noch werden Batch-Programme geschrieben, diese erledigen Aufgaben, die keine Interaktion mit dem Benutzer erfordern, z. B. die Erstellung und der Druck der Rechnungen bei einem Telekommunikations-Unternehmen am Monatsende.

Im Unterschied zur Stapelverarbeitung werden im Dialogbetrieb (Interactive Processing) Programme interaktiv in einem Dialog durch den Benutzer gestartet. Auch während der Verarbeitung sind Eingaben von Daten und Steuerkommandos sowie Ausgaben von Zwischenergebnissen möglich. Der Benutzer interagiert über eine textuelle oder grafische Oberfläche mit den Programmen und dem Betriebssystem.

Mehrnutzer- und Mehrprogramm-Betrieb

Eine wesentliche Einschränkung der ersten Betriebssysteme war, dass nur ein einziger Anwender genau ein Programm starten konnte. Als Weiterentwicklung beherrschten Betriebssysteme den

Mehrnutzer-Betrieb (Multi-User), bei denen mehrere Benutzer gleichzeitig mit demselben Rechner arbeiten können, und Mehrprogramm-Betrieb (Multiprogramming oder Multitasking), bei denen mehrere Programme eines Benutzers gleichzeitig ausgeführt werden können. Oft sind beide Eigenschaften kombiniert, so dass mehrere Benutzer mehrere Programme ausführen können. Als erstes Mehrnutzer-Betriebssystem wurde bei IBM bereits Mitte der 1960er Jahre OS/360 eingeführt.

Teilnehmer- und Teilhaber-Betrieb

Bei Mehrnutzer-Betrieb unterscheidet man Teilnehmer- und Teilhaberbetrieb. Im Teilnehmerbetrieb arbeiten die einzelnen Nutzer mit individuellen, in der Regel unterschiedlichen Programmen. Für jeden Nutzer verwaltet das Betriebssystem mindestens einen eigenen Prozess, unter anderem eine Shell (siehe Kap. 8.4). Unix wurde speziell für diese Verwendung entwickelt.

Den Teilhaberbetrieb gibt es auf großen Servern und Großrechnern, auf denen sehr viele Benutzer gleichzeitig dasselbe Programm und insbesondere dieselben Datenbestände nutzen. Ein Benutzer erhält z. B. nur dann eine Datenbankverbindung zugeteilt, wenn er tatsächlich auf eine Datenbank zugreifen will. Für den Teilhaberbetrieb wird in der Regel eine Software oberhalb des Betriebssystems benötigt, welche diese zusätzliche Betriebsmittelverwaltung übernimmt, diese Software wird Transaktionsmonitor oder auch Applikationsserver genannt. Beispiele hierfür sind IBM-CICS oder Java EE Server wie etwa JBoss.

Echtzeit-Betrieb

Als Vorteil der ersten Betriebssysteme ist zu nennen, dass sie echtzeitfähig waren, d. h. auf eine Unterbrechung (Interrupt) mit einer zuvor bekannten minimalen und maximalen Antwortzeit reagieren konnten. Bei Betriebssystemen wie Windows oder UNIX trat diese Eigenschaft zunächst in den Hintergrund. Für Anwendungen, in denen definierte Reaktionszeiten erforderlich sind, wurden daher spezielle Echtzeit-Betriebssysteme (Real Time OS) entwickelt. Beispiele hierfür sind VxWorks, QNX oder FreeRTOS.

8.2 Betriebssystem-Architekturen

Ein Betriebssystem setzt sich aus Bestandteilen zusammen, die unterschiedliche Aufgaben erfüllen: Der Kern (Kernel) übernimmt die zentralen Aufgaben des Betriebssystems unter anderem die Prozessverwaltung sowie die Speicherverwaltung. Er greift auf die Hardware zu, und alle Anwendungsprogramme verwenden ihn über entsprechende Schnittstellen.

Der interne Aufbau des Kerns sowie der anderen Betriebssystembestandteile wird als *Architektur* des Betriebssystems bezeichnet. Interessant ist hier besonders, ob der Kern eine interne Struktur aufweist. Man unterscheidet monolithische Kerne, diese können nur als ganzes verwendet oder ausgetauscht werden. Ist der Kern aus Schichten aufgebaut, können diese Schichten unabhängig voneinander verwendet oder ausgetauscht werden. Ein Mikrokern ist ein Betriebssystemkern, der auf die wesentlichen Funktionen reduziert ist, z. B. ist dort die Dateiverwaltung in einen eigenen Prozess ausgelagert.

Das Betriebssystem Windows 8 ist in Schichten aufgebaut. Abbildung 8.1 zeigt die grobe Struktur von Windows 8 frei nach Tanenbaum [Tan14]. Die unterste Schicht bildet die Hardware-Abstraktionsschicht (HAL). Diese sorgt dafür, dass der Rest des Betriebssystems von der Hardware

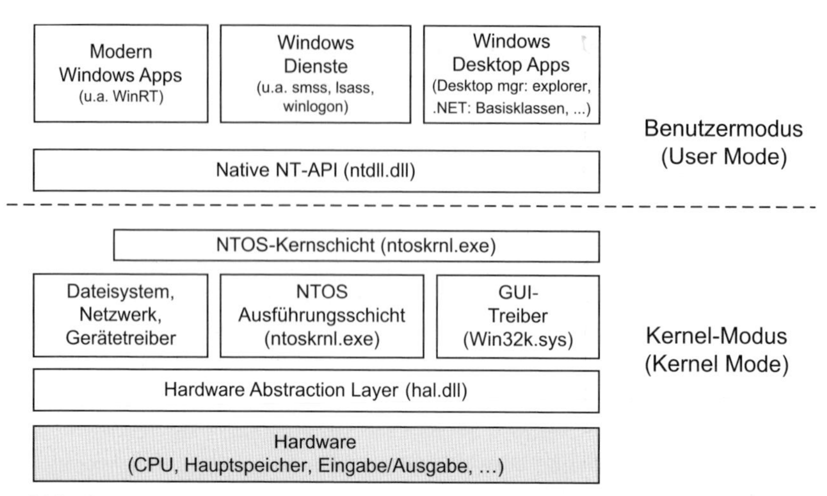

Abb. 8.1 Das Schichtenmodell des modernen Windows nach Tanenbaum [Tan14]

unabhängig ist und nicht geändert werden muss, wenn sich die Hardware ändert. Die Hardware-Abstraktionsschicht muss teilweise in Assembler programmiert und für die jeweilige Hardware optimiert werden.

Der Betriebssystemkern (NTOS kernel) verwendet die Hardware-Abstraktionsschicht und greift so auf den Hauptspeicher, die Sekundärspeicher und andere Hardware-Bestandteile zu. Der Kern übernimmt die grundlegenden Aufgaben des Betriebssystems wie beispielsweise die Prozessverwaltung oder die Verwaltung der Geräte. Der Betriebssystemkern ist die Grundlage, auf der alle anderen Bestandteile des Betriebssystems und der Anwendungen aufbauen. Seit Windows-NT finden sich die Gerätetreiber und die Treiber für die grafische Oberfläche in derselben Schicht wie der Kernel.

Anwendungsprogramme rufen das Betriebssystem über eine Programmierschnittstelle auf. Die grundlegende Schnittstelle ist in der Regel in der Sprache C implementiert. Üblicherweise werden die C-Standard-Bibliotheken unterstützt. Mit deren Hilfe kann beispielsweise auf Dateien zugegriffen werden. Windows bietet dazu auch das Native NT-API an. Programmierer, die mit anderen Hochsprachen wie Java oder C# arbeiten, verwenden Schnittstellen und Bibliotheken aus höheren Schichten, welche das Native NT-API weiter veredeln.

In Windows 8 wurde eine neue Säule oberhalb des Kerns ergänzt: WinRT (Windows Runtime) besteht aus einer Menge von Programmierschnittstellen, Betriebssystemkomponenten und einer Laufzeitumgebung um die neuen Windows Apps (Anwendungsprogramme) für Smartphones und Tablet-Computer zu programmieren und zu betreiben. Dafür wurden neue Konzepte notwendig, wie das Ausführen einer App in einem abgesicherten Bereich (Sandbox) oder in der Oberfläche das Verarbeiten von Touch-Gesten.

Es ist aber weiterhin möglich über die alte Desktop-Säule die bekannten Windows-Schnittstellen zu nutzen und ältere Software weiter zu betreiben.

Windows 8 ist nicht mehr nur auf Prozessoren mit einem x86 Befehlssatz ausführbar. Die Hardware-Abstraktionsschicht versetzte Microsoft in die Lage, mit Windows 8 auch die in Smartphones und Tablet-Computern dominierenden ARM-Prozessoren zu unterstützen.

Kernel-Modus (Supervisor-Modus) und Benutzermodus

Der Betriebssystemkern wird in einem besonders privilegierten Modus auf der CPU ausgeführt. Dieser privilegierte Modus (Kernel-Modus bzw. Supervisor-Modus, vgl. Abschnitt 5.4) erlaubt dem Kern direkten Zugriff auf alle Betriebsmittel des Systems, wie Hauptspeicher und Peripheriegeräte, sowie alle Daten und Bestandteile des Betriebssystemkerns. Im privilegierten Modus können alle Maschinenbefehle der CPU uneingeschränkt verwendet werden.

Damit ein Anwendungsprozess weder das laufende Betriebssystem noch andere auf demselben System ausgeführte Prozesse beeinträchtigen kann, gibt es den Benutzermodus (User-Mode). Dieser erlaubt einem Prozess nur den Zugriff auf den ihm zugewiesenen Speicher, und nur ein Teil der Maschinenbefehle kann genutzt werden: Die Befehle zum Zugriff auf Peripheriegeräte sind beispielsweise verboten und führen zu einer Ausnahme (vgl. Abschnitt 6.9.1).

Wenn ein Anwendungsprozess eines Benutzers auf ein Peripheriegerät wie die Festplatte zugreifen will, ruft es über die Betriebssystem-Schnittstelle das Betriebssystem auf. Der Aufruf des Betriebssystems führt dann zum Aufruf des Kernels und damit zum Übergang zwischen Benutzer- und Kernel-Modus (vgl. Abschnitte 6.9.1 und 8.6). Der eigentliche Festplattenzugriff erfolgt danach durch das Betriebssystem.

Monolithischer Kernel, Schichten und Mikrokernel

Der Betriebssystemkern kann monolithisch aufgebaut sein, d. h. die innere Struktur ist außen nicht sichtbar und der komplette Funktionsumfang läuft im privilegierten Kernel-Modus. Der Kernel ist dann eine einzige ausführbare Datei. Der Kern von Linux und der meisten Unix-Varianten ist eher monolithisch. Änderungen an grundlegenden Funktionen des Betriebssystems sind damit immer mit Änderungen im Kernel verbunden, da kein Bestandteil einzeln ersetzt werden kann.

Um das Betriebssystem portabel über verschiedene Hardware-Varianten zu machen, hat Windows seit Windows-NT 4.0 eine explizite Schichtenarchitektur. Die Hardware-Details sind in der oben schon erwähnten Hardware-Abstraktionsschicht gekapselt, soweit das möglich ist. Der Kern selbst ist damit von vielen Details der Hardware entkoppelt.

Mikrokernel-Betriebssysteme minimieren ihren Betriebssystemkern auf das Wesentliche: Der Kern übernimmt nur noch zentrale Aufgaben wie die Prozess- und Speicherverwaltung und kleine Teile der Gerätetreiber (Hardware-Zugriff). Funktionen wie die anderen Teile der Gerätetreiber, der Netzwerkzugriff oder die Verwaltung des Dateisystems finden sich in höheren Schichten des Betriebssystems wieder. Diese Funktionen werden nicht mehr im Kernel-Modus sondern im Benutzermodus ausgeführt. Davon erhofft man sich eine höhere Stabilität des Betriebssystems und eine leichtere Anpassbarkeit an andere Rahmenbedingungen. Abbildung 8.2 zeigt die beiden Varianten im Vergleich.

Exkurs: Schichten-Architektur

Schichten werden in der Informatik sehr gerne verwendet, um komplexe Systeme zu strukturieren. Auch Netzwerke, Datenbanken und Anwendungssysteme werden über Schichten aufgebaut.

Vorteil der Schichten-Architektur (vgl. Abb. 8.3) ist, dass sich jede Schicht auf eine bestimmte Aufgabe konzentrieren kann. Angefangen bei grundlegenden Aufgaben in der untersten Schicht bis hin zu sehr umfassenden Aufgaben auf der obersten Schicht. Da die unteren Schichten die darüber liegenden nicht kennen, sind die oberen Schichten leicht austauschbar. Wenn jede Schicht eine

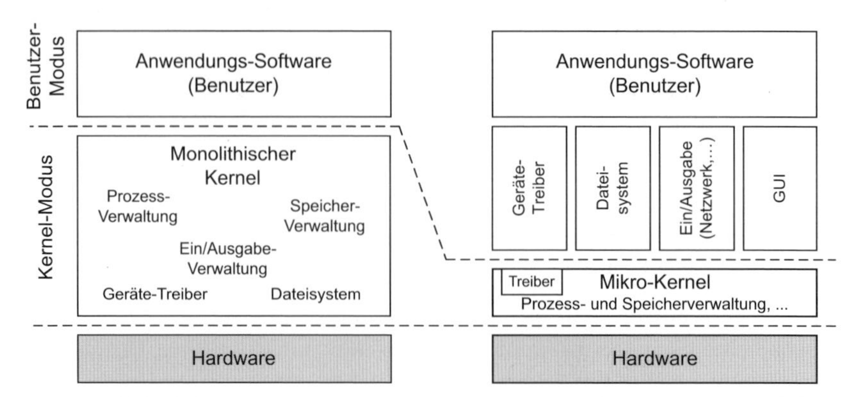

Abb. 8.2 Monolithischer Kernel (links), sowie Mikrokernel (rechts)

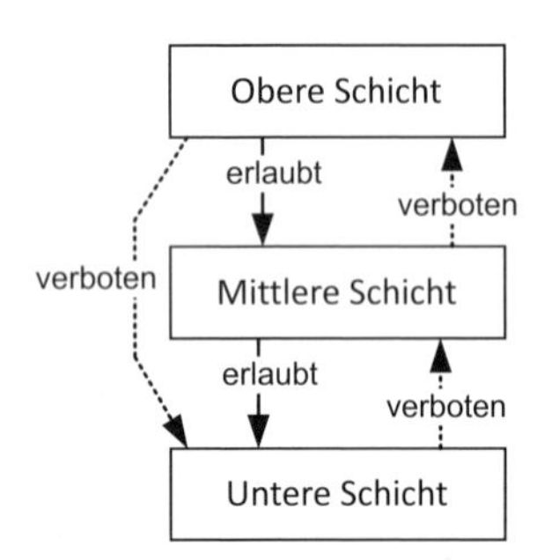

Abb. 8.3 In einer strengen Schichten-Architektur darf eine Schicht nur auf die direkt darunter liegende Schicht zugreifen. Der Zugriff auf noch tiefer liegende Schichten ist untersagt. Eine darunter liegende Schicht kennt die darüber liegenden Schichten nicht und sie darf nicht direkt darauf zugreifen

definierte Schnittstelle anbietet, sind auch die unteren Sichten leicht gegen andere Implementierungen derselben Schnittstelle austauschbar. Diese Eigenschaften kann man sich am Beispiel der Gerätetreiber in Abschnitt 8.3.5 klar machen. Ein weiteres sehr bekanntes Beispiel ist das ISO/OSI Schichtenmodell für Netzwerke, das in Kap. 7 besprochen wird.

Virtuelle Maschinen und virtuelle Betriebsmittel

Häufig wird im Zusammenhang mit Betriebssystemen von virtuellen Betriebsmitteln gesprochen: z. B. virtueller Speicher oder auch virtuelle Prozessoren. Was bedeutet das?

Das Betriebssystem abstrahiert durch seine (Schichten-)Architektur von der Hardware: Es abstrahiert von den physisch vorhandenen Betriebsmitteln und verwaltet diese intern selbst. Einem Programm, das auf dem Betriebssystem ausgeführt wird, kann durch diese Abstraktion vorgegaukelt werden, es liefe auf einem eigenen Prozessor und hätte praktisch unendlich viel Hauptspeicher zur Verfügung. Das Betriebssystem bildet den virtuellen Prozessor auf den oder die real vorhandenen Prozessor(en) ab und es bildet den virtuellen Speicher auf den real vorhandenen Hauptspeicher und eventuell auf Sekundärspeicher ab, falls der Hauptspeicher nicht ausreicht.

Das Konzept der virtuellen Betriebsmittel erleichtert die Anwendungsprogrammierung erheblich, da sich die Entwickler nicht mehr mit den Details der Hardware unterhalb des Betriebssystems befassen müssen.

Plattformen wie Java oder . NET arbeiten mit dem Konzept einer virtuellen Maschine, die als Schicht auf einem vorhandenen Betriebssystem läuft, sich also für das Betriebssystem wie ein Benutzerprogramm darstellen. Virtuelle Maschinen sind in diesem Zusammenhang Laufzeitum-

Abb. 8.4 Die Java Virtual Machine (JVM) dient als Laufzeitumgebung für Java-Programme. Die JVM steht auf vielen Betriebssystemen und Hardware-Plattformen zur Verfügung. Die JVM führt überall denselben Byte Code eines Anwendungsprogramms aus. Das Programm kann in Java oder anderen Sprachen geschrieben sein, die ebenfalls in Byte Code übersetzt werden können, beispielsweise JRuby oder Scala. Die Übersetzung der Anwendung für ein spezielles Betriebssystem oder eine spezielle Hardware ist damit überflüssig

Anwendungs-Software (Byte Code)
Java Virtual Machine
Betriebssystem
Hardware

gebungen wie die Java Virtual Machine (siehe Abb. 8.4) sowie in .NET die Common-Language-Runtime (CLR). Beide Laufzeitumgebungen können eine stark vereinfachte Sprache interpretieren, die Intermediate Language (IL) in .NET bzw. den Java Byte Code auf der Java-Plattform. Damit ist es möglich, auf einer beliebigen Hardware Byte Code oder die Intermediate Language auszuführen, solange dort die notwendige virtuelle Maschine läuft.

Im Grunde kann auch ein Internet-Browser als virtuelle Maschine betrachtet werden. Diese kann unabhängig von der zu Grunde liegenden Hardware JavaScript-Code ausführen (vgl. Kap. 16.4). Hier übernimmt der Browser bzw. die dort verwendete JavaScript-Laufzeitumgebung die Aufgaben eines Betriebssystems.

Zum Begriff der virtuellen Maschine kommen wir später unter der Überschrift Virtualisierung in Abschnitt 8.6 noch einmal zurück. Die dort besprochenen virtuellen Maschinen beschreiben ein grundsätzlich anderes Konzept.

8.3 Aufgaben eines Betriebssystems im Detail

8.3.1 Prozessverwaltung

Prozesse

In einem Betriebssystem werden Programme als Prozess ausgeführt. Der Prozess ist eine Instanz des Programms zur Laufzeit: ein laufendes Programm. Ein Prozess besteht dabei aus dem ausführbaren Programm-Code (z. B. in Maschinensprache), den Daten des Programms sowie dem aktuellen Zustand des Programms auf der Hardware und im Betriebssystem. Das sind u. a. der Befehlszähler, der Stapelzeiger, das Statusregister sowie andere Registerinhalte innerhalb der CPU. Dies wird auch als Hardware-Kontext bezeichnet.

Ein Prozess hat zwei wichtige Speicherbereiche: Den Heap und den Stack (Stapel). Der Heap enthält zur Laufzeit des Prozesses dynamisch allokierte Speicherbereiche, z. B. durch den Aufruf `malloc` in C. Der Stack enthält temporäre Daten, wie beispielsweise lokale Variablen einer Funktion oder die Parameter einer Funktion, die sofort nach dem Verlassen der Funktion wieder gelöscht werden können (vgl. Abschnitt 14.3.9 und 14.3.6). Der Stapelzeiger zeigt jeweils auf die Spitze des Stapels wo Daten eingefügt bzw. entfernt werden. Die Funktionsweise eines Stapels wird in Abschnitt 14.4.3 dargestellt.

Das auszuführende Programm findet sich ab der Adresse `0x0`. Wird der Prozess das erste mal aktiviert, wird der Befehlszähler mit dieser Adresse initialisiert und arbeitet von dort aus die Maschinenbefehle ab. Die beschriebenen Zusammenhänge sind in Abb. 8.5 grafisch dargestellt.

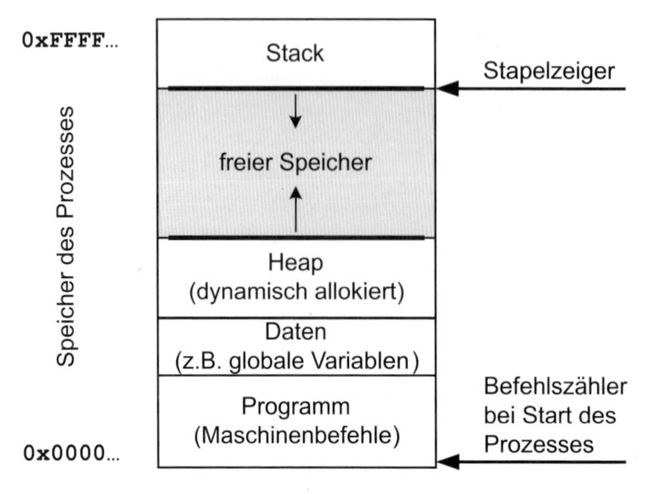

Abb. 8.5 Inhalte des von einem Prozess belegten Speichers frei nach Silberschatz [Sil13]: Die Maschinenbefehle (das Programm) beginnen ab Adresse 0 im Adressraum des Prozesses. Nach dem Programm finden sich noch bestimmte (statisch allokierte) Daten wie beispielsweise globale Variablen. Während das Programm als Prozess ausgeführt wird wachsen Heap und Stack aufeinander zu. Der Stack startet vom oberen Ende des verfügbaren Speichers, der Heap beginnt hinter den Daten

Prozessnummer
Zustand des Prozesses
Befehlszähler
Weitere Registerinhalte
Scheduling Informationen (Priorität, andere Param.)
Belegte Betriebsmittel (z.B. geöffnete Dateien)
Ein-/Ausgabestatusinfos
Besitzer des Prozesses, weitere Verwaltungsinfos

Abb. 8.6 Inhalte des Prozess-Steuerblocks (Process Control Block, PCB). Wie die Prozessnummer, die den Prozess eindeutig identifiziert. Die wichtigsten Registerinhalte, mindestens der Befehlszähler und der Stapelzeiger. Die Tabelle für den virtuellen Speicher sowie verwendete Betriebsmittel, beispielsweise offene Dateien

Prozess-Steuerblock

Zum Prozess gehören auch seine Verwaltungsinformationen, welche das Betriebssystem zu dem Prozess hält, diese werden als Prozess-Steuerblock (Process Control Block, PCB) verwaltet. Abbildung 8.6 stellt einen PCB als Beispiel dar.

Prozess-Zustände

In der Regel muss sich ein Prozess die CPU bzw. einen CPU-Kern und alle anderen Betriebsmittel mit mehreren anderen Prozessen teilen. Das Betriebssystem ordnet jedem Prozess abhängig von dessen Priorität und anderen Kriterien bestimmte Rechenzeit auf der CPU zu. Diese Zuordnung wird auch als Scheduling bezeichnet. Der Ablaufplan, wann welcher Prozess wann Rechenzeit erhält, heißt auch Schedule.

Ein Prozess kann im Allgemeinen drei Zustände haben, die Zustände sind mit den entsprechenden Zustandsübergängen in Abb.8.7 dargestellt:

Aktiv (rechnend): Dem Prozess wurde die CPU zugeteilt, die Maschinenbefehle seines Programms werden sequenziell ausgeführt. Der Prozess bleibt solange in diesem Zustand, bis entweder das Betriebssystem einem anderen Prozess die CPU zuordnet (Preemption). Der Prozess geht dann in den Zustand „bereit“ über. Oder der Prozess muss auf ein externes Ereignis warten, z. B. auf Ein-/Ausgabe, dann geht er in den Zustand „blockiert“ über.

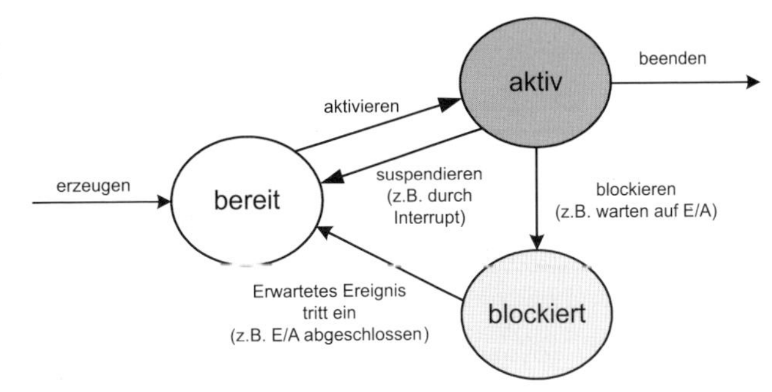

Abb. 8.7 Zustandsübergangs-Diagramm für einen Prozess (als Automat, siehe Kap. 10.1)

Blockiert (wartend): Die Abarbeitung der Maschinenbefehle kann nicht fortgesetzt werden, da ein bestimmtes Betriebsmittel fehlt. Beispielsweise muss solange gewartet werden, bis ein bestimmter Block von der Festplatte gelesen wurde.

Bereit: Der Prozess hat alle benötigten Betriebsmittel und wartet darauf, dass der Scheduler ihm die CPU zuteilt.

Wenn das Betriebssystem einen gerade aktiven Prozess durch einen anderen ersetzt, der von der CPU bearbeitet werden soll, muss ein Kontextwechsel stattfinden. Der Kontext des laufenden Prozesses muss an anderer Stelle gesichert werden. Der Kontext des darauf folgenden Prozesses muss auf der CPU hergestellt werden: Der Befehlszähler zeigt nun auf die aktuelle Anweisung des neuen Prozesses und der Stapelzeiger auf die Spitze des entsprechenden Stacks, der zu dem Prozess gehört.

Ein Prozess ist innerhalb eines Betriebssystems relativ schwergewichtig, das Betriebssystem sichert beispielsweise zu, dass der Speicher den der Prozess belegt von keinem anderen Prozess gesehen oder gar geändert werden kann. Der Kontextwechsel zwischen zwei Prozessen ist mit Aufwand verbunden, da je nach Architektur der CPU unter anderem die Register neu geladen werden müssen, vgl. auch Abb. 8.9.

Threads

Ein Thread (Faden) ist Bestandteil eines Prozesses. Er umfasst die Abarbeitung der Befehle des Programms mit einem eigenen sequenziellen Kontrollfluss. Ein Prozess hatte in älteren Betriebssystemen genau einen Thread. Moderne Betriebssysteme erlauben Prozesse mit mehreren Threads (Multithreading).

Threads teilen sich die Betriebsmittel ihres Prozesses, vor allem den Programm-Code, den Speicher, die Datei-Handles sowie den Kontext des Prozesses unter dem sie laufen. Sie besitzen aber einen eigenen Befehlszähler und einen eigenen Stack. Anwendungsprogramme bestehen häufig aus einer ganzen Reihe von Threads. Die Abb. 8.8 zeigt den Zusammenhang zwischen Prozess und Threads.

Verwaltung der CPU: Scheduling

Auf einer realen CPU (mit einem Kern) laufen normalerweise mehrere Prozesse mit ihren Threads abwechselnd. Die Rechenzeit auf der CPU muss daher unter den Prozessen verteilt werden (Zeitmultiplex). Dieses wird auch als Multitasking bezeichnet. Es werden zwei Verfahren beim Multitasking

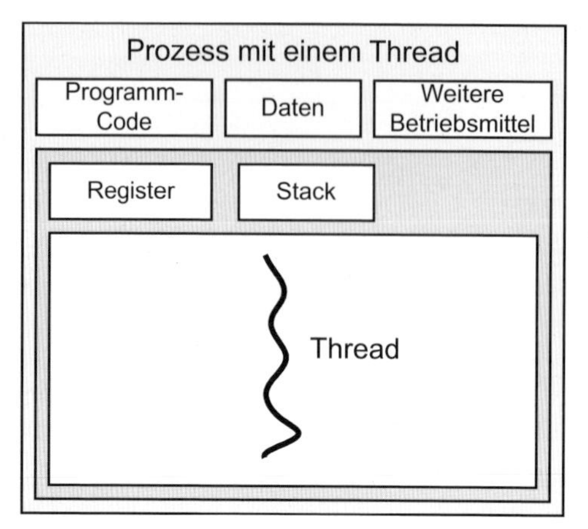

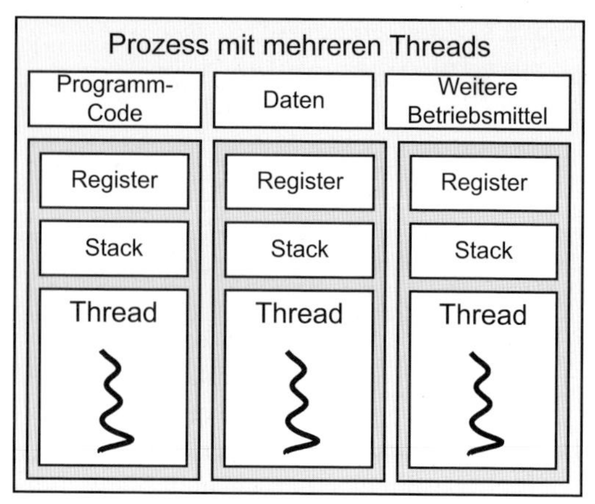

Abb. 8.8 Links: Ein Prozess mit einem Thread. Rechts: Ein Prozess mit mehreren Threads. Grafik frei nach Silberschatz [Sil13]

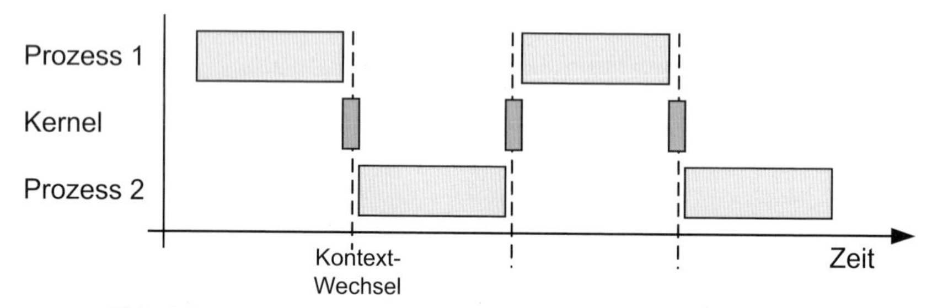

Abb. 8.9 Prozess 1 und Prozess 2 erhalten jeweils dieselbe Rechenzeit

unterschieden: nicht-unterbrechend (non-preemptive) und unterbrechend (preemptive). Bei nicht-unterbrechendem Multitasking muss jeder Prozess freiwillig die Kontrolle über die CPU wieder an das Betriebssystem zurückgeben. Dies führte bei Systemen wie Windows 3.11 auch dazu, dass der gesamte Computer abstürzte, wenn beispielsweise ein Prozess auf der CPU in einer Endlosschleife gefangen war. Bei unterbrechendem (präemptiven) Multitasking unterbricht die CPU regelmäßig über einen Interrupt eines Zeitgebers den gerade laufenden Prozess. Das Betriebssystem entscheidet innerhalb der Interrupt-Behandlung, ob der laufende Prozess fortgesetzt wird oder dieser durch einen anderen Prozess von der CPU verdrängt wird. Siehe dazu auch Abb. 8.9.

Stehen mehrere CPUs oder CPU-Kerne zur Verfügung, können mehrere Prozesse tatsächlich parallel ausgeführt werden, dies wird auch als Multiprocessing bezeichnet.

Bei der Verwaltung von Prozessen durch das Betriebssystem werden den Prozessen die Zustände bereit, aktiv und blockiert zugeordnet. Die Auswahl eines Prozesses zur Ausführung erfolgt durch eine als Scheduler bezeichnete Funktion des Betriebssystems, die eigentliche Ausführung durch den Dispatcher. Die Bedeutung der Zustände wird in Abb. 8.7 dargestellt. Jedem Prozess wird durch das Betriebssystem ein in Abb. 8.6 erläuterter Prozess-Steuerblock (Process-Control-Block, PCB) mit allen für die Prozessverwaltung nötigen Informationen zugeordnet.

Die Verteilung von Rechenzeit auf der/den CPU(s) unter den vorhandenen Prozessen kann abhängig vom Anwendungsbereich nach unterschiedlichen Strategien erfolgen. Drei wesentliche Anwendungsbereiche sind:

1. Batch-orientierte Systeme: Bei batch-orientierten Systemen findet keine direkte Interaktion mit Benutzern statt. Über das Scheduling wird versucht, einen möglichst hohen Durchsatz an verarbeiteten Daten zu erzielen.

2. Dialogorientierte Systeme: Ein oder mehrere Benutzer interagieren direkt mit dem System. Sie erwarten, dass das System unmittelbar auf Eingaben reagiert. Über das Scheduling wird versucht, die Antwortzeiten möglichst unterhalb einer Grenze zu halten, die einen Benutzer stört. Das Betriebssystem Unix ist beispielsweise für den Dialogbetrieb optimiert [Man12].

3. Echtzeitanforderungen: Prozesse müssen ihre Zeitzusagen (Deadlines) einhalten, d. h. Ergebnisse müssen innerhalb eines bestimmten Zeitintervalls vorliegen. Hier muss über das Scheduling erreicht werden, dass die Deadlines eingehalten werden. Eventuell muss das Scheduling sogar so gebaut sein, dass das Zeitverhalten des Systems vorhersagbar wird.

Round-Robin-Scheduling

Hier wird beispielhaft das Round-Robin Scheduling mit Zeitscheiben vorgestellt. Abwandlungen davon finden sich in vielen Betriebssystemen wieder. Eine Betrachtung und Gegenüberstellung verschiedener Verfahren bieten beispielsweise Tanenbaum [Tan14] oder Mandl [Man12].

Mithilfe des Zeitgebers und des entsprechenden Interrupts kann die Rechenzeit der CPU in gleichmäßige Portionen (Zeitscheibe, time slice) aufgeteilt werden. Beim Round-Robin Scheduling werden alle Prozesse in eine Warteschlange eingereiht und die Warteschlange wird kontinuierlich von der CPU abgearbeitet: Der erste Prozess bekommt die CPU für eine Zeitscheibe. Danach wird er vom nächsten Prozess aus der Warteschlange verdrängt. Ist der erste Prozess noch nicht mit seinen Berechnungen fertig, wird er wieder hinten in der Warteschlange eingereiht.

Problematisch wird dieses Verfahren für Prozesse mit Ein- und Ausgaben, da diese blockierenden Zugriffe (Warten auf die Hardware) länger dauern können, als die Zeitscheibe, welche dem Prozess zur Verfügung steht. Um das Problem zu umgehen, wird beispielsweise eine zweite privilegierte Warteschlange eingeführt, mit Prozessen, die auf Ein/Ausgaben warten. Diese wird bei der Vergabe von Zeitscheiben bevorzugt behandelt.

8.3.2 Synchronisation

Verschiedene Prozesse nutzen Betriebsmittel des Rechners gleichzeitig, beispielsweise Bereiche im Hauptspeicher oder den Zugriff auf Peripheriegeräte. Wäre beispielsweise der parallele Zugriff auf den Drucker nicht über das Betriebssystem geregelt, könnten zwei Prozesse gleichzeitig Daten an den Drucker senden. Ergebnis wäre eine völlig unbrauchbare Mischung beider Ausgaben.

Das Betriebssystem muss also dafür sorgen, dass für einen bestimmten Zeitraum nur genau ein Thread genau eines Prozesses exklusiven Zugriff auf ein Betriebsmittel erhält. In diesem Zusammenhang spricht man auch von wechselseitigem Ausschluss (Mutual Exclusion).

Der Zugriff auf ein Betriebsmittel erfolgt mithilfe von Anweisungen aus einer Programmiersprache heraus. Eine Menge aufeinander folgender Anweisungen, die nur von einem (oder wenigen) Prozessen (bzw. Threads) gleichzeitig betreten werden darf, wird auch als *kritischer Abschnitt* bezeichnet.

Verschiedene Konzepte wurden zur Lösung dieses allgemeinen Problems vorgeschlagen. Die einfachste Lösung ist eine Sperre (Lock). Ein Prozess fordert ein Betriebsmittel an und bekommt diese vom Betriebssystem zugeteilt. Dieses Betriebsmittel wird dann gesperrt. Im einfachsten Fall

Bsp. 8.1 Synchronisation: Verwendung einer einfachen Sperre

Das Beispiel zeigt die Verwendung einer einfachen Sperre als Pseudocode. Wir nehmen an, dass dieser Code von mehreren Prozessen gleichzeitig ausgeführt werden kann. Die Anweisungen „anweisung1" bis „anweisung3" sind über die Sperre `s` geschützt. Diese Anweisungen greifen z. B. auf ein Betriebsmittel zu. Der erste Prozess P_1, der die `solange`-Anweisung erreicht, wird durchgelassen und setzt danach die Sperre `s` auf `belegt`. Wenn während P_1 die Sperre belegt hat, ein zweiter Prozess P_2 `solange` erreicht, muss er warten. Erst wenn der erste Prozess P_1 die Sperre `s` wieder auf `frei` setzt, verlässt der zweite Prozess P_2 die Warteschleife[a].

```
Sperre s =
...
solange bis s „frei" warte;
s = „belegt";
    anweisung1;
    anweisung2;
    anweisung3;
s = „frei";
```

[a] Vergleichbar ist eine Sperre mit dem Frei/Belegt-Schild an ihrer Toilette, wenn Sie den Schlüssel dazu verloren haben sollten

ist eine solche Sperre ein einfaches Flag. Der Prozess der das Betriebsmittel als erster bekommt, setzt das Flag auf „belegt", sobald er das Betriebsmittel nicht mehr braucht, setzt er das Flag auf „frei". Solche Sperren müssen vom Betriebssystem bereitgestellt werden, da ja die Prozesse ihren Speicher nicht gegenseitig lesen oder beschreiben können. Dies ist in Bsp. 8.1 illustriert.

Eine sehr schlechte Implementierung einer Sperre wäre, wenn alle Prozesse, die auf die Zuteilung des Betriebsmittels warten, fortlaufend das Flag abfragen, z. B. in einer Endlosschleife (vgl. Abschnitt 14.3.5) wie in dem Beispiel. Damit muss die CPU zusätzlich die Instruktionen für das Warten auf die Freigabe des Betriebsmittels ausführen. Deswegen wird dieser Ansatz auch Busy-Wait genannt.

Die so implementierte Sperre hat ein zweites, noch schlimmeres, Problem: Man stelle sich vor, die Sperre `s` ist gerade frei und zwei Threads erreichen annähernd gleichzeitig die `solange`-Anweisung. Beide Threads glauben damit, dass der durch `s` geschützte Bereich frei wäre und betreten ihn, womit die Sperre wirkungslos bleibt. Denkbar wäre auch, dass ein Thread genau nach der Ausführung von `solange` aber vor dem Setzen der Sperre vom Betriebssystem die CPU entzogen bekommt und ihm darauf ein zweiter Thread mit ähnlichen Auswirkungen zuvorkommt.

Damit das nicht passiert, muss das Abfragen der Sperre und das anschließende Setzen der Sperre eine atomare Anweisung sein, die vom Betriebssystem und der darunter liegenden Hardware bereit gestellt wird. Dies wird auch atomares Test-and-Set genannt. Eine solche Anweisung kann nicht unterbrochen und auch nicht gleichzeitig ausgeführt werden.

Abb. 8.10 Bestandteile eines Semaphors: Ein Semaphor enthält einen Zähler und eine Warteschlange für Prozesse/Threads. Der Zähler ist entweder mit 1 initialisiert (binärer Semaphor), mit 0 (Bereich ist gesperrt) oder mit einer größeren ganzen Zahl

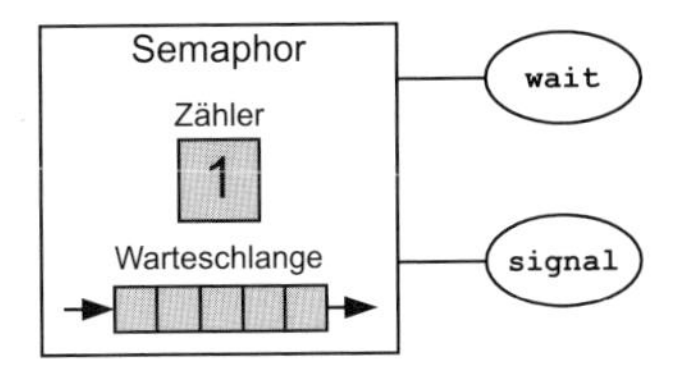

Bsp. 8.2 Synchronisation: Verwendung eines Semaphors

Das Beispiel zeigt die Verwendung eines Semaphors als Pseudocode. Wir nehmen an, dass dieser Code von mehreren Prozessen gleichzeitig ausgeführt werden kann. Die Anweisungen „anweisungA", „anweisungB" sind nicht geschützt. Damit können Sie gleichzeitig von mehreren Prozessen ausgeführt werden. Der Semaphor `s` sei ein binärer Semaphor, d. h. sein Zähler ist mit 1 initialisiert. Der erste Prozess P_1, der `s.wait()` erreicht, vermindert den Zähler von `s` auf 0, bekommt Zutritt und führt die Anweisungen „anweisung1" bis „anweisung3" aus. Wenn während dessen ein zweiter Prozess P_2 `s.wait()` aufruft, hat der Zähler wegen P_1 den Wert „0". Das führt dazu, dass der zweite Prozess P_2 blockiert wird und „anweisung1" bis „anweisung3" noch nicht ausführen kann. Wenn P_1 den Semaphor mit `s.signal()` wieder frei gibt, wird der Zähler auf „1" erhöht. Damit wird der erste wartende Prozess in der Warteschlange P_2 wieder „bereit" und kann nach dem Aufruf von `s.wait()` den kritischen Bereich mit den Anweisungen „anweisung1" bis „anweisung3" ausführen.

```
anweisungA;
anweisungB;

Semaphor s = ...;
s.wait();
   anweisung1;
   anweisung2;
   anweisung3;
s.signal();
```

Semaphore

Semaphore wurden von E. Dijkstra Mitte der 1960er Jahre vorgeschlagen. Semaphore sind Datenstrukturen mit denen man den Zugriff mehrerer Threads auf ein gemeinsames Betriebsmittel synchronisieren kann (siehe auch Abb. 8.10).

Kritische Bereiche werden über Semaphore geschützt, dazu gibt es zwei Operationen: Wenn ein Prozess die kritische Anweisungsfolge ausführen will, wartet er mit `wait()` (Dijkstra nannte diese Operation $P()$), das sich vor der Anweisungsfolge befindet. Der `wait()`-Aufruf wartet so lange, bis der Zähler größer als 0 wird (ausgelöst durch einen anderen Prozess, siehe unten). Dann vermindert `wait()` den Zähler um 1. Die Anweisungen hinter `wait()` werden daraufhin ausgeführt. Am Ende der Anweisungsfolge gibt der Prozess mit `signal()` (bei Dijkstra: $V()$) den Semaphor wieder frei, `signal()` erhöht den Zähler wieder um 1.

Der gegenseitige Ausschluss wird wie folgt erreicht: Wenn beim Aufruf von `wait` der Zähler 0 ist, sorgt die Implementierung von `wait` dafür, dass der Prozess blockiert wird, der `wait` aufgerufen

Bsp. 8.3 Synchronisation: Deadlocks

Prozess P_1 fordert einen Semaphor S_1 mit `wait` an und erhält Zugriff. Gleichzeitig fordert Prozess P_2 den Semaphor S_2 an und erhält ebenfalls Zugriff auf den durch S_2 geschützten Bereich. Wenn Prozess P_1 nun noch bei Semaphor S_2 `wait` aufruft, wird P_1 blockiert. Denn Prozess P_2 hat den Semaphor S_2 bereits in Verwendung. P_1 kann erst dann weiterarbeiten, wenn P_2 den Semaphor S_2 wieder mit `signal` freigibt.
Der Deadlock beginnt, wenn Prozess P_2 den Semaphor S_1 mit `wait` anfordert. Jetzt wird auch P_2 suspendiert, da S_1 bereits von Prozess P_1 belegt wurde. Nun sind beide Prozesse blockiert und warten gegenseitig auf die Freigabe der Semaphore, die jeweils der andere Prozess gesperrt hat. Dieser Deadlock kann nur noch von außen z. B. durch das Beenden eines der Prozesse (das Deadlock-Opfer) behoben werden.

hat. `wait` reiht diesen Prozess wird in die Warteschlange ein. Damit findet kein Busy-Wait mehr statt und die CPU wird durch das Warten nicht belastet.

Sobald der Semaphor mithilfe von `signal()` vom ersten Prozess freigegeben wurde, ist der Zähler wieder 1 oder größer. `signal()` überführt den ersten Prozess aus der Warteschlange in den Zustand „bereit" und dessen `wait`-Aufruf kehrt wie oben beschrieben zurück.

Wird der Zähler mit einer Zahl größer als 1 initialisiert, wird mehreren Prozessen gleichzeitig erlaubt, den kritischen Bereich von Anweisungen zu verwenden. Wird der Zähler mit 1 initialisiert, kann nur genau ein Prozess den kritischen Bereich betreten.

Wichtig für Semaphore ist wie schon für die bereits beschriebenen Sperren, dass die Operationen `wait` und `signal` atomar ausgeführt werden, also nicht vom Betriebssystem unterbrochen werden dürfen. Möglichkeiten, dies zu implementieren beschreibt unter anderem Silberschatz [Sil13]. Beispiel 8.2 zeigt die Verwendung eines Semaphors als Pseudocode.

Problem der Deadlocks

Die Verwendung von Sperren oder Semaphoren kann zu unerwünschten Effekten führen: In einem Deadlock blockieren sich zwei Prozesse gegenseitig. Wenn diese Situation nicht von außen behoben wird, dauert diese Blockade bis zum Ausschalten des Rechners (vgl. Bsp. 8.3).

Dem Problem der Deadlocks werden wir im Folgenden noch häufiger begegnen, immer dann wenn parallelen bzw. nebenläufig mit Sperren gearbeitet wird. Dies geschieht unter anderem bei der Verarbeitung von Transaktionen in Datenbanken oder bei der Synchronisation von Threads in der Sprache Java.

8.3.3 Interprozess-Kommunikation

Betriebssysteme bieten mehrere Möglichkeiten zum Austausch von Daten zwischen verschiedenen Prozessen bzw. Threads über einen Kommunikationskanal. Die Kommunikationskanäle haben verschiedene Eigenschaften [Man12].

- Speicherbasiert oder nachrichtenbasiert: Prozesse kommunizieren über gemeinsam genutzte Speicherbereiche oder sie tauschen Nachrichten über ein Netzwerk aus.

- Verbindungsorientiert oder verbindungslos: Besteht zwischen beiden Kommunikationspartnern eine dauerhafte Verbindung, die zu Beginn der Kommunikation aufgebaut wird und am Ende wieder abgebaut wird? Oder besteht zwischen beiden keine Verbindung.
- Unidirektional oder bidirektional: Verläuft der Kommunikationskanal nur in eine Richtung oder können in beiden Richtungen Daten ausgetauscht werden?
- Synchron oder asynchron: Wartet der Absender einer Nachricht oder eines Datums solange, bis der Empfänger geantwortet hat, spricht man von synchroner Kommunikation. Wenn der Sender weiterarbeiten kann, beispielsweise weil er die Nachricht in einen Zwischenspeicher schreiben konnte und der Empfänger die Nachrichten zu einem beliebigen Zeitpunkt verarbeiten kann, spricht man von asynchroner Kommunikation.
- Ein oder mehrere Adressaten: Kommunizieren nur je zwei Prozesse miteinander oder kann ein Sender mehrere Empfänger gleichzeitig adressieren?

Mit diesen grundlegenden Eigenschaften können nun verschiedene Kommunikationsmöglichkeiten zwischen Prozessen eingeordnet werden. Die Abb. 8.11 visualisiert die Kommunikationsmöglichkeiten.

Gemeinsamer Speicher (Shared Memory) Threads sind einem Prozess zugeordnet, sie nutzen gemeinsam den Speicher des Prozesses. Über diesen Speicher können Daten ausgetauscht werden. Da Prozesse gegenseitig nicht in ihren jeweiligen Speicherbereich sehen dürfen, muss das Betriebssystem einen gemeinsam genutzten Speicher explizit bereitstellen. Der Zugriff auf diesen gemeinsamen Speicher muss synchronisiert werden (siehe Kap. 8.3.2).

Pipes Pipes werden von Betriebssystemen wie Windows oder Unix bereitgestellt. Es sind kleine Pufferspeicher, die nach dem FIFO-Prinzip (First In First Out) Daten unidirektional zwischen zwei Prozessen austauschbar machen. Ein Prozess schreibt in eine Pipe der andere liest. Benannte Pipes (Named Pipes) sind eine Sonderform von Pipes in Unix, sie bleiben auch nach der Beendigung der beteiligten Prozesse bestehen und können mithilfe des Betriebssystems angelegt und verwaltet werden.

Sekundärspeicher Beide Prozesse tauschen über gemeinsam genutzte Dateien Daten aus. Der Zugriff auf Dateien muss genauso synchronisiert werden wie der Zugriff auf einen gemeinsamen Speicher.

Nachrichtenaustausch Handelt es sich um ein Multi-Computer-System oder sollen beide Prozesse stark entkoppelt werden, kann über Sockets kommuniziert werden. In einem Netzwerk kommunizieren Sockets zusammen mit dem TCP Protokoll (siehe Kap. 7) verbindungsorientiert über Rechnergrenzen hinweg. Zusammen mit dem UDP-Protokoll ist eine verbindungslose Kommunikation möglich. Sockets können auch für die Kommunikation von Prozessen innerhalb derselben Betriebssystem-Instanz eingesetzt werden.

8.3.4 Speicherverwaltung und virtueller Speicher

Bei einfachen Betriebssystemen genügt eine statische Speicherverwaltung, d. h. die Zuweisung von Speicherplatz an ein Programm erfolgt einmal vor der Ausführung. Bei einer dynamischen

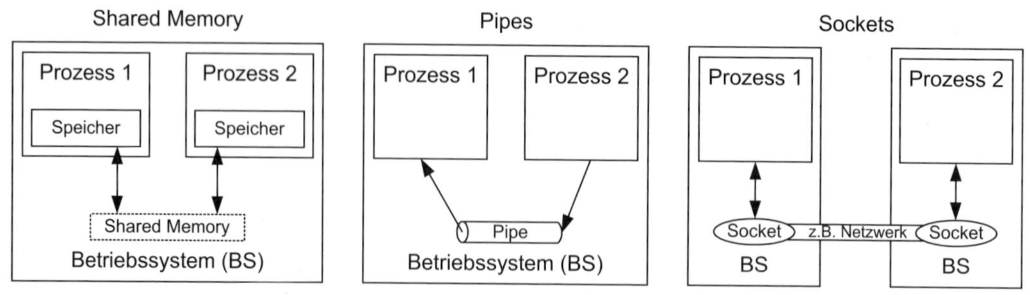

Abb. 8.11 Kommunikation zwischen Prozessen: Shared Memory, Pipes und Sockets

Speicherverwaltung kann dagegen ein Prozess während der Ausführung zusätzlichen Speicherplatz anfordern und auch wieder freigeben. Das Betriebssystem muss dann den verfügbaren Speicher in einer Freispeicherliste (Heap) verwalten, beispielsweise in Form einer linearen Liste (vgl. Kap. 14.4.2).

Virtuelle Speicherverwaltung

Einem Prozess innerhalb eines modernen Betriebssystems wird durch die Hardware (Memory Management Unit, vgl. Abschnitt 6.8.3) und das Betriebssystem vorgegaukelt, ihm stünde der gesamte Speicher zur Verfügung. Der Prozess arbeitet innerhalb eines virtuellen Adressraums, der auch größer sein kann als der physisch in dem Rechner verbaute Speicher. Um dies zu erreichen müssen Prozessor und / oder Betriebssystem die innerhalb des Prozesses verwendeten virtuellen Adressen auf Adressen des realen Hauptspeichers umsetzen.

Zur Übersetzung werden Seitentabellen (Page Tables) verwendet. Jeder Prozess hat eine solche Seitentabelle: Der virtuelle Speicher wird in Seiten (Pages) fester Größe aufgeteilt. Häufig werden 4 kB große Seiten verwendet [Tan14]. Mit 16 Bit Adressen können wir beispielsweise einen 64 kB großen Speicher adressieren. Eine 16 Bit Adresse wird in zwei Teile zerlegt:

1. Die Adresse (Nummer) einer Seite. Ein 64 kB großer Speicher besteht beispielsweise aus 16 Seiten zu je 4 kB. Die ersten vier Bit ($16 = 2^4$) der 16 Bit-Adresse sind damit die Seitennummer.

2. Die verbleibenden 12 Bit der Adresse sind der Offset innerhalb einer 4 kB Speicherseite ($4096 = 2^{12}$).

Der physische Speicher wird in gleicher Weise in Kacheln (Page Frames) gleicher Größe (also 4 kB) aufgeteilt und adressiert. Um eine virtuelle Adresse in eine Adresse des physischen Speichers zu übersetzen, wird eine Seitentabelle (Page Table) verwendet. Die Seitentabelle hat genauso viele Einträge, wie es Kacheln im virtuellen Speicher gibt. In unserem Beispiel hat die Seitentabelle also 16 Einträge. Jeder Eintrag weist einer virtuellen Seitennummer die Nummer einer physischen Kachel im Hauptspeicher zu. Steht beispielsweise im 5. Eintrag (0101) der Seitentabelle eine 3 (0011), ist der virtuellen Speicherseite Nr. 5 die Kachel Nr. 3 zugeordnet. Will ein Prozess dann auf die Adresse 0101 000001001011 zugreifen, wird dieser Zugriff mithilfe der Seitentabelle auf die physische Adresse 0011 000001001011 umgerechnet. Siehe hierzu auch Abb. 8.12.

Je größer der Speicher bzw. je kleiner die Seitengröße ist, desto größer wird die Seitentabelle. Bei 4 kB Seitengröße und einem mit 32 Bit adressierten 4 GB Speicher, hat die Seitentabelle eine Größe von $2^{32-12} = 2^{20}$ Byte, also 1 MB. Mithilfe weiterer Tabellen kann diese Größe vermindert werden.

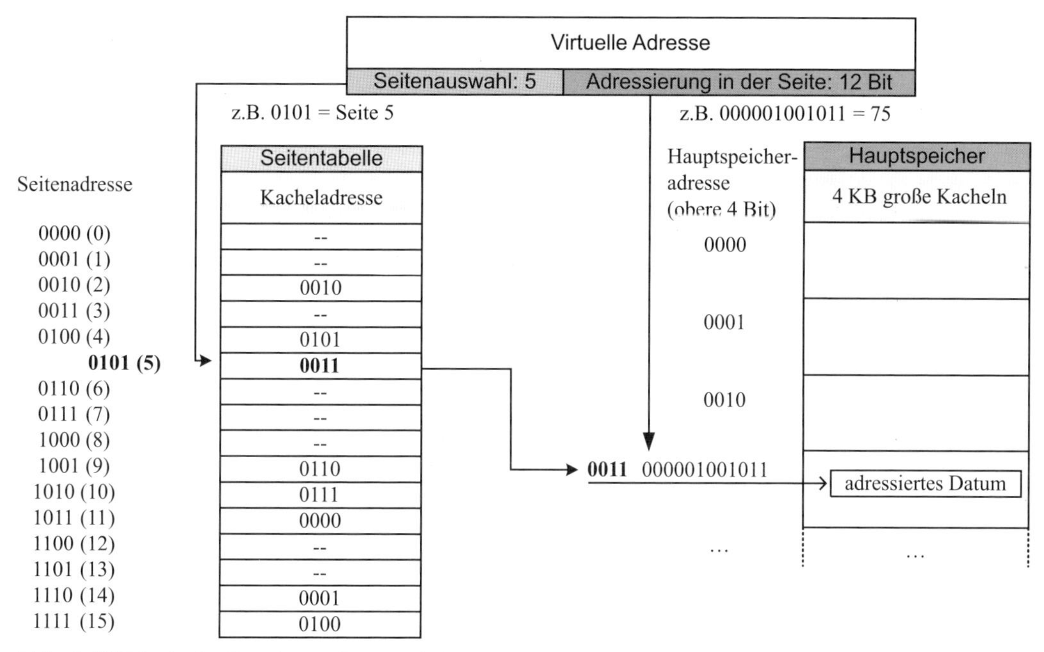

Abb. 8.12 Prinzip der Zuordnung einer aus Seitennummer (4 Bit) und Adresse in der Seite (12 Bit) bestehenden virtuellen 16-Bit Adresse zu einer Kachel des Arbeitsspeichers

Auslagerung von Speicherseiten (Paging)

Bei der Verwaltung mehrerer Prozesse ist es wahrscheinlich, dass der verfügbare Speicherplatz nicht zur gleichzeitigen Aufnahme aller Prozesse und deren Daten ausreicht. In diesem Falle ist eine zeitweilige Auslagerung (Paging) bestimmter Speicherseiten eines Prozesses nach Prioritätsregeln auf einen Sekundärspeicher erforderlich, in der Regel ist das eine Festplatte.

Die Auslagerung von Speicherseiten kann über eine zusätzliche Spalte mit einem Flag in der Seitentabelle realisiert werden: Befindet sich eine Seite nicht im Hauptspeicher ist das Flag der entsprechenden Seite nicht gesetzt. Daraufhin wird ein Seitenfehler (Page Fault) ausgelöst. Ein Seitenfehler ist eine durch Software ausgelöste Unterbrechung: Der laufende Prozess wird unterbrochen und eine Routine des Betriebssystems zur Behandlung der Unterbrechung wird aufgerufen. Diese Routine beschafft mithilfe der Informationen aus der Seitentabelle die Speicherseite aus dem Sekundärspeicher. Eventuell muss dafür eine andere Speicherseite aus dem Hauptspeicher auf den Sekundärspeicher verdrängt werden.

Für den Anwender stellt sich alles so dar, als ob ihm ein sehr großer virtueller Speicher zur Verfügung stünde, der über die physikalisch als Hauptspeicher existierende Speicherkapazität hinausgeht. Allerdings ist der Zugriff und damit die Verarbeitungsgeschwindigkeit wegen der teilweisen Auslagerungen auf externen Speicher stark verlangsamt. Aus relativ schnellen Hauptspeicherzugriffen können langsame Zugriffe auf eine Festplatte werden.

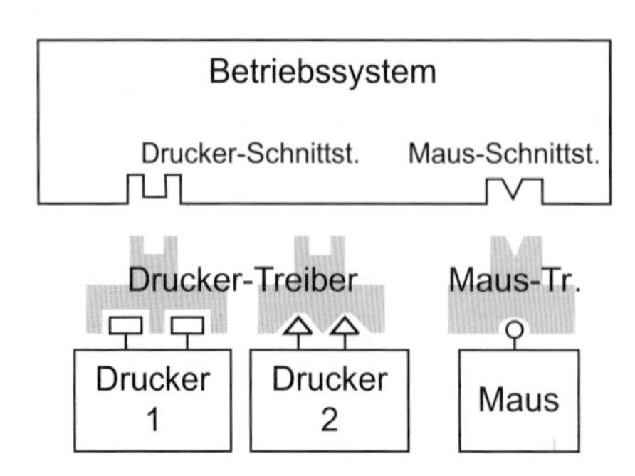

Abb. 8.13 Das Betriebssystem stellt beispielsweise Schnittstellen für Drucker bereit. Jeder Drucker bietet seine eigene individuelle, herstellerabhängige Schnittstelle an. Ein Druckertreiber ist der Adapter zwischen beiden Schnittstellen: Der Hersteller des Druckers muss lediglich für das gewünschte Betriebssystem den entsprechenden Treiber implementieren, damit kann der Drucker dort genutzt werden

8.3.5 Geräteverwaltung und -treiber

Universelle Betriebssysteme wie Windows oder Unix sollen auf vielen verschiedenen Rechnern ausgeführt werden können. An diese Rechner sind viele verschiedene Peripheriegeräte angeschlossen, wie Maus, Drucker, externe Festplatten, Kameras oder Game-Controller. Auch die Hardware der Rechner selbst kann sich deutlich unterscheiden, da beispielsweise eine andere Grafikkarte verbaut ist. Das Betriebssystem muss mit dieser Heterogenität umgehen: Die Anschaffung eines neuen Druckers oder der Anschluss einer Webcam darf nicht zur Neuinstallation des Betriebssystems führen.

Betriebssysteme bieten daher für typische Geräte standardisierte Schnittstellen an (vgl. Abb. 8.13). Damit kann das Betriebssystem beispielsweise jeden Drucker auf die gleiche Art und Weise über die Standard-Drucker-Schnittstelle ansprechen. Die Verbindung zwischen Gerät und Standard-Schnittstelle wird über einen (Geräte-)Treiber hergestellt. Der Anschluss eines neuen Gerätes an einen Rechner beinhaltet damit nur noch die Installation des dazu passenden Treibers. Da Treiber im Kernel-Modus mit ausgeführt werden, kann ein neuer Treiber einen Neustart des Systems bedeuten.

Seit einiger Zeit ist die automatische Installation von Gerätetreibern ohne Neustart des Betriebssystems möglich. Diese häufig auch als *Plug-And-Play* bezeichnete Eigenschaft war eine der zentralen Forderungen bei der Erstellung des USB-Standards (Universal Serial Bus, vgl. Abschnitt 6.10.1). USB-Geräte wie beispielsweise Memory-Sticks oder eine Maus können im laufenden Betrieb an einen PC angeschlossen und nach einer kurzen Installationsphase ohne Neustart des Systems sofort genutzt werden.

Die verschiedenen Strategien, wie das Betriebssystem auf ein angeschlossenes Gerät zugreifen kann (Interrupt, Polling, synchroner Zugriff), werden in Abschnitt 6.9 des Rechnerarchitektur-Kapitels kurz dargestellt.

8.3.6 Dateiverwaltung

Wenn die Daten eines Programms das Ausschalten des Computers überdauern sollen, müssen sie auf einem Sekundärspeicher permanent abgelegt werden: beispielsweise Festplatten, Solid State Disks oder DVD. Hierfür bieten die meisten Betriebssysteme Dateien (Files) an. In einer Datei können Daten dauerhaft gespeichert werden und das Betriebssystem bietet dazu eine Schnittstelle zum Lesen, Ändern und Löschen an.

Das Betriebssystem schützt Dateien über Zugriffsrechte, sodass nicht jeder Prozess/Benutzer jede Datei lesen, ändern oder gar löschen kann.

Windows unterscheidet bei Dateien verschiedene Typen über die jeweilige Endung. Eine `.exe` Datei ist ein ausführbares Programm, während eine `.doc` oder `.xls` Datei einer Büro-Software zugeordnet ist. Eine `.jpg` kann ein digitales Foto enthalten. Unter Unix ist dies ähnlich.

Dateien werden in Windows und Unix über Verzeichnisse (Directories) in einer Baumstruktur verwaltet. Ein Verzeichnis kann Dateien und Unterverzeichnisse enthalten. Jeder Verzeichnisbaum hat ein Wurzelverzeichnis (root-directory). Eine Datei ist in dem Baum eindeutig gekennzeichnet, durch den Pfad zwischen dem Wurzelverzeichnis über die Zwischenknoten hinweg bis hin zur eigentlichen Datei, z. B.:

```
C:\RepoDaten\Projekte\GrundkursInformatik\readme.txt
```

Hier befindet sich die Datei `readme.txt` auf Laufwerk `C` und `GrundkursInformatik` ist ein Unterverzeichnis von `Projekte`, das selbst wieder Unterverzeichnis von `RepoDaten` ist.

Das Betriebssystem Unix hat genau eine Wurzel im Verzeichnisbaum. Alle Festplatten- oder Memory-Stick-Laufwerke werden dort integriert und sind von der Wurzel aus erreichbar. Windows verwendet hier den Ansatz, jedes (neue) Laufwerk über eigene Laufwerksbuchstaben zu identifizieren und hat damit mehrere Wurzel-Verzeichnisse.

Das Betriebssystem abstrahiert mit der Dateiverwaltungs-Schnittstelle die teilweise sehr komplexe technische Speicherung auf einer Festplatte. Mit deren Köpfen, Zylindern und Sektoren müssen sich in der Regel weder Entwickler noch Benutzer befassen. Häufig sind Dateien nicht als zusammenhängender Block auf einer Festplatte gespeichert, sondern als Struktur von untereinander vernetzten Blöcken, die über die Festplatte eventuell weit verstreut gespeichert sind. Das Dateiverwaltungssystem innerhalb des Betriebssystems sorgt dafür, dass die verstreuten Blöcke gefunden und als ganze Datei gelesen und geschrieben werden können.

Beispiel: Das UNIX-Dateisystem

In UNIX wurde ein hierarchisches Dateisystem entwickelt mit genau einem systemweit sichtbaren Wurzelknoten. Die Verzeichnisse (Kataloge, Directories) können die Namen von Unterverzeichnissen (Subdirectories) und Standard-Dateien (Ordinary Files) enthalten, aber auch spezielle Dateien wie Pipes (für die Prozesskommunikation) oder Verweise. Selbst Geräte wie die Tastatur (`/dev/tty`) oder Festplatten (`/dev/sda`) sind über Dateien abstrahiert und über dieselben Schnittstellen des Betriebssystems ansprechbar. Der Verzeichnisbaum in Linux/Unix genügt bestimmten Konventionen:

- `/bin` Programme
- `/lib` Libraries (Bibliotheken, die von den Programmen benötigt werden)
- `/etc` Konfigurationsdateien
- `/usr` Systemweit genutzte Dateien
- `/home` Verzeichnisse der Benutzer
- `/dev` (Peripherie)Geräte, diese können wie Dateien angesprochen werden.

Während Windows über Laufwerksbuchstaben wie `C` oder `D` verschiedene Sekundärspeicher ansprechen kann, sind diese in Unix in den Dateibaum eingehängt (gemounted) und können von der Wurzel aus erreicht werden. Auf diese Weise kann das Dateisystem in Unix durch das Einhängen von Sekundärspeichern beliebig erweitert werden.

Bsp. 8.4 Zugriffsrechte in Unix

```
ls -l
drwx------ 1 be None        0 16. Aug 18:16 figures
-rw------- 1 be None   125551 17. Aug 20:53 kap05-betriebssysteme.tex

chmod go+r kap05-betriebssysteme.tex; ls -l kap05-b*
-rw-r--r-- 1 be None   125551 17. Aug 20:53 kap05-betriebssysteme.tex
```

In dem Beispiel ist der Besitzer der Dateien der Benutzer mit der Login-Kennung `be`, dieser gehört zur Gruppe `None`. Die ersten Zeichen vor jeder Datei bzw. jedem Verzeichnis stellen die Zugriffsrechte dar, beginnend beim User `u` über die Gruppe `g` zu allen anderen Benutzern `o`. Die Rechte `rwx`, Read, Write und Execute können jeweils vergeben werden. Wenn ein `d` am Anfang steht, handelt es sich um ein Verzeichnis. Im Beispiel hat zunächst nur `be` das Recht, die Datei `kap05-betriebssysteme.tex` zu lesen und zu modifizieren, dann wird der Gruppe und allen anderen über `chown go+r` jeweils das Leserecht eingeräumt.

Beispiel: Zugriffsrechte in Unix

Allen Dateien sind Attribute zugeordnet, die Informationen über Typ, Länge, Zugriffsrechte (`r` = read, `w` = write, `x` = execute) sowie die Besitzer-ID des Besitzers enthalten. Die Zugriffsrechte können für den Besitzer (`u` = User) der Datei zugewiesen werden, seiner Gruppe (`g` = Group) oder allen anderen auf dem System befindlichen Benutzern (`o` = Others). Damit ergeben sich insgesamt 9 Felder, die mit `ls -l` für jede Datei angezeigt werden können. Die Zugriffsrechte können flexibel vergeben und mit `chmod` geändert werden. Um anzugeben um welches Recht es sich handelt, werden die oben schon eingeführten Buchstaben verwendet. Siehe hierzu auch Bsp. 8.4.

8.4 Benutzerschnittstelle: Shell und GUI

Eine Shell ist die Schnittstelle des Betriebssystems zum Benutzer. Diese Schnittstelle ist in der Regel textuell. Der Benutzer gibt Kommandos an das Betriebssystem ein und verwendet darüber dessen Funktionen bzw. ruft die installierten Anwendungsprogramme auf. Dieses wird auch als Kommandozeilen-Schnittstelle (CLI = Command Line Interface) bezeichnet. Betriebssysteme bieten alternativ eine grafische Oberfläche an, diese wird mithilfe von Tastatur und Maus bzw. mit den Fingern (Touch) bedient. Dieses wird als Grafische-Benutzer-Schnittstelle (GUI = Graphical User Interface) bezeichnet.

8.4.1 Kommandozeilen-Interpreter am Beispiel UNIX

Die Kommandozeilen-Schnittstelle ist eine der ältesten Betriebssystem-Schnittstellen zum Benutzer. Ein Benutzer gibt per Tastatur Befehle ein, diese werden von einem Kommandozeilen-Interpreter ausgeführt. Wenn von Shells gesprochen wird, sind normalerweise solche Kommandozeilen-Interpreter gemeint.

Ein hervorstechendes Merkmal von UNIX ist die wie eine Programmiersprache konzipierte, sehr komfortable und mächtige Kommandosprache. Die nach ihrem Entwickler benannte Bourne-Shell ist als ältester Standard in jedem UNIX-System vorhanden. Später kamen als Weiterentwicklung die

Tabelle 8.1 Kommandozeilen-Befehle unter Unix und Windows

Unix	Windows	Erklärung
`ls`	`dir`	Inhalt eines Verzeichnisses auflisten
`mkdir`	`md`	Neues Verzeichnis erstellen
`rmdir`	`rd`	Verzeichnis löschen
`cd`	`cd`	Arbeitsverzeichnis wechseln
`cp`	`copy`	Kopie einer Datei erstellen
`mv`	`move`	Datei verschieben
`rm`	`del`	Datei löschen

C-Shell und die Korn-Shell hinzu. Die populärste Shell ist derzeit die Bourne Again Shell (bash). Unix wurde dafür konzipiert, dass es von erfahrenen Benutzern (Entwickler, Administratoren) verwendet wird. Diese Zielgruppe interagiert über eine Shell mit dem Betriebssystem, da sich damit sehr effizient arbeiten lässt und viele Möglichkeiten zur Automatisierung von Routinetätigkeiten bestehen. Daher werden hier überwiegend die Möglichkeiten der Unix-Shell dargestellt.

Auch unter Windows 8 steht noch ein Kommandozeilen-Interpreter zur Verfügung: `cmd.exe`. Dieser beherrscht noch die zu MS-DOS-Zeiten bekannten Kommandos. Zusätzlich wurde ab 2006 die PowerShell `powershell.exe` ergänzt, welche einige Konzepte aus Unix mit objektorientierter Programmierung verbindet.

Hinter dem Prompt kann der Benutzer ein Kommando eingeben, das Prompt ist beispielsweise ein $ (bash) oder % (csh) unter Unix oder `C:\>` unter Windows:

Unix-Kommandos: `% ` **`command`** `-options parameters`
Windows-Kommandos: `C:\> ` **`command`** `/options parameters`

Die Eingaben werden durch ein Leerzeichen oder Tabulator getrennt. Die erste Eingabe wird als Kommando interpretiert. Alle weiteren Eingaben sind entweder Optionen (mit einem Minuszeichen oder Slash gekennzeichnet) oder Parameter. Parameter sind in der Regel Dateinamen.

Beispielsweise zeigt `ls` in einer Unix-Shell die Namen der Dateien des Arbeitsverzeichnisses an, `ls -l` zeigt zu jeder Datei noch zusätzliche Informationen (Option `-l`) und `ls a*` zeigt alle Dateien des Arbeitsverzeichnisses, die mit einem „a" beginnen (Parameter `a*`).

Die Tabelle 8.1 zeigt die wichtigsten Kommandozeilen-Befehle in Unix und Windows (cmd.exe). Der Kommandozeilen-Interpreter arbeitet jeweils auf einem aktuellen Arbeitsverzeichnis (Working Directory). Wenn beispielsweise `ls` oder `dir` eingegeben wird, dann werden die Namen der Dateien des Arbeitsverzeichnisses angezeigt. Mithilfe des Kommandos `cd` (für Change Directory) wird das Arbeitsverzeichnis auf das gewünschte Verzeichnis geändert.

Unter Linux/Unix ist ein Hilfesystem integriert, die Man-Pages. Zu jedem Befehl kann eine Anleitung aufgerufen werden:

```
man command
```

Unter Windows gibt es bei jedem Befehl typischerweise die Option `/?`. Die Eingabe `move /?` liefert beispielsweise die Anleitung zum `move` Befehl unter Windows.

8.4.2 Besonderheiten am Beispiel der UNIX-Shell

Die Arbeit mit einer Unix-Shell beginnt in der Regel mit dem Login in das Unix-System, also der Eingabe des Benutzernamens samt Passwort. Dies kann lokal an dem Computer erfolgen, auf dem das System läuft oder von einem anderen Computer aus über Programme wie ssh. Unix startet daraufhin die gewünschte Shell als eigenen Prozess. Ein Benutzer kann also mehrere Shells gleichzeitig öffnen, und mehrere Benutzer können auf demselben Computer mehrere Shells geöffnet haben.

Jedes Kommando, das in der Shell ausgeführt wird, ist ein eigener Prozess, der synchron ausgeführt wird. Die Shell blockiert solange bis das gestartete Kommando sich beendet hat, man spricht hier auch von der Ausführung im *Vordergrund*. Kommandos können auch im Hintergrund also asynchron gestartet werden, dann kann in der Shell weiter gearbeitet werden, obwohl das gestartete Programm noch läuft.

```
command             #laeuft im Vordergrund (synchron)
command &           #laeuft im Hintergrund (asynchron)
```

Laufende Prozesse (speziell die im Hintergrund) können mit dem Befehl ps angezeigt werden. Mit dem Befehl kill kann ein Prozess beendet werden.

UNIX-Dienstprogramme: Do one thing well

Die vielseitige Anwendbarkeit und Mächtigkeit von UNIX beruht zu einem erheblichen Teil auch auf der großen Anzahl von ca. 500 nützlichen Dienstprogrammen: Sortieren mit sort, Suchen von Zeichenfolgen in Dateien mit grep, Suchen nach Dateien mit find oder auch Ändern einer Datei mit sed. Umfangreichere Aufgaben werden durch das Zusammenspiel einfacher Kommandos erreicht.

Weitere Beispiele für Dienstprogramme sind Texteditoren (so etwa vi, dessen virtuose Benutzung in der UNIX-Gemeinde zum guten Ton gehört), Tools zur Druckersteuerung, Funktionen zur System- und Datenverwaltung, Programme zur Netzwerkverwaltung und Kommunikation sowie Werkzeuge für die Programmierung. Wegen der engen Verwandtschaft von UNIX und C wird insbesondere die Erstellung von C-Programmen durch zahlreiche Hilfsprogramme unterstützt.

Idee der Dienstprogramme unter Unix ist in der Regel, dass jedes Programm für genau eine Aufgabe zuständig ist und nicht mehr (do one thing well). Mit grep wird nur gesucht, mit sort wird nur sortiert. Umfangreichere Aufgaben werden dann über Shell-Skripte (siehe unten) durch die Kombination dieser einfachen Programme erledigt. Die Kombination wird durch die Standarddatenströme und durch Pipes möglich.

Standarddatenströme und Pipes

Ein Konzept, das Unix-Shells sehr flexibel und mächtig macht, ist die Bereitstellung von Standarddatenströmen für Eingabe (stdin), Ausgabe (stdout) und Fehlerausgabe (stderr), diese werden wir in Kap. 14.3 in der Programmiersprache C wieder aufgreifen. Die Standardpfade können durch die Operatoren < für die Eingabe und > für die Ausgabe auch explizit angegeben werden. So ist in dem Kommando zum Sortieren von Datei-Einträgen:

```
sort < /home/usr1/adr > /home/usr2/adr_sort
```

als Eingabe die Datei /home/usr1/adr und als Ausgabe die Datei /home/usr2/adr_sort festgelegt. Ferner kann die Standardausgabe eines Kommandos bzw. Programms als Standardeingabe eines zweiten Kommandos zu verwenden. Zur Kommunikation der beiden Prozesse werden die bereits dargestellten Pipes verwendet. Die Syntax der Pipes lautet:

```
command1 | command2
```

So werden beispielsweise durch die Kommandozeile

```
ls /home | wc -w
```

zunächst die im Verzeichnis mit dem Namen `/home` enthaltenen Dateinamen als Standardausgabe des Kommandos `ls` erzeugt und als Standardeingabe für das Kommando `wc` (word count) verwendet, das mit der Option `-w` Wörter zählt. Als Ergebnis erscheint also auf dem Bildschirm die Anzahl der im Verzeichnis `/home` enthaltenen Dateien.

Kommunikation

Der Erfolg von UNIX beruht auch auf den integrierten Möglichkeiten zur Kommunikation in heterogenen Rechnernetzen [Tan12]. Neben anderen Dienstprogrammen sind hier vor allem `ftp` (File Transfer Protocol, FTP) und `telnet` (Netzdialog) zu nennen. Sowohl `telnet` als auch `ftp` werden als Kommandos mit einer optionalen Internet-Adresse als Parameter aufgerufen:

```
ftp [address]
telnet [address]
```

Beispiel: `ftp ftp.hs-rosenheim.de`

Die Hauptanwendung von `ftp` ist der Transfer von Dateien, es ist jedoch auch ein eingeschränkter Dialog möglich, etwa die Auflistung von Verzeichnissen. Mit `telnet` kann dagegen eine komplette Sitzung auf einem beliebigen UNIX-Rechner in einem lokalen Netz oder auch im Internet durchgeführt werden – sofern Benutzername und Passwort akzeptiert wurden. Durch `telnet` kann auf einem entfernten Unix-System eine Shell erzeugt und fernbedient werden. Aktuell wird aus Gründen der Sicherheit dafür die Secure Shell `ssh` verwendet, da diese die Kommunikation verschlüsselt. Mit `quit` werden die Programme `telnet` bzw. `ftp` wieder verlassen.

Shell-Programmierung und Automatisierung

Zur UNIX-Kommandosprache gehören auch an C orientierte Operatoren, Variablen, Funktionen und Prozeduren mit Parameterübergabe, Möglichkeiten zur Fehlerbehandlung und Konstrukte zur Ablaufsteuerung. Mithilfe dieser Kommandosprache können Programme, sog. Shell-Skripte geschrieben werden. Durch Shell-Skripte können viele administrative Routinetätigkeiten innerhalb eines Betriebssystems automatisiert werden. Ein Shell-Skript kann z. B. für das korrekte Installieren und Einrichten eines neuen Programms auf dem Betriebssystem sorgen.

Die Kommandosprache verfügt über Variablen, Konstrollstrukturen wie `if` oder auch Schleifen wie `while`. Die oben bereits erwähnten Unix-Dienstprogramme wie `grep` oder `find` können dort ebenso verwendet werden, wie die bekannten Programme zur Datei- und Verzeichnismanipulation, beispielsweise `cd` oder `mv`. Das folgende Beispiel zeigt einige Kontrollstrukturen und Schleifen:

```
for variable in worldlist do commandlist done
while command do commandlist done
if command then commandlist1 else commandlist2 fi
```

Bei Schleifen oder Verzweigungen wird keine Bedingung angegeben, sondern ein Kommando, dessen Rückgabewert ausgewertet wird. In Bsp. 8.5 findet sich beispielsweise `if [ $i -lt 10 ]`. Dabei ist `[ ... ]` ein Aufruf des Kommandos `test` mit dem Ausdruck `$i -lt 10`. Eigentlich wird hier `test` mit drei Parametern aufgerufen. Mithilfe dieses Kommandos können Integer-Werte verglichen werden (z. B. `-lt` für $<$, `-gt` $>$ oder `-eq` für gleich), das Änderungsdatum einer Datei oder die Länge einer Zeichenkette können ebenso für Vergleiche genutzt werden.

Bsp. 8.5 Shell-Skript für die Bourne Again Shell

Das Beispiel zeigt ein Shell-Skript für die Bourne Again Shell (bash), das ist an der ersten Zeile erkennbar. Das Skript gibt den Text `gruppe00` bis `gruppe99` auf der Standard-Ausgabe aus. An dem Beispiel ist gut erkennbar, wie flexibel mit Variablen und Zeichenketten in Shell-Skripten gearbeitet werden kann. Die Variablen `i` oder `text` müssen nicht gesondert deklariert werden, damit fehlt aber eine wesentliche Möglichkeit zur Fehlererkennung durch den Interpreter. Der Inhalt der Variablen `i` wird mit `${i}` bzw. `$i` ausgelesen und an den String `gruppe` angehängt. Das Kommando `echo ${text}` gibt den Inhalt der Variablen `text` aus.
Die Bedingung für den Aufruf von `test` in der if-Abfrage lautet kleiner gleich (less than) und wird mit `-lt` angegeben, wenn auf Gleichheit geprüft werden soll, wird `-eq` verwendet.

```
#!/bin/bash
for(i=0; i<100; i++)
do
   if [ $i -lt 10 ]
   then
     text=gruppe${i}
   else
           text=gruppe${i}
   fi

   echo ${text}
done
```

Dazu kommen Steuerkommandos wie `exit` zum Beenden der Shell, `break` zum Abbrechen der aktuellen Schleife und `continue` zum Starten des nächsten Schleifendurchlaufs.

In der Software-Entwicklung und der Systemadministration müssen häufig bestimmte administrative Aufgaben auf einem Rechner automatisiert werden. Zur Automatisierung werden Shell-Skripte bzw. Batch-Dateien verwendet. Die genaue Kenntnis mindestens einer Kommandosprache ist für Administratoren und Software-Ingenieure daher besonders wichtig. Umfangreichere Sprachen wie Python, Ruby oder Perl werden für solche Tätigkeiten ebenfalls genutzt.

8.4.3 Grafische Benutzerschnittstelle

Grafische Benutzerschnittstellen die mithilfe der Maus oder mit den Fingern bedient werden können richten sich an weniger versierte Benutzer. Bei diesen Oberflächen wird in der Regel verlangt, dass ein Benutzer ohne besondere Vorkenntnisse mit der grafischen Oberfläche arbeiten kann, dies gilt im Besonderen für die Oberflächen von Smartphones und Tablet-Computern.

WIMP und die Schreibtischmetapher

Betriebssysteme für PCs wie Windows 7, Mac OS oder Linux verfügen über umfangreiche grafische Oberflächen. Diese werden über eine Maus und die Tastatur bedient. Die grafische Oberfläche stellt eine Schreibtischoberfläche dar, den *Desktop*. Es gibt beispielsweise einen Papierkorb, in den Dateien und Verzeichnisse „geworfen“ werden können. Auf dem Desktop sind Dateien, Verzeichnisse und

Programme sichtbar, die der Benutzer dort abgelegt hat. Diese werden jeweils über kleine grafische Symbole, sog. Icons symbolisiert und können mit der Maus angeklickt werden. Das Icon für ein Verzeichnis ähnelt einem Hängeordner aus dem Büroalltag.

Die Icons orientieren sich in der Regel an der Dateiendung, eine `.doc`-Datei hat ein anderes Icon als eine `.jpg`-Datei. Das Betriebssystem hat für die gängigen Dateiendungen jeweils ein Programm hinterlegt, mit dem Dateien dieses Typs geöffnet werden. Für `.jpg`-Dateien kann dies beispielsweise ein Grafikprogramm sein. Das Icon zu dieser Datei ist das Icon des zugeordneten Programms und das Anklicken des Icons führt zum Start des Programms mit der Datei als Parameter. Ausführbare Programme haben in der Regel eigene Icons.

Die Arbeit mit Dateien kann im Wesentlichen mit der Maus erledigt werden, über Drag-And-Drop können beispielsweise Dateien verschoben werden. Anlegen, Umbenennen und Löschen von Dateien ist über ein Kontextmenü möglich. Unter Windows erscheint dieses nach Betätigen der rechten Maus-Taste.

Jedes Programm läuft in einem oder mehreren eigenen Fenstern (Window). Es können sich mehrere Fenster gleichzeitig auf dem Desktop befinden und es ist möglich diese zu stapeln, wie Papierblätter auf einem Schreibtisch.

Diese grafischen Oberflächen werden daher auch als *WIMP-Oberflächen* bezeichnet, für Windows, Icons, Menus und Pointing Device.

Erste Vorläufer solcher Oberflächen entstanden schon in den frühen 1970er Jahren am Xerox Parc. Kommerziell verfügbar waren Oberflächen ab Mitte der 1980er Jahre mit dem Apple Macintosh. Die erste Windows-Oberflächen wurden ab Anfang der 1990er Jahre mit Microsoft Windows 3.x erfolgreich. Für Linux stehen unter anderem GNOME und KDE als grafische Oberflächen zur Auswahl.

Multi-Touch-Bildschirme

Mit der Verbreitung der Smartphones ab 2007 (Apple iPhone) hat sich das Verständnis grafischer Oberflächen grundlegend geändert. Die sogenannten Multi-Touch-Bildschirme verbreiteten sich rasant. Ein Multi-Touch-Bildschirm kann mehrere Finger gleichzeitig erkennen. Die Oberfläche muss nun mit den Fingern bedient werden, und es steht kein punktgenauer Mauszeiger mehr als Pointing Device zur Verfügung. Neue Interaktionsmuster wie die Wischgeste oder das Spreizen der Finger zum Vergrößern sowie andere Gesten kamen hinzu. Die Schreibtischmetapher tritt dagegen in den Hintergrund.

Die Oberfläche von Windows 8 wurde beispielsweise an diese neuen Bedürfnisse der Benutzer angepasst und bietet nun den Zugriff auf Daten und Applikationen über Kacheln (große rechteckige Flächen) auf dem Bildschirm an, diese können mit den (breiten) Fingern leichter bedient werden.

8.5 Beispiele für Betriebssysteme

Auf Details einzelner Betriebssysteme wie Windows 7 und 8 sowie Linux wurde in den vorigen Abschnitten immer wieder eingegangen. Die folgenden kurzen Abschnitte liefern einen historischen Abriss über die Entstehung der jeweiligen Betriebssysteme und stellen schlaglichtartig einige interessante Technologien vor.

8.5.1 Microsoft-Windows

Im Jahr 1981 stellte Microsoft das Betriebssystem MS-DOS (Microsoft Disk Operating System) für (IBM-) Personal Computer vor. MS-DOS war als Single-User und Single-Tasking Betriebssystem für den textorientierten Dialogbetrieb und für die Stapelverarbeitung konzipiert. Mit der Zeit wurde die textuelle Benutzeroberfläche durch menüorientierte Komponenten auch anderer Hersteller ergänzt. Erst Ende 1999 wurde das letzte MS-DOS Version 8.0 vorgestellt.

MS-DOS wurde ab Mitte der 1980er Jahre durch das Multitasking-Betriebssystem MS-Windows ergänzt [Man12]. Windows 1.0 kam 1985 auf den Markt. Dieser Entwicklungsstrang wurde über Windows 95 bis zu Windows ME ins Jahr 2000 weiter verfolgt und dort abgebrochen.

Das unabhängig davon entwickelte Windows NT (von New Technology) richtete sich als Konkurrenz zu UNIX an Benutzer mehrplatzfähiger, größerer Client-Server Systeme [Haa08]. Seit Windows XP verwendet Microsoft nur noch den Windows-NT-Kern weiter, auch in den Folgeversionen Windows Vista und Windows 7. Mit Windows 8 kam dann 2013 die Bedienung über Touch-Screens mit der aus der Welt der Mobiltelefone entlehnten Programmsteuerung durch Kacheln und Wischtechnik hinzu [Bor13]. Die Version Windows RT für mobile Anwendungen unterstützt auch den u. a. in Smartphones weit verbreiteten ARM-Prozessor.

Neben den traditionellen Windows-Anwendungen, die auf dem Desktop in einem Fenster laufen und den Konsolenanwendungen wurden als Neuerung die Windows-Apps eingeführt, die innerhalb des neuen Modern User Interface ausgeführt werden. Verbesserungen gibt es außerdem hinsichtlich der Datensicherheit. Damit gelang eine Vereinheitlichung der Benutzeroberflächen von Smartphones, Tablet-Computern und Desktop-Computern.

Daneben wurden auch Versionen wie Windows Embedded für eingebettete Systeme (Embedded Systems) [Ber10] realisiert, womit auch Echtzeitverhalten möglich wurde.

8.5.2 UNIX, LINUX und Android

UNIX wurde als Multi-User und Multitasking Betriebssystem seit 1973 in den Bell Laboratories unter maßgeblicher Mitwirkung von K. Thompson und D. Ritchie entwickelt [Wil07]. Da UNIX größtenteils in C programmiert wurde, ist es gut auf verschiedene Hardware-Plattformen portabel. Trotz Bestrebungen zur Standardisierung der C-Schnittstellen, so etwa mit POSIX durch IEEE und ISO, sind mittlerweile zahlreiche Varianten dieses Betriebssystems entstanden. UNIX hat sich mit seinen Derivaten zu einem der am häufigsten eingesetzten Betriebssysteme entwickelt [Kof12].

Am populärsten ist die ab 1991 von Linus Torvalds entwickelte, unentgeltlich verfügbare Variante Linux[3]. Verschiedene Distributionen sind davon erhältlich.

Viele der grundlegenden Eigenschaften von Unix und Linux wurden in diesem Kapitel bereits vorgestellt. Der Abschnitt 8.3.6 stellte wesentliche Elemente des Dateisystems vor und Abschnitt 8.4.2 diskutiert die Unix-Shells. Daher werden hier Linux und Unix nicht weiter vertieft, stattdessen schauen wir uns einen Ableger für mobile Geräte an: Android.

Android

Android ist ein verbreitetes Betriebssystem für mobile Geräte wie Smartphones oder Tablet-Computer. Es wurde von Google 2007 angekündigt, erste Geräte waren 2008 in Deutschland

[3] siehe dazu [Dal05] und `http://www.linux.org`

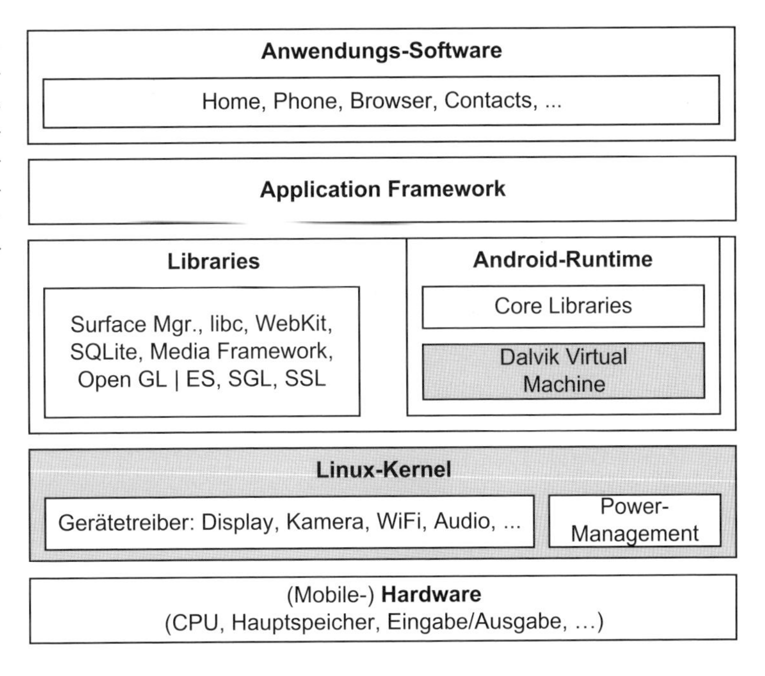

Abb. 8.14 Android basiert auf einem Linux-Kernel. Enthalten ist daher auch die libc. Üblicherweise wird Software für Android in Java implementiert. Der daraus erzeugte Byte Code wird auf der Dalvik Virtual Machine ausgeführt

verfügbar [Kü12]. Android wird von der Open Handset Alliance (OHA) gepflegt. Die OHA war 2007 ein Konsortium aus 34 Firmen aus verschiedenen Bereichen.

Abbildung 8.14 gibt einen vereinfachten Überblick der Bestandteile der Android-Plattform. Android baut auf einem leicht modifizierten Linux-Kernel auf. Verändert wurden Teile zum Energie-Management, die dafür sorgen, dass möglichst viele Peripheriegeräte (z. B. der Bildschirm) nur bei Bedarf aktiviert und mit Strom versorgt werden müssen [Tan14]. Eine zweite Modifikation betrifft den Umgang mit zu wenig Hauptspeicher, hier geht der Kernel aggressiver beim Entfernen von Prozessen aus dem Hauptspeicher vor, damit für die Grundfunktionen wie Telefonieren oder SMS-Schreiben sowie den Kernel immer genügend Speicher zur Verfügung steht. Alle grundlegenden Dienste des Systems werden über Linux bereitgestellt, alle Treiber befinden sich auf dieser Ebene.

Auf dem Linux-Kern baut eine spezielle Java Virtual Machine mit dem Namen „Dalvik" auf. Dalvik ist für die Bedürfnisse von mobilen Geräten optimiert. Sämtliche Anwendungsprogramme – die Apps – und auch Teile von Android selbst laufen auf dieser virtuellen Maschine. Haupt-Implementierungssprache unter Android ist daher Java. Der z. B. auf einem PC erzeugte Java Byte Code wird zur Übersetzungszeit auf den speziellen optimierten Dalvik Byte Code konvertiert. Es werden mehrere virtuelle Maschinen gleichzeitig in Android ausgeführt. Jedes App hat seine eigene virtuelle Maschine in einem eigenen Prozess, darüber werden die verschiedenen Apps gegeneinander abgeschirmt.

Wenn der Hauptspeicher knapp wird, werden gerade nicht benötigte Prozesse (Apps) terminiert. Die Daten über den Status des Prozesses werden jedoch von Android so weggesichert, dass beim Neustart des Prozesses das entsprechende App wieder so hergestellt wird, wie der Benutzer es verlassen hat.

Umfangreiche Funktionsbibliotheken zum Erstellen von Grafiken, dem Management des Bildschirms oder dem Speichern von Informationen in SQLite (siehe Kap. 9) ergänzen das System, diese Bibliotheken sind speziell für diese Hardware übersetzt. Darauf aufbauend bietet das in Java geschriebene Application-Framework die zentralen Elemente für die Android-Apps (Fenster, Buttons, Ereignisbehandlung, ...).

Eine App besteht aus einer oder mehreren Activitys, das ist in der Regel ein GUI-Dialog, in dem der Benutzer mit dem System kommuniziert. Die App kann Funktionalität auch im Hintergrund in Form von Services (ohne GUI) ausführen, mit Services werden lange laufende Aufgaben erledigt, z. B. Anfragen bei einem Kartendienst.

Activitys kommunizieren über Nachrichten miteinander, sogenannte Intents. Über einen Intent kann eine Activity, z. B. die Kontakteverwaltung, eine andere Activity, z. B. den Browser, starten. Intents können genau an eine Activity adressiert werden, oder auch indirekt z. B. an eine Activity die irgendeinen Kartendienst bereitstellt.

Interessant ist die in Android implementierte Möglichkeit zur Kommunikation zwischen verschiedenen Prozessen bzw. Apps, also die technische Umsetzung der Intents im Kernel. Der Linux-Kernel wurde erweitert um eine Möglichkeit zum Nachrichtenaustausch zwischen Prozessen: Binder-IPC (wie andere Geräte auch ansprechbar: `/dev/binder`). Nur Binder-IPC wird zur Interprozess-Kommunikation verwendet. Die Kommunikation findet technisch asynchron statt und tauscht Nachrichten aus, im Gegensatz etwa zu TCP/IP-Sockets wo ein Datenstrom ausgetauscht wird.

8.6 Betriebssystem-Virtualisierung

Das Thema Virtualisierung hat in den vergangenen Jahren große Bedeutung erlangt: Unternehmen betreiben häufig sehr viele (Software-) Server beispielsweise für das Berechtigungssystem, einen Mail-Server, einen oder mehrere Webserver und diverse Server mit fachlichen Anwendungen. Wenn jedem dieser Server eine eigene Hardware zugeordnet wird, führt das zu eher schlechter Auslastung der Hardware, denn die Server sind selten alle gleichzeitig unter Hochlast. Wenn jeder Server nur auf einer Hardware läuft, führt der Ausfall dieser Hardware automatisch zum Ausfall des Software-Servers. Um die Ausfallsicherheit zu erhöhen, muss die Hardware redundant ausgelegt werden. Wenn Hardware oder Betriebssystem eines Servers aktualisiert werden, kann dies ebenfalls zu einem geplanten Ausfall des Servers führen.

Die Virtualisierung hat folgende Grundidee: Zwischen der Hardware und dem Betriebssystem wird eine dünne Zwischenschicht eingefügt und zwar so, dass das Betriebssystem ohne Änderungen weiter betrieben werden kann. Diese Zwischenschicht wird auch *Hypervisor* oder *Virtual Machine Monitor* genannt. Die Zwischenschicht kann eine eigene sehr kleine Software-Schicht sein (Typ-1-Hypervisor) oder als Komponente innerhalb eines (anderen) Gastbetriebssystems laufen (Typ-2-Hypervisor). Das Betriebssystem zusammen mit den darauf installierten Programmen wird insgesamt zu einer „virtuellen Maschine"[4]. Der Hypervisor ermöglicht den Betrieb mehrerer virtueller Maschinen auf derselben Hardware. Er versorgt die virtuellen Maschinen mit Betriebsmitteln (Hauptspeicher, CPU, Festplatte, etc.) der realen Hardware.

Virtualisierung verschafft dem IT-Betrieb mehr Flexibilität. Die vorhandene Hardware kann nun flexibel von den verschiedenen virtuellen Maschinen gemeinsam genutzt werden. Ein Software-Server innerhalb einer virtuellen Maschine kann kurzfristig mehr Betriebsmittel bekommen, wenn er belastet ist und dieselben Betriebsmittel erhält später eine andere virtuelle Maschine. Die virtuellen Maschinen sind voneinander isoliert. Damit kann eine Maschine eine andere nicht beeinflussen.

Eine virtuelle Maschine ist vor ihrem Start eigentlich nur eine einzige Datei oder eine Menge von Dateien. Diese Dateien können flexibel zwischen verschiedenen Hardware-Servern kopiert werden.

[4] Die Java Virtual Machine (JVM) hat damit nichts zu tun. Der Begriff JVM bezeichnet nur eine Laufzeitumgebung.

Damit kann leicht eine virtuelle Maschine umgezogen oder dupliziert werden. Insgesamt wird damit der Betrieb flexibler und die Hardware kann besser ausgelastet werden.

8.6.1 Anwendungsbereiche

Wie schon angesprochen, werden häufig Software-Server (Email-Server, Webserver, Anwendungs-Server, Datenbank-Server, ...) virtualisiert. Hier wird auch von Server-Virtualisierung gesprochen. Um auf die virtualisierten Server zuzugreifen, ist immer ein entsprechender Client erforderlich. Die vorhandenen Clients der Benutzer bekommen von der Virtualisierung ihres Servers in der Regel nichts mit.

Eine zweite Form der Virtualisierung ist die Desktop-Virtualisierung. Dazu wird ein Desktop-Computer inklusive seiner grafischen Oberfläche virtualisiert. Damit kann ein Unternehmen beispielsweise einen Standard-PC-Arbeitsplatz anbieten, der nicht auf dem lokalen PC installiert ist, sondern sich auf einer zentralen Hardware befindet. Ein Benutzer greift auf diesen virtualisierten PC über einen Browser oder eine spezielle Software zu.

Die Software-Entwicklung hat durch Virtualisierung sehr große Fortschritte machen können: Ein Entwickler kann beispielsweise auf seinem PC unterschiedlichste Betriebssysteme und Betriebssystemversionen mithilfe virtueller Maschinen installiert haben. Damit ist er in der Lage, seine Software auf unterschiedlichen Plattformen zu testen, ohne ein großes Hardware-Sortiment zu benötigen. In Wartungsprojekten kann unter bestimmten Umständen auf die Migration von Software verzichtet werden, wenn z. B. ein altes Anwendungsprogramm noch Windows XP benötigt, kann dieses in einer eigenen virtuellen Maschine ablaufen.

8.6.2 Hypervisoren

Ein Hypervisor wird auch Virtual Machine Monitor (VMM) genannt. Er sorgt dafür, dass auf einer realen Hardware eine oder mehrere virtuelle Maschinen ausgeführt werden können [Por12, Man12]. Die ersten Hypervisoren auf x86-Hardware wurden von der 1998 gegründeten Firma VMware bereitgestellt, später traten auch Microsoft mit Hyper-V und die von Citrix gekaufte XenSource in diesen Markt mit ein. Die Grundidee ist jedoch älter; bereits Ende der 1960er, Anfang der 1970er Jahre veröffentlichte IBM Produkte zur Virtualisierung wie den ersten Hypervisor CP-67 (Control Program) aus dem Jahr 1967 für IBM 360 Mainframes.

Ein Hypervisor sollte drei Eigenschaften erfüllen, diese wurden bereits von Popek und Goldberg 1974 formuliert [Pop74]:

1. Sicherheit (Safety): Der Hypervisor muss die uneingeschränkte Kontrolle über die virtualisierten Betriebsmittel haben.

2. Treue (Fidelity): Das Verhalten eines Programms innerhalb einer virtuellen Maschine und auf der realen Hardware muss identisch sein.

3. Effizienz (Efficiency): Der wesentliche Teil des Codes innerhalb der virtuellen Maschine sollte ohne Eingreifen des Hypervisors ausgeführt werden. Die Einbußen durch die Virtualisierung sollten möglichst gering sein.

Diese Eigenschaften werden in den folgenden Abschnitten aufgegriffen.

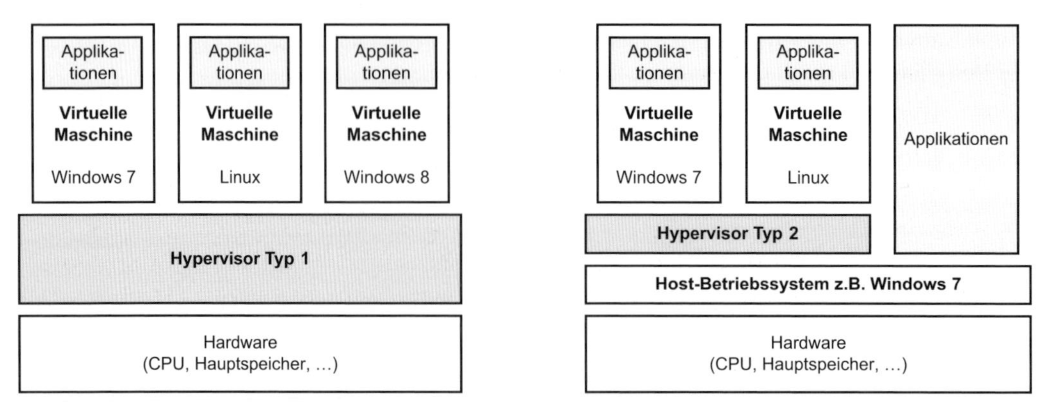

Abb. 8.15 Typ-1 Hypervisor (links) und Typ-2 Hypervisor (rechts)

Hypervisoren Typ-1 und Typ-2

Man unterscheidet Typ-1 und Typ-2 Hypervisoren. Beide werden in Abb. 8.15 dargestellt.

Ein Typ-1 Hypervisor ist eine eigenständige Software, die als rudimentäres Betriebssystem Laufzeitumgebungen für virtuelle Maschinen bietet. Ein Typ-1 Hypervisor verwaltet die Betriebsmittel der jeweiligen Hardware alleine und stellt diese den verschiedenen virtuellen Maschinen zur Verfügung. Große Serversysteme mit vielen virtuellen Maschinen können mithilfe dieser Hypervisoren betrieben werden. Der Hypervisor kann auch dieselben Hardware-Betriebsmittel auf mehrere virtuelle Maschinen gleichzeitig verteilen, sodass mehr Betriebsmittel als tatsächlich vorhanden in den virtuellen Maschinen verfügbar sind. Beispiele für Hypervisoren des Typs 1 sind VMware vSphere (ESXi)[5], Citrix XenServer[6] sowie Microsoft Hyper-V[7]. Die Basisversionen dieser Produkte stehen in der Regel kostenlos zur Verfügung, Xen wurde in Ende der 1990er Jahre als OpenSource Projekt begonnen.

Ein Typ-2 Hypervisor läuft als Gast innerhalb eines vorhandenen Betriebssystems. Damit ist es beispielsweise möglich, innerhalb eines Windows 7 Betriebssystems eine virtuelle Maschine mit Windows Server 2008 und eine weitere virtuelle Maschine mit Linux zu betreiben. Diese Hypervisoren werden beispielsweise in der Software-Entwicklung häufig genutzt. Beispiele für Typ-2 Hypervisoren sind VMware Workstation[8] und VMware Player[9] oder Oracle Virtual Box[10].

Technische Umsetzung eines Hypervisors

Eine virtuelle Maschine wird möglichst direkt auf der darunterliegenden Hardware ausgeführt um möglichst wenig Leistungseinbußen durch die Virtualisierung zu haben. Das setzt voraus, dass sowohl das Betriebssystem wie auch alle Anwendungen für die darunter liegende CPU (z. B. x86) übersetzt sind.

[5] `http://www.vmware.com/de/products/vsphere-hypervisor`
[6] `http://www.citrix.de/products/xenserver/overview.html`
[7] `http://www.microsoft.com/hyper-v`
[8] `http://www.vmware.com/Workstation10`
[9] `http://www.vmware.com/de/products/player`
[10] `http://www.virtualbox.org`

Die älteren x86 CPUs [Man12] haben zwei wesentliche Betriebsmodi, in denen Prozesse ausgeführt werden können – im Zusammenhang mit x86 wird auch von *Ringen* gesprochen: Kernel-Modus (Ring 0) und Benutzer-Modus (Ring 3). Die Privilegienstufen Ring 1 und Ring 2 werden selten genutzt [Man12]. Ein Prozess, der im Kernel-Modus (Ring 0) ausgeführt wird, darf alle Befehle der CPU verwenden, den gesamten Hauptspeicher modifizieren und ungehindert alle Ein- und Ausgabegeräte verwenden. Ein Prozess im Benutzer-Modus darf dies nicht. Er sieht nur den ihm zugewiesenen Hauptspeicher und darf selbst nicht auf Ein- und Ausgabegeräte zugreifen. Wenn ein Prozess im Benutzer-Modus privilegierte CPU-Befehle ausführen will, ruft er die Schnittstelle des Betriebssystems auf. Diese Schnittstelle sorgt für einen Software-Interrupt (Trap), der dann vom Kernel verarbeitet wird und den Zugriff durchführt, welcher die höheren Privilegien erfordert. Typischerweise wird der Kernel eines Betriebssystems im Kernel-Modus ausgeführt und die Anwendungsprogramme im Benutzermodus.

Der Hypervisor muss sich immer dann einschalten, wenn eine virtuelle Maschine auf Hardware-Betriebsmittel zugreifen will. Die Prozesszuteilung an die einzelnen virtuellen Maschinen ist verhältnismäßig einfach: Es werden dieselben Scheduling-Verfahren wie in Betriebssystemen verwendet, z. B. das Round-Robin-Verfahren. Für die anderen Hardware-Betriebsmittel bieten sich folgende Alternativen an:

Simulation für den Kernel Ein Teil der Hardware oder die gesamte Hardware kann vom Hypervisor oder einer darunter liegenden Schicht simuliert werden. Damit führt nicht mehr die CPU den Maschinencode der virtuellen Maschine aus, sondern der Hypervisor interpretiert die einzelnen Befehle. Um nicht zu viel Leistung zu verlieren, genügt es, nur für den Kernel die Hardware zu simulieren, denn die Anwendungsprogramme beschaffen sich die Betriebsmittel über den Kernel des jeweiligen Betriebssystems. Die Anwendungsprogramme können daher direkt auf der Hardware ausgeführt werden.

Ein vollständiger Simulator kann dann sogar eine völlig andere Architektur simulieren, hier spricht man auch von *emulieren*. So könnte ein Programm, das für einen x86-Prozessor übersetzt wurde, also die entsprechenden Maschinenbefehle verwendet, auf einer ARM-CPU genutzt werden.

Instrumentierung Der Hypervisor muss per Software in die virtuelle Maschine eingreifen und die Zugriffe auf Betriebsmittel abfangen. Dazu kann beispielsweise das Maschinenprogramm der virtuellen Maschine mithilfe der Virtualisierungs-Software oder des Hypervisors erweitert (instrumentiert) werden. Während der Instrumentierung werden Befehle, die höhere Privilegien auf der CPU erfordern, innerhalb der virtuellen Maschinen ersetzt durch Aufrufe an den Hypervisor.

Hardware-Unterstützung Der Hypervisor benötigt Privilegien noch unterhalb des Kernel-Modus, über die er die Kernel der virtuellen Maschinen kontrollieren kann. Hierzu wurde in modernen x86-CPU eine weitere Privilegienstufe eingeführt, ein Ring 1 mit höheren Privilegien als im Kernel-Modus (Ring 0). In diesem Modus wird der Hypervisor ausgeführt.

8.6.3 Virtuelle Maschinen

Eine virtuelle Maschine ist eine Art virtueller Computer mit seiner virtuellen Hardware bzw. den virtuellen Betriebsmitteln. Beim Erstellen einer virtuellen Maschine werden auch die Betriebsmittel definiert, über welche die Maschine verfügen soll. Netzwerk- und serielle Schnittstellen werden ebenso zugeordnet wie Hauptspeicher, CPUs oder Festplattenplatz. Für das Betriebssystem innerhalb der virtuellen Maschine sehen diese virtuellen Betriebsmittel so aus wie real vorhandene und werden mithilfe des Betriebssystems auch so verwaltet. Anwendungen und das Betriebssystem innerhalb der virtuellen Maschine merken von der Virtualisierung in der Regel nichts. Portnoy zieht daher den Vergleich zwischen einer virtuellen Maschine und dem Holodeck bei Raumschiff-Enterprise.

Wird die virtuelle Maschine auf einer realen Hardware betrieben, müssen den virtuellen Betriebsmitteln die real vorhandenen Betriebsmittel zugeordnet werden. So erhält die virtuelle Maschine evtl. nur einen Teil des verfügbaren Hauptspeichers und nur einen von mehreren vorhandenen CPU-Kernen.

Die Betriebsmittel können den virtuellen Maschinen fest zugewiesen werden. Auf einem Server mit 4 CPU-Kernen und 16 GB Hauptspeicher könnten z. B. vier virtuelle Maschinen installiert sein, denen jeweils 1 CPU-Kern und 4 GB Hauptspeicher zugewiesen ist. Für das Betriebssystem innerhalb der jeweiligen virtuellen Maschine wirkt das so, als ob es auf einer Hardware mit einer CPU und 4 GB Hauptspeicher installiert wäre.

8.6.4 Grundlegende Aktivitäten der Virtualisierung

Neuinstallation einer virtuellen Maschine

Eine virtuelle Maschine kann von Grund auf neu erstellt werden: Mithilfe der Virtualisierungs-Software wird eine leere virtuelle Maschine erstellt. Ihr werden dabei die benötigten Betriebsmittel zugeordnet. In diese virtuelle Maschine kann dann wie auf eine reale Hardware ein Betriebssystem sowie darauf folgend die Anwendungsprogramme installiert werden.

Virtualisieren eines bestehenden Servers

Aus einem realen Server (Betriebssystem, Daten auf Sekundärspeichern, Anwendungsprogramme) kann eine virtuelle Maschine erstellt werden. Damit ist es möglich, bei einem bereits auf einer Hardware installierten Server zwischen Betriebssystem und Hardware einen Hypervisor dazwischen zu schieben. Auf diese Weise kann eine bestehende Landschaft von (Software-) Servern virtualisiert werden.

Klonen

Von einer virtuellen Maschine kann eine identische Kopie erstellt werden. Im Prinzip werden dazu die Dateien kopiert, welche die virtuelle Maschine darstellen. Diese Kopie kann z. B. auf einer anderen Hardware wieder gestartet werden. Damit können zwei Instanzen derselben Maschine ebenso erzeugt werden. Auch das Migrieren einer virtuellen Maschine auf eine andere Hardware ist möglich.

Snapshots erstellen

Ein Snapshot ist ein Speicherabbild einer virtuellen Maschine. Damit ist es möglich, eine gerade laufende virtuelle Maschine abzuspeichern, samt aller Prozesse in deren Hauptspeicher (z. B. Datenbankserver-Prozesse) und aller Daten auf den Sekundärspeichern. Über den Snapshot kann der so archivierte Zustand der virtuellen Maschine jederzeit wieder hergestellt werden.

Übungsaufgaben zu Kapitel 8

A 8.1 (T1) Welches Betriebssystem befindet sich in welcher Version auf Ihrem Smartphone? Welche wesentlichen Eigenschaften hat dieses Betriebssystem?
A 8.2 (P1) Öffnen Sie auf einem Rechner mit dem Betriebssystem Windows oder Linux eine Shell.

- Was ist Ihr aktuelles Arbeitsverzeichnis?
- Wechseln Sie mit der Shell zum Wurzelverzeichnis (`cd`) und zeigen dort alle Dateien und Verzeichnisse an (`ls` bzw. `dir`)!
- Erstellen Sie automatisch eine Textdatei, welche den Inhalt des Wurzelverzeichnisses enthält z. B. mit `ls > inhalt.txt`. Lassen Sie sich den Inhalt der entstandenen Textdatei anzeigen. Sie haben vermutlich im Wurzelverzeichnis kein Schreibrecht, wo muss die Textdatei daher liegen?
- Wem gehören die Dateien und Verzeichnisse im Wurzelverzeichnis bzw. in Ihrem Arbeitsverzeichnis? Finden Sie das heraus!
- Beschäftigen Sie sich mit den in Unix bzw. Linux verfügbaren Kommandos `grep`, `find` und `sed`! Was können Sie damit machen?

A 8.3 (T2) Beschreiben Sie den Unterschied zwischen einem Mikrokernel und einem monolithischen Kernel. Untersuchen Sie dabei die Rolle der Gerätetreiber. Kann ein Gerätetreiber vollständig außerhalb des Kernels liegen?
A 8.4 (P1) Beschäftigen Sie sich mit dem Schlüsselwort `synchronized` in der Programmiersprache Java. Hat eine Methode diesen Modifizierer wird bei ihrem Aufruf durch einen Thread etwas gesperrt, was genau wird gesperrt? Was genau passiert beim Sperren, wenn andere Threads dieselbe Methode aufrufen wollen? Was hat das mit dem in diesem Kapitel vorgestellten Konzept der Semaphore zu tun?
A 8.5 (T2) Informieren Sie sich über *Docker*. Führen Sie dazu eine Internet-Recherche durch! Welches Problem wird durch diese sog. Container gelöst? Vergleichen Sie Docker mit Typ-2 Hypervisoren. Welche Gemeinsamkeiten und welche Unterschiede gibt es?

Literatur

[Ber10] K. Berns. *Eingebettete Systeme*. Vieweg+Teubner Verlag, 2010.
[Bor13] G. Born. *Microsoft Windows 8.1 komplett*. Microsoft Press, 2013.
[Dal05] M. K. Dalheimer. *Running Linux*. O'Reilly & Associates, 2005.
[Haa08] O. Haase. *Kommunikation in verteilten Anwendungen: Einführung in Sockets, Java RMI, CORBA und Jini*. Oldenbourg, 2008.
[Kof12] M. Kofler. *Linux: Installation, Konfiguration, Anwendungen*. Addison-Wesley, 2012.
[Kü12] T. Künneth. *Android 4: Apps entwickeln mit dem Android SDK*. Galileo Computing, 2012.
[Lin] Linux. www.linux.org.
[Man12] P. Mandl. *Grundkurs Betriebssysteme: Architekturen, Betriebsmittelverwaltung, Synchronisation, Prozesskommunikation*. Vieweg+Teubner Verlag, 2012.
[Pop74] G. J. Popek und R. P. Goldberg. Formal Requirements for Virtualizable Third Generation Architectures. *Commun. ACM*, 17(7):412–421, 1974.
[Por12] M. Portnoy und R. Engel. *Virtualisierung für Einsteiger*. Wiley VCH Verlag GmbH, 2012.

[Sil13] A. Silberschatz, P. B. Galvin und G. Gagne. *Operating System Concepts*. Wiley, 9. Aufl., 2013.

[Tan12] A. Tanenbaum und D. Wetherall. *Computernetzwerke*. Pearson, 5. aktualisierte Aufl., 2012.

[Tan14] A. Tanenbaum und H. Bos. *Modern Operating Systems*. Prentice-Hall, 4. Aufl., 2014.

[Wil07] A. Willemer. *UNIX: Das umfassende Handbuch*. Galileo, 2007.

Kapitel 9

Datenbanken

9.1 Einführung und Definition

Dateisysteme, Datenbanken und DBMS

Daten sind wertvoll und langlebig: Die Daten über die Lebensversicherung oder den Telefonanschluss eines Kunden existieren eventuell über einen Zeitraum von mehr als 50 Jahren hinweg. Damit arbeitet eine heutige Software mit Daten, die z. B. im Jahre 1964 erfasst wurden. Keine Versicherung und kein Telekommunikationsunternehmen könnte es sich leisten, die Daten aller Kunden neu erfassen zu lassen. Sind die notwendigen Daten nicht verfügbar, kann die Versicherungs- oder Telekom-Software nicht oder nicht richtig funktionieren. Dieses Kapitel beschreibt, wie Daten über einen längeren Zeitraum hinweg sicher und konsistent gespeichert werden können. Dies geschieht heute in der Regel mithilfe von relationalen Datenbankmanagement-Systemen (DBMS). Möglich ist es natürlich nach wie vor, die Daten in einfachen Dateien abzulegen und diese mit einem selbst geschriebenen Programm zu lesen und zu schreiben.

Im Kap. 14 sowie im Kap. 15 wird gezeigt, wie mithilfe der C-Standard-Bibliothek bzw. mit Java auf Dateien zugegriffen werden kann. Eine Anwendungssoftware kann damit die Daten, welche das Ausschalten des Rechners überleben sollen, dauerhaft in einer Datei z. B. auf der Festplatte speichern. Die Verwaltung der Dateien übernimmt das Betriebssystem. Dies ist in Abb. 9.1 links schematisch dargestellt: Die Software jeder Anwendung bestimmt das eigene Speicherformat. Die gespeicherten Daten hängen so eng mit der Software der Anwendung zusammen. Wenn eine zweite Anwendung dieselben Daten benötigt, wird das zum Problem, da die zweite Anwendung die Implementierungsdetails der ersten kennen muss oder eine Kopie der Daten speichert, was zu Inkonsistenzen führen kann. Zweitens muss der Zugriff auf die Datei synchronisiert werden, denn beide Programme können nicht gleichzeitig dieselben Daten schreiben.

Wenn mehr als eine Anwendung auf dieselben Daten zugreifen muss oder wenn viele parallele Zugriffe auf dieselben Daten stattfinden, bietet es sich an, dafür eine zentrale Software bereitzustellen,

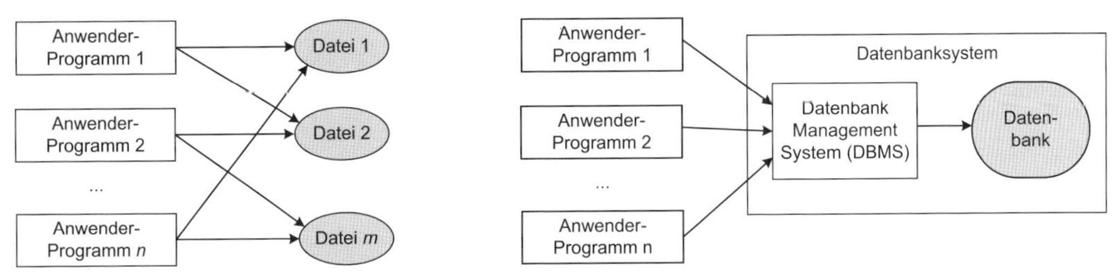

Abb. 9.1 Links: Mehrere Anwendungen verwalten ihre Daten selbst in Dateien. Rechts: Die Daten aller Anwendungen werden in einer gemeinsamen Datenbank von einem Datenbankmanagement-System verwaltet

die unabhängig von Anwendungsprogrammen Daten verwalten kann und welche auch den parallelen Zugriff vieler Nutzer synchronisieren kann. Eine solche Software heißt Datenbankmanagement-System (DBMS) und die verwalteten Daten befinden sich in einer Datenbank. Dies ist in Abb. 9.1 rechts dargestellt. Die wichtigsten Vorteile von Datenbankmanagement-Systemen im Vergleich zu einer dateiorientierten Strategie sind:

- Die Daten werden in der Regel unabhängig von den Anwendungen gespeichert, die diese verwenden. Die Daten sollten damit möglichst unabhängig von der verwendeten Programmiersprache sein, da sich diese im Laufe der Zeit eventuell ändert. Die Anwendung kann durch eine neuere Software ersetzt oder ergänzt werden, dieselben Daten können aber langfristig weiter verwendet werden.
- Die Daten werden in der Regel nur einmal zentral verwaltet und nicht redundant an mehreren unabhängigen Stellen. Damit sinkt das Risiko von Inkonsistenzen (mehrere unterschiedlich geänderte Kopien derselben Daten). Zusätzlich wird dadurch weniger Speicherplatz benötigt.
- Die Daten werden nicht nur persistent gespeichert, das Datenbankmanagement-System sorgt für die Konsistenz der Daten, auch wenn die Anwendung mitten in einem Geschäftsvorfall abstürzt. Auch wenn die Datenbank zerstört ist, kann sie mithilfe von Backup und Recovery wieder hergestellt werden.
- Das DBMS ermöglicht, dass viele Anwendungen bzw. Benutzer quasi gleichzeitig lesend und auch schreibend zugreifen können. Hierzu werden Konzepte wie Transaktionen angeboten.
- Das DBMS kontrolliert die Zugriffe auf die Daten und sorgt dafür, dass definiert werden kann, welcher Nutzer bzw. welche Anwendung welche Daten ansehen oder ändern darf.
- Die Programmierung der Anwendungen wird vereinfacht, da das DBMS das Anlegen, Ändern, Löschen und Suchen von Daten implementiert und optimiert. Über die Sektoren der Festplatte und die Speicherseiten des Betriebssystems zerbrechen sich jetzt die Entwickler des Herstellers des DBMS den Kopf. Die Benutzer und Entwickler der Anwendungen kennen nur eine konzeptuelle Sicht auf die Daten in Form von Knoten eines Graphen, von Zeilen in Tabellen oder von Schlüssel-Wert-Paaren.

Im Laufe der Anwendungsentwicklung wird entschieden, ob die Daten der Anwendung mithilfe eines DBMS gespeichert werden und welche Technologie dort zum Einsatz kommt.

Datenmodellierung

Man kann eine Datenbank als Abbild eines Realitätsausschnitts auffassen. Ein wichtiger Schritt um eine Datenbank zu erstellen ist die Modellierung der Datenstrukturen der Realität, d. h. die Abstrahierung von konkreten Objekten des betrachteten Realitätsausschnittes mithilfe von Datenmodellen. Man schafft so ein reduziertes, aber für den beabsichtigten Zweck wirklichkeitsgetreues Abbild der Realität. Dafür stehen verschiedene Hilfsmittel zur Verfügung, beispielsweise das Entity-Relationship-Modell (ER-Modell), von dem in Kap. 17.5 bereits kurz die Rede war (vgl. Abb. 9.2), oder die Klassenmodelle bzw. -diagramme der UML (Kap. 17.5.2).

Nach der Modellierung in Form eines ER-Modells oder UML-Modells erfolgt die Umsetzung in das Datenmodell (bzw. das Datenbankschema) des verwendeten DBMS. Verschiedene Konzepte zur Abbildung von Daten in eine speicherbare Form stehen zur Verfügung: Man unterscheidet unter

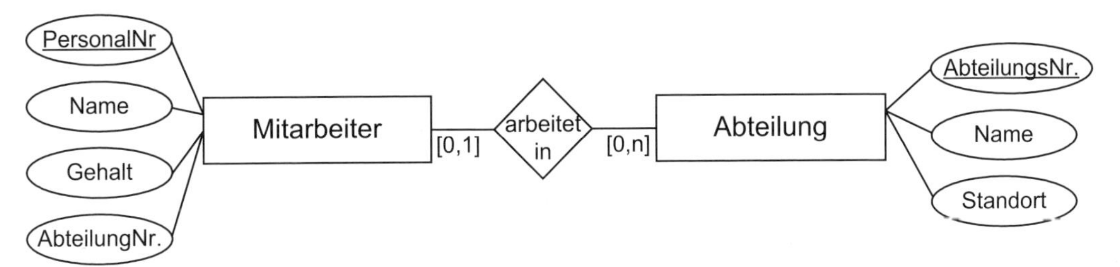

Abb. 9.2 Entity-Relationship-Modell der Relationen Mitarbeiter und Abteilung

anderem hierarchische DBMS, Netzwerk-DBMS, relationale DBMS (RDBMS), objektorientierte DBMS [Kem09, Saa13] und auch NoSQL-DBMS (der Name ist unglücklich) zu denen Graph-DBMS und auch Key-Value-Stores gerechnet werden. Abhängig vom Anwendungszusammenhang ist mal die eine DBMS-Technologie geeignet, mal eine andere. Es ist keineswegs so, dass ER-Modelle immer auf RDBMS abgebildet werden müssten. P. Chen wollte mit dem von ihm erfundenen ER-Modell unabhängig von der DBMS-Technologie sein [Che76].

Hierarchische-DBMS

In hierarchischen Datenbanken werden die Daten vorrangig als Baumstruktur modelliert. Eines der ersten nach diesem Prinzip arbeitenden kommerziellen Datenbank-Produkte war IMS (Information Management System)[1], das 1968 von IBM vorgestellt wurde. IMS ist heute noch im Einsatz. Wie in den Kapiteln 12 und 13 erläutert, sind die wesentlichen Datenbank-Operationen Suchen, Einfügen, Ändern und Löschen unter Verwendung von linearen Listen und Bäumen einfach und schnell realisierbar. Ein gravierender Nachteil ist es jedoch, dass eine hierarchische Baumstruktur zur Beschreibung vieler Realitätsaspekte nicht ausreicht. Beispielsweise kann in einer Artikelverwaltung dasselbe Produkt von mehreren Herstellern angeboten werden und es können andererseits unterschiedliche Produkte von einem einzigen Hersteller bezogen werden. Zur Beschreibung solcher Querbeziehungen eignen sich Netzstrukturen besser.

Netzwerk-DBMS

Anfang der 1970er Jahre entstanden dann auf der Grundlage der durch das CODASYL-Komitee ausgearbeiteten Vorgaben die ersten Netzwerk-DBMS, die als grundlegende Datenstrukturen Graphen (siehe Kap. 13) verwendeten. Die Abbildung der realen Welt gelingt damit besser als mit Baumstrukturen, allerdings um den Preis eines höheren Aufwandes bei der Verwaltung. Ein Beispiel für ein kommerziell eingesetztes Netzwerk-DBMS ist CA-IDMS[2].

Sowohl hierarchische wie auch Netzwerkdatenbanken tun sich schwer mit der Erstellung von Übersichten über die enthaltenen Daten. Um z. B. zu berechnen, wie viel Umsatz im letzten Quartal gemacht wurde, muss der Baum bzw. der Graph mit den Buchungsdaten durchlaufen werden. Übersichten, die mehrere Entitäten zusammenfassen, können zum Durchlaufen großer Teile des Datenbestandes führen. Für Übersichten und Zusammenfassungen verschiedener Daten sind Tabellenstrukturen geeigneter als Graphen.

[1] vgl. `http://www-01.ibm.com/software/data/ims/`
[2] vgl. `http://www.ca.com/us/opscenter/ca-idms.aspx`

Relationale DBMS

Die Daten werden im relationalen Modell in Tabellen geordnet, die in diesem Zusammenhang als Relationen bezeichnet werden. Übersichten und oder Zusammenfassungen der gespeicherten Daten sind leicht erstellbar, da sich diese Daten in derselben Tabelle befinden. Es gibt Möglichkeiten (Joins) die Informationen aus mehreren Tabellen zu kombinieren. Das relationale Modell ist in der Praxis bei weitem das Bedeutendste, daher wird in Kap. 9.2 näher auf die Grundlagen eingegangen. Interessant an relationalen DBMS ist, dass vollständige mathematische Modelle ihre Grundlage bilden: Ein Modell ist die sog. Relationenalgebra (relationale Algebra), eine Algebra auf der Menge der Relationen, diese wird noch ausführlicher besprochen und stammt von E. F. Codd aus dem Jahr 1970, siehe Abschnitt 9.3.

Für relationale Datenbanken gibt es eine eigene Abfragesprache, die Structured Query Language (SQL, siehe Abschnitt 9.4.). Diese ist standardisiert und wird von relationalen Datenbankmanagement-Systemen weitgehend unterstützt, wobei sich die jeweiligen Herstellerdialekte unterscheiden.

Objektorientierte DBMS und Objektrelationale-DBMS

Mit der Speicherung von komplexen Strukturen aus Objekten und mit Konzepten wie Vererbung, Zeigern, Listen oder assoziativen Arrays tun sich relationale DBMS schwer, da z. B. Vererbung oder auch Zeiger mit Konzepten der relationalen DBMS dargestellt werden müssen, dies wird auch als Objekt-Relationaler Paradigmenbruch bezeichnet.

Anfang der 1990er Jahre kamen rein objektorientierte Datenbankmanagement-Systeme auf [Heu97] und eine eigene objektorientierte Anfragesprache OQL (Object Query Language) wurde dazu definiert [Cat00]. Damit war es möglich Objekte aus Sprachen wie C++ oder Java direkt in der Datenbank abzuspeichern ohne diese vorher auf Tabellenstrukturen abbilden zu müssen. Davon erhoffte man sich eine Vereinfachung der Anwendungsprogrammierung und eine Effizienzverbesserung bei der Speicherung komplexer Objektgeflechte.

Ab Ende der 1990er Jahre wurden auch rein relationale DBMS um objektorientierte Eigenschaften erweitert. Diese Erweiterungen finden sich im SQL-Sprachstandard ab 1999 wieder [ISO99], viele relationale DBMS sind deswegen zu objektrelationalen DBMS mutiert.

NoSQL

Die Bezeichnung NoSQL fasst eine Reihe unterschiedlicher Datenbanktechnologien zusammen. Diese Datenbanktechnologien haben in den vergangenen Jahren speziell bei sehr großen Internetsystemen wie Facebook, Yahoo, Amazon oder Google größere Verbreitung gefunden. Die Datenbanktechnologien verwenden offenbar nicht nur (no = not only) bzw. kein (no) SQL, daher der eher unglückliche Name. NoSQL wirft so unterschiedliche Ansätze wie Graph-DBMS mit Key-Value-Stores in einen Topf.

Ein häufiger Anwendungsfall von NoSQL-DBMS ist das Durchsuchen (nur lesend) sehr großer Datenmengen, die auch Kopien von Daten aus relationalen DBMS sein können. Zweiter Anwendungsfall ist das Speichern von Daten, die nur semi-strukturiert sind und sich nicht oder nur schwer in Form von Tabellen darstellen lassen, da sich die einzelnen Datensätze evtl. zu sehr voneinander unterscheiden. Für diese semi-strukturierten Daten können XML (vgl. dazu Kap. 9.8) oder JSON (vgl. Kap. 16.4) als Datei- bzw. Speicherformate verwendet werden. Einige NoSQL-DBMS verwenden diese Formate.

Benchmarking

Bei der Beurteilung von DBMS für Vergleiche und als Grundlage für Kaufentscheidungen sowie für die Planung von Tuning-Arbeiten sind standardisierte Tests zur Ermittlung von Vergleichsgrößen erforderlich. Die entsprechenden Verfahren werden als Benchmarking bezeichnet. Durch Tuning, beispielsweise Speicherausbau und Anpassung von Systemparametern, lassen sich Benchmark-Resultate oft deutlich verbessern. Die für den Anwender wichtigste Benchmark Größe ist die Antwortzeit (Response Time) auf eine Anfrage. Große Bedeutung hat ferner die Anzahl der Transaktionen pro Sekunde (Transactions per Second, TPS). Für Kaufentscheidungen wichtig sind ferner die Kosten für Anschaffung, Wartung und Betrieb.

9.2 Relationale Datenbankmanagement-Systeme

9.2.1 Relationen

Das relationale Datenbankmodell und darauf aufbauende relationale Datenbankmanagement-Systeme (RDBMS) gehen auf eine in 1970 veröffentlichte Arbeit von E. F. Codd [Cod70] zurück. Codd legte damit das mathematische Fundament in Form der relationalen Algebra (siehe Abschnitt 9.3). In den Folgejahren wurde das Konzept durch zahlreiche Veröffentlichungen und Kongresse erweitert. Eine Zusammenfassung dieser Entwicklung gibt Codd in seiner Veröffentlichung von 1990, die auch umfangreiche Literaturhinweise enthält [Cod90].

Unter einer Relation versteht man im Zusammenhang mit dem relationalen Datenmodell eine logische Zusammenfassung von Informationen in einer Form, die in etwa einer Tabelle vergleichbar ist. Gemeint ist auch eine Relation im mathematischen Sinne, also eine Menge von Tupeln. In Abb. 9.3 sind beispielsweise die Relationen `Mitarbeiter` und `Abteilungen` dargestellt. Das Tupel $(101, \mathit{Meissner}, 75000, 1)$ ist eines von drei Tupeln der Relation `Mitarbeiter`. Die Spalten der Tabelle werden als Attribute der Relation und die Anzahl der Attribute der Relation als deren Grad bezeichnet. Die Zeilen nennt man Tupel und deren Anzahl Kardinalität. Da man auch leere Relationen zulässt, kann die Kardinalität auch den Wert Null annehmen. Im Unterschied zu der naiven Vorstellung einer Tabelle ist für die Tupel und Attribute einer Relation keine feste Reihenfolge definiert. Eine Spalte ist also nicht über ihre Nummer, sondern nur über ihren Namen ansprechbar. Deswegen ist auch die mathematische Modellierung der Tabellen etwas komplizierter als einfache

Mitarbeiter

PersonalNr	Name	Gehalt	AbteilungsNr
101	Meissner	75 000	1
102	Lehmann	98 000	1
103	Kunze	75 000	2

Abteilungen

AbteilungsNr	Name	Standort
1	Einkauf	München
2	DV-Org.	Augsburg
3	Produktion	Straubing
4	Entwicklung	Augsburg
5	Verwaltung	München

Abb. 9.3 Die Abbildung zeigt die beiden Relationen `Mitarbeiter` und `Abteilungen`. Die Relation `Mitarbeiter` hat vier Attribute, welche die Namen `PersonalNr`, `Name`, `Gehalt` und `AbteilungsNr` tragen sowie drei Zeilen (also insgesamt drei 4-Tupel). Die Relation `Abteilung` hat die drei Attribute mit den Namen `AbteilungsNr`, `Name` und `Standort` sowie vier Zeilen (also insgesamt fünf 3-Tupel). Die (Primär)Schlüssel der beiden Tabellen sind jeweils für jede Zeile eindeutig: `PersonalNr` ist Schlüssel der Relation `Mitarbeiter` und `AbteilungsNr` ist Schlüssel von `Abteilung`

mathematische Relationen [Saa13]. Außerdem fordert man, dass keine zwei Tupel einer Relation identisch sein dürfen, sonst wäre die Relation keine Menge von Tupeln, sondern eine Multimenge von Tupeln. Hier unterscheidet sich die relationale Algebra von realen relationalen DBMS, die es durchaus erlauben, dass dieselbe Zeile mehrfach in einer Tabelle vorkommt, erst wenn die Tabelle einen Schlüssel hat, ist das ausgeschlossen.

9.2.2 Schlüssel

Für verschiedene Operationen auf einer Datenbank ist es notwendig, ein einzelnes Tupel (eine einzelne Zeile) identifizieren zu können, z. B. wenn genau nur dieses Tupel geändert werden soll. Im Beispiel aus Abb. 9.3 könnten wir Herrn Lehmann das Gehalt kürzen wollen. Dazu wird das Konzept eines Schlüssels verwendet: Ein Schlüssel ist eine minimale Menge von Attributen bzw. ein Attribut, deren Werte bzw. dessen Wert eindeutig jedes Tupel identifiziert. Also haben keine zwei Tupel dieselben Werte der Attribute bzw. denselben Wert des Attributs. Das Tupel, das Herrn Lehmann beschreibt, wird durch den Wert „102" des Attributs `PersonalNr` eindeutig identifiziert.

Beispiele für solche Attribute finden sich in der realen Welt viele: Ein Konto wird durch seine Kontonummer identifiziert, ein Personalausweis bzw. ein Bürger der Bundesrepublik durch seine Ausweisnummer oder ein Versicherungsvertrag durch die Vertragsnummer. All diese Attribute können jeweils als Schlüssel in den entsprechenden Relationen dienen. In ER-Modellen werden solche Attribute unterstrichen.

Ein Schlüssel – also ein Attribut oder eine Menge von Attributen – wird als Schlüsselkandidat (Candidate Key) bezeichnet, wenn er eindeutig ist, d. h. wenn die zugehörigen Einträge in allen Tupeln der Relation zu jedem Zeitpunkt voneinander verschieden sind. Zur Eindeutigkeit gehört auch, dass zu einem Schlüsselkandidat keine Attribute gehören, die man weglassen könnte, ohne die Eindeutigkeit zu stören (Minimalitätsprinzip). Ein Schlüsselkandidat existiert notwendigerweise für jede Relation, da diese ja keine identischen Tupel aufweisen darf. Im Extremfall müsste man die Menge aller Attribute als Schlüsselkandidat wählen.

Zur eindeutigen Identifikation aller Zeilen der Relation sollte diese einen Primärschlüssel (Primary Key) besitzen. Man kann immer einen Schlüsselkandidat zum Primärschlüssel erklären oder eigens für diesen Zweck ein zusätzliches Attribut definieren, beispielsweise eine künstlich erzeugte Nummer (ID). Um den Zugriff zu beschleunigen, kann man neben dem Primärschlüssel weitere eindeutige Schlüssel einführen, sog. Zweitschlüssel (Secondary Keys). Schließlich führt man noch Fremdschlüssel (Foreign Keys) ein, die dadurch definiert sind, dass ihr Wertebereich in einer anderen Relation definiert ist. Durch Fremdschlüssel sind Relationen logisch miteinander verbunden.

Aus Abb. 9.3 lassen sich einige Beispiele für die verschiedenen Schlüsselarten ablesen. In der Relation `Mitarbeiter` sind die Attribute `PersonalNr` und `Name` als Schlüsselkandidaten verwendbar, nicht aber `Gehalt` und `AbteilungsNr`, da mit diesen keine eindeutige Identifizierung der Tupel möglich ist. In der Spalte Gehalt kommt ja das Gehalt 75.000 zweimal vor und in der Spalte `AbteilungsNr` ist die Nummer „1" doppelt vorhanden. Die Attributmenge `{Gehalt, AbteilungsNr}` ist dagegen ein Schlüsselkandidat, denn durch die entsprechenden Einträge ist jede Zeile eindeutig definiert. Bei dem Raten eines Schlüsselkandidaten aus den bereits vorhandenen Daten ist allerdings Vorsicht geboten: Denn es ist fachlich nicht ausgeschlossen, dass ein neuer Mitarbeiter in derselben Abteilung das gleiche Gehalt wie ein Kollege bekommt, damit sind die Voraussetzungen `{Gehalt, AbteilungsNr}` zum Schlüsselkandidaten zu machen verletzt. Üblicherweise werden die Schlüsselkandidaten fachlich motiviert im Rahmen der Datenmodellierung identifiziert.

Sinnvollerweise wählt man die Relation `PersonalNr` als Primärschlüssel – sie wurde ja wohl zu diesem Zweck eingeführt. In der Relation `Abteilungen` sind nur die Attribute `AbteilungsNr` und `Name` Schlüsselkandidaten, wobei hier `AbteilungsNr` als Primärschlüssel gewählt wurde.

Offenbar kommt das Attribut `AbteilungsNr` sowohl in der Relation `Mitarbeiter` als auch in der Relation `Abteilungen` vor, und zwar dort als Primärschlüssel. Die Domäne (also der Wertebereich) des Attributs `AbteilungsNr` ist durch die Menge `{1, 2, 3, 4}` in der Relation `Abteilungen` definiert, so dass dasselbe Attribut `AbteilungsNr` in der Relation `Mitarbeiter` ein Fremdschlüssel ist, über den die beiden Relationen logisch miteinander verbunden sind.

Zur Definition jeder Relation gehört auch die Spezifikation des Primary-Key mit seinem Wertebereich und die Kennzeichnung von Fremdschlüsseln.

9.2.3 Beziehungen (Relationships)

Relationen und ihre Tupel bzw. Tabellen und ihre Zeilen können nicht isoliert betrachtet werden. Man denke beispielsweise an eine Bestellung mit ihren Bestellpositionen und den Daten des Rechnungsempfängers. Diese Daten lassen sich nicht in einer Relation darstellen, da eine Bestellung mehrere Bestellpositionen haben kann und da der Rechnungsempfänger vermutlich schon woanders gespeichert ist und keine Redundanz gewollt ist. Damit werden für eine Bestellung mindestens drei Relationen benötigt, eine für die Bestellungen, eine für die Bestellpositionen und eine weitere für Kunden (Rechnungsempfänger). Relationen können also in Beziehung zu einander stehen, wie dies schon in den ER-Modellen in Form der Beziehungen (Relationships) zwischen den Entitäten zum Ausdruck kommt. Abhängig von den Kardinalitäten unterscheidet man:

1 zu 1 Beziehung	Zu einem Tupel gehört genau ein anderes Tupel. Beispiel: Person $\leftrightarrow$ Kopf. Oder zu einem Tupel gehört ein oder kein anderes Tupel (Konditional). Beispiel: Person $\leftrightarrow$ Reisepass
1 zu N Beziehung	Zu einem Tupel gehört mindestens ein (≥ 1) anderes Tupel. Beispiel: Mitarbeiter $\rightarrow$ Adresse. Oder zu einem Tupel gehören beliebig viele (≥ 0) andere Tupel. Beispiel: Ehepaar $\rightarrow$ Kinder
M zu N Beziehung	Zu einem Tupel gehören beliebig viele (≥ 0) andere Tupel umgekehrt gilt dasselbe. Beispiel: Auto — Fahrer

9.3 Relationale Algebra

Eine Algebra besteht aus einer Grundmenge und einer Menge von Operationen, die auf dieser Grundmenge definiert sind und deren Ergebnisse wieder in der Grundmenge liegen. In unserem Fall ist die Grundmenge die Menge aller Relationen (Tabellen), die Operationen bilden eine oder mehrere Relationen wieder auf Relationen ab und können flexibel miteinander verknüpft werden. Die relationale Algebra legt ein mathematisches Fundament für relationale DBMS. Eine Datenbankanfrage kann mathematisch vergleichsweise einfach modelliert werden. Mithilfe der Operationen der Algebra kann diese dann z. B. durch Rechenregeln in eine andere Anfrage umgeformt werden, die dasselbe Ergebnis liefert aber effizienter ausgeführt werden kann. Wenn diese Umformung nicht modelliert sondern nur programmiert wird, müsste aufwendig getestet werden, ob beide Anfragen tatsächlich, überall, jeder Zeit und mit allen denkbaren Daten dasselbe Ergebnis liefern. Nach den Tests wäre man noch immer nicht sicher, denn die Tests können nicht mit allen denkbaren Daten ausgeführt werden. Im mathematischen Modell ist dagegen ein Beweis möglich. Vielen anderen Datenbank-Technologien fehlt ein ähnliches Fundament teilweise oder vollständig.

Selektion σ

Mit der Selektion σ werden aus einer Relation entsprechend einer Bedingung (Prädikat) ein oder mehrere Tupel herausgegriffen: $\sigma_{Bedingung}(Relation)$. Alle Tupel, welche die Bedingung erfüllen (`true`), sind in der Ergebnisrelation enthalten, die anderen nicht. In Abb. 9.4 werden nur die Tupel aus der Relation `Mitarbeiter` in das Ergebnis übernommen, die die Bedingung $Gehalt = 75000$ erfüllen.

Mitarbeiter

PersonalNr	Name	Gehalt	AbteilungsNr
101	Meissner	75 000	1
102	Lehmann	98 000	1
103	Kunze	75 000	2

Selektion: $\sigma_{Gehalt=75.000}(Mitarbeiter)$

PersonalNr	Name	Gehalt	AbteilungsNr
101	Meissner	75 000	1
103	Kunze	75 000	2

Abb. 9.4 Anwendung der Selektion auf die Relation `Mitarbeiter`

Projektion π

Mit der Projektion π können Attribute $Attr_i$ (in einer Tabelle wären das Spalten) aus einer Relation herausgegriffen werden $\pi_{Attr_1,\ldots Attr_n}(Relation)$. In Abb. 9.5 hat $\pi_{Name,Gehalt}(Mitarbeiter)$ als Ergebnisrelation nur die Spalten `Name` und `Gehalt`, die Zahl der Tupel bleibt dieselbe.

Mitarbeiter

PersonalNr	Name	Gehalt	AbteilungsNr
101	Meissner	75 000	1
102	Lehmann	98 000	1
103	Kunze	75 000	2

Projektion: $\pi_{Name,Gehalt}(Mitarbeiter)$

Name	Gehalt
Meissner	75 000
Lehmann	98 000
Kunze	75 000

Abb. 9.5 Anwendung der Projektion auf die Relation `Mitarbeiter`

Kartesisches Produkt (Kreuzprodukt $\times$)

Mit dem (kartesischen) Produkt $\times$ wird analog zum kartesischen Produkt zweier Mengen das Produkt zweier Relationen gebildet. Die resultierende Relation $Rel_1 \times Rel_2$ enthält dann sämtliche Kombinationen, die sich aus den Tupeln der beiden Relationen bilden lassen. Dies ist an der Ergebnisrelation in Abb. 9.6 zu erkennen.

Rel_1

Attribut 1.1	Attribut 1.2
1	A
2	B
3	C

Rel_2

Attribut 2.1
x
y

Produkt: $Rel_1 \times Rel_2$

Attribut 1.1	Attribut 1.2	Attribut 2.1
1	A	x
1	A	y
2	B	x
2	B	y
3	C	x
3	C	y

Abb. 9.6 Aus den Relationen Rel_1 und Rel_2 entsteht durch $Rel_1 \times Rel_2$ eine neue Relation

Vereinigung (Union, $\cup$)

Die Operation Vereinigung $\cup$ (Union) vereinigt zwei Relationen Rel_1 und Rel_2 zu einer Relation $Rel_1 \cup Rel_2$, in der alle Tupel der ersten Relation und der zweiten Relation enthalten sind (vgl. Abb. 9.7). In beiden Relationen enthaltene Tupel erscheinen im Ergebnis nur einmal. Diese Operation ist nur ausführbar, wenn die Anzahl der Attribute in den beiden zu verknüpfenden Relationen gleich sind und wenn die Attribute miteinander kompatibel sind, d. h. wenn deren Wertebereiche (Datentypen) übereinstimmen. Man bezeichnet diese Eigenschaft als union-kompatibel.

$Abteilungen_A$

Name	Standort
Einkauf	München
DV-Org.	Augsburg
Entwicklung	Augsburg
Verwaltung	München

$Abteilungen_B$

Name	Standort
DV-Org.	Augsburg
Produktion	Straubing
Marketing	München

$Abteilungen_A \cup Abteilungen_B$

Name	Standort
Einkauf	München
DV-Org.	Augsburg
Entwicklung	Augsburg
Produktion	Straubing
Marketing	München
Verwaltung	München

Abb. 9.7 Aus den Relationen $Abteilungen_A$ und $Abteilungen_B$ entsteht die rechts abgebildete Relation durch $Abteilungen_A \cup Abteilungen_B$

Mengendurchschnitt (Intersection, $\cap$)

Durch die Operation Mengendurchschnitt $\cap$ (Intersection) wird aus zwei Relationen Rel_1 und Rel_2 als Ergebnis eine Relation $Rel_1 \cap Rel_2$ gebildet, die nur diejenigen Tupel enthält, die sowohl in der ersten Relation als auch in der zweiten Relation enthalten sind (vgl. Abb. 9.8). Diese Operation ist nur ausführbar, wenn die beiden Relationen in dem oben bei der Operation Union erläuterten Sinne union-kompatibel sind.

$Abteilungen_A$

Name	Standort
Einkauf	München
DV-Org.	Augsburg
Entwicklung	Augsburg
Verwaltung	München

$Abteilungen_B$

Name	Standort
DV-Org.	Augsburg
Produktion	Straubing
Marketing	München

$Abteilungen_A \cap Abteilungen_B$

Name	Standort
DV-Org.	Augsburg

Abb. 9.8 Aus den Relationen $Abteilungen_A$ und $Abteilungen_B$ entsteht die rechts abgebildete Relation durch $Abteilungen_A \cap Abteilungen_B$

Mengendifferenz (Difference, $-$)

Durch die Operation Difference (Differenz) wird aus zwei Relationen Rel_1 und Rel_2 als Ergebnis eine Relation $Rel_1 - Rel_2$ gebildet, die nur diejenigen Tupel enthält, die in der ersten Relation enthalten sind, in der zweiten Relation jedoch nicht (vgl. Abb. 9.9). Diese Operation ist nur ausführbar, wenn die beiden Relationen union-kompatibel sind.

Abteilungen$_A$

Name	Standort
Einkauf	München
DV-Org.	Augsburg
Entwicklung	Augsburg
Verwaltung	München

Abteilungen$_B$

Name	Standort
DV-Org.	Augsburg
Produktion	Straubing
Marketing	München

$Abteilungen_A - Abteilungen_B$

Name	Standort
Einkauf	München
Entwicklung	Augsburg
Verwaltung	München

Abb. 9.9 Aus den Relationen $Abteilungen_A$ und $Abteilungen_B$ entsteht durch $Abteilungen_A - Abteilungen_B$ die rechts abgebildete Relation

Division ÷

Es wird die Division einer Relation Rel_1 durch eine Relation Rel_2 bezüglich eines Attributes A aus Rel_1 betrachtet, wobei Rel_2 ebenfalls ein Attribut mit demselben Wertebereich enthalten muss wie das bei der Division verwendete Attribut A (vgl. Abb. 9.10). Aus der Ergebnisrelation wird zunächst das Attribut A gelöscht. Sodann verbleiben in der Ergebnis-Relation $Rel_1 \div Rel_2$ nur diejenigen Tupel, für die irgendein Attribut der Relation Rel_1 alle Werte von Relation Rel_2 enthält.

Rel_1

Attribut 1.1	Attribut 1.2
1	A
2	A
2	B
2	C
3	D

Rel_2

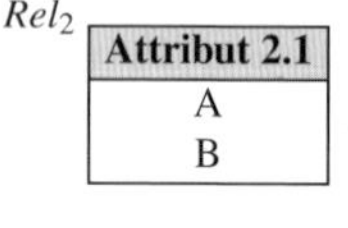

Attribut 2.1
A
B

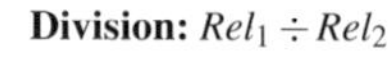

Division: $Rel_1 \div Rel_2$

Attribut 1.1
2

Abb. 9.10 In der Relation Rel_1 gibt es nur einen Wert für Attribut 1.1, der mit allen Werten von Attribut 2.1 aus Rel_2 vorkommt: Tupel sind $(2,A)$ und $(2,B)$, der Wert ist damit 2. Dieser Wert findet sich in der Ergebnisrelation

Verbund (Join, ⋈)

Bei der Operation Join (Verbund) wird in dessen allgemeinster Form zunächst das Produkt × zweier Relationen gebildet, danach über eine Selektion mit der Verknüpfung zweier Attribute aus je einer der Relationen eine Anzahl von Zeilen herausgegriffen und schließlich über eine Projektion eine Reihe von Attributen ausgewählt. Vorausgesetzt wird dabei, dass die beiden im Join verwendeten Attribute denselben Wertebereich haben. Dabei ist $Attr_i$ Attribut in Rel_1 und $Attr_j$ Attribut in Rel_2.

$$Rel_1 \bowtie_{Attr_i \Theta Attr_j} Rel_2 = \sigma_{Attr_i \Theta Attr_j}(Rel_1 \times Rel_2) \quad .$$

Der griechische Buchstabe Θ (Theta) steht dabei für einen beliebigen Operator, weswegen diese allgemeinste Form des Join auch Theta-Join genannt wird. Wird für Θ der Vergleichsoperator „=“ eingesetzt, so spricht man von einem Equi-Join.

Im allgemeinen Join kommen in der durch die abschließende Projektion gebildeten Ergebnisrelation immer alle im Join verwendete Attribute vor (vgl. die oben gezeigte Formel). Im sog. natürlichen Join wird dagegen von den im Vergleich (nur Gleichheit) verwendeten Attributen nur das Erste (etwa $Attr_i$ aus dem obigen Beispiel) ins Ergebnis übernommen, sonst hätten zwei Attribute der Ergebnisrelation in allen Tupeln denselben Wert. Häufig sind die Fremdschlüssel die Attribute über welche der natürliche Join stattfindet. Ein natürlicher Join könnte beispielsweise wie in Abb. 9.11 dargestellt aussehen, das Attribut *AbteilungsNr* findet sich nur einmal in der Ergebnisrelation.

Mitarbeiter

PersonalNr	Name	Gehalt	AbteilungsNr
101	Meissner	75 000	1
102	Lehmann	98 000	1
103	Kunze	75 000	2

Abteilungen

AbteilungsNr	Name	Standort
1	Einkauf	München
2	DV-Org.	Augsburg
3	Produktion	Straubing
4	Entwicklung	Augsburg
5	Verwaltung	München

$Mitarbeiter \bowtie Abteilungen$

PersonalNr	Name	Gehalt	AbteilungsNr	AName	Standort
101	Meissner	75 000	1	Einkauf	München
102	Lehmann	98 000	1	Einkauf	München
103	Kunze	75 000	2	DV-Org.	Augsburg

Abb. 9.11 Beispiel zum natürlichen Join über das Attribut `AbteilungsNr`, welches sich in beiden Relationen findet, wobei in der Relation `Mitarbeiter` nur Werte von `AbteilungsNr` erlaubt sind, die es in diesem Attribut der Relation `Abteilungen` gibt (Fremdschlüssel). Das Attribut `Abteilungen.Name` musste im Ergebnis wegen eines Namenskonflikts mit `Mitarbeiter.Name` umbenannt werden

Umbenennung β

Um vollständig mit Relationen rechnen zu können, fehlt noch eine Operation zur Umbenennung von Spalten. Diese wird mit β bezeichnet. Wenn beispielsweise die Spalte `Name` in der Tabelle `Abteilungen` in der Ergebnistabelle in `AbtName` umbenannt werden soll, schreibt sich das so: $\beta_{AbtName \leftarrow Name}(Abteilungen)$ [Saa13].

Mit den beschriebenen Grundoperationen der relationalen Algebra sind alle im Zusammenhang mit Datenbanken relevanten Funktionen modellierbar [Saa13, Kem09]. Für die praktische Anwendung benötigt man allerdings eine entsprechende Sprache. Dafür hat sich die Datenbanksprache SQL durchgesetzt, die im folgenden Abschnitt behandelt wird.

9.4 Die Datenbanksprache SQL

Zur Geschichte

Mit SQL (Structured Query Language) steht eine Sprache zur Verfügung, mit der alle Funktionen auf relationalen Datenbanken ausgeführt werden können. Eine Basis von SQL ist die im vorangegangenen Abschnitt eingeführte Relationenalgebra [Kem09, Saa13].

Seit 1974 IBM mit SEQUEL die erste relationale Datenbanksprache auf den Markt brachte, hat sich die in den Folgejahren daraus entwickelnde Sprache SQL weiter verbreitet. SQL setzte sich schließlich ab 1982 als ANSI-Standard allgemein durch. Seitdem ist eine ständige Weiterentwicklung im Fluss. 1987 wurde der ANSI-Standard SQL-1 geschaffen und 1992 der verbesserte ANSI-Standard SQL-2. Die ISO schloss sich dieser Standardisierung an, und auch in der deutschen Norm DIN 66315 ist SQL-2 festgelegt. Gebräuchlich ist auch der Name SQL-92.

In der Weiterentwicklung zu SQL-1999 [ISO99] bis zu SQL-2011 wurden objektorientierte Konzepte integriert, jedoch unter Beibehaltung der relationalen Eigenschaften von SQL-2. Diese Entwicklung trägt dem sich etablierenden Modell objektrelationaler Datenbanken Rechnung und hat 1999 zu den ersten Standards geführt.

Datenbankhersteller bieten bei ihren DBMS häufig eigene Varianten der Sprache SQL an, Microsoft hat beispielsweise Transact SQL definiert [Pet12]. Diese Varianten weichen an der einen oder anderen Stelle vom Standard ab. Eine in Standard-SQL formulierte Abfrage ist damit nicht zwingend auf jedem DBMS ausführbar. Speziell bei neueren SQL-Varianten nach SQL-92 gibt es deutliche Unterschiede.

9.4.1 SQL als deklarative Sprache

SQL-1 und SQL-2 sind nicht zu den prozeduralen Sprachen zu rechnen, da sie keine allgemeinen Methoden zur Formulierung von Algorithmen enthalten; sie sind in diesem Sinne nicht vollständig (computational incomplete) vgl. auch Kap. 11.1.4 und 11.1.5. So existieren beispielsweise keine Schleifenkonstrukte und auch Rekursionen sind nicht möglich. Programme werden in Sprachen wie C, COBOL oder Java geschrieben, in diese ist dann das SQL entweder eingebettet (embedded SQL) oder innerhalb der Programmiersprache steht eine Schnittstelle zur Verfügung, mit der SQL gegen ein DBMS abgesetzt werden kann. In Java ist das beispielsweise JDBC (Java Database Connectivity). Durch die in SQL-1999 eingeführten Spracherweiterungen wurde SQL vollständig (computational complete), es könnte also jeder Algorithmus als SQL-„Programm" ausgedrückt werden.

SQL ist eine deklarative Sprache: Der wesentliche Unterschied zwischen Sprachen wie Java oder C und SQL liegt in der Art und Weise wie Anweisungen formuliert werden. In SQL-Anweisungen wird nicht beschreiben *wie* ein Datenbankzugriff zu erfolgen hat (algorithmisch, prozedural), es wird vielmehr beschrieben, *was* der Anwender beabsichtigt (deklarativ). Wenn ein DBMS eine SQL-Anweisung ausführt, muss daher eine Umsetzung in prozedurale Anweisungen erfolgen, da nur solche durch einen Computer ausführbar sind. Dies kann geschehen durch Umwandlung von SQL-Ausdrücken in Ausdrücke der relationalen Algebra, die dann ihrerseits in einer Sprache wie C unter Verwendung von Konzepten wie B-Bäumen (Kap. 13.2) oder Hashing (Kap. 12.3) ausgeführt werden können. Diese Anweisungen beschreiben also, wie eine Datenbankoperation im Einzelnen durchzuführen ist. Die Ausführung einer einzigen SQL-Anweisung kann somit zu hunderten von prozeduralen Anweisungen führen. Ein SQL-„Programm" ist deshalb wesentlich kürzer, leichter lesbar und zudem weniger fehleranfällig als etwa ein C-Programm mit derselben Funktionalität.

SQL basiert zwar auf der relationalen Algebra, besteht aber keineswegs nur aus einfachen Zuordnungen von SQL-Anweisungen zu den Operationen der relationalen Algebra. Auch wurden die mathematisch geprägten Ausdrücke der relationalen Algebra durch eher umgangssprachliche Formulierungen ersetzt und die Operationen durch Schlüsselworte der Sprache SQL:

$$Relation \rightarrow Tabelle, \quad Tupel \rightarrow Satz \text{ oder } Zeile \quad \text{und} \quad Attribut \rightarrow Spalte.$$

9.4.2 Definition des Datenbankschemas

SQL-Anweisungen lassen sich zwei wesentlichen Gruppen zuordnen, nämlich der DDL (Data Definition Language) und der DML (Data Manipulation Language). Außerdem unterscheidet man noch die DCL (Data Contol Language) zur Wahrung der Datenintegrität. SQL enthält Anweisungen, mit denen ein Datenbankschema angelegt werden kann, also Tabellen und andere Elemente wie Sichten, Indexe (zum eventuell schnelleren Auffinden von Zeilen) und Constraints (Beschränkungen wie z. B. Primärschlüssel, welche die Integrität der Daten absichern). Diese Anweisungen zählen zur DDL. Zum Anlegen einer Tabelle wird die Anweisung `CREATE TABLE` verwendet, wie sie in Bsp. 9.1 dargestellt wird. Die Tabelle 9.1 enthält die wichtigsten SQL-Anweisungen der DDL.

Die Anweisungen zum Anlegen eines Schemas können auf mehreren Datenbanken ausgeführt werden, damit kann dasselbe Schema mehrfach existieren. Diese sind dann Instanzen des im SQL-Skript beschriebenen Datenbanschemas.

Bsp. 9.1 Beispiel für das Anlegen einer Datenbanktabelle: **CREATE TABLE**-Anweisung

Die Tabelle `Mitarbeiter` aus Abb. 9.3 könnte beispielsweise wie folgt angelegt werden:

```
CREATE TABLE Mitarbeiter (
    PersonalNr    int primary key,
    Name          varchar(100) not null,
    Gehalt        int,
    AbteilungsNr int,
    foreign key (AbteilungsNr) references Abteilungen (AbteilungsNr)
);
```

Für die Tabelle muss offenbar ein Name `Mitarbeiter` angegeben werden. Zu jeder Spalte der Datenbank wird ein Name und ein Wertebereich (Datentyp) angegeben. SQL gibt ein eigenes Typsystem vor: Eine Zeichenkette wird beispielsweise mithilfe eines **`varchar`** mit fest angegebener maximaler Länge dargestellt. Im Beispiel dürfen Namen von Mitarbeitern maximal 100 Zeichen lang sein. Wird von einer Programmiersprache aus auf die Datenbank zugegriffen, müssen die Datentypen der Programmiersprache auf die Datentypen von SQL bzw. des DBMS abgebildet werden. Das ist eventuell aufwendig, dient aber dazu dass eine Datenbank unabhängig von einer konkreten Programmiersprache wird (Datenunabhängigkeit). Typisch ist z. B. dass die potentiell unendlich langen Zeichenketten (Strings) aus Programmiersprachen wie Java auf Tabellenspalten abgebildet werden müssen, die nur Zeichenketten mit einer maximalen Länge zulassen, eventuell entfallen so Daten.
Auch alle Integritätsbedingungen werden beim Erstellen des Schemas mit angegeben: `PersonalNr` ist der Primärschlüssel, `Name` muss immer einen Wert enthalten, Kein Eintrag entspricht „NULL". Weiterhin ist definiert, dass der Wertebereich der Spalte `AbteilungsNr` in der Spalte `AbteilungsNr` der Tabelle `Abteilungen` festgelegt wird (Fremdschlüssel).

Tabelle 9.1 Zusammenstellung der wichtigsten SQL-Anweisungen der DDL

DDL-Anweisungen	Definition eines Datenbankschemas
CREATE TABLE	Erstellen einer Tabelle
CREATE VIEW	Definieren einer Sicht (logische Tabelle, die aus anderen Tabellen mit Daten befüllt wird)
CREATE INDEX	Definition eines Index um eventuell damit Anfragen zu beschleunigen
DROP TABLE / VIEW / INDEX	Löschen von Tabellen, Sichten, Indizes, Constraints etc.
ALTER TABLE	Hinzufügen, Ändern, Löschen einer Spalte oder eines Constraints zu einer Tabelle

SQL hat, wie im Beispiel schon gezeigt, ein eigenes Typsystem. In der Tabelle 9.2 sind einige Beispiele für Datentypen aufgeführt. Von jedem DBMS-Hersteller werden weitere Datentypen angeboten, teilweise unterscheiden sich auch die SQL-Datentypen abhängig vom DBMS-Hersteller.

Tabelle 9.2 Zusammenstellung der wichtigsten SQL-Datentypen

Name	Beschreibung
`CHAR(n)`	Zeichenkette mit fester Länge von *n*-Zeichen
`VARCHAR(n)`	Zeichenkette mit einer Länge von bis zu *n*-Zeichen
`INT`	Ganze Zahl, Vorzeichenbehaftet, Größe Abhängig von der Implementierung
`NUMERIC(p,s)`	Festpunkt Zahl, mit *p*-Stellen insgesamt und davon *s*-Stellen nach dem Komma.
`FLOAT(n)`	Gleitpunkt Zahl, mit der Genauigkeit *n* (d. h. Mantisse verwendet *n* Bit, z. B. 53)
`DATE`	Datumsangaben
`TIMESTAMP`	Zeitstempel mit Datum und Uhrzeit

Tabelle 9.3 Zusammenstellung der DML Anweisungen in SQL

DML-Anweisungen	Änderungen (Update) der Daten
`INSERT`	Einfügen von Zeilen in eine Tabelle
`DELETE`	Löschen von Zeilen aus einer Tabelle
`UPDATE`	Ändern von Zeilen einer Tabelle
`SELECT`	Suchen von Zeilen in einer oder mehreren Tabellen

9.4.3 Einfügen, Ändern und Löschen von Daten

Um Daten in eine Tabelle einzufügen, zu ändern oder zu löschen bietet SQL die drei Anweisungen `INSERT`, `UPDATE` und `DELETE` an. Diese Anweisungen zählen wie das Suchen zur Data Manipulation Language (DML) innerhalb von SQL. Die Tabelle 9.3 fasst die Anweisungen der DML zusammen.

Um einen neuen Mitarbeiter in die entsprechende Tabelle einzufügen, wird `INSERT` verwendet. Im einfachsten Fall werden die Daten mithilfe von `VALUES` angegeben:

```
INSERT INTO Mitarbeiter VALUES (104, 'Beneken', 38 000, 5);
```

Sollen nur bestimmte Spalten in einer Zeile mit Daten gefüllt werden, sind die Namen dieser Spalten zusätzlich anzugeben. Angenommen ein Mitarbeiter Schmidt soll in der Datenbank angelegt werden, wobei aber das Gehalt noch nicht feststeht, dann werden nur die Personalnummer und der Name in die Datenbank geschrieben:

```
INSERT INTO Mitarbeiter (PersonalNr, Name, Abteilung) VALUES (106, 'Schmidt', 5);
```

Existierende Datensätze werden mit dem Befehl `UPDATE` modifiziert. Die `WHERE`-Bedingung spezifiziert die zu ändernden Zeilen. Das Beispiel verwendet den Namen eines Mitarbeiters, um die Zeile zu kennzeichnen, die geändert werden soll. Ist die `WHERE`-Bedingung nicht eindeutig, werden mehrere Zeilen geändert, d. h. im nachfolgenden Befehl wäre es also besser, den Primärschlüssel `PersonalNr` zu verwenden, sonst bekommen alle Schmidts mehr Gehalt.

```
UPDATE Mitarbeiter SET Gehalt = 100 000
WHERE  Name = 'Schmidt';
```

Daten können zeilenweise mit dem Befehl `DELETE` gelöscht werden, wobei die `WHERE`-Bedingung die betroffenen Zeilen spezifiziert. Das Beispiel löscht den Mitarbeiter Beneken wieder aus der Datenbank, auch hier muss die `WHERE`-Bedingung genau geprüft werden:

```
DELETE FROM Mitarbeiter WHERE Name = 'Beneken';
```

9.4.4 Suchen mit SELECT

Stellvertretend für SQL wird die zentrale SQL-Anweisung zur Erstellung von Abfragen hier vorgestellt. Es ist die **SELECT**-Anweisung oder auch **SELECT-FROM-WHERE**-Anweisung (SFW).

```
SELECT <Liste von Spalten evtl. mit Berechnungen>
   FROM <Liste mit Tabellen und Sichten>
   [WHERE <Bedingung>]
```

Die `<Liste von Spalten>` nach der **SELECT**-Anweisung spezifiziert die Spaltennamen (Attribute) einer Tabelle oder mehrerer Tabellen. Die Ergebnistabelle umfasst genau diese genannten Spalten. Dies ist vergleichbar mit der Projektion π aus der relationalen Algebra. Erlaubt ist auch ein Stern (*), der für alle Attribute steht. Der Name der Spalte in der Ergebnistabelle kann dabei angepasst werden (`SELECT PersonalNr AS Nummer FROM ...`). Weiterhin können die Werte in den Spalten auch berechnet sein, etwa durch Zusammenfassung von mehreren Werten der Ergebniszeilen, dazu werden Funktionen wie **min**, **max**, **sum**, **avg** oder **count** verwendet. Beispielsweise liefert `SELECT COUNT(*) AS Anzahl FROM Mitarbeiter` eine Tabelle mit genau einer Zeile und einer Spalte (`Anzahl`), in der Zelle steht die Zahl der Mitarbeiter in der Tabelle `Mitarbeiter`.

Nach dem Schlüsselwort **FROM** folgt ein Tabellenname oder eine Liste von Tabellennamen. Wenn keine weiteren Bedingungen in hinter **WHERE** spezifiziert sind, wird das kartesische Produkt ($\times$) aller angegebenen Tabellen gebildet. Mithilfe des Schlüsselworts **JOIN** ... **ON** werden die angegebenen Tabellen über eine hinter **ON** aufgeführte Bedingung verknüpft ($\bowtie_\Theta$), damit wird ein Natural-Join sowie der bereits dargestellte Θ-JOIN realisiert.

Die Zeilen in der Ergebnistabelle werden mit **WHERE** eingeschränkt: Eine Bedingung liefert für die Zeilen, die in das Ergebnis übernommen werden sollen **true** und für alle anderen **false**. In der relationalen Algebra ist dies die Selektion $\sigma_{Bedingung}$. In Bsp. 9.2 ist ein einfaches **SELECT** abgebildet.

Die **SELECT**-Anweisung lässt sich mit der oben gezeigten Relationenalgebra weitgehend verbinden: Offenbar können hinter **SELECT** die Spalten ausgewählt werden, dies entspricht der Projektion π. In der **WHERE** Bedingung werden einzelne Zeilen ausgewählt, dies entspricht der Selektion σ. Entsprechend könnte man den Befehl aus Bsp. 9.2 auch so schreiben:

$$\pi_{Name,Gehalt}(\sigma_{AbteilungsNr=3 \wedge Gehalt>80000}(Mitarbeiter))$$

.

Für die anderen Operationen aus der Relationenalgebra existieren teilweise Schlüsselworte oder entsprechende Schreibweisen. Ein Θ-JOIN zwischen `Mitarbeiter` und `Abteilungen` wird beispielsweise wie im nachfolgenden Beispiel geschrieben. Hierfür gibt es das Schlüsselwort **JOIN**,

Bsp. 9.2 Beispiel für eine einfache Suche in der Datenbank

Gesucht sind Mitarbeiter der Abteilung 3 mit einem Gehalt von über 80000 Euro.

```
SELECT Name, Gehalt
   FROM Mitarbeiter
   WHERE AbteilungsNr = 3 AND Gehalt > 80 000
```

Das Ergebnis wird eine Tabelle aus Namen und Gehältern von Mitarbeitern sein, welche die **WHERE**-Bedingung erfüllen. Also Mitarbeiter aus Abteilung 3 mit einem Gehalt über 80.000 Euro.

Bsp. 9.3 Beispiel für eine erweiterte Suche

```
SELECT AbteilungsNr, count(*) as Zahl
   FROM Mitarbeiter
   WHERE Gehalt > 80 000
   GROUP BY AbteilungsNr
   HAVING Zahl > 10
```

Die obige Anfrage liefert beispielsweise eine Übersicht aller Abteilungen (nach Nummer), die anzeigt, wie viele Mitarbeiter in der jeweiligen Abteilung mit einem Gehalt von über 80.000 Euro arbeiten. Es werden nur die Abteilungen angezeigt, die mehr als 10 Mitarbeiter haben, welche das Gehaltskriterium erfüllen.

und mithilfe von **ON** wird die Bedingung angegeben, im Beispiel wird der Fremdschlüssel dazu verwendet.

```
SELECT Name, Gehalt, A.Name
   FROM Mitarbeiter M JOIN Abteilungen A
      ON (M.AbteilungsNr = A.AbteilungsNr)
   WHERE A.AbteilungsNr = 3 AND M.Gehalt > 80 000
```

Erweiterungen von SELECT: ORDER BY und GROUP BY

Der SFW-Block kann noch erweitert werden. Mithilfe von **ORDER BY** kann die Ergebnistabelle nach verschiedenen Kriterien sortiert werden. Zusätzlich ist es möglich mehrere Zeilen des Ergebnisses nach bestimmten Kriterien zusammenzufassen. Mithilfe von **GROUP BY** wird festgelegt, welche Zeilen zu jeweils einer Zeile zusammengefasst werden. Mit **SELECT** ... **GROUP BY** `AbteilungsNr` werden beispielsweise alle Zeilen zusammengefasst, bei denen in `AbteilungsNr` derselbe Wert steht. Mit **HAVING** können bereits zusammengefasste Zeilen ausgewählt werden. Beispiel 9.3 zeigt den Gebrauch dieser Schlüsselworte.

9.4.5 Programmiersprachen und SQL

SQL kann im Wesentlichen auf zwei Arten mit einer Programmiersprache kombiniert werden. Einerseits können SQL-Befehle und die Programmiersprache gemischt werden, hier spricht man von eingebettetem SQL. Das eingebettete SQL wird besonders im COBOL-Umfeld[3] eingesetzt und teilweise noch bei C. In C und COBOL werden SQL-Anweisungen durch das Präfix **EXEC** `SQL` eingeleitet. Vor der Compilierung werden dann durch einen SQL-Präprozessor die SQL-Anweisungen durch Aufrufe von C- bzw. COBOL-Funktionen ersetzt.

Dabei sind einige Besonderheiten bei der Fehlerbehandlung und beim Austausch von Daten zu beachten. So wird beispielsweise die **SELECT**-Anweisung um den Parameter **INTO** `<Variablenliste>` ergänzt, der das Ergebnis einer **SELECT**-Anweisung in die spezifizierte Variablenliste kopiert, sofern das Ergebnis nur eine Tabellenzeile umfasst. Besteht das Ergebnis einer Anfrage aus mehreren Zeilen, so wird ein Cursor definiert, der durch die Anweisung `FETCH <Cursor>` **INTO** `<Variablenliste>` dafür sorgt, dass die Ergebniszeilen eine nach der anderen in die aufgelisteten Variablen kopiert werden.

[3]COBOL wird immer noch in vielen Unternehmen verwendet.

Im Umfeld der Sprachen Java, C# oder PHP wird in der Regel direkt oder indirekt eine Programmierschnittstelle (Bibliothek) des Datenbankherstellers verwendet, diese ist häufig durch eine standardisierte Schnittstelle gekapselt, in Java ist dazu beispielsweise die Schnittstelle JDBC (Java Database Connectivity) definiert. Im Prinzip werden über diese Schnittstelle SQL-Anweisungen als einfache Zeichenkette (also ohne Java-seitige Prüfung) an das DBMS versendet und die Antwort des DBMS wird ausgewertet. Dies ist im nachfolgenden Beispiel dargestellt. Es gibt ein Interface `Statement` mit dem Strings an die Datenbank gesendet werden und mit dem Interface `ResultSet` wird die Ergebnistabelle einer Anfrage ausgelesen.

```
Connection c = ...;
Statement stmt = c.createStatement();
String query = "SELECT Name, Gehalt FROM Mitarbeiter";
ResultSet rset = stmt.executeQuery(query);
while( rset.next() ) {
   System.out.println("Mitarbeiter: " + rset.getString(1) +
            " mit Gehalt " + rset.getInteger(2);
}
```

Auf der Grundlage dieser einfachen Schnittstellen werden komplexere Datenbank-Zugriffsschichten bereitgestellt. Bibliotheken wie beispielsweise Hibernate (Java), das Entity Framework (.NET) oder Doctrine (PHP) übernehmen die Übersetzung von geänderten / neuen / gelöschten Java / C# / PHP Objekten in **`UPDATE`**, **`INSERT`** oder **`DELETE`** SQL-Befehle. Der Programmierer definiert nur noch, wie ein Objekt auf eine Tabelle abgebildet wird (z. B. pro Klasse eine Tabelle und pro Attribut der Klasse eine Spalte). Das SQL wird dann von der Zugriffsschicht erzeugt. Die Zugriffsschichten bieten für spezielle Suchanfragen eigene Anfragesprachen an, die teilweise der objektorientierten OQL ähneln.

9.5 NoSQL

Unter dem eher unglücklich gewählten Begriff NoSQL sammeln sich viele unterschiedliche Datenbanktechnologien, wobei das „no" entweder als „kein"' oder als „nicht nur" (not only) interpretiert werden kann. Damit ist NoSQL eher ein Sammelbegriff und bezeichnet kein greifbares Konzept. Grob unterscheidet man vier verschiedene Datenbanktechnologien:

Key-Value-Stores Ein Key-Value-Store speichert wie der Name schon sagt, Name-Wert Paare ab. Auf einen Wert kann über dessen Namen (seine „Id") zugegriffen werden. Der Wert kann sowohl eine einfache Zahl wie auch ein komplexes Objektgeflecht sein. Gesucht werden kann zunächst nur über die Namen, eine Suche über die Inhalte der Werte ist nicht möglich, da deren interne Struktur unbekannt und eventuell sehr verschieden ist. Um die Suchmöglichkeiten zu verbessern ist es häufig möglich, den Werten noch Metadaten zuzuordnen, über die dann gesucht werden kann. Beispiele für Key-Value-Stores sind Redis oder Riak [Edl11].

Dokumentorientierte Datenbanken Von einem dokumentorientierten DBMS werden Dokumente abgespeichert, die Dokumente liegen häufig im JSON-Format (vgl. Kap. 16.4) oder (seltener) im XML-Format (vgl. Kap. 9.8) vor. Da die innere Struktur der Dokumente bekannt ist, kann auch nach Inhalten der Dokumente gesucht werden, solange die meisten Dokumente ähnliche Strukturen aufweisen. Beispiele dokumentorientierte DBMS sind CouchDB oder MongoDB [Edl11].

Spaltenorientierte Datenbanken speichern ihre Daten (Tabellen) in Spalten, während typische relationale Systeme zeilenweise speichern. Anwendungen im Bereich des Data Warehousing lassen sich damit effizienter umsetzen: Dort muss häufig eine gesamte Tabelle durchlaufen werden, um das Ergebnis zu ermitteln, z. B. zur Berechnung des Durchschnitts oder der Summe aller Werte. Werden die Werte einer Spalte hintereinander gespeichert, sind die notwendigen Daten näher beieinander, als wenn diese zeilenweise gespeichert wären. Die Speicherung in Spalten ist effizienter möglich: Wenn z. B. 100 Tupel nacheinander den Wert „Z" haben können natürlich die 126 Werte „Z" hintereinander gespeichert werden, eigentlich genügt aber die Information 126 mal „Z", also zwei Werte anstelle der 126. Beispiele für spaltenorientierte DBMS sind HBase oder die Amazon SimpleDB [Edl11]. Das Data Warehousing (vgl. Abschnitt 9.7) ist ein wichtiger Einsatzbereich dieser Technologie.

Graphdatenbanken In einer Graphdatenbank werden die Daten und ihre Beziehungen als gerichteter Graph dargestellt (vgl. Kap. 13). Beziehungen sind offenbar die Kanten des Graphen. Den Knoten und den Kanten können jeweils Eigenschaften (Name/Wert-Paare) zugewiesen werden. neo4j ist eine der am meisten erwähnten Graph-DBMS [Edl11].

Semi-Strukturierte Daten und Schemalosigkeit

Relationale Datenbanksysteme verwenden ein fest vorgegebenes Datenbankschema. Dieses legt fest, welche Tabellen es gibt und welche Spalten diese haben. Hierfür gibt es in SQL eigene Anweisungen wie etwa `CREATE TABLE`. Die in einer Tabelle gespeicherten Daten haben immer dieselbe Struktur: Jeder Datensatz ist eine Zeile in einer Tabelle mit einer festen Anzahl an Feldern aus den Spalten. Komplexere Strukturen, z. B. Datensätze, die Bestellungen sowie die Bestellpositionen und Zahlungsdetails enthalten, werden über mehrere Tabellen verteilt gespeichert. Beim Laden dieser zusammengehörenden Daten sind dann JOINs notwendig (siehe Abschnitt 9.4).

Ein Teil der NoSQL Datenbanken verwendet kein festes Datenbankschema, sondern erlaubt das Speichern beliebiger bzw. sehr flexibler Strukturen, die zusammenhängend gespeichert werden. Diese Datenbanksysteme werden auch als *schemalos* bezeichnet. Zu diesen Technologien zählen die Key-Value Stores und auch die dokument-orientierten DBMS. Speicherformate in diesen DBMS sind beispielsweise JSON und die XML, welche im nächsten Abschnitt vorgestellt wird.

Parallelisierbarkeit auf Multicomputer-Systeme

Einer der Gründe für den Erfolg einiger NoSQL-DBMS sind deren Möglichkeiten zur Verteilung und Replikation der Daten über viele (preiswerte) Rechner weit über das Internet verteilt, also Multicomputer-Systeme wie in Kap. 6.7.4. Dies liegt bei Key-Value-Stores und dokumentorientierten Datenbanksystemen daran, dass nur Name-Wert-Paare bzw. Dokumente gespeichert werden müssen, die nicht in direkter Beziehung zu einander stehen. Werden Daten ausgelesen oder repliziert, sollten sich alle notwendigen Daten im „Wert" bzw. dem Dokument befinden. Ein eventuell aufwendiger Join über mehrere Tabellen wie bei relationalen Datenbanken ist nicht notwendig. Damit können die Werte / Dokumente auf verschiedenen Rechnern über ein Netzwerk verteilt gespeichert werden. Dies kommt den sehr großen Internetsystemen wie Facebook oder Google entgegen, da diese weltweit verteilt arbeiten müssen und über sehr viele in der Regel einfache PCs als Hardware implementiert sind. Außerdem können so wesentlich größere Datenmengen verarbeitet werden [Edl11].

Erfolgsfaktor vieler NoSQL Datenbanken ist, dass sich die Daten, die häufig gemeinsam gebraucht werden, wie die Werte einer Spalte oder ein Dokument oder ein Value zu einem Key auf derselben

Speicherseite im Betriebssystem bzw. im selben Sektor der Festplatte befinden und damit schon von der Hardware immer gemeinsam gelesen und geschrieben werden, vgl. Kap. 6.8 und 8.3.4.

Map-Reduce als mögliches Suchverfahren

Spezielle Suchfunktionen arbeiten für diese verteilten Datenbestände optimiert. Häufig verwendet wird die Map-Reduce Idee, wie sie aus den funktionalen Programmiersprachen bekannt ist und von Google weiterentwickelt wurde [Dea08]: Die Suche wird in zwei Schritte aufgeteilt: `Map` durchläuft alle zu durchsuchenden Elemente und übersetzt diese in entsprechend viele Zwischenergebnisse. Die Zwischenergebnisse werden dann im zweiten Schritt `Reduce` zu dem oder den Ergebnissen zusammengefasst. Sowohl die Ausführung von `Map` als auch von `Reduce` kann ebenso wie der eventuell sehr große Datenbestand auf viele Rechner verteilt werden [Edl11]. Map-Reduce findet sich beispielsweise in Infrastrukturen wie Hadoop[4] wieder.

9.6 Transaktionen, OLTP und ACID

Wenn ein Nutzer einen Flug oder ein Hotel im Internet bucht oder online irgendetwas kauft, erwartet er von der Software ein transaktionales Verhalten: Der Flug oder das Hotel wird entweder ganz gebucht oder gar nicht. Zur ganzen Flugbuchung gehören eventuell Reiseunterlagen oder die Belastung der Kreditkarte dazu. Der Nutzer kann die Buchung oder den Kauf ganz durchführen („Bestätigen“, Commit), oder den Vorgang abbrechen („Abbrechen“, Rollback). Die durchgeführten Schritte sind zusammen atomar, d. h. sie werden entweder vollständig oder gar nicht ausgeführt. Von den meisten Systemen im Geschäftsleben wird dieses transaktionale Verhalten erwartet, solche Systeme werden daher auch OLTP-Systeme genannt (Online Transaction Processing).

Transaktionen werden von den meisten relationalen DBMS und anderen DBMS-Technologien unterstützt, aber auch Dateisysteme in Betriebssystemen oder Warteschlangen-Software in Rechnernetzen können dieses Verhalten implementieren. In SQL gibt es dazu die Schlüsselworte **`COMMIT`** (Änderungen bestätigen) sowie **`ROLLBACK`** (Änderungen verwerfen). Einige Datenbanksysteme bieten `BEGIN` **`TRANSACTION`** an, damit kann der Beginn einer Transaktion markiert werden. Alle Befehle zwischen dem Beginn und dem Ende einer Transaktion werden entweder ganz ausgeführt (**`COMMIT`**) oder garnicht (**`ROLLBACK`**).

```
BEGIN TRANSACTION
  ... SQL-Befehle
COMMIT
```

Von Transaktionen ist häufig im Zusammenhang mit dem Mehrbenutzerbetrieb die Rede: Mehrere Benutzer greifen gleichzeitig lesend und/oder schreibend auf die Datenbank zu. Damit müssen die Zugriffe auf die Datenbank synchronisiert werden, geschieht dies nicht, kann es zu Problemen wie dem *Lost Update* kommen, da eventuell mehrere Benutzer gleichzeitig auf Kopien derselben Daten in der Datenbank arbeiten und alle Kopien nichts voneinander wissen. Dieses Problem findet sich in ähnlicher Form auch wenn mehrere Threads auf denselben Daten im Hauptspeicher arbeiten, vgl. Kap. 8.3.2.

Die Benutzer können über Transaktionen verschieden stark voneinander isoliert werden: Im einen Extrem sieht jeder Benutzer die unbestätigten Änderungen aller anderen Benutzer. Diese unbestätigten Änderungen können noch verworfen werden. Das Verwerfen der Änderungen kann zu

[4] `http://hadoop.apache.org/`

Inkonsistenzen führen, da andere Benutzer mit nicht mehr gültigen (da verworfenen) Änderungen arbeiten. Im anderen Extrem wird der Zugriff auf die Daten so organisiert, als ob alle Benutzer streng getrennt nacheinander zugegriffen hätten, hier spricht man auch von Serialisierbarkeit. Das führt allerdings dazu, dass Daten gesperrt werden müssen. Eine Sperre kann bedeuten, dass die Tabelle in die ein Benutzer in seiner Transaktion gerade Daten geschrieben hat, von anderen Benutzern nicht einmal mehr gelesen werden darf, mit der Konsequenz, dass auch Deadlocks wahrscheinlich werden, vgl. Kap. 8.3.2.

Um die Eigenschaften von Transaktionen zusammenzufassen wird häufig das Akronym ACID verwendet. ACID steht für *Atomicity*, *Consistency*, *Isolation* und *Durability*. Die Eigenschaften Atomarität „A" und Isolation „I" wurden oben bereits dargestellt. Consistency (Konsistenz) bedeutet, dass eine Transaktion einen Datenbestand von einem konsistenten Zustand in den anderen konsistenten Zustand überführt. Durability (Dauerhaftigkeit) bedeutet, dass die in einer Transaktion durchgeführten Änderungen danach dauerhaft erhalten bleiben.

9.7 OLAP, Data Warehousing und Data-Mining

Online Analytical Processing (OLAP)

In den Abschnitten über relationale Datenbanken ging es im Wesentlichen um OLTP-Systeme, also Systeme mit denen Geschäftsvorfälle z. B. eine Flugbuchung oder ein Buchkauf in Form von Transaktionen abgewickelt werden können. In OLTP-Systemen finden viele lesende und schreibende Zugriffe gleichzeitig statt. In einem Unternehmen wird das „Tagesgeschäft" mit diesen Systemen abgewickelt, also Flugbuchungen, Verkäufe oder Schadensfall-Abwicklung. Diese Systeme werden daher auch als *operative Systeme* bezeichnet. Nutzer sind jeweils die Sachbearbeiter des Unternehmens oder direkt die Kunden.

Das Management interessiert sich selten für einzelne Buchungen sondern eher für Übersichtsdaten und stellt Fragen wie „Wie groß war der Umsatz mit Produkt X im letzten Quartal?" oder „Wie viel Umsatz haben wir in Norddeutschland gemacht?". Systeme, welche diese Daten liefern, dienen zur Unterstützung (betriebswirtschaftlicher) Entscheidungen und werden daher auch als Entscheidungsunterstützungs-Systeme bezeichnet. Die Analyse von Daten aus einer Datenbank wird auch als Online Analytical Processing (OLAP) bezeichnet. Arbeiten OLAP-Systeme auf relationalen Datenbanken, so spricht man von relationalem OLAP (ROLAP).

Bei der Analyse der Daten können auch Zusammenhänge aufgespürt werden, die bei Anlegen des Datenbestands noch gar nicht bekannt waren oder zunächst unberücksichtigt blieben. Solche Zusammenhänge könnten beispielsweise Korrelationen sein wie „ein Kunde der Champagner kauft, erwirbt häufig auch Kaviar". Als Reaktion darauf wird man das Warenangebot entsprechend ausrichten und die betreffenden Produkte in benachbarten Regalen anbieten oder zu gezielter Werbung im Internet nutzen. Diese Datenanalyse wird auch als Data-Mining bezeichnet.

Data Warehouse, ETL und Sternschema

Die Daten, die analysiert werden sollen, befinden sich über ein gesamtes Unternehmen verstreut in den operativen Systemen. Jedes System hat in der Regel eine eigene Datenbank oder legt seine Daten in anderer Weise ab. Eine Analyse von Zusammenhängen und das Erstellen von Übersichten ist so zwar möglich, aber schwierig zu realisieren: Jede Abfrage muss mehrere Systeme kontaktieren und die Abfrage kann die Antwortzeiten der betroffenen Systeme beeinträchtigen.

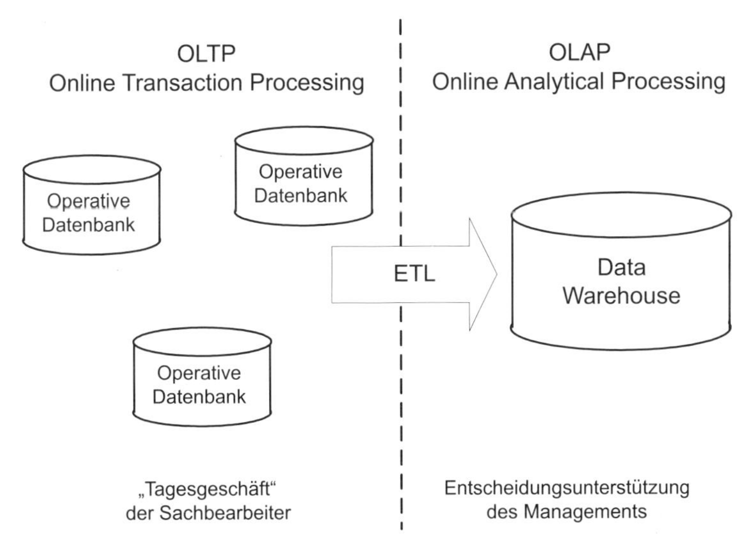

Abb. 9.12 OLTP im Vergleich zu OLAP. Daten werden aus den operativen (OLTP-)Systemen extrahiert, transformiert und in ein Data Warehouse geladen. Mit dem Data Warehouse wird „OLAP“ durchgeführt

Grundidee eines Data Warehouse ist es daher, die Daten aus den verschiedenen operativen Systemen zusammenzutragen und zu verdichten wie es in Abb. 9.12 dargestellt ist. Das Zusammentragen findet regelmäßig, meist in den Zeiten statt, wo die operativen Systeme weniger belastet sind, z. B. in jeder Nacht. Der Prozess des Zusammentragens wird auch als ETL-Prozess bezeichnet. ETL steht für Extract, Transform, Load:

Extract Die Daten werden aus den verschiedenen Quellen ausgelesen, besonders aus den operativen Datenbanken.

Transform Die gelesenen Daten werden transformiert: in ein anderes Datenformat, evtl. werden Duplikate entfernt, evtl. finden Umrechnungen, Aggregationen und andere Transformationen der Daten statt.

Load Die transformierten Daten werden in eine gesonderte Datenbank mit einer auf die beabsichtigten Abfragen optimierten Struktur geladen. Diese Datenbank wird auch Data Warehouse genannt.

Die Daten in einem Data Warehouse sollen bei Anfragen nach verschiedenen Kriterien aggregiert werden können und die Kombination verschiedener Eigenschaften der Informationen soll effizient abgefragt werden können. Hierfür eignet sich in relationalen Datenbanken eine Struktur, die Sternschema genannt wird. Ein Sternschema besitzt zwei Arten von Tabellen: Eine Faktentabelle in der Mitte des Sterns und mehrere Dimensionstabellen. Die Abb. 9.13 gibt ein Beispiel für ein Sternschema eines Online-Shops. Die Faktentabelle enthält die Informationen über die tatsächlichen Bestellungen, etwa das Bestelldatum und das bestellte Produkt. Mehrere Spalten der Faktentabelle sind Fremdschlüssel aus den Dimensionstabellen: `Postleitzahl` und `Datum` sind beispielsweise Fremdschlüssel in die Dimensionstabellen `Ort` und `Zeit`.

Die Dimensionstabellen sind ein Hilfsmittel zur Aggregierung der Daten nach verschiedenen Kriterien. Die Aggregierung kann über **`GROUP BY`** im SQL-**`SELECT`** Befehl geschehen: Datenabfragen

Bestellungen

Datum	Postleitzahl	Produkt	Umsatz
05.09.2014	26384	XR-234-123	100.00
11.11.2014	85649	AB-767-125	9.70
14.11.2014	85649	XR-234-123	100.00
14.11.2014	83024	HU-201-455	89.99

Ort

Postleitzahl	Stadt	Bundesland	Land
83024	Rosenheim	Bayern	D
85649	Brunnthal	Bayern	D
26384	Wilhelmshaven	Niedersachsen	D
28195	Bremen	Bremen	D

Zeit

Datum	Tag	Monat	Jahr	Wochentag	Quartal	KW
05.09.2014	05	September	2014	Freitag	3	36
11.11.2014	11	November	2014	Dienstag	4	46
14.11.2014	14	November	2014	Freitag	4	46

Abb. 9.13 Das Beispiel zeigt ein Sternschema für einen Online-Shop. `Bestellungen` ist die Faktentabelle, diese wird umgringt von den beiden Dimensionstabellen (normalerweise sind das mehr als zwei) `Zeit` und `Ort`

auf einem so gestalteten Sternschema sind sogenannte *Star Joins*, welche die Faktentabelle mit den Dimensionstabellen in Beziehung setzt und die Daten nach bestimmten Kriterien aggregiert.

```
SELECT SUM(b.Umsatz), o.Bundesland, z.Quartal
FROM Bestellungen b, Ort o, Zeit z
WHERE b.Postleitzahl = o.Postleitzahl AND
      b.Datum = z.Datum AND
      b.Produkt = 'XR-234-123'
GROUP BY
      o.Bundesland, z.Quartal
```

Die Abfrage aus dem Beispiel beantwortet folgende Frage, welche ein Produktmanager stellen könnte: „Wie viel Umsatz wurde mit dem Produkt ‚XR-234-123' gemacht?" Die Darstellung ist aggregiert nach Bundesland und Quartal. Aus dem Ergebnis geht hervor, wie viel Umsatz z. B. mit dem Produkt in Bayern im 3. Quartal erzielt wurde, dies lässt sich dann vergleichen mit dem Umsatz im selben Quartal in Niedersachsen.

Bei einer Erhöhung des Aggregationsgrades (Roll-Up) wird der Detaillierungsgrad der Information verringert. Dies entspricht weniger Attributen in **GROUP BY**. Wenn beispielsweise in dem obigen Listing das Quartal aus dem **GROUP BY** (und dem **SELECT**) entfernt wird, wird nur noch nach Bundesländern also auf maximal 16 Zeilen aggregiert, davor hatte das Ergebnis bis zu 64 Zeilen ($= 16 \times 4$). Umgekehrt wird bei der Verringerung des Aggregationsgrades (Drill-Down) der Detaillierungsgrad erhöht, dies entspricht zusätzlich genannten Attributen bei **GROUP BY**. Auf diese Weise lassen sich aus großen Datenbeständen globale, zusammenfassende Informationen über ein Unternehmen extrahieren, beispielsweise für Marktanalysen, Risikoabschätzungen und zur Erstellung von Kundenprofilen.

Wissensgewinn in Datenbanken: Data-Mining

Einen Schritt weiter als Data Warehousing geht Data-Mining („Daten schürfen"), oder (treffender) Knowledge Discovery in Databases (KDD). Wie bei OLAP und Data Warehousing ist die Erkennung von Regelmäßigkeiten und Strukturen in großen Datenbeständen das Ziel von Data-Mining. Die eingesetzten Verfahren gehen aber über statistische Analysen und Datenbankfunktionen hinaus. Die Stärke von Data-Mining liegt vor allem in der Verknüpfung bekannter Methoden sowie ihrer Erweiterung auf große Datenmengen. Typische Aufgaben für Data-Mining sind, grob nach ihrer Bedeutung geordnet:

- Klassifikation, z. B. Ermittlung der Eigenschaften eines erfolgreichen Produkts,
- Prognose, z. B. Vorhersage der Entwicklung von Aktienkursen,
- Segmentierung, z. B. Unterteilung von Produktgruppen nach Kundenprofilen,
- Konzeptbeschreibung, z. B. Beschreibung wesentlicher Komponenten für das Trainingsprogramm von Fußballprofis,
- Abhängigkeitsanalyse, z. B. Analyse von Käufereigenschaften, die das Kaufverhalten bestimmen,
- Abweichungsanalyse, z. B. Untersuchung geschlechtsspezifischer Unterschiede im Konsumverhalten.

Zumeist liegen die zu analysierenden Daten nicht in der für die Verarbeitung erforderlichen Form vor. Oft stammen sie auch von unterschiedlichen Quellen und müssen noch zusammengeführt und vereinheitlicht werden. Auch die Elimination von Inkonsistenzen und Fehlern, sowie ggf. die Zusammenfassung von Daten zur Untergruppen kann erforderlich sein. Erst nach diesen Vorverarbeitungsschritten (z. B. ETL in ein Data Warehouse) kann mit der dem eigentlichen Data-Mining begonnen werden. Im Anschluss ist eine Interpretation der Ergebnisse unumgänglich. Man muss dabei bedenken, dass alle Resultate zunächst als Hypothesen zu bewerten sind, die sich in der Praxis bewähren müssen. Dies liegt weniger an den eingesetzten Analysemethoden, die ja mathematisch exakt sind, sondern vielmehr daran, dass die verwendeten Daten oft zu ganz anderen Zwecken gesammelt wurden und die wirklichen Verhältnisse daher verzerrt wiedergeben könnten. Auch die Beurteilung der Relevanz eines Ergebnisses ist nicht Sache des Data-Mining, sondern des Anwenders. So kann sich etwa bei der Untersuchung von Klinik-Daten das Ergebnis „alle Patienten mit Prostata-Problemen sind männlich" herauskristallisieren, das jedoch wegen seiner Selbstverständlichkeit irrelevant ist. Eine weitere Einschränkung liegt darin, dass man zwar beliebige Muster und Regelmäßigkeiten in Datenbeständen aufdecken kann, aber letztlich nur Antworten auf sinnvolle Fragen erhält, die auch gestellt werden. Dies erfordert häufig eine Auswahl mithilfe von Plausibilitätsargumenten und Heuristiken.

Bayes-Netze

Die in Daten verborgenen Muster repräsentieren oft ein vages und unsicheres Wissen, das sich oft nur in verbalen Beschreibungen wie „ziemlich groß", „etwas wärmer" etc. ausdrücken lässt. Die klassische, zweiwertige Logik erweist sich bei solchen Sachverhalten nicht als das passende Werkzeug. Besser geeignet zur Modellierung vagen Wissens sind Methoden der unscharfen Logik (Fuzzy Logic), die Elemente der Mengenlehre, Wahrscheinlichkeitstheorie und klassischen Logik miteinander verbinden. Dazu kommt, dass auch die Schlussregeln für unscharfes Wissen mit Unsicherheiten behaftet sind, die man in Wahrscheinlichkeiten ausdrücken kann. Ein Beispiel dafür ist eine vage Schlussfolgerung der Art „plötzlich auftretendes hohes Fieber ist mit einer Wahrscheinlichkeit von 80% die Folge eines bakteriellen Infekts". Durch Verknüpfung solcher unscharfer Schlussregeln mit unscharfem Wissen können sehr komplexe Abhängigkeiten als Schlussfolgerungsnetzwerk modelliert werden. Die Vorhersagen über Abhängigkeiten und Werte bestimmter Variablen erlauben. Man kann ein Schlussfolgerungsnetzwerk als Graphen darstellen (siehe Kap. 13), dessen Knoten Variablen sind und dessen Kanten die Abhängigkeiten zwischen ihnen beschreiben. Als Stand der Technik verwendet man heute die nach T. Bayes benannten Bayes-Netze, bei denen die Kanten des Graphen als Pfeile in der Richtung von Ursache und Wirkung dargestellt werden. In vielen Fällen gelingt es, ein derartiges Netz zu erstellen und dann die Wahrscheinlichkeit von Schlussfolgerungen zu berechnen, indem man in Richtung von Ursache zu Wirkung von einem Knoten zum andern folgt. Dabei muss beachtet werden, dass ein Knoten, der über mehrere Pfade erreicht werden kann, nicht ein fälschlicherweise ein zu hohes Gewicht erhält. Mittlerweile stehen dafür ausgefeilte Algorithmen zur Verfügung [Jen07]. Eine wesentliche Eigenschaft von Bayes-Netzen ist auch, dass man den Schlussweg umkehren kann. Damit lässt sich – anders als beispielsweise bei Verwendung neuronaler Netze – für eine festgestellte Wirkung ermitteln, welche Ursachen mit welcher Wahrscheinlichkeit zu der beobachteten Wirkung beigetragen haben könnten. Die mathematische Grundlage ist der aus der Wahrscheinlichkeitsrechnung bekannte Satz von Bayes (siehe Kap. 2.4).

In vielen Fällen steht man vor der Aufgabe, dass wohl die Variablen und deren gegenseitige Abhängigkeiten eindeutig sind, dass also die Struktur des Netzes fest steht, die den Kanten entsprechenden Wahrscheinlichkeiten aber nur ungenau oder gar nicht bekannt sind. Mit aus der Statistik geläufigen Schätzmethoden, etwa dem Maximum-Likelihood-Verfahren, können diese Parameter zumindest näherungsweise bestimmt werden. Erschwerend ist dabei oft, dass die Daten meist in einem ganz anderen Zusammenhang gesammelt worden sind und daher für den aktuell beabsichtigten Zweck unvollständig sein können. Das Bayes-Netz ist durch dieses als Parameter-Lernen bezeichnete Verfahren in einem eingeschränkten Sinne lernfähig. Über diesen Ansatz hinaus geht das qualitative Lernen, bei dem nicht nur die den Kanten zugeordneten Wahrscheinlichkeiten sondern auch die Netzstruktur aus den vorliegenden Daten erschlossen werden muss. Sind zumindest die Variablen bekannt, so kann man zunächst von einem vollständig vermaschten Netz ausgehen, bei dem jeder Knoten mit jedem ungerichtet verbunden ist. Deuten die Daten nun auf eine Unabhängigkeit von je zwei Variablen hin, so wird die entsprechende Kante gelöscht. So fährt man fort, bis eine möglichst einfache Verbindungsstruktur entstanden ist. Man kann die Methode verfeinern, indem man ausnützt, dass direkte Abhängigkeiten meist stärker sind als indirekte, wobei man die Stärken von Abhängigkeiten informationstheoretisch (siehe Kap. 2.5) oder statistisch (z. B. mit dem in Kap. 11.3 beschriebenen Chi-Quadrat-Test) bewerten kann. So kann man zu jeder Variablen den oder die Vorgänger finden und durch Kanten verbinden, von denen sie am stärksten abhängt. Die Richtung der so ermittelte Abhängigkeiten ist allerdings mit statistischen Methoden nicht zu ermitteln, man benötigt dazu weitere Informationen, die sich aus der Aufgabenstellung ergeben. Die Problematik erhöht sich noch weiter, wenn auch die Art und Anzahl der Variablen offen bleibt und man ohne Randbedingungen nach Strukturen in den Daten sucht.

Das Nächste-Nachbar-Verfahren

Eine häufige Aufgabe besteht darin, Gemeinsamkeiten oder Trends in Daten aufzudecken, die als Tabellen mit vielen Einträgen gegeben sind. Es kann sich dabei beispielsweise um Bilanzen von Aktiengesellschaften handeln, die klassifiziert werden sollen oder über die man eine Prognose für die Zukunft herleiten möchte. Die als Tabelle dargestellte Bilanz enthält dann Einträge wie *Umsatz*, *Forderungen*, *Verbindlichkeiten*, *Materialaufwand* und viele weitere.

Man kann nun diese Tabellen als Objekte in einem mehrdimensionalen, abstrakten Raum auffassen, wobei die Anzahl der Tabellenspalten die Dimension des Raums angibt. Jeder Tabelleneintrag entspricht dann einem Punkt in diesem abstrakten Raum, dessen Position durch die als Koordinaten interpretierten Einträge festgelegt ist. Tabellen mit ähnlichen Inhalten werden dann nahe beieinander liegen. Kehrt man zurück zum Beispiel der Bilanzprüfung, so bedeutet dies, dass eine unbekannte Bilanz, repräsentiert durch ihre Position in dem beschriebenen abstrakten Raum, die in der Nähe einer früher durch Experten als „gut“ bewerteten Bilanz liegt, ebenfalls als gut einzustufen ist. Wichtig kann es insbesondere für Banken sein, „faule“ Bilanzen aufzuspüren, um diese dann genauer zu überprüfen. Für die Quantifizierung des Begriffs „in der Nähe“ muss man eine Abstandsfunktion einführen. Im Falle numerischer Daten kann dies der bekannte euklidische Abstand sein. Für

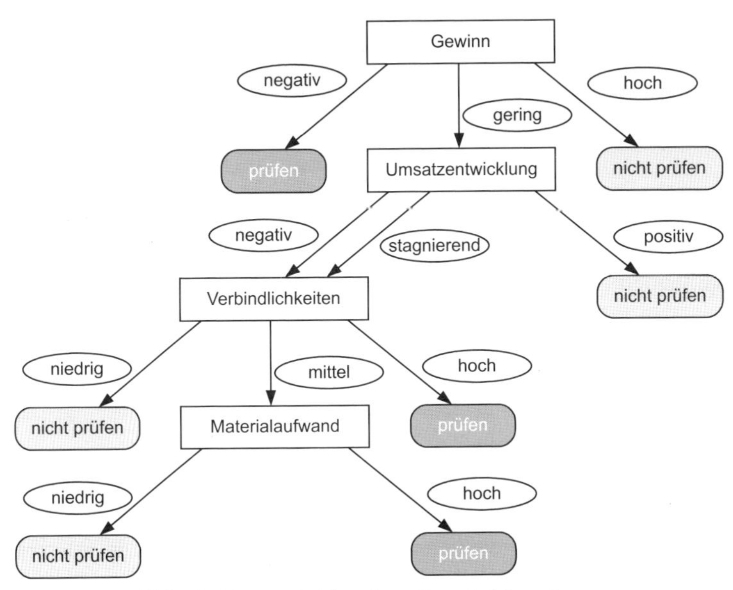

Abb. 9.14 Beispiel für einen Entscheidungsbaum

nicht-numerische Daten bietet sich im einfachsten Fall der Abstandswert 0 für Gleichheit und 1 für Verschiedenheit an. Oft muss man aber eine aufwendigere Transformation in numerische Werte vornehmen, oder auch auf andere Abstandsmaße zurückgreifen, etwa die Levenshtein-Distanz (siehe Kap. 12.2.4) für den Abstand zwischen Zeichenketten.

Eine Verbesserung der Bewertung ergibt sich, wenn man nicht nur den nächsten Nachbarn heranzieht, sondern den Mittelwert über eine als Parameter einstellbare Anzahl von Nachbarn und deren Einfluss mit dem Kehrwert ihres Abstandes gewichtet. Das Verfahren hat jedoch zwei gravierende Nachteile: zum einen müssen sämtliche Beispiele der Vergangenheit, die durchaus viele Millionen sein können, im Speicher gehalten werden, zum anderen ist das Ergebnis nicht überprüfbar oder durch logische Schlüsse nachvollziehbar.

Entscheidungsbäume

Diese Probleme sind zumindest teilweise durch Einführung von Entscheidungsbäumen lösbar, da dann nicht alle Beispieldaten permanent gespeichert werden müssen, sondern nur eine aus den Daten abstrahierte Vorschrift. Möchte man beispielsweise von einer Bilanz nur entscheiden, ob sie detailliert überprüft werden muss oder nicht, so erstellt man aus den Daten einen Baum, bei dem jeder Knoten einer zahlenmäßigen Information über die Bilanz (z.B. Umsatzentwicklung, Gewinn, Materialaufwand oder Verbindlichkeiten) entspricht und jede Verzweigung einer Entschei dung, die näher zum Ziel führt. Die Abb. 9.14 zeigt einen kleinen Ausschnitt aus einem solchen Entscheidungsbaum.

Entscheidungsbaumverfahren sind schnell und werden daher in der Praxis gerne eingesetzt. Entscheidend für die Qualität der auf diese Weise erzielten Aussagen ist allerdings, dass beim Aufbau des Baumes die Abfolge der Fragen und Verzweigungen so optimiert wurde, dass die Trainingsdaten möglichst gut beherrscht werden. Als Kriterium ist ferner die Fehlerrate im Vergleich zur Beurteilung durch Experten heranziehen. Eine weitere Strategie bei der Erstellung der Reihenfolge der im

Entscheidungsbaum geprüften Kriterien ist die Maximierung der in jedem Schritt gewonnenen Information. Man wird also bei der Beurteilung einer Bilanz zuerst nach wichtigen Kriterien wie Gewinn und Umsatz fragen und erst dann nach weniger entscheidenden Merkmalen wie etwa dem Materialaufwand.

Visuelles Data-Mining

Bei der grafischen Visualisierung großer Datenbestände lassen sich oft Zusammenhänge erfassen, die sonst unentdeckt bleiben würden. Die Rechenleistung des Computers wird dabei mit der Fähigkeit des menschlichen Gehirns zur Mustererkennung und Abstraktion verbunden. Beispielsweise könnte man Umsatzzahlen grafisch in Abhängigkeit von Parametern wie Jahreszeiten, Alter des Käufers, Preis, Design etc. darstellen. Der Benutzer könnte Unterscheidungsmerkmale bei der Visualisierung, also Anordnung (z. B. linear, flächig, zyklisch), Größe und Farbe der grafischen Elemente, interaktiv beeinflussen um so zunächst vage Regelmäßigkeiten deutlicher hervorzuheben. Das Ziel ist dabei, dass begrifflich benachbarte Objekte auch als benachbart hinsichtlich ihrer Darstellungsparameter visualisiert werden. Ein einfaches Beispiel dazu wäre etwa die Darstellung von Vermittlungsstellen in einem Datennetz in Form eines Graphen. Benachbarte Knoten sollten auch in der Visualisierung benachbart angeordnet werden, die Anzahl der Verbindungen entspricht der Anzahl der Kanten und die Belastung der Verbindungen kann durch einen Farbcode gekennzeichnet werden.

Ein komplexes Anwendungsbeispiel ist die Klassifizierung von Texten nach ihrem Inhalt. Zunächst versucht man Schlüsselwörter in Texten zu finden, die nahe benachbart auftreten. Mit der nahe liegenden Hypothese, dass im Text benachbarte Wörter auch thematisch benachbart sind, werden sich Cluster von Wörtern formieren. Auf diese Weise kann man in automatischen Recherchen Texte herausfiltern, die bestimmte Fachgebiete behandeln. In modernen Suchmaschinen sind solche Techniken integriert. Eine Schritt weiter gehen Verfahren, die semantische Netze einsetzen. Diese dienen zur Modellieren logischer Zusammenhänge durch Prädikate wie „ist Teil von“ oder „ist Synonym von“, welche die in einer Datenbank gespeicherten Begriffe zueinander in Beziehung setzen. Werden in einer Recherche gefundene Begriffe angezeigt, so kann man in diesem Sinne benachbarte Begriffe ebenfalls mit darstellen, beispielsweise in einer sternförmigen Anordnung (Sternbrowser).

9.8 Semi-Strukturierte Daten mit XML

Ein Abschnitt über XML (eXtensible Markup Language)[5] könnte an verschiedenen Stellen dieses Einführungsbuchs positioniert sein. In der letzten Auflage befand es sich im Kapitel zum Thema Internet, da XML seine Wurzeln dort hat. Warum jetzt im Datenbank-Kapitel? Mit XML können Daten als strukturierter Text mithilfe von sog. Markups gespeichert werden, weshalb viele Bücher über Datenbanken dieses Thema umfassend würdigen, z. B. Kemper und Eickler [Kem09]. XML wird daher gerne als Speicherformat für Daten und als Format zur Übertragung von Daten über ein Netzwerk verwendet. Allerdings ist nur in Sonderfällen ein XML-DBMS im Spiel, im folgenden Text geht es nur um XML-Dateien und nicht um DBMS.

XML ist eine Metasprache. Mit XML können Dialekte (Markup-Sprachen) für bestimmte Anwendungsfelder definiert werden. Hierzu werden entsprechende Markup-Tags für jeden Anwendungsfall definiert, z.B. das Markup-Tag `<Verein>` zur Beschreibung von Vereinen. Beispiele für solche

[5] siehe `http://www.w3.org/TR/xml/`

XML-Dialekte sind SVG als Speicherformat für Vektorgrafiken, SOAP als Nachrichtenformat für Aufrufe von Diensten oder XAML als Sprache der Firma Microsoft zur Beschreibung von grafischen Oberflächen und Workflows. Auch bei Kommunikationsstandards wird XML eingesetzt, wie das Beispiel SOAP zeigt.

Das nachfolgende Listing zeigt einen Ausschnitt aus einer XML-Datei, welche einen Verein und seine Mitglieder beschreibt. Die Markup-Tags starten und beenden jeweils ein XML-Element, im Beispiel sind das <Verein> als Start-Tag des XML-Elementes Verein und </Verein> als Ende-Tag, analog auch <Mitglied>...</Mitglied>. Wenn die Namen der XML-Elemente gut gewählt sind, ist die Struktur und ein Teil der Bedeutung der Daten erkennbar. Es ist offensichtlich, dass das Mitglied *Nr. 105 Frau Juliane Mitterer* in der Datei beschrieben wird.

```
<Verein>
<Mitglied nummer="105"> <!-- Mitglied 105 -->
   <Name anrede="Frau">
      <Vorname>Juliane</Vorname>
      <Nachname>Mitterer</Nachname>
   </Name>
</Mitglied>
</Verein>
```

Mit XML kann also die Syntax anderer Markup-Sprachen, also auch die der oben gezeigten Vereins-Beschreibungssprache, definiert werden. Ein Dokument wird demnach nicht direkt in XML sondern in einer durch XML erzeugten Markup-Sprache beschrieben. XML ermöglicht es, die Struktur von Dokumenten vom Inhalt und Layout bzw. der Art der Präsentation streng zu trennen. Ein XML-Dokument zur Beschreibung eines Vereins mit seinen Mitgliedern und deren Adressen steht damit losgelöst der Darstellung (dem Layout). Dasselbe XML-Dokument kann als PDF-Dokument, HTML-Seite oder als Word-Dokument umgewandelt werden, das Layout ist jeweils nicht im XML-Dokument definiert, sondern wird während der Umwandlung ergänzt, z. B. über das unten eingeführte XSLT.

9.8.1 Der Aufbau von XML-Dokumenten

XML-Dokumente sind durch die Endung .xml als solche gekennzeichnet. Die erste Zeile wird als *Processing Instruction* oder *Prolog* Bezeichnet. Dieser enthält als erstes Attribut immer die eingesetzte XML-Version. Als zweites Attribut folgt optional die Angabe des verwendeten Zeichensatzes. Default-Wert ist der Zeichensatz UTF-8 (siehe Kap. 3.1.3, S. 74). Der ebenfalls optionale dritte Parameter spezifiziert mit standalone="yes", dass das XML-Dokument für sich alleine steht. Das standalone="no" weist auf Strukturdefinitionen außerhalb der Datei hin, diese definieren den verwendeten XML-Dialekt, in Form einer DTD oder eines XML-Schemas (siehe Abschnitt 9.8.3). Ein typischer Prolog könnte also lauten:

```
<?xml version="1.0" encoding="UTF-8" standalone="yes"?>
```

In XML dürfen die Zeichen <, > und & im Text nicht vorkommen, sie müssen als <, > sowie & geschrieben werden. Ebenso wie die Anführungszeichen " (doppelt) und ' (einfach). Die genannten Zeichen werden für die Darstellung der XML-Markup-Tags benötigt.

XML-Dokumente sind aus beliebig ineinander geschachtelten XML-Elementen aufgebaut. Ein XML-Element ist wie schon erwähnt, gekennzeichnet durch ein Start-Tag, z. B. <Mitglied> sowie ein End-Tag z. B. </Mitglied>. Dazwischen dürfen sich beliebig viele weitere XML-Elemente befinden. Auf diese Weise entsteht eine Baumstruktur, auch Graphstrukturen sind durch Referenzen

Bsp. 9.4 Beispiel für ein XML-Dokument, das einen Verein beschreibt

Das Beispiel zeigt einen Ausschnitt aus einer Datei, die einen Verein darstellen könnte. Der Datensatz für ein Mitglied ist herausgegriffen. Die Struktur des Datensatzes ist durch die sprechenden Namen der XML-Elemente gut erkennbar.

```
<?xml version="1.0" encoding="UTF-8"?>
<Verein vereinsname="Tontaube">
<Mitglied nummer="105"> <!-- Mitglied 105 -->
   <Name anrede="Frau">
      <Vorname>Juliane</Vorname>
      <Nachname>Mitterer</Nachname>
   </Name>
   <Adresse>
      <Strasse>Wiesenstr. 32</Strasse>
      <PLZ>83024</PLZ>
      <Ort>Rosenheim</Ort>
   </Adresse>
   <Mitgliedstyp/>
</Mitglied>
<Mitglied nummer="107"> <!-- Mitglied 107 --> ...
</Mitglied>
</Verein>
```

im Dokument möglich. Der XML-Baum hat dabei genau eine Wurzel. In der Vereinsdatei ist das der Knoten `<Verein>`. Wenn beispielsweise Details zu einem Verein in XML gespeichert werden sollen, könnte das die Datei etwa so aussehen:

```
<?xml version="1.0" encoding="UTF-8"?>
<Verein>
    <!-- Hier die Mitglieder -->
</Verein>
```

Ein XML-Element kann einen Wert haben, dieser befindet sich zwischen Start- und End-Tag. Das Element `<Strasse>Wiesenstr. 32</Strasse>` hat beispielsweise den Wert `Wiesenstr. 32`. Hat ein XML-Element keine Unterelemente und auch keinen Wert, kann es verkürzt durch ein einziges Tag dargestellt werden. Das Element `<Mitgliedstyp/>` ist ein Beispiel dafür. Zu erkennen ist ein solches Element an dem „/", das sich am Ende des Tags befindet. Jedem XML-Element können zusätzliche Attribute zusammen mit ihren Werten zugewiesen werden. Beispielsweise könnten die Nummer eines Vereinsmitglieds und dessen Anrede Attribute des XML-Elements Mitglied sein:

```
<Mitglied Nummer="105" Anrede="Frau"> ... </Mitglied>
```

Insgesamt eignet sich XML sehr gut für Daten, die sich als Baum darstellen lassen. Die Unterknoten des Baumes können dabei unterschiedlich strukturiert sein. Zwei Mitglied-Elemente könnten durchaus verschiedene Unterelemente haben. Ganze Teilbäume dürfen fehlen. XML wird daher auch zur Darstellung von semi-strukturierten Daten verwendet. Beispiel 9.4 zeigt die Darstellung eines Vereins.

9.8.2 Wohlgeformtheit und Validität

XML folgt einer Standard-Syntax für Markups, die sich auf jede mit XML erzeugte Sprache überträgt. XML-Dokumente, die dieser Standard-Syntax gehorchen, werden als wohlgeformt (well formed) bezeichnet. Die Syntax von XML selbst ist in der allgemein für die Syntax-Beschreibung von Sprachen gebräuchlichen Metasprache EBNF (siehe Kap. 14.2.1) formuliert (z. B. beschreibt `element ::= EmptyElemTag | STag content ETag` ein XML-Element[6]).

Die Beschreibung von Sprachkonstrukten einer mithilfe von XML erzeugten Markup-Sprache erfolgt durch DTDs (Document Type Defintions) oder durch die neueren, wesentlich ausdrucksstärkeren [Kem09] XML-Schemas. XML-Schemas stellen eine Erweiterung der Syntax von XML dar, der dann Dokumente gehorchen müssen, die diese Schemas verwenden. In diesem Sinne korrekte Dokumente bezeichnet man als *valide*, sie sind dann notwendigerweise auch wohlgeformt. Auch bei XML-Prozessoren und -Parsern unterscheidet man zwischen Tests auf Wohlgeformtheit und Validität. So prüfen manche Parser XML-Dokumente mit der Endung `.xml` nur auf Wohlgeformtheit, aber nicht auf Validität. Das Schema, das die Syntax eines XML-Dokuments beschreibt, wird entweder direkt im XML-Dokument angegeben oder referenziert. Für den oben bereits aufgeführten Verein könnte beispielsweise ein Schema für XML-Dateien zur Speicherung von Vereinen angegeben werden:

```
<?xml version="1.0" encoding="UTF-8"?>
<Verein xmlns:xsi="http://www.w3.org/2001/XMLSchema-instance"
 xsi:schemaLocation="Vereine.xsd">
   <!-- Hier die Mitglieder -->
</Verein>
```

9.8.3 XML-Schema

Über ein XML-Schema kann festgelegt werden, welche XML-Elemente in einem XML-Dokument erlaubt sind. Für jedes Element können Attribute definiert und Unterelemente festgelegt werden. Für Werte von Attributen und Elementen werden Datentypen angegeben. Diese Datentypen können elementare Datentypen sein, wie `string` oder `integer`, aber auch benutzerdefinierte strukturierte Typen. Auch dokumentweit eindeutige Identifier `id` sowie Verweise darauf `idref` sind möglich. Ein XML-Schema ist zunächst einmal ein normales XML-Dokument, allerdings mit der Endung `.xsd`:

```
<?xml version="1.0" encoding="UTF-8"?>
<xs:schema version="1.0" xmlns:xs="http://www.w3.org/2001/XMLSchema">
   <!-- Hier die Definitionen -->
<xs:schema/>
```

Zu dem XML-Schema gibt es ein Hauptschema, das festlegt, welche Elemente ein XML-Schema haben darf. Dieses wird vom W3C bereitgestellt und ist standardisiert. Dieses Hauptschema ist in dem Beispiel mithilfe einer URL angegeben. Es findet sich unter `http://www.w3.org/2001/XMLSchema`. Alle in dem Hauptschema definierten Elemente finden sich in unserem Schema Beispiel immer mit dem Prefix `xs:` wieder, dieses Prefix kennzeichnet diese Elemente, es ist an deren Namensraum (Namespace) gebunden.

Ein einfaches XML-Element könnte den Namen der `Strasse` innerhalb einer Adresse darstellen. Die Straße hat den Datentyp `string`:

```
<xs:element name="Strasse" type="xs:string"/>
```

[6] www.w3.org/TR/xml/

Mit XML-Schema können zusammengesetzte Datentypen als `complexType` definiert werden. Diese bestehen dann aus Unterelementen und haben eventuell Attribute. Das nachfolgende Beispiel definiert ein XML-Element `Adresse` sowie dessen (zusammengesetzten) Datentyp `Adresstyp`.

```
<xs:element name="Adresse" type="Adresstyp"/>

<xs:complexType name="Adresstyp">
  <xs:sequence>
     <xs:element name="Ort" type="xs:string" minOccurs="1"/>
     <xs:element name="PLZ" type="xs:string" minOccurs="0"/>
     <xs:element name="Strasse" type="xs:string" minOccurs="0"/>
  </xs:sequence>
</xs:complexType>
```

Der `Adresstyp` hat bis zu drei Unterelemente (`Ort`, `PLZ` und `Strasse`). Der Datentyp der Unterelemente ist jeweils ein `string`. Das Attribut `minOccurs=0` zeigt an, dass diese Elemente optional sind, damit sind auch Adressen erlaubt, bei denen keine Postleitzahl angegeben ist, einzig der Ort ist Pflichtfeld, `minOccurs=0`. Die Adresse in unserer oben gezeigten Vereinsdatei genügt diesem Adresstyp.

9.8.4 XPath

Um in XML-Dokumenten einzelne Elemente, Attribute oder Mengen von Elementen zu identifizieren bzw. zu suchen kann die XML Path Language (XPath) verwendet werden. Über einen XPath-Ausdruck werden ausgehend von der Wurzel des Baumes aus XML-Elementen über einen Pfad entsprechende Knoten im Baum adressiert.

In der XPath-Notation stehen zur Navigation im Baum aus XML-Elementen zahlreiche Möglichkeiten zur Verfügung. Diese verwenden die in Betriebssystemen übliche Schreibweise für Pfadangaben der Art `/Vater/Kind/Enkel`. Eine Pfadangabe startet dabei immer beim Wurzelelement des XML-Dokuments. Im Pfad und auch bei den erreichten Endknoten können Bedingungen formuliert werden, welche die über XPath gefundenen XML-Elemente und -Attribute weiter einschränken. In einem Pfad können Vater-Knoten (`parent`), Kind-Knoten (`child`) aber auch Geschwister-Knoten (`preceding-` oder `following-sibling`) oder auch sämtliche Unterknoten (`descendant`) adressiert werden. Die in Bsp. 9.5 gezeigten XPath-Ausdrücke verwenden die vereinfachte Notation für XPath-Ausdrücke, dort wird anstelle von `/child::Verein/child::Mitglied/...` einfach `/Verein/Mitglied/...` geschrieben.

9.8.5 XSL: Extended Style Sheet Language

Vielfältige Möglichkeiten zur Darstellung und Transformation von XML-Dateien bietet die auf XML basierende Extended Style Sheet Language XSLT [7] in ihren verschiedenen Ausprägungen. Idee der Style Sheets ist es, Informationen wie das Layout zu den in einem XML-Dokument gespeicherten Informationen zu ergänzen. Mit XSLT kann ein XML-Dokument in ein HTML-Dokument, PDF-Dokument oder irgendein anderes Text- oder sogar Binärformat transformiert werden. Damit können verschiedene Ausgabeformate mit demselben XML-Dokument aber verschiedenen XSLT-Transformationsvorschriften erstellt werden.

Bei der Transformation einer XML-Quelldatei beispielsweise in eine HTML-Ausgabe wird die Quelldatei durchlaufen. Dabei werden mithilfe von Template-Regeln XML-Elemente und -Attribute

[7] `http://www.w3.org/TR/xslt20/`

Bsp. 9.5 XPath-Ausdrücke

```
/Verein/Mitglied/Name/Nachname/text()

//Nachname/text()

//Mitglied/@nummer

//Mitglied[@nummer=105]/Name/Nachname/text()
```

Die ersten beiden Pfadangaben liefern in unserer Vereinsdatei jeweils die Nachnamen aller Mitglieder als Liste. Im ersten Fall wird von der Wurzel Verein über die Elemente navigiert zum Element Nachname und dessen Wert wird über text() ausgegeben. Über // kann der Ausdruck vereinfacht werden, indem der Navigationspfad von der Wurzel bis zu den gesuchten XML-Elementen unterstellt wird. Mithilfe von @ wird auf Attribute eines XML-Elementes zugegriffen, in der 3. Zeile wird eine Liste aller Mitgliedsnummern erzeugt. Die Treffermenge kann durch Bedingungen eingeschränkt werden, Bedingungen werden dabei in eckige Klammern gekapselt: Im letzten XPath-Ausdruck wird nur der Nachname des Mitglieds mit der Nummer 105 geliefert, wegen der Bedingung [@nummer = 105].

Tabelle 9.4 Die wichtigsten Sprachelemente von XSLT

Befehl	Wirkung
<xsl:apply-templates select="Knoten"/>	Anwenden eines Templates auf ein durch den Xpath-Ausdruck Knoten spezifiziertes Element des Quelldokuments.
<xsl:for-each select="Knoten"> ... Statements </xsl:for-each>	Anwenden eines Templates auf alle Elemente, auf die der Xpath-Ausdruck Knoten passt.
<xsl:value-of select="Element"/> <xsl:value-of select="@Attribut"/>	Auswahl des Elements Element und Transformation mit dem zugehörigen Template.
<xsl:template match="Knoten"> ... Statements </xsl:template>	Definition eines Templates. Dieses wird zur Transformation eines Knotens des Quelldokuments verwendet, wenn er zu dem im match-Parameter angegebenen Knoten passt.

in HTML-Elemente transformiert. Kann ein Template auf ein XML-Element angewendet werden, wird in die Ausgabe (= transformierte Datei) der im Template angegebene Text geschrieben. Um ein Template anwenden zu können, müssen die entsprechenden XML-Elemente identifiziert werden können. Dies geschieht über XPath-Ausdrücke.

Alle zum eigentlichen Sprachumfang von XSLT, gehörenden Elemente beginnen mit <xsl: gefolgt von dem eigentlichen Tag-Namen. Einige wichtige Sprachelemente von XSLT sind in der Tabelle 9.4 zusammengestellt

Eine XSLT-Datei beginnt wie jedes XML-Dokument mit der Prolog-Zeile. Danach wird durch die Zeile <xsl:output method="html"/> festgelegt, dass eine HTML-Ausgabe erzeugt werden soll. Nun folgt ein Template, das auf die Wurzel der zu transformierenden Quelldatei angewendet wird. Die Wurzel wird dabei durch die XPath-Bezeichnung „/" referenziert. Dieses Template muss den Rahmen einer HTML-Datei enthalten. Danach können sich beliebige weitere Templates anschließen, die sich auf bestimmte Knoten des XML-Baumes beziehen. Beispiel 9.6 zeigt die Verwendung von XSLT.

Bsp. 9.6 Erstellung einer HTML-Seite für den Verein mithilfe von XSLT

Wenn unsere Vereinsdatei in eine HTML-Seite übersetzt werden soll, könnte das folgende (gekürzte) Listing dazu verwendet werden. Die Ausgabe ist eine HTML-Tabelle mit drei Spalten welche die Mitglieder unseres Vereins auflistet:

```
<?xml version="1.0" encoding="UTF-8"?>
<xsl:stylesheet version="1.0" xmlns:xsl="http://www.w3.org/1999/XSL/Transform">
<xsl:output method="html"/>
<xsl:template match="/">       <!-- Wurzel Element -->
<html>
  <head> <title>Vereinsdatenbank</title> </head>
  <body>
    <h3>Verein <xsl:apply-templates select="Verein"/> </h3>
    <table>
       <tr><td>Mitgliedsnr.</td> <td>Name</td><td colspan="3">Adresse</td></tr>
       <xsl:for-each select="/Verein/Mitglied">
          <tr><td><xsl:value-of select="@nummer"/></td>
            <xsl:apply-templates select="Name"/>
            <xsl:apply-templates select="Adresse"/>
          </tr>
       </xsl:for-each>
    </table>
  </body>
</html>
</xsl:template>

<xsl:template match="Verein">
   <xsl:value-of select="@vereinsname"/>
</xsl:template>
<xsl:template match="Name">
   <td><xsl:value-of select="@anrede"/>
   <xsl:value-of select="Vorname"/>
   <xsl:value-of select="Nachname"/> </td>
</xsl:template>
<xsl:template match="Adresse">
   <td><xsl:value-of select="Strasse"/></td>
   <td><xsl:value-of select="PLZ"/></td>
   <td><xsl:value-of select="Ort"/></td>
</xsl:template>
</xsl:stylesheet>
```

Übungsaufgaben zu Kapitel 9

A 9.1 (T) Welche Arten von Daten lassen sich gut als Tabelle darstellen, für welche Daten eignet sich eine Baumstruktur besser? Vergleichen Sie Kundendaten (Nummer, Vorname, Nachname, Geburtsdatum, Straße, Postleitzahl, Ort) mit Daten über eine Vektorgrafik.

A 9.2 (T) Installieren Sie sich bitte ein relationales Datenbankmanagement-System auf ihrem Laptop oder PC. Es gibt viele frei verfügbare relationale DBMS, beispielsweise MySQL, MariaDB oder PostgreSQL. Zusätzlich zum DBMS benötigen Sie eine Shell, mit der Sie SQL gegen die Datenbank absetzen können, beispielsweise phpMyAdmin.

A 9.3 (P1) Erstellen Sie mithilfe von SQL ein Datenbankschema mit den beiden Tabellen `Mitarbeiter` und `Abteilung`. Machen Sie dazu geeignete Annahmen über die Datentypen der Attribute. Legen Sie auch die jeweiligen Primärschlüssel und den Fremdschlüssel über die Abteilungsnummer fest!

A 9.4 (P1) Legen Sie mithilfe von `INSERT`-Anweisungen die Daten aus den Beispielen dieses Kapitels in die oben erzeugten Tabellen `Mitarbeiter` und `Abteilung` ein. Was passiert, wenn Sie versuchen, denselben Datensatz, vielleicht Herrn Kunze, mehrfach anzulegen?

A 9.5 (P1) Versuchen Sie nun, die in Abschnitt 9.3 dargestellten Ausdrücke der Relationalen Algebra (Selektion σ, Projektion π, kartesisches Produkt $\times$ und den natürlichen Join $\bowtie$) mit der `SELECT`-Anweisung auszuführen.

A 9.6 (P3) Recherchieren Sie Details zum Thema „Isolation von Transaktionen“ (Transaction Isolation Level: Serializable) und versuchen Sie mit zwei parallel laufenden Transaktionen einen Deadlock zu erzeugen.

A 9.7 (P2) Recherchieren Sie Details zu JDBC in der Sprache Java und erstellen Sie ein Java-Programm, das über JDBC auf die Datenbank aus den vorangegangenen Übungen zugreift. Lesen Sie alle Mitarbeiter und Abteilungen aus und geben Sie diese auf der Konsole aus!

A 9.8 (T) Recherchieren Sie Details zu den NoSQL DBMS! Erarbeiten Sie für jede der vier genannten Technologien ein Beispiel DBMS und listen Sie zu dem DBMS Einsatzbeispiele auf. Wozu werden NoSQL-DBMS in der Praxis verwendet?

A 9.9 (T) Vergleichen Sie XML mit dem in Kap. 16.4.4 dargestellten JSON-Format! Was sind die Gemeinsamkeiten, was sind die Unterschiede?

Literatur

[Apa] Apache Hadoop. http://hadoop.apache.org/.

[Cat00] R. Cattell et al. *The Object Data Standard: ODMG 3.0.* Morgan-Kaufmann, 2000.

[Che76] P. P.-S. Chen. The Entity-relationship Model&Mdash;Toward a Unified View of Data. *ACM Trans. Database Syst.*, 1(1):9–36, 1976.

[Cod70] E. F. Codd. A Relational Model of Data for Large Shared Data Banks. *Communications of the ACM*, 13(6):377–387, 1970.

[Cod90] E. F. Codd. *The Relational Model for Database Management: Version 2.* Addison-Wesley Longman, 1990.

[Dea08] J. Dean und S. Ghemawat. MapReduce: Simplified Data Processing on Large Clusters. *Commun. ACM*, 51(1):107–113, Jan. 2008.

[Edl11] S. Edlich, A. Friedland, J. Hampe, B. Brauer und M. Brückner. *NoSQL: Einstieg in die Welt nichtrelationaler Web 2.0 Datenbanken.* Hanser-Verlag, 2. Aufl., 2011.

[Heu97] A. Heuer. *Objektorientierte Datenbanken. Konzepte, Modelle, Standards und Systeme.* Addison-Wesley, 2. Aufl., 1997.

[ISO99] ISO/IEC 9075. Information technology – Database languages – SQL, 1999.

[Jen07] F. V. Jensen und T. D. Nielsen. *Bayesian Networks and Decision Graphs*. Springer, 2. Aufl., 2007.

[Kem09] A. Kemper und A. Eickler. *Datenbanksysteme: Eine Einführung*. Oldenbourg, 8. Aufl., 2009.

[Pet12] D. Petkovic. *Microsoft SQL Server 2012 A Beginners Guide 5/E*. McGraw-Hill, 2012.

[Saa13] G. Saake, K. Sattler und A. Heuer. *Datenbanken: Konzepte und Sprachen*. MITP, 5. Aufl., 2013.

[XMLa] Extensible Markup Language (XML), W3C Recommendation. www.w3.org/TR/xml/.

[XMLb] XML Schema. http://www.w3.org/2001/XMLSchema.

[XSL] XSL Transformations (XSLT), W3C Recommendation. www.w3.org/TR/xslt20/.

Kapitel 10

Automatentheorie und formale Sprachen

10.1 Grundbegriffe der Automatentheorie

10.1.1 Definition von Automaten

Automaten und Schaltnetze

Unter einem Automaten (automaton) stellt man sich eine Maschine vor, die ihr Verhalten bis zu einem gewissen Grade selbst steuert [Hop11]. Dies könnte beispielsweise ein Kaffeeautomat sein, der in Abhängigkeit von der Produktauswahl durch Drücken von Tasten das gewählte Getränk ausgibt oder auch eine Fehlermeldung, falls der Wasser- oder Kaffeevorrat ausgegangen ist. Für wissenschaftliche Anwendungen ist eine mathematische Präzisierung dieses Begriffs erforderlich. Historisch gesehen entwickelte sich die Automatentheorie um das Verhalten von Relaisschaltungen, allgemeiner von Schaltnetzen und Schaltwerken, abstrakt zu beschreiben. Wie in Kap. 5.3 dargestellt, lässt sich ein Schaltwerk als ein Schaltnetz mit Rückkopplungen und Verzögerungen beschreiben, wohingegen Schaltnetze idealisiert als rückkopplungs- und verzögerungsfrei betrachtet werden (vgl. Abb. 10.1). Weiter abstrahierend stellt man sich alle Eingangsvariablen als Eingabezeichen, alle Ausgangsvariablen als Ausgabezeichen und die Funktionen des Schaltnetzes, ggf. mit Rückkopplungen, als interne Zustände vor. Automaten sind damit eine alternative Beschreibung von Schaltwerken, wobei man meist von einer endlichen und festen Anzahl von Zuständen und einem Speicher mit vorab bestimmter, fester Kapazität ausgeht – was eine wesentliche Einschränkung ist.

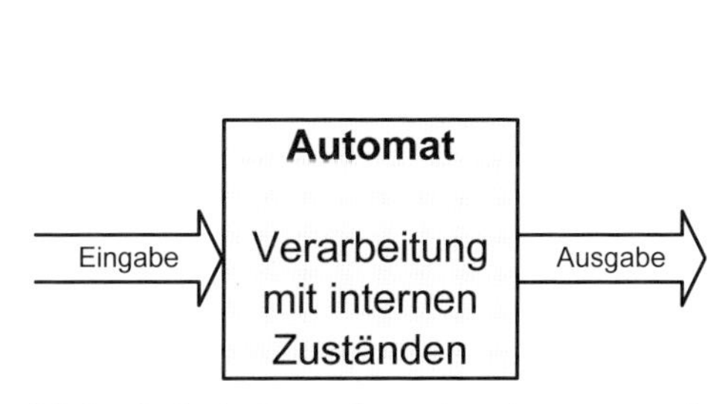

(a) Symbolische Darstellung eines Automaten mit Eingabe-, Ausgabe- und Verarbeitungseinheit

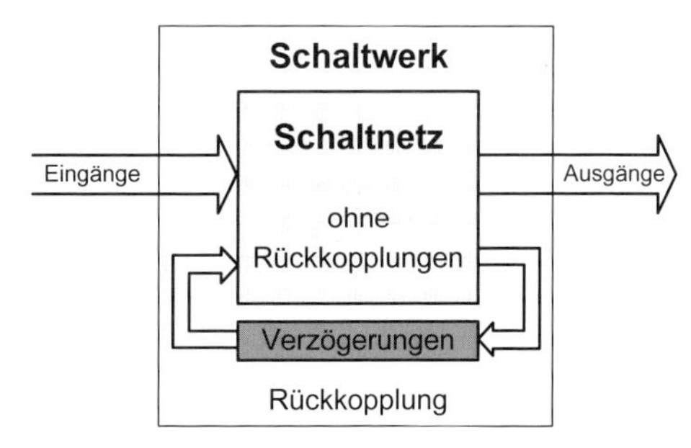

(b) Beschreibung eines Schaltwerks als Schaltnetz mit Rückkopplungen und Verzögerungen

Abb. 10.1 Automaten, Schaltnetze und Schaltwerke

Automaten und Informatik

Automaten sind gut zur Analyse und formalisierten Darstellung komplexer Zusammenhänge und Abläufe geeignet und daher auch eine nützliche Vorlage für die Programmierung, zumal es Werkzeuge zur Codegenerierung aus Automaten gibt. Auch die bereits in Kap. 17.6.4 besprochenen Entscheidungstabellen sind nichts anderes als Automaten.

Automaten haben ferner für die Beschreibung und Realisierung integrierter Schaltkreise Bedeutung erlangt. Dabei geht es zum einen um die Minimierung von Zuständen und Schaltfunktionen, vor allem aber um Fragen der Verbindungsoptimierung (Kreuzungsfreiheit) sowie um die Minimierung der Anzahl der Eingabe- und Ausgabeleitungen, da in erster Linie diese die Kosten bestimmen.

Trotz der eher zum Bereich Software-Engineering gehörenden praktischen Problemstellungen zählt die Automatentheorie zur theoretischen Informatik, da sie in engem Zusammenhang mit der Berechenbarkeitstheorie (Kap. 11.1) sowie den formalen Sprachen (Kap. 10.2) und damit auch den Grundlagen der Programmiersprachen steht. Außerdem ist die für ein tiefer gehendes Verständnis erforderliche algebraisch-abstrakte Betrachtungsweise mathematisch geprägt. Weiterführende Literatur zu diesem Thema ist z. B. [Hop13, Hop11, Hof11, Erk09, Sch08, San95].

Definition von deterministischen Automaten

Ein Automat kann als eine sehr allgemeine algebraische Struktur aufgefasst werden, d. h. als eine Menge von Elementen, die durch eine Vorschrift verknüpft werden können.

Definition 10.1 (deterministischer Automat)**.** Ein deterministischer Automat A(Q, Σ, δ) ist definiert durch:

- Eine abzählbare Menge $Q = \{q_1, q_2, q_3, \ldots\}$ von Zuständen.
- Ein Alphabet (d. h. eine abzählbare, geordnete Menge) $\Sigma = \{\sigma_1, \sigma_2, \sigma_3, \ldots\}$ von Eingabezeichen.
- Eine eindeutige Übergangsfunktion $\delta : Q \times \Sigma \to Q$. Dabei ist $Q \times \Sigma$ das kartesische Mengenprodukt, d. h. die Menge aller geordneten Paare (q, σ) mit $q \in Q$ und $\sigma \in \Sigma$.

Die Übergangsfunktion δ ordnet jedem Paar (q_i, σ_j) aus Zustand q_i und Eingabezeichen σ_j einen neuen Folgezustand q_k zu. Man schreibt dafür $\delta(q_i, \sigma_j) = q_k$ oder anschaulicher $(q_i, \sigma_j) \to q_k$. Der im aktuellen Zustand q_i befindliche Automat geht also nach dem Empfang des Eingabezeichens σ_j in den neuen Zustand q_k über. Die Übergangsfunktion wird als eindeutig vorausgesetzt, d. h. ein Übergang erfolgt in genau einen neuen Zustand. Das ist auch der Grund für die Bezeichnung *deterministisch*. Die Übergangsfunktion muss jedoch nicht umkehrbar sein, d. h. aus dem aktuellen Zustand des Automaten muss nicht unbedingt auf den vorhergehenden Zustand geschlossen werden können. In Abb. 10.2 wird dies verdeutlicht.

Endliche Automaten

Definition 10.2 (endlicher Automat)**.** Sind in Def. 10.1 Zustandsmenge Q und Alphabet Σ endlich, so spricht man von einem *endlichen* Automaten (finite automaton).

In der Praxis werden vor allem deterministische endliche Automaten, kurz DEA bzw. englisch DFA, wegen ihrer Äquivalenz zum Modell der sequentiellen Maschine (sequential machine) zur Beschreibung der Hardware sequentiell arbeitender Rechner verwendet.

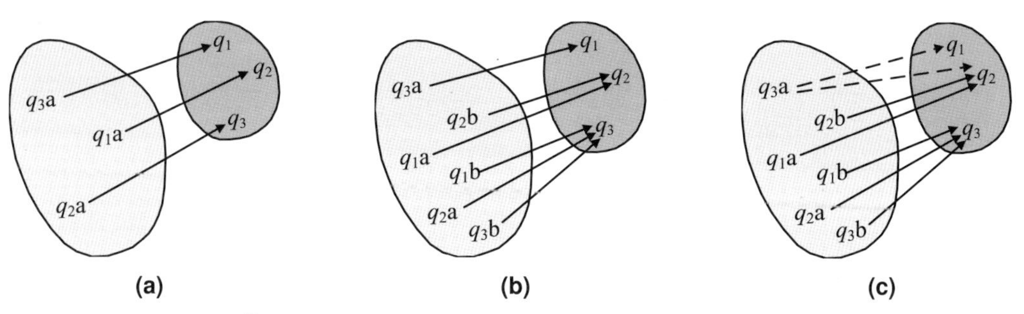

Abb. 10.2 Beispiele für Übergangsfunktionen von Automaten:

a) Beispiel für eine eineindeutige (umkehrbar eindeutige) Übergangsfunktion $\delta : Q \times \Sigma \to Q$ für einen deterministischen Automaten mit der Zustandsmenge $Q = \{q_1, q_2, q_3\}$ und der nur ein einziges Zeichen a enthaltenden Menge der Eingabezeichen $\Sigma = \{\text{a}\}$. In diesem Sonderfall kann aus dem aktuellen Zustand des Automaten auf den vorhergehenden Zustand geschlossen werden.

b) Beispiel für eine eindeutige Übergangsfunktion $\delta : Q \times \Sigma \to Q$ für einen deterministischen Automaten mit der Zustandsmenge $Q = \{q_1, q_2, q_3\}$ und der Menge der Eingabezeichen $\Sigma = \{\text{a,b}\}$. Außer im Falle des Zustands q_1 kann hier nicht auf den vorhergehenden Zustand geschlossen werden.

c) Beispiel für eine nicht eindeutige Übergangsrelation $\delta : Q \times \Sigma \to \mathscr{P}(Q)$ für einen nichtdeterministischen Automaten. Für (q_3, a) sind offenbar zwei Übergänge möglich, nämlich $(q_3, \text{a}) \to q_1$ und $(q_3, \text{a}) \to q_2$.

Nichtdeterministische Automaten

Definition 10.3 (nichtdeterministischer Automat)**.** Ist in Def. 10.1 die Übergangsabbildung δ nicht eindeutig, so nennt man den Automaten *nichtdeterministisch* und mit Def. 10.2 nichtdeterministischer endlicher Automat (NEA bzw. NFA). Die Übergangsabbildung lautet dann $\delta : Q \times \Sigma \to \mathscr{P}(Q)$, wobei $\mathscr{P}(Q)$ die Potenzmenge (Menge aller Teilmengen) von Q bezeichnet.

Bei nichtdeterministischen Automaten steht bei mindestens einem Zustand nicht nur ein Folgezustand q_k, sondern eine Menge von Folgezuständen $\{q_{k_1}, q_{k_2}, \ldots\}$ zur Verfügung. DEA sind also ein Spezialfall von NEA, bei denen δ eine Funktion (und nicht nur eine Relation) ist. Man kann sich vorstellen, dass zufällig einer der möglichen Folgezustände eingenommen wird (aber der, der am Ende der richtige war) oder dass in einer parallelen Verarbeitung der Übergang zu allen möglichen Folgezustände gleichzeitig erfolgt. Es mag überraschen, aber nichtdeterministische Automaten bringen nichts neues, da sie sich auf deterministische Automaten zurückführen lassen, wie in Abschnitt 10.1.3, S. 380 gezeigt wird.

Automaten mit Ausgabe, Mealy- und Moore-Automaten

Reale Automaten liefern in der Regel Ausgabezeichen. Man definiert dementsprechend:

Definition 10.4 (Automat mit Ausgabe)**.** Ein Automat mit Ausgabe A(Q, Σ, δ, Y, g) umfasst ein Alphabet $Y = \{y_1, y_2, y_3, \ldots\}$ von Ausgabezeichen und eine nicht notwendigerweise eindeutige Abbildung g in die Menge der Ausgabezeichen Y.

Definition 10.5 (Mealy-Automat)**.** Hängt die Ausgabe vom Eingabezeichen und vom aktuellen Zustand des Automaten ab, so spricht man von einem *Mealy-Automaten* [Mea55]: $g : Q \times \Sigma \to Y$.

Bsp. 10.1 Darstellung von Automaten

Links: Übergangstabelle eines DEA mit den Eingabezeichen $\Sigma = \{a, b\}$ und den Zuständen $Q = \{q_1, q_2, q_3\}$. Die Übergangsfunktion ist durch die Tabelleneinträge definiert.
Rechts: Übergangsdiagramm für den Automaten.

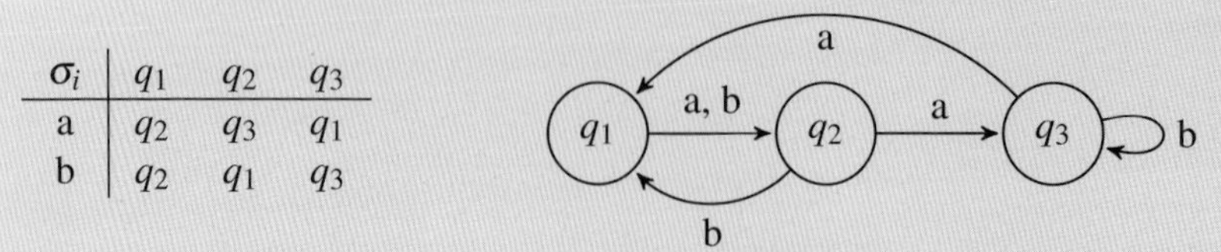

σ_i	q_1	q_2	q_3
a	q_2	q_3	q_1
b	q_2	q_1	q_3

Die möglichen Übergänge ergeben sich direkt aus der Tabelle. Man sieht, dass der Automat bei Empfang des Eingabezeichens a vom Zustand q_1 in den Zustand q_2 übergeht. Erscheint nun das Eingabezeichen b, so geht der Automat aus dem Zustand q_2 wieder in den Zustand q_1 über. Für DEA steht in den Tabelleneinträgen immer nur ein Folgezustand, für NEA sind stattdessen auch Mengen von Folgezuständen zugelassen.
Führen von einem Zustand mehrere Eingabezeichen zu demselben Folgezustand, so zeichnet man im Übergangsdiagramm abkürzend nur einen Pfeil und notiert daneben alle diesen Übergang bewirkenden Eingabezeichen. Dies trifft z. B. für den Übergang von q_1 nach q_2 zu, der sowohl bei Eingabe von a als auch bei Eingabe von b erfolgt.

Definition 10.6 (Moore-Automat)**.** Hängt die Ausgabe nur vom aktuellen Zustand ab, so spricht man von einem *Moore-Automaten* [Moo56]: $g : Q \to Y$.

Trotz der unterschiedlichen Definitionen sind beide Arten äquivalent: Jeder Mealy-Automat lässt sich in einen Moore-Automaten mit gleicher Funktionalität überführen und umgekehrt.

Da Automaten mit Ausgabe zu jeder Folge von Eingabezeichen eine Folge von Ausgabezeichen erzeugen, nennt man diese auch *übersetzende* Automaten (Transduktoren). Man kann sich einen solchen Automaten als ein System vorstellen, das Eingabedaten von einem Eingabemedium liest, diese verarbeitet und als Ergebnis auf einem Ausgabemedium zur Verfügung stellt. Sind Q, Σ und Y des übersetzenden Automaten außerdem endlich, so wird dieser auch als *endlicher Übersetzer* bezeichnet.

10.1.2 Darstellung von Automaten

Um einen Automaten eindeutig zu definieren, muss man außer allen Eingabezeichen und Zuständen sowie den möglichen Ausgabezeichen auch die Übergangsfunktion δ und – für einen Automaten mit Ausgabe – auch die Ausgabefunktion g spezifizieren.

Übergangstabellen und Übergangsdiagramme

Im Falle von endlichen Automaten ist auch die Menge der möglichen Übergänge zwischen den Zuständen endlich, nämlich höchstens n^n für DEA und $n \cdot n^n$ für NEA, wenn n die Anzahl der Zustände ist, d. h. die Anzahl der Elemente der Menge $Q = \{q_1, q_2, \ldots, q_n\}$. Die Übergangsfunktion lässt sich dann in Form einer endlichen Übergangstabelle darstellen.

Bsp. 10.2 Darstellung von Automaten mit Ausgabe – Mealy

Definiert man für den Automaten gemäß Bsp. 10.1 noch die Menge der Ausgabezeichen $Y = \{y_1, y_2, y_3\}$, so kann man die um eine Ausgabefunktion $g : Q \times \Sigma \rightarrow Y$ erweiterte Tabelle und den zugehörigen Übergangsgraphen wie folgt darstellen:

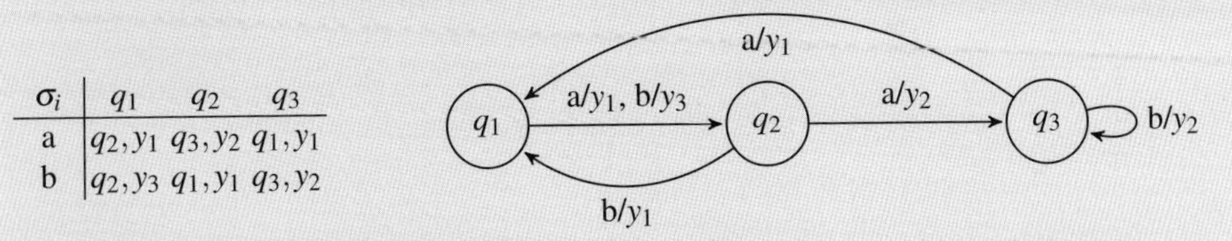

σ_i	q_1	q_2	q_3
a	q_2, y_1	q_3, y_2	q_1, y_1
b	q_2, y_3	q_1, y_1	q_3, y_2

Die Ausgabezeichen stehen durch Schrägstriche getrennt neben den Eingabezeichen. Dieser Automat ist offenbar vom Mealy-Typ, da die Ausgabezeichen sowohl von den Zuständen als auch von den Eingabezeichen abhängen. Befindet sich der Automat z. B. im Zustand q_1, so geht er mit der Eingabe a in den Zustand q_2 über und es erscheint die Ausgabe y_1. Die Eingabe b bringt den Automaten ebenfalls in den Zustand q_2, jetzt erscheint aber die Ausgabe y_3.

Bsp. 10.3 Darstellung von Automaten mit Ausgabe – Moore

Der Automat aus Bsp. 10.2 als Moore-Automat:

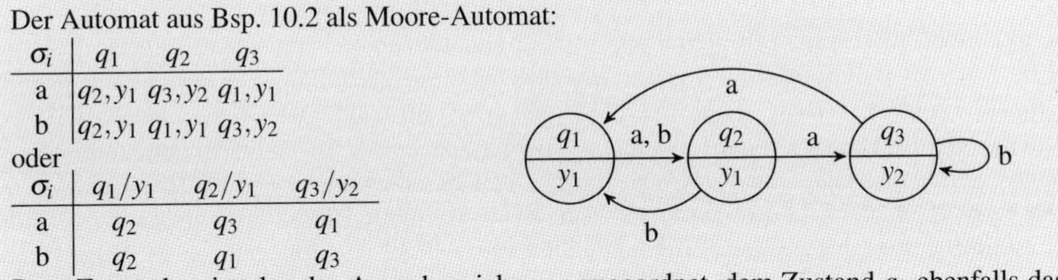

σ_i	q_1	q_2	q_3
a	q_2, y_1	q_3, y_2	q_1, y_1
b	q_2, y_1	q_1, y_1	q_3, y_2

oder

σ_i	q_1/y_1	q_2/y_1	q_3/y_2
a	q_2	q_3	q_1
b	q_2	q_1	q_3

Dem Zustand q_1 ist also das Ausgabezeichen y_1 zugeordnet, dem Zustand q_2 ebenfalls das Ausgabezeichen y_1 und dem Zustand q_3 das Ausgabezeichen y_2. Die Zuordnungsvorschrift ist demnach in der Tat nur vom Zustand abhängig, allerdings nicht umkehrbar eindeutig.

Eine anschaulichere Möglichkeit zur Beschreibung eines Automaten sind Übergangsdiagramme oder Übergangsgraphen. Das sind gerichtete Graphen (vgl. Kap. 13.3) deren Knoten durch die Zustände und die Kanten durch die Übergänge gebildet werden. Von jedem Knoten gehen so viele Pfeile aus, wie es Eingabezeichen gibt. Zweckmäßigerweise notiert man die Zustände an den Knoten und die Eingabezeichen an den Kanten. Übergangsdiagramme repräsentieren die Übergangsfunktion anschaulicher als Tabellen. Man folgt einfach von einem als Knoten dargestellten Zustand längs dem mit dem betreffenden Eingabezeichen versehenen Pfeil zum Folgezustand (siehe Bsp. 10.1).

Für einen Automaten mit Ausgabe kann man entweder die Ausgabefunktion durch eine zweite Tabelle darstellen, oder die Einträge in der Übergangstabelle um die Ausgabezeichen erweitern. Beispiel 10.2 zeigt eine Erweiterung des Automaten aus Bsp. 10.1 auf einen Mealy-Automaten. Man kann die Ausgabefunktion dieses Automaten leicht so modifizieren, dass die ausgegebenen Zeichen nur vom Zustand des Automaten abhängen, aber nicht von den Eingabezeichen. Beispiel 10.3 zeigt einen äquivalenten Moore-Automaten.

Bsp. 10.4 Darstellung von Automaten durch baumartige Graphen

Übergangstabelle für einen Automaten mit binärem Eingabezeichensatz $\Sigma = \{0, 1\}$ und Darstellung in Form eines baumartigen Übergangsdiagramms:

σ_i	q_1	q_2	q_3	q_4	q_5
0	q_3	q_5	q_3	q_5	q_3
1	q_4	q_4	q_3	q_2	q_3

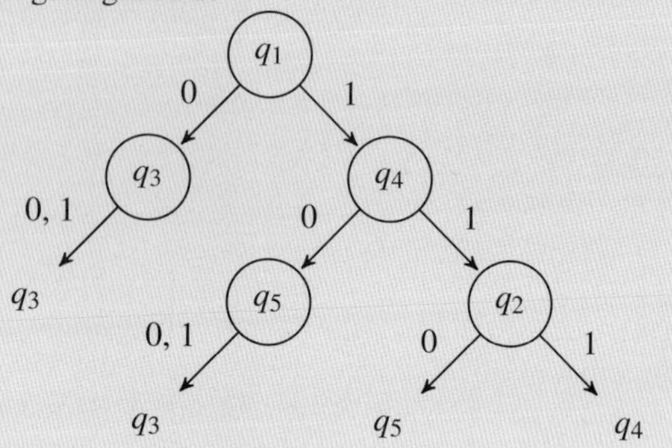

Man kann leicht die kürzeste Folge von Eingabezeichen ablesen, die zu einem bestimmten Zustand führt: Von q_1 ausgehend, gelangt man beispielsweise mit der Eingabezeichenfolge 110 zu q_5.

Darstellung von Automaten durch baumartige Graphen

Eine weitere Möglichkeit zur Beschreibung von Automaten bieten baumartige Graphen. Insbesondere für Automaten mit binärem Eingabezeichensatz ist diese Darstellungsweise recht übersichtlich. Ein Beispiel zeigt Bsp. 10.4.

Die Zweige des Baumes enden, sobald ein Übergang zu einem Zustand erfolgen würde, der im Graphen weiter oben schon als Knoten vorhanden ist. Der Übergang zu diesem Zustand wird dann durch einen Pfeil beschrieben, an dessen Ende der betreffende Zielzustand notiert wird. Durch dieses Ausschöpfungsprinzip ergibt sich schließlich für endliche Automaten in jedem Fall ein Graph endlicher Länge. Ein Vorteil dieser Darstellungsart ist, dass man sofort die kürzeste Folge von Eingabezeichen ablesen kann, die zu einem bestimmten Zustand führt. Die Ähnlichkeit zu den in Kap. 3.2 eingeführten Codebäumen ist offensichtlich.

10.1.3 Die akzeptierte Sprache von Automaten

Anfangszustand, Endzustände und akzeptierte Sprache

Meist zeichnet man gewisse Zustände eines Automaten als besondere Zustände aus: Bei deterministischen Automaten einen Anfangszustand $q_\mathrm{s} \in Q$ und mindestens einen akzeptierenden Zustand oder Endzustand $q_{\mathrm{e}_i} \in Q$. Man charakterisiert dann den Automaten durch $\mathrm{A}(Q, \Sigma, \delta, q_\mathrm{s}, E)$. Dabei ist E die Menge der Endzustände. Es ist zu beachten dass E eine Teilmenge von Q ist. Im Übergangsdiagramm wird der Startzustand üblicherweise durch einen Pfeil markiert und Endzustände durch einen Doppelkreis. Unter all den Wörtern, die sich aus den Eingabezeichen des Automaten bilden lassen, muss es für jeden Endzustand mindestens eines geben, das den Automaten von einem Startzustand – in der Regel über Zwischenzustände – in einen Endzustand überführt. Meist gibt es eine ganze Reihe solcher Wörter, oft unendlich viele. Damit kann man nun definieren:

Definition 10.7 (akzeptierte Sprache)**.** Die Menge aller aus den Zeichen des Alphabets Σ der Eingabezeichen bildbaren Wörter, die einen Automaten $\mathrm{A}(Q, \Sigma, \delta, q_\mathrm{s}, E)$ vom Anfangszustand q_s

Bsp. 10.5 Erkennender Automat, der nur ein einziges Wort akzeptiert

Beispiel für einen Automaten mit binärem Eingabezeichensatz $\Sigma = \{0, 1\}$ und Zuständen $Q = \{q_s, q_1, q_2, q_e\}$. Offenbar akzeptiert der Automat nur ein Wort, nämlich 11. Die Darstellung erfolgt als Übergangsdiagramm und als Baum.

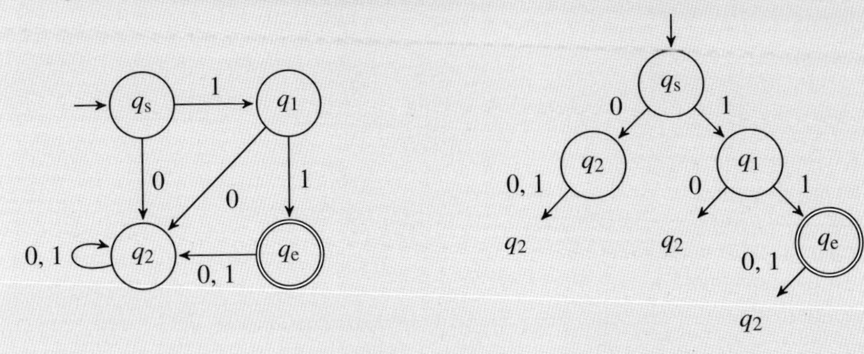

in einen Endzustand $q_{e_i} \in E$ überführen, bildet die *akzeptierte Sprache* L(A) des Automaten. Die Sprache gibt man oft in Mengenschreibweise an: $\mathrm{L(A)} = \{w \in \Sigma^* \mid (q_s, w) \rightarrow q_{e_i} \in E\}$. Die Anzahl der Wörter der Sprache L wird als deren Mächtigkeit $|\mathrm{L}|$ bezeichnet.

Die von endlichen Automaten (DEA oder NEA) akzeptierten Sprachen sind mit den regulären Sprachen (Chomsky Typ 3) identisch, wie sie in Kap. 10.2 beschrieben sind.

Erkennende Automaten

Automaten mit einer Sprache L sind in der Lage, von einem Wort $w \in \Sigma^*$ zu erkennen, ob es zu L gehört oder nicht. Man lässt dazu die einzelnen Zeichen von w als Eingabezeichen auf den zu Beginn im Anfangszustand q_s befindlichen Automaten wirken. Wenn dieser mit dem letzten Zeichen von w in einen Endzustand gelangt, so ist $w \in \mathrm{L}$, andernfalls nicht. Man bezeichnet derartige Automaten als *erkennende* Automaten oder *Akzeptoren*. Diese sind von übersetzenden Automaten zu unterscheiden, die ein Eingabewort in ein Ausgabewort transformieren.

Beispiel 10.5 zeigt einen Automaten mit $\Sigma = \{0, 1\}$ und $Q = \{q_s, q_1, q_2, q_e\}$ dessen akzeptierte Sprache L nur ein Wort enthält. Es ist also $|\mathrm{L}| = 1$. Insbesondere die Darstellung als baumartiger Graph zeigt auf einen Blick, dass nur das Wort 11 von q_s nach q_e führt.

Dieser Automat lässt sich leicht so modifizieren, dass er genau zwei Wörter akzeptiert, nämlich 11 und 10. Es gilt dann sowohl $q_s, 11 \rightarrow q_e$ als auch $q_s, 10 \rightarrow q_c$. Eine weitere Modifikation führt zu einem Automaten, der eine unendliche Menge von Wörtern akzeptiert (siehe Bsp. 10.6).

Fangzustände und unvollständige Automaten

Die Automaten in den Beispielen 10.5 und 10.6 zeigen eine Besonderheit: Wird der Zustand q_2 erreicht, so verbleibt der Automat für jede beliebige Eingabe in diesem Zustand. Dieser wird deshalb als *Fangzustand* oder Fehlerzustand bezeichnet.

Bsp. 10.6 Erweiterungen des erkennenden Automaten aus Bsp. 10.5

Der Automat aus Bsp. 10.5 wurde nun so modifiziert, dass er nur die Wörter 10 und 11 akzeptiert (links) bzw. unendlich viele viele Wörter der Art 10^n1 (rechts):

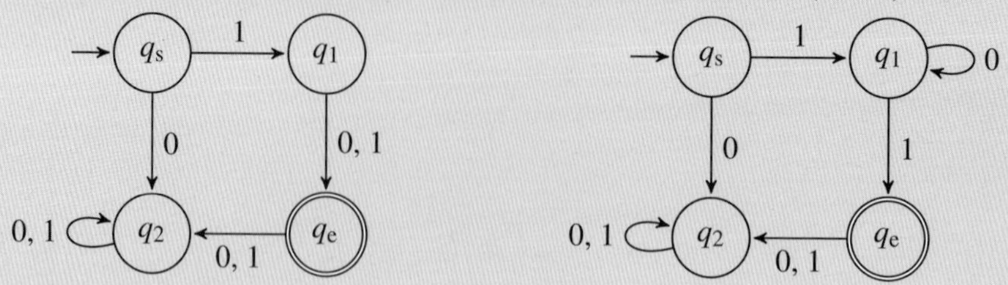

Man überzeugt sich leicht, dass für den rechten Automaten alle Wörter vom Anfangszustand q_s zum Endzustand q_e führen, die mit 1 beginnen und mit 1 enden und dazwischen eine beliebige Anzahl von Nullen enthalten, also $11, 101, 1001, \ldots, 10^n1$. Dabei steht 0^n für eine Zeichenkette aus n aufeinander folgenden Nullen. Also z. B. $0^3 = 000$. Gilt $n \in \mathbb{N}_0$, so darf n auch 0 sein, was bedeutet, dass gar keine 0 vorhanden ist. Es ist zu beachten, dass die Wörter in dieser Notation von links nach rechts zu lesen sind. In Mengenschreibweise lautet damit die Sprache $\mathrm{L(A)} = \{10^n1 \mid n \in \mathbb{N}_0\}$.

Bsp. 10.7 Unvollständiger Automat

Übergangsdiagramm und -tabelle für einen DEA, der die Sprache $\mathrm{L(A)} = \{10^n1 \mid n \in \mathbb{N}_0\}$ akzeptiert. Die zum Fangzustand führenden Übergänge wurden nicht mit aufgenommen.

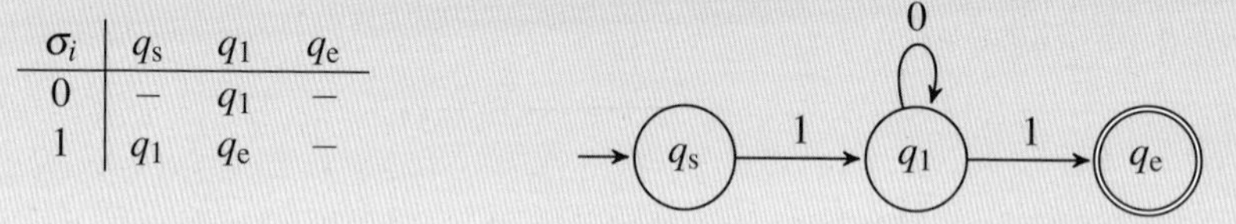

σ_i	q_s	q_1	q_e
0	–	q_1	–
1	q_1	q_e	–

Der Übersichtlichkeit halber lässt man den oder die Fangzustände oft weg und vereinbart, dass alle in der Übergangstabelle oder dem Übergangsdiagramm nicht berücksichtigten Übergänge zu einem Fangzustand führen. In der Übergangstabelle kann man dies auch durch einen Strich (–) kennzeichnen. Derartige Automaten werden auch als *unvollständige* Automaten bezeichnet. Als Beispiel sind in Bsp. 10.7 die Übergangstabelle und das Übergangsdiagramm für den auf der rechten Seite in Bsp. 10.6 dargestellten DEA angegeben. Bei Automaten mit Ausgabe wird man bei Erreichen von Fangzuständen ggf. Fehlersignale ausgeben.

Das Wortproblem

Erkennende Automaten sind in der Lage, zu erkennen, ob ein gegebenes Wort zur Sprache L gehört oder nicht (Wortproblem). Anwendungsbeispiele sind u. a. die musterbasierte Suche (Pattern Matching), also das Auffinden bestimmter Zeichenketten in einem Text sowie die lexikalische Analyse, d. h. die Entscheidung, ob eine Zeichenfolgen vorgegebenen Regeln, etwa für ein Computerprogramm, folgt. Dies ist insbesondere bei Compilern von Bedeutung. Ein Beispiel aus diesem

Bsp. 10.8 Unvollständiger Automat zur Analyse von einfachen Klammerausdrücken

Der folgende DEA analysiert, ob Klammerterme der Art $(x+x)*(x+x+x)$ korrekt gebildet sind. Dabei kann x stellvertretend für eine beliebige Variable stehen (die dann durch einen separaten Automaten analysiert wird). Mit den Zuständen $Q = \{q_s, q_1, q_2, q_3, q_e\}$ und den Eingabezeichen $\Sigma = \{(,), +, *, x\}$ findet man das folgende Ergebnis:

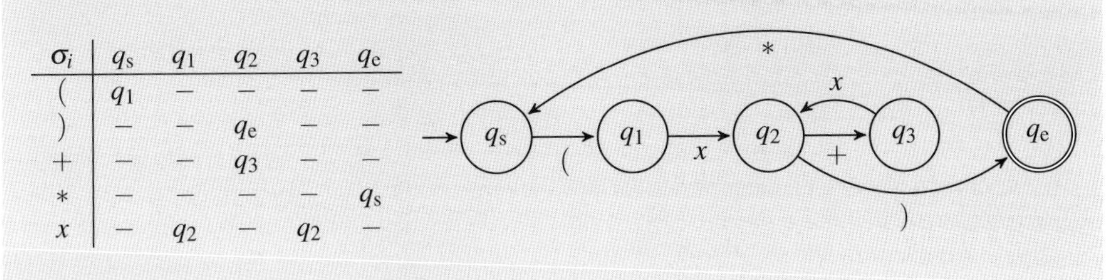

σ_i	q_s	q_1	q_2	q_3	q_e
(	q_1	–	–	–	–
)	–	–	q_e	–	–
+	–	–	q_3	–	–
*	–	–	–	–	q_s
x	–	q_2	–	q_2	–

Anwendungsbereich, nämlich die Analyse von einfachen Klammertermen, ist in Bsp. 10.8 gezeigt. Es sei hier darauf hingewiesen, dass das Prüfen der korrekten Klammerung von beliebigen arithmetischen Ausdrücken mit einem endlichen Automaten nicht möglich ist. Hierfür wird ein Kellerautomat benötigt, wie er in Kap. 10.1.4 beschrieben wird.

Zwei Automaten heißen *äquivalent*, wenn sie identisches Ein/Ausgabeverhalten zeigen, bzw. (im Falle erkennender Automaten) dieselbe Sprache akzeptieren.

Automaten mit mehreren Eingängen

Manche Probleme erfordern mehr als einen Eingang, wie beispielsweise die Addition von zwei Binärziffern. Diese lässt sich ohne großen Aufwand mithilfe eines Automaten durchführen. Hier steht man allerdings zunächst vor dem Problem, dass ein abstrakter Automat definitionsgemäß nur einen Eingang besitzt, bei der Addition aber zwei Operanden verarbeitet werden müssen. Das Problem lässt sich lösen, indem die Mengen der simultan einzugebenden Zeichen als neue Zeichen eines erweiterten Alphabets aufgefasst werden, und man daraus einen Automaten konstruiert, der wiederum nur über einen Eingang verfügt. Die Addition von zwei Binärziffern mit einem Automaten mit Ausgabe ist in Bsp. 10.9 dargestellt.

Automaten mit ε-Übergängen

Ein DEA ist deterministisch, weil der Übergang eines DEA vom aktuellen Zustand in den Folgezustand eindeutig ist. Ein DEA ist aber auch kausal, da die Ursache für den Übergang durch das Auftreten eines bestimmten Eingabezeichens eindeutig bestimmt ist. Die Kausalität kann man jedoch durch Zulassen spontaner Zustandsübergänge einschränken, die nicht durch ein Eingabezeichen verursacht werden. Man bezeichnet diese besondere Art von Übergängen als ε-Übergänge, bisweilen auch als λ-Übergänge. Ein ε-Übergang wird in den Übergangstabellen und den Übergangsgraphen durch das leere Zeichen ε angedeutet[1]. Es ist zu beachten, dass ε nicht zur Menge Σ der Eingabezeichen gehört. Man kann zeigen, dass sich jeder Automat mit ε-Übergängen durch einen äquivalenten

[1] man beachte den Unterschied zwischen dem leeren Zeichen ε und einem Leerzeichen, wie in es in Texten verwendet wird: Das Leerzeichen ist ein völlig normales Zeichen, während ε tatsächlich nichts, d. h. gar kein Zeichen ist

Bsp. 10.9 Automat zur Addition von Binärziffern

Bei der Addition von Binärziffern steht man vor dem Problem, dass ein abstrakter Automat definitionsgemäß nur einen Eingang besitzt, bei der Addition aber zwei Operanden verarbeitet werden müssen. Man erweitert daher das Eingabealphabet so, dass ein Eingabezeichen für den Automaten beide Operanden der Addition umfasst: $\Sigma = \{00, 01, 10, 11\}$ oder abgekürzt auch $\Sigma = \{\mathrm{a}, \mathrm{b}, \mathrm{c}, \mathrm{d}\}$. Man hat also die Entsprechungen:

a: Die Addition $0+0$ ist durchzuführen
c: Die Addition $1+0$ ist durchzuführen
b: Die Addition $0+1$ ist durchzuführen
d: Die Addition $1+1$ ist durchzuführen

Das Ergebnis der Addition ist 0 oder 1 und wird durch eine Ausgabe angezeigt. Mithilfe der internen Zustände muss lediglich festgelegt werden, ob die Addition einen Übertrag ergeben hat (Zustand c) oder nicht (Zustand s). Hier wird auch deutlich, dass die technische Bedeutung der internen Zustände oft als eine Rückkopplung verstanden werden kann. Es sind also nur zwei Zustände nötig und die Zustandsmenge ist damit $Q = \{s, c\}$.

Die resultierenden Übergänge lauten als Tabelle und als Diagramm:

σ_i	s	c
a	$s/0$	$s/1$
b	$s/1$	$c/0$
c	$s/1$	$c/0$
d	$c/0$	$c/1$

d/0
a/0, b/1, c/1 s c b/0, c/0, d/1
a/1

Die hier mithilfe eines Automaten beschriebene Addition lässt sich, wie in Kap. 5.3 gezeigt, auch durch ein Schaltwerk realisieren.

Bsp. 10.10 Automat mit und ohne ε-Übergang

Links: Der Automat mit ε-Übergang akzeptiert Integer-Zahlen mit einem optional vorangestellten Minuszeichen.
Rechts: Elimination des ε-Übergangs durch Modifikation des Automaten.

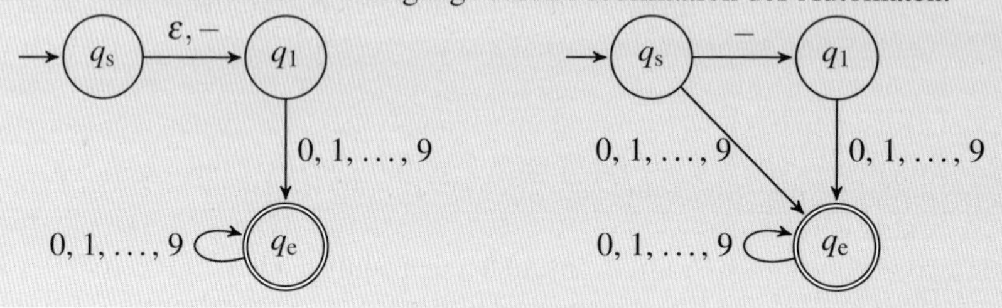

DEA mit derselben Sprache ersetzen lässt. Man ermittelt dazu alle Pfade, die einen ε-Übergang enthalten und ersetzt diese durch mehrere Pfade ohne ε-Übergang, wie in Bsp. 10.10 gezeigt.

Transformation nichtdeterministischer in deterministische Automaten

Wie für ε-Automaten gilt auch für NEA, also nichtdeterministische erkennende (aber nicht für übersetzende) endliche Automaten, dass immer ein zugehöriger, äquivalenter DEA konstruiert werden kann, der dieselbe Sprache akzeptiert. Dies überrascht zunächst, da man meinen könnte

Bsp. 10.11 Konstruktion des zu einem NEA äquivalenten DEA

Gegeben sind Übergangsdiagramm und Übergangstabelle für einen NEA mit der Sprache $L = \{x10^n \mid x \in \Sigma^*, n \in \mathbb{N}\}, \Sigma = \{0,1\}$. Dies ist die Menge aller Wörter, die mit einer 1, gefolgt von mindestens einer 0 enden.

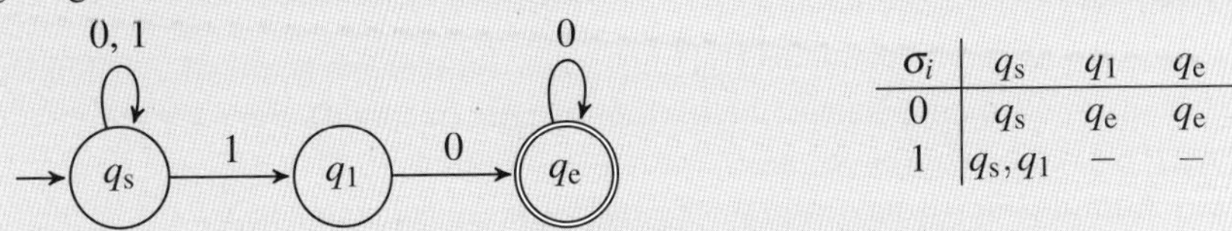

σ_i	q_s	q_1	q_e
0	q_s	q_e	q_e
1	q_s, q_1	–	–

Man beachte, dass der Zustand q_s mit dem Eingabezeichen 1 sowohl nach q_s als auch nach q_1 übergehen kann. Die zum Fangzustand führenden Übergänge wurden nicht mit aufgenommen. Die folgende Abbildung verdeutlicht die Teilmengenkonstruktion und zeigt als Ergebnis einen DEA, der dieselbe Sprache akzeptiert:

σ_i	$\{q_s\}$	$\{q_s, q_1\}$	$\{q_s, q_e\}$
0	$\{q_s\}$	$\{q_s, q_e\}$	$\{q_s, q_e\}$
1	$\{q_s, q_1\}$	$\{q_s, q_1\}$	$\{q_s, q_1\}$

σ_i	s_s	s_1	s_e
0	s_s	s_e	s_e
1	s_1	s_1	s_1

Zunächst wurden die von der nur den Anfangszustand q_s enthaltenden Menge $\{q_s\}$ direkt erreichbaren Mengen der Folgezustände ermittelt, nämlich $\{q_s\}$ und $\{q_s, q_1\}$. In der nächsten Spalte sind dann die Mengen der Folgezustände für $\{q_s, q_1\}$ eingetragen. Hier ergibt sich als neue Menge nur $\{q_s, q_e\}$, so dass noch eine dritte Spalte für $\{q_s, q_e\}$ erforderlich wurde. Nun finden sich jedoch keine neuen Mengen von Folgezuständen mehr, so dass das Verfahren endet. Von den in der Potenzmenge $\{\{\}, \{q_s\}, \{q_1\}, \{q_e\}, \{q_s, q_1\}, \{q_s, q_e\}, \{q_1, q_e\}, \{q_s, q_1, q_e\}\}$ zusammengefassten acht möglichen Teilmengen der Menge Q wurden also nur drei benötigt. Die resultierenden Zustandsmengen wurden der Übersichtlichkeit halber in neue Zustände $Q' = \{s_s, s_1, s_e\}$ umbenannt. Der resultierende DEA hat also ebenso viele Zustände wie der NEA und die Sprache ist offenbar ebenfalls $L = \{x10^n \mid x \in \Sigma^*, n \in \mathbb{N}\}$.

Automaten gewinnen durch Nichtdeterminismus an Mächtigkeit. Das ist jedoch nicht der Fall, wie Rabin und Scott zeigen konnten [Rab59].

Man erhält aus einem gegebenen NEA mit n Zuständen den äquivalenten DEA durch die Teilmengenkonstruktion. Dabei werden alle Übergänge von Teilmengen der Zustandsmenge Q ermittelt. Die Menge aller Teilmengen einer Menge mit n Elementen wird als die Potenzmenge bezeichnet; diese enthält 2^n Elemente. Im Einzelnen geht man wie folgt vor (siehe auch Bsp. 10.11):

1. Gehe von einer unvollständigen Darstellung des NEA ohne Fangzustände aus.
2. Schreibe alle Eingabezeichen in die erste Spalte einer Tabelle.
3. Schreibe die Teilmenge, die alle Anfangszustände des NEA enthält, als Kopf in die zweite Spalte der Tabelle. Dies ist der Anfangszustand DEA.
4. Trage in die folgenden Zeilen der zweiten Spalte die Teilmengen ein, die vom Anfangszustand bei Eingabe des entsprechenden Eingabezeichens erreicht werden.

5. Schreibe die in Spalte eins neu aufgetretenen Teilmengen in die folgenden Spaltenköpfe.

6. Trage in die Zeilen der folgenden Spalten die Teilmengen ein, die von den in den Spaltenköpfen stehenden Teilmengen aus mit den jeweiligen Eingabezeichen erreicht werden.

7. Verfahre mit den in der aktuellen Spalte neu aufgetretenen Teilmengen analog durch Anhängen und Ausfüllen weiterer Spalten, bis keine neuen Teilmengen mehr auftreten.

8. Die gefundenen Teilmengen entsprechen den Zuständen des gesuchten DEA.

9. Die Übergänge des DEA ergeben sich direkt aus den Tabelleneinträgen.

10. Alle Teilmengen, die einen Endzustand des NEA enthalten, sind Endzustände des DEA.

11. Der Übersichtlichkeit halber wird man die als Zustände des DEA resultierenden Zustandsteilmengen des NEA mit neuen Namen belegen.

Dieses Ausschöpfungsverfahren endet auf jeden Fall nach endlich vielen Schritten, nämlich maximal nach 2^n, da dies der Anzahl der Teilmengen der Potenzmenge entspricht. Der DEA kann dadurch mehr Zustände und Übergänge aufweisen, als der ursprüngliche NEA. Meist wächst aber die Anzahl der Zustände nur wenig oder bleibt sogar gleich.

Minimale Automaten

Für praktische Zwecke, beispielsweise in der Schaltungstechnik oder im Chip-Design, ist es bedeutsam, unter äquivalenten Automaten den minimalen Automaten zu finden, d. h. denjenigen mit der geringsten Anzahl von Zuständen. Für DEA lässt sich stets der zugehörige minimale Automat konstruieren (und damit auch für NEA, da diese wie oben gezeigt immer in einen äquivalenten DEA überführt werden können).

Der Algorithmus zur Konstruktion des Minimalautomaten basiert auf der Bildung von Äquivalenzklassen (Partitionen), in denen am Ende eigentlich äquivalente Zustände des Automaten zu einem einzigen vereinigt werden. Diese wird so lange iteriert, bis sich keine neue Klassen mehr bilden lassen. Ausgangspunkt ist wie vorher die Zustandsübergangstabelle. Man geht wie folgt vor (siehe auch Bsp. 10.12):

1. Sammle alle Endzustände in einer Partition und alle anderen in einer zweiten Partition. Zu jedem Zielzustand wird vermerkt, in welcher Partition er nun liegt.

2. Prüfe für jede Partition, ob für ein Eingabezeichen σ_i überall die gleiche Zielpartition vermerkt ist. Falls nicht, wird die Partition aufgeteilt, indem Spalten mit gleicher Zielpartition in einer neuen Partition gesammelt werden.

3. Das Verfahren endet, wenn keine Aufteilung mehr möglich ist. Jede Partition definiert einen Zustand des Minimalautomaten.

Bsp. 10.12 Konstruktion eines Minimalautomaten

Gegeben ist der folgende Automat:

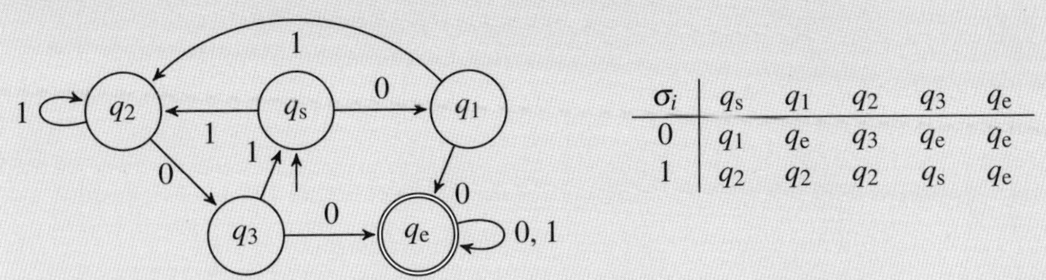

σ_i	q_s	q_1	q_2	q_3	q_e
0	q_1	q_e	q_3	q_e	q_e
1	q_2	q_2	q_2	q_s	q_e

Im ersten Schritt wird zunächst der Endzustand abgetrennt (Tabelle links), es entstehen die beiden Partitionen P_1 und P_2. Partition P_1 muss weiter unterteilt werden, da die dort gesammelten Zustandsübergänge noch keine Äquivalenzklasse bilden. So bleibt man z. B. beim Eingabezeichen 0 entweder im der Partition P_1 (in den Spalten q_s und q_2) oder geht in die Partition P_2 (in den Spalten q_1 und q_3). Ziel ist es, mit einem Eingabezeichen immer in der gleichen Zielpartition zu landen, dann sind die gesammelten Zustände äquivalent und können zu einem einzigen zusammengefasst werden. Dies ist nach der Aufteilung von P_1 in die beiden neuen Partitionen P_{1a} und P_{1b} der Fall (Tabelle rechts).

	P_1				P_2
σ_i	q_s	q_1	q_2	q_3	q_e
0	q_1, P_1	q_e, P_2	q_3, P_1	q_e, P_2	q_e, P_2
1	q_2, P_1	q_2, P_1	q_2, P_1	q_s, P_1	q_e, P_2

	P_{1a}		P_{1b}		P_2
σ_i	q_s	q_2	q_1	q_3	q_e
0	q_1, P_{1b}	q_3, P_{1b}	q_e, P_2	q_e, P_2	q_e, P_2
1	q_2, P_{1a}	q_2, P_{1a}	q_2, P_{1a}	q_s, P_{1a}	q_e, P_2

Alle Zustände einer Äquivalenzklasse können zusammengefasst werden, es ergibt sich daher ein Automat mit drei Zuständen:

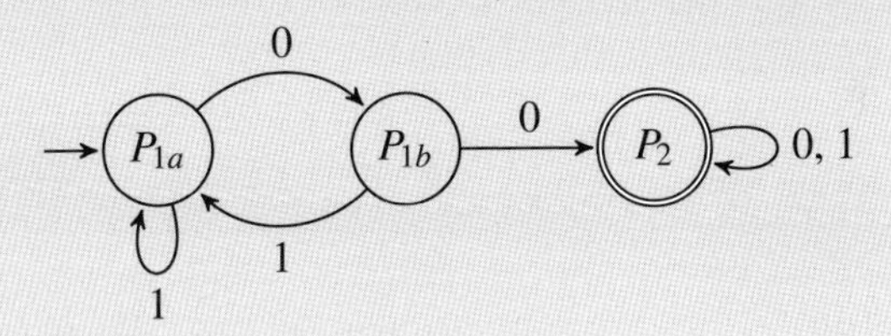

10.1.4 Kellerautomaten

Die bei vielen Problemen (wie der syntaktischen Analyse eines Programms, siehe Kap. 10.2.4) auftauchende Forderung nach einem einseitig unbegrenzten Speicher geht über die Möglichkeiten eines endlichen Automaten hinaus, da dieser ja – abgesehen von internen Zuständen – über keinen Speicher verfügt. Der Automatenbegriff wird daher durch Hinzunahme eines einseitig unendlichen Speichers, des so genannten Kellerspeichers (Stacks), ergänzt. Man spricht dann von einem *Kellerautomaten* (Push-down Automaton, PDA). Der Kellerspeicher hat die Eigenschaft, dass Zugriffe ausschließlich auf das oberste Element möglich sind, d. h. man kann ein Element oben auf den Kellerspeicher legen oder von oben wegnehmen.

Man definiert einen nichtdeterministischen Kellerautomaten (PDA), der den deterministischen Kellerautomaten (DPDA) als Spezialfall enthält, wie folgt:

Bsp. 10.13 Schachtelung von Klammerausdrücken

Eine durch ineinander geschachtelte Kombinationen von öffnenden und schließenden Klammern { und } gekennzeichnete Blockstruktur, wie sie in der Sprache C verwendet wird, kann mit einem Kellerautomaten analysiert werden, der über leeren Keller akzeptiert und nur einen einzigen Zustand benötigt. Er ist definiert durch: $K(Q = \{q_s\}, \Sigma = \{\{,\}\}, \Gamma = \{\#, \{\}, \delta, q_s, \#)$.
Die Schritte sind:

1. Der Kellerautomat befindet sich im Anfangszustand, der Kellerspeicher auf der Anfangsposition (d. h. Zeichen #).
2. Tritt { als Eingabezeichen auf, so wird es eingekellert, d. h. auf die oberste Kellerposition geschrieben. Dies liefert die Zustandsübergänge $\delta(q_s, \{, \#) = (q_s, \#\{)$ und $\delta(q_s, \{, \{) = (q_s, \{\{)$. Es wird das oberste Zeichen (# oder {) im Keller gelesen (und damit entfernt) und dann das gelesene Symbol zusammen mit einer zusätzlichen Klammer auf den Keller gelegt.
3. Tritt } als Eingabezeichen auf, so gibt es zwei Möglichkeiten:
   a) Der Keller befindet sich auf der Anfangsposition. Fehler! Die Schachtelung ist falsch.
   b) Der Keller befindet sich nicht in der Anfangsposition: Das zuletzt in den Keller geschriebene Zeichen wird gelesen und damit aus dem Keller eliminiert. Jede schließende Klammer } löscht also eine öffnende Klammer {: $\delta(q_s, \}, \{) = (q_s, \varepsilon)$.
4. Sind alle Eingabezeichen abgearbeitet, so gibt es wieder zwei Möglichkeiten:
   a) Der Keller befindet sich auf der Anfangsposition: Die analysierte Blockstruktur ist korrekt. Es wird das Zeichen # gelesen, der Keller ist leer: $\delta(q_s, \varepsilon, \#) = (q_s, \varepsilon)$.
   b) Der Keller befindet sich nicht auf der Anfangsposition: Die analysierte Blockstruktur ist fehlerhaft.

Beispiel für eine korrekte Blockstruktur: { { } { } }
Beispiel für eine inkorrekte Blockstruktur: { } } { { }

Definition 10.8 (Kellerautomat)**.** Ein Kellerautomat $K(Q, \Sigma, \Gamma, \delta, q_s, \#)$ ist definiert durch:

- Eine endliche Menge $Q = \{q_1, q_2, \ldots\}$ von Zuständen.
- Ein Eingabealphabet $\Sigma = \{\sigma_1, \sigma_2, \ldots\}$.
- Ein Kelleralphabet $\Gamma = \{\gamma_1, \gamma_2, \ldots\}$.
- Eine Übergangsfunktion $\delta : Q \times (\Sigma \cup \{\varepsilon\}) \times \Gamma \to \mathscr{P}(Q \times \Gamma^*)$, wobei nur auf endliche Teilmengen von $Q \times \Gamma^*$ abgebildet wird.
- Einen Startzustand $q_s \in Q$.
- Ein unterstes Kellersymbol $\# \in \Gamma$, mit dem der Kellerspeicher beim Start initialisiert ist.

Im Unterschied zu einem endlichen Automaten ist die Übergangsfunktion δ so geartet, dass Zustandsübergänge nicht nur durch gelesene Eingabezeichen vermittelt werden, sondern dass auch jeweils ein Zeichen aus der obersten Kellerposition gelesen wird, von dem der Übergang abhängt. Beim Zustandsübergang können außerdem mehrere Zeichen in der jeweils obersten Kellerposition

Bsp. 10.14 Kellerautomat zur Erkennung von Palindromen

Es soll ein nichtdeterministischer Kellerautomat konstruiert werden, der auf dem Eingabealphabet $\Sigma = \{a, b\}$ Palindrome erkennt, also die Sprache $L = \{x_1x_2 \ldots x_nx_n \ldots x_2x_1 \mid x_i \in \Sigma, n \in \mathbb{N}_0\}$. Als Kelleralphabet wird $\Gamma = \{A, B, \#\}$ gewählt. Man benötigt zwei Zustände, der Zustandsübergang erfolgt, sobald die Wortmitte erreicht ist. Im ersten Zustand wird die vordere Hälfte des Wortes auf den Keller gelegt, im zweiten Zustand wird überprüft, ob die Zeichen identisch sind. Dabei wird der Keller sukzessive wieder geleert. Das Wort ist akzeptiert, wenn der Keller am Wortende leer ist.
Man macht sich bei der Konstruktion den Nichtdeterminismus zu Nutze, da der Automat so die Wortmitte „erraten" kann, d. h. der Übergang wird *immer* zum richtigen Zeitpunkt erfolgen. Das Übergangsdiagramm sieht wie folgt aus:

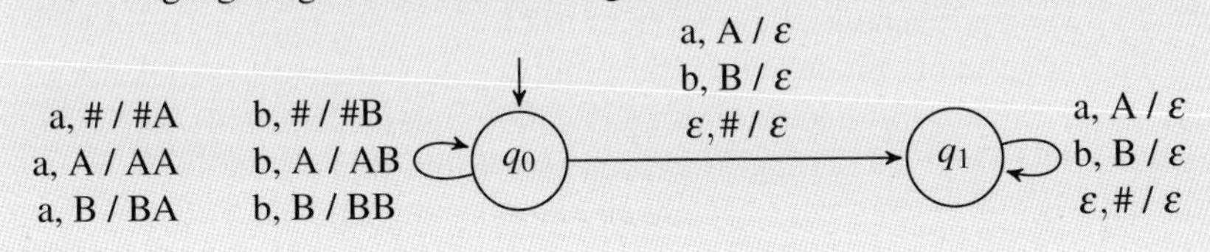

gespeichert werden. Wie bei endlichen Automaten unterscheidet man deterministische Kellerautomaten mit eindeutigen Übergangsfunktionen δ und nichtdeterministische Kellerautomaten, bei denen δ nicht eindeutig ist.

Wörter können wie bei endlichen Automaten durch zu definierende Endzustände akzeptiert werden, unabhängig vom verbleibenden Kellerinhalt. Eine andere Variante ist das Akzeptieren durch leeren Keller, wo auch das unterste Kellerzeichen # entfernt wurde. Für nichtdeterministische Kellerautomaten sind diese beiden Möglichkeiten äquivalent. Im Gegensatz zu endlichen Automaten, wo DEA und NEA äquivalent sind, sind nichtdeterministische Kellerautomaten tatsächlich mächtiger als deterministische. Im Fall von DPDA ist das Akzeptieren durch leeren Keller verschieden vom Akzeptieren durch Endzustand, letzteres ist mächtiger.

Die von nichtdeterministischen Kellerautomaten akzeptierten Sprachen sind genau die kontextfreien Sprachen (Chomsky Typ 2), wie sie in Kap. 10.2 beschrieben sind. DPDA akzeptieren nur eine echte Untermenge der kontextfreien Sprachen, die deterministisch kontextfreien Sprachen, welche äquivalent zu den LR(k) Sprachen ($k > 0$) sind, die im Compilerbau für die Syntaxanalyse eine große Rolle spielen.

Durch den Speicher sind Kellerautomaten mächtiger als endliche Automaten. Beispielsweise ist die Prüfung von geschachtelten Klammerausdrücken auf Korrektheit überhaupt erst mit Speicher möglich. Das Vorgehen bei der Analyse ist in Bsp. 10.13 gezeigt. In Bsp. 10.14 ist ein Kellerautomat dargestellt, der Palindrome erkennt. Ein Palindrom ist ein Wort, das von links nach rechts gelesen identisch mit dem Lesen von rechts nach links ist, die Zeichen sind also in der Mitte gespiegelt (z. B. abba). Im Beispiel beschränken wir uns der Einfachheit halber auf ein Alphabet mit nur zwei Buchstaben, der Automat lässt sich ohne Probleme auf beliebige Alphabete erweitern. Der Kellerautomat ist hier als Übergangsdiagramm angegeben. Die Beschriftung an den Pfeilen ist so zu lesen, dass vor dem Schrägstrich durch Komma getrennt das Eingabezeichen und das oben auf dem Keller liegende Symbol steht, und hinter dem Strich die Zeichen, die beim Übergang auf den Keller gelegt werden. Die Folge a, B / BA bedeutet demnach: Wenn das Eingabezeichen a gelesen wurde und oben auf dem Keller B liegt, dann ist dieser Übergang möglich und das Zeichen B auf dem Keller wird durch BA ersetzt.

Wie man sieht, ist der Automat nichtdeterministisch. Tatsächlich lässt sich nachweisen, dass es keinen deterministischen Kellerautomaten gibt, der diese Sprache akzeptiert. Das nichtdeterministische Verhalten ist notwendig, um die Wortmitte zu „erraten“. Will man einen DPDA konstruieren, so muss man die Wortmitte markieren und damit die Sprache erweitern, z. B. auf $\mathrm{L} = \{x_1 x_2 \ldots x_n 8 x_n \ldots x_2 x_1 \mid x_i \in \{\mathrm{a},\mathrm{b}\}, n \in \mathbb{N}_0\}$. Generell gilt: Sobald Abhängigkeiten zwischen Wortteilen bestehen, benötigt man mindestens einen Kellerautomaten, oft auch mächtigere Modelle.

10.1.5 Turing-Maschinen

Die bisher gezeigten Automaten sind als Werkzeug offenbar nicht mächtig genug, um all das beschreiben zu können, was ein Computer leisten kann. Man hat daher nach einem möglichst einfachen formalen System gesucht, mit dessen Hilfe zumindest im Prinzip alle Probleme gelöst werden könnten, die ein Computer lösen kann. Das von Alan Turing (1912–1954) bereits in den 1930er Jahren entwickelte Konzept der Turing-Maschine [Tur50] ist dazu in der Tat in der Lage. Anders ausgedrückt: alles was ein Computer berechnen kann, kann auch eine Turing-Maschine berechnen und umgekehrt. Die Turing-Maschine ist ein mit den vorher diskutierten Automaten eng verwandtes, sehr einfaches und daher in theoretischen Untersuchungen häufig verwendetes universales Modell für einen Computer. Bislang haben sich *alle* Konzepte zur Formulierung eines Algorithmus, bzw. letztlich zur Beschreibung eines abstrakten Computers, als äquivalent zu diesem Modell der Turing-Maschinen erwiesen.

Definition 10.9 (Turing-Maschine)**.** Eine (deterministische) Turing-Maschine besteht aus:

- einem (einseitig oder beidseitig) unbegrenzten Ein/Ausgabeband (Schreib-/Leseband),
- einem längs des Bandes nach links (L) und rechts (R) um jeweils einen Schritt beweglichen Schreib-/Lesekopf,
- einem endlichen Alphabet Σ von Eingabezeichen,
- einem endlichen Alphabet Γ von Bandzeichen, wobei Γ alle Eingabezeichen umfasst und evtl. weitere Zeichen, insbesondere das Blank ␣, mit dem das Band am Anfang gefüllt ist.
- einer endlichen Menge von Zuständen Q mit mindestens einem Anfangszustand und mindestens einem Endzustand (Haltezustand).
- einer Zustandsübergangsfunktion $\delta : Q \times \Gamma \rightarrow Q \times \Gamma \times \{L,R\}$.

Mithilfe des Schreib-/Lesekopfes können die Zeichen des Alphabets Γ bzw. Σ vom Band gelesen und auf dieses geschrieben werden. Nach einem Schreib-/Lesevorgang bewegt sich der Schreib-/Lesekopf jedes Mal um einen Schritt nach links oder rechts. Da der Definitionsbereich und der Wertebereich der Übergangsfunktion δ endlich sind, kann sie als Tabelle oder als Folge von Anweisungen dargestellt werden, wodurch die Turing-Maschine von einem inneren Zustand in einen anderen übergeführt wird. Die Turing-Maschine befindet sich also zu jeder Zeit in einem klar definierten Zustand. Aus dem aktuellen Zustand und dem als letztes eingelesenen Zeichen ergibt sich immer, in welche Richtung der Schreib-/Lesekopf bewegt werden soll und welche Anweisung als Nächste auszuführen ist. Mindestens zwei der Zustände sind ausgezeichnet, nämlich ein Anfangszustand und ein Endzustand.

Es ist anzumerken, dass es auch andere, leicht von der hier verwendeten abweichende, Definitionen gibt, wo z. B. zusätzlich zur Bewegung des Schreib-/Lesekopfes L und R ein N (Neutral) vorhanden ist (der Kopf bleibt stehen). Diese sind äquivalent zur der hier vorgestellten.

Man kann sogar zeigen, dass man in jedem Fall mit nur zwei Zeichen, z. B. $\Sigma = \{0,1\}$ auskommt oder es alternativ genügt nur zwei Zustände (Anfangs- und Endzustand) zu haben (dann aber mehr als zwei Zeichen). Dies ist die theoretisch fundierte Grundlage dafür, dass im Computer das Binärsystem ausreichend für alle berechenbaren Funktionen ist. Weiterhin reicht es, nur einseitig unbegrenzte Bänder zu betrachten, außerdem sind Turing-Maschinen mit mehreren Bändern äquivalent zur Maschine mit einem einzigen Band. Auch andere Arten von Modellen, beispielsweise mit wahlfreiem Zugriff auf den Speicher, haben sich als gleichwertig erwiesen. Dies wird später mit der Church-Turing These wieder aufgegriffen (siehe Kap. 11.1).

Eine Turing-Maschine kann als Akzeptor verwendet werden: Eine Turing-Maschine akzeptiert ein Wort $w \in \Sigma^*$, wenn es eine Folge von Zustandsübergängen gibt, mit der die Maschine mit w auf dem Eingabeband vom Anfangszustand in einen Endzustand gelangt, also anhält. Die Menge aller akzeptierten Wörter bilden die akzeptierte Sprache. Die von Turing-Maschinen akzeptierten Sprachen sind äquivalent zu den Chomsky Typ 0 Sprachen (Kap. 10.2).

Unter der Konfiguration einer Turing-Maschine versteht man die momentane Anordnung der Zeichen auf dem Band gemeinsam mit dem Zustand (wozu auch die Position des Schreib-/Lesekopfes gehört), in dem sich die Turing-Maschine gerade befindet. Insbesondere wird die Konfiguration vor dem Start der Turing-Maschine als Startkonfiguration und die Konfiguration beim Anhalten der Turing-Maschine als eine Endkonfiguration oder Haltekonfiguration bezeichnet.

Turing-Maschinen und Berechenbarkeit

Turing-Maschinen stehen in engem Zusammenhang mit der Theorie der Berechenbarkeit (siehe Kap. 11.1). Man definiert den Begriff der Turing-Berechenbarkeit wie folgt:

Definition 10.10 (Turing-Berechenbarkeit)**.** Eine Funktion $y = f(x)$ mit $x, y \in \Sigma^*$ heißt Turing-berechenbar, wenn es eine Turing-Maschine mit Folgen von Zustandsübergängen gibt, mit denen die Turing-Maschine aus jeder Anfangskonfiguration mit dem Wort x in eine Endkonfiguration mit dem Wort y übergeht.

Sie transformiert also die Eingabe x in die Ausgabe y, die dann auf dem Band abgelesen werden kann. Es ist noch anzumerken, dass eine Turing-Maschine nicht in jedem Falle anhalten muss; in diesem Sinne ist daher f eine partielle Funktion.

Beschreibung von Turing-Maschinen durch Anweisungen

Es ist praktischer und allgemein üblich, die Übergangsfunktion von Turing-Maschinen nicht (wie im Falle von Automaten) durch Übergangstabellen zu beschreiben, sondern durch eine endliche Anzahl von Anweisungen. Die Anweisungen einer Turing-Maschine kann man beispielsweise in folgender Form schreiben:

$$i \begin{cases} \gamma_0 & b_0 & r_0 & j_0 \\ \gamma_1 & b_1 & r_1 & j_1 \\ \dots \\ \gamma_{n-1} & b_{n-1} & r_{n-1} & j_{n-1} \end{cases} \tag{10.1}$$

Die Zeichen haben dabei folgende Bedeutung:

- Index $i \in \mathbb{N}$ vor der geschweiften Klammer: Anweisungsnummer,
- erste Spalte: gelesenes Bandzeichen $\gamma_k \in \Gamma$, $|\Gamma| = n$,

Bsp. 10.15 Turing-Maschine, die genau drei Einsen auf ein leeres Band schreibt und dann anhält

Gegeben sei eine Turing-Maschine mit $\Sigma = \{1\}, \Gamma = \{\sqcup, 1\}, Q = \{q_1, q_2, \text{HALT}\}$ und den beiden folgenden Anweisungen (links) bzw. dem Übergangsdiagramm (rechts):

$$1\begin{cases} \sqcup\ 1\ R\ 2 \\ 1\ 1\ R\ \text{HALT} \end{cases} \qquad 2\begin{cases} \sqcup\ 1\ L\ 2 \\ 1\ 1\ L\ 1 \end{cases}$$

1 / 1, L
$\sqcup$ / 1, L
q_2
q_1
$\sqcup$ / 1, R
1 / 1, R
HALT

Die Turing-Maschine startet mit Anweisung 1 und leerem Band. Jede Anweisung i ergibt sich direkt aus dem Zustand q_i und der Zustandsübergangsfunktion. Die Beschriftung der Pfeile ist ähnlich wie bei Kellerautomaten gewählt, d. h. $\sqcup$ / 1, R bedeutet: Wenn auf dem Band das Zeichen $\sqcup$ gelesen wurde, dann schreibe eine 1 auf das Band und bewege den Schreib-/Lesekopf nach rechts.

In der folgenden Skizze werden die einzelnen Zwischenzustände und der zugehörige Zustand des Bandes angegeben. Die senkrechten Pfeile bezeichnen jeweils die aktuelle Position des Schreib-/Lesekopfes:

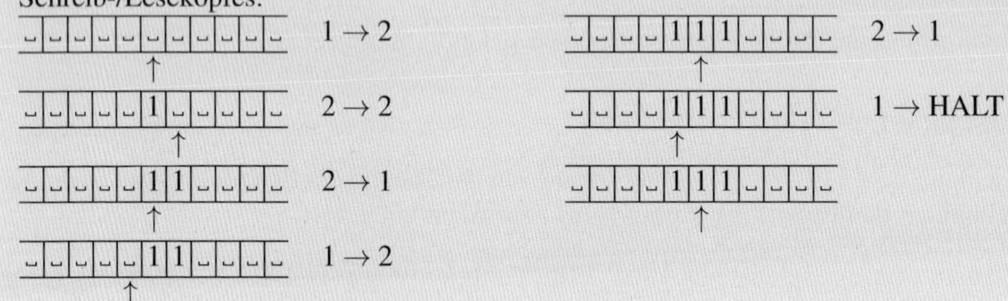

- zweite Spalte: zu schreibendes Bandzeichen $b_k \in \Gamma$,
- dritte Spalte: Richtung für den nächsten Schritt ($r_k \in \{L, R\}$, L = links oder R = rechts),
- vierte Spalte: Index j_k der nächsten Anweisung oder $j_k = 0$ für HALT.

Man kann Turing-Maschinen auch ähnlich wie Automaten in Form von Übergangsdiagrammen darstellen. Dazu schreibt man die Zustände als Knoten und die Übergänge als Pfeile. An der Wurzel des Pfeils gibt man das gelesene Zeichen an und neben dem Pfeil das geschriebene Zeichen und die Richtung des Schrittes auf dem Schreib-/Leseband. Den Anfangszustand kann man durch einen Pfeil kennzeichnen und den Endzustand durch 0 oder HALT. Ferner muss noch die Vorbesetzung des Schreib-/Lesebandes und das Startfeld des Schreib-/Lesekopfes spezifiziert werden.

Beispiel 10.15 zeigt eine Turing-Maschine, die genau drei Einsen auf ein leeres Band schreibt und dann auf der mittleren Eins anhält. Eine Maschine zur Addition von zwei natürlichen Zahlen zeigt Bsp. 10.16, eine zur Multiplikation einer Zahl mit 2 ist in Bsp. 10.17 zu sehen.

Nichtdeterministische Turing-Maschinen

Ähnlich wie schon im Falle von Automaten betrachtet man neben deterministischen Turing-Maschinen, bei denen der Zustandsübergang durch umkehrbar eindeutige Übergangsfunktionen beschrieben wird, auch nichtdeterministische Turing-Maschinen. Diese können, je nach Sichtweise, aus mehreren

Bsp. 10.16 Turing-Maschine zur Addition zweier als Strichcode gegebener Zahlen

Es sollen zwei natürliche Zahlen addiert werden, die als Strichcode, d. h. als Folge von Einsen, gegeben sind und durch eine Null voneinander getrennt sind. Der Schreib-/Lesekopf soll am Anfang rechts von der Eingabe stehen. Am Ende der Operation steht er auf der Position der am weitesten links befindlichen Eins. Dies kann beispielsweise mit einer Turing-Maschine gegeben durch $\Sigma = \{0,1\}, \Gamma = \{\sqcup, 0, 1\}, Q = \{q_1, q_2, q_3, \text{HALT}\}$ und den folgenden Anweisungen erreicht werden:

$$1\begin{cases} \sqcup\ \sqcup\ L\ 1 \\ 0\ 1\ L\ 2 \\ 1\ 1\ L\ 1 \end{cases} \quad 2\begin{cases} \sqcup\ \sqcup\ R\ \ 3 \\ 0\ 0\ L\ \text{HALT} \\ 1\ 1\ L\ \ 2 \end{cases} \quad 3\begin{cases} \sqcup\ \sqcup\ L\ \text{HALT} \\ 0\ 0\ L\ \text{HALT} \\ 1\ \sqcup\ R\ \text{HALT} \end{cases}$$

Das Übergangsdiagramm (links) sowie Start- und Endzustand des Bandes (rechts, hier für Addition der Zahlen 3 und 4) sehen wie folgt aus:

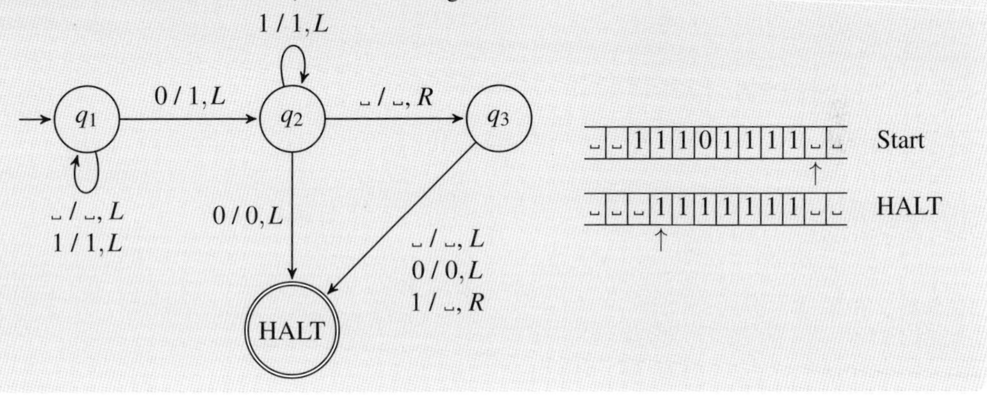

Fortsetzungsmöglichkeiten eine beliebig wählen (aber die richtige), oder aber alle Möglichkeiten gleichzeitig parallel ausführen. Nichtdeterministische Turing-Maschinen können den richtigen Übergang gewissermaßen „erraten". Davon zu unterscheiden sind probabilistische Turing-Maschinen bzw. Algorithmen, bei denen die Übergänge mit einer definierten Wahrscheinlichkeit gewählt werden. Man kann zeigen, dass jede nichtdeterministische Turing-Maschine durch eine deterministische Turing-Maschine ersetzt werden kann, die beiden Typen sind also äquivalent.

Akzeptierte Sprache

Aus der Definition von Turing-Maschinen folgt, dass die Anzahl aller überhaupt möglichen Turing-Maschinen aufzählbar, also unter Verwendung einer berechenbaren Funktion auf die natürlichen Zahlen abbildbar, mithin durchnummerierbar sein muss. Man kann damit zeigen, dass jede Turing-Maschine einer *rekursiv aufzählbaren* formalen Sprache zugeordnet werden kann und umgekehrt. Diese sind äquivalent zu den Typ 0 Sprachen, die bzgl. ihrer Regeln keiner Einschränkungen unterliegen (siehe Kap. 10.2).

Betrachtet man die Menge aller überhaupt möglichen Sprachen, so hat diese dieselbe Kardinalität wie die reellen Zahlen (überabzählbar unendlich). Es gibt also offensichtlich Sprachen, die nicht durch Turing-Maschinen darstellbar sind. Dies wird in Kap. 11.1 nochmals aufgegriffen.

Bsp. 10.17 Turing-Maschine zur Multiplikation einer als Strichcode gegebenen Zahl mit 2

Es soll eine als Strichcode dargestellte natürliche Zahl mit 2 multipliziert werden. Der Schreib-/Lesekopf soll am Anfang rechts von der Eingabe stehen. Am Ende der Operation steht er auf der Position der am weitesten rechts befindlichen Eins des dem Ergebnis entsprechenden Strichcodes. Dies kann beispielsweise mit einer Turing-Maschine gegeben durch $\Sigma = \{0,1\}, \Gamma = \{\sqcup, 0, 1\}, Q = \{q_1, q_2, q_3, q_4, \text{HALT}\}$ und den folgenden Anweisungen erreicht werden:

$$1\begin{cases} \sqcup\ \sqcup\ L & 1 \\ 0\ 0\ R & \text{HALT} \\ 1\ 0\ R & 2 \end{cases} \quad 2\begin{cases} \sqcup\ 0\ L & 3 \\ 0\ 0\ R & 2 \\ 1\ \sqcup\ R & \text{HALT} \end{cases} \quad 3\begin{cases} \sqcup\ \sqcup\ R & 4 \\ 0\ 0\ L & 3 \\ 1\ 0\ R & 2 \end{cases} \quad 4\begin{cases} \sqcup\ \sqcup\ L & \text{HALT} \\ 0\ 1\ R & 4 \\ 1\ 1\ R & \text{HALT} \end{cases}$$

Das Übergangsdiagramm (links) sowie Start- und Endzustand des Bandes (rechts, hier für die Zahl 3) sehen wie folgt aus:

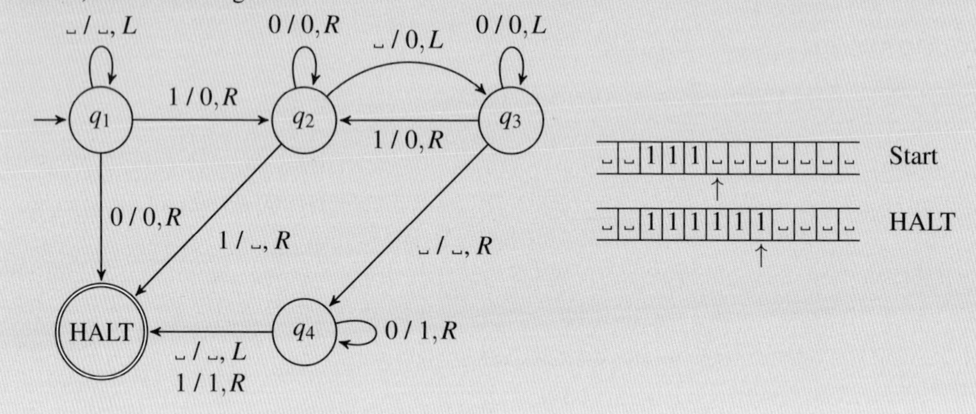

Linear beschränkte Automaten

Eine interessante Einschränkung sind linear beschränkte Automaten. Dabei handelt es sich um Turing-Maschinen, bei denen nur ein durch die Länge des Eingabewortes beschränkter Bereich des Bandes verwendet wird. Linear beschränkte Automaten sind weniger mächtig als Turing-Maschinen. Auch bei linear beschränkten Automaten kann man deterministische und nichtdeterministische Varianten betrachten. Ob nichtdeterministische linear beschränkten Automaten äquivalent zu deterministischen sind, ist nicht bekannt.

Die durch nichtdeterministische linear beschränkte Automaten akzeptierten Sprachen sind zu den in Kap. 10.2 eingeführten kontextsensitiven Sprachen (Chomsky Typ 1) äquivalent.

Turing-Maschinen und „echte" Computer

Das Modell der Turing-Maschine hat in der theoretischen Informatik große Bedeutung erlangt, da eine Turing-Maschine alles berechnen kann, was ein Computer berechnen kann. Daher gelten alle Einschränkungen für Turing-Maschinen auch für „echte" Computer. Der große Vorteil bei der Betrachtung von Turing-Maschinen gegenüber letzteren liegt darin, dass man Aussagen über das Verhalten von Algorithmen und die Berechenbarkeit von Problemstellungen treffen kann, die völlig unabhängig von der aktuellen Rechnerarchitektur und der zukünftigen Entwicklung der Hardware sind – die Ergebnisse bleiben immer wahr. Wegen ihrer Einfachheit ermöglicht die Turing-Maschine Untersuchungen, die an realen Rechnern wegen der Komplexität gar nicht möglich wären. Turing-Maschinen führen deswegen Berechnungen auch viel langsamer aus als Computer. Der Unterschied zwischen deterministischen[2] Turing-Maschinen und Computern lässt sich aber durch einen polynomiellen Faktor begrenzen (siehe hierzu Kap. 11.2), weshalb dies für grundlegende Untersuchungen nicht relevant ist.

Natürlich gibt es offensichtliche Unterschiede zwischen Turing-Maschinen und Computern: Der auffälligste ist, dass eine Turing-Maschine unendlich viel Speicher zur Verfügung hat, während dieser bei einem Computer begrenzt ist. Insofern sind Turing-Maschinen mächtiger als Computer, allerdings können auch sie in endlicher Zeit nur endlich viele Daten verarbeiten, daher ist dies keine bedeutende Beschränkung.

Übungsaufgaben zu Kapitel 10.1

A 10.1 (T1) Beantworten Sie die folgenden Fragen:

a) Was versteht man unter dem kartesischen Mengenprodukt?
b) Grenzen Sie die Begriffe Mealy- und Moore-Automat gegeneinander ab.
c) Definieren Sie den Begriff Mächtigkeit im Zusammenhang mit Automaten.
d) Was ist ein Akzeptor? Was ist ein endlicher Übersetzer?

A 10.2 (L2) Gegeben sei der Automat mit $\Sigma = \{\text{a, b, c}\}$ und $Q = \{q_s, q_1, q_2, q_e\}$, dessen Übergangsfunktion durch die Tabelle rechts definiert ist. q_s ist der Anfangs- q_e der Endzustand.

σ_i	q_s	q_1	q_2	q_e
a	q_1	q_s	q_1	q_e
b	q_e	q_1	q_1	q_s
c	q_2	q_s	q_e	q_2

a) Zeichnen Sie den Übergangsgraphen für diesen Automaten.
b) Welche der folgenden Wörter gehören zur akzeptierten Sprache dieses Automaten: abc, a^3bc^3, $a^2b^2c^2$, $a^3b^2c^2$?

A 10.3 (L2) Konstruieren Sie einen DEA mit $\Sigma = \{\text{a, b}\}$, dessen akzeptierte Sprache L aus der Menge aller Worte aus Σ^* besteht, die mit a beginnen und bb nicht als Teilstring enthalten. Geben Sie L in der üblichen Mengenschreibweise an.

A 10.4 (L3) Geben Sie einen DEA als Übergangstabelle und als Übergangsdiagramm an, der alle aus den Ziffern 1 bis 4 gebildeten natürlichen Zahlen akzeptiert, deren Stellen monoton wachsen. Jede folgende Ziffer ist also größer oder gleich der vorangehenden, ein Beispiel dafür ist etwa die Zahl 112444.

A 10.5 (L3) Gegeben sei der Automat $A(\Sigma, Q, \delta)$ mit $\Sigma = \{\text{a, b}\}$, $Q = \{q_s, q_1, q_e\}$, Anfangszustand q_s, Endzustand q_e und δ definiert durch die unten stehende Übergangstabelle.

σ_i	q_s	q_1	q_e
a	q_s, q_e	q_e	q_1
b	–	q_e	q_e

a) Wie interpretieren Sie, dass in der Übergangstabelle in der Spalte für q_s für die Eingabe a zwei Folgezustände q_s, q_e eingetragen sind?
b) Zeichnen Sie das zum Automaten A gehörige Übergangsdiagramm.
c) Geben Sie die akzeptierte Sprache L(A) von A als regulären Ausdruck an.

---

[2]ob dies auch für nichtdeterministische Maschinen gilt, ist offen. Bekannt sind derzeit nur exponentielle Verfahren zur Umwandlung einer nichtdeterministischen in eine äquivalente deterministische Maschine, was einen erheblichen Vorteil für die nichtdeterministische Maschine gegenüber einem Computer zur Folge hat. Dies entspricht dem berühmten P-NP Problem, siehe hierzu Kap. 11.2

d) Konstruieren Sie einen zu A äquivalenten deterministischen Automaten und zeichnen Sie das zugehörige Übergangsdiagramm.

A 10.6 (L2) Gegeben sei der Automat A($Q, \Sigma, \delta, q_s, q_e$) mit $\Sigma = \{a, b\}$, $Q = \{q_s, q_1, q_e\}$ und der durch die nebenstehende Tabelle definierten Zustandsübergangsfunktion.

a) Zeichnen Sie das zu A gehörige Übergangsdiagramm.
b) Wie lautet die durch A akzeptierte Sprache?

σ_i	q_s	q_1	q_e
a	q_s	q_e	q_1
b	q_e	q_1	q_1

A 10.7 (L3) Beschreiben Sie ein Polynom als BNF-Produktion, als Syntaxgraph und als Automat. Ein Polynom besteht aus durch die Operatoren $+$ und $-$ verknüpften Termen. Ein Term besteht aus einer optionalen reellen Zahl, optional multipliziert mit einer beliebig langen Folge von multiplikativ verknüpften Variablen x. Ein Term darf nicht leer sein.
Beispiele für Terme: $3{,}5$, x, $-5*x*x$, $x*x*x$.
Beispiel für ein Polynom: $2+4*x+x*x*x-3{,}5*x*x$.
Die syntaktischen Variablen <Reelle Zahl> und <Variable> dürfen für BNF-Produktionen und Syntaxgraphen als bekannt vorausgesetzt werden. Das Alphabet des Automaten sei $\Sigma = \{r, x, *, +, -\}$, wobei r für eine reelle Zahl und x für eine Variable steht.

A 10.8 (T1) Beantworten Sie die folgenden Fragen:

a) Was haben Turing-Maschinen mit Berechenbarkeit zu tun?
b) Woran ist Alan Turing gestorben?
c) Was ist ein linear beschränkter Automat?
d) Grenzen Sie die Begriffe Automat, Kellerautomat und Turing-Maschine gegeneinander ab.

A 10.9 (L2) Es sei die nebenstehende Turing-Maschine mit den Bandzeichen $\{\sqcup, 1\}$ als Übergangsdiagramm gegeben.

a) Geben Sie das dazugehörige tabellarische Turing-Programm an.
b) Der Schreib-/Lesekopf stehe auf einem mit Blank vorbesetzten Band. Was bewirkt diese Turing-Maschine?

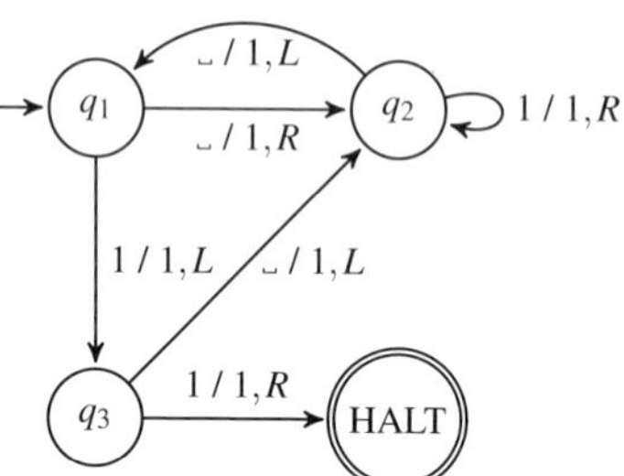

A 10.10 (L3) Konstruieren Sie eine Turing-Maschine mit den Bandzeichen $\Gamma = \{\sqcup, 0, 1\}$, welche für eine zusammenhängende aus Nullen und Einsen bestehende Zeichenfolge auf einem mit ␣ vorbesetztem Band die Anzahl der Einsen auf gerade Parität ergänzt. Dazu wird am linken Ende der Zeichenfolge eine 0 angefügt, wenn die Anzahl der Einsen gerade ist und eine 1, wenn die Anzahl der Einsen ungerade ist. Der Schreib-/Lesekopf soll vor der Operation rechts neben der Zeichenfolge stehen. Beispiel: aus ␣␣␣␣10101␣␣␣␣ wird also ␣␣␣110101␣␣␣␣ und aus ␣␣␣␣1001␣␣␣␣ wird ␣␣␣01001␣␣␣␣.

A 10.11 (L3) Konstruieren Sie eine Turing-Maschine mit den Bandzeichen $\Gamma = \{\sqcup, 0, 1\}$, die in einer zusammenhängenden Gruppe von Einsen auf einem mit Blank vorbesetzten Band zwischen je zwei Einsen eine Null einfügt. Zu Beginn soll der Schreib-/Lesekopf rechts von der Einsergruppe stehen. Beispiel: aus ␣␣␣␣11111␣␣␣␣ wird also ␣␣␣␣101010101␣␣␣␣.

10.2 Einführung in die Theorie der formalen Sprachen

10.2.1 Definition von formalen Sprachen

Für die Programmierung von Computern ist die natürliche Sprache oder auch die mathematische Formelsprache nicht geeignet. Man hat daher den Maschinen angepasste Programmiersprachen entwickelt, von denen einige hier auch schon besprochen wurden. Die augenfälligsten Unterschiede zwischen Programmiersprachen und natürlichen Sprachen sind die streng formalisierten Sprachregeln der Programmiersprachen sowie deren geringer Sprachumfang sowohl hinsichtlich des Wortschatzes als auch hinsichtlich der Regeln.

In diesem Kapitel werden einige grundlegende Eigenschaften von formalen Sprachen [Hop13, Hop11] behandelt, die zum theoretischen Fundament von Programmiersprachen und Compilern gehören. Die Linguistik [Mü09] befasst sich mit der systematischen Erforschung und Beschreibung von lebenden Sprachen, die Computerlinguistik [Car10] beschäftigt sich mit der Sprachanalyse unter Verwendung von Computern (Sprachtechnologie) sowie mit künstlichen, formalen Sprachen. Ein umfassender Oberbegriff ist die Semiotik [Kjo09], die umfassende Lehre von den allgemeinen Eigenschaften und dem Gebrauch von Zeichen.

Das Prinzip einer formalen Sprache ist, dass aus Zeichen eines Alphabets Worte gebildet werden können. Man definiert formale Sprachen wie folgt:

Definition 10.11 (formale Sprache)**.** Eine Teilmenge $L \subseteq \Sigma^*$ heißt *formale Sprache* über einem endlichen Alphabet Σ.

Die Notation Σ^* bezeichnet die sog. *Kleenesche Hülle* des Alphabets, d. h. die Menge aller Wörter beliebiger Länge, einschließlich des leeren Wortes ε, das Länge Null hat. Ist das leere Wort nicht mit enthalten, so hat man die sog. *transitive Hülle* Σ^+.

Bereits in Kap. 10.1 wurden durch Automaten akzeptierte formale Sprachen betrachtet. Hier soll nun der umgekehrte Weg der systematischen Erzeugung von Wörtern gegangen werden. Wie in natürlichen Sprachen wird hierzu eine Grammatik definiert, die die syntaktische Struktur der Wörter beschreibt:

Definition 10.12 (Grammatik)**.** Eine Grammatik besteht aus

- einem endlichen Alphabet Σ von *Terminalsymbolen*,
- einer endlichen Menge V von *Nichtterminalsymbolen* (*Variablen*) mit $V \cap \Sigma = \emptyset$,
- einem *Startsymbol* $S \in V$,
- einer endlichen Menge P von *Produktionen* $u \to v$ mit $u \in (V \cup \Sigma)^* V (V \cup \Sigma)^*, v \in (V \cup \Sigma)^*$.

Eine Produktion (oder Ableitungsregel) definiert eine Ersetzungsregel für Zeichen eines Wortes aus $(V \cup \Sigma)^* V (V \cup \Sigma)^*$, also aus einer beliebigen Mischung von Variablen und Terminalsymbolen, wobei auf der linken Seite mindestens ein Nichtterminalsymbol enthalten sein muss. Begonnen wird mit der Ersetzung beim Startsymbol S. Produktionen können so lange hintereinander geschaltet werden, bis keine Regel mehr anwendbar ist. Entsteht so ein Wort bestehend nur aus Terminalsymbolen, dann ist dies ein Wort der durch die Grammatik erzeugten Sprache. Zur besseren Unterscheidbarkeit von Terminal- und Nichtterminalsymbolen werden für Terminalsymbole üblicherweise ausschließlich Kleinbuchstaben verwendet und für Nichtterminalsymbole nur Großbuchstaben. Für Produktionen mit gleicher linker Seite wird oft abkürzend die Backus Naur Form (BNF) verwendet (siehe auch Kap. 14.2.1). Weiter definiert man:

Bsp. 10.18 Eine einfache durch eine Grammatik erzeugte formale Sprache

Es soll die Sprache $\mathrm{L} = \{10^n1 \mid n \in \mathbb{N}_0\}$ betrachtet werden, für die in Bsp. 10.6, S. 378 bereits ein endlicher Automat konstruiert wurde. Die Sprache kann z. B. durch eine Grammatik erzeugt werden bestehend aus $\Sigma = \{0,1\}, V = \{S,A\}$ und den Produktionen: $S \to 1A1, A \to 0A, A \to \varepsilon$ bzw. mit BNF: $S \to 1A1, A \to 0A \mid \varepsilon$. Das Wort 100001 lässt sich damit wie folgt ableiten: $S \Rightarrow 1A1 \Rightarrow 10A1 \Rightarrow 100A1 \Rightarrow 1000A1 \Rightarrow 10000A1 \Rightarrow 100001$.

Definition 10.13 (Syntax)**.** Die Gesamtheit der auf die Menge der Wörter $(V \cup \Sigma)^*$ wirkenden Ableitungsregeln heißt *Syntax* oder *Ableitungsstruktur*.

Definition 10.14 (Ableitungsrelation)**.** Seien $x, y \in (V \cup \Sigma)^*$ zwei Wörter bestehend aus Terminalen und Nichtterminalen, dann bedeutet die Ableitungsrelation $x \Rightarrow y$, dass sich das Wort y durch Anwendung einer einzigen Produktionsregel direkt aus x ableiten lässt. Die reflexiv-transitive Hülle $x \Rightarrow^* y$ bedeutet, dass sich das Wort y aus x durch endlich viele hintereinander angewandte Produktionen ableiten lässt.

Definition 10.15 (Sprache)**.** Die aus dem Startsymbol S in endlich vielen Schritten ableitbaren, nur aus terminalen Zeichen bestehenden Wörter bilden die *Sprache* L(G) einer Grammatik G: $\mathrm{L(G)} = \{w \mid w \in \Sigma^*, S \Rightarrow^* w\}$.

Definition 10.16 (Kern)**.** Die Gesamtheit aller in den Ableitungen der Wörter der Sprache vorkommenden Wörter aus $(V \cup \Sigma)^*$ bilden den *Kern K* der formalen Sprache. Offenbar gilt $\mathrm{L(G)} = K \cap \Sigma^*$.

Definition 10.17 (komplementäre Sprache)**.** Man bezeichnet $\Sigma^* \setminus \mathrm{L(G)}$ als *komplementäre Sprache*.

Definition 10.18 (Nachbereich)**.** Als *Nachbereich* von S bezeichnet man alle überhaupt aus S ableitbaren Wörter aus $(V \cup \Sigma)^*$, er umfasst also auch Wörter, die nicht zu L(G) gehören.

In Bsp. 10.18 ist eine einfache Grammatik zusammen mit der daraus erzeugten Sprache gezeigt.

10.2.2 Die Chomsky-Hierarchie

Für praktische Zwecke ist der so definierte Begriff der formalen Sprachen noch viel zu weit gefasst und im Detail auch noch keineswegs erforscht. Im Folgenden werden daher nur formale Sprachen betrachtet, deren Produktionsregeln eingeschränkt sind. Wesentliche Beiträge zur Klassifizierung formaler Sprachen stammen von dem norwegischen Mathematiker A. Thue (1863–1922) und seit ca. 1955 von dem amerikanischen Linguisten Noam Chomsky (*1928). Man definiert nach Chomskys Einteilung folgende Chomsky-Grammatiken, beginnend bei Typ 0 (am allgemeinsten) bis Typ 3 (am weitesten eingeschränkt). Die in der Hierarchie weiter unten stehenden Grammatiken sind dabei echte Teilmengen der allgemeineren.

Chomsky-0-Grammatik – Phrasenstrukturgrammatik/allgemeine Grammatik

Die Produktionsregeln dieser Grammatiken entsprechen Def. 10.12 und unterliegen keinen weiteren Einschränkungen. Die zugehörigen Sprachen werden von Turing-Maschinen akzeptiert (siehe Kap. 10.1.5, S. 386). Sie werden auch als (rekursiv) *aufzählbare* Sprachen bezeichnet. Man nennt diese Sprachen aufzählbar, weil die dazu gehörigen Wörter durch einen Algorithmus nacheinander erzeugt werden können. Es existiert also eine Abbildung der natürlichen Zahlen auf die Menge der Wörter einer aufzählbaren Sprache, die durch eine berechenbare Funktion (siehe Kap. 11.1) vermittelt wird. Die Frage, ob es außer den aufzählbaren Sprachen noch allgemeinere gibt, muss man grundsätzlich mit ja beantworten, da gemäß Def. 10.11 jede beliebige Teilmenge von Σ^* als formale Sprache aufgefasst werden kann. Da aber die Menge aller Teilmengen einer Potenzmenge (wie Σ^*) überabzählbar ist, muss es folglich auch Sprachen geben, die nicht durch eine Grammatik erzeugt bzw. durch eine Turing-Maschine akzeptiert werden, da ja die Menge aller Turing-Maschinen nur abzählbar ist. Dies impliziert, dass es formale Sprachen gibt, die mächtiger sind als das, was ein Computer zu berechnen vermag (siehe Church-Turing These, Kap. 11.1, S. 417).

Chomsky-1-Grammatik – kontextsensitive Grammatik

Eine Chomsky-1-Grammatik oder *kontextsensitive* Grammatik ist eine Grammatik mit Produktionen der Art:

$$xAy \to xuy \quad \text{mit } x,y \in (V \cup \Sigma)^*, A \in V, u \in (V \cup \Sigma)^+ \quad .$$

Zusätzlich dazu kann man $S \to \varepsilon$ verwenden, wobei dann aber das Startsymbol S nie auf einer rechten Seite auftreten darf.

Die Variable A darf also nur im Kontext der Zeichenketten x,y durch u ersetzt werden. Der Kontext selbst bleibt unverändert. Offensichtlich sind Regeln dieser Form mit Ausnahme von $S \to \varepsilon$ nicht verkürzend, d. h. Wörter werden immer nur länger bzw. behalten ihre Länge bei, da u nicht das leere Wort ε sein kann. Man sagt, die Regeln sind monoton. Dieser Sachverhalt wird als Wortlängenmonotonie bezeichnet. Umgekehrt gilt: Alle *monotonen Grammatiken* definieren die gleiche Sprache wie kontextsensitive Grammatiken, wobei die Regeln dann abweichend von obiger Einschränkung folgende Form haben:

$$u \to v \quad \text{mit } |u| \leq |v|, u,v \in (V \cup \Sigma)^* \quad .$$

Manche Autoren (z. B. [Sch08, Hof11]) verwenden diese als Definition von Typ-1-Grammatiken.

Die durch diese Grammatiken definierten kontextsensitiven Sprachen werden durch nichtdeterministische linear beschränkte Automaten akzeptiert, also Turing-Maschinen, bei denen die Bandlänge auf die Länge des Eingabeworts beschränkt ist (siehe Kap. 10.1.5, S. 390).

Chomsky-2-Grammatik – kontextfreie Grammatik

Eine Grammatik heißt Chomsky-2-Grammatik oder *kontextfreie* Grammatik wenn die Produktionen nicht von einem Kontext abhängen. Alle Produktionen haben dann die Form:

$$A \to u \quad \text{mit } A \in V, u \in (V \cup \Sigma)^+ \quad .$$

Soll das leere Wort Teil der Sprache sein, kann wie bei Typ-1-Grammatiken zusätzlich die Regel $S \to \varepsilon$ eingeführt werden, S darf dann aber nie auf einer rechten Seite stehen.

Die Menge der durch kontextfreie Grammatiken erzeugten Sprachen ist mit der Menge der durch nichtdeterministische Kellerautomaten (siehe Kap. 10.1.4, S. 383) akzeptierten Sprachen identisch.

Chomsky-3-Grammatik – reguläre Grammatik

Eine Grammatik heißt Chomsky-3-Grammatik oder *reguläre* Grammatik wenn entweder *alle* Produktionen rechtslinear oder *alle* linkslinear sind. Weiter sind terminale Produktionen zulässig. Eine Produktion heißt *rechtslinear*, wenn gilt:

$$A \to uB \quad \text{mit } A, B \in V, u \in \Sigma^+ \quad .$$

Sie heißt *linkslinear*, wenn gilt:

$$A \to Bu \quad \text{mit } A, B \in V, u \in \Sigma^+ \quad .$$

Eine Produktion wird als *terminal* bezeichnet, wenn gilt:

$$A \to u \quad \text{mit } A \in V, u \in \Sigma^+ \quad .$$

Soll das leere Wort Teil der Sprache sein, kann wie bei Typ-2-Grammatiken zusätzlich die Regel $S \to \varepsilon$ eingeführt werden, S darf dann aber nie auf einer rechten Seite stehen.

Die durch diese Grammatiken definierten regulären Sprachen werden durch endliche Automaten akzeptiert (siehe Kap. 10.1.3, S. 376).

Definierte Sprache

Auf Basis der vorgestellten Klassifizierung von Grammatiken werden nun auch formale Sprachen entsprechend eingeteilt:

Definition 10.19. Eine Sprache L_i heißt vom Typ i ($i = 0, 1, 2, 3$), falls eine Chomsky Grammatik G_i vom Typ i existiert, mit $\mathrm{L}(G_i) = L_i$. Es gilt: $L_3 \subset L_2 \subset L_1 \subset L_0$.

Hieraus folgt, dass eine Sprache auch dann Typ i bleibt, wenn man dafür eine Grammatik vom Typ j mit $j < i$ angibt. Beispielsweise kann man für eine reguläre Sprache durchaus eine kontextsensitive Grammatik definieren. Dies ist in Bsp. 10.19 anhand einer einfachen Sprache demonstriert.

Es sei darauf hingewiesen, dass die für Programmiersprachen wichtigen *deterministisch kontextfreien* Sprachen nicht explizit in der Chomsky-Hierarchie erfasst sind. Diese Sprachen werden durch deterministische Kellerautomaten akzeptiert und sind damit eine echte Untermenge der Typ 2 (kontextfreien) Sprachen, jedoch mächtiger als Typ 3 (reguläre) Sprachen. Hierfür werden sog. LR(k) Grammatiken verwendet. Eine Erörterung dieser speziellen Grammatiken würde hier zu weit führen, es sei daher auf einschlägige Literatur beispielsweise aus dem Compilerbau verwiesen [Aho13, Tor11]. Tabelle 10.1 fast noch einmal den Zusammenhang zwischen Sprache, Grammatik und Automatenmodell zusammen.

Im Folgenden werden einige Beispiele für formale Sprachen vorgestellt. Wir beginnen in Bsp. 10.20/10.21 mit einer Grammatik, die eine formale Sprache zur Beschreibung von Bezeichnern in Programmiersprachen definiert. Diese soll alle in der Programmiersprache (hier C) zulässigen Namen umfassen. Beispiel 10.22 zeigt eine Typ-1-Sprache.

Bsp. 10.19 Verschiedene Grammatiken, die eine reguläre Sprache erzeugen

Es wird hier wieder die Sprache $\mathrm{L} = \{10^n 1 \mid n \in \mathbb{N}_0\}$ aus Bsp. 10.7 bzw. 10.18 betrachtet. Da man in Bsp. 10.7 offensichtlich einen DEA angeben konnte, der diese Sprache akzeptiert, muss L regulär (Typ 3) sein. Es werden nun verschiedene Grammatiken definiert, die L erzeugen:

Typ 0 Grammatik $S \to 1A1, A \to 0A, A \to \varepsilon$.
Diese Grammatik ist nicht Typ 1, da man durch die Regel $A \to \varepsilon$ Wörter verkürzen kann. Damit sind automatisch die untergeordneten Typen 2 und 3 ebenfalls ausgeschlossen. Die Grammatik ist also Typ 0. Das Wort 100001 lässt sich damit wie folgt ableiten:

$S \Rightarrow 1A1 \Rightarrow 10A1 \Rightarrow 100A1 \Rightarrow 1000A1 \Rightarrow 10000A1 \Rightarrow 100001.$

Typ 2 Grammatik $S \to 11 \mid 1A1, A \to 0A \mid 0$.
Die problematische Regel $A \to \varepsilon$ der Typ 0 Grammatik war nötig, um die Variable A am Ende „verschwinden" zu lassen. Dies wurde in der neuen Grammatik behoben, indem zusätzliche Regeln eingeführt wurden. Da bei allen Regeln auf der linken Seite nur eine einzige Variable steht und rechts das leere Wort ε nicht vorkommt, ist die Grammatik mindestens Typ 2. Sie ist nicht Typ 3, da in der Produktion $S \to 1A1$ die Variable A zwischen Terminalsymbolen eingeschlossen ist. Das Wort 100001 lässt sich damit wie folgt ableiten:

$S \Rightarrow 1A1 \Rightarrow 10A1 \Rightarrow 100A1 \Rightarrow 1000A1 \Rightarrow 100001.$

Typ 3 Grammatik $S \to 11 \mid 1A, A \to 0A \mid 0B, B \to 1$.
Die Regel $S \to 1A1$ wurde nun durch Einführung eines neuen Nichtterminalsymbols B entfernt. Alle Regeln sind jetzt rechtslinear bzw. terminal, die Grammatik (und damit auch die Sprache) ist folglich von Typ 3. Das Wort 100001 lässt sich damit wie folgt ableiten:

$S \Rightarrow 1A \Rightarrow 10A \Rightarrow 100A \Rightarrow 1000A \Rightarrow 10000B \Rightarrow 100001.$

Tabelle 10.1 Äquivalenz zwischen Automatenmodellen und Grammatiken

Sprache	Grammatik	Automat
Menge aller Sprachen ohne Typ 0	existiert nicht	existiert nicht
Typ 0	allgemeine Grammatik	Turing-Maschine
Typ 1	kontextsensitive/ monotone Grammatik	nichtdeterministischer linear beschränkter Automat
Typ 2	kontextfreie Grammatik	nichtdeterministischer Kellerautomat
deterministisch kontextfrei	LR(k) Grammatik	deterministischer Kellerautomat
Typ 3	reguläre Grammatik	endlicher Automat

Bsp. 10.20 Bezeichner in Programmiersprachen

In den meisten Programmiersprachen werden vom Programmierer wählbare Namen zur Bezeichnung von Objekten zugelassen. In diesem Beispiel soll eine formale Sprache angegeben werden, die alle zulässigen Namen umfasst. In C muss ein Name dabei eine Zeichenkette aus Buchstaben, dem Unterstrich (_) und Dezimalziffern sein, wobei als erstes Zeichen nur ein Buchstabe oder ein Unterstrich zugelassen ist. Eine Grammatik, die dies leistet, ist z. B.:
$\Sigma = \{\text{a, b, \dots, z, A, B, \dots, Z, \_, 0, 1, \dots, 9, andere Zeichen}\}$
$V = \{\boldsymbol{S}, \boldsymbol{B}, \boldsymbol{W}\}$
$P = \{\boldsymbol{S} \rightarrow \boldsymbol{B}|\boldsymbol{BW}, \boldsymbol{W} \rightarrow \boldsymbol{WW}, \boldsymbol{B} \rightarrow \text{a}|\dots|\text{z}|\text{A}|\dots|\text{Z}|\_, \boldsymbol{W} \rightarrow \text{a}|\dots|\text{z}|\text{A}|\dots|\text{Z}|\_|0|\dots|9\}$
Um Verwechslungen zu vermeiden, wurden die syntaktischen Variablen im Unterschied zu den terminalen Zeichen fett geschrieben. Alle für Namen nicht erlaubte Zeichen des Alphabets Σ dürfen in einem wohlgeformten Namen nicht vorkommen, sie werden hier als „andere Zeichen" bezeichnet.
Als Beispiel wird die auch als Syntaxbaum darstellbare Ableitung des Bezeichners ax21 betrachtet. Die Anzahl der Nachfolger eines Knotens ergibt sich aus der Wortlänge der rechten Seite der angewendeten Produktion:

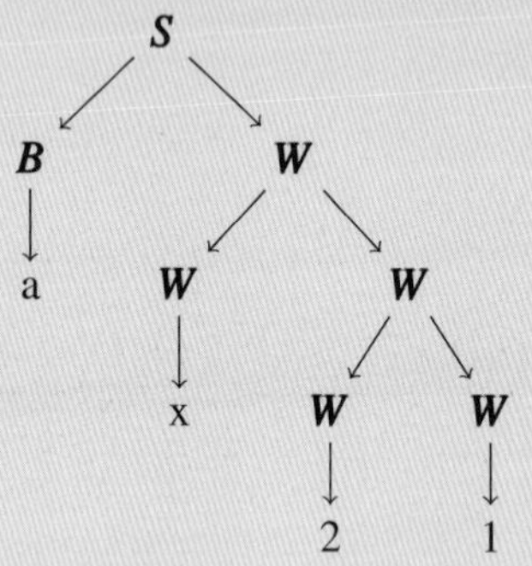

Eine mögliche Produktionenfolge lautet:
$\boldsymbol{S} \Rightarrow \boldsymbol{BW} \Rightarrow \text{a}\boldsymbol{W} \Rightarrow \text{a}\boldsymbol{WW} \Rightarrow \text{ax}\boldsymbol{W} \Rightarrow \text{ax}\boldsymbol{WW} \Rightarrow \text{ax2}\boldsymbol{W} \Rightarrow \text{ax21}$.

Man kann nun außerdem versuchen, diese Sprache durch einen Automaten darzustellen:

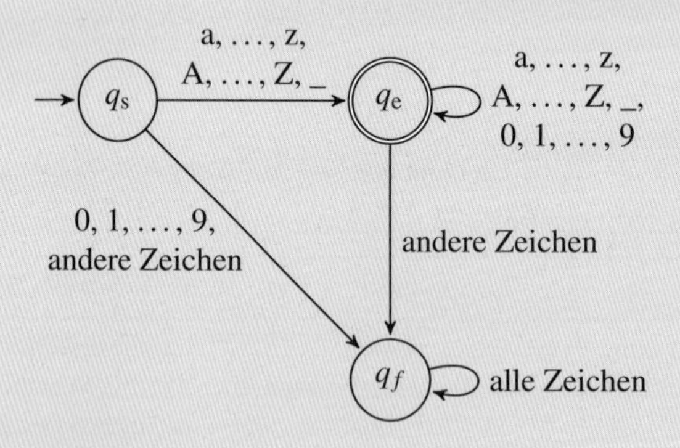

Die oben definierte Grammatik ist vom Typ 2 (kontextfrei), da die Produktionen $\boldsymbol{S} \rightarrow \boldsymbol{BW}, \boldsymbol{W} \rightarrow \boldsymbol{WW}$ weder linear noch terminal sind. Da wir einen DEA angeben konnten, der diese Sprache akzeptiert, muss die Sprache aber vom Typ 3 (regulär) sein, und es muss daher eine reguläre Grammatik geben, die diese erzeugt: siehe hierzu Bsp. 10.21.

Bsp. 10.21 Bezeichner in Programmiersprachen (Fortsetzung)

Durch eine einfache Umformulierung der Produktionen kann man für Bsp. 10.20 eine Chomsky-3-Grammatik erzeugen, die dann tatsächlich nur noch aus rechtslinearen und terminalen Produktionen besteht. Allerdings benötigt man jetzt sehr viele Produktionen, was auf Kosten der Übersichtlichkeit geht. Man erhält die folgende Menge von Produktionen, wobei die syntaktische Variable $\boldsymbol{B}$ nicht mehr benötigt wird:
$\boldsymbol{S} \to \mathrm{a}|\ldots|\mathrm{z}|\mathrm{A}|\ldots|\mathrm{Z}|\_|\mathrm{a}\boldsymbol{W}|\ldots|\mathrm{z}\boldsymbol{W}|\mathrm{A}\boldsymbol{W}|\ldots|\mathrm{Z}\boldsymbol{W}|\_\boldsymbol{W}$
$\boldsymbol{W} \to \mathrm{a}|\ldots|\mathrm{z}|\mathrm{A}|\ldots|\mathrm{Z}|\_|0|\ldots|9|\mathrm{a}\boldsymbol{W}|\ldots|\mathrm{z}\boldsymbol{W}|\mathrm{A}\boldsymbol{W}|\ldots|\mathrm{Z}\boldsymbol{W}|\_\boldsymbol{W}|0\boldsymbol{W}|\ldots|9\boldsymbol{W}$
Bei der hier gewählten Definition eines gültigen Bezeichners wurde keine Beschränkung der Länge des Namens angenommen, wie sie z. B. im C-Standard vorgesehen ist. Eine Längenbeschränkung kann mit einem endlichen Automaten nur realisiert werden, wenn man für jede zulässige Namenslänge einen eigenen Endzustand einführt. Mithilfe eines Kellerautomaten wäre dieses Problem aber ohne weiteres lösbar, indem man in einer zusätzlichen Kellervariablen über die Länge des Bezeichners Buch führt.

Bsp. 10.22 Eine Chomsky-1 Sprache

Es ist eine Grammatik zur Erzeugung der Sprache $\mathrm{L} = \{\mathrm{a}^n\mathrm{b}^n\mathrm{a}^n \mid n \in \mathbb{N}\}$ anzugeben. Eine mögliche Lösung ist:
$\Sigma = \{\mathrm{a}, \mathrm{b}\}, V = \{S, A, B\}$
$P = \{S \to \mathrm{aba}|\mathrm{a}SA|\mathrm{a}^2\mathrm{b}B\mathrm{a}, BA \to \mathrm{b}B\mathrm{a}, \mathrm{a}A \to A\mathrm{a}, B \to \mathrm{ba}\}$
Offensichtlich ist diese Grammatik nicht Typ 3 oder 2, da es Regeln gibt, bei denen auf der linken Seite mehr als ein Symbol steht. Die Grammatik ist monoton (Wörter werden also nicht kürzer), daher ist sie Typ 1. Allerdings sind die Regeln $BA \to \mathrm{b}B\mathrm{a}$ und $\mathrm{a}A \to A\mathrm{a}$ nicht kontextsensitiv, denn es gibt keinen Kontext, der auf der linken und rechten Seite der Produktionen erhalten bleibt.
Tatsächlich ist die Sprache eine echte Typ-1-Sprache, es existiert keine Typ-2 oder Typ-3 Grammatik mit der L erzeugt werden kann. Der Nachweis führt über das Pumping-Theorem für kontextfreie Sprachen, das in Kap. 10.2.3 erläutert wird.
Eine Ableitung für das Wort $\mathrm{a}^4\mathrm{b}^4\mathrm{c}^4$ lautet damit: $S \Rightarrow \mathrm{a}SA \Rightarrow \mathrm{aa}SAA \Rightarrow \mathrm{a}^2\mathrm{a}^2\mathrm{b}B\mathrm{a}AA \Rightarrow \mathrm{a}^4\mathrm{b}BA\mathrm{a}A \Rightarrow \mathrm{a}^4\mathrm{b}^2B\mathrm{aa}A \Rightarrow \mathrm{a}^4\mathrm{b}^2B\mathrm{a}A\mathrm{a} \Rightarrow \mathrm{a}^4\mathrm{b}^2BA\mathrm{a}^2 \Rightarrow \mathrm{a}^4\mathrm{b}^2\mathrm{b}B\mathrm{aa}^2 \Rightarrow \mathrm{a}^4\mathrm{b}^3\mathrm{baa}^3 \Rightarrow \mathrm{a}^4\mathrm{b}^4\mathrm{c}^4$
Das Wort $\mathrm{a}^4\mathrm{b}^4\mathrm{c}^4$ kann aber auch anders abgeleitet werden, nämlich beispielsweise durch: $S \Rightarrow \mathrm{a}SA \Rightarrow \mathrm{aa}SAA \Rightarrow \mathrm{a}^2\mathrm{a}^2\mathrm{b}B\mathrm{a}AA \Rightarrow \mathrm{a}^4\mathrm{b}BA\mathrm{a}A \Rightarrow \mathrm{a}^4\mathrm{b}BAA\mathrm{a} \Rightarrow \mathrm{a}^4\mathrm{bb}B\mathrm{a}A\mathrm{a} \Rightarrow \mathrm{a}^4\mathrm{b}^2BA\mathrm{a}^2 \Rightarrow \mathrm{a}^4\mathrm{b}^2\mathrm{b}B\mathrm{aa}^2 \Rightarrow \mathrm{a}^4\mathrm{b}^3\mathrm{baa}^3 \Rightarrow \mathrm{a}^4\mathrm{b}^4\mathrm{c}^4$
Eine weitere Eigenschaft der Grammatik dieses Beispiels ist die Möglichkeit, aus S Wörter abzuleiten, die zwar zur Menge $(V \cup \Sigma)^*$ (also zum Nachbereich von S) gehören, aber nicht zur durch die Grammatik erzeugten Sprache. Ein Beispiel dafür ist die folgende Ableitung: $S \Rightarrow \mathrm{a}SA \Rightarrow \mathrm{a}^3\mathrm{b}B\mathrm{a}A \Rightarrow \mathrm{a}^3\mathrm{bbaa}A \Rightarrow \mathrm{a}^3\mathrm{b}^2\mathrm{a}A\mathrm{a} \Rightarrow \mathrm{a}^3\mathrm{b}^2A\mathrm{a}^2$
Auf das Wort $\mathrm{a}^3\mathrm{b}^2A\mathrm{a}^2$ lassen sich keine Produktionen mehr anwenden, es kann also nicht weiter verändert werden. Dennoch gehört es nicht zur Sprache, da es ein nichtterminales Zeichen, nämlich A, enthält. Das betreffende Wort gehört auch nicht zum Kern der Sprache, da es nicht Zwischenschritt einer Folge von Produktionen ist, die zu einem terminalen Wort führen. Die Kette der Ableitungen führt in eine Sackgasse.

Tabelle 10.2 Abgeschlossenheit der Sprachklassen unter typischen Operationen

Sprache	Durchschnitt	Vereinigung	Komplement	Konkatenation	Kleensche Hülle
Typ 0	✓	✓	–	✓	✓
Typ 1	✓	✓	✓	✓	✓
Typ 2	–	✓	–	✓	✓
det. kontextfrei	–	–	✓	–	–
Typ 3	✓	✓	✓	✓	✓

Abgeschlossenheit

Für die nach der Chomsky-Hierarchie klassifizierten Sprachen gelten einige nützliche Regeln für die Verknüpfung von Sprachen. Man definiert dazu:

Definition 10.20 (Abgeschlossenheit)**.** Eine Klasse von formalen Sprachen heißt *abgeschlossen* hinsichtlich einer bestimmten Operation, wenn für beliebige Wahl der Ausgangssprache(n) die resultierende Sprache zur selben Klasse gehört wie die Ausgangssprache(n).

Typische Operationen sind die Bildung der Vereinigungs- oder Durchschnittsmengen von zwei oder mehr Sprachen L_i, die Komplementbildung, die Konkatenation (oder Verkettung, d. h. das Aneinanderhängen von Wörtern) und die Bildung der Kleeneschen Hülle mit dem Stern-Operator:

Vereinigung $L_1 \cup L_2 = \{w \mid w \in L_1 \text{ oder } w \in L_2\}$

Durchschnitt $L_1 \cap L_2 = \{w \mid w \in L_1 \text{ und } w \in L_2\}$

Komplement $\overline{L} = \{w \mid w \in \Sigma^* \text{ ohne } L\}$

Konkatenation $L_1 L_2 = \{w_1 w_2 \mid w_1 \in L_1 \text{ und } w_2 \in L_2\}$

Kleenesche Hülle $L^* = L^0 \cup L^1 \cup L^2 \cup L^3 \cup \ldots$

Chomsky-1 und Chomsky-3-Sprachen sind abgeschlossen unter allen oben genannten Operationen. Chomsky-2-Sprachen sind dagegen nur hinsichtlich Vereinigung, Verkettung und Bildung der Kleeneschen Hülle abgeschlossen. Insbesondere muss also die zu einer kontextfreien Sprache L gehörende komplementäre Sprache $\overline{L}$ nicht mehr kontextfrei sein. Auch die Schnittmenge $L_s = L_1 \cap L_2$ zweier kontextfreier Sprachen L_1 und L_2 ist nicht in jedem Fall kontextfrei. Die Klasse der deterministisch kontextfreien Sprachen ist nur unter Komplementbildung abgeschlossen, während Typ-0-Sprachen unter allen genannten Operationen mit Ausnahme der Komplementbildung abgeschlossen sind. Dies ist in Tabelle 10.2 zusammengefasst, Bsp. 10.23 zeigt ein Beispiel.

10.2.3 Das Pumping-Theorem

Für reguläre Sprachen (und damit auch für endliche Automaten) gibt es einen wichtigen Satz, der für sehr viele weiterführende Aussagen und Beweise über reguläre Sprachen genutzt werden kann: das Pumping-Theorem. Insbesondere, wenn von einer Sprache gezeigt werden soll, dass sie nicht regulär ist, ist das Pumping-Theorem von Nutzen. Ein ähnlicher Satz existiert für kontextfreie Sprachen, dieser wird im Anschluss behandelt.

Bsp. 10.23 Abgeschlossenheit der Sprachklassen unter typischen Operationen

Ein einfaches Beispiel soll zeigen, dass Typ-2-Sprachen unter Durchschnittsbildung nicht abgeschlossen sind. Wir betrachten die Typ-2-Sprachen
$L_1 = \{\mathrm{a}^j\mathrm{b}^k\mathrm{c}^k \mid j,k > 0\}, L_2 = \{\mathrm{a}^j\mathrm{b}^j\mathrm{c}^k \mid j,k > 0\}$.
Die Wörter in L_1 enthalten beliebig viele a und gleich viele b wie c. Die Wörter in L_2 enthalten beliebig viele c und gleich viele a wie b. Die Schnittmenge ist dann offensichtlich: $L_1 \cap L_2 = \{\mathrm{a}^j\mathrm{b}^j\mathrm{c}^j \mid j > 0\}$, also alle Wörter, die gleich viele a, b und c enthalten. Diese Sprache entspricht aber bis auf die Umbenennung des letzten Buchstabens derjenigen in Bsp. 10.22 und ist Typ 1.

Bsp. 10.24 In einem endlichen Automaten mit unendlich großer Sprache muss es immer Zyklen geben

Die folgende Grafik verdeutlicht den Sachverhalt, dass es in einem endlichen Automaten, dessen akzeptierte Sprache unendlich viele Wörter enthält, immer Zyklen geben muss:

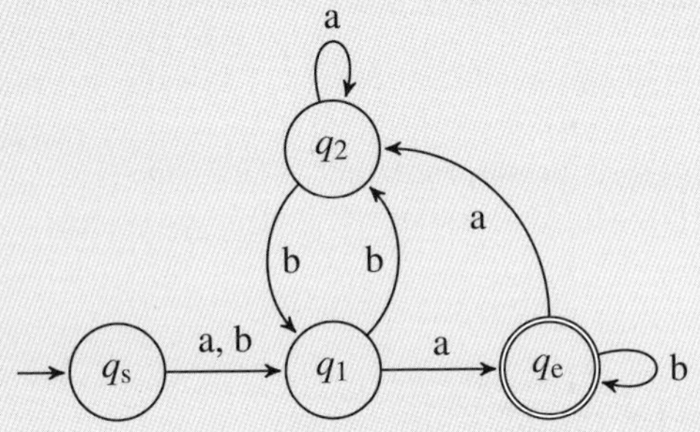

Die Wörter aa und ba gehören offenbar zur akzeptierten Sprache des oben definierten Automaten. Sie können jedoch nicht gepumpt werden, da sie zu kurz sind. Das Wort $w = \mathrm{abba}$ gehört ebenfalls zur akzeptierten Sprache; es ist bereits lang genug, so dass es gepumpt werden kann. Mit $x = \mathrm{a}$, $y = \mathrm{bb}$ und $z = \mathrm{a}$ erhält man durch Pumpen abbbba, abbbbbba, etc.

Pumpen von Wörtern

Es sei w ein Wort aus der Sprache einer regulären Sprache. Ist w lang genug, so kann man sich das Wort w immer aus drei Teilen zusammengesetzt vorstellen $w = xyz$.

Ein Wort w zu „pumpen“ bedeutet nun, y zu vervielfachen: $w' = xyyz, w'' = xyyyz$, etc. Ist die Sprache regulär, so muss pumpen möglich sein, und die entstandenen Wörter sind wieder in der Sprache L enthalten. Dies reflektiert die Tatsache, dass in jedem endlichen Automaten, dessen akzeptierte Sprache L unendlich viele Wörter umfasst, notwendigerweise Zyklen auftreten müssen, die beliebig oft durchlaufen werden können. Die Mächtigkeit $|\mathrm{L}|$ dieser Sprache ist dann abzählbar unendlich. Es ist unmittelbar einsehbar, dass von einem Automaten mit endlich vielen Zuständen nur dann unendlich viele verschieden Wörter akzeptiert werden können, wenn in diesen Wörtern tatsächlich Zyklen auftreten. Beispiel 10.24 verdeutlicht dies.

Bsp. 10.25 Das Pumping-Theorem für reguläre Sprachen

Es werden Palindrome betrachtet, also um ihren Mittelpunkt symmetrische Wörter, die vorwärts und rückwärts gelesen gleich lauten. Beispiele für Palindrome sind etwa: abba, otto, reittier oder toohottohoot (zu heiß zum tröten).
Wir betrachten das Alphabet $\Sigma = \{a,b\}$ und die Sprache $\mathrm{L} = \{w \mid w \text{ ist ein Palindrom auf } \Sigma\}$.
Wir behaupten: Die Sprache L ist nicht regulär.
Der Beweis dieser Behauptung erfolgt durch Widerspruch und kann folgendermaßen umrissen werden: Man nimmt zunächst an, es gäbe eine reguläre Grammatik, deren Sprache alle aus den Zeichen a und b bildbaren Palindrome enthält, sonst aber keine weiteren Wörter. Wegen des für reguläre Grammatiken geltenden Pumping-Theorems gibt es dann aber eine Konstante n mit den in der Formulierung des Pumping-Theorem genannten Eigenschaften. Auch ohne Kenntnis von n stellt man fest, dass $\mathrm{a}^n\mathrm{ba}^n$ ein Palindrom ist und daher nach Voraussetzung zu L gehören muss. Man schreibt jetzt $w = \mathrm{a}^n\mathrm{ba}^n = xyz$, wobei man ohne Beschränkung der Allgemeinheit annehmen kann, dass xy genau die Länge n hat, dass also $xy = \mathrm{a}^n$ gilt. Insbesondere enthält y also mindestens ein a. Nach dem Pumping-Theorem muss nun auch $xyyz$ zu L gehören. xyy enthält aber nach der Konstruktion mindestens ein a mehr als z, so dass man $xyyz = \mathrm{a}^m\mathrm{ba}^n$ schreiben kann, wobei $m > n$ sein muss. $xyyz$ ist also kein Palindrom und kann damit nicht zu L gehören! Da hier ein Widerspruch aufgetreten ist, muss die ursprüngliche Annahme falsch sein: L ist nicht regulär.
Damit ist auch gezeigt, dass es keinen endlichen Automaten geben kann, dessen akzeptierte Sprache aus sämtlichen aus a und b bildbaren Palindromen besteht.

Das Pumping-Theorem für reguläre Sprachen

Nach diesen Vorbemerkungen kann man nun das Pumping-Theorem für reguläre Sprachen formulieren: Ist L die durch eine reguläre Grammatik erzeugte Sprache (bzw. die akzeptierte Sprache eines endlichen Automaten), so gibt es eine Konstante n derart, dass für jedes Wort $w \in \mathrm{L}$, dessen Länge $|w|$ größer n ist, Wörter $x,y,z \in \Sigma^*$ mit $w = xyz$ existieren, wobei die Länge von xy höchstens n beträgt und y mindestens ein Zeichen enthält. Die Länge von z darf beliebig sein (also auch Null). Es gilt dann weiter: Alle Wörter xy^kz mit $k \geq 0$ gehören ebenfalls zur Sprache L.

Zusammengefasst gilt also: L ist eine reguläre Sprache $\Rightarrow \exists n$, so dass $\forall w = xyz \in \mathrm{L}$ mit $|w| > n$ und $|xy| \leq n, |y| \geq 1, |z|$ beliebig gilt: $xy^kz \in \mathrm{L}$ für alle $k \geq 0$.

Die Umkehrung des Satzes gilt nicht: Kann man ein Wort pumpen bedeutet dies nicht, dass die Sprache regulär ist. Das Pumping-Theorem kann daher nur dazu verwendet werden, von einer Sprache zu zeigen, dass sie nicht regulär ist, nicht aber, dass sie es ist. Beispiel 10.25 zeigt, wie das Pumping-Theorem hierfür verwendet werden kann.

Mithilfe des Pumping-Theorems kann man viele Eigenschaften von Sprachen und Automaten beweisen. Unter anderem kann man zeigen, dass es keinen endlichen Automaten geben kann, der von jeder natürlichen Zahl p entscheiden könnte, ob p eine Primzahl ist oder nicht. Das gleiche gilt für Quadratzahlen. Die beiden zugehörigen Sprachen auf dem Alphabet $\Sigma = \{a,b\}$ $L_p = \{a^p \mid p \text{ ist eine Primzahl }\}$ und $L_q = \{a^q \mid q \text{ ist eine Quadratzahl }\}$ sind also nicht regulär. Der Beweis erfolgt ähnlich wie in Bsp. 10.25 gezeigt.

Auch von der durch folgende Grammatik erzeugten kontextfreien Sprache $\mathrm{L} = \{\mathrm{a}^i\mathrm{b}^i \mid i \in \mathbb{N}\}$

kann man zeigen, dass sie nicht regulär ist:

$$\Sigma = \{a,b\}, V = \{S,A\}, P = \{S \rightarrow \mathrm{ab}|\mathrm{a}A\mathrm{b}, A \rightarrow \mathrm{a}A\mathrm{b}|\mathrm{ab}\} \quad .$$

Diese Sprache ist von großer Bedeutung, da gleich viele a wie b erzeugt werden; solche Grammatiken sind in Programmiersprachen z. B. zur Analyse korrekt geklammerter arithmetischer Ausdrücke notwendig. Der Nachweis, dass diese Sprache nicht regulär ist, bedeutet, dass man beliebige korrekt geklammerte Terme nicht durch einen endliche Automaten analysieren kann. Die Sprache ist kontextfrei, man benötigt hierfür einen Kellerautomaten. Damit ist auch bewiesen, dass die Menge der kontextfreien Sprachen tatsächlich umfassender ist als die Menge der darin enthaltenen regulären Sprachen.

Das Pumping-Theorem gibt auch einen Hinweis auf die Mächtigkeit $|\mathrm{L}|$ einer Sprache L, also auf die Anzahl der zu der Sprache gehörenden Wörter. Ist ein Wort $w \in \mathrm{L}$ der Sprache bekannt, dessen Länge $|w|$ größer ist als die Anzahl $|V|$ der Zustände eines die Sprache L akzeptierenden Automaten, so muss dieser Zyklen enthalten. Nach dem Pumping-Theorem ist dann $|\mathrm{L}|$ abzählbar unendlich.

Das Pumping-Theorem für kontextfreie Sprachen

Für kontextfreie Sprachen existiert ebenfalls ein Pumping-Theorem: Ist L die von einer kontextfreien Grammatik erzeugte Sprache, so gibt es eine Konstante n derart, dass für jedes Wort $w \in \mathrm{L}$, dessen Länge größer n ist, Wörter $x, y_1, u, y_2, z \in \Sigma^*$ mit $w = xy_1uy_2z$ existieren, wobei y_1 oder y_2 mindestens ein Zeichen enthalten und die Länge von y_1uy_2 höchstens n beträgt. Die Längen von u und z können beliebig (also auch Null) sein. Es gilt dann weiter: Alle Wörter $xy_1^kuy_2^kz$ mit $k \geq 0$ gehören ebenfalls zur Sprache L.

Zusammengefasst gilt also: L ist eine kontextfreie Sprache $\Rightarrow \exists n$, so dass $\forall w = xy_1uy_2z \in \mathrm{L}$ mit $|w| > n$ und $|y_1uy_2| \leq n, |y_1y_2| \geq 1, |u|, |z|$ beliebig gilt: $xy_1^kuy_2^kz \in \mathrm{L}$ für alle $k \geq 0$.

Mithilfe des Pumping-Theorems für kontextfreie Sprachen kann man unter anderem nachweisen, dass die Menge der kontextsensitiven Sprachen tatsächlich umfassender ist als die der kontextfreien, also durch einen nichtdeterministischen Kellerautomaten akzeptierten Sprachen. So lässt sich beispielsweise zeigen, dass die Sprache $\mathrm{L} = \{\mathrm{a}^i\mathrm{b}^i\mathrm{c}^i \mid i \in \mathbb{N}\}$ nicht kontextfrei ist (siehe auch Bsp. 10.22). Das gleiche gilt für die beiden im vorherigen Abschnitt genannten Sprachen L_p und L_q: Es gibt also auch keinen Kellerautomaten, der für eine beliebige Zahl entscheiden kann, ob sie eine Primzahl bzw. eine Quadratzahl ist.

Abschließend sei nochmals darauf hingewiesen, dass mit dem Pumping-Theorem nur gezeigt werden kann, dass eine Sprache nicht regulär bzw. kontextfrei ist. Es kann *nicht* bewiesen werden, dass sie regulär/kontextfrei ist: Es gibt Sprachen, die das Pumping-Theorem erfüllen, die aber nicht regulär/kontextfrei sind. In der Praxis erfolgen Nachweise, dass eine Sprache regulär bzw. kontextfrei ist durch Konstruktion eines endlichen Automaten bzw. Kellerautomaten, der diese akzeptiert – was im Fall, dass die Sprache dies nicht ist, ja nicht möglich ist.

10.2.4 Die Analyse von Wörtern

Neben der Beschreibung von Sprachen und der Ableitung von wohlgeformten, d. h. gemäß den Sprachregeln korrekt geformten Wörtern, ist auch die Analyse von Wörtern eine wesentliche Aufgabe – etwa bei der Compilierung von Programmen.

Wortproblem und Zerteilungsproblem

Man unterscheidet dabei das *Wortproblem* und das *Zerteilungsproblem* (*Parsing Problem*). Das Wortproblem besteht darin, von einem gegebenen Wort w zu erkennen, ob es wohlgeformt ist oder nicht. Das Zerteilungsproblem geht weiter: Hier wird die Ableitung des Wortes w bis zum Startsymbol S zurückverfolgt. Dazu müssen offenbar sämtliche Schritte der Relation $S \Rightarrow^* w$ bestimmt werden. Es handelt sich also hierbei um eine vollständige Analyse des betrachteten Wortes. Es ist nun die Frage, wie eine formale Sprache gestaltet sein muss, damit eine solche Analyse auch in jedem Fall durchführbar und außerdem so einfach wie möglich ist.

Sackgassen

Als Problem bei der Analyse von Wörtern kommt hinzu, dass die Ableitung eines Wortes nicht unbedingt eindeutig sein muss. Bei der Rückverfolgung (Backtracking) eines Wortes w bis zum Ausgangspunkt S kann es also verschiedene Wege geben. Schlimmer noch ist, dass man bei der Rückverfolgung in eine Sackgasse geraten kann, d. h. auf einen Weg, der gar nicht zu S führt. Handelt es sich um eine endliche Sackgasse, so lässt sich die Analyse bei einer Verzweigung wieder aufnehmen, sobald man am Ende der Sackgasse, d. h. bei einem nicht weiter zerlegbaren Wort angelangt ist. Auch bei einer zyklischen Sackgasse, die nach einer endlichen Anzahl von Schritten wieder auf ein Wort führt, das in einem früheren Analyseschritt bereits aufgetreten ist, kann man die Sackgasse erkennen und wieder verlassen, wenn man alle Ableitungsschritte zwischenspeichert und immer wieder mit dem aktuellen Schritt vergleicht. Es können aber durchaus auch unendliche Sackgassen existieren, in die man geraten kann, ohne jemals feststellen zu können, dass man sich in einer solchen befindet.

Als Beispiel für die Grammatik einer Sprache, bei der die Analyse eines Wortes nicht eindeutig ist, wurde bereits in Bsp. 10.22 die Sprache $\mathrm{L} = \{\mathrm{a}^n\mathrm{b}^n\mathrm{a}^n \mid n \in \mathbb{N}\}$ angeführt; Sackgassen bei der Rückverfolgung sind bei dieser Grammatik jedoch nicht möglich. Grammatiken, in denen keine Sackgassen vorkommen, heißen *sackgassenfrei*. Es ist aber leicht, auch nicht sackgassenfreie Grammatiken zu konstruieren, wie Bsp. 10.26 zeigt.

Wortproblem für reguläre Sprachen

Das Wortproblem für reguläre Sprachen ist offensichtlich durch Konstruktion eines deterministischen endlichen Automaten lösbar. Stoppt die Verarbeitung in einem Endzustand, so ist das analysierte Wort Teil der Sprache. Der Zeitaufwand steigt dabei nur linear mit der Wortlänge, d. h. der Algorithmus ist sehr effizient. Für Chomsky-3-Grammatiken (reguläre Sprachen) kann man zeigen, dass sie sackgassenfrei sind, wenn es keine zwei Produktionen mit übereinstimmender rechter Seite gibt.

Wortproblem für kontextfreie Sprachen

Grundsätzlich liese sich das Wortproblem für kontextfreie Sprachen durch Konstruktion eines nichtdeterministischen Kellerautomaten lösen. Wegen der damit verbundenen kombinatorischen Explosion bei Berechnung auf einem (deterministischen) Computer ist dies für praktische Zwecke unbrauchbar. Bringt man die Grammatik allerdings in die sog. Chomsky-Normalform, so ist das Wortproblem mit dem CYK-Parser mit einem Aufwand von $\mathcal{O}(n^3)$ lösbar (n = Wortlänge).

Bsp. 10.26 Sackgassen beim Parsing am Beispiel boolescher Ausdrücke

Gegeben sei die durch folgende Grammatik erzeugte Sprache:

$\Sigma = \{\neg, \wedge, \vee, (,), a, b, \ldots, z\}$, $V = \{S, A, B, C\}$
$P = \{S \to A, A \to A \vee A | (B \wedge B) | C | \neg C, B \to B \wedge B | C | \neg C, C \to (A) | a | b | \ldots | z\}$

Mit dieser in der Praxis sehr wichtigen Sprache lassen sich logische Ausdrücke in disjunktiver Form (vgl. Kap. 5.2) erzeugen bzw. analysieren. Beispiele dafür sind: $a, \neg x, (a \wedge b) \vee c, (\neg x \wedge y) \vee (u \wedge v)$ und $(r \wedge s \wedge t) \vee (x \wedge y \wedge z \wedge \neg u)$. Durch Umformungen mit den Methoden der booleschen Algebra kann man damit beliebige logische Ausdrücke darstellen. Diese Grammatik ist jedoch nicht sackgassenfrei, wie die in der folgenden Abbildung angegebene Analyse des Wortes $\neg a \vee (b \wedge c) \vee (\neg c \wedge d)$ zeigt:

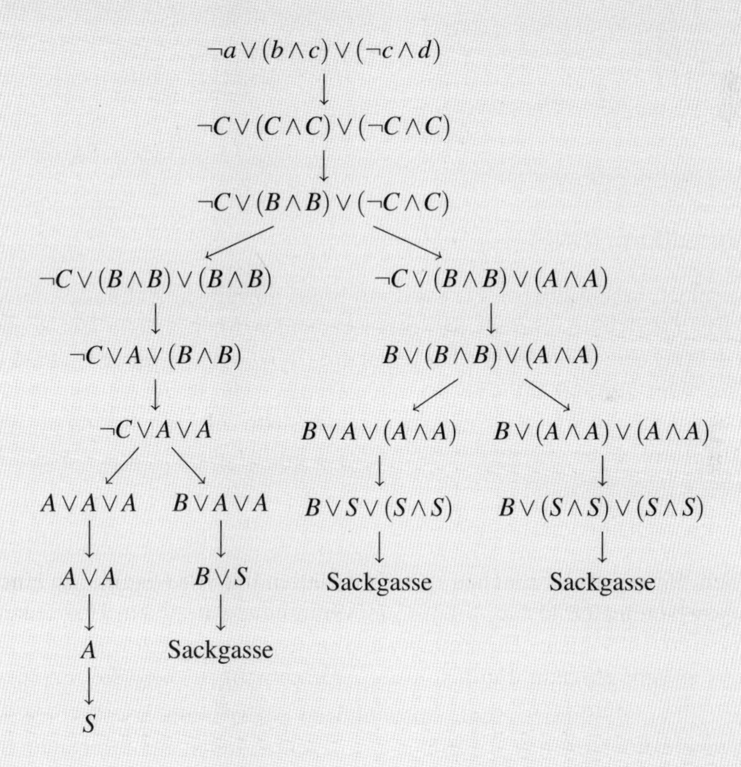

Aus Gründen der Übersichtlichkeit sind nicht alle möglichen Verzweigungen dargestellt (man kann in jedem Schritt z. B. C wahlweise durch A oder B ersetzen), außerdem wurden an einigen Stelle mehrere Regeln gleichzeitig angewandt.

Bsp. 10.27 Umformung einer Typ-2-Grammatik in Chomsky-Normalform

Gegeben sei die Sprache $\mathrm{L} = \{\mathrm{a}^m\mathrm{b}^n\mathrm{c}^n \mid m,n \geq 1\}$, die durch folgende Grammatik erzeugt wird: $\Sigma = \{\mathrm{a},\mathrm{b},\mathrm{c}\}$, $V = \{S,A,B\}$, $P = \{S \to AB, A \to A\mathrm{a}|\mathrm{a}, B \to \mathrm{b}B\mathrm{c}|\mathrm{bc}\}$.

1. Ordne jedem Terminalsymbol eine neue Variable zu. Dies ergibt die neuen Regeln: $V_a \to \mathrm{a}, V_b \to \mathrm{b}, V_c \to \mathrm{c}$.
   Nun wird jedes Terminalsymbol durch diese Variablen ersetzt. Die gesamten Produktionen lauten damit: $P = \{S \to AB, A \to AV_a|V_a, B \to V_bBV_c|V_bV_c, V_a \to \mathrm{a}, V_b \to \mathrm{b}, V_c \to \mathrm{c}\}$.
2. Es gibt eine Regel mit mehr als zwei Variablen auf der rechten Seite, nämlich $B \to V_bBV_c$. Diese wird ersetzt durch die zwei neuen Regeln $B \to V_bV_1, V_1 \to BV_c$.
3. Regeln, bei denen ein Nichtterminal in ein einzelnes anderes übergeht, werden durch Regeln ersetzt, die direkt ein Terminalsymbol produzieren. Dies betrifft die Regel $A \to V_a$, die ersetzt wird durch $A \to \mathrm{a}$.

Die Produktionen lauten nun:
$P = \{S \to AB, A \to AV_a|\mathrm{a}, B \to V_bV_c|V_bV_1, V_1 \to BV_c, V_a \to \mathrm{a}, V_b \to \mathrm{b}, V_c \to \mathrm{c}\}$.
Die Grammatik ist damit in Chomsky-Normalform.

Chomsky-Normalform (CNF)

Um den weiter unten beschriebenen CYK-Algorithmus anwenden zu können, muss eine Typ-2-Grammatik in Chomsky-Normalform (CNF) gebracht werden. Man kann für jede kontextfreie Grammatik G mit $\varepsilon \notin \mathrm{L}(G)$ eine Grammatik G' angeben mit $\mathrm{L}(G) = \mathrm{L}(G')$, die in Chomsky-Normalform ist. Ist das leere Wort Teil der Sprache, so darf zusätzlich die Regel $S \to \varepsilon$ verwendet werden, wobei dann aber das Startsymbol S nie auf einer rechten Seite auftreten darf. Eine Grammatik ist in Chomsky-Normalform, wenn alle Regeln die folgende Form haben:

$$X \to YZ, \quad X \to x,$$

wobei X,Y,Z beliebige Variablen sind und x ein Terminalsymbol. Die Umformung erfordert folgende Schritte (siehe auch Bsp. 10.27):

1. Ordne jedem Terminalsymbol x eine neue Variable V_x zu. Alle Produktionen der Form $V_x \to x$ werden der Grammatik hinzugefügt. Anschließend ersetzt man auf allen rechten Seiten die Terminalsymbole durch die neuen Variablen V_x. Dadurch treten auf der rechten Seite entweder nur noch Variablen oder nur noch einzelne Terminalsymbole auf.
2. Ersetze Regeln mit mehr als zwei Variablen auf der rechten Seite.
   Aus der Produktion $X \to Y_1Y_2 \ldots Y_i$ $(i \geq 3)$ werden die Regeln:
   $X \to Y_1V_1, \quad V_1 \to Y_2V_2, \quad \ldots, \quad V_{i-2} \to Y_{i-1}Y_i$.
3. Ersetze alle Produktionen der Form $X \to Y$, indem für jede Regel $Y \to x$ eine Regel $X \to x$ hinzugefügt wird.

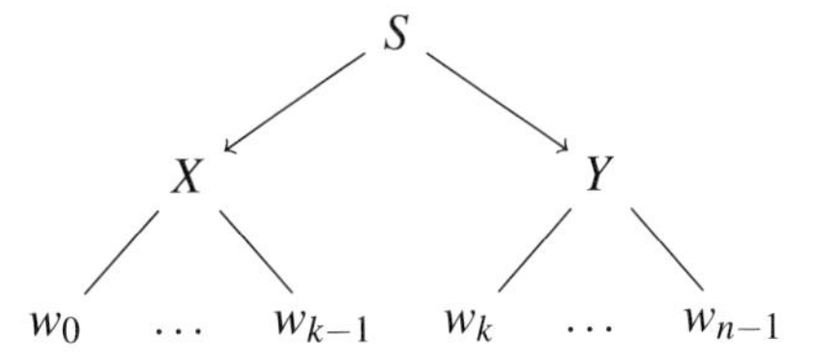

Abb. 10.3 Ist eine Grammatik in CNF, so muss jedes Wort aus zwei Teilwörtern bestehen, die sich durch die beiden Variablen auf der rechten Seite einer Produktion ergeben. Dargestellt ist eine Aufteilung beginnend beim Startsymbol für die Regel $S \rightarrow XY$ und ein Wort $w = w_0 w_1 \dots w_{n-1}$. Die Aufteilung wird rekursiv für alle Teilwörter durchgeführt. Das Wort w wurde hier nach k Symbolen getrennt; es ist zu beachten, dass k zu Beginn nicht feststeht und daher alle mögliche Positionen von k betrachtet werden müssen

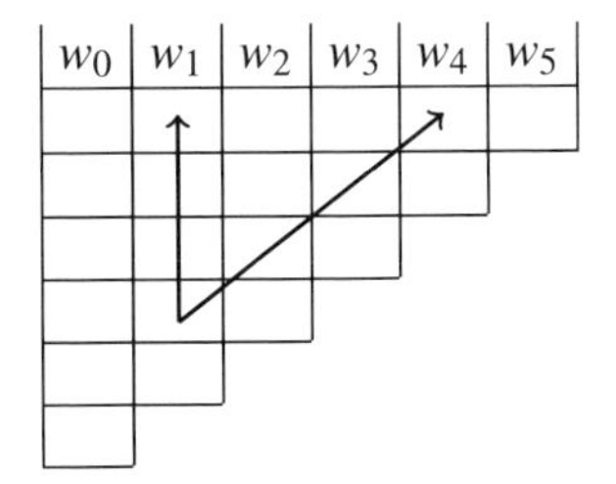

Abb. 10.4 Für den CYK-Algorithmus wird eine $n \times n$ Tabelle angelegt, wie hier am Beispiel $n = 6$ gezeigt. Zu Beginn steht oben das gesamte zu analysierende Wort (das selbst nicht in der Tabelle gespeichert wird). Die Einträge werden nun von oben nach unten zeilenweise befüllt. In der ersten Zeile trägt man für jedes Terminalsymbol w_i *alle* Variablen ein, aus denen sich w_i erzeugen lässt. Für die folgenden Zeilen prüft man für jeden Eintrag senkrecht nach oben und diagonal, ob es eine Regel gibt, die das Teilwort erzeugt (siehe auch Abb. 10.5). Hierzu müssen alle möglichen Aufteilungen des Teilworts berücksichtigt werden, sowie alle möglichen Variablen, die in schon befüllten Elementen der Tabelle eingetragen sind. Treten diese als paarweise Kombination auf der rechten Seite einer Regel auf, so wird in das Feld die linke Seite der Regel eingetragen. Steht am Ende in der untersten Zeile das Startsymbol, so ist das Wort w Teil der durch die Grammatik erzeugten Sprache

CYK-Parser

Der CYK-Algorithmus ist benannt nach seinen Entdeckern John Cocke, Daniel Younger und Tadao Kasami, die das dahinter stehende Konzept unabhängig voneinander entwickelt haben [Coc70, You67, Kas65]. Voraussetzung ist eine Typ-2-Grammatik in CNF. Gegeben ist ein Wort $w = w_0 w_1 \dots w_{n-1} \in \Sigma^*$ der Länge n, es soll entschieden werden, ob das Wort zur von der Grammatik erzeugten Sprache gehört oder nicht.

Hat das Wort die Länge eins, d. h. $w = w_0$, so muss wegen der CNF die Regel $S \rightarrow w_0$ existieren. Die Entscheidung ist für diesen Fall also sehr leicht.

Für den Fall $n > 1$ muss das Wort (wegen der CNF) aus zwei Teilwörtern bestehen, die sich aus einer Produktion $S \rightarrow XY$ ableiten lassen (siehe auch Abb. 10.3). Da zu Beginn nicht klar ist, an welcher Stelle die Aufteilung erfolgen kann, muss der Algorithmus alle möglichen Positionen betrachten. Dieses Verfahren wird rekursiv angewandt, und zwar beginnend mit dem Wort w von unten nach oben zurück zum Startsymbol S (Bottom-up). Benötigt wird dazu eine Tabelle der Größe $n \times n$, wobei allerdings nur die Hälfte der Einträge mit Werten besetzt ist. In jedes Feld trägt man alle Variablen ein, aus denen sich ein Teilwort erzeugen lässt (siehe Abb. 10.4). Es ist dabei darauf zu achten, dass sich immer ein Wort der aktuell betrachteten Gesamtlänge ergibt und keine Überlappungen von Teilwörtern auftreten. Welche Variablenmenge welches Teilwort erzeugt ist in Abb. 10.5 illustriert. Beispiel 10.28 zeigt die Analyse eines Wortes mit dem CYK-Parser.

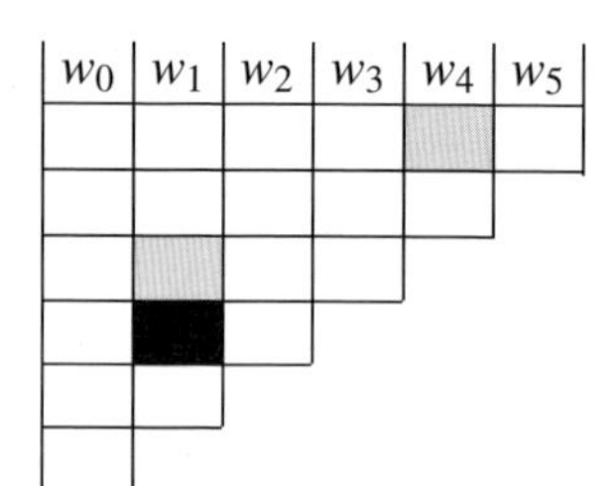

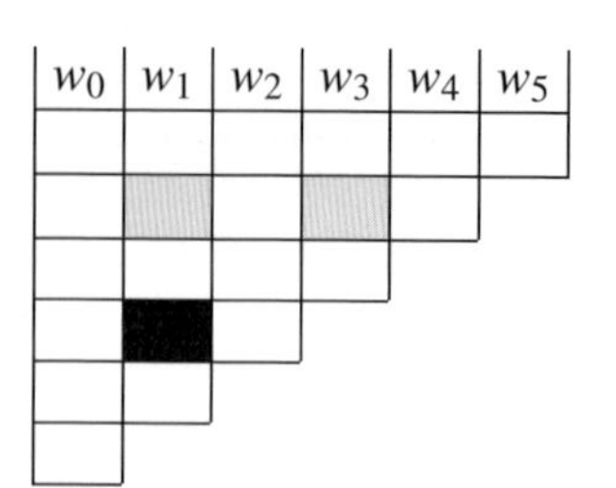

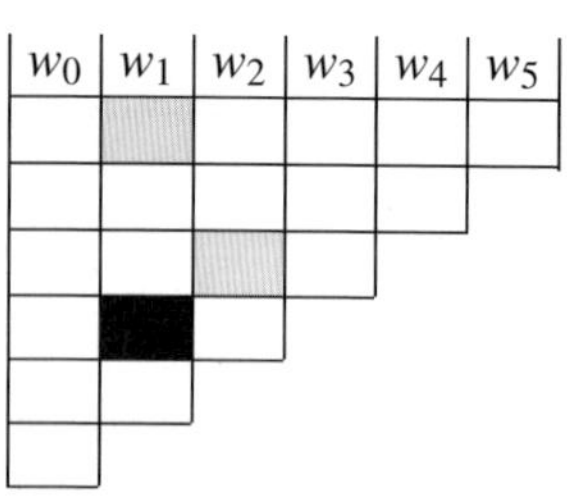

Abb. 10.5 Vom schwarz markierten Feld wird das Teilwort $w_1w_2w_3w_4$ erzeugt, das, wie in Abb. 10.4 erläutert, durch Suche senkrecht nach oben und diagonal nach rechts begrenzt ist. Es gibt drei mögliche Aufteilungen in $w_1w_2w_3/w_4$, w_1w_2/w_3w_4 und $w_1/w_2w_3w_4$. Jeder Teil entsteht aus einem Nichtterminal. Betrachtet werden müssen daher die in der Abbildung grau markierten Felder: Für jede paarweise Kombination von Nichtterminalen, die hier eingetragen sind und die auf der rechten Seite einer Regel auftreten, wird die linke Seite dieser Regel in das schwarze Feld eingetragen. Man erkennt gut die gegenläufige Bewegung: Das eine Feld bewegt sich senkrecht nach oben, das andere diagonal nach unten. Andere Kombinationen müssen nicht betrachtet werden, da sie einer Überlappung der beiden Teilwörter entsprechen

Bsp. 10.28 Analyse eines Wortes mit dem CYK-Algorithmus

In Fortsetzung von Bsp. 10.27 betrachtet wir die Sprache $\mathrm{L} = \{\mathrm{a}^m\mathrm{b}^n\mathrm{c}^n \mid m,n \geq 1\}$, die durch die folgende Grammatik in CNF erzeugt wird: $\Sigma = \{\mathrm{a},\mathrm{b},\mathrm{c}\}$, $V = \{S,A,B,V_a,V_b,V_c,V_1\}$, $P = \{S \to AB, A \to AV_a|\mathrm{a}, B \to V_bV_c|V_bV_1, V_1 \to BV_c, V_a \to \mathrm{a}, V_b \to \mathrm{b}, V_c \to \mathrm{c}\}$.
Es soll entschieden werden, ob das Wort aabbcc zur Sprache L gehört oder nicht. Die komplett befüllte Tabelle sieht wie folgt aus:

a	a	b	b	c	c
A,V_a	A,V_a	V_b	V_b	V_c	V_c
A			B		
A			V_1		
		B			
S	S				
S					

Die erste Zeile der Tabelle (nach dem eigentlichen Wort) ergibt sich durch Eintragen aller Nichtterminale, durch die das jeweilige Terminalsymbol entstehen kann. Alle weiteren Felder werden von oben nach unten nach dem in Abb. 10.5 beschriebenen Schema befüllt. Da im untersten Feld das Startsymbol S steht, ist das Wort Teil der Sprache L.

Wortproblem für kontextsensitive Sprachen

Da eine Typ-1-Grammatik monoton sein muss, können Zwischenschritte beim Parsing für ein Wort der Länge n höchstens n Zeichen lang sein. Weil die Anzahl der Wörter mit Länge n über einem endlichen Alphabet endlich ist, ist garantiert, dass eventuell vorhandene Sackgassen eine endliche Länge haben. Dies gilt damit natürlich auch für Typ-2 und Typ-3-Sprachen, da diese ja in Chomsky-1-Grammatiken enthalten sind. Es muss folglich ein Algorithmus existieren, der das Wortproblem löst. Letztlich läuft dieser darauf hinaus, dass alle möglichen Ableitungen durchprobiert werden müssen, was zu exponentiellem Zeitverhalten führt. Für praktische Zwecke sind daher Typ-1 Grammatiken zur Beschreibung von Programmiersprachen ungeeignet.

Wortproblem für Typ-0 Sprachen

Wegen des Vorkommens auch unendlich langer Sackgassen ist das Analyseproblem für beliebige formale Sprachen nicht allgemein lösbar: Es gibt *keinen* Algorithmus, der für alle Typ-0 Sprachen entscheiden kann, ob ein Wort w von einer gegebenen Typ-0-Grammatik erzeugt wird oder nicht. Man sagt, dass Problem ist unentscheidbar (siehe hierzu auch Kap. 11.1).

10.2.5 Compiler

Definition

Unter einem *Übersetzer* (*Compiler*) versteht man ein Programm, das die Anweisungen eines in einer Programmiersprache P_1, der *Quellsprache*, geschriebenen Programms in Anweisungen einer anderen Programmiersprache P_2, der *Zielsprache*, überträgt. Ein Compiler muss einem Quellprogramm $a \in P_1$ genau ein semantisch äquivalentes, d. h. bedeutungsgleiches Zielprogramm $b \in P_2$ zuordnen. Die Bedeutung der Anweisungen der Quellsprache P_1 werden zu diesem Zweck mit formalen Methoden auf die Anweisungen der Zielsprache P_2 zurückgeführt. Eine weitere Forderung an Compiler ist, dass das Zielprogramm möglichst effizient ablaufen soll. Man verwendet daher in der Regel optimierende Compiler, die das Zielprogramm $b \in P_2$ unter Beibehaltung der semantischen Äquivalenz zwischen a und b so modifizieren, dass die Laufzeit und/oder der Speicherbedarf von b minimiert werden. Allerdings ist semantischen Äquivalenz nicht immer möglich (s. u.).

Arten von Compilern

Von Compilern im engeren Sinne spricht man, wenn die Quellsprache P_1 eine höhere Programmiersprache ist als die Zielsprache P_2, die dann in der Regel eine Assembler-Sprache ist. Ein Übersetzer zur Übertragung von Assembler-Quellprogrammen in Maschinensprache wird ebenfalls als *Assembler* oder *Assemblierer* bezeichnet. Sogenannte *Cross-Compiler* erzeugen Zielcode, der auf einer anderen Plattform läuft als der Compiler selbst, z. B. auf einem anderen Betriebssystem und/oder einer anderen CPU. Diese sind vor allem für eingebettete Systeme oder Smartphones wichtig, da hier auf einem PC entwickelt und direkt für die Zielplattform übersetzt werden kann. Daneben sind auch Präprozessoren oder Präcompiler von Bedeutung, die vor der eigentlichen Compilierung proprietäre Spracherweiterungen übersetzen. Man betrachtet darüber hinaus auch *Compiler-Compiler*, die dazu in der Lage sind, einen Compiler aus einer formalisierten Sprachbeschreibung zu generieren. Ein Beispiel dafür ist das zu UNIX gehörende Programm YACC (Yet Another Compiler Compiler)[3].

Bei einem *Interpreter* werden die Deklarationen und Anweisungen des Quellprogramms während des Programmablaufs übersetzt und dann sofort ausgeführt. Man kann auf diese Weise Programme schnell während der Erstellung testen, ohne dass zeitraubende Übersetzungsläufe erforderlich wären. Ein Nachteil ist allerdings, dass zur Ausführungszeit auch immer die Übersetzungszeit hinzukommt, was insbesondere bei Schleifendurchläufen viel Zeit kosten kann. Interpreter simulieren also gewissermaßen einen Computer durch eine Hochsprache. Interpreter waren zunächst bei dialogorientierten Programmiersprachen wie BASIC, LISP oder PROLOG in Gebrauch. Sie sind heute

[3] `http://dinosaur.compilertools.net/`

ein wichtiges Instrument, wenn ein Programm ohne Änderung auf Rechnern mit unterschiedlichen Betriebssystemen und unterschiedlicher Hardware laufen sollen. Dies ist beispielsweise bei Internet-Anwendungen mit Java-Applets und bei Script-Sprachen der Fall, mit Einschränkungen auch bei der Programmiersprache Java. Die Vorteile von Interpretern hinsichtlich der Fehlersuche (Debugging) werden durch inkrementelle Übersetzer mit dem Vorteil der schnellen Programmausführung verbunden. Bei diesem in vielen Programmierumgebungen zum Standard gehörenden Werkzeug werden das Quellprogramm und das compilierte Programm gleichzeitig im Hauptspeicher gehalten. Durch einen daraufhin optimierten Editor können dann einzelne Anweisungen und Variablenbelegungen geändert werden, wobei der inkrementelle Übersetzer sogleich das Zielprogramm entsprechend modifiziert und ausführt.

Schritte der Compilierung

Die Compilierung eines Quellprogramms erfolgt in vier wesentlichen Schritten:

Lexikalische Analyse Das Quellprogramm $a \in P_1$ wird mithilfe eines als Scanner bezeichneten Moduls in einen Zwischencode (sog. *Token*) umgewandelt. Dabei werden die verschiedenen Objekte der Sprache (z. B. Kommentare, Operatoren, Schlüsselworte, Bezeichner) als solche erkannt und in den Zwischencode umgewandelt, womit ein Objekt später als ein einziges Nichtterminalsymbol behandelt werden kann. Auch auf dieser Stufe erkennbare einfache Regelverletzungen werden gemeldet – beispielsweise die Verwendung eines nicht zugelassenen Zeichens an einer Stelle, an der ein Operator stehen müsste. Für jedes Zeichen muss es dafür eine Liste zulässiger Vorgänger- und Nachfolgerzeichen geben.

Die Beschreibung der Objekte erfolgt mithilfe einer regulären Grammatik bzw. durch reguläre Ausdrücke (siehe weiter unten), die Realisierung der Analyse durch einen deterministischen endlichen Automaten.

Syntaktische Analyse In diesem zweiten Schritt wird mit einem als *Parser* bezeichneten Modul entsprechend der Syntax von P_1 aus den im vorherigen Schritt generierten Token der Ableitungsbaum (Syntaxbaum) des Programms $a \in P_1$ erzeugt.

Grundsätzlich erfolgt die Beschreibung der Syntax einer Programmiersprache durch kontextfreie Grammatiken. Man könnte daher den in Kap. 10.2.4 vorgestellten CYK-Algorithmus verwenden. Dieser ist aber mit einer Zeitkomplexität von $\mathcal{O}(n^3)$ für den praktischen Einsatz zur Syntaxanalyse zu langsam[4]. Man beschränkt sich deswegen auf deterministisch kontextfreie Sprachen, die durch Top-Down Parser (LL(k)-Grammatiken, meist LL(1)) oder Bottom-Up Parser (LR(k)-Grammatiken, meist LR(1)) als deterministischer Kellerautomat realisiert werden [Aho13, Tor11]. Diese haben lineares Laufzeitverhalten $\mathcal{O}(n)$.

Semantische Analyse Jetzt wird der Ableitungsbaum von $a \in P_1$ analysiert, zugleich überträgt ein Codegenerator a in die Zielsprache P_2, als Ergebnis erhält man das Zielprogramm $b \in P_2$. Dabei werden semantische Inhalte geprüft, etwa ob alle verwendeten Variablen auch deklariert wurden, ob sie typgerecht verwendet werden und ob Bereichsüberschreitungen auftreten. Allerdings können auch semantische Fehler unentdeckt bleiben, die sich erst zur Laufzeit

[4] Die Wortlänge n entspricht hier der Länge des gesamten Programms, nachdem es in Token umgewandelt wurde. Zur Illustration: $\mathcal{O}(n^3)$ bedeutet, dass wenn die Übersetzung eines Programms der Länge 10 eine Sekunde dauert, der Parser zur Übersetzung eines Programms der Länge 1000 etwa $100^3 = 1.000.000$ mal so lange benötigt, also im Beispiel mehr als 11 Tage statt 100s bei $\mathcal{O}(n)$! Siehe hierzu auch Kap. 11.2

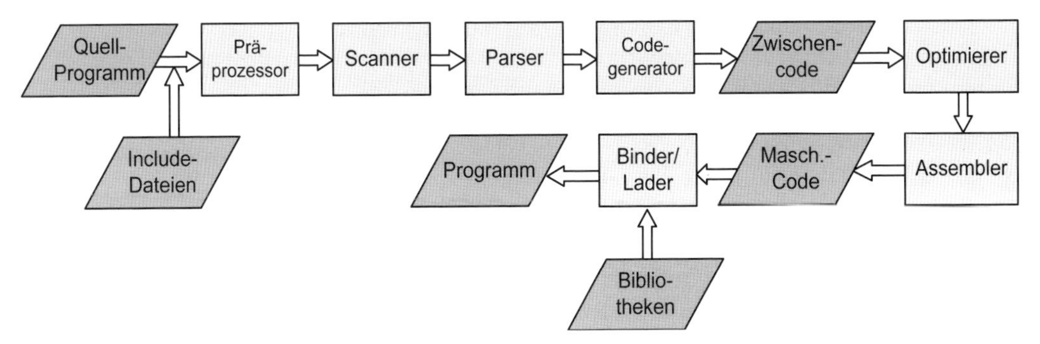

Abb. 10.6 Die Arbeitsschritte bei der Compilierung und beim Binden eines Programms

des Programms manifestieren, so etwa eine verborgene Division durch Null. Realisiert wird dieser Schritt typischerweise durch die Verwendung von (kontextfreien) Attributgrammatiken. Auch an dieser Stelle sei auf einschlägige Literatur verwiesen [Aho13, Tor11].

Code-Optimierung Der letzte Schritt dient der Steigerung der Effizienz des Zielprogramms $b \in P_2$. Durch Änderungen am Programmcode b wird der Zeitbedarf und/oder der Speicherbedarf bei der Ausführung von b so weit wie möglich minimiert, wobei jedoch am semantischen Inhalt von b nichts geändert werden darf. Da die Code-Optimierung zeitaufwendig ist und da ein vollständiger Erhalt des semantischen Inhalts von b nicht in jedem Fall garantiert werden kann, ist die Durchführung einer Optimierung optional. Semantische Änderungen ergeben sich beispielsweise bei Veränderung von Berechnungsreihenfolgen mit Gleitkommazahlen, da diese nicht assoziativ, distributiv oder kommutativ sind (vgl. Kap. 1.4.4, S. 33).

Binden (Linken) compilierter Programme

Das Ergebnis der Übersetzung eines Programmtextes ist noch kein lauffähiges Programm, sondern ein Objektcode, der erst durch ein Hilfsprogramm, den Binder (Linker), in ein ausführbares Programm übertragen wird. Der Grund dafür ist, dass in einem Programm so gut wie nie alle dort aufgerufenen Funktionen bzw. Unterprogramme auch als Code mit enthalten sind. Häufig werden diese in unabhängig erstellten Modulen oder in Standard-Bibliotheken ausgelagert sein, die bereits als Objektcode vorliegen. Bei der Übersetzung bleiben dann die Adressen dieser externen Funktionen zunächst offen. Die Aufgabe des Binders ist es, die Objektcodes aller benötigten Module und Bibliotheken zu einem lauffähigen Programm zusammenzufügen und die fehlenden Adressen externer Funktionen entsprechend zu ergänzen. Letztlich wird dann durch den Assembler Maschinencode erzeugt, der dann unmittelbar ablauffähig ist.
Abbildung 10.6 zeigt nochmals alle erforderlichen Schritte zur Übersetzung eines Programms.

Reguläre Ausdrücke

Reguläre Ausdrücke [Fri07] sind ein Mittel zur formalen Beschreibung von Zeichenketten (Wörtern). Es ist dies eine Meta-Sprache mit enger Verwandtschaft zur BNF und EBNF (siehe Kap. 14.2.1), jedoch sind reguläre Ausdrücke deutlich flexibler und leistungsstärker. Die durch reguläre Ausdrücke beschreibbaren Sprachen werden als reguläre Sprachen bezeichnet. Neben der Definition der Sprachen dienen reguläre Ausdrücke in Compilern zur Überprüfung, ob eine Zeichenkette

Tabelle 10.3 Die wichtigsten Konstrukte für reguläre Ausdrücke

Zeichen	Bedeutung	Zeichen	Bedeutung
ˆ	Anfang eines Strings	()	Klammern für Ausdrücke
$\$$	Ende eines Strings	(n|a)	Entweder n oder a
.	beliebiges Zeichen	[1−6]	eine Ziffer zwischen 1 und 6
n?	optional vorhandenes n	[d−g]	ein Kleinbuchstabe zwischen d und g
n^*	kein oder mehrfaches Vorkommen von n	[E−H]	ein Großbuchstabe zwischen E und H
n^+	ein oder mehrere Vorkommen von n	[ˆa−z]	kein Vorkommen von Kleinbuchstaben zwischen a und z
n{2}	genau zweimaliges Vorkommen von n	[_a−zA−Z]	ein Unterstrich und ein beliebiger Buchstabe des Alphabets
n{3, }	mindestens 3 oder mehr Vorkommen von n	[:space:]	Leerzeichen
n{4, 11}	mindestens 4, höchstens 11 mal n	\	Escape-Zeichen, z. B. \? für ?

Bsp. 10.29 Beispiele für reguläre Ausdrücke

Man kann eine gültige Dezimalzahl verbal wie folgt beschreiben: Als erstes Zeichen kann optional ein Minuszeichen stehen; es folgen beliebig viele Ziffern, mindestens aber eine; danach kann ein Dezimalpunkt stehen, wenn dies der Fall ist, können noch beliebig viele Ziffern folgen, mindestens aber eine. Ergebnis: $[-]?[0-9]^+(\backslash.[0-9]^+)?$

Beschreibung eines Strings aus natürlichen Zahlen und aus Wörtern mit einer beliebigen Anzahl von Buchstaben, wobei die Zahlen bzw. Wörter durch Leerzeichen getrennt sind: Ergebnis: $\hat{}[a-zA-Z]^+ \mid ([1-9][0-9]^*)([:space:][a-zA-Z]^+ \mid ([1-9][0-9]^*))^* \; \$$

syntaktisch korrekt gebildet ist. Alle in den vorangegangenen Kapiteln betrachteten, von endlichen Automaten akzeptierten Sprachen können auch durch reguläre Ausdrücke beschrieben werden. Die Beschreibung oder Prüfung von semantischen Eigenschaften von Zeichenketten ist allerdings mit regulären Ausdrücken nicht möglich. Nützlich sind reguläre Ausdrücke auch bei der Textverarbeitung, beispielsweise beim Suchen und Modifizieren von Mustern, die durch reguläre Ausdrücke beschrieben werden. Reguläre Ausdrücke sind Bestandteil etlicher Programmiersprachen, beispielsweise PHP, Perl oder Python sowie von UNIX-Shells.

Die Metazeichen (reservierte Zeichen) von regulären Ausdrücken sind: + ? . *ˆ$ ( ) [ ] { } | \
In manchen Varianten werden auch noch weitere Metazeichen definiert. Ist ein Metazeichen auch Bestandteil der beschriebenen Sprache, so muss es von diesem unterschieden werden. Diese Unterscheidung ist das Hauptproblem beim Gebrauch regulärer Ausdrücke. Eine Möglichkeit ist die Maskierung durch einen vorangestellten rückwärtigen Schrägstrich, also beispielsweise \? für ? und \(für (. Es gibt noch verschiedene andere Methoden, damit umzugehen, auf die hier jedoch nicht weiter eingegangen werden kann. Einen Niederschlag hat dies in der Definition von einfachen regulären Ausdrücken (Basic Regular Expressions, BRE) und erweiterten regulären Ausdrücken (Extended Regular Expressions, ERE) gefunden.

In Tabelle 10.3 sind die wichtigsten metasprachlichen Konstrukte regulärer Ausdrücke zusammengestellt, diese sind jedoch bei weitem nicht vollständig. Beispiel 10.29 zeigt die Darstellung von Dezimalzahlen sowie von Wörtern und natürlichen Zahlen als regulären Ausdruck.

Tools

In UNIX stehen mit den beiden aufeinander abgestimmten Tools lex und yacc bzw. flex und bison mächtige Werkzeuge zur Generierung von Compilern zur Verfügung. Mit lex/flex können Programme zur lexikalischen Analyse erzeugt werden, yacc bzw. bison dient zur Generierung von Parsern für durch deterministisch kontextfreie Grammatiken beschriebene Sprachen. Daneben ist zusätzlich die Spezifikationen der anzuwendenden syntaktischen und semantischen Regeln, beispielsweise zur Typprüfung, in C erforderlich. Als Ergebnis erhält man einen Scanner und einen Parser in Form von C-Programmen.

Übungsaufgaben zu Kapitel 10.2

A 10.12 (T1) Beantworten Sie die folgenden Fragen:

a) Wie kann man endliche von zyklischen Sackgassen unterscheiden?

b) Was ist ein Palindrom?

c) Was versteht man unter einer kontextfreien Sprache?

d) Was ist das Wortproblem?

A 10.13 (T1) Beantworten Sie die folgenden Fragen:

a) Was versteht man unter dem Nachbereich einer formalen Sprache?

b) Unter welcher Bedingung heißt eine Produktion terminal?

c) Was versteht man unter dem Kern einer formalen Sprache?

d) Welche Klasse von formalen Sprachen der Chomsky-Hierarchie lässt sich durch endliche Automaten darstellen?

e) Welcher Typ von formalen Sprachen ist zu nichtdeterministischen Kellerautomaten äquivalent?

A 10.14 (L3) Gegeben sei die folgende formale Sprache:
$\Sigma = \{\mathrm{u}, \mathrm{v}, \mathrm{w}\}$, $V = \{S, X\}$, $P = \{S \to \mathrm{u}S\mathrm{v} | X, X \to \mathrm{v}X\mathrm{u} | \mathrm{v} | \mathrm{w}\}$

a) Von welchem Typ ist die Grammatik?

b) Geben Sie die zugehörige Sprache an.

c) Leiten Sie das Wort $\mathrm{uv^2wu^2v}$ ab. Falls es bei der Ableitung Sackgassen gibt, geben Sie bitte ein Beispiel an.

A 10.15 (L3) Konstruieren Sie eine Formale Sprache L für die Menge aller korrekten arithmetischen Ausdrücke mit natürlichen Zahlen n unter Verwendung der üblichen Klammerung mit den Operationen „+“ und „·“.

A 10.16 (L3) Die Zusammenstellung eines Intercity-Zuges möge nach folgenden Regeln erfolgen: Der erste Wagen des Zugs ist ein Triebwagen, es folgen $n > 1$ Wagen der ersten Klasse, danach folgt ein Speisewagen und danach $2n$ Wagen der zweiten Klasse, am Ende folgt ein Fahrradwagon.

a) Geben Sie die Wagenfolge des kürzestmöglichen Zuges an.

b) Konstruieren Sie eine formale Sprache für die Zusammenstellung von Intercity-Zügen. Verwenden Sie dazu die Menge $\Sigma = \{t, 1, s, 2\}$ von terminalen Zeichen in ihrer offensichtlichen Bedeutung sowie die Menge $V = \{S, W\}$ von syntaktischen Variablen, wobei W für „Wagen“ steht.

c) Von welchem Chomsky-Typ ist die von Ihnen definierte Grammatik? Von welchem die Sprache? Bitte begründen Sie Ihre Antwort.

d) Wie muss man die Regeln für die Zugzusammenstellung ändern, damit die entsprechende formale Sprache als endlicher Automat darstellbar ist?

Literatur

[Aho13] A. Aho, M. Lam und R. Sethi. *Compilers*. Addison-Wesley Longman, 2013.

[Car10] K.-U. Carstensen, C. Ebert, C. Ebert, S. Jekat, H. Langer und R. Klabunde, Hg. *Computerlinguistik und Sprachtechnologie: Eine Einführung*. Spektrum Akademischer Verlag, 3. Aufl., 2010.

[Coc70] J. Cocke und J. T. Schwartz. Programming languages and their compilers: Preliminary notes. Techn. Ber., Courant Institute of Mathematical Sciences, New York University, 1970.

[Erk09] K. Erk und L. Priese. *Theoretische Informatik. Eine umfassende Einführung*. Springer, 3. Aufl., 2009.

[Fri07] J. Friedl. *Reguläre Ausdrücke*. O'Reilly, 3. Aufl., 2007.

[Hof11] D. Hoffmann. *Theoretische Informatik*. Hanser, 2. Aufl., 2011.

[Hop11] J. Hopcroft, R. Motwani und J. Ullmann. *Einführung in die Automatentheorie, formalen Sprachen und Berechenbarkeit*. Pearson Studium, 3. Aufl., 2011.

[Hop13] J. Hopcroft, R. Motwani und J. Ullmann. *Introduction to Automata Theory, Languages, and Computation*. Pearson Education Limited, 2013.

[Kas65] T. Kasami. An efficient recognition and syntax-analysis algorithm for context-free languages. Techn. Ber., University of Hawaii / Air Force Cambridge Lab, 1965. AFCRL-65-758.

[Kjo09] S. Kjoerup. *Semiotik*. UTB, 2009.

[Lex] Lex, Yacc, Flex, Bison. `http://dinosaur.compilertools.net/`.

[Mea55] G. H. Mealy. A Method for Synthesizing Sequential Circuits. *Bell System Technical Journal*, 34(5):1045–1079, 1955.

[Moo56] E. F. Moore. Gedanken-experiments on Sequential Machines. *Automata Studies: Annals of Mathematical Studies*, (34):129–153, 1956.

[Mü09] H. M. Müller. *Arbeitsbuch Linguistik: Eine Einführung in die Sprachwissenschaft*. UTB, 2. Aufl., 2009.

[Rab59] M. O. Rabin und D. Scott. Finite Automata and Their Decision Problems. *IBM Journal of Research and Development*, 3(2):114–125, April 1959.

[San95] P. Sander, W. Stucky und R. Herschel. *Grundkurs Angewandte Informatik IV: Automaten, Sprachen, Berechenbarkeit*. Vieweg+Teubner, 2. Aufl., 1995.

[Sch08] U. Schöning. *Theoretische Informatik – kurz gefasst*. Spektrum Akad. Verlag, 5. Aufl., 2008.

[Tor11] L. Torczon und K. Cooper. *Engineering a Compiler*. Morgan Kaufmann, 2. Aufl., 2011.

[Tur50] A. M. Turing. Computing Machinery and Intelligence. *Mind*, LIX(236):433–460, 1950.

[You67] D. H. Younger. Recognition and parsing of context-free languages in time n^3. *Information and Control*, 10(2):189–208, 1967.

Kapitel 11

Algorithmen – Berechenbarkeit und Komplexität

In den vorigen Kapiteln wurde gezeigt, dass die durch einen Computer zu bearbeitenden Aufgaben durch eine endliche Folge elementarer Anweisungen beschrieben werden müssen, und zwar letztlich in Maschinensprache. Eine solche Beschreibung, wie eine Aufgabe auszuführen ist, bezeichnet man als Algorithmus. Der Begriff *Algorithmus* leitet sich vom Namen des arabischen Gelehrten Al Chwarizmi ab, der um 820 lebte.

Definition des Algorithmus-Begriffs

Ein prozeduraler Algorithmus ist eine Vorschrift zur Lösung einer Klasse von Problemen in Form einer endlichen Anzahl elementarer Aktionen, die man als Zustandsübergänge eines (technischen) Systems interpretieren kann, wobei die Zustände durch Variablen gekennzeichnet werden. Die Klasse der Probleme entspricht dem Definitionsbereich des Algorithmus, die Auswahl bestimmter Probleme erfolgt durch Parameter. Der Algorithmus soll dabei so allgemein formuliert sein, dass er auch für ähnlich gelagerte Problemklassen anwendbar ist. Die elementaren Aktionen müssen klar, eindeutig und hinreichend einfach sein, so dass auf Grund vorgegebener Definitionen ihre Ausführung immer möglich ist. Die Werte der Variablen können nach dem Schema Eingabe-Verarbeitung-Ausgabe (EVA) als Startwerte (Parameter) von außen vorgegeben (Eingabe), durch einzelne Aktionen des Algorithmus geändert (Verarbeitung, Wertzuweisung) und nach außen übertragen werden (Ausgabe). Sinnvollerweise verlangt man mindestens einen Ausgabewert als Ergebnis. Wegen der endlichen Anzahl der Aktionen ist ein Algorithmus statisch finit. Die Aktionen müssen ferner *effektiv* und mit endlichen Ressourcen (insbesondere Zeit und Speicherplatz) ausführbar sein. Wegen der Erfordernis endlicher Ressourcen müssen Algorithmen auch dynamisch finit sein. Es sei darauf hingewiesen, dass Effektivität nur bedeutet, dass einzelne Anweisungen grundlegend genug sind, so dass sie prinzipiell exakt und in endlicher Zeit ausgeführt werden können. Davon abzugrenzen ist die *Effizienz* bzgl. Zeit und Speicherplatz, die praktisch natürlich eine Rolle spielt, aber keine grundlegende Anforderung für einen Algorithmus ist.

Weiterhin soll ein Algorithmus für jede gültige Eingabe nach endlich vielen Schritten anhalten (terminieren). Auch nicht-terminierende Algorithmen können durchaus sinnvoll sein, etwa in Prozess-Steuerungen und Betriebssystemen, die in Endlosschleifen laufen. Streng genommen sind dies nach dieser Definition keine Algorithmen, Knuth schlägt die Verwendung des Begriffs *Computational Method* vor [Knu97a].

Gibt es nach jeder Aktion nur höchstens eine Folgeaktion, so heißt der Algorithmus *deterministisch*. Liefert ein Algorithmus für eine bestimmte Eingabe immer die gleiche Ausgabe, so heißt er *determiniert*. Jeder deterministische Algorithmus ist determiniert, die Umkehrung gilt nicht: So kann ein Algorithmus durchaus nichtdeterministisch sein, indem er beispielsweise intern auf der Basis von Zufallszahlen andere Zustände durchläuft; so lange das Endergebnis gleich bleibt, ist er determiniert. Auch nicht-determinierte Algorithmen haben eine praktische Bedeutung. Soll beispielsweise eine Verbindung in einem Netz von Knoten A nach Knoten B aufgebaut werden, so können ungeachtet des detaillierten Verbindungsweges über verschiedene andere Knoten unterschiedliche Lösungen existieren und akzeptabel sein. Die Eindeutigkeit ist in diesem Falle also von untergeordneter Bedeutung. Hängt das Ergebnis des Algorithmus von zufälligen Entscheidungen ab, so spricht man von einem *stochastischen* (oder *probabilistischen*) Algorithmus (siehe Kap. 11.3).

Algorithmus, Programm, Ausführung

Algorithmen sind ein grundlegendes Konzept der Informatik, denn eine der großen Hauptaufgaben der Informatik ist ja gerade die Konstruktion von Algorithmen und deren Umsetzung in Programme. Dabei ist in folgenden Schritten vorzugehen:

Algorithmierung Zunächst muss ein Algorithmus zur prinzipiellen Lösung des anstehenden Problems gefunden werden. Wesentlich ist dabei die Beschreibung der funktionalen Abhängigkeit zwischen den Ein- und Ausgabedaten. Man bezeichnet diesen Schritt als *Algorithmierung*.

Programmierung In diesem Schritt wird der Algorithmus als Programm formuliert. Die verwendete Programmiersprache soll als Bindeglied zwischen Mensch und Maschine von den Maschinendetails abstrahieren und eine aus Sicht des Programmierers möglichst einfache und vollständige Formulierung beliebiger Algorithmen unterstützen.

Ausführung Der letzte Schritt ist die Ausführung des Programms auf einem Computer. Dazu müssen die in der gewählten Programmiersprache formulierten Anweisungen interpretiert und in endlich viele, einfache, direkt ausführbare Einzelaktionen umgesetzt werden können. Eine wesentliche Rolle spielen dabei die benötigten Ressourcen Zeit und Speicherplatz.

Daraus ergeben sich die folgenden grundsätzlichen Fragen:

- Kann jedes Problem durch einen Algorithmus beschrieben werden, also zumindest prinzipiell bei genügend großem Bemühen gelöst werden?
- Kann jeder Algorithmus in ein Programm übertragen werden? Oder anders ausgedrückt: Welchen Anforderungen muss eine Programmiersprache genügen, damit jeder Algorithmus damit formuliert werden kann?
- Ist ein Computer grundsätzlich in der Lage, einen bekannten, als Programm formulierten Algorithmus auszuführen?

Die erste dieser Fragen bezieht sich auf die Berechenbarkeit von Problemen (Kap. 11.1), die zweite auf die Theorie der Programmiersprachen (Kap. 11.1.4 bzw. 11.1.5) und die dritte auf die Komplexität von Algorithmen bzw. Programmen (Kap. 11.2). Alle diese Fragen erfordern über die oben gegebenen Definitionen hinaus eine mathematische Präzisierung des Begriffs Algorithmus. Eine zentrale Aufgabe der Informatik im Zusammenhang mit der Komplexitätstheorie ist es, nicht nur irgendeinen Algorithmus zur Lösung eines Problems zu finden, sondern einen möglichst effizienten, wobei man die Effizienz vor allem an der benötigten Ausführungszeit und am Speicherbedarf misst. Von grundsätzlicher Bedeutung ist dabei: wie lässt sich ein Computer als abstraktes Modell, d. h. als ein auf das Wesentliche beschränktes formales System beschreiben? Dabei ist zu klären, inwieweit

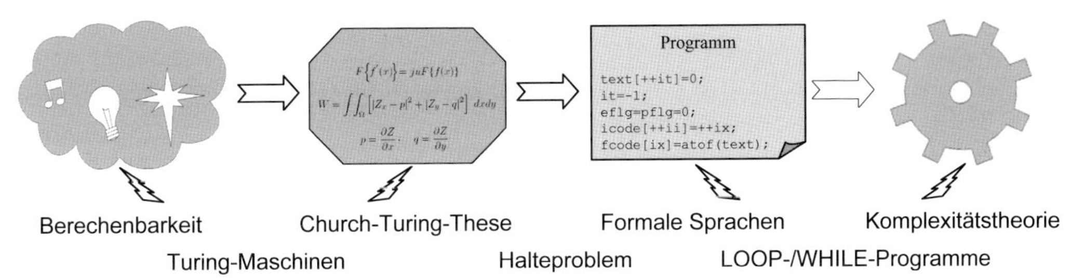

Abb. 11.1 Die Prozesskette Problem, Algorithmus, Programm, Ausführung

verschiedene Ansätze (Turing-Maschine, Schaltwerke, formale Sprachen etc.) wirklich vollständige Beschreibungen des Systems Computer bieten und ob diese zueinander äquivalent sind. Abbildung 11.1 veranschaulicht diese Zusammenhänge. Zur Vertiefung der in diesem Kapitel behandelten Themen wird beispielsweise die Literatur [Hof11, Erk09, Sch08, Aho13, San95] empfohlen.

11.1 Berechenbarkeit

11.1.1 Entscheidungsproblem und Church-Turing These

Das Gödelsche Unvollständigkeitstheorem

Lange Zeit war die Mehrzahl der Mathematiker der Ansicht, dass jede mathematische Aussage algorithmisch entscheidbar sei, d. h. dass man prinzipiell beweisen könnte, ob sie wahr oder falsch sei. Anders ausgedrückt, man glaubte von jedem Problem zeigen zu können, ob es lösbar oder unlösbar ist. Es handelt sich hier um das berühmte Entscheidungsproblem, das um 1930 in einer Konfrontation zwischen den beiden Mathematikern David Hilbert (1862–1942) und Kurt Gödel (1906–1978) seinen Höhepunkt und seine Lösung fand: Gödel wies in seinem Unvollständigkeitstheorem [Göd31] im Jahre 1931 nach, dass alle widerspruchsfreien axiomatischen Formulierungen der Zahlentheorie unentscheidbare Aussagen enthalten. Mit der Erkenntnis, dass eben nicht jede Aussage algorithmisch entscheidbar ist, war der Nachweis geführt, dass streng algorithmisch arbeitende Computer *prinzipiell* nicht jedes Problem lösen können. Dies wurde bemerkenswerterweise in einer Zeit entdeckt, als es noch gar keine Computer gab. Vereinfacht ausgedrückt bedeutet das Unvollständigkeitstheorem auch, dass Wahrheit eine andere Qualität ist als Beweisbarkeit. Dass Gödels Erkenntnis durchaus praktische Bedeutung hat, wird man in den folgenden Kapiteln sehen.

Die universelle Turing-Maschine

Möchte man beweisen, dass zu einem bestimmten Problem kein Algorithmus zu dessen Lösung existiert, so muss man den Begriff Algorithmus formalisieren. Hierzu gibt es verschiedene Ansätze, die teilweise schon in vorausgehenden Kapiteln eingeführt worden sind. Verwendet man das Konzept der Turing-Maschine als Modell zur formalen Beschreibung von Algorithmen, dann ist jedes Problem algorithmisch lösbar, das als Turing-Maschine dargestellt werden kann. Ein Computer ist dann äquivalent zu einer universellen Turing-Maschine U, d. h. zu einer Turing-Maschine, die jede andere Turing-Maschine T simulieren kann. Zur Programmierung von U muss auf dem Eingabeband von U eine Beschreibung der zu simulierenden Turing-Maschine T gespeichert werden und außerdem die Eingabe x, die von T verarbeitet werden soll. Die Eingabe x wird dann von U in genau derselben Weise verarbeitet, wie dies durch T geschehen würde. In diesem Sinne ist also die universelle Turing-Maschine U eine abstrakte Beschreibung für jeden Computer; sie wurde bereits in den 1930er Jahren von A. Turing beschrieben, bevor es überhaupt Digitalrechner gab [Tur36]. Die auf dem Band von U zu speichernde Beschreibung von T muss diese in einer von U verarbeitbaren Form codieren. Dies erfolgt durch eine sog. Gödelisierung der Turing-Maschine T, Details finden sich z. B. in [Hof11, San95].

Die Church-Turing These

Es konnte ferner gezeigt werden, dass zu jeder Darstellung eines Algorithmus in Form einer Turing-Maschine („Turing-Berechenbarkeit") die Darstellung desselben Algorithmus als formale Sprache (Typ 0), als Programm auf einer Registermaschine oder als Schaltwerk äquivalent ist. Dies gilt auch für weitere Darstellungsmöglichkeiten, etwa durch rekursive Funktionen, die aus einfachen, offensichtlich berechenbaren Funktionen zusammengesetzt sind, oder durch WHILE- bzw. GOTO-Programme, die später noch betrachtet werden. *Alle* diese Darstellungen (und noch einige mehr) sind nachweislich äquivalent, keines der Modelle ist mächtiger als ein anderes.

Es besteht daher nach Alonzo Church (1903–1995) und Alan Turing eine Evidenz (ohne dass ein strenger mathematischer Beweis möglich wäre) dafür, dass nicht nur die oben genannten verschiedenen Möglichkeiten der Formalisierung von Algorithmen gleichwertig sind und zu denselben Ergebnissen über die Berechenbarkeit von Problemen führen, sondern dass dies allgemein für alle im intuitiven Sinn „vernünftigen" Formalisierungen gilt. Dieser Sachverhalt ist als die *Church-Turing These* bekannt. Mit anderen Worten: Wenn ein Problem nicht durch eine Turing-Maschine gelöst werden kann, so ist es überhaupt nicht algorithmisch lösbar.

Es gibt einige schwerwiegende Indizien für die Korrektheit der Church-Turing These, darunter die Äquivalenz der o. g. vielen, sehr verschiedenen Formalismen sowie die Tatsache, dass bisher niemand einen umfassenderen Berechenbarkeitsbegriff finden konnte als den der Turing-Maschine.

Obwohl die Church-Turing These wegen des Bezugs auf mathematisch nicht präzisierbare Begriffe wie „intuitiv" und „vernünftig" nicht beweisbar ist, werden Beweise auf der Grundlage dieser These allgemein akzeptiert. Man definiert auf diesem Hintergrund die zentralen Begriffe *Berechenbarkeit* und *Entscheidbarkeit* bzw. Beweisbarkeit wie folgt:

Definition 11.1 (Berechenbarkeit). Eine Funktion $f : \mathbb{N}^k \to \mathbb{N}$ heißt *berechenbar*, wenn es einen Algorithmus gibt, der bei Eingabe von $x \in \mathbb{N}^k$ $f(x)$ berechnet.

Das heißt, der Algorithmus stoppt nach endlich vielen Schritten. Bei partiellen Funktionen (also solchen, die an manchen Stellen undefiniert sind) betrachtet man die Funktion eingeschränkt auf ihren Definitionsbereich.

Definition 11.2 (Entscheidbarkeit). Eine Menge M heißt *entscheidbar*, wenn ihre charakteristische Funktion $\chi(m)$ berechenbar ist. $\chi(m)$ gibt an, ob ein Element m in M enthalten ist oder nicht:

$$\chi(m) = \begin{cases} 1 & \text{wenn } m \in M \\ 0 & \text{sonst.} \end{cases}$$

Es muss nicht-berechenbare Funktionen geben

Die Vermutung, dass in diesem Sinne nicht jede Funktion berechenbar ist, liegt eigentlich nahe und lässt sich wie folgt erhärten:

Tabelle 11.1 Annahme: die Menge $f(x) : \mathbb{N} \to \mathbb{N}$ ist abzählbar: Schreibe alle Funktionen systematisch auf

	$x = 1$	$x = 2$	$x = 3$	$x = 4$	...
$f_1(x)$	$f_1(1)$	$f_1(2)$	$f_1(3)$	$f_1(4)$	...
$f_2(x)$	$f_2(1)$	$f_2(2)$	$f_2(3)$	$f_2(4)$	...
$f_3(x)$	$f_3(1)$	$f_3(2)$	$f_3(3)$	$f_3(4)$	...
$f_4(x)$	$f_4(1)$	$f_4(2)$	$f_4(3)$	$f_4(4)$	...
...	...	...	...	...	...

Ein Algorithmus muss wegen der Abbildbarkeit auf eine Turing-Maschine in jedem Falle durch ein Alphabet A mit einem endlichen Zeichenvorrat dargestellt werden können. Im Falle einer Turing-Maschine ist dazu ja sogar das binäre Alphabet $A = \{0, 1\}$ ausreichend. Wie bereits früher gezeigt, umfasst der Nachrichtenraum A^* zwar unendlich viele, aber abzählbar viele verschiedene Zeichenreihen. Es gibt daher auch nur abzählbar viele Algorithmen, d. h. alle Algorithmen könnten unter Verwendung der natürlichen Zahlen im Prinzip durchnummeriert werden. Außerdem kann jeder Algorithmus nach seiner Definition nur eine Funktion berechnen. Da aber die Menge aller Funktionen sicher überabzählbar ist (wie die Menge der reellen Zahlen), folgt, dass es in diesem Sinne nicht berechenbare Funktionen geben muss und dass diese Menge der nicht berechenbaren Funktionen sogar überabzählbar sein muss.

Nun kann ein Digitalrechner sowieso nicht mit echt reellen Zahlen rechnen, daher erscheint diese Erkenntnis vielleicht nicht sonderlich überraschend. Wie wir gleich sehen werden lässt sich aber zeigen, dass schon die Menge aller Funktionen $f(x) : \mathbb{N} \to \mathbb{N}$ überabzählbar ist. Der Beweis erfolgt durch Widerspruch: Man nehme an, die Menge aller Funktionen $f(x), x \in \mathbb{N}$ ist abzählbar (und damit komplett berechenbar). Dann kann man offensichtlich alle Funktionen systematisch sortiert aufschreiben, wie in Tabelle 11.1 gezeigt. In jeder Zeile ist eine Funktion $f_i(x)$ definiert, die für jede natürliche Zahl einen bestimmten Wert liefert (wieder eine natürliche Zahl). Im Extremfall unterscheiden sich zwei solche Funktionen nur an einer einzigen Stelle.

Jetzt konstruiert man eine Funktion $g(x)$ wie folgt: $g(1) = f_1(1) + 1$ (damit unterscheidet sich g von f_1), $g(2) = f_2(2) + 1$ (damit unterscheidet sich g von f_2), $g(3) = f_3(3) + 1$ (damit unterscheidet sich g von f_3), usw. Die Funktion g unterscheidet sich von allen Funktionen f_i, außerdem ist g offensichtlich berechenbar (es wird nur jeweils eins addiert). Daher müsste g in der Tabelle stehen, das ist aber nach Konstruktion nicht der Fall! Die Annahme, dass unsere Tabelle alle Funktionen $f(x), x \in \mathbb{N}$ enthält, ist also falsch. Als Fazit lässt sich festhalten:

- es gibt nicht berechenbare Funktionen,
- es gibt überabzählbar viele arithmetische Funktionen $f(x) : \mathbb{N} \to \mathbb{N}$,
- von diesen sind nur abzählbar viele berechenbar.

Verglichen mit dem, was ein Computer nicht kann, ist somit das, was er kann, vernachlässigbar klein. Glücklicherweise sind darunter viele praktisch relevante Probleme.

Zur Klarstellung: Nicht-berechenbar bedeutet *nicht*, dass es Probleme gibt, für die einfach noch kein Algorithmus gefunden wurde; es heißt: es gibt Probleme, für die es *prinzipiell* keinen allgemeinen Algorithmus zur Lösung geben kann, auch unabhängig von der zukünftigen Entwicklung der Computer-Hardware. Einige davon werden im Folgenden betrachtet.

11.1.2 Das Halteproblem

Wie bereits ausgeführt, gibt es Probleme, die nicht entscheidbar sind, d. h. Aussagen, von denen nicht ermittelt werden kann, ob sie wahr oder falsch sind. Hierbei wird nicht nur behauptet, es gäbe Probleme, zu deren Lösung noch kein Algorithmus bekannt sei, sondern es wird die viel stärkere Aussage gemacht, dass ein solcher grundsätzlich nicht existiert.

Das wichtigste Beispiel für ein unentscheidbares Problem ist das Halteproblem. Dabei geht es um die Frage, ob es einen Algorithmus bzw. ein Programm HALT geben kann, mit dessen Hilfe man für ein *beliebiges* Programm P ermitteln kann, ob es mit *beliebigen* Eingabedaten jemals stoppen wird oder nicht. Der Aufruf HALT(P) würde also entweder die Antwort „P stoppt“ oder „P stoppt nicht“ liefern, ohne dass man P selbst laufen lassen müsste. Das Programm HALT könnte somit prüfen, ob ein Programm in eine Endlosschleife geraten wird.

Der Stein der Weisen

Für ein tieferes Verständnis muss man sich die unübertroffen essentielle Bedeutung des Halteproblems klar machen. Wäre es möglich, von jedem Programm vorab zu testen, ob es anhalten wird oder nicht, so hätte man einen Stein der Weisen, mit dem man sämtliche als Programm formulierbaren Probleme der Welt sofort lösen könnte. Beispielsweise ist die Goldbachsche Vermutung, dass jede gerade Zahl $g > 2$ als Summe zweier Primzahlen darstellbar sei, unbewiesen und es ist auch unklar, ob sie überhaupt beweisbar ist. Man kann aber in wenigen Zeilen ein Programm GOLDBACH schreiben, das in einer Schleife über die geraden Zahlen g jeweils durch Probieren testet, ob g die Summe zweier Primzahlen ist und anhält, falls dies für ein bestimmtes g nicht zutrifft. Wenn die Goldbachsche Vermutung zutrifft, wird das Programm niemals anhalten. Da man dies aber durch den Aufruf HALT(GOLDBACH) vorab testen könnte, wäre die Goldbachsche Vermutung eindeutig bewiesen oder widerlegt, sofern es ein solches Programm HALT gäbe, ohne das eigentliche Programm GOLDBACH überhaupt starten zu müssen!

Beweis der Unentscheidbarkeit des Halteproblems

Das eingangs beschriebene Problem, bei dem das zu prüfende Programm P mit beliebigen Eingabedaten arbeitet, wird als *allgemeines Halteproblem* bezeichnet. Wir betrachten zur Vereinfachung zunächst das *spezielle Halteproblem* oder *Selbstanwendbarkeitsproblem*, bei dem P seinen eigenen Code als Eingabe verwendet. So abwegig wie es zunächst scheint, ist dieses Vorgehen auch in der Praxis durchaus nicht: ein Editor muss beispielsweise in der Lage sein, seinen eigenen Programmtext zu editieren, ein C-Compiler muss sich selbst übersetzen können, wenn er in C geschrieben ist.

Der überraschend einfache Beweis, dass das spezielle Halteproblem tatsächlich nicht entscheidbar ist, wird wie folgt geführt. Man nimmt zunächst an, es existiere ein Algorithmus zur Lösung des Halteproblems. Damit konstruiert man nun ein Programm TEST wie in Abb. 11.2a dargestellt. Dieses erhält ein Programm P als Eingabe und stoppt, wenn die Prüfung HALT(P) liefert, dass P nicht stoppt. Andernfalls geht TEST in eine Endlosschleife und hält nie an.

Nun wird das Programm TEST mit dem Programmtext $P =$ TEST als Eingabedaten aufgerufen (siehe Abb. 11.2b). Dies ist erlaubt, da das zu testende Programm ja völlig beliebig sein darf, also auch TEST selbst. Damit ergibt sich aber ein Widerspruch, denn nimmt man an, TEST stoppt, so folgt, dass TEST nicht stoppt und umgekehrt. Aus diesem Widerspruch folgt zwingend, dass die ursprüngliche Annahme, es gäbe einen Algorithmus zur Lösung des Halteproblems, falsch war: Es kann kein Programm HALT geben, das spezielle Halteproblem ist in der Tat unentscheidbar.

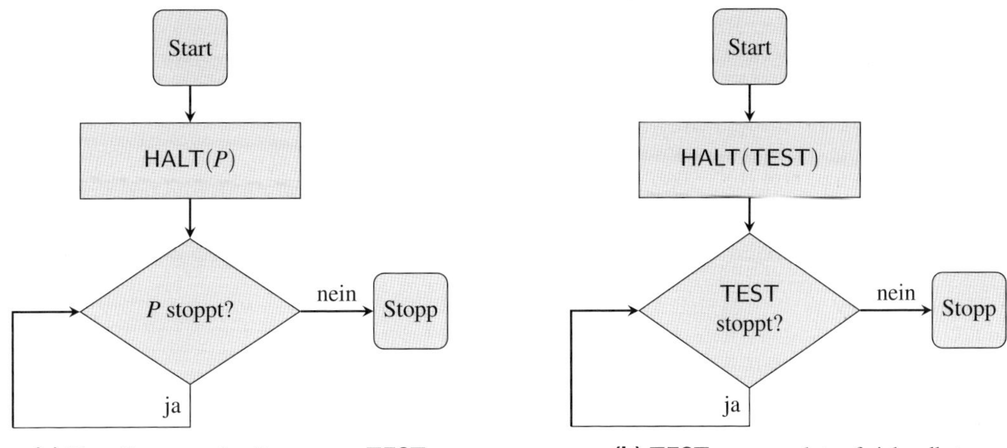

(a) Flussdiagramm des Programms TEST **(b)** TEST angewendet auf sich selbst

Abb. 11.2 Flussdiagramme zum Beweis der Unentscheidbarkeit des speziellen Halteproblems

Beweis durch Widerspruch und Strange Loops

Zum Beweis der Unentscheidbarkeit des Halteproblems diente ein Beweis durch Widerspruch. Diese Beweistechnik wird in ähnlichen Zusammenhängen häufig verwendet. Oft soll die Behauptung bewiesen werden, ein bestimmtes Problem sei nicht lösbar, d. h. nicht entscheidbar. Man nimmt nun an, es gäbe einen Algorithmus der das Problem löst. Lässt sich dann unter Verwendung dieser Annahme ein Programm (das z. B. auf einer Turing-Maschine oder einer Registermaschine lauffähig wäre) konstruieren, das widersprüchlich arbeitet, so ist die Annahme falsch. Die ursprüngliche Behauptung, das Problem sei nicht lösbar bzw. unentscheidbar, ist damit bewiesen.

Die Essenz dieser auf den ersten Blick etwas spitzfindig anmutenden Beweisführung folgt aus sich gegenseitig widersprechenden Aussagen, sog. Strange Loops, die typisch für diese Klasse von Problemen sind. Auch beim Beweis des Unvollständigkeitstheorems hat Gödel diese Methode angewendet. Man kann solche widersprüchlichen Aussagen auch sprachlich formulieren, wie folgende Kostprobe zeigt: „Der folgende Satz ist wahr.“, „Der vorhergehende Satz ist falsch.“

Beweis durch Reduktion

Eine weitere in der Theorie der Berechenbarkeit häufig verwendete Beweismethode ist die Reduktion. Man führt dabei ein ungelöstes Problem auf ein gelöstes zurück, indem man es auf einen Spezialfall reduziert, das gelöste also in das ungelöste als Spezialfall einbettet.

Definition 11.3 (Reduzierbarkeit)**.** Seien A, B Sprachen (Probleme) auf den Alphabeten Σ_1^* bzw. Σ_2^*. Man sagt A ist *reduzierbar* auf B (Schreibweise: $A \leq B$), wenn es eine totale, berechenbare Funktion $f: \Sigma_1^* \to \Sigma_2^*$ gibt, bei der für alle Wörter $w \in \Sigma_1^*$ gilt: $w \in A \Leftrightarrow f(w) \in B$.

Es gilt dann der Satz: Ist A reduzierbar auf B und B ist entscheidbar, dann ist auch A entscheidbar. Ist dagegen B nicht entscheidbar, so ist auch A nicht entscheidbar.

Durch diese Technik ist der Beweis der Unentscheidbarkeit von vielen weiteren Problemen durch Reduktion auf das spezielle Halteproblem möglich, also durch Einbettung des speziellen Halteproblems als Spezialfall in das neue Problem. Damit lässt sich auch die Unentscheidbarkeit des ursprünglichen allgemeinen Halteproblems beweisen, das entscheiden soll, ob ein Programm P bei beliebiger Eingabe stoppt. Die Reduktion ist hier offensichtlich, denn bereits der Spezialfall, bei dem P selbst als Eingabe verwendet wurde, was unentscheidbar, woraus folgt: Das allgemeine Halteproblem ist erst recht unentscheidbar.

Gleiches gilt für das Halteproblem auf leerem Band, wo entschieden werden soll, ob P (als Turing-Maschine) angesetzt auf leerem Band (also mit keiner Eingabe) stoppt: Zur Reduktion konstruiert man eine Turing-Maschine, die nach dem Start P auf das leere Band schreibt. Nun hat man das gleiche Verhalten wie beim speziellen Halteproblem, woraus folgt: Das Halteproblem auf leerem Band ist unentscheidbar.

11.1.3 Satz von Rice und weitere unentscheidbare Probleme

Satz von Rice

Neben dem Halteproblem gibt es eine ganze Reihe weiterer unentscheidbarer Probleme mit durchaus praktischer Relevanz. Tatsächlich hat H. G. Rice bereits 1953 nachgewiesen, dass *jeder* nicht triviale funktionale Aspekt einer Turing-Maschine (und damit eines Algorithmus oder Programms) unentscheidbar ist [Ric53]. Trivial in diesem Sinne sind alle Eigenschaften, die entweder jede Turing-Maschine hat oder keine.

Die Konsequenzen des Satzes von Rice sind damit auch für die Praxis extrem weitreichend. Es folgt daraus, dass z. B. der Nachweis, ob eine Software tatsächlich entsprechend ihrer Spezifikation implementiert wurde, nicht durch einen allgemeingültigen Algorithmus überprüft werden kann. Da dies generell für jedes funktionale Verhalten zutrifft, fallen darunter auch scheinbar einfache Dinge wie die Frage, ob eine Programmfunktion einen konstanten Wert berechnet, also ob unabhängig von der Eingabe immer die gleiche Ausgabe erscheint.

Das Äquivalenzproblem

Beim Äquivalenzproblem geht es darum, zu entscheiden, ob zwei Programme dieselbe Aufgabe lösen und in diesem Sinne äquivalent sind. Solche Fragestellungen sind im Bereich der Entwicklung sicherheitskritischer Systeme (z. B. in der Luftfahrt oder Automobilindustrie) von großer Relevanz: Wenn von einem System ein erhebliches Gefährdungspotential für Menschenleben oder Umwelt ausgeht, so muss ein solches unter Umständen redundant ausgelegt werden. Dies bedeutet, dass die gleiche Funktion bestenfalls durch verschiedene Softwareentwickler unabhängig voneinander implementiert wird und auf verschiedener Hardware läuft. Hier wäre die automatische Prüfung, ob beide Module die gleiche Funktion berechnen, durchaus hilfreich.

Ein Vergleich des Halteproblems und des Äquivalenzproblems zeigt jedoch, dass dieses noch schwieriger als das Halteproblem ist: Im Falle des Halteproblems wird das zu testende Programm in vielen Fällen stoppen, das hypothetische Testprogramm wird dann die Antwort „stoppt“ ausgeben. In diesem Fall kann man auch nachvollziehen, warum das getestete Programm stoppt. Das Äquivalenzproblem ist dagegen so geartet, dass es selbst dann keine allgemein gültige Methode gibt, die Äquivalenz zweier Programme zu beweisen, wenn diese tatsächlich äquivalent sind. So lässt sich das allgemeine Halteproblem als Spezialfall in das Äquivalenzproblem einbetten, aber nicht umgekehrt.

Tabelle 11.2 Für welche Sprachen ist welches Problem entscheidbar (✓) bzw. unentscheidbar (–)

Sprache	Wortproblem	Leerheitsproblem	Äquivalenzproblem	Schnittproblem
Typ 0	–	–	–	–
Typ 1	✓	–	–	–
Typ 2	✓	✓	–	–
det. kontextfrei	✓	✓	✓	–
Typ 3	✓	✓	✓	✓

Weitere unentscheidbare Probleme

Bereits in Kap. 10.2.4 wurde das Wortproblem für die Sprachklassen der Chomsky-Hierarchie erörtert. Resultat war, dass dieses für alle Klassen außer Typ 0 entscheidbar ist. Tatsächlich gibt es im Zusammenhang mit formalen Sprachen noch viele andere interessante Probleme, die nun kurz betrachtet werden sollen. Im Folgenden seien G, G_1, G_2 Grammatiken oder die dazu äquivalenten Automatenmodelle bzw. entsprechende Algorithmen:

Wortproblem Ist ein gegebenes Wort w in der von G erzeugten Sprachen $\mathrm{L}(G)$ enthalten?

Leerheitsproblem Ist $\mathrm{L}(G) = \emptyset$? Also: Enthält die Sprache überhaupt irgendein Wort?

Äquivalenzproblem Ist $\mathrm{L}(G_1) = \mathrm{L}(G_2)$? Also: Definieren G_1 und G_2 die gleiche Sprache?

Schnittproblem Ist $\mathrm{L}(G_1) \cap \mathrm{L}(G_2) = \emptyset$?

Tabelle 11.2 enthält eine Zusammenfassung, welches der Probleme für welche Sprachklasse entscheidbar ist.

Es muss nochmals betont werden, dass es bei den betrachteten Problemen um eine allgemeine Lösungsmethode geht. Es können also in allen Fällen durchaus Algorithmen gefunden werden, die für einzelne Programme oder auch eine Klasse von Programmen das Problem lösen, wie man an den obigen Beispielen sieht. Dies gilt beispielsweise auch für das Halteproblem bei Beschränkung auf primitiv rekursive (Kap. 11.1.5) bzw. LOOP-berechenbare Funktionen (Kap. 11.1.4).

11.1.4 LOOP-, WHILE- und GOTO-Berechenbarkeit

Die Frage nach der Berechenbarkeit kann auch von Seiten der Programmiersprachen angegangen werden. Betrachtet man moderne Sprachen, so findet man eine Unmenge von Konstrukten, von denen viele sicherlich dem Entwickler die Arbeit erleichtern, andere vielleicht verwirren. Es stellt sich die Frage, welcher Sprachumfang minimal notwendig ist, um alle Algorithmen, die eine Turing-Maschine berechnen kann, auch in einer Programmiersprache formulieren zu können.

LOOP-Programme

Ein möglicher Ansatz sind die LOOP-Programme [Mey67], eine rudimentäre Sprache bestehend aus Variablen $x_0, x_1, \ldots$, Konstanten $0, 1, 2, \ldots$, Trennsymbolen ; und :=, Operatoren $+, -$ und den Schlüsselwörtern LOOP, DO und END. Die Sprache ist wie folgt definiert:

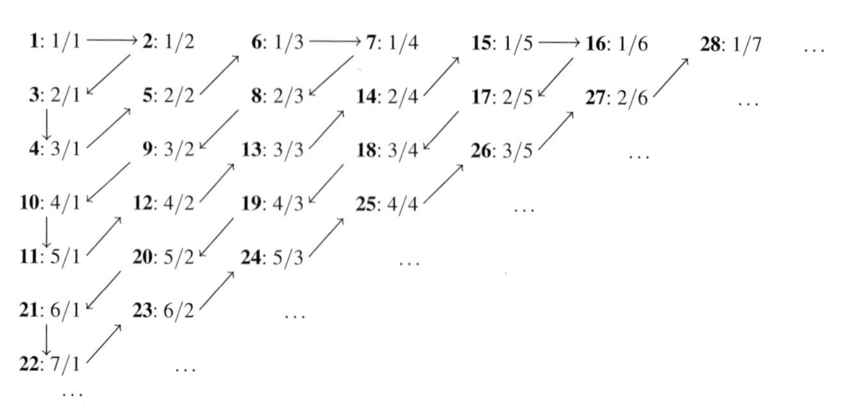

Abb. 11.3 Ordnet man die rationalen Zahlen als zweidimensionales Schema an, so kann leicht eine eineindeutige Abbildung (Durchnummerieren) auf die natürlichen Zahlen angegeben werden

- Wertzuweisungen $x_i := x_j + c$ bzw. $x_i := x_j - c$ sind ein LOOP-Programm (mit c Konstante). Die Berechnung mit dem Operator $+$ erfolgt wie gewohnt, bei der Subtraktion wird das Ergebnis auf null gesetzt, falls dieses negativ sein sollte.

- Zwei LOOP-Programme P_1 und P_2 dürfen zu einem Programm $P_1; P_2$ verkettet werden: erst wird P_1, dann P_2 ausgeführt.

- Wenn P ein LOOP-Programm und x_i eine Variable ist, dann ist auch LOOP x_i DO P END ein LOOP-Programm. P wird x_i mal ausgeführt, eine Änderung der Variablen x_i im Schleifenrumpf hat keinen Effekt. LOOP entspricht also etwa der FOR-Anweisung in gängigen Programmiersprachen.

Ein LOOP-Programm wird mit den Parametern in den Variablen $x_1, \ldots, x_n$ gestartet, alle anderen haben den Wert Null. Das Ergebnis der Berechnung wird in x_0 zurückgeliefert. Als Parameter und während der Berechnung sind nur natürliche Zahlen zulässig. Was zunächst nach einer Einschränkung aussieht, ist tatsächlich keine: Da jedes Alphabet definitionsgemäß auf die natürlichen Zahlen $\mathbb{N}$ abbildbar ist, genügt es, nur diese zu betrachten. Die reellen Zahlen werden so nicht erfasst, was ja auch nicht erforderlich ist, da wegen der notwendigen Stellenzahlbeschränkung reelle Zahlen ohnehin in diesem Sinne nicht berechenbar sind. Rationale Zahlen, d. h. Brüche, sind dagegen als Paare von natürlichen Zahlen der Art (Zähler / Nenner) darstellbar. Hierbei wird ausgenutzt, dass die Menge der rationalen Zahlen abzählbar ist, also gleich groß wie die natürlichen Zahlen, im Gegensatz zu der überabzählbaren Menge der reellen Zahlen. Sie müssen daher durch rationale Zahlen, also Brüche, angenähert werden. Die Abzählbarkeit der rationalen Zahlen sieht man sofort an dem in Abb. 11.3 gezeigten Abzählschema.

Alle LOOP-berechenbaren Funktionen sind total, d. h. es gibt keine undefinierten Werte. Da es gerade diese sind, die bei partiellen Funktionen zu Endlosschleifen führen, und bei LOOP-Programmen nur Schleifen mit einer vorab bekannten Anzahl von Schritten (bounded loops) aber weder WHILE-Schleifen noch Sprünge (GOTO) zugelassen sind, kann es in einem solchen Programm keine Endlosschleifen geben, das Halteproblem spielt hier also keine Rolle. Jedes LOOP-Programm stoppt auf jeden Fall nach endlicher Zeit. Damit ist auch klar, dass diese Sprache nicht ausreichend ist, um die Mächtigkeit einer Turing-Maschine zu erreichen. Daher ist eine Erweiterung dieses Konzepts nötig.

Bsp. 11.1 IF-THEN und Addition zweier Zahlen als LOOP-Programm

Die Addition zweier Zahlen $x_0 := x_1 + x_2$ ist LOOP-berechenbar durch folgendes Programm:

$x_0 := x_1$;
LOOP x_2 DO $x_0 := x_0 + 1$ END

IF $x_1 = 0$ THEN P END lässt sich als LOOP-Programm wie folgt formulieren:

$x_2 := 1$;
LOOP x_1 DO $x_2 := 0$ END;
LOOP x_2 DO P END

Eine reine Wertzuweisung wie $x_2 := c$ lässt sich durch die Anweisung $x_2 := x_i + c$ erreichen, indem man für x_i eine bisher unbenutzte Variable verwendet, die noch den Wert Null hat. Die Anweisung $x_0 := x_1$, indem man $c = 0$ nimmt.

Die Umkehrung, dass alle totalen Funktionen auch LOOP-berechenbar sind, gilt nicht, wie man noch an der Ackermannfunktion sehen wird (Kap. 11.1.5, S. 428). In Bsp. 11.1 ist die Umsetzung der Addition zweier Zahlen sowie der IF-THEN Anweisung als LOOP-Programm gezeigt.

WHILE-Programme

Man kann zeigen, dass man mit einer um WHILE-Schleifen oder Sprungbefehle erweiterten Programmiersprache (WHILE- bzw. GOTO-Programme) alle berechenbaren Funktionen programmieren kann, so dass hier im Sinne der Church-Turing These eine Übereinstimmung mit dem Konzept der Turing-Maschinen besteht.

Für WHILE-Programme wird die LOOP-Sprache um eine WHILE-Schleife erweitert: Ist P ein WHILE-Programm und x_i eine Variable, dann ist auch WHILE $x_i \neq 0$ DO P END ein WHILE-Programm. Dieses führt P so lange aus, wie der Wert von x_i nicht Null ist. Da die LOOP-Schleife durch WHILE ausgedrückt werden kann, ist LOOP nun eigentlich nicht mehr nötig, kann aber beibehalten werden.

Es können nun auch partielle Funktionen dargestellt werden, da jetzt Endlosschleifen möglich sind. Es gilt: Jede WHILE-berechenbare Funktion ist auch Turing-berechenbar und umgekehrt, die Programme sind also völlig äquivalent zum Konzept der Turing-Maschine. Tatsächlich genügt für *jedes* beliebige Programm sogar *eine einzige* WHILE-Schleife. Der Beweis folgt unten.

GOTO-Programme

Eine alternative Formulierung zu WHILE-Programmen sind GOTO-Programme. Diese bestehen aus einer durch Semikolon getrennten Sequenz von Anweisungen A_i, wobei jeder Anweisung eine Sprungmarke M_i vorangestellt ist: M_1: A_1; M_2: A_2; ...; M_n: A_n. Als Anweisung dürfen die bereits von den LOOP-Programmen bekannten Zuweisungen verwendet werden, außerdem die HALT-Anweisung (zum Stoppen des Programms) sowie der unbedingte Sprung zu einer Anweisung mit GOTO M_i und der bedingte Sprung mit IF $x_i = c$ THEN GOTO M_i.

Es gilt: Jedes GOTO-Programm kann in ein äquivalentes WHILE-Programm umgeformt werden (Bsp. 11.2) und umgekehrt (Bsp. 11.3). Wie man in Bsp. 11.3 sieht, genügt tatsächlich eine einzige WHILE-Schleife. Möchte man ein beliebiges WHILE-Programm mit mehreren WHILE-Schleifen

Bsp. 11.2 Umformung eines WHILE-Programms in ein äquivalentes GOTO-Programm

WHILE $x_i \neq 0$ DO P END entspricht: M_1: IF $x_i = 0$ THEN GOTO M_2;
P;
GOTO M_1;
M_2: ...

Bsp. 11.3 Umformung eines GOTO-Programms in ein äquivalentes WHILE-Programm

Dem GOTO-Programm M_1: A_1; M_2: A_2; ...; M_n: A_n entspricht folgendes WHILE-Programm:

```
y := 1;
WHILE y ≠ 0 DO
    IF y = 1 THEN A'_1 END;
    IF y = 2 THEN A'_2 END;
    ...
    IF y = n THEN A'_n END;
END
```

wobei A'_i in Abhängigkeit der Anweisung A_i wie folgt einzusetzen ist:

$y := 0$	wenn $A_i =$	HALT
$y := j$	wenn $A_i =$	GOTO M_j
$x_j := x_k \pm c$; $y := y+1$	wenn $A_i =$	$x_j := x_k \pm c$
IF $x_i = c$ THEN $y := j$ ELSE $y := y+1$ END	wenn $A_i =$	IF $x_i = c$ THEN GOTO M_j

IF-THEN-ELSE ist hierbei durch LOOP darstellbar, wie in Bsp. 11.1 für IF-THEN gezeigt.

in eines mit einer einzigen umformen, so konvertiert man es zunächst in ein GOTO-Programm und dann wieder zurück. Damit ist neben der Äquivalenz zu Turing-Maschinen auch nachgewiesen, dass GOTO in einer Programmiersprache nicht nötig ist, da es immer durch WHILE ersetzt werden kann.

Wie man sieht, sind die Minimalanforderungen, der eine Programmiersprache genügen muss, sehr gering. Alle weiteren in typischen Sprachen zur Verfügung stehenden Konstrukte dienen allein der Übersichtlichkeit und dem Komfort beim Programmieren, fundamental notwendig sind sie nicht.

11.1.5 Primitiv rekursive und μ-rekursive Funktionen

Ein weiteres Berechenbarkeitsmodell ist die Darstellung durch Rekursion. Dabei erweisen sich die im Folgenden betrachteten primitiv rekursiven Funktionen als äquivalent zu den oben eingeführten LOOP-Programmen, während μ-rekursive Funktionen äquivalent zu WHILE- bzw. GOTO-Programmen und damit zu Turing-Maschinen sind.

Primitive Rekursion

Zunächst wird die Klasse der primitiv rekursiven Funktionen betrachtet. Diese entstehen aus einigen einfachen Grundfunktionen über einem beliebigen Alphabet, auf welche man endlich viele Operationen anwenden kann. Wie vorher genügt es wegen der Abbildbarkeit auf die natürlichen

Bsp. 11.4 Addition und Multiplikation formuliert mit primitiver Rekursion

Die Additionsfunktion $\mathrm{add}(x,y) = x+y$ soll als primitiv rekursive Funktion dargestellt werden:

$$\begin{aligned}\mathrm{add}(0,y) &= g(y) = p_1^1(y) = y\\ \mathrm{add}(x+1,y) &= h(x,y,\mathrm{add}(x,y)) = s(p_3^3(x,y,\mathrm{add}(x,y))) = \mathrm{add}(x,y)+1.\end{aligned}$$

Die Multiplikation $\mathrm{mul}(x,y) = x \cdot y$ lässt sich dann durch die Addition ausdrücken:

$$\begin{aligned}\mathrm{mul}(0,y) &= g(y) = 0\\ \mathrm{mul}(x+1,y) &= h(x,y,\mathrm{mul}(x,y)) = \mathrm{add}(p_2^3(x,y,\mathrm{mul}(x,y)), p_3^3(x,y,\mathrm{mul}(x,y)))\\ &= \mathrm{add}(y,\mathrm{mul}(x,y)).\end{aligned}$$

Zahlen nur diese zu betrachten. Die Klasse der primitiv rekursiven Funktionen ist die kleinste Klasse von Funktionen über $\mathbb{N}_0$ für die gilt:

1. Alle *konstanten Funktionen* f_c sind primitiv rekursiv: $f_c : \mathbb{N}_0^n \to \mathbb{N}_0, f_c(\boldsymbol{x}) = c, c \in \mathbb{N}_0 \forall \boldsymbol{x} \in \mathbb{N}_0^n$.

2. Die *Nachfolgerfunktion* s ist primitiv rekursiv: $s : \mathbb{N}_0 \to \mathbb{N}_0, s(x) = x+1$.

3. Die *Projektion* p_i^n ist primitiv rekursiv: $p_i^n : \mathbb{N}_0^n \to \mathbb{N}_0, p_i^n(x_1,x_2,\ldots,x_n) = x_i, 1 \le i \le n$.
   Aus einem Argument aus n Elementen liefert also die Projektion p_i^n das i-te Element als Ergebnis. Beispielsweise gilt für $n=3$ und $i=2$: $p_2^3(x_1,x_2,x_3) = x_2$.

4. Die *Funktionskomposition* ist primitiv rekursiv: Seien $g : \mathbb{N}_0^n \to \mathbb{N}_0$ und $h_1,h_2,\ldots,h_n : \mathbb{N}_0^n \to \mathbb{N}_0$ primitiv rekursiv. Dann ist auch $f(\boldsymbol{x}) = g(h_1(\boldsymbol{x}),\ldots,h_n(\boldsymbol{x}))$ primitiv rekursiv.

   Die Funktion f entsteht also durch Ersetzen der Argumente x_i von g durch die Funktionen h_i.

5. Die *primitive Rekursion* ist primitiv rekursiv: Seien $g : \mathbb{N}_0^n \to \mathbb{N}_0$ und $h : \mathbb{N}_0^{n+2} \to \mathbb{N}_0$ primitiv rekursiv. Dann ist auch $f : \mathbb{N}_0^{n+1} \to \mathbb{N}_0$ primitiv rekursiv, wenn gilt:
   $$\begin{aligned}f(0,\mathbf{y}) &= g(\mathbf{y}), && \mathbf{y} \in \mathbb{N}_0^n\\ f(x+1,\mathbf{y}) &= h(x,\mathbf{y},f(x,\mathbf{y})), && x \in \mathbb{N}_0, \mathbf{y} \in \mathbb{N}_0^n.\end{aligned}$$

   Letztlich ruft sich die Funktion f mit einem um Eins verringerten Argument selbst auf, evtl. indirekt über h. Das Argument $\mathbf{y}$ sind optionale zusätzliche Parameter, die f bzw. h und g zur Berechnung benötigen, die aber unverändert bleiben. Der Aufruf von g entspricht dem Rekursionsabbruch.

Alle primitiv rekursiven Funktionen sind total und berechenbar, die Umkehrung gilt nicht. Die Klasse der primitiv rekursiven Funktionen ist identisch mit den LOOP-berechenbaren Funktionen. Diese Äquivalenz ist ein Hinweis darauf, dass sich Rekursion immer auch als Iteration formulieren lässt. In Bsp. 11.4 ist die Formulierung der Addition und Multiplikation mit primitiver Rekursion gezeigt. Weitere bekannte Beispiele für primitiv rekursive Funktionen sind die Fakultät oder die Bestimmung des größten gemeinsamen Teilers zweier natürlicher Zahlen.

Offensichtlich beschreiben die primitiv rekursiven Funktionen eine sehr wichtige Klasse von Funktionen, aber eben nicht alle durch eine Turing-Maschine darstellbaren, also insbesondere nicht alle berechenbaren Funktionen. Daher ist eine Erweiterung dieses Konzepts nötig.

Bsp. 11.5 Wachstum der Ackermannfunktion

Man erkennt leicht, wie schnell $A(x,y)$ wächst, wenn man einige Werte berechnet:

$$A(1,1)=3, \quad A(1,2)=4, \quad A(2,2)=7, \quad A(3,3)=61, \quad A(4,4)>10^{10^{10^{2100}}}.$$

Explizit berechnet man beispielsweise $A(1,2)=4$ wie folgt: $A(1,2)=A(0,A(1,1))=A(0,A(0,A(1,0)))=A(0,A(0,A(0,1)))=A(0,A(0,2))=A(0,3)=4$.

Die Ackermannfunktion

Im Jahre 1928 zeigte Wilhelm Ackermann (1886–1962), dass nicht jede berechenbare Funktion primitiv rekursiv ist, indem er eine berechenbare, aber nicht primitiv rekursive Funktion angab: die Ackermannfunktion [Ack28]. Es ist dies die einfachste bekannte Funktion, die schneller wächst als jede primitiv rekursive Funktion, also auch schneller als die Fakultät und jede Exponentialfunktion. Die Ackermannfunktion $A(x,y)$ ist wie folgt definiert:

$$\begin{aligned} A(0,y) &= y+1, \\ A(x+1,0) &= A(x,1), \\ A(x+1,y+1) &= A(x,A(x+1,y)). \end{aligned} \tag{11.1}$$

Es sei angemerkt, dass es mehrere Varianten dieser Funktion gibt, die sich in Details unterscheiden. Beispiel 11.5 zeigt das extrem schnelle Wachstum von $A(x,y)$.

Möchte man die Ackermannfunktion programmieren, so ist das durch Ausnutzung der Rekursivität z. B. in Java oder C sehr einfach, obschon man frühzeitig an die Grenzen der Wertebereiche der Standarddatentypen geraten wird. Wie schon früher erwähnt, kann aber grundsätzlich jede Rekursion auch durch eine Iteration ausgedrückt werden. Im Falle der Ackermannfunktion gelingt die iterative Programmierung aber mit der im vorigen Abschnitt kurz skizzierten einfachen Programmiersprache als LOOP-Programm nicht. Man benötigt hier unbedingt eine Sprache die über WHILE-Schleifen oder wenigstens über Sprungbefehle (GOTO) verfügt. Die Besonderheit dieser Konstrukte ist, dass im Gegensatz zu LOOP-Schleifen der Laufindex innerhalb der Schleife in Abhängigkeit von Bedingungen jederzeit beliebig geändert werden kann. Dies hat notwendigerweise zur Folge, dass Endlosschleifen prinzipiell nicht ausgeschlossen werden können.

Die Bedeutung der Ackermannfunktion liegt nicht in der praktischen Anwendung, sondern in der Tatsache, dass sie nicht primitiv rekursiv ist, was allerdings nicht ganz einfach zu beweisen ist [Her65]. Es gibt jedoch eine ganze Klasse von Funktionen für den täglichen Gebrauch, die nicht primitiv rekursiv sein können: nämlich Compiler und Interpreter, und zwar auch solche für so einfache Konstrukte wie LOOP-Programme. Der Beweis dafür ist relativ einfach aus dem Beweis des Halteproblems herleitbar (siehe [Abe96]).

μ-Rekursion

Ähnlich wie die Erweiterung der LOOP-Sprache auf WHILE zu einer Äquivalenz mit Turing-Maschinen führte, kann man dies auch durch eine Erweiterung des Begriffs der Rekursion erreichen. Man ergänzt dazu die fünf Axiome der primitiv rekursiven Funktionen um ein sechstes Axiom zur Definition der μ-rekursiven Funktionen oder unbeschränkt rekursiven Funktionen, die dann alle

Tabelle 11.3 Die bislang bekannten Busy-Beaver-Zahlen. Für $n = 5$ und $n = 6$ existieren nur Abschätzungen

n	0	1	2	3	4	5	6	7
$B(n)$	0	1	4	6	13	≥ 4098	$\geq 3{,}514 \cdot 10^{18267}$	?

tatsächlich berechenbaren Funktionen umfassen. Hierfür wird der μ-Operator wie folgt eingeführt: Sei $f : \mathbb{N}_0^{n+1} \to \mathbb{N}_0$ eine μ-rekursive Funktion, dann ist auch $\mu f : \mathbb{N}_0^n \to \mathbb{N}_0$ μ-rekursiv mit

$$\mu f(x_1, \ldots, x_n) = \begin{cases} \min(M) & \text{wenn } M \neq \emptyset \\ \text{undefiniert} & \text{wenn } M = \emptyset \end{cases} \tag{11.2}$$

mit

$$M = \{k \mid f(k, x_1, \ldots, x_n) = 0 \text{ und } f(l, x_1, \ldots, x_n) \text{ ist definiert für alle } l < k\}. \tag{11.3}$$

Man sagt, μf entsteht aus f durch Anwendung des Minimum-Operators oder μ-Operators.

Anschaulich entspricht der μ-Operator der Suche nach dem kleinsten Element k, für das die Funktion den Wert Null liefert. Existiert ein solches nicht, endet die Suche nie, man erhält eine Endlosschleife. Damit sind nun auch partielle Funktionen darstellbar. Man kann zeigen, dass gerade diese spezielle Minimum-Bildung in Programmiersprachen nicht durch LOOP-Schleifen realisierbar ist, sondern nur durch Konstrukte wie GOTO-Anweisungen oder WHILE-Schleifen. Es gilt: Die Klasse der μ-rekursiven Funktionen ist identisch mit den WHILE-berechenbaren Funktionen, und damit nach der Church-Turing These mit dem Berechenbarkeitsbegriff überhaupt. Zudem ist damit gezeigt: Jede Iteration lässt sich durch eine Rekursion darstellen und umgekehrt.

Busy Beaver

Im Jahre 1962 gab Tibor Radó (1895–1965) die Busy-Beaver-Funktion oder Radó-Funktion $B(n)$ an, die schneller wächst als jede μ-rekursive Funktion [Rad62, MB95]. Daraus folgt bereits, dass $B(n)$ selbst keine μ-rekursive Funktion sein kann und daher auch nicht berechenbar ist. Dennoch lässt sich $B(n)$ auf einfache Weise wie folgt definieren:
$B(0) = 0$,
$B(n) =$ die maximale Anzahl von aufeinander folgenden Strichen (Einsen), die eine Turing-Maschine mit n Zuständen (Anweisungen) auf ein leeres Band schreiben kann und danach anhält.

Der Name Busy Beaver ist von der anschaulichen Vorstellung abgeleitet, dass jeder Strich für einen Holzstamm steht, den ein eifriger Biber zum Dammbau heran schleppt. Tabelle 11.3 listet die bis 2014 bekannten Busy-Beaver-Zahlen auf. Offensichtlich ist $B(n)$ mathematisch korrekt, eindeutig und auf ganz $\mathbb{N}_0$ definiert, da für jedes $n \in \mathbb{N}_0$ auch $B(n)$ eine ganz bestimmte natürliche Zahl mit endlich vielen Stellen ist. Eine Möglichkeit zur Bestimmung von $B(n)$ sieht wie folgt aus:

1. Man schreibe alle Turing-Maschinen mit $\Sigma = \{0, 1\}$ der oben beschriebenen Art mit n Anweisungen auf. Jede Anweisung besteht aus zwei Teilanweisungen, so dass sich insgesamt $2n$ Teilanweisungen ergeben. In jeder dieser Teilanweisungen gibt es nun zwei Möglichkeiten für das zu schreibende Zeichen (0 oder 1), zwei Möglichkeiten für den nächsten Schritt (rechts oder links) und $n+1$ Anweisungsnummern (einschließlich der Anweisungsnummer 0 für HALT) für den folgenden Schritt. Daraus folgt, dass es bei n gegebenen Anweisungen genau $(4(n+1))^{2n}$ verschiedene Turing-Maschinen gibt. Für $n = 5$ sind das bereits ca. $6{,}3 \cdot 10^{13}$ Möglichkeiten.

2. Man suche alle haltenden Turing-Maschinen aus, die auf ein mit Nullen vorbesetztes Band eine Anzahl von aufeinander folgenden Strichen schreibt. Es wird dabei übrigens nicht vorausgesetzt, dass ein allgemeines Verfahren existieren muss, welches in der Lage ist, von jeder beliebigen Turing-Maschine zu entscheiden, ob diese mit jeder beliebigen Eingabe anhalten wird oder nicht. Der Fall liegt hier einfacher: erstens ist die Eingabe nicht beliebig, es ist vielmehr vorausgesetzt, dass das Eingabeband immer mit Nullen vorbesetzt ist; zweitens ist bei der Berechnung eines bestimmten $B(n)$ die Anzahl der zu prüfenden Turing-Maschinen immer endlich, man könnte also für jede dieser Maschinen ein speziell angepasstes Verfahren entwickeln, um zu entscheiden, ob gerade diese anhält oder nicht. Das auftretende Halteproblem ist deshalb zwar ein Indiz für die Nichtberechenbarkeit von $B(n)$, aber als Beweis nicht ausreichend.

3. Man prüfe für jede der nach (2) ausgewählten Turing-Maschinen, wie viele Striche sie auf das Band schreibt, bevor sie anhält. Die größte Anzahl geschriebener Striche ist $B(n)$.

Trotz dieser recht einfach klingenden Vorschrift zur Bestimmung von Busy-Beaver-Zahlen kann man zeigen, dass $B(n)$ keine μ-rekursive Funktion sein kann und daher nicht berechenbar ist. Dies bedeutet nicht, dass nicht einzelne Zahlen bestimmt werden könnten. Vielmehr wird dadurch ausgesagt, dass kein allgemeiner Algorithmus existiert, der $B(n)$ für jede beliebige natürliche Zahl n berechnen könnte. Der Beweis soll hier nicht geführt werden.

11.2 Komplexität

Praktische Handhabbarkeit und Ressourcen

Die Frage, ob jedes Problem durch einen Algorithmus beschrieben werden kann, wurde im vorangegangenen Kapitel bereits mit nein beantwortet. Es bleibt zu untersuchen, ob wenigstens die berechenbaren Probleme – also die durch einen Algorithmus beschreibbaren und in ein Programm übertragenen – mithilfe eines Computers in der Praxis handhabbar (tractable) sind. Da die zur Verfügung stehenden Betriebsmittel, das sind vor allem Zeit und Hardware, notwendigerweise endlich sind, muss bestimmt werden, ob ein berechenbarer Algorithmus auch mit diesen beschränkten Ressourcen ausgeführt werden kann. Schon bei der Einführung der Turing-Maschine wurde ja ein potentiell unbegrenztes Ein-/Ausgabeband, also ein Speicher, benötigt. Es ist damit klar, dass hier tatsächlich ein Problem besteht. In der Tat ist es so, dass nur ein kleiner Teil der berechenbaren Probleme auch praktisch handhabbar ist (vgl. Abb. 11.4).

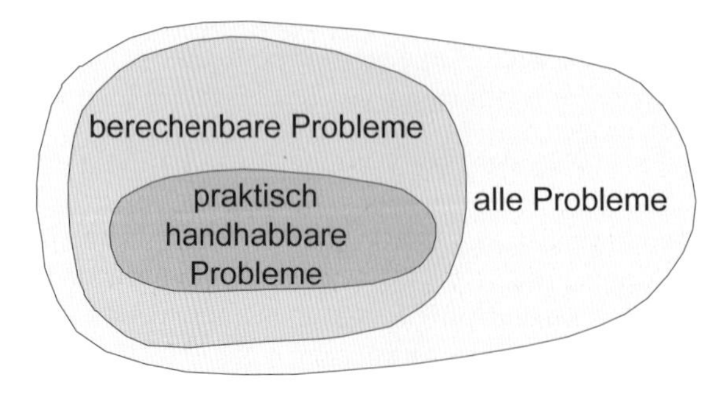

Abb. 11.4 Die Menge der berechenbaren Probleme ist nur eine abzählbare Teilmenge der überabzählbaren Menge aller denkbaren Probleme. Die Menge der auf einem Computer praktisch handhabbaren Probleme ist wiederum eine abzählbare Teilmenge der berechenbaren Probleme

Es liegt auf der Hand, dass es von größter praktischer Bedeutung ist, für die Lösung eines Problems nicht nur einen effektiven, also überhaupt einen korrekten und ausführbaren Algorithmus zu finden, sondern einen effizienten. Unter Effizienz ist in diesem Zusammenhang zu verstehen, dass der Algorithmus mit möglichst geringem Aufwand ausgeführt werden soll, insbesondere hinsichtlich Zeitbedarf und Speicherbedarf.

Zeitkomplexität und Speicherkomplexität

Man hat nun die Aufgabe, für einen gegebenen Algorithmus eine Klassifikation zu finden, die ihn als handhabbar oder nicht handhabbar einstuft. Üblicherweise analysiert man dazu die Abhängigkeit von der betrachteten Betriebsmittelgröße.

Ein wesentlicher Faktor ist die Ausführungszeit von Programmen. Der Zeitbedarf $T(n)$ hängt als Funktion von einer Variablen n ab, welche den Umfang der Eingabedaten beschreibt. Unter dem Betriebsmittel Zeit ist die für einen bestimmten Computer gültige, zur Ausführung eines bestimmten Algorithmus bzw. Programms benötigte Zeit T zu verstehen. Sie wird als Vielfaches der für eine Grundoperation minimal benötigten Zeiteinheit t gemessen. Im einfachsten Fall ist n die Anzahl der Eingabedaten selbst. Man bezeichnet diese Funktion $T(n)$ als die *Zeitkomplexität* eines Algorithmus.

Das Betriebsmittel Hardware ist im Wesentlichen durch den verfügbaren Speicherplatz und die Anzahl der evtl. parallel arbeitenden Prozessoren bestimmt. Ähnlich wie die Zeitkomplexität wird auch die *Speicherkomplexität* durch eine Funktion $S(n)$ bestimmt, welche die Größe des benötigten Speicherplatzes in Abhängigkeit vom Umfang der Eingabedaten n beschreibt.

Man unterscheidet zwischen der Komplexität eines bestimmten gegebenen Algorithmus und der Komplexität eines Problems, also der Komplexität, die ein optimaler Algorithmus zur Lösung benötigt. Letzteres ist eine viel grundsätzlichere Angabe, da sie rein problemabhängig ist.

Im Folgenden ist meist von der Zeitkomplexität die Rede, alle Formalismen sind aber direkt auf die Speicherkomplexität übertragbar. Man unterscheidet typischerweise die folgenden Varianten bei der Angabe der Komplexität (siehe hierzu Bsp. 11.6):

Worst-case Laufzeit gibt an, wie lange der Algorithmus maximal benötigt, d. h. bei der „schlechtesten" Verteilung der Eingabedaten. Oft ist dies die einzige Angabe, die zur Verfügung steht. Ist nur von der Laufzeit eines Algorithmus die Rede, so ist meist die worst-case Laufzeit gemeint.

Average-case Laufzeit die erwartete Laufzeit bei einer gegebenen üblichen Verteilung der Daten („durchschnittliche Laufzeit")

Best-case Laufzeit wie lange benötigt der Algorithmus mindestens, d. h. bei optimaler Verteilung der Eingabedaten.

11.2.1 Die Ordnung der Komplexität: $\mathcal{O}$-Notation

Bei der Betrachtung des Faktors Zeit geht es darum, den Zeitbedarf eines Algorithmus zu bestimmen und diesen möglichst so zu modifizieren, dass der Zeitbedarf minimal wird. In der Regel bestimmt man die Zeitkomplexität $T(n)$ direkt als Funktion der Anzahl n der Eingabedaten, indem man abzählt, wie oft eine typische Operation ausgeführt werden muss. Dies wird in Bsp. 11.7 zunächst an einem einfachen Beispiel erläutert.

Bsp. 11.6 Worst-case, Average-case und Best-case Laufzeit

Gegeben ist eine unsortierte Liste mit 20 Namen. Es soll ein bestimmter Name gesucht werden.

- Worst-case: Der gesuchte Name steht ganz hinten $\rightarrow$ 20 Schritte $\rightarrow T(n) = n$
- Average-case: Der gesuchte Name steht in der Mitte der Liste $\rightarrow$ 10 Schritte $\rightarrow T(n) = n/2$
- Best-case: Der gesuchte Name steht ganz vorne $\rightarrow$ 1 Schritt $\rightarrow T(n) = 1$

Bsp. 11.7 Zeitkomplexität des Skalarprodukts zweier Vektoren mit Dimension n

Sind $\boldsymbol{x} = (x_1, x_2, \ldots, x_n)$ und $\boldsymbol{y} = (y_1, y_2, \ldots, y_n)$ zwei Vektoren, so ist das Skalarprodukt $\boldsymbol{x} \cdot \boldsymbol{y}$ folgendermaßen definiert: $\boldsymbol{x} \cdot \boldsymbol{y} = \sum_{i=1}^{n} x_i \cdot y_i$.
Für n-dimensionale Vektoren ergibt sich durch Abzählen die Lösung $T_M(n) = n$ für die Multiplikationen und $T_A(n) = n - 1$ für die Additionen, wobei die Zeiten jeweils in Einheiten des Zeitbedarfs t_M für die Grundoperationen Multiplikation und t_A für die Addition gemessen werden.

Da man in diesem Zusammenhang weniger an exakten Zahlenwerten als an dem maschinenunabhängigen funktionalen Verhalten für große n interessiert ist, reduziert man das Ergebnis einer Komplexitätsberechnung auf den mit steigendem n am schnellsten wachsenden Term. Additive und multiplikative Konstanten werden dabei weggelassen, da diese maschinenspezifisch sind und am funktionalen Verhalten nichts ändern. Man betrachtet also nur das asymptotische Verhalten und spricht dann von der Ordnung der Komplexität. Hierbei werden „unwichtige" Konstanten weggelassen, da die Komplexitätsangabe nur vom Algorithmus abhängen soll, nicht aber von der tatsächlich verwendeten Hardware oder der eingesetzten Programmiersprache und deren Implementierung. Die asymptotische Laufzeitkomplexität ist eine obere Schranke, d. h. sie soll, multipliziert mit einem rechnerabhängigen konstanten Faktor, stets *über* der tatsächlichen Laufzeitfunktion liegen, wenn die Anzahl der Eingabewerte einmal einen bestimmten Wert überschritten haben. Diese Angaben gelten also streng genommen nur für $n \rightarrow \infty$, bei kleinen n sind sie mit Vorsicht zu betrachten. Zu diesem Zweck wurde die sog. $\mathcal{O}$-Notation (sprich „groß O") eingeführt:

Definition 11.4 ($\mathcal{O}$-Notation)**.** Eine Funktion $g(n)$ ist von der Ordnung $\mathcal{O}(f(n))$, wenn Sie in der wie folgt definierten Menge enthalten ist:

$$\mathcal{O}(f(n)) = \{g : \mathbb{N} \rightarrow \mathbb{N} \mid \exists m > 0, c > 0 \text{ mit } \forall n \geq m : |g(n)| \leq c \cdot |f(n)|\}.$$

$\mathcal{O}(f(n))$ ist also die Menge aller Funktionen $g(n)$, für die es die beiden Konstanten m, c gibt, so dass ab einem bestimmten n der Term $c|f(n)|$ immer größer als $|g(n)|$ ist: $g(n)$ wächst höchstens so schnell wie $f(n)$, asymptotisch für $n \rightarrow \infty$.

Üblicherweise schreibt man hierfür $g(n) = \mathcal{O}(f(N))$, obwohl dies korrekterweise $g(n) \in \mathcal{O}(f(n))$ heißen sollte. Problematisch ist, dass das Gleichheitszeichen hier nicht symmetrisch ist: Es gilt zwar $\mathcal{O}(n) = \mathcal{O}(n^2)$, aber nicht $\mathcal{O}(n^2) = \mathcal{O}(n)$. Die Verwendung der $\mathcal{O}$-Notation ist in Bsp. 11.8 illustriert, Bsp. 11.9 zeigt die Bestimmung der Komplexität am Beispiel der Auswertung eines Polynoms.

Bsp. 11.8 Zur Verwendung der $\mathcal{O}$-Notation

a) Nur der am schnellsten wachsende Term ist relevant:

$f(n) = 50n + 3 \rightarrow f(n) = \mathcal{O}(n)$ mit $c = 51, m = 3$

$f(n) = 2n^2 - 50n + 3 \rightarrow f(n) = \mathcal{O}(n^2)$ weil
$|2n^2 - 50n + 3| \leq 2n^2 + |50n| + 3 \leq 2n^2 50n^2 + 3n^2 = 55n^2 = |55n^2|$, damit $c = 55, m = 1$

$f(n) = \ln n - 3n + 2n^3 \rightarrow f(n) = \mathcal{O}(n^3)$

$f(n) = 3\ln n \rightarrow f(n) = \mathcal{O}(\ln n)$

b) Basis eines Logarithmus und konstante Exponenten unter dem Logarithmus sind irrelevant:

$f(n) = \ln n^k = k \ln n \rightarrow f(n) = \mathcal{O}(\ln n)$

$f(n) = 3\log_2 n = 3\frac{\ln n}{\ln 2} = \frac{3}{\ln 2}\ln n \rightarrow f(n) = \mathcal{O}(\ln n)$

c) Änderung der Basis einer Exponentialfunktion ist relevant:

$f(n) = \ln n - 3n + 2n^3 + 2^n \rightarrow f(n) = \mathcal{O}(2^n)$

$f(n) = \ln n - 3n + 2n^3 + 10^n \rightarrow f(n) = \mathcal{O}(10^n)$

$f(n) = \ln n - 3n + 2n^3 + 2^n + 10^n \rightarrow f(n) = \mathcal{O}(10^n)$

d) Richtige, aber nicht hilfreiche Aussagen – gesucht ist eine *enge* obere Schranke:

$f(n) = 50n + 3 \rightarrow f(n) = \mathcal{O}(2^n)$ $\quad$ $f(n) = \ln n - 3n + 2n^3 \rightarrow f(n) = \mathcal{O}(2^n)$

$f(n) = 2n^2 - 50n + 3 \rightarrow f(n) = \mathcal{O}(2^n)$ $\quad$ $f(n) = 3\ln n \rightarrow f(n) = \mathcal{O}(2^n)$

Tabelle 11.4 Definition der Landau-Symbole $\mathcal{O}$, Ω und Θ

Symbol	Beschreibung	Definition
$g(n) = \mathcal{O}(f(n))$	g wächst höchstens so stark wie f (obere Schranke)	$\lvert g(n)\rvert \leq c \cdot \lvert f(n)\rvert$
$g(n) = \Omega(f(n))$	g wächst mindestens so stark wie f (untere Schranke)	$\lvert g(n)\rvert \geq c \cdot \lvert f(n)\rvert$
$g(n) = \Theta(f(n))$	g wächst genauso stark wie f	$c_1 \cdot \lvert f(n)\rvert \leq \lvert g(n)\rvert \leq c_2 \cdot \lvert f(n)\rvert$

Zusätzlich zur $\mathcal{O}$-Notation existieren weitere sog. Landau-Symbole, von denen vor allem zwei weitere hier interessant sind, nämlich Ω und Θ. Eingeführt wurden die Symbole von Paul Bachmann (1837 – 1920) [Bac94], benannt sind sie nach Edmund Landau (1877 – 1938), durch den sie bekannt wurden. Während $\mathcal{O}$ eine obere Schranke liefert, d. h. eine worst-case Abschätzung, gibt Ω eine untere Schranke an, also eine best-case Abschätzung. Die stärkste Aussage liefert Θ: Hier müssen die Funktionen asymptotisch gleich stark wachsen, also im Grunde bis auf einen konstanten Faktor gleich sein. Da solche Aussagen nur durch sehr genaue und aufwendige Analyse der Algorithmen möglich sind, ist die Angabe von Θ zwar wünschenswert, in der Praxis wird man aber üblicherweise mit $\mathcal{O}$ zufrieden sein (müssen). Dies ist in Tabelle 11.4 zusammengefasst.

In den folgenden Kapiteln 12 und 13 werden zahlreiche weitere Beispiele für die Berechnung von

Bsp. 11.9 Komplexität der Auswertung von Polynomen

In diesem Beispiel soll berechnet werden, wie viele Multiplikationen und Additionen bei der Auswertung eines Polynoms n-ten Grades erforderlich sind. Der Wert des Polynoms $p(x) = a_n x^n + a_{n-1}x^{n-1} + \ldots a_1 x + a_0$ soll für ein gegebenes x ermittelt werden. Beispielsweise sind für die Auswertung eines Polynoms dritten Grades, also $p(x) = a_3x^3 + a_2x^2 + a_1x + a_0$ drei Additionen und $3+2+1+0 = 6$ Multiplikationen nötig. Für ein Polynom vom Grad n benötigt man offenbar n Additionen und $1+2+\ldots+(n-1)+n = \sum_{i=0}^{n} i = \frac{n(n+1)}{2} = \frac{n^2}{2} + \frac{n}{2}$ Multiplikationen.
Die Komplexität $T_A(n)$ hinsichtlich der Addition ist also von linearer Ordnung: $T_A(n) = \mathcal{O}(n)$. Die entsprechende Komplexität $T_M(n)$ für die Multiplikation ist quadratisch, denn der mit wachsendem n am schnellsten wachsende Term $n^2/2$ hängt offenbar quadratisch vom Grad n des Polynoms ab. Der zusätzlich auftretende lineare Anteil $n/2$ fällt dagegen für das hier gesuchte asymptotische Verhalten nicht ins Gewicht und bleibt daher unberücksichtigt. Man erhält also $T_M(n) = \mathcal{O}(n^2)$.

Es stellt sich nun die Frage, ob der Algorithmus so modifiziert werden kann, dass sich auch für die Multiplikation eine günstigere Komplexität ergibt. Eine Verbesserung ist ohne große Mühe möglich, nämlich mithilfe des Horner-Schemas (siehe (1.4), Kap. 1.4.2). Man bringt dazu das Polynom durch Ausklammern von x in die Form:
$p(x) = (\ldots(a_n x + a_{n-1})x + \ldots + a_2)x + a_1)x + a_0$.
Für die Auswertung eines Polynoms vom Grade n in Horner-Schreibweise sind offenbar sowohl n Additionen als auch n Multiplikationen erforderlich. Die Komplexitäten hinsichtlich der Addition und der Multiplikation sind jetzt also beide von linearer Ordnung: $T_A(n) = T_M(n) = \mathcal{O}(n)$. Diese Reduktion von Komplexitäten ist eine ganz wesentliche Aufgabe der Informatik.

Wie bereits in Kap. 3.3.10 angemerkt, wo Polynomauswertung in der Reed-Solomon Codierung benötigt wird, geht es noch besser: Will man ein Polynom n-ten Grades an $m > n$ Stellen auswerten, so geht dies mit der schnellen diskreten Fourier-Transformation (FFT) mit einer Komplexität von $\mathcal{O}(n \log n \log m)$, während man bei m-maliger Anwendung des Horner-Schemas $\mathcal{O}(nm)$ (also im Grunde quadratisch) hätte.

Komplexitäten angeführt. Tabelle 11.5 zeigt typische in der Informatik auftretende Komplexitäten mit Beispielen für Algorithmen. Der Fall konstanter Komplexität – also einer Laufzeit völlig unabhängig von der Menge der Eingabedaten – ist zwar optimal, tritt praktisch aber nur extrem selten auf. Schnelle Algorithmen sollten ein Laufzeitverhalten kleiner als quadratisch $\mathcal{O}(n^2)$ aufweisen. Verfahren mit polynomialer Komplexität $\mathcal{O}(n^k)$ mit $k > 3$ sind für die meisten praktischen Zwecke bei großen Datenmengen ungeeignet, obwohl grundsätzlich alle polynomialen Algorithmen als praktisch handhabbar bezeichnet werden, d. h. sie gehören zur Klasse P (siehe Kap. 11.2.3). Allerdings sind Algorithmen mit exponentieller Komplexität noch weit ungünstiger, denn a^n wächst schneller als *jedes* Polynom n^k für alle $a > 1$.

In Tabelle 11.6 ist der Zeitbedarf für verschiedene Komplexitätsordnungen in Abhängigkeit von der Anzahl n der Eingabedaten aufgelistet, unter der (willkürlichen) Annahme, dass eine Zeiteinheit $1\,\mu s = 10^{-6}$s entspricht. Man erkennt, dass manche Komplexitäten zu Zahlen führen, deren Größe über jede Vorstellung hinausgeht. Zum Vergleich: Das Alter des Universums beträgt ca. 10^{10} Jahre oder $10^{23}\,\mu s$, die Anzahl der Elementarteilchen des Universums beträgt ca. 10^{90}. Man erkennt leicht,

Tabelle 11.5 Typische in der Informatik auftretende Komplexitäten

Bezeichnung	Komplexität	Bewertung	Beispiele
Konstante Komplexität	$\mathcal{O}(1)$	optimal	Hashing, PUSH/POP (Stack)
Logarithmische Komplexität	$\mathcal{O}(\log n)$	extrem gut	Binäre Suche in sortierter Liste
Lineare Komplexität	$\mathcal{O}(n)$	sehr gut	Lineare Suche in unsortierter Liste
Überlineare Komplexität	$\mathcal{O}(n \log n)$	gut	FFT; gute Sortierverfahren, z. B. Mergesort, Quicksort (im Mittel)
Quadratische Komplexität	$\mathcal{O}(n^2)$	schlecht	schlechte Sortierverfahren, z. B. Bubblesort, Quicksort (worst case)
Kubische Komplexität	$\mathcal{O}(n^3)$	schlecht	Matrix-Multiplikation
Exponentielle Komplexität	$\mathcal{O}(a^n)$	extrem schlecht	Travelling-Salesman (geschickt implementiert)
Faktorielle Komplexität	$\mathcal{O}(n!)$	noch schlimmer	Travelling-Salesman (brute-force)

Tabelle 11.6 Vergleich des Zeitbedarfs von Algorithmen mit unterschiedlicher asymptotischer Komplexität unter der Annahme, dass eine Operation 1 μs benötigt

n	$\log n$	n	$n \log n$	n^2	2^n
10	1 μs	10 μs	10 μs	100 μs	$\approx$ 1 ms
100	2 μs	100 μs	200 ms	10 ms	$\approx 4 \cdot 10^{16}$ Jahre
1 000	3 μs	1 ms	3 ms	1 s	$\approx 8 \cdot 10^{288}$ Jahre
10 000	4 μs	10 ms	40 ms	100 s	∞
100 000	5 μs	100 ms	500 ms	167 min	∞

Tabelle 11.7 Die Komplexitätsangaben gelten nur asymptotisch für $n \rightarrow \infty$. Bei kleinen Datenmengen wirken sich vernachlässigte Konstanten und Terme aus, so dass ein vermeintlich schlechterer Algorithmus durchaus die bessere Wahl sein kann

n	$100n = \mathcal{O}(n)$	$0{,}1n^2 = \mathcal{O}(n^2)$	$10^{-4} \cdot 2^n = \mathcal{O}(2^n)$
10	1 ms	10 μs	$\approx 0{,}1\,\mu$s
100	10 ms	1 ms	$\approx 4 \cdot 10^{12}$ Jahre
1 000	100 ms	100 ms	$\approx 8 \cdot 10^{284}$ Jahre

dass bei exponentiellem Wachstum auch schnellere Rechner keinen Vorteil mehr bringen, es besteht offensichtlich ein fundamentaler Unterschied zwischen handhabbarem polynomialen Verhalten und nicht handhabbarem exponentiellem. Dies wird in den folgenden Kapiteln 11.2.3 und 11.2.4 vertieft. Aber Vorsicht: Dies gilt für große Datenmengen. Bei kleinen Datenmengen kann es durchaus sein, dass ein exponentieller Algorithmus besser geeignet ist als ein polynomialer, insbesondere weil die vernachlässigten Konstanten und anderen Terme in einer Implementierung natürlich vorhanden sind und bei kleinem n auch eine Rolle spielen. Dies ist in Tabelle 11.7 illustriert.

11.2.2 Analyse von Algorithmen

Es soll nun kurz gezeigt werden, wie man für einen gegebenen Algorithmus die Komplexitätsordnung in $\mathcal{O}$-Notation erhält. Eine detaillierte Analyse ist oft schwierig, weiterführendes zu diesem Thema findet sich in der Literatur [Sed13, Cor09]. Eine Übersicht, wie Algorithmen einer bestimmten Komplexität typischerweise aufgebaut sind, zeigt Tabelle 11.8.

Tabelle 11.8 Struktur eines Algorithmus bei gegebener Komplexität

Komplexität	Typischer Aufbau des Algorithmus
$\mathcal{O}(1)$	die meisten Anweisungen werden nur einmal oder ein paar Mal ausgeführt
$\mathcal{O}(\log n)$	Lösen eines Problems durch Umwandlung in ein kleineres, dabei Verringerung der Laufzeit um einen konstanten Anteil
$\mathcal{O}(n)$	optimaler Fall für einen Algorithmus, der n Eingabedaten verarbeiten muss – jedes Element muss genau einmal (oder konstant oft) angefasst werden
$\mathcal{O}(n \log n)$	Lösen eines Problems durch Aufteilen in kleinere Probleme, die unabhängig voneinander gelöst und dann kombiniert werden
$\mathcal{O}(n^2)$	typisch für Probleme, bei denen alle n Elemente paarweise verarbeitet werden müssen (2 verschachtelte for-Schleifen)
$\mathcal{O}(n^3)$	3 verschachtelte for-Schleifen
$\mathcal{O}(a^n)$	typisch für brute-force Lösungen, z. B. durchprobieren aller möglichen Varianten

Schleifen

Zunächst ist festzustellen, dass einzelne Anweisungen (Zuweisungen, einfache Rechnungen, etc.) konstanten Aufwand $\mathcal{O}(1)$ haben. Auch wenn viele solche Anweisungen hintereinander stehen, bleibt es dabei, solange die Anzahl nicht von der Datenmenge n abhängt. Dies ändert sich erst, wenn Schleifen ins Spiel kommen (siehe Bsp. 11.10); beispielsweise ergibt eine for-Schleife über die Daten einen Aufwand von $\mathcal{O}(n)$, da jedes Datum einmal verarbeitet wird. Schachtelt man eine weitere for-Schleife in die erste, multipliziert sich der Aufwand zu $\mathcal{O}(n^2)$, mit jeder weiteren inneren Schleife kommt ein Faktor n hinzu. Es ist dabei wegen der Abschätzung einer oberen Schranke egal, ob die Obergrenzen der Schleifen tatsächlich bis n gehen oder nicht, solange sie von n abhängig sind und sich linear ändern. Das Beispiel zeigt weiterhin eine While-Schleife, bei der sich logarithmische Laufzeit ergibt, wie es z. B. bei binärer Suche der Fall ist. Ein solches Verhalten entsteht typischerweise durch Halbieren der Datenmenge von einem Schritt zum nächsten.

Rekursion

Die Analyse rekursiver Funktionen ist i. Allg. erheblich schwieriger. Am einfachsten zu handhaben ist eine Rekursion, bei der die Daten in jedem Schritt um eins kürzer werden und der Aufwand für das Zusammensetzen des Gesamtergebnisses konstant ist ($\Theta(1)$), wie z. B. bei der Berechnung der Fakultätsfunktion $n! = n \cdot (n-1)!$. Der Aufwand ergibt sich hier wie folgt:

$$T(n) = T(n-1) + \Theta(1), \quad T(1) = 1 \quad \rightarrow \quad \mathcal{O}(n) \quad . \tag{11.4}$$

Ist der Zusatzaufwand nicht konstant sondern linear, wie bei einer Schleife über die Eingabedaten, wobei in jedem Schritt ein Element entfernt wird, so ergibt sich:

$$T(n) = T(n-1) + \Theta(n), \quad T(1) = 1 \quad \rightarrow \quad \mathcal{O}\left(\frac{n^2}{2}\right) \quad . \tag{11.5}$$

Viele rekursive Algorithmen lassen sich auf Teile und Herrsche Verfahren zurückführen, deren Analyse im Folgenden genauer betrachtet wird.

Bsp. 11.10 Bestimmung der Laufzeitkomplexität bei Schleifen. `B` ist ein Block mit konstanter Laufzeit

Eine for-Schleife hat die Komplexität $\mathcal{O}(n)$:

```
for(int i = 0; i < n; i++){ B; }
```

Zwei geschachtelte for-Schleifen haben die Komplexität $\mathcal{O}(n^2)$:

```
for(int i = 0; i < n; i++){
   for(int j = 0; j < n; j++){ B; }
}
```

Dies ist auch im folgenden Beispiel der Fall, obwohl die innere Schleife nicht bis n zählt:

```
for(int i = 0; i < n; i++){
   for(int j = 0; j < i; j++){ B; }
}
```

Logarithmisches Verhalten durch Halbierung der Datenmenge $\mathcal{O}(\log n)$:

```
while(i < n){
   n = n / 2;
   i++;
}
```

Teile und Herrsche (Divide and Conquer)

Eine vielfach verwendete Methode zur Optimierung von Algorithmen besteht darin, dass man ein Problem in sich nicht überlappende Teilprobleme zerlegt, diese einzeln löst und anschließend die Einzellösungen zur Gesamtlösung zusammensetzt. Diese Strategie trägt den Namen *Teile und Herrsche* (*Divide and Conquer*). Oft bezieht sich die Zerlegung auf die Teilung von Wertebereichen in zwei Intervalle, die dann getrennt weiter bearbeitet werden. Wird das Prinzip Teile und Herrsche mehrmals hintereinander ausgeführt, so führt dies meist zu einer Rekursion. Beispiele dafür sind die Sortiermethoden Quicksort und Mergesort (siehe Kap. 12.5.2 bzw. 12.6.3 bis 12.6.5), die schnelle Fourier-Transformation (FFT) sowie die Langzahlmultiplikation.

Zur Bestimmung des Gesamtaufwands $T(n)$ betrachtet man die Zerlegung eines Problems der Größe n in a Teilprobleme der Größe n/b:

$$T(n) = aT(n/b) + \Theta(n^k), \quad a \geq 1, b, n > 1, \quad T(1) = 1 \quad , \tag{11.6}$$

wobei $\Theta(n^k)$ der Aufwand zum Zerlegen der Problems und dem Zusammensetzen der Lösung aus den Einzelteilen ist. Der Aufwand $T(n)$ lässt sich wie folgt abschätzen (zum Beweis siehe [Cor09]):

$$T(n) = \begin{cases} \Theta(n^k) & \text{für } a < b^k \\ \Theta(n^k \log n) & \text{für } a = b^k \\ \Theta(n^{\log_b a}) & \text{für } a > b^k \end{cases} \tag{11.7}$$

Beispiel 11.11 demonstriert die Anwendung der Formel.

Als weiteres Beispiel soll nun das Problem der Multiplikation langer ganzer Zahlen betrachtet werden, was beispielsweise in der Kryptographie extrem wichtig ist, wo oft Zahlen mit mehreren tausend Binärstellen verrechnet werden müssen (siehe Kap. 4.3.2). Die Grundidee zur Anwendung des Teile und Herrsche Prinzips besteht hier in der Zerlegung der beiden n-stelligen zu multiplizierenden Zahlen A und B in zwei Teile a_1, a_2 bzw. b_1, b_2, so dass a_1 und b_1 beide $n/2$ Stellen haben,

Bsp. 11.11 Bestimmung der Laufzeitkomplexität bei Rekursion

Der offensichtliche Algorithmus zur Berechnung von x^n benötigt $n-1$ Multiplikationen, hat also eine Komplexität von $\mathcal{O}(n)$. Es soll nun ein schnellerer rekursiver Algorithmus für den Spezialfall $n = 2^m$ angegeben werden. Wegen der Zweierpotenz lässt sich das Problem in zwei Probleme halber Größe zerlegen: $x^n = x^{n/2} \cdot x^{n/2}$. Kennt man $x^{n/2}$, so benötigt man nur noch eine zusätzliche Multiplikation, d. h. der Aufwand pro Schritt ist konstant, also $\Theta(1) = \Theta(n^0)$. Man hat damit $T(n) = T(n/2) + \Theta(n^0)$, d. h. $a = 1, b = 2, k = 0$, es ist $a = b^k$, womit der optimierte Algorithmus folglich nur noch eine Komplexität von $\mathcal{O}(\log_2 n)$ hat.
Dies ist einfach nachzurechnen: $T(2^m) = T(2^{m-1}) + 1$, $T(2^{m-1}) = T(2^{m-2}) + 1, \ldots, T(2^1) = T(2^0) + 1$, $T(1) = 1$. Die Funktion wird offenbar m mal aufgerufen, jedes mal ist der Aufwand konstant, insgesamt hat man damit $T(n) = T(2^m) = m = \log_2 n$.

a_2 und b_2 müssen dann nicht notwendigerweise identische Stellenzahl besitzen. Es ist also:

$$A = a_1 \cdot 10^{n/2} + a_2, \quad B = b_1 \cdot 10^{n/2} + b_2 \quad . \tag{11.8}$$

Als Produkt ergibt sich:

$$AB = \left(a_1 \cdot 10^{n/2} + a_2\right)\left(b_1 \cdot 10^{n/2} + b_2\right) = a_1 b_1 \cdot 10^n + (a_1 b_2 + a_2 b_1) \cdot 10^{n/2} + a_2 b_2 \quad . \tag{11.9}$$

Man hat nun das Problem auf vier $(n/2)$-stellige Multiplikationen zurückgeführt, der Aufwand zum Zusammensetzen der Teile besteht in je einer Schiebeoperation um $n/2$ bzw. n Stellen und einer anschließenden Addition, d. h. $T(n) = 4T(n/2) + \Theta(n)$. Aus (11.7) erhält man wegen $4 > 2^1$ (Fall 3) damit $\mathcal{O}(n^{\log_2 4}) = \mathcal{O}(n^2)$. Dieses Ergebnis entspricht der Komplexität der üblichen schriftlichen Multiplikation, der Aufwand war demnach umsonst.

Wie Karatsuba und Ofman 1962 zeigen konnten [Kar63], lässt sich durch eine weitere Umformung von (11.9) jedoch eine bessere Komplexität erreichen:

$$AB = a_1 b_1 \cdot 10^n + ((a_1 + a_2)(b_1 + b_2) - a_1 b_1 - a_2 b_2) \cdot 10^{n/2} + a_2 b_2 \quad . \tag{11.10}$$

Jetzt benötigt man nur drei $(n/2)$-stellige Multiplikationen, da einige Terme identisch sind. Der Gesamtaufwand ist $T(n) = 3T(n/2) + \Theta(n)$. Aus (11.7) erhält man wegen $3 > 2^1$ (Fall 3) damit $\mathcal{O}(n^{\log_2 3}) = \mathcal{O}(n^{1,585})$. Im Vergleich mit der Komplexität des üblichen Multiplikations-Algorithmus, der von der Ordnung $\mathcal{O}(n^2)$ ist, bedeutet dies einen signifikanten Fortschritt.

Das Verfahren wurde hier der Einfachheit halber mit dem Dezimalsystem eingeführt, das Ergebnis gilt natürlich genauso für die Basis zwei. Tatsächlich geht es noch schneller, allerdings ist die praktische Bedeutung der folgenden Verfahren eher gering, da sie nur für extrem große Zahlen besser sind. Das Verfahren von Schönhage-Strassen [Sch71] basiert auf der Verwendung der schnellen diskreten Fourier-Transformation (FFT), mit der Polynom-Multiplikationen effizienter als auf die übliche Art berechnet werden können. Werden die Ziffern einer Zahl als Koeffizienten eines Polynoms aufgefasst (Kap. 1.4), so erreicht man durch die FFT eine Komplexität von $\mathcal{O}(n \log n \log \log n)$. Im Jahr 2007 wurde von M. Fürer ein noch schnellerer Multiplikationsalgorithmus vorgestellt [Für07, Für09], der nur eine Komplexität von $\mathcal{O}(n \log_2 n \, 2^{\log_2^* n})$ hat. Hierbei ist $\log_2^* n$ das kleinste i, für das bei i-maligem Hintereinanderschalten von $\log_2$ gilt: $\log_2 \log_2 \ldots \log_2 n \leq 1$. Diese Funktion wächst extrem langsam, so ist beispielsweise $\log_2^* 2 = 1$, $\log_2^* 4 = 2$, $\log_2^* 16 = 3$, $\log_2^* 65536 = 4$.

Tabelle 11.9 Problemgröße N_i, die heute in einer bestimmten Zeit (z. B. 1 Stunde) bewältigt werden kann im Vergleich zu der Datenmenge, die ein 100 bzw. 1000mal schnellerer Rechner bewältigen könnte. Es besteht ein grundlegender Unterschied zwischen polynomialem und exponentiellen Wachstum

Komplexität	Datenmenge heute	100× schneller	1000× schneller
$\Theta(n)$	N_1	$100N_1$	$1000N_1$
$\Theta(n^2)$	N_2	$10N_2$	$32N_2$
$\Theta(n^3)$	N_3	$4{,}6N_3$	$10N_3$
$\Theta(n^5)$	N_4	$2{,}5N_4$	$4N_4$
$\Theta(2^n)$	N_5	$N_5+6{,}6$	N_5+10
$\Theta(3^n)$	N_6	$N_6+4{,}2$	$N_6+6{,}3$

Rechenregeln zu $\mathcal{O}$-Notation

Möchte man die Gesamtkomplexität eines Algorithmus aus den einzelnen Komplexitäten seiner Teile bestimmen, so kann dies mithilfe der folgenden Rechenregeln der $\mathcal{O}$-Notation geschehen. Die Beweise ergeben sich direkt aus der Definition 11.4. Es seien c und a_i Konstanten, dann gilt:

$$c = \mathcal{O}(1) \tag{11.11}$$
$$cf(n) = \mathcal{O}(f(n)) \tag{11.12}$$
$$\mathcal{O}(f(n)) + \mathcal{O}(f(n)) = \mathcal{O}(f(n)) \tag{11.13}$$
$$\mathcal{O}(\mathcal{O}(f(n))) = \mathcal{O}(f(n)) \tag{11.14}$$
$$a_k n^k + a_{k-1} n^{k-1} + \ldots + a_0 = \mathcal{O}(n^k) \tag{11.15}$$
$$\mathcal{O}(f(n)) \cdot \mathcal{O}(g(n)) = \mathcal{O}(f(n)g(n)) \tag{11.16}$$
$$\mathcal{O}(f(n)) + \mathcal{O}(g(n)) = \mathcal{O}(\max(f(n), g(n))) \tag{11.17}$$

Aus (11.11) ergibt sich, dass eine beliebig lange, aber nicht von der Anzahl Eingabedaten abhängige, Sequenz von einfachen Anweisungen $\mathcal{O}(1)$ ist. Sind die einzelnen Anweisungen selbst Funktionsaufrufe $f_1, f_2, \ldots, f_k$, die von n abhängen, so ergibt sich die Komplexität aus der Summe der Einzelkomplexitäten wegen (11.17) zu $\mathcal{O}(\max(f_1, f_2, \ldots, f_k))$. Hier ist also nur die Funktion mit dem schlechtesten Verhalten relevant, alle anderen können vernachlässigt werden. Ist in einer Schleife mit n-maliger Iteration der Rumpf von der Komplexität $\mathcal{O}(f(n))$, so ergibt mit (11.16) die Komplexität von $\mathcal{O}(nf(n))$, d. h. bei ineinander geschachtelten Schleifen multiplizieren sich die Komplexitäten. Für Anweisungen der Form IF ... THEN f_1 ELSE f_2 ist wie bei einer Sequenz nur die größere relevant, es ergibt sich also mit (11.17) $\mathcal{O}(\max(f_1, f_2))$.

11.2.3 Die Komplexitätsklassen P und NP

Wie aus den bisherigen Ausführungen in diesem Kapitel ersichtlich wurde, ist die alleinige Existenz eines Algorithmus zur Lösung eines Problems keine Garantie dafür, dass das Problem in der Praxis tatsächlich gelöst werden kann. Es sollen nun die Fragen beantwortet werden, welche Komplexitätsordnungen man noch akzeptieren kann und wie die Klasse der praktisch handhabbaren Probleme definiert ist. Tabelle 11.9 zeigt für einige ausgewählte Komplexitäten, um wie viel die in einer gegeben Zeiteinheit (z. B. 1 Stunde) verarbeitbare Datenmenge ansteigen kann, wenn man in Zukunft erheblich schnellere Rechner als heute zur Verfügung hätte (Faktor 100 bzw. 1000).

Bei linearem Verhalten eines Algorithmus mit $\Theta(n)$ steigt offensichtlich die mögliche Datenmenge entsprechend an, d. h. ein 1000mal schnellerer Rechner kann 1000mal mehr Daten in der

Bsp. 11.12 Effizient lösbare vs. effizient prüfbare Probleme

Betrachtet wird das Problem der Primfaktorisierung: Gegeben sei eine natürliche Zahl N, gesucht ist die Zerlegung in Primfaktoren. Das Zerlegen ist aufwendig. Was sind beispielsweise die Primfaktoren von 8633?
Hat man eine Lösung, so ist die Prüfung der Korrektheit effizient durch Multiplikation möglich: $89 \cdot 97 = 8633$. Das Problem gehört damit klar in die Klasse NP. Praktisch interessant wäre die Antwort auf die Frage, ob Primfaktorisierung in der Menge der NP-vollständigen Probleme liegt (Kap. 11.2.4) und damit wirklich schwierig ist, denn darauf basiert die Sicherheit des weit verbreiteten Verschlüsselungsverfahrens RSA (Kap. 4.3.2). Diese Frage ist allerdings offen – siehe hierzu auch Kap. 11.2.5.
Da NP nur Entscheidungsprobleme umfasst, muss die Primfaktorisierung korrekterweise als solches formuliert werden, d. h. es muss eine Ja oder Nein Antwort als Lösung möglich sein: Gegeben sei die zu faktorisierende Zahl N sowie eine weitere natürliche Zahl $M < N$. Gibt es einen Primfaktor p mit $1 < p < M$? Dies ändert hier aber nichts an der grundsätzlichen Aussage.

gleichen Zeit verarbeiten. Für $\Theta(n^3)$ sind es schon nur noch 10mal so viele. Grundsätzlich steigt bei polynomialem Verhalten die Datenmenge um einen multiplikativen Faktor, der mit größerem Exponenten immer kleiner wird. Für die exponentiellen Komplexitäten $\Theta(2^n)$ bzw. $\Theta(3^n)$ dagegen sieht die Sache erheblich schlechter aus. Die Datenmenge steigt nur um einen additiven Term, der für große Datenmengen vernachlässigbar ist. Fazit: Bei exponentieller Komplexität bringt ein schnellerer Rechner praktisch nichts! Hieraus ergeben sich die nachfolgenden Definitionen der Komplexitätsklassen P und NP.

Definition 11.5 (Klasse P). Ein Problem heißt *effizient lösbar*, wenn es einen Algorithmus mit Zeitkomplexität $\mathcal{O}(p(n))$ gibt, wobei $p(n)$ ein Polynom beliebigen Grades ist, der Algorithmus hat polynomielle Laufzeit. Die Klasse P umfasst alle Algorithmen, die durch eine deterministische Turing-Maschine in polynomieller Zeit entschieden werden können.

Definition 11.6 (Klasse NP). Die Klasse NP umfasst alle Algorithmen, die durch eine *nichtdeterministische* Turing-Maschine in polynomieller Zeit entschieden werden können. Hierbei steht NP für *Nichtdeterministisch Polynomiell*. NP umfasst alle *effizient prüfbaren* Probleme, also solche, deren Lösung in polynomieller Zeit von einer deterministischen Turing-Maschine auf Korrektheit überprüft werden können.

Offensichtlich gilt $P \subseteq NP$, da jede deterministische Turing-Maschine auch eine nichtdeterministische Turing-Maschine ist, die keine Wahl bei Zustandsübergängen bzw. Bewegungen hat. Die Klasse NP umfasst Entscheidungsprobleme, d. h. Probleme, die sich mit Ja oder Nein beantworten lassen. Das Finden der tatsächlichen Lösung kann noch schwieriger sein. Es werden im Folgenden einige solche Probleme vorgestellt, als kurze Einführung siehe Bsp. 11.12.

Die wohl wichtigste Frage der theoretische Informatik und sicherlich eines der bedeutendsten Probleme der Mathematik ist, ob die zwei Problemklassen P und NP wirklich verschieden sind, d. h., ist evtl. $P = NP$? Das $P = NP$ Problem ist seit den 1970er Jahren offen und bisher noch ungelöst. Im Jahr 2000 wurde es in Anlehnung an das hilbertsche Programm von 1900 in die Liste der Millenium-

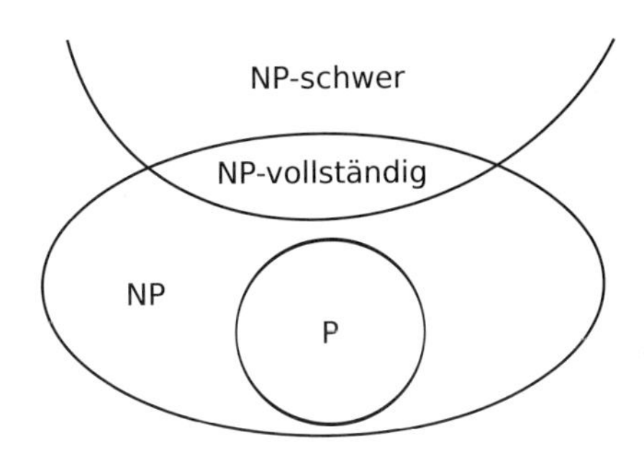

Abb. 11.5 Übersicht zu den Problemklassen P, NP, NP-schwer und NP-vollständig unter der Annahme, dass P $\neq$ NP

Probleme aufgenommen[1]. Diese enthält sieben wichtige mathematische Probleme, auf deren Lösung ein Preisgeld von einer Million US-Dollar ausgesetzt ist. Eines wurde seitdem gelöst.

Die Frage, ob P $=$ NP, hat immense praktische Bedeutung. Es gibt sehr viele Probleme, von denen sich zeigen lässt, dass sie in NP liegen, von denen aber kein Algorithmus mit polynomieller Laufzeit bekannt ist. Dies könnte einerseits darauf hindeuten, dass man einfach noch keinen solchen gefunden hat (P $=$ NP), oder aber darauf, dass es keinen gibt (P $\neq$ NP). Die (unbewiesene) Vermutung ist derzeit, dass P $\neq$ NP gilt, weil es hierfür Indizien gibt, von denen einige noch angesprochen werden.

11.2.4 NP-vollständige Probleme

In NP gibt es eine Klasse von „schwersten" Problemen, die man als *NP-vollständig* bezeichnet. Hierzu betrachten wir zunächst das Konzept der polynomialen Reduktion:

Definition 11.7 (Polynomiale Reduktion). Ein Problem A heißt *polynomial reduzierbar* auf B, wenn es einen Algorithmus f mit polynomieller Komplexität gibt, der A in B umformt: $x \in A \Leftrightarrow f(x) \in B$, geschrieben $A \leq_p B$.

Dies bedeutet speziell: Ist $A \leq_p B$ und $B \in$ P (oder $B \in$ NP), dann ist auch $A \in$ P (bzw. $A \in$ NP). Es ist hier keine echte Äquivalenz bzgl. der Berechnung gefordert, sondern nur eine bei der Entscheidung: Liefert ein Algorithmus für Problem A ein „Ja" als Antwort, so muss das nach Anwendung von f auch für B der Fall sein und umgekehrt.

Definition 11.8 (NP-schwer). Ein Problem X heißt *NP-schwer*[2], wenn es mindestens so schwierig ist wie *jedes* andere Problem in NP, d. h. für alle Probleme $Y \in$ NP gilt $Y \leq_p X$.

Definition 11.9 (NP-vollständig). Ein Problem X heißt *NP-vollständig*, wenn es NP-schwer ist und in NP liegt.

Zur Illustration der Zusammenhänge siehe Abb. 11.5. Die NP-vollständigen Probleme sind also die schwersten Probleme der Klasse NP. Ist auch nur ein einziges NP-vollständiges Problem in P, dann gilt P $=$ NP, weil alle Probleme in NP polynomial darauf reduziert werden können. Wird für ein Problem nachgewiesen, dass es NP-vollständig ist, ist dies praktisch gleichbedeutend damit, dass es (höchstwahrscheinlich) keine effizienten Algorithmen für dieses Problem gibt. Hat man ein erstes NP-vollständiges Problem A, so kann man die NP-Vollständigkeit anderer Probleme durch polynomiale Reduktion von A auf diese zeigen. Es stellt sich demnach die Frage: Gibt es überhaupt NP-vollständige Probleme?

[1] `http://www.claymath.org/millennium-problems`

[2] man liest hier manchmal den Begriff „NP-hart" an Stelle von „NP-schwer", was aber eine Fehlübersetzung des englischen NP-hard ist und nicht verwendet werden sollte

Bsp. 11.13 Zum Erfüllbarkeitsproblem SAT

Es werde der folgende logische Ausdruck B betrachtet:
$B = (\neg x_1 \vee x_2) \wedge x_3 \wedge (x_2 \vee x_3) \wedge (x_1 \vee x_2 \vee \neg x_3)$.
Der Entscheidungsbaum sieht dann so aus:

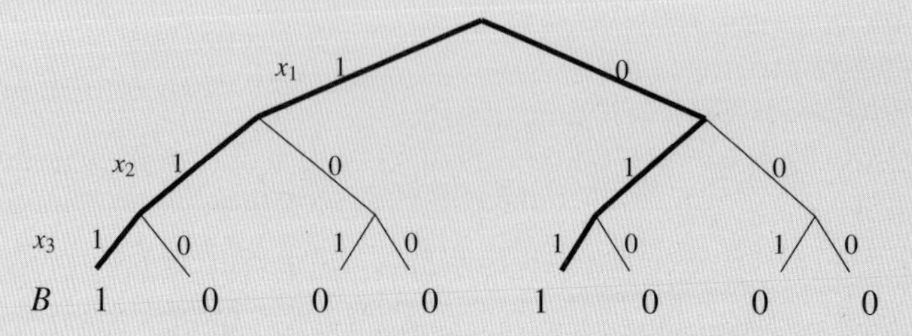

B wird nur durch die Belegungen $(x_1 = 1, x_2 = 1, x_3 = 1)$ und $(x_1 = 0, x_2 = 1, x_3 = 1)$ erfüllt; die zugehörigen Pfade sind fett dargestellt.
Es ist kein wesentlich besserer Algorithmus zu Lösung der Aufgabe bekannt, als sämtliche Pfade durch den Baum einzeln zu prüfen. Da es sich um ein NP-Problem handelt, ist es immerhin leicht (hier mit linearem Aufwand), für die zu einem bestimmten Pfad gehörende Belegung von B mit konkreten Werten zu prüfen, ob dies eine Lösung ist oder nicht.
Eine deterministische Maschine muss beim Lösen von SAT alle 2^n Wege nacheinander abprüfen. Eine hypothetische nichtdeterministische Maschine wäre dagegen in der Lage, alle zur Lösung führenden Wege mit linearer Komplexität anzugeben.

Das Erfüllbarkeitsproblem SAT

Der Beweis, dass es tatsächlich NP-vollständige Probleme gibt, wurde 1971 von S. Cook für das Erfüllbarkeitstheorem der Aussagenlogik (SAT) geführt [Coo71].

Die Aufgabe lautet, einen Algorithmus zu finden, der für einen gegebenen booleschen Ausdruck B entscheidet, ob er erfüllbar ist oder nicht, d. h., ob eine Belegung der Variablen x_i mit den logischen Werten TRUE und FALSE bzw. 1 und 0 möglich ist, für die B den Wert TRUE bzw. 1 annimmt. Ein nahe liegender Algorithmus zur Lösung des Problems besteht darin, alle möglichen Belegungen für die Variablen x_i durchzuprobieren. Bei n Variablen und zwei möglichen Wahrheitswerten ergeben sich offenbar 2^n Kombinationsmöglichkeiten. Zählt man jeden Test auf Erfüllung von B als eine Operation, so ist die Komplexität ebenfalls von der Ordnung $\mathcal{O}(2^n)$. Bis heute ist kein anderer Algorithmus bekannt, der dieses Problem mit einem günstigeren asymptotischen Zeitverhalten lösen könnte. Man kann die abzuprüfenden Lösungsvorschläge als die Menge aller Wege von der Wurzel zu den Blättern im zugehörigen Entscheidungsbaum betrachten (vgl. Bsp. 11.13).

Für den eigentlichen Beweis der NP-Vollständigkeit wird auf die Literatur verwiesen (z. B. [Hof11, Sch08]). Er besteht im Wesentlichen aus zwei Teilen, dem Nachweis, dass SAT in NP liegt und dass SAT NP-schwer ist. Der erste Teil ist relativ einfach und funktioniert nach dem Prinzip, dass eine nichtdeterministische Turing-Maschine die Lösung „errät" und anschließend die Korrektheit in polynomieller Zeit prüft. Das eigentliche Problem liegt im Beweis der NP-schwere.

Konsequenzen aus der NP-Vollständigkeit von SAT

Die Konsequenz der NP-Vollständigkeit von SAT ist, dass *jedes* Problem in NP auf SAT reduzierbar ist. Weil deterministische Algorithmen zur Berechnung von SAT exponentielle Komplexität $\mathcal{O}(2^n)$ haben, hat man damit auch eine obere Abschätzung der Komplexität für *alle* Probleme in NP durch die Komplexität $2^{p(n)}$, wobei $p(n)$ ein Polynom ist. Außerdem kann durch Reduktion von SAT auf ein anderes Problem nachgewiesen werden, dass dieses ebenfalls NP-vollständig ist.

Mittlerweile sind viele tausend NP-vollständige Probleme bekannt, die auf den ersten Blick sehr verschieden sind. Faktisch bedeutet dies allerdings wegen der Möglichkeit der polynomiellen Reduktion, dass diese sich ineinander überführen lassen. Findet man für irgendeines dieser Probleme einen Algorithmus mit polynomieller Laufzeit, dann hat man automatisch für alle Probleme in NP einen solchen und zudem gezeigt, dass P = NP gilt. Dass trotz langer und intensiver Suche (nicht erst, seit es Computer gibt) noch niemand einen gefunden hat, wird als starkes Indiz für P $\neq$ NP gewertet. Sollte man von irgendeinem der Probleme zeigen können, dass es nicht in P liegt, bedeutet dies, dass keines der NP-vollständigen Probleme in P liegt und P $\neq$ NP gilt. Auch das ist bisher nicht gelungen.

Karps NP-vollständige Probleme

Schon kurz nach dem Nachweis der NP-Vollständigkeit von SAT konnte R. Karp 1972 die NP-Vollständigkeit von 21 weiteren Problemen durch Reduktion von SAT auf diese zeigen [Kar72].

Darunter ist auch die Einschränkung von SAT auf 3SAT: Das Problem ist immer noch NP-vollständig, selbst wenn man sich bei der aussagenlogischen Formel auf die konjunktive Normalform beschränkt (siehe Kap. 5.2.3) und höchstens drei Variablen pro Term zulässt. 3SAT ist zwar kein praktisch relevantes Problem, allerdings hat es große Bedeutung für den Nachweis der NP-Vollständigkeit weiterer Probleme. Tatsächlich lässt sich nachweisen, dass alle k-SAT-Probleme für $k \geq 3$ NP-vollständig sind, wogegen 2SAT in P liegt.

Viele von Karps Problemen stammen aus der Graphentheorie (Kap. 13) und sind von erheblichem praktischem Wert. Hier sollen exemplarisch die Graphfärbung und Hamiltonsche Kreise in Form des Problem des Handlungsreisenden (Travelling Salesman Problem, TSP) betrachtet werden.

Graphfärbung

Ausgangspunkt des Problems der k-FÄRBBARKEIT ist die Frage: Kann man eine Landkarte mit einer gegebenen Anzahl von k Farben so einfärben, dass benachbarte Länder immer verschiedenfarbig sind (siehe als Beispiel Abb. 11.6)? Dies entspricht dem Problem der Graphfärbung, wobei die Knoten zu färben sind und die Kanten die Nachbarschaften definieren, wie in Abb. 11.7 gezeigt. Dies gilt ebenso verallgemeinert für nicht planare Graphen, also solche, bei denen es nicht möglich ist, die Kanten in einer Ebene so zu zeichnen, dass sie sich nicht schneiden, wie beispielsweise in Abb. 11.8.

Für allgemeine Graphen gilt: k-FÄRBBARKEIT ist NP-vollständig für $k \geq 3$, während 2-FÄRBBARKEIT in P liegt. Dies ergibt sich direkt aus der Reduktion von k-SAT auf die k-FÄRBBARKEIT. Noch interessanter ist das Ergebnis für planare Graphen: Ebenso wie für allgemeine Graphen liegt 2-FÄRBBARKEIT in P und 3-FÄRBBARKEIT ist NP-vollständig, aber 4-FÄRBBARKEIT hat *konstante* Laufzeit! Die Antwort auf die Frage, ob eine Landkarte sich mit vier Farben so einfärben lässt, dass benachbarte Länder immer verschiedenfarbig sind, lautet nämlich immer „Ja". Vier Farben genügen, um jeden beliebigen planaren Graphen (Landkarte) einzufärben. Diese Vermutung bestand bereits

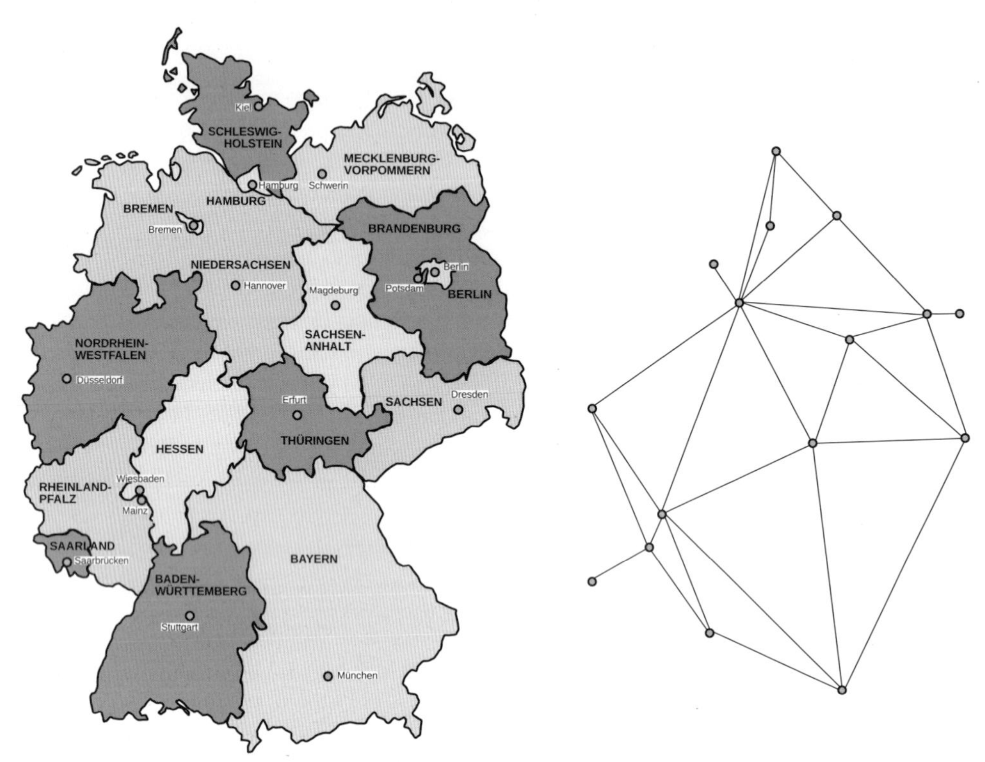

Abb. 11.6 Zur Graphfärbung: Deutschlandkarte, Bundesländer verschieden gefärbt

Abb. 11.7 Darstellung der Karte als Graph (ohne Inseln): benachbarte Länder (Knoten) sind durch Kanten verbunden

seit 1852; das 4-Farben Problem war eines der ersten wichtigen mathematischen Probleme, das 1976 mithilfe eines Computersystems bewiesen wurde [App76, App77], ein formaler Beweis mit einem Theorembeweiser folgte 2005 [Gon08a, Gon08b]. Es sei hier nochmals darauf hingewiesen, dass es um Entscheidungsprobleme geht. Obwohl also 4-FÄRBBARKEIT für planare Graphen konstante Laufzeit hat, weil das immer funktioniert, ist die tatsächliche Lösung, d. h. das Färben eines gegebenen Graphen, viel aufwendiger.

Die praktische Bedeutung der k-FÄRBBARKEIT ist immens. Es lassen sich so verschiedene Probleme wie Zuweisung von Frequenzen an Mobilfunkbetreiber, Zuweisung von Flugzeugen zu Flügen, Prozessplanung in Betriebssystemen oder Probleme aus dem Compilerbau als Graphfärbung formulieren, ebenso wie die Erstellung von Stundenplänen und vieles mehr. Auch das beliebte 9×9 Sudoku-Puzzle kann als Problem der 9-FÄRBBARKEIT eines Graphen mit 81 Knoten aufgefasst werden und ist damit NP-vollständig [Her07].

Problem des Handlungsreisenden

Ein weiteres Beispiel ist das Problem des Handlungsreisenden (Travelling Salesman Problem, TSP). Hierbei geht es um das Auffinden des kürzesten Weges in einem Straßennetz, das n Städte miteinander verbindet, so dass jede Stadt auf einer Rundreise genau einmal besucht wird. Oder,

Abb. 11.8 Färbung eines nicht planaren Graphen mit drei Farben

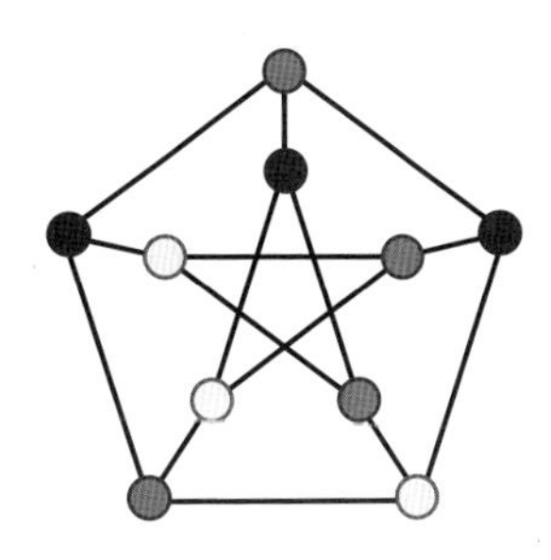

als Entscheidungsproblem formuliert: Gibt es eine Rundreise mit Länge kleiner einer gegebenen Konstanten k?

TSP entspricht dem Finden von Hamiltonkreisen in Graphen: Jede Stadt ist ein Knoten, jede Verbindung wischen Städten ist eine Kante, die Entfernung entspricht einem Kantengewicht. Ein Hamiltonkreis ist ein geschlossener Pfad, der jeden Knoten genau einmal enthält. Gesucht ist der kürzeste solche Kreis. Die NP-Vollständigkeit lässt sich über mehrere andere Probleme aus SAT durch Reduktion beweisen. Wieder ist das Finden der tatsächlichen Lösung aufwendiger, dieses Problem ist nämlich NP-schwer, aber der Nachweis, dass es in NP liegt, gelingt nicht.

Alle derzeit zur exakten Lösung von TSP bekannten Methoden laufen darauf hinaus, dass zur Bestimmung des kürzesten Weges alle Möglichkeiten „durchprobiert" werden müssen. Die Komplexität ergibt sich aus der folgenden Überlegung: Man kann mit einer beliebigen der n Städte beginnen, so dass für die nächste zu besuchende Stadt noch $n-1$ Möglichkeiten bestehen. Für die übernächste Stadt sind es dann $n-2$ Möglichkeiten usw. Insgesamt muss man also $(n-1)!$ mögliche Wege berechnen, damit die Lösung, also der kürzeste Weg, bestimmt werden kann. Betrachtet man das symmetrische TSP, bei dem die Entfernung zwischen zwei Städten für Hin- und Rückweg identisch sind, reduziert sich die Anzahl auf $\frac{(n-1)!}{2}$. Dieser „naive" Algorithmus hat demnach eine Komplexität von $\mathcal{O}(n!)$; gute Verfahren können dies auf $\mathcal{O}(n^2 2^n)$ verringern [Woe03]. Um einen Eindruck davon zu bekommen, wie aufwendig $\mathcal{O}(n!)$ tatsächlich ist, hier ein Beispiel: Angenommen, ein Rechner benötigt für die Bestimmung der kürzesten Rundreise bei $n=10$ Städten 1 Sekunde; dann braucht er für $n=20$ Städte 670.442.572.800 Sekunden – das sind 21.259 Jahre! Bei $\mathcal{O}(n^2 2^n)$ sind es dagegen nur 4096 Sekunden oder 68 Minuten.

Das TSP ist nicht nur für die Logistikbranche (z. B. Paketlieferdienste) interessant, sondern tritt in ähnlicher Form beim Layout elektronischer Schaltungen auf. Die bisherigen Rekorde liegen bei einer Rundreise von 72.500 km durch 24.978 schwedische Städte im Jahr 2004. Verwendet wurde eine Linux-Cluster mit 96 Intel Xeon 2,8 GHz CPUs (Dual Core). Die äquivalente Rechenzeit auf einem einzelnen 2,8 GHz Dual Core Xeon Prozessor betrug 84,8 Jahre. Für das Schaltungslayout für 85.900 Knoten liegt der Rekord bei einer äquivalenten Rechenzeit (2,4 GHz AMD Opteron) von 136 Jahren im Jahr 2005/06. Eine ausführliche Darstellung des TSP findet man in [App07].

In der Praxis gibt man sich bei solchen Problemen wegen der hohen Rechenzeiten daher üblicherweise mit einer Näherungslösung zufrieden, für die viel schnellere Algorithmen existieren.

11.2.5 Weitere Komplexitätsklassen

In den vorherigen Abschnitten wurden die beiden bedeutendsten Problemklassen P und NP besprochen. Wie bereits in Abb. 11.5, S. 441 zu sehen war, existieren auch NP-schwere Probleme außerhalb von NP, d. h., der Nachweis, dass diese in NP liegen, gelingt hier nicht. Solche Probleme sind offenbar noch schwieriger zu lösen als NP-vollständige.

Ein Beispiel ist das Wortproblem für Typ-1 Sprachen (siehe Kap. 10.2.4, S. 403). Auch die Frage, ob zwei reguläre Ausdrücke die gleiche Sprache definieren, ist NP-schwer. Dies gilt damit auch für äquivalente Modelle wie reguläre Grammatiken oder nichtdeterministische endliche Automaten. Die Äquivalenz von *deterministischen* endlichen Automaten dagegen ist in P. Die für die Prüfung der Äquivalenz i. Allg. notwendige Umformung eines beliebigen nichtdeterministischen in einen deterministischen Automaten mit dem in Kap. 10.1.3, S. 380 vorgestellten Algorithmus erfordert jedoch die Konstruktion der Potenzmenge der Zustände und hat deswegen exponentielle Komplexität.

Im Folgenden werden noch einige wichtige Komplexitätsklassen vorgestellt, ohne Anspruch auf Vollständigkeit. Betrachtet wird zunächst die Klasse co-NP, der Zusammenhang mit P und NP ist in Abb. 11.9 illustriert. Abbildung 11.10 zeigt die Schachtelung der anderen hier diskutierten Problemklassen. Es gibt noch viele weitere, hier nicht behandelte, z. B. für probabilistische Algorithmen (siehe Kap. 11.3), unterhalb von P (zur feineren Unterteilung), zur Betrachtung der Berechnung einer funktionalen Lösung an Stelle des Entscheidungsproblems und auch speziell für Quantencomputer.

co-NP

Die Klasse co-NP enthält die Menge der Entscheidungsprobleme, deren *Komplemente* in NP enthalten sind. Beispielsweise liegt PRIMES, das Problem festzustellen, ob eine gegebene Zahl m eine Primzahl ist, in NP. Das Komplement wäre demnach die Frage, ob m nicht prim ist, d. h. eine zusammengesetzte Zahl. Dieses liegt daher in co-NP.

Es stellt sich die Frage, ob NP und co-NP tatsächlich verschiedene Klassen sind, oder aber möglicherweise doch identisch. So hätte man das Beispiel PRIMES auch anders herum formulieren können, dieses liegt nämlich sowohl in NP als auch in co-NP. Die Frage ist derzeit offen. Sollte man für irgendein NP-vollständiges Problem nachweisen können, dass es sowohl in NP als auch in co-NP liegt gilt NP = co-NP. Da bisher kein einziges solches gefunden wurde, vermutet man, dass NP $\neq$ co-NP. Für den (unwahrscheinlichen) Fall, dass P = NP sein sollte, ergibt sich automatisch NP = co-NP, weil die Klasse P bzgl. Komplementbildung abgeschlossen ist, d. h. es ist P = co-P.

Liegt ein Problem wie PRIMES in NP und co-NP, so ist dies ein starker Hinweis darauf, dass es nicht NP-vollständig ist. Tatsächlich konnte 2002 nachgewiesen werden, dass PRIMES in P liegt (siehe auch Kap. 11.3.3).

Ebenso liegt das für die Sicherheit von RSA (siehe Kap. 4.3.2) wichtige Problem der Primfaktorisierung leider in NP und co-NP, weswegen es höchstwahrscheinlich nicht NP-vollständig ist. Hierfür wurde bisher zwar kein polynomialer Algorithmus gefunden, auszuschließen ist die jedoch nicht, selbst wenn P $\neq$ NP.

EXPTIME und NEXPTIME

EXPTIME ist die Menge aller Entscheidungsprobleme, die von einer deterministischen Turing-Maschine in der Zeit $\mathcal{O}(2^{p(n)})$ gelöst werden können, wobei $p(n)$ ein beliebiges Polynom ist. Tatsächlich gibt es EXPTIME-vollständige Probleme (die komplett in EXPTIME liegen), wie das modifizierte Halteproblem (hält eine deterministische Turing-Maschine nach höchstens k Schritten?) oder auch die Stellungsanalyse für generalisiertes Schachspiel, Dame oder GO, d. h. mit beliebig vielen Figuren auf einem beliebig großen Spielfeld [Lic78, Fra81, Rob83, Rob84].

Die Klasse NEXPTIME ist das Äquivalent für nichtdeterministische Turing-Maschinen. Falls P = NP gilt, dann sind auch EXPTIME und NEXPTIME gleich. Allerdings ist P eine echte

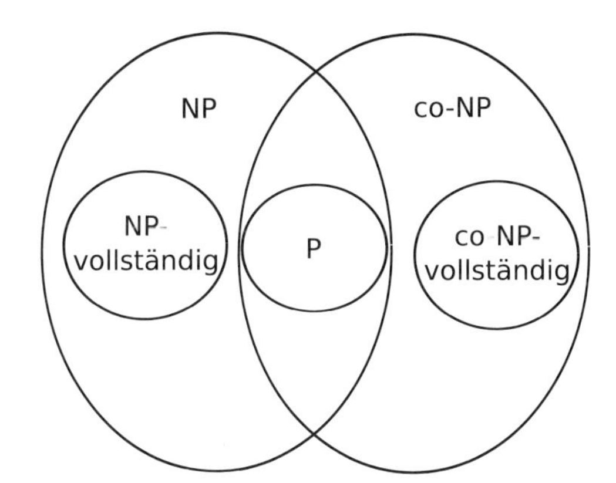

Abb. 11.9 Übersicht zu den Problemklassen P, NP und co-NP unter der Annahme, dass NP $\neq$ co-NP und P $\neq$ NP. Für P = NP fiele alles in sich zusammen und wäre eine einzige Klasse

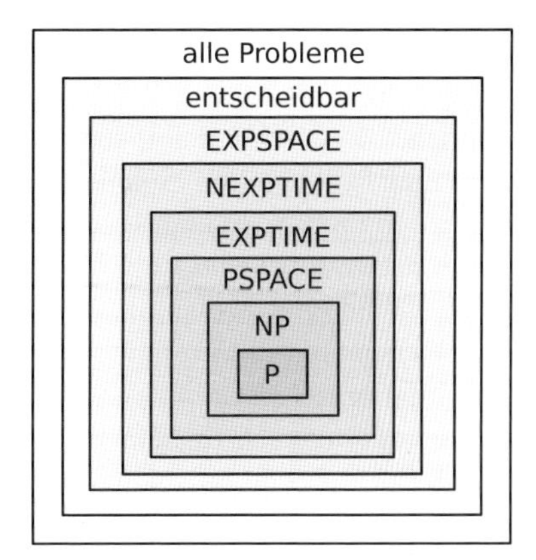

Abb. 11.10 Übersicht zu den im Text erläuterten Problemklassen unter den bisher unbewiesenen aber vermuteten Annahmen, dass P $\neq$ NP, NP $\neq$ PSPACE, EXPTIME $\neq$ NEXPTIME, EXPTIME $\neq$ EXPSPACE. Sicher gilt: NP $\neq$ NEXPTIME, PSPACE $\neq$ EXPSPACE

Teilmenge von EXPTIME und NP eine echte Teilmenge von NEXPTIME, d. h. P $\subsetneq$ EXPTIME, NP $\subsetneq$ NEXPTIME.

PSPACE und NPSPACE

PSPACE ist die Menge aller Entscheidungsprobleme, die von einer deterministischen Turing-Maschine mit polynomiellem *Speicher* gelöst werden können, NPSPACE wieder das Äquivalent für nichtdeterministische Turing-Maschinen. Da eine Turing-Maschine mit einer polynomiellen Anzahl an Bewegungen (Zeit) höchstens polynomiell viele Zeichen auf das Band (Speicher) schreiben kann, gilt offenbar P $\subseteq$ PSPACE und NP $\subseteq$ NPSPACE. Man konnte zeigen, dass diese beiden Problemklassen gleich sind, es gilt PSPACE = NPSPACE.

Es gibt PSPACE-vollständige Probleme, das oben genannte Wortproblem für Typ-1 Sprachen ist ein solches.

EXPSPACE und NEXPSPACE

EXPSPACE enthält alle Entscheidungsprobleme, die von einer deterministischen Turing-Maschine mit einem Speicherplatz von $\mathcal{O}(2^{p(n)})$ gelöst werden können, $p(n)$ ist wieder ein Polynom; entsprechend NEXPSPACE für den nichtdeterministischen Fall. Wie für PSPACE und NPSPACE wurde auch für diese Klassen der Äquivalenznachweis geführt, es ist demnach EXPSPACE = NEXPSPACE. PSPACE ist eine echte Teilmenge von NEXPSPACE (PSPACE $\subsetneq$ NEXPSPACE). Es wird vermutet, dass dies entsprechend auch für EXPTIME und EXPSPACE gilt, allerdings ist die Situation hier noch unklar. Das eingangs erwähnte Beispiel, ob zwei gegebene reguläre Ausdrücke verschiedene Sprachen definieren, ist EXPSPACE-vollständig.

11.3 Probabilistische Algorithmen

Das wesentliche Merkmal probabilistischer Algorithmen ist, wie der Name schon sagt, dass Zufallszahlen darin eine Rolle spielen. Solche Algorithmen können an bestimmten Stellen der Berechnung aus mehreren Möglichkeiten eine zufällige Wahl treffen. Für viele Probleme sind sie einfacher und effizienter als deterministische Algorithmen, und einige Anwendungsgebiete, beispielsweise in der Kryptographie, sind ohne probabilistische Algorithmen nicht praktikabel zu bearbeiten.

Probabilistische Algorithmen liefern entweder eine Approximation des tatsächlichen Ergebnisses, z. B. durch zufälliges Abtasten des Wertebereichs einer Funktion mit sehr vielen Abtastpunkten oder eine Aussage, die nur mit einer gewissen Wahrscheinlichkeit korrekt ist. Der erstgenannte Fall wird in Kap. 11.3.2 an Beispielen erläutert, der zweite in Kap. 11.3.3 anhand probabilistischer Primzahltests, die für kryptographische Anwendungen bedeutsam sind.

Nun ist es seit langem klar, dass mit deterministischen Computern keine wirklich zufälligen Zahlenfolgen erzeugt werden können, sondern allenfalls Pseudo-Zufallszahlen. Von Algorithmen zur Erzeugung von Pseudo-Zufallszahlen soll daher zunächst die Rede sein.

11.3.1 Pseudo-Zufallszahlen

Entscheidend für die Leistungsfähigkeit probabilistischer Algorithmen ist die Qualität des verwendeten Pseudo-Zufallszahlengenerators. Es existiert eine ganze Reihe von Algorithmen zur Erzeugung von Pseudo-Zufallszahlen. Bei all diesen Algorithmen ist aber die generierte Zahlenfolge bei endlicher Ausführungszeit notwendigerweise endlich, so dass Pseudo-Zufallszahlen in genau derselben Reihenfolge immer wieder reproduziert werden. Eine wirkliche Zufallskomponente kann nur von außen über die Wahl des Startpunktes der Zahlenfolge ins Spiel kommen (oder wenn man mit den Betriebsmitteln Zeit und Speicherplatz gegen Unendlich geht). Es stellt sich hierbei die Frage, inwieweit natürliche Phänomene überhaupt zufällig sein können, da doch in der Natur offenbar das Kausalgesetz gilt, nach dem es keine Wirkung ohne Ursache geben kann. Immanuel Kant erhebt das Kausalprinzip sogar in den Rang einer Kategorie, die als Voraussetzung für jede Erfahrung a priori gelten müsse [Lud98]. Ergebnisse der Quantenmechanik und der Chaos-Forschung zeigen jedoch, dass die Naturgesetze echte Zufallsereignisse nicht ausschließen [Pri98]. Um echte Zufallszahlen zu generieren müssen daher natürliche zufällige Prozesse verwendet werden, wie radioaktiver Zerfall, Rauschen von elektronischen Bauelementen oder quantenphysikalische Prozesse. Da diese von gewöhnlichen Rechnern nicht generiert werden können, zieht man sich auf die algorithmische Berechnung von „Zufallszahlen", die sog. Pseudo-Zufallszahlen zurück, die selbst deterministisch sind, also bei gleichem Startwert die Folge von Pseudo-Zufallszahlen exakt reproduzieren. Die Initialisierung der typischerweise iterativen Berechnung erfolgt z. B. durch die aktuelle Systemzeit, den Zustand einer bestimmten Speicherzelle, eines Registers oder auch der Position des Schreib-/Lesekopfes der Festplatte. Um diese Problematik ins rechte Licht zu rücken, soll nochmals ein Zitat von John von Neumann wiederholt werden: „Anyone who considers arithmetical methods of producing random digits, is, of course, in a state of sin".

Betrachtet man endliche Folgen gewürfelter Zahlen, so sieht man, dass diese gelegentlich alles andere als zufällig aussehen. Es kann beispielsweise (wenn auch mit sehr geringer Wahrscheinlichkeit) vorkommen, dass man 100 Einsen nacheinander würfelt. Man bezeichnet solche Folgen gelegentlich nicht als zufällig, sondern als stochastisch. Es ist daher erforderlich, jede Zahlenfolge, die als Pseudo-Zufallszahlenfolge verwendet werden soll, auf ihre Eignung zu testen. Zumeist fordert man, dass die Zahlen gleichverteilt sind, dass also jede erzeugte Zufallszahl x in den gegebenen Grenzen $x_{\text{min}} < x < x_{\text{max}}$ mit derselben Wahrscheinlichkeit bzw. (da es sich um endliche Zahlenfolgen handelt) mit derselben relativen Häufigkeit auftritt, unabhängig davon, welche Zahl gerade vorausgegangen war. Neben der Gleichverteilung werden auch andere Verteilungen benötigt, die jedoch aus gleichverteilten Zufallszahlen herleitbar sind. Praktisch wichtig ist vor allem die Gaußsche Normalverteilung. Weitere Details zu den im Folgenden vorgestellten Verfahren findet man beispielsweise in [Knu97b, Sed11].

Test von Zufallszahlen

Die einfachste (aber durchaus nicht die einzige oder die beste) Möglichkeit, von einem gegebenen Pseudo-Zufallszahlengenerator zu ermitteln, ob die damit erzeugten Zahlen einer vorgegebenen Verteilung folgen, ist der Chi-Quadrat-Test (χ^2-Test).

Zur Durchführung des χ^2-Tests ruft man zunächst den Generator n mal auf. Es tritt dann jeder Zahlenwert im zulässigen Intervall h_k mal auf. Dabei läuft k von 1 bis m, wobei m die Anzahl der Freiheitsgrade ist, d. h. die Anzahl der verschiedenen Zahlen, die der Generator erzeugen kann. Die Summe über alle h_k muss natürlich n liefern, da ja insgesamt n Zahlen generiert wurden. Nun ist zu erwarten, dass bei einer gegebenen Verteilung jede generierte Zahl mit einer bekannten Wahrscheinlichkeit p_k erscheinen sollte, wobei die Summe über alle p_k den Wert 1 ergibt. Wählt man als einfachsten Fall die Gleichverteilung, so haben alle p_k denselben Wert. Ein Maß für die Zufälligkeit der generierten Zahlen ist dann offenbar die Differenz zwischen der relativen Häufigkeit h_k/n und der Wahrscheinlichkeit p_k, da ja für große n die relative Häufigkeit gegen die Wahrscheinlichkeit konvergieren muss, sofern die generierten Zahlen tatsächlich der betrachteten Verteilung folgen. An Stelle der Differenz aus den relativen Häufigkeiten und Wahrscheinlichkeiten kann man ebenso gut die Differenz aus den tatsächlich gefundenen Häufigkeiten h_k und den Erwartungswerten np_k betrachten.

Da die Differenzen $h_k - np_k$ positiv oder negativ sein können, werden diese quadriert. Zugleich werden dadurch größere Differenzen stärker gewichtet als kleinere Abweichungen. Schließlich normiert man noch alle quadrierten Differenzen, indem man durch die Erwartungswerte np_k dividiert und dann aufaddiert. Für das als χ^2 bezeichnete Ergebnis erhält man also:

$$\chi^2 = \sum_{k=1}^{m} \frac{(h_k - np_k)^2}{np_k} \quad . \tag{11.18}$$

Ist n viel größer als die Zahl der Freiheitsgrade (die Zahl der unabhängigen Zustände, die das System einnehmen kann), dann ist χ^2 nur von der Zahl dieser Freiheitsgrade abhängig. Statistisch betrachtet wird in etwa 50% aller Fälle χ^2 etwa so groß sein wie diese Zahl der Freiheitsgrade, wenn die Zufallsvariable wirklich der angenommenen Verteilung folgt. Der tatsächliche Zusammenhang ist im Detail allerdings etwas komplizierter [Knu97b, Bra13].

Die algorithmische Komprimierbarkeit

Ein weiteres Maß für die Klassifizierung von Zeichenfolgen, oder allgemein von Nachrichten, ist der Grad ihrer algorithmischen Komprimierbarkeit. Diese beschreibt einen semantischen Aspekt des Informationsgehalts, der mit dem Begriff der Komplexität in Verbindung steht, die hier in Abgrenzung zu der in Kap. 11.2 eingeführten Komplexität als *algorithmische Komplexität* bezeichnet wird. Man versteht darunter nach einem Theorem von Chaitin und Kolmogoroff die kürzeste Beschreibung, mit der man Muster in einem Datenstrom (einer Nachricht) beschreiben, also letztlich auf eine Formel komprimieren kann [Kol65, Cha66]. Die Länge dieser kürzesten Beschreibung nennt man den *algorithmischer Informationsgehalt* (Algorithmic Information Content, AIC) oder auch Kolmogoroff-Komplexität oder algorithmische Komplexität. Eine solche Beschreibung kann vorzugsweise als Computerprogramm formuliert werden, zu dessen Länge jedoch auch die erforderlichen Eingabedaten und der während der Berechnung benötigte Speicherplatz gerechnet werden müssen. Betrachtet man beispielsweise die geraden Zahlen oder eine nur aus Einsen bestehende Folge, so können die Programme zu deren Generierung offenbar extrem kurz gehalten werden, was einer sehr hohen algorithmischen Komprimierbarkeit entspricht. Für Zahlenfolgen, die als (Pseudo-)Zufallszahlen geeignet sind, erwartet man zunächst eine möglichst geringe algorithmische Komprimierbarkeit, wobei im Extremfall der einzige Algorithmus zur Darstellung der Zahlenfolge das bloße Aufzählen der Glieder dieser Folge sein mag, so dass die Länge der Beschreibung mit der Länge der Folge praktisch identisch wäre. Allerdings kann es auch geschehen, dass eine „zufällig" erscheinende Zahlenfolge dennoch eine hohe algorithmische Komprimierbarkeit aufweist, da sie einem Bildungsgesetz mit geringem Speicherbedarf genügt. Dies rechtfertigt den Begriff Pseudo-Zufallszahlen.

Man könnte auf den Gedanken kommen, die Folge der Dezimalstellen der Kreiszahl π als unendliche Zufallsfolge mit sehr hohem AIC zu verwenden. Aus dem Umstand, dass sich die Stellen von π aus einem deterministisch definierten und recht einfachen Bildungsgesetz ergeben, kann man aber nicht folgern, dass man auf diese Weise auch mit einem deterministischen Computer eine echte Zufallsfolge erzeugen könnte, indem man einfach die jeweils nächste Stelle von π verwendet. Die Länge einer Zufallsfolge ist, wie oben ausgeführt, untrennbar mit der Länge des sie erzeugenden Programms einschließlich Speicherbedarf verknüpft. Bei einer iterativen algorithmischen Bestimmung der Dezimalstellen von π muss man aber bei jedem Schritt mehr Information als im vorherigen Schritt speichern, so dass mit der Stellenzahl auch der Speicherbedarf und damit der Zeitaufwand ins Unermessliche steigen.

Sowohl Gleichförmigkeit mit niedrigem AIC als auch vollkommene Zufälligkeit (Chaos) mit hohem AIC sind letztlich informationslos. Die Verarbeitung und Speicherung von Information gelingt am effizientesten in Strukturen mit mittlerem AIC.

Das lineare Modulo-Kongruenzverfahren – gleichverteilte Zufallszahlen

Einer der populärsten Ansätze zur Erzeugung von Pseudo-Zufallszahlen ist das von D. H. Lehmer 1949 eingeführte *lineare Modulo-Kongruenzverfahren* (Linear Congruential Method, LCM) [Leh49]. Die Zahlenfolge $x_1, x_2, \ldots$ wird bei diesem Algorithmus, beginnend mit einem beliebigen Startwert x_0, rekursiv wie folgt bestimmt:

$$x_{n+1} = (ax_n + c) \bmod m \quad . \tag{11.19}$$

Dabei ist x_{n+1} die nächste zu berechnende Zufallszahl, x_n die gerade berechnete Zufallszahl, $m > 0$ der Modulus, a ein Multiplikator mit $0 \leq a < m$ und c eine additive Konstante mit $0 \leq c < m$. Alle genannten Zahlen sind ganze Zahlen im Intervall $[0; m-1]$, so dass eine sehr schnelle Berechnung gesichert ist. Natürlich benötigt man noch einen Startwert x_0 mit $0 \leq x_0 < m$, den man vorgeben muss. Offensichtlich ist die Beschreibung tatsächlich sehr kurz, so dass der zugehörige AIC sehr gering ist. Man sagt aber, die Beschreibung habe eine große Tiefe, da das Bildungsgesetz alles andere als offensichtlich ist.

Für die Qualität des Pseudo-Zufallszahlengenerators ist die Wahl der Parameter entscheidend. Am wichtigsten ist dabei der Modulus m, denn er bestimmt ja den Bereich von 0 bis $m-1$, den die

Bsp. 11.14 Verhalten des linearen Modulo-Kongruenzverfahrens bei schlechter Wahl der Parameter

$m = 2, c = 0, a = 2, x_0 = 0$: $x_{n+1} = 2x_n \bmod 2$ ergibt die Folge $0, 0, 0, \ldots$
$m = 2, c = 0, a = 2, x_0 = 1$: $x_{n+1} = 2x_n \bmod 2$ ergibt die Folge $1, 0, 0, \ldots$
$m = 2, c = 1, a = 2, x_0 = 0$: $x_{n+1} = (2x_n + 1) \bmod 2$ ergibt die Folge $0, 1, 1, \ldots$
$m = 2, c = 1, a = 1, x_0 = 0$: $x_{n+1} = (x_n + 1) \bmod 2$ ergibt die Folge $0, 1, 0, 1, 0, 1, \ldots$
$m = 10, c = 7, a = 7, x_0 = 7$: $x_{n+1} = (7x_n + 7) \bmod 10$ ergibt die Folge $7, 6, 9, 0, 7, 6, 9, 0, \ldots$

Zahlen der Sequenz überhaupt annehmen können, also die maximal mögliche Periodenlänge. Im Falle $m = 2$ kann man also nur eine Folge von Nullen und Einsen erzeugen. Oft wählt man $m = 2^b$, wobei b die Wortlänge des verwendeten Computers ist. Bei der Wahl von a kann man die Fälle $a = 0$ und $a = 1$ sofort ausschließen, da LCM damit keine Zufallszahlen erzeugt. Der Einfluss von c ist schwächer; häufig wird $c = 0$ gesetzt, was eine schnellere Berechnung ermöglicht, allerdings um den Preis kürzerer Perioden.

Neben der Periodenlänge spielt aber vor allem auch die „Zufälligkeit" der Folge eine Rolle, was bei der Wahl der Parameter berücksichtigt werden muss. So ergibt sich beispielsweise mit $x_0 = 0$ und $a = c = 1$ die Formel $x_{n+1} = (x_n + 1) \bmod m$. Die resultierende Zahlenfolge $0, 1, 2, 3, \ldots, m - 1, 0, 1, 2, 3, \ldots$ hat zwar die maximal mögliche Periodenlänge m, ist aber offenbar alles andere als zufällig! Für gute Resultate müssen einige Bedingungen eingehalten werden:

- c und m dürfen keine gemeinsamen Primfaktoren haben,
- $a - 1$ muss ein Vielfaches von p_i sein, für jeden Primfaktor p_i von m,
- falls m ein Vielfaches von 4 ist, muss $a - 1$ ebenfalls ein Vielfaches von 4 sein.

Ist m eine Potenz von 2, so vereinfacht sich dieser Satz zu der Bedingung, dass c ungerade und $a \bmod 4 = 1$ sein muss. Einige Zahlenfolgen für schlechte Parameterwahl sind in Bsp. 11.14 gezeigt.

Die in gängigen Programmiersprachen verwendeten Zufallsgeneratoren arbeiten ebenfalls nach dem linearen Modulo-Kongruenzverfahren, der Zahlenbereich ist typischerweise abgeleitet von der Wortlänge des Rechners. Beispielsweise werden für die in C bereitgestellte Funktion `rand()` in der stdlib des gcc-Compilers $m = 2^{32}, a = 1103515245, c = 12345$ benutzt. Die Java Random Klasse nimmt $m = 2^{48}, a = 25214903917, c = 11$, in Numerical Recipes wird $m = 2^{32}, a = 1664525, c = 1013904223$ vorgeschlagen [Pre07]. Nicht immer werden tatsächlich alle Bit des Ergebnisses verwendet sondern nur die höherwertigen, da so längere Perioden produziert werden können.

Umrechnung auf andere Intervalle

Das beschriebene linearen Modulo-Kongruenzverfahren erzeugt Pseudo-Zufallszahlen r im Intervall $[0; m - 1]$. Zur Umrechnung auf ein beliebiges ganzzahliges Intervall $[A; B]$ kann folgende Formel verwendet werden:

$$x = A + r \bmod (B - A + 1) \quad . \tag{11.20}$$

Die Umrechnung auf ein reellwertiges Intervall $[A; B]$ ist möglich mit

$$x = A + r \frac{B - A}{m - 1} \quad . \tag{11.21}$$

Polarmethode – normalverteilte Zufallszahlen

Die Polarmethode [Box58, Mar64] ist ein Verfahren, mit dem aus gleichverteilten Zufallszahlen, wie sie die linearen Modulo-Kongruenzmethode generiert, welche aus einer Standardnormalverteilung erzeugt werden können, d. h. aus der stetigen Dichte

$$f(x) = \frac{1}{\sigma\sqrt{2\pi}} \mathrm{e}^{-\frac{1}{2}\left(\frac{x-\mu}{\sigma}\right)^2} \tag{11.22}$$

mit $\mu = 0, \sigma = 1$.

Zunächst werden zwei im Intervall $[-1; +1]$ gleichverteilte reelle Zufallszahlen z_1 und z_2 generiert, z. B. mit (11.19) und (11.21). Hieraus berechnet man

$$s = z_1^2 + z_2^2 \tag{11.23}$$

und wiederholt dies so lange, bis $s < 1$ ist. Im Mittel ist das 1,27 mal nötig, bei einer Standardabweichung von 0,587, d. h. in 99,7% aller Fälle wird man mit ein bis drei Versuchen auskommen. Man erhält zwei standardnormalverteilte Zufallszahlen x_1 und x_2 aus

$$x_1 = z_1\sqrt{\frac{-2\ln s}{s}}, \qquad x_2 = z_2\sqrt{\frac{-2\ln s}{s}} \quad . \tag{11.24}$$

Eine Zufallszahl x' aus einer Normalverteilung mit beliebigem Mittelwert $\mu = a$ und beliebiger Streuung $\sigma = b$ ergibt sich aus einer standardnormalverteilten Zufallszahl x durch:

$$x' = ax + b \quad . \tag{11.25}$$

11.3.2 Monte-Carlo-Methoden

Unter dem Oberbegriff Monte-Carlo-Methoden fasst man in Anspielung auf die Rolle des Zufalls in Spiel-Casinos Verfahren zusammen, bei denen näherungsweise Berechnungen durchgeführt werden, indem mithilfe von Zufallszahlen aus einer großen Zahl von Stützpunkten nur einige ausgewählt werden. Man erreicht dadurch gegenüber der Verwendung aller Stützpunkte eine Reduktion der Komplexität. Im Folgenden werden einige wichtige Anwendungsgebiete kurz charakterisiert.

Berechnung bestimmter Integrale

Für die numerische Integration bestimmter Integrale der Art

$$F = \int_a^b f(x)\,\mathrm{d}x \tag{11.26}$$

stehen ausgefeilte Algorithmen zur Verfügung, die im Wesentlichen darauf hinauslaufen, den Integrationsbereich $[a; b]$ in Intervalle zu unterteilen und die zu integrierende Funktion $f(x)$ in diesem Bereich durch einfache Funktionen anzunähern.

Die Monte-Carlo-Methode bietet hierzu eine Alternative. Im einfachsten Fall definiert man zunächst ein Rechteck, dessen Grundlinie durch die Integrationsgrenzen und dessen Höhe durch die Extremwerte der zu integrierenden Funktion bestimmt ist. Die zu integrierende Funktion wird also durch das Rechteck vollständig eingeschlossen. Im zweiten Schritt generiert man Punkte innerhalb

Bsp. 11.15 Berechnung bestimmter Integrale mit der Monte-Carlo-Methode

Mit der Monte-Carlo-Methode ist das folgende bestimmte Integral zu berechnen:

$$F = \int_0^2 \left(2+(x-1)^2+\sin(40(x+x^2))x(x-2)^2\right)\,\mathrm{d}x \quad .$$

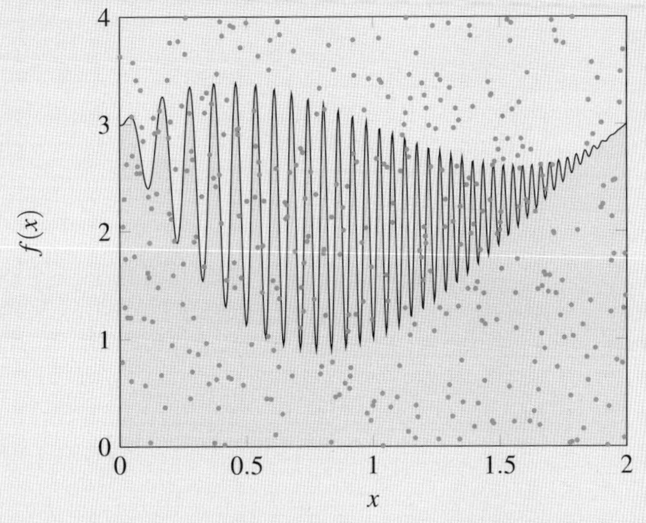

Mit 10.000 Zufallspunkten findet man $\tilde{F} = 4{,}671$. Der auf drei Nachkommastellen exakte Wert ist $F = 4{,}667$, entsprechend der mit der x-Achse eingeschlossenen grauen Fläche zwischen $x = 0$ und $x = 2$. Einige der Zufallspunkte sind eingezeichnet.

des Rechtecks, deren Koordinaten durch einen Pseudo-Zufallszahlengenerator bestimmt werden. Bezeichnet man mit R die Fläche des umschließenden Rechtecks, mit N die gesamte Anzahl der Punkte und mit N_f die Anzahl der Punkte, die in dem durch die Funktion $f(x)$ und die x-Achse eingeschlossenen Bereich liegen, so erhält man für den Näherungswert $\tilde{F}$ des bestimmten Integrals:

$$\tilde{F} = R\frac{N_f}{N} \quad . \tag{11.27}$$

Die Monte-Carlo-Methode eignet sich insbesondere dann gut zur Berechnung bestimmter Integrale, wenn die zu integrierende Funktion $f(x)$ sehr schnell oszilliert, da dann mit herkömmlichen Methoden extrem viele Stützpunkte erforderlich wären, was wiederum einen hohen Zeitaufwand bedeuten würde. Beispiel 11.15 zeigt eine solche Funktion.

Ein weiteres einfaches Beispiel für die Berechnung eines Integrals mithilfe der Monte-Carlo-Methode ist die näherungsweise Bestimmung von π wie in Bsp. 11.16 dargestellt.

Die hier in ihren Grundprinzipien vorgestellte Methode kann auf Mehrfachintegrale, Linienintegrale, Bereichsintegrale und damit zusammenhängende Probleme erweitert werden. Ferner wurden wesentlich verbesserte Varianten entwickelt, so etwa adaptive Monte-Carlo-Verfahren, die dadurch gekennzeichnet sind, dass die Dichte und Anzahl der Zufallspunkte durch das Verhalten der zu integrierenden Funktion gesteuert wird.

Bsp. 11.16 Approximation von π mit der Monte-Carlo-Methode

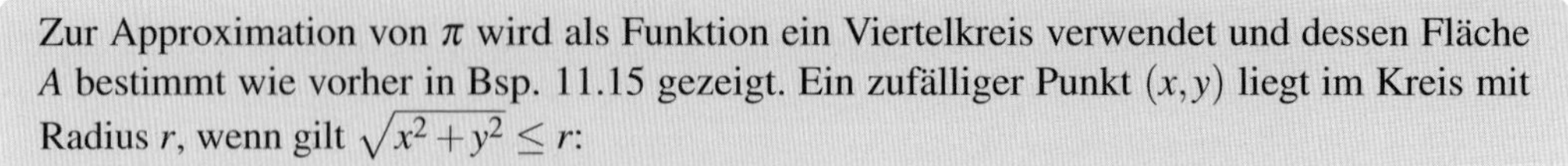
Zur Approximation von π wird als Funktion ein Viertelkreis verwendet und dessen Fläche A bestimmt wie vorher in Bsp. 11.15 gezeigt. Ein zufälliger Punkt (x,y) liegt im Kreis mit Radius r, wenn gilt $\sqrt{x^2+y^2} \leq r$:

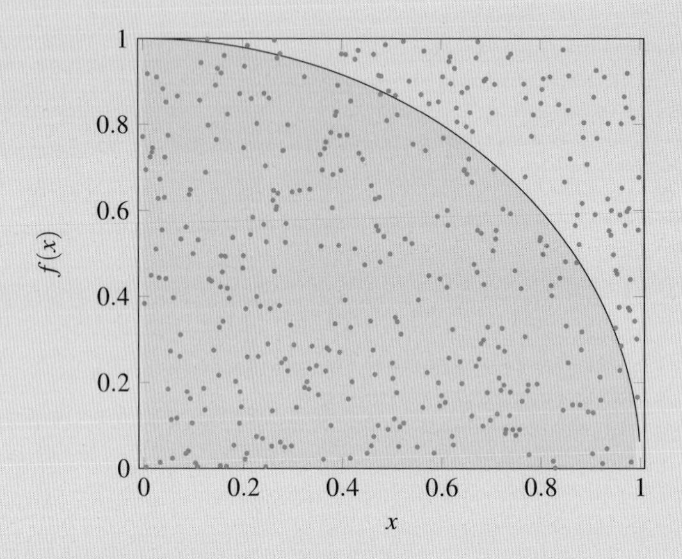

Die Zahl π ergibt sich dann direkt aus der Formel für die Kreisfläche: $\pi = 4A/r^2$.

Berechnung von Summen

Die Monte-Carlo-Methode lässt sich auch auf die Berechnung mancher Summen anwenden, deren Glieder unabhängig voneinander einzeln bestimmt werden können. Man wählt aus n zu summierenden Elementen m Elemente zufällig aus und summiert nur diese. Durch Multiplikation des Ergebnisses mit n/m findet man einen Näherungswert für die gesamte Summe. Auf diese Weise kann man Summen mit sehr vielen Elementen durch eine vergleichsweise kleine Auswahl von m Elementen mit geringem Aufwand näherungsweise berechnen.

Lösung von Differentialgleichungen

Auch Anfangswertprobleme lassen sich mithilfe der Monte-Carlo-Methode lösen. Hierbei wird der Anfangszustand eines Systems vorgegeben, dessen weitere Entwicklung durch Differentialgleichungen bestimmt ist. Das Vorgehen ist ähnlich wie bei der Integration. Eine in der Praxis wichtige Anwendung ist beispielsweise die Berechnung von Diffusionsvorgängen. Die Anfangswerte sind in diesem Fall die Startkonzentration des zu lösenden Stoffes sowie die Begrenzungen des Volumens.

Optimierung

Weitere Einsatzfelder von Monte-Carlo-Methoden sind Verfahren zur Optimierung und zur Simulation. Bei der Optimierung geht es darum, die Parameter einer Funktion so einzustellen, dass eine Zielvorgabe möglichst gut erreicht wird. Häufig verwendet man dazu iterative Verfahren, bei denen aus der Abweichung der Funktion von dem Sollwert die Richtung des nächsten Iterationsschrittes ermittelt wird. Dazu wird die Ableitung der zu optimierenden Funktion nach ihren Parametern benötigt. Oftmals können diese Ableitungen nicht oder nur mit hohem Aufwand berechnet werden; in diesen Fällen kann man dann die Richtung des jeweils folgenden Iterationsschrittes durch einen Pseudo-Zufallszahlengenerator bestimmen und sich so der optimalen Lösung nähern.

Simulation

Unter Simulation versteht man die Analyse und Bewertung des Verhaltens von Systemen mithilfe eines Rechners. Dazu wird der zu simulierende Ausschnitt der realen Welt auf ein mathematisches Simulationsmodell abgebildet, das alle relevanten Parameter enthalten muss. Dabei kann es sich sowohl um natürliche als auch um künstliche Vorgänge handeln, etwa die Entwicklung von Ökosystemen, die Verkaufschancen neuer Produkte oder die Optimierung von Fahrzeugkarosserien im Windkanal. Wie gut die sich auf dieses Modell beziehenden Ergebnisse auch die Realität beschreiben, hängt von der Qualität des Modells und des Simulationsalgorithmus ab. Man verwendet Simulationen vor allem dann, wenn das Studium des realen Systems nicht möglich ist oder aus anderen Gründen, z. B. wegen des Zeit- oder Kostenaufwands, nicht sinnvoll erscheint.

Sind alle Parameter genau definiert und ist das Systemverhalten mathematisch exakt beschreibbar, so besteht die Möglichkeit zur exakten Berechnung der Simulation. Man spricht dann von einer deterministischen Simulation. Bei der Monte-Carlo-Simulation (auch stochastische Simulation) verwendet man dagegen Größen, die von Pseudo-Zufallszahlen abhängig sind. Dies dient zur Modellierung zufälliger Ereignisse, die in der Realität das simulierte System beeinflussen.

Für Simulationsaufgaben stehen spezielle Programmiersprachen zur Verfügung. Die objektorientierte Sprache SIMULA (Simulation Language) unterstützt auch selbständig operierende Prozesse, die Sprache GPSS (General Purpose Simulation System) ist besonders für die Simulation diskreter Abläufe, die durch Ereignisse gesteuert werden, geeignet.

11.3.3 Probabilistischer Primzahltest

Ein in der Praxis wichtiges Problem ist die Frage, ob eine gegebene natürliche Zahl n prim ist oder nicht (PRIMES). Eine Anwendung liegt in der Public-Key Kryptographie (siehe Kap. 4.3.1 und 4.3.2), wo Primzahlen mit mehreren hundert Dezimalstellen erforderlich sind. Detaillierte Ausführungen zum Thema Primzahltest und -faktorisierung findet man in [Cra05].

Sieb des Eratosthenes

Ein seit mehr als 2200 Jahren bekanntes Verfahren zur Ermittlung aller Primzahlen unterhalb einer vorgegebenen Schranke, das auch als Benchmark-Programm zur Ermittlung der Arbeitsgeschwindigkeit von Rechnern verwendet wird, ist das Sieb des Eratosthenes.

Eine Primzahl $p > 1$ ist definitionsgemäß nur durch sich selbst und durch 1 ohne Rest teilbar. Falls eine natürliche Zahl z keine Primzahl ist, dann gibt es offenbar einen größten Teiler q von z mit $q \leq \sqrt{z}$ durch den z ohne Rest teilbar ist. Um alle Primzahlen von 3 bis zu einer vorgegebenen oberen Schranke n zu finden, wird eine Tabelle mit den ungeraden Zahlen von 3 bis n gefüllt. Sodann werden, beginnend mit der Primzahl $p = 3$, alle Zahlen aus der Tabelle gestrichen, die größer oder gleich allen ungeraden Vielfachen v von p sind. Als Nächstes wird p nacheinander auf die jeweils nächste, noch nicht gestrichene Zahl in der Tabelle gesetzt (die dann bereits eine Primzahl ist) und weiter wie oben beschrieben verfahren. Der Algorithmus endet, sobald $p \geq \sqrt{n}$ ist. Nun sind alle noch in der Tabelle verbleibenden Zahlen Primzahlen.

Zur Komplexitätsbestimmung ist nun die Anzahl der wesentlichen Operationen abzuschätzen. Als solche kann man hier das Löschen von Tabelleneinträgen ansehen. Abhängig von der Stellenzahl der oberen Schranke n findet man dafür den Wert 10^m. Dabei ist m die Stellenzahl von $\sqrt{n}$. Die Basis 10 ergibt sich aus der Überlegung, dass maximal 10 mal so viele Einträge zu löschen sind, wenn n um eine Stelle – also eine Zehnerpotenz – wächst. Die Zeitkomplexität ist demnach von exponentieller Ordnung $\mathcal{O}(10^m)$.

Faktorisierung

Alternativ dazu kann man auch so vorgehen, dass man eine Faktorisierung der gegebenen Zahl n durchführt, d. h. alle Teiler bestimmt. Erweist es sich, dass n nur durch 1 und sich selbst teilbar ist, so ist n eine Primzahl.

Der Algorithmus arbeitet folgendermaßen. Man teilt die gegebene Zahl n durch eine aufsteigende Folge von Divisoren $d_1, d_2, d_3, \ldots$ und prüft dabei, ob bei der Division ein Rest verbleibt oder nicht. Mit dem Quotienten fährt man dann in der beschriebenen Weise fort, bis das Divisionsergebnis 1 erreicht ist (dann sind alle Primfaktoren gefunden) oder bis ein Divisor den Maximalwert $\sqrt{n}$ erreicht hat (dann ist n eine Primzahl). Für die Folge der Divisoren müsste man am besten die Primzahlen in aufsteigender Reihenfolge verwenden; da diese aber nicht bis zu beliebig großen Zahlen bekannt sind, hat man das ursprüngliche Problem verlagert. Auch dieses Verfahren hat exponentielle Laufzeit; es ist unbekannt, ob es möglicherweise polymonielle Algorithmen zur Faktorisierung gibt (siehe hierzu auch den Abschnitt co-NP in Kap. 11.2.5). Weitere Verfahren, auch mit subexpontieller (aber nicht polynomialer) Laufzeit, findet man z. B. in [Cra05]

AKS Primzahltest

Tatsächlich konnte 2002 nachgewiesen werden, dass PRIMES in P liegt und damit ein deterministischer Algorithmus mit polynomieller Laufzeit existiert, der sog. AKS-Test, benannt nach den Entdeckern Agrawal, Kayal und Saxena [Agr04]. Dies war eine durchaus bedeutende Entdeckung, allerdings ist das Verfahren mit einem Laufzeitverhalten von etwa $\mathcal{O}(\log^6 m)$, wobei m die Anzahl der Dezimalstellen der zu prüfenden Zahl ist, für den praktischen Einsatz mit vielen hundert Stellen zu langsam. Stattdessen werden weiterhin die auch bisher vorherrschenden probabilistischen Tests eingesetzt.

Fermat Test

Um mit Problemen umgehen zu können, die solche Dimensionen wie der Primzahltest annehmen, muss man sich in Ermangelung eines schnellen exakten Verfahrens mit einer Lösung zufrieden geben, von der nicht mit Sicherheit gesagt werden kann, ob sie richtig ist. Was den Primzahltest betrifft, so gibt es probabilistische Methoden, mit der man in kurzer Zeit mit hoher Wahrscheinlichkeit entscheiden kann, ob eine Zahl prim ist oder nicht. Lautet das Testergebnis, eine Zahl sei nicht prim, so ist diese Aussage mit Sicherheit korrekt, über die Primfaktoren ist damit allerdings nichts bekannt. Liefert der Test dagegen das Ergebnis, eine Zahl sei prim, so ist dies nur mit einer gewissen Wahrscheinlichkeit richtig.

Ein einfacher probabilistischer Test basiert auf Fermats kleinem Satz (siehe auch (4.9) in Kap. 4.1.2). Ist p eine Primzahl, dann gilt für jede ganze Zahl a, die kein Vielfaches von p ist:

$$a^{p-1} \bmod p = 1 \quad \text{für } a \in \mathbb{Z}, \text{ggT}(a,p) = 1. \tag{11.28}$$

Die Umkehrung gilt nicht, d. h. es gibt auch Zahlen, die die Gleichung erfüllen, obwohl sie nicht prim sind, so z. B. $341 = 11 \cdot 31$ mit $a = 2$ ergibt $2^{340} \bmod 341 = 1$.

Um den Fermatschen Primzahltest durchzuführen prüft man für viele a, ob (11.28) erfüllt ist. Wenn es ein a gibt, für das er fehlschlägt, folgt die (sichere) Aussage, dass p nicht prim ist. Sonst ist keine Aussage möglich, was interpretiert wird als p ist wahrscheinlich prim. Problematisch ist, dass es Zahlen p gibt, die nicht prim sind, für die aber für *alle* a Fermats kleiner Satz erfüllt ist, die sog. Carmichael-Zahlen (die kleinste ist 561). In der Praxis wird daher oft der bessere und nur unwesentlich kompliziertere Miller-Rabin Test verwendet.

Miller-Rabin Test

Grundlage des Miller-Rabin Tests [Mil75, Mil76, Rab80] ist wieder Fermats kleiner Satz (11.28). Nun nützt man aus, dass sich jede ungerade Zahl n in der Form

$$n = 1 + q2^k \tag{11.29}$$

schreiben lässt, woraus $q = (n-1)/2^k$ folgt. Der Exponent k lässt sich durch fortgesetzte Division von $(n-1)$ durch 2 ermitteln. Ist beispielsweise $n = 89$, so rechnet man:

$$\begin{aligned} q_1 &= (n-1)/2 = 88/2 = 44, \\ q_2 &= 44/2 = 22, \\ q_3 &= 22/2 = 11 \end{aligned}$$

also $89 = 1 + 11 \cdot 2^3$. Ist n prim, dann gilt nach Fermat mit (11.28)

$$a^{n-1} \bmod n = 1 \quad \to a^{q2^k} \bmod n = 1 \quad . \tag{11.30}$$

und auch

$$a^q \bmod n = 1 \quad \text{oder} \quad a^{q2^r} \bmod n = n-1 = -1 \quad \text{für ein } r \text{ mit } 0 \le r \le k-1 \quad . \tag{11.31}$$

Man berechnet nun die Folge $(a^q, a^{2q}, a^{4q}, \ldots, a^{q2^{k-1}}, a^{q2^k})$. Wenn n eine Primzahl ist, dann muss diese Folge eine der folgenden Formen annehmen:

$$(1,1,1,\ldots,1) \quad \text{oder} \quad (x_1, x_2, x_3, \ldots, x_l, -1, 1, 1, \ldots, 1), \tag{11.32}$$

wobei x_i beliebige Zahlen sind. Einige Beispiele sind in Bsp. 11.17 gezeigt. Zur effizienten Berechnung des Modulus mit großen Exponenten siehe (4.33) und Bsp. 4.13 in Kap. 4.3.2 ab S. 162.

Der Miller-Rabin Test ist der am weitesten verbreitete Primzahltest. Liefert er das Ergebnis, die zu testende Zahl sei nicht prim, so ist das zu 100% richtig. Liefert der Test dagegen das Ergebnis, eine Zahl sei prim, so ist dies für ein zufälliges a aus $[2; n-1]$ im ungünstigsten Fall mit einer Wahrscheinlichkeit von $\frac{1}{4}$ falsch. Gelegentlich kann daher eine Zahl als prim ausgewiesen werden, obwohl

Bsp. 11.17 Zum Miller-Rabin Test

Es soll geprüft werden, ob $n = 11$ eine Primzahl ist. Wir wählen zufällig $a = 2$.
Es ist $n = 11 = 1 + q2^k = 1 + 5 \cdot 2^1$, also $q = 5$. Man erhält
$a^q \bmod 11 = 2^5 \bmod 11 = 32 \bmod 11 = 10 = -1$ und
$a^{2q} \bmod 11 = 2^{10} \bmod 11 = 1024 \bmod 11 = 1$.
Die Zahl 11 ist laut Test daher wahrscheinlich eine Primzahl (was stimmt).

Teste nun $n = 65$ mit $a = 2$.
Es ist $65 = 1 + 1 \cdot 2^6$, also $q = 1$. Man erhält
$2^1 \bmod 65 = 2$, $2^2 \bmod 65 = 4$, $2^4 \bmod 65 = 16$, $2^8 \bmod 65 = 61$, $2^{16} \bmod 65 = 16$, $2^{32} \bmod 65 = 61$, $2^{64} \bmod 65 = 16$.
Die Zahl 65 ist also sicher nicht prim.

Teste nun $n = 561$ mit $a = 2$.
Es ist $561 = 1 + 35 \cdot 2^4$, also $q = 35$. Man erhält
$2^{35} \bmod 561 = 263$, $2^{70} \bmod 561 = 166$, $2^{140} \bmod 561 = 67$, $2^{280} \bmod 561 = 1$, $2^{560} \bmod 561 = 1$.
Die Zahl 561 ist also sicher nicht prim. Tatsächlich ist dies die erste Carmichael-Zahl, für die der Fermat Test für jedes a versagt, während der Miller-Rabin Test diese korrekt als zusammengesetzt erkennt.

sie nicht prim ist. Durch wiederholtes Durchführen des Tests mit unterschiedlichen Parametern a lässt sich dann die Sicherheit der Aussage schrittweise erhöhen. Bei l-maligem Ausführen ergibt der Test immerhin eine Sicherheit von mindestens $1 - (\frac{1}{4})^l$; mit $l = 12$ also $1 - (\frac{1}{4})^{12} = 99{,}99999404\%$. Auch bei einer beliebig hohen Wahrscheinlichkeit bleibt jedoch ein Rest von Zweifel, der puristischen Mathematikern den Schlaf rauben kann. Für praktische Fragen spielt dieser Standpunkt aber keine besondere Rolle. Wenn man bedenkt, dass ein Bitfehler durch Einwirkung von kosmischer Strahlung wahrscheinlicher ist als eine Fehlaussage des probabilistischen Algorithmus, kann man hier ein wenig relativieren.

11.4 Rekursion

11.4.1 Definition und einführende Beispiele

Unter Rekursion versteht man die Definition eines Verfahrens, einer Struktur oder einer Funktion durch sich selbst. In Kap. 11.1.5 wurde bereits gezeigt, dass rekursive Funktionen dazu geeignet sind, den Begriff der Berechenbarkeit zu definieren. Hier geht es nun mehr um die praktische Seite rekursiv formulierter Algorithmen. Oft sind rekursive Formulierungen kürzer und – eine gewisse Gewöhnung vorausgesetzt – leichter verständlich als andere Darstellungen, da sie die charakteristischen Eigenschaften des Problems hervorheben. Zunächst einige Beispiele für Rekursivität aus unterschiedlichen Bereichen:

Architektur Das Bild im Bild im Bild ... realisierbar mit zwei Spiegeln, beispielsweise im Spiegelsaal des vom bayerischen Märchenkönig Ludwig II. erbauten Schlosses Herrenchiemsee.

Kunst Die Grafik rekursive Hände[3] des niederländischen Künstlers M. C. Escher, in der das Rekursionsprinzip zum Ausdruck kommt. Escher war mit mathematischen Denkweisen gut vertraut.

Datenstrukturen Lineare Listen (Kap. 14.4.2), Bäume und Graphen (Kap. 13) werden üblicherweise durch rekursive Datenstrukturen definiert.

Mathematik In der Mathematik findet man sehr häufig rekursiv definierte Funktionen; weiter unten werden einige detailliert behandelt. Ein Beispiel für eine rekursive Definition ist das Peanosche Axiomensystem zur Einführung der natürlichen Zahlen. Die beiden folgenden, rekursiven Axiome gehören dazu:

- 1 ist eine natürliche Zahl,
- der Nachfolger einer natürlichen Zahl ist eine natürliche Zahl.

Berechenbarkeit Für die Definition der primitiv rekursiven und der μ-rekursiven Funktionen, die, wie in Kap. 11.1.5 bereits ausgeführt, in der Theorie der Berechenbarkeit eine wichtige Rolle spielen, ist die Rekursivität ein wesentlicher Aspekt.

Algorithmen Der Quicksort-Algorithmus ergibt sich nach dem Prinzip „Teile und Herrsche“ (Kap. 11.2.2, S. 437) aus der rekursiv aufgerufenen Partitionierung (vgl. Kap. 12.5.2).

Beispiele für rekursive Funktionen

Funktionen werden häufig rekursiv definiert. Hier folgen einige Beispiele dazu:

Fakultät $n! = n(n-1)!$ für $n > 0$ und $0! = 1$.

Größter gemeinsamer Teiler Der größte gemeinsame Teiler (ggT) einer natürlichen Zahl n lässt sich nach dem Algorithmus von Euklid wie folgt rekursiv berechnen (siehe dazu auch Kap. 4.1.2, S. 146):

$$\begin{aligned} \mathrm{ggT}(n,k) &= \mathrm{ggT}(k, n \bmod k) \quad \text{für } n,k \in \mathbb{N}, n > k \\ \mathrm{ggT}(n,0) &= n \end{aligned}$$

[3] siehe `http://www.mcescher.com/gallery/mathematical/drawing-hands/`

Bsp. 11.18 Lindenmayer-Systeme: Eine einfache fraktale Pflanze

Ein Beispiel für ein L-System ist die Grammatik mit den Symbolen $V \cup \Sigma = \{F, [,], -, +\}$ und der Produktion $P = \{F \to FF - [-F + F] + [+F - F]\}$. Eine mögliche grafische Interpretation lautet: F zeichnet einen Stiel, $-$ entspricht einer Rechts- und $+$ einer Linksdrehung um einen definierten Winkel. Die Variable „[" entspricht einer Verzweigung und die Variable „]" einem Rückwärtsschritt in den Verzweigungen zur korrespondierenden öffnenden Klammer. Man könnte darüber hinaus weitere Regeln einführen, z. B. über die Art der Verzweigungen. Zusätzlich kann man auch Zufallskomponenten einbauen.
Die folgenden Grafiken zeigen (v. l. n. r.) das Ergebnis nach einem, zwei und vier Ersetzungen mit einem Drehwinkel von 30° sowie nach vier Schritten und zufälligen Variationen im Verzweigungswinkel und in der Stiellänge:

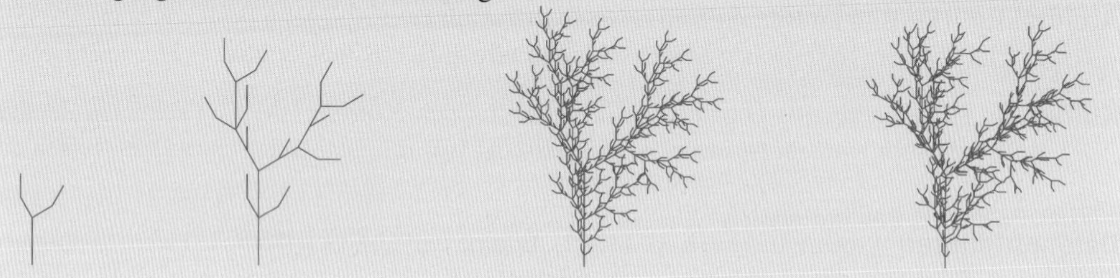

McCarthy 91 $\mathrm{M_c}(n) = n - 10$ für $n > 100$ und $\mathrm{M_c}(n) = \mathrm{M_c}(\mathrm{M_c}(n+11))$ für $n \leq 100$.
Das Ergebnis dieser etwas skurrilen Funktion ist 91 für $1 \leq n \leq 100$.

Ackermannfunktion Diese totale, aber nicht primitiv rekursive Funktion wurde bereits in Kap. 11.1.5 vorgestellt.

Eine Anwendung aus der Computergrafik: Fraktale Pflanzen mit L-Systemen

Lindenmayer-Systeme oder L-Systeme gehören zu einer Klasse von Grammatiken, die 1968 von Aristid Lindenmayer eingeführt wurde [Lin68]. Damit lassen sich fraktale Muster (d. h. sich rekursiv wiederholende selbstähnliche Strukturen, siehe auch [Man87]) erzeugen. Diese können unter anderem zur Simulation des Wachstums von Pflanzen in der Computergrafik verwendet werden. Details findet man in [Pru96], ein Beispiel ist in Bsp. 11.18 gezeigt.

11.4.2 Rekursive Programmierung und Iteration

Zu unterscheiden sind die *direkte Rekursion*, bei der eine Funktion f sich selbst wieder aufruft und die *indirekte Rekursion*, bei der die Funktion f eine andere Funktion g aufruft, die ihrerseits (direkt oder indirekt) f aufruft. Dies ist in Tabelle 11.10 als Pseudocode dargestellt.

Wesentlich bei der Formulierung eines rekursiven Verfahrens ist die Einführung einer Abbruchbedingung, die die Rekursion stoppt (siehe Tabelle 11.11). Oft geschieht dies durch eine Zählvariable als Parameter. Man nennt auf diese einfache Weise rekursiv berechenbare Funktionen auch *rekurrent*. Für die praktische Durchführbarkeit einer Rekursion muss man dafür sorgen, dass die Rekursionstiefe, d. h. die Anzahl der geschachtelten Aufrufe, möglichst klein bleibt. Da gängige Programmiersprachen die Rücksprungadresse bei Funktionsaufrufen auf dem Stack ablegen, führt

Tabelle 11.10 Direkte und indirekte Rekursion als Pseudocode

Direkte Rekursion. `f` wird durch eine Reihe von Anweisungen `A1`, `A2`, ... und `f` selbst ausgedrückt:

```
f(Parameterliste) {
   A1;
   A2;
   ...
   f(Parameterliste);
}
```

Indirekte Rekursion. `f` ruft eine Funktion `g` auf, die ihrerseits (direkt oder indirekt) `f` aufruft:

```
f(Parameterliste) {       g(Parameterliste) {
   A1;                       A1';
   A2;                       A2';
   ...                       ...
   g(Parameterliste);        f(Parameterliste);
}                         }
```

Tabelle 11.11 Rekursionsabbruch

Rekursion mit Abbruchbedingung `B`

```
f(Parameterliste) {
   A1;
   A2;
   ...
   if(B) f(Parameterliste);
}
```

Rekursion mit Abbruch durch Herunterzählen einer Zählvariablen (rekurrente Funktion):

```
f(Parameterliste, n) {
   A1;
   A2;
   ...
   if(n > 0) f(Parameterliste, n-1);
}
```

Bsp. 11.19 Ablauf der rekursiven Berechnung der Fakultätsfunktion am Beispiel 4!

Gegeben sei folgende C-Funktion:

```
int fak(int n) {
   if(n < 0)  return 0; // Fehler
   if(n == 0) return 1;
   return (n * fak(n-1));
}
```

Für den Aufruf `fak(4)` ergibt sich folgende Situation:

Rekursionstiefe	Aufruf	Ergebnis
↓ 0	`fak(4) = 4 * fak(3)`	$4 \cdot 6 = 24$ ↑
1	`fak(3) = 3 * fak(2)`	$3 \cdot 2 = 6$
2	`fak(2) = 2 * fak(1)`	$2 \cdot 1 = 2$
3	`fak(1) = 1 * fak(0)`	$1 \cdot 1 = 1$
4 Abbruch	`fak(0) = 1`	1

eine hohe Rekursionstiefe leicht zu einem Stacküberlauf. Ein einfaches Beispiel zum Ablauf der Rekursion ist die Berechnung der Fakultät wie in Bsp. 11.19 gezeigt.

Oft ergeben sich rekursive Algorithmen durch Anwendung des in Kap. 11.2.2, S. 437 näher erläuterten Prinzips Teile und Herrsche. Darunter ist zu verstehen, dass man ein Problem in mehrere einzeln lösbare Teilaufgaben gliedert und zuletzt die Einzellösungen zusammenfasst. Die Rekursionstiefe lässt sich dabei häufig durch geschicktes Design des Algorithmus minimieren. Ein Beispiel dafür ist die Sortierfunktion Quicksort (siehe Kap. 12.5.2).

Eine Rekursion lässt sich besonders einfach durch eine Iteration ersetzen, wenn dem Algorithmus

Bsp. 11.20 Rekursive und iterative Berechnung der Fakultätsfunktion

Rekursive Berechnung von $n!$:

```
int fak(int n) {
   // Fehler falls n negativ
   if(n < 0) return 0;
   if(n == 0) return 1;
   return (n * fak(n-1));
}
```

Iterative Berechnung von $n!$:

```
int fak(int n) {
   int i, f = 1;
   // Fehler falls n negativ
   if(n < 0) return 0;
   for(i = 2; i <= n; i++)
      f = f * i;
   return f;
}
```

eine primitiv rekursive Funktion (siehe Kap. 11.1.5) zu Grunde liegt. In diesem Fall kann der rekursive Aufruf an den Anfang oder an das Ende der Funktion platziert werden. Für die Umwandlung in eine Iteration genügt dann wegen der Äquivalenz zur LOOP-Berechenbarkeit (Kap. 11.1.4) eine FOR-Schleife, in welcher der Schleifenindex nur im Schleifenkopf verändert werden darf. Da in diesem Fall die Anzahl der Iterationen in jedem Fall vor Ausführung der Schleife feststeht, ist das Halteproblem (Kap. 11.1.2) irrelevant. Von dieser einfachen Art ist offenbar die rekursive Berechnung der Fakultät. Eine iterative Version ist in Bsp. 11.20 gezeigt. Die iterative Version ist unübsichtlicher als die rekursive, bei der direkt die Definition in Programmcode umgesetzt werden kann. Allerdings ist iterativer Code typischerweise schneller, da keine Funktionsaufrufe notwendig sind. Außerdem besteht keine Gefahr eines Stacküberlaufs.

Wegen der Äquivalenz von μ-rekursiven Funktionen zur WHILE-Berechenbarkeit (Kap. 11.1.4) gilt die Ersetzung einer Rekursion durch eine Iteration aber grundsätzlich auch für diese:

Jede Rekursion kann durch eine Iteration ausgedrückt werden und umgekehrt.

Auch mit Programmiersprachen, die keine Möglichkeit der Rekursion bieten, lassen sich also trotzdem alle Probleme lösen, die durch moderne Programmiersprachen unter Einschluss von Rekursion bearbeitet werden können. Häufig ist dazu ein Stack erforderlich, der im einfachsten Fall auch eine Zählvariable sein kann. Außerdem, nämlich dann, wenn die zu programmierende Funktion über das Konzept der primitiv rekursiven Funktionen hinausgeht, sind auch While-Schleifen erforderlich. Da die Abbruchbedingungen nicht in jedem Fall eine Terminierung des Programms garantieren, sind While-Schleifen kritischer als For-Schleifen. Ein Beispiel für eine Programmiersprache, die auf der Rekursion als dem wesentlichen Verarbeitungsprinzip aufbaut und keine Iteration zulässt, ist die Sprache PROLOG.

Verwendet man Rekursionen bei der Programmierung, so sollte man beachten, dass bei der Programmausführung jeder rekursive Aufruf Speicherplatz benötigt. Je nach Compiler und verwendetem Rechner müssen nicht nur die Programmvariablen zwischengespeichert werden, sondern auch alle den Programmstatus beschreibenden Parameter, also Prozessorregister, Flags, Befehlszähler etc. Man erhält daher durch Umwandlung in eine Iteration in der Regel effizientere Programme, da dann der Speicher selbst verwaltet und auf die wesentlichen Variablen beschränkt werden kann.

Ein weiteres Beispiel, an dem die Mächtigkeit der Rekursion gut ersichtlich ist, ist das Knobelspiel „Türme von Hanoi", das in Bsp. 11.21 zu sehen ist.

Bsp. 11.21 Die Türme von Hanoi

Gegeben seien n Scheiben unterschiedlichen Durchmessers, die der Größe nach geordnet zu einem Turm geschichtet sind, so dass die größte Scheibe unten liegt. Der Turm steht auf Platz 1. Unter Verwendung eines Hilfsplatzes 2 soll der Turm unverändert nach einem Platz 3 transportiert werden. Beim Transport sind die beiden folgenden Bedingungen einzuhalten:

1. In einem Schritt darf stets nur die oberste Scheibe von einem der Plätze 1, 2 und 3 zu einem anderen transportiert werden.

2. Eine größere Scheibe darf nie auf einer kleineren liegen, sie müssen also immer der Größe nach sortiert bleiben.

Die Idee bei der rekursiven Lösung des Problems ist, davon auszugehen, dass das Problem für $n-1$ Scheiben bereits gelöst ist. Anders gesagt: Man nimmt an, man hat bereits eine Funktion, die weiß, wie die obersten $n-1$ Scheiben von Platz 1 zu einem freien Platz 2 oder 3 bewegt werden können. Die Lösung des verbleibenden Problems besteht nun nur noch darin, die größte Scheibe alleine zu bewegen, was offensichtlich einfach ist.
Zusammengefasst erhält man eine rekursive Lösung durch Aufspalten des Problems „Transportiere n Scheiben von Platz 1 nach Platz 3“ in folgende Teilprobleme:

1. Transportiere $n-1$ Scheiben von Platz 1 über Hilfsplatz 3 nach Platz 2.

2. Transportiere die n-te (größte) Scheibe direkt von Platz 1 nach Platz 3.

3. Transportiere $n-1$ Scheiben von Platz 2 über Hilfsplatz 1 nach Platz 3.

Tatsächlich lässt sich diese Lösung exakt so in ein Programm umsetzen, hier eine C-Funktion, die das Problem mit einem Aufruf von `hanoi(3, 1, 2, 3)` für $n = 3$ löst und die einzelnen Schritte als Text auf dem Bildschirm ausgibt:

```
void hanoi(int n, int von, int hilf, int nach) {
   if(n > 0) {
      hanoi(n-1, von, nach, hilf);
      printf("Bewege Scheibe von %d nach %d\n", von, nach);
      hanoi(n-1, hilf, von, nach);
   }
}
```

Praktisch ist das Problem nur für kleine n lösbar, da selbst bei einer optimalen Zugfolge $2^n - 1$ Züge erforderlich sind, die Zahl steigt also exponentiell. Für $n = 2$ und $n = 3$ ist die Lösung grafisch in Abb. 11.11 dargestellt.

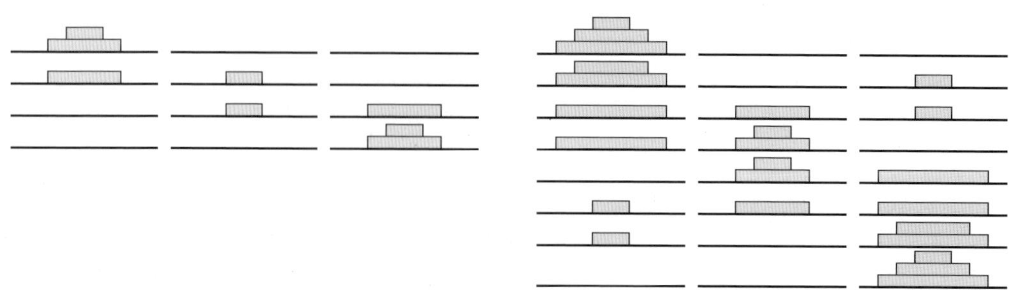

Abb. 11.11 Grafische Darstellung der Lösung für die Türme von Hanoi für $n = 2$ und $n = 3$

11.4.3 Backtracking

Backtracking-Algorithmen dienen dazu, Lösungen von Problemen zu finden, ohne dass eine explizite Vorschrift zum Auffinden der Lösung gegeben ist. Man geht dabei so vor, dass man verschiedene (im Extremfall alle) Wege zur Lösung des Problems versucht und jeweils nachprüft, ob die exakte Lösung (oder wenigstens ein Optimum) gefunden wurde. Diese Strategie trägt den Namen Versuch und Irrtum (Trial and Error). Man zerlegt dabei das Problem in Teilschritte, die sich meist rekursiv formulieren lassen. Allgemein lässt sich der Prozess des Backtracking als ein Suchbaum von Lösungswegen darstellen, der dann durchlaufen wird. Oft gerät man dabei in Sackgassen, die zurückverfolgt werden müssen. In der Regel wächst der Suchbaum der Lösungswege exponentiell in Abhängigkeit von dem wesentlichen Systemparameter, der die Größe des Problems festlegt. Müssen tatsächlich alle Zweige des Suchbaums durchlaufen werden, so führt dies schnell zu einem nicht handhabbaren Algorithmus. In diesen Fällen kann man nur zum Ziel kommen, wenn der Baum durch Zusatzbedingungen und ggf. heuristische Überlegungen beschnitten wird, so dass Sackgassen möglichst vermieden und der Suchaufwand reduziert werden kann (Branch and Bound). Zur Lösung von derartigen Aufgaben, von denen man nur das Ziel, aber nicht den Lösungsweg kennt, wurde die KI-Sprache PROLOG entwickelt. Zur Beschneidung des Suchbaums steht dort der Befehl cut (ausgedrückt durch den Operator „!“) zur Verfügung.

Ein bekanntes Beispiel, das durch Backtracking (aber auch anders und effizienter) gelöst werden kann, ist das Springerproblem. Gegeben sei ein $n \times n$-Spielbrett (bei $n = 8$ also ein Schachbrett). Zu finden ist nun ein Weg des Springers, der genau einmal nach den Regeln des Schachspiels über jedes der n^2 Felder des Spielbretts führt, sofern dies möglich ist. Der Lösungsweg ist in Bsp. 11.22 dargestellt.

Übungsaufgaben zu Kapitel 11

A 11.1 (T1) Beantworten Sie die folgenden Fragen:

a) Wann ist ein Algorithmus statisch finit und wann dynamisch finit?
b) Erläutern Sie den Unterschied zwischen Berechenbarkeit und Komplexität.
c) Was besagt die Church-Turing-These?
d) Was ist der Unterschied zwischen primitiv-rekursiven und μ-rekursiven Funktionen?
e) Was sind NP-vollständige Probleme?
f) Wann ist ein Algorithmus effektiv, wann effizient?

Bsp. 11.22 Backtracking am Beispiel des Springerproblems

Folgender Lösungsweg bietet sich an: Zunächst wird das als zweidimensionales Integer-Array deklarierte Spielfeld mit dem Eintrag 0 initialisiert. Dann wird mit der festgelegten Startposition beginnend aus der Liste der möglichen Züge versuchsweise ein Zug ausgeführt und das entsprechende Feld des Spielbretts durch Eintrag der Zugnummer markiert. Ist kein Zug möglich, ohne dass alle Felder bereits besucht worden sind, so wird der letzte Zug zurückgenommen und ein anderer Zug versucht. Für einen Springer sind demnach bis zu acht verschiedene Züge möglich, wobei das Zielfeld jedoch im Spielfeld liegen muss und nicht besetzt sein darf:

Der Startpunkt in der Mitte des Spielfeldausschnitts ist durch ein Kreuz markiert, die acht möglichen Endpunkte sind indiziert. Die Zielkoordinaten ergeben sich durch Kombinationen von Addition und Subtraktion von 1 und 2 zu den aktuellen Koordinaten.

A 11.2 (T1) Beantworten Sie die folgenden Fragen:

a) Was ist eine rekursive Relation?

b) Was sind probabilistische Algorithmen?

c) Erläutern Sie das Prinzip des Backtracking.

d) Erläutern Sie das Prinzip Teile und Herrsche.

A 11.3 (M3) Zur Ackermannfunktion $A(x,y)$:

a) Wie ist die Ackermannfunktion definiert?

b) Ist die Ackermannfunktion primitiv-rekursiv?

c) Berechnen Sie $A(3,2)$.

d) Für welches $x \in \mathbb{N}$ gilt $A(3,A(0,y)) = A(x,A(3,y))$?

e) Zeigen Sie: $A(p,q+1) > A(p,q)$.

A 11.4 (P3) Schreiben sie ein rekursives und ein iteratives Programm zur Berechnung der Ackermannfunktion. Vergleichen Sie die Ausführungszeiten.

A 11.5 (M2) Der übliche Algorithmus zur Multiplikation zweier $n \times n$-Matrizen hat die Komplexität $\mathcal{O}(n^3)$. Nach dem Verfahren von Strassen lassen sich zwei $n \times n$-Matrizen mit der Komplexität $\mathcal{O}(n^{\mathrm{ld}\,7})$ multiplizieren. Für $n = 10$ benötige der übliche Algorithmus auf einem bestimmten Rechner 0,1 Sekunden und der Strassen-Algorithmus 0,12 Sekunden.

a) Um wie viele Sekunden arbeitet der Strassen-Algorithmus schneller als der übliche Algorithmus, wenn $n = 100$ ist?

b) Wie groß muss n sein, damit der Strassen-Algorithmus auf dem gegebenen Rechner doppelt so schnell abläuft wie der konventionelle Algorithmus?

Literatur

[Abe96] H. Abelson und G. Sussman. *Structure and Interpretation of Computer Programs*. MIT Press, 2. Aufl., 1996.

[Ack28] W. Ackermann. Zum Hilbertschen Aufbau der reellen Zahlen. *Mathematische Annalen*, 99:118–133, 1928.

[Agr04] M. Agrawal, N. Kayal und N. Saxena. Primes is in P. *Annals of Mathematics*, 160(2):781–793, 2004.

[Aho13] A. Aho, M. Lam und R. Sethi. *Compilers*. Addison-Wesley Longman, 2013.

[App76] K. Appel und W. Haken. Every Planar Map is Four Colorable. *Bulletin of the American Mathematical Society*, 82(5):711–712, Sept. 1976.

[App77] K. Appel und W. Haken. Every Planar Map is Four Colorable. *Illinois Journal of Mathematics*, 21(3):429–567, Sept. 1977.

[App07] D. L. Applegate, R. E. Bixby, V. Chvátal und W. J. Cook. *The Traveling Salesman Problem: A Computational Study*. Princeton Series in Applied Mathematics. Princeton University Press, Princeton, NJ, USA, 2007.

[Bac94] P. Bachmann. *Die analytische Zahlentheorie*. Teubner, 1894.

[Box58] G. E. P. Box und M. E. Muller. A Note on the Generation of Random Normal Deviates. *The Annals of Mathematical Statistics*, 29:610–611, 1958.

[Bra13] S. Brandt. *Datenanalyse für Naturwissenschaftler und Ingenieure*. Springer Spektrum, 5. Aufl., 2013.

[Cha66] G. J. Chaitin. On the Length of Programs for Computing Finite Binary Sequences. *J. ACM*, 13(4):547–569, 1966.

[Coo71] S. A. Cook. The Complexity of Theorem-proving Procedures. In *Proceedings of the Third Annual ACM Symposium on Theory of Computing*, STOC '71, S. 151–158. ACM, New York, NY, USA, 1971.

[Cor09] T. H. Cormen, C. E. Leiserson, R. L. Rivest und C. Stein. *Introduction to Algorithms*. The MIT Press, 3. Aufl., 2009.

[Cra05] R. Crandall und C. B. Pomerance. *Prime Numbers: A Computational Perspective*. Springer, 2. Aufl., 2005.

[Erk09] K. Erk und L. Priese. *Theoretische Informatik. Eine umfassende Einführung*. Springer, 3. Aufl., 2009.

[Fra81] A. S. Fraenkel und D. Lichtenstein. Computing a Perfect Strategy for $n \times n$ Chess Requires Time Exponential in n. *J. Comb. Theory, Ser. A*, 31(2):199–214, 1981.

[Für07] M. Fürer. Faster integer multiplication. In D. S. Johnson und U. Feige, Hg., *STOC*, S. 57–66. ACM, 2007.

[Für09] M. Fürer. Faster Integer Multiplication. *SIAM J. Comput.*, 39(3):979–1005, 2009.

[Göd31] K. Gödel. Über formal unentscheidbare Sätze der Principia Mathematica und verwandter Systeme I. *Monatshefte für Mathematik und Physik*, 38:173–198, 1931.

[Gon08a] G. Gonthier. Formal Proof – The Four-Color Theorem. *Notices of the American Mathematical Society*, 55(11):1382–1393, Dez. 2008.

[Gon08b] G. Gonthier. The Four Colour Theorem: Engineering of a Formal Proof. In D. Kapur, Hg., *Computer Mathematics*, S. 333–333. Springer-Verlag, Berlin, Heidelberg, 2008.

[Her65] H. Hermes. *Enumerability, Decidability, Computability*. Springer, 1965.

[Her07] A. M. Herzberg und M. Murty. Sudoku Squares and Chromatic Polynomials. *Int. Math. Nachr., Wien*, 206:1–19, 2007.

[Hof11] D. Hoffmann. *Theoretische Informatik.* Hanser, 2. Aufl., 2011.

[Kar63] A. Karatsuba und Y. Ofman. Multiplication of Many-Digital Numbers by Automatic Computers. *Soviet Physics-Doklady*, 7:595–596, 1963. Übersetzung des russischen Originals aus Doklady Akad. Nauk SSSR. Vol. 145, 1962, S. 293–294.

[Kar72] R. M. Karp. Reducibility Among Combinatorial Problems. In R. E. Miller und J. W. Thatcher, Hg., *Complexity of Computer Computations*, The IBM Research Symposia Series, S. 85–103. Plenum Press, New York, 1972.

[Knu97a] D. E. Knuth. *The Art of Computer Programming, Volume 1: Fundamental Algorithms.* Addison-Wesley, 3. Aufl., 1997.

[Knu97b] D. E. Knuth. *The Art of Computer Programming, Volume 2: Seminumerical Algorithms.* Addison-Wesley, 3. Aufl., 1997.

[Kol65] A. N. Kolmogorov. Three Approaches to the Quantitative Definition of Information. *Problems of Information Transmission*, 1(1):3–11, 1965.

[Leh49] D. H. Lehmer. Mathematical Methods in Large-scale Computing Units. In *Proc. of a Second Symposium on Large-Scale Digital Calculating Machinery*, S. 141–146. 1949.

[Lic78] D. Lichtenstein und M. Sipser. GO Is PSPACE Hard. In *FOCS*, S. 48–54. IEEE Computer Society, 1978.

[Lin68] A. Lindenmayer. Mathematical Models for Cellular Interaction in Development: Parts I and II. *Journal of Theoretical Biology*, 18:280–315, 1968.

[Lud98] R. Ludwig. *Kant für Anfänger: Die Kritik der reinen Vernunft.* Deutscher Taschenbuch Verlag, 1998.

[Man87] B. Mandelbrot. *Die fraktale Geometrie der Natur.* Birkhäuser, 1987.

[Mar64] G. Marsaglia und T. Bray. A Convenient Method for Generating Normal Variables. *SIAM Review*, 6(3):260–264, 1964.

[MB95] R. Morales-Bueno. Noncomputability is easy to understand. *Communications of the ACM*, 38(8):116–117, 1995.

[Mey67] A. R. Meyer und D. M. Ritchie. The Complexity of Loop Programs. In *Proceedings of the 1967 22nd National Conference*, ACM '67, S. 465–469. ACM, 1967.

[Mil] Millennium Problems. `http://www.claymath.org/millennium-problems`.

[Mil75] G. L. Miller. Riemann's Hypothesis and Tests for Primality. In *Proceedings of Seventh Annual ACM Symposium on Theory of Computing*, STOC '75, S. 234–239. ACM, New York, NY, USA, 1975.

[Mil76] G. L. Miller. Riemann's Hypothesis and Tests for Primality. *Journal of Computer and System Sciences*, 13(3):300–317, Dez. 1976.

[Pre07] W. H. Press, S. A. Teukolsky, W. T. Vetterling und B. P. Flannery. *Numerical Recipes 3rd Edition: The Art of Scientific Computing.* Cambridge University Press, New York, NY, USA, 3. Aufl., 2007.

[Pri98] I. Prigogine. *Die Gesetze des Chaos.* Insel Verlag, 1998.

[Pru96] P. Prusinkiewicz und A. Lindenmayer. *The Algorithmic Beauty of Plants.* Springer, New York, NY, USA, 1996.

[Rab80] M. O. Rabin. Probabilistic Algorithm for Testing Primality. *Journal of Number Theory*, 12(1):128–138, 1980.

[Rad62] T. Radó. On non-computable functions. *The Bell System Technical Journal*, 41(3):877–884, 1962.

[Ric53] H. G. Rice. Classes of Recursively Enumerable Sets and Their Decision Problems.

Transactions of the American Mathematical Society, 74:358–366, 1953.

[Rob83] J. Robson. The Complexity of Go. In *IFIP Congress*, S. 413–417. 1983.

[Rob84] J. Robson. N by N Checkers is Exptime Complete. *SIAM Journal on Computing*, 13(2):252–267, 1984.

[San95] P. Sander, W. Stucky und R. Herschel. *Grundkurs Angewandte Informatik IV: Automaten, Sprachen, Berechenbarkeit*. Vieweg+Teubner, 2. Aufl., 1995.

[Sch71] A. Schönhage und V. Strassen. Schnelle Multiplikation großer Zahlen. *Computing*, 7:281–292, 1971.

[Sch08] U. Schöning. *Theoretische Informatik – kurz gefasst*. Spektrum Akad. Verlag, 5. Aufl., 2008.

[Sed11] R. Sedgewick und K. Wayne. *Algorithms*. Addison-Wesley, 4. Aufl., 2011.

[Sed13] R. Sedgewick und P. Flajolet. *An Introduction to the Analysis of Algorithms*. Addison Wesley, 2. Aufl., 2013.

[Tur36] A. M. Turing. On Computable Numbers, with an Application to the Entscheidungsproblem. *Proceedings of the London Mathematical Society*, 2(42):230–265, 1936.

[Woe03] G. J. Woeginger. Exact Algorithms for NP-Hard Problems: A Survey. In M. Jünger, G. Reinelt und G. Rinaldi, Hg., *Combinatorial Optimization – Eureka, You Shrink!*, Bd. 2570 von *Lecture Notes in Computer Science*, S. 185–207. Springer, 2003.

Kapitel 12

Suchen und Sortieren

Dieses Kapitel behandelt zwei der grundlegendsten Verfahren der Informatik, nämlich das Suchen und Sortieren von Daten. Zur Vertiefung wird auf die einschlägige Literatur verwiesen, z. B. [Knu98, Ott12, Sed11, Cor09, Sol08, Pom08, Wir00].

12.1 Einfache Suchverfahren

Suchen ist eine der wichtigsten Operationen vieler Computeranwendungen. Es geht dabei um das Auffinden bestimmter Informationen aus einer größeren Menge gespeicherter Daten.

12.1.1 Sequentielle Suche

Suchen, Durchsuchen und Schlüssel

Eine gängige Definition des Begriffs Suchen lautet: *Suchen* ist das Auffinden eines Datensatzes unter Verwendung eines Schlüssels bzw. unter Einhaltung einer Suchbedingung, oder das Auffinden mehrerer Datensätze, die einer oder mehreren Suchbedingungen genügen.

Davon zu unterscheiden ist das *Durchsuchen* einer Datei. Hierbei soll jedes Element eines Datenbestandes unter Einhaltung einer bestimmten Reihenfolge genau einmal bearbeitet werden, etwa zur Auflistung aller Datenelemente oder zur Prüfung auf eine bestimmte Eigenschaft. Wichtig im Zusammenhang mit Suchverfahren ist der Begriff des *Schlüssels*, der die Datensätze möglichst eindeutig und kurz kennzeichnen soll.

In diesem Kapitel geht es um das Suchen in Arrays und linearen Listen. In Kap. 13 wird dann das darauf aufbauende Suchen in Graphen und Bäumen besprochen.

Sequentielles Durchsuchen eines Arrays

Es sei a eine als Array dargestellte Liste mit Untergrenze u und Obergrenze o für den Indexbereich. Das sequentielle Durchsuchen erfolgt dann nach dem in Abb. 12.1 gezeigten Schema, wobei jedes Element des Arrays genau einmal besucht wird.

Beim Suchen nach einem bestimmten Element x ergibt sich im Vergleich zum Durchsuchen nur eine geringe Änderung, wie in Abb. 12.2 dargestellt. Für die Suche in verketteten Listen ist nur eine einfache Modifikation nötig, die bereits in Kap. 14.4.2 eingeführt worden ist. Eine sequentielle Suche wird verwendet, wenn die Daten nicht sortiert sind; bei bereits sortierten Daten sind die weiter unten beschriebenen Verfahren erheblich besser geeignet.

Setze Zähler $i := u$
Wiederhole, solange $i \leq o$:
  Bearbeite Element $a[i]$
  Setze $i := i + 1$

Abb. 12.1 Sequentielles Durchsuchen eines Arrays a

Setze Zähler $i := u$
Wiederhole, solange $i \leq o$ und $a[i] \neq x$:
  Setze $i := i + 1$
Wenn $i \leq o$ dann gefunden an Position i
Sonst: nicht gefunden

Abb. 12.2 Sequentielle Suche nach einem Element x in einem Array a

Die Komplexität des sequentiellen Suchens

Bei der Bestimmung der Zeitkomplexität kann man als wesentliche Operation mit $T(n)$ die Anzahl der Vergleiche in Abhängigkeit von der Anzahl n der Datensätze zählen. Für die Komplexität des Algorithmus ergibt sich im ungünstigsten Fall, d. h. für den Fall dass x nicht in der Liste enthalten ist, $T(n) = n$, also die Ordnung $\mathcal{O}(n)$.

Für die Berechnung der Komplexität des im Mittel auftretenden Normalfalls nimmt man an, dass x mit gleicher Wahrscheinlichkeit p_i auf jeder Position i gefunden werden konnte. Es gilt dann $p_1 = p_2 = \ldots = p_n = 1/n$. Um festzustellen, ob sich ein Element an i-ter Position befindet, werden offenbar i Vergleiche benötigt, wobei die Anzahl mit der Wahrscheinlichkeit des Auftretens zu gewichten ist. Den gesuchten Mittelwert erhält man dann durch Summation:

$$\begin{aligned} T(n) &= 1 \cdot p_1 + 2 \cdot p_2 + \ldots + n \cdot p_n = \frac{1}{n} + \frac{2}{n} + \frac{3}{n} + \ldots + \frac{n}{n} = \frac{1}{n}(1+2+3+\ldots+n) \\ &= \frac{1}{n}\sum_{i=1}^{n} i = \frac{1}{n}\frac{n(n+1)}{2} = \frac{n+1}{2} = \mathcal{O}(n) \quad . \end{aligned} \tag{12.1}$$

Es ergibt sich also auch im mittleren Fall eine lineare Komplexität $\mathcal{O}(n)$.

12.1.2 Binäre Suche

Nun wird der in der Praxis oft anzutreffende Fall vorausgesetzt, dass das zu Grunde liegende Feld a bereits entsprechend der Suchbedingung geordnet ist. Man teilt dann den Bereich u bis o in der Mitte und stellt durch einen Vergleich fest, ob sich das gesuchte Element x im unteren oder im oberen Intervall befindet, sofern es überhaupt in dem Feld enthalten ist. Auf diese Weise fährt man durch fortgesetzte Unterteilung der entsprechenden Intervalle fort, bis das Element gefunden oder bis keine weitere Intervallunterteilung mehr möglich ist. Der zugehörige Algorithmus ist in Abb. 12.3 gezeigt. Wenn x nicht in a enthalten ist, wird $b = e = m$ auftreten. Im nächsten Schritt ist dann $e < b$ und die Suche bricht ab. Beispiel 12.1 zeigt die binäre Suche anhand einer Zeichenkette und lexikografischer Ordnung.

Bei mehrfachen, also nicht eindeutigen Schlüsseln, liefert die binäre Suche nur einen Eintrag. Im Beispiel wäre das im Falle der Suche nach dem mehrfach auftretenden Zeichen I der Fall. Will man alle Einträge mit demselben Schlüssel finden, so kann dies durch Nachschalten einer sequentiellen Suche in beide Richtungen geschehen.

Abb. 12.3 Binäre Suche nach einem Element x in einem Arrays a mit Untergrenze u und Obergrenze o

Setze Anfang $b := u$, Ende $e := o$, Mitte $m := \lfloor \frac{b+e}{2} \rfloor$
Wiederhole, solange $b \leq e$ und $a[m] \neq x$:
  Wenn $x < a[m]$ dann $e := m - 1$ sonst $b := m + 1$
  $m := \lfloor \frac{b+e}{2} \rfloor$
Wenn $a[m] = x$ dann gefunden an Position m
Sonst: nicht gefunden

Bsp. 12.1 Beispiel zur binären Suche

Die Wirkungsweise des Suchalgorithmus wird anhand eines Beispiels verdeutlicht. Zunächst wird der Text E I N S U C H B E I S P I E L lexikografisch geordnet in ein Feld eingelesen, jedes Element enthält also ein einzelnes Zeichen. Nun wird das Zeichen N gesucht und im vierten Schritt gefunden. Die Buchstaben in der Mitte sind unterstrichen und fett hervorgehoben:

0	1	2	3	4	5	6	7	8	9	10	11	12	13	14	Anfang b	Ende e	Mitte m
B	C	E	E	E	H	I	**I**	I	L	N	P	S	S	U	0	14	7
								I	L	N	**P**	S	S	U	8	14	11
								I	**L**	N					8	10	9
										N					10	10	10

Die Komplexität des binären Suchens

Die Komplexität des Algorithmus zur binären Suche folgt aus der Überlegung, dass jeder Vergleich die Anzahl der noch verbleibenden Elemente halbiert. Es sei wieder $T(n)$ die Anzahl der Vergleiche; dann gilt offenbar im ungünstigsten Fall $T(n) \approx \mathrm{ld}\, n = \mathcal{O}(\mathrm{ld}\, n)$.

Die binäre Suche ist ein typischer Vertreter der in Kap. 11.2.2, S. 437 besprochenen Divide and Conquer Algorithmen. Daher lässt sich die Komplexität auch mit (11.6) und (11.7) bestimmen: Im Mittel wird das Problem der Größe n auf ein Teilproblem halber Größe reduziert. Der Zusatzaufwand in jedem Schritt beschränkt sich auf einen Vergleich und einige Zuweisungen, ist also konstant. Damit ergibt sich:

$$T(n) = T(n/2) + \Theta(1) \tag{12.2}$$

und aus (11.7) für die Gesamtkomplexität $\Theta(\log n)$.

Eine etwas langwierigere Rechnung ergibt, dass $T(n)$ auch im mittleren Fall von logarithmischer Komplexität $\mathcal{O}(\mathrm{ld}\, n)$ ist und nur geringfügig kleiner als die hier für den ungünstigsten Fall berechnete Komplexität. Für die Suche in einer Datei mit $n = 1.000.000$ Datensätzen sind beispielsweise nur ca. 20 Intervallhalbierungen für das Auffinden eines bestimmten Datensatzes nötig, während bei der sequentiellen Suche ca. 500.000 erforderlich wären.

12.1.3 Interpolationssuche

Ein noch geringerer Aufwand als bei der binären Suche lässt sich in manchen Anwendungen durch die Interpolationssuche erreichen. Die Grundidee dieses von der binären Suche abgeleiteten Verfahrens ist, dass die Unterteilung der Suchintervalle nicht einfach durch Halbieren geschieht, sondern dass der Unterteilungspunkt genauer abgeschätzt wird. Bei der binären Suche war der

Bsp. 12.2 Beispiel zur Interpolationssuche

Zunächst wird wieder der Text E I N S U C H B E I S P I E L lexikografisch geordnet in ein Feld eingelesen. Als Abbildung num wird die Position des Buchstabens im Alphabet verwendet, d. h. es ist $\text{num}(A) = 1, \text{num}(N) = 14$. Nun wird das Zeichen N gesucht und im zweiten Schritt gefunden. Die Buchstaben am Teilungspunkt sind unterstrichen und fett hervorgehoben:

0	1	2	3	4	5	6	7	8	9	10	11	12	13	14	b	e	Teilungspunkt u
B	C	E	E	E	H	I	I	I	**<u>L</u>**	N	P	S	S	U	0	14	$\text{runde}\left(0+\frac{14-2}{21-2}(14-0)\right)=9$
										<u>N</u>	P	S	S	U	10	14	$\text{runde}\left(10+\frac{14-14}{21-14}(14-10)\right)=10$

Zur Suche sind hier also nur zwei Vergleiche nötig. Allerdings ist der zusätzliche Aufwand beträchtlich, so dass sich der Vorteil gegenüber dem binären Suchen wieder etwas relativiert.

Unterteilungspunkt u nach der Formel

$$u = \left\lfloor \frac{b+e}{2} \right\rfloor = \left\lfloor b + \frac{1}{2}(e-b) \right\rfloor \tag{12.3}$$

berechnet worden. Der Faktor $1/2$ steht für die Intervallteilung in der Mitte. Bei der Interpolationssuche wird nun dieser Faktor als eine Variable k betrachtet, die aus dem Wert p des zu suchenden Elements und den Werten der den Intervallgrenzen entsprechenden Elemente berechnet wird. Durch eine geeignete Abbildung $\text{num}(p)$ muss außerdem sichergestellt werden, dass sich für die Positionen der Elemente numerische Werte ergeben. Schließlich wird das Ergebnis u noch auf den nächstliegenden gültigen Wert gerundet. Man erhält:

$$u = \text{runde}\,(b + k(e-b)) \qquad \text{mit} \qquad k = \frac{\text{num}(p) - \text{num}(a[b])}{\text{num}(a[e]) - \text{num}(a[b])} \quad . \tag{12.4}$$

Dies entspricht einer linearen Interpolation. Die Abschätzung des Teilungspunktes u ist demnach dann gut, wenn sich die Daten auch linear über den Suchraum verteilen. Beispiel 12.2 verdeutlicht die Interpolationssuche an den gleichen Daten wie in Bsp. 12.1.

Die Komplexität der Interpolationssuche

Eine Komplexitätsanalyse ergibt für die Interpolationssuche im Mittel das Resultat $T(n) = \mathcal{O}(\text{ld}\,\text{ld}\,n)$. Dies ist eine derart langsam wachsende Funktion, dass die daraus resultierende Anzahl der erforderlichen Vergleiche für praktische Zwecke als konstant angesehen werden kann. Voraussetzung ist allerdings, dass die Elemente selbst oder die ihnen zugeordneten Schlüssel entweder bereits numerisch sind oder durch eine einfache Funktion auf numerische Werte abgebildet werden können und dass ferner diese numerischen Werte über das Suchintervall einigermaßen gleichmäßig verteilt sind. Auch hier muss bei mehrdeutigem Schlüssel ggf. noch eine sequentielle Suche nachgeschaltet werden.

Die Zeitkomplexität im schlechtesten Fall, wenn beispielsweise die Bedingungen zur Verteilung der Daten nicht eingehalten sind, ergibt sich allerdings zu $\mathcal{O}(n)$, es muss jedes Element betrachtet werden, wie bei der sequentiellen Suche auf unsortierten Daten. Hier ist die Interpolationssuche demnach wesentlich schlechter als die binäre Suche, die sich auch im schlechtesten Fall logarithmisch verhält.

Bsp. 12.3 Beispiel zur Radix-Suche

Den in der Zeichenkette E I N S U C H B E I S P I E L vorkommenden Zeichen wurde die binär codierte Position im Alphabet als Schlüssel zugeordnet. Die Suche erfolgt dann durch bitweisen Schlüsselvergleich.

Buchstabe:	B	C	E	H	I	L	N	P	S	U
Position:	2	3	5	8	9	12	14	16	19	21
Code:	00010	00011	00101	01000	01001	01100	01110	10000	10011	10101

Der zugehörige Codebaum wird nur so weit ausgeführt, wie tatsächlich Alternativentscheidungen auftreten. Man erhält folgendes Bild, der Pfad für die Suche nach dem Eintrag N ist markiert; offenbar sind 5 Ein-Bit-Vergleiche nötig:

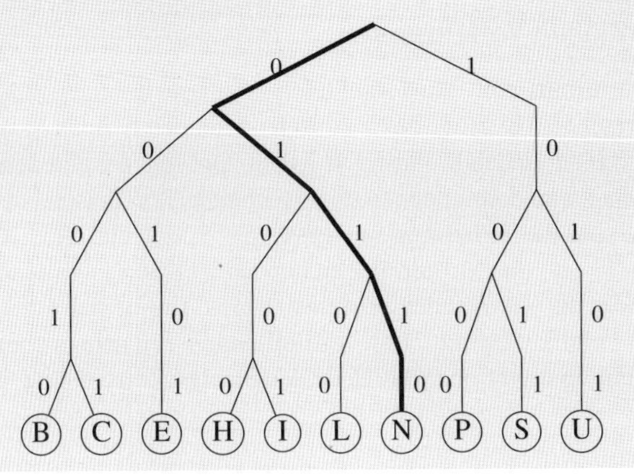

12.1.4 Radix-Suche

Normalerweise werden bei Schlüsselvergleichen verschiedene Schlüssel als Ganzes miteinander verglichen. Bei der Radix-Suche geht man einen anderen Weg: die Schlüssel werden bitweise verglichen. Diese Art der Suche ist unter folgenden Bedingungen günstig:

- die Schlüssel sind sehr lang, etwa 100 Bit oder mehr,
- die einzelnen Bits der Schlüssel sind einfach zugänglich,
- die Schlüsselwerte sind „vernünftig" verteilt.

Im einfachsten Fall geht man folgendermaßen vor: Alle Schlüssel werden entsprechend ihrem Binärcode in einem Codebaum (siehe Kap. 3.2) gespeichert. Man bezeichnet solche Strukturen als *Tries* (eine Verballhornung von tree = Baum, try = probieren und retrieve = wieder finden). Um einen bestimmten Schlüssel aufzufinden, entscheidet man beginnend mit dem MSB (Most Significant Bit) Bit für Bit, welcher Pfad in dem Baum einzuschlagen ist. Man gelangt schließlich an das Blatt, dem der gesuchte Schlüssel zugeordnet ist. Dieses Verfahren ist in Bsp. 12.3 wieder anhand des Textes E I N S U C H B E I S P I E L erläutert.

Die weitere Verfeinerung der Radix-Suche bis hin zu PATRICIA (Practical Algorithm To Retrieve Information Coded In Alphanumeric) erfordert Detailkenntnisse über Baumstrukturen und würde hier zu weit führen. Insbesondere müssen die Operationen Einfügen und Löschen von Einträgen sowie die Suche nach mehrdeutigen Schlüsseln möglichst effizient gelöst werden.

12.2 Suchen von Mustern in Zeichenketten

Als problematisch beim Editieren größerer Texte kann sich das Suchen von Mustern erweisen, da nur effiziente Algorithmen ein vertretbares Zeitverhalten garantieren.

Unter Musterabgleich (Pattern Matching) versteht man ganz allgemein die Aufgabe, festzustellen, ob und gegebenenfalls wo und wie oft ein gegebenes Muster in einem gegebenen Datensatz vorkommt. Auf Strings und Texte bezogen fragt man nach dem Auftreten eines Musterstrings in einem String oder Text, dessen Länge nicht kleiner ist als die Länge des Musters.

12.2.1 Musterabgleich durch sequentielles Vergleichen

Prinzip des sequentiellen Verfahrens

Dem einfachsten Algorithmus zum Musterabgleich liegt eine naheliegende Idee zu Grunde: Man betrachtet alle Teilstrings $S_1, S_2, \ldots, S_n$ des zu durchsuchenden Strings S, wobei die Teilstrings S_k die gleiche Länge wie das zu suchende Muster M haben. Der Index k gibt den Anfang des Teilstrings S_k bezogen auf den String S an. Lautet der zu durchsuchende Text beispielsweise „essen“ und ist die Musterlänge $m = 3$, so sind die Teilstrings $S_1 =$„ess“, $S_2 =$„sse“ und $S_3 =$„sen“ zu betrachten. Nun werden die Teilstrings S_k und das Muster M Zeichen für Zeichen miteinander verglichen, bis eine Ungleichheit auftritt oder bis alle Zeichen übereinstimmen. Ergibt sich Übereinstimmung, so endet der Algorithmus, andernfalls wird mit allen verbleibenden Teilstrings ebenso verfahren, bis sich entweder Übereinstimmung ergibt oder das Ende des Strings S erreicht ist, in welchem Fall M in S nicht enthalten ist.

Berechnung der Komplexität

Zur Bestimmung der Komplexität $T(n)$ dieses Algorithmus wird die Anzahl der nötigen Vergleiche in Abhängigkeit von der Anzahl der Eingabezeichen abgeschätzt. Es sei m die Anzahl der Zeichen des Musters M und s die Länge des Strings S. Der Umfang n der Eingabedaten ist dann $n = m + s$. Der für eine feste Musterlänge m ungünstigste Fall tritt ein, wenn alle $s - m + 1$ Teilstrings S_k mit M verglichen werden müssen und jeweils alle Zeichen von S_k bis auf das Letzte mit den entsprechenden Zeichen von M übereinstimmen. Für jeden Teilstring sind dies dann m Vergleiche, insgesamt also:

$$T(n) = m(s - m + 1) \text{ oder wegen } s = n - m \text{ auch: } T(n) = m(n - 2m + 1) = mn - 2m^2 + m\,. \quad (12.5)$$

$T(n)$ hängt offenbar nicht nur von der Textlänge s ab, sondern auch von der Musterlänge m. Um zu bestimmen, für welche Musterlänge m die Anzahl der Vergleiche $T(n)$ ihr Maximum erreicht, bestimmt man den Wert von m, für welchen die Ableitung von $T(n)$ nach m verschwindet und die zweite Ableitung negativ ist. In diesem Fall nimmt $T(n)$ sein Maximum an. Da sich die gesamte Datenmenge dabei nicht ändern soll, wird vorausgesetzt, dass n konstant bleibt. Man erhält somit:

$$\frac{dT(n)}{dm} = \frac{d}{dm}(mn - 2m^2 + m) = n - 4m + 1 \stackrel{!}{=} 0 \quad \rightarrow \quad m = \frac{n+1}{4} \quad . \quad (12.6)$$

Für die zweite Ableitung ergibt sich offenbar -4, so dass an dieser Stelle tatsächlich ein Maximum vorliegt. Setzt man dieses Ergebnis für m in die obige Formel (12.5) für $T(n)$ ein, so findet man den gesuchten Maximalwert $T_{\max}(n)$ der Komplexität:

$$T_{\max}(n) = \frac{n+1}{4}\left(n + 1 - 2\frac{n+1}{4}\right) = \frac{(n+1)^2}{8} = \frac{1}{8}(n^2 + 2n + 1) = \mathcal{O}(n^2) \quad . \quad (12.7)$$

Ist n sehr groß – und nur dieser Fall ist ja von Interesse – überwiegt der erste Term, also der mit der höchsten Potenz n^2; alle anderen Terme können dagegen vernachlässigt werden. Die Komplexität ist also für das obige Beispiel im ungünstigsten Fall von der Ordnung $\mathcal{O}(n^2)$.

Für den betrachteten Algorithmus zum Musterabgleich kann neben dem ungünstigsten Fall, für den die eben berechnete Komplexität gilt, auch der günstigste Fall leicht bestimmt werden. Dieser liegt dann vor, wenn die Anzahl der nötigen Vergleiche minimal wird, d. h. wenn M der Anfangsstring von S ist. In diesem Fall sind lediglich m Vergleiche erforderlich und man findet $T_{\min}(n) = m$.

Der eigentlich interessierende durchschnittliche Fall hängt von verschiedenen unbekannten Wahrscheinlichkeiten ab. Eingehendere Untersuchungen zeigten aber, dass die Anzahl der Vergleiche proportional zu n^2 ist, also ebenso wie im ungünstigsten Fall von der Ordnung $\mathcal{O}(n^2)$.

12.2.2 Musterabgleich durch Automaten

Beschreibung des Verfahrens

Eine nähere Betrachtung des Problems des Musterabgleichs zeigt jedoch, dass man mit wesentlich weniger Vergleichen auskommen kann, da je nach Ausgang des Vergleichs von M mit S_k nicht alle folgenden Teilstrings S_j betrachtet werden müssen. Bei dem nun zu entwickelnden Algorithmus werden zunächst alle Teilstrings M_0 bis M_m von M mit den Längen 0 bis m gebildet. M_0 ist also der leere String und M_m ist identisch mit dem Muster M. Nun definiert man eine Funktion f, die aus einem gegebenen Teilstring M_i und dem als nächstes eingelesenen Zeichen c des Textes den resultierenden Teilstring M_j erzeugt. Dabei ist M_j der längste aus den letzten j Zeichen von $M_i + c$ bestehende Teilstring, der mit den ersten j Zeichen von M übereinstimmt:

$$M_j = f(M_i, c) \quad . \tag{12.8}$$

Interpretiert man die M_i als Zustände, $c \in S$ als Eingabezeichen und f als Übergangsfunktion, so lässt sich der gesuchte Musterabgleichsalgorithmus als endlicher Automat formulieren (siehe Kap. 10.1), den man als eine aus den M_i gebildete Übergangstabelle (Matrix) darstellen kann. Der Algorithmus läuft also folgendermaßen ab:

1. Aus M wird der oben beschriebene Automat gebildet und durch seine Übergangsmatrix dargestellt.
2. Die Zeichen $c \in S$ werden nun eingelesen und als Eingabe für den Automaten verwendet, der sodann, beginnend mit dem Anfangszustand M_0, verschiedene Zustände annehmen wird.
3. Wird der Endzustand M_m erreicht, so ist das Muster M gefunden und der Algorithmus bricht ab.
4. Wird der Endzustand nicht erreicht, so endet der Automat mit Eingabe und Verarbeitung des letzten Zeichens aus S. M ist dann nicht in S enthalten.

Komplexität des Verfahrens

Die Berechnung der Komplexität ergibt hier im ungünstigsten Fall, dass der gesamte Text S eingelesen werden muss und für jedes Zeichen ein Vergleich durchzuführen ist. Es ist also $T_{\max}(n)$ von der Ordnung $\mathcal{O}(n)$. Im günstigsten Fall gilt offenbar wieder $T_{\max}(n) = m$. Im durchschnittlichen Fall ist die Komplexität ebenfalls von linearer Ordnung. Man hat also für den verbesserten Algorithmus

Bsp. 12.4 Automat für die Suche nach dem Muster „essen“

Als Beispiel für die Erstellung eines Automaten wird das Muster $M =$ „essen“ betrachtet. Die Teilstrings M_j von M, also die Zustände des Automaten lauten dann:

$$M_0 = „“, \quad M_1 = „e“, \quad M_2 = „es“, \quad M_3 = „ess“, \quad M_4 = „esse“, \quad M_5 = „essen“ \quad .$$

Daraus ergibt sich die Zustandsübergangstabelle sowie das zugehörige Zustandsübergangsdiagramm:

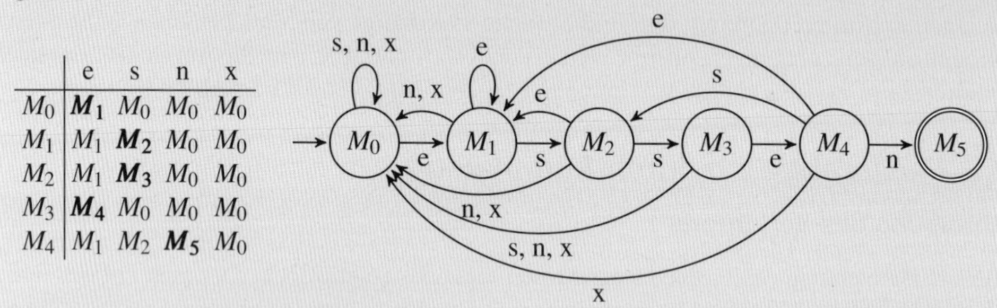

	e	s	n	x
M_0	$\boldsymbol{M_1}$	M_0	M_0	M_0
M_1	M_1	$\boldsymbol{M_2}$	M_0	M_0
M_2	M_1	$\boldsymbol{M_3}$	M_0	M_0
M_3	$\boldsymbol{M_4}$	M_0	M_0	M_0
M_4	M_1	M_2	$\boldsymbol{M_5}$	M_0

Der Eintrag x in der Zustandsübergangstabelle steht für jedes andere Zeichen außer e, s und n. Man geht bei der Erstellung der Tabelle so vor, dass man zunächst die erste Spalte mit M_1 besetzt (bzw. in der Praxis mit dem Zahlenwert 1) und alle anderen Komponenten der Tabelle mit M_0 (bzw. dem Zahlenwert 0). Sodann werden die sich aus der direkten Kette von M_0 bis M_5 ergebenden Einträge vorgenommen; diese sind in der Tabelle fett hervorgehoben. Schließlich werden alle anderen Einträge in den Spalten mit Ausnahme der letzten Spalte (diese bleibt immer mit M_0 besetzt) nochmals nachbearbeitet. Dazu hängt man an das dem aktuellen Zustand entsprechende Muster das zugehörige Eingabezeichen an und ermittelt von rechts nach links fortschreitend das längste identische Teilmuster M_j von M. Dieses legt dann den neuen Zustand fest. Im obigen Beispiel führte dies in der letzten Zeile der zweiten Spalte zu einem Ersetzen der Vorbesetzung M_0 durch den neuen Eintrag M_2. Zu dieser Position in der Tabelle gehört die Anwendung des Zeichens s auf den Automaten im Zustand $M_4 =$ „esse“. Es ergibt sich also der String „esses“. Ein von rechts nach links fortschreitender Vergleich mit den Teilmustern von M ergibt, dass $M_2 =$ „es“ das längste übereinstimmende Teilmuster ist. Es wird also M_2 in Zeile 5, Spalte 2 eingetragen.

eine lineare Komplexität an Stelle einer quadratischen für das oben beschriebene naive Verfahren. Dazu kommt allerdings der Aufwand, den Automaten zu erstellen. Da hier aber nur die in der Regel im Vergleich zur Textlänge s geringe Anzahl m der Zeichen des Musters M eingeht, ist der entsprechende Zeitbedarf gering. Beispiel 12.4 zeigt einen Automaten für die Suche nach dem Muster „essen“.

12.2.3 Die Verfahren von Boyer-Moore und Knuth-Morris-Pratt

Beschreibung des Verfahrens

Es sind noch viele Varianten von Musterabgleichs-Algorithmen bekannt. Vorgestellt werden soll noch das populäre Verfahren von Boyer und Moore [Boy77]; ähnlich arbeitet der Algorithmus von

Bsp. 12.5 Mustersuche mit dem Verfahren von Boyer und Moore

Im Text „Die Jacke gegen jeden Regen" soll das Muster „Regen" gefunden werden. Dazu werden die folgenden Schritte ausgeführt:

```
    Die Jacke gegen jeden Regen
1.  Regen                        Regel 1
2.       Regen                   Regel 1
3.            Regen              4 erfolgreiche Vergleiche: Regel 3, dann 2b
4.             Regen             Regel 1
5.                  Regen        2 erfolgreiche Vergleiche: Regel 3, dann 1
6.                     Regen     Regel 2a mit dem Buchstaben e
7.                      Regen    Regel 2a mit dem Buchstaben g
8.                        Regen  2 erfolgreiche Vergleiche: Regel 3,
                                 Muster gefunden
```

Erfolgreiche Vergleiche sind hell markiert, nicht erfolgreiche dunkel.

Knuth, Morris und Pratt [Knu77]. Die wesentliche Idee von Boyer und Moore liegt darin, beim Vergleich des Muster M der Länge m mit dem Text S mit dem am weitesten rechts stehenden Musterzeichen zu beginnen, wobei der Text S aber weiterhin von links nach rechts durchgegangen wird. Die aktuell zu vergleichenden Zeichen seien c_m im Muster und c_s im Text S. Jetzt können folgende Fälle auftreten:

1. $c_s \neq c_m$ und c_s kommt in M nicht vor: M kann um m Plätze nach rechts verschoben werden.
2. $c_s \neq c_m$ aber c_s kommt in M an mindestens einer anderen Stelle vor:
   a) M kann um so viele Plätze nach rechts verschoben werden, bis das mit c_s übereinstimmende Zeichen des Musters unter c_s steht. Kommt das Zeichen c_s mehrmals in M vor, so ist die am weitesten rechts stehende Position zu verwenden.
   b) Ist die nach a) berechnete Verschiebedistanz negativ, so wird diese nicht verwendet; M wird stattdessen um eine Stelle nach rechts verschoben.
3. $c_s = c_m$: Der Index in M wird um eins herunter gezählt, weiter mit Regel 1.

Beispiel 12.5 zeigt den Ablauf des Verfahrens an einem kurzem Text.

Die hier beschriebene Methode ist als „schlechtes Zeichen Strategie" oder „Bad Character Heuristics" bekannt. Wie oben erläutert, liefert diese bisweilen gemäß Regel 2b) eine negative Verschiebung, entsprechend einer sinnlosen Verschiebung nach links. Dies ist im obigen Beispiel in der dritten Zeile beim Vergleich der Zeichen $c_m =$ R und $c_s =$ g der Fall. Man ersetzt dann einfach die daraus folgende negative Verschiebung um -2 durch eine positive Verschiebung um eine Stelle. Noch besser wäre es aber, in diesem Fall im Muster zu suchen, ob der übereinstimmende Teil des Musters an anderer Stelle im Muster nochmals vorkommt und dann die größtmögliche Schiebedistanz durch Ausrichten auf dieses Teilmuster zu ermitteln. Diese hier nicht weiter verfolgte Verbesserung hat Ähnlichkeit mit der oben beschriebenen Automaten-Methode, sie wird „gutes Ende Strategie" oder „Good Suffix Heuristics" genannt.

Der Hauptunterschied des Boyer-Moore Verfahrens zum Algorithmus von Knuth, Morris und Pratt ist, dass Boyer-Moore die einzelnen Zeichen des Suchmusters von rechts nach links vergleicht, während Knuth, Morris und Pratt von links nach rechts vorgehen. Es hat sich gezeigt, dass Knuth, Morris und Pratt bei kleinen Alphabeten performanter ist.

Komplexität des Verfahrens

Ist das Muster mit Länge m im Text mit Länge s nicht enthalten, so ist die Anzahl der Vergleiche für kleine Musterlängen und große Alphabete nur s/m, da immer um das gesamte Muster verschoben werden kann. Im Mittel ist die Anzahl der Vergleiche von der Ordnung $\mathcal{O}(n)$ mit $n = s + m$.

12.2.4 Ähnlichkeit von Mustern und Levenshtein-Distanz

Eine Erweiterung des Problems der Musterabgleichs ergibt sich, wenn man nicht eine exakte Übereinstimmung des gesuchten Musters mit dem Vergleichs-String fordert, sondern Abweichungen zulässt. Dies ist etwa bei Datenbankabfragen nach Begriffen mit nicht genau bekannter Schreibweise wichtig oder bei Rechtschreibprüfungen in Editoren.

Grundidee des Verfahrens

Grundlage vieler Verfahren, die Wortähnlichkeiten bewerten, ist die gewichtete *Levenshtein-Distanz* (LD) [Lev66, Oku76]. Bei der Definition der LD nutzt man aus, dass ein beliebiges Wort X der Länge x durch Kombination der drei Störungsarten *Ersetzen*, *Löschen* und *Einfügen* von Zeichen immer in ein beliebiges anderes Wort Y der Länge y transformiert werden kann. Betrachtet man als Beispiel die beiden Worte $X =$ Oktrm und $Y =$ Ostern, so sieht man leicht, dass das Wort X durch die Folge Oktrm $\rightarrow$ Okterm $\rightarrow$ Osterm $\rightarrow$ Ostern in drei Schritten in das Wort Y transformiert werden kann. Es waren dabei eine Einfügung und zwei Ersetzung erforderlich. Eine andere Möglichkeit wäre die Folge Oktrm $\rightarrow$ Oktem $\rightarrow$ Ostem $\rightarrow$ Osten $\rightarrow$ Ostern, die aber offenbar vier Transformationsschritte erfordert und somit ungünstiger ist. Sinnvollerweise definiert man also die Levenshtein-Distanz $\mathrm{LD}(X,Y)$ als die minimale Anzahl der zur Transformation von X in Y erforderlichen Schritte. Man schreibt:

$$\mathrm{LD}(X,Y) = \min\{w_\mathrm{S} \cdot n_\mathrm{S}, w_\mathrm{I} \cdot n_\mathrm{I}, w_\mathrm{D} \cdot n_\mathrm{D}\} \quad , \tag{12.9}$$

wobei n_S die Anzahl der Ersetzungen (Substitution) zählt, n_I die Anzahl der Einfügungen (Insertion) und n_D die Anzahl der Auslöschungen (Deletion), die nötig sind, um das Wort X in das Wort Y zu überführen. In der Gleichung wurden zusätzlich Gewichtsfaktoren $w_\mathrm{S}, w_\mathrm{I}$ und w_D eingeführt. Diese tragen dem Umstand Rechnung, dass nicht alle Störungsarten als gleich gravierend empfunden werden. Die meisten Menschen werden eine durch das Ersetzen eines Zeichens durch ein anderes verursachte Änderung als weniger störend empfinden, als eine durch Löschen eines Zeichens entstandene Änderung. Löschen eines Zeichens erscheint wiederum weniger störend als Einfügen eines Zeichens. Man wird daher in der Praxis $w_\mathrm{S} \leq w_\mathrm{D} \leq w_\mathrm{I}$ wählen.

Berechnung der Levenshtein-Distanz

Zur Berechnung von $\mathrm{LD}(X,Y)$ bietet sich ein rekursives Verfahren an. Angenommen man hätte schon die LD für die sich durch die Operationen Ersetzen, Einfügen, Löschen ergebenden um ein Zeichen verkürzten Teilworte von X und Y berechnet, so könnte man daraus leicht die LD für X und Y bestimmen. Um dies einzusehen betrachtet man wieder die beiden Worte $X =$ Oktrm und $Y =$ Ostern. Es seien nun $\mathrm{LD}(\mathrm{Oktr}, \mathrm{Oster}), \mathrm{LD}(\mathrm{Oktrm}, \mathrm{Oster})$ und $\mathrm{LD}(\mathrm{Oktr}, \mathrm{Ostern})$ die Distanzen

Bsp. 12.6 Distanzmatrix zur Berechnung der Levenshtein-Distanz für X = Oktrm und Y = Ostern

Für X = Oktrm und Y = Ostern berechnet man mit $w_S = w_D = w_I = 1$:

$$(\mathrm{LD}(X_i,Y_j)) = \begin{pmatrix} 0&1&2&3&4&5&6\\ 1&0&1&2&3&4&5\\ 2&1&1&2&3&4&5\\ 3&2&2&1&2&3&4\\ 4&3&3&2&2&2&3\\ 5&4&4&3&3&3&3 \end{pmatrix}, \text{also: } \mathrm{LD}(\mathrm{Oktrm}, \mathrm{Ostern}) = 3.$$

der drei möglichen Kombinationen von um ein Zeichen verkürzten Worten für die drei möglichen Operationen; dann gilt offenbar:

$$\begin{aligned}&\mathrm{LD}(\mathrm{Oktrm},\mathrm{Ostern}) = \\ &\min\{\mathrm{LD}(\mathrm{Oktr},\mathrm{Oster})+w_S, \mathrm{LD}(\mathrm{Oktrm},\mathrm{Oster})+w_I, \mathrm{LD}(\mathrm{Oktr},\mathrm{Ostern})+w_D\} \quad .\end{aligned} \tag{12.10}$$

Im ersten Fall wird der Teilstring Oktr von Oktrm in Oster transformiert, es entsteht also das Wort Osterm, so dass nun noch ein m in ein n geändert werden muss. Im zweiten Fall wird Oktrm in Oster transformiert und es muss noch ein n an Oster angefügt werden. Im dritten Fall wird schließlich der Teilstring Oktr von Oktrm in Ostern transformiert, es entsteht das Wort Osternm; es muss also noch ein m gelöscht werden. Das Minimum dieser drei Varianten ist dann die gesuchte Distanz. Vor der Verallgemeinerung des Verfahrens muss noch ein Sonderfall betrachtet werden: der Austauschprozess findet nicht statt, wenn die zu vergleichenden Worte in ihrem letzten Zeichen übereinstimmen, was zum Beispiel für X = Oktrn und Y = Ostern der Fall wäre. Die Addition von w_S in der obigen Formel kann dann entfallen.

Um den allgemeinen Fall zu formulieren, schreibt man X_i für die ersten i Zeichen von X und Y_j für die ersten j Zeichen von Y. Zur Berücksichtigung des oben genannten Sonderfalls setzt man $w_S(i,j) = 0$ wenn das i-te Zeichen von X mit dem j-ten Zeichen von Y übereinstimmt und $w_S(i,j) = w_S$, wenn dies nicht der Fall ist. Daraus ergibt sich dann die allgemeine Formel für die gewichtete Levenshtein-Distanz:

$$\mathrm{LD}(X_i,Y_j) = \min\{\mathrm{LD}(X_{i-1},Y_{j-1})+w_S(i,j), \mathrm{LD}(X_i,Y_{j-1})+w_I, \mathrm{LD}(X_{i-1},Y_j)+w_D\} \quad , \tag{12.11}$$

mit $i = 0,\ldots,x$ und $j = 0,\ldots,y$. Für die Startwerte, also die erste Zeile und die erste Spalte der sich so ergebenden Matrix, gilt offenbar:

$$\mathrm{LD}(X_0,Y_j) = jw_I \quad \text{aus dem leeren Wort } X_0 \text{ entsteht durch } j \text{ Einfügungen } Y_j, \tag{12.12}$$

$$\mathrm{LD}(X_i,Y_0) = iw_D \quad \text{aus } X_i \text{ entsteht durch } i \text{ Löschungen das leere Wort } Y_0, \tag{12.13}$$

$$\mathrm{LD}(X_0,Y_0) = 0 \quad \text{die Distanz zwischen zwei leeren Worten ist 0.} \tag{12.14}$$

Damit kann man nun im Prinzip durch Rekursion die Koeffizienten der durch die obige Gleichung definierten Distanzmatrix mit $(x+1)$ Zeilen und $(y+1)$ Spalten berechnen. Das Ergebnis $\mathrm{LD}(X,Y)$ ist die Komponente $\mathrm{LD}(X_x,Y_y)$ in der rechten unteren Ecke der Matrix. Die sich ergebende Matrix für das oben verwendete Beispiel ist in Bsp. 12.6 gezeigt.

Verbesserung durch Greedy-Strategie

Ein Nachteil des rekursiven Algorithmus ist, dass mit wachsender Länge der zu vergleichenden Worte die Anzahl der rekursiven Funktionsaufrufe exponentiell anwächst – und damit auch die Ausführungszeit. Man kann jedoch die Anzahl der Operationen auf $x \cdot y$ begrenzen, wenn man jede Matrixkomponente $\mathrm{LD}(X_i, Y_j)$ direkt aus den drei benachbarten Komponenten $\mathrm{LD}(X_{i-1}, Y_{j-1})$, $\mathrm{LD}(X_i, Y_{j-1})$ und $\mathrm{LD}(X_{i-1}, Y_j)$ bestimmt und das Ergebnis dann nicht mehr revidiert. Es handelt sich hierbei um eine Greedy-Strategie, die oft für Näherungsverfahren verwendet wird, aber in vielen Fällen, so auch hier, exakte Ergebnisse liefert.

12.3 Gestreute Speicherung (Hashing)

12.3.1 Hash-Funktionen

Bei der gestreuten Speicherung (*Hashing*) handelt es sich um ein Speicher- und Suchverfahren, bei dem die Adresse bzw. der Index des zu speichernden oder zu suchenden Datensatzes aus einem eindeutigen Schlüssel (Primärschlüssel) berechnet wird. Das Suchen eines Datensatzes beschränkt sich dann im einfachsten Fall auf eine Adressberechnung. Dies führt vor allem dazu, dass die Laufzeit von Hash-Verfahren – anders als bei der sequentiellen oder auch der binären Suche – weitgehend unabhängig von der Anzahl der Daten wird. Im englischen Sprachgebrauch wird die gestreute Speicherung als *Hashing* bezeichnet, was in etwa „klein hacken" bedeutet.

Gegeben sei eine Datei mit n Datensätzen, wobei ein Datensatz eindeutig durch einen Primärschlüssel K identifizierbar sein soll. Die Datei soll in einem Speicherbereich gespeichert sein, der durch Adressen A ansprechbar ist. Zur Vereinfachung wird hier angenommen, dass sich der Speicherbereich auf ein Array abbilden lässt und dass dementsprechend die Adressen A durch ganzzahlige Indizes i dargestellt werden können.

Möchte man etwa ein Lager mit 136 verschieden Artikeln verwalten, die zur Kennzeichnung vierstellige Identifikationsnummer tragen, ist es nun naheliegend, die Identifikationsnummern als Primärschlüssel anzusehen und direkt als Adressen bzw. Indizes für die zu den entsprechenden Artikeln gehörenden Datensätze zu verwenden. Dazu werden allerdings 10.000 Speicherplätze benötigt, von denen nur etwas mehr als 100 tatsächlich belegt sind. Dies ist eine nicht zu akzeptierende Verschwendung von Speicherplatz.

Verwendet man nicht direkt den Primärschlüssel K als Adresse, sondern eine mithilfe einer möglichst einfachen Funktion $h(K)$ daraus bestimmte Adresse, so lässt sich bei geeigneter Wahl der Funktion eine wesentlich günstigere Speicherausnutzung erzielen. Eine derartige Funktion wird als *Hash-Funktion* oder Speicherfunktion bezeichnet:

$$h : K \to A \quad . \tag{12.15}$$

Häufig ist der Primärschlüssel K nicht als numerischer Wert gegeben, sondern beispielsweise als String. In diesem Fall ist es günstig, zunächst K in einen numerischen Wert umzurechnen und dann daraus die Adresse abzuleiten. Dies ist in Bsp. 12.7 demonstriert.

Bei Wahl einer Hash-Funktion kann es jedoch geschehen, dass sich für zwei verschiedene Schlüssel K_1 und K_2 dieselbe Adresse A ergibt. Man spricht dann von einer *Kollision* oder einem Überlauf (vgl. Bsp. 12.8). Zu einem Hash-Verfahren gehören also zwei Komponenten, nämlich die Bestimmung der Hash-Funktion und Auflösung von Kollisionen.

Bsp. 12.7 Eine einfache Hash-Funktion

Es sollen die als Strings gegebenen Wochentage {MONTAG, DIENSTAG, MITTWOCH, DONNERSTAG, FREITAG, SAMSTAG, SONNTAG} gestreut gespeichert werden. Man kann dazu beispielsweise folgende Hash-Funktion wählen, die aus den ersten beiden Buchstaben der Strings zunächst einen numerischen Schlüssel und daraus dann eine Adresse berechnet:

$$h(K) = \text{pos}(\text{„1. Buchstabe von } K\text{“}) + \text{pos}(\text{„2. Buchstabe von } K\text{“}) - 12 \quad .$$

Dabei soll die Funktion pos(A) die Position des Zeichens A im Alphabet liefern, beginnend bei 1. Die Subtraktion von 12 dient dazu, dass sich als kleinster Wert für einen Tag 1 ergibt. Man erhält damit folgende Zuordnung:

MONTAG	DIENSTAG	MITTWOCH	DONNERSTAG	FREITAG	SAMSTAG	SONNTAG
16	1	10	7	12	8	22

Bsp. 12.8 Fortsetzung von Bsp. 12.7: Kollisionen

Versucht man mit der in Bsp. 12.7 angegebenen Hash-Funktion die Wochentage in englischer Sprache gestreut zu speichern, so resultiert daraus:

MONDAY	TUESDAY	WEDNESDAY	THURSDAY	FRIDAY	SATURDAY	SUNDAY
16	29	16	16	12	8	28

Für MONDAY, WEDNESDAY und THURSDAY entstehen dieselben Adressen (Kollisionen).

Vor einer Diskussion der Kollisionsbehandlung sollen einige übliche Hash-Funktionen vorgestellt werden (siehe auch Bsp. 12.9. Dabei wird vorausgesetzt, dass der Primärschlüssel K eine natürliche Zahl ist, bzw. zuvor in eine solche umgewandelt wurde.

Modulo-Berechnung Man wählt als maximale Anzahl der Adressen ein Zahl m, für die $m > n$ gelten muss, wobei n die Anzahl der Datensätze ist. Als Hash-Funktion verwendet man nun):

$$h(K) = K \bmod m \quad . \tag{12.16}$$

Es ist günstig, für m eine Primzahl zu verwenden, da dann K und m keine gemeinsamen Teiler haben, was zur Folge hat, dass weniger Kollisionen auftreten, weil der gesamte mögliche Zahlenbereich von 0 bis $m-1$ tatsächlich abgedeckt wird.

Mittenquadratmethode Der Schlüssel K wird quadriert und als Hash-Funktion wird

$$h(K) = q \quad , \tag{12.17}$$

gewählt, wobei q eine Zahl ist, die man durch Herausgreifen einer vorgegebenen Anzahl von Ziffern aus der Mitte der Zahl K^2 erhält.

Zerlegungsmethode Der Schlüssel K wird in r Teile $K_1, K_2, \ldots, K_r$ mit vorgegebener Stellenzahl zerlegt, dann werden die Teile addiert:

$$h(K) = K_1 + K_2 + \ldots + K_r \quad , \tag{12.18}$$

wobei ein Übertrag über eine maximale Stellenzahl hinaus ignoriert wird.

Bsp. 12.9 Anwendung der drei üblichen Hash-Funktionen

Man betrachtet einen Betrieb mit 68 Mitarbeitern, wobei jedem Mitarbeiter eine vierstellige Personalnummer als Primärschlüssel zugeordnet wird. Als Adressen stehen maximal 100 Plätze zur Verfügung. Für die als Beispiele herausgegriffenen Personalnummern 3205, 7148 und 2345 sollen nach den drei vorgestellten Hash-Funktionen die zugehörigen Adressen berechnet werden:

Modulo-Berechnung:
Die größte Primzahl $m < 100$ ist 97. Man wählt also $m = 97$. Damit findet man:
$h(3205) = 4, \quad h(7148) = 67, \quad h(2345) = 17.$

Mittenquadratmethode:
Man erhält durch Weglassen der drei ersten Ziffern und Auswahl der beiden folgenden Ziffern von K^2 folgendes Ergebnis:

K:	3205	7148	2345
K^2:	10272025	51093904	5499025
$h(K)$:	72	93	90

Zerlegungsmethode:
Man zerlegt K in zwei zweistellige Teile und addiert diese ohne Berücksichtigung des Überlaufs. Es ergibt sich:
$h(3205) = 32+5 = 37, \quad h(7148) = 71+48 = 19, \quad h(2345) = 23+45 = 68.$

12.3.2 Kollisionsbehandlung

Möchte man einen Datensatz mit Schlüssel K unter Verwendung einer Hash-Funktion $h(K)$ in eine Datei einfügen, so kann es – wie in Bsp. 12.8 – geschehen, dass die durch $h(K)$ berechnete Adresse bereits belegt ist. Es ist also eine Kollision aufgetreten. Da bei vernünftiger Speicherplatzausnutzung Hash-Funktionen gewählt werden müssen, bei denen Kollisionen unvermeidbar sind, müssen Techniken zur Kollisionsauflösung eingesetzt werden. Einige Möglichkeiten dazu sollen hier betrachtet werden.

Ein wichtiges bei der Kollisionsbehandlung benötigtes Maß ist das als *Belegungsfaktor* bezeichnete Verhältnis

$$\mu = \frac{n}{m} \tag{12.19}$$

der Datenanzahl n zur Anzahl m der Speicheradressen.

Die Güte eines Hash-Verfahrens mit Kollisionsauflösung wird durch die mittlere Anzahl der Vergleiche gemessen, die notwendig ist, um die Speicheradresse eines Datensatzes bei der Suche nach diesem Datensatz zu bestimmen. Ohne Kollisionen wäre kein Vergleich nötig. Da Kollisionen möglich sind, ist die Anzahl der nötigen Vergleiche mindestens 1, um abzuprüfen, ob eine Kollision vorlag. Im Mittel wird wegen des Auftretens von Kollisionen aber die Anzahl der Vergleiche größer als 1 sein. Die mittlere für einen Suchvorgang benötigte Anzahl von Vergleichen wird umso größer, je größer der Belegungsfaktor μ bzw. die Anzahl n der Datensätze ist. Auf diese Weise entsteht jetzt entgegen der angestrebten Unabhängigkeit des Suchaufwandes von der Anzahl n der Datensätze doch eine leichte Abhängigkeit von n.

Lineare Kollisionsauflösung

Eine naheliegende Möglichkeit, einen Datensatz mit Schlüssel K zu speichern, wenn $h(K)$ zu einer Kollision geführt hat, besteht darin, einfach den nächsten auf $h(K)$ folgenden freien Speicherplatz zu wählen. Dabei wird angenommen, dass der Adressbereich zyklisch geschlossen ist, dass also auf die letzte Adresse wieder die erste Adresse folgt. Diese Methode wird als *lineare Kollisionsauflösung* bezeichnet. Für die mittlere Anzahl der Vergleiche findet man bei Verwendung der linearen Kollisionsauflösung:

$$S(\mu) = \frac{1}{2}\left(1 + \frac{1}{1-\mu}\right) \quad \text{bei erfolgreicher Suche und} \tag{12.20}$$

$$U(\mu) = \frac{1}{2}\left(1 + \frac{1}{(1-\mu)^2}\right) \quad \text{bei erfolgloser Suche.} \tag{12.21}$$

Dabei ist noch vorausgesetzt, dass die durch die Hash-Funktion berechneten Primäradressen gleichmäßig über den gesamten Adressraum verteilt sind. Die Kollisionswahrscheinlichkeit steigt dann linear mit dem Belegungsfaktor an. Beispiel 12.10 zeigt das Verhalten der linearen Kollisionsauflösung.

Ein großer Nachteil der linearen Kollisionsauflösung ist die *Klumpenbildung*, d. h. die Entstehung von zusammenhängend belegten Speicherbereichen, was die Suchzeiten erheblich erhöht.

Quadratische Kollisionsauflösung

Eine Möglichkeit, Klumpenbildung zu reduzieren, ist die quadratische Kollisionsauflösung. Dabei testet man bei einer Kollision auf Adresse $h(K)$ nacheinander die Adressen

$$h(K), h(K)+1, h(K)+4, h(K)+9, h(K)+16, \ldots, h(K)+i^2, \quad i = 0, 1, 2, \ldots, m-1, \tag{12.22}$$

wobei der Speicherbereich wieder zyklisch geschlossen angenommen wird.

Ist die Anzahl m der zur Verfügung stehenden Speicherplätze eine Primzahl, so kann damit mindestens die Hälfte des vorhandenen Speicherbereichs abgedeckt werden. Ist dagegen m keine Primzahl, können in Verbindung mit der für das zyklische Schließen des Speicherbereichs erforderlichen Modulo-Division kürzere Zyklen auftreten, d. h. man erhält immer wieder dieselben Speicherplätze und findet so möglicherweise vorhandene freie Speicherplätze nicht. Der volle Bereich wird nur abgedeckt, wenn m eine Primzahl der Form $4j+3$ ist [Rad70]. Beispiel 12.11 vergleicht lineare und quadratische Kollisionsauflösung.

Kollisionsauflösung durch doppeltes Hashen

Eine weitere Möglichkeit zur Kollisionsauflösung ist doppeltes Hashen. Dabei wird neben $h(K)$ eine zweite Hash-Funktion $h'(K)$ verwendet, wobei jedoch nicht der Fall $h'(K) = 0$ auftreten darf und $h'(K)$ für alle Schlüssel K teilerfremd zu m sein muss. Zur Kollisionsauflösung bildet man nun die Adressen:

$$h(K), h(K)+h'(K), h(K)+2h'(K), \ldots, h(K)+ih'(K), \quad i = 0, 1, 2, \ldots, m-1, \tag{12.23}$$

Ist m eine Primzahl, so werden dadurch sämtliche Adressen des betrachteten Speicherbereichs abgedeckt. Eine gute Wahl ist $h'(K) = 1 + K \bmod m-2$ (vgl. [Ott12]).

Bsp. 12.10 Lineare Kollisionsauflösung

Als Beispiel wird das Feld $a_1, a_2, \ldots, a_{11}$ mit 11 Speicherplätzen betrachtet. In dieses Feld soll eine Datei mit den 8 Datensätzen A, B, C, D, E, X, Y, Z unter Verwendung der unten tabellierten Hash-Adressen gespeichert werden, die mit einer nicht näher spezifizierten Hash-Funktion berechnet worden seien:

Datensatz:	A	B	C	D	E	X	Y	Z
$h(K)$:	4	8	2	11	4	11	5	1

Speichert man jetzt die Datensätze in der Reihenfolge A, B, C, D, E, X, Y, Z, so lautet die Speicherbelegung:

Adressen:	1	2	3	4	5	6	7	8	9	10	11
Datensatz:	X	C	Z	A	E	Y	$-$	B	$-$	$-$	D

Auf Grund einer Kollision mit dem Datensatz X kann im Beispiel der Datensatz Z nicht auf Adresse 1 gespeichert werden; erst auf Adresse 3 findet sich ein freier Platz, so dass hier mit linearer Kollisionsauflösung insgesamt drei Vergleiche nötig waren.
Die mittlere Anzahl von Vergleichen im Falle einer erfolgreichen Suche lässt sich an der tatsächlichen Speicherbelegung ablesen:
$S = (1+1+1+1+2+2+2+3)/8 = 13/8 \approx 1{,}63$ bei erfolgreicher Suche.
Um die mittlere Anzahl der Vergleiche bei erfolgloser Suche zu bestimmen, muss man für jeden Speicherplatz die Anzahl der aufeinander folgenden belegten Plätze bis zum ersten auftretenden freien Platz zählen:
$U = (7+6+5+4+3+2+1+2+1+1+8)/11 = 40/11 \approx 3{,}64$ bei erfolgloser Suche.
Aus (12.20) und (12.21) berechnet man mit dem Belegungsfaktor $\mu = 8/11 \approx 0{,}73$ für die erwarteten mittleren Vergleichszahlen $S \approx 2{,}33$ und $U \approx 7{,}22$, wenn eine Kollision aufgetreten ist. Diese Werte sind offenbar größer als die tatsächlich ermittelten Zahlen; man sollte sich hier immer vor Augen halten, dass es um statistische Aussagen geht, die immer nur annähernd gültig sein können. Eine vernünftige Übereinstimmung ist erst bei größeren Datenmengen zu erwarten und wenn wirklich alle Voraussetzungen eingehalten wurden.

Nachteile der genannten Verfahren zur Kollisionsauflösung

Ein Nachteil aller dieser Verfahren ist, dass das Löschen von Datensätzen aufwendig ist. Man darf nämlich beim Löschen den entsprechenden Speicherbereich nicht einfach freigeben, es ist vielmehr nötig, mit einer Zählvariablen darüber Buch zu fuhren, wie oft dieser Platz zuvor bei Kollisionsauflösungen als besetzt vorgefunden worden ist. Außerdem ist der Adressraum nicht dynamisch, sondern in seinem Umfang von vorne herein festgelegt.

Kollisionsauflösung durch verkettete lineare Listen

Die genannten Nachteile lassen sich vermeiden, wenn man die Einträge als verkettete lineare Listen organisiert. Die Hash-Adresse verweist hier auf den Kopf einer Linearen Liste, die in diesem Zusammenhang als *Bucket* bezeichnet wird. Diese Logik der Verkettung geht aus Bsp. 12.12 hervor.

Vom Standpunkt der Zeitkomplexität ist die Kollisionsauflösung durch Verkettung den anderen Methoden deutlich überlegen. Eine detaillierte mathematische Untersuchung liefert für die mittlere

Bsp. 12.11 Vergleich der linearen und quadratischen Kollisionsauflösung

Zum Vergleich der linearen und der quadratischen Kollisionsauflösung werden folgende Namen N betrachtet:
Abel, Buhl, Koch, Kohl, Mayer, Mutter, Ried, Sager, Thaler, Weber, Wohner
Die Hash-Funktion sei definiert durch die Vorschrift:

$$h(N) = \text{int}((\text{pos}(1.\ \text{Buchstabe}) + \text{pos}(2.\ \text{Buchstabe}))/2) \bmod 17 \quad .$$

Daraus resultiert die Zuordnung:

Abel	Buhl	Koch	Kohl	Mayer	Mutter	Ried	Sager	Thaler	Weber	Wohner
1	11	13	13	7	0	13	10	14	14	2

Wählt man als Anzahl m der Speicherplätze die Primzahl 17 (nummeriert von 0 bis 16), so führen die lineare und die quadratische Kollisionsauflösung zu den unten tabellierten Anordnungen:

Adresse	linear	quadratisch
0	Mutter	Mutter
1	Abel	Abel
2	Weber	Wohner
3	Wohner	–
4	–	–
5	–	Ried
6	–	Weber
7	Mayer	Mayer
8	–	–
9	–	–
10	Sager	Sager
11	Buhl	Buhl
12	–	–
13	Koch	Koch
14	Kohl	Kohl
15	Ried	Thaler
16	Thaler	–

Die Anzahl der Vergleiche im Falle einer erfolgreichen Suche ist für die lineare Kollisionsauflösung: $S_l = (1+1+1+2+1+1+3+1+3+6+2)/11 = 22/11 = 2{,}00$.
Die Anzahl der Vergleiche im Falle einer nicht erfolgreichen Suche ist für die lineare Kollisionsauflösung: $U_l = (4+3+2+1+1+1+2+1+1+3+2+1+9+8+7+6+5)/17 = 57/17 \approx 3{,}35$.
Mit $\mu = 11/17$ berechnet man für die theoretischen Werte: $S \approx 1{,}92$ und $U \approx 4{,}51$.

Die Anzahl der Vergleiche im Falle einer erfolgreichen Suche ist für die quadratische Kollisionsauflösung: $S_q = (1+1+1+2+1+1+4+1+2+4+1)/11 = 19/11 \approx 1{,}73$.
Die Anzahl der Vergleiche im Falle einer nicht erfolgreichen Suche ist für die quadratische Kollisionsauflösung: $U_q = (6+2+1+1+3+7+2+1+1+5+2+1+5+7+2+1+3)/17 = 50/17 \approx 2{,}94$.

Die quadratische Kollisionsauflösung vermeidet hier also Klumpenbildung und führt dann auch zu einem deutlich besseren Zeitverhalten.

Anzahl der Vergleiche in Falle einer erfolgreichen Suche:

$$S_v(\mu) \approx 1 + \frac{\mu}{2} \tag{12.24}$$

und für die mittlere Anzahl der Vergleiche im Falle einer nicht erfolgreichen Suche:

$$U_v(\mu) \approx \mathrm{e}^{-\mu} + \mu \quad . \tag{12.25}$$

Es ist zu beachten, dass der Belegungsfaktor μ hier auch größer als 1 sein kann, da m nur die feste Anzahl der Basisadressen angibt, die Anzahl der Daten n aber wegen der dynamischen

Bsp. 12.12 Kollisionsauflösung durch verkettete lineare Listen

Es wird das in Bsp. 12.11 verwendete Beispiel fortgeführt. Mit linearen Listen ergibt sich:

Adresse	Name
0	Mutter
1	Abel
2	Wohner
3	–
4	–
5	–
6	–
7	Mayer
8	–
9	–
10	Sager
11	Buhl
12	–
13	Ried → Kohl → Koch
14	Weber → Thaler
15	–
16	–

Die mittlere Anzahl der Vergleiche im Falle einer erfolgreichen Suche ist für die Kollisionsauflösung durch verkettete lineare Listen:
$S_v = (1+1+1+2+1+1+3+1+1+2+1)/11 = 15/11 \approx 1{,}36$.
Die mittlere Anzahl der Vergleiche im Falle einer nicht erfolgreichen Suche ist für die Kollisionsauflösung durch Verkettung:
$U_v = (1+1+0+0+0+0+1+0+0+1+1+0+3+2+0+0+1)/17 = 11/17 \approx 0{,}65$.

Speicherzuweisung an die linearen Listen im Falle von Kollisionen beliebig wachsen kann. Für Bsp. 12.11 ist der Belegungsfaktor $\mu = 11/17 \approx 0{,}65$. Dafür errechnet man folgende theoretische Werte für $S_v(\mu)$ und $U_v(\mu)$: $S_v(\mu) \approx 1{,}33$ und $U_v(\mu) \approx 1{,}17$.

Die Übereinstimmung mit den tatsächlichen im obigen Beispiel berechneten Werten ist für S_v sehr gut, für U_v aber nicht. Dies liegt daran, dass es sich hier um eine statistische Analyse handelt; im Beispiel war sowohl die Anzahl der Daten zu klein als auch eine Gleichverteilung der Schlüssel nicht gegeben.

Für die tatsächliche Speicherorganisation verwendet man am besten zwei Felder, das als Array deklarierte Hashfeld und das eigentliche Datenfeld, das als lineare Liste organisiert werden sollte. Wird nun ein Datensatz eingetragen, so schreibt man ihn auf den ersten der Freiliste entnommenen Speicherplatz, der zugeordnete Kollisionszeiger im Datenfeld wird auf null gesetzt. Nun wird die Hash-Adresse berechnet und dem zugehörigen Zeiger im Hashfeld die tatsächliche Adresse zugewiesen, unter welcher der Datensatz im Datenfeld abgelegt ist, sofern im Hashfeld noch kein Zeiger eingetragen ist. Ist keine Kollision aufgetreten, endet der Einfügevorgang. Eine Kollision bei Eintrag eines weiteren Datensatzes erkennt man daran, dass der zu einer Hash-Adresse gehörende Zeiger im Hashfeld von Null verschieden ist. In diesem Fall wird der Zeiger vor seiner Neubesetzung in den zugehörigen Kollisionszeiger übernommen. Dieser Algorithmus wird anhand von Bsp. 12.13 verdeutlicht.

Hashing und Sortieren

Ein Nachteil des Hashing ist allerdings, dass ein Sortieren der Daten nicht einfach ist. Zwar kann man bei der Kollisionsbehandlung über lineare Listen ohne Mühe ein gemäß des gewählten Schlüssels K

Bsp. 12.13 Datenverwaltung mit einer lineare Liste Datenfeld und einem eigenen Hashfeld

Hashfeld

Adresse	Zeiger
0	6
1	1
2	11
3	0
4	0
5	0
6	0
7	5
8	0
9	0
10	8
11	2
12	0
13	3
14	9
15	0
16	0

Datenfeld

Index	Daten	Kollisionszeiger
1	Abel	0
2	Buhl	0
3	Koch	4
4	Kohl	7
5	Mayer	0
6	Mutter	0
7	Ried	0
8	Sager	0
9	Thaler	10
10	Weber	0
11	Wohner	0

Index 0 darf im Datenfeld nicht verwendet werden, da der Nullzeiger als Markierung dient.

sortiertes Einfügen und Löschen erreichen. Die Einträge in die Hash-Liste erfolgen aber nur dann sortiert, wenn die Hash-Funktion $h(K)$ die gewünschte Ordnung nicht stört, wenn also aus $K_i < K_j$ auch $h(K_i) < h(K_j)$ folgt. Immerhin ist dann das geordnete Durchsuchen der Daten möglich. Das Sortieren nach einem anderen Schlüssel erfordert aber ein Sortieren linearer Listen, was relativ aufwendig ist.

12.3.3 Komplexitätsberechnung

Zum Schluss soll noch die im Mittel benötigte Anzahl von Vergleichen berechnet werden, die nötig ist, um einen weiteren Datensatz in eine Hash-Tabelle einzutragen, die bereits n Datensätze enthält. Die zum Suchen eines vorhandenen Datensatzes im Mittel benötigte Anzahl von Vergleichen ist damit identisch. Dabei wird vorausgesetzt, dass ideale Verhältnisse vorliegen.

Idealbedingungen für Hash-Funktionen

Für ideale Bedingungen müssen die folgenden Bedingungen erfüllt sein:

- Die Hash-Funktion verteilt die Adressen gleichmäßig über die m möglichen Adressen,
- alle Schlüssel treten mit gleicher Wahrscheinlichkeit auf,
- die durch die Kollisionsbehandlung berechneten Adressen sind gleichmäßig über den Adressraum verteilt.

Berechnung der Komplexität

Unter den oben genannten Idealbedingungen kann man die Komplexität des Hashing berechnen. Man geht von einem Adressraum der Größe m aus, der schon n Datensätze enthält. Der Belegungsfaktor ist dann $\mu = n/m$. Daraus folgt die Wahrscheinlichkeit p_1 dafür, beim Einfügen eines weiteren Datensatzes mit dem ersten Vergleich bereits einen freien Platz zu finden:

$$p_1 = \frac{\text{Anzahl der noch nicht belegten Plätze}}{\text{gesamte Anzahl der Plätze}} = \frac{m-n}{m} = 1-\mu \quad . \tag{12.26}$$

Die Wahrscheinlichkeit, erst mit dem zweiten Vergleich einen freien Platz zu finden ist nach der Abzählregel gleich der Wahrscheinlichkeit n/m mit dem ersten Vergleich einen bereits besetzten Platz zu finden, multipliziert mit der Wahrscheinlichkeit $(m-n)/(m-1)$ im zweiten Vergleich einen freien Platz zu finden:

$$p_2 = \frac{n}{m}\frac{m-n}{m-1} \quad . \tag{12.27}$$

Für die Wahrscheinlichkeit erst mit dem dritten Vergleich einen freien Platz zu finden, berechnet man in analoger Weise:

$$p_3 = \frac{n}{m}\frac{n-1}{m-1}\frac{m-n}{m-2} \quad . \tag{12.28}$$

daraus folgt für den allgemeinen Fall, erst im k-ten Vergleich einen freien Platz zu finden:

$$p_k = \frac{n}{m}\frac{n-1}{m-1}\frac{n-2}{m-2}\cdots\frac{m-n}{m-k+1} \quad . \tag{12.29}$$

Nun soll die im Mittel erforderliche Anzahl S_{n+1} von Vergleichen berechnet werden, um in die mit n Elementen belegte Tabelle den $(n+1)$-ten Datensatz einzufügen. Dazu muss man alle möglichen Anzahlen von Vergleichen, gewichtet mit den entsprechenden Wahrscheinlichkeiten, berücksichtigen:

$$S_{n+1} = 1\cdot p_1 + 2\cdot p_2 + 3\cdot p_3 + \ldots + (n+1)\cdot p_{n+1} = \sum_{k=1}^{n+1} k p_k = \frac{m+1}{m-n+1} \quad . \tag{12.30}$$

Die mittlere Anzahl S von Vergleichen zum Auffinden eines beliebigen Datensatzes an einer beliebigen Stelle ist dann der Mittelwert über alle S_{n+1}, wobei n jetzt variiert wird. Mit der Substitution $i = n+1$ erhält man damit:

$$\begin{aligned} S &= \frac{1}{n}\sum_{i=1}^{n} S_i = \frac{1}{n}\sum_{i=1}^{n}\frac{m+1}{m-i+2} = \frac{m+1}{n}\sum_{i=1}^{n}\frac{1}{m-i+2} = \frac{m+1}{n}(H(m+1)-H(m-n+1)) \\ &\approx \frac{m+1}{n}(\ln(m+1)-\ln(m-n+1)) = \frac{m+1}{n}\ln\frac{m+1}{m-n+1} \\ &\approx \frac{m}{n}\ln\frac{m}{m-n} = \frac{1}{\mu}\ln\frac{1}{1-\mu} \quad . \end{aligned} \tag{12.31}$$

Als Näherung wurde $m+1$ durch m ersetzt, was für große m nur zu einem vernachlässigbaren Fehler führt. Außerdem wurde die harmonische Reihe bzw. harmonische Funktion $H(k)$ durch den natürlichen Logarithmus angenähert:

$$H(k) = 1 + \frac{1}{2} + \frac{1}{3} + \frac{1}{4} + \ldots + \frac{1}{k} \approx \ln k + g \quad . \tag{12.32}$$

Tabelle 12.1 Zusammenhang zwischen der Belegungsfaktor μ und der Anzahl der zur Suche nötigen Vergleiche S unter den im Text genannten idealisierten Bedingungen. S ist nur abhängig vom Grad der Füllung der Datenbank, aber nicht von der absoluten Anzahl der Daten

μ	0,1	0,5	0,9
S	1,05	1,39	2,56

Dass der Logarithmus eine gute Näherung für die harmonische Reihe ist, kann man aus der numerischen Integration der Hyperbelfunktion $y = 1/x$ mithilfe der Rechteckformel nachweisen. Die Eulersche Konstante $g \approx 0{,}577$ hebt sich in (12.31) wegen der Differenz zweier harmonischer Funktionen weg. Die Gültigkeit der Beziehung

$$\sum_{i=1}^{n} \frac{1}{m-i+2} = H(m+1) - H(m-n+1) \tag{12.33}$$

lässt sich ohne große Mühe durch Induktion beweisen. Man kann sich dies auch anhand eines Beispiels deutlich machen: Für $n = 5$ und $m = 10$ gilt offenbar:

$$\sum_{i=1}^{5} \frac{1}{10-i+2} = \frac{1}{11} + \frac{1}{10} + \frac{1}{9} + \frac{1}{8} + \frac{1}{7} = H(11) - H(6) \quad . \tag{12.34}$$

Als Ergebnis kann man nun den Zusammenhang zwischen dem Belegungsfaktor μ und der zur Suche nötigen Vergleiche S herstellen. Tabelle 12.1 zeigt die sich aus (12.31) ergebenden Werte für Belegungsfaktoren zwischen 10% und 90%. Unter idealen Bedingungen ist die Komplexität, hier also die Anzahl der nötigen Vergleiche zum Auffinden eines Datensatzes, von der Anzahl n der Datensätze nahezu unabhängig. Ganz gleich ob man nun 100 oder 100 Millionen Datensätze verwaltet, wenn die zugehörige Datenbank zu 90% gefüllt ist, werden unter den angenommenen idealisierten Verhältnissen im Mittel immer nur ca. 2,56 Vergleiche zum Auffinden eines Datensatzes benötigt.

12.4 Direkte Sortierverfahren

12.4.1 Vorbemerkungen

Unter *Sortieren* versteht man das Anordnen einer Menge von Objekten in einer bestimmten Ordnung. Diese Ordnung kann z. B. bei numerischen Daten durch die größer/kleiner-Relation oder bei Texten durch die lexikografische Reihenfolge gegeben sein. Beispiele für sortierte Mengen sind Telefonbücher, Lexika, Ersatzteillisten etc.

Die zu sortierenden n Elemente seien in einem Feld a mit den Komponenten $a[0], a[1], \ldots, a[n-1]$ gespeichert. Sortieren bedeutet nun, dass die Feldkomponenten durch eine Permutation $i_1, i_2, \ldots, i_n$ der Indizes $0, 1, \ldots, n-1$ in diejenige Reihenfolge gebracht werden, die der gewünschten Ordnung, ausgedrückt durch eine Ordnungsrelation $\leq_f$, entspricht:

$$a[i_1], a[i_2], a[i_3], \ldots, a[i_n] \quad \text{mit } a[i_1] \leq_f a[i_2] \leq_f a[i_3] \leq_f \ldots \leq_f a[i_n] \quad . \tag{12.35}$$

Der Sinn des Sortierens bzw. Ordnens liegt darin, dass der Zugriff auf Datensätze in einer geordneten Datei – wie in Kap. 12.1.2 gezeigt – wesentlich effizienter und schneller vonstatten geht, als in einer nicht geordneten Datei.

Die Problematik des Sortierens

Sortieren ist damit eine in der Datenverarbeitung elementare, weit verbreitete und wichtige Operation. In fast allen Problemstellungen spielt das Sortieren von Daten eine mehr oder weniger bedeutende Rolle. Dies gilt insbesondere für die kommerzielle Datenverarbeitung, aber auch den technisch/wissenschaftlichen Bereich. Untersuchungen haben ergeben, dass auf kommerziellen Anlagen ca. 25% der CPU-Zeit auf Sortierläufe entfällt.

Da jeder Mensch auch ohne mathematische oder DV-orientierte Grundausbildung einen Begriff von Sortierstrategien hat, etwa beim Kartenspielen, scheint es sich hier auf den ersten Blick um ein einfach zu lösendes Problem zu handeln. In der Tat sind grundlegende Sortieralgorithmen auch einfach zu verstehen und mit wenigen Programmzeilen implementierbar. Erst eine detailliertere Beschäftigung mit der Materie zeigt, dass die Probleme im Detail stecken. Dies hat folgende Gründe:

- Es existiert eine große Anzahl von Sortieralgorithmen unter denen man im Einzelfall den geeignetsten auswählen muss.
- Die Sortiermethoden hängen stärker als die meisten anderen Algorithmen von der Struktur der zu sortierenden Daten ab.
- Es ist ein ganz wesentlicher Unterschied, ob man die zu sortierenden Daten im relativ beschränkten Hauptspeicher mit wahlfreiem Zugriff oder auf langsameren, jedoch größeren sequentiell oder zyklisch arbeitenden externen Speichermedien – also auf Band- oder Plattenlaufwerken – halten muss.
- Gerade bei Sortieralgorithmen spielen auch kleine Leistungssteigerungen eine große Rolle, da sich dies wegen der Häufigkeit von Sortierläufen sehr stark auswirken kann.
- Komplexitätsberechnungen sind oft nichttrivial.
- Bei Algorithmen mit im Normalfall hervorragendem Zeitverhalten kann das Verhalten im ungünstigsten Fall (worst case) katastrophal sein.

Welche dramatischen Effekte die Verbesserung der Komplexitätsordnung eines Sortierverfahrens haben kann, zeigt das Beispiel einer 1987 in der damaligen Bundesrepublik Deutschland durchgeführten Volkszählung, bei der ca. $n = 60.000.000$ Datensätze anfielen. Bei einem angenommenen Zeitbedarf von nur einer Mikrosekunde pro Schlüsselvergleich würde ein Sortierlauf unter Verwendung des Bubblesort mit einer Komplexität von der Ordnung $\mathcal{O}(n^2)$ ca. 114 Jahre dauern[1]. Bei Verwendung von Quicksort mit einer Komplexität von $\mathcal{O}(n \operatorname{ld} n)$ ergibt sich dagegen eine Sortierzeit von nur 26 Minuten.

Das Sortieren im Hauptspeicher lässt sich mit dem Sortieren eines Kartenspiels vergleichen, wobei alle Karten sichtbar auf einem Tisch ausgelegt werden dürfen. Es kann dann auf jede einzelne Karte direkt zugegriffen werden. Die geeignetste Datenstruktur ist hierbei das Array. Zusätzlich wird man wegen der Begrenztheit des Hauptspeichers fordern, dass das *Sortieren am Platz* geschieht, d. h. ohne ins Gewicht fallenden zusätzlichen Speicherbedarf.

Werden externe Speichermedien mit im Wesentlichen sequentiellem Zugriff verwendet, so ist die Organisation als *File* geeigneter. Dies entspricht im Bild des Sortierens von Spielkarten der Situation, dass die Karten auf einem Stapel liegen, von dem jeweils nur die oberste Karte erreichbar ist und abgenommen werden kann.

[1] der Fairness halber sei gesagt, dass sich dies bei genauerer Analyse (siehe Kap. 12.4.4) auf etwa 28 Jahre reduziert

Bsp. 12.14 C-Datenstruktur zum Sortieren nach einem Schlüssel (Key)

Eine entsprechende Datenstruktur kann in C etwa die folgende Form haben:

```
struct item { int key;          // Schlüssel, z.B. Personalnummer
              char name[20]; // Mitarbeiter-Name
              float gehalt;  // Jahresgehalt des Mitarbeiters
              ...            // weitere Komponenten
            } a[N];          // Feld der Größe N (0 bis N-1)
```

Hier wäre nach `a[i].key` zu sortieren.

Häufig wird die Ordnungsrelation nicht auf die zu ordnenden Daten selbst bezogen, sondern auf einen (in der Regel numerischen) *Schlüssel* (*Key*), der jedem Datensatz zugeordnet ist. Eine entsprechende Datenstruktur kann in C etwa die in Bsp. 12.14 gezeigte Form haben. Dieses Beispiel zeigt, dass es im Prinzip genügt, generische Sortierfunktionen ohne Beschränkung der Allgemeinheit exemplarisch nur für das Sortieren von Integer-Werten zu formulieren. Soll nach anderen Größen sortiert werden, im obigen Beispiel etwa nach dem Mitarbeiter-Namen, so verwendet man an Stelle der numerischen Vergleichsoperationen andere geeignete Ordnungsrelationen, in diesem Fall die lexikografische Ordnung, da es sich um Strings handelt. Oft lassen sich auch einfache Funktionen finden, die den Schlüssel eindeutig auf einen Integer-Wert abbilden.

Ein wichtiger, bei der Auswahl eines Sortierverfahrens zu beachtender Punkt ist, ob das Verfahren *stabil* ist oder nicht. Unter Stabilität ist hier zu verstehen, dass eine bereits nach anderen Kriterien erzielte Teilordnung erhalten bleibt.

Klassifizierung der Sortierverfahren

Zunächst werden drei einfache, *direkte Sortierverfahren* vorgestellt, die ein gegebenes Feld $a[i]$ von Objekten am Platz ordnen. Es sind dies die Methoden Sortieren durch Einfügen (Insertion), durch Auswählen (Selection) und durch Austauschen (Swap). Die Umstellung der Elemente geschieht dabei auf dem Eingabe-Array, das dann bei der Ausgabe die geordneten Daten enthält.

Bei der Komplexitätsbetrachtung werden die wichtigsten Operationen berücksichtigt, bei denen die Häufigkeit ihres Auftretens direkt von der Anzahl n der zu ordnenden Daten abhängt. Es sind dies vor allem die Operationen Vergleichen (Compare) und Umstellen (Move) von Daten. Ein Maß für die Effizienz der Sortieralgorithmen ist also die Anzahl $C(n)$ der Schlüsselvergleiche und die Anzahl $M(n)$ der Elementumstellungen. Direkte Sortierverfahren sind dadurch gekennzeichnet, dass die Komplexitäten von $C(n)$ oder $M(n)$ oder beiden von der Ordnung $\mathcal{O}(n^2)$ sind.

Obwohl die zugehörigen Programme kurz und leicht verständlich sind, lassen sich daran bereits die wesentlichen Prinzipien des Sortierens studieren. Außerdem können direkte Sortiermethoden für kleine Anzahl von Daten n den höheren Verfahren durchaus überlegen sein.

Höhere Sortieralgorithmen sind durch eine Komplexität gekennzeichnet, die sowohl hinsichtlich der Anzahl der Vergleiche $C(n)$ als auch hinsichtlich der Anzahl der Zuweisungen $M(n)$ günstiger ist als $\mathcal{O}(n^2)$. Vier Verfahren haben dabei Bedeutung erlangt: Shellsort, Quicksort, Mergesort und Heapsort.Shellsort, Quicksort und Mergesort werden in den Kap. 12.5.1, 12.5.2 und 12.6.3 bis 12.6.5 erörtert. Auf den Heapsort wird im Zusammenhang mit Bäumen in Kap. 13.1.5 ausführlich eingegangen.

Es ist zu bedenken, dass bei den höheren Sortiermethoden zwar wesentlich weniger Opera-

```
Wiederhole für i := 1 bis i := n − 1
   Setze x := a[i]
   Verschiebe die Elemente von a beginnend bei a[i − 1] um
      einen Platz nach rechts, bis die Einfügestelle für x gefunden ist
   Füge x an der Einfügestelle in a ein
```

Abb. 12.4 Insertion Sort als Pseudocode

Bsp. 12.15 Insertion Sort

Das folgende Beispiel zeigt ein Array mit 8 Zahlenwerten, das in 7 Schritten sortiert wird. Die senkrechten Striche in den Zeilen der Tabelle geben jeweils die Position der Trennung zwischen (noch unsortierter) Quellen- und (bereits sortierter) Zielsequenz an. Es wird jeweils das erste Element der Quellensequenz an der richtigen Stelle in die Zielsequenz eingefügt.

Ausgangswerte:	44	|55	12	42	94	18	06	67
nach $i = 1$	44	55	|12	42	94	18	06	67
nach $i = 2$	12	44	55	|42	94	18	06	67
nach $i = 3$	12	42	44	55	|94	18	06	67
nach $i = 4$	12	42	44	55	94	|18	06	67
nach $i = 5$	12	18	42	44	55	94	|06	67
nach $i = 6$	06	12	18	42	44	55	94	|67
nach $i = 7$	06	12	18	42	44	55	67	94

tionen auszuführen sind, dafür sind diese Operationen aber komplexer. Die Überlegenheit der höheren Verfahren ist daher bei geringen Datenmengen nicht augenfällig; sie wird jedoch bei großen Datenmengen so deutlich, dass dafür nur höhere Methoden in Frage kommen.

12.4.2 Sortieren durch direktes Einfügen (Insertion Sort)

Prinzip des direkten Einfügens

Man geht von einem Array a mit n Komponenten und Indizierung von 0 bis $n-1$ aus. Nun wird a in zwei Intervalle aufgeteilt, die Zielsequenz $a[0]$ bis $a[i-1]$ und die Quellensequenz $a[i]$ bis $a[n-1]$. Beginnend mit $i = 1$ wird bei jedem Schritt das Element $a[i]$ aus der Quellensequenz entfernt und an der durch die Ordnungsrelation gegebenen Stelle in die Zielsequenz eingefügt. Ein Teil der Zielsequenz wird dabei gegebenenfalls um eine Position nach rechts bewegt. Anschließend wird i inkrementiert. Der Algorithmus ist als Pseudocode in Abb. 12.4 gezeigt, ein Beispiel in Bsp. 12.15.

Die Komplexität des direkten Einfügens

Zur Berechnung der Komplexität berücksichtigt man, dass die Anzahl der Schlüsselvergleiche beim Durchlauf i höchstens $c_{\max}(i) = i$ und mindestens $c_{\min}(i) = 1$ ist. Nimmt man an, dass alle Permutationen gleich wahrscheinlich sind, erhält man im Mittel pro Durchlauf $c_{\text{mit}}(i) = (c_{\min}(i) + c_{\max}(i))/2 = (i+1)/2$ Schlüsselvergleiche. Die Zahl der Zuweisungen von Elementen ist, wie ein Blick auf das Programm in Abb. 12.4 zeigt, für die einzelnen Durchläufe immer $c(i) + 2$. Da insgesamt $n-1$ Durchläufe durchgeführt werden müssen, findet man für die minimale Komplexität:

$$C_{\min}(n) = \sum_{i=1}^{n-1} c_{\min}(i) = \sum_{i=1}^{n-1} 1 = n-1 \quad , \tag{12.36}$$

$$M_{\min}(n) = \sum_{i=1}^{n-1} (c_{\min}(i)+2) = \sum_{i=1}^{n-1} 3 = 3\sum_{i=1}^{n-1} 1 = 3(n-1) \quad . \tag{12.37}$$

Die maximale Komplexität erhält man durch Summierung über $c_{\max}(i) = i$:

$$C_{\max}(n) = \sum_{i=1}^{n-1} c_{\max}(i) = \sum_{i=1}^{n-1} i = \left(\sum_{i=1}^{n} i\right) - n = \frac{n(n+1)}{2} - n = \frac{n^2-n}{2} \quad , \tag{12.38}$$

$$M_{\max}(n) = C_{\max} + \sum_{i=1}^{n-1} 2 = \frac{n^2-n}{2} + 2n - 2 = \frac{n^2+3n-4}{2} \quad . \tag{12.39}$$

Für die in der Praxis wichtigste Komplexität im Mittel ergibt sich schließlich durch Summieren über $c_{\text{mit}}(i) = (i+1)/2$:

$$\begin{aligned} C_{\text{mit}}(n) &= \sum_{i=1}^{n-1} c_{\text{mit}}(i) = \sum_{i=1}^{n-1} \frac{i+1}{2} = \frac{1}{2}\sum_{i=1}^{n-1}(i+1) = \frac{1}{2}\left(\left(\sum_{i=1}^{n} i\right) - 1\right) \\ &= \frac{1}{2}\left(\frac{n(n+1)}{2} - 1\right) = \frac{n^2+n-2}{4} \quad , \end{aligned} \tag{12.40}$$

$$M_{\text{mit}}(n) = C_{\text{mit}} + \sum_{i=1}^{n-1} 2 = \frac{n^2+n-2}{4} + 2n - 2 = \frac{n^2+9n-10}{4} \quad . \tag{12.41}$$

Die Komplexität ist also im Mittel sowohl für $C(n)$ als auch für $M(n)$ von der Ordnung $\mathcal{O}(n^2)$. Das Zeitverhalten ist am günstigsten, wenn alle Elemente von Anfang an geordnet sind und am ungünstigsten, wenn alle Elemente in umgekehrter Reihenfolge sortiert waren. Dieses Verhalten wird als *natürlich* bezeichnet. Offenbar ist diese Sortierfunktion auch stabil, da die Reihenfolge von Elementen mit übereinstimmenden Schlüsseln nicht geändert wird.

Sortieren durch binäres Einfügen

Der Algorithmus lässt sich verbessern, wenn man die bereits vorhandene Ordnung der Zielsequenz ausnutzt und die Einfügestelle durch binäre Suche (siehe Kap. 12.1.2) ermittelt. Bei der binären Suche wird die Einfügestelle für x dadurch gesucht, dass das Suchintervall, also die Zielsequenz, solange halbiert wird, bis die Länge 1 erreicht ist. Das Intervall im Durchlauf i besteht aus $i+1$ Schlüsseln und ist $\text{ld}(i+1)$ mal zu halbieren. Durch Summation über i von 1 bis $n-1$ ergibt sich:

$$\begin{aligned} C(n) &= \text{int}\left(\sum_{i=1}^{n-1} \text{ld}(i+1)\right) = \text{int}\left(\sum_{i=2}^{n} \text{ld}\, i\right) \approx \int_2^n \text{ld}\, i\, di = \frac{1}{\ln 2}\int_2^n \ln i\, di = \\ &\frac{1}{\ln 2}((n\ln n - n + 1) - (2\ln 2 - 1)) = \mathcal{O}(n\ln n) \quad . \end{aligned} \tag{12.42}$$

Dabei wurde verwendet, dass $\text{ld}\, x = \ln x/\ln 2$. Da der Wert der obigen Summe nicht als geschlossene Formel angegeben werden kann, wurde die Summe durch das Integral in den Grenzen von 2

Wiederhole für $i := 0$ bis $i := n-2$
  Suche den Index k des kleinsten Elements von $a[i]$ bis $a[n-1]$
  Vertausche $a[i]$ und $a[k]$

Abb. 12.5 Selection Sort als Pseudocode

bis n approximiert. Dieses Integral kann durch partielle Integration berechnet werden, es gilt $\int \ln x \,\mathrm{d}x = x\ln x - x + 1$.

Die Verbesserung der Komplexität $C(n)$ von $\mathcal{O}(n^2)$ auf $\mathcal{O}(n\ln n)$ scheint auf den ersten Blick ein wesentlicher Fortschritt gegenüber der ursprünglichen Methode zu sein. Dies relativiert sich jedoch, da die Komplexität $M(n)$ bezüglich der Zuweisungen unverändert bei $\mathcal{O}(n^2)$ bleibt. Da Zuweisungen von umfangreichen Datensätzen ebenso zeitaufwendig wie Schlüsselvergleiche sein können, ändert sich daher am gesamten Zeitverhalten des Algorithmus wenig. Wünschenswert ist ein Verfahren, bei dem sowohl $C(n)$ als auch $M(n)$ von der Ordnung $\mathcal{O}(n\ln n)$ sind. Eine Verringerung der Zuweisungsoperationen kann man erwarten, wenn man Elemente nicht nur um jeweils eine Position verschiebt, sondern um größere Distanzen. Dieses Vorgehen wird durch das Sortieren durch direktes Auswählen realisiert.

12.4.3 Sortieren durch direktes Auswählen (Selection Sort)

Prinzip des direkten Auswählens

Bei dieser Methode wählt man zunächst aus der anfänglichen Quellensequenz $a[0], a[1], \ldots, a[n-1]$ das kleinste Element aus und vertauscht es mit $a[0]$. Im nächsten Schritt sucht man wieder das kleinste Element in der Quellensequenz, die jetzt nur noch die Element $a[1], a[2], \ldots, a[n-1]$ umfasst, und vertauscht es mit $a[1]$. Auf diese Weise wird mit stets kürzer werdenden Quellensequenzen fortgefahren, bis diese schließlich nur noch das letzte Element $a[n-1]$ enthält.

Bei der direkten Auswahl (Pseudocode in Abb. 12.5) werden in jedem Schritt alle Elemente der Quellensequenz betrachtet, während die Einfügestelle in der Zielsequenz immer festliegt. Bei der zuvor erörterten Methode des direkten Einfügens wurde dagegen immer das erste Element der Quellensequenz hergenommen; dafür mussten in jedem Schritt die Elemente der Zielsequenz zum Auffinden der Einfügestelle durchsucht werden. Ein Beispiel ist in Bsp. 12.16 gezeigt.

Die Komplexität des direkten Auswählens

Die Anzahl der Schlüsselvergleiche $C(n)$ ist bei jedem der $n-1$ Durchläufe unabhängig von der eventuell schon bestehenden Ordnung immer $(n-1)-i$, da zur Suche des Minimums immer die gesamte Quellensequenz durchlaufen werden muss. Dies ist symmetrisch zum Sortieren durch direktes Einfügen, wo die Zielsequenz durchsucht wurde, man erhält daher dasselbe Ergebnis wie für $C_{\max}$ in (12.38):

$$\begin{aligned} C_{\min}(n) = C_{\max}(n) = C_{\text{mit}}(n) &= \sum_{i=0}^{n-2}((n-1)-i) = (n-1)^2 - \sum_{i=0}^{n-2} i \\ &= (n-1)^2 - \left(\left(\sum_{i=1}^{n} i\right) - (n-1) - n\right) = (n-1)^2 - \left(\frac{n(n+1)}{2} - 2n + 1\right) = \frac{n^2-n}{2} \quad . \end{aligned} \tag{12.43}$$

Bsp. 12.16 Selection Sort

Das folgende Beispiel zeigt ein Array mit 8 Zahlenwerten, das in 7 Schritten sortiert wird. Die senkrechten Striche in den Zeilen der Tabelle geben jeweils die Position der Trennung zwischen der Quellensequenz auf der rechten und der Zielsequenz auf der linken Seite an. Es wird jeweils das kleinste Element der Quellensequenz ausgewählt (unterstrichen) und mit dem ersten Element der Quellensequenz vertauscht.

Ausgangswerte:	$\vert$44	55	12	42	94	18	$\underline{06}$	67
nach $i = 0$	06	$\vert$55	$\underline{12}$	42	94	18	44	67
nach $i = 1$	06	12	$\vert$55	42	94	$\underline{18}$	44	67
nach $i = 2$	06	12	18	$\vert\underline{42}$	94	55	44	67
nach $i = 3$	06	12	18	42	$\vert$94	55	$\underline{44}$	67
nach $i = 4$	06	12	18	42	44	$\vert\underline{55}$	94	67
nach $i = 5$	06	12	18	42	44	55	$\vert$94	$\underline{67}$
nach $i = 6$	06	12	18	42	44	55	67	94

Die minimale Anzahl $M_{\min}(n)$ der Zuweisungen von Elementen ist dann gegeben, wenn die Elemente ursprünglich bereits in geordneter Reihenfolge sortiert sind, da dann in der Schleife zum Suchen des kleinsten Schlüssels keine Zuweisungen stattfinden. Die Anzahl der Zuweisungen ist also in jedem der $n-1$ Durchläufe drei (für das Vertauschen, was immer ausgeführt wird).

Die maximale Anzahl der Zuweisungen erhält man bei einem in umgekehrter Reihenfolge sortierten Array. Bei jedem Vergleich ist in diesem Fall eine zusätzliche Zuweisungen für das Speichern des Index des minimalen Schlüssels erforderlich. Durch Summieren folgt:

$$M_{\min}(n) = \sum_{i=1}^{n-1} 3 = 3n-3 \quad \text{und} \quad M_{\max}(n) = M_{\min}(n) + C_{\max}(n) = \frac{n^2+5n-6}{2} \quad . \qquad (12.44)$$

Für die mittlere Komplexität $M_{\text{mit}}(n)$ kommt es darauf an, wie oft beim Durchsuchen der Elemente in jedem Durchgang ein Element gefunden wird, das kleiner ist als alle vorangegangenen, da immer dann der neu gefunden Index gespeichert werden muss. Bei Mittelung über alle möglichen $n!$ Permutationen der n Elemente erhält man (ohne Beweis):

$$M_{\text{mit}}(n) = nH(n) = n\sum_{i=1}^{n} \frac{1}{i} \quad , \qquad (12.45)$$

wobei $H(n)$ die harmonische Funktion aus (12.32) ist. Der Wert dieser Summe divergiert für $n \to \infty$, obwohl die Glieder der Summe gegen Null gehen. Auch für endliche Werte von n kann das Ergebnis der Aufsummierung nicht durch eine geschlossene Formel angegeben werden. Mit der Näherung durch den Logarithmus aus (12.32) ergibt sich damit für die Komplexität:

$$M_{\text{mit}}(n) = \mathcal{O}(n \ln n) \quad . \qquad (12.46)$$

Wiederhole für $i := 1$ bis $i := n-1$
  Wiederhole für $j := n-1$ bis $j := 1$
    Wenn $a[j-1] > a[j]$
      Vertausche $a[j-1]$ und $a[j]$

Abb. 12.6 Bubblesort als Pseudocode

Setze Index für letzten Austausch $k := k' := 1$
Wiederhole
  Wiederhole für $j := n-1$ bis $j := k$
    Wenn $a[j-1] > a[j]$
      Vertausche $a[j-1]$ und $a[j]$
      Index merken $k' := j$
  Setze $k := k'$
bis keine Veränderung mehr auftritt

Abb. 12.7 Verbesserter Bubblesort

Bsp. 12.17 Bubblesort

Illustration des Bubblesort anhand eines Feldes mit 8 Daten, das in 7 Schritten sortiert wird. Im Unterschied zu den Beispielen 12.15 und 12.16 sind die Daten nun vertikal angeordnet. Beim Durchlaufen des Feldes von unten nach oben werden aufeinander folgende Elemente vertauscht, wenn sie nicht in der richtigen Reihenfolge stehen. Die horizontalen Striche markieren die Grenze zwischen bereits sortiertem und noch unsortiertem Bereich.

Ausgangswerte	$i = 1$	2	3	4	5	6	7
44	6	6	6	6	6	6	6
55	44	12	12	12	12	12	12
12	55	44	18	18	18	18	18
42	12	55	44	42	42	42	42
94	42	18	55	44	44	44	44
18	94	42	42	55	55	55	55
6	18	94	67	67	67	67	67
67	67	67	94	94	94	94	94

Von den Ausgangswerten kommt man im ersten Durchgang zu der unter Index $i = 1$ angeordneten Zahlenreihe. Dabei stieg das „leichteste" Element 6 bis zur obersten Position auf. Im nächsten Durchlauf wurden folgende Vertauschungen vorgenommen:
$18 \leftrightarrow 94, 18 \leftrightarrow 42, 12 \leftrightarrow 55, 12 \leftrightarrow 44$.

12.4.4 Sortieren durch direktes Austauschen (Bubblesort)

Prinzip des Bubblesort

In diesem Abschnitt wird der vor allem wegen seines schönen Namens bekannte und beliebte Bubblesort vorgestellt, bei dem die wesentliche Operation das Austauschen benachbarter Elemente ist. Das Array a wird dabei $n-1$ mal rückwärts, also von $n-1$ bis 0, unter Vertauschung benachbarter Elemente entsprechend der Ordnungsrelation durchlaufen. Denkt man sich das zu ordnende Array senkrecht statt waagrecht angeordnet vor, so bewirkt der Austausch, dass „leichte" (kleine) Elemente wie „Blasen" in einem exquisiten Champagner (vorzugsweise Veuve Clicquot) nach oben steigen. Beispiel 12.17 zeigt diesen Sachverhalt, der Algorithmus als Pseudocode befindet sich in Abb. 12.6.

Bsp. 12.18 Asymmetrie zwischen schweren und leichten Elementen bei Bubblesort

Das Beispiel zeigt, dass große Elemente am Anfang des Arrays weniger effizient an die richtige Stelle transportiert werden, als kleine Elemente die am Ende des Arrays stehen:

12	wird in	**6**	**94**	wird in	6	6	6	6	6	6	6
18	einem	12	6	sieben	**94**	12	12	12	12	12	12
42	Durchlauf	18	12	Durchläufen	12	**94**	18	18	18	18	18
44	sortiert	42	18	sortiert	18	18	**94**	42	42	42	42
55	$\Longrightarrow$	44	42	$\Longrightarrow$	42	42	42	**94**	44	44	44
67		55	44		44	44	44	44	**94**	55	55
94		67	55		55	55	55	55	55	**94**	67
6		94	67		67	67	67	67	67	67	**94**

Verbesserung durch Einführen einer Abbruchbedingung

Der Bubblesort kann ohne Mühe etwas verbessert werden. Zunächst entnimmt man dem Beispiel, dass in den letzten drei Durchläufen das Array nicht mehr verändert wurde, da es bereits geordnet ist. Der Programmlauf kann also abgebrochen werden, sobald in einem Durchlauf kein Austausch von Elementen mehr stattgefunden hat. Dies lässt sich durch Setzen eines Flags leicht feststellen. Zusätzlich kann man den Index k zwischenspeichern, an dem der letzte Austausch stattgefunden hat, da ja alle Paare unterhalb des Index k bereits in der richtigen Reihenfolge sein müssen. Die folgenden Durchläufe müssen daher nicht bis zum vorbestimmten Index i laufen, sie können vielmehr bereits bei dem Index k abgebrochen werden.

Diese Verbesserungen sind in Abb. 12.7 enthalten. Das Zeitverhalten ändert sich dadurch allerdings im allgemeinen Fall nur unwesentlich. Ist jedoch eine Datei schon sortiert oder nahezu sortiert, so erhält der Bubblesort dadurch lineare Komplexität. Interessant ist der Bubblesort auch in Zusammenhang mit linearen Listen, da diese so am Platz sortiert werden können.

Der Shakersort

Eine weitere Verbesserung wird durch die folgende Überlegung nahegelegt: Ein „leichtes“ Element am „schweren“ Ende eines sonst bereits sortierten Arrays wird in einem Durchlauf an die richtige Position gebracht. Ist dagegen ein „schweres“ Element am „leichten“ Ende des Arrays vorhanden, so können bis zu n Schritte für seine richtige Positionierung benötigt werden. In Bsp. 12.18 wird dies demonstriert.

Ändert man die Richtung in aufeinander folgenden Durchläufen, so wird diese Asymmetrie behoben. Die zugehörige Abwandlung des Bubblesort trägt den Namen *Shakersort* (von shake, schütteln), siehe hierzu auch den Pseudocode in Abb. 12.8. Hier wird auch berücksichtigt, dass die beiden äußeren Teile des Arrays sortiert sind, weshalb der Austausch von Elementen nur zwischen einer Unter- und Obergrenze geschieht, die sich im Verlauf immer weiter zuzieht. Eine wesentliche Verbesserung in der Komplexität wird dadurch allerdings nicht erzielt. Beispiel 12.19 zeigt den Ablauf des Shakersort.

```
Setze Ober- und Untergrenze o := n, u := 1
Wiederhole
   Wiederhole für i := u bis i := o − 1
      Wenn a[i − 1] > a[i]
         Vertausche a[i − 1] und a[i]
   Setze o := o − 1
   Wiederhole für i := o − 1 bis i := u
      Wenn a[i − 1] > a[i]
         Vertausche a[i − 1] und a[i]
   Setze u := u + 1
bis keine Veränderung mehr auftritt
```

Abb. 12.8 Shakersort als Pseudocode

Bsp. 12.19 Shakersort

Beim Shakersort wird das Array abwechselnd von unten nach oben und von oben nach unten durchlaufen. Die Werte für Ober- und Untergrenze gelten für das Ende des jeweils vorhergehenden Durchlaufs.

Ausgangs-	$u = 2$	3	4	5
werte	$o = 7$	6	5	4
44	6	6	6	6
55	44	44	12	12
12	55	12	44	18
42	12	42	18	42
94	42	55	42	44
18	94	18	55	55
6	18	67	67	67
67	67	94	94	94

Die Komplexität des Bubblesort

Bei der Komplexitätsbetrachtung des Sortierens durch direktes Austauschen erkennt man, dass – wie schon beim Sortieren durch Einfügen und beim Sortieren durch Auswählen – im ungünstigsten Fall bei jedem Durchlauf immer alle Elemente des Arrays einmal mit einem anderen Element verglichen werden müssen. Man erhält also wieder:

$$C_{\max}(n) = \frac{n^2 - n}{2} = \mathcal{O}(n^2) \quad . \tag{12.47}$$

Die minimale Anzahl der Zuweisungsoperationen für ein schon geordnetes Array ist Null und die Anzahl der Vergleiche ist $2n$:

$$M_{\min}(n) = 0 \quad , \qquad C_{\min}(n) = 2n \quad . \tag{12.48}$$

Im ungünstigsten Fall muss bei jedem Vergleich auch ein Elementpaar ausgetauscht werden. Da zu jedem Austausch drei Zuweisungen gehören, berechnet man:

$$M_{\max}(n) = 3 \cdot \frac{n^2 - n}{2} = \mathcal{O}(n^2) \quad . \tag{12.49}$$

Abb. 12.9 Shellsort als Pseudocode, mit Schrittweiten h_k gemäß (12.52)

```
Setze Schrittweite h := (n − 1)/2
Wiederhole solange h ≥ 1
   // Insertion Sort mit Schrittweite h
   Wiederhole für i := h bis i := n − 1
      Aktuelles Element merken t := a[i]
      Setze j := i
      Wiederhole solange j ≥ h und a[j − h] > t
         Verschiebe Elemente, Setze a[j] := a[j − h]
         Setze j := j − h
   Bringe aktuelles Element in richtige Position: a[i] := t
   Setze Schrittweite h := (h − 1)/2
```

Für die Komplexität $M_{\text{mit}}(n)$ für den mittleren Fall ergibt sich hier der Mittelwert von $M_{\text{min}}(n)$ und $M_{\text{max}}(n)$:

$$M_{\text{mit}}(n) = 3 \cdot \frac{n^2 - n}{4} = \mathcal{O}(n^2) \quad . \tag{12.50}$$

Ein Vergleich mit den zuvor besprochenen Verfahren zeigt, dass der Bubblesort unter diesen Methoden die schlechteste ist, da sowohl $C(n)$ als auch $M(n)$ für den mittleren Fall von der Ordnung $\mathcal{O}(n^2)$ sind. Auch die Einführung eines Flags ändert daran nichts grundsätzliches, da $M(n)$ dadurch nicht berührt wird und $C(n)$ immer noch von quadratischer Ordnung bleibt.

Eine Betrachtung des Shakersort zeigt ferner, dass auch hier die Verbesserungen nur die Vergleiche betreffen, die Zahl der Austauschoperationen bleibt unverändert. Eine genaue Analyse ist sehr aufwendig; das Ergebnis $C_{\text{mit}}(n)$ für die mittlere Anzahl von Vergleichen ist jedoch ebenfalls von der Ordnung $\mathcal{O}(n^2)$. Man sieht also, dass der Shakersort hinsichtlich der Komplexität eigentlich keine wesentliche Verbesserung ist.

12.5 Höhere Sortierverfahren

12.5.1 Shellsort

Eine wesentliche Verbesserung gelang erst mit dem auf Sortieren durch direktes Einfügen (Kap. 12.4.2) aufbauenden *Shellsort*, der 1959 von D. L. Shell veröffentlicht wurde [She59]. Beim Shellsort werden zuerst alle Elemente getrennt sortiert, die eine Distanz h_1 voneinander entfernt sind. Nach diesem ersten Durchlauf werden alle Elemente, die eine Distanz h_2 voneinander entfernt sind, sortiert, usw. bis zu einem letzten Durchgang t mit Schrittweite $h_t = 1$. Jede Teilsortierung zieht Nutzen aus der vorangegangenen, so dass in den folgenden Schritten weniger Vergleiche und Umstellungen nötig sind, als dies ohne die vorangegangenen Sortierläufe der Fall wäre. Es ist auch klar, dass durch dieses Verfahren tatsächlich die gewünschte Ordnung hergestellt wird, da im schlimmsten Fall die ganze Arbeit im letzten Schritt mit $h_t = 1$ erledigt würde. Offensichtlich kann man jede beliebige Folge von Schrittweiten verwenden, solange nur für die letzte Schrittweite $h_t = 1$ gilt. Der Algorithmus ist als Pseudocode in Abb. 12.9 gezeigt, ein Beispiel in Bsp. 12.20.

Das Problem der Berechnung der Komplexität des Shellsort ist sehr schwierig und noch nicht in allen Details gelöst. Insbesondere konnte noch nicht entschieden werden, welche Wahl der Schrittweite die günstigste ist. Von Vorteil ist jedenfalls, wenn die Schrittweiten keine Vielfachen

Bsp. 12.20 Shellort

Beim Shellsort werden Teilfolgen des Arrays mithilfe des Sortierens durch direktes Einfügen in vier Durchläufen mit abnehmenden Schrittweiten sortiert. Anhand des Standardbeispiels soll diese Methode mit der Schrittweitenfolge $h_1 = 4, h_2 = 2, h_3 = 1$ erläutert werden:

$h_1 = 4$	44	55	12	42	94	18	06	67
	Die Teilfolgen {44, 94}, {55, 18}, {12, 6}, {42, 67} werden geordnet.							
$h_2 = 2$	44	18	06	42	94	55	12	67
	Die Teilfolgen {44, 6, 94, 12}, {18, 42, 55, 67} werden geordnet.							
$h_3 = 1$	06	18	12	42	44	55	94	67
	Das ganze Array wird geordnet.							
Ergebnis	06	12	18	42	44	55	67	94

voneinander sind, da dann die Sortierungsläufe besonders viel von den vorangegangenen Läufen profitieren. Gute Resultate bringen beispielsweise die Schrittweitenfolgen:

$$h_k = \frac{h_{k-1} - 1}{3} \quad \text{mit} \quad h_1 = \frac{n-1}{3} \tag{12.51}$$

und

$$h_k = \frac{h_{k-1} - 1}{2} \quad \text{mit} \quad h_1 = \frac{n-1}{2} \quad . \tag{12.52}$$

Die Anzahl der Schritte beträgt damit offenbar $\lfloor \log_3 n \rfloor - 1$ bzw. $\lfloor \mathrm{ld}\, n \rfloor - 1$. Im Code in Abb. 12.9 werden die Schrittweiten h_k gemäß (12.52) bestimmt. Die Sortierläufe wurden als Sortieren durch direktes Einfügen implementiert.

Mit der Schrittweitenfolge (12.52) ist die Komplexität des Shellsort im Mittel von der Ordnung $\mathcal{O}(n^{1,5})$. Dies bedeutet zwar eine wesentliche Verbesserung im Vergleich zu $\mathcal{O}(n^2)$, nicht jedoch verglichen mit $\mathcal{O}(n \log n)$.

12.5.2 Quicksort

Nach dem Shellsort, der aus dem Sortieren durch Einfügen hergeleitet wurde, wird nun ein im Mittel noch wesentlich effizienter arbeitendes und daher sehr weit verbreitetes Verfahren, der *Quicksort* vorgestellt. Er wurde 1962 von C. A. R. Hoare veröffentlicht [Hoa62] und beruht auf einer Erweiterung des beim Bubblesort verwendeten Prinzips des Austauschens von Elementen, wobei aber nun nicht direkt benachbarte, sondern weiter auseinander liegende Elemente ausgetauscht werden.

Der Partitionsalgorithmus

Als Kern des eigentlichen Sortierverfahrens wird zunächst der Algorithmus zur Partition (Zerlegung) erläutert. Man geht von einem Array mit n Elementen $a[i]$ aus und wählt daraus willkürlich ein beliebiges Element $a[k]$, das sog. *Pivotelement*. Nun durchsucht man das Array von links mit den Indizes $i = 0, 1, \ldots$ bis ein Element $a[i] > a[k]$ gefunden wurde und von rechts mit den Indizes $j = n-1, n-2, \ldots$ bis ein Element $a[j] < a[k]$ gefunden wurde. Die beiden so bestimmten Elemente werden sodann miteinander vertauscht. Dieses Verfahren wird fortgesetzt, solange $i < j$ gilt. Man

Bsp. 12.21 Partitionsalgorithmus

Zur Partitionierung eines Array: Als Vergleichselement wurde das Element $a[4] = 42$ herausgegriffen. Im Laufe der Partition wurden die drei Vertauschungen 44 $\leftrightarrow$ 06, 55 $\leftrightarrow$ 18 und 94 $\leftrightarrow$ 42 vorgenommen.

Indizes	0	1	2	3	4	5	6	7
Ausgangswerte	44	55	12	94	42	18	06	67
1. Schritt	06	55	12	94	42	18	44	67
2. Schritt	06	18	12	94	42	55	44	67
Ergebnis	06	18	12	42	94	55	44	67
	$i \rightarrow$							$\leftarrow j$

```
Wähle Pivotelement, z. B. x := a[n/2]
Setze i := 0, j := n − 1
Wiederhole solange i ≤ j
  // Suche nach rechts:
  Solange a[i] < x Setze i := i + 1
  // Suche nach links:
  Solange a[j] > x Setze j := j − 1
  Wenn i ≤ j dann
    Vertausche a[i] und a[j]
    Setze i := i + 1, j := j − 1
```

Abb. 12.10 Partitionsalgorithmus für Quicksort als Pseudocode

```
quicksort(Array a, Untergrenze u, Obergrenze o):
Wähle Pivotelement x := a[(u + o)/2]
Setze i := u, j := o
Partitioniere a von u bis o mit Pivotelement x
Wenn u < j dann quicksort(a, u, j)
Wenn i < o dann quicksort(a, i, o)
```

Abb. 12.11 Quicksort als Pseudocode, Start mit quicksort($a, 0, n-1$)

hat nun das ursprüngliche Array in zwei Teile zerlegt, wobei der linke Teil nur Elemente $a[i] < a[k]$ und der rechte Teil nur Elemente $a[j] > a[k]$ enthält. Man beachte, dass das Pivotelement sich nach der Partitionierung üblicherweise nicht mehr an der gleichen Stelle wie eingangs befindet. Der Algorithmus ist als Pseudocode in Abb. 12.10 gezeigt, ein Beispiel in Bsp. 12.21.

Erweiterung der Partition zum Quicksort

Der Partitionsalgorithmus lässt sich ohne große Mühe zum Quicksort erweitern, indem man rekursiv die Partition auf den jeweils linken und rechten Teil der Zerlegung anwendet, bis man zu Partitionen der Länge eins gelangt. Dies ist in Abb. 12.11 dargestellt; Bsp. 12.22 zeigt den Ablauf im Detail.

Der Sortieralgorithmus Quicksort ist durch die Rekursion elegant und übersichtlich gelöst. Man muss aber bedenken, dass durch die rekursiven Aufrufe ein interner Stack verwendet wird, für den im ungünstigsten Fall n Elemente belegt werden. Außerdem werden bei jedem Funktionsaufruf auch die Prozessor-Register zwischengespeichert, so dass der Speicheraufwand so groß werden kann, dass von einem Sortieren am Platz eigentlich nicht mehr die Rede sein kann.

Es liegt auf der Hand, dass es am günstigsten sein wird, wenn durch die Partition das Array in zwei möglichst gleich große Teile zerlegt wird. Wählt man als Vergleichselement immer dasjenige mit dem mittleren Index, so garantiert dies keineswegs das gewünschte ideale Verhalten. Im Extremfall kann sogar eine Entartung auftreten, nämlich eine Partitionierung in zwei Zerlegungen, von denen

Bsp. 12.22 Quicksort

Der unten stehende Baum zeigt den Ablauf der rekursiven Aufrufe des Quicksort-Algorithmus. Die bei der Partitionierung der einzelnen Teile des Arrays gewählten Pivotelemente gemäß Abb. 12.11 sind unterstrichen. Die auf diese Weise entstandenen Blätter des Baums sind von links nach rechts gelesen in der korrekten Reihenfolge sortiert.

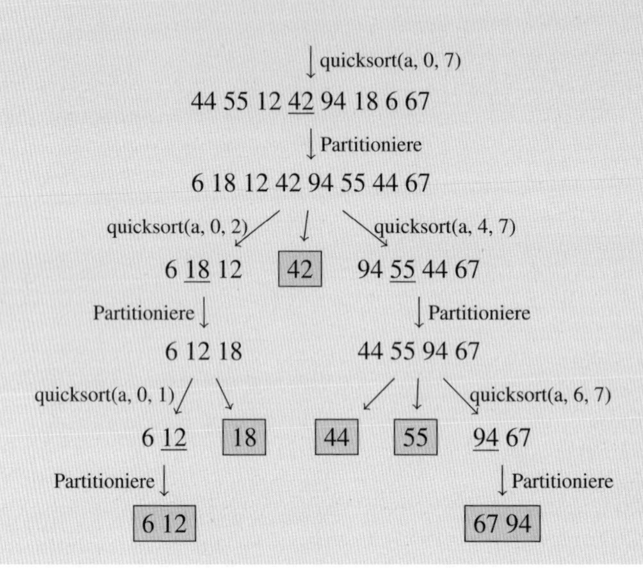

die eine nur ein einziges Element enthält und die andere den gesamten Rest des Arrays. Um dem vorzubeugen, wählt man als Vergleichselement besser das der Größe nach mittlere Element (den Median) von mehreren Kandidaten. Man bezeichnet diese Variante auch als *clever Quicksort*. Gut geeignet ist z. B. der Median der drei Elemente an der Untergrenze, der Obergrenze und in der Mitte.

Eine zweite, sehr wesentliche Optimierung stellt sicher, dass der Stack höchstens $\text{ld}(n)$ Aufrufe enthält. Dies wird dadurch erreicht, dass man bei jeder Partitionierung immer zuerst mit der kleineren der beiden Partitionen weiterarbeitet. Wenn immer beide Zerlegungen gleich groß wären, so sind bei n Elementen offenbar $\text{ld}(n)$ Partitionen erforderlich, bis alle Zerlegungen schließlich die Länge 1 erhalten. Daraus folgt, dass der Stack tatsächlich nur maximal $\text{ld}(n)$ Einträge erhalten kann (im Normalfall sogar viel weniger). Es sind beispielsweise bei $n = 1000$ maximal 10 Stackeinträge erforderlich. Man kann also mit gewissem Recht von einem Sortieren am Platz sprechen, da nur ein minimaler zusätzlicher Speicherbedarf besteht. Im Detail sind noch weitere Optimierungen möglich, hier sei auf die zu Beginn des Kapitels erwähnte Literatur verwiesen.

Die Komplexität des Quicksort

Vor der Bestimmung der Komplexität von Quicksort wird zweckmäßigerweise erst der Partitions-Algorithmus untersucht. Wurde ein Vergleichselement gewählt – im einfachsten Fall das Element mit dem mittleren Index – so wird von rechts und von links fortschreitend das gesamte Array durchsucht. Dazu sind insgesamt n Vergleiche nötig. Es gilt also auf jeden Fall $C(n) = n$ für den

Partitions-Algorithmus.

Im günstigsten Fall, wenn nämlich das Array bezüglich des gewählten Vergleichselementes bereits partitioniert ist, sind keine Zuweisungen erforderlich, es ist also $M_{\min}(n) = 0$. Im ungünstigsten Fall gilt $M_{\max}(n) = C(n) = n$, da dann für jeden Vergleich auch ein Austausch erforderlich ist. Zur Bestimmung der im Mittel erforderlichen Anzahl $M_{\text{mit}}(n)$ von Zuweisungen betrachtet man die Anzahl der Operationen für einen gegebenen Index k für das Vergleichselement. Die Anzahl der Austauschoperationen ist dann gleich der Anzahl der Elemente im linken Teil der Zerlegung, also k, multipliziert mit der Wahrscheinlichkeit, dass ein Element aus dem rechten Teil dorthin gelangt ist. Setzt man voraus, dass dies für jedes Element gleich wahrscheinlich ist, so kann diese Wahrscheinlichkeit durch die relative Häufigkeit ausgedrückt werden, die durch die Anzahl der Elemente im rechten Teil der Zerlegung, also $n-k$, dividiert durch die Gesamtzahl n der Elemente, gegeben ist. Diese Überlegung gilt für eine bestimmte Wahl von k. Man muss also noch über alle n möglichen Werte von k mitteln. Daraus ergibt sich:

$$\begin{aligned} M_{\text{mit}}(n) &= \frac{1}{n}\sum_{k=0}^{n-1}\frac{k(n-k)}{n} = \frac{1}{n^2}\sum_{k=1}^{n}(kn-k^2) = \frac{1}{n}\sum_{k=1}^{n}k - \frac{1}{n^2}\sum_{k=1}^{n}k^2 \\ &= \frac{n(n+1)}{2n} - \frac{n(n+1)(2n+1)}{6n^2} = \frac{1}{6}\left(n-\frac{1}{n}\right) = \mathcal{O}(n) \quad . \end{aligned} \tag{12.53}$$

Man erhält demnach eine lineare Komplexität für den Partitions-Algorithmus.

Zur Berechnung der Komplexität des Quicksort geht man zunächst davon aus, dass die Anzahl der erforderlichen Partitionen im Mittel $\operatorname{ld} n$ beträgt. Daraus folgt dann, dass für den Quicksort die Komplexität sowohl für die Anzahl der Vergleiche als auch für die Anzahl der Zuweisungen im Mittel von der Ordnung $\mathcal{O}(n \operatorname{ld} n)$ ist. Allerdings ist zu bedenken, dass dieses günstige Verhalten nur im Mittel gilt, da im ungünstigsten Fall eine Entartung möglich ist. Es sind dann n Partitionen durchzuführen, was zu einer Komplexität von $\mathcal{O}(n^2)$ führt. Durch die Auswahl des Vergleichselements als Median von mehreren Kandidaten lässt sich dieser Entartung jedoch effizient vorbeugen.

Quicksort ist ein typischer Vertreter der in Kap. 11.2.2, S. 437 besprochenen Divide and Conquer Algorithmen. Daher lässt sich die Komplexität auch mit (11.6) und (11.7) bestimmen: Im Mittel wird das Problem der Größe n in zwei Teilprobleme halber Größe geteilt. Der Zusatzaufwand in jedem Schritt, nämlich die Partitionierung, hat wie oben erläutert lineare Komplexität. Damit ergibt sich:

$$T(n) = 2T(n/2) + \Theta(n) \tag{12.54}$$

und aus (11.7) für die Gesamtkomplexität $\Theta(n \log n)$.

Bestimmung des k-größten Elements eines Arrays

Der Partitions-Algorithmus ist auch Grundlage eines Verfahrens zur Bestimmung des k-größten oder analog dazu des k-kleinsten Elementes eines Arrays. Zunächst wird das mittlere Element (der Median) eines Arrays betrachtet, also dasjenige Element, das kleiner oder gleich als die Hälfte der n Elemente des Arrays und größer oder gleich als die andere Hälfte ist. Beispielsweise ist das mittlere Element des Arrays (44, 55, 42, 12, 34, 94, 6, 18, 67) offenbar 42. Man kann den Median dadurch bestimmen, dass man das Array zunächst sortiert (6, 12, 18, 34, 42, 44, 55, 67, 94) und dann das Element mit dem Index $\lfloor n/2 \rfloor$ wählt. Von C. A. R. Hoare wurde jedoch ein auf dem Partitions-Algorithmus aufbauendes Verfahren entwickelt, das wesentlich effizienter arbeitet. Der Algorithmus erlaubt nicht nur, das mittlere Element zu bestimmen, sondern allgemein das k-größte.

Das Verfahren beginnt mit einer Partition des Arrays mit $u = 0, o = n-1$ und $x = a[k]$ als Vergleichswert. Mit den aus dem Partitions-Algorithmus folgenden Indexwerten i und j gilt dann:

$$i > j, \quad a[l] \leq x \forall l < i, \quad a[l] \geq x \forall l > j. \tag{12.55}$$

Es muss dann immer einer der folgenden Fälle vorliegen:

- Das gewählte Vergleichselement ist das gesuchte k-größte Element, d. h. die Anzahl der Elemente im Intervall $[0, j]$ steht im richtigen Verhältnis zu n, oder mit anderen Worten, es gilt $j+1 = k$. Das Verfahren endet damit. Für die Bestimmung des Median, also $k = n/2$, bedeutet dies, dass beide Zerlegungen tatsächlich gleich groß sind.

- Das gewählte Vergleichselement war zu groß. Die Partition muss nun mit dem linken Teil, also $a[0], \ldots, a[j]$ fortgesetzt werden.

- Das gewählte Vergleichselement war zu klein. Die Partition muss dann mit dem rechten Teil, also $a[i], \ldots, a[n-1]$ fortgesetzt werden.

Die Partitionen werden nun solange wiederholt, bis der erstgenannte Fall schließlich eintritt, bzw. bis die letzte Partition nur noch ein Element enthält.

Geht man davon aus, dass im Mittel jede Partition den Bereich halbiert, so ist die Zahl der notwendigen Vergleiche durch die folgende geometrische Reihe gegeben:

$$n + \frac{n}{2} + \frac{n}{4} + \ldots = n \sum_{i=0}^{\mathrm{ld}\, n} \frac{1}{2^i} = n \frac{\left(\frac{1}{2}\right)^{\mathrm{ld}\, n} - 1}{\frac{1}{2} - 1} = 2n - n \left(\frac{1}{2}\right)^{(\mathrm{ld}\, n) - 1} = \mathcal{O}(n) \quad . \tag{12.56}$$

Die Zahl der Umstellungen ist sogar noch geringer als die Zahl der Vergleiche.

Allerdings gilt hier wie beim Quicksort, dass die Komplexität im schlimmsten Fall zur Ordnung $\mathcal{O}(n^2)$ entarten kann. Diese Entartung tritt dann ein, wenn bei den Partitionen jedes Mal ein Bereich mit nur einem Element entsteht und der größere Bereich weiter partitioniert werden muss. Um dem vorzubeugen, empfiehlt es sich – wie bereits vorher – das Vergleichselement für die Partition als Median aus mehreren Kandidaten zu ermitteln.

12.5.3 Vergleich der Sortierverfahren

In Tabelle 12.2 sind die Komplexitäten der verschiedenen Sortieralgorithmen zusammengestellt, in Tabelle 12.3 die Laufzeiten für das Sortieren von Integer-Arrays relativ zum Insertion Sort für 5000 Elemente. Gemessen wurde eine optimiert übersetzte C-Implementierung der Algorithmen, die zu sortierenden Daten wurden zufällig generiert; in Abhängigkeit von den tatsächlichen Daten und dem jeweiligen Verfahren kommt es hier zu Abweichungen, so dass die Zahlen nur einen groben Anhaltspunkt liefern können. Es wurde auch Heapsort mit aufgenommen, der jedoch erst bei der detaillierten Behandlung von Bäumen in Kap. 13.1.5 besprochen wird, da sich der Algorithmus dort in zwangloser Weise ergibt. Auch der erst in den Kap. 12.6.3 bis 12.6.5 vorgestellte Mergesort ist im Zeitverhalten mit den auf Arrays arbeitenden höheren Sortierverfahren vergleichbar, er benötigt aber in seiner effizientesten Variante als externe Sortiermethode über den Umfang des Arrays a hinausgehend zusätzliche Speicherkapazität.

Sind weniger als etwa 20 Elemente im Hauptspeicher am Platz zu sortieren, so sind die direkten Methoden den höheren Methoden vorzuziehen, obwohl diese mehr Schritte zur Ausführung benötigen. Die Einfachheit der Einzeloperationen bringt in diesen Fällen aber dennoch einen Vorteil.

Tabelle 12.2 Zusammenstellung der Zeitkomplexitäten verschiedener Sortierverfahren

Algorithmus	$C_{min}(n)$	$M_{min}(n)$	$C_{max}(n)$	$M_{max}(n)$	$C_{mit}(n)$	$M_{mit}(n)$
Direktes Einfügen	n	n	n^2	n^2	n^2	n^2
Binäres Einfügen	n	n	$n \operatorname{ld} n$	n^2	$n \operatorname{ld} n$	n^2
Direkte Auswahl	n^2	n	n^2	n^2	n^2	$n \operatorname{ld} n$
Bubblesort	n	0	n^2	n^2	n^2	n^2
Shakersort	n	0	n^2	n^2	n^2	n^2
Shellsort	n	n	n^2	n^2	$n^{1,5}$	$n^{1,5}$
Quicksort	n	n	n^2	n^2	$n \operatorname{ld} n$	$n \operatorname{ld} n$
Heapsort	n	n	$n \operatorname{ld} n$	$n \operatorname{ld} n$	$n \operatorname{ld} n$	$n \operatorname{ld} n$
Mergesort	$n \operatorname{ld} n$	$n \operatorname{ld} n$	$n \operatorname{ld} n$	$n \operatorname{ld} n$	$n \operatorname{ld} n$	$n \operatorname{ld} n$

Tabelle 12.3 Relative Laufzeiten von Sortierverfahren für das Sortieren von Integer-Arrays

Anzahl	Direktes Einfügen	Binäres Einfügen	Direkte Auswahl	Bubblesort	Shakersort	Shellsort	Quicksort	Heapsort	Mergesort
5000	1,000	0,166	2,644	5,703	3,159	0,065	0,050	0,059	0,082
10000	3,083	0,372	7,176	19,25	13,41	0,140	0,096	0,127	0,170
20000	11,53	2,501	37,14	78,32	46,72	0,270	0,186	0,250	0,292
100000	279,1	50,88	741,7	1894	1162	1,767	1,024	1,422	1,603
150000	621,2	110,7	1661	4229	2613	3,270	1,499	2,360	2,509
200000	1103	211,9	2964	7618	4647	3,928	2,045	3,054	3,292
250000	1756	325,6	4641	11910	7249	4,957	3,039	4,609	4,429
1000000	27880	5368	74470	191120	113500	22,95	11,56	18,19	17,44

Unter den direkten Methoden ist der Bubblesort die schlechteste. Die besten einfachen Methoden sind die direkte Auswahl, da $M(n) = \mathcal{O}(n \operatorname{ld} n)$ ist und das direkte binäre Einfügen, da in diesem Fall $C(n) = \mathcal{O}(n \operatorname{ld} n)$ ist. Tatsächlich ist das Sortieren durch direktes binäres Einfügen die Sortierfunktion mit der geringsten Anzahl von Schlüsselvergleichen. Aus diesem Grund wird in der Praxis oft auch ab einem bestimmten Punkt von einem höheren Sortierverfahren wie Quicksort auf ein direktes Verfahren wie Insertion Sort umgeschaltet.

Bei der Sortierung von Daten wird derzeit der Quicksort am häufigsten eingesetzt. Es ist jedoch als Nachteil zu bewerten, dass zusätzlicher Speicherplatz der Größenordnung $\operatorname{ld} n$ benötigt wird, dass die Laufzeiten je nach Art der Daten sehr stark variieren können und dass das Verhalten im ungünstigsten Fall katastrophal ist.

Der Shellsort ist mittlerweile nur noch von didaktischem und historischem Interesse.

Die Effizienz der als „Bottom-up Heapsort" bekannten Variante des Heapsort ist nur wenig geringer als die des Quicksort. Ein Vorteil des Heapsort ist, dass seine Komplexität in jedem Fall, auch im Worst Case, von der Ordnung $O(n \operatorname{ld} n)$ ist und dass seine Laufzeit in Abhängigkeit von der Anordnung der Daten weniger streut als für den Quicksort. Außerdem ist der Heapsort ein Sortierverfahren, das ohne jede Einschränkung am Platz arbeitet.

12.6 Sortieren externer Dateien

12.6.1 Grundprinzipien des sequentiellen Datenzugriffs

Wenn der Arbeitsspeicher des Rechners die zu sortierenden Daten nicht vollständig aufnehmen kann, besteht in der Regel auf die Daten kein wahlfreier Zugriff mehr wie bei einem Array, sondern nur ein sequentieller oder halbsequentieller Zugriff. Die Daten müssen dann auf ein externes Speichermedium ausgelagert werden. Man spricht daher bei Sortierverfahren, die auf externen Dateien arbeiten, von *externen Sortierverfahren*. Die im vorigen Kapitel behandelten Algorithmen sind dann nicht anwendbar, da jetzt die im Vergleich zu Arrays wesentliche Beschränkung auf einen sequentiellen Datenzugriff besteht. Es liegt nahe, diesen sequentiellen Zugriff auf die Strukturierung der Daten abzubilden. Auf den ersten Blick scheint dies ein erheblicher Nachteil zu sein; es existieren jedoch externe Sortierverfahren mit einer sehr günstigen Komplexität von $\mathcal{O}(n \operatorname{ld} n)$, die es mit Quicksort durchaus aufnehmen können. Sie benötigen allerdings in ihren schnellsten Versionen zusätzlichen Speicherplatz in der Größenordnung von n Elementen, arbeiten also nicht am Platz. Es existieren zwar Varianten, die am Platz arbeiten oder mit nur wenig zusätzlichem Speicher auskommen, allerdings auf Kosten der Effizienz. Bevor auf externe Sortierverfahren näher eingegangen wird, folgt eine nähere Untersuchung der Einschränkung auf sequentiellen Zugriff.

Definition von Sequenzen

Eine Datenstruktur, die nur sequentiellen Zugriff erlaubt, bezeichnet man als *Sequenz* oder *File*:

Definition 12.1 (Sequenz)**.** Eine Sequenz vom Grunddatentyp T_0 ist entweder die leere Sequenz oder die Verkettung einer Sequenz vom Grunddatentyp T_0 mit einem Wert vom Grunddatentyp T_0.

Der so definierte Sequenz-Typ kann also potentiell unendlich viele Elemente umfassen, da zu jeder Sequenz durch Verkettung, d. h. durch Anhängen eines weiteren Elements am Ende der Sequenz, eine längere konstruiert werden kann. Offenbar handelt es sich bei einer Sequenz um eine homogene Datenstruktur, da – wie bei einem Array – alle Elemente vom gleichen Typ sind.

In C und Java sind Files (anders als manchen anderen Programmiersprachen) nicht als primitiver Datentyp definiert. Es existieren jedoch zahlreiche Standardfunktionen für Operationen auf Files. Im Prinzip ist bei Files nur ein streng sequentieller Zugriff erlaubt, der dadurch charakterisiert ist, dass zu einem bestimmten Zeitpunkt nicht auf beliebige Komponenten zugegriffen werden kann, sondern nur auf eine ganz bestimmte. Diese ist durch die aktuelle Position des Zugriffsmechanismus definiert. Durch eine spezifische Operation kann diese Position schrittweise geändert werden. Die Datenstruktur File ist besonders dazu geeignet, Daten zu verarbeiten, die auf einem sequentiellen oder halbsequentiellen bzw. zyklischen Hintergrundspeicher abgelegt sind, also insbesondere auf Plattenlaufwerken, da diese ja auf Grund ihrer Hardwarestruktur ohnehin nur einen (quasi)sequentiellen bzw. zyklischen Zugriff erlauben.

Mehrstufige Files

Der bei der File-Definition verwendete Grundtyp kann selbst wieder ein File-Typ sein. Man erhält dann segmentierte oder mehrstufige Files, gewissermaßen Files von Files, wobei die Schachtelungstiefe auch noch weiter gehen könnte. Solcherart segmentierte Files eignen sich gut als Datenstrukturen für sequentiell oder zyklisch arbeitende Speichereinheiten wie Plattenspeicher. In der Regel enthalten zyklische Speicher sequentiell adressierbare Spuren bzw. Sektoren, die aber

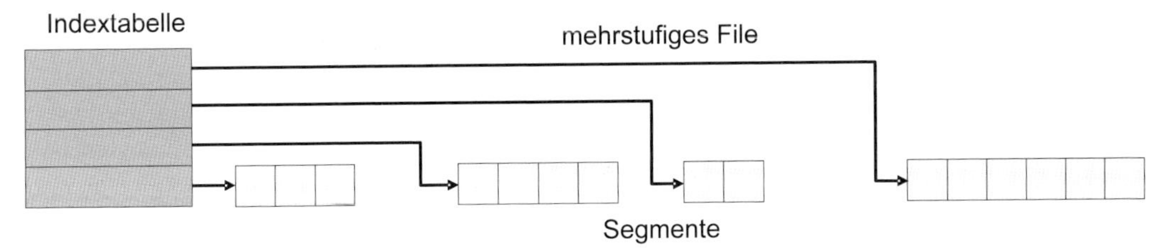

Abb. 12.12 Schema eines segmentierten bzw. indizierten Files. Die sequentiell organisierte Indextabelle erlaubt den schnellen Zugriff auf die ebenfalls sequentiell strukturierten Segmente

meist zu kurz sind, als dass ihnen in sinnvoller Weise ein ganzes File zugeordnet werden könnte. Es ist dann günstiger, segmentierte Files zu verwenden, wobei die Anfangspunkte der Spuren als natürliche Segmentmarken dienen können. Die Zuordnung der Segmente zu den Spuren erfolgt dann üblicherweise über eine Indextabelle. Abbildung 12.12 illustriert dieses Verfahren.

Die Inspizierung, d. h. das Auffinden bestimmter Files oder Subfiles, kann dank der Segmentmarken wesentlich gezielter und schneller erfolgen als bei einfachen Files. Allerdings ist auch bei segmentierten bzw. indizierten Files das Schreiben streng genommen nur am Ende des Files erlaubt. Vielfach wird jedoch auch selektives Überschreiben im Innern des Files unterstützt. Diese Technik ist allerdings fehleranfällig und gefährlich, da zur Vermeidung von Datenverlusten die Länge der einzufügenden neuen Information exakt mit der Länge des alten Eintrags übereinstimmen muss.

Vom Standpunkt der Zuverlässigkeit ist die sequentielle Dateiorganisation als günstig zu bewerten, insbesondere wenn man Änderungen (z. B. in Datenbanken oder mit Editoren) nur auf einer Kopie des Original-Files durchführt, die dann erst bei erfolgreichem Abschluss der gesamten Operation das ursprüngliche File ersetzt.

Elementare Operationen auf Sequenzen und Files

Für die weitere Arbeit mit Sequenzen wird hier (nach N. Wirth, [Wir00]) die folgende Terminologie eingeführt: Sequenzen werden mit Großbuchstaben $X, Y, \ldots$ bezeichnet, Komponenten mit indizierten Kleinbuchstaben $x_1, x_2, \ldots$ Durch das Zeichen & wird die Verkettung symbolisiert, d. h. das Anfügen einer weiteren Komponente am Ende einer Sequenz. Man vereinbart nun:

1. $\langle\rangle$ bezeichnet die leere Sequenz.
2. $\langle x_1 \rangle$ bezeichnet die nur aus einer Komponente x_1 bestehende Sequenz.
3. Wenn $X = \langle x_1, x_2, \ldots, x_m \rangle$ und $Y = \langle y_1, y_2, \ldots, y_n \rangle$ Sequenzen sind, dann ist auch $X\&Y = \langle x_1, x_2, \ldots, x_m, y_1, y_2, \ldots, y_n \rangle$ eine Sequenz. Die Sequenz $X\&Y$ ist durch Verkettung von X und Y entstanden.
4. Bei einer nichtleeren Sequenz $X = \langle x_1, x_2, \ldots, x_m \rangle$ extrahiert die Funktion $\text{first}(X)$ das erste Element von X, es gilt also $x_1 = \text{first}(X)$.
5. Bei einer nichtleeren Sequenz $X = \langle x_1, x_2, \ldots, x_m \rangle$ liefert die Funktion $\text{rest}(X)$ die Sequenz X ohne ihr erstes Element, also die Sequenz $\langle x_2, \ldots, x_m \rangle$.

Aus diesen Vereinbarungen folgen eine Reihe von Eigenschaften von Sequenzen. Beispielsweise gilt wegen 4. und 5. offenbar $X = \langle \text{first}(X) \rangle \& \text{rest}(X)$.

Grundoperationen auf Sequenzen und Files

Für praktische Anwendungen wird man nun nicht direkt die elementare Operation der Verkettung verwenden, sondern eine ausgewählte Menge von darauf zurückführbaren mächtigeren Operationen. Diese Operationen sollen es dem Benutzer erlauben, eine effiziente Darstellung auf dem gewünschten Speichermedium zu wählen, ohne dass er sich selbst um technische Einzelheiten, etwa die dynamische Speicherzuweisung oder die Positionierung des Zugriffsmechanismus, kümmern müsste. Es sollen nun unter Verwendung der Verkettung von Sequenzen sowie der Funktionen $\text{first}(X)$ und $\text{rest}(X)$ die in höheren Programmiersprachen üblichen Operationen realisiert werden. Dazu gehören Funktionen zum Erstellen eines leeren Files, Öffnen eines Files zum Lesen oder Schreiben, Fortschreiten zur nächsten Komponente sowie zum Anfügen einer Komponente am Ende des Files. Bei diesen Operationen wird eine implizite Hilfsvariable verwendet, die einen Pufferspeicher darstellt. Ein derartiger, eine Komponente vom Grundtyp fassender Puffer wird jeder File-Variablen X zugeordnet und hier mit $\widehat{X}$ bezeichnet.

Eine Folge der so definierten Grundoperationen ist, dass man konsequent zwei Arten des Zugriffs unterscheiden muss, die sich in einem spezifischen Zustand des Files ausdrücken, nämlich Lesen beim Durchsuchen bzw. Inspizieren und Schreiben beim Erstellen und Erweitern des Files. Die aktuelle Position des Zugriffsmechanismus (File-Position, Zeigerposition) wird formal dadurch eingeführt, dass das File in einen linken Teil X_L und einen rechten Teil X_R zerlegt wird, mit $X_L \& X_R = X$. Die aktuelle Zeigerposition ist dann die erste Komponente von X_R. Damit lassen sich nun die gewünschten File-Operationen realisieren:

1. Erstellen eines leeren Files, $\text{rewrite}(X)$: $X = \langle\rangle, X_R = \langle\rangle, X_L = \langle\rangle$.

   Diese Operation initialisiert den Prozess des Erstellens einer neuen Sequenz bzw. eines neuen Files X. Falls das File X bereits existiert, wird es überschrieben.

2. Öffnen eines bestehenden Files, $\text{reset}(X)$: $X_L = \langle\rangle, \widehat{X} = \text{first}(X), X_R = X$.

   Durch diese drei Zuweisungen wird der Zeiger auf den Anfang des Files positioniert und das File geöffnet. Die Puffervariable $\widehat{X}$ enthält die erste Komponente $\text{first}(X)$ des Files X.

3. Fortschreiten zum nächsten Element, $\text{get}(X)$: $X_L = X_L \& \langle \text{first}(X_R) \rangle, X_R = \text{rest}(X_R), \widehat{X} = \text{first}(X_R)$.

   Durch diese Operation wird X_L um die erste Komponente von X_R erweitert und X_R entsprechend verkürzt. Der Puffer enthält nun das erste Element des bereits verkürzten X_R. Dabei ist zu beachten, dass $\text{first}(X_R)$ nur definiert ist, wenn X_R nicht leer ist.

4. Anfügen einer Komponente an das File, $\text{put}(X)$: $X = X \& \langle \widehat{X} \rangle$.

   Der Inhalt der Puffervariablen $\widehat{X}$ wird an das Ende des Files X angehängt.

Die Operationen $\text{put}(X)$ und $\text{get}(X)$ hängen offenbar von der aktuellen Position des File-Zeigers ab, nicht jedoch die Operationen $\text{reset}(X)$ und $\text{rewrite}(X)$, die den File-Zeiger in jedem Fall auf den Anfang des Files positionieren.

Beim Durchlaufen des Files muss das Ende des Files automatisch erkannt werden, da sonst die Zuweisung $\widehat{X} = \text{first}(X_R)$ im Falle von $X_R = \langle\rangle$ eine undefinierte Operation wäre. Das Erreichen des File-Endes ist offenbar gleich bedeutend mit $X_R = \langle\rangle$. Man definiert daher eine Funktion

$$\text{eof}(X) = \text{TRUE, wenn } X_R == \langle\rangle \text{ und sonst FALSE,}$$

die den logischen Wert FALSE annimmt, wenn X_R nicht leer ist und den Wert TRUE, wenn X_R leer ist. Die Operation $\text{get}(x)$ ist daher nur für $\text{eof}(X) == \text{FALSE}$ zulässig.

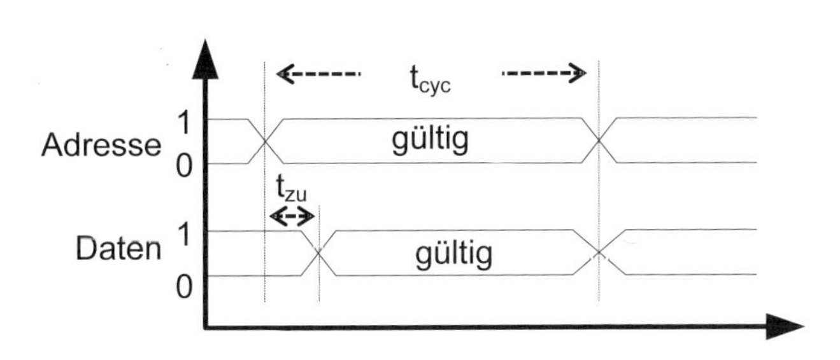

Abb. 12.13 Zugriffszeit t_{zu} und Zykluszeit t_{cyc}

Im Prinzip ist es möglich, alle File-Manipulationen durch die bisher genannten Operationen vorzunehmen. In der Praxis ist es aber oft üblich, die Operation des Weiterzählens des File-Zeigers durch get(X) und put(X) mit dem Zugriff auf den Puffer automatisch zu verknüpfen, so dass die Manipulation des Puffers dem Anwender verborgen bleibt. Man führt daher die beiden Prozeduren read(X,v) für das Lesen einer Komponente und write(X,u) für das Anhängen einer Komponente an das File-Ende ein. Dabei ist X ein File mit Grundtyp T_0, v eine Variable vom Typ T_0 und u ein Ausdruck vom Typ T_0:

- read(X,v) wird ausgedrückt durch: $v = \widehat{X}, \text{get}(X), \text{eof}(X) = (X == \langle\rangle)$, wobei eof$(X) = \text{FALSE}$ vorausgesetzt wird.
- write(X,u) wird ausgedrückt durch: $\widehat{X} = u, \text{put}(X)$, wobei eof$(X) = \text{TRUE}$ vorausgesetzt wird.

12.6.2 Sequentielle Speicherorganisation

Unter einem Speicher versteht man die systematische Anordnung einer Vielzahl von gleichartigen Speicherplätzen. Die kleinste adressierbare Einheit eines Speichers ist ein Speicherplatz, der aus einer Adresse besteht, die als Spezifikation der physischen Speicherzelle dient und dem Wert, der als Inhalt (Nutzdaten) in der Speicherzelle abgelegt ist und der Adresse eindeutig zugeordnet werden kann. Diese Zuordnung geschieht über einen Dekodierer. Unter einem Speicherzugriff versteht man die Herstellung einer logischen und physischen Verbindung zwischen Speicherplatz und Systemumgebung. Als *Speicherzyklus* bezeichnet man den Gesamtvorgang aus Speicherzugriff und Speicheroperation (Schreiben oder Lesen).

Der Adressraum A, d. h. die Gesamtzahl der potentiellen Speicherplätze, ergibt sich zu $A = 2^k$, wobei k die Breite des Adressbusses in Bit ist. Ein Speicher kann nach einigen wichtigen Kenngrößen klassifiziert werden:

Kapazität Maß für die Anzahl der gleichzeitig speicherbaren Binärzeichen (gemessen in Bit) oder Binärworte (gemessen in Byte).

Spezifischer Preis Auf die Speicherkapazität bezogener Systempreis.

Energieabhängigkeit der Daten Man unterscheidet je nachdem, ob der Speicher seine Daten ohne Aufrechterhaltung der Betriebsspannung verliert oder nicht, als flüchtig (volatile) oder nichtflüchtig (non-volatile).

Arbeitsgeschwindigkeit Maß für die Anzahl der pro Zeiteinheit durchführbaren Speicheroperationen. Diese besteht aus zwei Komponenten (vgl. Abb. 12.13):

Zugriffszeit t_{zu} Die Zeit zwischen dem Anlegen einer Adresse am Speicher und dem Erscheinen des ersten Bits des Inhalts am Ausgang des Speichers. Die Zugriffszeit kann für manche Speichertypen von der Lage des Speicherplatzes abhängen und zwischen einem Minimalwert $t_{zu,min}$ und einem Maximalwert $t_{zu,max}$ variieren. Man verwendet dann oft die mittlere Zugriffszeit $t_{zu,mean} = (t_{zu,min} + t_{zu,max})/2$.

Zykluszeit t_{cyc} Darunter versteht man den minimalen Zeitabstand zwischen zwei Adressvorgaben. Nach dieser Definition gilt immer $t_{cyc} > t_{zu}$.

Zugriffsmodus Durch den Zugriffsmodus wird die Art der Ablage und Wiederauffindung Zeit der Daten beschrieben. Die Anlage und Auswahl geeigneter Datenstrukturen wird durch den Zugriffsmodus entscheidend mitgeprägt. Man unterscheidet folgende Modi:

wahlfreier Zugriff Völlige Freizügigkeit im Adressraum mit gleicher Zugriffszeit zu allen Speicherplätzen. Ein Beispiel dafür ist das RAM (Random Access Memory).

sequentieller Zugriff (serieller Zugriff) Es besteht eine Priorität der Speicherplätze wegen ihrer unterschiedlichen Lage relativ zur Schreib-/Leseeinrichtung. Die Zugriffszeit auf den ersten einzulesenden Speicherplatz ist für gewöhnlich groß, während zu unmittelbar auf einander folgenden Speicherplätzen ein rascher Zugriff möglich ist. Daraus ergibt sich die Forderung, bei der Programmierung Sprünge im Adressraum zu minimieren und Daten möglichst blockweise zu transferieren. Ein Beispiel dafür sind Magnetbänder.

halbsequentieller Zugriff Dies ist eine Mischform aus den beiden bereits beschriebenen Modi, aber mit Schwerpunkt auf der sequentiellen Komponente. Es erfolgt eine periodische Umlaufbewegung der Speicherplätze relativ zur Schreib-/Leseeinrichtung. Daraus ergibt sich im Vergleich zu einem rein sequentiellen Speicher eine erhebliche Reduktion der Zugriffszeit und eine noch stärkere Betonung des blockorientierten Datentransfers. Beim Zugriff erfolgt zunächst eine nahezu wahlfreie Auswahl einer von mehreren konzentrisch angeordneten rotierenden Speicherbereichen (Spuren). Danach wird abgewartet, bis die gewünschten Daten aus der gewählten Spur sequentiell an der Schreib-/Leseeinrichtung erscheinen. Praktisch alle Plattenlaufwerke arbeiten nach diesem Prinzip.

Der Hauptspeicher eines Rechners ist als Speicher mit wahlfreiem Zugriff (RAM) ausgeführt. Die Wortlänge liegt zwischen 8 und 64 Bit, die Kapazität reicht bis zu mehreren GByte. Im Vergleich mit externen Speichern wie Magnetbandlaufwerken und Plattenlaufwerken ist RAM-Speicher verhältnismäßig teuer, der Zugriff ist mit $< 0{,}01\mu s$ sehr schnell, die erreichbare Kapazität ist jedoch sehr viel geringer als bei externen Speichern. In der Regel sind die Daten im RAM flüchtig gespeichert; durch Verwendung von ROMs (Read Only Memory) oder batteriegepufferten RAMs ist jedoch auch eine nichtflüchtige Speicherung möglich. Tabelle 12.4 zeigt eine Übersicht über typische Werte.

Die Organisation von Magnetbandspeichern

Ein Magnetbandspeicher besteht aus drei Hauptkomponenten:

Speichermedium Üblicherweise verwendet man Magnetbänder, die in mehreren Spuren parallel oder schräg beschrieben werden. Ein Band nach dem Standard LTO-6 hat beispielsweise eine

Tabelle 12.4 Überblick über typische Kenngrößen von Speichern

Speicherhierarchie	Speichertyp	Speicherkapazität [Byte]	Zugriffszeit [Sekunden]	spezifischer Preis [€/MByte]
Primärspeicher	Register	$10^1 - 10^3$	ca. 10^{-9}	–
(direkter Zugriff)	Cache	$10^4 - 10^6$	$10^{-9} - 10^{-7}$	10^0
	Arbeitsspeicher	$10^5 - 10^9$	$10^{-8} - 10^{-7}$	10^{-2}
Sekundärspeicher	Plattenlaufwerke	$10^9 - 10^{13}$	$10^{-4} - 10^{-3}$	10^{-5}
Tertiärspeicher	Bandlaufwerke	$10^9 - 10^{14}$	$10^{-2} - 10^2$	10^{-5}

Länge von 846 m und zeichnet Daten mit einer Dichte von etwa 15 kB/mm auf. Insgesamt können auf einem Band bis zu 2,5 TB Daten gespeichert werden (unkomprimiert, mit Fehlerkorrekturmechanismen). Typischerweise werden zur Datensicherung Systeme verwendet, die Bänder automatisiert wechseln und verwalten (Bandroboter), so dass nahezu unbegrenzt Speicher bereitgestellt werden kann.

Schreib-/Leseeinrichtung Diese ist fest installiert und besteht aus einem eigenen Schreib-/Lesekopf für jede Spur. Bei LTO-6 wird z. B. mit 16 parallelen Köpfen gearbeitet.

Elektrischer Bandantrieb Erforderlich sind ein schneller und dabei gleichmäßiger Bandlauf, die Fähigkeit zu Start-/Stop-Betrieb und eine schnelle Vor- und Rückspulmöglichkeit. Die mittlere Zugriffszeit auf ein File beträgt bei LTO-6 etwa 50 s, die Datentransferrate beträgt bis zu ca. 160 MB/s.

Die Daten werden auf Blöcken angeordnet, die voneinander durch Lücken getrennt sind. Die Aufteilung in Blöcke verringert zwar die Nutzkapazität, sie ist aber für eine exakte Positionierung erforderlich. Oft werden die Blöcke noch weiter in Sätze unterteilt. Den Blockanfang nimmt ein Header mit Blockkennung und optional weiteren Informationen ein. Große Blocklängen führen zu einer guten Speicherausnutzung, bedingen aber einen großen Pufferspeicher und einen langsameren Zugriff auf einzelne Sätze. Um die Speicherausnutzung weiter zu erhöhen, werden häufig Algorithmen zur Datenkompression eingesetzt (siehe Kap. 3.4), welche die Redundanz minimieren, ebenso Verfahren zur Fehlerkorrektur, falls Daten nicht mehr lesbar sind (siehe Kap. 3.3) und zur Verschlüsselung (siehe Kap. 4). Bei der Suche nach einem Datensatz wird zunächst im Schnelllauf der entsprechende Block durch Schlüsselvergleich ermittelt, dann werden die Daten des aktuellen Blocks bearbeitet. Da nur eindimensionales Suchen in beiden Laufrichtungen möglich ist, müssen die Organisation der Daten und die darauf wirkenden Algorithmen entsprechend angepasst und optimiert werden.

Die Organisation von Plattenspeichern

Der Zugriff auf einen Plattenspeicher unterscheidet sich wegen der halbsequentiellen bzw. zyklischen Organisation erheblich vom Zugriff auf Magnetbänder. Ein Plattenspeicher besteht aus drei Hauptkomponenten (siehe auch Kap. 6.8.4):

Speichermedium Magnetplatte, magneto-optische oder optische Platte. Als Standarddurchmesser sind $5\frac{1}{4}''$, $3\frac{1}{2}''$, $2\frac{1}{2}''$ und $1{,}8''$ gebräuchlich. Von der Platte wird nur ein äußerer Rand in konzentrische Spuren unterteilt und für die Speicherung genutzt. Die Aufzeichnungsdichte beträgt bis zu ca. 100 GBit/cm^2. Eine Erhöhung der Kapazität ist durch Stapelung mehrerer Platten möglich; in diesem Falle bezeichnet man alle übereinander liegenden Spuren als Zylinder.

Elektrischer Antrieb Es ist eine kontinuierliche Rotationsbewegung mit (je nach Anwendungsbereich) ca. 5400 bis 15.000 Umdrehungen pro Minute mit extrem hohem Gleichlauf erforderlich.

Schreib-/Leseeinheit Man verwendet pro Platte einen Schreib-/Lesekopf. Die Köpfe sind auf einem rechenähnlichen Arm montiert, der zur Spurauswahl in radialer Richtung beweglich ist.

Beim Zugriff wird zunächst die Schreib-/Leseeinrichtung quasi-wahlfrei radial mit einer Positionierzeit t_p von weniger als 10 ms auf die gewünschte Spur bewegt. Danach werden die infolge der Rotation sequentiell an der Schreib-/Leseeinheit vorbei bewegten Daten verarbeitet. Daraus resultiert eine Wartezeit t_w, die ebenfalls kleiner als 10 ms ist. Für die gesamte Zugriffszeit berechnet man dementsprechend $t_{zu} = t_p + t_w$. Die Spuren werden unterteilt in Sektoren, die eine Länge von typischerweise 0,25 bis 4 kByte aufweisen. Jeder Sektor beginnt mit einer als ID-Header bezeichneten Adresseninformation, danach folgen die Daten. Ein Sektor ist die kleinste adressierbare Einheit. Für die Verwaltung in Betriebssystemen werden mehrere (meist 4) Sektoren zu Clustern zusammengefasst, die fortlaufend durchnummeriert werden.

Die Zugriffszeiten, Transferraten und Nettokapazität hängen nicht nur von der Platte selbst ab, sondern von weiteren Faktoren, wie Platten-Controller, Aufzeichnungsverfahren, Betriebssystem, Fragmentierung der Daten, d. h. Aufteilung auf verschiedene nicht benachbarte Cluster und dem Interleave-Faktor:

Durch häufiges Löschen und erneutes Beschreiben tritt eine mit der Zeit immer stärkere Fragmentierung ein. Dies kann schnell einen erheblichen Geschwindigkeitsverlust zur Folge haben. Durch Defragmentier-Programme können die Dateien so umgeordnet werden, dass wieder eine fortlaufende Speicherung entsteht.

Insbesondere der Interleave-Faktor, der zusammen mit der Festlegung der Sektoren bei der Low-Level Formatierung (physikalische Formatierung) eingestellt wird und nachträglich kaum geändert werden kann, spielt eine bedeutende Rolle. Dabei werden aufeinander folgende Cluster physikalisch nicht unmittelbar hintereinander gespeichert, sondern so, dass ein oder mehr fremde Cluster eingeschoben werden. Üblich sind Interleave-Faktoren bis 4:1. Der Sinn dieses Verfahrens ist, dem Platten-Controller Gelegenheit zur Verarbeitung der Daten des aktuellen Clusters zu geben, bevor infolge der Drehung der nächste Cluster unter dem Schreib-/Lesekopf erscheint. Folgen die Cluster bei einem kleinen Interleave-Faktor zu dicht aufeinander, so muss eine ganze Plattenumdrehung abgewartet werden, bis der nächste Cluster verarbeitet werden kann, was natürlich viel Zeit kostet. Andererseits führt auch ein zu großer Interleave-Faktor zu Zeitverlusten, da der Controller dann unnötig lange auf den nächsten Cluster warten muss. Eine optimale Anpassung zwischen Platte, Controller und Betriebssystem kann daher einen wichtigen Beitrag zur Erhöhung der Leistungsfähigkeit des Gesamtsystems leisten.

Ähnlich wie bei Magnetbändern werden auch bei Festplatten Mechanismen zur Fehlererkennung und Fehlerkorrektur verwendet, so dass sich eine sehr geringe Fehlerrate von lediglich ca. 10^{-13} bis 10^{-15} ergibt. Auch Datenkompressions-Techniken zur Erhöhung der Kapazität werden eingesetzt. Dieser flexible Zugriffsmodus von Plattenspeichern ermöglicht komplexere Organisationsformen und eine effizientere Verarbeitung von Datenbeständen, als dies bei Magnetbädern der Fall ist. In den entsprechenden Datenstrukturen muss dem Rechnung getragen werden.

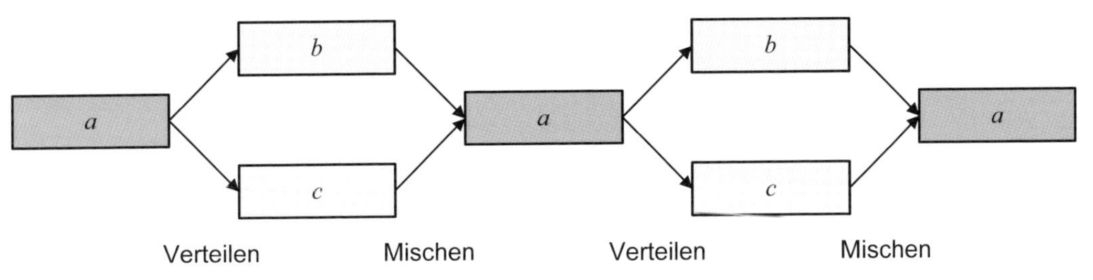

Abb. 12.14 Die Verteil- und Mischphasen beim 2-Phasen-3-Band-Mischen

12.6.3 Direktes Mischen (Direct Merge, Mergesort)

2-Phasen-3-Band-Mischen

Eine vielfach angewendete Methode ist das Sortieren durch direktes Mischen (Direct Merge). Hierbei werden die Daten im einfachsten Fall zunächst gleichmäßig auf zwei (oder mehr) Sequenzen verteilt und anschließend in einem Sortierschritt wieder zusammengefügt und in einer Zielsequenz gespeichert. Beim Zusammenfügen (Mischen) wird so vorgegangen, dass die Komponenten, auf die gerade zugegriffen wird, miteinander verglichen und entsprechend der gewählten Ordnungsrelation in die Zielsequenz geschrieben werden. Dieses Verfahren ist der Methode des Ordnens eines Stapels von Spielkarten nachempfunden: Man bildet zunächst zwei Kartenstapel, entnimmt dann von den beiden Stapeln die jeweils oberste Karte, vergleicht diese miteinander und legt schließlich diejenige mit dem kleineren Spielwert auf einen dritten Stapel ab, um dann von dem Stapel, von dem die abgelegte Karte stammt, die nächste Karte zu ziehen. Auf diese Weise wird verfahren, bis alle Karten verarbeitet sind.

Man geht also von einem File a mit n Elementen aus und verteilt diese zunächst gleichmäßig auf zwei Files b und c. Dann nimmt man jeweils die nächsten Elemente von b und c und schreibt sie geordnet zurück nach a. Die Daten in a bestehen nun aus einer Anzahl geordneter Teilsequenzen der Länge $p = 2$. Die geordneten Teilsequenzen werden auch als *Läufe* oder *Runs* bezeichnet. Im nächsten Schritt werden jeweils zwei Elemente von a nach b und c verteilt und anschließend abermals nach a gemischt. Die Länge geordneter Teilsequenzen beträgt jetzt bereits $p = 4$. Nach diesem Schema verfährt man weiter, wobei sich die Länge p der bereits geordneten Teilsequenzen jedes Mal verdoppelt, bis schließlich $p > n$ erreicht wird. Dieses Verfahren lässt sich schematisch wie in Abb. 12.14 skizzieren.

Bei diesem Sortierverfahren werden offenbar zwei Phasen, nämlich *Mischen* und *Verteilen*, durchlaufen und drei Files benötigt. Es heißt daher auch 2 Phasen-Mischen oder 3-Band-Mischen, wobei für die Namensgebung das Magnetband als ideal sequentielles Speichermedium Pate stand. Zu beachten ist, dass die Files b und c nur halb so lang sein müssen wie File a. Der zugehörige Algorithmus läuft wie in Abb. 12.15 ab, Bsp. 12.23 zeigt ein Beispiel.

Ausgeglichenes 4-Band-Mischen

Ein schwer wiegender Nachteil des 3-Band-Mischens ist, dass die Verteilungsphase zum Sortieren nicht beiträgt, da hier nur Kopiervorgänge, aber keine Vergleiche oder Vertauschungen durchgeführt werden.

Um den Preis eines vierten Files kann man diesen Nachteil beheben. Man kopiert dabei zunächst

1. Setze die Länge p bereits geordneter Teilsequenzen auf $p := 1$.
2. Schreibe von a abwechselnd p Elemente nach b und c.
3. Lese abwechselnd die jeweils nächsten Komponenten von b und c und schreibe diese geordnet nach a. Wurden entweder von a oder von b bereits sämtliche p Elemente einer schon geordneten Teilsequenz verarbeitet, so werden die restlichen Elemente der jeweils anderen Teilsequenz nach a übertragen. So wird mit allen Teilsequenzen verfahren.
4. Falls $p < n$ ist, wird p verdoppelt und nach Punkt 2 verzweigt.

Abb. 12.15 2-Phasen-3-Band-Mischen

Bsp. 12.23 2-Phasen-3-Band-Mischen

Als Beispiel wird der Datensatz {44, 55, 12, 42, 94, 18, 6, 67} betrachtet. Neben dem Band a, das die zu sortierenden Daten enthält, werden zwei Hilfsbänder b und c benötigt. Bereits geordnete Teilsequenzen sind durch senkrechte Striche kenntlich gemacht.

a:	44 |	55 |	12 |	42 |	94 |	18 |	06 |	67		Startsequenz, $p = 1$
b:	44 |	12 |	94 |	06	c:	55 |	42 |	18 |	67	Verteilphase
a:	44	55 |	12	42 |	18	94 |	06 |	67		Mischphase, $p = 2$
b:	44	55 |	18	94	c:	12	42 |	06	67	Verteilphase
a:	12	42	44	55 |	06	18	67	94		Mischphase, $p = 4$
b:	12	42	44	55	c:	06	18	67	94	Verteilphase
a:	06	12	18	42	44	55	67	94		Mischphase, $p = 8$

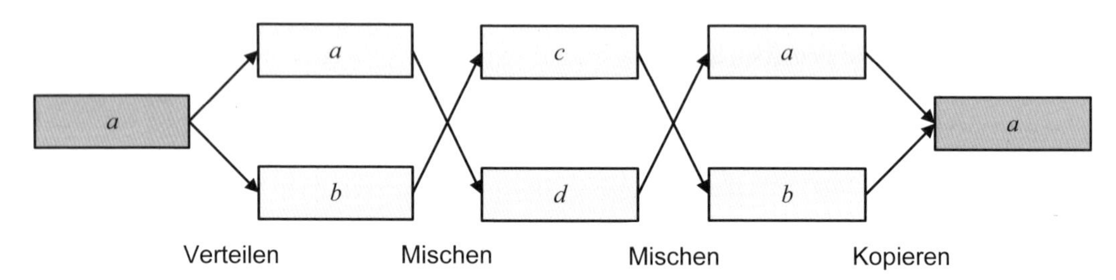

Abb. 12.16 Die Phasen beim ausgeglichenen 1-Phasen-4-Band-Mischen

eine Hälfte der zu sortierenden Daten von File a auf ein File b. Dann wird ein Mischlauf von den Files a und b nach zwei weiteren Files c und d durchgeführt. Nun werden die Files c und d als Quellen verwendet und das Mischen erfolgt von c und d nach a und b. Dieser Vorgang wird so oft wiederholt, bis nur noch eine Teilsequenz verbleibt und das gesamte File sortiert ist. Nach Beendigung des letzten Mischlaufs werden die sortierten Daten wieder nach a kopiert. Man bezeichnet diese Form des Sortierens als 1-Phasen-Mischung, ausgeglichenes Mischen oder 4-Band-Mischen. Offenbar sind nur noch halb so viele Kopieroperationen nötig wie beim 2-Phasen-Mischen. Dieses Verfahren lässt sich wie in Abb. 12.16 dargestellt skizzieren.

Bsp. 12.24 1-Phasen-4-Band-Mischen

Der Datensatz {44, 55, 12, 42, 94, 18, 6, 67} wird nun in drei Schritten durch Mischen eines Arrays a mit Hilfs-Array b wie folgt sortiert:

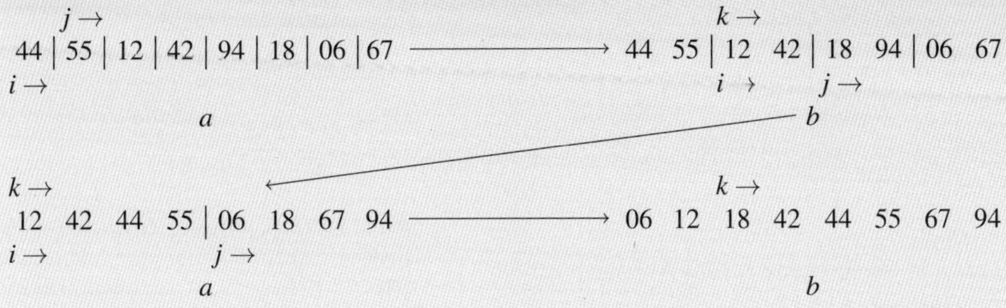

$j \rightarrow$ $k \rightarrow$

44 | 55 | 12 | 42 | 94 | 18 | 06 | 67 ⟶ 44 55 | 12 42 | 18 94 | 06 67

$i \rightarrow$ $i \rightarrow$ $j \rightarrow$

a b

$k \rightarrow$ $k \rightarrow$

12 42 44 55 | 06 18 67 94 ⟶ 06 12 18 42 44 55 67 94

$i \rightarrow$ $j \rightarrow$

a b

Durch senkrechte Striche sind bereits sortierte Teilsequenzen gekennzeichnet. Die Indizes i und j laufen über die beiden zu mischenden Quellensequenzen, der Index k läuft über die Zielsequenz.

Um die wesentlichen Aspekte dieses Sortierprinzips herauszustellen, wird zunächst auf die Komplikation durch Einführung der Filestruktur verzichtet und weiterhin von einem Array ausgegangen, jedoch bei streng sequentiellem Zugriff. Man sieht, dass die Hilfs-Files während des Mischens nur die halbe Länge der Ausgangssequenz a haben müssen. Insgesamt benötigt man also bei n zu sortierenden Daten $2n$ Speicherplätze. Bei Verwendung von Arrays lässt sich dies einfach dadurch realisieren, dass man zusätzlich zu dem mit den zu sortierenden Daten belegten Ausgangs-Array a in der Sortierfunktion ein weiteres Array b mit derselben Länge alloziert und bei Verlassen der Funktion wieder freigibt.

Das Sortieren des Beispieldatensatzes ist in Bsp. 12.24 gezeigt. In den Durchläufen entstehen der Reihe nach geordnete Paare, geordnete Quadrupel usw., bis schließlich der gesamte Datensatz geordnet ist. Nach jedem Durchlauf vertauschen die Arrays a und b ihre Rollen, d. h. die vorherige Quelle wird nun zum Ziel und das Ziel zur Quelle. Auf diese Weise kann es geschehen, dass sich die fertig sortierten Daten in Array b befinden; sie müssen dann zum Schluss noch nach a kopiert werden.

Die Komplexität des direkten Mischens

Die Komplexität des Sortierens durch direktes Mischen ermittelt man durch folgende Überlegung: Jeder Durchlauf verdoppelt den Wert von p. Da die Sortierung mit $p = n$ beendet ist, ergeben sich $\operatorname{ld} n$ Durchläufe, wenn n eine Potenz von 2 ist. Ist n keine Potenz von 2, so ist lediglich ein Durchlauf mehr als für die nächst kleinere Zweierpotenz nötig. In jedem Durchlauf werden alle n Elemente genau einmal kopiert. Damit ist die Komplexität $M(n)$ für die Bewegung von Elementen in jedem Fall:

$$M(n) = n \operatorname{ld} n = \mathcal{O}(n \operatorname{ld} n) \quad . \tag{12.57}$$

Die Komplexität $C(n)$ der Schlüsselvergleiche ist ebenfalls von der Ordnung $C(n) = \mathcal{O}(n \operatorname{ld} n)$, da nach jedem Vergleich auch immer einmal kopiert wird. Die Anzahl der Schlüsselvergleiche ist aber

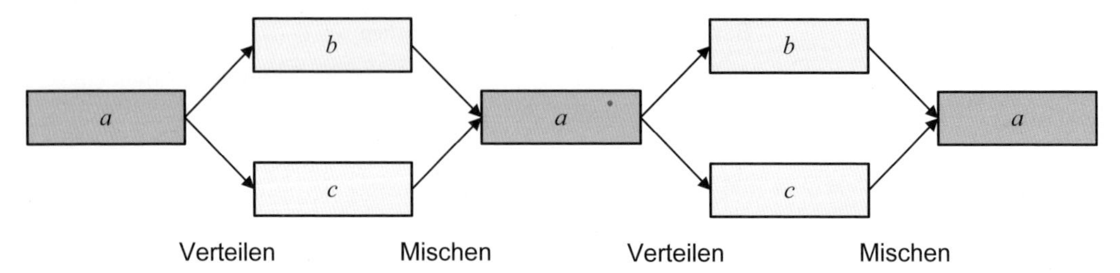

Abb. 12.17 Die Verteil- und Mischphasen beim natürlichen Mischen

```
Wiederhole
   lösche b, lösche c, setze a auf Anfangsposition
   verteile a auf b und c
   setze b auf Anfang, setze c auf Anfang, lösche a
   mische von b und c nach a
bis die Anzahl der Sequenzen 1 ist
```

Abb. 12.18 Natürliches Mischen. Die Funktionen „verteile" und „mische" sind separat in Abb. 12.19 bzw. 12.20 dargestellt. Die Funktion „lösche" muss nicht notwendigerweise explizit ausgeführt werden, es genügt normalerweise das Überschreiben des Bandes

tatsächlich noch etwas geringer als die Anzahl der Kopiervorgänge, da beim Mischen der Rest einer bereits sortierten Teilsequenz ohne Vergleiche kopiert werden kann.

Es handelt sich beim Mergesort um ein sehr effizientes Verfahren, das nur wenig langsamer arbeitet als Quicksort (siehe Kap. 12.5.3). Hervorzuheben ist auch, dass die genannten Komplexitäten – anders als etwa beim Quicksort – auch für den ungünstigsten Fall gelten. Da aber zusätzlicher Speicherplatz erforderlich ist, eignet sich dieses Verfahren jedoch in erster Linie für das externe Sortieren.

12.6.4 Natürliches Mischen (Natural Merge)

Ein Nachteil des direkten Mischens ist, dass die Teilsequenzen (evtl. bis auf die Letzte) alle dieselbe Länge p aufweisen. Eine eventuell schon vorhandene Ordnung des zu sortierenden Files wird damit nicht berücksichtigt. Man könnte von diesem starren Schema abweichen und in einer Verteilphase ausgehend von einem File a auf zwei Files b und c abwechselnd geordnete Teilsequenzen kopieren, deren Länge sich aus der möglicherweise schon vorhandenen Teilordnung ergibt (siehe Abb. 12.17). Danach werden Sequenzen von a und b nach c gemischt und es folgt wieder eine Verteilphase. Anders als beim direkten 2-Phasen-Mischen wird jetzt aber auch aus der Verteilphase Nutzen gezogen, da ja Teilsequenzen unterschiedlicher Länge kopiert werden. Man bezeichnet diese Variante als *natürliches Mischen* (*Natural Merge*). Es ist offensichtlich, dass die Anzahl der Kopiervorgänge reduziert wird, bei dieser einfachen Variante allerdings um den Preis einer Erhöhung der Anzahl der Vergleiche. Da aber gerade beim externen Sortieren die Kopiervorgänge zeitintensiv sind, ist dennoch mit einer Leistungssteigerung zu rechnen.

In einer weiteren Verbesserung ist es außerdem möglich, die zusätzlichen Schlüsselvergleiche auf den ersten Durchgang, also auf n, zu beschränken. Dazu ist jedoch ein Stack mit $\mathrm{ld}\, n$ Speicherplätzen zur Aufnahme noch benötigter Indizes für die Grenzen bereits geordneter Teilsequenzen erforderlich. Mit dieser Verbesserung ist das natürliche Mischen dem direkten Mischen in jedem Fall überlegen. Der Algorithmus ist als Pseudocode in Abb. 12.18 gezeigt, ein Beispiel in Bsp. 12.25.

Die im Code genutzte Funktion „verteile" ist separat in Abb. 12.19 gezeigt. Damit werden

Funktion verteile a auf b und c

Wiederhole
  copysequence(a, b)
  copysequence(a, c)
bis eof(a)

Funktion copysequence(x, y)

Wiederhole
  copy(x, y)
bis Ende der sortierten Teilsequenz erreicht

Abb. 12.19 Natürliches Mischen – Funktion „verteile". Die elementare Funktion copy(x, y) kopiert genau ein Element vom File x nach File y

Bsp. 12.25 Natürliches Mischen

Auf die Hilfsbänder b und c werden jeweils geordnete Teilsequenzen kopiert. Die Teilsequenzen sind durch senkrechte Striche kenntlich gemacht.

```
a:  17 31 | 5 59 | 13 41 43 67 | 11 23 29 47 | 3 7 71 | 2 19 57 | 37 61
b:  17 31 | 13 41 43 67 3 | 7 71 37 | 61
c:  5 59 | 11 23 29 47 | 2 19 57

a:  5 17 31 59 | 11 13 23 29 41 43 47 67 | 2 3 7 19 57 71 | 37 61
b:  5 17 31 59 | 2 3 7 19 57 71
c:  11 13 23 29 41 43 47 67 | 37 61

a:  5 11 13 17 23 29 31 41 43 47 59 67 | 2 3 7 19 37 57 61 71
b:  5 11 13 17 23 29 31 41 43 47 59 67
c:  2 3 7 19 37 57 61 71

a:  2 3 5 7 11 13 17 19 23 29 31 37 41 43 47 57 59 61 67 71
```

geordnete Teilsequenzen abwechselnd von a nach b und c kopiert. Ist die Anzahl der Teilsequenzen ungerade, so wird eine Teilsequenz mehr nach b als nach c kopiert. Es kann dabei bisweilen vorkommen, dass in b oder c zwei aufeinander folgende geordnete Teilsequenzen miteinander zu einer geordneten Teilsequenz verschmelzen. Dies ist dann der Fall, wenn das letzte Element einer Teilsequenz nicht größer ist als das erste Element der folgenden Teilsequenz. Dieser wichtige Sonderfall wird in Bsp. 12.26 verdeutlicht, da er für die Gestaltung einer Implementierung sehr wichtig ist.

Ebenfalls dargestellt ist die Funktion copysequence(x, y), die eine Sequenz von File x nach File y kopiert. Dies geschieht durch Verwendung einer elementaren Funktion copy(x, y), die genau ein Element vom File x auf das File y kopiert und praktisch in jeder Programmiersprache im Sprachumfang oder einer Funktionsbibliothek verfügbar ist. Das Ende einer Sequenz ist erreicht, wenn entweder der nächste Schlüssel kleiner ist als der vorherige, oder wenn das Ende des Files erreicht ist.

Die Funktion „mische" (Abb. 12.20) mischt nun je zwei Sequenzen von b und c nach a, bis bei einem der Files das File-Ende erreicht ist. Sämtliche noch auf dem anderen File verbliebenen Sequenzen werden dann einfach nach a kopiert. Das eigentliche Mischen geschieht in der Funktion „mergesequence", siehe Abb. 12.21.

Bsp. 12.26 Natürliches Mischen – Verschmelzung zweier Teilsequenzen

Beim natürlichen Mischen kann es geschehen, dass zwei nacheinander auf ein Band kopierte Teilsequenzen zufällig zu einer geordneten Teilsequenz verschmelzen:

a: 14 16 | 11 52 | 21 24 48 | 10 36
b: 14 16 21 24 48 zwei Sequenzen sind hier zu einer verschmolzen!
c: 11 52 | 10 36

```
Solange nicht eof(b) und nicht eof(c)
   mergesequence
Solange nicht eof(b)
   copysequence(b,a)
Solange nicht eof(c)
   copysequence(c,a)
```

Abb. 12.20 Natürliches Mischen – Funktion „mische“. Das eigentliche Mischen geschieht in der Funktion mergesequence, vgl. Abb. 12.21

```
Lies Schlüssel des nächsten Elements von b und speichere ihn in b.key
Lies Schlüssel des nächsten Elements von c und speichere ihn in c.key
Wiederhole
   Wenn b.key < c.key dann
      copy(b,a)
      Wenn Ende der Teilsequenz in b erreicht ist dann copysequence(c,a)
      sonst lies Schlüssel des nächsten Elements von b und speichere ihn in b.key
   sonst
      copy(c,a)
      Wenn Ende der Teilsequenz in c erreicht ist dann copysequenz(b,a)
      sonst lies Schlüssel des nächsten Elements von c und speichere ihn in c.key
bis Ende der Teilsequenz erreicht
```

Abb. 12.21 Natürliches Mischen – Funktion „mergesequence“

12.6.5 n-Band-Mischen

Zur weiteren Steigerung der Effizienz des Mischens liegt es nahe, an Stelle der Zusammenfassung von jeweils zwei geordneten Teilsequenzen zu einer neuen Teilsequenz eine größere Anzahl von n Teilsequenzen zusammenzufassen. Man spricht dann vom n-Band-Mischen oder n-Weg-Mischen. Der Preis dafür ist, dass man wegen der erhöhten Zahl der Files mehr Speicherplatz benötigt. Bei Zusammenfassung von jeweils zwei Teilsequenzen sind für das vollständige Sortieren $\operatorname{ld} m$ Durchläufe erforderlich, wobei m die Anzahl der Daten ist. Fasst man dagegen jeweils n Teilsequenzen zusammen, so sind nur $\log_n m$ Durchläufe nötig. Es ist daher zu erwarten, dass trotz des erhöhten Aufwands für die Verwaltung der nun größeren Anzahl der Files das Verfahren schneller arbeiten wird als das 4-Band-Mischen. Die Komplexität bleibt allerdings unverändert von der Ordnung $\mathcal{O}(m \log m)$.

Als Datenstruktur für die Verwaltung der Files bietet sich hier ein Array mit Komponenten des Typs File an. Man verwendet also eine gerade Anzahl von n Files und mischt nach einer anfänglichen

Bsp. 12.27 n-Weg-Mischen mit 8 Bändern

Als Beispiel wird nun $n = 8$ angenommen, so dass also immer vier Teilsequenzen zusammen gemischt werden. Als Momentaufnahme seien die ersten Teilsequenzen eines zu sortierenden Files wie unten skizziert auf die Files 1 bis 4 verteilt. Die Mischung erfolgt dann auf die Files 5 bis 8 derart, dass von allen Quellen-Files immer der jeweils nächste Schlüssel in Puffervariablen gespeichert wird. Der kleinste dieser Schlüssel entscheidet dann, welcher Datensatz als nächster auf das aktuelle Ziel-File geschrieben wird.

File 1: 12 | 10 12 | 14 17 | 5 | 11 | ...
File 2: 9 11 eof
File 3: 13 18 19 | 7 8 eof
File 4: 14 | 2 9 | 6 7 | 1 2 | 47 ...

$\Longrightarrow$

File 5: 9 11 12 13 14 18 19 | 11 47 ...
File 6: 2 7 8 9 10 12 | ...
File 7: 6 7 14 17 | ...
File 8: 1 2 5 | ...

Verteilphase auf die Bänder 1 bis $n/2$ immer abwechselnd $n/2$ Teilsequenzen von den Files 1 bis $n/2$ auf die Files $n/2+1$ bis n und wieder zurück von den Files $n/2+1$ bis n auf die Files 1 bis $n/2$, bis schließlich nur noch eine geordnete Sequenz verbleibt.

Beispiel 12.27 zeigt einen Ausschnitt eines Sortiervorgangs mit $n = 8$. Zu beachten ist, dass ein File aus der Bearbeitung des aktuellen Durchlaufs ausgeschlossen werden muss, wenn eof erreicht ist und dass ein File aus dem Mischvorgang zur Bildung der aktuellen neuen Teilsequenz auszuschließen ist, wenn für dieses File das Ende einer Teilsequenz erreicht ist. In Bsp. 12.27 wird nach dem zweiten Vergleich eof für File 2 erreicht. Der die Files durchzählende Index darf danach eigentlich nur noch die Werte 1, 3 und 4 annehmen. Um die File-Verwaltung zu vereinfachen, tauscht man nun die Bezeichnungen für das letzte aktive File (hier also File 4) mit dem von der weiteren Bearbeitung auszuschließenden File (hier also File 2). Damit ändert sich nur die obere Grenze des die Files zählenden Indexes. In analoger Weise verfährt man, wenn ein File vorübergehend ausgeschlossen werden muss, weil das Ende einer Teilsequenz erreicht ist.

Übungsaufgaben zu Kapitel 12

A 12.1 (T1) Beantworten Sie die folgenden Fragen:

a) Ist Suchen in Arrays oder in linearen Listen effizienter durchführbar?

b) Was versteht man unter Radix-Suche?

c) Wodurch unterscheiden sich die sequentielle und die binäre Suche?

A 12.2 (P3) Vergleich von binärer Suche und Interpolationssuche:

- Erstellen Sie ein Array `a[]` mit 30.000 Integer-Zufallszahlen. Verwenden Sie dabei die Uhrzeit als Startwert für den Zufallszahlengenerator.
- Ordnen Sie das Array in aufsteigender Folge mit einer beliebigen Sortierfunktion.
- Schreiben Sie eine Funktion `search_bin` zum binären Suchen. Suchen Sie damit in einer eine Million mal durchlaufenen Schleife nach zufällig ausgewählten Zahlen und geben Sie die mittlere Anzahl der Intervallteilungen sowie die mittlere Ausführungszeit aus.
- Schreiben Sie eine Funktion `search_int` zur Interpolationssuche. Suchen Sie damit in einer ebenfalls eine Million mal durchlaufenen Schleife nach denselben Zufallszahlen wie mit der

binären Suche und geben Sie auch dafür die mittlere Anzahl der Intervallteilungen sowie die benötigte Ausführungszeit aus. Warnung: es ist auf effiziente Implementierung und auf Rundungsfehler bei der Intervallteilung zu achten.

- Vergleichen und interpretieren Sie die Ergebnisse für die binäre Suche und die Interpolationssuche.

A 12.3 (T1) Beantworten Sie die folgenden Fragen:

a) Was ist der wesentliche Vorteil von Hash-Verfahren?

b) Was versteht man unter Klumpenbildung?

c) Nennen Sie einen Vorteil und einen Nachteil der quadratischen im Vergleich zur linearen Kollisionsauflösung.

d) Welche Forderungen stellt man üblicherweise an Hash-Funktionen?

e) Wie ist der Belegungsfaktor definiert?

f) Kann der Belegungsfaktor größer als eins werden?

A 12.4 (M1) Berechnen Sie die mittlere Anzahl S von Vergleichen zum Auffinden eines beliebigen Datensatzes in einer Hash-Tabelle, die maximal 100.000 Datensätze enthalten kann und bereits mit 86.000 Datensätzen gefüllt ist. Dabei kann von idealen Bedingungen ausgegangen werden.

A 12.5 (M3) Es soll eine Hash-Tabelle mit einem Adressraum von $m = 13$ angelegt werden. Die Hash-Funktion sei definiert durch die Vorschrift:
$h(\text{Name}) = (\text{pos}(1.\text{ Buchstabe}) + \text{pos}(2.\text{ Buchstabe})) \bmod 13$.
Dabei gibt pos() die Position des betreffenden Buchstaben im Alphabet an, also $\text{pos}(\text{A}) = 1$ etc.

a) Tragen Sie die folgenden Datensätze in der angegebenen Reihenfolge unter Verwendung der linearen und der quadratischen Kollisionsauflösung in die Hash-Tabelle ein: Hammer, Feile, Nagel, Zange, Zwinge, Raspel, Schraube, Niete, Pinsel.

b) Geben Sie den Belegungsfaktor an.

c) Berechnen Sie die mittlere Anzahl der Vergleiche für erfolgreiche und erfolglose Suche.

A 12.6 (P4) Es soll eine Datenverwaltung unter Verwendung der gestreuten Speicherung aufgebaut werden. Die Primäradresse A soll dabei möglichst einfach unter Einhaltung der lexikografischen Ordnung aus dem Primärschlüssel der Datensätze berechnet werden. Die Kollisionsbehandlung soll mithilfe einfach verketteter nach dem Primärschlüssel geordneter linearer Listen erfolgen. Es sollen die Operationen Einfügen, Suchen, Löschen und Auflisten von Datensätzen realisiert werden.

A 12.7 (T1) Beantworten Sie die folgenden Fragen:

a) Welches direkte Sortierverfahren benötigt im Mittel am wenigsten Schlüsselvergleiche?

b) Welches direkte Sortierverfahren benötigt im Mittel am wenigsten Zuweisungen?

c) Welches direkte Sortierverfahren arbeitet für bereits sortierte Daten am schnellsten?

A 12.8 (P2) Implementieren Sie die Sortierverfahren direktes Einfügen, direktes binäres Einfügen, direktes Auswählen, Bubblesort und Shakersort. Erzeugen Sie Zufallsfolgen von double-Zahlen, sortieren Sie diese mit allen implementierten Sortierfunktionen und geben Sie die Sie jeweiligen die Laufzeiten aus.

A 12.9 (T1) Beantworten Sie die folgenden Fragen:

a) Was bedeutet die Aussage, dass der Quicksort entarten kann?

b) Welches Sortierverfahren benötigt die geringste Anzahl von Schlüsselvergleichen?

c) Wodurch ist eine Partition gekennzeichnet?

d) Was ist ein Median?

A 12.10 (P2) Schreiben Sie unter Verwendung der C-Funktion `qsort()` ein Programm zum Sortieren eines Feldes von Zeigern, die auf Strings deuten. Die Strings sollen dabei in absteigender Reihenfolge lexikografisch sortiert werden, also c vor b vor a etc.

A 12.11 (M2) Ein Test habe ergeben, dass in Abhängigkeit von der Anzahl n der Daten für das Sortieren von Integer-Arrays mit dem Insertionsort auf einer bestimmten Maschine $t_i = 2{,}8n^2 \cdot 10^{-5}$ Sekunden benötigt werden. Mit dem Quicksort benötigt man $t_q = 1{,}4n \cdot \operatorname{ld} n \cdot 10^{-4}$ Sekunden. Von welchem n ab ist der Quicksort schneller als der Insertionsort?

A 12.12 (T1) Beantworten Sie die folgenden Fragen:

a) Was ist ein nicht-flüchtiger Speicher?

b) Was ist sequentieller und halbsequentieller Speicherzugriff?

c) Was versteht man unter der Zykluszeit im Zusammenhang mit Speicherzugriffen?

d) Was bewirkt eine Defragmentierung?

e) Was ist der Interleave-Faktor?

A 12.13 (T1) Beantworten Sie die folgenden Fragen:

a) Grenzen Sie die Begriffe direktes und natürliches Mischen ab.

b) Um welchen Faktor könnte das Sortieren durch Mischen schneller werden, wenn man an Stelle von zwei Sequenzen jeweils vier Sequenzen mischt?

c) Nennen Sie den wesentlichen Vorteil des Ein-Phasen-Mischens im Vergleich zum Zwei-Phasen-Mischen.

A 12.14 (L2) Sortieren Sie die Daten $a = \{27, 31, 11, 42, 89, 16, 17, 14, 12, 64, 50, 61, 72, 26, 28, 32, 66, 19, 22, 83, 87, 99\}$ nach dem in Abb. 12.17, S. 516 vorgeführten Muster per Hand unter Verwendung des natürlichen Mischens mit zwei Hilfsbändern b und c.

A 12.15 (P4) Schreiben Sie eine Funktion zum Sortieren durch Mischen eines Arrays am Platz. Es darf also kein wesentlicher zusätzlicher, von der Anzahl n der Daten abhängiger Speicherplatz verwendet werden.

Literatur

[Boy77] R. S. Boyer und J. S. Moore. A Fast String Searching Algorithm. *Commun. ACM*, 20(10):762–772, Okt. 1977.

[Cor09] T. H. Cormen, C. E. Leiserson, R. L. Rivest und C. Stein. *Introduction to Algorithms*. The MIT Press, 3. Aufl., 2009.

[Hoa62] C. A. R. Hoare. Quicksort. *The Computer Journal*, 5(1):10–16, 1962.

[Knu77] D. E. Knuth, J. H. Morris und V. R. Pratt. Fast Pattern Matching in Strings. *SIAM J. Comput.*, 6:323–350, 1977.

[Knu98] D. E. Knuth. *The Art of Computer Programming, Volume 3: Sorting and Searching*. Addison-Wesley, 2. Aufl., 1998.

[Lev66] V. Levenshtein. Binary Codes Capable of Correcting Deletions, Insertions, and Reversals. *Soviet Physics Doklady*, 10(8):707–710, 1966.

[Oku76] T. Okuda, E. Tanaka und T. Kasai. A Method for the Correction of Garbled Words Based on the Levenshtein Metric. *IEEE Transactions on Computers*, C-25(2):172–178, Feb 1976.

[Ott12] T. Ottmann und P. Widmayer. *Algorithmen und Datenstrukturen*. Spektrum Akademischer Verlag, 5. Aufl., 2012.

[Pom08] G. Pomberger und H. Dobler. *Algorithmen und Datenstrukturen: Eine systematische Einführung in die Programmierung*. Pearson Studium, 2008.

[Rad70] C. E. Radke. The Use of Quadratic Residue Research. *Commun. ACM*, 13(2):103–105, Febr. 1970.

[Sed11] R. Sedgewick und K. Wayne. *Algorithms*. Addison-Wesley, 4. Aufl., 2011.

[She59] D. L. Shell. A High-speed Sorting Procedure. *Commun. ACM*, 2(7):30–32, Juli 1959.

[Sol08] A. Solymosi und U. Grude. *Grundkurs Algorithmen und Datenstrukturen in JAVA*. Vieweg+Teubner, 4. Aufl., 2008.

[Wir00] N. Wirth. *Algorithmen und Datenstrukturen*. Vieweg+Teubner, 5. Aufl., 2000.

Kapitel 13

Bäume und Graphen

13.1 Binärbäume

13.1.1 Definitionen

Bäume sind eine der wichtigsten Datenstrukturen, die besonders im Zusammenhang mit hierarchischen Abhängigkeiten und Beziehungen zwischen Daten von Vorteil sind. Wie bei linearen Listen handelt es sich um eine dynamische Datenstruktur, die jedoch anders als Felder, Stapel, lineare Listen etc. nichtlinear ist. Bäume sind ein Spezialfall der in Kap. 13.3 behandelten Graphen.

Die wichtigste Motivation bei der Einführung von Bäumen ist, dass die Vorteile, die Arrays bei den Operationen Suchen und Durchsuchen bieten und die Überlegenheit der linearen Listen bei den Operationen Einfügen und Löschen in geeigneten Baumstrukturen kombiniert werden können, so dass all diese Funktionen mit niedriger Komplexität ausführbar sind.

Zur Vertiefung wird auf die einschlägige Literatur verwiesen, z. B. [Die10, Tur09, Knu97, Knu98, Ott12, Sed11, Cor09, Sol08, Pom08, Wir00].

Allgemeine (Wurzel-)Bäume

Ein allgemeiner Baum ist eine Datenstruktur, die aus einer Anzahl von Knoten besteht, die so durch Kanten verbunden sind, dass keine Kreise auftreten (vgl. z. B. Abb. 13.1). Die Kanten verbinden die Knoten, welche üblicherweise Informationen tragen, mit ihren Nachfolgern. Der oberste Knoten des Baumes wird als Wurzel bezeichnet. Beschränkt man sich zunächst darauf, dass ein Knoten höchstens zwei Nachfolger haben kann, so gelangt man zu der Definition des Binärbaumes.

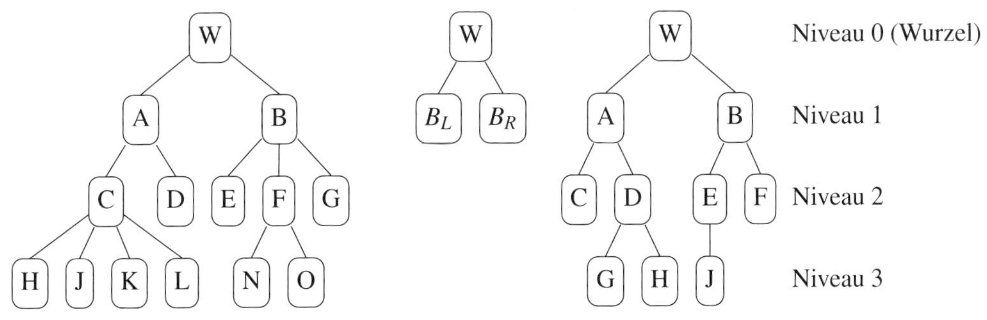

Abb. 13.1 Beispiel für einen allgemeinen Baum

Abb. 13.2 Zur Definition eines Binärbaumes

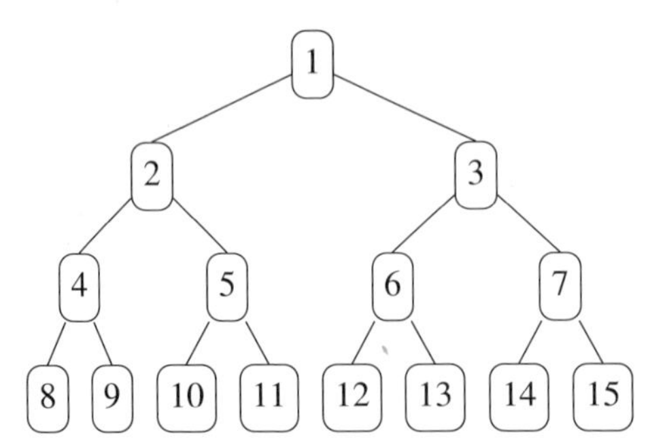

Abb. 13.3 Beispiel für einen vollständigen Binärbaum der Tiefe 3. Der Baum ist mit 15 Elementen besetzt und hat 8 Blätter

Binärbäume

Eine exakte, rekursive Definition von Binärbäumen lautet:

Definition 13.1 (Binärbaum). Ein *Binärbaum* B ist eine endliche Menge B von Elementen (Knoten) für die gilt: B ist entweder leer (leerer Baum, Nullbaum) oder es existiert ein ausgezeichneter Knoten W (die *Wurzel*), so dass alle übrigen Knoten ein geordnetes Paar zweier disjunkter Bäume B_L und B_R, den linken Teilbaum und den rechten Teilbaum bilden.

Diese rekursive Definition wird in Abb. 13.2 veranschaulicht. Enthält B eine Wurzel W, so heißt B_L linker Teilbaum und B_R rechter Teilbaum. Ist B_L nicht leer, so heißt seine Wurzel linker Nachfolger von W. Ist B_R nicht leer, so heißt seine Wurzel rechter Nachfolger von W. Jeder Knoten eines Binärbaums hat also 0, 1 oder 2 Nachfolger. Knoten mit mindestens einem Nachfolger heißen *innere* (auch: interne) Knoten; Knoten ohne Nachfolger heißen Endknoten oder *Blätter* (auch: externe oder äußere Knoten). Ist K ein Knoten mit linkem Nachfolger B_L und rechtem Nachfolger B_R, so heißt K *Vorgänger* oder *Vater* von B_L und B_R. Die Verbindung zwischen zwei Knoten heißt *Kante*, eine Folge von aneinander anschließenden Kanten heißt *Pfad* oder *Weg*. Ein Pfad zu einem Endknoten heißt *Ast*.

Die *Tiefe* eines Knotens gibt an, wie viele Kanten er von der Wurzel aus entfernt liegt; die Wurzel hat Tiefe 0. Wie in Abb. 13.2 dargestellt, fast man Knoten K eines Binärbaumes zu *Niveaus* zusammen. Als *Höhe* eines Binärbaums wird die Tiefe des längsten Astes des Baumes bezeichnet.

Den Knoten kann eine Bezeichnung bzw. ein Inhalt zugewiesen werden. In den Abbildungen 13.1 und 13.2 wird ein Inhalt durch einen Buchstaben angedeutet. Zwei Bäume heißen *isomorph*, wenn sie dieselbe Struktur haben. Sie heißen *identisch*, wenn sie dieselbe Struktur haben und zusätzlich einander entsprechende Knoten auch identische Inhalte haben.

Vollständige Binärbäume

Da in einem Binärbaum jeder Knoten nur höchstens zwei Nachfolger haben kann, können sich offenbar höchstens 2^ν Knoten auf derselben Ebene mit Niveauzahl ν befinden. Ist jede Ebene vollständig besetzt, so heißt der entsprechende Baum ein *vollständiger* Binärbaum (vgl. Abb. 13.3). Die Struktur eines vollständigen Binärbaums ist dann allein durch die Anzahl der Knoten fest vorgegeben.

Die Anzahl n der maximal in einem vollständigen Binärbaum speicherbaren Knoten ergibt sich aus dessen Höhe h zu $n = 2^{h+1} - 1$. Umgekehrt erhält man die Höhe h eines vollständigen

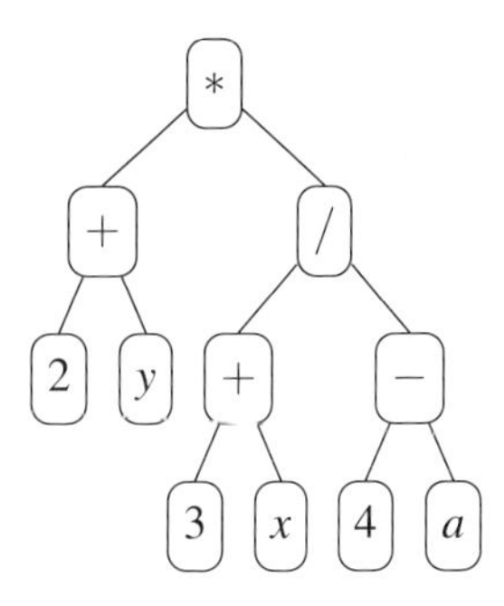

Abb. 13.4 Beispiel für einen erweiterten Binärbaum. Der Baum beschreibt den arithmetischen Ausdruck $(2+y)*((3+x)/(4-a))$. Die Klammern können entfallen, da sie in der Struktur des Baumes enthalten sind

Binärbaums mit n Knoten aus der Beziehung $h = \mathrm{ld}(n+1) - 1$. Die Anzahl der Blätter ergibt sich aus der Anzahl der Knoten auf Tiefe h zu 2^h.

Erweiterte Binärbäume

Ein Binärbaum heißt *erweiterter* Binärbaum, wenn jeder Knoten entweder keinen oder zwei Nachfolger besitzt. Die Knoten mit zwei Nachfolgern werden als *interne* Knoten, diejenigen ohne Nachfolger als *externe* Knoten bezeichnet.

Erweiterte Binärbäume werden beispielsweise zur klammerfreien Darstellung von mathematischen Ausdrücken verwendet, wie Abb. 13.4 zeigt. Auf Details wird im nächsten Kapitel noch näher eingegangen.

13.1.2 Speichern und Durchsuchen von Binärbäumen

Speicherung von Binärbäumen in Arrays

Für vollständige Binärbäume mit einer vorab bekannten maximalen Anzahl n von Knoten bietet sich die Speicherung als Array an, da wegen der vorausgesetzten Vollständigkeit bei der niveauweisen Durchnummerierung der Knoten eine lückenlose Speicherung möglich ist. Ein Beispiel für die Zuordnung der Knoten zu den Komponenten des Arrays durch einfache Durchnummerierung zeigt Abb. 13.3. Die dort als Inhalt in die Knoten eingetragenen Nummern dienen unmittelbar als Index für die Speicherung in einem Array.

Wegen dieser speziellen Anordnung der Knoten lassen sich, ausgehend von einem Knoten mit einem gegebenen Index k, leicht die Adressen der Nachfolger und des Vorgängers berechnen. Hat ein Knoten in einem vollständigen Binärbaum die Adresse bzw. den Index k so gilt, wenn man die Zählung mit Index 1 beginnt:

$$\begin{aligned} 2k & \quad \text{Adresse des linken Nachfolgers,} \\ 2k+1 & \quad \text{Adresse des rechten Nachfolgers,} \\ \lfloor k/2 \rfloor & \quad \text{Adresse des Vorgängers.} \end{aligned} \tag{13.1}$$

Falls die Zählung (wie in C üblich) mit Index 0 beginnt, gilt:

$$\begin{aligned} 2k+1 & \quad \text{Adresse des linken Nachfolgers,} \\ 2k+2 & \quad \text{Adresse des rechten Nachfolgers.} \\ \lfloor (k-1)/2 \rfloor & \quad \text{Adresse des Vorgängers.} \end{aligned} \tag{13.2}$$

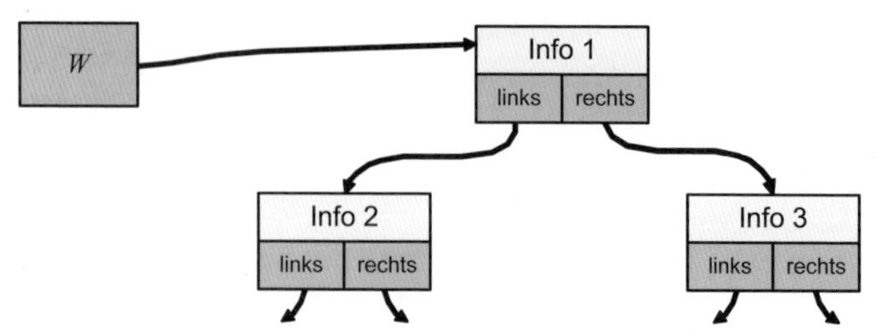

Abb. 13.5 Prinzip der verketteten Speicherung von Bäumen

Insbesondere für die Speicherung von Heaps, einer speziellen Form von vollständigen Binärbäumen, auf die weiter unten in Kap. 13.1.5 ausführlicher eingegangen wird, ist die Speicherung in Form von Arrays sinnvoll.

Im Prinzip kann auch ein allgemeiner Binärbaum, der also nicht unbedingt vollständig ist, in der beschriebenen Weise auf ein Array abgebildet werden. Bei einem schwach besetzten Baum werden aber eine große Anzahl von Arraykomponenten unbesetzt bleiben, so dass die Speichereffizienz sehr gering ist. Ein weiterer Nachteil der Speicherung von Bäumen in Arrays liegt darin, dass der für Bäume wesentliche Aspekt des dynamischen Wachstums wegen der üblicherweise festen Dimensionierung von Arrays unberücksichtigt bleibt.

Verkettete Speicherung von Binärbäumen

Im Allgemeinen ist es sinnvoller, Bäume nach dem Vorbild der linearen Listen (siehe Kap. 14.4.2) als verkettete Struktur zu speichern, auch wenn dies wegen der dann nötigen Verwaltung von Zeigern aufwendiger ist. Die Knoten eines Baumes enthalten in diesem Fall einen Informationsteil und mindestens zwei Zeiger, nämlich auf den linken und auf den rechten Nachfolger. Die Wurzel des Baumes muss, wie schon von der verketteten Speicherung linearer Listen bekannt, durch einen eigenen Zeiger gekennzeichnet werden. Natürlich beanspruchen auch die Zeiger, die keine inhaltliche Information tragen, Speicherplatz. Üblicherweise ist aber der Informationsteil so umfangreich, dass der zusätzlich für die Zeiger benötigte Speicherplatz nicht ins Gewicht fällt. Dieses Verkettungsprinzip geht aus Abb. 13.5 hervor. Beispiel 13.1 zeigt die verkettete Baumstruktur unter Verwendung des in Abb. 13.4 dargestellten Baums für einen arithmetischen Ausdruck.

Bäume mit Gewichtsfaktoren

Für manche Anwendungen dient die durch die Verzeigerung nachgebildete und durch Kanten symbolisierte Baumstruktur nicht nur der effizienten Speicherung und Bearbeitung, sondern die Baumstruktur trägt selbst eine reale Bedeutung. Dies wird z. B. dann der Fall sein, wenn die Kanten Weglängen, Zeiten, Wahrscheinlichkeiten oder eine andere, in Form von reellen Gewichtsfaktoren darstellbare Information repräsentieren. Es besteht dann häufig die Aufgabe, den Baum so zu strukturieren, dass eine von den Gewichtsfaktoren abhängige Zielfunktion optimiert (also je nach Problemstellung minimiert oder maximiert) wird.

Ein Beispiel für einen solchen gewichteten Baum ist der im Zusammenhang mit der Codierungstheorie bedeutsame Huffman-Baum (siehe Kap. 3.2.2). Die Weglängen (Gewichtsfaktoren) sind in diesem Fall die Auftrittswahrscheinlichkeiten von Zeichen in einem Text.

Bsp. 13.1 Verkettete Speicherung des in Abb. 13.4 dargestellten Baums

In der ersten Spalte der Tabelle sind die Anfangsadressen der Knoten angegeben. Die zweite Spalte enthält die Information und in der dritten bzw. vierten Spalte sind die Zeiger auf die linken bzw. rechten Nachfolger aufgelistet. Bei den Blättern des Baumes, die als Endknoten keine Nachfolger mehr haben, ist als Adresse für die linken und rechten Nachfolger 0 eingetragen. Zusätzlich ist ein Zeiger W erforderlich, der auf die Adresse der Wurzel des Baumes zeigt.

Adresse	Information	links	rechts
$W \to$ 101	$*$	102	103
102	$+$	104	105
103	$/$	106	107
104	2	0	0
105	y	0	0
106	$+$	108	109
107	$-$	110	111
108	3	0	0
109	x	0	0
110	4	0	0
111	a	0	0

Durchsuchen von Binärbäumen

Beim Durchsuchen einer Datenstruktur geht es darum, alle darin gespeicherten Komponenten genau einmal zu besuchen, um darauf eine Operation auszuführen. Für das Durchsuchen selbst ist die Art der auf den Komponenten ausgeführten Operation ohne Bedeutung; es kann sich dabei um ein bloßes Inspizieren handeln, um Ausdrucken des Informationsteils oder um eine beliebige andere Manipulation. Hierzu stehen für Bäume verschiedene Möglichkeiten offen, die man wegen der rekursiven Definition der Datenstruktur alle rekursiv formulieren kann. Gebräuchlich sind insbesondere folgende Varianten:

Hauptreihenfolge (Preorder)

- behandle die Wurzel
- behandle den linken Teilbaum
- behandle den rechten Teilbaum

Symmetrische Reihenfolge (Inorder)

- behandle den linken Teilbaum
- behandle den rechten Teilbaum
- behandle die Wurzel

Nebenreihenfolge (Postorder)

- behandle den linken Teilbaum
- behandle den rechten Teilbaum
- behandle die Wurzel

Mithilfe dieser Definitionen lassen sich sofort rekursive Funktionen für das Durchsuchen von Bäumen angeben, wie in Abb. 13.6 als Pseudocode gezeigt.

Die umgekehrte polnische Notation (UPN)

Das Problem der Umwandlung eines arithmetischen Ausdrucks (siehe Abb. 13.4) in die umgekehrte polnische Notation (UPN) ist eng mit der Ausgabe des diesem Ausdruck zugeordneten Baumes in Nebenreihenfolge (Postorder, Postfix-Schreibweise) verwandt.

Die UPN ist eine klammerfreie Schreibweise, die zur internen Darstellung in Compilern, direkt in der Programmiersprache Forth und als Eingabe in HP-Taschenrechnern verwendet wird.

In der Postfix-Schreibweise werden zuerst die Operanden angegeben und danach der sie verknüpfende Operator; die Anweisung „multipliziere 2 mit y" lautet also in UPN „2 y $*$". Dies hat den Vorteil, dass ein UPN-Ausdruck von links nach rechts sequentiell unter Verwendung eines

Funktion preOrder(Datenstruktur Knoten k)

Verarbeite Daten des Knotens k
Wenn linker Nachfolger existiert:
  preOrder(k.links)
Wenn rechter Nachfolger existiert:
  preOrder(k.rechts)

Funktion inOrder(Datenstruktur Knoten k)

Wenn linker Nachfolger existiert:
  inOrder(k.links)
Verarbeite Daten des Knotens k
Wenn rechter Nachfolger existiert:
  inOrder(k.rechts)

Funktion postOrder(Datenstruktur Knoten k)

Wenn linker Nachfolger existiert:
  postOrder(k.links)
Wenn rechter Nachfolger existiert:
  postOrder(k.rechts)
Verarbeite Daten des Knotens k

Abb. 13.6 Rekursive Funktionen für das Durchsuchen von Bäumen

Bsp. 13.2 Auflisten der Knoten eines Baums in verschiedenen Reihenfolgen

Listet man beispielsweise die Info-Komponente des in Abb. 13.4 dargestellten, den mathematischen Ausdruck $(2+y)*(3+x)/(4-a)$ repräsentierenden Baumes auf, so erhält man die Knoten in den Reihenfolgen:

Hauptreihenfolge (Preorder):	$* + 2\ y\ / + 3\ x - 4\ a$
Symmetrische Reihenfolge (Inorder):	$2 + y * 3 + x\ /\ 4 - a$
Nebenreihenfolge (Postorder):	$2\ y + 3\ x + 4\ a - / *$

Stacks (siehe Kap. 14.4.3) nach einfachen Regeln bearbeitet werden kann. Dazu muss lediglich der Eingabestring so auf einen Baum abgebildet werden, dass das Durchsuchen des Baumes in symmetrischer Reihenfolge gerade wieder den Eingabestring ergibt. Danach werden die Knoten des Baums in Nebenreihenfolge ausgelesen und bearbeitet. Ausgangspunkt ist also ein Array, das die den arithmetischen Ausdruck darstellende Zeichenkette enthält. Ergebnis ist ein Array, das den resultierenden UPN-String enthält. Das geordnete Auslesen aus dem Baum ist mithilfe eines Stacks realisierbar; dasselbe gilt auch für das Aufbauen des Baumes. Es ist daher möglich, die Umwandlung des Eingabestrings in den UPN-String direkt unter Verwendung von zwei Stacks vorzunehmen. Der gedankliche Umweg über einen Binärbaum kommt dann in dem zugehörigen Algorithmus gar nicht mehr zum Ausdruck.

Die symmetrische Reihenfolge liefert die Zeichen eines arithmetischen Ausdrucks in der gewohnten Ordnung, also genauso wie sie bei sequentieller Eingabe der Formel, jedoch ohne die Klammern, da die durch die Klammerung symbolisierten arithmetischen Prioritätsregeln nicht im Info-Teil des Baumes, sondern in seiner Struktur enthalten sind. Man spricht hier auch von der Infix-Schreibweise, da die Operatoren zwischen den beiden Operanden, auf die sie wirken sollen, eingefügt werden. Die Hauptreihenfolge liefert die eingegebenen Zeichen in der sog. Präfix-Schreibweise, bei der die Operatoren vor den Operanden stehen. Dies ist in Bsp. 13.2 verdeutlicht.

Bsp. 13.3 Iteratives Durchsuchen eines Baumes in symmetrischer Reihenfolge

Gegeben sei der folgende Baum:

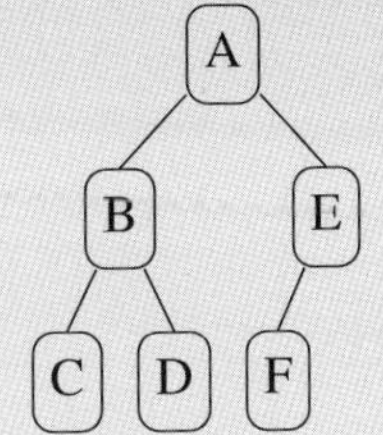

Die Knotenreihenfolge für das Durchsuchen lautet:

Hauptreihenfolge (Preorder):	A B C D E F
Symmetrische Reihenfolge (Inorder):	C B D A E F
Nebenreihenfolge (Postorder):	C D B F E A

Wendet man das iterative Durchsuchen dieses Baums in symmetrischer Reihenfolge (Inorder) auf diesen Baum an, so sind folgende Schritte auszuführen:

Schritt	Operation	Stack	bearbeite
1	k = Wurzel (A)	leer	
2	k auf Stack schreiben	A	
3	k = linker Nachfolger (B)	A	
4	k ist kein Blatt, also k auf Stack schreiben	AB	
5	k = linker Nachfolger (C)	AB	
6	k ist Blatt, also k bearbeiten	AB	C
7	k aus Stack holen (B) und bearbeiten	A	B
8	k = rechter Nachfolger (D)	A	
9	k ist Blatt, also k bearbeiten	A	D
10	k aus Stack holen (A) und bearbeiten	leer	A
11	k = rechter Nachfolger (E)	leer	
12	k ist kein Blatt, also k auf Stack schreiben	E	
13	k = linker Nachfolger (NULL)	E	
14	k aus Stack holen (E) und bearbeiten	leer	E
15	k = rechter Nachfolger (F)	leer	
16	k ist Blatt, also k bearbeiten	leer	F
17	Stack ist leer: ENDE	leer	

Iterative Version des Durchsuchens in symmetrischer Reihenfolge

Die rekursiven Funktionen zum Durchsuchen sind einfach und kurz, eine iterative Lösung kann aber wegen der effizienteren Verwaltung des Stacks schneller sein. Die Idee beim iterativen Durchsuchen eines Binärbaums in symmetrischer Reihenfolge ist, dass man bei der Wurzel des Baumes beginnend jeweils immer alle besuchten Knoten k auf einem Stack ablegt und dem Links-Zeiger folgt, bis man zu einem Blatt, also einem Null-Zeiger gelangt; dieses wird dann bearbeitet. Anschließend holt man ein Element aus dem Stack, bearbeitet dieses und verzweigt zum rechten Nachfolger. Danach verfährt man so lange weiter wie beschrieben, bis schließlich alle Knoten bearbeitet wurden, wie in Abb. 13.7 als Pseudocode dargestellt. Ein Beispiel ist in Bsp. 13.3 zu sehen.

1. Setze $k :=$ Wurzel
2. Wenn $k \neq$ NULL, schreibe k auf den Stack; sonst: ENDE
3. Setze k auf den linken Nachfolger, also $k := k$.links
4. Wenn k ein Blatt ist, bearbeite k; sonst: gehe zu 2.
5. Wenn Stack leer: ENDE
6. Hole k aus dem Stack und bearbeite k
7. Setze k auf den rechten Nachfolger, also $k := k$.rechts
8. Wenn $k =$ NULL gehe zu 5. sonst: gehe zu 4.

Abb. 13.7 Iteratives Durchsuchen eines Binärbaumes in symmetrischer Reihenfolge

Bsp. 13.4 Ein binärer Suchbaum. Dieser erfüllt offenbar die Bedingungen nach Def. 13.2

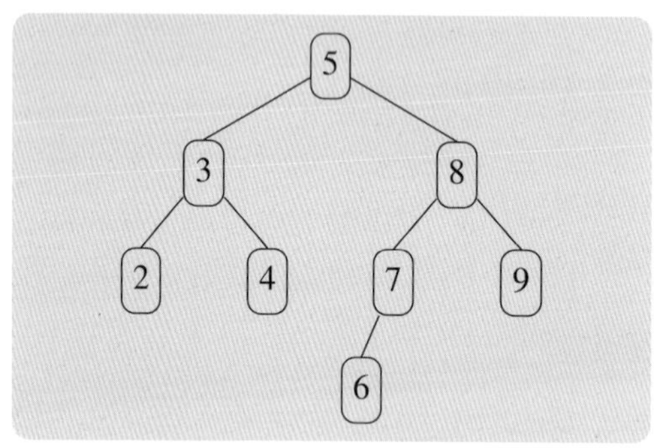

Bsp. 13.5 Ein binärer Suchbaum mit Marke e zur Vereinfachung und Beschleunigung des Codes aus Abb. 13.8

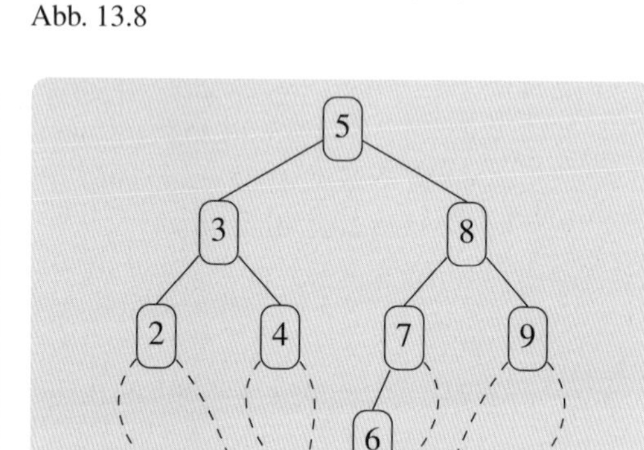

13.1.3 Binäre Suchbäume

Bereits bei der Diskussion des Durchsuchens kam zum Ausdruck, dass die Möglichkeiten der Baumstruktur erst effizient genutzt werden können, wenn die Struktur des Baums eine Ordnung widerspiegelt. Erst wenn eine Ordnung vorhanden ist, kann man – ähnlich wie beim binären Suchen in Arrays – davon ausgehen, dass beispielsweise das Suchen nach einem bestimmten Element mit einer besseren Komplexität als $\mathcal{O}(n)$ gelingen kann.

Es gibt eine Reihe von Möglichkeiten zum Aufbau geordneter Bäume. Vielfach verwendet wird der binäre Suchbaum, der wie folgt definiert ist (vgl. auch Bsp. 13.4):

Definition 13.2 (Binärer Suchbaum)**.** Ein Binärbaum heißt *binärer Suchbaum*, wenn für jeden Knoten k gilt, dass alle Schlüssel im linken Teilbaum von k kleiner als der Schlüssel von k sind, und dass alle Schlüssel im rechten Teilbaum von k größer (oder gleich) als der Schlüssel von k sind.

1. Setze eine Laufvariable $k :=$ Wurzel
2. Wenn $k =$ NULL (der Baum ist leer): ENDE
3. Wenn e.key $= k$.key: „Element gefunden" ENDE
4. Wenn e.key $> k$.key: gehe nach rechts, d. h. $k := k$.rechts
   sonst $k := k$.links
5. Wenn das Ende des Baums erreicht ist, d. h. $k =$ NULL: „Element nicht gefunden" ENDE
   sonst gehe zu 3.

Abb. 13.8 Suchen in einem binären Suchbaum nach einem Element e mit Schlüssel e.key

Suchen in einem binären Suchbaum

Die einfachste Operation auf einem Binärbaum ist das Suchen nach einem bestimmten Element. Den entsprechenden Algorithmus als Pseudocode zeigt Abb. 13.8. Bei jedem Schleifendurchlauf muss offenbar abgefragt werden, ob $k =$ NULL ist, da e ja nicht unbedingt im Baum enthalten sein muss. Man kann die zeitaufwendigen Abfragen vermeiden, wenn man dem Baum einen weiteren Knoten als Marke hinzufügt und in diesen zusätzlichen Knoten den Schlüssel von e kopiert. Allen Zeigern des Baumes, die den Wert NULL haben, wird nun die Adresse der Marke zugewiesen. Die Suche nach e endet daher in jedem Falle erfolgreich, so dass sich die Abfrage auf $k =$ NULL erübrigt. Beispiel 13.5 veranschaulicht dieses Verfahren.

Komplexität der Suche in einem binären Suchbaum

Da die Suche in einem Baum immer längs eines Astes erfolgt, ist die Komplexität durch die Höhe des Baumes bestimmt. Diese ist für n Knoten im günstigsten Fall (Best Case) $\mathrm{ld}\,n$. Man kann zeigen, dass auch im Mittel, d. h. bei einem mit zufällig gewählten Schlüsseln aufgebautem binären Suchbaum, die Höhe von der Größenordnung $\mathrm{ld}\,n$ ist. Dementsprechend ist auch die Komplexität von der Ordnung $\mathcal{O}(\mathrm{ld}\,n)$. Im ungünstigsten Fall (Worst Case) kann die Komplexität der Suche allerdings von der Ordnung $\mathcal{O}(n)$ sein, nämlich, wenn der Baum zu einer linearen Liste entartet.

Einfügen in einen binären Suchbaum

Beim Einfügen eines weiteren Knotens e in einen binären Suchbaum ist zunächst mithilfe des oben angegebenen Suchalgorithmus die Einfügestelle zu ermitteln. Offenbar ist die Einfügestelle immer ein Blatt. Es ist außerdem zu entscheiden, ob e auch dann als weiterer Knoten eingefügt werden soll, wenn e bereits im Baum enthalten ist. Abbildung 13.9 zeigt den entsprechenden Algorithmus.

Aufbauen eines binären Suchbaums

Durch wiederholtes Einfügen lässt sich aus einem Strom von Eingabedaten ein binärer Suchbaum aufbauen (siehe Bsp. 13.6). Beim Einfügen eines weiteren Knotens sind nur Zeigervariablen zu manipulieren. Der oft umfangreiche Info-Teil der Knoten muss also (anders als beim Einfügen in ein Array) nicht umkopiert werden. Der für den neu hinzugekommenen Knoten benötigte Speicherplatz wird dem noch nicht verwendeten Hauptspeicher (Halde, Heap) entnommen. Üblicherweise wird

1. Setze $k :=$ Wurzel
2. Wenn $k =$ NULL (der Baum ist leer): füge e als Wurzel ein; ENDE
3. Setze $v := k$
4. Wenn e.key $\geq k$.key: setze $k := k$.rechts und Richtung := R;
   sonst setze $k := k$.links und Richtung := L
5. Wenn $k =$ NULL
   Wenn Richtung = R füge e als rechten Nachfolger von v ein; ENDE
   sonst füge e als linken Nachfolger von v ein; ENDE
   sonst gehe zu 3

Abb. 13.9 Einfügen eines Elements e mit Schlüssel e.key in einen vorhandenen binären Suchbaum

Bsp. 13.6 Schrittweiser Aufbau des in Bsp. 13.4 gezeigten binären Suchbaums durch sukzessives Einfügen der Daten {5, 8, 3, 7, 4, 2, 9, 6} in der Reihenfolge von links nach rechts

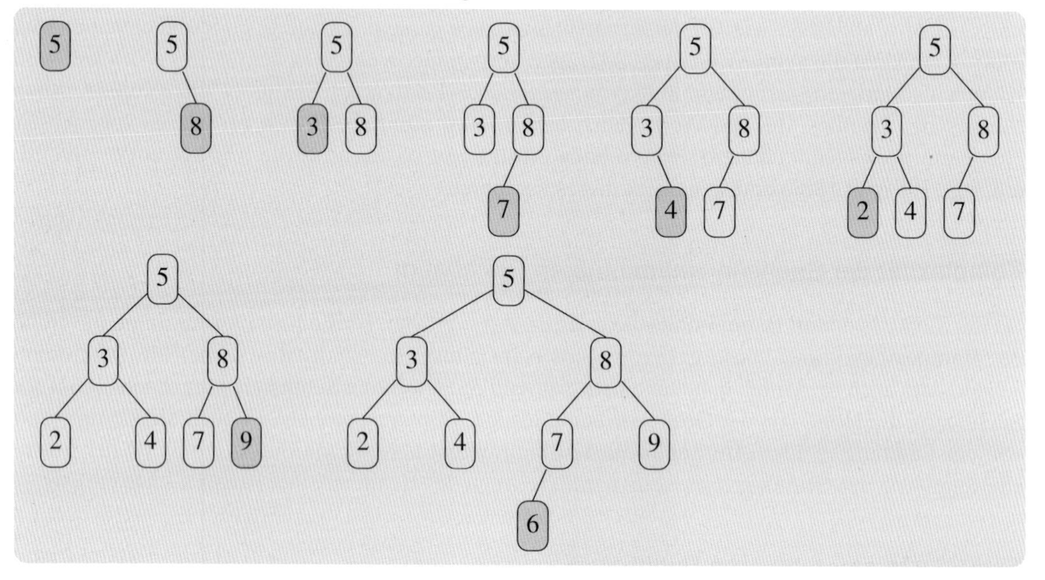

diese Speicherverwaltung, abgesehen vom Anfordern und Freigeben des Speichers, ohne Zutun des Benutzers durch das Betriebssystem erledigt.

Zur Erklärung der damit verbundenen Vorgänge wird hier jedoch anhand von Bsp.13.7 verdeutlicht, welche Zeiger beim Einfügen eines weiteren Elements mit Schlüssel 8 in den oben abgebildeten Baum modifiziert werden müssen. Dabei wird der noch freie Speicher durch eine lineare Liste verwaltet, die über die Rechts-Zeiger der Baumstruktur verkettet wird.

Aus Bsp.13.8 geht hervor, wie ein weiteres Element mit dem Schlüssel 8 in den aus Bsp. 13.4 bereits bekannten binären Suchbaum eingefügt wird, der bereits einen Knoten mit Schlüssel 8 enthält. Außerdem ist der beim Durchsuchen in symmetrischer Reihenfolge entstehende Weg durch den Baum durch eine gestrichelte Linie angedeutet.

Bsp. 13.7 Speicherung des Baumes aus Bsp. 13.4

Der Zeiger auf die Wurzel ist mit W bezeichnet. Als erste Adresse für die Speicherung des Baums wurde willkürlich 100 gewählt. Der freie Speicherplatz wird in diesem Beispiel als lineare Liste über die Rechts-Zeiger der Baumstruktur verwaltet; die Links-Zeiger werden dazu nicht benötigt. Der Zeiger auf den Kopf der Liste der noch freien Speicherplätze ist mit F bezeichnet. Die linke Tabelle zeigt die Situation vor Einfügen eines weiteren Elements mit Schlüssel 8 (Info-Spalte), die rechte Tabelle zeigt die Situation nach dem Einfügen des Elements 8 gemäß Bsp.13.8. Die geänderten Einträge sind fett hervorgehoben.

Adresse	Info	links	rechts
$W \to$ 100	5	106	102
$F \to$ 101	–	0	104
102	8	109	107
103	4	0	0
104	–	0	108
105	2	0	0
106	3	105	103
107	9	0	0
108	–	0	0
109	7	110	0
110	6	0	0

Adresse	Info	links	rechts
$W \to$ 100	5	106	102
101	**8**	0	**0**
102	8	109	107
103	4	0	0
$F \to$ 104	–	0	108
105	2	0	0
106	3	105	103
107	9	**101**	0
108	–	0	0
109	7	110	0
110	6	0	0

Bsp. 13.8 Einfügen eines weiteren Elements mit Schlüssel 8 in den Baum aus Bsp. 13.4

In den in Bsp. 13.4 dargestellten binären Suchbaum wurde ein weiterer Knoten mit Schlüssel 8 eingefügt. Außerdem ist der beim Durchsuchen des Baumes in symmetrischer Reihenfolge entstehende Weg als gestrichelte Linie eingezeichnet; man erhält dann die Elemente in der geordneten Folge $\{2, 3, 4, 5, 6, 7, 8, 8, 9\}$.

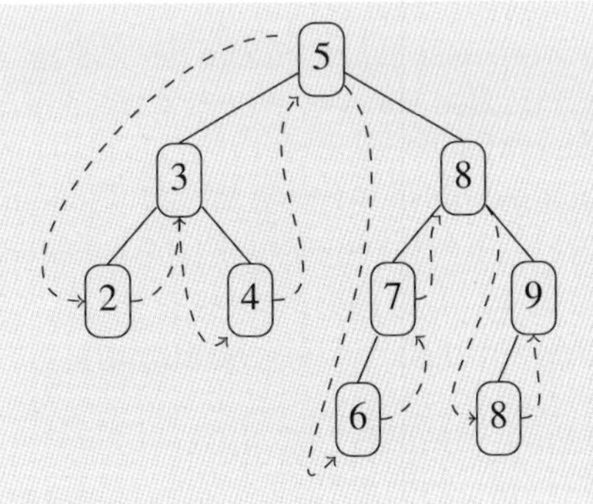

Komplexität des Einfügens in einen binären Suchbaum

Die Komplexität des Einfügens eines Elements ist mit der des Suchens nach diesem Element identisch und damit von der Ordnung $\mathcal{O}(\mathrm{ld}\, n)$. Werden m Elemente eingefügt, so ist demnach die Komplexität $\mathcal{O}(m\,\mathrm{ld}\, n)$. Werden die bei Bsp. 13.6 verwendeten Zahlenwerte zunächst in die sortierte Reihenfolge $\{2, 3, 4, 5, 6, 7, 8, 9\}$ gebracht und dann zum Aufbau eines binären Suchbaums verwendet, so entsteht offenbar ein zu einer linearen Liste entarteter Baum, der damit seine vorteilhaften Eigenschaften eingebüßt hat. Auf Vorkehrungen, wie diese Entartung zu vermeiden ist, wird weiter unten eingegangen.

Sortieren linearer Listen mit binären Suchbäumen

Ein binärer Suchbaum kann auch als ein Hilfsmittel zum Sortieren dienen, insbesondere zum Sortieren linearer Listen. Baut man nämlich aus einer Folge von Elementen, beispielsweise einer linearen Liste, einen binären Suchbaum auf und durchsucht man diesen dann in symmetrischer Reihenfolge, so ergibt sich eine aufsteigend sortierte Folge der Schlüsselwerte. Da die Komplexität des Durchsuchens eines Baums mit n Knoten von der Ordnung $\mathcal{O}(n)$ ist und da die Komplexität des Aufbaus eines binären Suchbaums mit n Knoten von der Ordnung $\mathcal{O}(n\,\mathrm{ld}\, n)$ ist, ergibt sich insgesamt die Komplexität des Sortierens mithilfe eines binären Suchbaums zu $\mathcal{O}(n\,\mathrm{ld}\, n)$. Dies ist ein günstiges, mit dem Quicksort vergleichbares Verhalten; allerdings ist ebenso wie beim Quicksort eine Entartung zur Ordnung $\mathcal{O}(n^2)$ möglich, wenn ein degenerierter Baum in Form einer linearen Liste entsteht.

Ein Nachteil ist ferner, dass zusätzlich zu den n zu sortierenden Daten ein Baum mit n Knoten aufgebaut werden muss, so dass ein Sortieren am Platz auf diese Weise nicht möglich ist. Beim Sortieren mit binären Suchbäumen zeigt sich auch, warum es sinnvoll ist, beim Einfügen eines Schlüssels nicht die Fälle „kleiner“ und „gleich“ sondern die Fälle „größer“ und „gleich“ zusammenzufassen. In diesem Fall werden nämlich identische Schlüssel in derselben Reihenfolge eingeordnet, wie sie in symmetrischer Reihenfolge auch wieder ausgelesen werden. Ein darauf aufbauendes Sortierverfahren ist also stabil in dem Sinne, dass eine evtl. nach einem anderen Kriterium bereits bestehende Ordnung nicht zerstört wird.

Zu empfehlen ist dieses Verfahren dann, wenn die Operationen Suchen und Sortieren gleichzeitig benötigt werden. Ein Beispiel dafür ist das Erstellen einer Cross-Reference-Liste, was als Teil von Compilern häufig benötigt wird. Die Aufgabe besteht darin, einen Text einzulesen und zu jedem Wort auch die Nummern der Zeilen, in denen das Wort auftritt, zu notieren. Man geht dazu folgendermaßen vor: Die Wörter werden in alphabetischer Reihenfolge in einen binären Suchbaum eingefügt. Man bezeichnet diesen als lexikografischen Baum. In den Info-Teil der Knoten wird dann nicht nur das entsprechende Wort aufgenommen, sondern auch ein Zeiger, der auf den Kopf einer linearen Liste der Nummern der Zeilen deutet, in denen das betreffende Wort vorkommt.

Löschen in binären Suchbäumen

Eine weitere wichtige Operation auf binären Suchbäumen ist das Löschen eines Knotens e. Soll ein Element e gelöscht werden, so muss notwendigerweise einer der folgenden vier Fälle vorliegen:

1. e ist nicht in dem Baum enthalten,

2. e ist ein Blatt, hat also keine Nachfolger,

Bsp. 13.9 Löschen eines Blatts in einem binären Suchbaum

Links: Baum vor dem Löschen. Rechts: Baum nach dem Löschen des Blattes „4“

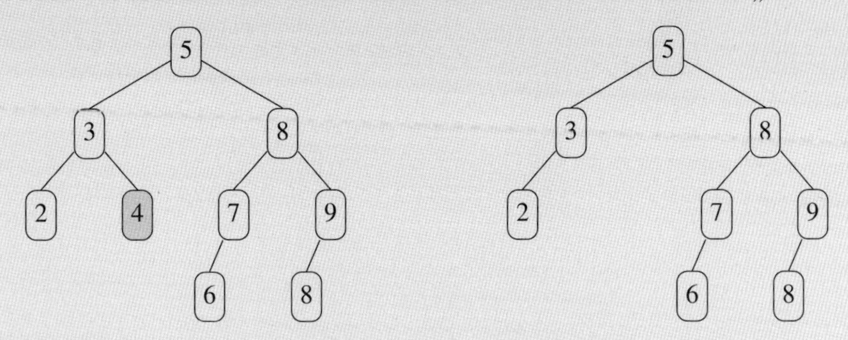

Die linke Tabelle zeigt ein Beispiel für die verkettete Speicherung des ursprünglichen Baums. Das Ergebnis nach Löschen des Knotens mit Schlüssel „4“ ist in der rechten Tabelle zeigt. Alle geänderten Einträge sind fett hervorgehoben.

Adresse	Info	links	rechts
$W \to$ 100	5	106	102
101	8	0	0
102	8	109	107
103	4	0	0
$F \to$ 104	–	0	108
105	2	0	0
106	3	105	103
107	9	101	0
108	–	0	0
109	7	110	0
110	6	0	0

Adresse	Info	links	rechts
$W \to$ 100	5	106	102
101	8	0	0
102	8	109	107
$\boldsymbol{F} \to$ 103	**–**	0	**104**
104	–	0	108
105	2	0	0
106	3	105	**0**
107	9	101	0
108	–	0	0
109	7	110	0
110	6	0	0

3. e hat genau einen Nachfolger,

4. e ist ein innerer Knoten, hat also genau zwei Nachfolger.

Der erste Fall ist in trivialer Weise erledigt. Betrachtet man Fall 2, so wird klar, dass nur der auf das zu löschende Blatt weisende Zeiger des Vorgängers auf den Wert NULL zu ändern ist. Außerdem muss der freigewordene Speicher wieder an das System zurückgegeben werden. Dies wird hier wieder durch eine Frei-Liste erledigt. In Bsp. 13.9 ist gezeigt, wie der Knoten mit dem Eintrag „4“ (ein Blatt) aus dem Baum gemäß Bsp. 13.8 gelöscht wird.

Als Nächstes ist nun der Fall 3 der obigen Aufstellung zu bearbeiten. Es ist also ein Knoten mit genau einem Nachfolger zu löschen. In diesem Fall ist lediglich der einzige Nachfolger des zu löschenden Knotens mit dem Vorgänger des zu löschenden Knotens zu verketten. In Bsp. 13.10 ist gezeigt, wie der Knoten mit dem Eintrag „3“ aus dem Ergebnisbaum aus Bsp. 13.9 gelöscht wird. Dazu ist sein Vorgänger (Schlüssel „5“) mit seinem Nachfolger (Schlüssel „2“) zu verbinden.

Bsp. 13.10 Löschen eines Knotens mit genau einem Nachfolger in einem binären Suchbaum

Links: Baum vor dem Löschen. Rechts: Baum nach dem Löschen des Knotens „3". Dazu ist sein Vorgänger (Schlüssel „5") mit seinem Nachfolger (Schlüssel „2") zu verbinden.

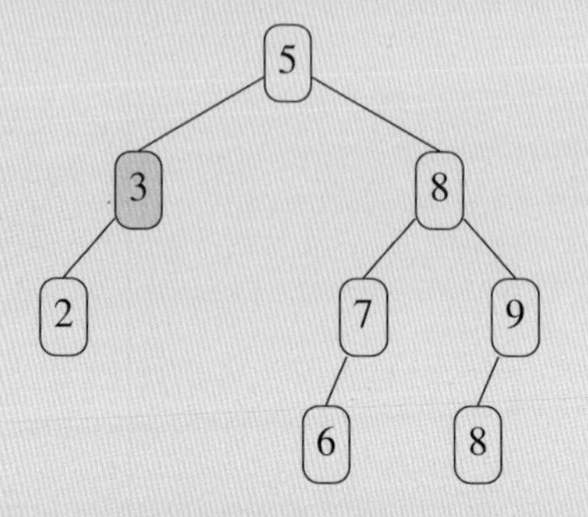

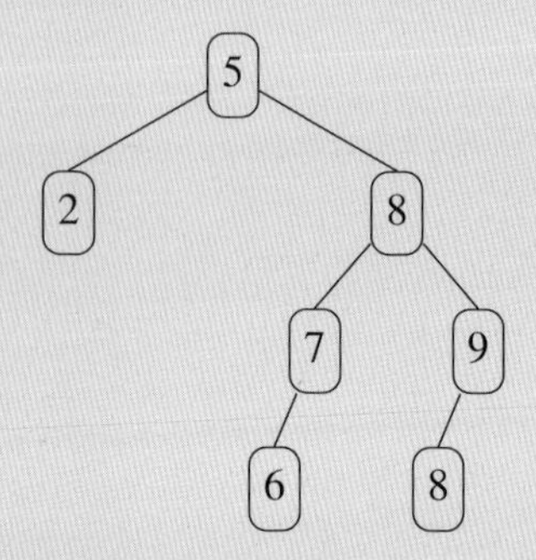

Die linke Tabelle zeigt ein Beispiel für die verkettete Speicherung des ursprünglichen Baums. Das Ergebnis nach Löschen des Knotens mit Schlüssel „3" ist in der rechten Tabelle zeigt. Alle geänderten Einträge sind fett hervorgehoben.

Adresse	Info	links	rechts
$W \to$ 100	5	106	102
101	8	0	0
102	8	109	107
$F \to$ 103	–	0	104
104	–	0	108
105	2	0	0
106	3	105	0
107	9	101	0
108	–	0	0
109	7	110	0
110	6	0	0

Adresse	Info	links	rechts
$W \to$ 100	5	**105**	102
101	8	0	0
102	8	109	107
103	–	0	**104**
104	–	0	108
105	2	0	0
$\boldsymbol{F} \to$ 106	**–**	**0**	**103**
107	9	101	0
108	–	0	0
109	7	110	0
110	6	0	0

Am aufwendigsten ist Fall 4 zu bearbeiten. Dabei ist ein innerer Knoten zu löschen, der also zwei Nachfolger hat. Dazu wird der zu löschende Knoten mit seinem symmetrischen Vorgänger (also dem Vorgänger in symmetrischer Reihenfolge) oder seinem symmetrischen Nachfolger (also dem Nachfolger in symmetrischer Reihenfolge) vertauscht und erst dann gelöscht. Da die symmetrische Reihenfolge gerade die aufsteigend sortierte Anordnung der Schlüssel liefert, bleibt der Baum dadurch ein binärer Suchbaum. Dies ist so, weil der Vorgänger in symmetrischer Reihenfolge der Knoten im linken Teilbaum mit dem größten Schlüssel ist, der gerade noch kleiner als der Schlüssel des zu löschenden Knotens ist. Analog dazu ist der Nachfolger in symmetrischer Reihenfolge der Knoten im rechten Teilbaum des zu löschenden Knotens, dessen Schlüssel größer (oder gleich) dem Schlüssel des zu löschenden Knotens ist. Wegen des verwendeten Ordnungsprinzips kann sowohl der Vorgänger als auch der Nachfolger in symmetrischer Reihenfolge selbst nur höchstens einen

1. Suche e.key und speichere den Vorgänger v von e
2. Wenn e nicht gefunden wurde: ENDE
3. Wenn e die Wurzel des Baumes ist und keine Nachfolger hat, lösche die Wurzel: ENDE
4. Wenn e.rechts = NULL, setze den Zeiger von v nach e auf e.links: ENDE
5. Wenn e.links = NULL, setze den Zeiger von v nach e auf e.rechts: ENDE
6. Suche den symmetrischen Vorgänger (oder Nachfolger) s von e und dessen Vorgänger v_s
7. Wenn s.rechts = NULL (für symmetrischen Vorgänger immer der Fall):
   setze den Zeiger von v_s nach s auf s.links
8. Wenn s.links = NULL (für symmetrischen Nachfolger immer der Fall):
   setze den Zeiger von v_s nach s auf s.rechts
9. Setze den Zeiger von v nach e auf s
10. Setze s.links = e.links und s.rechts = e.rechts

Abb. 13.10 Löschen eines beliebigen Elements e mit Schlüssel e.key aus einem binären Suchbaum

Nachfolger haben. Das Löschen eines inneren Knotens ist damit auf die schon besprochenen Fälle 2 (Löschen eines Blatts) oder 3 (Löschen eines Knotens mit nur einem Nachfolger) zurückgeführt. Man findet den symmetrischen Vorgänger indem man einen Schritt nach links verzweigt und dann dem nach rechts anschließenden Ast bis zum Ende folgt. Analog findet man den symmetrischen Nachfolger durch Verzweigen um einen Schritt nach rechts und Folgen des sich links anschließenden Astes bis zum Ende. In Bsp. 13.11 ist das Löschen eines inneren Knotens demonstriert.

Alle Fälle lassen sich zusammen als Pseudocode formulieren, wie in Abb. 13.10 gezeigt.

13.1.4 Ausgleichen von Bäumen und AVL-Bäume

Vollständig ausgeglichene Bäume

Es wurde bereits gezeigt, dass für binäre Suchbäume die Suche nach einem Knoten (ebenso wie die Höhe des Baumes) im Mittel von der Ordnung $\mathcal{O}(\operatorname{ld} n)$ ist, aber im Worst Case, nämlich dann, wenn der Baum zu einer linearen Liste entartet ist, nur noch von der Ordnung $\mathcal{O}(n)$. Es ist von großer praktischer Bedeutung, die Komplexität des Suchens so gering wie möglich zu halten und insbesondere die Entartung zu einer linearen Liste zu vermeiden, da diese Entartung auch für die Komplexität der Operationen Einfügen, Löschen und Sortieren maßgeblich ist. Eine Möglichkeit, sicherzustellen, dass die Komplexität der Suche stets von der Ordnung $\mathcal{O}(\operatorname{ld} n)$ ist, besteht darin, nach jeder Einfüge- und Löschoperation den Baum so umzuorganisieren, dass er vollständig ausgeglichen ist. Bei einem vollständig ausgeglichenen Baum sind alle Niveaus, evtl. mit Ausnahme des letzten, vollständig besetzt, so dass die Höhe des Baums mit n Knoten höchstens $\lceil \operatorname{ld}(n+1) - 1 \rceil$ beträgt; damit ist dann auch die Komplexität des Suchens immer von der Ordnung $\mathcal{O}(\operatorname{ld} n)$. Allerdings ist zu bedenken, dass auch die Neuorganisation des Baumes einen gewissen Aufwand erfordert, so dass der Nutzen durchaus fraglich ist. Wird im Mittel auf alle Schlüssel mit derselben Wahrscheinlichkeit zugegriffen und werden alle Schlüssel beim Aufbau des Baumes in zufälliger Reihenfolge geliefert, so ist, wie theoretische Untersuchungen ergeben haben, im mittleren Fall die Anzahl der Schlüsselvergleiche ohnehin proportional zu $\operatorname{ld} n$. Die Herstellung der vollständigen Ausgeglichenheit nach jeder Änderung des Baumes hat sich daher nicht als der optimale Weg zur Verringerung des Aufwands beim Suchen in binären Suchbäumen erwiesen.

Bsp. 13.11 Löschen eines inneren Knotens in einem binären Suchbaum

Nun soll der Knoten mit Schlüssel „8“, der rechter Nachfolger der Wurzel ist, aus dem nebenstehenden Baum gelöscht werden. Dieser Knoten hat zwei Nachfolger, ist also ein innerer Knoten. Der Vorgänger in symmetrischer Reihenfolge ist der Knoten mit Schlüssel „7“, der Nachfolger in symmetrischer Reihenfolge ist das Blatt, welches ebenfalls den Schlüssel „8“ hat.

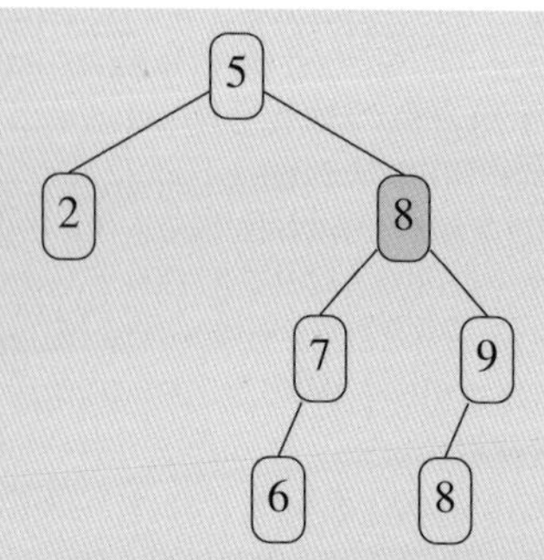

Der zu löschende Knoten „8“ kann durch den Vorgänger in symmetrischer Reihenfolge ersetzt werden, d. h. durch den Knoten mit Schlüssel „7“ (Baum unten links). Man kann stattdessen den zu löschenden Knoten auch durch seinen symmetrischen Nachfolger, also das Blatt mit Schlüssel „8“ ersetzen (unten rechts).

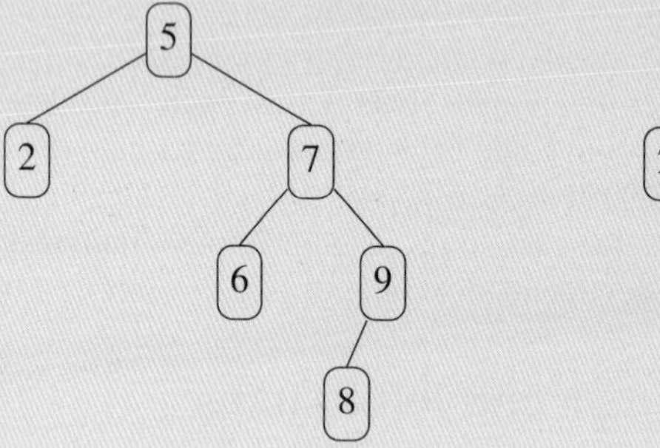

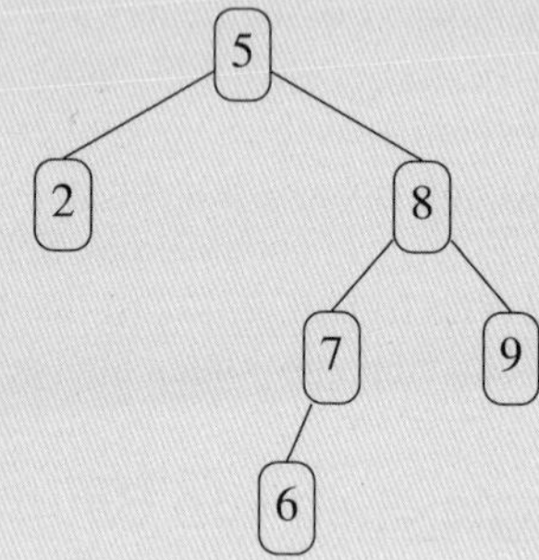

Zur Speicherung: Der zu löschende Knoten wurde dabei durch seinen Vorgänger in symmetrischer Reihenfolge ersetzt.

Adresse	Info	links	rechts
$W \rightarrow$ 100	5	105	102
101	8	0	0
102	8	109	107
103	–	0	104
104	–	0	108
105	2	0	0
$F \rightarrow$ 106	–	0	103
107	9	101	0
108	–	0	0
109	7	110	0
110	6	0	0

Adresse	Info	links	rechts
$W \rightarrow$ 100	5	105	**109**
101	8	0	0
$\boldsymbol{F} \rightarrow$ 102	**–**	**0**	**106**
103	–	0	104
104	–	0	108
105	2	0	0
106	–	0	103
107	9	101	0
108	–	0	0
109	7	110	**107**
110	6	0	0

Ausgeglichene Bäume

Günstiger ist eine in 1962 von Adelson-Velski und Landis eingeführte, etwas abgeschwächte Version der Ausgeglichenheit, die sich mit viel geringerem Aufwand herstellen lässt als die vollständige Ausgeglichenheit [AV62]. Nach Definition von Adelson-Velski und Landis ist ein Baum ausgeglichen, wenn sich für jeden Knoten k des Baumes die Höhen des linken und rechten Teilbaums von k höchstens um eins unterscheiden. Man bezeichnet entsprechende binäre Suchbäume nach ihren Erfindern als AVL-Bäume. Obwohl diese Definition schwächer ist als die der vollständigen Ausgeglichenheit, ist damit dennoch die Komplexität des Suchens auch im Worst Case von der Ordnung $\mathcal{O}(\mathrm{ld}\, n)$, da, wie Adelson-Velski und Landis zeigten, ein AVL-Baum auch im Worst Case nur um maximal 44% tiefer ist als der entsprechende vollständig ausgeglichene Baum. Selbstverständlich ist jeder vollständig ausgeglichene Baum auch ausgeglichen im AVL-Sinne.

Die Balance-Komponente

Zur Herstellung der Ausgeglichenheit muss also nach jeder Einfüge- und Löschoperation ein Ausgleichsalgorithmus aufgerufen werden. Zur Steuerung des Verfahrens wird jedem Knoten eine Balance-Komponente zugeordnet, die hier als b bezeichnet wird. Die Typdefinition eines Knotens besteht damit aus Zeigern auf den linken und rechten Nachfolger, der Balance-Komponente und der eigentlichen Nutzinformation (dem Info-Teil). Die Balance-Komponente eines jeden Knotens kann für AVL-Bäume nur folgende Werte annehmen:

0 Der Knoten ist perfekt balanciert, d. h. der zugehörige linke und rechte Teilbaum haben dieselbe Höhe. Es ist kein Ausgleich erforderlich.

-1 Die Höhe des linken Teilbaums ist um 1 größer als die des rechten Teilbaums. Es ist kein Ausgleich erforderlich.

$+1$ Die Höhe des rechten Teilbaums ist um 1 größer als die des linken Teilbaums. Es ist kein Ausgleich erforderlich.

-2 Die Höhe des linken Teilbaums ist um 2 größer als die des rechten Teilbaums. Jetzt ist ein Ausgleich erforderlich.

$+2$ Die Höhe des rechten Teilbaums ist um 2 größer als die des linken Teilbaums. Jetzt ist ein Ausgleich erforderlich.

Knoten k mit $k.b = 0$ heißen balanciert, alle anderen Knoten heißen unbalanciert. Sowohl beim Einfügen als auch beim Löschen kann die Balance gestört werden.

Die Balance-Operationen

Dabei können jedoch nur vier verschiedene Arten von Störungen auftreten, die durch vier Verfahren behoben werden, nämlich die Links-Rotation (L-Rotation), die Rechts-Rotation (R-Rotation), die Links-Rechts-Rotation (LR-Rotation) und die Rechts-Links-Rotation (RL-Rotation). In Abb. 13.11 werden diese Rotationen veranschaulicht.

Man sieht, dass beim Einfügen von Knoten in einen AVL-Baum nur die Kenntnis der lokalen Umgebung eines Knotens erforderlich ist, also dessen unmittelbare Vorgänger und Nachfolger.

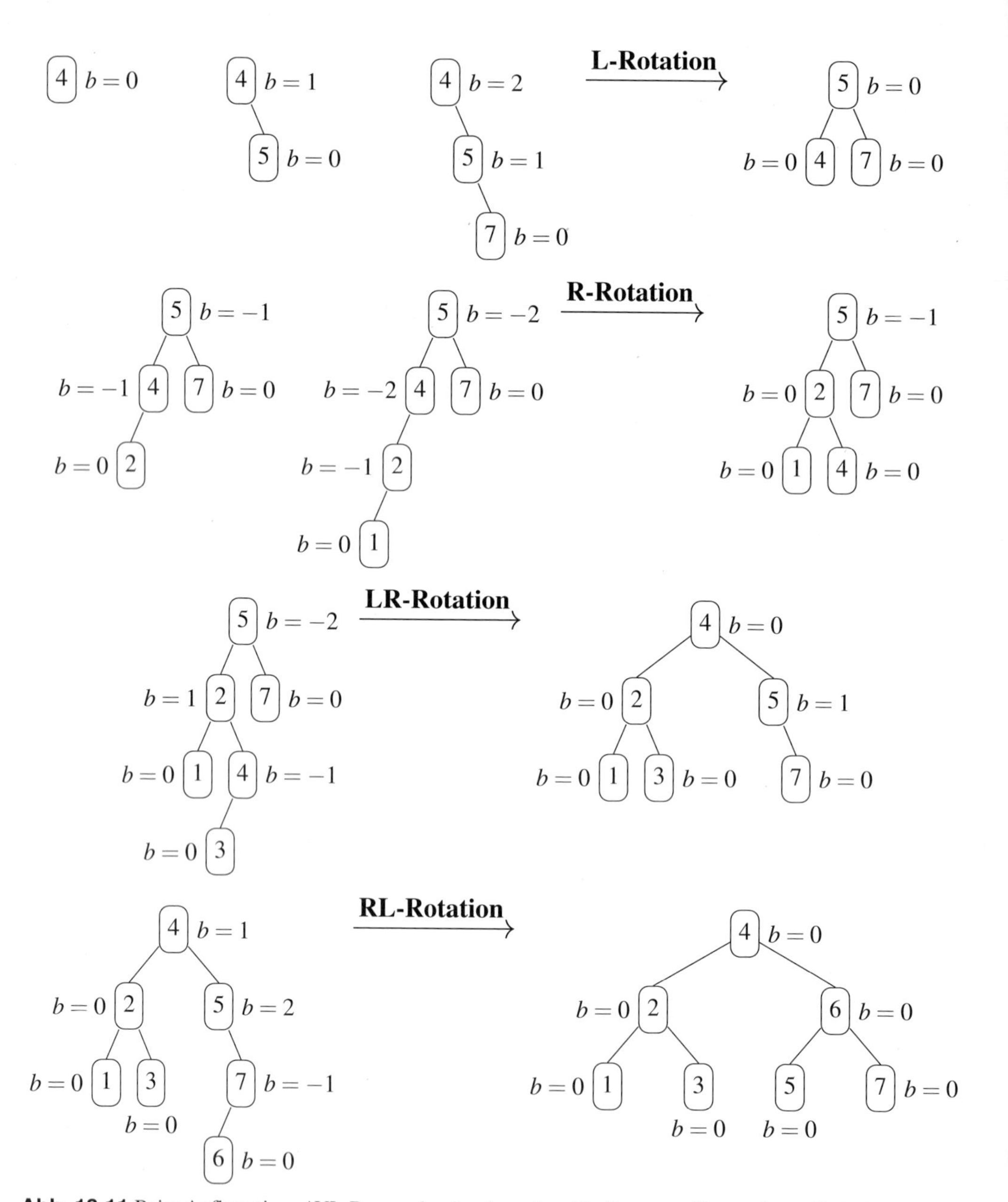

Abb. 13.11 Beim Aufbau eines AVL-Baums durch sukzessives Einfügen von Knoten kann die Balance gestört werden. In der Abbildung sind die vier Verfahren, nämlich L-, R-, LR- und RL-Rotation, zur Behebung der vier prinzipiell möglichen Störungen der Balance erläutert

Bei der L- und der R-Rotation müssen drei Zeiger umgehängt werden, bei der LR- und der RL-Rotation fünf Zeiger. Außerdem müssen die betroffenen Balance-Komponenten entsprechend geändert werden. Der Aufwand für die Balancierung ist damit relativ gering und beim Einfügen auch rein lokal ausführbar, also unabhängig von der Anzahl der im Baum enthaltenen Knoten. Die Balancierung beschränkt sich auf die Umgebung des kritischen Knotens, d. h. des letzten im Suchpfad nicht balancierten Knotens. Das Einfügen eines Knotens in einen AVL-Baum geschieht also nach folgendem Schema:

1. Finde den Platz zum Einfügen sowie den kritischen Knoten, d. h. den letzten im Suchpfad vor dem Einfügen nicht balancierten Knoten.

2. Füge den neuen Knoten (als Blatt) ein. Sein Balance-Feld erhält den Wert 0.

3. Modifiziere die Balance-Komponenten zwischen dem kritischen Knoten und dem neuen Blatt, jedoch ohne diese beiden Knoten.

4. Balanciere, wenn nötig, am kritischen Knoten und modifiziere sein Balance-Feld.

Wie beim Einfügen kann auch beim Löschen die Balance gestört werden. Dabei können jedoch ebenfalls nur die in Abb. 13.11 genannten Fälle auftreten, so dass der Vorgang des Balancierens nach dem Löschen eines Knotens genauso abläuft wie nach dem Einfügen eines Knotens:

1. Finde den zu löschenden Knoten und lösche diesen.

2. Gehe den zum Suchen des zu löschenden Knotens benutzten Pfad zurück und balanciere, wenn erforderlich. Gleichzeitig sind die Balance-Komponenten auf den neuen Stand zu bringen.

Im Unterschied zum Einfügen können beim Löschen mehrere Balancierschritte erforderlich sein, jedoch nur längs des Suchpfades, so dass nur höchsten $\mathcal{O}(\mathrm{ld}\,n)$ mal balanciert werden muss. Auch die Anpassung der Balance-Komponenten muss nur längs des Suchpfades erfolgen.

13.1.5 Heaps und Heapsort

Unter einem *Heap* versteht man in dem hier diskutierten Zusammenhang einen Binärbaum mit einem gegenüber dem binären Suchbaum abgeschwächten Ordnungskriterium: Es wird nur verlangt, dass für jeden Knoten des Heap gilt, dass sein Schlüssel größer (oder gleich) ist als die Schlüssel aller nachfolgenden Knoten. Dafür wird zusätzlich gefordert, dass der Baum vollständig ist. Man bezeichnet einen durch die Größer-Relation definierten Heap als *Max-Heap*. Alternativ kann man als Ordnungskriterium verwenden, dass für jeden Knoten des Heap gilt, dass sein Schlüssel kleiner (oder gleich) ist als die Schlüssel aller nachfolgenden Knoten. Man spricht dann von einem *Min-Heap*. Heaps werden hauptsächlich zur Realisierung von Prioritätswarteschlangen und zum Sortieren eingesetzt.

Nicht zu verwechseln ist der Heap als spezielle Baumstruktur mit der ebenfalls als Heap bezeichneten Halde, die für die durch Betriebssysteme vorgenommene Verwaltung des verfügbaren Hauptspeichers verwendet wird.

1. Ist der Heap leer, so wird e die Wurzel. ENDE
2. Füge e linksbündig in der letzten Ebene am Ende des Baumes als Blatt an, so dass dieser vollständig bleibt
3. Bestimme den Vorgänger v von e
4. Ist e.key $<$ v.key: ENDE
   sonst vertausche e mit v
5. Ist e jetzt die Wurzel: ENDE
   sonst gehe zu 3.

Abb. 13.12 Einfügen eines Elements e in einen Heap

Einfügen in Heaps

Das Einfügen eines weiteren Knotens in einen Heap und damit auch das Aufbauen eines Heaps geschieht gemäß Abb. 13.12. Es wird also jeweils der Schlüssel des einzufügenden Knotens mit dem seines Vorgängers verglichen und vertauscht, sofern das Ordnungskriterium nicht erfüllt ist. Dieses Vergleichen und Vertauschen wird solange fortgesetzt, bis entweder die richtige Einfügestelle gefunden wurde und somit kein Tausch mehr erforderlich ist, oder bis die Wurzel erreicht wurde. Offenbar ist für jedes Vertauschen der Vorgänger erforderlich, der in verketteter Speicherung nicht ohne weiteres zugänglich ist. Aus diesem Grunde und weil der Heap ein vollständiger Baum ist, bietet sich die Speicherung als Array an. Wie in Kap. 13.1.2 gezeigt, lassen sich die Indizes des Vorgängers und der Nachfolger eines Knotens mit Index k mit (13.1) bzw. (13.2) leicht berechnen.

Da das Aufsteigen eingefügter Knoten immer nur längs eines Pfades zur Wurzel erfolgt, sind für das Einfügen eines Knotens in einen bereits n Knoten enthaltenden Heap höchstens $\lceil \mathrm{ld}(n+1) \rceil$ Vergleiche und ebenso viele Vertauschungen erforderlich ($h+1$, wobei h die Höhe des Baumes ist). Beispiel 13.12 zeigt den schrittweisen Aufbau eines Heaps.

Löschen von Elementen in einem Heap

Auch das Löschen in einem Heap ist verhältnismäßig einfach. Man ersetzt zunächst das zu löschende Element durch den letzten Knoten des Heap und lässt diesen dann entsprechend seines Schlüssels bis zur richtigen Einfügestelle absteigen.

Im Prinzip kann auf diese Weise jedes Element des Heap gelöscht werden; das zu löschende Element muss dazu jedoch zunächst gesucht werden. Suchen in einem Heap ist aber eine aufwendige Operation, die vermieden werden sollte. Man beschränkt sich daher sinnvollerweise auf Anwendungen, bei denen immer nur die Wurzel des Heap gelöscht werden muss, so dass die Suche entfällt. Sowohl für Prioritätswarteschlangen als auch für den Heapsort ist nur das Löschen der Wurzel erforderlich. Das Löschen der Wurzel eines Heap hat als Pseudocode die in Abb. 13.13 gezeigte Form, ein Beispiel ist in Bsp. 13.13 zu finden.

Prinzip des Heapsort

Der Pseudocode in Abb. 13.14 zeigt, dass man einen Heap zum Sortieren eines Arrays am Platz verwenden kann. Dazu werden zunächst die Daten des Arrays a mit n Elementen als Heap angeordnet. Sodann wird jeweils die Wurzel, also das größte Element des Heaps, gelöscht und im hinteren Ende des Arrays eingetragen. Man bezeichnet diesen Algorithmus als *Heapsort*; ein Beispiel ist in Bsp. 13.14 zu sehen.

Bsp. 13.12 Aufbau eines Heap durch fortgesetztes Einfügen von Elementen

Durch fortgesetztes Einfügen von Elementen aus der Zahlenfolge {8, 4, 9, 3, 5, 2, 6, 1, 7} wird ein Heap aufgebaut. Die neu hinzukommenden Elemente sind markiert, der im Zuge des Einordnens verwendete Pfad ist durch fett gezeichnete Kanten dargestellt:

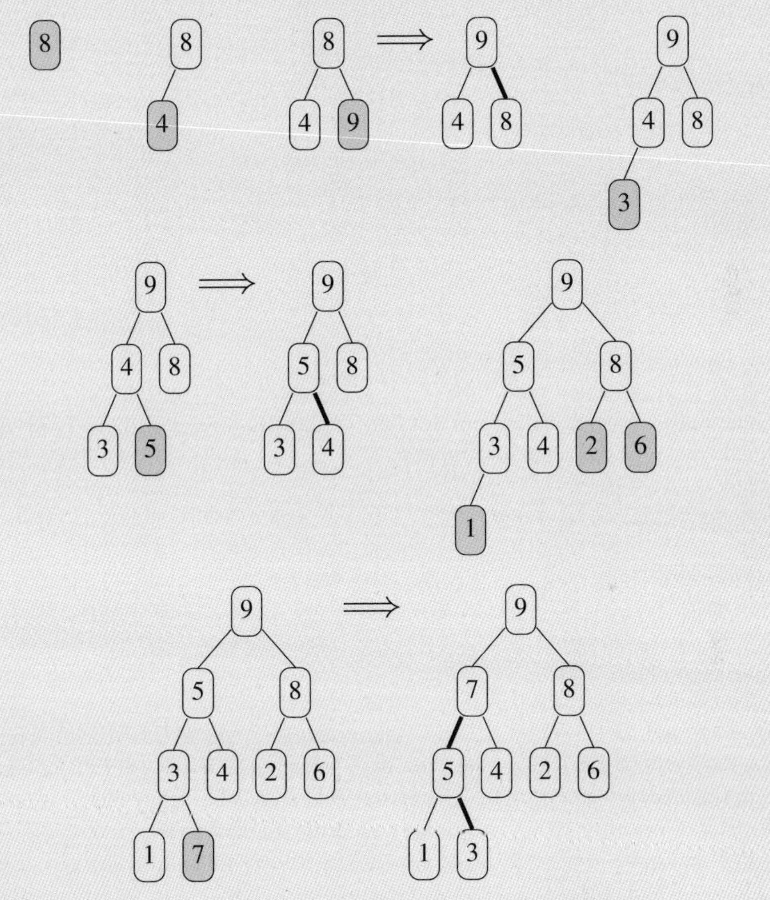

Speichert man diesen Heap als Array, so ergibt sich folgende Anordnung:

Index:	0	1	2	3	4	5	6	7	8
Inhalt:	9	7	8	5	4	2	6	1	3

Bsp. 13.13 Löschen der Wurzel eines Heap

Die Wurzel des abgebildeten Heap wird gelöscht. Dazu wird zunächst die Wurzel mit Schlüssel 9 durch das letzte Blatt b ersetzt; dieses hat den Schlüssel 3. Anschließend wird b solange mit dem Nachfolger mit dem größeren Schlüssel vertauscht, wie dieser größer ist als der Schlüssel von b.

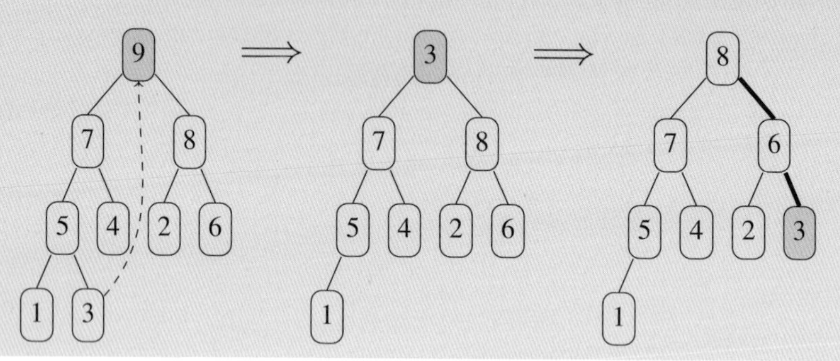

Bsp. 13.14 Einfacher Heapsort

Wendet man den Algorithmus auf ein mit den Zahlen $\{8, 4, 9, 3, 5, 2, 6, 1, 7\}$ vorbesetztes Array an, so ergeben sich folgende Schritte:

	Indizes:	0	1	2	3	4	5	6	7	8
1.	Ausgangswerte:	8	4	9	3	5	2	6	1	7
2.	Heap:	9	7	8	5	4	2	6	1	3
	Sortieren durch fortgesetztes Löschen der Wurzel:									
3.	9 mit 3 tauschen:	3	7	8	5	4	2	6	1	9
	Heap wiederherstellen:	8	7	6	5	4	2	3	1	9
4.	8 mit 1 tauschen:	1	7	6	5	4	2	3	8	9
	Heap wiederherstellen:	7	5	6	1	4	2	3	8	9
5.	7 mit 3 tauschen:	3	5	6	1	4	2	7	8	9
	Heap wiederherstellen:	6	5	3	1	4	2	7	8	9
6.	6 mit 2 tauschen:	2	5	3	1	4	6	7	8	9
	Heap wiederherstellen:	5	4	3	1	2	6	7	8	9
7.	5 mit 2 tauschen:	2	4	3	1	5	6	7	8	9
	Heap wiederherstellen:	4	2	3	1	5	6	7	8	9
8.	4 mit 1 tauschen:	1	2	3	4	5	6	7	8	9
	Heap wiederherstellen:	3	2	1	4	5	6	7	8	9
9.	3 mit 1 tauschen:	1	2	3	4	5	6	7	8	9
	Heap wiederherstellen:	2	1	3	4	5	6	7	8	9
10.	2 mit 1 tauschen:	1	2	3	4	5	6	7	8	9
	Heap wiederherstellen:	1	2	3	4	5	6	7	8	9

1. Ist der Heap leer: ENDE
2. Wenn der Heap nur aus der Wurzel besteht: Wurzel löschen: ENDE
3. Ersetze die Wurzel durch das letzte Blatt e des Heap
4. Ist e jetzt ein Blatt: ENDE
5. Bestimme den linken Nachfolger und den rechten Nachfolger von e. Dabei ist zu beachten, dass der rechte Nachfolger nicht immer existieren muss.
6. Ist keiner der Schlüssel der Nachfolger von e größer als der Schlüssel von e: ENDE
   Sonst vertausche e mit dem Nachfolger mit dem größeren Schlüssel und gehe zu 4.

Abb. 13.13 Löschen der Wurzel eines Heap

1. Baue in n Schritten einen Heap auf
2. Wenn $n = 1$ ist: ENDE
3. Vertausche die Wurzel mit dem letzten Element und verringere n um 1
4. Stelle durch fortgesetztes Vertauschen die Heap-Eigenschaft wieder her und gehe zu 2

Abb. 13.14 Heapsort

Komplexität des Heapsort

Da sowohl das Einfügen als auch das Löschen in jedem Fall, also auch im Worst Case, eine Komplexität von der Ordnung $\operatorname{ld} n$ besitzt, ist die Komplexität des Sortierverfahrens von der Ordnung $\mathcal{O}(n \operatorname{ld} n)$, also mit dem Quicksort vergleichbar (siehe Kap. 12.5.3, S. 504). Vorteile des Heapsort sind, dass kein zusätzlicher Speicherbedarf benötigt wird, dass keine Entartung auftreten kann und dass die Sortierzeiten bei festem n nur wenig in Abhängigkeit vom Sortiergrad der Daten schwanken.

Die Adressberechnung lässt sich auf (sehr schnelle) Schiebeoperationen zurückführen, wenn man die Zählung nicht mit dem Index 0 sondern mit dem Index 1 beginnt, auch wenn dies in vielen Programmiersprachen unüblich ist.

Optimierungen

Diese einfachste Version des Heapsort kann durch zwei Maßnahmen noch erheblich verbessert werden. Die erste Verbesserung betrifft den Aufbau des Heaps. Dieser geht wesentlich schneller, wenn man nicht mit dem ersten, sondern mit dem Element an der mittleren Position $(n-1)/2$ beginnt und dann bis 1 herunter zählt. Der letzte Schritt entspricht dann dem in Abb.13.12 beschriebenen einfachen Algorithmus zum Aufbau eines Heaps. Die Beschleunigung rührt daher, dass in diesem letzten Schritt aus den vorherigen Schritten Nutzen gezogen wird, so dass fast nichts mehr zu tun ist. Auch das etwas unnatürliche Verhalten, dass ein bereits sortiertes oder nahezu sortiertes Array am langsamsten bearbeitet wird, kann dadurch gemildert werden. Zur Demonstration werden in Bsp. 13.15 nochmals die Zahlen aus Bsp. 13.14 sortiert.

Eine weitere Verbesserung lässt sich durch Optimieren des Löschens der Wurzel erzielen. Bei dem in Abb. 13.13 beschriebenen Verfahren wird bei jedem Sortierschritt die Wurzel, also das größte Element, mit dem letzten Element, also einem relativ kleinen Element vertauscht. Es ist daher zu erwarten, dass das nun an der Wurzelposition befindliche vergleichsweise kleine Element

Bsp. 13.15 Schneller Aufbau eines Heap

Es wird nochmals das Zahlenbeispiel aus Bsp. 13.14 mit $n = 9$ betrachtet. Der Aufbau des Heap läuft dann schrittweise über den Index j von $j = (n-1)/2 = 4$ bis $j = 1$. Der Index k bezeichnet den aktuell zu betrachtenden Knoten mit den Indizes $2k$ bzw. $2k+1$ für die Nachfolger wie in (13.1), Kap. 13.1.2 erläutert (in der Tabelle markiert).

Indizes:	0	1	2	3	4	5	6	7	8	
Ausgangswerte:	8	4	9	3	5	2	6	1	7	
$j = 4$: $k = 4, 2k = 8, 2k+1 = 9$:	8	4	9	**3**	5	2	6	**1**	**7**	
	8	4	9	**7**	5	2	6	**1**	**3**	$a[4]$ und $a[9]$ getauscht
$j = 3$: $k = 3, 2k = 6, 2k+1 = 7$:	8	4	**9**	7	5	**2**	**6**	1	3	kein Tausch erforderlich
$j = 2$: $k = 2, 2k = 4, 2k+1 = 5$:	8	**4**	9	**7**	**5**	2	6	1	3	
	8	**7**	9	**4**	**5**	2	6	1	3	$a[2]$ und $a[4]$ getauscht
$j = 1$: $k = 1, 2k = 2, 2k+1 = 3$:	**8**	**7**	**9**	4	5	2	6	1	3	
	9	**7**	**8**	4	5	2	6	1	3	$a[1]$ und $a[3]$ getauscht
$k = 3, 2k = 6, 2k+1 = 7$:	9	7	**8**	4	5	**2**	**6**	1	3	kein Tausch erforderlich

Bsp. 13.16 Bottom-Up Heapsort

Aus dem links dargestellten Heap soll die Wurzel 9 nach der Bottom-Up Methode gelöscht werden; das Ergebnis ist rechts zu sehen:

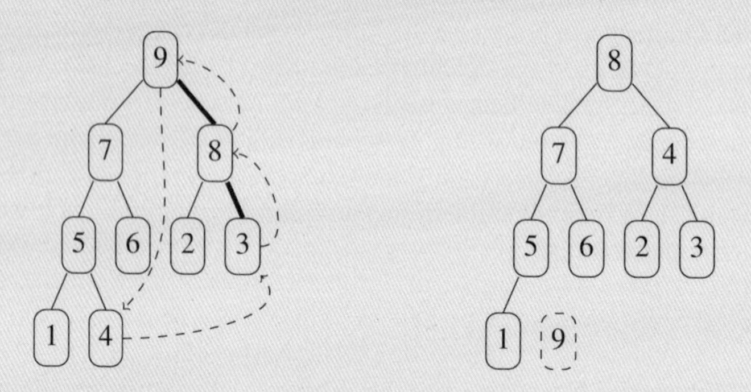

Betrachtet man die Daten in der Abbildung, so ist im ersten Schritt die Wurzel des Heaps 9. Als spezieller Ast wird 9–8–3 ermittelt. Sodann wird der spezielle Ast Knoten für Knoten um jeweils eine Ebene nach oben bewegt. Jetzt nimmt also 8 den Platz von 9 ein und 3 den Platz von 8. Auf das damit freigewordene Blatt am Ende des speziellen Astes (die vormalige Position der 3) wird nun das letzte Blatt des Baumes (hier also 4) kopiert und die ehemalige Wurzel (also 9) rückt auf den Platz des letzten Blattes. Damit ist der Baum vollständig, 8 ist die neue Wurzel, aber die Heap-Eigenschaft ist noch nicht wieder hergestellt.
Dazu wird das am Ende des speziellen Astes eingefügte Element (also 4) solange nach oben getauscht, bis sein Vorgänger nicht mehr größer ist, oder bis im Extremfall die Wurzel erreicht ist. Im Beispiel muss dazu lediglich 4 mit 3 vertauscht werden.

wieder bis nahezu an das Ende des Arrays durchgetauscht werden muss. Für jede Tauschoperation muss aber festgestellt werden, ob die richtige Position bereits erreicht worden ist und – falls weiter vertauscht werden muss – welcher der beiden Nachfolger der größere ist. In der 1990 von I. Wegener [Weg90b, Weg90a] veröffentlichten Variante *Bottom-up Heapsort* (auch Reverse Heapsort) wird daher zunächst der spezielle Ast längs des jeweils größeren Nachfolgers ermittelt, wofür in jedem Schritt nur ein Vergleich erforderlich ist. Siehe hierzu auch Bsp. 13.16.

Übungsaufgaben zu Kapitel 13.1

A 13.1 (T1) Beantworten Sie die folgenden Fragen:

a) Was ist ein Nullbaum?
b) Wodurch ist ein innerer Knoten definiert?
c) Was versteht man unter Preorder, Inorder und Postorder?
d) Beschreiben Sie das Ordnungskriterium von binären Suchbäumen.

A 13.2 (L2) Gegeben sei der nebenstehende Binärbaum.

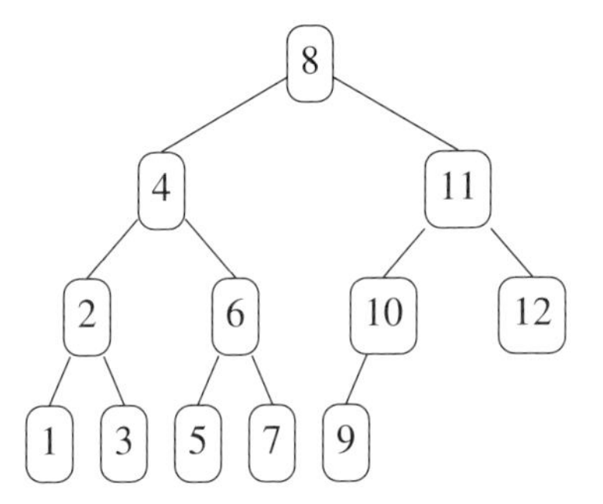

a) Geben Sie die Höhe des Baumes an.
b) Handelt es sich um einen erweiterten Binärbaum?
c) Handelt es sich um einen vollständigen Binärbaum?
d) Geben Sie die Durchsuchungslisten an:
   - Hauptreihenfolge (Preorder)
   - Nebenreihenfolge (Postorder)
   - symmetrischer Reihenfolge (Inorder)
   - Ebenenreihenfolge (Levelorder)

A 13.3 (P2) In einem verkettet gespeicherten Binärbaum seien numerische Werte gespeichert. Schreiben Sie ein Programm zur Durchsuchung dieses Baumes in Hauptreihenfolge, das folgende Informationen ausgibt: Anzahl der besuchten Knoten, kleinster Inhalt, größter Inhalt, Mittelwert aller Inhalte der Knoten. Programmieren Sie eine rekursive und eine iterative Variante mit folgender Knotenstruktur:

```
struct node { double value; struct node *l; struct node *r; };
```

A 13.4 (L2) Ordnen Sie die in der Reihenfolge $\{6, 9, 3, 7, 13, 21, 10, 8, 11, 14, 5\}$ gegebenen Zahlen als binären Suchbaum an.

A 13.5 (P4) Schreiben Sie ein Programm zum Verwalten eines binären Suchbaums. Es sollen die Funktionen Initialisieren des Baums, Eingabe, Suchen und Löschen eines Knotens und Ausgabe der Knoteninhalte in Haupt-, Neben- und symmetrischer Reihenfolge. Verwenden Sie dabei die Knotenstruktur `struct node { int info; node *l; struct node *r; };`

A 13.6 (L2) Ein erweiterter Binärbaum ist dadurch gekennzeichnet, dass jeder Knoten entweder keinen oder zwei Nachfolger hat. Zeigen Sie: In einem erweiterten Binärbaum gilt $n_e = n_i + 1$, wobei n_e die Anzahl der Blätter ist und n_i die Anzahl der der inneren Knoten.

A 13.7 (P2) Schreiben Sie eine C-Funktion, die für einen verkettet gespeicherten Binärbaum die Anzahl der Knoten mit zwei Nachfolgern angibt. Die Knotenstruktur sei:

```
struct node { int info; node *l; struct node *r; };
```

A 13.8 (P3) Schreiben Sie ein möglichst effizientes Programm, mit dem festgestellt werden kann, ob zwei lineare Listen mit jeweils n Elementen vom Typ Integer dieselben Elemente enthalten. Dabei ist nicht vorausgesetzt, dass die Elemente in den beiden Listen in derselben Reihenfolge angeordnet sind. Verwenden Sie dazu einen binären Suchbaum. Bestimmen Sie die im Mittel zu erwartende Komplexität hinsichtlich der Anzahl der Vergleiche.
A 13.9 (P2) Schreiben Sie unter Verwendung eines binären Suchbaums ein Programm, das alle doppelt vorkommenden Zahlen aus einem Array von Zufallszahlen zählt und löscht. Bestimmen Sie die Komplexität des Algorithmus hinsichtlich der Anzahl der Vergleiche.
A 13.10 (T2) Beantworten Sie die folgenden Fragen:

a) Was versteht man unter einem Heap?

b) Warum ist für einen Heap die Speicherung in einem Array besonders geeignet?

c) Warum ist ein binärer Suchbaum besser zur Verwaltung von Daten geeignet als ein Heap?

d) Wofür werden Heaps hauptsächlich eingesetzt?

A 13.11 (L2) Ordnen Sie die Schlüssel $\{4, 6, 2, 7, 5, 2, 14, 12, 1, 3, 13, 8, 10, 16\}$ unter Beachtung der gegebenen Reihenfolge als Max-Heap und als Min-Heap.
A 13.12 (L2) Geben Sie ein Beispiel für einen Max-Heap mit fünf Knoten an, der gleichzeitig ein binärer Suchbaum ist. Dabei dürfen auch identische Schlüssel zugelassen werden.

13.2 Vielwegbäume

13.2.1 Rückführung auf Binärbäume

Bisher war nur von Binärbäumen die Rede, also von Bäumen, deren Knoten höchstens zwei Nachfolger besitzen. Es sind jedoch Anwendungen denkbar – beispielsweise die Darstellung von Familienstammbäumen, in denen mehr als zwei Geschwister vorkommen –, bei denen eine Baumstruktur von Vorteil ist, bei der ein Knoten auch mehr als zwei, im Prinzip sogar beliebig viele Nachfolger haben kann. Derartige Bäume bezeichnet man als allgemeine Bäume oder Vielwegbäume. Die auf derselben Ebene befindlichen Nachfolger eines Knotens werden *Brüder* genannt.

Im Folgenden wird gezeigt, dass sich dadurch nichts grundlegend Neues ergibt, da es immer möglich ist, einem gegebenen allgemeinen Baum B eindeutig einen Binärbaum B_b zuzuordnen. Diese Zuordnung kann nach dem in Abb. 13.15 dargestellten Verfahren durchgeführt werden, Bsp. 13.17 zeigt ein Beispiel.

Für die Speicherung allgemeiner Bäume bietet sich ebenso wie für Binärbaume eine verkettete Speicherung an. Zweckmäßigerweise verwendet man zwei lineare Listen, wobei die eine den

---

1. Die Knoten k einschließlich der Wurzel des allgemeinen Baumes B bleiben für den zugeordneten Binärbaum B_b erhalten.
2. Beginnend mit der Wurzel wird für jeden Knoten k des zugeordneten Binärbaums B_b der erste Nachfolger von k in B als linker Nachfolger von K in B_b gewählt. Als rechter Nachfolger wird (falls vorhanden) der nächste Bruder von k in B gewählt.

Abb. 13.15 Erstellen des einem Vielwegbaum B zugeordneten Binärbaums B_b

Bsp. 13.17 Erstellen des einem Vielwegbaum B zugeordneten Binärbaums B_b

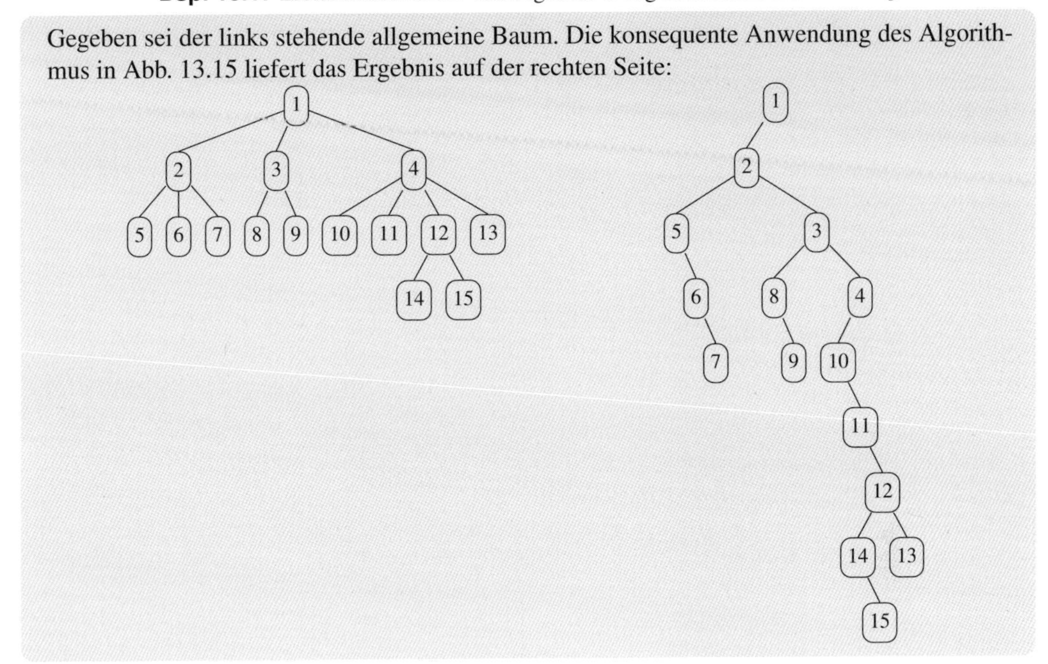

jeweils linken Nachfolger und die andere den jeweils rechten Bruder verkettet. Die Anwendung dieses Schemas auf Bsp. 13.17 liefert das in Bsp. 13.18 aufgelistete Resultat. Als Erleichterung bei der Verarbeitung allgemeiner Bäume erweist es sich, dass die verkettete Speicherung in der oben beschriebenen Art mit der verketteten Speicherung des zugeordneten Binärbaums praktisch identisch ist: es muss nur die Liste „Bruder" des allgemeinen Baums mit der Liste „rechts" des zugeordneten Binärbaums identifiziert werden. Ein Blick auf Bsp. 13.17 und 13.18 zeigt dies sofort. Damit können sämtliche für Binärbäume entwickelte Algorithmen direkt auf allgemeine Bäume übertragen werden. Allerdings erfordert dieses Vorgehen einige Vorsicht, da bei der Interpretation eines allgemeinen Baumes als Binärbaum die Bruder-Beziehung nicht mehr offensichtlich ist.

Gegeben sei der links stehende allgemeine Baum. Die konsequente Anwendung des Algorithmus in Abb. 13.15 liefert das Ergebnis auf der rechten Seite:

Treibt man die Analogie zu familiären Verwandtschaften weiter, so können sich komplexere Beziehungen als die zwischen Vorfahren, Nachkommen und Geschwistern ergeben, denen man durch Einführen weiterer Komponenten in die entsprechende Datenstruktur Rechnung tragen kann. Dies führt aber über Baumstrukturen hinaus; man verwendet in solchen Fällen besser Verwandtschafts-Datenbanken oder relationale Datenbanken, die in Kap. 9.2 behandelt werden.

13.2.2 Definition von (a,b)-Bäumen und B-Bäumen

Vielwegbäume eröffnen die Möglichkeit zur effizienten Verwaltung großer Datenmengen, insbesondere wenn diese wegen ihres Umfangs auf einem Hintergrundspeicher, beispielsweise einer Festplatte, gehalten werden müssen. Zunächst werden nochmals die Kriterien zusammengestellt, die für eine effiziente Datenverwaltung mithilfe eines Baumes wesentlich sind, danach wird erläutert, wie diese mithilfe von Vielwegbäumen erfüllbar sind.

Bsp. 13.18 Verkettete Speicherung des in Bsp. 13.17 dargestellten allgemeinen Baums

Die Speicherung beginnt willkürlich mit Adresse 123. Wird die Liste „Bruder" als Liste „rechts" interpretiert, so beschreibt dieselbe Tabelle die verkettete Speicherung des auf der rechten Seite in Bsp. 13.17 dargestellten zugeordneten Binärbaums.

Adresse	Info	links	Bruder (rechts)
$W \to$ 123	1	124	0
124	2	127	125
125	3	130	126
126	4	132	0
127	5	0	128
128	6	0	129
129	7	0	0
130	8	0	131
131	9	0	0
132	10	0	133
133	11	0	134
134	12	137	135
135	13	0	0
137	14	0	138
138	15	0	0

Kriterien für eine effiziente Datenverwaltung

1. Der Schwerpunkt liegt auf der Forderung, dass die Operationen Suchen, Durchsuchen, Einfügen und Löschen schnell ausführbar sein müssen. Unter „schnell" ist hier zu verstehen, dass man für die Operationen Suchen, Einfügen und Löschen eine Komplexität der Ordnung $\mathcal{O}(\log n)$ verlangt und für Durchsuchen lineare Komplexität der Ordnung $\mathcal{O}(n)$.

2. Die Forderung 1 bedingt, dass die Struktur des Baumes einem Ordnungsschema folgen muss. Als Richtlinie kann der binäre Suchbaum dienen. Dieser hat jedoch den schwerwiegenden Nachteil, dass er nicht ausgeglichen ist und daher zu einer linearen Liste entarten kann, was die Komplexität des Suchens, Einfügens und Löschens von $\mathcal{O}(\log n)$ auf $\mathcal{O}(n)$ verschlechtert.

3. Um diese Entartung zu vermeiden, sollte der Baum ausgeglichen sein. Verlangt man eine vollständige Ausgeglichenheit wie etwa bei einem Heap, so kann jedoch bei einem kontrollierten Wachstum des Baumes das Ordnungsschema nur mit einem sehr hohen Aufwand aufrecht erhalten werden. Auch bei einer Abschwächung der Forderung nach Ausgeglichenheit wie bei AVL-Bäumen ist der Aufwand noch erheblich. Man muss also Abstriche bei der Ausgeglichenheit machen, aber nur soweit, dass die gewünschte Komplexität $\mathcal{O}(\log n)$ nicht unterschritten wird.

4. Um die zeitaufwendigen Zugriffe auf externe Speicher zu minimieren, sollten mit einem Plattenzugriff nicht nur ein Datensatz sondern m Datensätze in den Hauptspeicher transferiert werden, wobei m von der Sektorgröße des Speichermediums und der Größe der Datensätze abhängt.

Eine spezielle Baumstruktur zur Lösung dieses Problems wurde 1970 von R. Bayer und E. McCreight vorgeschlagen [Bay70]. Man bezeichnet derartige Bäume als (a,b)-Bäume bzw. in einem engeren Sinne als B-Bäume.

Definition von (a,b)-Bäumen

1. Mehrere Elemente (bzw. Datensätze oder Schlüssel) werden zu einem Knoten zusammengefasst, der in diesem Zusammenhang als *Seite* bezeichnet wird. Dies ist sinnvollerweise die kleinste Einheit, die mit einem Plattenzugriff in den Arbeitsspeicher transferiert wird.

2. Eine Seite enthält höchstens b Elemente.

3. Jede Seite, mit Ausnahme der Wurzelseite, enthält mindestens a Elemente, wobei $a < b$ gilt. Die Wurzelseite darf auch weniger als a Elemente enthalten.

4. Jede Seite ist entweder eine Blattseite, oder sie hat $m+1$ Nachfolger, wobei m die Anzahl der Elemente der betreffenden Seite ist.

5. Die Elemente innerhalb einer Seite werden dem Ordnungsschema entsprechend linear angeordnet.

6. Für die Ordnungsbeziehung der Seiten zueinander wird das Schema des binären Suchbaumes beibehalten. D. h. der Schlüssel des linken Nachfolgers ist kleiner als der Schlüssel seines Vorgängers und der Schlüssel des rechten Nachfolgers ist größer als der Schlüssel des Vorgängers oder gleich diesem. Ein Durchlaufen des Baumes in symmetrischer Reihenfolge (Inorder) liefert also die Schlüssel in aufsteigender Ordnung.

Dadurch, dass die Anzahl m der Elemente pro Seite (mit Ausnahme der Wurzel) immer zwischen a und b liegen muss und weil jede Seite (mit Ausnahme der Blattseiten) immer $m+1$ Nachfolger hat, ist der Baum nahezu ausgeglichen. Die maximale Anzahl von Plattenzugriffen bei der Suche nach einem bestimmten Element ergibt sich aus der Höhe des Baumes im ungünstigsten Fall zu $\log_a(n+1)$, wenn n die Anzahl der Elemente des Baumes ist. Eine Entartung wie bei binären Suchbäumen kann daher nicht auftreten.

Die Operationen auf (a,b)-Bäumen gestalten sich besonders einfach, wenn man $b = 2a$ wählt. Solche $(a,2a)$-Bäume werden als *B-Bäume* bezeichnet, wobei „B“ je nach Geschmack für „Bayer“ oder „balanced“ steht. Die minimale Anzahl der Elemente pro Seite heißt die *Ordnung* des B-Baumes. Da diese $a = b/2$ beträgt, ist der Baum mindestens zu 50% ausgeglichen, d. h. abgesehen von der Wurzel sind höchstens die Hälfte der möglichen Plätze unbelegt. Die Seiten eines (a,b)-Baumes bzw. eines B-Baumes haben also die in Abb. 13.16 gezeigte Form.

Zur Deklaration einer geeigneten Datenstruktur zur Beschreibung eines B-Baumes in einer Programmiersprache wie C muss zunächst die Struktur einer Seite festgelegt werden und dann die Struktur der Elemente in dieser Seite. In jeder Seite ist festzuhalten, wie viele Elemente der Seite tatsächlich belegt sind. Sodann wird ein Zeiger benötigt, der auf den linken Nachfolger der aktuellen Seite deutet, entsprechend dem Eintrag next_0 in Abb. 13.16. Schließlich wird ein Array der Länge b benötigt, wobei b die maximale Anzahl der Elemente pro Seite ist. Die Komponenten dieses Arrays enthalten die eigentlichen Knoten. Diese bestehen aus einem Schlüssel key, einem Informationsteil

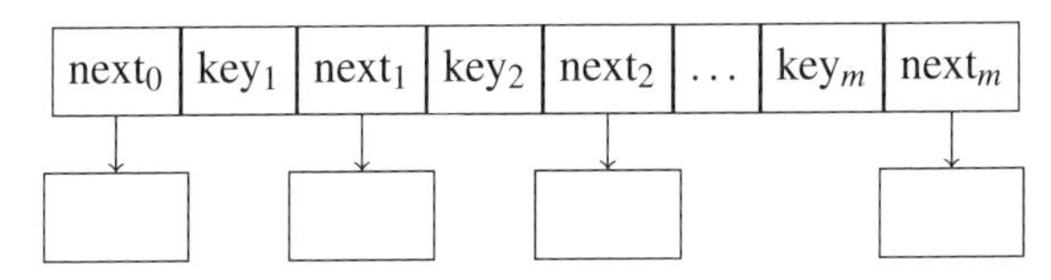

Abb. 13.16 Aufbau der Seite eines (a,b)-Baumes bzw. B-Baumes

Bsp. 13.19 Ein B-Baum der Ordnung zwei

Die Seiten (Knoten) müssen mindestens zwei und sie dürfen höchstens vier Elemente enthalten, mit Ausnahme der Wurzel, die hier nur ein Element enthält. Die Zahlen in den Seiten stehen für die Schlüssel, die senkrechten Striche symbolisieren die Zeiger. Man erkennt das dem binären Suchbaum analoge Ordnungsschema: Durchläuft man den Baum in symmetrischer Reihenfolge (Inorder), so werden die Schlüssel in aufsteigender Ordnung besucht.

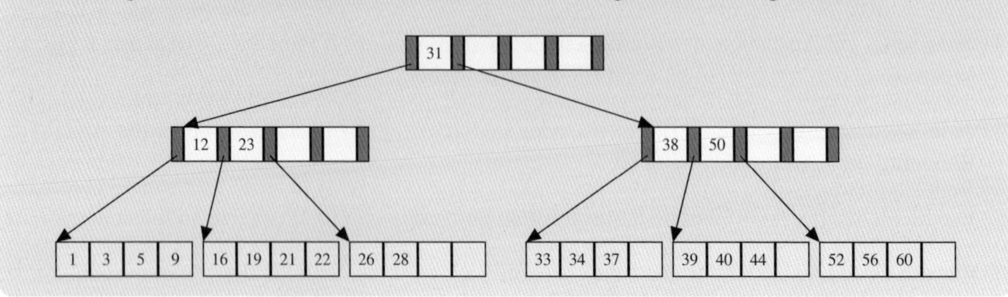

---

1. Setze k auf die Wurzelseite des B-Baumes
2. Suche (z. B. sequentiell) nach e.key in der Seite k
   Wenn gefunden: „e gefunden", ENDE
3. Wenn $k.\text{key}_i < e.\text{key} < k.\text{key}_{i+1}$ für $1 \leq i \leq m$, setze $k := k.\text{next}_i$
   Wenn $e.\text{key} < k.\text{key}_1$: setze $k := k.\text{next}_0$
   Wenn $k.\text{key}_m \leq e.\text{key}$, setze $k := k.\text{next}_m$
4. Wenn $k = 0$: „e nicht gefunden", ENDE
   Sonst: gehe zu 2

Abb. 13.17 Suchen eines Elements e in einem B-Baum

und schließlich aus einem Zeiger auf die nächste Seite, entsprechend den Einträgen next_k in Abb. 13.16. Beispiel 13.19 zeigt dazu einen B-Baum der Ordnung zwei.

13.2.3 Operationen auf B-Bäumen

Suchen und Durchsuchen in B-Bäumen

Die einfachste Operation auf B-Bäumen ist das Suchen nach einem Element e. Mit der in Abb. 13.16 eingeführten Nomenklatur lässt sich dies recht einfach als Pseudocode formulieren, wie in Abb. 13.17 dargestellt. Das Durchsuchen erfolgt in völlig analoger Weise wie bei binären Suchbäumen, so dass sich Details hier erübrigen. Als Vorteil erweist sich dabei, dass jede Seite nur genau einmal vom Hintergrundspeicher in den Hauptspeicher geholt werden muss.

Einfügen in B-Bäumen

Beim Einfügen eines Elements e ist zunächst die Seite s zu suchen, in die e einzufügen ist. Diese Seite ist wegen der Konstruktion des B-Baumes immer ein Blatt. Zunächst wird das Element e unter

1. Suche die Blattseite s, in die e eingefügt werden muss
2. Wenn die Anzahl m der Elemente in s kleiner als b ist:
   e in s an der richtigen Position einfügen und $m := m + 1$ setzen; ENDE
   Sonst (d. h. s ist voll und $m = b$): e vorläufig in s einfügen
3. Wenn eine der Seite s vorangehende Seite v existiert:
   mittleres Element von s aus s entfernen und in v an der richtigen Position einfügen
   s in zwei Seiten mit je $b/2$ Elementen aufteilen
   Sonst: Neue Wurzel W erzeugen
   mittleres Element von s aus s entfernen und in W als einziges Element eintragen
   s in zwei Seiten mit je $b/2$ Elementen aufteilen; ENDE
4. Wenn in v ein Überlauf auftritt:
   Setze $e :=$ (mittleres Element von v), setze $s := v$ und gehe zu 2
   Sonst: ENDE

Abb. 13.18 Einfügen eines Elements e in einen B-Baum

Einhaltung der Ordnungsbeziehung in die Seite s eingefügt. Sofern in der betreffenden Blattseite nach dem Einfügen m Elemente mit $m < b$ enthalten sind, ist die Operation des Einfügens damit beendet und auf die Manipulation einer Seite beschränkt. Sind allerdings in der Seite s jetzt $b+1$ Elemente vorhanden, so entsteht ein Überlauf, da s jetzt ein Element zu viel enthält. Um diesen Überlauf zu bereinigen, wird das mittlere Element von s in die zugehörige, um eine Ebene höher liegende Vorgängerseite v eingefügt und die Seite s wird in zwei Seiten aufgeteilt, die jetzt jeweils nur noch genau $a = b/2$ Elemente enthalten. Allerdings kann es jetzt auch in v zu einem Überlauf kommen, so dass diese Prozedur rekursiv fortgesetzt werden muss – im Extremfall so weit, dass eine neue Wurzelseite entsteht, die dann nur ein Element enthält. Dies ist auch die einzige Weise, auf die ein B-Baum überhaupt wachsen kann. Der Pseudocode in Abb. 13.18 fasst dies zusammen, ein Beispiel ist in Bsp. 13.20 zu sehen.

Löschen in B-Bäumen

Das Löschen eines Elements e ist etwas komplizierter als das Einfügen. Keine Schwierigkeiten treten auf, wenn sich das zu löschende Element auf einer Blattseite befindet, für welche die Anzahl m der Elemente größer ist als das Minimum a. In diesem Fall kann e ohne weiteres gelöscht werden. Befindet sich e nicht auf einer Blattseite, so muss e wie schon im Falle des binären Suchbaumes mit seinem symmetrischen Vorgänger (oder Nachfolger), der sich in jedem Fall auf einer Blattseite befindet, vertauscht werden, woraufhin dann e gelöscht werden kann. Gelöscht wird also letztlich immer auf einem Blatt. Probleme ergeben sich, wenn für dieses Blatt $m < a$ gilt, d. h. wenn ein Unterlauf auftritt. Zum Beheben des Unterlaufs legt man zunächst die aktuellen Seite mit einer (nach links oder rechts) benachbarten Seite zusammen und „borgt" das zugehörige Element aus der Vorgängerseite v um es ebenfalls in die zusammengelegte Seite mit einzufügen. Enthält diese zusammengelegte Seite nun nicht mehr als b Elemente, so wird sie nicht weiter verändert. Allerdings kann natürlich auch in v ein Unterlauf auftreten, so dass die gesamte Prozedur rekursiv fortgesetzt werden muss, eventuell bis hin zu Wurzel. Hat die zusammengelegte Seite dagegen mehr als b Elemente, so wird das mittlere Element an die Position in die Vorgängerseite v eingefügt, aus der zuvor ein Element geborgt wurde und die zusammengelegte Seite wird wieder in zwei Seiten mit

1. Suche e.
   Wenn e nicht gefunden wurde: ENDE
2. Wenn e nicht auf einer Blattseite k gefunden wurde:
   vertausche e mit seinem symmetrischen Vorgänger s
   s ist das Element mit dem größten Schlüssel, der kleiner ist als der Schlüssel von e.
   Dazu geht man zur linken Nachfolgerseite und dann soweit wie möglich nach rechts.
   s befindet sich immer auf einer Blattseite k.
   Alternativ kann auch mit dem symmetrischen Nachfolger vertauscht werden.
3. Lösche e aus der Blattseite k
4. Wenn in k $m \geq a$ ist: ENDE
5. Wenn keine Vorgängerseite v von k existiert (k ist also die Wurzel): ENDE
6. Wenn k eine rechte Nachbarseite r hat: füge deren Elemente zu k hinzu
   Sonst füge die Elemente der linken Nachbarseite l zu k hinzu
7. Füge das zu k und der Nachbarseite r bzw. l gehörende Element aus v zu k hinzu
8. Wenn in k $m > b$ ist (Überlauf):
   füge das mittlere Element von k in v ein
   verteile die verbleibenden Elemente auf k und r bzw. auf k und l: ENDE
9. Wenn in v $m \geq a$ ist: ENDE
   Sonst setze $k := v$ und gehe zu 5

Abb. 13.19 Löschen eines Elements e aus einem B-Baum

je a Elementen aufgeteilt. Man sieht jedoch, dass die Anzahl der Schritte offenbar durch die Höhe des Baums beschränkt wird, so dass die Komplexität $\mathcal{O}(\log n)$ erhalten bleibt. Der Pseudocode in Abb. 13.19 beschreibt dieses Vorgehen. In Bsp. 13.21 werden alle Fallunterscheidungen, die beim Löschen von Elementen in B-Bäumen auftreten können, exemplarisch vorgeführt.

Damit sind alle wesentlichen Operationen auf B-Bäumen erläutert. Wie oben schon erwähnt, ist die Komplexität der Operationen Suchen, Einfügen und Löschen auch im ungünstigsten Fall auf $\mathcal{O}(\log n)$ beschränkt. B-Bäume werden vor allem zur Organisation großer Datenmengen auf externen Speichern verwendet. Die erzielbare Verarbeitungsgeschwindigkeit hängt dann in erster Linie von der Seitengröße b ab, die wiederum durch die Eigenschaften der Speicherhardware bestimmt wird.

B^+-Bäume, BB-Bäume und Hecken

Erwähnt werden sollen noch B^+-Bäume, die dadurch gekennzeichnet sind, dass die gesamte Information ausschließlich in den Blattseiten enthalten ist. Die Baumstruktur enthält also nur Zeiger, die zur schnellen Lokalisierung gesuchter Seiten dienen.

Will man B-Bäume auf Anwendungen im Hauptspeicher übertragen, so gibt es keinen Grund, große Seiten zu wählen; man wird der Einfachheit halber im Gegenteil die minimale Seitengröße vorziehen, also $a = 1$ und $b = 2$ setzen [Bay71]. Solche Bäume zeigen eine gewisse Ähnlichkeit zu den AVL-Bäumen und lassen sich wieder auf Binärbäume zurückführen; man bezeichnet sie auch als BB-Bäume (Binäre B-Bäume). Gelegentlich spricht man auch von Hecken, da die Nachbarschaftsbeziehung innerhalb der beiden Elemente einer Seite anschaulich durch einen horizontalen Zeiger symbolisiert werden kann.

Bsp. 13.20 Einfügen von Elementen in einen B-Baum

Der in Abb. 13.18 erläuterte Algorithmus des Einfügens führt zu dem in der folgenden Abbildung illustrierten Anwachsen des B-Baums. Es wurde $a = 2$ und entsprechend $b = 4$ gewählt. Ausgehend vom Baum aus Bsp. 13.19 werden zunächst Elemente mit den Schlüsseln 24, 35 und 49 eingefügt (hervorgehoben). Es tritt kein Überlauf ein:

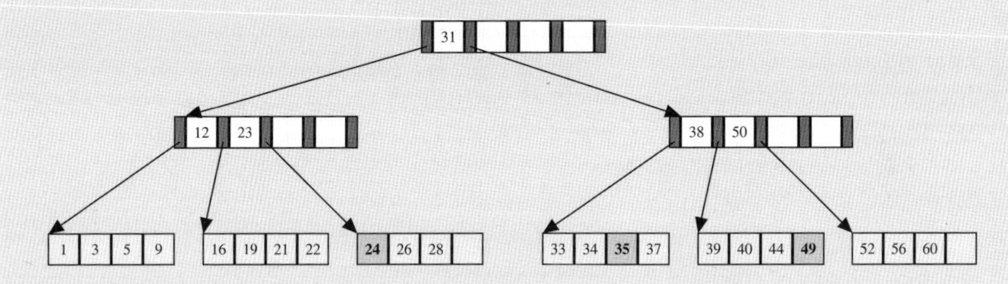

Das Element 17 wird eingefügt. In diesem Fall entsteht ein Überlauf:

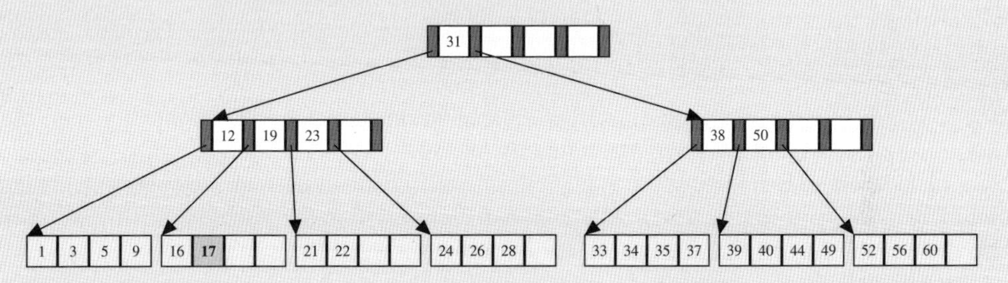

Das mittlere Element der aktuellen Seite mit dem Schlüssel 19 wurde eine Ebene höher in die Vorgängerseite eingefügt und die aktuelle Seite wurde in zwei Seiten mit den Elementen 16, 17 bzw. 21, 22 aufgeteilt.
(Fortsetzung siehe nächste Seite)

Bsp. 13.20 Einfügen von Elementen in einen B-Baum (Fortsetzung)

Die Elemente 13 und 18 werden eingefügt. Es entsteht kein Überlauf:

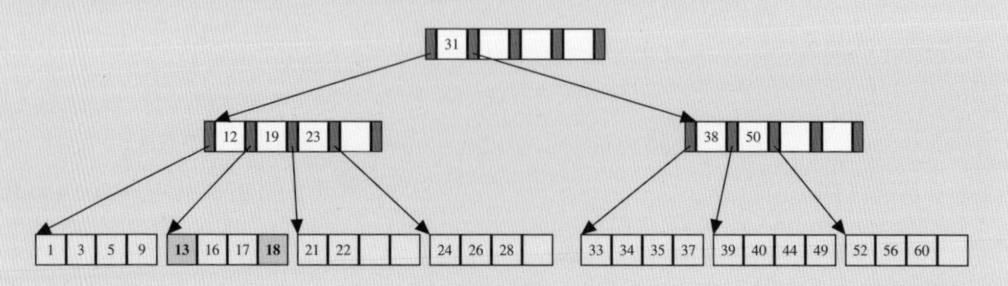

Das Element 4 wird eingefügt, es ergibt sich ein Überlauf:

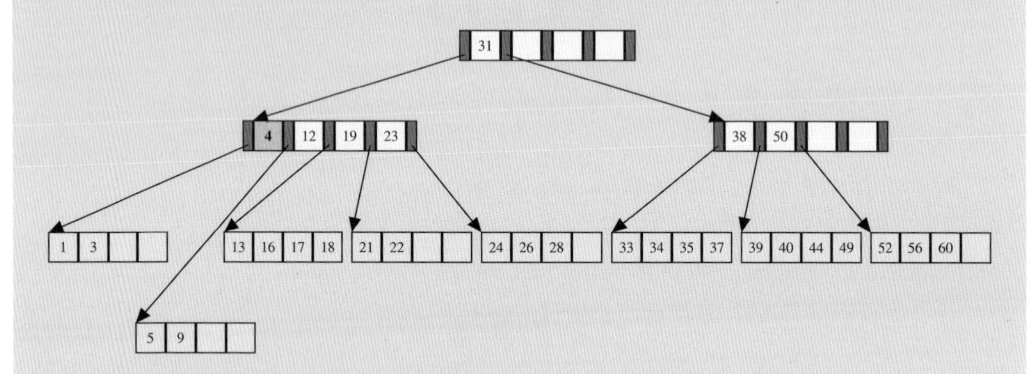

Das mittlere Element 4 wurde eine Ebene höher in die Vorgängerseite eingefügt und die aktuelle Seite wurde in zwei Seiten mit den Elementen 1, 3 bzw. 5, 9 aufgeteilt.
Das Element 14 wird eingefügt. Auch hier entsteht ein Überlauf, der sich jetzt aber auch in die Vorgängerseite fortsetzt, so dass schließlich das Element 16 in die Wurzel eingefügt werden muss:

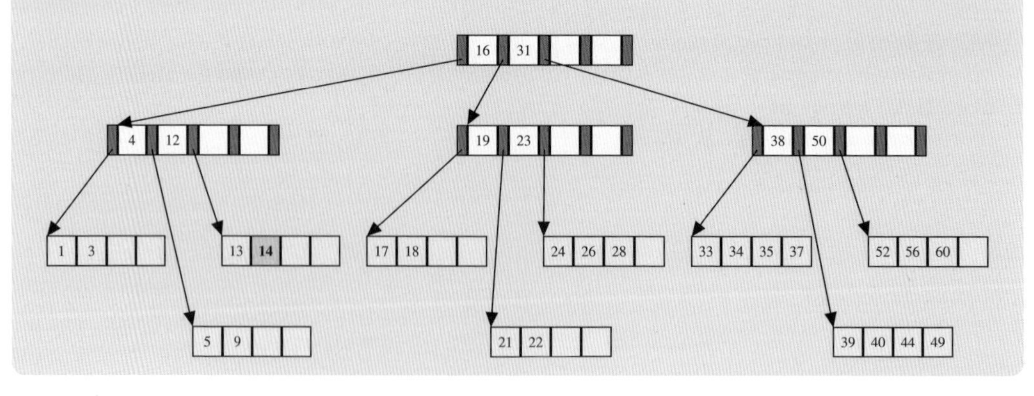

Bsp. 13.21 Löschen von Elementen aus einem B-Baum

Aus dem folgenden B-Baum sollen die hervorgehobenen Elemente mit den Schlüsseln 37 und 44 gelöscht werden:

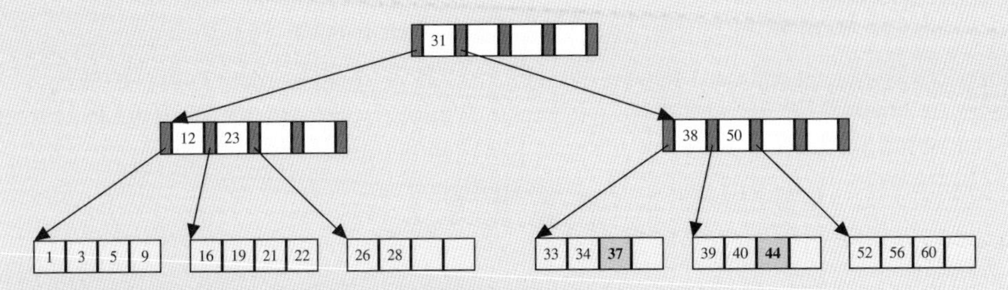

Es entsteht der nachfolgende Baum. Es ist kein Unterlauf eingetreten.

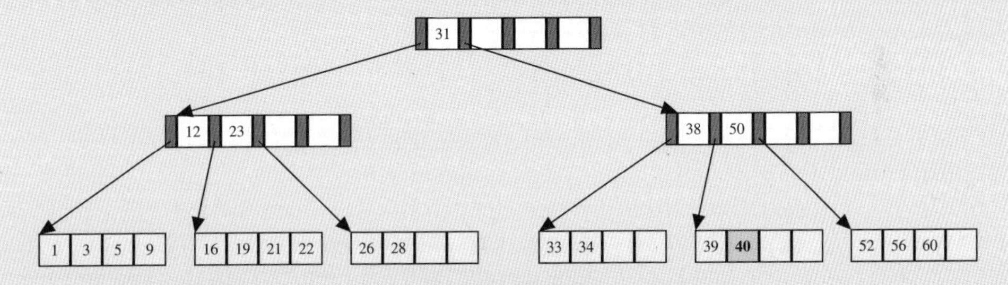

Nun soll das hervorgehobene Element mit dem Schlüssel 40 gelöscht werden. Hierbei tritt ein Unterlauf auf. Dieser wird durch Zusammenlegen mit der rechts benachbarten Seite unter Hinzunahme des zugehörigen Elements (mit Schlüssel 50) aus der Vorgängerseite behoben. Es ergibt sich als Zwischenergebnis die Folge (39, 50, 52, 56, 60) von Schlüsseln. Da hier $m = 5$ größer als $b = 4$ ist, wird das mittlere Element 52 wieder in die Vorgängerseite eingefügt. Die zusammengelegten Seiten müssen wegen $m > 4$ wieder getrennt werden, die verbleibenden Elemente werden gleichmäßig verteilt:

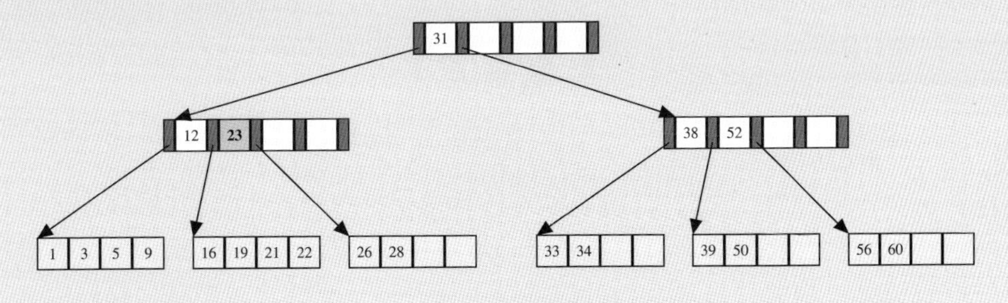

(Fortsetzung siehe nächste Seite)

Bsp. 13.21 Löschen von Elementen aus einem B-Baum (Fortsetzung)

Im nächsten Schritt soll das Element mit Schlüssel 23 gelöscht werden. Dieses befindet sich nicht auf einem Blatt. Es wird daher mit seinem symmetrischen Vorgänger, dem Element mit Schlüssel 22, vertauscht und dann gelöscht. Ein Unterlauf tritt dabei nicht auf.

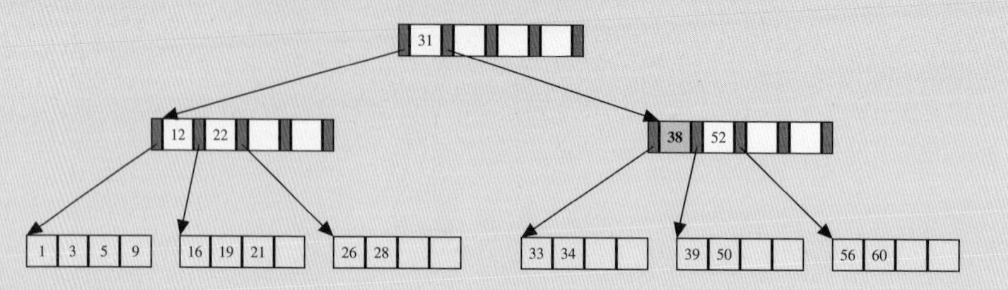

Als nächstes soll das Element mit Schlüssel 38 gelöscht werden. Dieses befindet sich nicht auf einem Blatt. Es wird daher mit seinem symmetrischen Vorgänger, dem Element mit Schlüssel 34, vertauscht und dann gelöscht. Jetzt verbleibt in dem betreffenden Blatt nur noch das Element mit Schlüssel 33, es ist also ein Unterlauf aufgetreten. Zusammenlegen mit der rechten Nachbarseite und Hinzunahme des zugehörigen Elements aus der Vorgängerseite (Schlüssel 34) liefert die Folge (33, 34, 39, 50). Die Anzahl der Elemente ist $m = 4$, so dass kein Teilen der Seite erforderlich ist. Jetzt ist aber ein Unterlauf in der Vorgängerseite aufgetreten, da diese nur noch das Element mit Schlüssel 52 enthält. Sie muss also ebenfalls mit einer Nachbarseite zusammengelegt werden. In diesem Fall ist nur die linke Nachbarseite mit den Schlüsseln 12 und 22 vorhanden. Zu diesen Elementen muss noch das zugehörige Element aus der Vorgängerseite, die hier bereits die Wurzelseite ist, hinzugefügt werden. Es ergibt sich die Folge (12, 22, 31, 52). Da $m = 4$ ist, muss nicht wieder aufgeteilt werden, so dass der Löschvorgang damit beendet ist. Es entsteht der Baum:

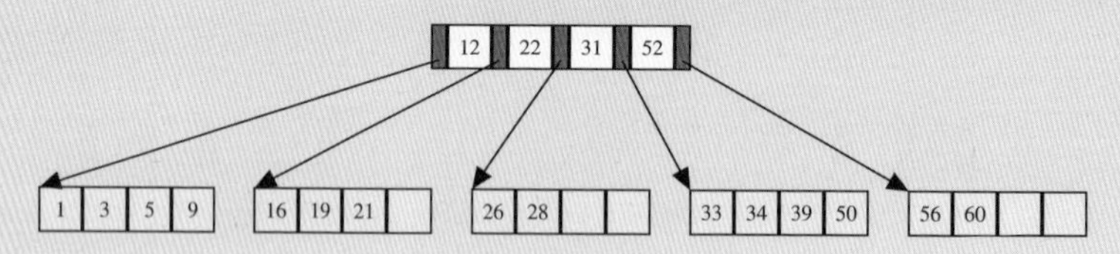

Übungsaufgaben zu Kapitel 13.2

A 13.13 (T2) Beantworten Sie die folgenden Fragen:

a) Was ist bei Vielwegbäumen ein Bruder?

b) Wodurch unterscheidet sich ein BB-Baum von einem $(2,4)$-Baum?

c) Was ist ein (a,b)-Baum?

d) Was ist ein B^+-Baum?

e) Was ist eine Hecke?

A 13.14 (L2) Ordnen Sie die in der Reihenfolge $\{6, 9, 3, 7, 13, 21, 10, 8, 11, 14, 5\}$ gegebenen Zahlen als $(2,4)$-Baum.

A 13.15 (L3) In den unten abgebildeten $(2,4)$-Baum soll das Element mit Schlüssel 3 eingefügt werden. Zeichnen Sie den resultierenden Baum. Löschen Sie anschließend das Element mit dem Schlüssel 6 und zeichnen Sie den nun resultierenden Baum.

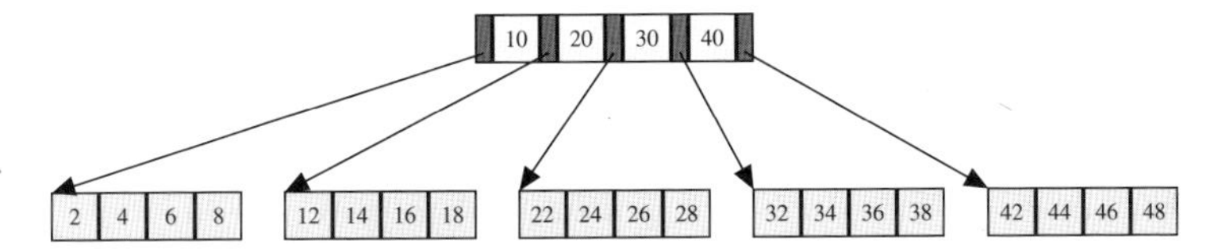

A 13.16 (L3) Wie viele Elemente können in einem $(2,4)$-Baum der Höhe 2 maximal und minimal enthalten sein? Die Wurzel hat die Tiefe 0.

A 13.17 (P4) Schreiben Sie ein Programm zum Verwalten eines $(2,4)$-Baums. Es sollen die Funktionen Initialisieren des Baums, Eingabe, Suchen und Löschen von Einträgen und sortierte Ausgabe der Inhalte realisiert werden.

13.3 Graphen

13.3.1 Definitionen und einführende Beispiele

Graphen kann man sich anschaulich als eine Menge von Knoten vorstellen, die durch Kanten miteinander verbunden sind. Sie bilden eine sehr allgemeine Klasse von Datenstrukturen, die manche andere – so etwa Bäume und lineare Listen – als Teilmenge beinhalten. Sehr viele statische und dynamische Strukturen der realen Welt lassen sich darauf abbilden, so dass den Graphen in der Praxis eine große Bedeutung zukommt. Beispiele dafür sind Straßenverbindungen, Kommunikations- und Rechnernetze, Petrinetze [Pri08, Rei10], Flussdiagramme, Automaten, elektronische Schaltpläne etc. Die Begründung der Graphentheorie geht auf Leonard Euler (1707–1783) zurück. Von ihm stammt auch die Lösung des berühmten Königsberger Brückenproblems, das weiter unten erläutert wird. Als weiterführende Literatur ist beispielsweise [Tur09, Die10, Tit11] geeignet.

Allgemeine Graphen

Zunächst werden einige der wichtigsten Begriffe der Graphentheorie eingeführt, die in Abb. 13.20, 13.21 und 13.22 beispielhaft illustriert sind.

Ein allgemeiner, ungerichteter Graph besteht aus einer Menge K von *Knoten* (nodes, vertices) und einer Menge E von *Kanten* (edges), wobei jeder Kante $e(u,v) \in E$ ein Paar von Knoten (u,v) mit $u,v \in K$ zugeordnet ist. Die beiden zu einer Kante $e(u,v)$ gehörenden Knoten u und v werden als *Endknoten* der Kante $e(u,v)$ bezeichnet. Die beiden Endknoten einer Kante sind benachbart (adjacent). Meist wird den Knoten eine Bezeichnung oder eine Information zugeordnet.

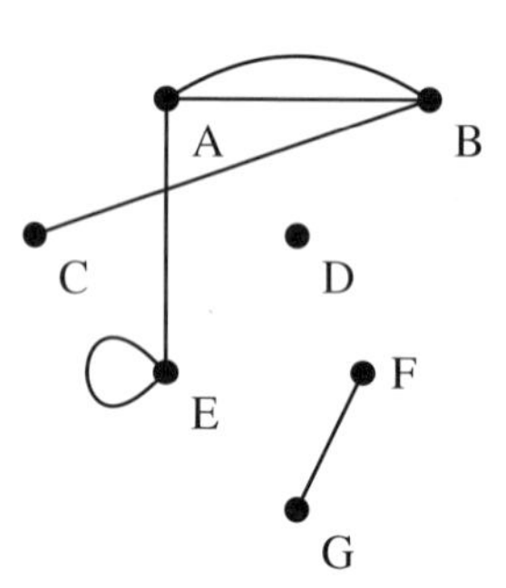

(a) Ein allgemeiner, ungerichteter Graph mit einem isolierten Knoten, einer Schlinge und einer Mehrfachkante. Die Knoten tragen Bezeichnungen, nämlich die Großbuchstaben A bis G. Obwohl es zwei sich überschneidende Kanten gibt, ist der Graph eben, da leicht ein isomorpher Graph ohne diese Überschneidung gefunden werden kann. Offenbar ist der Graph nicht zusammenhängend, da D ein isolierter Knoten ist.

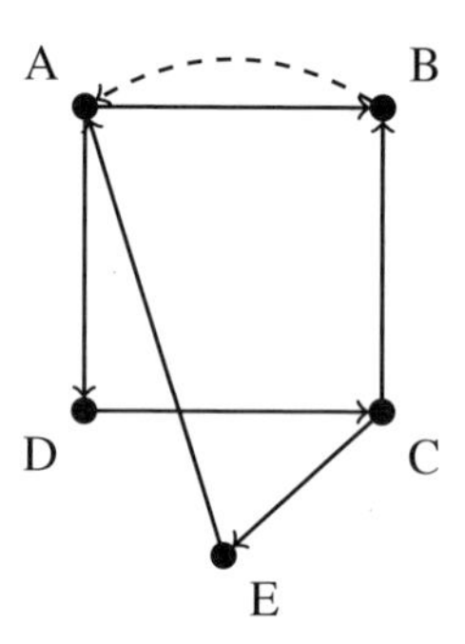

(b) Beispiel für einen zusammenhängenden Digraphen. Der Graph ist jedoch nicht stark zusammenhängend, da vom Knoten B aus kein anderer Knoten erreichbar ist. Durch Hinzunahme der gestrichelt eingezeichneten Kante von B nach A wird der Graph stark zusammenhängend. Der Graph enthält einen Kreis, nämlich ADCEA. Wird die gestrichelt eingezeichnete Kante hinzugenommen, so entsteht ein weiterer Kreis, nämlich ADCBA. Auch dieser Graph ist eben, da es einen dazu isomorphen Graphen ohne überschneidende Kanten gibt.

Abb. 13.20 Gerichtete und ungerichtete Graphen

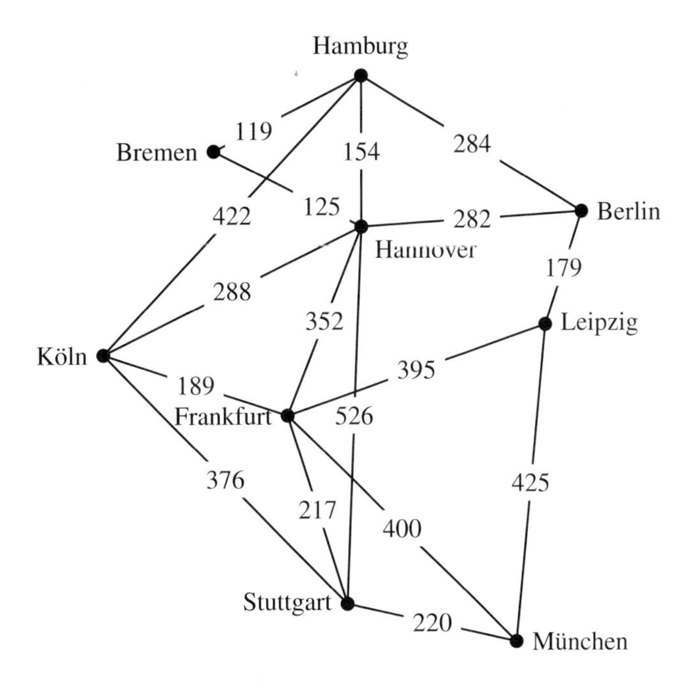

Abb. 13.21 Der ungerichtete Graph zeigt einen vereinfachten Ausschnitt aus dem deutschen Autobahnnetz. An den Kanten sind die Entfernungen zwischen den Städten in Kilometern angegeben. Es handelt sich also um einen gewichteten Graphen. Der Graph ist zusammenhängend, aber nicht vollständig und nicht eben

Sind die Menge K der Knoten und die Menge E der Kanten eines Graphen endlich, so handelt es sich um einen endlichen Graphen.

Der *Grad* $\mathrm{grad}(u)$ eines Knotens u ist die Anzahl der Kanten, bei denen u als einer der Endknoten auftritt. Ein Knoten u heißt genau dann ein *isolierter* Knoten, wenn $\mathrm{grad}(u) = 0$ gilt. Von u gehen dann keine Kanten aus.

Eine *Kantenfolge* ist eine Folge $u_0, u_1, u_2, \ldots, u_n$ von Knoten, für die gilt: Für alle $i = 1, 2, \ldots, n$ sind die Knoten u_{i-1}, u_i benachbart. Ein Knoten u heißt von einem Knoten v aus *erreichbar*, wenn u und v durch eine Kantenfolge verbunden sind. Eine Kantenfolge heißt *geschlossen*, wenn $u_0 = u_n$ ist, andernfalls heißt sie offen. Sind alle Kanten einer Kantenfolge paarweise disjunkt (d. h. voneinander verschieden), so heißt die Kantenfolge *Weg* (trail). Ein geschlossener Weg (also $u_0 = u_n$) heißt *Kreis* (circle). Sind alle Knoten einer Kantenfolge, eventuell mit Ausnahme von u_0 und u_n, paarweise disjunkt, so heißt die Kantenfolge *Pfad* (path). Ein geschlossener Pfad (also $u_0 = u_n$) mit mindestens drei Knoten heißt *Zyklus* (cycle). Es ist anzumerken, dass die Bezeichnungen Weg/Pfad/Kreis/Zyklus in der Literatur nicht einheitlich verwendet werden, man sollte hier genau prüfen, wie der jeweilige Autor den Begriff definiert hat.

Ein Graph ist genau dann *zusammenhängend*, wenn alle Paare von verschiedenen Knoten des Graphen durch mindestens eine Kantenfolge verbunden sind. Es ist dann jeder Knoten von jedem anderen Knoten aus erreichbar.

Ein Graph heißt genau dann *vollständig*, wenn er zu allen Paaren von verschiedenen Knoten u, v auch die Kante $e(u, v)$ enthält. Ein vollständiger Graph ist zusammenhängend und hat bei n Knoten mindestens $n(n-1)/2$ Kanten. Die letztgenannte Eigenschaft lässt sich leicht durch vollständige Induktion beweisen.

Zwei Kanten heißen *Mehrfachkanten* oder *parallel*, wenn sie dieselben Knoten verbinden. Eine Kante heißt *Schlinge*, wenn die beiden Endknoten identisch sind.

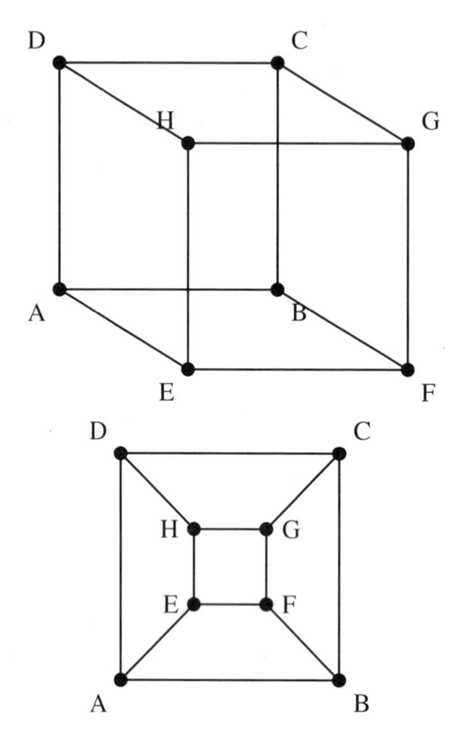

(a) Die beiden Graphen sind isomorph und eben. Da die Inhalte identisch sind, sind sie auch gleich

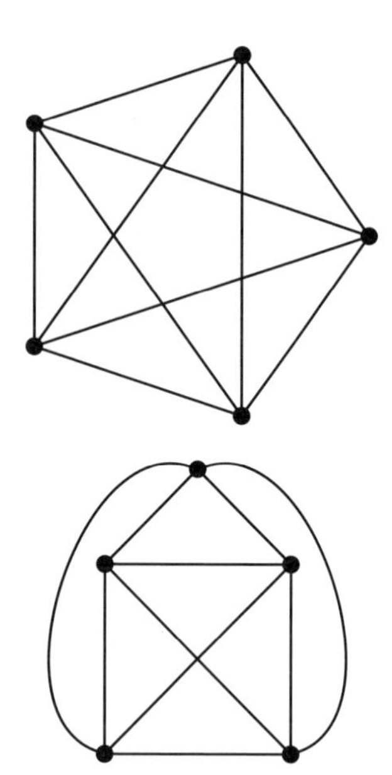

(b) Der Kuratowski-Graph mit fünf Knoten ist der kleinste, vollständige, nicht-ebene Graph. Jeder dazu isomorphe Graph enthält mindestens eine Kreuzung, so auch das unten abgebildete Beispiel

Abb. 13.22 Zur Erläuterung von Isomorphie und Planarität von Graphen

Ein Graph heißt *schlicht*, wenn er keine Schlingen und Mehrfachkanten enthält. Ein schlichter, zusammenhängender Graph ist endlich, wenn er endlich viele Knoten enthält. Die Anzahl der Kanten ist dann ebenfalls endlich.

Ein schlichter Graph heißt *Wald* (forest) genau dann wenn er keinen Kreis enthält. Ein schlichter, zusammenhängender Graph ohne Kreise heißt *Baum*.

Werden den Kanten eines Graphen Werte zugewiesen, so heißt er *bewertet*. Sind die Werte numerisch (z. B. Weglängen, Zeiten, Kosten), so heißt der Graph *gewichtet*.

Zwei Graphen G und G' heißen isomorph, wenn es eine umkehrbar eindeutige Abbildung f gibt, so dass für alle Kanten e des Graphen G gilt, dass $f(e)$ Kanten aus G' sind. Zwei Graphen sind gleich, wenn sie isomorph sind und die den korrespondierenden Knoten sowie Kanten zugeordneten Bewertungen identisch sind.

Ein Graph heißt *eben* oder *planar*, wenn es einen dazu isomorphen Graphen ohne überschneidende Kanten gibt.

Digraphen

Ein Graph heißt *gerichteter* Graph oder *Digraph*, wenn jeder Kante eine Richtung zugeordnet ist. Die Kanten werden dann als *Pfeile* bezeichnet. Ein Pfeil $e(u,v)$ beginnt bei dem Anfangsknoten

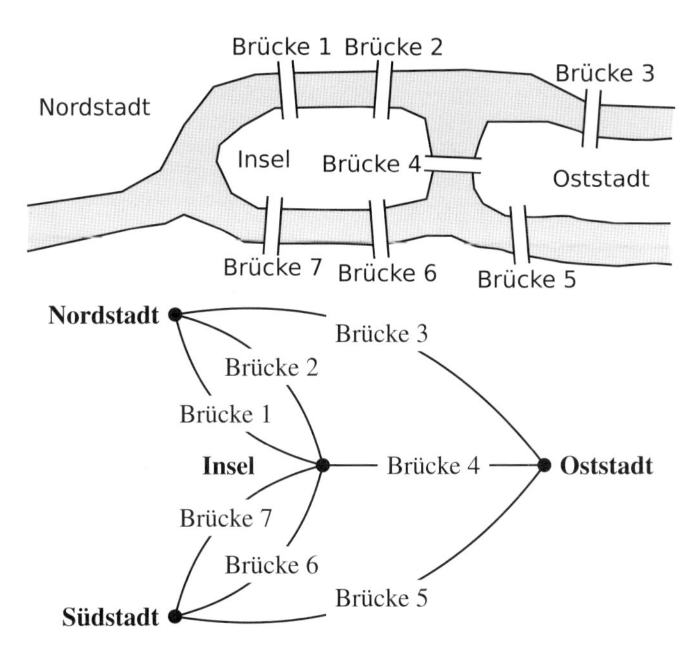

Abb. 13.23 Das Königsberger Brückenproblem. Oben eine Skizze der Innenstadt von Königsberg im 18. Jahrhundert. Unten eine Repräsentation als Graph, wobei die Stadtteile als Knoten und die Brücken als Kanten dargestellt sind

u und endet bei dem Endknoten v. Bei Kantenfolgen, Wegen und Kreisen in Digraphen wird in Ergänzung zu den obigen Definitionen zusätzlich verlangt, dass alle zugehörigen Pfeile in dieselbe Richtung zeigen. Entsprechendes gilt für Mehrfachkanten und Schlingen.

Der *Eingangsgrad* $\text{grad}_{in}(u)$ eines Knotens u ist die Anzahl der Pfeile, die bei dem Knoten u enden. Der *Ausgangsgrad* $\text{grad}_{out}(u)$ eines Knotens u ist die Anzahl der Pfeile, die bei dem Knoten u beginnen.

Ein Knoten u heißt von einem Knoten v aus erreichbar, wenn eine Kantenfolge von u nach v existiert. Anders als bei allgemeinen Graphen muss bei Digraphen nicht auch v von u aus erreichbar sein, wenn u von v aus erreichbar ist. Ist jeder Knoten eines Digraphen von jedem anderen Knoten aus erreichbar, so heißt der Digraph *stark zusammenhängend*. Ein zusammenhängender Digraph muss nicht stark zusammenhängend sein.

Das Königsberger Brückenproblem und Eulersche Kreise

Eines der ersten mithilfe der Graphentheorie bearbeiteten Probleme war das Königsberger Brückenproblem, das L. Euler im Jahre 1736 gelöst hat. In Königsberg fließen die beiden Flüsse Alter Pregel und Neuer Pregel zusammen, wobei sie eine Insel bilden. Zu Zeiten Eulers wurden die verschiedenen Stadtteile durch sieben Brücken miteinander verbunden, wie es die Karte in Abb. 13.23 beschreibt.

Das Problem lautet nun: Gibt es einen Weg, bei dem man von einem beliebigen Ausgangspunkt (Knoten) beginnend genau einmal über jede Brücke (Kante) gehen kann und dann wieder am Ausgangspunkt ankommt?

Gesucht ist also ein Kreis, auf dem alle Kanten des Graphen genau einmal durchlaufen werden. Einen derartigen Kreis bezeichnet man als *Eulerschen Kreis*. Euler bewies, dass ein Graph genau dann einen Eulerschen Kreis enthält, wenn der Grad jedes Knotens eine gerade Zahl ist. Die Grade aller Knoten sind ohne großen Aufwand und schnell (in linearer Laufzeit) zu ermitteln. Für den Graphen der Königsberger Innenstadt sind offenbar alle Grade ungerade; der gesuchten Rundweg über die Brücken des Pregel existiert also nicht.

Hamiltonsche Kreise

Ungleich schwieriger ist das Hamiltonsche Problem, das auf den ersten Blick ähnlich gelagert zu sein scheint wie das Auffinden eines Eulerschen Kreises. Die Aufgabe besteht darin, einen *Hamiltonschen Kreis* zu finden, d. h. einen Weg, auf dem alle Knoten des Graphen genau einmal besucht werden. Dieses Problem ist NP-vollständig. Bei einem Graphen mit n Knoten ist also nur durch Untersuchen aller $n!$ verschiedenen Permutationen der Knoten feststellbar, ob ein Hamiltonscher Kreis existiert. Sucht man in einem vollständigen und bewerteten Graphen nach dem kürzesten (d. h. die geringste Summe der Gewichte aufweisenden) Hamiltonschen Kreis, so ergibt sich das ebenfalls NP-vollständige Problem des Handlungsreisenden. Dazu wird auch auf Kap. 11.2.4 verwiesen.

13.3.2 Speicherung von Graphen

Adjazenzmatrix

Für die Speicherung und Bearbeitung von Graphen sind zwei Varianten verbreitet. Bei der hier zunächst vorgestellten Darstellung unter Verwendung einer *Adjazenzmatrix* $\boldsymbol{A}$ mit den Elementen a_{ik} werden den Zeilen und Spalten die Knoten des Graphen zugeordnet und den Elementen der Matrix die Kanten. Bei einem unbewerteten, schlichten Graphen wird $a_{ik} = 1$ eingetragen, wenn eine Kante vom i-ten Knoten zum k-ten Knoten führt, sonst $a_{ik} = 0$. Da a_{ik} nur Nullen und Einsen enthält, handelt es sich um eine Binärmatrix oder boolesche Matrix, die sich sehr effizient speichern lässt. Für bewertete Graphen kann das Konzept beibehalten werden, wenn anstelle der Nullen und Einsen die Bewertung eingetragen wird. Man spricht dann auch von einer Bewertungsmatrix $\boldsymbol{B}$. Im Falle einer numerischen Bewertung könnte $\boldsymbol{B}$ dann eine Entfernungstabelle sein, wie sie aus jedem Straßenatlas bekannt ist. Für ungerichtete Graphen ist die Matrix symmetrisch, da alle Wege in beiden Richtungen passiert werden können, für gerichtete Graphen gilt dies nicht. Sind den Knoten Inhalte zugeordnet, so kann man diese zusätzlich in einem eindimensionalen Feld oder einer linearen Liste speichern. Ein Beispiel ist in Bsp. 13.22 zu sehen.

Wege zwischen Knoten

Man kann nun fragen, wie man über direkte Verbindungen hinaus längere Wege zwischen zwei Knoten finden kann. Eine Methode ist die Bildung von Potenzen $\boldsymbol{A}^m$ der Adjazenzmatrix. Die Komponenten der Matrix $\boldsymbol{A}^m$ geben dann die Anzahl der Wege der Länge m vom i-ten zum k-ten Knoten an. Die Komponenten der Matrix $\boldsymbol{A}^2$ berechnet man nach der Regel „Zeile mal Spalte“ als Skalarprodukte der Zeilen- und Spaltenvektoren der Matrix $\boldsymbol{A}$ mit $n \times n$ Elementen:

$$(a_{ik})^2 = \sum_{j=1}^{n} a_{ij} a_{jk} \quad . \tag{13.3}$$

Bsp. 13.22 Speicherung eines Graphen als Adjazenzmatrix und Bewertungsmatrix

Gezeigt ist ein gerichteter Graph mit Gewichten. Daneben sind die zugehörige Adjazenzmatrix $\boldsymbol{A}$ und die Bewertungsmatrix $\boldsymbol{B}$ angegeben:

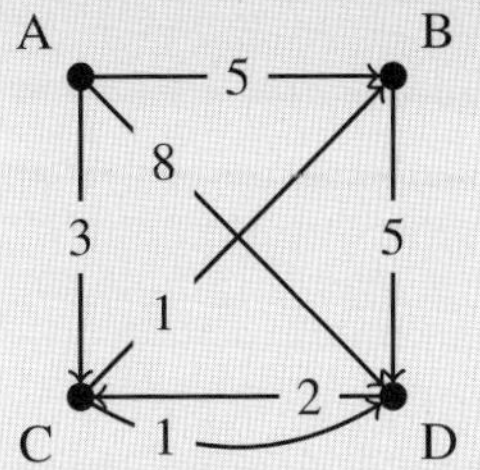

von: \ nach:	A	B	C	D
A	0	1	1	1
B	0	0	0	1
C	0	1	0	1
D	0	0	1	0

$$\boldsymbol{A} = \begin{pmatrix} 0\,1\,1\,1 \\ 0\,0\,0\,1 \\ 0\,1\,0\,1 \\ 0\,0\,1\,0 \end{pmatrix}, \quad \boldsymbol{B} = \begin{pmatrix} 0\,5\,3\,8 \\ 0\,0\,0\,5 \\ 0\,1\,0\,1 \\ 0\,0\,2\,0 \end{pmatrix}$$

Man beachte, dass die Reihenfolge der Knoten willkürlich ist und auch anders hätte gewählt werden können, was sich in den Matrizen durch Vertauschung von Zeilen und Spalten äußert. Zwei Graphen sind also genau dann isomorph, wenn sich ihre Adjazenzmatrizen durch diese beiden Operationen ineinander überführen lassen.

Die obige Formel liefert also die Anzahl der Wege der Länge 2 vom Knoten i zum Knoten k. Mit Bsp. 13.22 rechnet man etwa für die Komponenten $(a_{32})^2$ und $(a_{14})^2$ explizit (für die vollständige Matrix siehe Bsp. 13.23):

$$(a_{32})^2 = \sum_{j=1}^{4} a_{3j}a_{j2} = \begin{pmatrix} 0 & 1 & 0 & 1 \end{pmatrix} \begin{pmatrix} 1 \\ 0 \\ 1 \\ 0 \end{pmatrix} = 0 \quad \text{und} \quad (a_{14})^2 = \sum_{j=1}^{4} a_{1j}a_{j4} = \begin{pmatrix} 0 & 1 & 1 & 1 \end{pmatrix} \begin{pmatrix} 1 \\ 1 \\ 1 \\ 0 \end{pmatrix} = 2 \quad . \tag{13.4}$$

Es gibt also keinen Weg der Länge 2 vom dritten zum zweiten Knoten, also von C nach B, aber zwei Wege der Länge 2 von A nach D, nämlich A $\to$ B $\to$ D und A $\to$ C $\to$ D. Man kann dies direkt am Skalarprodukt ablesen: es ergibt sich genau dann ein Beitrag, wenn die entsprechende Kante existiert. Die Zählung der Indizes beginnt dabei mit 1.

Durch höhere Potenzen von $\boldsymbol{A}$ lassen sich Wege der Länge 3, 4 etc. finden. Höhere Potenzen als die Anzahl n der Knoten erlauben eine Aussage darüber, ob ein Graph Zyklen hat, da bei Wegen, die länger sind als n, zwangsläufig ein oder mehr Knoten mehrmals besucht werden, sofern dies möglich ist. Ein Graph mit n Knoten ist azyklisch, wenn es ein m mit $1 \leq m < n$ gibt, so dass gilt:

$$\boldsymbol{A}^m \neq \boldsymbol{0} \quad , \text{ aber } \boldsymbol{A}^l = \boldsymbol{0} \text{ für alle } l > m \quad . \tag{13.5}$$

Die Erreichbarkeitsmatrix

Will man wissen, ob unabhängig von der Länge des Weges überhaupt ein Weg von einem Knoten zu einem anderen existiert, so addiert man alle n Potenzen der Adjazenzmatrix und erhält die Erreichbarkeitsmatrix oder Wegematrix:

$$\boldsymbol{E} = \sum_{i=1}^{n} \boldsymbol{A}^i \quad . \tag{13.6}$$

Die Einträge e_{ik} von $\boldsymbol{E}$ geben also an, auf wie vielen verschiedenen Wegen ein Knoten von einem anderen Knoten aus erreichbar ist, ohne dass dazwischen liegende Knoten mehrfach besucht werden.

Bsp. 13.23 Bestimmung der Erreichbarkeitsmatrix

Betrachtet man nochmals Bsp. 13.22, so erhält man für die Folge der Potenzen von $\boldsymbol{A}$ und die Erreichbarkeitsmatrix $\boldsymbol{E}$ bzw. die binäre Erreichbarkeitsmatrix $\boldsymbol{E}_{\text{bin}}$:

$$\boldsymbol{A}^1 = \boldsymbol{A} = \begin{pmatrix} 0 & 1 & 1 & 1 \\ 0 & 0 & 0 & 1 \\ 0 & 1 & 0 & 1 \\ 0 & 0 & 1 & 0 \end{pmatrix}, \quad \boldsymbol{A}^2 = \begin{pmatrix} 0 & 1 & 1 & 2 \\ 0 & 0 & 1 & 0 \\ 0 & 0 & 1 & 1 \\ 0 & 1 & 0 & 1 \end{pmatrix}, \quad \boldsymbol{A}^3 = \begin{pmatrix} 0 & 1 & 2 & 2 \\ 0 & 1 & 0 & 1 \\ 0 & 1 & 1 & 1 \\ 0 & 0 & 1 & 1 \end{pmatrix}, \quad \boldsymbol{A}^4 = \begin{pmatrix} 0 & 2 & 2 & 3 \\ 0 & 0 & 1 & 1 \\ 0 & 1 & 1 & 2 \\ 0 & 1 & 1 & 1 \end{pmatrix}$$

$$\boldsymbol{E} = \sum_{i=1}^{n} \boldsymbol{A}^i = \begin{pmatrix} 0 & 5 & 6 & 8 \\ 0 & 1 & 2 & 3 \\ 0 & 3 & 3 & 5 \\ 0 & 2 & 3 & 3 \end{pmatrix}, \quad \boldsymbol{E}_{\text{bin}} = \begin{pmatrix} 0 & 1 & 1 & 1 \\ 0 & 1 & 1 & 1 \\ 0 & 1 & 1 & 1 \\ 0 & 1 & 1 & 1 \end{pmatrix}$$

Knoten A kann offensichtlich von keinem anderen Knoten aus erreicht werden, da die gesamte erste Spalte von $\boldsymbol{E}$ Null ist.

In der Definition von $\boldsymbol{E}$ sind einige Varianten gebräuchlich. Ist man beispielsweise nur an der Existenz eines Weges interessiert, so setzt man $e_{ik} = 1$, wenn der ursprüngliche Eintrag $e_{ik} > 0$ war, sonst bleibt der Eintrag 0 erhalten. Man hat dann also wieder eine effizient speicherbare binäre Matrix. Enthält eine ganze Spalte der Erreichbarkeitsmatrix nur die Einträge 0, so kann dieser Knoten von keinem anderen Knoten aus erreicht werden. Sind alle Einträge einer Zeile 0, so kann von dem entsprechenden Knoten aus kein andere Knoten erreicht werden. Ein Beispiel zur Berechnung zeigt Bsp. 13.23 zu sehen.

Interpretiert man die binäre Erreichbarkeitsmatrix $\boldsymbol{E}$ eines Graphen G als eine Adjazenzmatrix, so steht diese für einen als transitive Hülle bezeichneten Graphen, der dieselben Knoten hat wie der ursprüngliche Graph G, aber eventuell zusätzliche Kanten. Die zusätzlichen Kanten ergänzen den ursprünglichen Graphen zu einem Graphen, bei dem jeder Knoten, der von einem anderen Knoten aus überhaupt erreichbar ist, nun durch eine Kante mit diesem direkt verbunden ist. Ein Graph G ist genau dann stark zusammenhängend, wenn seine transitive Hülle vollständig ist. $\boldsymbol{E}$ enthält dann keine 0, dementsprechend ist jeder Knoten von G von jedem anderen aus erreichbar.

Kürzeste und längste Wege

Bei einem gewichteten Graphen kann man anstelle der Anzahl der Wege auch eine Summe von Gewichten längs der Kanten des Weges eintragen und diese als Weglängen interpretieren, wobei es sich natürlich nicht immer um Wege im Wortsinne handeln muss. Dies kann etwa das Minimum der Summe der Gewichte sein, wenn man den kürzesten Weg zwischen je zwei Kanten bestimmen möchte, oder auch das Maximum der Summe der Gewichte, wenn der längste Weg gesucht ist. Der Eintrag 0 bedeutet dabei nach wie vor, dass kein Weg vorhanden ist. Die Weglängen zum Graphen aus Bsp. 13.22 sind in Bsp. 13.24 gezeigt.

Gelegentlich wird im Zusammenhang mit Weglängen der Eintrag 0 vermieden und durch „unendlich" ersetzt, d. h. durch eine beliebige Zahl, die größer ist, als die Summe aller Gewichte. Will man nicht nur die Existenz, die Anzahl oder die Längen von Wegen ermitteln, sondern die gesamte Information über alle Wege, so muss man während der Aufstellung der Erreichbarkeitsmatrix auch

Bsp. 13.24 Berechnung der kürzesten und längsten Wege

Ausgehend von Bsp. 13.22 und 13.23 ergeben sich die Matrizen $\boldsymbol{E}_{\text{min}}$ und $\boldsymbol{E}_{\text{max}}$ der kürzesten bzw. längsten Wege zu:

$$\boldsymbol{E}_{\text{min}} = \begin{pmatrix} 0 & 4 & 3 & 4 \\ 0 & 8 & 7 & 5 \\ 0 & 1 & 3 & 1 \\ 0 & 3 & 2 & 3 \end{pmatrix}, \quad \boldsymbol{E}_{\text{max}} = \begin{pmatrix} 0 & 5 & 12 & 10 \\ 0 & 8 & 7 & 5 \\ 0 & 1 & 8 & 6 \\ 0 & 3 & 2 & 8 \end{pmatrix}$$

die Knotenfolge der gefundenen Wege speichern. Dies geschieht am besten in linearen Listen, wobei die Einträge in der Erreichbarkeitsmatrix nun Zeiger auf diese Listen sind (siehe Bsp. 13.26).

Komplexität der Berechnung der Erreichbarkeitsmatrix

Die Komplexität für die Berechnung der Erreichbarkeitsmatrix eines Graphen mit n Knoten durch Summierung der ersten n Potenzen der Adjazenzmatrix ist von der Ordnung $\mathcal{O}(n^4)$, also polynomial mit einem recht hohen Exponenten. Dies ergibt sich, da $n-1$ Matrixmultiplikationen auszuführen sind, wobei die Komplexität der Multiplikation zweier $n \times n$ Matrizen von der Ordnung $\mathcal{O}(n^3)$ ist.

Der Floyd-Warshall-Algorithmus

Eine effizientere Möglichkeit zum Aufstellen der Erreichbarkeitsmatrix und zum Berechnen von Weglängen bietet der Floyd-Warshall-Algorithmus [Flo62, War62]. Ausgehend von der Adjazenzmatrix bzw. der Bewertungsmatrix liefert der Floyd-Warshall-Algorithmus die kürzesten (oder längsten) Wege von jedem beliebigen Knoten zu jedem anderen. Man setzt $e_{ij} = w$, wenn der j-te Knoten vom i-ten Knoten aus über einen Weg der Länge w erreichbar ist. Bei der Konstruktion von $\boldsymbol{E}$ besetzt man die Elemente mit den Entfernungen der direkten Wege von jedem Knoten zu jedem anderen, wenn ein solcher Weg existiert, ansonsten aber mit dem Wert „unendlich". Zweckmäßigerweise nummeriert man die Knoten von 1 bis n durch, k_1 bezeichnet also den ersten Knoten, k_2 den zweiten usw. Im ersten Schritt betrachtet man nun neben den direkten Wegen zwischen unmittelbar benachbarten Knoten auch alle möglichen Umwege über den Knoten k_1 und speichert die zugehörigen Weglängen in $\boldsymbol{E}$, falls diese kürzer sind als die direkten Wege. Sodann bezieht man Schritt für Schritt die Umwege über die Knoten k_2, k_3 und schließlich k_n mit ein. Ist also e_{ij} die aktuelle Weglänge von Knoten k_i zu Knoten k_j im Schritt s, dann wird im folgenden Schritt $s+1$ die Länge des kürzeren der beiden Wege $k_i, \ldots, k_j$ und $k_i, \ldots, k_{s+1}, \ldots, k_j$ in e_{ij} eingetragen. Speichert man außerdem in e_{ij} einen Zeiger auf eine Liste der Knoten des bisher kürzesten Weges von Knoten k_i zu Knoten k_j, so ergibt sich ein Protokoll der längs des kürzesten Wegs besuchten Knoten. Der Floyd-Warshall-Algorithmus nimmt damit die in Abb. 13.24 dargestellte Form an.

Aus der Formulierung des Floyd-Warshall-Algorithmus geht hervor, dass die Erreichbarkeitsmatrix in drei ineinander geschachtelten Schleifen berechnet wird, so dass bei n Knoten n^3 Operationen erforderlich sind. Die Komplexität ist damit von der Ordnung $\mathcal{O}(n^3)$.

Nummeriere die Knoten des Graphen von 1 bis n durch und trage die Längen der Wege von Knoten i zu Knoten j in die Erreichbarkeitsmatrix (e_{ij}) ein. Existiert kein solcher direkter Weg, trage ein Symol für „unendlich" ein (beispielsweise -1).
Wiederhole für $k := 1$ bis n
  Wiederhole für $i := 1$ bis n
    Wiederhole für $j := 1$ bis n
      Wenn $(e_{ik} + e_{kj}) < e_{ij}$ dann
        Setze $e_{ij} := e_{ik} + e_{kj}$
        Ersetze die zu e_{ij} gehörende Knotenliste durch die Knotenliste, die durch Verbinden der zu e_{ik} und zu e_{kj} gehörenden Knotenlisten entsteht.
ENDE

Abb. 13.24 Floyd-Warshall-Algorithmus zum Auffinden kürzester Wege in einem Graphen

Speicherung durch Nachfolgerlisten: Forward Star

Eine sehr platzeffiziente Möglichkeit zum Speichern von Graphen ist der *Forward Star*. Dabei wird zunächst jedem der n Knoten ein Index zugewiesen. Nun werden in einem als Knotenliste bezeichneten Array K Verweise auf Positionen in einem zweiten Array, die Nachfolgerliste N, eingetragen. Diese enthält, beginnend mit dem ersten Nachfolger von Knoten 1 der Reihe nach alle Nachfolger von Knoten 1, sofern dieser überhaupt einen hat. Danach kommen alle Nachfolger von Koten 2 usw. Die Nachfolgerliste enthält somit genau einen Eintrag für jede der m Kanten. Die in der Knotenliste eingetragenen Verweise K_i geben die Position an, an der in der Nachfolgerliste die zugehörigen Nachfolger beginnen. $N[K_i]$ enthält also den Index des ersten Nachfolgerknotens von Knoten i. Das Ende der jeweiligen Liste ergibt sich aus dem Eintrag K_{i+1} in der Knotenliste, da dieser ja auf den Beginn der Nachfolgerliste des nächsten Knotens $i+1$ zeigt. Die Differenz von je zwei aufeinanderfolgenden Einträgen in der Knotenliste $K_{i+1} - K_i$ gibt also die Anzahl der Nachfolger von Knoten i an und somit die Anzahl der davon ausgehenden Kanten (Ausgangsgrad). Hat ein Knoten i den Ausgangsgrad 0, d. h. gehen von ihm keine Kanten aus, so sind die Einträge K_i und K_{i+1} identisch. Diese Konstruktion erfordert, dass die Knotenliste $n+1$ Elemente enthält und dass das letzte Element K_{n+1} den Eintrag $m+1$ erhalten muss, damit das Ende der Knotenliste des letzten Knotens n ermittelt werden kann. Beispiel 13.25 demonstriert diese Repräsentation.

Verkettete Speicherung

Adjazenzmatrizen haben einige schwerwiegende Nachteile: Einfügen und Löschen von Knoten ist aufwendig, da es evtl. nötig wird, die Matrixgröße zu ändern oder Knoten umzuordnen. Dies kann eine große Anzahl von Änderungen nach sich ziehen. Zudem ist die Ausnutzung des Speicherplatzes bei dünn besetzten Matrizen sehr ineffizient. Diese Nachteile können auch durch den Forward Star nicht ganz vermieden werden. Daher verwendet man als Alternative häufig eine dem Forward Star ähnliche verkettete Speicherung unter Verwendung einer Knotenliste mit zugehörigen Kantenlisten. Die Knotenliste ist eine lineare Liste, in die der Informationsteil der Knoten eingetragen wird und außerdem ein Zeiger, der auf den Anfang der zu dem jeweiligen Knoten gehörigen Kantenliste verweist (vgl. Bsp. 13.26). Die Kantenlisten sind ebenfalls als lineare Listen aufgebaut. Sie enthalten im Informationsteil eventuell vorhandene Bewertungen der Kanten sowie Zeiger zu den zu dem jeweiligen in der Knotenliste gespeicherten Ausgangsknoten gehörigen Endknoten.

Bsp. 13.25 Repräsentation eines Graphen als Forward Star

Die $n = 4$ Knoten $\{A, B, C, D\}$ des Graphen sind mit den Indizes 1 bis 4 durchnummeriert. Die Knotenliste K enthält für jeden Knoten die zugehörige Position in der Nachfolgerliste N. Knoten 3 hat Ausgangsgrad 0. Der letzte Eintrag der Knotenliste enthält den Eintrag $m+1 = 7$ mit der Anzahl $m = 6$ der Kanten.

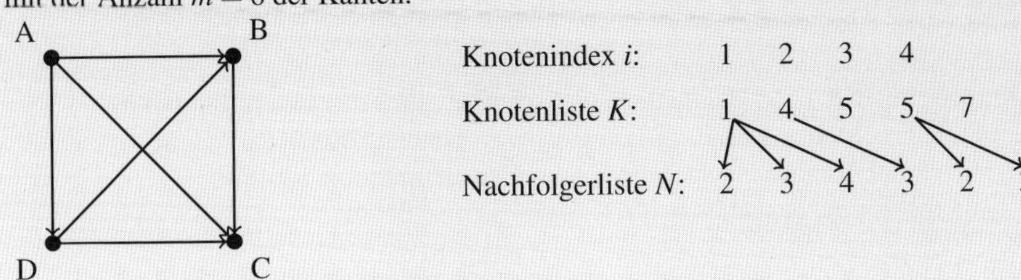

Bsp. 13.26 Verkettete Speicherung eines Graphen

Gezeigt ist ein Beispiel für die verkettete Speicherung eines gerichteten Graphen mit Gewichten in Form des Bildes des Graphen, einer tabellarischen Darstellung sowie einer ausführlichen graphischen Darstellung der Verkettung:

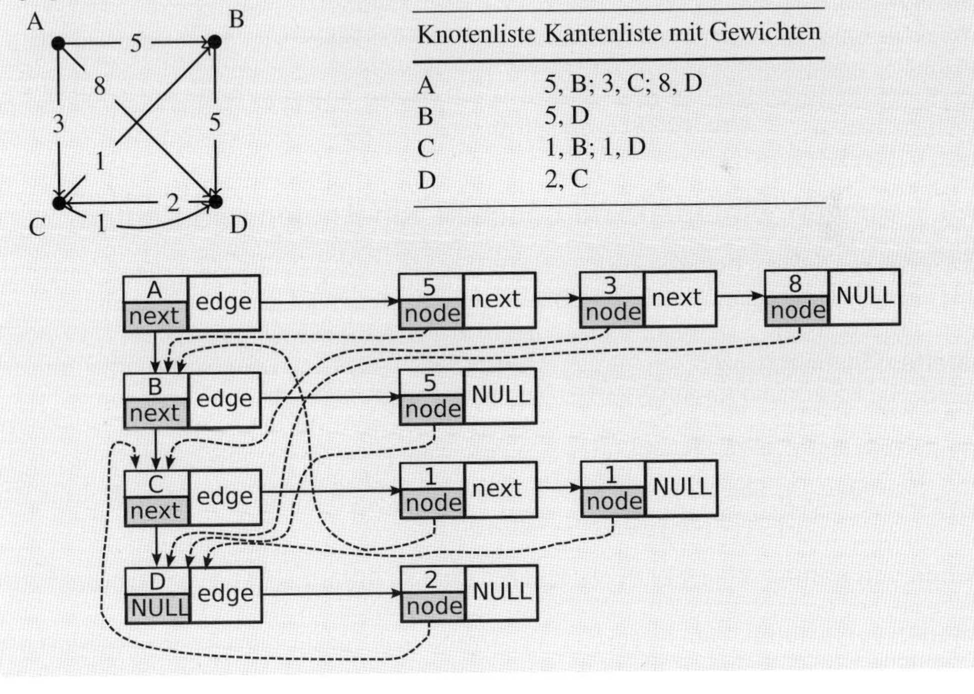

Knotenliste	Kantenliste mit Gewichten
A	5, B; 3, C; 8, D
B	5, D
C	1, B; 1, D
D	2, C

Suche die Knoten A und B in der Knotenliste und speichere die Adressen in p_A und p_B
Wenn A oder B nicht gefunden wurde: „Kante $e(A,B)$ nicht vorhanden“; ENDE
Suche in der an p_A anschließenden Kantenliste den Zeiger p_B auf den Endknoten B
Wenn p_B nicht gefunden wurde: „Kante $e(A,B)$ nicht vorhanden“; ENDE
„Kante $e(A,B)$ gefunden“; ENDE

Abb. 13.25 Suche die Kante $e(A,B)$ vom Knoten A zum Knoten B in einem Graphen

Suche die Knoten A und B in der Knotenliste und speichere die Adressen in p_A und p_B
Wenn A oder B nicht gefunden wurde: „Knoten nicht vorhanden“; ENDE
Wenn von A noch keine Kante ausgeht: lege Kantenliste an und trage p_B ein
Sonst füge p_B in die von p_A ausgehende die Kantenliste ein; ENDE

Abb. 13.26 Füge die Kante $e(A,B)$ vom Knoten A zum Knoten B in einen Graphen ein

Suche den Knoten k in der Knotenliste
Wenn k gefunden wurde: speichere die Adresse in p_k
Sonst: „Knoten k wurde nicht gefunden“; ENDE
Lösche die sich an p_k anschließende Kantenliste
Lösche den Knoten k aus der Knotenliste
Durchlaufe die gesamte Knotenliste
  Suche in der an den aktuellen Knoten anschließende Kantenliste nach p_k
  Wenn p_k gefunden: Lösche die entsprechende Kante
  Wenn die Kantenliste jetzt leer ist: Setze den zugehörigen Zeiger in der Knotenliste auf NULL
ENDE

Abb. 13.27 Löschen des Knotens k aus einen Graphen

13.3.3 Suchen, Einfügen und Löschen von Knoten und Kanten

Die Operationen Suchen, Einfügen und Löschen in Graphen sind verhältnismäßig einfach zu realisieren, da sie sich auf wohlbekannte Manipulationen von Matrizen bzw. linearen Listen zurückführen lassen (siehe dazu auch Kap. 14.4.2). Allerdings ist zu unterscheiden, ob man sich auf Knoten oder Kanten bezieht. Im Folgenden werden nun Algorithmen für die Funktionen Suchen, Einfügen und Löschen von Knoten und Kanten in verketteter Speicherung vorgestellt (siehe auch Bsp. 13.27):

Suchen von Knoten Das Suchen von Knoten beschränkt sich auf das sequentielle Suchen in der Knotenliste. Da diese als gewöhnliche lineare Liste aufgebaut ist, kann man direkt die in Kap. 14.4.2 beschriebene Suchfunktion verwenden.

Suchen von Kanten Zum Suchen von Kanten geht man wie in Abb. 13.25 gezeigt vor.

Einfügen von Knoten Zum Einfügen eines Knotens k in einen Graphen muss der Knoten lediglich in die Knotenliste eingefügt werden. Besteht zwischen den Knoten eine Ordnungsbeziehung, so muss vor dem Einfügen die Einfügeposition gefunden werden, andernfalls wird k einfach am Anfang der Liste eingefügt. Eventuell ist vorher noch zu prüfen, ob k

---

Suche die Knoten A und B in der Knotenliste und speichere die Adressen in p_A und p_B
Wenn A oder B nicht gefunden wurde: „Kante $e(A,B)$ nicht vorhanden"; ENDE
Suche in der an p_A anschließende Kantenliste den Zeiger p_B
Wenn p_B nicht gefunden wurde: „Kante $e(A,B)$ nicht vorhanden"; ENDE
Sonst: Lösche die Kante $e(A,B)$ aus der Kantenliste
Wenn die Kantenliste jetzt leer ist: Setze den zugehörigen Zeiger in der Knotenliste auf NULL
ENDE

Abb. 13.28 Lösche die Kante $e(A,B)$ vom Knoten A zum Knoten B aus einem Graphen

bereits vorhanden ist. Da der Knoten k zunächst ein isolierter Knoten ist, existiert noch keine zugehörige Kantenliste, so dass der Zeiger auf die Kantenliste mit NULL zu initialisieren ist.

Einfügen von Kanten Das Einfügen einer Kante $e(A,B)$ vom Knoten A zum Knoten B läuft ab wie in Abb. 13.26 dargestellt. Falls zu der Kante ein Gewicht gehört, so ist auch dieses in die Kantenliste mit einzutragen.

Löschen von Knoten Zum Löschen eines Knotens k aus einem Graphen muss der Knoten zunächst aus der Knotenliste entfernt werden. Danach ist auch die zugehörige Kantenliste zu löschen. Außerdem muss nun noch in allen Kantenlisten geprüft werden, ob k als Endknoten auftritt; ist dies der Fall, so muss die zugehörige Kante ebenfalls gelöscht werden. Der Algorithmus ist in Abb. 13.27 zusammengefasst.

Löschen von Kanten Zum Löschen einer Kante $e(A,B)$ von einem Knoten A zu einem Knoten B aus einem Graphen müssen zunächst die beiden Knoten A und B in der Knotenliste gefunden werden. Danach ist die Kante von A nach B aus der sich an A anschließenden Kantenliste zu löschen. Dies ist in Abb. 13.28 dargestellt.

13.3.4 Durchsuchen von Graphen

Das systematische Durchsuchen eines Graphen ist durchaus keine triviale Aufgabe. Da es sich um einen wichtigen Teilaspekt vieler Anwendungen handelt, werden hier einige Algorithmen zum Durchsuchen von Graphen vorgestellt. Verwendet werden solche Verfahren beispielsweise um einen Weg von einem gegebenen Startknoten zu einem Zielknoten zu finden, der ggf. bestimmten Kriterien genügen soll (wie: gefunden werden soll der kürzest mögliche Weg).

Tiefensuche

Bei der *Tiefensuche* (Depth First Search) in einem Graphen besucht man von einem Startknoten k ausgehend dessen nächsten noch nicht besuchten Nachfolger, d. h. den als nächsten in der zu k gehörenden Nachfolgerliste befindlichen Knoten und setzt dort die Suche rekursiv fort. Gerät man dabei in eine Sackgasse, so muss der Weg bis zum ersten Knoten zurückverfolgt werden, von dem aus eine alternative Wahl möglich ist. Das Verfahren ist eng mit der Bestimmung der symmetrischen Reihenfolge bei Bäumen verwandt (Kap. 13.1.2, S. 527). Es wird kein Knoten zweimal besucht und keine Kante zweimal durchlaufen, allerdings ist bei gerichteten Graphen nicht garantiert, dass *alle* Knoten bzw. Kanten besucht werden. Betrachtet man den Graphen aus Bsp. 13.27, so werden mit

Bsp. 13.27 Löschen von Knoten und Kanten aus einem Graphen

Aus dem folgenden Graphen soll der Knoten B gelöscht werden:

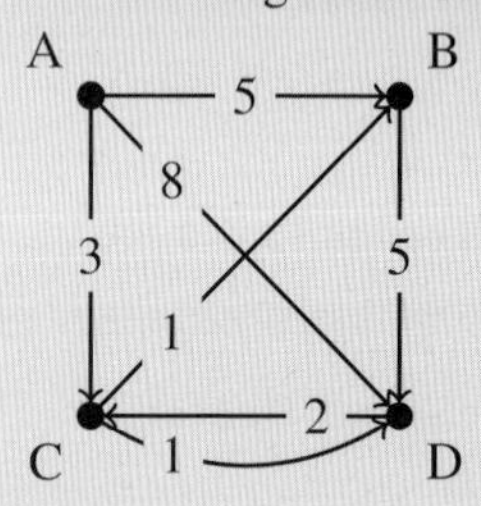

Knotenliste	Kantenliste mit Gewichten
A	5, B; 3, C; 8, D
B	5, D
C	1, B; 1, D
D	2, C

Es ergibt sich der Graph:

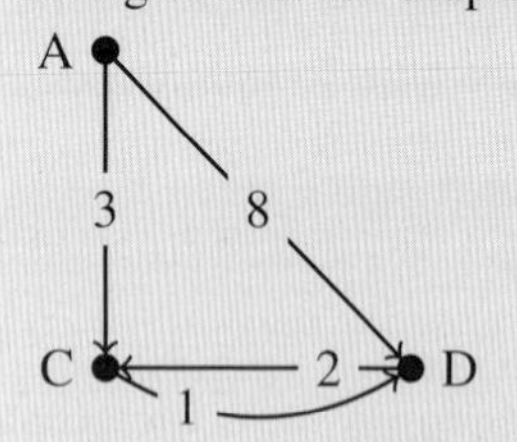

Knotenliste	Kantenliste mit Gewichten
A	3, C; 8, D
C	1, D
D	2, C

Das Löschen beinhaltete folgende Schritte:

1. Löschen der zu B gehörenden Kantenliste. Diese enthielt nur die Kante von B nach D.
2. Löschen des Knotens B aus der Knotenliste.
3. Löschen der Verweise auf den Knoten B aus allen Kantenlisten. Dies betrifft die an die Knoten A und C anschließenden Kantenlisten.

Initialisiere alle Knoten von G als „nicht bearbeitet", d. h. setze Status $s =$ „nicht bearbeitet"
Lege den Startknoten A auf den Stapel und markiere A als „wartend", d. h. setze $A.s =$ „wartend"
Wiederhole solange der Stapel nicht leer ist bzw. der Zielknoten nicht gefunden wurde:
  Hole den obersten Knoten k aus dem Stapel
  Bearbeite k und markiere ihn als „bearbeitet", d. h. setze $.s =$ „bearbeitet"
  Lege alle Nachfolger von k mit Status „nicht bearbeitet" auf den Stapel
  und markiere sie als „wartend"
ENDE

Abb. 13.29 Tiefensuche in einem Graphen G mit Startknoten A

Startknoten A alle Knoten besucht, nämlich in der Reihenfolge A, B, D, C. Startet man dagegen die Tiefensuche mit dem Knoten B, so werden nur die Knoten B, D, C besucht.

Bei der Formulierung des Algorithmus müssen Knoten als „schon bearbeitet" markiert werden können; dazu ergänzt man die Knotenstruktur am besten um einen weiteren Eintrag, der als „Status" bezeichnet wird. Ähnlich wie beim Durchsuchen von Bäumen wird außerdem ein Stapel (LIFO) für die temporäre Speicherung benötigt. Der sich damit ergebende Algorithmus ist in Abb. 13.29 zusammengefasst, Bsp. 13.28 demonstriert den Ablauf an einem Beispiel.

Bsp. 13.28 Tiefensuche in einem Graphen

Gegeben sei der in Abb. 13.30 gezeigte Graph. Berechnet man den vollständigen Suchbaum mit Tiefensuche nach Abb. 13.29, so ergeben sich mit dem Startknoten A folgende Schritte:

	Stapel:	Bearbeitct:
1. Lege A auf den Stapel	A	–
2. Hole A aus dem Stapel und bearbeite A	–	A
3. Lege alle Nachfolger von A mit Status „nicht bearbeitet“ auf den Stapel	GFB	A
4. Hole B aus dem Stapel und bearbeite B	GF	AB
5. Lege alle Nachfolger von B mit Status „nicht bearbeitet“ auf den Stapel	GFDEC	AB
6. Hole C aus dem Stapel und bearbeite C	GFDE	ABC
7. Lege alle Nachfolger von C mit Status „nicht bearbeitet“ auf den Stapel	GFDE	ABC
8. Hole E aus dem Stapel und bearbeite E	GFD	ABCE
9. Lege alle Nachfolger von E mit Status „nicht bearbeitet“ auf den Stapel	GFD	ABCE
10. Hole D aus dem Stapel und bearbeite D	GF	ABCED
11. Lege alle Nachfolger von D mit Status „nicht bearbeitet“ auf den Stapel	GF	ABCED
12. Hole F aus dem Stapel und bearbeite F	G	ABCEDF
13. Lege alle Nachfolger von F mit Status „nicht bearbeitet“ auf den Stapel	G	ABCEDF
14. Hole G aus dem Stapel und bearbeite G	–	ABCEDFG
15. Lege alle Nachfolger von G mit Status „nicht bearbeitet“ auf den Stapel	–	ABCEDFG

Die Reihenfolge der besuchten Knoten lautet also A, B, C, E, D, F, G, der entstandene Suchbaum ist in Abb. 13.31 gezeigt.

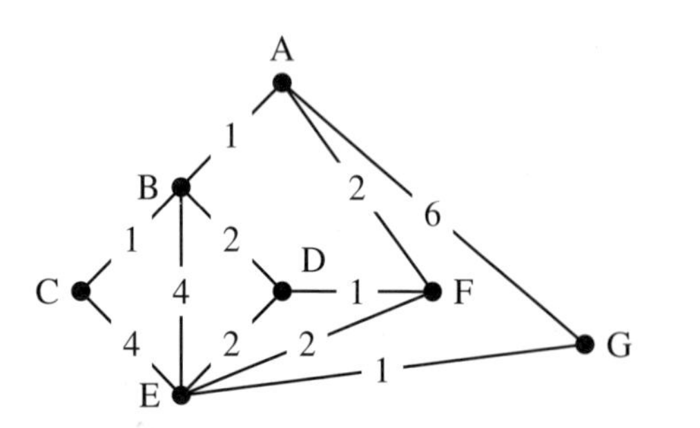

Knotenliste	Kantenliste mit Gewichten
A	1, B; 2, F; 6, G
B	1, A; 1, C; 4, E; 2, D
C	1, B; 4, E
D	2, B; 2, E; 1, F
E	4, C; 4, B; 2, D; 2, F; 1, G
F	2, A; 1, D; 2, E
G	6, A; 1, E

Abb. 13.30 Beispielgraph zur Tiefensuche und Breitensuche. Man beachte, dass mit jeder Kante $e(X,Y)$ auch die Kante $e(Y,X)$ in den Kantenlisten eingetragen ist, da die Kanten ungerichtet sind. Sich für Tiefen- bzw. Breitensuche ergebende Suchbäume sind in Abb. 13.31 gezeigt

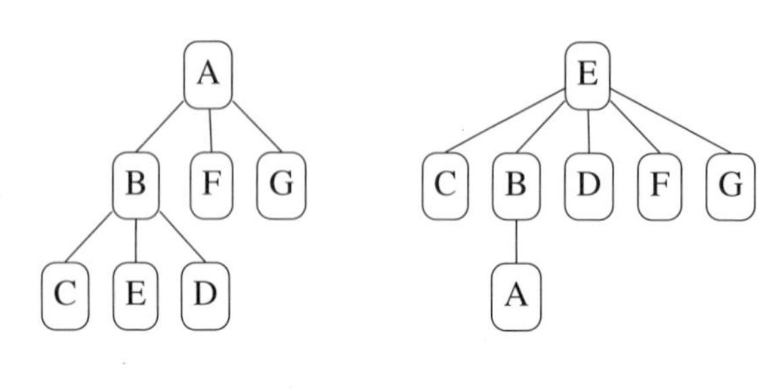

Abb. 13.31 Die sich aus dem Graphen in Abb. 13.30 durch Tiefen- bzw. Breitensuche ergebenden Suchbäume sind in diesem Beispiel identisch. Allerdings werden die Knoten in einer anderen Reihenfolge besucht: für Startknoten A (links, Knotenreihenfolge bei Tiefensuche: A, B, C, E, D, F, G; Knotenreihenfolge bei Breitensuche: A, B, F, G, C, E, D) bzw. E (rechts, Knotenreihenfolge bei Tiefensuche: E, C, B, A, D, F, G; Knotenreihenfolge bei Breitensuche: E, C, B, D, F, G, A)

Initialisiere alle Knoten von G als „nicht bearbeitet“, d. h. setze Status $s =$ „nicht bearbeitet“
Speichere den Startknoten A im Puffer und markiere A als „wartend“
Wiederhole solange der Puffer nicht leer ist bzw. der Zielknoten nicht gefunden wurde:
  Hole den nächsten Knoten k aus dem Puffer
  Bearbeite k und markiere ihn als „bearbeitet“
  Speichere alle Nachfolger von k mit Status „nicht bearbeitet“ im Puffer
  und markiere sie als „wartend“
ENDE

Abb. 13.32 Breitensuche in einem Graphen G mit Startknoten A

Breitensuche

Bei der *Breitensuche* (Breadth First Search) besucht man von einem Knoten ausgehend zuerst alle direkten Nachfolger, d. h. die in der zugehörigen Kantenliste enthaltenen Knoten, bevor deren noch nicht besuchte Nachfolger besucht werden. Auch bei der Breitensuche müssen Knoten als schon bearbeitet markiert werden können, wozu wie schon bei der Tiefensuche der Eintrag „Status“ verwendet wird. Anstelle eines Stapels wird bei der Breitensuche ein Puffer (Warteschlange, FIFO) für die temporäre Speicherung benötigt. Der sich damit ergebende Algorithmus ist in Abb. 13.32 zusammengefasst, Bsp. 13.29 demonstriert den Ablauf an einem Beispiel.

Mithilfe der Breitensuche lassen sich auch kürzeste Wege zwischen zwei gegebenen Knoten

Bsp. 13.29 Breitensuche in einem Graphen

Gegeben sei der in Abb. 13.30 gezeigte Graph. Berechnet man den vollständigen Suchbaum mit Breitensuche nach Abb. 13.32, so ergeben sich mit dem Startknoten A folgende Schritte:

	Puffer:	Bearbeitet:
1. Füge A in den Puffer ein	A	–
2. Hole A aus dem Puffer und bearbeite A	–	A
3. Füge alle Nachfolger von A mit Status „nicht bearbeitet“ in den Puffer ein	BFG	A
4. Hole B aus dem Puffer und bearbeite B	FG	AB
5. Füge alle Nachfolger von B mit Status „nicht bearbeitet“ in den Puffer ein	FGCED	AB
6. Hole F aus dem Puffer und bearbeite F	GCED	ABF
7. Füge alle Nachfolger von F mit Status „nicht bearbeitet“ in den Puffer ein	GCED	ABF
8. Hole G aus dem Puffer und bearbeite G	CED	ABFG
9. Füge alle Nachfolger von G mit Status „nicht bearbeitet“ in den Puffer ein	CED	ABFG
10. Hole C aus dem Puffer und bearbeite C	ED	ABFGC
11. Füge alle Nachfolger von C mit Status „nicht bearbeitet“ in den Puffer ein	ED	ABFGC
12. Hole E aus dem Puffer und bearbeite E	D	ABFGCE
13. Füge alle Nachfolger von E mit Status „nicht bearbeitet“ in den Puffer ein	D	ABFGCE
14. Hole D aus dem Puffer und bearbeite D	–	ABFGCED
15. Füge alle Nachfolger von D mit Status „nicht bearbeitet“ in den Puffer ein	–	ABFGCED

Die Reihenfolge der besuchten Knoten lautet also A, B, F, G, C, E, D, der entstandene Suchbaum ist identisch zu dem bei Tiefensuche (siehe Abb. 13.31).

Bsp. 13.30 Uniforme Kosten Suche in einem Graphen

Gegeben sei der in Abb. 13.30 gezeigte Graph. Für die Berechnung des kürzesten Weges von A nach E ergeben sich die im Folgenden dargestellten Schritte. Hinter den Knoten sind in Klammern jeweils die Wegkosten gerechnet vom Startknoten A aus angegeben. Die Indizes geben an, über welche Knoten der Weg mit den angegebenen Kosten gefunden wurde.

	Puffer:	Bearbeitet:
1. Füge A mit Kosten 0 in den Puffer ein	A(0)	–
2. Hole A aus dem Puffer, füge alle Nachfolger von A sortiert ein	$B_A(1)$, $F_A(2)$, $G_A(6)$	A
3. Hole B aus dem Puffer, füge alle Nachfolger von B sortiert ein	$F_A(2)$, $C_{AB}(2)$, $D_{AB}(3)$, $E_{AB}(5)$, $G_A(6)$	AB
4. Hole F aus dem Puffer, Nachfolger D(3) ist bereits in Liste, ersetze E(5) durch E(4)	$C_{AB}(2)$, $D_{AB}(3)$, $E_{AF}(4)$, $G_A(6)$	ABF
5. Hole C aus dem Puffer, Nachfolger E(6) hat zu hohe Kosten daher bleibt E(4) in der Liste	$D_{AB}(3)$, $E_{AF}(4)$, $G_A(6)$	ABFC
6. Hole D aus dem Puffer, Nachfolger E(5) hat zu hohe Kosten daher bleibt E(4) in der Liste	$E_{AF}(4)$, $G_A(6)$	ABFCD

7. Knoten $E_{AF}(4)$ würde als nächstes expandiert: Kürzester Weg gefunden über A, F, E, Kosten 4.

Der zugehörige Suchbaum ist in Abb. 13.33 zu sehen.

k_1 und k_2 ermitteln. Man beginnt bei k_1 und führt den beschriebenen Algorithmus soweit aus, bis entweder k_2 erreicht wurde, oder bis der Puffer leer ist und der Algorithmus abbricht, ohne dass k_2 gefunden wurde. Dabei werden zusätzlich die auf dem Weg zu k_2 besuchten Knoten notiert, sofern sie nicht zu einer Sackgasse gehören.

Allerdings sind die so gefundenen Wege nur kurz in dem Sinne, dass möglichst wenig Kanten besucht werden. Bei gewichteten Graphen ist daher eine Erweiterung der Breitensuche notwendig, die unterschiedliche Gewichte berücksichtigt: Damit ergibt sich die uniforme Kosten Suche.

Uniforme Kosten Suche

Die *uniforme Kosten Suche* (Uniform Cost Search) ist eine Erweiterung der Breitensuche für gewichtete Graphen mit nicht-negativen Gewichten. Jedem Knoten im Suchbaum werden die Gesamtkosten, gerechnet ausgehend von der Wurzel, zugeordnet. Expandiert wird immer derjenige Knoten, der aktuell die geringsten Gesamtkosten hat; dieser wird wieder in einer Liste mit bereits bearbeiteten

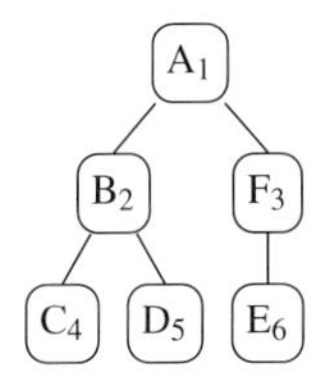

Abb. 13.33 Der sich aus dem Graphen in Abb. 13.30 durch uniforme Kosten Suche ergebende Suchbaum für die Bestimmung des kürzesten Weges von A nach E wie in Bsp. 13.30 erläutert. Die Indizes der Knoten geben die Expansionsreihenfolge an, der Graph ist also in der Reihenfolge A, B, F, C, D, E entstanden

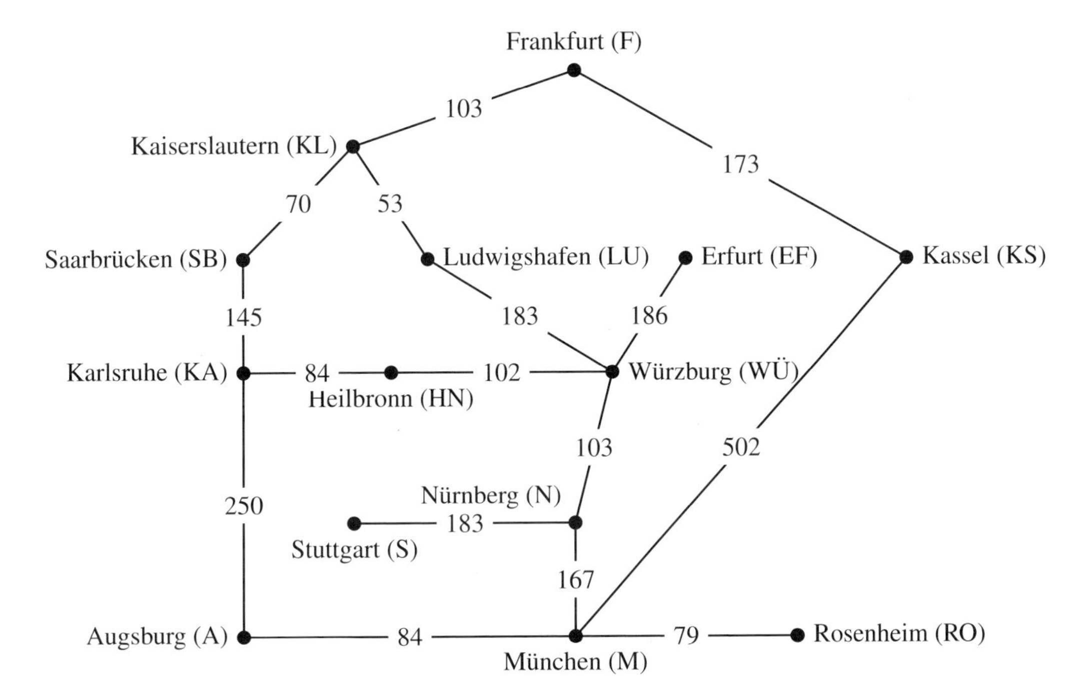

Abb. 13.34 Der ungerichtete Graph zeigt einen vereinfachten Ausschnitt aus dem deutschen Autobahnnetz. An den Kanten sind die Entfernungen zwischen den Städten in Kilometern angegeben. Der sich ergebende Suchbaum zur Bestimmung des kürzesten Weges von Ludwigshafen nach Rosenheim mit uniformer Kosten Suche ist in Abb. 13.35 zu sehen, der mit A* in Abb. 13.36

Knoten gespeichert. Im Unterschied zur Breitensuche wird hier eine Prioritätswarteschlange (Priority Queue, siehe Kap. 13.1.5) als Datenstruktur benötigt, d. h. die Knoten werden nicht nach dem FIFO-Prinzip gespeichert, sondern sortiert nach Kosten. Der Algorithmus endet, wenn als nächstes der Zielknoten expandiert würde (er also vorne in der Warteliste steht) bzw. alle Knoten bearbeitet sind. Ist ein Knoten bereits in der Warteliste enthalten und wird nochmals auf einem anderen Weg erreicht, so wird nur derjenige mit den geringsten Kosten gespeichert.

Die uniforme Kosten Suche entspricht dem bekannten Algorithmus von Dijkstra [Dij59] zur Bestimmung aller kürzesten Pfade im Graphen.

Beispiel 13.30 zeigt die Bestimmung des kürzesten Weges von A nach E im Graphen aus Abb. 13.30, Abb. 13.33 den entstandenen Suchbaum. Als weiteres Beispiel dient die Berechnung des kürzesten Weges von Ludwigshafen nach Rosenheim aus dem Graphen in Abb. 13.34. Die einzelnen Schritte sind in Bsp. 13.31 dargestellt, der entstandene Suchbaum in Abb. 13.35.

Bsp. 13.31 Uniforme Kosten Suche in einer Karte

Gegeben sei der in Abb. 13.34 gezeigte Graph. Für die Berechnung des kürzesten Weges von Ludwigshafen nach Rosenheim ergeben sich die im Folgenden dargestellten Schritte. Hinter den Knoten sind in Klammern jeweils die Wegkosten gerechnet vom Startknoten Ludwigshafen aus angegeben. In der „Bearbeitet"-Liste werden hier nur die jeweils neu hinzugekommenen Knoten gezeigt. Die Indizes geben an, über welche Knoten der Weg mit den angegebenen Kosten gefunden wurde.

Puffer:	Bearbeitet:
LU(0)	–
KL(53), WÜ(183)	LU(0)
SB$_{KL}$(123), F$_{KL}$(156), WÜ(183)	KL(53)
F$_{KL}$(156), WÜ(183), KA$_{KL,SB}$(268)	SB$_{KL}$(123)
WÜ(183), KA$_{KL,SB}$(268), KS$_{KL,F}$(329)	F$_{KL}$(156)
KA$_{KL,SB}$(268), HN$_{\text{WÜ}}$(285), N$_{\text{WÜ}}$(286), KS$_{KL,F}$(329), EF$_{\text{WÜ}}$(369)	WÜ(183)
HN$_{\text{WÜ}}$(285), N$_{\text{WÜ}}$(286), KS$_{KL,F}$(329), EF$_{\text{WÜ}}$(369), A$_{KL,SB,KA}$(518)	KA$_{KL,SB}$(268)
N$_{\text{WÜ}}$(286), KS$_{KL,F}$(329), EF$_{\text{WÜ}}$(369), A$_{KL,SB,KA}$(518)	HN$_{\text{WÜ}}$(285)
KS$_{KL,F}$(329), EF$_{\text{WÜ}}$(369), M$_{\text{WÜ},N}$(453), S$_{\text{WÜ},N}$(469), A$_{KL,SB,KA}$(518)	N$_{\text{WÜ}}$(286)
EF$_{\text{WÜ}}$(369), M$_{\text{WÜ},N}$(453), S$_{\text{WÜ},N}$(469), A$_{KL,SB,KA}$(518)	KS$_{KL,F}$(329)
M$_{\text{WÜ},N}$(453), S$_{\text{WÜ},N}$(469), A$_{KL,SB,KA}$(518)	EF$_{\text{WÜ}}$(369)
S$_{\text{WÜ},N}$(469), A$_{KL,SB,KA}$(518), RO$_{\text{WÜ},N,M}$(532)	M$_{\text{WÜ},N}$(453)
A$_{KL,SB,KA}$(518), RO$_{\text{WÜ},N,M}$(532)	S$_{\text{WÜ},N}$(469)
RO$_{\text{WÜ},N,M}$(532)	A$_{KL,SB,KA}$(518)
–	RO$_{\text{WÜ},N,M}$(532)

Die kürzeste Route hat also eine Länge von 532 km und geht von Ludwigshafen über Würzburg, Nürnberg und München nach Rosenheim.
Der zugehörige Suchbaum ist in Abb. 13.35 zu sehen.

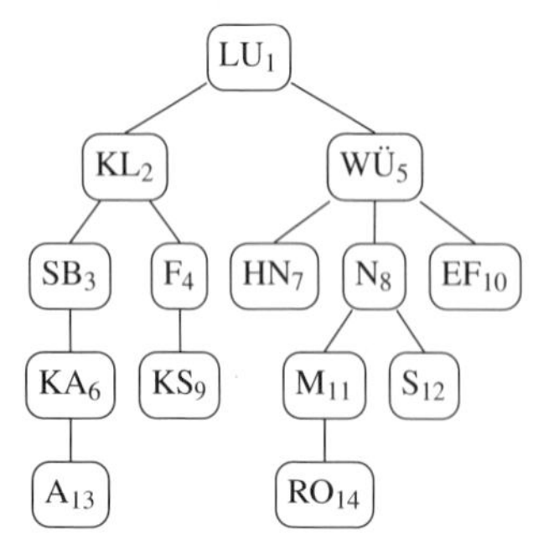

Abb. 13.35 Der sich aus dem Graphen in Abb. 13.34 durch uniforme Kosten Suche ergebende Suchbaum für die Bestimmung des kürzesten Weges von Ludwigshafen nach Rosenheim. Die Indizes der Knoten geben die Expansionsreihenfolge an.

A*-Algorithmus

Problematisch bei der uniformen Kosten Suche ist, dass zur Bestimmung kürzester Wege der zu expandierende Knoten nur auf Basis der schon entstandenen Kosten ab dem Startknoten ausgewählt wird, in der Annahme, dass es besser ist zunächst die Wege mit aktuell geringen Kosten weiter zu betrachten. Solche Wege können aber kurz sein und in die falsche Richtung gehen, d. h. weg vom Ziel. Das Verfahren bemerkt dies erst, wenn andere Wege, die näher am Ziel sind, wieder besser bewertet werden. Man bezeichnet solche Suchverfahren als *uninformierte* Suche, weil sie keine Informationen darüber haben, wie nahe sie während der Suche dem Ziel schon gekommen sind (ohne den Weg zum Ziel tatsächlich zu berechnen).

Die Idee bei der *informierten* Suche ist daher genau die Nutzung solcher Zusatzinformation, die aber separat bereitgestellt werden muss und aus dem Graphen selbst nicht berechenbar sein darf (sonst ist es keine zusätzliche Information). Für den hier betrachteten A*-Algorithmus [Har68] wird dazu für die Bewertung der Knoten eine *Evaluierungsfunktion* eingeführt, die zu jedem Zeitpunkt einen Schätzwert der Gesamtkosten vom Start zum Ziel über den aktuell betrachteten Knoten liefert. In jedem Schritt wird dann derjenige Knoten zur Expansion ausgewählt, der die geringsten (geschätzten) Gesamtkosten hat. Wie bei der uniformen Kosten Suche wird dies durch eine Prioritätswarteliste implementiert. Die Suche ist beendet, wenn der Zielknoten als nächstes expandiert werden würde, d. h. dieser steht am Anfang der Liste.

Die Evaluierungsfunktion sieht wie folgt aus:

$$f(k) = g(k) + h(k) \quad . \tag{13.7}$$

Hierbei sind $g(k)$ die bisherigen Kosten vom Start bis zum Knoten k (diese sind exakt bekannt, da man den Graph bis zu diesem Knoten bereits durchsucht hat) und $h(k)$ ist eine heuristische Funktion, die einen Schätzwert der Kosten vom Knoten k zum Ziel liefert; $f(k)$ berechnet also die geschätzten Gesamtkosten vom Start zum Ziel über Knoten k.

Für den speziellen Fall, dass $h(k)$ eine konstante Funktion (i. Allg. $h(k) = 0$) ist, entspricht A* der uniformen Kosten Suche; das Verfahren ist also ein Verallgemeinerung der uniformen Kosten Suche bzw. des Algorithmus von Dijkstra. Im Fall $f(k) = h(k)$ erhält man eine Greedy-Suche: Expandiert wird der Knoten, der die kleinsten geschätzten verbleibenden Kosten zum Ziel hat.

Damit A* optimal funktioniert, muss eine sog. *optimistische* Heuristik verwendet werden, d. h. die Kosten zum Ziel werden niemals überschätzt. Es gilt:

$$h(k) \leq h^*(k) \quad , \tag{13.8}$$

wobei $h^*(k)$ die tatsächlichen Kosten von k zum Ziel sind. Meist schränkt man sich noch stärker ein und benutzt eine *monotone* Heuristik. Hier muss zusätzlich die Dreiecksungleichung gelten:

$$h(k) \leq t(k,k') + h(k') \quad . \tag{13.9}$$

Es seien k und k' benachbarte Knoten und $t(k,k')$ die tatsächlichen Kosten von k nach k'. Die geschätzten Kosten direkt von k zum Ziel müssen demnach immer kleiner (oder höchstens gleich) den Kosten sein, die entstehen, wenn man stattdessen den Weg über einen beliebigen Nachbarknoten wählt.

Eine weit verbreitete Heuristik, die diese Eigenschaften erfüllt, ist beispielsweise der euklidische Abstand zwischen zwei Punkten; bei der Routenplanung mit Landkarten kann daher die Luftlinienentfernung zwischen zwei Städten als Zusatzinformation bereitgestellt und als heuristische

Tabelle 13.1 Entfernung der Städte aus Abb. 13.34 vom Zielknoten Rosenheim gemessen in Luftlinie. Dies wird als heuristische Funktion $h(k)$ zur Schätzung der Gesamtkosten in Bsp. 13.32 verwendet

Stadt	Entfernung Luftlinie von Rosenheim (km)	Stadt	Entfernung Luftlinie von Rosenheim (km)
Rosenheim	0	Karlsruhe	304
München	52	Ludwigshafen	326
Augsburg	109	Frankfurt	356
Nürnberg	194	Erfurt	357
Würzburg	268	Kaiserslautern	367
Stuttgart	240	Saarbrücken	407
Heilbronn	258	Kassel	429

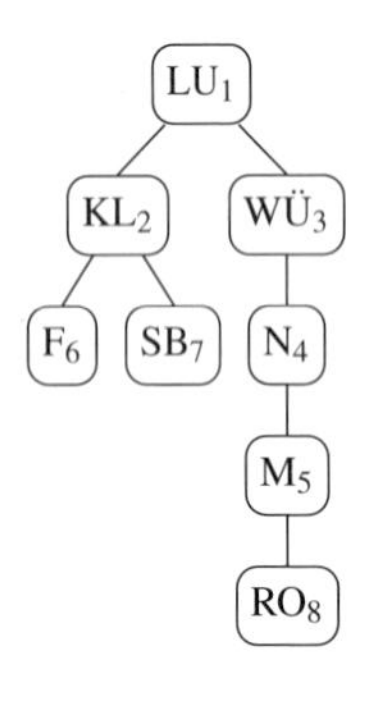

Abb. 13.36 Der sich aus dem Graphen in Abb. 13.34 durch A*-Suche ergebende Suchbaum für die Bestimmung des kürzesten Weges von Ludwigshafen nach Rosenheim. Die Indizes der Knoten geben die Expansionsreihenfolge an. Im Vergleich zum Verfahren von Dijkstra/uniformen Kosten Suche in Abb. 13.35 enthält dieser nur 8 statt 14 Knoten

Funktion verwendet werden. Offensichtlich ist die tatsächliche Entfernung immer größer oder gleich der Luftlinie, aber niemals kürzer. Diese Heuristik ist daher optimistisch, sie erfüllt außerdem die Dreiecksungleichung und ist deswegen auch monoton.

A* findet immer eine Lösung, sofern diese existiert. Das Verfahren ist *optimal-effizient* [Dec85]: Es lässt sich beweisen, dass *kein* anderer Algorithmus existiert, der bei der Suche weniger Knoten expandiert[1], wenn die Bedingungen für die heuristische Funktion eingehalten werden. Deswegen ist A* das Standardverfahren für alle Anwendungen, bei denen kürzeste Wege gesucht werden müssen, so z. B. bei der Routenplanung in Navigationsgeräten oder der Wegplanung in Computerspielen. Ebenso wird er für viele Suchprobleme in der künstlichen Intelligenz verwendet [Rus10, Mil09]. Je nach Anwendung benötigt man eine geeignete Heuristik; deren Auswahl hat erheblichen Einfluss auf die Anzahl der expandierten Knoten und damit auf die Leistungsfähigkeit der Suche.

Die Zeitkomplexität von A* ist exponentiell in der Länge des kürzesten Pfads zum Ziel. Das Hauptproblem in der Praxis ist jedoch der (ebenfalls exponentielle) Speicherverbrauch, da alle Knoten im Speicher gehalten werden müssen. Es existieren daher diverse modifizierte Verfahren wie z. B. IDA* [Kor85], die dieses Problem angehen, jedoch typischerweise auf Kosten der Zeiteffizienz.

Beispiel 13.32 zeigt die Anwendung von A* zur Berechnung des kürzesten Weges von Ludwigshafen nach Rosenheim, Abb. 13.36 den entstandenen Suchbaum. Als heuristische Funktion wird die Entfernung der Städte gemessen in Luftlinie verwendet (siehe Tabelle 13.1). Wie man sieht werden hier wesentlich weniger Knoten expandiert als bei der (uninformierten) uniformen Kosten Suche.

[1] außer evtl. bei gleicher Bewertung verschiedener Knoten, da hier die Expansionsreihenfolge zufällig ist

Bsp. 13.32 A*-Suche in einer Karte

Gegeben sei der in Abb. 13.34 gezeigte Graph. Für die Berechnung des kürzesten Weges von Ludwigshafen nach Rosenheim ergeben sich die im Folgenden dargestellten Schritte. Hinter den Knoten sind in Klammern jeweils die mit (13.7) geschätzten Gesamtkosten zum Ziel gerechnet vom Startknoten Ludwigshafen aus angegeben. Dabei sind $g(k)$ wie bei der uniformen Kosten Suche die Kosten vom Start zum aktuellen Knoten k, und $h(k)$ ergibt sich aus Tabelle 13.1. In der „Bearbeitet"-Liste werden hier nur die jeweils neu hinzugekommenen Knoten gezeigt. Die Indizes geben an, über welche Knoten der Weg mit den angegebenen Kosten gefunden wurde.

Puffer:	Bearbeitet:
LU(326)	–
KL(420), WÜ(451)	LU
WÜ(183), F_{KL}(512), SB_{KL}(530)	KL
$N_{WÜ}$(480), F_{KL}(512), SB_{KL}(530), $HN_{WÜ}$(543), $EF_{WÜ}$(726)	WÜ
$M_{WÜ,N}$(505), F_{KL}(512), SB_{KL}(530), $HN_{WÜ}$(543), $S_{WÜ,N}$(709), $EF_{WÜ}$(726)	N
F_{KL}(512), SB_{KL}(530), $RO_{WÜ,N,M}$(532), $HN_{WÜ}$(543), $A_{WÜ,N,M}$(646), $S_{WÜ,N}$(709), $EF_{WÜ}$(726), $KS_{WÜ,N,M}$(1384)	M
SB_{KL}(530), $RO_{WÜ,N,M}$(532), $HN_{WÜ}$(543), $A_{WÜ,N,M}$(646), $S_{WÜ,N}$(709), $EF_{WÜ}$(726), $KS_{KL,F}$(758)	F
$RO_{WÜ,N,M}$(532), $HN_{WÜ}$(543), $KA_{KL,SB}$(572), $A_{WÜ,N,M}$(646), $S_{WÜ,N}$(709), $EF_{WÜ}$(726), $KS_{KL,F}$(758)	SB

Als nächstes würde das Ziel Rosenheim expandiert, die kürzeste Route ist damit gefunden und hat die Länge 532 km, von Ludwigshafen über Würzburg, Nürnberg und München. Man beachte, dass der Algorithmus erst stoppt, wenn das Ziel expandiert wird, und nicht etwa, wenn es das erste mal in der Warteliste auftaucht. Zu diesem Zeitpunkt sind nämlich potenziell noch kürzere Routen möglich. Der zugehörige Suchbaum ist in Abb. 13.36 zu sehen.

Labyrinthe

Im Folgenden wird noch das eng mit Graphen zusammenhängende Problem erörtert, einen Weg durch ein Labyrinth zu finden. Einem Labyrinth lässt sich – wie in Abb. 13.37 gezeigt – immer ein Graph zuordnen. Die Aufgabe besteht zunächst darin, von einem ausgezeichneten Knoten, dem Eingang, den Weg zu einem anderen ausgezeichneten Knoten, dem Ausgang, zu finden. Dies kann dann auf das Finden beliebiger und kürzester Wege zwischen je zwei Knoten erweitert werden.

Man gelangt garantiert vom Eingang eines realen Labyrinths (etwa dem 1690 angelegten und damit ältesten heute noch bestehenden Heckenlabyrinth, dem Hampton Court Palace Maze in Surrey) zu einem Ausgang, wenn man nur auf dem Weg durch das Labyrinth immer mit einer Hand eine Wand (Hecke) berührt. Allerdings ist es möglich, in einen endlosen Zyklus zu geraten, wenn man nicht am Eingang beginnt, sondern an einem beliebigen Punkt im Innern des Labyrinths. Um Zyklen zu vermeiden, gilt es zu erkennen, ob man in einen derartigen endlosen Rundweg geraten ist. Dies leistet der nach dem Prinzip Versuch und Irrtum arbeitende Algorithmus von Trémaux unter

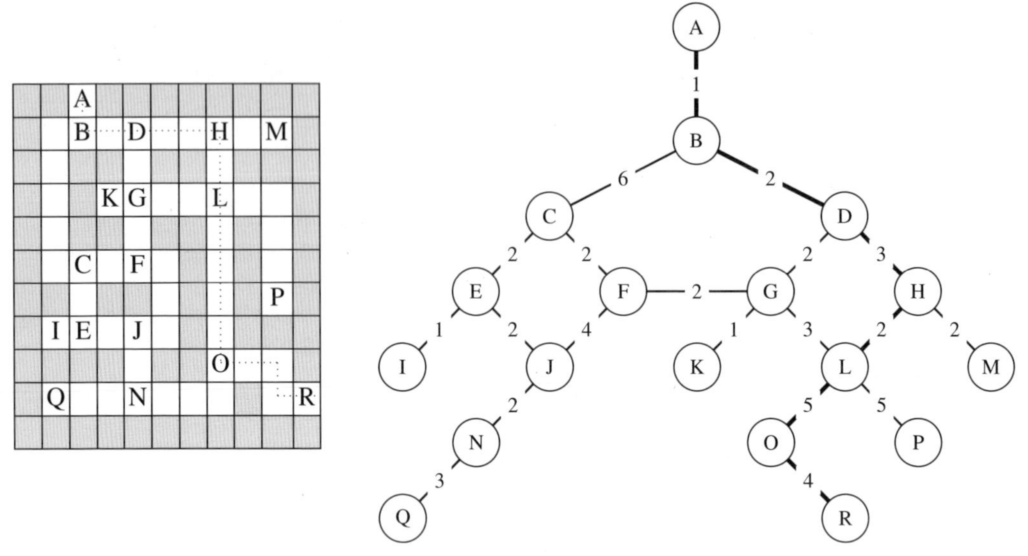

Abb. 13.37 Beispiel für ein Labyrinth und dem zugeordneten Graphen. Die Wände sind grau, die Wege weiß markiert. Die Knoten sind mit Buchstaben bezeichnet, der kürzeste Weg durch das Labyrinth ist als punktierte Linie eingezeichnet. Man identifiziert jeden Punkt in den Wegen eines Labyrinths als Knoten, wenn mindestens eine der drei folgenden Aussagen zutrifft:

- es gibt mehr als eine Alternative für die Fortsetzung des Wegs (Verzweigung),
- der Punkt ist das Ende einer Sackgasse,
- der Punkt ist ein Eingang (hier A) oder ein Ausgang (hier R) des Labyrinths.

Verwendung eines Ariadne-Fadens. Dieser dient dazu, bereits gegangene Wege zu markieren. Gibt es an einer Kreuzung eine noch nicht markierte Abzweigung, so kann man längs dieser weitergehen, andernfalls ist der Faden bis zu einer Alternative zurückzuverfolgen – im Extremfall bis zurück zum Eingang, wenn nämlich alle Wege des Labyrinths abgesucht worden sind, ohne dass ein Ausgang entdeckt worden wäre. Der Algorithmus von Trémaux ist ein typisches Beispiel für die in Kap. 11.4.3 beschriebene Backtracking-Strategie.

Stellt man das Labyrinth gemäß Abb. 13.37 als Matrix dar, so kann die Methode von Trémaux formalisiert werden. Offensichtlich dient der Ariadne-Faden dazu, schon untersuchte Wege und noch nicht benutzte Abzweigungen zu markieren. Algorithmisch lässt sich dies durch eine rekursive Formulierung oder durch Verwendung eines Stapelspeichers lösen. Der komplette Algorithmus ist in Abb. 13.38 zu sehen.

Den Weg durch das Labyrinth kann man auch mit dem im vorherigen Abschnitt betrachteten A^*-Algorithmus suchen. Dieser setzt allerdings voraus, dass eine Karte des Labyrinths vorhanden ist und eine Metrik definiert wird, die den Abstand zum Ziel von jedem Knoten aus optimistisch schätzt. Insbesondere für die Wegplanung von computergesteuerten Charakteren in Spielen ist dies der Fall. Als Heuristik kann beispielsweise der euklidische Abstand (L_2-Norm) verwendet werden, der der Entfernung in Luftlinie entspricht:

$$h(k) = \sqrt{(x_z - x_k)^2 + (y_z - y_k)^2} \quad . \tag{13.10}$$

Bilde das Labyrinth auf die Matrix $\boldsymbol{a}$ durch entsprechendes Initialisieren der Komponenten a_{ik} mit den Zeichen WAND und WEG ab. Dabei zählt der Index i in waagrechter und der Index k in senkrechter Richtung. In a werden die Einträge WEG im Verlauf der Suche durch die Schrittnummer s ersetzt, bzw. durch die Markierung BESUCHT.
Wähle einen Startpunkt $(i_{\text{start}}, k_{\text{start}})$ für die Wanderung, vorzugsweise (aber nicht notwendigerweise) einen Eingang.
Setze: Schrittzähler $s := 1$, Position $i := i_{\text{start}}$ und $k := k_{\text{start}}$, $a_{ik} := s$
Schreibe die Position (i,k) auf den Stack: push(i), push(k)
WIEDERHOLE
  Prüfe, ob von der Position (i,k) aus ein Schritt auf ein zuvor noch nicht betretenes Feld möglich ist. Dies ist nur dann der Fall, wenn das betrachtete Feld den Eintrag WEG enthält.
  Findet man den Eintrag WAND, so ist in diese Richtung offenbar kein Schritt möglich;
  findet man den Eintrag BESUCHT, so kann ebenfalls kein Schritt ausgeführt werden,
  da man ja an dieser Stelle schon einmal gewesen ist.
  Folgende Möglichkeiten kommen für den nächsten Schritt in Betracht: auf, rechts, ab, links.
  Wenn ein Schritt möglich ist:
    Führe den Schritt durch Ändern von i bzw. k aus
    Schreibe i und k auf den Stack: push(i), push(k)
    Inkrementiere den Schrittzähler s und setze $a_{ik} := s$
  Wenn ein Ausgang erreicht ist: ENDE
    Der Stack enthält jetzt den ermittelten (optimalen) Weg
  Sonst (es ist also kein Schritt möglich):
    Dekrementiere den Schrittzähler s und setze $a_{ik} :=$ BESUCHT
    Gehe einen Schritt zurück, d. h. hole die vorherige Position aus dem Stack:
      $k :=$ pop, $i :=$ pop
    Wenn der Stack auf der Anfangsposition ist: ENDE
      Das Labyrinth hat dann keinen Ausgang, man befindet sich wieder am Eingang
ENDE

Abb. 13.38 Wanderung durch ein Labyrinth nach der Methode „Versuch und Irrtum“ von Trémaux

Hier sind (x_k, y_k) die Koordinaten des aktuellen Knotens k und (x_z, y_z) die des Zielknotens. Diese lassen sich leicht aus der Karte ablesen, wodurch $h(k)$ während der Wegplanung berechnet werden kann. Eine separate Tabelle zum Speichern dieser Daten ist also nicht notwendig.

Bei Verwendung einer 4-Nachbarschaft, bei der man im Labyrinth nur horizontal und vertikal, nicht aber diagonal, ziehen darf, bietet sich der einfachere Manhattan-Abstand (L_1-Norm) an:

$$h(k) = |x_z - x_k| + |y_z - y_k| \quad . \tag{13.11}$$

Auch dieser ist leicht aus der Karte abzulesen. Anschaulich wird hier die Anzahl der Kästchen in der Karte vom aktuellen Knoten zum Ziel gezählt, wobei Wände ignoriert werden. Die Wegplanung mit A* ist in Bsp. 13.33 gezeigt.

Bsp. 13.33 A* zur Wegfindung durch ein Labyrinth mit Manhattan-Abstand

Gegeben sei der in Abb. 13.37 gezeigte Graph, der das Labyrinth modelliert. Für die Berechnung des kürzesten Weges von A nach R ergeben sich die im Folgenden dargestellten Schritte. Hinter den Knoten sind in Klammern jeweils die mit (13.7) und (13.11) geschätzten Gesamtkosten zum Ziel angegeben. In der „Bearbeitet"-Liste werden hier nur die jeweils neu hinzugekommenen Knoten gezeigt. Die Indizes geben an, über welche Knoten der Weg mit den angegebenen Kosten gefunden wurde.

Puffer:	Bearbeitet:
$A(0+17=17)$	–
Die Kosten ergeben sich aus den Kosten zum aktuellen Knoten (hier: 0) und den geschätzten Kosten zum Ziel mit (13.11) (durch Abzählen der Kästchen, hier: 17).	
$B(1+16=17)$	A
$D_B(3+14=17)$, $C_B(7+12=19)$	B
$G_{BD}(5+12=17)$, $H_{BD}(6+11=17)$, $C_B(19)$	D
$H_{BD}(17)$, $L_{BDG}(8+9=17)$, $F_{BDG}(7+10=17)$, $C_B(19)$, $K_{BDG}(6+13=19)$	G
$L_{BDG}(17)$, $F_{BDG}(17)$, $M_{BDGH}(8+9=17)$, $C_B(19)$, $K_{BDG}(19)$	H
$F_{BDG}(17)$, $M_{BDGH}(17)$, $O_{BDGL}(13+4=17)$, $P_{BDGL}(13+4=17)$, $C_B(19)$, $K_{BDG}(19)$	L
$M_{BDGH}(17)$, $O_{BDGL}(17)$, $P_{BDGL}(17)$, $C_B(19)$, $K_{BDG}(19)$, $J_{BDGF}(11+8=19)$	F
$O_{BDGL}(17)$, $P_{BDGL}(17)$, $C_B(19)$, $K_{BDG}(19)$, $J_{BDGF}(19)$	M
$P_{BDGL}(17)$, $R_{BDGLO}(17+0=17)$, $C_B(19)$, $K_{BDG}(19)$, $J_{BDGF}(19)$	O
$R_{BDGLO}(17+0=17)$, $C_B(19)$, $K_{BDG}(19)$, $J_{BDGF}(19)$	P

Als nächstes würde das Ziel R expandiert, die kürzeste Route ist damit gefunden und hat die Länge 17. Gefunden wurde hier der Weg über die Knoten B, D, G, L, O. Dieser ist genau so lang wie der in Abb. 13.37 eingezeichnete über den Knoten H. Welcher Weg bei mehreren äquivalenten Lösungen gefunden wird, hängt von der Expansionsreihenfolge der Knoten bei gleicher Bewertung ab, d. h. letztendlich davon, ob neue Knoten vor oder hinter bereits vorhandenen in die Warteliste eingefügt werden. Der zugehörige Suchbaum ist in Abb. 13.39 zu sehen.

13.3.5 Halbordnung und topologisches Sortieren

Neben den besprochenen Grundfunktionen existiert eine große Anzahl weiterer Operationen auf Graphen, die teilweise an speziellen Anwendungen orientiert sind. Eine oft benötigte Operation ist das topologische Sortieren.

Definition 13.3 (Halbordnung)**.** Eine Relation $\leq_\text{H}$ definiert eine *Halbordnung* oder *partielle* Ordnung auf einer Menge K, wenn gilt (vgl. Bsp. 13.34):

Reflexivität Für alle $u \in K$ gilt $u \leq_\text{H} u$.
Antisymmetrie Für alle $u, v \in K$ gilt: Wenn $u \leq_\text{H} v$ und $v \leq_\text{H} u$ beide erfüllt sind, dann ist $u = v$.
Transitivität Für alle $u, v, w \in K$ gilt: Aus $u \leq_\text{H} v$ und $v \leq_\text{H} w$ folgt $u \leq_\text{H} w$.

Abb. 13.39 Der sich aus dem Graphen in Bsp. 13.33 durch A*-Suche ergebende Suchbaum für die Bestimmung des kürzesten Weges durch das Labyrinth. Die Indizes der Knoten geben die Expansionsreihenfolge an.

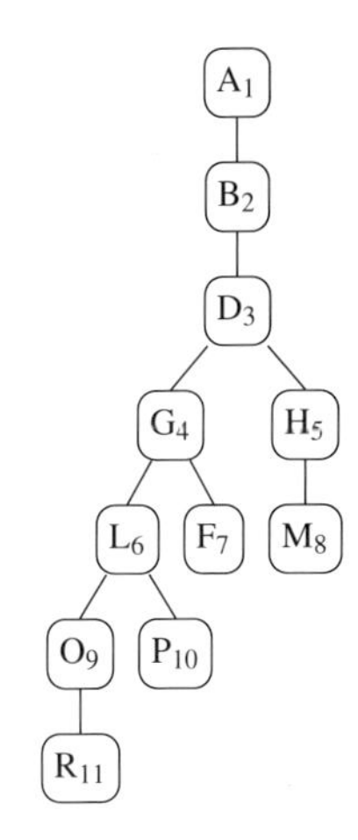

Bsp. 13.34 Halbordnungen

Ein bekanntes Beispiel für eine Halbordnung ist die Relation $\leq$ auf der Menge der ganzen Zahlen $\mathbb{Z}$. Hier gilt zusätzlich zu den Bedingungen aus Def. 13.3 offenbar sogar entweder $u \leq v$ oder $v \leq u$ für eine beliebige Kombination von $u, v \in \mathbb{Z}$. Man nennt eine solche Ordnung dann *totale* Ordnung.
Die Relation $<$ auf $\mathbb{Z}$ ist dagegen keine Halbordnung, weil weder $u < u$ (Reflexivität) gilt noch Antisymmetrie; $<$ auf $\mathbb{Z}$ ist eine sog. *strenge Totalordnung*.
Betrachten wir nun die Untermengenrelation $\subseteq$, die Grundmenge K sei die Potenzmenge $\mathscr{P}(\mathbb{N})$, d. h. die Menge aller Teilmengen der natürlichen Zahlen: $\mathscr{P}(\mathbb{N}) = \{\{\}, \{1,1\}, \{1,2\}, \{1,3\}, \ldots, \{2,2\}, \{2,3\}, \ldots, \{1,1,1\}, \ldots\}$.
Reflexivität ist offensichtlich gegeben, für jede Menge $U \in \mathscr{P}(\mathbb{N})$ gilt, dass sie Teilmenge von sich selbst ist: $U \subseteq U$; ebenso Antisymmetrie und Transitivität. Nimm man beispielsweise die Mengen $U = \{1,1\}, V = \{1,1,3\}, W = \{1,1,3,5\}$, so ist $\{1,1\} \subseteq \{1,1\}$ (Reflexivität) und aus $\{1,1\} \subseteq \{1,1,3\}$ und $\{1,1,3\} \subseteq \{1,1,3,5\}$ folgt $\{1,1\} \subseteq \{1,1,3,5\}$ (Transitivität).
Es gibt in K aber Elemente, für die keine Ordnung angegeben werden kann, wie z. B. $\{1,1\}$ und $\{1,2\}$: Es gilt weder $\{1,1\} \subseteq \{1,2\}$ noch $\{1,2\} \subseteq \{1,1\}$. Daher ist dies tatsächlich eine Halbordnung, und keine totale Ordnung.
In Halbordnungen gibt es also Elemente, die sich nicht anordnen lassen: Über diese ist keine Aussage möglich, ob das eine Element „vor" oder „nach" einem bestimmten anderen kommt.

Einer halbgeordneten Menge K kann man immer einen Digraphen G zuordnen, indem man die Elemente der Menge K als Knoten des Graphen G interpretiert und einen Pfeil $e(u, v)$ vom Knoten $u \in K$ zum Knoten $v \in K$ generiert, wenn $u \leq_{\mathrm{H}} v$ gilt. Die Umkehrung gilt allerdings nicht: Zu einem Digraphen gehört nicht in jedem Fall eine halbgeordnete Menge, sondern nur genau dann, wenn er keine Kreise $u \to v \to \ldots w \to u$ enthält, also ein gerichteter azyklischer Graph ist (DAG – Directed Acyclic Graph). Aus der Äquivalenz von kreisfreien DAG und halbgeordneten Mengen folgt, dass man die Knoten des Graphen in eine lineare Anordnung bringen kann, die der herrschenden Halbordnung entspricht. Man nennt diese Anordnung der Knoten eine *topologische Sortierung*. Allerdings muss die topologische Sortierung nicht eindeutig sein, weil es in Halbordnungen Elemente

Bsp. 13.35 Halbordnung und topologische Sortierung in einem Graphen

Links ist ein schlichter Digraph ohne Kreise (DAG) gezeigt. Rechts daneben eine zugehörige topologische Ordnung A, E, F, B, C, G, D. Die Abbildung zeigt eine isomorphe Darstellung des Graphen mit dementsprechend neu angeordneten Knoten. Es gibt jetzt keine rückwärtsgerichteten Kanten mehr. Man sieht, dass auch A, F, E, B, C, G, D und A, B, F, E, G, C, D topologische Ordnungen sind.

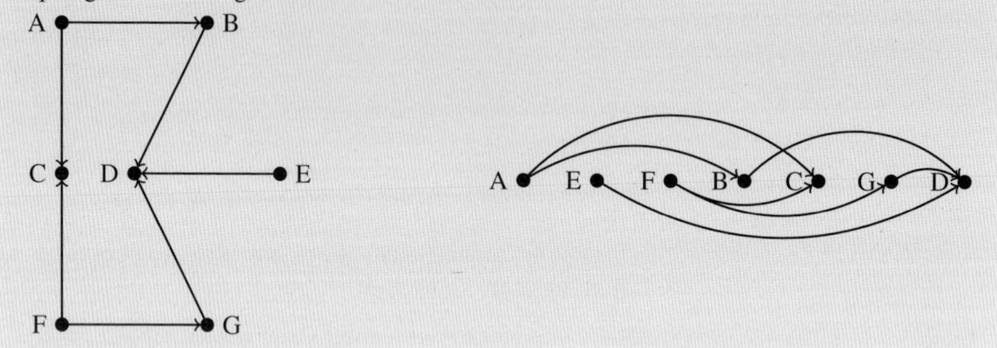

Initialisiere ein Array T mit n Elementen
Bestimme die Eingangsgrade $\text{grad}_{ein}(k)$ aller Knoten k
Füge alle Knoten mit Eingangsgrad 0 in das Array T ein
Wiederhole für $i := 1$ bis n
    Wiederhole für alle Nachfolger s des Knotens $T[i]$
        dekrementiere Eingangsgrad $\text{grad}_{ein}(s)$ um 1
        Wenn $\text{grad}_{ein}(s)$ jetzt 0 ist, dann füge s in T ein
ENDE

Abb. 13.40 Topologisches sortieren eines kreisfreien Digraphen G (DAG) mit n Knoten

(Knoten) gibt, über deren gegenseitige Ordnung keine Aussage möglich ist (sonst wäre die Ordnung total). Beispiel 13.35 verdeutlicht diese Beziehung. Das Problem des topologischen Sortierens tritt beispielsweise bei der Planung der einzelnen Arbeitsschritte (Knoten des Graphen) in einem Projektplan auf, ebenso bei der Produktionsplanung in der Industrie. Bestimmte Arbeitsschritte sind von vorhergehenden abhängig, aber nicht von allen. In der Informatik tritt die topologische Sortierung z. B. bei der Task-Steuerung in parallelen Rechnerarchitekturen auf. In all diesen Fällen möchte man die Schritte in eine chronologische Reihenfolge bringen, wobei Abhängigkeiten berücksichtigt werden sollen.

Beim topologischen Sortieren kann man folgendermaßen vorgehen: Die ersten Elemente der topologischen Reihenfolge der Knoten müssen immer diejenigen mit Eingangsgrad 0 sein, da diesen Knoten kein anderer vorangehen kann. Jetzt werden alle von diesen Knoten ausgehenden Kanten gelöscht. Dies entspricht der Verringerung des Eingangsgrades der Nachfolger um 1. Im nächsten Schritt werden nun wieder alle Knoten eingeordnet, deren Eingangsgrad 0 geworden ist. Auf diese Weise wird verfahren, bis alle Knoten verarbeitet sind. Der in Abb. 13.40 aufgelistete Pseudocode gibt diesen Algorithmus wieder, Bsp. 13.36 zeigt den Ablauf für den Graphen aus Bsp. 13.35.

Bsp. 13.36 Halbordnung und topologische Sortierung in einem Graphen

Für den Graphen aus Bsp. 13.35 ergibt sich folgender Ablauf für die topologische Sortierung:

1. Ein Array T mit $n := 7$ Elementen wird angelegt (Elemente nummeriert von 1 bis 7).
2. Die Eingangsgrade der Knoten werden bestimmt: A: 0, B: 1, C: 2, D: 3, E: 0, F: 0, G: 1
3. Die Knoten mit Eingangsgrad 0, also A, E und F werden in T eingefügt.
   Der Inhalt von T lautet jetzt: A, E, F
   Der Index i wird auf $i := 1$ gesetzt.
4. Die Eingangsgrade der Nachfolger von $T[1] = \text{A}$ werden um 1 verringert.
   Es gilt jetzt $\text{grad}_{ein}(\text{B}) = 0$ und $\text{grad}_{ein}(\text{C}) = 1$.
   Da $\text{grad}_{ein}(\text{B}) = 0$ ist, wird B in T eingefügt. Der Inhalt von T ist nun: A, E, F, B.
5. Jetzt wird $T[2] = \text{E}$ betrachtet. E hat den Nachfolger D. Der Eingangsgrad von D wird um 1 verringert und ist jetzt 2.
6. Jetzt wird $T[3] = \text{F}$ betrachtet. F hat die Nachfolger C und G. Die Eingangsgrade von C und G werden um 1 verringert und sind jetzt beide 0. C und G werden daher in T eingefügt. Inhalt von T: A, E, F, B, C, G.
7. Als nächstes wird $T[4] = \text{B}$ betrachtet. B hat den Nachfolger D. Der Eingangsgrad von D wird um 1 verringert und ist jetzt 1.
8. Als nächstes wird $T[5] = \text{C}$ betrachtet. C hat keine Nachfolger.
9. Als nächstes wird $T[6] = \text{G}$ betrachtet. G hat den Nachfolger D. Der Eingangsgrad von D wird um 1 verringert und ist jetzt 0, D wird also in T eingetragen.
10. Als letzter Knoten wird $T[7] = \text{D}$ betrachtet. Da dies der letzte zu verarbeitende Knoten war und da dieser keinen Nachfolger mehr hat, endet das Verfahren. T enthält nun die Knoten in topologischer Ordnung. A, E, F, B, C, G, D.

13.3.6 Minimal spannende Bäume

In manchen Anwendungen spielen neben der Menge E aller Kanten eines zusammenhängenden Graphen auch Teilmengen von E eine Rolle, bei denen die Knoten des Graphen schlicht und kreisfrei miteinander verbunden sind. Die Kanten einer derartigen Teilmenge bilden dann zusammen mit den Knoten eines Graphen definitionsgemäß einen Baum, der als *spannender Baum* oder *Spannbaum* (Spanning Tree) bezeichnet wird, da er den Graphen gewissermaßen „aufspannt". Wird zusätzlich gefordert, dass die Anzahl der verbleibenden Kanten minimal ist, bzw. dass bei einem bewerteten Graphen die Summe der Länge der verbleibenden Kanten minimal ist, so spricht man von einem *minimal spannenden Baum*.

Benötigt werden Algorithmen zur Bestimmung des minimalen Spannbaums beispielsweise zur Erstellung von kostengünstigen zusammenhängenden Netzwerken (z. B. für Telefon, Strom, Computer).

Ordne die Kanten E des Graphen G als Prioritätswarteschlange (Min-Heap) P,
wobei die Gewichte der Kanten als Schlüssel dienen
Initialisiere einen Wald W mit den n Knoten als atomaren Bäumen
Wiederhole
  Entnehme die oberste (also die kürzeste) Kante $e(u,v)$ aus P
  Wenn die durch e verbundenen Knoten u und v in disjunkten Bäumen
    von W liegen, also nicht zu einem Kreis führen
  dann vereinige diese beiden Bäume durch Verbinden von u und v
  sonst verwerfe $e(u,v)$
bis P leer ist oder $n-1$ Kanten ausgewählt wurden
W enthält jetzt einen minimalen spannenden Baum von G
ENDE

Abb. 13.41 Der Algorithmus von Kruskal zur Ermittlung eines minimal spannenden Baumes

Der Algorithmus von Kruskal

Eine einfache und effiziente Methode zur Erstellung eines minimal spannenden Baumes für einen gegebenen ungerichteten Graphen mit n Knoten ist der Algorithmus von Kruskal [Kru56]. Dazu wird zunächst eine als Wald bezeichnete Menge von n disjunkten, atomaren Bäume angelegt, die mit den Knoten (also momentan noch ohne Kanten) des ursprünglichen Baumes initialisiert wird. Nun wird die kürzeste Kante aus der Menge der Kanten gewählt, die zwei beliebige Bäume des Waldes zu einem Baum vereinigt. Die Wahl des Startknotens ist hier also nicht mehr frei. Kanten, die zwei Knoten innerhalb eines Baums verbinden, werden verworfen und aus der weiteren Verarbeitung ausgeschlossen. Auf diese Weise wird iterativ verfahren, bis alle Kanten entweder zum Verbinden disjunkter Bäume verwendet oder verworfen wurden, oder bis ein einziger Baum entstanden ist, d. h. bis $n-1$ Kanten ausgewählt wurden.

Es ist klar, dass auf diese Art keine Kreise entstehen können, weshalb der resultierende Baum nach der obigen Definition tatsächlich ein spannender Baum ist. Der Algorithmus von Kruskal ist als Pseudocode in Abb. 13.41 gezeigt, ein Beispiel in Bsp. 13.37.

Da in jedem Schritt immer die Kante mit dem kleinsten Gewicht verwendet wird und da diese Entscheidung später nicht mehr revidiert wird, handelt es sich um einen Greedy-Algorithmus. Man kann zeigen, dass die Greedy-Strategie in diesem Fall auch tatsächlich die korrekte Lösung, also einen minimal spannenden Baum liefert.

Im Falle eines zusammenhängenden Graphen sind auch alle Knoten im resultierenden minimal spannenden Baum enthalten, andernfalls ergeben sich zu den Zusammenhangskomponenten des Graphen gehörende disjunkte Bäume (der aufspannende Wald). Man erkennt außerdem, dass die Auswahl der Kante mit dem jeweils kleinsten Gewicht durch eine Prioritätswarteschlange (siehe Kap. 13.1.5) gelöst werden kann, die in diesem Fall durch einen Min-Heap darstellbar ist.

Ein weiteres verbreitetes Verfahren zur Berechnung des minimalen Spannbaums ist der Prim-Jarník-Algorithmus [Pri57]; dieser soll hier nicht besprochen werden, es wird auf die am Kapitelanfang genannte Literatur verwiesen.

Bsp. 13.37 Aufbau eines minimal spannenden Baums

Gegeben sei der folgende Graph:

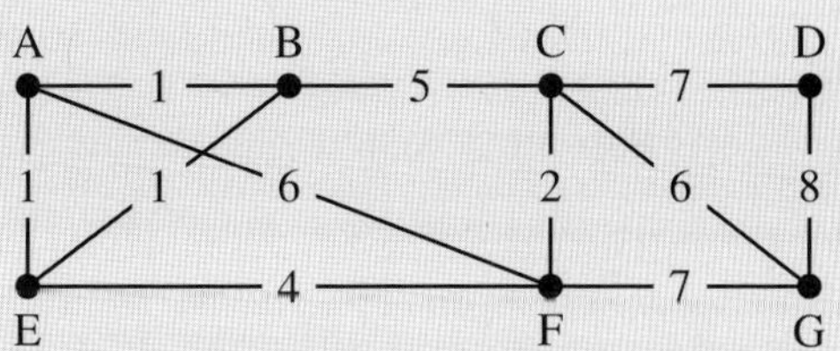

Mithilfe des Algorithmus von Kruskal wird schrittweise ein minimal spannender Baum für den Graphen aus aufgebaut. Zunächst wird ein Wald mit den Knoten des Graphen initialisiert. Danach wird aus der rechts angegebenen Prioritätswarteschlange (Min-Heap) jeweils die Kante mit dem minimalen Gewicht (also die Wurzel) entnommen und entweder zur Verbindung zweier disjunkter Bäume des Waldes verwendet oder aber verworfen, wenn keine Verbindung möglich ist weil ein Kreis entstehen würde.

Start:

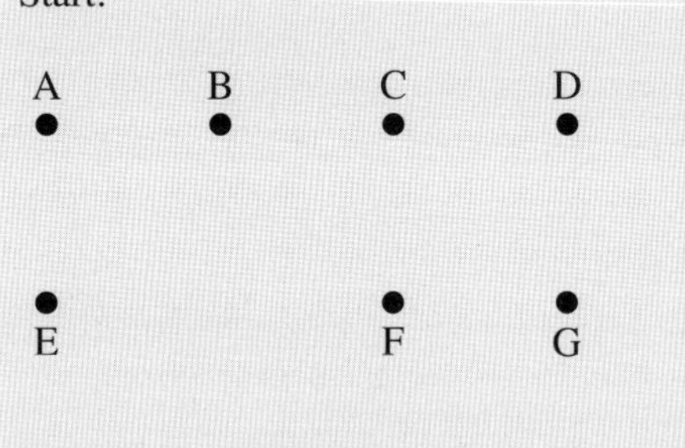

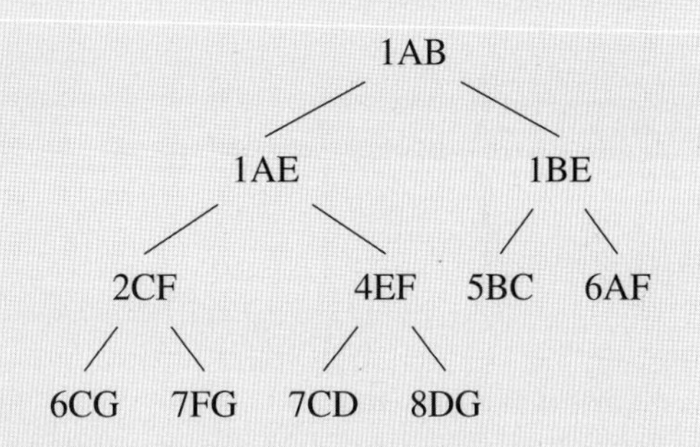

Kante von A nach B mit Gewicht 1 gewählt:

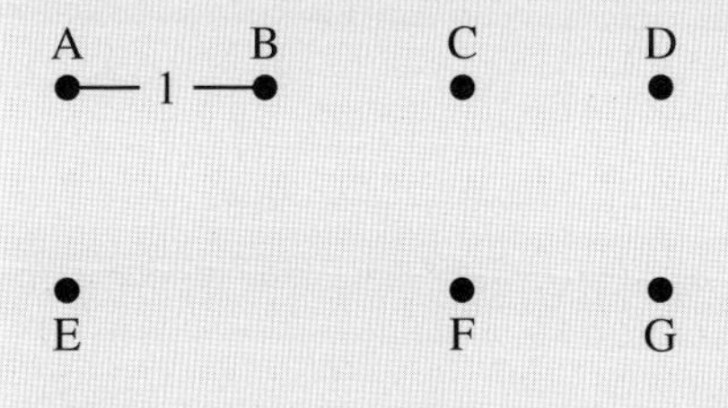

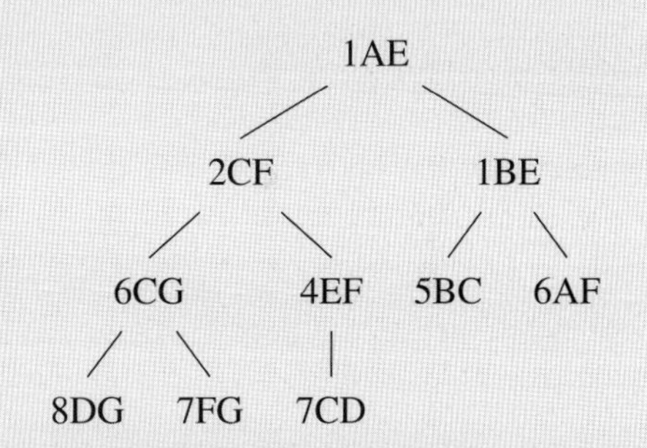

Kante von A nach E mit Gewicht 1 gewählt:

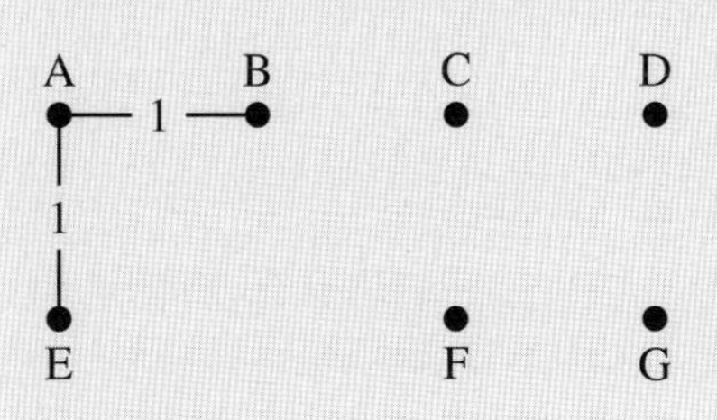

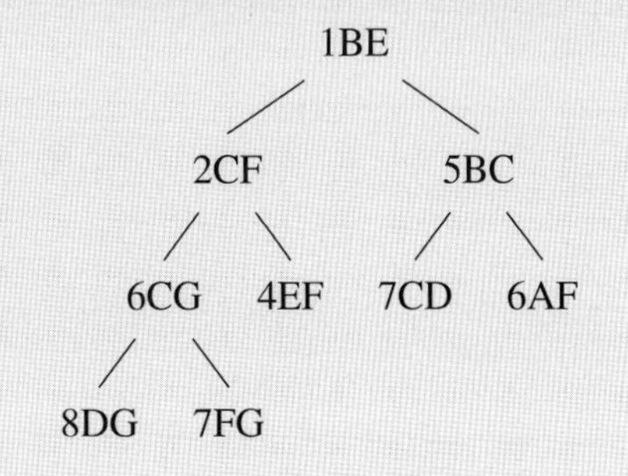

(Fortsetzung siehe nächste Seite)

Bsp. 13.37 Aufbau eines minimal spannenden Baums (Fortsetzung)

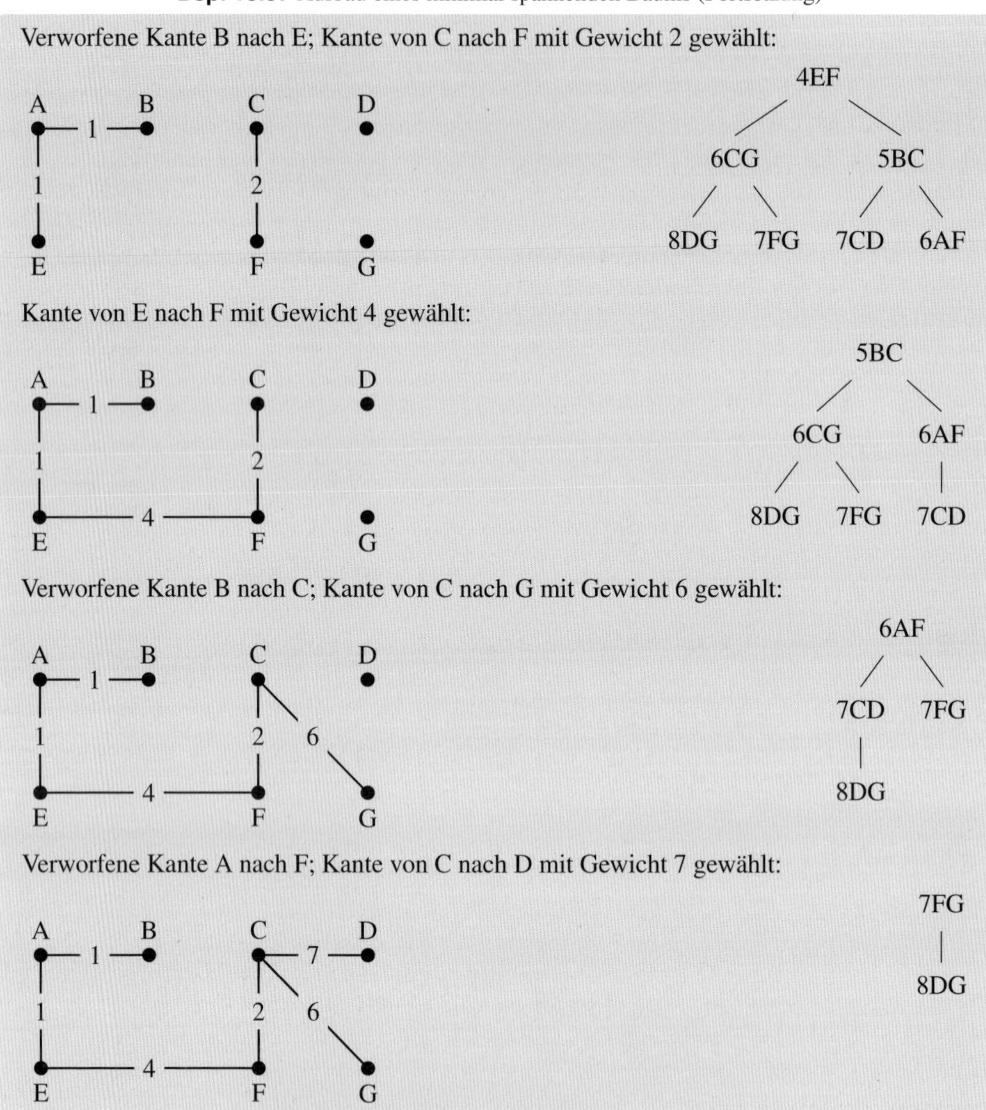

Da nun bereits $n-1=6$ Kanten ausgewählt wurde und ein Baum entstanden ist, können die verbleibenden Kanten verworfen werden.

13.3.7 Union-Find Algorithmen

Beim Aufbau minimal spannender Bäume wurden zwei Aspekte nur erwähnt: Zum einen müssen die zum Anfangs- und Endknoten einer gewählten Kante gehörenden Bäume des Waldes W gefunden werden, und zum andern müssen die Knotenmengen zweier disjunkter Bäume vereinigt werden. Die Problematik des Findens und Vereinigens lässt sich allgemein auf Mengen erweitern, die in Äquivalenzklassen (entsprechend den Bäumen des Waldes W) unterteilt sind. Verfahren zur Lösung derartiger Aufgaben werden als *Union-Find* Algorithmen bezeichnet. Man definiert zunächst drei Grundfunktionen:

make(i,e) Initialisiere eine Menge i mit dem einzigen Element e und füge diese Menge in die Menge W der Mengen ein.

$j =$ **find**(x) Ermittle den Namen j der Menge aus W, die das Element x enthält.

union(i,j,k) Vereinige die Mengen i und j zur Menge k. Lösche die Mengen i und j aus der Menge W und füge k hinzu.

Eine Vereinfachung erzielt man nun dadurch, dass man die in W enthaltenen Mengen nicht durch einen eigenen Namen charakterisiert, sondern durch ihr bei der Initialisierung zugeordnetes erstes Element, das als *kanonisches Element*, Kopf oder auch Wurzel bezeichnet wird. Die drei entsprechend modifizierten Grundfunktionen haben damit die Form:

make(e) Initialisiere eine Menge mit einem einzigen (kanonischen) Element e und füge diese Menge in die Menge W der Mengen ein.

$f =$ **find**(x) Ermittle das kanonische Element f derjenigen Menge aus W, die das Element x enthält.

union(f,g) Vereinige die Mengen mit dem kanonischen Element f und dem kanonischen Element g. Die entstehende Menge erhält das kanonische Element f, die jeweils andere Menge wird entfernt. Durch union(g,f) wird dieselbe Vereinigung vollzogen, jedoch mit g als kanonischem Element.

Mit dieser Nomenklatur kann man den Algorithmus von Kruskal aus Abb. 13.41 wie in Abb. 13.42 gezeigt umformulieren.

Für die effiziente Ausführung eines Union-Find-Algorithmus erstellt man zunächst eine Knotenliste, in die nach einer beliebigen, aber festen Ordnung alle n Knoten eingetragen werden. Der Wald wird dann durch eine zweite Liste (Waldliste) derselben Länge repräsentiert. Man kann sich der Einfachheit halber sowohl die Knotenliste als auch die Waldliste als Array knoten$[i]$ und wald$[i]$ mit n Elementen vorstellen. Kanten oder Pfeile treten in dieser Darstellungsweise nicht explizit auf, es wird vielmehr vereinbart, dass von jedem Eintrag in der Waldliste ein Pfeil zu dem korrespondierenden Eintrag der Knotenliste verweist. Die Wurzel (also das kanonische Element) eines Baumes ist dann dadurch gekennzeichnet, dass in der Knotenliste und der Waldliste an derselben Position k identische Knoten eingetragen sind, knoten$[k]$ und wald$[k]$ sind also gleich. Man kann dies auch so interpretieren, dass die Wurzel eines Baumes des Waldes mit einem Pfeil auf sich selbst verweist.

Dies impliziert, dass bei der Initialisierung die Waldliste durch die Funktion make einfach der Inhalt von knoten$[i]$ nach wald$[i]$ kopiert wird.

Auch das Vereinigen union(f,g) zweier Bäume mit den Wurzeln f und g gestaltet sich jetzt sehr einfach, wie in Abb. 13.43 zu sehen ist. Es ist anzumerken, dass in diesem einfachen Union-

---

Ordne die Kanten E des Graphen G als Prioritätswarteschlange (Min-Heap) P,
wobei die Gewichte der Kanten als Schlüssel dienen
Für jeden Vertex v_i: make(v_i)
Wiederhole
  Entnehme die oberste (also die kürzeste) Kante $e(u,v)$ aus P
  Bilde $u_0 = \text{find}(u)$ und $v_0 = \text{find}(v)$, wobei u_0 und v_0 die kanonischen Elemente
    der Knotenmengen (Bäume) sind, zu denen u bzw. v gehören
  Wenn $u_0 \neq v_0$ ist, bilde union(u_0, v_0), d. h. vereinige die beiden
    disjunkten Bäume durch Hinzufügen der Kante $e(u,v)$
bis P leer ist oder $n-1$ Kanten ausgewählt wurden
ENDE

Abb. 13.42 Der Algorithmus von Kruskal in Union-Find Formulierung

---

Gegeben ist ein Graph G mit n Knoten
Die Knoten sind als Knotenliste in einem Array knoten$[i]$ gespeichert
Durch das Array wald$[i]$ ist ein Wald definiert
Es wird vorausgesetzt, dass die Knoten f und g existieren
Suche f im Array knoten$[i]$; die Position von f sei p
Setze wald$[p] = g$
ENDE

Abb. 13.43 union(f,g): Die im Wald W enthaltenen Bäume mit den Wurzeln f und g werden vereinigt

---

Der Wald W enthält n Knoten und ist durch die Arrays knoten$[i]$ und wald$[i]$ definiert.

1. Setze $y := x$
2. Suche y im Array knoten$[i]$; die Position von y sei p
3. Wenn y nicht im Array knoten gefunden wurde: „der gesuchte Knoten existiert nicht“; ENDE
4. Wenn wald$[p] \neq y$
   Setze y=wald[pos]
   Gehe zu 2
5. Sonst: „Die Wurzel lautet y“

ENDE

Abb. 13.44 $f = \text{find}(x)$: Bestimmung der Wurzel des Baumes, der den Knoten x enthält

Algorithmus durch union(f,g) immer die Wurzeln f und g der beiden Bäume durch einen Pfeil verbunden werden. Man nimmt also an, dass die Kantenstruktur innerhalb eines Baumes nur eine Klassenzugehörigkeit widerspiegelt und darüber hinaus – anders als im Falle des Aufstellens minimal spannender Bäume – keine Rolle spielt. Beispiel 13.38 demonstriert das Verhalten von make und union.

Es bleibt nun noch die Funktion $f = \text{find}(x)$ zu erläutern. Sie gibt die Wurzel (das kanonische Element) des Baumes zurück, zu dem der Knoten x gehört. Dies beinhaltet die in Abb. 13.44

Bsp. 13.38 Die Wirkung der Funktionen make und union

Ein Wald mit $n = 9$ Knoten wird mit den Knoten A, B, C, D, E, F, G, H, I initialisiert. Die Arrays knoten und wald sind danach identisch:

Index:	1	2	3	4	5	6	7	8	9
knoten:	A	B	C	D	E	F	G	H	I
wald:	A	B	C	D	E	F	G	H	I

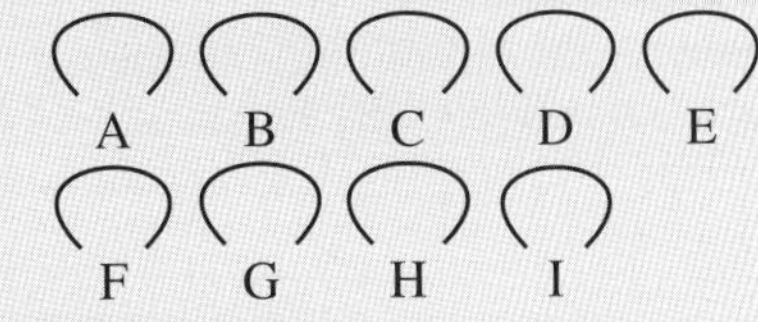

Die Operationen union(A, F), union(A, B), union(C, E), union(D, G) und union(H, I) werden ausgeführt:

Index:	1	2	3	4	5	6	7	8	9
knoten:	A	B	C	D	E	F	G	H	I
wald:	A	A	C	D	C	A	D	H	H

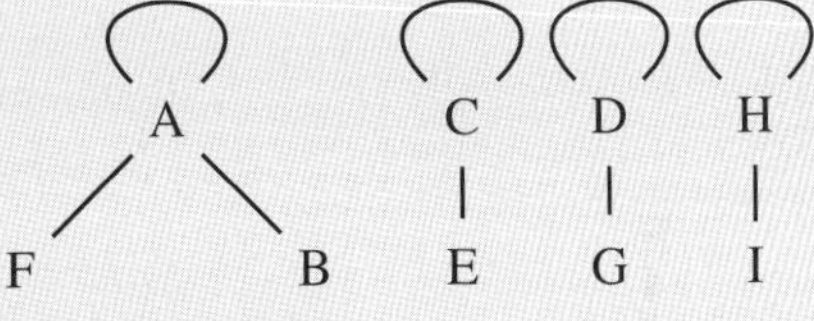

Die Operationen union(C, D) und union(H, C) werden ausgeführt:

Index:	1	2	3	4	5	6	7	8	9
knoten:	A	B	C	D	E	F	G	H	I
wald:	A	A	H	C	C	A	D	H	H

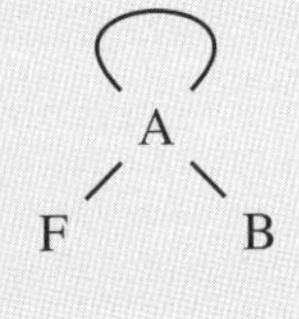

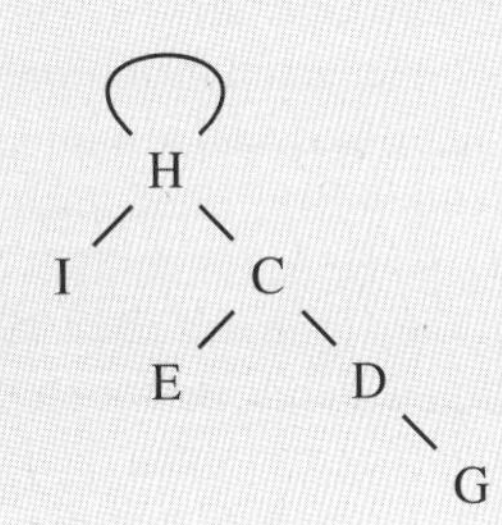

Die Operation union(A, H) wird ausgeführt:

Index:	1	2	3	4	5	6	7	8	9
knoten:	A	B	C	D	E	F	G	H	I
wald:	A	A	H	C	C	A	D	A	H

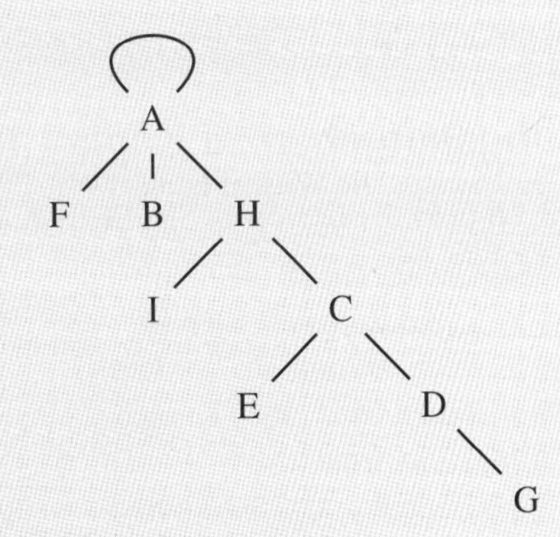

Bsp. 13.39 Union-Find mit Tiefenbeschränkung

Wie zu Beginn von Bsp. 13.38 wird ein Wald mit $n = 9$ Knoten initialisiert.
Werden die Operationen union(A, F), union(A, B), union(C, E), union(D, G), union(H, I), union(C, D), union(H, C) und union(A, H) ausgeführt, entsteht der am Ende von Bsp. 13.38 dargestellte Baum. Dieser hat die Höhe 4.
Wählt man bei der Vereinigung von Bäumen immer die Wurzel des tieferen Baumes als neue Wurzel, so wird die Höhe des entstehenden Baumes minimiert. Führt man an Stelle der obigen Operationen die Operationen union(A, F), union(A, B), union(C, E), union(D, G), union(H, I), union(C, D), union(C, H) und union(C,A) aus, hat der resultierende Baum jetzt nur die Höhe 2:

Index:	1	2	3	4	5	6	7	8	9
knoten:	A	B	C	D	E	F	G	H	I
wald:	C	A	C	C	C	A	D	C	H

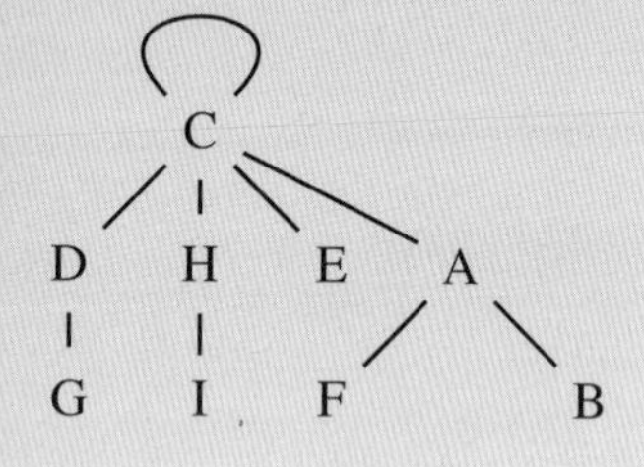

gezeigten Operationen. Zur Begrenzung der Komplexität der Funktion find ist es von Vorteil, wenn die Knotenlisten in geordneter Form vorliegen, damit das Suchen nach einem bestimmten Knoten mit dem Aufwand $\operatorname{ld} n$ durch binäre Suche erfolgen kann.

Wird in Bsp. 13.38 nach dem Knoten G gefragt, so erfordert find(G) fünf Suchschritte, nämlich G, D, C, H, A, bis endlich die Wurzel H erreicht wurde. Zur Verringerung dieses Aufwands muss man die Höhe des nach einigen Vereinigungsschritten resultierenden Baumes verringern. Dies gelingt dadurch, dass man bei jedem Schritt die Höhe der beteiligten Bäume prüft. Man führt dann $\text{union}(f, g)$ aus, wenn die Höhe des Baumes mit Wurzel f größer ist als die des Baumes mit Wurzel g. Ansonsten wird $\text{union}(g, f)$ ausgeführt. Dadurch bleibt die Höhe der entstehenden Bäume durch $\log n$ beschränkt, so dass die Komplexität im ungünstigsten Fall $\mathcal{O}(\log n)$ beträgt. Beispiel 13.39 zeigt das geänderte Verhalten.

Übungsaufgaben zu Kapitel 13.3

A 13.18 (T1) Beantworten Sie die folgenden Fragen:

a) Wann ist ein Graph schlicht?
b) Was ist ein Eulerscher Kreis?
c) Was ist ein Hamiltonscher Kreis?
d) Was ist der Grad eines Knotens?
e) Was ist ein Wald?
f) Was ist ein Kuratowski-Graph?

A 13.19 (L3) Beantworten Sie die folgenden Fragen:

a) Welche Bedingung muss erfüllt sein, damit ein vollständiger Graph genau $n(n-1)/2$ Kanten hat?

b) Beweisen Sie durch vollständige Induktion, dass ein vollständiger Graph mindestens $n(n-1)/2$

Kanten hat.

c) Zeigen Sie: Jeder kreisfreie Graph mit n Knoten enthält höchstens $n-1$ Kanten.

d) Auf welche Eigenschaft muss man die Adjazenzmatrix eines Graphen testen, um zu entscheiden, ob er schlingenfrei ist?

e) Wie groß ist die minimale und wie groß ist die maximale Anzahl von Kanten eines schlichten, zusammenhängenden Graphen mit n Knoten?

f) Wie viele Knoten hat ein ungerichteter, schlichter, vollständiger Graph mit 465 Kanten?

g) Wie viele Kanten hat ein nicht-ebener, zusammenhängender Graph mit n Knoten mindestens?

A 13.20 (L3) Gegeben sei der unten gezeigte Graph.

a) Geben Sie die Knotenliste und die Kantenliste an.

b) Geben Sie den Forward Star an.

c) Geben Sie die Adjazenz- und Erreichbarkeitsmatrix an.

d) Listen Sie, beginnend mit Knoten E, die Knoten in der Reihenfolge gemäß Tiefensuche und Breitensuche auf.

e) Zeichnen Sie den Graphen so um, dass die Knoten von links nach rechts in einer topologischen Sortierung angeordnet sind.

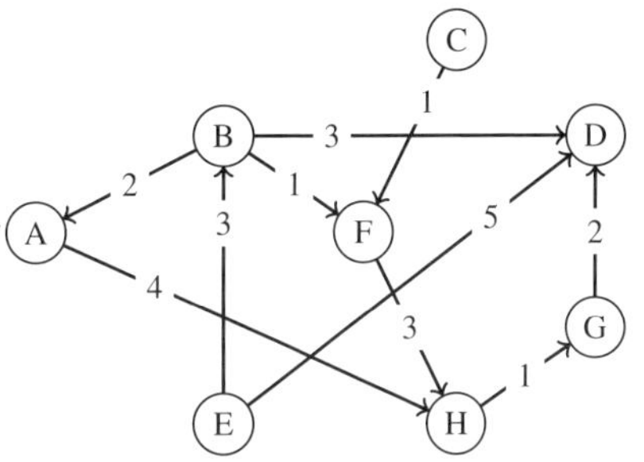

f) Fassen Sie den Graphen als ungerichteten Graphen auf und geben Sie den minimalen Spannbaum an.

g) Welche der folgenden Eigenschaften treffen auf den Graphen zu: eben, zusammenhängend, stark zusammenhängend, kreisfrei, schlicht, gerichtet, vollständig, bewertet?

A 13.21 (P2) Schreiben Sie eine C-Funktion zur topologischen Sortierung eines Digraphen mit n Knoten. Gegeben seien die Kantenliste als Array klist und die global deklarierte Adjazenzmatrix $a[n][n]$. Die Funktion soll als Ergebnis die Indizes der Knoten bezüglich klist in der sortierten Reihenfolge in ein Integer-Array tlist eintragen.

Literatur

[AV62] G. Adelson-Velskii und E. M. Landis. An Algorithm for the Organization of Information. *Soviet Mathematics-Doklady*, 3:1259–1263, 1962. Übersetzung des russischen Originals aus Proc. of the USSR Academy of Sciences 146:263–266, 1962.

[Bay70] R. Bayer und E. McCreight. Organization and Maintenance of Large Ordered Indices. In *Proc. of the 1970 ACM SIGFIDET (Now SIGMOD) Workshop on Data Description, Access and Control*, SIGFIDET '70, S. 107–141. ACM, New York, NY, USA, 1970.

[Bay71] R. Bayer. Binary B-trees for Virtual Memory. In *Proc. of the 1971 ACM SIGFIDET (Now SIGMOD) Workshop on Data Description, Access and Control*, SIGFIDET '71, S. 219–235. ACM, New York, NY, USA, 1971.

[Cor09] T. H. Cormen, C. E. Leiserson, R. L. Rivest und C. Stein. *Introduction to Algorithms*. The MIT Press, 3. Aufl., 2009.

[Dec85] R. Dechter und J. Pearl. Generalized Best-first Search Strategies and the Optimality of A*. *J. ACM*, 32(3):505–536, Juli 1985.

[Die10] R. Diestel. *Graphentheorie*. Springer, 4. Aufl., 2010.

[Dij59] E. W. Dijkstra. A Note on Two Problems in Connexion with Graphs. *Numerische Mathematik*, 1:269–271, 1959.

[Flo62] R. W. Floyd. Algorithm 97: Shortest Path. *Commun. ACM*, 5(6):345, Juni 1962.

[Har68] P. Hart, N. Nilsson und B. Raphael. A Formal Basis for the Heuristic Determination of Minimum Cost Paths. *IEEE Transactions on Systems Science and Cybernetics*, 4(2):100–107, Juli 1968.

[Knu97] D. E. Knuth. *The Art of Computer Programming, Volume 1: Fundamental Algorithms*. Addison-Wesley, 3. Aufl., 1997.

[Knu98] D. E. Knuth. *The Art of Computer Programming, Volume 3: Sorting and Searching*. Addison-Wesley, 2. Aufl., 1998.

[Kor85] R. E. Korf. Depth-first Iterative-deepening: An Optimal Admissible Tree Search. *Artificial Intelligence*, 27(1):97–109, Sept. 1985.

[Kru56] J. B. Kruskal. On the Shortest Spanning Subtree of a Graph and the Traveling Salesman Problem. *Proceedings of the American Mathematical Society*, 7(1):48–50, Febr. 1956.

[Mil09] I. Millington und J. Funge. *Artificial Intelligence for Games*. Morgan Kaufmann, 2. Aufl., 2009.

[Ott12] T. Ottmann und P. Widmayer. *Algorithmen und Datenstrukturen*. Spektrum Akademischer Verlag, 5. Aufl., 2012.

[Pom08] G. Pomberger und H. Dobler. *Algorithmen und Datenstrukturen: Eine systematische Einführung in die Programmierung*. Pearson Studium, 2008.

[Pri57] R. C. Prim. Shortest connection networks and some generalizations. *Bell System Technology Journal*, 36:1389–1401, 1957.

[Pri08] L. Priese und H. Wimmel. *Petri-Netze*. Springer, 2. Aufl., 2008.

[Rei10] W. Reisig. *Petrinetze: Modellierungstechnik, Analysemethoden, Fallstudien*. Vieweg+Teubner, 2010.

[Rus10] S. Russell und P. Norvig. *Artificial Intelligence*. Prentice Hall, 3. Aufl., 2010.

[Sed11] R. Sedgewick und K. Wayne. *Algorithms*. Addison-Wesley, 4. Aufl., 2011.

[Sol08] A. Solymosi und U. Grude. *Grundkurs Algorithmen und Datenstrukturen in JAVA*. Vieweg+Teubner, 4. Aufl., 2008.

[Tit11] P. Tittmann. *Graphentheorie: Eine anwendungsorientierte Einführung*. Carl Hanser Verlag, 2. Aufl., 2011.

[Tur09] V. Turau. *Algorithmische Graphentheorie*. Oldenbourg Wissenschaftsverlag, 2009.

[War62] S. Warshall. A Theorem on Boolean Matrices. *J. ACM*, 9(1):11–12, Jan. 1962.

[Weg90a] I. Wegener. Bekannte Sortierverfahren und eine HEAPSORT-Variante die QUICKSORT schlägt. *Informatik Spektrum*, S. 321–330, 1990.

[Weg90b] I. Wegener. Bottom-up-heap sort, a new variant of heap sort beating on average quick sort (if *n* is not very small). In B. Rovan, Hg., *Mathematical Foundations of Computer Science 1990*, Bd. 452 von *Lecture Notes in Computer Science*, S. 516–522. Springer, 1990.

[Wir00] N. Wirth. *Algorithmen und Datenstrukturen*. Vieweg+Teubner, 5. Aufl., 2000.

Kapitel 14

Höhere Programmiersprachen und C

14.1 Zur Struktur höherer Programmiersprachen

14.1.1 Überblick über höhere Programmiersprachen

Maschinennahe und problemorientierte Sprachen

Das bei den ersten Computern erforderliche Programmieren in der binär codierten Maschinensprache des betreffenden Mikroprozessors war äußerst mühsam. Daher hat man schon bald gut merkbare Abkürzungen (mnemonische Codes) für die erforderlichen Operationen verwendet. So entstanden die in Kap. 5.5 erläuterten Assemblersprachen als die ersten maschinennahen Sprachen. Die Übertragung in ein lauffähiges Maschinenprogramm erfolgt durch ein als Assembler bezeichnetes Hilfsprogramm. Trotz der Einführung von frei wählbaren Namen, Makros und Unterprogrammen blieb die Programmierung sehr mühsam und zeitraubend. Die resultierenden Programme sind meist lang, unübersichtlich und für alle außer (vielleicht) den Autor schwer zu durchschauen. Das liegt daran, dass viele Sprachelemente spezifisch für die verwendete Maschine sind, aber mit dem gerade zu bearbeitenden Problem nichts zu tun haben und insofern vom Programmierer früher oder später als Ballast empfunden werden. Man hat daher schon bald nach der Einführung der ersten elektronischen Rechenanlagen ab ca. 1950 problemorientierte Sprachen entwickelt, die den Benutzer von rechnerspezifischen Details abschirmen. Diese Sprachen sind formalisiert, aber der menschlichen Denk- und Ausdrucksweise angepasst, beispielsweise durch enge Anlehnung an die Schreibweise mathematischer Formeln. Je nachdem wie weit diese Anpassung getrieben wird, spricht man gelegentlich von höheren oder niederen Sprachen.

Compiler und Interpreter

Damit ein in einer höheren Programmiersprache geschriebenes Programm auf einem Rechner zur Ausführung kommen kann, muss es zunächst in die dem Mikroprozessor direkt verständliche Maschinensprache (vgl. Kap. 5.5) übertragen werden. Dies geschieht entweder mit Interpretier-Programmen (Interpreter) oder mit Übersetzer-Programmen (Compiler). Interpreter und Compiler sind in Kap. 10.2.5 ausführlicher dargestellt.

Interpreter übertragen das auszuführende Programm Zeile für Zeile in die Maschinensprache und bringen die einzelnen Zeilen dann unmittelbar zur Ausführung. Vor allem in Schleifen ist dies sehr ineffizient, da ein und dieselbe Zeile bei jedem Schleifendurchlauf aufs Neue übersetzt wird. Compiler übertragen das Quellprogramm dagegen vor der Ausführung als Ganzes in Maschinensprache. Das Ergebnis ist jetzt ein ausführbares Programm, das dann beliebig oft ohne neuerlichen Übersetzungslauf ausgeführt werden kann.

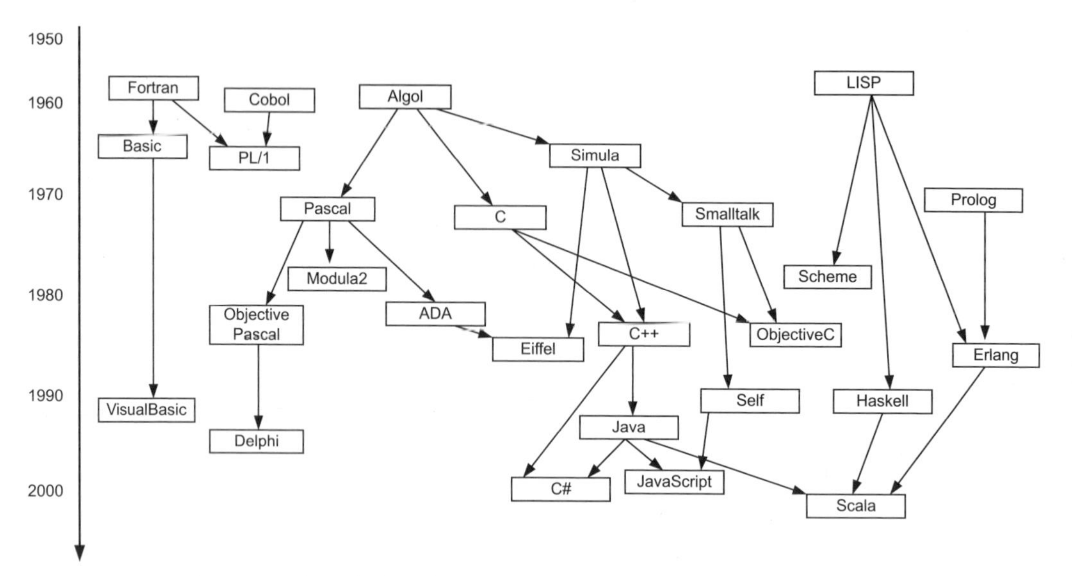

Abb. 14.1 Verwandtschaftsbeziehungen einiger wichtiger höherer Programmiersprachen

Prozedurale und imperative Programmmiersprachen

Es existieren heute weit über 100 höhere Programmiersprachen für die unterschiedlichsten Anwendungen. Zwischen vielen dieser Sprachen bestehen Verwandtschaftsbeziehungen, die in Abb. 14.1 verdeutlicht werden. Nach einer groben Klassifizierung folgen kurze Charakterisierungen einiger wichtiger Vertreter dieser Sprachen [Cer98].

Bereits in den Anfangszeiten der Entwicklung von Programmiersprachen ab ca. 1950 unterschied man zwei grundlegend unterschiedliche Sprachtypen, nämlich prozedurale und deklarative Programmiersprachen. Im engeren Sinne umfassten die prozeduralen Programmiersprachen zunächst nur imperative (auch algorithmische) Sprachen, beginnend mit FORTRAN, gefolgt von COBOL, BASIC, Pascal [Wir71] und C. Bei diesen Sprachen wird ein Programm als Sequenz von einzeln ausführbaren Befehlen aufgefasst, wobei die Ein/Ausgabe über Variablen erfolgt, die zwischengespeichert und mit an mathematischen Formeln orientierten Prozeduren verarbeitet werden können. Dieses Prinzip reflektiert unmittelbar die von-Neumann-Architektur mit serieller Befehlsausführung. Bei den prozeduralen Sprachen steht, geleitet von der Denkweise der mathematischen Formelsprache, die Verwendung von Funktionen und Prozeduren im Vordergrund, die in der Regel auch rekursiv aufgerufen werden können. Prozeduren sind mit Namen und ggf. mit typisierten Parameterlisten versehene Unterprogramme (Subroutines). Eine Variante sind Funktionen (Funktionsprozeduren), die einen Rückgabewert an das rufende Hauptprogramm liefern.

FORTRAN (von FORmula TRANslator) wurde als älteste höhere Programmiersprache Mitte der 1950er-Jahre von J. W. Backus in den USA entwickelt. In den modernisierten Varianten FORTRAN 77 und FORTRAN 90 [Mic95] war diese Sprache für numerische Anwendungen über ein halbes Jahrhundert lang in Gebrauch. Viele Firmen, darunter vor allem IBM, unterstützten damals FORTRAN, was dieser Sprache zum Durchbruch verhalf. Hauptanwendungsgebiet war der technisch-wissenschaftlichen Bereich zur Lösung numerischer Probleme. Auch eine Version, welche die Parallel-Programmierung [Rau12] von Multiprozessor-Systemen unterstützt, wurde entwickelt.

COBOL (von COmmon Business Oriented Language) entstand um 1960 unter wesentlicher Mitwirkung von Grace Hopper und war in erster Linie für Anwendungen im wirtschaftlichen Bereich gedacht [Hab98]. Als Besonderheit verfügt diese Sprache über eine Dezimalarithmetik, wofür auch von vielen Prozessoren BCD-Befehle in Maschinensprache zur Verfügung gestellt werden. Dies ist vor allem für stellengenaue Berechnungen in der Finanzmathematik von Bedeutung. Außerdem unterstützt COBOL vielfältige Ein-/Ausgabemöglichkeiten sowie den Umgang mit großen Datenmengen und Dateien mit komplizierten Datenstrukturen. Die ausführliche Syntax liest sich fast wie englischer Klartext; die Division $a = b/c$ lautet beispielsweise `divide b by c giving a`. Da kaum auf hardware-spezifische Elemente zurückgegriffen wird, sind COBOL-Programme weitgehend auf andere Rechner übertragbar (portierbar). Dies ermöglicht z. B. den gleichzeitigen Einsatz auf PCs und Großrechnern. Dadurch konnte die Programmentwicklung teilweise Kosten sparend auf PCs ausgelagert werden.

BASIC (von Beginners All-purpose Symbolic Instruction Code) wurde als Interpreter-Sprache für einfache Anwendungen auf kleinen Rechnern mit geringem Speicherumfang von J. Kemmeney und Th. Kurtz 1963 entwickelt. Mit der Verfügbarkeit von preisgünstigen Kleincomputern hat das FORTRAN-ähnliche BASIC zunächst eine weite Verbreitung gefunden, für die systematische Entwicklung größerer strukturierter Programme blieb BASIC aber ungeeignet, auch wenn spätere Erweiterungen professionelles Arbeiten erleichterten. Neue Popularität gewann BASIC durch VISUAL BASIC, das die Programmierung grafischer Benutzeroberflächen mit Windows sehr vereinfacht. Mit dem ursprünglichen BASIC hat aber VISUAL BASIC außer dem Namen nicht viel gemein.

Prozedurale Programmiersprachen und strukturierte Programmierung

ALGOL (von ALGOrithmic Language) ist eine weniger nach praktischen als nach wissenschaftlichen Gesichtspunkten um 1960 in Europa entstandene Sprache, die sich dadurch auszeichnet, dass erstmals Elemente der strukturierten Programmierung (siehe Kap. 14.1.3) in den Sprachumfang aufgenommen wurden. Als Entwickler sind vor allem C. A. R. Hoare und N. Wirth zu nennen. ALGOL blieb trotz nachträglicher Verbesserungen auf akademische Anwendungen beschränkt, nicht zuletzt wegen der unzulänglichen Ein-/Ausgabemöglichkeiten und der als monströs empfundenen Erweiterungen des Nachfolgers ALGOL 68. Viele neuere Sprachen, so etwa Pascal, sind aber direkte Abkömmlinge von ALGOL.

PL/1 (von Programming Language 1) wurde als Großrechnersprache mit dem Ziel der Vereinigung der Vorteile von FORTRAN und COBOL bei IBM entwickelt und ab 1964 eingesetzt. PL/1 ist für technisch-wissenschaftliche ebenso wie für kommerzielle Anwendungen und auch für die Systemprogrammierung gut geeignet [Stu02]. Wegen des sehr großen Sprachumfangs ist PL/1 in seinen Möglichkeiten aber schwer beherrschbar und konnte sich nicht allgemein durchsetzen. Abgemagerte Versionen wie PL/m haben sich auch bei der Mikroprozessor-Systemprogrammierung bewährt.

Pascal (benannt nach dem französischen Mathematiker B. Pascal) wurde 1971 von N. Wirth zunächst als Sprache für Ausbildungszwecke konzipiert [Wir71], setzte sich aber teilweise auch für professionelle Anwendung auf kleinen und mittleren Systemen durch, zumindest solange C noch nicht sehr verbreitet war [Jen85]. Die ausgezeichneten Strukturierungsmöglichkeiten von Pascal wurden in der auch für die Systemprogrammierung und Multi-Tasking-Anwendungen geeigneten, in 1977 veröffentlichten Weiterentwicklung MODULA 2 noch weiter ausgebaut. Durch das in Pascal verwirklichte Zeigerkonzept wurde es erstmals möglich, dynamische Datenstrukturen während der Laufzeit zu erzeugen. Durch die millionenfach verkauften Versionen von Turbo-Pascal etablierte sich ein Quasi-Standard. Der Erfolg von Pascal hing auch mit der damals begonnenen Entwicklung integrierter Benutzeroberflächen zusammen, die zumindest für die Programmierung kleiner Anwendungen als hilfreich empfunden wurde. Hinzu kam später die Einbindung grafischer Benutzeroberflächen unter Windows und die Ergänzung um objektorientierte Konzepte.

Die Programmiersprache C wurde 1974 von B. W. Kernighan und D. M. Ritchie an den renommierten Bell Laboratories in den USA im Zusammenhang mit ihrer Arbeit an dem Betriebssystem Unix entwickelt [Ker00]. Schon bald danach hat C als Allzwecksprache für die Erstellung größerer Programmsysteme auf praktische allen Typen von Rechnern große Bedeutung erlangt. Obwohl C alle Vorzüge einer modernen Hochsprache bietet, ist wegen der großen Anzahl von Operatoren und der Möglichkeit, Variablen direkt CPU-Registern zuzuordnen, auch eine maschinennahe Programmierung möglich. In C geschriebene Programme sind daher im Allgemeinen sehr kompakt und schnell. Als Vorteil hervorzuheben ist noch die wegen der großen Anzahl von standardisierten Unterprogrammen und Makros gute Portabilität von C-Programmen und die Affinität zu dem weit verbreiteten Betriebssystem Unix, das weitgehend in C geschrieben ist. Von Pascal übernommen und weiterentwickelt wurden das Zeigerkonzept und die Möglichkeit, strukturierte Datentypen zu definieren. Erwähnenswert sind ferner die durch einen vor der eigentlichen Compilierung aufgerufenen Präprozessor gegebenen Funktionen zur Zeichenersetzung. Dadurch wird die Anpassung an verschiedene Umgebungen sowie die weitere Kompaktifizierung der Programme erleichtert. Zu bedenken ist aber, dass C über kein strenges Typkonzept verfügt und der Umgang mit Zeigern leicht zu versteckten Fehlern führen kann, so dass C für sicherheitskritische Anwendungen nicht empfohlen werden kann, aber dennoch (mit vielen zusätzlichen Einschränkungen, vgl. z. B. MISRA [MIS13]) verwendet wird.

Deklarative Programmiersprachen

Die Entwicklung deklarativer Programmiersprachen war durch die Idee der künstlichen Intelligenz (KI) geleitet. Der Schwerpunkt liegt auf der Problembeschreibung (daher die Bezeichnung deklarativ) während die Lösung nicht notwendigerweise durch direkte Formulierung eines speziellen Algorithmus ermittelt wird, sondern durch logisches Schlussfolgern auf der Grundlage von Fakten und Regeln. Man unterscheidet applikative oder funktionale Sprachen wie LISP sowie prädikative Sprachen wie PROLOG[Clo00].

LISP (List Processing Language) ist nur wenig später als FORTRAN entstanden, bereits 1959 implementierte J. McCarthy die erste LISP-Version auf einem Computer. LISP konnte sich anfangs nicht durchsetzen und gewann erst an Bedeutung, als leistungsfähige Computer zur Verfügung standen [May95]. Wie in allen KI-Sprachen besteht in LISP die Möglichkeit, Objekte abstrakt zu beschreiben und in ihrer Struktur den realen Objekten nachzuempfinden. Als typische listenverarbeitende Sprache erlaubt LISP die Formulierung beliebig komplexer Datenstrukturen durch Aufzählung von Zahlen und Zeichenfolgen (Atomen) in Listen. LISP-Programme sind in diesem Sinne selbst Listen; sie bestehen nicht wie bei den prozeduralen Sprachen wie FORTRAN, Pascal und C aus einer Aneinanderreihung von Befehlen, sondern aus Funktionen, die auf Listen angewendet und durch einen Interpreter ausgewertet werden. Funktionen spielen in funktionalen Sprachen die Rolle normaler Werte, die ihrerseits auch Rückgabewerte und Parameter von Funktionen höherer Ordnung sein können. Das Verarbeiten von Listen und anderen Sammeltypen wird dadurch vereinfacht. Von LISP wurden einige Varianten und Abkömmlinge abgeleitet, von denen hier nur die professionelle Weiterentwicklung Scheme [Abe01] genannt werden soll, sowie die bisweilen als Kindersprache apostrophierte, um eingängige Grafik-Funktionen angereicherte Programmiersprache LOGO, die von S. Papert am MIT in den USA entwickelt wurde.

Ein bedeutender Vertreter der KI-Sprachen ist die prädikative Programmiersprache PROLOG, die 1972 in Europa entstanden ist [Clo00] und insbesondere in Japan lange Zeit intensiv eingesetzt wurde. In gewisser Weise kann man PROLOG als nicht-algorithmisch bezeichnen, da die eigentliche algorithmische Struktur, die Inferenzmaschine, in den Compiler verlegt wurde: der Programmierer muss lediglich die vorhandenen Daten und die damit möglichen Operationen angeben, PROLOG ermittelt dann alle existierenden Lösungen. Bei PROLOG zeigt sich die enge Anlehnung an logisches Schließen durch Horn-Klauseln sehr deutlich, außerdem gibt es keine Laufanweisungen, sondern stattdessen nur Rekursionen.

Die oben genannten deklarativen Programmiersprachen spielen mittlerweile keine große Rolle mehr. Eine gewisse Renaissance erfuhren funktionale Sprachen durch die nach einer Komikertruppe benannte Sprache Python[1]. Kennzeichnend sind hier die Kombination des funktionalen mit dem objektorientierten Paradigma, die Möglichkeit der plattformunabhängigen Programmierung durch die Konzeption als Interpreter-Sprache, die verhältnismäßige Einfachheit sowie die Integration von Elementen aus Script-Sprachen.

Objektorientierte Programmiersprachen

Viel Aufmerksamkeit wird heute den objektorientierten Sprachen gewidmet. In einem weiteren Sinne sind diese den prozeduralen Sprachen zuzurechnen. Der älteste Vertreter dieser Gruppe ist das 1967 in Europa eingeführte SIMULA. 1980 folgte dann SMALLTALK, das die objektorientierten Sprachkonzepte am konsequentesten realisiert, aber als Interpreter-Sprache recht langsam ist. Am populärsten waren zunächst objektorientierte Erweiterungen von Pascal und ab 1986 C++ [Str13]. Konsequenter wurde der objektorientierte Ansatz aber bei Java realisiert. Ferner bieten ADA und in eingeschränkter und abgewandelter Weise auch Python Möglichkeiten zu objektorientierter Programmierung. Merkmal dieser Sprachen ist, dass in Klassen zusammen mit den Daten auch deren Eigenschaften definiert werden, insbesondere die darauf anwendbaren Operationen. Daten werden damit zu aktiv agierenden, aus den Klassen abgeleiteten Objekten. Operationen werden als Nachrichten definiert, welche die Objekte untereinander austauschen und darauf in spezifischer Weise reagieren. Dadurch gelingt es, einen Teil der Komplexität von Programmen in den Datenstrukturen zu verbergen, bzw. in den Compiler auszulagern (siehe dazu Kap. 15).

Großer Beliebtheit erfreut sich auch die besonders für Client-Server-Architekturen geeignete objektorientierte Sprache Java [Gos14], die vielfach in der verteilten Verarbeitung und Internet-Anwendungen eingesetzt wird. Eine Sprache mit einem ähnlichen Namen aber tiefgreifenden konzeptionellen Unterschieden ist die Interpreter-Sprache JavaScript, die zusammen mit HTML, XML und PHP hauptsächlich zur dynamischen Gestaltung von Internet-Anwendungen dient. Mit Java weitgehend identisch ist C# (C-Sharp), das durch Microsoft[2] für das . NET Framework entwickelt wurde (siehe Kap. 8.5.1).

Echtzeitanwendungen und Parallelverarbeitung

Zu nennen ist hier die rechnerunabhängige, für technische Echtzeitanwendungen ausgelegte Sprache PEARL. PEARL entstand Anfang der 70er Jahre in Deutschland und besitzt eine Pascal-ähnliche

[1] `http://www.python.org/`
[2] `http://msdn.microsoft.com/de-de/`

Syntax. Haupteinsatzgebiet dieser Sprache ist die Prozesssteuerung.

Das ebenfalls echtzeitfähige und Parallelverarbeitung unterstützende ADA (benannt nach der Mitarbeiterin von Ch. Babbage, Ada Countess of Lovelace) hat seinen Ursprung im amerikanischen Militärapparat [Nag03]. ADA wurde nach eingehender Prüfung bestehender Sprachkonzepte als bei der NATO einzuführende Standard-Sprache entwickelt. Trotz seines unübersichtlichen Sprachumfangs findet ADA wegen seiner Vielseitigkeit und der guten Unterstützung abstrakter Datentypen auch Verbreitung außerhalb des militärischen Bereichs.

Parallele Prozesse konnten erstmals in OCCAM (benannt nach dem wegen seines Scharfsinns berühmten Mathematiker und Philosophen William Occam) auf der Ebene einer Hochsprache definiert werden. OCCAM wurde in Großbritannien von der Firma INMOS speziell für die Programmierung von Transputern entwickelt, hat aber heute nur noch geschichtliche Bedeutung. Mittlerweile sind in vielen Sprachen, beispielsweise ADA und Java sowie in Spracherweiterungen traditioneller Sprachen, Konstrukte zur Prozess-Synchronisation und -Kommunikation enthalten.

Weitere Entwicklungen

Mittlerweile gibt es eine große Anzahl von Programmiersprachen für spezielle Zwecke. Etwa FORTH, eine Art höhere Maschinensprache für einen virtuellen Prozessor sowie Sprachen zur symbolischen Formelverarbeitung [Eik98]. Bedeutsam sind ferner die datenbankorientierten 4GL-Sprachen (von 4th Generation Languages) wie SQL (vgl. Kap. 9) oder NATURAL.

Abschließend kann man sagen, dass die rein prozeduralen Sprachen zu einem gewissen Abschluss in ihrer Entwicklung gekommen sind. Schwerpunkte sind nun objektorientierte Sprachen, parallele Prozesse, 4GL-Konzepte, Script-Sprachen sowie funktionale Sprachen.

14.1.2 Ebenen des Informationsbegriffs in Programmiersprachen

Jede Sprache, sei es nun eine natürliche oder eine künstlich geschaffene, dient der Kommunikation, also der Übertragung von Nachrichten, die Informationen enthalten. Sprachen müssen daher gewissen Regeln gehorchen, damit die in den Nachrichten verschlüsselte Information extrahiert werden kann. Die wissenschaftliche Beschäftigung mit Syntax, Semantik und Pragmatik ist ein Teilgebiet der Linguistik [Mü09, Car09], also der systematischen Erforschung und Beschreibung der Struktur von Sprachen sowie der Semiotik [Kjo09], der umfassenden Lehre von den allgemeinen Eigenschaften und dem Gebrauch von Zeichen.

Natürliche und künstliche Sprachen

Man kennt heute über 5000 lebende, natürliche Sprachen. Daneben existiert eine Reihe von speziellen Sprachen, sowohl in der Natur (z. B. genetischer Code, Schwänzeltanz der Bienen) als auch in der Technik (z. B. Baupläne, Verkehrszeichen, Schaltpläne). Viele der künstlichen, für spezielle Zwecke geschaffenen Sprachen gehorchen streng formalisierten Regeln. Dies gilt etwa für die musikalische Notenschrift, die mathematische Formelsprache und insbesondere für Programmiersprachen, die ebenfalls der Kategorie der formalisierten, technischen Kunstsprachen zuzurechnen sind.

Die statistische Ebene

Möchte man eine Sprache untersuchen, so geschieht dies auf verschiedenen Ebenen. Auf der untersten Ebene beschränkt man sich auf die Betrachtung statistischer Gesichtspunkte, wie Auftrittswahrscheinlichkeiten von Zeichen, mittlere Wortlängen, Entropie und Redundanz. Dies geschieht mithilfe der in Kapitel 2.5 behandelten Shannonschen Informationstheorie. Man muss sich allerdings darüber im Klaren sein, dass damit nur ein sehr geringer Teilaspekt des Wesens einer Sprache erfasst werden kann, nämlich lediglich der statistische Informationsgehalt.

Syntax

Auf der nächsthöheren Ebene sind diejenigen Sprachregeln angesiedelt, mit deren Hilfe sich ein sprachlich korrekt formulierter Satz aufbauen oder analysieren lässt. In diese Kategorie gehören Regeln über Rechtschreibung, Satzzeichen und Grammatik. Die Gesamtheit dieser Regeln bezeichnet man als die Syntax einer Sprache. Mithilfe der Theorie der formalen Sprachen (vgl. Kap. 10) ist es möglich, die syntaktische Struktur einer formalisierten Sprache mathematisch zu erfassen. Die Syntax einer Programmiersprache muss streng formalisiert sein, da nur so eine maschinelle Verarbeitung von Programmen effizient durchgeführt werden kann.

Semantik

Mit der statistischen und syntaktischen Beschreibung einer Sprache ist noch keine Aussage über die Bedeutung eines in der betreffenden Sprache formulierten Satzes möglich. Die Bedeutung eines sprachlichen Ausdrucks wird als Semantik bezeichnet. Beispielsweise ist der Satz „der eckige Mond scheint leise“ syntaktisch korrekt, aber in üblicher Interpretation semantisch sinnlos, da er keine erkennbare Bedeutung trägt. Im Falle von Programmiersprachen ist die Situation ähnlich: Ein Programm kann syntaktisch richtig und von einem Compiler fehlerfrei übersetzt worden sein, aber dennoch unsinnige Resultate liefern, wenn es versteckte semantische Fehler enthält – beispielsweise eine nicht offensichtliche Division durch Null in Ausdrücken wie $x = a/(b-c)$, bei denen die Werte von b und c zur Übersetzungszeit noch nicht feststehen. Natürlich müssen auch Compiler bei der Übersetzung von Programmen die Semantik berücksichtigen und vor allem unverändert lassen. Dennoch ist die mathematisch vollständige Beschreibung der Semantik formalisierter Sprachen bislang nur in eng begrenzten Teilbereichen gelungen.

Pragmatik

Eine weitere Kategorie bei der Untersuchung bzw. Konstruktion von Sprachen ist die Pragmatik. Hierbei wird danach gefragt, welcher Art die Informationen sind, die in der betrachteten Sprache ausgedrückt werden sollen, welche Handlung bzw. Aktion sie auslösen sollen und wie sich dies in der Struktur der Sprache niederschlägt. Ein einfaches Beispiel dafür ist, wie die Zuweisung (der Wert einer Variablen A wird einer Variablen B zugewiesen) und die Vergleichsoperation (zwei Größen A und B werden auf Gleichheit überprüft) in verschiedenen Sprachen realisiert worden sind (siehe Tabelle 14.1). Die Aktionen Vergleich und Zuweisungen sind natürlich sehr verschieden, daher sollten auch die sie vermittelnden Sprachelemente diesen Unterschied zum Ausdruck bringen. Auf diese Weise können auch Konstruktionen vermieden werden, sie zwar syntaktisch richtig sind, aber semantisch falsch.

Ziel der Formulierung ist es, möglichst prägnant und effizient zum Ausdruck zu bringen, was die Operation bewirken soll. In BASIC sind Zuweisung und Vergleich zwar mit der kürzesten Schreibweise realisiert, aber auch am unklarsten, da für den Zuweisungs- und den Vergleichsoperator dasselbe Zeichen verwendet wird; welche Operation gemeint ist, geht nur aus dem Zusammenhang (Kontext) hervor, so dass sich leicht Fehler einschleichen können. Dies erfordert zudem eine

Tabelle 14.1 Zuweisung und Vergleich in einigen Programmiersprachen als Beispiel zur Pragmatik

	Pascal	FORTRAN	BASIC	C
Zuweisung	`A := B`	`A = B`	`A = B`	`A = B`
Vergleich	`A = B`	`A .EQ. B`	`A = B`	`A == B`

spezielle Berücksichtigung des Kontextes im Compiler, was die Compilierung aufwendiger macht. In Pascal, FORTRAN und C sind Zuweisung und Vergleich sofort unterscheidbar, wobei in Pascal die Zuweisung am klarsten formuliert ist, da auch die Richtung zum Ausdruck kommt und in FORTRAN der Vergleich, da sich der Operator `.EQ.` an das englische Wort „equal“ für „gleich“ anlehnt. In C besteht der häufig auftretende Zuweisungsoperator aus nur einem und der seltener auftretende Vergleichsoperator aus zwei Zeichen; hiermit ist eine ausreichend klare Formulierung bei optimaler Kürze und kontextfreier Compilierbarkeit erreicht. Dennoch kann es geschehen, dass durch einen Schreibfehler eine Zuweisung `a=b` an einer Stelle erscheint, an der eigentlich ein Vergleich `a==b` hätte stehen sollen. Dies kann zu einem syntaktisch korrekten Ausdruck führen, der aber semantisch falsch ist. Der Compiler wird dann keine Fehlermeldung liefern, aber eventuell eine Warnung.

Apobetik

Als die aus linguistischer Sicht höchste Ebene sprachlicher Kommunikation bezeichnet man die Apobetik einer Sprache. Dadurch wird der Zielaspekt beschrieben, also die Frage, was der Absender einer Nachricht beim Empfänger damit erreichen möchte. Solche Fragen zum Wesen der Information gehen über das hinaus, was alleine durch die Formalisierung von Sprachen erreichbar wäre, da hier auch die Modellbildung über den jeweils relevanten Ausschnitt der Welt mit einbezogen werden muss.

14.1.3 Systeme und Strukturen

Programmsysteme (Software) sind Spiegelbilder menschlicher Organisationsformen und Denkprozesse und als solche, wie auch soziologische und biologische Systeme, auch ein Arbeitsgebiet der metadisziplinären (d. h. übergeordneten, in Abgrenzung zu interdisziplinär) Systemtheorie [Luh06], die sich mit Modellen zur Beschreibung und Erklärung komplexer Phänomene befasst.

Systeme

Ein System setzt sich aus folgenden Komponenten zusammen:

- Elemente, beispielsweise Daten zur Beschreibung von Gegenständen der realen Welt und Funktionen zur Beschreibung von Vorgängen.
- Eigenschaften oder Attribute der Elemente, etwa der Wertebereich einer Funktion.
- Beziehungen der Elemente untereinander, d. h. Verbindungen zwischen den Elementen. Diese Beziehungen können statisch, also in einer festen zeitlichen Ordnung, oder dynamisch in einer Ordnung über die Zeit als Ablauf- und Flussfolge strukturiert sein. Die Beziehungen können den Austausch von Signalen einbeziehen.

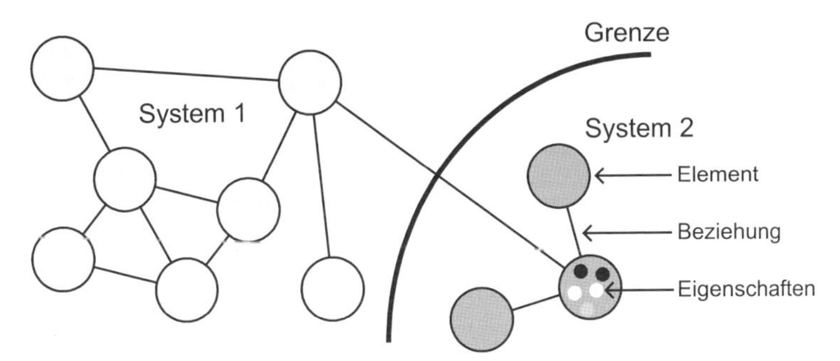

Abb. 14.2 Systeme und Komponenten eines Systems

- Grenzen zur Kennzeichnung des Systemumfangs und der Abgrenzung zu anderen Systemen. Geschlossene Systeme haben keine Beziehungen zu anderen Systemen. Offene Systeme schließen Beziehungen zu anderen Systemen mit ein.

Die Gesamtheit der Elemente, Eigenschaften, Beziehungen und Grenzen legt die Struktur des Systems fest. Abb. 14.2 verdeutlicht dies.

In einem betriebswirtschaftlichen Beispiel könnte man als Systeme verschiedene Firmen betrachten, die durch Wettbewerb oder Geschäftsbeziehungen miteinander verbunden sind. Die Elemente der Firmen wären die Ressourcen, also Mitarbeiter, Gebäude, Maschinen etc. Die Mitarbeiter können untereinander in Beziehungen wie „ist Chef von", „berichtet an", „führt aus" stehen. Im Produktionsprozess können Maschinen in einem dynamischen Geflecht gegenseitiger Abhängigkeiten vernetzt sein, etwa in der Art, dass durch die Maschinen *A* und *B* gefertigte Komponenten in Maschine *C* zusammengefügt werden. Attribute von Maschinen könnten beispielsweise Fertigungskapazität, Platzbedarf und Energieaufwand sein.

Gut geeignet zur Modellierung derartiger statischer und dynamischer Netzstrukturen mit parallelen und teilweise voneinander anhängender Prozesse sind Petri-Netze [Pri03].

Eine Verwandtschaft besteht ferner zu dem in der künstlichen Intelligenz gebräuchlichen Begriff *Ontologie* [Hit07]. Darunter versteht man die Repräsentation von Wissen sowie die damit verbundenen Regeln und Schlussfolgerungen. Mit der Idee der Erweiterung des Internets zum semantischen Web haben Ontologien an Bedeutung gewonnen.

Prinzipielle Grundstrukturen

Ein Betrachtung der prinzipiell möglichen Strukturen liefern die in Abb. 14.3 skizzierten Grundstrukturen: sequentielle oder parallele lineare Strukturen, Baumstrukturen, Blockstrukturen und Netzstrukturen. Diese prägen letztlich alle Programmiersprachen. Man unterscheidet dabei Ablaufstrukturen oder dynamische Strukturen und Datenstrukturen.

Die erweiterte D-Struktur

Da man eine Programmiersprache möglichst einfach halten möchte, wäre es nicht sinnvoll, alle prinzipiell möglichen Strukturen zuzulassen. Es wird im Allgemeinen nur eine Untermenge ausgewählt, die es aber erlaubt, alle überhaupt möglichen Strukturen zusammenzusetzen. Man beschränkt sich dabei seit Mitte der 60er Jahre in der Regel auf die Elemente der nach dem niederländischen

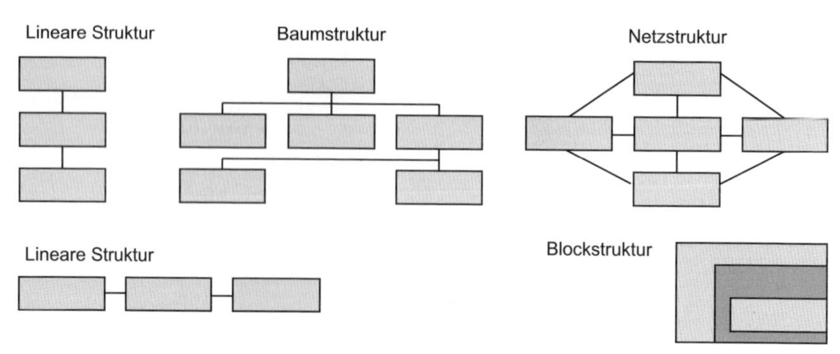

Abb. 14.3 Die prinzipiell möglichen Strukturen

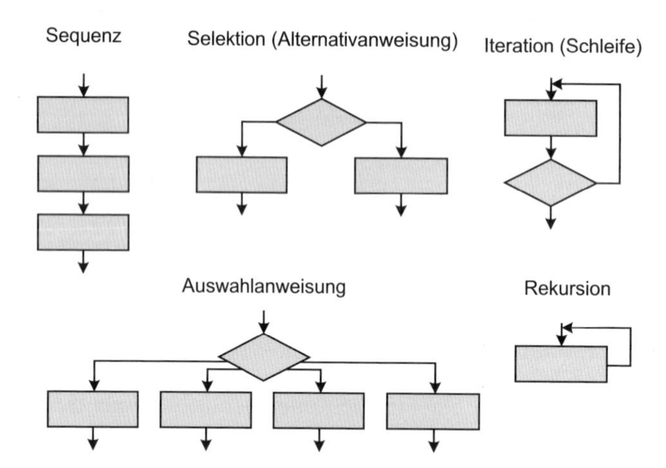

Abb. 14.4 Im oberen Teil der Abbildung sind die drei essentiellen Strukturen Sequenz, Iteration und Selektion dargestellt, darunter die beiden in der erweiterten D-Struktur noch hinzu genommenen Elemente Auswahlanweisung und Rekursion

Informatiker E. Dijkstra benannten erweiterten D-Struktur, nämlich Sequenz, Alternativanweisung (Selektion) und Iteration (Schleife), Auswahlanweisung und Rekursion. Man bezeichnet diese Strukturen als „erweitert", weil Auswahlanweisung und Rekursion eigentlich auch durch Alternativanweisungen bzw. Schleifen ausgedrückt werden können. Entscheidend ist, dass man unter ausschließlicher Verwendung der Kontrollstrukturen Sequenz, Selektion und Iteration für jedes berechenbare Problem einen Algorithmus in Form eines Programms formulieren kann (vgl. Kap. 11.1.4). Abbildung 14.4 zeigt die Elemente der erweiterten D-Struktur.

Diese Grundstrukturen finden in Programmiersprachen ihren Ausdruck in Konstrukten wie Zuweisungen, Verzweigungen (`IF`, `THEN`, `ELSE`) und Sprüngen zu Marken (`GOTO`) sowie Laufanweisungen (insbesondere `FOR`-Schleifen und `WHILE`-Schleifen).

Übungsaufgaben zu Kapitel 14.1

A 14.1 (T0) Beantworten Sie die folgenden Fragen:

a) Nennen Sie nach dem Zeitpunkt ihrer Entstehung geordnet vier objektorientierte Programmiersprachen.

b) Nennen Sie die drei ältesten höheren Programmiersprachen.

c) Nennen Sie eine Programmiersprache, in der es keine Laufanweisungen (`FOR` oder ähnliche

Anweisungen) gibt.

d) Welche Anforderungen muss eine Programmiersprache erfüllen, damit in dieser Sprache geschriebene Programme „portierbar“ sind?

A 14.2 (L1) Beantworten Sie die folgenden Fragen:

a) Bilden Sie aus Selektionen eine Auswahlanweisung mit vier Ausgängen.

b) Wie wird eine Netzstruktur in der erweiterten D-Struktur abgebildet?

c) Was unterscheidet die D-Struktur von der erweiterten D-Struktur?

d) Lässt sich unter Verwendung der Strukturen Sequenz, Selektion und Iteration für jedes berechenbare Problem ein Algorithmus angeben?

A 14.3 (T1) Beantworten Sie die folgenden Fragen:

a) Was ist der Unterschied zwischen Syntax und Semantik?

b) Wodurch unterscheiden sich funktionale und imperative Programmiersprachen?

c) Grenzen Sie die Begriffe Assembler, Compiler und Interpreter ab.

d) Wodurch unterscheiden sich die Zeigerkonzepte in C und Pascal?

14.2 Methoden der Syntaxbeschreibung

Die Syntax einer Programmiersprache ist, wie bereits ausgeführt, formalisiert und in einer Anzahl von Regeln niedergelegt. Die natürliche Sprache ist nicht gut geeignet, diese Regeln kurz und übersichtlich zu beschreiben; man bedient sich dazu zweckmäßigerweise einer symbolischen Darstellung unter Verwendung von grafischen Symbolen oder einer speziellen sprachlichen Beschreibung. Beide Methoden werden im Folgenden beschrieben.

14.2.1 Die Backus-Naur Form

Metasprachen

Eine Programmiersprache lernt man üblicherweise unter Verwendung eines Lehrbuchs, in dem die Sprachregeln erläutert und durch Beispiele eingeübt werden. Für eine möglichst kompakte Beschreibung und vollständige Definition aller Details ist jedoch ein formalisiertes Konzept erforderlich. Ein solches sind beispielsweise Metasprachen, also Sprachen, mit deren Hilfe man andere Sprachen, die man dann als Objektsprachen bezeichnet, beschreiben kann. Dabei wird gefordert, dass die Sprachstruktur der Metasprache selbst sehr viel einfacher ist als die der Sprache, die man damit beschreiben möchte. In einer Reihe von metasprachlichen Definitionen, die man als Produktionen bezeichnet, werden alle zusammengesetzten Sprachelemente, sog. syntaktische Variablen oder nichtterminale Sprachsymbole, auf andere, bereits definierte Sprachsymbole und letztlich auf nicht weiter zerlegbare Elemente, die terminalen Sprachsymbole, zurückgeführt. Die terminalen Symbole sind im Allgemeinen die Zeichen des verwendeten Alphabets und einige Schlüsselwörter, in C etwa `WHILE`, `GOTO` oder `ELSE`. Nichtterminale Symbole bzw. syntaktische Variablen sind in natürlichen Sprachen beispielsweise „Hauptsatz“, „Nebensatz“ und „Verb“. In Programmiersprachen sind z. B. Sprachelemente wie „Ausdruck“, „Zuweisung“ oder „Funktionsaufruf“ syntaktische Variablen. Siehe dazu auch Kapitel 10 über formale Sprachen.

Tabelle 14.2 Elemente der Metasprache BNF

<table>
<tr><th>Sprachelemente in BNF</th><th>Bedeutung</th></tr>
<tr><td>`<irgendwas>::= rechts`</td><td>Die spitzen Klammern kennzeichnen das nicht-terminale Symbol `<irgendwas>`. Es wird mit der Zuweisung ::= durch den rechts stehenden Ausdruck definiert. Man nennt dies eine Produktion.</td></tr>
<tr><td>`a | b | c`</td><td>Das Zeichen | bedeutet „oder“ im ausschließenden Sinn. Der Operator wirkt auf die links und rechts davon stehenden kürzesten BNF-Ausdrücke. Hier haben a, b und c nur die Funktion von Platzhaltern.</td></tr>
<tr><td>`{irgendwas}n`</td><td>Wiederholungsklammern: Der geklammerte Ausdruck muss mindestens einmal auftreten und darf höchstens *n* mal auftreten. Wird *n* weggelassen, so ist kein maximales Auftreten spezifiziert, der geklammerte Ausdruck darf dann beliebig oft wiederholt werden.</td></tr>
<tr><td>`[irgendwas]`</td><td>Der Ausdruck „irgendwas“ kann optional einmal auftreten; er kann also auch fehlen.</td></tr>
</table>

Die traditionelle Backus-Naur Form (BNF)

Eine weit verbreitete Metasprache zur Syntaxbeschreibung von Programmiersprachen ist die Backus-Naur Form (BNF). Die Syntax der BNF ist so einfach, dass sie durch sich selbst definierbar ist oder als Tabelle in natürlicher Sprache beschrieben werden kann. Tabelle 14.2 zeigt die Sprachelemente.

Als Prioritätsregel gilt, dass das Zuweisungszeichen ::= am schwächsten bindet und dass das Oder-Zeichen | die stärkste Bindung hat. Die in der BNF verwendeten Klammern wirken neben ihrer eigentlichen Bedeutung auch als Klammern in der üblichen Definition. Das Beginnen einer neuen Zeile hat ebenfalls die Wirkung einer Klammerung. Wesentlich ist, dass Rekursionen erlaubt sind, d. h. das durch eine Zuweisung definierte nichtterminale Symbol auf der linken Seite der Zuweisung darf auch auf der rechten Seite auftreten.

Die BNF hat den Nachteil, dass terminale Symbole, die sowohl in der Metasprache als auch in der zu beschreibenden Sprache enthalten sind, nicht ohne weiteres unterschieden werden können. Ein Beispiel dafür ist die geschweifte Klammer {...}, die ja in der BNF, aber auch in vielen Programmiersprachen enthalten ist. Ein Ausweg ist die anderweitige Kennzeichnung der BNF-Symbole, etwa durch Fettdruck oder farbliche Hervorhebung.

Die erweiterte Backus-Naur Form (EBNF)

Zur Vermeidung der oben genannten Nachteile der BNF wurde als Alternative die in der Tabelle 14.3 erläuterte erweiterte BNF oder extended BNF bzw. EBNF eingeführt. Insbesondere geschweifte und spitze Klammern treten hier nicht auf. In den Beispielen 14.1 und 14.2 sind die beiden Formen anhand einfacher Sprachelemente von C verglichen.

Analyse

Außer zur Beschreibung der Syntax einer Programmiersprache ist die BNF auch zur Analyse eines in dieser Programmiersprache formulierten Wortes, also eines Programms, verwendbar. Man kann also feststellen, ob es sich bei einem gegebenen Wort tatsächlich um ein Wort der betrachteten

Tabelle 14.3 Elemente der Metasprache EBNF

<table>
<tr><th>Sprachelemente in EBNF</th><th>Bedeutung</th></tr>
<tr><td>irgendwas ::= rechts</td><td>Mit Hilfe des Zeichens ::= wird irgendwas durch den rechts stehenden Ausdruck als nicht-terminales Symbol definiert (Produktion).</td></tr>
<tr><td>'irgendwas'</td><td>Die Apostrophe weisen 'irgendwas' als terminales Symbol aus.</td></tr>
<tr><td>a | b | c</td><td>Das Zeichen | bedeutet „oder“ im ausschließenden Sinn. Der Operator wirkt auf die links und rechts davon stehenden kürzesten EBNF-Ausdrücke. Hier haben a, b und c nur die Funktion von Platzhaltern.</td></tr>
<tr><td>(irgendwas)?</td><td>Der Ausdruck „irgendwas“ kann optional einmal auftreten; er kann also auch fehlen.</td></tr>
<tr><td>(irgendwas)n</td><td>Der Ausdruck „irgendwas“ kann maximal n mal auftreten; er kann also auch fehlen.</td></tr>
<tr><td>(irgendwas)*</td><td>Der Ausdruck „irgendwas“ kann beliebig oft auftreten; er kann also auch fehlen.</td></tr>
<tr><td>(irgendwas)+</td><td>Der Ausdruck „irgendwas“ kann beliebig oft auftreten, mindestens aber einmal.</td></tr>
</table>

Bsp. 14.1 Einfache Sprachelemente von C in BNF und EBNF (Namen bzw. Identifier)

Ein Name besteht aus höchstens 127 aneinander gereihten Buchstaben, Ziffern oder dem Unterstrich. Der Name muss mit einem Buchstaben oder dem Unterstrich beginnen. Das nichtterminale Symbol Name ist damit vollständig auf terminale Symbole zurückgeführt.

Ergebnis in BNF:

```
<Buchstabe> ::=  A | B  ... | Z | a | b ... | z
<Ziffer>    ::=  0 | 1 | 2 | 3 | 4 | 5 | 6 | 7 | 8 | 9
<Name>      ::=  <Buchstabe> | _ [{<Buchstabe> | _ | <Ziffer>}126]
```

Ergebnis in EBNF:

```
Buchstabe   ::=  'A' | 'B'  ... | 'Z' | 'a' | 'b' ... | 'z'
Ziffer      ::=  '0' | '1' | '2' | '3' | '4' | '5' | '6' | '7' | '8' | '9'
Name        ::=  Buchstabe | '_'  (Buchstabe | '_' | Ziffer)126
```

Sprache handelt, oder anders ausgedrückt, ob dieses Wort fehlerfrei ist. Dies lässt sich durch einen Syntaxbaum veranschaulichen, indem man in einer Top-Down-Analyse zusammengesetzte Sprachelemente (also Ausdrücke aus nichtterminalen und terminalen Symbolen) durch Einsetzen der erlaubten Produktionen bis auf terminale Symbole zurückführt. Umgekehrt kann man in einer Bottom-Up-Analyse von einer gegebenen Anordnung terminaler Symbole ausgehen, etwa einem Programmtext. Man fasst dabei durch Einsetzen von Produktionen die terminalen Symbole zu syntaktischen Variablen zusammen und kombiniert diese immer weiter. Für syntaktisch korrekte Programme verbleibt schließlich nur noch eine einzige syntaktische Variable, die nicht mehr weiter vereinfacht werden kann und für einen Programmtext beispielsweise <Programm> lauten könnte.

Bsp. 14.2 Sprachelemente von C in BNF und EBNF (einfache Anweisung)

Eine (vereinfachte) C-Anweisung soll in BNF und EBNF beschrieben werden.
Ergebnis in BNF:

```
<Anweisung>              ::=  [<Marke>:] <einfache Anweisung> |
                              <struktur. Anweisung>
<Marke>                  ::=  <Name> | {<Ziffer>}127
<einfache Anweisung>     ::=  <Zuweisung> | <Sprung> | <Funktionsaufruf > |
                              <leere Anweisung>
<struktur. Anweisung>    ::=  <Block> | <bedingte Anweisung>|<Auswahlanweisung>|
                              <FOR-Schleife> | <WHILE-Schleife>
<Zuweisung>              ::=  <Variable>=<Ausdruck>;
<Sprung>                 ::=  [IF(<Bedingung>)] GOTO <Marke>;
<Funktionsaufruf>        ::=  [<Variable>=]<Name>([<Parameterliste>]);
<leere Anweisung>        ::=  ;
<bedingte Anweisung>     ::=  IF(<Bedingung>) <Anweisung> [ELSE <Anweisung>]
<FOR-Schleife>           ::=  FOR(<Zuweisung><Bedingung><Ausdruck>) <Anweisung>
<WHILE-Schleife>         ::=  WHILE (<Bedingung>) <Anweisung>
<Block>                  ::=  { {<Anweisung>} }
```

Ergebnis in EBNF:

```
Anweisung                ::=  (Marke':')? einfache_Anweisung|struktur_Anweisung
Marke                    ::=  Name | Ziffer(Ziffer)126
einfache_Anweisung       ::=  Zuweisung | Sprung | Funktionsaufruf |
                              leere_Anweisung
struktur_Anweisung       ::=  Block | bedingte_Anweisung |
                              Auswahlanweisung | FOR-Schleife | WHILE-Schleife
Zuweisung                ::=  Variable'='Ausdruck';'
Sprunganweisung          ::=  ('IF' '('Bedingung ')')? 'GOTO' Marke;
Funktionsaufruf          ::=  (Variable'=')?Name'('(<Parameterliste>)?')' ';'
leere_Anweisung          ::=  ';'
bedingte_Anweisung       ::=  'IF' '('Bedingung ')' Anweisung ('ELSE' Anweisung)?
FOR-Schleife             ::=  'FOR' '('Zuweisung Bedingung Ausdruck')' Anweisung
WHILE-Schleife           ::=  'WHILE ' '('Bedingung')' Anweisung
Block                    ::=  '{' (Anweisung)+ '}'
```

Für eine vollständige Beschreibung des nichtterminalen Symbols `Anweisung` müssten noch einige auf der rechten Seite auftretende nichtterminale Symbole, z. B. `Parameterliste` und `Bedingung`, definiert werden. Ferner fällt auf, dass `Anweisung` teilweise rekursiv definiert ist. Es tritt nämlich auf der rechten Seite der Produktion für `Anweisung` das nicht-terminale Symbol `strukturierte Anweisung` auf. In der Produktion für `strukturierte Anweisung` erscheint aber auf der rechten Seite das nichtterminale Symbol `Block` und bei der Definition für `Block` tritt rechts wieder `Anweisung` auf. Solche Schachtelungen sind in beliebiger Tiefe zulässig.

Bsp. 14.3 Analyse einer While-Schleife

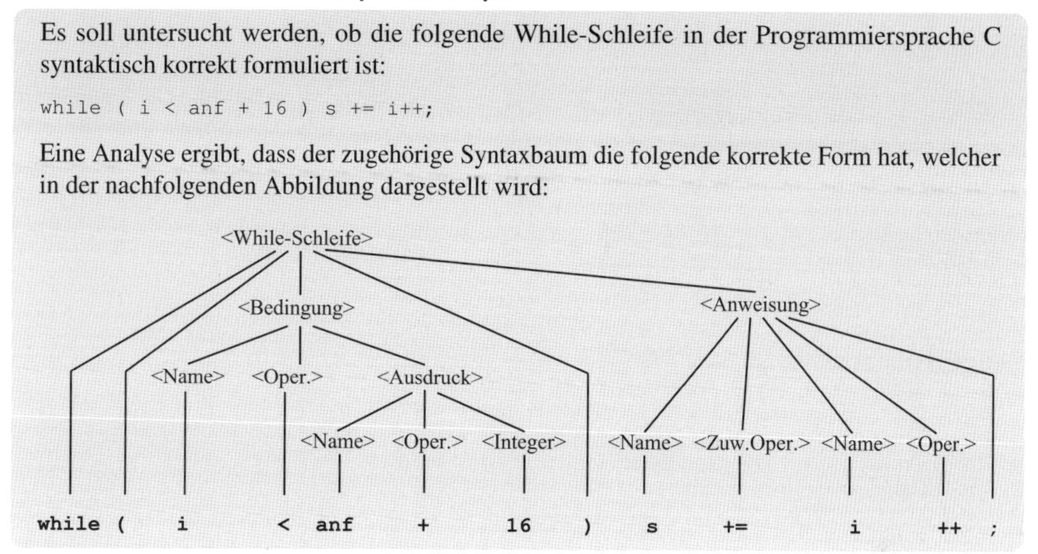

Es soll untersucht werden, ob die folgende While-Schleife in der Programmiersprache C syntaktisch korrekt formuliert ist:

```
while ( i < anf + 16 ) s += i++;
```

Eine Analyse ergibt, dass der zugehörige Syntaxbaum die folgende korrekte Form hat, welcher in der nachfolgenden Abbildung dargestellt wird:

Gelingt dies, so ist das Programm fehlerfrei, verbleiben dagegen mehrere syntaktische Variablen und/oder terminale Symbole, die nicht weiter zusammengefasst werden können, so enthält der Ausgangstext syntaktische Fehler. Diese Analyse ist Aufgabe eines Parsers, der Teil eines jeden Compilers ist (vgl. Kap. 10.2.5). Beispiel 14.3 zeigt exemplarisch die Analyse einer While-Schleife.

14.2.2 Syntaxgraphen

Eine sehr anschauliche Methode der Syntaxbeschreibung sind Syntaxgraphen. Die Grundelemente werden in Abb. 14.5 dargestellt. Als Beispiel wird die bereits im Zusammenhang mit der BNF betrachtete Syntax eines Namens aus Bsp. 14.1 nochmals aufgegriffen. Ein Name muss mit einem Buchstaben oder dem Unterstrich beginnen. Danach folgen aneinander gereihte Buchstaben, Ziffern oder Unterstriche. Durch Syntaxgraphen lässt sich dies wie in Abb. 14.6 dargestellt ausdrücken.

14.2.3 Eine einfache Sprache als Beispiel: C- -

Die Beschreibung von Sprachen durch BNF oder Syntaxgraphen ist kompakt und für formale Zwecke gut geeignet, bietet aber für das Erlernen einer Programmiersprache keinen didaktisch adäquaten Zugang. In Kap. 14.3 werden daher nochmals in traditioneller Weise die Sprachelemente von C erläutert, da diese von grundlegender Bedeutung für das Verständnis von prozeduralen Programmiersprachen sind. Zur Demonstration der Möglichkeiten von BNF und Syntaxgraphen wird hier eine stark abgemagerte, als C- - bezeichnete Form von C vorgestellt. C- - umfasst die Datentypen `INT`, `REAL` und Zeichenketten als skalare Variablen, dazu eindimensionale Arrays, die Kontrollstrukturen `IF...THEN` und `WHILE` sowie die einfachen Ein-/Ausgabefunktionen `READ` und `WRITE` ohne Formatierung. C- - kann mit einer erstaunlich geringen Anzahl von BNF-Produktionen definiert werden, wie die Liste in Tabelle 14.4 zeigt. Die Abb. 14.7 und 14.8 zeigen die Syntaxgraphen von C- -.

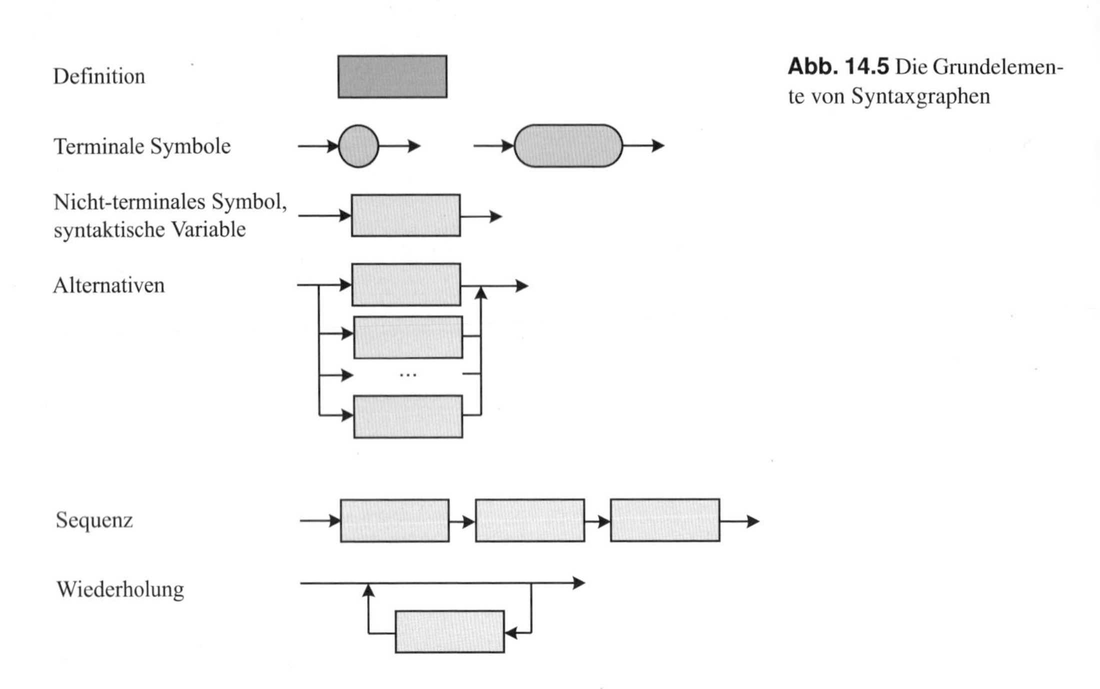

Abb. 14.5 Die Grundelemente von Syntaxgraphen

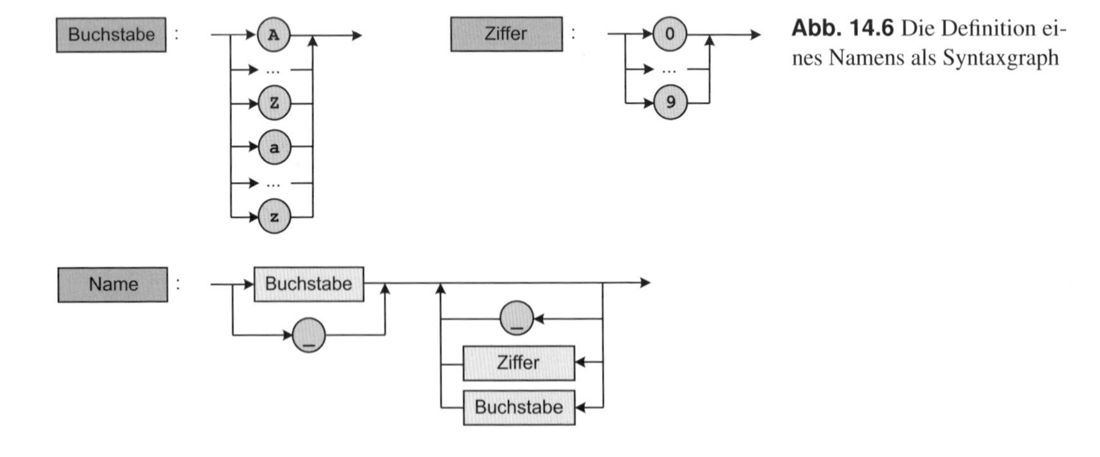

Abb. 14.6 Die Definition eines Namens als Syntaxgraph

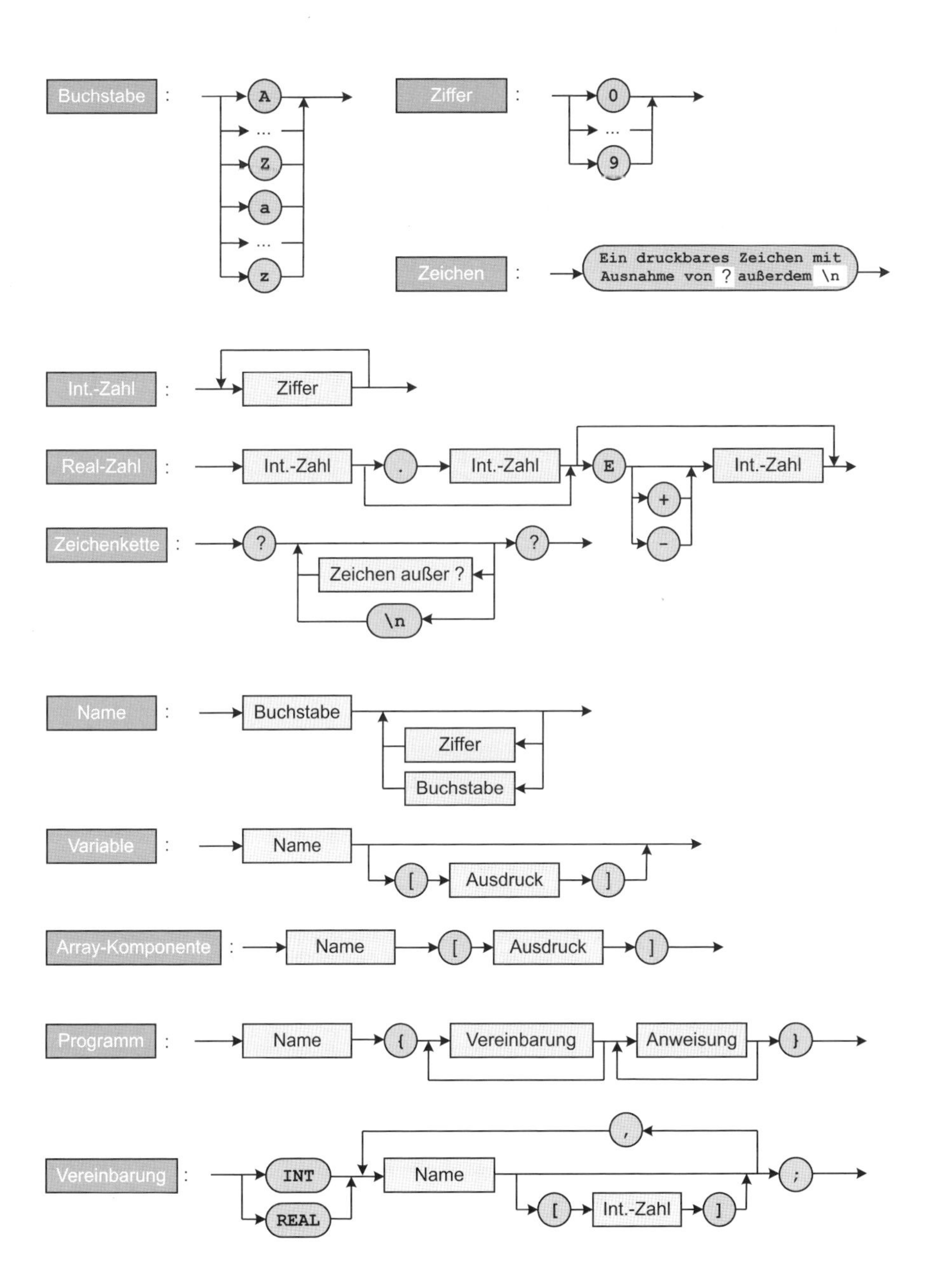

Abb. 14.7 Syntaxgraphen der Sprache C- -, Teil 1 (Fortsetzung in Abb. 14.8)

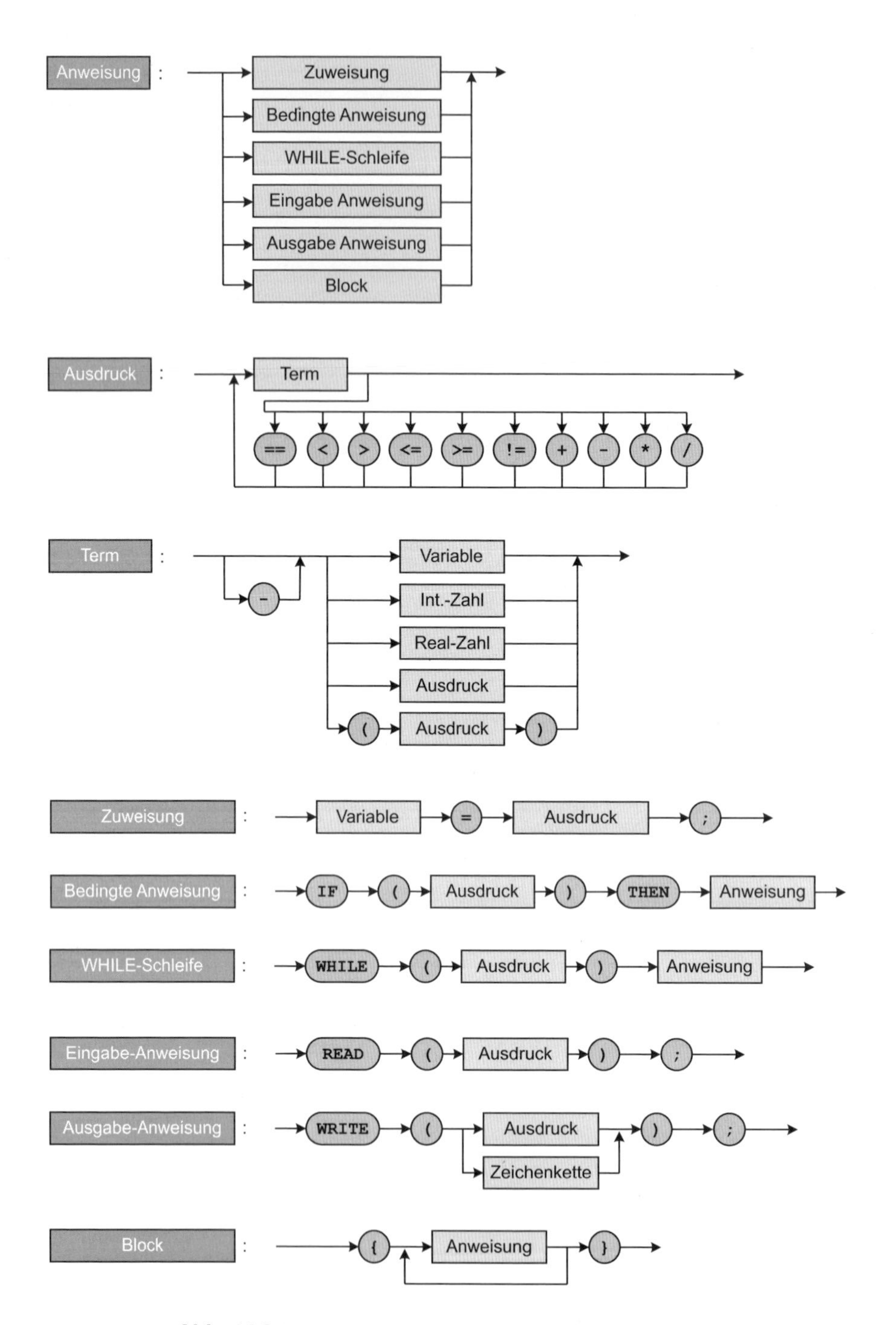

Abb. 14.8 Syntaxgraphen der Sprache C- -, Teil 2 (Fortsetzung von Abb. 14.7)

Tabelle 14.4 BNF-Notation der Sprache C- -. Die Elemente der Sprache C- - sind zur klareren Unterscheidung von der BNF-Notation fett hervorgehoben. Insbesondere Verwechslungen der geschweiften und eckigen Klammern, die sowohl Sprachelemente von C- - als auch der BNF sind, sollten damit ausgeschlossen sein

```
<Ziffer> ::= 0|1|2|3|4|5|6|7|8|9
<Integer-Zahl> ::= <Ziffer>[{<Ziffer>}]
<Real-Zahl> ::= <Integer-Zahl>[.<Integer-Zahl>][E[+|-]<Integer-Zahl>]
<Operator> ::= +|-|*|/|<|>|==|!=|<=|>=|!|&||
<Buchstabe> ::= a|b| ...|z|A|B| ...|Z
<Zeichen> ::= beliebiges druckbares Zeichen außer ", außerdem \n und " "
<Zeichenkette> ::= "<Zeichen>[{<Zeichen>}]"
<Name> ::= <Buchstabe>[{<Buchstabe>|<Ziffer>}]
<Variable> ::= <Name>|<Array-Komponente>
<Array-Komponente> ::= <Name>[<Ausdruck>]
<Ausdruck>::= <Term>[{<Operator><Term>}]
<Term>::=[-]<Variable>|<Integer-Zahl>|<Real-Zahl>|<Ausdruck>|(<Ausdruck>)
<Programm> ::= <Name>{<Vereinbarungsteil> <Anweisungsteil>}
<Vereinbarungsteil> ::= <Vereinbarung>[{<Vereinbarung>}]
<Vereinbarung> ::= <Int-Vereinbarung>|<Real-Vereinbarung>
<Int-Vereinbarung> ::= INT <Name>[[<Integer-Zahl>]][{,<Name>[[<Integer-Zahl>]]}];
<Real-Vereinbarung> ::= REAL
<Name>[[<Integer-Zahl>]][{,<Name>[[<Integer-Zahl>]]}];
<Anweisungsteil> ::= <Anweisung>[{<Anweisung>}]
<Anweisung> ::= <einfache Anweisung>|<Block>
<einfache Anweisung> ::=<Zuweisung>|<bedingte Anweisung>|
<WHILE-Schleife>|<Eingabe-Anweisung>|<Ausgabe-Anweisung>
<Zuweisung> ::= <Variable>=<Ausdruck>;
<bedingte Anweisung> ::= IF(<Ausdruck>) THEN <Anweisung>
<WHILE-Schleife> ::= WHILE(<Ausdruck>) <Anweisung>
<Eingabe-Anweisung> ::= READ(<Ausdruck>);
<Ausgabe-Anweisung> ::= WRITE(<Ausdruck>|<Zeichenkette>);
<Block> ::= {{<Anweisung>}}
```

Übungsaufgaben zu Kapitel 14.2

A 14.4 (T1) Beantworten Sie die folgenden Fragen:

a) Was versteht man unter einer Metasprache?
b) Erläutern Sie die Aufgabe eines Parsers.
c) Was ist ein Syntaxbaum?
d) Was ist eine Top-Down-Analyse und was ist eine Bottom-Up-Analyse?

A 14.5 (L2) Geben Sie die Syntax für eine Gleitpunktzahl als BNF-Produktion, als EBNF-Produktion und als Syntaxgraphen an. Eine Gleitpunktzahl kann eine Ganze Zahl mit oder ohne Exponenten in der in C üblichen Schreibweise sein oder ein Dezimalbruch mit mindestens einer Vorkommastelle und mindestens einer Nachkommastelle. Beispiele: 123, −25, 3.14159, 1E−111, −0.21E3.

A 14.6 (L3) Geben Sie Syntaxgraphen, BNF- und EBNF-Produktionen für konjunktive Terme und disjunktive Ausdrücke an. Ein disjunktiver Ausdruck ist eine Oder-Verkettung von Variablen, negierten Variablen und eingeklammerten konjunktiven Termen, die ebenfalls auch negiert sein dürfen. Ein konjunktiver Term ist eine Und-Verkettung von Variablen oder negierten Variablen. Variablen können als bekannt vorausgesetzt werden, verwenden Sie dafür das Symbol *var* .
Beispiele für konjunktive Terme:
var, $\neg var$, $var \wedge var$, $var \wedge \neg var$, $var \wedge var \wedge var$
Beispiele für disjunktive Ausdrücke:
var, $var \vee (var \wedge var)$, $(var \wedge var) \vee var \vee \neg(var \wedge \neg var \wedge var) \vee \neg var$

14.3 Einführung in die Programmiersprache C

Vorbemerkungen

Die Programmiersprache C ist seit ihrer Einführung bei professionellen Programmierern eine der beliebtesten und sicher die erfolgreichste aller Programmiersprachen. Die Ursprünge von C reichen bis ins Jahr 1972 zurück. In den Jahren bis 1978 wurde bei den Bell Laboratories von D. M. Ritchie, K. Thompson und B. W. Kernighan [Ker00] die Programmiersprache C parallel zu dem Betriebssystem Unix entwickelt, dessen wesentliche Teile in C geschrieben sind. Die in ALGOL erstmals realisierte Möglichkeit der strukturierten Programmierung wurde in C weitergeführt. Außerdem besteht hinsichtlich des Zeigerkonzepts eine gewisse Ähnlichkeit mit der von Nikolaus Wirth vorrangig für Lehrzwecke entwickelten Programmiersprache Pascal [Wir71]. Weltweite Popularität erlangte C nach der 1989 erfolgten Standardisierung durch ANSI, die über den von Kernighan und Ritchie definierten Sprachumfang hinausführt. Diese wurde 1990 als C90 von der ISO in eine internationale Norm übernommen. Obwohl in den Jahren 1995, 1999 und 2011 die ISO Standards C95, C99 und C11 verabschiedet wurden, unterstützt die überwiegende Mehrzahl der Compiler (insbesondere auch für Microcontroller) in vollem Umfang nur C90. Auf diesen wird mit einigen Hinweisen auf Spracherweiterungen (in erster Linie aus C99) auch hier Bezug genommen. In diesem Kapitel werden keine grafischen Benutzeroberflächen oder sonstige Grafikelemente besprochen, die gesamte Ein- und Ausgabe beschränkt sich auf Tastatur und Bildschirm (Konsole) sowie die Festplatte. Für die Entwicklung von C-Programmen stehen Entwicklungsumgebungen für Microsoft[3] und UNIX[4] zur Verfügung, aber auch Freeware[5].

[3] `http://msdn.microsoft.com`
[4] `http://gcc.gnu.org`
[5] z. B. `http://www.bloodshed.net` und `http://www.eclipse.org`

14.3.1 Der Aufbau von C-Programmen

Die wichtigsten Vorteile von C

- C ist nicht (wie COBOL oder FORTRAN) auf bestimmte Anwendungsgebiete zugeschnitten, sondern universell einsetzbar.
- C ist maschinennäher als die meisten anderen höheren Programmiersprachen und liefert daher kompakte und schnelle Codes. Die typischen Nachteile von Assembler-Sprachen wurden aber vermieden.
- Für C gibt es gute und schnelle Compiler. Zusammen mit den maschinennahen Aspekten von C ergibt das sehr schnelle ausführbare Programme.
- C besitzt einen klar definierten Standard und ist weitgehend unabhängig von speziellen Hardware-Konfigurationen und Betriebssystemen. C-Programme sind daher bei Einhaltung des Standards in hohem Maße portabel. Allerdings besteht eine gewisse Affinität zu Unix.
- Die große Anzahl von Operatoren (über 40) ermöglicht eine effiziente und kompakte Programmierung.
- C erzwingt eine strukturierte Programmierung.
- C enthält verhältnismäßig wenige Sprachelemente.
- C bietet eine sehr umfangreiche Bibliothek von Standard-Funktionen. Dies trägt zur Kompaktheit und Portierbarkeit von C-Programmen bei.

Einige Nachteile von C

C hat auch einige Nachteile, die teilweise in Kauf genommen wurden, um einige Vorteile möglich zu machen. Aus diesen Gründen ist C für Anfänger mit Vorsicht zu genießen.

- Es gibt in C viele Fallen (insbesondere im Zusammenhang mit Zeigern), die zu unvorhergesehenen Nebenwirkungen und Fehlern führen können, ohne dass der Compiler durch eine Fehlermeldung oder Warnung darauf aufmerksam machen würde.
- Manche Fehler, z. B. Bereichsüberschreitungen bei der Indizierung von Arrays, werden nicht abgefangen.
- C verführt zu trickreichem und damit undurchsichtigem Programmieren, so dass bei undisziplinertem Programmierstil schwer lesbare Programme entstehen können.
- Für manche Anwendungen ist die fehlende strenge Typisierung von C nachteilig.

Elemente eines C-Programms

Ein C-Programm besteht aus Funktionen, die wiederum aus dem Funktionskopf und einem in geschweifte Klammern `{...}` gesetzten Block bestehen, der seinerseits ineinander geschachtelte Blöcke enthalten kann. Die Blockschachtelung sollte durch Einrücken deutlich gemacht werden;

Tabelle 14.5 Reservierte Schlüsselwörter in C90. Diese dürfen nicht als Namen verwendet werden

auto	default	float	long	sizeof	union
break	do	for	register	static	unsigned
case	double	goto	return	struct	void
char	else	if	short	switch	volatile
const	enum	int	signed	typedef	while
continue	extern				

viele Editoren unterstützen das Einrücken automatisch. Am Anfang des Programms stehen normalerweise noch Präprozessor-Anweisungen.

Die Blöcke enthalten Deklarationen von Variablen, Konstanten und Funktionen sowie durch ein Semikolon (;) abgeschlossene Anweisungen und Aufrufe von Bibliotheksfunktionen, die über Header-Dateien eingebunden werden. Bei der Reihenfolge der Deklarationen ist darauf zu achten, dass Variablen, Konstanten und Funktionen vor ihrer ersten Benutzung deklariert sein müssen. Funktionen werden in C im Wesentlichen so verwendet, wie in anderen Programmiersprachen auch. Eine Unterscheidung in Prozeduren und Funktionen wird in C nicht vorgenommen.

Gegebenenfalls kann ein Programm aus mehreren einzeln kompilierten Modulen bestehen.

Zusammenfügen von Zeilen

Durch den Rückwärtsschrägstrich (Backslash) \ können zwei Zeilen zu einer logischen Zeile verbunden werden:

```
Dies ist nur eine \\
logische Zeile
```

Kommentare

In das Programm können an beliebigen Stellen in `/*... */` eingeschlossene Kommentare eingestreut werden. Seit C99 ist die Kennzeichnung eines einzeiligen Kommentars auch durch `//...` möglich, der dann bis zum Zeilenende gerechnet wird.

Namen

Variablen, Konstanten, Marken und Funktionen werden mit Namen bezeichnet, die beliebig lang sein dürfen, wobei jedoch nach C90 nur die ersten 31 Zeichen signifikant sind. Die meisten Compiler unterstützen mehr als 31 Zeichen, wenn allerdings Portabilität wichtig ist oder Code für sicherheitskritische Anwendungen entwickelt wird [MIS13], muss dies berücksichtigt werden. Namen können Ziffern, Buchstaben und den Unterstrich _ enthalten, wobei jedoch das erste Zeichen keine Ziffer sein darf. Zwischen Klein- und Großbuchstaben wird unterschieden. Namen dürfen keine Schlüsselwörter sein, da diese als Sprachbestandteile von C eine vordefinierte Bedeutung haben. Die reservierten Schlüsselwörter von C sind in Tabelle 14.5 zusammengestellt. Für die Namensgebung empfiehlt sich die Verwendung einer Systematik.

Prinzipieller Aufbau eines C-Programms

Ein C-Programm muss mindestens eine Funktion mit dem Namen main enthalten. Diese ist das Hauptprogramm und dient als Startpunkt für die Programmausführung. Ein C-Programm hat somit den folgenden prinzipiellen Aufbau:

```
/* Kommentar: Prinzipieller Aufbau eines C-Programms */
#include ...     /* Praeprozessoranweisungen */
#define  ...

/* Globale Definitionen und Deklarationen */

Funktion_1(Parameterliste)        /* Kommentar: erste Funktion */
{
    lokale Deklarationen
    Anweisungen {
       /* ... */
       /* verschachtelte Bloecke */
       /* ... */
    }
}

Funktion_2(Parameterliste)        /* Kommentar: zweite Funktion */
{
    lokale Deklarationen
    Anweisungen {
       /* ... */
       /* verschachtelte Bloecke */
       /* ... */
    }
}
/* ... */

int main(int argc, char *argv[])        /* Kommentar: Hauptprogramm */
{
    lokale Deklarationen
    Anweisungen {
       /* ... */
       /* verschachtelte Bloecke */
       /* ... */
    }
}
```

Präprozessor-Anweisungen

Bevor ein C-Programm compiliert wird, werden darin enthaltenen Präprozessor-Anweisungen ausgeführt, die daran zu erkennen sind, dass sie mit dem Zeichen # beginnen. Damit können Quelldateien und Bibliotheken in das Programm mit eingebunden werden, Makros definiert und Compiler-Optionen gesetzt werden sowie Bedingungen für die Übersetzung angegeben werden.

Die wichtigsten Präprozessor-Anweisungen sind `#include` und `#define`. Durch die Anweisung `#include` können Dateien als Programmteile vor dem Compilieren in das C-Programm übernommen werden. Es stehen zwei Varianten zur Verfügung:

Bsp. 14.4 Ein einfaches Makro

Es wird das folgende Makro zur Bestimmung des Maximums zweier Zahlen definiert:

```
#define MAX(x,y) ((x)>(y)?(x):(y))
```

Durch den Aufruf `c=MAX(a,b);` wird der Variablen `c` das Maximum von `a` und `b` zugewiesen. Man beachte, dass auf der rechten Seite der Makro-Definition die formalen Parameter in Klammern gesetzt werden sollten, damit eine korrekte Auswertung auch dann sicher gestellt ist, wenn die aktuellen Parameter Ausdrücke sind. Für den verwendeten Konditionaloperator `? :` siehe Tabelle 14.8, S. 630.

`#include` `<name>`	Übernahme der Datei `name` aus dem zum C-Compiler gehörenden Verzeichnis mit Namen include.
`#include` `"name"`	Übernahme der Datei `name` aus dem gleichen Verzeichnis, in dem sich auch das Quellprogramm befindet.

Es können dabei sowohl im Sprachumfang enthaltene, als Header-Files bezeichnete Dateien mit der Namenserweiterung oder Extension `.h` (z. B. `stdio.h`, `conio.h`) als auch selbst erstellte Dateien eingebunden werden. In Include-Dateien nimmt man Deklarationen und Funktionsprototypen auf, während die Funktionen selbst in eigenen Modulen, d. h. zugehörigen `.c` Dateien (Bibliotheken, Librarys) definiert werden.

Sehr häufig wird die Anweisung **`#define`** verwendet. Es stehen zwei Varianten zur Verfügung:

`#define` `name string`	Im gesamten folgenden Programmtext wird eine buchstabengetreue Ersetzung von `name` durch `string` vorgenommen. Beispiel für die Ersetzung von `CR` durch `13`: **`#define`** `CR 13`
`#define` `macroname(parameterlist) (macro commands)`	Hierdurch können Makros mit Eingabeparametern realisiert werden.
`#undef` `name`	Damit kann der Makroname `name` wieder gelöscht werden.

Durch Verwendung von Makros an Stelle von Funktionen lässt sich ein schnellerer Programmablauf erzielen, da im gesamten Programm alle Makro-Aufrufe vor der Compilierung durch den Programmtext des Makros ersetzt werden. In Bsp. 14.4 ist ein einfaches Makro gezeigt.

Durch die Direktive **`#pragma`** `Anweisung` können dem Compiler Anweisungen übermittelt werden, beispielsweise Optimierungsstufen. Die Syntax der Compiler-Anweisungen ist vom Compiler abhängig.

Die Direktive **`#error`** `String` bewirkt, dass der `String` auf der Standardausgabe ausgegeben wird, wenn diese Direktive bei der Compilierung erreicht wird.

Die Direktive **`#line`** `Zeilennummer "Datei"` bewirkt, dass der Compiler bei der Auflistung von Fehlern Zeilennummern für die angegebene Quelldatei verwendet, wobei die Zeilenzählung mit Zeilennummer beginnt.

Bedingte Compilierung

Für die Durchführung einer bedingten Compilierung dienen die Präprozessor-Anweisungen

```
#if Ausdruck1
 Programmteil 1
```

Tabelle 14.6 Die einfachen Standard-Datentypen in C

Datentyp	Wortlänge (Bit)	Bedeutung	Wertebereich
`char`	8	Zeichen oder Zahl	-128 bis 127
`signed char`	8	Zeichen oder Zahl	-128 bis 255
`unsigned char`	8	Zeichen oder Zahl	0 bis 255
`short`	16	ganze Zahl	-32768 bis 32767
`unsigned short`	16	positive ganze Zahl	0 bis 65565
`int`	16	ganze Zahl	-32768 bis 32767
oder	32	ganze Zahl	-2147483648 bis 2147483647
`unsigned int`	16	positive ganze Zahl	0 bis 65565
oder	32	positive ganze Zahl	0 bis 4294967295
`long`	32	lange ganze Zahl	-2147483648 bis 2147483647
`long int`	32	lange ganze Zahl	-2147483648 bis 2147483647
`unsigned long`	32	positive lange ganze Zahl	0 bis 4294967295
`unsigned long int`	32	positive lange ganze Zahl	0 bis 4294967295
`float`	32	kurze Gleitpunktzahl	+3.4E-38 bis +3.4E+38 (7 Stellen)
`double`	64	Gleitpunktzahl	+1.7E-308 bis +1.7E+308 (15 Stellen)
`long double`	64	Lange Gleitpunktzahl	+3.4E-4932 bis +3.4E-4932 (18 Stellen)
`void`	—	Leerer Typ	

```
#elif Ausdruck2
 Programmteil 2
#else
 Programmteil 3
#endif
```

Eine solche konditionale Direktive muss mit **`#if`** beginnen und mit **`#endif`** enden, dazwischen dürfen mehrere **`#elif`**-Direktiven und höchstens eine **`#else`**-Direktive stehen. Die so geklammerten Programmteile werden nur übersetzt, wenn der zugehörige konstante Integer-Ausdruck von 0 verschieden ist.

Ferner stehen **`#ifdef`** Makroname und **`#if`** `defined(Makroname)` als Direktiven zur Verfügung. Programmteile zwischen einer solchen Direktiven und der nächsten konditionalen Direktive werden nur übersetzt, wenn der entsprechende Makroname bekannt ist. Neben `defined` ist auch die Negation `!defined` zulässig.

14.3.2 Einfache Datentypen

Standard-Datentypen

Die Tabelle 14.6 gibt einen Überblick über die einfachen Datentypen in C. Es ist darauf zu achten, dass die Wortlänge des Datentyps **`int`** bzw. **`long int`** in Abhängigkeit von der Maschine bzw. dem Compiler 16 oder 32 Bit beträgt.

Die ersten elf Datentypen der Tabelle werden zusammenfassend als Int-Typen bezeichnet, die Datentypen **`float`**, **`double`** und **`long double`** als Float-Typen. Die einfachen Datentypen werden auch als skalare Datentypen bezeichnet, da für sie (anders als beispielsweise für Felder) eine Ordnungsrelation, d. h. eine größer/kleiner-Beziehung, gilt.

Die Anzahl der verschiedenen Werte, die für einen gegebenen Datentyp erlaubt sind, wird als dessen Kardinalität bezeichnet. Sie ist durch den Wertebereich definiert und für Standard-Datentypen immer endlich. Z. B. hat der Datentyp **`char`** die Kardinalität 256.

Bsp. 14.5 Variablen-Deklarationen und Initialisierung

```
float x;                  /* Deklaration der Gleitpunktzahl x als Variable */
int i, j, dim=100;        /* Deklaration von i,j, Initialisierung von dim  */
const float PI=3.1415927; /* Initialisierung der Konstanten PI             */
```

Der Datentyp **char** dient zur Speicherung von ASCII-Zeichen oder Zahlen. Manche Compiler verwenden für char eine vorzeichenlose interne Darstellung; in diesem Fall kann durch Voranstellen des Schlüsselworts **signed char** eine Repräsentation mit Vorzeichen vereinbart werden. Implizit erfolgt eine Konversion von ASCII-Zeichen in den zugehörigen Zahlenwert.

Es fällt auf, dass für logische Variablen kein eigener Datentyp zur Verfügung steht[6]. In C entspricht unabhängig vom Datentyp dem Zahlenwert 0 der logische Wahrheitswert `false` und jedem anderen Zahlenwert der Wahrheitswert `true`.

Variablen und Konstanten

Die oben eingeführten Datentypen können bei der Deklaration von Variablen und Konstanten verwendet werden, wobei mehrere Variablen desselben Typs durch Kommata getrennt aufgelistet werden dürfen. Durch Voranstellen des Typqualifizierers **const** kann ein Objekt als Konstante definiert werden, so dass später eine Zuweisung nicht mehr möglich ist. Durch Voranstellen des Typqualifizierers **volatile** kann festgelegt werden, dass die entsprechende Variable auch von außerhalb des Programms verändert werden kann, beispielsweise durch Hardware-Interrupts.

Die Deklaration von Variablen und Konstanten kann eine Initialisierung mit einschließen. Sie erhalten dann beim Programmstart nicht nur einen Speicherplatz sondern auch einen Wert zugewiesen. Bei manchen Compilern werden nicht initialisierte Variablen bei der Deklaration mit 0 initialisiert, bei manchen bleiben die Inhalte aber undefiniert. Man sollte daher immer selbst für eine Initialisierung sorgen. In Bsp. 14.5 sind einige Beispiele zu sehen.

Typisierung von Konstanten

Auch bei der Deklaration von Konstanten ist eine Typisierung erforderlich. Dafür gelten folgende Regeln:

Man unterscheidet Dezimalzahlen, Oktalzahlen und Hexadezimalzahlen. Bei Dezimalzahlen sind keine führenden Nullen erlaubt, Oktalzahlen müssen mit einer führenden `0` beginnen und Hexadezimalzahlen müssen mit `0x` oder `0X` beginnen. Integer-Konstanten können durch Anhängen von `u`, `U`, `l` oder `L` typisiert werden, wobei `u` und `U` **unsigned** bedeuten und `l` und `L` **long**. Gleitpunktkonstanten werden als **double** angenommen, können aber durch Anhängen von `f` oder `F` als **float** und durch Anhängen von `l` oder `L` als **long double** deklariert werden. Es ist guter Programmierstil, diese Möglichkeiten auch zu nutzen. Bei Gleitpunktzahlen ist außerdem die übliche Exponentenschreibweise möglich. Siehe hierzu auch Bsp. 14.6.

[6] dieser wurde erst mit C99 eingeführt, ebenso ein Datentyp für komplexe Zahlen

Bsp. 14.6 Konstanten in verschiedenen Schreibweisen

```
12      7L      21u      123UL    // Integer-Konstanten
02      066     0xFFFF   0x68A    // Oktal- und Hexadezimalzahlen
1.23    1.23f   1.23L    1.2e-3   // Gleitpunktkonstanten
```

Der leere Typ `void`

Der leere Typ **`void`** wird vor allem dazu verwendet, um eine Funktion ohne Rückgabewert zu kennzeichnen. Derartige Funktionen entsprechen den in anderen Programmiersprachen bekannten Prozeduren. Auch wenn eine Funktion keine Parameter besitzt, wird dies durch **`void`** gekennzeichnet.

Außerdem kann durch **`void`** `*` ein generischer Zeiger definiert werden, der auf einen Speicherbereich verweist, dessen Umfang zwar festliegt, der aber noch nicht typisiert ist. Die Typisierung erfolgt dann durch den entsprechenden Cast. Darauf wird im Zusammenhang mit Zeigern noch näher eingegangen.

Zeiger

Zeiger (Pointer) sind in C ein zentrales Konzept, das erst in Kap. 14.3.9 im Detail erörtert wird. An dieser Stelle wird nur eine kurze Einführung gegeben. Im Wesentlichen sind Zeiger Konstanten oder Variablen, die als Werte Adressen enthalten. In C sind Zeiger typisiert, d. h. es muss bei der Deklaration eines Zeigers angegeben werden, von welchem Typ die Variable ist, auf die der Zeiger deutet. Ein Zeiger wird in der Deklaration durch den Indirektionsoperator * gekennzeichnet; die allgemeine Form der Deklaration lautet:

```
Typ *zeigername;
```

Bei der Verwendung eines Zeigers kann man durch den Namen `zeigername` auf die Adresse als Inhalt der Zeigervariablen zuzugreifen. Durch Voranstellen des Indirektions-Operators, also durch `*zeigername`, kann man auf den Inhalt derjenigen Variablen zugreifen, auf welche der Zeiger deutet.

Die zum Indirektions-Operator `*` inverse Operation ist der Adressoperator `&`. Er liefert als Ergebnis die Adresse des Objekts, auf das er angewendet wird. Bezeichnet also `name` eine beliebige Variable, so ist `&name` die Speicheradresse, an der diese Variable abgelegt ist; diese kann einer Zeigervariablen des entsprechenden Datentyps zugewiesen werden (vgl. Bsp. 14.7).

Eine der wichtigsten Anwendung von Zeigern ist, dass diese als Parameter in Funktionen übergeben werden können. Dadurch wird vermieden, dass Platz raubende Kopien größerer Objekte, beispielsweise Strukturen oder Arrays, als Parameter übergeben werden müssen. Stattdessen werden lediglich Zeiger als Referenzen auf Daten übergeben. Dies führt zu einem Geschwindigkeitsvorteil und zu einer effizienteren Speicherausnutzung. Oft verwendet man in der Parameterliste einer Funktion einen Zeiger, der auf eine außerhalb dieser Funktion deklarierte Variable zeigt. Nun können innerhalb der Funktion mithilfe des Zeigers die Werte der Variablen geändert werden, auf die der Zeiger deutet. Diese Änderungen werden dann tatsächlich auf den originalen, außerhalb der Funktionen gespeicherten Daten vorgenommen. An Funktionen als Parameter übergebene Zeiger fungieren also in diesem Sinne als ein Ersatz für transiente Parameter, da sie die Änderung an Daten außerhalb der Funktion ermöglichen. Der Zeiger selbst darf aber nicht verändert werden, er ist also kein transienter Parameter.

Bsp. 14.7 Der Gebrauch von Zeigern

Gegeben seien die folgenden Variablen-Deklarationen:

```
char *cp;      /* Zeigervariable cp, die auf eine char-Variable zeigt */
int i, *ip;    /* Deklaration einer Integer-Variablen i und einer     */
               /* Zeigervariable ip, die auf eine int-Variable zeigt  */
```

Durch die Variablen `cp` und `ip` werden nun die Zeiger und durch `*cp` und `*ip` die Inhalte der Speicherzellen angesprochen, auf welche die Zeiger deuten. Die folgenden Programmzeilen verdeutlichen dies:

```
i = 8;       /* der Variablen i wird der Wert 8 zugewiesen             */
ip = &i;     /* dem Zeiger ip wird die Adresse von i zugewiesen        */
             /* i und *ip sind jetzt identisch und haben den Wert 8    */
*ip = 1;     /* *ip erhaelt jetzt den Wert 1, damit hat i denselben Wert */
```

Bsp. 14.8 Die Verwendung des Aufzählungstyps

```
enum figur { Dreieck=3, Viereck=4, Sechseck=6 };
enum boolean {false, true};
enum boolean flg;
```

In der ersten Zeile des Beispiels wird der Aufzählungstyp figur definiert und so initialisiert, dass die Integer-Zahlen 3, 4 und 6 zugeordnet werden.
Die zweite Zeile zeigt, wie mithilfe des Aufzählungstyps der in C90 nicht als Standard-Datentyp vorhandene Datentyp boolean definiert werden kann. Die deklarierte Variable `flg` vom Typ **`enum`** `boolean` kann also nur den Wert `false` (entspricht 0) oder `true` (entspricht 1) annehmen.

Aufzählungstypen

Daten vom Aufzählungstyp werden in C durch das Schlüsselwort **`enum`** charakterisiert. Die Syntax lautet:

```
enum typname {wert1, wert2, ... wertn};    /* Typdefinition               */
enum typname w;                            /* Vereinbarung der Variablen w */
```

Intern werden den Komponenten in der Reihenfolge ihrer Anordnung in der Typdefinition mit 0 beginnend Integer-Zahlen zugeordnet. Die Zuordnung lässt sich durch die Initialisierung durch explizite Angabe der gewünschten Integer-Zahl beeinflussen (siehe Bsp. 14.8).

Einfache abstrakte Datentypen in C

Durch die Standard-Datentypen Aufzählungstyp, Feld und Verbund (siehe Kap. 14.3.3) sind bereits vielfältige Möglichkeiten zur Definition einfacher abstrakter Datentypen (ADT) gegeben, wobei hier allerdings die Bezeichnung ADT in einem eingeschränkten Sinn gebraucht wird, da sich die Definition nur auf die Datentypen, nicht aber auf die darauf anwendbaren Operationen bezieht. In C dient dazu das Schlüsselwort **`typedef`**. In Bsp. 14.9 sind einige Beispiele gezeigt.

Bsp. 14.9 Die Verwendung von **typedef**

1. Typdefinition für den neuen Datentyp `boolean`.

```
typedef enum {false, true} boolean;      // Typdefinition boolean
boolean flg;                             // Variablendeklaration
```

2. Typdefinition für den neuen Datentyp `complex`

```
typedef struct {real, imag} complex;     // Typdefinition complex
complex z;
```

3. Typdefinition für den neuen Datentyp `ULI`

```
typedef unsigned long ULI;       // Typdefinition ULI
ULI w;
```

Eine vergleichbare Wirkung ist oft auch mithilfe der Präprozessor-Anweisung **#define** zu erzielen. Die Definition eines Datentyps `ULI` lautet damit:

```
#define ULI unsigned long
```

Im Gegensatz zu **typedef** ist damit allerdings keine Typprüfung durch den Compiler möglich, weshalb **typedef** dem **#define** vorzuziehen ist.

Tabelle 14.7 Ein erstes C-Programm

```
/*********************************************************************/
/* Programm zur Berechnung von a^2 plus b^2                          */
/*********************************************************************/
#include <stdio.h>        // Header-Datei mit Standard I/O-Funktionen
#include <conio.h>        // Header-Datei mit Konsolen I/O-Funktionen

int main()            // Hauptprogramm ohne Parameterliste
{
  float a,b,d;            // Deklaration der Variablen a, b und d
  printf("Berechnung von a^2 plus b^2\n");
  printf("\na = ");       // Bildschirmausgabe: a =
  scanf("%f",&a);         // Eingabe von a unter Verwendung eines Zeigers
  printf("b = ");         // Bildschirmausgabe: b =
  scanf("%f",&b);         // Eingabe von b unter Verwendung eines Zeigers
  printf("Ergebnis = %f", a*a+b*b);    // Ausgabe des Ergebnisses
  printf("\n\nbeenden mit beliebiger Taste ...");
  _getch();               // Auf Eingabe warten
  return 0;
}
```

Ein erstes C-Programm

Hier wird ein erstes Programm betrachtet, das in einem Fenster am Bildschirm (Konsole) zwei Variablen `a` und `b` einliest, `a2+b2` berechnet und das Ergebnis am Bildschirm ausgibt (Tabelle 14.7).

Das Programm beginnt nach der Überschrift mit zwei Präprozessor-Anweisungen zur Einbindung der Header-Dateien `stdio.h` und `conio.h`. Die darin deklarierten Bibliotheksfunktionen werden dadurch im Programm verfügbar.

Mit `main()` beginnt dann das Hauptprogramm, wobei hier die einfachste Form ohne Parameterliste verwendet wird. Die in der Header-Datei `stdio.h` (Standard-Ein/Ausgabe) deklarierte Funktion `printf("...")` dient zur Ausgabe der in `"..."` eingeschlossenen Zeichen auf der Konsole, dem Fenster des Kommandozeilen-Interpreters des Betriebssystems (vgl. Abschnitt 8.4). Durch das Sonderzeichen `\n` wird eine neue Zeile begonnen. Mithilfe der ebenfalls in `stdio.h` enthaltenen Funktion `scanf("\%f",&a)}` wird in der durch `"\%f"` spezifizierten Formatierung die Variable `a` als Gleitpunktzahl eingelesen. Wie oben erläutert, bedeutet die Schreibweise `&a`, dass nicht unmittelbar die Variable `a`, sondern der Zeiger darauf als Parameter dient. In analoger Weise wird danach `b` eingelesen. Anschließend wird das Ergebnis `a*a+b*b` berechnet und auf dem Bildschirm mit der Formatierungsanweisung `\%f` als Gleitpunktzahl ausgegeben. Details zu den Ein-/Ausgabefunktionen `scanf` und `printf` werden in Kap. 14.3.7 gegeben.

Um zu vermeiden, dass unter Windows nach der Bildschirmausgabe der Programmablauf endet und das Konsolen-Fenster schließt, wird die in der Header-Datei `conio.h` (Konsolen-I/O) enthaltene Funktion `_getch()` aufgerufen, die auf die Eingabe eines Zeichens von der Tastatur wartet. Das Konsolen-Fenster schließt jetzt erst nach Drücken einer beliebigen Taste.[7]

14.3.3 Strukturierte Standard-Datentypen

Klassifizierung

Neben den Standard-Datentypen sind in höheren Programmiersprachen, so auch in C, zusammengesetzte oder strukturierte Datentypen vorgesehen. Üblich sind hierbei vor allem lineare Strukturen (Arrays, Felder, Files) und Baumstrukturen (Verbunde, Records). Sind alle Komponenten vom gleichen Grundtyp, so bezeichnet man die Datentypen als homogen, anderenfalls als inhomogen.

In Pascal wurde dieses Konzept auf besonders vielfältige Weise realisiert, nämlich durch die homogenen, strukturierten Datentypen `ARRAY` (für Felder), `STRING` (für Zeichenketten), `SET` (für Mengen) und `FILE` (für Dateien) und durch den inhomogenen strukturierten Datentyp `RECORD`. C ist hier wesentlich sparsamer; man beschränkt sich auf homogene Felder, für die gar kein eigenes Schlüsselwort vorgesehen ist, sowie auf inhomogene strukturierte Datentypen, die in C durch das Schlüsselwort **`struct`** definiert werden. In C++ und Java sind strukturierte Datentypen weitgehend durch das Klassenkonzept ersetzt worden.

Bei strukturierten Datentypen unterscheidet man Konstruktoren zur Generierung strukturierter Typen aus den einzelnen Komponenten sowie Selektoren für den Zugriff auf einzelne Komponenten. In C sind Konstruktoren implizit in den Deklarationen strukturierter Datentypen enthalten; Selektoren sind jedoch explizit realisiert, beispielsweise als eckige Klammern für die Spezifizierung einer Array-Komponente. In objektorientierten Spracherweiterungen wird das Konzept von Konstruktoren in einem größeren Zusammenhang weiterverfolgt.

Felder

Am häufigsten werden strukturierte Datentypen des Typs Feld (Array) verwendet. Es handelt sich hierbei um eine lineare Anordnung von Daten desselben Grundtyps. Arrays zählt man daher zu den homogenen Datenstrukturen. Manche Programmiersprachen, so etwa PHP, erlauben auch inhomogene Arrays.

[7] `conio.h` und `_getch()` sind nur unter Windows verfügbar. Unter Linux (und auch Windows) können beide beim

Bsp. 14.10 Deklaration und Initialisierung von Feldern

```
int v[3];                                 /* Deklaration der Felder v   */
float m[2][4];                            /* und m                      */
int u[4]={1, 2, 3, 4}, w[]={10, 20};      /* Deklaration mit Initialisierung */
int maske[3][4]={{1, 1, 1, 1},
                 {1, 0, 0, 1},
                 {1, 1, 1, 1}};
```

In der ersten Zeile des Beispiels wird eine einfach indizierte Variable `v` mit den drei Komponenten `v[0]`, `v[1]` und `v[2]` deklariert, in der zweiten eine doppelt indizierte Variable `m` mit zwei Zeilen und drei Spalten. Der Speicherplatz ist damit bereits belegt, aber nicht initialisiert. In der dritten Zeile wurden ein Feld `u[4]` mit vier Komponenten und ein Feld `w[]` mit zwei Komponenten deklariert und zugleich initialisiert, wobei die Festlegung der Dimension im Falle der Variablen `w` implizit durch die Anzahl der in der Initialisierung aufgelisteten Konstanten geschehen ist. In den folgenden Zeilen des Beispiels ist gezeigt, wie eine mehrfach indizierte Variable initialisiert wird, hier die Matrix `maske[3][4]` mit drei Zeilen und vier Spalten.
Es ist zu beachten, dass der Name eines Feldes, also ohne die eckigen Klammern, gleichbedeutend mit der Adresse des Feldanfangs ist. Im Falle des oben durch `int v[3]` deklarierten Feldes sind also sowohl `v` als auch `&v[0]` die Startadresse des Feldes.

Für die Vereinbarung von Feldern ist in C kein eigenes Schlüsselwort erforderlich, es genügt, in der Deklaration nach dem Variablennamen die Anzahl der Komponenten in eckigen Klammern anzugeben. Zu beachten ist, dass die Zählung der Komponenten in C immer mit 0 beginnt. Bei der Deklaration wird gleichzeitig auch Speicherplatz im benötigten Umfang belegt. Dieser kann durch komponentenweise Aufzählung in geschweiften Klammern auch in der Deklaration initialisiert werden, wie Bsp. 14.10 zeigt. Es ist darauf zu achten, dass manche Compiler ohne Initialisierung den reservierten Speicherplatz mit 0 vorbesetzen, manche aber nicht. Man sollte daher Variablen und Felder immer auch Initialisieren.

Der Umgang mit Feldern bei Funktionsaufrufen, insbesondere mit mehrfach indizierten, kann durch das in Kapitel 14.3.9 ausführlicher dargestellte Zeigerkonzept sehr effizient gestaltet werden.

Verbunde (Record/Struktur)

Die logische Erweiterung des Feldbegriffs ist die Einführung von komplexeren, nichtlinearen und inhomogenen (d. h. potentiell unterschiedliche Typen umfassende) Datentypen. Als Hilfsmittel dazu dient der Verbund oder Record. Solche Datentypen werden in C als Struktur bezeichnet. Die Syntax lautet:

```
struct name { type0 element_0;          /* Typdefinition */
              type1 element_1;
              /* ... */
              typen element_n; };

struct name v;                          /* Vereinbarung der Variablen v */
```

Beispiel 14.11 demonstriert die Verwendung von Strukturen.

---

direkten Start des Programms ersatzlos entfallen

Bsp. 14.11 Die Verwendung von `struct`

Es wird der Eintrag in eine Adressdatei als Struktur formuliert:

```
struct kunden_typ { int kundennr;
                    struct name_typ { char anrede[20];
                                      char vorname[20];
                                      char famname[20];
                                    } name;
                    struct adr_typ  { char strasse[30];
                                      int  hausnr;
                                      int  plz;
                                      char ort[30];
                                    } adr;
                    char telnr[20];
};

struct kunden_typ kundendatei[MAX];
```

Die Deklaration des Typs `kunden_typ` weist eine Blockstruktur auf, die sich direkt aus der in der folgenden Abbildung skizzierten Baumstruktur des zu Grunde liegenden Objekts ergibt:

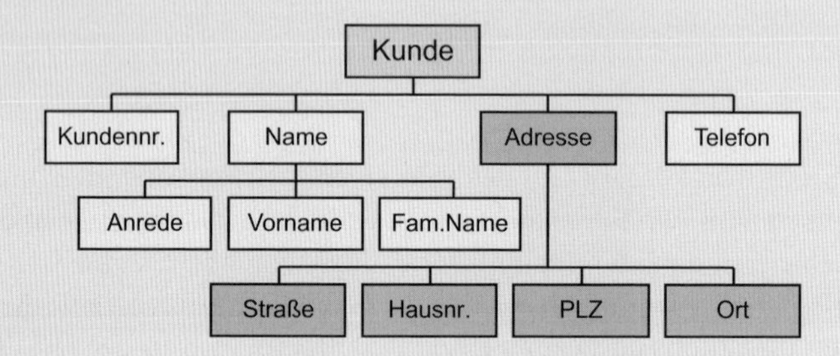

Die Kundendatei selbst ist ein Array, dessen Elemente vom Typ `kunden_typ` sind.
Bei der Deklaration von Records ist der Konstruktor implizit enthalten. Der Zugriff auf die Strukturkomponenten erfolgt durch den Selektor „.“ und, soweit auch Felder mit einbezogen sind, durch „[ ]“. Typische Zugriffe sind beispielsweise:

```
kunde.kundennr                          kundendatei[4].kundennr
kunde.adr.plz                           kundendatei[k].adr.ort[0]
```

In der letzten Zeile des Beispiels wird also auf den Anfangsbuchstaben des Ortes, in welchem der Kunde mit Index `k` wohnt, zugegriffen.
In C werden in Zusammenhang mit Strukturen häufig Zeiger eingesetzt. An Stelle des Punktes dient dann bei Zugriffen auf Strukturkomponenten als Selektor ein Pfeil „->“:

```
struct kunden_typ kunde;              /* Variable kunde   */
struct kunden_typ *kunde_pnt;         /* Zeiger auf kunde */

/* ... irgendwelche Anweisungen  ... */

printf("%d", kunde.kundennr);         /* Ausdrucken der Kundennummer */
kunde_pnt = &kunde;                   /* Adresszuweisung an Zeiger */
printf("%d", kunde_pnt->kundennr);    /* nochmals die Kundennummer */
```

Bsp. 14.12 Die Wirkung der Inkrement- und Dekrement-Operatoren

```
int i = 1, k = 1;      /* Deklaration und Initialisierung von i und k   */
k = i++ + 1;           /* Postfix: k hat den Wert 2,  i hat den Wert 2  */
k = ++i + 1;           /* Praefix: k hat den Wert 4,  i hat den Wert 3  */
k = i-- - 1;           /* Postfix: k hat den Wert 2,  i hat den Wert 2  */
```

14.3.4 Operatoren und Ausdrücke

Durch Operatoren können Operanden zu Ausdrücken verknüpft werden. Einige intuitive Beispiele dazu sind ja in den bisher vorgestellten Beispielen bereits enthalten. Dabei ist ein Operand eine Konstante, eine Variable, ein Funktionsaufruf oder selbst wieder ein Ausdruck.

Unäre, binäre und ternäre Operatoren

In C gibt es unäre Operatoren, die auf nur einen Operanden wirken und entweder vor oder hinter diesem stehen, binäre Operatoren, die zwischen zwei Operatoren stehen und diese verknüpfen, sowie einen ternären Operator, nämlich den Konditionaloperator `? :`.

Die Reihenfolge der Abarbeitung eines Ausdrucks richtet sich nach den Operatorprioritäten sowie der üblichen Klammerung. Es ist zu beachten, dass bei gleichrangigen Operatoren nicht festgelegt ist, welcher der Operanden zuerst ausgewertet wird, falls beide ihrerseits Ausdrücke sind. Beispielsweise ist im Falle der Summe `f(a,b)+h(a)` der Wert von `a` im Funktionsaufruf `h(a)` unklar, falls in `f(a,b)` der Parameter `a` verändert werden kann. Außerdem ist die Assoziativität der Operatoren, d. h. die Richtung ihrer Wirkung zu beachten; diese kann von rechts nach links oder von links nach rechts sein. In Tabelle 14.8 werden die C-Operatoren beschrieben.

Inkrement und Dekrement

Beim Inkrement-Operator (`++`) und Dekrement-Operator (`--`) ist die Präfix- (z. B. `++i`) und Postfix-Schreibweise (z. B. `i++`) genau zu unterscheiden. Ein Präfix-Inkrement erhöht zuerst den Wert der Variablen um eins, und wertet diese dann aus, während in Postfix-Notation die Variable erst ausgewertet und dann erhöht wird (siehe Bsp. 14.12).

Zuweisung

Die Grundform der Zuweisung lautet `variable = Ausdruck`. Zuweisungen sind selbst Ausdrücke und dürfen daher auch in Ausdrücken verwendet werden. So haben beispielsweise nach Ausführung von `m=max(a=3, b=2);` die Variablen `m` und `a` den Wert 3 und `b` hat den Wert 2. Dies ist allerdings schlechter Programmierstil und sollte nicht verwendet werden.

Auf der linken Seite einer Zuweisung muss immer ein modifizierbarer L-Wert stehen. Darunter versteht man einen Wert, der tatsächlich eine Speicheradresse hat, d. h. vor allem Variablen, aber auch Ausdrücke, die eine bestimmte Speicherstelle bezeichnen. Insbesondere gehören auch Konstanten nicht zu den modifizierbaren L-Werten.

Tabelle 14.8 Die Operatoren in C: Die Operatoren sind nach ihren Rängen geordnet. Die Richtung (Assoziativität) ist durch $\rightarrow$ (von links nach rechts) oder $\leftarrow$ (von rechts nach links) angegeben. Aus dem Beispiel jeweils am Ende der Zeile geht auch hervor, ob der Operator unär, binär, oder ternär ist

Operator	Bezeichnung	Rang	Richtung	Wirkung	Beispiel
`(...)`	Funktions-Klammer	1	$\rightarrow$	Aufruf einer Funktion	`f(a)`
`[...]`	Feld-Klammern	1	$\rightarrow$	Auswahl von Feldkomponenten	`a[3]`
`.`	Selektor	1	$\rightarrow$	Auswahl einer Struktur-Komponente	`cmplx.r`
`->`	indirekter Selektor	1	$\rightarrow$	Auswahl einer Struktur-Komponente über Zeiger	`a->e`
`!`	Negation	2	$\leftarrow$	liefert 1, wenn der Operand den Wert 0 hat, sonst 0	`!a`
`~`	Einerkomplement	2	$\leftarrow$	bitweises Komplement	`~a`
`++`	Inkrement	2	$\leftarrow$	Inkrement um 1, als Präfix oder Postfix	`i++, ++i`
`--`	Dekrement	2	$\leftarrow$	Dekrement um 1, als Präfix oder Postfix	`i--, --i`
`+`	unäres plus	2	$\leftarrow$	Vorzeichenoperator	`+a`
`-`	unäres Minus	2	$\leftarrow$	Negativer Wert des Operanden	`-a`
`&`	Adressoperator	2	$\leftarrow$	liefert Adresse einer Variablen	`&a`
`*`	Dereferenzierung	2	$\leftarrow$	Inhalt der Adresse, auf die ein Zeiger weist	`*a`
`(type)`	Cast	2	$\leftarrow$	liefert explizite Typumwandlung	`(int)a`
`sizeof()`	Größe	2	$\leftarrow$	Byte-Anzahl eines Typs oder Ausdrucks	`sizeof(a)`
`*`	Multiplikation	3	$\rightarrow$	Multiplikation	`a*b`
`/`	Division	3	$\rightarrow$	Division	`a/b`
`%`	Modulus	3	$\rightarrow$	Divisionsrest zweier Zahlen vom Int-Typ	`a%b`
`+`	Addition	4	$\rightarrow$	Addition zweier Zahlen	`a+b`
`-`	Subtraktion	4	$\rightarrow$	Subtraktion zweier Zahlen	`a-b`
`<<`	Verschiebung links	5	$\rightarrow$	Verschiebung von a um b Bit nach links	`a<<b`
`>>`	Verschiebung rechts	5	$\rightarrow$	Verschiebung von a um b Bit nach rechts	`a>>b`
`<`	kleiner als	6	$\rightarrow$	Int-Wert 1, falls a kleiner b, sonst 0	`a<b`
`<=`	kleiner oder gleich	6	$\rightarrow$	Int-Wert 1, falls a kleiner oder gleich b, sonst 0	`a<=b`
`>`	größer als	6	$\rightarrow$	Int-Wert 1, falls a größer b, sonst 0	`a>b`
`>=`	größer oder gleich	6	$\rightarrow$	Int-Wert 1, falls a größer oder gleich b, sonst 0	`a<=b`
`==`	Test auf Gleichheit	7	$\rightarrow$	Int-Wert 1, falls a gleich b, sonst 0	`a==b`
`!=`	Test auf Ungleichheit	7	$\rightarrow$	Int-Wert 1, falls a ungleich b, sonst 0	`a!=b`
`&`	bitweises UND	8	$\rightarrow$	bitweises UND	`a&b`
`^`	bitweises XOR	9	$\rightarrow$	bitweises XOR (exklusives ODER)	`a^b`
`|`	bitweises ODER	10	$\rightarrow$	bitweises ODER	`a|b`
`&&`	logisches UND	11	$\rightarrow$	Int-Wert 1, falls UND-Verknüpfung wahr, sonst 0	`a&&b`
`||`	logisches ODER	12	$\rightarrow$	Int-Wert 1, falls ODER-Verknüpfung wahr, sonst 0	`a||b`
`?:`	Konditionaloperator	13	$\leftarrow$	Wenn a wahr ist, wird b ausgewertet, sonst c	`a?b:c`
`=`	Zuweisung	14	$\leftarrow$	Zuweisung eines Wertes an einen L-Wert	`a=b`
`+=`	Zuweisung und +	14	$\leftarrow$	Kurzform für Zuweisung und Addition	`a+=b`
`-=`	Zuweisung und–	14	$\leftarrow$	Kurzform für Zuweisung und Subtraktion	`a-=b`
`*=`	Zuweisung und `*`	14	$\leftarrow$	Kurzform für Zuweisung und Multiplikation	`a*=b`
`/=`	Zuweisung und /	14	$\leftarrow$	Kurzform für Zuweisung und Division	`a/=b`
`%=`	Zuweisung und `%`	14	$\leftarrow$	Kurzform für Zuweisung und Modulus	`a%=b`
`&=`	Zuweisung und `&`	14	$\leftarrow$	Kurzform für Zuweisung und Bit-weises UND	`a&=b`
`^=`	Zuweisung und `^`	14	$\leftarrow$	Kurzform für Zuweisung und Bit-weises XOR	`a^=b`
`|=`	Zuweisung und `|`	14	$\leftarrow$	Kurzform für Zuweisung und Bit-weises ODER	`a|=b`
`<<=`	Zuweisung und <<	14	$\leftarrow$	Kurzform für Zuweisung und Verschiebung links	`a<<=b`
`>>=`	Zuweisung und >>	14	$\leftarrow$	Kurzform für Zuweisung und Verschiebung rechts	`a>>=b`
`,`	Komma-Operator	15	$\rightarrow$	a und b werden ausgewertet, das Ergebnis ist b	`a,b`

Bsp. 14.13 Konditionalausdrücke

Berechnung des Maximums von a und b: `max = (a>b) ? a : b;`
Berechnung des Absolutbetrags einer Variablen a: `a = (a>-a) ? a : -a;`

Konditionalausdrücke

Eine Spezialität von C sind Konditionalausdrücke der Art

```
Ausdruck ? Anweisung1 : Anweisung2
```

Diese erlauben sehr kompakte Formulierungen. Wenn Ausdruck wahr (also ungleich 0) ist, ist das Ergebnis `Anweisung1` sonst `Anweisung2`. Es wird also in jedem Fall `Ausdruck` ausgewertet, danach wird aber entweder `Anweisung1` oder `Anweisung2` ausgeführt. Beispiel 14.13 zeigt die Verwendung.

Der Unterschied zu einem **`if ... else`** Konstrukt (siehe Abschnitt 14.3.5) liegt darin, dass `?...:` einen Ausdruck liefert, der z. B. auf der rechten Seite einer Zuweisung stehen darf.

Der Operator `sizeof()`

Der unäre Operator **`sizeof()`** kann sich auf einen Operanden beziehen, der entweder ein Ausdruck oder eine Typangabe ist. Ist der Operand ein Ausdruck, so ist das Ergebnis die Anzahl von Bytes, die zur Speicherung des Ergebnisses nötig sind. Der Ausdruck wird dazu aber nicht explizit ausgewertet. Ist der Operand eine Typangabe, so ist das Ergebnis die Anzahl der Bytes, die ein Objekt dieses Typs umfasst. Dabei dürfen auch strukturierte Datentypen oder abstrakte Datentypen verwendet werden. So erhält man beispielsweise als Ergebnis von **`sizeof(char)`** den Wert 1.

Konstante Ausdrücke

Für manche Zwecke werden auch konstante Ausdrücke benötigt, die dadurch gekennzeichnet sind, dass ihr Wert bereits bei der Compilierung bekannt ist. Dies ist in Präprozessor-Anweisungen erforderlich, bei der Dimensionierung von Feldern, bei der Initialisierung von Variablen und Konstanten, in **`case`**- und **`switch`**-Anweisungen, bei der Längenangabe von Bitfeldern und bei der expliziten Angabe in Aufzählungstypen.

Typumwandlungen (Casting)

In C können durch den Cast-Operator explizite Typumwandlungen (Casting) ausgeführt werden. Dies geschieht nach dem Muster

```
(Typ) ausdruck;
```

Neben der expliziten Typumwandlung durch Casting werden aber in C auch automatische oder implizite Typumwandlungen vorgenommen, so dass in Ausdrücken verschiedene Typen eingesetzt werden können, ohne dass es dabei zu einer Fehlermeldung käme. Die in einer Programmiersprache bei der Typumwandlung verfolgte Strategie bezeichnet man als Typ-Konzept. Manche Sprachen (beispielsweise ADA) lassen keine implizite oder automatische Typumwandlung zu; man spricht dann von einem starken Typ-Konzept (strong typing). In C sind viele implizite Typkonversionen zulässig, mehr als in Java.

In C werden implizite Typumwandlungen nach folgenden Regeln vorgenommen:

von Int-Typ	nach	Int-Typ, Float-Typ oder Zeiger
von Float-Typ	nach	Int-Typ oder Float-Typ
von Zeiger	nach	Int-Typ, Zeiger, Feld oder Funktion

Die Umwandlung innerhalb von Int-Typen oder Float-Typen erfolgt immer vom „kleineren" zum „größeren" Typ hin, wobei in diesem Sinne `int` größer als `char` und `double` größer als `float` gilt, etc. Vor der Berechnung werden bei nicht-kompatiblen Typen zunächst alle `float` nach `double` konvertiert, alle `short` und `char` nach `int`. Bei dann immer noch verschiedenen Typen eines Operanden gilt die Konvertierungsreihenfolge `int` nach `unsigned` nach `long` nach `double`.

Grundsätzlich sollten Umwandlungen hin zu einem Typ mit kleinerem Wertebereich nie implizit durchgeführt werden, da die Gefahr eines Datenverlusts besteht. Bei der Umwandlung von Float-Typen in Int-Typen erfolgt beispielsweise eine Truncation, d. h. Nachkommastellen werden nicht gerundet, sondern abgeschnitten. Vom Standpunkt eines Entwicklers, der sicherheitskritische Aufgaben zu bearbeiten hat, sind diese bequemen impliziten Typumwandlungen gefährlich und eher als Nachteil zu werten.

Ernstere Folgen können Multiplikationen und Divisionen nach sich ziehen. Wird etwa 1/2 berechnet, so kann in C das Ergebnis abhängig von den beteiligten Datentypen 0 (bei Ganzzahldivision), 0.5 (bei exakter Division) oder 1 (bei Division mit Rundung) sein. Bei der Multiplikation können ferner Bereichsüberschreitungen zu unvorhergesehenem Verhalten führen, etwa wenn für eine 16-Bit Integer-Variable `i` die Operation `i=255*256` in C das Resultat -256 liefert, ohne dass dieser Überlauf während der Ausführung erkannt werden könnte.

In Java wird im Unterschied zu C immerhin ein statisches Typkonzept eingesetzt, d. h. der ursprüngliche Typ einer Variable ändert sich nicht. Bereichsüberläufe werden aber ebenfalls nicht abgefangen. ADA besitzt dagegen ein starkes Typkonzept.

14.3.5 Anweisungen

Man unterscheidet in C einfache Anweisungen, die den sequentiellen Programmablauf nicht ändern sowie Kontrollstrukturen, die zur Realisierung von Verzweigungen und Schleifen in einer sonst linearen Anweisungsfolge dienen. Zu den Kontrollstrukturen gehören Schleifen, Sprunganweisungen und bedingte Anweisungen. Dazu stehen in C zahlreiche Konstrukte zur Verfügung.

Einfache Anweisungen

In C muss jede Anweisung durch ein Semikolon abgeschlossen werden. Die einfachste Anweisung ist die leere Anweisung, die nur aus dem abschließenden Semikolon „;" besteht.

Ferner ist jeder Ausdruck gleichzeitig auch eine Anweisung, die Ausdrucksanweisung.

Sehr wichtig sind Verbund-Anweisungen oder Blöcke. Dies sind Folgen von Anweisungen, denen auch Deklarationen und Definitionen vorangehen dürfen und die durch geschweifte Klammern syntaktisch zu einer einzigen Anweisung zusammengefasst werden:

```
{
   Deklarationen und Definitionen
   Anweisungen
}
```

In einem Block deklarierte Variablen sind nur lokal innerhalb des Blockes gültig und sie werden jedes Mal neu initialisiert, wenn der Block erreicht wird, es sei denn, die Variablen wurden `static` deklariert (siehe Abschnitt 14.3.6, S. 639).

Jeder Anweisung kann eine Marke vorangestellt werden, die als Sprungziel einer `goto`-Anweisung dienen kann. Eine Marke besteht aus einem Namen, auf den ein Doppelpunkt folgt:

```
Name: Anweisung;
```

Bedingte Anweisungen

Die Syntax lautet für eine einfache bedingte Anweisung:

```
if ( Bedingung ) Anweisung;
```

und für eine Alternativanweisung, d. h. eine bedingte Anweisung mit Alternativen:

```
if ( Bedingung ) Anweisung1; else Anweisung2;
```

Dabei ist `Bedingung` ein Ausdruck, dessen Wert als `true` interpretiert wird, wenn er ungleich 0 ist und als `false`, wenn er 0 ist.

Da die in Alternativanweisungen zugelassenen Anweisungen beliebig sein können, insbesondere auch wieder Alternativanweisungen, sind Ketten von Alternativen möglich:

```
if(Bedingung1)
    Anweisung1;
else if(Bedingung2)
    Anweisung2;
else if(Bedingung3)
    Anweisung3;
/*...*/
else if(BedingungN)
    AnweisungN;
else
    AnweisungN+1;
```

Bei der Abarbeitung einer derartigen Kette werden die Bedingungen `Bedingung1` bis `BedingungN` der Reihe nach ausgewertet. Wird eine Bedingung mit dem Ergebnis „wahr“ gefunden, so wird die zugehörige Anweisung ausgeführt und die Bearbeitung der Kette beendet. Der Wahrheitswert der eventuell noch folgenden Bedingungen ist dann also ohne Belang. Ist keine der Bedingungen wahr, so wird nur die (optionale) Anweisung mit der Nummer $N+1$ ausgeführt. In Bsp. 14.14 ist ein Beispiel gezeigt. Auch der weiter oben bereits erläuterte Konditionaloperator

```
Ausdruck1 ? Anweisung1 : Anweisung2
```

ist zu den bedingten Anweisungen zu rechnen.

While-Schleifen

Bei einer While-Schleife wird eine Anweisung ausgeführt, solange eine Bedingung erfüllt ist. Die Syntax unterscheidet zwei Varianten, nämlich die abweisende While-Schleife

```
while(Bedingung) Anweisung;
```

und die nicht-abweisende While-Schleife, bei der die Bedingung erst am Schleifenende geprüft wird, so dass die Anweisung mindestens einmal ausgeführt wird:

```
do Anweisung while(Bedingung);
```

Ein Beispiel ist in Bsp. 14.15 zu sehen.

Bsp. 14.14 Programmausschnitt mit bedingten Anweisungen

```
if(n>0)
    if(n%2 == 0)
        printf("n ist eine positive ungerade Zahl");
    else
        printf("n ist eine positive gerade Zahl");
else if(n == 0)
    printf("n ist Null");
else
    printf("n ist eine negative Zahl");
```

Bsp. 14.15 Eine While-Schleife

Es sollen maximal *n* Messwerte gezählt und addiert werden, solange sie unter einem Schwellwert `max` liegen. Die Aufgabe wird durch eine While-Schleife gelöst, wobei angenommen wird, dass `Messwert`, `n` und `max` außerhalb definiert sind.

```
int i=0;                  /* Vorbesetzung fuer Laufindex bzw. Zaehler */
double Summe=0.0;         /* Vorbesetzung der Summe */
while(Messwert[i] < max && i < n) {       /* While-Schleife */
    summe += Messwert[i++]; /* Summe bilden und Zaehler inkrementieren   */
}
```

For-Schleifen

Bei einer klassischen For-Schleife liegt – anders als bei einer While-Schleife – die maximale Anzahl der Schleifendurchläufe fest, wenn man eine Laufvariable verwendet, die innerhalb der Schleife nicht verändert werden darf. In C ist dieses Konzept nicht konsequent eingehalten, eine For-Schleife ist hier eigentlich nur eine andere Formulierung für eine While-Schleife. Die Syntax lautet:

```
for(Ausdruck1; Bedingung; Ausdruck2) Anweisung;
```

Vor der eigentlichen Abarbeitung der Schleife wird zunächst `Ausdruck1` als Initialisierung ausgewertet. In den folgenden Schleifendurchläufen wird dann zunächst die Bedingung geprüft. Ist diese wahr, wird die Anweisung ausgeführt und danach wird `Ausdruck2` ausgewertet. `Ausdruck1`, `Bedingung` und `Ausdruck2` können beliebig sein und die darin auftretenden Variablen dürfen auch in `Anweisung` verändert werden. Eine For-Schleife ist damit äquivalent zu folgender While-Schleife:

```
Ausdruck1;
while(Bedingung) {
    Anweisung;
    Ausdruck2;
}
```

Die Umkehrung gilt allerdings nicht: Nicht jede While-Schleife kann durch eine For-Schleife ausgedrückt werden. Die klassische For-Schleife mit einer Laufvariablen *i* lautet damit:

```
for( i = Startwert; i < Endwert; i += Schritt ) Anweisung;
```

Grundsätzlich ist zu bedenken, dass bei While-Schleifen die Ausführung von einer Bedingung abhängt, so dass leicht unbeabsichtigte Endlosschleifen entstehen können. For-Schleifen werden dagegen nicht öfter durchlaufen, als es der Maximalwert des Schleifenindex zulässt, wenn man es sich zur Regel macht, den Laufindex innerhalb der Schleife nicht zu ändern. Man sollte daher While-Schleifen nur dann verwenden, wenn mit klassischen For-Schleifen nicht dasselbe Ziel erreicht werden kann.

Sprungbefehle

In C stehen vier Sprungbefehle zur Verfügung: `break`, `continue`, `goto` und `return`.

Der Befehl `break` bewirkt innerhalb einer While-Schleife oder For-Schleife, dass diese unmittelbar abgebrochen wird. Der Programmfluss wird dann mit der ersten auf die Schleife folgenden Anweisung fortgesetzt. Diese Möglichkeit sollte nur in Ausnahmefällen genutzt werden; entscheidet man sich dennoch dafür, sollte es für jede Iterationsanweisung nur ein einziges `break` geben, das die Schleife abbricht. Außerdem dient `break` zum Abbruch in Auswahlanweisungen (siehe unten).

Durch `continue` wird der aktuelle Durchlauf in einer Schleife abgebrochen. Es wird dann mit dem folgenden Schleifendurchlauf fortgefahren. Dieser Befehl sollte möglichst nicht genutzt werden; der Code wird dadurch unübersichtlich: Die Bedingungen eines Schleifenabbruchs sollten immer aus der Schleifenbedingung selbst ersichtlich sein.

Der Sprungbefehl `goto marke` bewirkt eine Verzweigung zu der auf die Marke `marke` folgenden Anweisung. Die Marke muss sich innerhalb der Funktion befinden, die den Sprungbefehl enthält. Der Sprungbefehl `goto` wird hauptsächlich dazu verwendet, um Fehlerabbrüche zu realisieren; er sollte ansonsten zurückhaltend eingesetzt werden, da er leicht zu unübersichtlichen Programmen führt. Der Sprungbefehl sollte nur dazu verwendet werden, um aus einem Block herauszuspringen, aber niemals, um ins Innere eines Blockes zu springen.

Die `return`-Anweisung dient dazu, aus einer Funktion in das rufende Programm zurückzukehren:

`return;` oder `return Ausdruck;`

Dabei ist `Ausdruck` ein eventueller Rückgabewert.

Grundsätzlich kann *jeder* Algorithmus unter völligem Verzicht auf Sprungbefehle unter Verwendung von While-Schleifen programmiert werden (siehe Kap. 11.1.4).

Die Auswahlanweisung

Die Auswahlanweisung dient in C zur kompakteren und übersichtlicheren Formulierung von bedingten Anweisungen mit mehreren Alternativen. Die Syntax lautet:

```
switch(Ausdruck)  {
    case Konstante1:
        Anweisungen1;
        break;
    case Konstante2:
        Anweisungen2;
        break;
    /* ... */
    case KonstanteN:
        AnweisungenN;
        break;
    default:
        AnweisungenN+1;
}
```

Bei der Abarbeitung einer Auswahlanweisung wird zunächst der zum Schlüsselwort `switch` gehörende Ausdruck ausgewertet. Der Typ des Ergebnisses muss ganzzahlig sein. Sodann wird dieses Ergebnis mit den auf die `case`-Marken folgenden Konstanten `Konstante1` bis `KonstanteN` (die alle verschieden voneinander sein müssen) verglichen. Wird Übereinstimmung mit einer der Konstanten gefunden, so werden alle darauf folgenden Anweisungen ausgeführt Um zu verhindern, dass auch die zu den nachfolgenden `case`-Marken gehörenden Anweisungen ausgeführt werden, muss als letzte Anweisung in der auf die entsprechende `case`-Marke folgenden Anweisungskette eine `break`-Anweisung stehen. Diese bewirkt dann, dass die gesamte Auswahlanweisung beendet wird. Stimmt das Ergebnis des Ausdrucks mit keiner der Konstanten überein, so wird die Auswahlanweisung ohne Ausführung einer Anweisung abgebrochen, falls die optionale `default`-Marke fehlt, oder es werden die auf `default` folgenden Anweisungen ausgeführt.

14.3.6 Funktionen

Deklaration von Funktionen

Jedes C-Programm ist aus Funktionen zusammengesetzt, von denen eine den Namen `main` tragen muss. Die erste Zeile der Funktion ist der Funktionskopf, der den Datentyp des Ergebnisses spezifiziert und den Funktionsnamen mit der Liste der formalen Parameter einschließlich deren Typdeklaration enthält. Die allgemeine Form einer Funktion lautet:

```
Typ name ( Parameterliste ) Block
```

Die Parameterliste kann auch leer sein, was durch die Schreibweise `Typ name()` zum Ausdruck gebracht wird, wobei `name` der Name der Funktion ist. Auf den Funktionskopf folgt ein Block, der optional lokale (also nur innerhalb der Funktion gültige) Deklarationen und Definitionen sowie eine oder mehrere Anweisungen enthält.

Rücksprung aus Funktionen

Funktionen, die einen von `void` verschiedenen Typ erhalten, müssen mindestens eine Rücksprunganweisung (`return` Anweisung) enthalten. Mit der Return-Anweisung wird an das rufende Programm ein Ergebnis zurückgegeben, das vom selben Typ sein muss, wie der im Funktionskopf spezifizierte Typ der Funktion.

Prozeduren

Fehlt in einer Funktion die Return-Anweisung, so ist das Ergebnis der Funktion unbestimmt; dies wird durch die Typangabe `void` im Funktionskopf kenntlich gemacht. Eine Funktion ohne Rückgabewert entspricht damit in etwa der in anderen Programmiersprachen üblichen Prozedur, die zwar keinen Rückgabewert liefert, aber dennoch außerhalb der Funktion global deklarierte Variablen verändern kann. In C wird formal nicht zwischen Funktionen, denen als Ergebnis ein Wert zugewiesen wird und Prozeduren, die keinen Wert als Ergebnis erhalten, unterschieden.

Formale Parameter der Funktion

Zum Gebrauch der formalen Parameter einer Funktion ist zu beachten, dass diese immer Eingabeparameter und immer lokale Parameter in der Funktion sind. Lokale Parameter behalten ihre Gültigkeit nur innerhalb der Funktion.

Weiterhin gibt es in C keine Ausgabeparameter, also Parameter, mit denen nur Ergebnisse nach außen übergeben werden können und auch keine transienten Parameter, die zugleich Ein- und Ausgabeparameter sein können. Dies ist auch nicht erforderlich, da man stattdessen über das Zeigerkonzept verfügt. Dieses muss auch verwendet werden, wenn z. B. Felder an Funktionen übergeben werden sollen.

Es ist ferner zu beachten, dass Funktionen nicht geschachtelt werden dürfen, es ist also nicht erlaubt, innerhalb von Funktionen wiederum Funktionen zu vereinbaren.

Das Hauptprogramm als Funktion

Im einfachsten Fall besteht ein C-Programm aus einer einzigen Funktion `main`, dem Hauptprogramm:

```
main()
{
    Deklarationen und Definitionen
    Anweisungen
}
```

Die Funktion `main` kann auch mit spezifischen Parametern versehen werden und einen Integer-Rückgabewert liefern, der dann vom Betriebssystem weiter verarbeitet werden kann:

```
int main(int argc, char *argv[])
{
    Deklarationen und Definitionen
    Anweisungen
    Return Ausdruck;
}
```

Über die Parameterliste können Zeiger auf Zeichenketten bei Programmstart übergeben werden. Dabei zählt `argc` die Anzahl der Zeichenketten und `argv` ist ein Zeiger auf ein Feld von Zeigern auf die Zeichenketten. In Kap. 14.3.9 wird nochmals auf diese Art der Parameterübergabe zurückgekommen.

Funktionsprototypen

Jede Funktion muss vor ihrem ersten Aufruf dem Compiler bekannt sein. Dies lässt sich dadurch erreichen, dass man die Definitionen der einzelnen Funktionen in der Reihenfolge ihres Aufrufs anordnet. Das Hauptprogramm wird dann naturgemäß als letzte Funktion am Ende des Programms angeordnet. Eleganter ist es, die Deklarationen der Funktionen und deren Definitionen voneinander zu trennen und die Deklarationen als Funktionsköpfe oder Prototypen, die nur den Funktionsnamen und die Parameterliste enthalten, an den Programmanfang zu stellen (vgl. Bsp. 14.16).

Funktionen und Header-Dateien

Werden mehrere Funktionen benötigt, so ist es sinnvoll, diese auf eigene Quelldateien zu verteilen und getrennt zu übersetzen. Damit solche ausgelagerten Funktionen dem Hauptprogramm bekannt sind, müssen an dessen Anfang die Funktions-Deklarationen als Prototypen eingefügt werden. Dies geschieht am einfachsten dadurch, dass man alle benötigten Deklarationen in einer Header-Datei zusammenfasst und diese mithilfe der Präprozessor-Direktive `#include "name.h"` einbindet. Für eine Header-Datei darf ein beliebiger Name mit der Extension `.h` gewählt werden. In Bsp. 14.17 ist die übliche Benutzung dargestellt.

Bsp. 14.16 Funktionsprototypen – eine Funktion zur Berechnung der Fakultät

Gezeigt ist im Folgenden die Funktion `fak` zur Berechnung der Fakultät $n!$ einer natürlichen Zahl n. Diese ist vorab durch Angabe des Funktionsprototyps deklariert und die eigentliche Definition der Funktion kann an einer beliebigen Stelle stehen, also auch nach dem Hauptprogramm:

```
#include <stdio.h>
#include <conio.h>
#define ESC 27

int fak(int n);                                  // Funktionsprototyp

void main()                                       // Hauptprogramm
{
  int f;
  int x;
  char c = 0;
  printf("Fakultaet\n");
  while(c != ESC) {
    printf("\nEingabe: ");
    scanf("%d",&x);
    f = fak(x);                               // Aufruf der Funktion fak
    printf("Fakultaet: %d\n",f);              // Ausgabe des Ergebnisses
    printf("Beenden mit ESC, weiter mit beliebiger Taste ..\n");
    c = getch();                              // Auf Eingabe warten
  }
}

int fak(int n)                                 // Definition der Funktion fak
{
  int f = 1;
  int i;
  if(n < 2) f = 1;                             // Sonderfaelle
  else
    for(i = 2; i <= n; i++) f = f * i;         // Fakultaet n! berechnen

  return f;
}
```

Header-Dateien sollten sich im gleichen Verzeichnis wie das Hauptprogramm befinden. Die Einzelheiten dazu sind jedoch von der verwendeten Entwicklungsumgebung abhängig. Es bleibt anzumerken, dass Header-Dateien neben Funktionsköpfen auch weitere Deklarationen enthalten können.

Funktions-Bibliotheken

Ein wesentlicher Bestandteil des Sprachumfangs von C sind die umfangreichen Bibliotheken (Libraries), die Makros und Standard-Funktionen enthalten. Durch Einfügen der entsprechenden Header-Dateien mittels `#include <name.h>` in ein C-Programm werden die gewünschten Funktionen zugänglich gemacht. Diese Konstruktion wurde weiter oben ja schon verschiedentlich verwendet. Der Pfad auf das üblicherweise `include` genannte Verzeichnis sowie auf die zugehörigen Libraries

Bsp. 14.17 Auslagerung der Fakultäts-Funktion in eine eigene Datei

Ist der Funktionsprototyp von `fak` in einer Header-Datei mit dem Namen `Arithmetik.h` enthalten, so könnte der Programmabschnitt aus Bsp. 14.16 lauten:

```
#include <stdio.h>
#include <conio.h>
#include "Arithmetik.h"      // Einbindung der Header-Datei Arithmetik.h

void main()
```

Die Header-Datei `Arithmetik.h` enthält in diesem Beispiel mindestens die Zeilen `#define ESC 27` und `int fak(int n);`
Die Funktion `fak` wird dann in einer getrennt übersetzten eigenen Datei (üblicherweise mit `Arithmetik.c` bezeichnet) gespeichert und muss durch den Linker mit dem Hauptprogramm verbunden werden.

Tabelle 14.9 Die in ISO C90 verfügbaren Header-Dateien

Name	Beschreibung
`assert.h`	Funktionen zum Aufspüren von logischen Programmfehlern
`ctype.h`	Testfunktionen für Typen und Typumwandlungsfunktionen
`errno.h`	Definition von Fehlernummern
`float.h`	Zurücksetzen von Registern
`limits.h`	Definition von Implementationsabhängigen Werten
`locale.h`	Konstanten und Funktionen für Lokalisation
`math.h`	Mathematische Funktionen, z. B. `sqrt` und `log`
`setjmp.h`	Funktionen zum Ausführen nicht-lokaler Sprünge
`signal.h`	Definition von Signalkonstanten (z. B. `SIGABRT`) und Signalbehandlungsfunktionen
`stdarg.h`	Zugriff auf Argumente bei Funktionen mit variabler Anzahl von Argumenten
`stddef.h`	Deklarationen für gemeinsame Konstanten, Typen und Variablen
`stdio.h`	Ein-/Ausgabefunktionen, Dateioperationen und Fehlerbehandlung
`stdlib.h`	Umwandlungsfunktionen, Speicherverwaltung, Zufallszahlen, Arithmetik etc.
`string.h`	Funktionen zur Stringmanipulation
`time.h`	Konstanten und Funktionen zur Nutzung der Echtzeituhr

muss in der Entwicklungsumgebung eingestellt werden.

In Tabelle 14.9 sind die nach ISO C90 mindestens zum Sprachumfang gehörenden Header-Dateien aufgelistet. Über den ISO-Standard hinaus sind zahlreiche weitere Header-Dateien und Funktionsbibliotheken verfügbar, die sich allerdings je nach Hersteller und verwendetem Betriebssystem etwas unterscheiden können. Einige Beispiele sind in Tabelle 14.10 zusammengestellt. In den folgenden Kapiteln wird auf eine Auswahl wichtiger Funktionen näher eingegangen.

Gültigkeitsbereich von Variablen

Ein wichtiger Punkt ist der Gültigkeitsbereich von Variablen sowie die damit zusammenhängende Festlegung von Speicherklassen für Variablen. Die Gültigkeitsbereiche orientieren sich an Funktionen und Modulen, in denen gemeinsam compilierbare Funktionen zusammengefasst sind. Diese werden mithilfe des üblicherweise zur Entwicklungsumgebung gehörenden Linkers zu einem lauffä-

Tabelle 14.10 Auswahl von über den ISO-Standard hinausgehenden Header-Dateien

Name	Beschreibung
`alloc.h`	Funktionen zur dynamischen Speicherverwaltung
`bios.h`	direkter Hardware-Zugriff, z. B. auf serielle Schnittstellen und Laufwerke
`conio.h`	Eingabe über die Tastatur (Console)
`dir.h`	Directory-Funktionen, z. B. mkdir
`dos.h`	Aufruf von DOS-Funktionen bzw. Interrupts
`graphics.h`	Grafik-Funktionen
`io.h`	weitere Ein-/Ausgabefunktionen
`mem.h`	Funktionen zur Speichermanipulation, z. B. Kopieren von Speicherbereichen
`process.h`	Start von Kind-Prozessen und Prozess-Steuerung
`sound.h`	Funktionen zur Tonerzeugung
`sys\types.h`	Typdefinitionen für Systemaufrufe
`sys\stat.h`	Struktur für Status-Informationen

higen Programm zusammengebunden. Dies macht eine klare Definition des Gültigkeitsbereiches, der Lebensdauer und der Speicherart von Variablen und Funktionsnamen nötig. Man unterscheidet:

lokale Variablen: Sind nur in dem Block sichtbar, in dem sie deklariert wurden. Die Deklaration muss bei C90 zu Beginn eines Blocks erfolgen, also direkt nach der öffnenden geschweiften Klammer; ab C99 ist dies an beliebigen Stellen möglich. Dies ist die am häufigsten verwendete Art von Variablen.

globale Variablen: Globale Variablen sind entweder im gesamten Modul, in dem sie deklariert sind, verfügbar (modulglobal), oder auch in mehreren Modulen, sofern sie dort durch Vorsatz des Schlüsselwortes `extern` deklariert sind, im Extremfall auch im gesamten Programm (programmglobal). Zu beachten ist, dass durch das Schlüsselwort `extern` kein Speicherplatz reserviert wird, sondern nur eine Referenz auf einen anderswo reservierten Speicherplatz angegeben wird; es findet also nur eine Deklaration, aber keine Initialisierung statt. Von der Verwendung von globalen Variablen sollte man, von begründeten Ausnahmefällen abgesehen, Abstand nehmen, da sonst die Wart- und Lesbarkeit des Codes stark beeinträchtigt wird und Seiteneffekte nicht gut erkennbar sind.

Zur Festlegung der Speicherklassen gibt es in C noch drei weitere in Deklarationen erlaubte Schlüsselwörter, welche eine Spezifikation der Lebensdauer und der Art der Speicherung von Variablen erlauben:

static (lokale Variablen): Lokale Variablen können durch Voranstellen des Schlüsselwortes `static` als statische Variablen deklariert werden. Für derartige Variablen wird ein fester Speicherplatz bereitgestellt, der während der gesamten Laufzeit des Programms reserviert bleibt. Variablen, die in Unterprogrammen `static` deklariert werden, sind zwar dort lokal, also außerhalb der Funktion unzugänglich, behalten aber ihren Wert nach Verlassen der Funktion bei. Wird dieselbe Funktion nochmals aufgerufen, so hat die entsprechende Variable noch denselben Wert, den sie beim vorangegangenen Verlassen der Funktion hatte. Solche Variablen müssen zwingend initialisiert werden, ausgeführt wird die Initialisierung aber nur beim ersten Aufruf der Funktion.

static (globale Variablen oder Funktionen): Wird das Schlüsselwort `static` einer globalen Variablen oder einer Funktion vorangestellt, so sind diese nur in dem Modul sichtbar, in dem sie definiert werden (modulglobal). Von dieser Möglichkeit sollte man immer Gebrauch machen, wenn die Funktionen/Variablen nicht unbedingt nach außen sichtbar sein müssen. Selbst wenn in keinem anderen Modul die Variable (mit `extern`) bzw. die Funktion deklariert ist, sind die verwendeten Bezeichnernamen dort nicht mehr nutzbar. Werden sie dennoch verwendet, so führt dies zu einer Fehlermeldung beim Linken.

register: Durch Voranstellen des Schlüsselwortes `register` deklarierte Variablen werden in einem Prozessorregister gespeichert statt auf dem Stack. Erlaubt sind nur die Typen char, int (long, short, ...), float, double, sowie Zeiger. Die Verwendung des Adressoperators & ist für solche Variablen nicht möglich – ein Register hat keine Speicheradresse.

Das Schlüsselwort sollte nur verwendet werden, wenn schneller Zugriff unbedingt erforderlich ist (z. B. für Schleifenzähler). Tatsächlich ist das Schlüsselwort `register` nur eine Empfehlung an den Compiler, dass die Variable in ein Register sollte – sie wird nicht notwendigerweise dort landen.

auto: Durch Voranstellen des Schlüsselwortes `auto` (von automatic) deklarierte Variablen werden im Stack gespeichert. Sie behalten ihre Gültigkeit nur während der Ausführung der Funktion oder des Blocks, in dem sie deklariert sind. Das Schlüsselwort darf nur für lokale Variablen verwendet werden; in der Praxis taucht es dennoch nie auf, da alle lokalen Variablen, denen kein spezielles Schlüsselwort, wie `register` oder `static` vorangestellt ist, automatisch vom Typ `auto` sind.

14.3.7 Ein- und Ausgabefunktionen

Ein-/Ausgabe von der Konsole

Für die formatierte Eingabe von Zeichenketten von der Standardeingabe (Tastatur) steht die Funktion `scanf()` zur Verfügung, für die Darstellung auf der Standardausgabe (Bildschirm) verwendet man die Funktion `printf()`. Beide Funktionen sind in der Header-Datei `stdio.h` deklariert. Die Prototypen lauten wie folgt:

```
int scanf(char *format, arg1, arg2, arg3, ...)
```

und

```
int printf(char *format, arg1, arg2, arg3, ...)
```

Weitere E/A-Funktionen sind in den Header-Dateien `stdlib.h` und `io.h` enthalten.

Der Parameter `char *format` ist eine Zeichenkette, die das Format der Ein- bzw. Ausgabe festlegt. Zu beachten ist, dass die Parameter `arg1, arg2, arg3,...` in `scanf` Zeiger sein müssen. Der Rückgabewert ist die Anzahl der eingelesenen bzw. ausgegebenen Zeichen. Die Formatierung bei der Ein- und Ausgabe wird durch einen Formatbuchstaben geregelt. In Tabelle 14.11 sind die Formatbuchstaben für `scanf` und in Tabelle 14.12 die nahezu identischen Formatbuchstaben für `printf` angegeben.

Jede Formatangabe beginnt mit dem Prozentzeichen `%` und endet mit einem Formatbuchstaben. Dazwischen kann die Stellenzahl angegeben werden und durch einen Punkt getrennt die Anzahl der Nachkommastellen für reelle Zahlen. Beispielsweise bedeutet "`%3d`" eine dreistellige Integerzahl und "`%6.3f`" eine sechsstellige Gleitpunktzahl mit drei Nachkommastellen.

Einige nicht-druckbare Zeichen können in Ausgabe-Zeichenketten als sog. Escape-Sequenzen mit aufgenommen werden. Beispiele sind `\a` (Alert), `\b` (Backspace), `\n` (neue Zeile) und `\t` (Tabulator).

Tabelle 14.11 Formatbuchstaben für `scanf`

Formatbuchstabe	Beschreibung
`d`	Integer-Zahl
`i`	Integer-Zahl, auch in oktaler oder hexadezimaler Form
`o`	Oktalzahl
`x, X`	Hexadezimalzahl
`u`	Integer-Zahl ohne Vorzeichen
`c`	Zeichen, auch Leerzeichen
`s`	Zeichenkette ohne Leerzeichen
`e, f, g`	Reelle Zahl in einfacher Genauigkeit
`lf`	Reelle Zahl in doppelter Genauigkeit

Tabelle 14.12 Formatbuchstaben für `printf`

Formatbuchstabe	Beschreibung
`d, i`	Integer-Zahl
`o`	Oktalzahl ohne Vorzeichen
`x, X`	Hexadezimalzahl ohne Vorzeichen
`u`	Integer-Zahl ohne Vorzeichen
`c`	Zeichen, auch Lerzeichen
`s`	Zeichenkette ohne Leerzeichen
`f`	Reelle Zahl mit Nachkommastellen (`double`)
`e, E`	Reelle Zahl mit Exponentschreibweise (`double`)
`g, G`	wie `f`, wenn der Exponent kleiner ist als -4 oder größer als die spezifizierte Stellenzahl, sonst wie `e` bzw. `E`
`p`	Zeigerwert

Tabelle 14.13 Optionen für Dateizugriff mit `fopen`

Typ	Bedeutung
`"r"`	Lesezugriff auf eine bestehende Datei
`"w"`	Schreibzugriff auf eine Datei. Existiert die Datei nicht, so wird sie erzeugt
`"a"`	Schreibzugriff am Dateiende (append)
`"r+"`	Lese- und Schreibzugriff für eine existierende Datei
`"w+"`	Lese- und Schreibzugriff auf eine leere Datei. Ist die Datei nicht leer, so wird sie gelöscht
`"a+"`	ffnen einer Datei für Lesen und Schreiben am Ende der Datei Existiert die Datei nicht, so wird sie erzeugt

Zugriff auf Dateien

Neben den E/A-Funktionen für die Standard-Eingabe und Standard-Ausgabe (Konsole) ist auch der Zugriff auf Dateien wichtig, die extern gespeichert sind, beispielsweise auf einer Festplatte.

Das Öffnen einer Datei für Lesen und/oder Schreiben geschieht durch die Funktion

```
fopen( filename, type )
```

die im Header-File `stdio.h` deklariert sind. Dabei gibt `filename` den Namen der Datei an, auf die zugegriffen werden soll und `type` die Art des Dateizugriffs (siehe Tabelle 14.13).

An die Typ-Spezifikation kann noch ein `b` (für binary) oder `t` (für text) angehängt werden. Im zumeist verwendeten Binärmode (d. h. Anhängen von `b`) erfolgt eine direkte bitweise Übertragung,

Bsp. 14.18 Zum Gebrauch von File-I/O-Funktionen: Zählen von Zeichen einer Datei

```
#include <stdio.h>                       // Header-File fuer Standard-I/O

int main()
{
  FILE *id;                              // Deklarieren des I/O-Zeigers
  char name[80];                         // Deklaration des Dateinamens
  int  count;                            // Deklaration des Zeichenzaehlers

  printf("Dateiname = ? ");              // Prompt fuer Eingabe
  scanf("%s", name);                     // Dateinamen einlesen
  id = fopen(name,"rb");                 // Datei fuer Lesen oeffnen
  if(id == NULL)
    printf("Datei nicht gefunden\n");  // Return-Wert war NULL
  else {
    count = 0;                           // Vorbesetzen des Zaehlers
    while(getc(id) != EOF) count++;      // lesen und zaehlen
    printf("Anzahl der Zeichen = %d", count);    // Ergebnis
    fclose(id);                          // Datei schliessen
  }

  return 0;
}
```

im Textmode werden die zur Textformatierung verwendeten Kontrollzeichen `CR` (Carriage Return) und `LF` (Line Feed) geprüft und ggf. modifiziert.

Der Rückgabewert von `fopen` ist ein Zeiger, der auf den Anfang der Datei zeigt, falls diese existiert, bzw. der `NULL`-Zeiger, falls sie nicht existiert. Man kann diesen Zeiger als eine Identifikation (ID) für den I/O-Kanal auffassen.

Bei der Option `"a+"` steht der Zeiger für den Zugriff immer am Dateiende, es kann also keine Information überschrieben werden. In den anderen Fällen kann der Zeiger durch die Funktionen `fsetpos`, `fseek` und `rewind` bewegt werden.

Für den Lesezugriff stehen unter anderem die Makros `getc(ID)` und `getchar()` zur Verfügung, sowie die Funktionen `fgetc(ID)` und `fgetchar()`. Dabei lesen `getchar()` bzw. `fgetchar()` von der Standardeingabe `stdin`, sie haben also dieselbe Wirkung wie `getc(stdin)` bzw. `fgetc(stdin)`, allerdings sind die Makros etwas schneller.

Für den Schreibzugriff stehen unter anderem die Makros `putc(c,ID)` und `putchar(c)` zur Verfügung, sowie die Funktionen `fputc(c,ID)` und `fputchar(c)`. Dabei schreiben `putchar(c)` bzw. `fputchar(c)` auf die Standardausgabe `stdout`.

In Bsp. 14.18 ist die Verwendung einiger dieser Funktionen demonstriert.

14.3.8 Verarbeitung von Zeichenketten

Deklaration und Definition von Zeichenketten

Zeichenketten (Strings) sind ein wichtiges Konzept in der Datenverarbeitung. Die Verarbeitung von Zeichenketten ist daher von grundsätzlicher Bedeutung. In C stehen hierfür spezielle Möglichkeiten zur Verfügung.

Ein einzelnes Zeichen wird durch ein Byte (8 Bit) charakterisiert und durch den einfachen Datentyp `char` oder `unsigned char` deklariert. Die Deklaration einer Variablen `c`, die ein Zeichen aufnehmen kann lautet somit:

```
char c;
```

Zeichenketten werden durch Felder (Arrays) von `char`-Variablen dargestellt. Die Deklaration einer Zeichenketten-Variablen `str` mit 4 Zeichen hat beispielsweise folgende Form:

```
char str[5];
```

Zur Initialisierung von Strings, d. h. zur Belegung mit Anfangswerten, wird einfach der in Anführungszeichen eingeschlossene Initialisierungs-String zugewiesen:

```
char institut[11] = "Hochschule";
```

Der Variablen wird hierdurch Speicherplatz fest zugewiesen und mit Werten belegt. Wesentlich ist, dass zur Kennung des String-Endes immer das Zeichen `'\0'` (ASCII-Code 0) anzuhängen ist. Dafür muss ebenfalls Speicherplatz zur Verfügung gestellt werden. Dies ist der Grund dafür, dass im obigen Beispiel die Variable `institut` mit der Dimension 11 deklariert wurde, obwohl das Wort Hochschule nur 10 Zeichen umfasst. Durch die Deklaration

```
char str0[6], str1[] = {'a', 'b', 'c', '\0'}, str2[] = "abc";
```

wird ein String `str0` vereinbart, der 5 Zeichen fassen kann sowie zusätzlich die abschließende `'\0'`. Der String `str1` hat die implizit deklarierte Dimension 4, er kann also drei Zeichen sowie die abschließende `'\0'` aufnehmen, die in dieser Initialisierung als Einzelzeichen durch `'\0'` explizit angegeben werden muss. Alternativ kann die Initialisierung auch wie für String `str2` gezeigt in der Form `"abc"` erfolgen. Auch hier ist implizit die Dimension 4 vereinbart, allerdings muss die abschließende `'\0'` nicht angegeben werden, sie wird automatisch angefügt. Einzelne Zeichen werden bei der Initialisierung oder Zuweisung in Hochkommata eingeschlossen, beispielsweise in `'a'`. Es ist zu beachten, dass bei einer Initialisierung zwischen `'a'` und `"a"` ein Unterschied besteht: `'a'` charakterisiert ein einzelnes Zeichen, `"a"` dagegen eine Zeichenkette, bestehend aus den beiden Zeichen `'a'` und `'\0'`.

In C gibt es eine ganze Reihe von Funktionen zur String-Verarbeitung. Diese haben alle gemeinsam, dass sie das Ende eines Strings am ASCII-Zeichen mit dem Wert `'\0'` erkennen. Ist die Verwendung dieser Funktionen vorgesehen, so müssen alle Strings unbedingt mit diesem Zeichen abgeschlossen werden.

Funktionen zur Verarbeitung von Zeichenketten

Die Funktionen zur Verarbeitung von Zeichenketten sind in der Header-Datei `string.h` deklariert. Die wichtigsten dieser Funktionen sind im Folgenden nochmals aufgelistet:

`printf("%s",str);`	Der String str wird auf dem Bildschirm ausgegeben.
`scanf("%s",str);`	Eine von der Tastatur eingegebene Zeichenfolge wird in der Variablen `str` abgespeichert.
`len=strlen(str);`	Die Länge des Strings `str` wird an `len` übergeben. In `str[len]` befindet sich die abschließende 0.
`i=strcmp(str1,str2);`	Das Ergebnis ist `i=0` wenn die beiden Strings übereinstimmen, `i<0`, wenn im lexikografischen Sinne `str1<str2` ist und `i>0`, wenn `str1>str2`.
`strcpy(dest,source);`	Der String `source` wird in den String `dest` kopiert.
`strncat(str1,str2,n);`	Konkatenation: die ersten `n` Zeichen von String `str2` werden an das Ende von `str1` angehängt. Das Ergebnis steht in `str1`.

Manche String-Funktionen, z. B. `strcpy`, sind in dem Sinne unsicher, als sie voraussetzen, dass die verwendeten Zeichenketten außerhalb des Funktionsaufrufs korrekt dimensioniert worden sind. Etwaige Fehler werden nicht abgefangen. Stattdessen sollten die sicheren Funktionen wie `strcpy_s(dest, n, source)` verwendet werden, bei der die Anzahl `n` der im Ziel-String (Destination) `dest` erforderlichen Zeichen angegeben werden muss. Analog dazu gibt es auch für weitere String-Funktionen (sowie printf() und scanf()) sichere Varianten.

14.3.9 Das Zeigerkonzept in C

Indirektions- und Adress-Operator

Zeiger (Pointer) wurden bereits in Kapitel 14.3.2 eingeführt. Hier soll nun das Zeigerkonzept eingehender erläutert werden. Zeiger sind Konstanten oder Variablen, die als Werte typisierte Adressen enthalten. Zeiger verweisen demnach auf Speicherplätze und geben gleichzeitig den Typ der Daten an, die dort gespeichert werden können. Bei der Deklaration müssen Zeiger durch den Indirektionsoperator `*` nach dem Muster

```
Typ *zeigername;
```

gekennzeichnet werden. Die umgekehrte Operation liefert unter Verwendung des Adressoperators `&` die Adresse einer beliebigen Variablen oder Konstanten, die dann einer Zeigervariablen zugewiesen werden kann. So wird durch `ip = &i;` die Adresse der Variablen `i` der Zeigervariablen `ip` zugewiesen. Es haben dann `*ip` und `i` die gleiche Bedeutung. In Bsp. 14.19 wird ein Beispiel zur Verwendung von Zeigern, insbesondere bei der Übergabe von Parametern an Funktionen, dargestellt.

Mehrstufige Zeiger

Nach derselben Logik kann man auch zweistufige Zeiger wie `**ipp` verwenden, also Zeiger auf Zeiger. Die Anwendung des Adressoperators auf eine Zeigervariable liefert die Adresse dieser Zeigervariable. Man kann dies mit Konstrukten wie `***ippp` noch weiter treiben (siehe Bsp. 14.20).

Selektor

Ein weiterer Operator, der im Zusammenhang mit Zeigern von Bedeutung ist, ist der Selektor bei Zugriff auf eine Struktur über einen Zeiger. An Stelle des sonst üblichen Punktes (`.`) wird hier ein Pfeil (`->`) verwendet. Diese Selektoren haben dieselbe Bindung wie Klammern, also stärkste Bindung unter allen Operatoren. Beispiel 14.21 zeigt die Verwendung.

Bsp. 14.19 Zur Anwendung von Zeigern

Die folgende Funktion vertauscht den Inhalt zweier Variablen vom Typ `int`:

```
void swap(int *x, int *y) {    // Dreieckstausch
  int h;
  h = *x;
  *x = *y;
  *y = h;
}
```

Ein möglicher Aufruf sieht so aus:

```
int a, b;
...
swap(&a, &b);
```

Es werden die Adressen der beiden Variablen `a` und `b` übergeben und deren Werte werden vertauscht. Wären die Parameter `x` und `y` „reguläre“ Variablen statt Zeiger, dann würden nur Kopien der Werte übergeben, und das Tauschen bliebe wirkungslos, da nur Kopien getauscht würden.

Bsp. 14.20 Mehrstufige Zeiger

```
int i, *ip, **ipp;      /* Deklarationen */
i = 3;                  /* i hat den Wert 3, ip und ipp sind undefiniert */
ip = &i;                /* ip zeigt jetzt auf i, *ip und i haben den Wert 3 */
ipp = &ip;              /* ipp zeigt jetzt auf ip, also *ipp auf i */
*ip = 4;                /* i, *ip und **ipp haben jetzt den Wert 4 */
**ipp = 5;              /* i, *ip und **ipp haben jetzt den Wert 5 */
```

Im obigen Beispiel bezeichnen `i`, `*ip` und `**ipp` alle dieselbe Variable, die nach Ausführung der letzten Anweisung alle den Wert 5 haben.

Bsp. 14.21 Anwendung des Selektors ->

```
struct Artikel {                    // Definition der Struktur Artikel
  char Bezeichnung[20];
  int Nummer;
};

main() {
  struct Artikel A1;                // Dekl. einer Variablen vom Typ Artikel
  struct Artikel *A1_pnt;           // Deklaration eines Zeigers auf Artikel

  /* ... Irgendwelche Anweisungen ... */

  printf("%d", A1.Nummer);          // Ausdrucken von A1.Nummer
  A1_pnt = &A1;                     // Adresszuweisung an Zeiger
  printf("%d", A1_pnt->Nummer);     // Ausdrucken von A1.Nummer
  printf("%d", (*A1_pnt).Nummer);   // nochmal: Ausdrucken von A1.Nummer
}
```

Bsp. 14.22 Feldnamen als Zeiger

```
main() {
  int vektor[3] = {10, 20, 30};  /* Deklaration des Feldes vektor */
  int *vPnt;                     /* Deklaration des Zeigers vPnt */
  vPpnt = vektor;                /* Zuweisung des Feldnamens an den Zeiger */
  printf("%d", *vPnt);           /* Ausdrucken des Inhalts der Feld- */
}                                /* komponente Vektor[0], also der Zahl 10 */
```

Nach der Zuweisung ist `*vPnt` identisch mit `vektor[0]`.

Arithmetik mit Zeigern

Mit Zeigern sind nur einige wenige arithmetische Operationen erlaubt, die hier zusammengestellt sind. Es seien `pnt`, `pnt1` und `pnt2` Zeiger und `i` eine Integer-Variable, dann gilt:

- Operationen zwischen Zeigervariablen

Zuweisung eines Zeigers an einen anderen	`pnt1 = pnt2;`
Subtraktion zweier Zeiger	`pnt = pnt1 - pnt2;`
Vergleich zweier Zeiger (`>, <, >=, <=, ==, !=`)	`pnt1 > pnt2;`

- Operation mit Integer-Konstanten oder Variablen

Addition einer Konstanten	`pnt += 2;`
Addition einer Variablen	`pnt += i;`
Subtraktion einer Konstanten	`pnt -= 2;`
Subtraktion einer Variablen	`pnt -= i;`

Alle anderen Operationen wie Addition, Multiplikation und Division von Zeigern sowie logische Verknüpfungen sind nicht erlaubt.

Zeiger und Felder

Zeiger stehen mit Feldern in engem Zusammenhang. Sie bieten die einzige Möglichkeit, Felder als Parameter an Funktionen zu übergeben, sie ermöglichen einen schnelleren Zugriff auf Feldkomponenten und sie erlauben die dynamische Generierung von Feldern.

Bei der Deklaration von Feldern, die als formale Parameter an Funktionen übergeben wurden, sind zwei äquivalente Schreibweisen möglich. Im Falle eines Integer-Feldes stehen zwei Varianten für die Deklaration zur Verfügung:

```
int vektor[];     oder     int *vektor;
```

Man kann Feldnamen wie Zeiger behandeln, sie also insbesondere Zeigervariablen zuweisen, wie Bsp. 14.22 zeigt. Unter Verwendung der Zeigerarithmetik lässt sich eine einfache und schnelle Zugriffsmöglichkeit auf die Komponenten von Feldern realisieren. Dies geht aus dem Programmabschnitt in Bsp. 14.23 hervor.

Besonders in Laufanweisungen ist häufig der Weg über die Zeigerarithmetik der effizientere, da Adressberechnung und Fortzählen der Laufvariablen zusammenfallen. Normalerweise erfordert der Zugriff auf eine Feldkomponente die folgende Adressberechnung:

Bsp. 14.23 Zugriff auf Feldkomponenten über Zeiger

Zunächst sollen die ersten 10 Quadratzahlen in einem Feld `a` gespeichert werden. In einer zweiten Schleife wird dann der Inhalt von `a` einem Feld `b` zugewiesen.

```
int main() {
  int a[10], b[10], i, *ap, *bp;           /* Variablen-Deklaration */
  for(i = 1; i <= 10; i++)                 /* Ueblicher Feldzugriff */
    a[i-1] = i*i;                          /* Quadratzahlen ohne 0 */
  bp = b;
  for(ap = a; ap <= &a[9]; ap++) {         /* Feldzugriff ueber Zeiger */
    *bp = *ap;                             /* Zuweisung und Adressberechnung */
    bp++;
  }
}
```

Die zweite Schleife wird beendet, wenn der Zeiger `ap` die Adresse `&a[9]` der letzten Komponente von `a` erreicht hat.

```
Komponentenadresse = Anfangsadresse + Komponentengroesse * Index
```

Die Komponentengröße gibt bei Byte-Adressierung an, wie viele Bytes pro Komponente benötigt werden, also beispielsweise ein Byte für Character-Variablen und zwei Byte für 16 Bit Integer-Variablen. Die Adresse der *i*-ten Komponente `a[i]` des 16 Bit Integer-Feldes `a` lautet also `&a[0] + 2*i`.

Ist die Größe der Komponenten nicht bekannt oder variabel, so hilft der Operator **`sizeof`** weiter. Man erhält also die *i*-te Komponente eines Integer-Feldes `a` auch durch `&a[0] + sizeof(int)*i`.

Felder von Zeigern

Neben den besprochenen Zeigern auf Felder werden auch Felder von Zeigern benötigt, d. h. Felder, deren Komponenten Zeiger sind. Bei der Deklaration sind die Prioritätsregeln der Operatoren zu beachten:

`int *pnt[8];`	Feld von 8 Zeigern, die jeweils auf eine Integer-Variable zeigen.
`int (*pnt)[8];`	Zeiger auf ein Integer-Feld mit 8 Komponenten.

Hauptanwendungsgebiet von Zeigerfeldern ist die Verwaltung mehrfach indizierter Felder. Besonders häufig werden zweidimensionale Felder benötigt. Sowohl Speicherbedarf als auch Ablaufgeschwindigkeit können damit optimiert werden, wie Bsp. 14.24 zeigt.

Sollen mehrdimensionale Felder als Parameter an eine Funktion übergeben werden, so müssen alle Dimensionen bis auf die am weitesten links stehende angegeben werden – sonst ist keine Adressberechnung möglich. Dies ist in Bsp. 14.25 gezeigt.

Parameterübergabe an das Hauptprogramm in der Kommandozeile

Eine weitere wichtige Anwendung von Zeigern ist die Informationsübergabe bei Aufruf eines Programms. Hierzu stehen zwei Parameter zur Verfügung, nämlich `argc` und `argv`, die bei Aufruf des Hauptprogramms main automatisch übergeben werden. Möchte man diese Option nutzen, so ist der Funktionskopf von main wie folgt zu gestalten:

```
int main(int argc, char *argv[])
```

Bsp. 14.24 Konversion von Monatsnamen mit einem doppelt indizierten Feld bzw. Zeigerfeld

Das folgende Programm gibt bei Eingabe einer Zahl zwischen 1 und 12 den zugehörigen Monatsnamen aus. Die Namen werden in einem zweidimensionalen Feldes gespeichert:

```
#include <stdio.h>

char monat[12][10] = {"Januar   ","Februar  ","Maerz    ","April    ",
                      "Mai      ","Juni     ","Juli     ","August   ",
                      "September","Oktober  ","November ","Dezember "};
int main()
{
  int eing;
  printf("\nGeben Sie eine Zahl zwischen 1 und 12 ein: ");
  scanf("%d", &eing);                    // Eingabe
  if(eing > 0 && eing < 13)              // Ergebnis anzeigen
    printf("Der Name des %d. Monats lautet: %s\n", eing, monat[eing - 1]);
  else                                   // falsche Eingabe
    printf("Falsche Eingabe!\n");
}
```

Der Speicherbedarf für die Monatstabelle beträgt in diesem Fall 120 Byte, nämlich 10 Byte für jeden Monat, wobei auch die den String abschließende `'\0'` mitgerechnet wird.
Durch Einführen eines Zeigerfeldes lässt sich dieser Speicherbedarf reduzieren, indem die Definition von `char monat[12][10]` ersetzt wird durch:

```
char *monat[12] = {"Januar","Februar","Maerz","April",
                   "Mai","Juni","Juli","August",
                   "September","Oktober","November","Dezember"};
```

In dieser verbesserten Version werden nur 83 statt 120 Byte für die Speicherung der Monatsnamen benötigt. Dazu kommt allerdings noch der Speicherbedarf für die 12 Zeiger auf die Monatsnamen. Der Zeiger `monat[i]` deutet hier auf denjenigen String, der den $i+1$-ten Monatsnamen enthält, `monat[3]` also auf den vierten Monat „April". Der Zugriff auf einen Buchstaben innerhalb eines Strings kann durch Zeiger-Arithmetik realisiert werden. Durch `*(monat[3]+2)` wird beispielsweise auf den dritten Buchstaben von April zugegriffen, also auf den Buchstaben `'r'`. Da sich durch ein Zeigerfeld letztlich ein zweifach indiziertes Feld darstellen lässt, ist auch die Schreibweise `monat[i][k]` zulässig. So addressiert `monat[3][2]` ebenfalls den Buchstaben `'r'`.

Dabei gibt `argc` die Anzahl der übergebenen Parameter an und das auf die Eingabe-Strings deutende Zeigerfeld `argv` die Anfangsadressen dieser Parameter. An Stelle von `char *argv[]` könnte man auch hier wieder `char **argv` schreiben. Bei der Eingabe in der Kommandozeile muss man die einzelnen Parameter-Strings durch Leerzeichen trennen. Als erster Parameter (mit Adresse `argv[0]`) wird der Name des aufgerufenen Programms übergeben. Beispiel 14.26 zeigt dazu eine modifizierte Version des Programms aus Bsp. 14.24.

Bsp. 14.25 Mehrdimensionale Felder als Parameter

```
int main(void) {
  ...
  int mainFeld_1[3][4];
  int mainFeld_2[3][4][5];
  ...
  AusgabeFeld2D(mainFeld_1, 3);
  AusgabeFeld3D(mainFeld_2, 3);
}

void AusgabeFeld2D(int feld[][4], long len)    { ... }
void AusgabeFeld3D(int feld[][4][5], long len) { ... }
```

Bsp. 14.26 Konversion von Monatsnamen mit Eingabe in der Kommandozeile

Als Anwendungsbeispiel wird das Programm zur Monatsnamen-Konversion aus Bsp. 14.24 so modifiziert, dass man den Index des gewünschten Monats als Parameter in der Kommandozeile mit übergibt. Man erhält dann:

```
#include <stdio.h>
#include <cstdlib>

char *monat[12] = {"Januar","Februar","Maerz","April",
                   "Mai","Juni","Juli","August",
                   "September","Oktober","November","Dezember"};

int main(int argc, char *argv[])
{
  int m;
  if(argc > 1) {
    m = atoi(argv[1]);
    if(m > 0 && m < 13)
      printf("Der Name des %d. Monats lautet: %s\n", m, monat[m-1]);
    else
      printf("Fehleingabe");
  }
  else
    printf("Parameter fehlt");
  return 0;
}
```

Zeiger auf Funktionen

Das Zeigerkonzept ermöglicht auch die Übergabe von Funktionen als Parameter, da auch die Anfangsadressen von Funktionen Zeigern zugewiesen werden können. Ähnlich wie im Falle von Feldern gibt der Name einer Funktion ohne die folgenden Klammern die Adresse der Funktion an, ist also gleich bedeutend mit einem Zeiger.

Bei der Deklaration von Zeigern auf Funktionen muss auf eine saubere Klammerung geachtet werden, wie die folgenden Zeilen zeigen:

`float *pnt();` Deklaration einer Funktion, die als Ergebnis einen Zeiger auf einen Float-Wert liefert.

`float (*pnt)();` Deklaration eines Zeigers auf eine Funktion, die als Ergebnis einen Float-Wert liefert.

`float *(*pnt)();` Deklaration eines Zeigers auf eine Funktion, die als Ergebnis einen Zeiger auf einen Float-Wert liefert.

Die Verwendung von Zeigern auf Funktionen soll anhand eines einfachen Programms (siehe Bsp. 14.27) erläutert werden.

Dynamische Speicherverwaltung

In allen bisher betrachteten Fällen wurde die Größe von Variablen, insbesondere auch von Feldern, bereits zur Übersetzungszeit festgelegt. Oft ist der tatsächliche benötigte Speicherplatz (z. B. bei Strings, aber vor allem auch für Datenstrukturen wie die in Kap. 14.4.2 beschriebenen linearen Listen) erst zur Laufzeit bekannt.

Man benötigt also Sprachelemente, welche eine Speicherplatzfestlegung nicht nur im Deklarationsteil eines Programms erlauben, sondern auch im Anweisungsteil die Anforderung und Freigabe von zusätzlichem Speicherplatz ermöglichen. Zur Bewältigung der Probleme des Zugriffs auf solche Objekte (z. B. Bestimmung deren Lebensdauer, Buchführung über belegten und freien Speicherplatz, Führen der Freiliste) wird eine über die normale Blockstruktur hinausgehende Art der Speicherverwaltung erforderlich: die Halde (Heap). Die in diesem Zusammenhang gebräuchliche Bezeichnung Heap darf nicht mit der in Kapitel 13.1.5 eingeführten speziellen Baumstruktur verwechselt werden, die denselben Namen Heap trägt.

In C wird für die Reservierung des Speicherplatzes für ein neues Objekt eines beliebigen Typs die Funktion `z = malloc(size)` aufgerufen. Dies bewirkt die Platzreservierung für alle Komponenten eines Objektes des spezifizierten Typs sowie die Übergabe der Anfangsadresse an eine Zeigervariable `z`, die angibt, wo das Objekt zu finden ist.

Der Parameter `size` gibt die Größe des zu reservierenden Speicherplatzes in Byte an. Aus dieser Strategie der Heap-Verwaltung ergibt sich auch, dass die Verwendung typisierter Zeiger sinnvoll ist. Das bedeutet, dass zur Definition eines Zeigertyps auch der Typ des Objekts gehört, auf welches der Zeiger deutet, da ansonsten bei Reservierung oder Freigabe eines Speicherbereichs dessen Umfang – der sich ja aus dem Typ des Objektes ergibt – nicht bekannt wäre. Durch den Operator `sizeof(typ)` kann die Größe eines Datentyps ermittelt werden.

Die Funktion `free(z)` bewirkt die Freigabe des Speicherbereichs, auf welchen der Zeiger `z` deutet. Eine explizite Verwaltung des noch verfügbaren Speicherplatzes durch eine Freiliste wird dem Benutzer dadurch abgenommen.

Bei der dynamischen Erzeugung eines Feldes muss zunächst ein Zeiger deklariert werden, der auf den Anfang des zu generierenden Feldes zeigt. Dann muss der benötigte Speicherplatz vom

Bsp. 14.27 Zeiger auf Funktionen

Es soll mit einem gegebenen Radius entweder die zugehörige Kreisfläche oder das entsprechende Kugelvolumen berechnet werden. Die Aufgabe wird so gelöst, dass eine Funktion `calc(r, fPnt)` aufgerufen wird, wobei der Parameter `r` den Radius und der Parameter `fPnt` die anzuwendende Funktion `kreis()` oder `kugel()` angibt. Der Rückgabewert von `calc()` ist dann – in Abhängigkeit vom Zeiger `fPnt` – die Kreisfläche oder das Kugelvolumen.

```
#include <stdio.h>
#define PI 3.141592654f
// Funktion zur Berechnung einer Kreisflaeche
float kreis(float r) { return r * r * PI; }
// Funktion zur Berechnung eines Kugelvolumens
float kugel(float r) { return 4.0f * r * r * r * PI/3.0f; }

int main() {
  char *str[2] = {"Kreisflaeche = ","Kugelvolumen = "};
  float (*fPnt)(float);                    // Zeiger auf eine Funktion
  float r;                                 // Radius
  int m;
  printf("Kreisflaeche (1) oder Kugelvolumen (2) berechnen ? ");
  scanf("%d", &m);                         // Auswahl treffen
  if(m == 1)  fPnt = kreis;                // Kreis wurde gewaehlt
  else if(m == 2)  fPnt = kugel;           // Kugel wurde gewaehlt
  else {
    printf("Fehleingabe!");                // falsche Eingabe
    return 0;
  }
  printf("Radius = ? ");
  scanf("%f", &r);                         // Radius eingeben
  printf("%s%.3f ", str[m-1], fPnt(r));// Ergebnis
  return 0;
}
```

System angefordert werden. Dies geschieht durch Allokation mithilfe der Funktion `malloc(size)`. Diese Funktion liefert als Ergebnis einen untypisierten Zeiger (also vom Typ **`void*`**) auf einen Speicherbereich von `size` Bytes. Die gewünschte Typisierung muss dann durch einen Type-Cast erfolgen. Oft ist nicht ohne weiteres bekannt, wie viele Bytes eine Datenstruktur umfasst, für die Speicherplatz reserviert werden soll. Dieser kann jedoch einfach durch den Operator **`sizeof()`** ermittelt werden. Bei dieser Technik muss die Dimensionierung von Feldern also nicht statisch bereits bei der Übersetzung feststehen, sondern sie kann dynamisch während des Programmablaufs erfolgen. Auf analoge Weise können auch Felder von Zeigern alloziert werden. Möchte man beispielsweise ein eindimensionales Feld `x` von 10 **`double`**-Komponenten erzeugen, so ist folgender Aufruf erforderlich:

```
double *x;
x = (double *) malloc(10 * sizeof(double));
if (x != NULL) {
  // alles ok
} else {
  // Fehlerbehandlung
}
```

Auf das Feld `x` kann nun wie gewohnt mit `x[i]` zugegriffen werden. Die Prüfung, ob `malloc()` einen NULL-Zeiger zurückgeliefert hat, ist zwingend erforderlich, sonst stürzt das Programm ab. NULL erhält man, wenn das System keinen freien Speicherblock in der angeforderten Größe mehr bereitstellen kann.

Wird das Feld `x` nicht länger benötigt, so muss der entsprechende Speicherplatz wieder frei gegeben werden. Dies geschieht einfach durch den Funktionsaufruf

```
if (x != NULL) // Zeiger gueltig?
{
  free(x); // Freigabe des Speichers
  x = NULL;
}
```

Diese Speicherbereinigung ist wichtig, da sonst ggf. immer größer werdende Speicherbereiche belegt, aber nach Gebrauch nicht mehr verwendet werden. Dies kann dazu führen, dass schließlich der gesamte verfügbare Speicher verbraucht ist. In Java wird die Speicherbereinigung automatisch durch das System erledigt, was allerdings auf Kosten der Geschwindigkeit geht.

Übungsaufgaben zu Kapitel 14.3

A 14.7 (P1) Schreiben Sie ein Programm, das als Eingabe über die Tastatur eine natürliche Zahl n erhält und folgende Ergebnisse auf dem Bildschirm ausgibt:

- die Summe der natürlichen Zahlen von 1 bis n
- die Summe der Quadrate der natürlichen Zahlen von 1 bis n
- die Wurzel aus Summe der Quadrate der natürlichen Zahlen von 1 bis n

A 14.8 (P2) Eine um die x-Achse symmetrische Parabel lässt sich durch die Funktion $f(x) = x^2 - a$ beschreiben. Ist a eine positive Zahl, so erhält man aus $x^2 - a = 0$ die beiden Schnittpunkte $x_1 = \sqrt{a}$ und $x_2 = -\sqrt{a}$ mit der x-Achse, also die Nullstellen der Parabel. Diese können näherungsweise iterativ durch das Newtonsche Iterationsverfahren ermittelt werden. Die Idee des Verfahrens ist, dass man von einem beliebigen Startwert x_0 ausgehend eine Tangente an den Punkt $(x_0, y_0 = x_0^2 - a)$ der Parabel anlegt und den Schnittpunkt dieser Tangente mit der x-Achse als Näherungswert für die gesuchte Wurzel berechnet. Der entsprechende x-Wert wird dann als nächste Näherung x_1 verwendet. Für viele Funktionen, insbesondere auch für Parabeln, konvergieren die aufeinander folgenden Näherungen gegen die gesuchte Nullstelle. Die jeweils folgende Näherung berechnet man allgemein nach der Newtonschen Formel:
$x_{i+1} = x_i - f(x_i)/f'(x_i)$
Für eine Parabel $f(x) = x^2 - a$ lautet die Ableitung $f'(x) = 2x$. Daraus folgt direkt:
$x_{i+1} = \frac{x_i + \frac{a}{x_i}}{2}$
Schreiben Sie ein Programm, das unter Verwendung dieser Formel die Wurzel aus einer beliebigen positiven Zahl auf mindestens 5 signifikante Stellen genau berechnet.
A 14.9 (P2) Schreiben Sie ein Programm, das zunächst die Dimensionen (d. h. die Anzahlen der Zeilen und Spalten) und dann die Elemente zweier Matrizen $\boldsymbol{A}$ und $\boldsymbol{B}$ aus einer Datei einliest, sodann daraus das Matrixprodukt $\boldsymbol{C} = \boldsymbol{A} \cdot \boldsymbol{B}$ berechnet und schließlich das Ergebnis am Bildschirm ausgibt. Die Multiplikation erfolgt gemäß der Regel „Zeile mal Spalte“, die aus dem folgenden Beispiel ersichtlich ist:

$$\boldsymbol{C} = \boldsymbol{A} \cdot \boldsymbol{B} = \begin{pmatrix} 1 & 2 \\ 2 & 3 \\ 1 & 1 \end{pmatrix} \cdot \begin{pmatrix} 1 & 2 & 3 \\ 2 & 1 & 1 \end{pmatrix} = \begin{pmatrix} 1+4 & 2+2 & 3+2 \\ 2+6 & 4+3 & 6+3 \\ 1+2 & 2+1 & 3+1 \end{pmatrix} = \begin{pmatrix} 5 & 4 & 5 \\ 8 & 7 & 9 \\ 3 & 3 & 4 \end{pmatrix}$$

Beachten Sie, dass die Multiplikation nur definiert ist, wenn die Anzahl der Spalten von Matrix $\boldsymbol{A}$ mit der Anzahl der Zeilen der Matrix $\boldsymbol{B}$ übereinstimmt. Es sollen auch Zeilenvektoren (also Matrizen mit nur einer Zeile) und Spaltenvektoren (also Matrizen mit nur einer Spalte) mit einbezogen werden.

A 14.10 (P3) Schreiben Sie ein C-Programm zur Datenkompression nach der in Kapitel 3.4.4 beschriebenen Differenz-Codierung. Packen Sie dazu je zwei Differenzen mit vier Bit in ein Byte.

A 14.11 (P2) Schreiben Sie eine rekursive und eine iterative C-Funktion, die beide auf möglichst effiziente Weise die Reihenfolge der Zeichen in einem String umkehren. Diese Funktionen erzeugen also z. B. aus dem String „atem" den String „meta".

A 14.12 (P4) Es soll eine Datenstruktur zur Verwaltung von Komponenten eines Systems (beispielsweise eines Autos) definiert werden, wobei diese Komponenten aus diversen Subkomponenten zusammengesetzt sein können. Im Falle eines Autos könnten die Subkomponenten Karosserie, Fahrgestell, Motor etc. lauten und die Subkomponenten des Fahrgestells beispielsweise Rahmen, Vorderachse, Hinterachse etc.

Dazu soll eine C-Struktur verwendet werden, welche die Anzahl der Datensätze enthält sowie ein dynamisches Array zur Speicherung der einzelnen Datensätze. Die Elemente dieses Arrays sollen aus einer weiteren C-Struktur mit folgenden Informationen bestehen: Name der Komponente, Nummer, Lieferant, Anzahl der Subkomponenten und eine Liste der Subkomponenten. Der Lieferant ist durch seine Adresse und den Ansprechpartner gekennzeichnet, wobei die Adresse den Firmennamen, die Straße, die Hausnummer, die Postleitzahl, den Ort und die Telefonnummer enthalten soll. Der Ansprechpartner ist durch Titel, Namen, Vornamen, Position und seine Durchwahlnummer gekennzeichnet. Die Liste der Subkomponenten soll als ein dynamisches Array von Zeigern auf die einzelnen Subkomponenten realisiert werden, die alle die oben beschrieben Struktur haben.

a) Stellen Sie diese Struktur durch eine Baum-Skizze und eine Deklaration als C-Struktur dar.

b) Schreiben Sie ein C-Programm, das einige Datensätze von einer Datei einliest und dann das Auflisten der einzelnen Datensätze am Bildschirm erlaubt.

c) Geben Sie den Zugriff auf den Anfangsbuchstaben des Namens des Ansprechpartners des Lieferanten der zweiten Subkomponente der ersten Komponente an.

14.4 Sequentielle Datenstrukturen mit C

14.4.1 Vorbemerkungen zu Algorithmen und Datenstrukturen

Strukturierte Programmierung

Seit sich die strukturierte Programmierung als Strategie bei der Software-Entwicklung durchzusetzen begann (Dijkstra und Hoare, ca. 1970), ging man daran, Programme nach mathematischen Grundsätzen zu analysieren. Im Vordergrund stand dabei zunächst die Struktur und Komplexität der durch Programme dargestellten Algorithmen. Da große und komplexe Programme aber oft auch große und komplexe Datenstrukturen beinhalten, wurde bald deutlich, dass die Methodik des Programmierens Algorithmen und Datenstrukturen gemeinsam betrachten muss.

Wechselbeziehung zwischen Algorithmen und Datenstrukturen

Eine Entscheidung über die Strukturierung von Daten kann nicht ohne Kenntnis der auf die Daten anzuwendenden Algorithmen getroffen werden. Andererseits hängt die Wahl der Algorithmen oft wesentlich von den zu Grunde liegenden Datenstrukturen ab. Hier besteht also eine starke Wechselbeziehung, wobei man aber sagen kann, dass die Datenstrukturen den Algorithmen in gewisser Weise vorangehen: Man muss erst Objekte (Daten) definieren, bevor man Algorithmen auf sie anwenden kann. Die optimale Verbindung von Datenstrukturen mit darauf abgestimmten Algorithmen ist eine wichtige Voraussetzung für effizientes Programmieren [Sol02].

Datenobjekte

Unter Daten oder Datenobjekten werden hier Modelle reeller Phänomene verstanden, wobei die Darstellung in einer abstrakten, idealisierten Repräsentation erfolgt. Unter einer Datenstruktur versteht man darauf aufbauend eine Menge von Datenobjekten mit ihren Definitionsbereichen sowie den möglichen Beziehungen zwischen diesen Datenobjekten, die durch Operationen bzw. Funktionen definiert werden. Die objektorientierte Programmierung (Kap. 15) ist auf diesen Ansatz in besonderer Weise zugeschnitten, da dort Objekte neben den Daten auch die darauf anwendbaren Funktionen beinhalten.

Elementare Datenstrukturen

Elementare Datenstrukturen wurden bereits eingeführt. Dazu gehören die aus unstrukturierten Einzeldaten bestehenden und einer Ordnungsrelation gehorchenden skalaren Datentypen, wie `char`, `int` und `float`, die in Programmiersprachen als Standard-Datentypen enthalten sind. Es folgten strukturierte elementare Datenstrukturen wie Felder (Arrays) und Verbunde (Records), die sich während des Programmablaufs nicht verändern können. Danach wurden dynamische Datenstrukturen eingeführt, deren Struktur während der Programmausführung modifiziert werden kann. Die entsprechenden Möglichkeiten sind in modernen Programmiersprachen wie C oder Java bereits enthalten.

Nicht-Elementare Datenstrukturen

Es werden jedoch häufig über elementare Datenstrukturen hinausgehende nicht-elementare Datenstrukturen benötigt. Nicht-elementare Datenstrukturen sind durch eine vorab unbestimmte und sogar potentiell unendliche, also nur durch die Computer-Hardware begrenzte Kardinalität gekennzeichnet. Als Folge davon ist der benötigte Speicherplatz zur Übersetzungszeit nicht bekannt. Dies verlangt ein Verfahren zur dynamischen Speicherplatzzuweisung. Die Implementierung nicht-elementarer Datenstrukturen ist daher oft schwierig und nur unter Kenntnis der auf den Datenstrukturen durchzuführenden Operationen möglich. Da diese Informationen dem Designer einer Programmiersprache üblicherweise nicht zur Verfügung stehen, sind nicht-elementare Strukturen meist aus allgemein verwendbaren Sprachen ausgeklammert, aber durch den Anwender mit den vorhandenen Sprachelementen modellierbar. Man sollte allerdings nicht-elementare Datenstrukturen nur dann einsetzen, wenn es wirklich erforderlich ist.

Als besonders wichtige Anwendung werden im Folgenden lineare Listen besprochen. Komplexer, aber für viele Anwendungen unerlässlich, sind Bäume und Graphen (Kap. 13).

Algorithmen

Zur Untersuchung von Datenstrukturen gehört als wichtiger Schwerpunkt die Diskussion von Algorithmen, die auf diesen Datenstrukturen wirken. Immer ist dabei die Qualität der Algorithmen auch an ihrer Komplexität zu messen (siehe Kap. 11), denn davon werden ihre Anwendbarkeit und ihr Erfolg in der Praxis wesentlich bestimmt. Die Komplexität von Algorithmen zu verbessern ist daher eine besonders lohnende Aufgabe. Zu den wichtigsten Algorithmen überhaupt gehören die Operationen Suchen und Sortieren, denen denn auch ein eigenes Kapitel (Kap. 12) gewidmet ist.

14.4.2 Lineare Listen

Motivation für linearer Listen

Ein Nachteil von Arrays und Files ist, dass Manipulationen wie Einfügen und Löschen die Umorganisation der gesamten Struktur erfordern können. Bestehen die Komponenten aus extern gespeicherten, umfangreichen Datensätzen, so kann der zeitliche Aufwand erheblich sein.

In vielen Fällen kann man Datensätze effizienter verwalten, wenn man nicht mit den Inhalten dieser Datensätze selbst operiert, sondern mit den Adressen dieser Inhalte, also in C mit Zeigern oder (etwa in Java) zumindest Referenzen auf die Datensätze. Jedem Datensatz wird dabei ein Zeiger zugeordnet, der auf den nächsten Datensatz, den Nachfolger, verweist. Der Hauptvorteil einer derartigen, als *lineare Liste* oder präziser als *einfach verkettete lineare Liste* bezeichneten Struktur liegt darin, dass insbesondere für das Einfügen und Löschen von Datensätzen nur lokal Zeiger geändert werden müssen und dass Zeiger meist wesentlich weniger Speicherplatz belegen als die ihnen zugeordneten Datensätze, also entsprechend schneller manipuliert werden können.

In manchen Anwendungen verwendet man auch zwei Zeiger, wobei der eine auf den Nachfolger und der andere auf den Vorgänger zeigt. Solche Strukturen werden als *doppelt verkettete* lineare Listen bezeichnet.

Einfügen und Löschen ist in linearen Listen sehr effizient durchführbar, allerdings sind die Algorithmen komplizierter als bei Arrays. Auch der Aufwand, den man beim Suchen treiben muss, ist relativ hoch ist. Einfach verkettete linearen Listen sind wie folgt definiert:

- Alle Listenelemente sind vom gleichen Datentyp (homogene Datenstruktur).
- Das erste Listenelement hat keinen Vorgänger, alle anderen haben genau einen.
- Das letzte Listenelement hat keinen Nachfolger, alle anderen Listenelemente haben genau einen Nachfolger.
- Jedes Listenelement ausgenommen das letzte besitzt einen Zeiger auf seinen Nachfolger.
- Es existiert ein als Listenkopf oder einfach Kopf bezeichneter, ausgezeichneter Zeiger, der auf das erste Listenelement deutet.

Bei einer doppelt verketteten Liste kommt hinzu:

- Jedes Listenelement mit Ausnahme des ersten besitzt einen Zeiger auf seinen Vorgänger.

Dem Zeiger, der auf das letzte Listenelement deutet, kann man den Nullzeiger zuordnen, wodurch gekennzeichnet ist, dass hier kein Nachfolger existiert. Eine andere Möglichkeit besteht darin, dass man den Zeiger des letzten Eintrags wieder auf den letzten Eintrag deuten lässt. Dadurch wird die Liste zyklisch geschlossen.

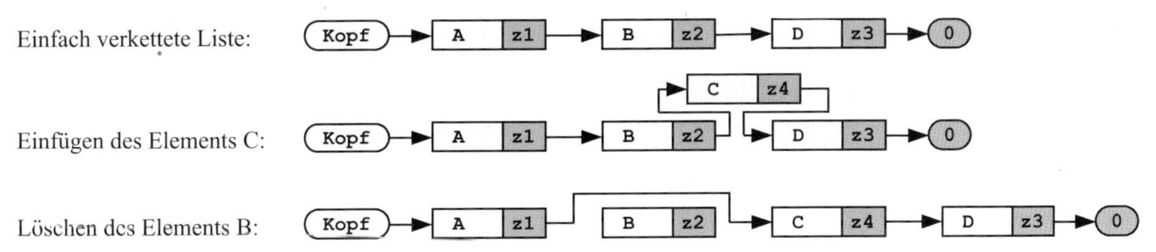

Abb. 14.9 Grafische Darstellung einer linearen Liste. Durch die Großbuchstaben `A`, `B`, `C`, `D` sind Einträge in die Listen symbolisiert, durch `z1`, `z2`, `z3`, `z4` Zeiger auf die Nachfolger

Übersicht über die Grundoperationen auf linearen Listen

Die Grundoperationen auf linearen Listen sind:

- Suchen: Es wird ermittelt, ob ein gegebenes Element in der betrachteten Liste enthalten ist.
- Durchsuchen: Jedes Element der Liste wird genau einmal ausgewählt. Dies geschieht zur Durchführung einer bestimmten Operation auf dem betreffenden Element, beispielsweise Betrachten am Bildschirm, Vergleichen oder Drucken der Elemente.
- Einfügen: Ein weiteres Element wird in die Liste eingefügt. Dieses Element kann im einfachsten Fall an den Anfang der Liste angehängt werden. Ist die Liste geordnet und soll die Ordnung aufrecht erhalten werden, so muss vorab die der Ordnung entsprechende Einfügestelle gesucht werden.
- Löschen: Ein gegebenes Element wird gesucht und gelöscht, sofern es gefunden wurde.

Insbesondere die Operationen Einfügen und Löschen sind auf linearen Listen sehr effizient durchführbar, da sie sich auf das Versetzen von Zeigern beschränken. Außerdem kann ein Element ohne allzu großen Aufwand so eingefügt werden, dass eine bestehende Ordnung erhalten bleibt. Komplexere Operationen wie Sortieren etc. werden später eingeführt. Verkettete Listen und Operationen auf Listen lassen sich anschaulich grafisch darstellen, wie in Abb. 14.9 gezeigt.

Einfügen und Löschen

Am Beispiel einer Personaldatenkartei, die als eine nach dem Familiennamen alphabetisch geordnete verkettete Liste angelegt ist, wird nun das Konzept näher erläutert. Als Informationsteil der Listenelemente wird der Kürze wegen nur der Familienname aufgeführt. Es wird angenommen, dass die Liste dynamisch schrumpfen und wachsen kann, aber einschränkend nur bis zu einem durch den verfügbaren Speicher bestimmten Maximalindex. Der durch die Personaldatenliste nicht belegte Speicherbereich wird durch eine weitere verkettete Liste, die Freiliste, verwaltet. Die Adresse des ersten Listenelements (Listenkopf) wird durch eine Zeigervariable `Kopf` gekennzeichnet, der Kopf der Freiliste durch eine Zeigervariable `Frei` (siehe Tabelle 14.14).

Es soll nun das Element „Krattler" unter der Erhaltung der lexikografischen Ordnung eingefügt werden. Aus Tabelle 14.14 ergibt sich dann Tabelle 14.15. Alle Änderungen wurden durch einen Pfeil (←) markiert. Die Freiliste wurde ebenfalls auf den neuen Stand gebracht.

Nun soll das Listenelement mit dem Eintrag „Radig" gelöscht werden. Der durch den Datensatz „Radig" belegte Speicherplatz wird allerdings nicht wirklich gelöscht; es wird vielmehr der entsprechende Zeiger in die Freiliste mit aufgenommen. Dadurch ist der Speicherplatz als nicht mehr

Tabelle 14.14 Beispiel für eine geordnete, verkettete lineare Liste. Die Freiliste zur Verwaltung des noch unbelegten Speicherplatzes wird ebenfalls als lineare Liste (mit Listenkopf Frei) geführt

INDEX	INFO	ZEIGER	
1		9	Kopf = 2
2	Altmann	5	Frei = 8
3	Buttner	12	
4		1	
5	Bayer	3	
6	Uhlig	0	
7	Radig	11	
8		4	
9		0	
10	Oberhuber	7	
11	Schmiedl	6	
12	Maurer	10	

Tabelle 14.15 In die lineare Liste aus Tabelle 14.14 wurde zusätzlich das Element „Krattler“ unter Einhaltung der lexikografischen Ordnung eingefügt

INDEX	INFO	ZEIGER	
1		9	Kopf = 2
2	Altmann	5	Frei = 4 ←
3	Buttner	8 ←	
4		1	
5	Bayer	3	
6	Uhlig	0	
7	Radig	11	
8	Krattler	4 ←	
9		0	
10	Oberhuber	7	
11	Schmiedl	6	
12	Maurer	10	

INDEX	INFO	ZEIGER	
1		9	Kopf = 2
2	Altmann	5	Frei = 7 ←
3	Buttner	8 ←	
4		1	
5	Bayer	3	
6	Uhlig	0	
7		4 ←	
8	Krattler	12	
9		0	
10	Oberhuber	11 ←	
11	Schmiedl	6	
12	Maurer	10	

Tabelle 14.16 Aus der linearen Liste gemäß Tabelle 14.15 wurde das Element „Radig“ gelöscht

benötigt gekennzeichnet, so dass er durch einen eventuell später vorzunehmenden neuen Eintrag überschrieben werden kann. Da sich die zum Löschen eines beliebig großen Datensatzes erforderlichen Operationen auf die Manipulation einiger Zeiger beschränken, ergibt sich im Vergleich zu Feldern eine erhebliche Zeitersparnis. Das Resultat ist Tabelle 14.16.

Dynamische Größe linearer Listen

Wesentliches Merkmal einer linearen Liste ist, dass sie dynamisch wachsen und schrumpfen kann, so dass der Speicherbedarf vor Ausführung eines Programms nur sehr mühsam oder auch gar nicht abschätzbar ist. Die obere Grenze für die Länge der Liste folgt nur aus der Größe des überhaupt verfügbaren Speicherplatzes, der bei den obigen Ausführungen durch die Freiliste verwaltet wurde.

Hierzu werden die in Kap. 14.3.9, S. 651 beschriebenen Funktionen zur dynamischen Speicherverwaltung verwendet. Eine explizite Verwaltung des noch verfügbaren Speicherplatzes durch eine Freiliste, wie im vorherigen Beispiel, wird dem Benutzer dadurch abgenommen.

```
z = kopf
SOLANGE z != 0
   bearbeite L[z].info
   z = L[z].next
```

Abb. 14.10 Durchsuchen einer linearen Liste L

```
z = kopf
SOLANGE z != 0
   WENN E == L[z].info
   DANN "Gefunden an Position z"
        ENDE
   SONST z = L[z].next
"Element nicht gefunden"
```

Abb. 14.11 Suchen eines Elementes `E` in einer linearen Liste `L`

Suchen und Durchsuchen

Die einfachste Operation auf einer verketteten Liste `L` ist das Durchsuchen. Dabei wird nicht nach einem bestimmten Element gesucht, es wird vielmehr jedes Element der Liste genau einmal besucht und bearbeitet. Der Algorithmus ist in Abb. 14.10 dargestellt. In diesem Pseudocode ist der Informationsteil eines Listenelements, auf welches der Zeiger `z` deutet, mit `L[z].info` und der Zeiger auf das nächste Element mit `L[z].next` bezeichnet.

Ähnlich einfach ist auch eine Prozedur zum Suchen eines bestimmten Eintrags `E` in einer verketteten Liste `L`. Dazu werden beginnend beim Kopf die Listenelemente nacheinander mit dem zu suchenden Element `E` verglichen, bis dieses entweder gefunden wurde oder das Ende der Liste erreicht wurde. Der Algorithmus ist in Abb. 14.11 gezeigt.

Einfügen

Nun wird das Einfügen eines Elements `E` unter Einhaltung einer bestehenden Ordnung in eine lineare Liste betrachtet (siehe Abb. 14.12). Ist das Element `E` bereits in der Liste vorhanden, so wird es als Vorgänger dieses Elements nochmals eingefügt. Wird dies nicht gewünscht, so muss lediglich im 3. Abschnitt des Pseudocodes im Falle von `F == E` die Funktion beendet werden. Soll das neu hinzukommende Element einfach am Kopf der Liste eingefügt werden, so kann das dem Einfügen vorangehende Suchen unterbleiben. Eine eventuell bestehende Ordnung wird dadurch jedoch gestört.

Löschen

Schließlich soll noch der Algorithmus zum Löschen eines Elementes `E` aus der Liste `L` angegeben werden (siehe Abb. 14.13).

Beim Löschen muss also zunächst die Liste nach dem zu löschenden Element `E` durchsucht werden. Dies wäre selbst bei bekannter Position von `E` erforderlich. Der Grund dafür ist, dass die Kenntnis des Vorgängers von `E` nötig ist. Abhilfe wäre hier durch die Verwendung doppelt verketteter Listen möglich.

Zur Umsetzung der oben erläuterten Algorithmen in ein Programm könnte die Liste im Prinzip auch als ein Array von Strukturen definiert werden, die Zeiger werden dann einfach durch Indizes ersetzt. Dem dynamischen Aspekt verketteter Listen wird man dadurch jedoch nicht gerecht, so dass man hier besser das in C unterstützte Zeigerkonzept verwendet. Bei der Verwendung von Zeigervariablen wird dem Benutzer außerdem die Verwaltung einer Freiliste abgenommen.

```
1. WENN frei==0 DANN "Kein Speicherplatz mehr vorhanden"; ENDE

2. Zeiger v für den Vorgänger auf 0 setzen und Laufzeiger z
   mit kopf vorbesetzen:
   v=0
   z=kopf

3. Suche in L, bis ein Element F mit F>E oder das Listenende
   (also z==0) gefunden ist. Dabei ist z der Zeiger auf F
   und v der Zeiger auf den Vorgänger von F.

4. Hole einen Zeiger h aus dem Speicher.

5. Der Zeiger des Vorgängers von F wird auf h gesetzt, er
   deutet auf das neue Element:
   WENN v!=0 DANN L[v].next=h
   SONST kopf=h

6. Das neue Element E wird in die Liste eingefügt:
   L[h].next=z
   L[h].info=E
```

Abb. 14.12 Geordnetes Einfügen eines Elementes `E` in eine lineare Liste `L`

In C könnte man den abstrakten Datentyp `liste` für ein Listenelement wie folgt definieren:

```
struct liste
{
   char n[10];           /* Inhalt */
   /* ... beliebige weitere Komponenten ... */
   struct liste *next;   /* Zeiger */
}
```

Die Komponente `*next` ist damit rekursiv als Zeiger auf ein Element des Typs `liste` deklariert. Man hat damit eine dynamische Datenstruktur, die (fast) beliebig wachsen und schrumpfen kann. Der Listenkopf kann durch die Zeigervariable `kopf` spezifiziert werden, das Listenende wird dadurch gekennzeichnet, dass die Zeigervariable des letzten Elements der Liste den Wert `NULL` erhält.

14.4.3 Stapel und Schlangen

Stapel

Als *Stapel*, *Keller*, *Stack* oder *LIFO* (von Last In First Out) bezeichnet man eine homogene, sequentielle Datenstruktur, bei der das Einfügen und das Lesen eines Elementes nur am Anfang der Struktur möglich ist. Beim Lesen wird dabei das gelesene Element gleichzeitig gelöscht, so dass das folgende Element auf den Anfang nachrückt. Die Anzahl der Speicherplätze eines Stacks ist

```
1. Zeiger v für den Vorgänger auf 0 setzen und Laufzeiger z
   mit kopf vorbesetzen:
   v=0
   z=kopf

2. Suche in L, bis das Element E oder das Listenende
   (also z==0) gefunden ist. Dabei soll z der Zeiger auf
   E und v der Zeiger auf den Vorgänger von E sein.

3. WENN z==0 DANN "E ist nicht in der Liste enthalten"; ENDE

4. Zeiger umhängen:
   WENN v!=0 DANN L[v].next=L[z].next
   SONST kopf=L[z].next

5. Zeiger z freigeben.
```

Abb. 14.13 Löschen eines Elementes E aus einer linearen Liste L

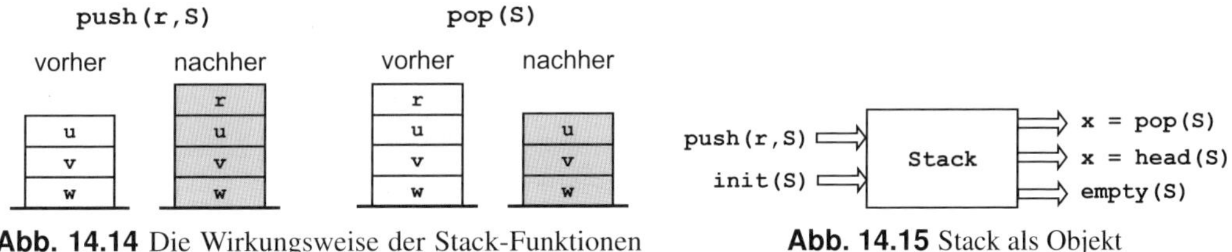

Abb. 14.14 Die Wirkungsweise der Stack-Funktionen `push` und `pop`

Abb. 14.15 Stack als Objekt

einseitig potentiell unbegrenzt, ein Stack kann also im Prinzip beliebig dynamisch wachsen und schrumpfen. Aus diesem Grunde liegt die Implementierung als verkettete lineare Liste, die nur vom Kopf her wachsen und schrumpfen kann, nahe. In vielen Anwendungsgebieten ist jedoch die maximale Stackgröße bekannt und nicht sehr groß, so dass die Verwendung von Arrays zu einfacheren Lösungen führt.

Die Funktion des Einspeicherns (Push) eines Elementes `x` in einen Stack `S` wird als `push(x,S)` bezeichnet, die Funktion des Auslesens (Pop) des obersten Elementes als `x = pop(S)`. Außerdem wird noch eine Funktion `init(S)` zum Erzeugen (Initialisieren) eines Stacks `S` benötigt, insbesondere also zum Freigeben des besetzten Speichers und zum Vorbesetzen des Stapelzeigers (Stack Pointer), der die Anzahl der im Stack gespeicherten Elemente zählt, auf den Anfangswert 0. Abbildung 14.14 verdeutlicht diesen Sachverhalt.

Oft ist es sinnvoll, zusätzlich eine Operation `x = head(S)` zu implementieren, die den Kopf des Stacks ansieht ohne ihn zu entfernen sowie eine Funktion `t = empty(S)`, die testet, ob der Stack `S` leer ist.

Es liegt nahe, einen Stack als Objekt im Sinne des objektorientierten Programmieransatzes zu betrachten. Das Objekt Stack kann man als eine Art Black Box betrachten, deren Eigenschaften

Bsp. 14.28 Zum Stack: Abarbeitung von UPN-Ausdrücken

Ein Beispiel für die Verwendung eines Stacks ist die Auswertung von arithmetischen Ausdrücken, die in Postfix-Notation (umgekehrte polnische Notation, UPN) gegeben sind. Diese Art der Darstellung wird in Compilern verwendet. Die Herleitung der UPN aus der üblichen Formelschreibweise wird in Kap. 13.1.2, S. 527 besprochen. Für dieses Beispiel wird angenommen, die UPN sei bereits gegeben. Der Hauptvorteil von UPN-Ausdrücken ist, dass sie klammerfrei und sequentiell abarbeitbar sind, was einen erheblichen Geschwindigkeitsvorteil bringt.
Die UPN-Schreibweise des Ausdrucks
`24 * ( 7 - 3 ) / ( 2 + 4 )` lautet: `24 7 3 - * 2 4 + /`
Die Auswertung erfolgt mithilfe eines Stacks in folgender Weise:

1. Der auszuwertende Ausdruck wird in üblicher Formelschreibweise eingegeben, in UPN umgewandelt und in einem Array gespeichert.

2. Der UPN-Ausdruck wird nun von links nach rechts elementweise folgendermaßen abgearbeitet: Findet man einen Operanden `x`, so wird dieser auf den Stack gelegt (eingekellert): `push(x,S)`.

   Findet man einen Operator `&`, so werden folgende Schritte ausgeführt:

   `u=pop(S); v=pop(S); push(u&v,S).`

3. War der Eingabe-Ausdruck syntaktisch korrekt formuliert, so enthält der Stack nach Abarbeitung des gesamten Ausdrucks nur noch ein Element, welches das gesuchte Ergebnis darstellt. Es gilt also:
   `Ergebnis=pop().`

Mit dem obigen Zahlenbeispiel ergibt sich folgende Stack-Belegung:

Operation:	Stack-Inhalt:
1. Operand 24 lesen, mit `push(24)` auf den Stack schreiben	24
2. Operand 7 lesen, `push(7)`	24, 7
3. Operand 3 lesen, `push(3)`	24, 7, 3
4. Operator "-" lesen, `x=pop`, `y=pop`, `y-x=7-3=4` berechnen, `push(4)`	24, 4
5. Operator "*" lesen, `x=pop`, `y=pop`, `y*x=24*4=96` berechnen, `push(96)`	96
6. Operand 2 lesen, `push(2)`	96, 2
7. Operand 4 lesen, `push(4)`	96, 2, 4
8. Operator "+" lesen, `x=pop\lstinline`, `y=pop`, `y+x=2+4=6` berechnen, `push(6)`	96, 6
9. Operator "/" lesen, `x=pop`, `y=pop`, `y/x=96/6=16` berechnen, `push(16)`	16 (Ergebnis)

durch die Art der Kommunikation mit der Außenwelt und durch die auf dem Objekt zulässigen Funktionen (Methoden) definiert sind. Die Kommunikation geschieht über Nachrichten, die das Objekt empfängt und verarbeitet sowie über Nachrichten die an andere Objekte gesendet werden. Man kann dann die Interpretation des Stacks als ein Objekt bildlich darstellen (vgl. Abb. 14.15). Die Verwendung eines Stacks ist in Bsp. 14.28 anhand von arithmetischen Ausdrücken in UPN demonstriert.

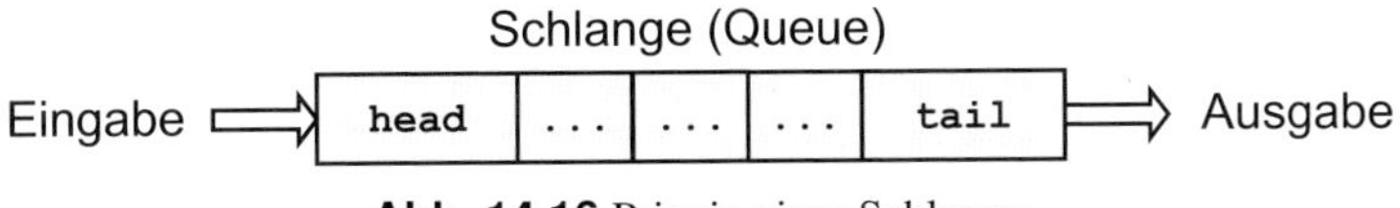

Abb. 14.16 Prinzip einer Schlange

Abb. 14.17 Prinzip eines Ringpuffers. Der grau markierte Bereich des Ringpuffers ist gefüllt

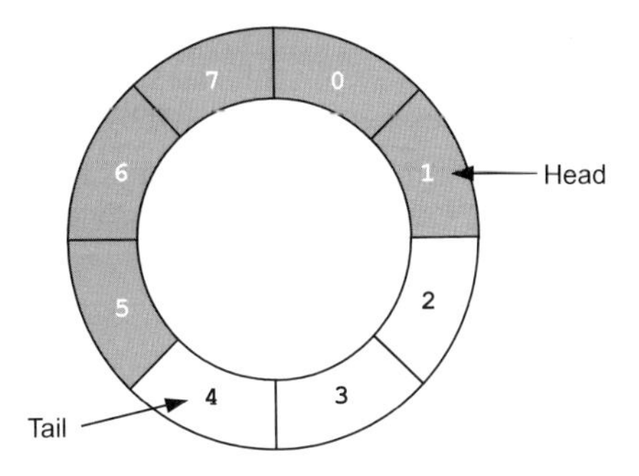

Schlangen (Queue)

Mit dem Stack verwandt ist die Datenstruktur *Schlange*, die auch als *Queue* oder *FIFO* (von First In First Out) bekannt ist. Eine Schlange ist ähnlich wie ein Stack als sequentielle Datenstruktur darstellbar. Wie im Falle des Stacks benötigt man Funktionen zum Initialisieren sowie zum Einspeichern, Auslesen und Ansehen eines Elementes. Nützlich ist ferner eine Funktion zum Testen, ob die Schlange leer ist. Das wesentliche Merkmal einer Schlange ist, dass Elemente nach dem Muster der Abb. 14.16 nur am Kopf (Head) eingegeben und nur am Schwanz (Tail) ausgelesen werden können.

Aus der beschriebenen Zugriffslogik ergibt sich, dass die Schlangenelemente etwa so behandelt werden, wie beispielsweise die Kunden in einer Warteschlange vor einem Fahrkartenschalter. Schlangen werden oft zur Simulation realer Warteschlangen verwendet. Ein weiteres wichtiges Einsatzgebiet von Schlangen ist die Pufferung von Daten bei der Synchronisation unabhängig laufender Prozesse.

Ringpuffer

Häufig werden Schlangen auch ringförmig geschlossen. Man bezeichnet eine solche Struktur dann als *Ringpuffer*. Die Implementierung geschieht am besten durch ein Array, bei dem Anfang und Ende des belegten Teils, wie in Abb. 14.17 gezeigt, durch die Indizes `head` und `tail` markiert werden. Der Ringpuffer ist voll, wenn sich beim nächsten Eintrag `head == tail` ergeben würde.

Übungsaufgaben zu Kapitel 14.4

A 14.13 (P2) In einer bereits vorgegebenen, *n* Textzeilen enthaltenden linearen Liste sollen zwei aufeinander folgende Zeilen vertauscht werden.

A 14.14 (P3) Schreiben Sie eine C-Funktion `replace(s1,p1,n1,s2,p2,n2)`, die den String `s1` folgendermaßen modifiziert: Im String `s1` werden beginnend mit Position `p1`, `n1` Zeichen durch eine Folge von `n2` Zeichen ersetzt, die aus einem String `s2`, beginnend mit Position `p2` extrahiert werden. Die Strings `s1` und `s2` bleiben dabei unverändert. Es gilt die übliche Konvention, dass das erste Zeichen eines Strings die Position 0 hat. Die Parameter `s1` und `s2` sind Zeiger auf Strings, die anderen Parameter sind vom Typ Integer. Der Rückgabewert der Funktion ist der Zeiger auf den modifizierten String.
Beispiel: `replace(s1,5,4,s2,6,3)` liefert mit den Strings `"s1 = Apfelblaukraut"` und `"s2 = Birnenrotkohl"` einen Zeiger auf den Ergebnis-String `"Apfelrotkraut"`.
Für die Programmierung sollen keine in C definierten Standard-Funktionen zur String-Verarbeitung verwendet werden, sondern nur die folgenden, selbst zu schreibenden Funktionen:
`len(s)` Das Ergebnis ist vom Typ Integer und gibt die Länge des Strings s an. `conc(s1,s2)` Die Strings `s1` und `s2` werden konkateniert. Für diese Aufgabe ist es sinnvoll, einen neuen String für das Ergebnis zu allozieren. `part(s,p,n)` Die Funktion liefert einen Zeiger auf den String, den man erhält, wenn man aus dem String `s`, mit Position `p` beginnend `n` Zeichen extrahiert.
Die Parameter `s`, `s1` und `s2` sind Zeiger auf Strings und die Parameter `p` und `n` vom Typ Integer. Achten Sie bei der Programmierung auf korrekte Speicherverwaltung sowie eine vernünftige Behandlung von Sonderfällen oder Fehleingaben.

A 14.15 (P2) Schreiben Sie ein Programm, das eine eingegebene Zeichenkette in eine reelle Zahl umwandelt. Dazu sollen keine in C definierten Standard-Funktionen zur String-Verarbeitung verwendet werden. Reelle Zahlen sollen in der üblichen Schreibweise angegeben werden können, Beispiele sind: `3.47, 22, -0.66, 3E4, -12.34E-12`. Bei Eingabe eines nicht zulässigen Zeichens soll die Verarbeitung an der entsprechenden Stelle abgebrochen werden.

A 14.16 (P3) Schreiben Sie zwei Varianten eines Programms, das aus einer linearen Liste alle Doppeleinträge entfernt. Variante 1 soll von einer geordneten Liste ausgehen, Variante 2 von einer ungeordneten. Die Operationen sollen auf der bestehenden linearen Liste ausgeführt werden, es soll also keine neue lineare Liste generiert werden.

A 14.17 (P3) Lineare Liste und Stack

a) Programmieren Sie unter Verwendung einer linearen Liste einen Stack für Integer-Zahlen. Dabei sollen die in diesem Buch erläuterten Funktionen `init`, `push` und `pop` implementiert werden. Außerdem soll durch eine Funktion `chk` die Anzahl der im Stack gespeicherten Daten jederzeit abrufbar sein.

b) Erweitern Sie den Stack aus Aufgabe a) so zu einem „generischen Stack“, dass er für beliebige Datentypen verwendet werden kann. Dazu muss allerdings die Anzahl der pro Datensatz erforderlichen Bytes bekannt sein; sie wird als zusätzlicher Parameter `size_t size` in die Stack-Struktur mit aufgenommen. Die Struktur der Datensätze muss nur im rufenden Programm festgelegt werden. Zur Übergabe an die Stack-Funktionen dienen **`void`**-Pointer, die Speicherung der Datensätze im Stack erfolgt als unstrukturierte Folge von `size` Bytes mithilfe der C-Funktion `memcpy`. Als Beispiel sollen aus Artikelname und Artikelnummer bestehende Datensätze verwendet werden.

Literatur

[Abe01] H. Abelson, G. J. Sussman und J. Sussman. *Struktur und Interpretation von Computerprogrammen*. Springer, 4. Aufl., 2001.

[Blo] Bloodshed Software. `http://www.bloodshed.net`.

[Car09] K.-U. Carstensen, C. Ebert, C. Ebert, S. Jekat, H. Langer und R. Klabunde. *Computerlinguistik und Sprachtechnologie: Eine Einführung*. Spektrum Akademischer Verlag, 3. Aufl., 2009.

[Cer98] P. Ceruzzi. *A History of Modern Computing*. MIT Press, 1998.

[Clo00] F. Clocksin und C. Mellish. *Programming in PROLOG*. Springer, 2000.

[Ecl] Eclipse. `http://www.eclipse.org`.

[Eik98] M. Eikelberg. *Einführung in die Arbeit mit Maple V*. Fachbuchverlag Leipzig, 1998.

[GCC] GCC, the GNU Compiler Collection. `http://gcc.gnu.org/`.

[Gos14] J. Gosling, B. Joy und G. Steele. *The Java Language Specification*. Addison Wesley, 2014.

[Hab98] R. Habib. *Cobol für PCs*. MIT Press, 1998.

[Hit07] P. Hitzler, M. Krötzsch, S. Rudolph und Y. Sure. *Semantic Web: Grundlagen*. Springer, 2007.

[Jen85] K. Jensen und N. Wirth. *Pascal User Manual and Report*. Springer, 3. Aufl., 1985.

[Ker00] B. W. Kernighan und D. M. Ritchie. *The C Programming Language*. Markt+Technik Verlag, 2. Aufl., 2000.

[Kjo09] S. Kjoerup. *Semiotik*. UTP, 2009.

[Luh06] N. Luhmann und D. Baecker. *Einführung in die Systemtheorie*. Carl-Auer-Systeme, 2006.

[May95] O. Mayer. *Programmieren in Common LISP*. Spektrum Akad. Verlag, 1995.

[Mic95] T. Michel. *Fortran 90. Lehr- und Handbuch*. Springer, 1995.

[MIS13] MISRA. *Guidelines for the Use of the C Language in Critical Systems (MISRA C)*. Motor Industry Software Reliability Association (MISRA), 2013.

[Mü09] H. M. Müller. *Arbeitsbuch Linguistik: Eine Einführung in die Sprachwissenschaft*. UTB, 2009.

[Nag03] M. Nagl. *Softwaretechnik mit Ada 95 – Entwicklung großer Systeme*. Vieweg, 2003.

[Pri03] L. Priese und H. Wimmel. *Theoretische Informatik – Petri Netze*. Springer, 2003.

[Pyt] Python. `http://www.python.org/`.

[Rau12] T. Rauber und G. Rünger. *Parallele Programmierung*. Springer, 2012.

[Sol02] A. Solymosi und U. Grude. *Grundkurs Algorithmen und Datenstrukturen*. Vieweg, 2002.

[Str13] B. Stroustrup. *The C++ Programming Language*. Addison-Wesley, 4. Aufl., 2013.

[Stu02] E. Sturm. *PL/1*. Vieweg, 2002.

[Wir71] N. Wirth. The Programming Language Pascal. *Acta Informatika*, 1:35–63, 1971.

Kapitel 15

Objektorientierte Programmiersprachen und Java

15.1 Entstehung objektorientierter Sprachen

Mitte der 1960er Jahre begann die Entwicklung der ersten objektorientierten Sprache durch J. O. Dahl und K. Nygaard in Norwegen. Die entstandene Sprache *Simula* hatte das Ziel Simulationen programmieren zu können, z. B. von physikalischen Prozessen. Simula 67 war die erste auf verschiedenen Großrechnern verfügbare Version dieser Sprache. Anfang der 1970er Jahre wurde auf dieser Grundlage die Sprache *Smalltalk* von A. Kay, A. Goldberg, D. Ingalls und anderen am Xerox PARC Forschungszentrum entwickelt [Gol83]. Die Version Smalltalk 80 hat weite Verbreitung gefunden und bis Ende der 1990er Jahre entstanden viele GUI-lastige Systeme in Smalltalk. Später entstanden Erweiterungen bekannter prozeduraler Programmiersprachen, welche objektorientierte Konzepte ergänzten, das sind ObjectivePascal, ObjectiveC (heute noch bei Apple im Einsatz) und C++. C++ wurde unter Leitung von B. Stroustrup in den Bell Laboratories ab 1983 entwickelt [Str13]. Der objektorientierte Ansatz wird in C++ allerdings nicht konsequent durchgeführt. In diesem Sinne ist C++ eine hybride Sprache, die auch ein rein prozedurales Programmieren erlaubt. Ende der 1980er Jahre leitete C++ endgültig den Siegeszug objektorientierter Sprachen ein. Explosionsartig verbreitete sich ab Mitte der 1990er Jahre die Sprache Java und später die Sprache C# mit ähnlichen Konzepten. Java hat eine ähnliche Syntax wie C++, viele fehlerträchtige und programmiertechnisch anspruchsvolle Konzepte fehlen jedoch. Java wurde von J. Gosling und anderen bei SUN Microsystems entworfen [Gos14].

Die objektorientierte Programmierung (OOP) ist heute das am weitesten verbreitete Programmierparadigma. Die meisten heute populären Sprachen wie Java, JavaScript, C#, PHP oder C++ enthalten mindestens objektorientierte Konzepte. Warum ist OOP heute so populär?

Durchgehende Modellbildung und Realitätsnähe

Die Realität, in der wir uns bewegen, kann als Ansammlung interagierender Objekte aufgefasst werden. Autos, Fahrräder oder Schiffe sind dabei ebenso Objekte wie die Nachbarskatze namens *Finchen* oder ein Löwe namens *Leo* im Zoo. Jedes Objekt hat *Eigenschaften* wie Farbe, Gewicht, Größe oder seine Form und es hat ein *Verhalten*, das von seinen Eigenschaften abhängt. Objekte mit ähnlichen Eigenschaften und ähnlichem Verhalten können zu einer Klasse zusammengefasst werden. Ein Objekt ist dann die Instanz der entsprechenden Klasse. *Finchen* gehört zur Klasse der Katzen und *Leo* zur Klasse der Löwen. Ähnliche Klassen können zu einer gemeinsamen Oberklasse zusammengefasst werden, z. B. können Katzen und Löwen zu den *katzenartigen Tieren* und die wiederum mit anderen Tierarten zu Säugetieren zusammengefasst werden. Dabei sind

Katzen und Löwen die Spezialisierung der katzenartigen Tiere und die katzenartigen Tiere sind die Generalisierung von Katzen und Löwen.

Wenn es in der Realität die Katze *Finchen* gibt, könnte es im Quelltext des Programms für eine Zoohandlung die Klasse *Katze* geben und zur Laufzeit gibt es davon das Objekt *Finchen* mit Eigenschaften wie Gewicht=*2kg*, Farbe=*Schwarz* und Rasse=*Hauskatze*. Wenn die Elemente des Quelltextes der beobachtbaren Realität ähnlich sehen, ist die Software für Entwickler insgesamt leichter verständlich und besser änderbar. Natürlich finden sich in objektorientierten Programmiersprachen kaum Klassen wie *Katze* oder *Löwe*, dafür aber Klassen, die Strukturen aus der Mathematik darstellen, wie Mengen (Set) oder Listen (List) oder Klassen, wo sich zumindest Analogien in der realen Welt finden lassen, wie Ströme (Streams), Adapter oder Beobachter (Observer). In betrieblicher Software finden sich Klassen wie Kunde, Konto oder Vertrag, auch diese Klassen haben ihre Entsprechungen in der Realität.

Mit den objektorientierten Sprachen entstand das objektorientierte Software-Engineering. Bereits während der Analyse des Problems können Objekte und Klassen modelliert und grafisch skizziert werden. Diese Skizzen auf einem Whiteboard oder einem Blatt Papier helfen einem Team aus Entwicklern und ihren Kunden immer wieder eine gemeinsame Sprache im Projekt zu finden und das zu lösende Problem gemeinsam besser zu verstehen. Mit den dort gefundenen Objekten und Klassen werden Anforderungen dokumentiert und die Software wird daraus modelliert sowie später programmiert. Dieselben Klassen und Objekte werden in allen Phasen der Software-Entwicklung genutzt. Eine umständliche Übersetzung von einem Modell in ein anderes entfällt, es ist immer von denselben Klassen und Objekten die Rede, unabhängig ob es um die Beschreibung des Problems, die Beschreibung der Anforderungen oder den Quelltext geht.

Geheimnisprinzip und Beherrschung sehr großer Programme

Software-Entwicklung wird zum Problem, wenn sehr viele Entwickler über einen langen Zeitraum am selben Programm arbeiten. Bei naiver Verwendung prozeduraler Sprachen kann dabei folgendes passieren: Ein Entwickler erstellt mehrere global sichtbare Variablen, in denen er den aktuellen Zustand des laufenden Programms hält. Zusätzlich schreibt er einige Funktionen, die sich gegenseitig kreuz und quer aufrufen. Weitere Entwickler sehen die Funktionen und die globalen Variablen des ersten Entwicklers und sie verwenden alles ungehindert. Wenn alle Entwickler ändernd auf globale Variablen zugreifen, wie kann dann noch garantiert werden, dass diese sich in einem konsistenten Zustand befindet? Wenn eine Funktion erst einmal von mehreren Entwicklern in deren Quelltext verwendet wird, kann diese Funktion nur noch mit sehr großem Aufwand geändert werden. Denn alle Quelltexte, die diese Funktion verwenden, müssten auch geändert werden. Wenn über einen langen Zeitraum viele Funktionen implementiert werden, geht zusätzlich mit hoher Wahrscheinlichkeit die Übersicht über diese leicht 100.000 Zeilen und mehr umfassende Quelltextbasis verloren. Wenn sich die Funktionen kreuz und quer gegenseitig aufrufen, wir auch von Spaghetti-Code gesprochen.

Um diesen Problemen zu begegnen hat D. Parnas 1972 das Geheimnisprinzip (Information Hiding) formuliert [Par72]. Für jedes Modul werden zwei Sichten unterschieden: eine öffentlich sichtbare Außensicht und eine private Innensicht. Andere Entwickler kennen nur die Außensicht eines Moduls und hängen demzufolge nur noch von dieser ab. Die Außensicht sollte möglichst stabil sein und sich selten ändern. Nur der Entwickler des Moduls kennt dessen Innensicht, und kann diese beliebig anpassen. Die Innensicht ist das *Geheimnis* eines Moduls. Dieses „nicht jeder muss alles wissen“-Prinzip macht die Entwicklung im Team wesentlich einfacher, da andere Entwickler nur noch die Außensicht der verwendeten Module kennen müssen. Und die Software wird leichter änderbar, da die Innensicht (die Implementierung) leicht ausgetauscht werden kann. Das Geheimnisprinzip funktioniert in jeder Programmiersprache: in der Sprache C könnte eine solche Außensicht beispielsweise eine Header-Datei sein, welche nur Funktions- und Datentyp-Deklarationen enthält, die im gesamten Programm sichtbar sein sollen. Die C-Datei enthält dann eventuell weitere Funktionen und die Implementierung der Deklarationen aus der Header-Datei. Andere Programmteile kennen nur die Header-Datei.

Das Problem mit den global sichtbaren Variablen kann bereits mit dem Geheimnisprinzip angegangen werden: Hierzu hat J. Guttag Mitte der 1970er Jahre das Konzept der *abstrakten Datentypen* definiert [Gut77]. Ein abstrakter Datentyp macht seine Variablen (Daten) nicht mehr öffentlich per Zuweisung änderbar, sondern er bietet nur noch Zugriffsfunktionen an. Diese Funktionen sorgen dafür, dass der Wert der durch sie gekapselten Variablen konsistent ist. Die gekapselten Variablen gehören zur Innensicht und können daher flexibel umprogrammiert werden.

In den Anfangsjahren der objektorientierten Programmierung bestand die Hoffnung, sehr große Programme mit objektorientierten Sprachen gut änderbar und langlebig implementieren zu können. Da objektorientierte Sprachen Sprachmittel für abstrakte Datentypen (meistens Klassen) und das Geheimnisprinzip bereitstellen. Leider stellte sich spätestens Ende der 1990er Jahre heraus, dass Klassen als grobteilige Strukturen einer großen Software zu klein sind. Derzeit werden aus einer oder mehreren Klassen grobteilige *Komponenten* gebildet. Sie verfügen über eine gemeinsame Außensicht, diese kann beispielsweise durch eine besondere Klasse gebildet werden, die als einzige außerhalb der Komponente sichtbar ist. Die anderen Klassen zählen zur Innensicht bzw. Implementierung der Komponente. Die Außensicht von Komponenten wird teilweise auch separat betrachtet, diese Außensicht wird dann als *Dienst* bzw. *Service* bezeichnet. Große Programme werden dann aus Komponenten bzw. Diensten zusammengefügt.

Wiederverwendung und Frameworks

Frameworks (Rahmenwerke) sind Sammlungen von Klassen in einer objektorientierten Sprache, welche das Erstellen von Programmen vereinfachen sollen. Das Framework stellt bereits viele umfangreiche Funktionen in Form vordefinierter Klassen bereit. Das Java-Swing-Framework ist ein gutes Beispiel für ein solches Framework. Es bietet sehr viele Klassen wie beispielsweise `JFrame`, `JPanel` oder `JButton` an. Mit den Objekten dieser Klassen wird eine grafische Oberfläche programmiert, ein `JFrame`-Objekt bildet den Rahmen für ein Bildschirmfenster, dem dann beispielsweise `JButtons` als Schaltflächen hinzugefügt werden. Man erhoffte sich von den Frameworks eine deutliche Steigerung der Produktivität von Entwicklern, da diese ja nicht mehr alles selbst programmieren mussten, sondern große Teile der Framework-Funktionalität (wieder)verwenden konnten.

Eigene Klassen können z. B. von den Klassen des Frameworks abgeleitet werden, beispielsweise eine eigene Fensterklasse, die von `JFrame` abgeleitet wird. Vererbung wurde und wird (fälschlicherweise) als Mittel zur Wiederverwendung von Quelltexten an gesehen [Gam95]. Der eigene Quelltext mit der abgeleiteten Klasse funktioniert jedoch nur noch, wenn das Framework funktioniert und die Klassen des Frameworks wirklich hilfreich für die gebaute Software sind.

Die Wiederverwendung von Quelltexten, speziell von Klassen, war ein wichtiges Argument für die objektorientierte Programmierung. Geplant waren große Bibliotheken mit vielen wiederverwendbaren Frameworks und einzelnen Klassen. Ein Entwickler sollte nicht mehr einfach entwickeln, sondern eher die Software aus vorfabrizierten Klassen zusammensetzen. Ein bekanntes Beispiel für einen solchen Ansatz ist das *San Francisco* Framework der Firma IBM. In dem großen fachlichen

Umfang findet Wiederverwendung heute selten statt, höchstens dann, wenn das neue Programm eine Erweiterung eines großen Produktes darstellt (beispielsweise einer ERP-Software, Enterprise Ressource Planning wie SAP).

Objektorientierte Sprachen leben heute von ihrem Ökosystem aus Firmen und freien Entwicklern, die (wieder)verwendbare Klassenbibliotheken und Frameworks teilweise als Open Source frei verfügbar bereitstellen. Wiederverwendung funktioniert besonders gut bei eher allgemeinen Aufgabenstellungen wie XML-Parsern, grafischen Oberflächen oder dem Zugriff auf Datenbanken. Besonders gut sichtbar wird das, wenn man die Bibliotheken und Frameworks betrachtet, welche in einer komplexen Java Software verwendet werden, teilweise finden sich dort mehrere Dutzend fremde Bibliotheken in Form von Jar-Dateien, das ist das Speicherformat für Bibliotheken in Java.

15.2 Einführung in die Programmiersprache Java

Java ist eine der am häufigsten verwendeten Programmiersprachen in der Ausbildung von Informatiker(innen). Java wurde Anfang der 1990er Jahre von J. Gosling und anderen begonnen und wurde 1995 von Sun Microsystems (jetzt Oracle) veröffentlicht [Gos14]. Gedacht war sie ursprünglich als Programmiersprache für mobile Geräte und Set-Top-Boxen. Populär wurde sie aber durch die Möglichkeit, auf Webseiten kleine Anwendungen und Animationen, sog. *Applets* zu integrieren. Mitte der 1990er Jahre war das Internet voll von diesen Applets. Mittlerweile werden diese kleinen Anwendungen eher in JavaScript implementiert und Java wird eher zur Programmiersprache für Server.

Java war als einfache Programmiersprache gedacht, die auf komplexe Elemente wie etwa die Überladung von Operatoren oder das manuelle Verwalten des Hauptspeichers wie in C oder C++ verzichtete. Auch die Übersetzung der Programme war und ist einfacher, da ein Linken der übersetzten Quelltexte wie in C und C++ nicht notwendig ist. In den knapp 20 Jahren seit 1995 ist Java wesentlich erweitert worden und viele komplexere Konzepte wie Generics oder Annotationen sind dazu gekommen. Begreifbar wird dies z. B. an den Büchern über Java, „Java ist auch eine Insel“ [Ull14] umfasst inzwischen knapp 1300 Seiten. Mittlerweile liegt Java in der Version 8 vor, in dieser Version sind wesentliche Elemente zur Ausnutzung paralleler Hardware auch mithilfe von Konzepten aus funktionalen Programmiersprachen dazugekommen.

Derzeit wird Java für den Bau von Anwendungsservern verwendet. Am Client finden sich derzeit eher Technologien wie HTML5, CSS und JavaScript. Die Programmierung grafischer Oberflächen ist mit der neuen Java FX Technologie allerdings wesentlich vereinfacht worden. Die Programmierung von Smartphones mit dem Android Betriebssystem geschieht in der Regel mithilfe von Java. Auch im Umfeld eingebetteter Systeme, wie sie sich beispielsweise im Automobil finden, ist Java inzwischen weit verbreitet, etwa im Infotainment-Bereich und der Mensch-Maschine-Schnittstelle.

Die Java Virtual Machine (JVM)

Die Sprache Java ist unabhängig vom Betriebssystem. Ein übersetztes Java-Programm kann auf fast jedem Betriebssystem ungeändert ausgeführt werden (Write Once, Run Anywhere). Die Plattformunabhängigkeit wird dadurch erreicht, dass Java-Programme nicht in eine Assemblersprache bzw. in Maschinencode für einen bestimmten Prozessor-Typ kompiliert werden. Sie werden in eine als Bytecode bezeichnete Zwischendarstellung übersetzt, welche durch die bereits in Kap. 8.2, S. 308 erwähnte Java Virtual Machine (JVM) interpretiert wird (vgl. Abb. 15.1 und 15.2). Lediglich die JVM muss nun noch für jedes Betriebssystem bereitgestellt werden und dessen grundlegende

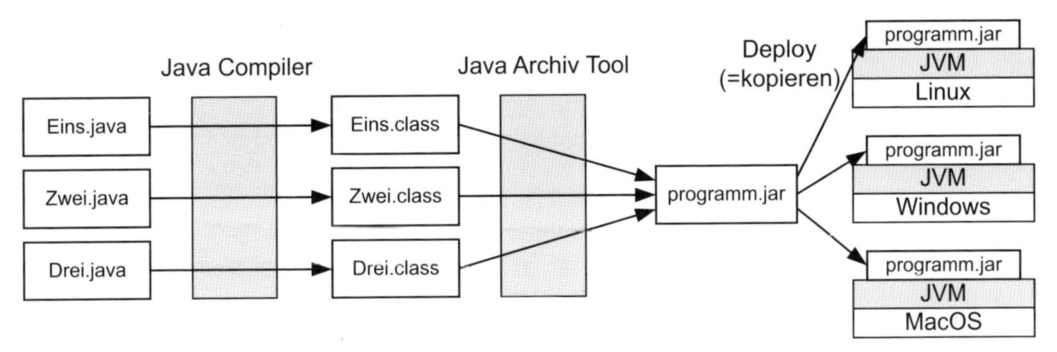

Abb. 15.1 Funktionsprinzip des Java-Compilers in Zusammenarbeit mit der JVM: Der Java-Compiler übersetzt die drei Klassen `Eins`, `Zwei` und `Drei`. Der entstandene Bytecode findet sich in gleichnamigen **`.class`**-Dateien. Diese Dateien werden mit dem *Java Archive Tool* (JAR) in eine Datei zusammengefasst (zip-Format). Das entstandene Java-Archiv `programm.jar` kann unverändert auf jedes Betriebssystem kopiert werden, wo es eine JVM gibt. Die JVM kapselt die Details eines Betriebssystems wie Linux, Windows oder MacOS und bietet eine einheitliche, plattformunabhängige Außensicht, mithilfe des Java-Bytecodes an

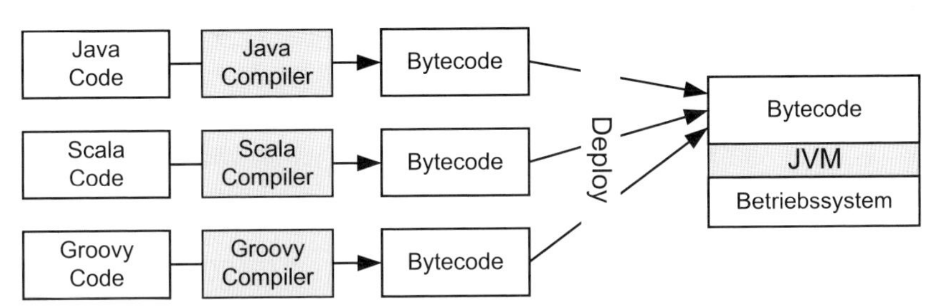

Abb. 15.2 Bytecode muss nicht zwingend ein übersetzter Java-Quelltext sein: Für mehrere andere Programmiersprachen stehen inzwischen Compiler zur Verfügung, die den Bytecode für die JVM erzeugen. Zu nennen sind hier besonders Scala, Clojure, JRuby oder Groovy. Die Quelltexte dieser anderen Sprachen können so die in Java vorhandenen Bibliotheken nutzen und können sich die Implementierung eigener Bibliotheken weitgehend sparen

Dienste wie Dateiverwaltung oder Thread-Management bereitstellen. Dieses Konzept hat darüber hinaus den Vorteil, dass jede Aktion des Java-Programms durch die JVM kontrolliert wird, so dass ein hohes Maß an Sicherheit erreicht werden kann. Beispielsweise darf ein über das Netz geladenes Java-Programm nicht direkt auf die Festplatte des Client zugreifen.

Obwohl der Bytecode bereits optimiert ist, bleibt jedoch als Nachteil, dass die Ausführung durch einen Interpreter notwendigerweise langsamer ist als die Ausführung eines bereits in Maschinencode vorliegenden Programms. Durch Verwendung eines *Just-in-Time Compilers* (JIT) kann dieser Nachteil ausgeglichen werden. Der JIT bewirkt, dass ein Java-Programm vor der ersten Ausführung auf einer Plattform in deren lokale Maschinensprache übersetzt und dort als ausführbares Programm gespeichert wird. Nach dieser anfänglichen Verzögerung wird das Java-Programm wesentlich schneller ausgeführt als der Bytecode.

Interessant ist das Operationsprinzip der JVM. Sie ist eine Stack-Maschine: Die Bytecode Befehle holen ihre Operanden nicht aus dem Hauptspeicher über deren Adresse sondern die Operanden befinden sich oben auf dem internen Operanden-Stack der JVM. Damit sind die JVM-Befehle großenteils 0-Adress Befehle (vgl. Kap. 5.4.4) und die JVM arbeitet mit Load und Store Befehlen;

Load lädt die Operanden aus dem Hauptspeicher auf den Stack, dort verwendet ein Befehl die Operanden und legt sein Ergebnis wieder auf den Stack. Ein Store-Befehl schreibt das Ergebnis wieder zurück in den Hauptspeicher. Dadurch wird der Befehlssatz der JVM sehr einfach. Diese Architektur hat jedoch das Problem, dass eventuell die Operanden, während sie sich auf dem Stack befinden bereits von einem anderen Thread im Hauptspeicher geändert werden können, denn jeder Thread hat seinen eigenen Operanden-Stack. Das kann zu Inkonsistenzen führen (siehe dazu die Ausführungen zum Thema Threads in Abschnitt 15.4.5).

Komfortable Bibliotheken und Werkzeuge für Java werden als *Java Development Kit* (JDK) von Oracle angeboten. Weit verbreitet sind die kostenlosen, frei verfügbaren Entwicklungsumgebungen Eclipse und NetBeans.

15.2.1 Grundlegender Aufbau eines Java-Programms

Das Programmbeispiel zeigt ein klassisches Programm, das häufig als Einstieg in eine neue Programmiersprache verwendet wird. Das Programm `HelloWorld` ist in der Datei `HelloWorld.java` im Unterverzeichnis `gki` gespeichert. Es gibt den Text `Hello World` auf dem Bildschirm (der Konsole) aus:

```
package gki;

public class HelloWorld {

   public static void main(String[] args) {
      System.out.println("Hello World!");
   }
}
```

Normalerweise führt die JVM die `main()`-Methode aus. Diese Methode ist *statisch*, d. h. sie hat ähnliche Eigenschaften wie eine Funktion in C. Sie kann theoretisch wie eine Funktion aufgerufen werden: `gki.HelloWorld.main(...)`. Zur Ausgabe auf den Bildschirm werden Bibliotheksklassen verwendet, welche im Sprachumfang von Java enthalten sind. Die Methode `println` gibt eine Zeile auf dem Bildschirm aus und erzeugt einen Zeilenvorschub.

Vom Programm zur laufenden Software

Ein Java-Quelltext wird von einem der Java-Compiler übersetzt. Das Resultat ist Java Bytecode. Dieser findet sich für jede Klasse in der gleichnamigen Datei mit der Endung **`.class`** wieder. Die JVM interpretiert direkt den Bytecode. Ein Java-Compiler ist im JDK zur jeweiligen Java Version enthalten. Das JDK steht bei Oracle zum Herunterladen bereit[1]. Zur Ausführung eines übersetzten Java-Programms ist nur das im JDK enthaltene und auch einzeln verfügbare JRE (*Java Runtime Environment*) erforderlich. Das JRE enthält die JVM.

Der Java-Compiler kann in einer Shell ausgeführt werden. Unser erstes Programm wird übersetzt mit dem Aufruf des Compilers `javac`:

```
javac ./gki/HelloWorld.java
```

Der Compiler `javac` erzeugt daraus dann die Datei `HelloWorld.`**`class`**, welche den Bytecode enthält. Diese Datei findet sich im selben Verzeichnis wie der Quelltext. Es sei denn, der Ausgabepfad

[1] siehe `http://www.oracle.com/technetwork/java/javase/downloads/index.html`

Bsp. 15.1 Transformatorische Systeme in Java

In Java können (wie auch in C) zwei Arten von Systemen gebaut werden. Ein *transformatorisches System* liest irgendwelche Eingaben ein, verarbeitet diese und erzeugt eine Ausgabe. Danach terminiert dieses System, d. h. die `main`-Methode wird beispielsweise über **`return`** verlassen. Batch-Programme, die beispielsweise einmal pro Nacht ausgeführt werden um etwa automatisch und ohne Interaktion mit einem Benutzer Rechnungen zu erzeugen, sind typische Beispiele für transformatorische Systeme.

```
public class TransformatorischesSystem {
  public static void main (String[] args) {
      // Initialisierung
      // Eingabe, Verarbeitung, Ausgabe
  }   // Terminiert
}
```

für übersetzte Dateien wurde mit einer Compliler-Option (`-d`) beispielsweise auf ein Verzeichnis namens `bin` oder `classes` geändert.

Da das Programm weder fremde Bibliotheken noch andere Klassen nutzt oder irgendwelche besonderen Konfigurationen benötigt, kann es in der Shell über den vollständigen Klassennamen als Paremeter der JVM `java` gestartet werden. Achtung, das Package gehört mit zum Klassennamen und muss mit angegeben werden. Die JVM sucht dann in der angegebenen Klasse nach der `main`-Methode:

```
java gki.HelloWorld
```

Transformatorische und reaktive Systeme

Der Ablauf eines Java-Programms wird in der `main()`-Methode implementiert. Um ein Java-Programm zu verstehen, sollte daher also immer nach dieser Methode gesucht werden. Für diese Methode gibt es abhängig vom Typ des programmierten Systems zwei Varianten: *transformatorisch*, d. h. das System terminiert nach dem die `main()`-Methode ausgeführt wurde (vgl. Bsp. 15.1) oder *reaktiv*, d. h. die `main()`-Methode enthält eine Endlosschleife, die nur unter besonderen Umständen terminiert. Der Quelltext innerhalb der Endlosschleife verarbeitet Ereignisse der Außenwelt, daher heißt dieser Systemtyp auch reaktives System (vgl. Bsp. 15.2).

Eine Datei pro Klasse, ein Verzeichnis pro Package

In Java findet sich der gesamte ausführbare Quelltext immer in Klassen (und Interfaces). In jeder Datei darf sich nur der Quelltext einer Klasse (und eventueller Unterklassen) befinden. Die Datei heißt genauso wie die Klasse. Im obigen Beispiel heißt die Klasse `HelloWorld` und die Datei heißt genauso mit der Endung `.java`. Eine Klasse kann nicht wie z. B. in C# möglich, über mehrere Dateien verteilt werden und mehrere Klassen in einer Datei sind ebenfalls nicht möglich. Anhand der Dateinamen können die vorhandenen Klassen weitgehend erkannt werden.

Um sehr große Quelltexte strukturieren zu können und auch um Bibliotheken kenntlich machen zu können, werden in Java *Packages* verwendet. Ein Package ist ein Namensraum für Klassen. Die Klasse aus dem Beispiel heißt eigentlich nicht `HelloWorld` sondern `gki.HelloWorld`, wobei `gki` das

Bsp. 15.2 Reaktive Systeme in Java

Ein Server oder ein eingebettetes System soll in der Regel nicht oder nur unter bestimmten Bedingungen terminieren. Daher findet sich in solchen Systemen immer irgendwo eine Endlosschleife `while(true)`. Diese liest Eingaben, beispielsweise vom Benutzer ein und verarbeitet sie. Sie reagiert damit auf Signale von außen. Solche Systeme werden als *reaktive Systeme* bezeichnet. Server-Programme, die meisten eingebetteten Systeme und Programme mit grafischer Benutzeroberfläche sind Beispiele für reaktive Systeme.

```
public class ReaktivesSystem {
  public static void main(String[] args) {
      // Initialisierung
      while (true) {
         // Eingabe, Verarbeitung, Ausgaben
         // Abbruchbedingung
      }
  }
}
```

Package ist. Die Klassen und andere Dateien, die zu dem Package gehören, sind immer im gleichnamigen Verzeichnis gespeichert. Das Package jeder Klasse wird oben in der Quelltextdatei über das Schlüsselwort `package` angegeben. Packages sind organisiert genau wie die Verzeichnisstruktur auf der Festplatte: beginnend beim Wurzelverzeichnis des Projektes entsteht eine Baumstruktur aus Verzeichnissen und darin enthaltenen Dateien.

Stünde in der obersten Zeile von `HelloWorld.java` die Zeile `package de.fhrosenheim.gki;` anstelle von `package gki;` dann müsste sich die Datei `HelloWorld.java` im Unterverzeichnis `./de/fhrosenheim/gki` befinden. Aus dem Namen der Klasse und dem Namen des Packages ergibt sich damit eindeutig der Dateiname des Quelltextes und das Unterverzeichnis, in dem sich diese Datei befindet.

15.2.2 Syntax ähnlich wie in C

Die Syntax von Java ist an die von C und C++ angelehnt, das ist schon an den geschweiften Klammern erkennbar, die Blöcke in diesen Sprachen kennzeichnen. Jede Anweisung ist mit einem Semikolon `;` abzuschließen, zwischen den Anweisungen sind beliebige Whitespaces erlaubt.

Auch die Kontrollstrukturen ähneln denen aus C. Schleifen wie `while`, `do ... while` oder `for` werden genauso wie in C geschrieben. Auch die Verzweigungen mit `if ... else ...` sowie `switch ... case` ähneln ebenfalls der Schreibweise von C. Unterschiedlich müssen jedoch die Bedingungen z. B. in `if` formuliert werden. Java verlangt überall boolesche Bedingungen (Datentyp `boolean` mit den Werten `true` oder `false`) so etwas wie `if(0)` (mit 0 als Integer-Wert) ist nur in C erlaubt, nicht aber in Java. Auf eine umfassende Darstellung von Schleifenkonstruktionen und Verzweigungen wird an dieser Stelle verzichtet. Die Syntax findet sich in Kap. 14.3.5. An dieser Stelle soll eine praktische Variante der `switch-case` Anweisung vorgestellt werden, diese wird in Bsp. 15.3 gezeigt.

Bsp. 15.3 Neue Variante der **switch-case** Anweisung

Interessant ist hier eine Neuerung aus Java Version 7: Die **switch-case** Anweisung wurde erweitert um die Möglichkeit, auch Strings als Unterscheidungsmerkmal für die **case**-Fälle zu verwenden.

```
String zahl = ...; // irgendein String
int wert = 0;

switch(zahl) {
   case "Eins":
     wert = 1;
     break;
   case "Zwei":
     wert = 2;
     break;
   case "Drei":
     wert = 3;
     break;
   // usw.
   default:
     System.out.println(zahl + " ist keine Zahl!");
}
System.out.println("String " + zahl + " umgewandelt in " + wert);
```

15.2.3 Datentypen und Variablen: Statische Typisierung

In Java werden zwei Sorten von Datentypen unterschieden: Einerseits primitive Datentypen wie beispielsweise ein `int`. Hier befindet sich der Wert der Variablen direkt an der Speicherstelle der Variablen selbst. Andererseits Referenztypen, hier enthält die Variable nur eine Referenz auf eine Speicherstelle, wo sich das referenzierte Objekt befindet.

Primitive Datentypen

Im nachfolgenden Beispiel wird eine Variable mit dem primitiven Datentyp `int` deklariert und mit einem Wert initialisiert, sowie eine Variable mit dem Datentyp `char`. Java enthält solche primitiven Datentypen, da in der Entstehungsphase von Java den C und C++ Programmierern der Umstieg erleichtert werden sollte. Zusätzlich waren arithmetische Operationen mit weniger Rechenaufwand implementierbar [Ull14].

```
int verschwoerung; // Deklaration
verschwoerung = 23 - 17; // Initialisierung

char buchstabe = 'x'; // Deklaration und Initialisierung
```

Java bietet die aus anderen Programmiersprachen gewohnten Datentypen an, diese werden in Tabelle 15.1 dargestellt. Die primitiven Datentypen sind in Java keine Objekte sondern einfache, skalare Werte. Sie haben keine Methoden und keine Attribute. Java ist also nicht durchgehend objektorientiert, nicht alles ist ein Objekt.

Tabelle 15.1 Übersicht über die primitiven Datentypen in Java

Datentyp	Beschreibung	Wertebereich
`boolean`	Wahrheitswert	`true` und `false`
`char`	16 Bit-Unicode Zeichen	0 bis 65535
`byte`	8 Bit-Ganzzahl mit Vorzeichen, Zweierkomplement	-128 bis 127
`short`	16 Bit-Ganzzahl mit Vorzeichen, Zweierkomplement	-32768 bis 32767
`int`	32 Bit-Ganzzahl mit Vorzeichen, Zweierkomplement	2^{31} bis $2^{31}-1$
`long`	64 Bit-Ganzzahl mit Vorzeichen, Zweierkomplement	2^{63} bis $2^{63}-1$
`float`	Gleitpunktzahl mit Vorzeichen, nach IEEE 754	$\pm 1.4 \cdot 10^{-45}$ bis $\pm 3.4 \cdot 10^{38}$
`double`	Gleitpunktzahl mit Vorzeichen, nach IEEE 754	$\pm 4.9 \cdot 10^{-324}$ bis $\pm 1.8 \cdot 10^{308}$

Referenztypen

Eine Variable kann auch eine Referenz auf ein Objekt oder ein Array enthalten. Das Objekt bzw. Array wird zur Laufzeit im Hauptspeicher dynamisch allokiert. Die Beschaffung des Speicherplatzes und seine Initialisierung finden mithilfe des **`new`**-Operators statt. Dieser liefert eine Referenz auf den Speicherplatz zurück. Die aus C gewohnte Zeigerarithmetik oder das Dereferenzieren sind mit Java-Referenzen nicht möglich. Referenzen sind ein eigenes Konzept und keine Zeiger. Im nachfolgenden Beispiel enthält die Variable `horst` eine Referenz auf ein Objekt vom Referenztyp, der Klasse `Mitglied`. Wenn eine Zuweisung zwischen zwei Variablen stattfindet, wird lediglich die Referenz, aber nicht das referenzierte Objekt kopiert. Die Variable `neuesMitglied` verweist auf dasselbe Objekt wie `horst`. Auf Variablen vom Referenztyp können die von der entsprechenden Klasse definierten Methoden aufgerufen werden. Im Beispiel wird `getNachname()` auf dem Objekt aufgerufen, das die Variable `horst` referenziert.

Ein besonderer Wert für Variablen mit Referenztyp ist der Wert **`null`**, dieser zeigt auf kein Objekt und kann jeder Variable mit einem Referenztyp zugewiesen werden. Wenn auf einer Variable mit dem Wert **`null`** eine Methode aufgerufen wird, kommt es allerdings zu einer Ausnahme und das Programm wird eventuell abgebrochen (siehe Abschnitt 15.4.2), wenn diese Ausnahme nicht behandelt wird: `NullPointerException`, da Methodenaufrufe nur auf Objekten möglich sind.

```
Mitglied horst = new Mitglied(4711, "Horst", "Holzbein");
Mitglied neuesMitglied = horst; // Nur Referenz zuweisen
Mitglied keinMitglied = null;

System.out.println("Referenz: " + horst);
// Ausgabe: z.B. gki.Mitglied@15b94ed3
System.out.println("Nachname:" + horst.getNachname());
// Ausgabe: 'Nachname:Holzbein'
System.out.println("Nachname:" + keinMitglied.getNachname());
// NullPointerException, evtl. Programmabbruch
```

Eine Referenz kann auch auf der Konsole ausgegeben werden, wie im Beispiel. An der Referenz ist die Klasse ablesbar sowie die eigentliche Referenz unter der die JVM das Mitglieds-Objekt gespeichert hat.

Für Referenztypen ist der Vergleichsoperator `==` sowie die bei jedem Objekt verfügbare Methode `equals(Object o)` wichtig: Skalare Datentypen und Referenztypen können mit `==` verglichen werden. Bei Referenztypen wird jedoch nur die Referenz und nicht deren Inhalt verglichen. Wenn zwei Objekte (also deren Attributwerte) verglichen werden sollen, muss die `equals` Methode verwendet werden, dies wird im nachfolgenden Beispiel dargestellt:

```
Mitglied horst  = new Mitglied(4711, "Horst", "Holzbein");
Mitglied horst2 = new Mitglied(4711, "Horst", "Holzbein");

if (horst == horst2) { ... } // false
if (horst.equals(horst2)) { ... } // true (abhaengig von der equals Impl.).
```

Wrapper für primitive Datentypen

Für die oben bereits eingeführten primitiven Datentypen bietet Java auch gleichwertige Referenztypen (Klassen) an. Es stehen die Klassen `Boolean`, `Character`, `Byte`, `Integer`, `Float` oder `Double` zur Verfügung. Während beim primitiven Datentyp **`int`** `sinn=42;` keine Methoden zur Verfügung stehen, hat ein Objekt der Klasse `Integer` sehr wohl Methoden `Integer unsinn = 43;` hat die Methode `unsinn.toString();`. Bei der Zuweisung eines skalaren Werts an eine Variable mit Referenztyp beispielsweise an eine Integer-Referenz, wird implizit ein neues Objekt der Klasse `Integer` erzeugt. Seit Java Version 5 wurden viele automatische Konvertierungen zwischen den primitiven Datentypen wie **`int`** und den entsprechenden Klassen wie beispielsweise `Integer` eingeführt, dies wird auch als *Autoboxing* bezeichnet.

Strings

Zeichenketten (Strings) werden in Java mit der Klasse `String` dargestellt. Objekte der Klasse `String` sind nicht änderbar (immutable); sobald ein String-Objekt konstruiert ist, kann die dargestellte Zeichenkette nicht mehr geändert werden. Änderungen der Zeichenkette führen zu neuen String-Objekten. Das ist bei den Wrapper-Klassen wie `Integer` genauso. Mithilfe des Plus-Operators können Strings konkateniert werden, wie dies im nachfolgenden Beispiel zu sehen ist:

```
String vorname  = "Harald"; // Literal
String nachname = new String("Schaf"); // String-Objekt

String name = vorname + " " + nachname;
```

Jedes Objekt kann in einen String umgewandelt werden, da bereits die allgemeine Basisklasse `Object` eine Methode `toString()` anbietet. Diese Methode sollte für selbst geschriebene Klassen immer überschrieben werden, z. B. um ein laufendes Programm leichter über Textausgaben untersuchen zu können.

Im Beispiel wird ein Literal erzeugt, diese speichert Java in einem eigenen Cache: Wenn eine zweite Variable den Wert `"Harald"` erhält, wird das entsprechende String-Objekt aus dem Cache zugewiesen und nicht mehr neu erzeugt. In der zweiten Zeile wird mit **`new`** explizit ein neues String-Objekt erzeugt.

Java bietet im Umfeld von Strings sehr viele leistungsfähige Klassen an. Zu nennen ist hier der `StringBuilder`, dieser ist nicht immutable und damit können zur Laufzeit große Zeichenketten dynamisch erzeugt werden. Strings können mit `StringTokenizer` in Teilstrings zerlegt werden. Weiterhin besteht eine umfassende Unterstützung von regulären Ausdrücken (vgl. Kap. 10.2.5, S. 411).

Arrays

Arrays sind in Java ebenfalls Referenztypen, das heißt auch sie müssen mit **new** allokiert werden und werden irgendwo im Hauptspeicher abgelegt. Eine Variable referenziert das Array. Erkennbar sind Variablen, welche Arrays referenzieren an den eckigen Klammern `[]`. Im Beispiel unten wird ein Array `tageImMonat` angelegt und gleich mit 12 Elementen initialisiert. Das erstellte Array `feld` wird mit **new** erzeugt und enthält 3000 Einträge. Die Nummerierung von Arrays geschieht, wie in C, immer beginnend mit dem nullten Element. Auch mehrdimensionale Arrays sind möglich und werden verwendet wie in C.

```
int tageImMonat[] = {31,28,31,30,31,30,31,31,30,31,30,31};
int tageImJanuar = tageImMonat[0], tageImMaerz = tageImMonat[2];

char hallo[] = {'H', 'A', 'L', 'L', 'O'};

boolean feld[] = new boolean[3000];

System.out.println("Zahl Monate= " + tageImMonat.length);
tageImMonat[0]; // 31 (erstes Element)
tageImMonat[tageImMonat.length-1]; // 31 (Letztes Element)
tageImMonat[tageImMonat.length]; // OutOfBounds-Ausnahme
```

Zeigerarithmetik ist mit einer Referenz nicht möglich. Auf die Inhalte eines Arrays muss also immer mithilfe des jeweiligen Indexes des gesuchten Elements über die eckigen Klammern zugegriffen werden: `tageImMonat[0]` greift beispielsweise auf das erste Element des Arrays zu. Die Arrays sind in Java sicherer implementiert als in C, die JVM merkt, wenn die Grenzen des Arrays überschritten werden. Geschieht das, wird die Ausnahme `ArrayIndexOutOfBoundsException` geworfen (vgl. Abschnitt 15.4.2). Diese Ausnahme kann über das Programm behandelt werden. Zweiter Vorteil der Java-Arrays ist, dass diese ihre Länge kennen, diese kann mit `length` abgefragt werden.

Java stellt zusätzlich höherwertige Datenstrukturen für Listen, Mengen, Schlangen oder auch assoziative Arrays zur Verfügung. Hierfür gibt es weitere Klassen und Interfaces, wie `List` für Listen oder `Set` für Mengen.

Konstante

Konstante werden in Java mit dem Schlüsselwort **final** deklariert, dabei bezieht sich das **final** auf eine Variable, nicht jedoch auf das Objekt auf das ein eventueller Referenztyp verweist. In Java und anderen Sprachen gibt es die Konvention, dass Konstante immer mit Großbuchstaben geschrieben werden, beispielsweise `PI` oder `HERR`:

```
final float PI = 3.14159f; // Konstante
PI = 4.0; // NOK, Compiler meckert

final Mitglied M = new Mitglied(); // Nur Referenz konstant
M.setNachname("Janssen"); // OK
M = new Mitglied(); // NOK, Compiler meckert
```

final kann auch für Parameter von Methoden verwendet werden mit derselben Bedeutung wie bei Variablen, auch hier ist eine Zuweisung an den Parameter nicht erlaubt.

In Java gibt es eigentlich keine globalen Variablen wie in C und demnach auch keine globalen Konstanten, speziell globale Konstante werden aber hin und wieder benötigt: Zu diesem Zweck werden konstante Klassenvariablen verwendet:

```
public class Mathe {
   public static final float PI = 3.14159f; // Konstante
   public static final String HURRA = "Heureka";
}
// ... Zugriff ueber Mathe.PI, z.B.
System.out.println("Pi: " + Mathe.PI);
```

Beim Programmieren sollte darauf geachtet werden, dass der Quelltext keine sog. *Magic Numbers* enthält. Eine Magic Number ist eine im Quelltext befindliche Zahl oder eine Zeichenkette, die nicht weiter erläutert wird, so könnte anstelle der gerade definierten Konstante `PI` ja auch gleich der Zahlenwert 3.141 geschrieben werden. Wenn im Quelltext aber steht `float umfang = PI * durchmesser;` ist das verständlicher als der reine Zahlenwert `float umfang = 3.14159 * durchmesser;`.

Aufzählungen

Aufzählungen sollten in Java in Form eines `enum` definiert werden. Aufzählungen ersparen eventuell aufwendige Definitionen von Konstanten, wie sie im Beispiel kurz aufgeführt werden. Enums können innerhalb einer Klasse oder als eigene Datentypen definiert werden. Aus einer `enum`-Deklaration erzeugt der Java-Compiler später tatsächlich eine eigene Klasse, welche die Aufzählung implementiert. Daher kann ein `enum` in Java auch Methoden haben:

```
// Anstelle von
public class Anrede {
    public static final int HERR=1;
    public static final int FRAU=2;
    public static final int FIRMA=3;
}
// unklar und fehleranfaellig, da kein enum
int kundenAnrede = Anrede.HERR;
kundenAnrede = 17; // Bedeutung?

// Jetzt deutlich kompakter mit einem enum
public enum Anrede { HERR, FRAU, FIRMA };

// Gut lesbarer, expliziter Quelltext
Anrede kundenAnrede = Anrede.FRAU;
```

Statische Typisierung

Eine Variable ist in Java statisch typisiert. Das bedeutet, dass der Datentyp einer Variable zur Übersetzungszeit bekannt sein muss und nicht geändert werden kann. Bei JavaScript oder PHP ist dies anders, vgl. Kap. 16.4 und 16.5. In der Fachwelt gibt es Diskussionen, ob statische oder eher dynamische Typisierung besser sind: Statisch typisierte Sprachen haben im Allgemeinen den Vorteil, dass der Compiler zur Übersetzungszeit Fehler finden kann. Beispielsweise wenn eine Methode eine Zeichenkette erwartet aber die übergebene Variable zufällig einen Integer-Wert enthält, findet der Compiler diesen Fehler bereits zur Übersetzungszeit. Bei dynamisch typisierten Sprachen kann der Datentyp einer Variable von Codezeile zu Codezeile variieren, sodass eine entsprechende Prüfung durch den Compiler schwierig ist. Dafür kann mit diesen Sprachen etwas kompakter programmiert werden, da die Typdeklarationen entfallen.

Gültigkeitsbereiche von Variablen

Variablen können an jeder beliebigen Stelle in einer Methode angelegt werden, dort sind sie *lokale Variable*. Sie gelten innerhalb ihres jeweiligen Blocks. Ein Block wird durch geschweifte Klammern festgelegt. Eine Variable, die innerhalb eines `{ ... }`-Blocks angelegt wurde, ist außen nicht sichtbar, wie die Variable `z` im nachfolgenden Beispiel. Parameter gelten ebenfalls innerhalb einer Methode als lokale Variablen.

```
int i = 7;
{ // Blockbeginn
   i = i + 1;  // OK;
   int i = 12; // Compile-Fehler
   int z = 4;
} // Blockende

z = 16; // Compile-Fehler
```

15.3 Klassen und Objekte

Klassen sind das zentrale Konzept in Java. Klassen können Attribute besitzen, ebenso wie ein `struct` in der Sprache C. Ein Mitglied hat im nachfolgenden Beispiel drei Attribute: `mitgliedsnummer`, `vorname` und `nachname` mit den Datentypen `Integer` und `String`. Nach der Namenskonvention in Java beginnen die Namen der Attribute immer mit einem kleinen Buchstaben, dagegen beginnen die Namen von Klassen mit einem Großbuchstaben:

```
public class Mitglied {
   private Integer mitgliedsnummer;
   private String  vorname;
   private String  nachname;

   public Mitglied(int nr, String vn, String nn) {
       this.vorname = vn;
       this.nachname = nn;
       this.mitgliedsnummer = nr;
   }

   public Integer getMitgliedsnummer() {
       return mitgliedsnummer;
   }

   public void verleiheAmt(Amt amt) {
       // Plausibilitaetsregeln.
   }
// ...
```

15.3.1 Attribute und Methoden

Attribute

Die Attribute einer Klasse stellen die Daten dar, die später ein Objekt dieser Klasse repräsentieren. Bei einem Objekt wird die Menge der aktuellen Attributwerte eines Objektes als dessen Zustand bezeichnet. Der Zustand kann in der Regel zur Laufzeit jederzeit verändert werden, das Objekt als solches (seine Referenz im Hauptspeicher) bleibt aber immer dasselbe. Als Datentypen für Attribute sind alle in Java vorhandenen vordefinierten oder im Programm definierten Datentypen möglich. Eine Klasse kann eine andere Klasse als Datentyp eines Attributs besitzen, damit können die objektorientierten Konzepte Assoziation, Aggregation und Komposition umgesetzt werden, siehe Kap. 17.5.2.

Properties

In Java gibt es eine Konvention für bestimmte Methodennamen, welche mit den Namen von Attributen korrespondieren können. Im Beispiel ist das Attribut `nachname` ein sog. Property. Dafür gibt es eine `get`- und eine `set`-Methode, erkennbar über den Attributnamen mit einem entsprechenden Präfix, also `getNachname` und `setNachname`. Entwicklungswerkzeuge gehen in der Regel davon aus, dass sich die Entwickler an diese Konventionen gehalten haben und die Werkzeuge können in der Regel aus dem Attribut die entsprechenden Methoden generieren. Wenn Methoden vorhanden sind, die sich an die gerade dargestellten Konventionen halten, spricht man bereits von einer Property, unabhängig davon ob ein entsprechend benanntes Attribut da ist oder nicht.

```
public class Mitglied {
   private String  nachname;

   // Diverse Methoden ausgelassen ...
   public String getNachname() {
       return this.nachname;
   }

   public void setNachname(String nachname) {
         this.nachname = nachname;
   }
```

Konstruktoren

Der `new`-Operator instanziiert Objekte einer Klasse. Dabei sollten die Attribute des Objekts mit konsistenten Werten versehen werden. Diese Aufgabe übernimmt der sog. *Konstruktor*. Er hat denselben Namen wie die Klasse, im Beispiel ist das `Mitglied(...)`. Die Parameter des Konstruktors dienen als Grundlage für die Initialisierung der Attribute. Das Beispiel zeigt erneut den Konstruktor der Klasse `Mitglied` mit drei Parametern und einen Konstruktor ohne Parameter, dieser wird auch als Default-Konstruktor bezeichnet. Wird kein Konstruktor implementiert, stellt Java automatisch diesen Default-Konstruktor bereit:

```
public class Mitglied {
   private Integer mitgliedsnummer;
   private String  vorname;
   private String  nachname;

   // Konstruktor
   public Mitglied(int nr, String vn, String nn) {
       this.vorname = vn; this.nachname = nn; this.mitgliedsnummer = nr;
   }
   // Default-Konstruktor
   public Mitglied() {
       this.vorname=""; this.nachname=""; this.mitgliedsnummer=0;
   }
}
```

Das Objekt `m` im folgenden Beispiel hat den Datentyp `Mitglied` und es repräsentiert nicht die gemeinsamen Eigenschaften aller Mitglieder wie die Klasse, sondern ein konkretes Mitglied *Gerd Beneken*. Wird der Operator **`new`** verwendet, führt dies dazu, dass ein neues Objekt im Hauptspeicher allokiert wird, dieses wird über den Aufruf des Konstruktors initialisiert. Rückgabewert ist immer eine Referenz auf das neue Objekt.

```
Mitglied m = new Mitglied(1, "Gerd", "Beneken");
System.out.println("Neues Mitglied: " + m.getMitgliedsnummer());
```

Destruktoren und Garbage Collection

Ein Destruktor zerstört ein Objekt und ist damit die Gegenoperation zum Konstruktor. Seine Aufgabe ist es, am Lebensende des Objekts die von diesem allokierten Betriebsmittel und die von diesem referenzierten anderen Objekte wieder freizugeben. Als Destruktor dient die Methode `finalize`. Destruktoren werden in Java jedoch selten selbst entwickelt. Der Grund dafür ist, dass die Beseitigung nicht mehr referenzierter Objekte (Speicherbereinigung, Garbage Collection) durch das Java-Laufzeitsystem übernommen wird. Die JVM zählt für jedes Objekt, wie oft es von anderen Objekten referenziert wird. Wird ein Objekt von keinem anderen Objekt referenziert, kann es zerstört werden. Das Programm muss sich in der Regel nicht um die Speicherverwaltung kümmern. Dadurch werden viele Fehlerquellen vermieden, wie beispielsweise Speicherlöcher durch versehentlich nicht freigegebene Speicherbereiche.

Fachliche Methoden

Klassen bzw. Objekte sind nicht nur dumme Datencontainer wie etwa ein `struct` in der Sprache C. Klassen können in Java auch allgemeine Methoden enthalten, die auf der Grundlage der Attribute und übergebener Parameter fachlich sinnvolle Funktionen umsetzen. Im ersten Quelltextbeispiel zur Klasse `Mitglied` ist das die Methode `verleiheAmt(Amt amt)`. Diese Methode könnte beispielsweise Plausibilitätsregeln prüfen, z. B. ob das Mitglieds-Objekt, auf dem diese Methode aufgerufen wird, ein Mitglied repräsentiert, das noch kein anderes Amt hat.

15.3.2 Statische Attribute und Methoden

Attribute und Methoden können auch einer Klasse zugeordnet werden und nicht deren Objekten. Dazu wird das Schlüsselwort **`static`** verwendet. Um ein so gekennzeichnetes Klassenattribut zu verwenden bzw. eine Klassenmethode aufzurufen ist kein Objekt dieser Klasse erforderlich, stattdessen wird der Name der Klasse als Teil des Methodennamens verwendet. Im nachfolgenden Beispiel ist das `Mitglied.getAnzahlMitglieder()`. Die `main`-Methode ist ein Beispiel für eine öffentliche Klassenmethode:

```
public class Mitglied {
    private static int zaehler = 0;  // Haengt an der Klasse
    private String nachname;         // Haengt an einem Objekt

    public Mitglied(String vn, String nn) {
        zaehler++;
        this.nachname = nn;
        // Weitere Initialisieurngen
    }
```

```
    public static int getAnzahlMitglieder() {
        // kein Zugriff auf nachname
        return zaehler;
    }
}

// Hier der Quelltext
Mitglied m = new Mitglied("Hartmut", "Ernst");
Mitglied m = new Mitglied("Jochen", "Schmidt");
System.out.println("Zahl Mitglieder:" + Mitglied.getAnzahlMitglieder());
// Ausgabe: 'Zahl Mitglieder:2'
```

Das Beispiel zeigt eine typische Anwendung eines Klassenattributes und einer Klassenmethode. Das Klassenattribut `zaehler` hat für jedes Objekt der Klasse `Mitglied` denselben Wert, im Beispiel zählt es die vorhandenen Mitglieder indem es bei jedem Konstruktor-Aufruf inkrementiert wird. Klassenvariablen sind in allen Methoden sichtbar unabhängig, ob diese zu einem Objekt oder der Klasse gehören. In einer Klassenmethode kann nur auf Klassenattribute zugegriffen werden, **`this`** oder die Attribute von Objekten sind nicht zulässig.

Parameter von Methoden: by-value

Die Parameter von Methoden werden in Java grundsätzlich *by-value* übergeben. Der Wert des Parameters wird kopiert. Das ist bei skalaren Werten wie der Mitgliedsnummer im nachfolgenden Beispiel einsichtig. Was bedeutet *by-value* bei dem String-Objekt `nachname` im Beispiel? Auch hier wird der Parameter `nachname` *by-value* übergeben. Der Parameter ist aber eine Referenz auf ein Objekt und die Referenz wird kopiert nicht das Objekt! Egal wie oft die `setNachname`-Methode aufgerufen wird, die Zahl der String-Objekte im Hauptspeicher ändert sich dadurch nicht. Die Übergabe einer Referenz *by-value* könnte man als eine Übergabe des referenzierten Objektes *by-reference* interpretieren.

```
public class Mitglied {
   private String nachname;
   private int mitgliedsnummer;

   public void setNachname(String nachname /*by value*/ ) {
      this.nachname = nachname;
   }
   public void setMitgliedsnummer(int mitgliedsnummer /*by value*/) {
      this.mitgliedsnummer = mitgliedsnummer;
      String nachname = "Ein Fehler?"; // Attribut wird ueberdeckt
   } // ...
}
```

Das Beispiel zeigt einen zweiten interessanten Aspekt: Lokale Variablen und Parameter können die Attribute überdecken. Wie dies beispielsweise in der Methode `setNachname` mit dem Attribut `nachname` geschieht, um die lokale Variable vom gleichnamigen Attribut zu unterscheiden, wird die Selbstreferenz **`this`** verwendet, also **`this`**`.nachname`.

15.3.3 Pakete (Packages)

Zur Kennzeichnung der Verzeichnisstruktur und aus Gründen der Kompatibilität mit Internet-Adressen können Klassen und Schnittstellen durch einen Paketnamen zu Paketen (Packages) zusammengefasst werden:

```
package packagename;
```

Paketnamen werden nach der Java-Konvention in Kleinbuchstaben geschrieben. Jedes Paket erhält ein eigenes Unterverzeichnis im Dateisystem des Rechners. In diesem Sinne sind auch die Java-Klassenbibliotheken Pakete. Pakete können durch Einfügen von `import packagename` in eine Applikation eingebunden werden, wodurch im Paket als `public` deklarierte Klassen durch `packagename.Classname` zugänglich werden:

```
import java.util.ArrayList;
import java.util.List;

// irgendwo im Quelltext
List<String> s = new ArrayList<>();
```

Das Beispiel zeigt, wie das Interface `List` sowie die Klasse `ArrayList` genutzt werden können. Sie werden aus dem Paket `java.util` importiert, wobei die Import-Anweisungen am Anfang der Quelltext-Datei hinter der `package`-Deklaration stehen müssen. Als Alternative zu den beiden genannten Import-Anweisungen genügt übrigens auch `import java.util.*;`, diese Schreibweise ist jedoch ungünstig, da die importierten Klassen nicht mehr erkennbar sind.

Pakete der Standardbibliothek

In der Java Standardbibliothek finden sich für annähernd jeden Zweck nützliche Klassen und Interfaces. Es lohnt sich, in der Bibliothek zu stöbern, bevor eine eventuell schon vorhandene Funktionalität erneut erstellt wird. Die Tabelle 15.2 zeigt eine kleine Auswahl der Pakete in Java. Die Standardbibliothek ist immer an dem Basispaket `java` erkennbar. Die zentralen Klassen wie beispielsweise `java.lang.String` oder `java.lang.Thread` sind in Java beispielsweise im Paket `java.lang`.

Zu Java gibt es noch eine *Enterprise Edition* (Java EE). Darin ist eine noch größere Standardbibliothek enthalten. Deren Pakete beginnen mit `javax`, das *x* steht für *Extension*. Allerdings sind viele dieser Pakete in die Standard Edition von Java gewandert, ein Beispiel ist das Paket `javax.xml`, das Klassen und Interfaces zum Lesen- und Schreiben von XML-Dateien enthält.

Klassenpfad und Verwendung fremder Pakete

Die JVM lädt den Bytecode der im Programm verwendeten Klassen und Interfaces zur Laufzeit nach. Der Bytecode kann sich irgendwo auf einer Festplatte befinden oder in einem Java-Archiv, das sind Dateien mit der Endung `.jar`. Über die Umgebungsvariable `CLASSPATH` (dem Klassenpfad) bzw. dem entsprechenden Parameter der JVM und des Java-Compilers wird festgelegt, in welchen Verzeichnissen bzw. Archiv-Dateien nach einer bestimmten Klasse bzw. Package gesucht werden soll. Im Klassenpfad ist dabei jeweils nicht das Verzeichnis anzugeben, in dem sich eine konkrete `.class`-Datei befindet, sondern das Wurzelverzeichnis von dem jeweils die Unterverzeichnisse für die Java-Pakete abgehen. Im Klassenpfad werden auch die verwendeten Bibliotheken vermerkt, indem deren jeweilige Archiv-Datei angegeben wird.

Unter Windows könnte die Umgebungsvariable `CLASSPATH` aussehen wie im nachfolgenden Beispiel. Dabei wird das Archiv `junit-4.4.jar` eingebunden und die übersetzten Bytecode Dateien befinden sich im Verzeichnis `C:\myproject\bin`. Damit sucht die JVM in dem angegebenen Archiv und in der bei dem angegebenen Wurzelverzeichnis beginnenden Verzeichnisstruktur. Die Datei `HelloWorld.class` sollte sich beispielsweise im Verzeichnis `C:\myproject\bin\gki` befinden:

Tabelle 15.2 Übersicht über zentrale Pakete innerhalb des Java Standardbibliothek

Paket	Beschreibung
`java.lang`	Dieses Paket wird automatisch eingebunden, es enthält die zentralen Klassen wie `String`, `Integer` oder auch `Thread`.
`java.util`	Sämtliche Behälter wie etwa `List` oder `Map` finden sich hier, ebenso Datentypen zur Darstellung von Raum und Zeit.
`java.io`	Ein- und Ausgabeklassen und die Dateiverwaltung finden sich in diesem Paket. Es enthält Klassen wie `InputStream` (lesender Zugriff) und `OutputStream` (schreibender Zugriff)
`java.net`	Socket-Klassen, Abstraktionen von IP-Adressen und andere Netzwerk-Unterstützungen sind im Paket `java.net` enthalten
`java.math`	Unterstützung mathematischer Funktionen sowie Klassen für große Zahlen in beliebiger Präzision wie `BigInteger` oder `BigDecimal`
`java.awt` und `java.swing`	Grafische Oberflächen können mit Java unter anderem mit den Frameworks AWT (Abstract Windowing Tooklit) oder Java-Swing erstellt werden. Beide Frameworks wurden und werden gerade durch Java FX abgelöst.
`java.sql` und `javax.sql`	Interfaces, die den Zugriff auf (relationale) Datenbanken unterstützen.

Tabelle 15.3 Übersicht über die Modifizierer für Methoden und Attribute in Java

Modifizierer	Beschreibung
`public`	Auf die Methode bzw. das Attribut darf von außen schreibend und lesend zugegriffen werden.
`protected`	Nur Quelltexte in derselben Klasse sowie in davon abgeleiteten Klassen (siehe Text) dürfen auf das Attribut bzw. die Methode zugreifen.
`private`	Nur Quelltexte aus derselben Klasse dürfen die so gekennzeichneten Attribute oder Methoden verwenden.
leer	Wird kein Modifizierer angegeben, ist die Methode bzw. das Attribut „Package-Private“, damit können Quelltexte aus demselben Java-Paket darauf zugreifen.

```
set CLASSPATH=c:\myproject\lib\junit-4.4.jar;c:\myproject\bin;
java gki.HelloWorld
```

Da im Klassenpfad mehrere Verzeichnisse und Archive angegeben werden können, kann es vorkommen, dass dieselbe Klasse in demselben Package mehrfach vorkommt. Die JVM verwendet immer den ersten passenden Bytecode in dem sie Verzeichnisse und Archive in der Reihenfolge aus dem Klassenpfad durchsucht.

15.3.4 Kapselung und Geheimnisprinzip

Bei einem `struct` in C kann jeder beliebige Quelltextteil auf jedes Attribut des `struct` ungehindert lesend und schreibend zugreifen. In Java gibt es die Möglichkeit, Attribute und Methoden vom Zugriff aus anderen Klassen heraus zu schützen. Eine Übersicht liefert Tabelle 15.3.

Eine Grundregel beim Programmieren in objektorientierten Sprachen lautet, gerade so wenig wie nötig ist öffentlich sichtbar (`public`) und so viel wie möglich gehört zur Innensicht (`private`). Da die `public` Methoden und Attribute öffentlich sichtbar sind und von anderen Objekten bzw. Klassen verwendet werden können, ist eine spätere Änderung dieser Quelltexte problematisch, z. B. ist es bei `public`-Attributen kaum möglich, später den Datentyp zu ändern oder die Konsistenz sicherzustellen, da der Zugriff darauf aus anderen Quelltextteilen nicht kontrolliert werden kann. Auch `public`-Methoden sind später schwierig zu ändern, da bei einer Änderung alle Quelltexte geändert werden müssen, die diese Methode verwenden. Eine allgemeine Regel lautet daher, dass Attribute grundsätzlich mit `private` gekennzeichnet werden und die öffentliche *Schnittstelle* einer Klasse mit ihren `public`-Methoden besonderer Qualitätssicherung bedarf. Hier erkennen wir die Idee des Geheimnisprinzips der Trennung von stabiler Außensicht und flexibel änderbarer Innensicht.

Auch die Sichtbarkeit von Klassen kann über `public` gesteuert werden; wenn dies nicht angegeben wird, ist die Klasse *package-private* und kann nur in ihrem eigenen Java-Paket verwendet werden.

Dokumentation der öffentlichen Schnittstelle mit JavaDoc

Java brachte von Anfang an einen eigenen Mechanismus für die technische Dokumentation von Quelltexten mit: *JavaDoc*. Dazu werden bestimmte Kommentare im Quelltext ergänzt, diese werden durch das Werkzeug JavaDoc ausgewertet. Daraus erzeugt JavaDoc eine Online-Dokumentation in HTML. Dort werden alle Pakete, Klassen und Schnittstellen, sowie deren Methoden und Attribute dokumentiert. Das Beispiel zeigt einige Erklärungen im Rahmen eines JavaDoc-Kommentars zu einer Methode

```
/**
 * Beschreibung der Funktion machIrgendwas
 * Warum gibt es sie? Verweise auf Fachkonzept, DV-Konzept, Literatur
 *
 * @param      was Eigenschaften des Parameters 'was', Konsistenzbedingungen,
 *                 Darf 'was' auch null sein? Darf 'was' auch der Leerstring sein?
 * @param      so Eigenschaften des Parameters 'so', Konsistenzbedingungen
 * @return     Rueckgabewert/Return Code, Zusicherungen an Aufrufer
 * @throws     GBException: Fehlerfall (idR. erwartete Fehler)
 *
 * @see        AndereKlasse#machWas (Querverweise)
 * @since      Datum der Erstellung
 * @author     Gerd Beneken
 */
public int machIrgendwas(String was, int so) throws GBException {
    // macht jetzt was
}
```

Ein JavaDoc-Kommentar steht immer in folgenden Klammern `/** hier der Kommentar*/`. Durch das `@param`-Element wird jeder Parameter der Methode dokumentiert. Im Kommentar sollten auch Konsistenzbedingungen an diesen Parameter genannt werden, beispielsweise ob auch `null` als Wert erlaubt ist. Mit `@return` und `@throws` werden der Rückgabewert der Methode und eventuell von ihr geworfene Ausnahmen dokumentiert. Querverweise oder die Nennung des Autors sind ebenfalls möglich.

JavaDoc hat an sich nichts mit Kapselung zu tun. Dennoch sollte es gerade hier erwähnt werden: Damit Kapselung über Methoden einer Klasse oder eines Interfaces (siehe Abschnitt 15.3.5) funktionieren kann, muss der Name einer Klasse und die Namen ihrer öffentlichen Methoden so sprechend sein, dass ein Entwickler diese benutzen kann, ohne deren Implementierung zu kennen!

Gute Namen alleine genügen aber nicht immer: Häufig werden bestimmte Anforderungen an die Parameter gestellt, welche der Methode übergeben werden, z. B. darf ein Parameter nicht den Wert **null** haben oder es wird vorausgesetzt, dass bereits eine andere Methode (z. B. irgendeine Initialisierung) davor aufgerufen wurde, damit diese Methode korrekt arbeitet, das sind sog. *Vorbedingungen* (Precondition). Wenn sich der Aufrufer an die Vorbedingungen hält, muss er sich auf ein korrektes Verhalten einer Methode verlassen können, z. B. bestimmte Eigenschaften des Rückgabewerts, etwa dass nicht **null** geliefert wird. Diese sog. *Nachbedingungen* (Postcondition) müssen ebenfalls in JavaDoc dokumentiert werden (`@return`). Solche Vorbedingungen, Nachbedingungen und Verwendungshinweise für eine Klasse, ein Interface und deren öffentliche Schnittstellen sollten in JavaDoc dokumentiert werden. JavaDoc ist also ein Werkzeug zur Dokumentation der Außensicht im Sinne des Geheimnisprinzips. Die komplette Dokumentation der Java-Bibliothek ist mit JavaDoc erstellt worden. Dies ist eine sehr große Hilfe bei der Nutzung der Java-Bibliothek und wird nahtlos in aktuelle Entwicklungsumgebungen integriert.

15.3.5 Vererbung und Polymorphie

Die Vererbung von Eigenschaften einer Klasse auf eine andere wird durch das Schlüsselwort **extends** ausgedrückt. Im nachfolgenden Beispiel aus einer Software zur Verwaltung von Vereinen ist die Klasse `Vorstand` eine Spezialisierung der Klasse `Amt`, d. h. sie erweitert die Klasse `Amt` um Methoden wie `isEntlastet()` und Attribute wie `entlastet`. Jedes Objekt der Klasse `Vorstand` hat das Attribut `nameDesAmts`, obwohl es im Quelltext dieser Klasse nicht sichtbar ist:

```
class Amt {
    private String nameDesAmts;
    private int jahrAmtsantritt;

    public Amt(String n, int jahr) {
        this.nameDesAmts = n;
        this.jahrAmtsantritt = jahr;
    }
    public int getJahrAmtsantritt() {
        return jahrAmtsantritt;
    }
}

class Vorstand extends Amt {
    private boolean entlastet;
    public boolean isEntlastet() { return entlastet;}
    // ...
}
```

Die abgeleitete Klasse (Subklasse) `Vorstand` erbt auf diese Weise Eigenschaften der Basisklasse (Superklasse) `Amt`. In Java gibt es keine Mehrfachvererbung, eine Klasse kann nur von einer Superklasse erben. Alle Klassen sind Subklassen der Basisklasse `Object`. Wird keine Superklasse angegeben, so wird automatisch die Klasse `Object` aus der Klassenbibliothek `java.lang` zur Superklasse.

Konstruktoren

Da jedes Objekt der abgeleiteten Klasse quasi ein Objekt der Basisklasse enthält, muss der Konstruktor der abgeleiteten Klasse sicherstellen, dass dieses Objekt korrekt initialisiert wird. Konstruktoren

Tabelle 15.4 Übersicht über häufig verwendete Methoden der Klasse `Object`

Methode	Beschreibung
`boolean equals(Object o)`	Vergleich des Objekts mit dem übergebenen Objekt `o`
`int hashCode()`	HashCode des Objekts, dieser wird wichtig, wenn das Objekt in Behältern wie `Set` oder `Map` gespeichert wird.
`String toString()`	Wandelt das Objekt in einen String um.

der Basisklasse werden explizit mit `super(...)` aufgerufen. Die Konstruktion eines Objekts geschieht dabei immer von innen nach außen, d. h. das Objekt der obersten Basisklasse (also `Object`) innerhalb der Vererbungshierarchie wird immer zuerst aufgerufen, daher darf `super` nur in der ersten Zeile des Konstruktors einer abgeleiteten Klasse stehen. Fehlt der Aufruf von `super` wird implizit der Default-Konstruktor der Basisklasse aufgerufen, das ist der Konstruktor ohne Parameter. Im zweiten Beispiel ruft der Konstruktor der Klasse `Vorstand` den Konstruktor mit zwei Parametern der Klasse `Amt` auf:

```
class Vorstand extends Amt {
    private boolean entlastet;

    public Vorstand(int jahr) {
        super("Vorstand", jahr);
        entlastet = false;
        // weitere Initialisierungen
    }
}
```

Object – Mutter aller Klassen

Ein Objekt hat in Java mehrere grundlegende Eigenschaften, diese werden in der Klasse `Object` implementiert. Jede Klasse ist in Java von dieser Klasse explizit oder implizit abgeleitet, damit kann man sich auf das Vorhandensein bestimmter Methoden verlassen. Die Tabelle 15.4 zeigt eine Auswahl dieser Methoden. In den von `Object` abgeleiteten Klassen werden diese Methoden häufig überschrieben, um beispielsweise den Vergleich von zwei Objekten über `equals` zu beeinflussen. Die Methode `equals` definiert, wann zwei Objekte als gleich zu betrachten sind und wann nicht. Außerdem wird in der Regel auch `toString()` überschrieben, damit sich Objekte der betreffenden Klasse leicht darstellen können, z. B. als ausgegebener Text. Die Klasse `Object` enthält zusätzlich Methoden, welche die Arbeit mit mehreren Threads erst erlauben, das sind `wait()`, `notify()` und `notifyAll()`.

Überladen von Methoden

Namen von Methoden können in Java *überladen* (overloading) werden. Man darf also ohne weiteres verschiedene Methoden mit demselben Namen belegen, solange sich die Anzahl der Parameter oder deren Datentypen unterscheiden. So kann der Compiler anhand der Parameter erkennen, welche der Methoden mit demselben Namen er verwenden soll. Der Rückgabewert kann natürlich nicht als Unterscheidungsmerkmal herangezogen werden. Das Konzept des Überladens wird besonders häufig bei Konstruktoren angewendet. So kennt beispielsweise die Klasse `String` unter anderem den Default-Konstruktor `String()`, der nur ein Objekt des Typs `String` instantiiert sowie den Konstruktor `String(char[] str)`, der das instantiierte Objekt zugleich mit dem Character-Array `str` initialisiert.

Überschreiben, dynamisches und statisches Binden

Das dynamische Binden wird sehr häufig in objektorientierten Sprachen verwendet und ist eine ihrer wichtigsten Eigenschaften neben dem Geheimnisprinzip. Um zu verstehen, was dynamisches Binden bedeutet, dient wieder die Vereinsverwaltung. Die Klasse `Amt` habe die Methode `erzeugeBericht`, die einen Bericht in Form eines Strings erzeugt. Eine Variable mit dem Typ `Amt` (Referenztyp), wie die Variable `Amt amt = ...;` muss *zur Laufzeit* nicht unbedingt eine Instanz der Klasse `Amt` sein! Sie kann auch ein Objekt von irgendeiner abgeleiteten Klasse sein, z. B. von der Klasse `Vorstand`. Ein Objekt der Basisklasse *sollte* immer und überall durch ein Objekt irgendeiner abgeleiteten Klasse ersetzt werden können, dies wird auch als *Liskovsches Substitutionsprinzip* bezeichnet. In der `main`-Methode könnte also folgendes stehen:

```
Amt amt = new Vorstand(2015); // Liskov
String bericht = amt.erzeugeBericht();
// bericht hat den Wert "Vorstandsbericht" (s.u.)
```

Die Klasse `Vorstand` kann die Methode `erzeugeBericht` *überschreiben* (overriding), d. h. eine Methode mit demselben Namen und denselben Parametern anbieten. Jetzt stellt sich die Frage, welche der beiden Implementierungen beim Aufruf `amt.erzeugeBericht()` zur Laufzeit verwendet wird. In Java ist die Antwort einfach, es wird immer die Methode des betreffenden Objekts verwendet. Bei einer Instanz der Klasse `Vorstand` kommt die dort implementierte Methode zum Einsatz. Damit ist zur *Übersetzungszeit* des Quelltextes beim Aufruf von `erzeugeBericht()` auf einer Variable vom Typ `Amt` nicht festgelegt, welche Implementierung zur *Laufzeit* ausgeführt wird, da eventuell erst zur Laufzeit feststeht, ob diese Variable ein Objekt der Klasse `Amt`, `Vorstand` oder `Kassenwart` referenziert. Da die Entscheidung, welche Implementierung verwendet wird, erst zur Laufzeit fällt, wird dies als dynamisches Binden bezeichnet. Die Variable `amt` verhält sich *polymorph* (mehrgestaltig). Diese Möglichkeit in objektorientierten Sprachen wird daher auch als *Polymorphie* bezeichnet. Ein klassisches weiteres Beispiel zum Thema Polymorphie und dynamisches Binden findet sich in Abb. 17.16 im Kap. 17, S. 772.

```
class Amt { // ...
    public String erzeugeBericht(){return "Amtsbericht";}
}
class Vorstand extends Amt { // ...
    public String erzeugeBericht(){return "Vorstandsbericht";}
}
class Kassenwart extends Amt { // ...
    public String erzeugeBericht(){return "Kassenbericht";}
}
```

Es stehen ferner in Java die beiden Referenzen **this** und **super** zur Verfügung, wobei **this** auf die aktuelle Klasse zeigt und **super** auf die Superklasse. Der explizite Zugriff auf eine bestimmte `erzeugeBericht()`-Implementierung ist z. B. im Quelltext der Klasse `Vorstand` durch `super.erzeugeBericht()` (Amt) bzw. `this.erzeugeBericht()` (Vorstand) möglich.

Wird eine Klasse mit dem Modifizierer **final** versehen, kann keine Klasse davon abgeleitet werden und damit kann die Polymorphie in dieser Richtung ausgeschaltet werden. Die Verwendung von `final class Amt {...}` würde die Existenz der abgeleiteten Klasse `Vorstand` unterbinden.

Schnittstellen (Interfaces)

Der Datentyp **interface** (Schnittstelle) als Ergänzung zu **class** steht seit den Anfängen von Java zur Verfügung. Ein Interface definiert eine reine Außensicht im Sinne des Geheimnisprinzips. Es werden nur öffentliche Methoden deklariert, d. h. Parameter und Rückgabewerte werden festgelegt. Jedoch fehlt eine Implementierung dieser Methoden, damit können mit **new** keine Objekte davon erzeugt werden. Java definiert beispielsweise das Interface `Runnable`, dieses schreibt nur eine Methode vor, nämlich `run()`:

```
public interface Runnable {
    public void run();
}
```

Dennoch kann mit Objekten vom Typ `Runnable` programmiert werden, folgende Aufrufe sind im Quelltext möglich:

```
Runnable r = ...; // Irgendein Objekt, das Runnable implementiert
r.run();
```

Damit es Objekte vom Typ `Runnable` geben kann, muss eine Klasse diese Schnittstelle implementieren, d. h. sie muss eine `run()`-Methode mit der entsprechenden Signatur anbieten. Das Implementieren einer Schnittstelle wird mit dem Schlüsselwort **implements** deutlich gemacht, wobei eine Klasse beliebig viele Schnittstellen implementieren kann:

```
public class MyTask implements Runnable {
    public void run() {
        // hier die Implementierung
    }
}
```

Damit könnte dann der obige Quelltext vervollständigt werden:

```
Runnable r = new MyTask();
r.run();
```

Ein Interface ist in Java eine Art Verpflichtung: die Klasse, welche das Interface implementiert, muss alle Methoden des Interfaces anbieten, sonst kann sie nicht einmal übersetzt werden. Dies steht im Gegensatz zur Vererbung, wo eine abgeleitete Klasse die Attribute und Methoden der Basisklasse quasi geschenkt bekommt. Vererbung wird häufig als eine Art Wiederverwendung missbraucht [Gam95]. Man könnte beispielsweise von der oben bereits dargestellten Klasse `Mitglied` eine Klasse `Aspirant` ableiten, nur um die Attribute der Basisklasse weiter zu verwenden. Semantisch ist das natürlich sinnlos, da ja ein Aspirant kein Spezialfall von Mitglied ist. Solcher Missbrauch von Vererbung kann mit Interfaces nicht passieren. Die Standard-Bibliothek von Java macht daher ausgiebigen Gebrauch von Interfaces.

15.4 Fortgeschrittene Java-Themen

15.4.1 Generische Klassen, Behälter und Algorithmen

Generische Klassen

Für den Entwurf von Behältern (Listen, Mengen, Stapel, Schlangen, etc.) in objektorientierten Sprachen gibt es zwei Möglichkeiten, damit es jede Implementierung nur einmal gibt und nicht eine spezielle für jeden Datentyp, der in dem Behälter gespeichert werden soll.

1. Jeder Behälter speichert nur Daten vom Typ Object. Da Object die Basisklasse aller Klassen in Java ist, kann damit in dem Behälter jedes denkbare Objekt gespeichert werden. Grundlegender Nachteil dieses Ansatzes ist, dass beim Einfügen von Objekten in den Behälter keine Prüfung des Typs stattfinden kann. Der Behälter kann mit sehr heterogenen Objekten befüllt sein. Solche Behälter sind nach wie vor die Grundlage aller Behälter in Java.

```
public List listeMitObjekten = new ArrayList();
listeMitObjekten.add(new Apfel());
listeMitObjekten.add(new Birne());
```

2. Jeder Behälter speichert nur Daten eines bestimmten Typs ab, beispielsweise nur String-Objekte. Das hat den Vorteil das der Compiler feststellen kann, ob beispielsweise in Integer in einer Liste mit Strings gespeichert werden soll. Dies unterstützt die starke Typisierung in der Sprache Java. Um solche Behälter realisieren zu können, ist es notwendig, den Typ der gespeicherten Objekte festlegen zu können. Hierfür bietet Java seit Java Version 5 die sog. Generics an:

```
List<Apfel> listeMitAepfeln = new ArrayList<Apfel>();
listeMitAepfeln.add(new Apfel()); // OK
listeMitAepfeln.add(new Birne()); // Fehler zur Uebersetzungszeit
```

Eine generische Klasse bzw. ein generisches Interface kann mit einer oder mehreren Klassen bzw. Interfaces parametriert werden. Damit wird die Klasse bzw. das Interface wie beispielsweise List<E> über den Typ E parametriert und E kann als Datentyp für Attribute oder Parameter von Methoden verwendet werden. Das Beispiel zeigt eine Reihe von Methoden dieses Interfaces. Dabei heißt E Typvariable, die zur Übersetzungszeit bei der Instanziierung einer Liste durch eine Klasse oder ein Interface ersetzt wird, beispielsweise List<String> oder List<Apfel>.

```
public interface List<E> extends Collection<E> {
   int size();
   boolean add(E e);
   E get(int index);
   E remove(int index);
   // ...
}
```

Aus Gründen der Abwärtskompatibilität ist das Java-Generics Konzept nicht ganz durchgängig umgesetzt, unter der Haube befinden sich immer noch die untypisierten allgemeinen Implementierungen auf der Grundlage des Datentyps Object. Die Typvariable ist im Prinzip nur für den Compiler sichtbar und relevant.

Behälter

Die Standardbibliothek bietet in Java sehr viele verschiedene Klassen und Interfaces für Behälter an. Einen Überblick über die wichtigsten Interfaces für Behälter gibt Tabelle 15.5. Damit können die am häufigsten vorkommenden Datenstrukturen wie Listen oder assoziative Arrays dargestellt werden. Weiterhin stehen viele vorimplementierte Algorithmen für diese Datenstrukturen zur Verfügung. In der Klasse Collections findet sich die binäre Suche (Methode binarySearch) und auch besonders effiziente Sortierfunktionen (Methode sort).

Für die genannten Schnittstellen stehen Implementierungen mit unterschiedlichen Eigenschaften zur Verfügung. Dies wird hier am Beispiel der List-Schnittstelle verdeutlicht. Für List<E> gibt

Tabelle 15.5 Übersicht über häufig verwendete Behälter (Interfaces) in Java

Schnittstelle	Beschreibung
`Collection<E>`	Allgemeine Sammlung von Objekten des Typs `E`.
`List<E>`	Liste von Objekten des Typs `E`, d. h. jedes Objekt hat einen Index.
`Set<E>`	Menge von Objekten des Typs `E`, verhält sich wie eine mathematische Menge.
`Map<K,V>`	Assoziativer Speicher, unter dem Schlüssel des Typs `K` werden Objekte des Typs `V` gespeichert.
`Queue<E>`	Schlange (Queue) von Objekten des Typs `E`. First-In-First-Out Prinzip (FIFO): Am Ende der Schlange werden Elemente angefügt (`offer`) und am Anfang gelöscht (`poll`)
`Deque<E>`	Einfügen und Entfernen ist sowohl am Anfang wie am Ende der Schlange möglich

es zwei Implementierungen: `ArrayList<E>` ist wie ein Array mit mehr oder weniger zusammenhängenden Speicherzellen implementiert, dagegen verwendet `LinkedList<E>` intern eine doppelt verkettete Liste. Abhängig davon wie die Liste verwendet wird, ist mal `ArrayList` besser (viele Zugriffe über einen Index) oder `LinkedList` bei vielen Einfüge- und Löschoperationen.

```
List<Apfel> listeMitAepfeln = new ArrayList<Apfel>();
listeMitAepfeln.add(new Apfel("Pink Lady")); // OK
listeMitAepfeln.add(new Apfel("Boskop")); // OK
System.out.println("Zweiter Apfel:" + listeMitAepfeln.get(1));
```

Iterieren durch Behälter

Iteratoren sind das Mittel in vielen objektorientierten Sprachen, um Behälter Element für Element zu durchlaufen. Ein Iterator zeigt dabei auf eine bestimmte Stelle im Behälter (z. B. auf einen bestimmten Index). Das Element auf das der Iterator zeigt, kann jeweils gelesen oder geändert werden. Vor- bzw. hinter dem Iterator können neue Elemente eingefügt oder gelöscht werden. Der Iterator kann vorwärts oder rückwärts über den Behälter bewegt werden und es können mehrere Iteratoren in demselben Behälter unterwegs sein:

```
List<Apfel> apfelListe = ...; // Liste mit Aepfeln
Iterator<Apfel> it = apfelListe.iterator();
while (it.hasNext()) {
    Apfel a = it.next();
    // mach was mit a
}
```

Das Beispiel zeigt den einfachsten Iterator in Java und wie damit ein Behälter durchlaufen wird. Dieser Iterator kann nur vorwärts bewegt werden, mit der Methode `next()`. Diese Methode liefert auch das Objekt, auf das der Iterator vor dem Bewegen gezeigt hat. Mit `hasNext()` wird geprüft, ob der Behälter noch weitere Elemente enthält.

Da das Durchlaufen eines Behälters so etwas umständlich ist, wurde in Java eine besondere Form der **`for`**-Schleife eingeführt. Die in der Schleife definierte Laufvariable (im Beispiel `a`) kann direkt im Block der Schleife verwendet werden, ohne explizite Verwendung eines Iterators. Das folgende Beispiel zeigt eine solche **`for`**-Schleife:

```
List<Apfel> apfelListe = ...; // Liste mit Aepfeln
for (Apfel a: apfelListe) {
    // mach was mit a
}
```

Assoziative Speicher

Besonderer Würdigung bedürfen die `Map`-Datenstrukturen als assoziative Speicher. Sie erlauben an vielen Stellen überraschend effiziente Implementierungen und sollten daher gut verstanden worden sein. Eine `Map` ist eine assoziativer Datenspeicher: Objekte können dort mit der Methode `put` abgelegt und mit der Methode `get` ausgelesen werden. Als Index dient jedoch nicht ein positiver **`int`**-Wert sondern irgendein anderes Objekt, häufig verwendet man Strings als Index. Im nachfolgenden Beispiel werden Äpfel über ihren Namen indiziert und können über diesen auch gelesen werden.

Im `Map`-Interface (Generic) ist der erste Typparameter der Index (Key) und der zweite Typparameter gibt den Datentyp der zu speichernden Werte an, bei `Map<String,Apfel>` ist der Datentyp des Indexes `String` und der Datentyp der Werte ist `Apfel`. Es gibt eine Reihe von Implementierungen dieses `Map`-Interfaces, abhängig den gewünschten Laufzeiteigenschaften (siehe entsprechende Dokumentation), im Beispiel wird die Implementierung `HashMap` verwendet.

```
Apfel a1 = new Apfel("Pink Lady");
Apfel a2 = new Apfel("Boskop");

// Aepfel verwalten mit einer Map
Map<String, Apfel> verwaltung = new HashMap<>();
verwaltung.put(a1.getName(), a1);
verwaltung.put(a2.getName(), a2);

// Zugriff ueber den Namen als Index
Apfel a3 = verwaltung.get("Boskop");
// a3 == a2

Apfel a4 = verwaltung.get("Gerd");
// a4 == null
verwaltung.containsKey("Gerd"); // false
verwaltung.containsValue(a1); // true
```

Wenn die Behälter `Map` und `Set` verwendet werden, kann es Probleme mit der Verwaltung von Objekten selbst geschriebener Klassen geben: Eine `Map`- oder eine `Set`-Impementierung verwendet in der Regel zur Verwaltung der Objekte deren Methoden `hashCode()` und `equals()` (aus der Klasse `Object`). Damit sollten diese Methoden konsistent zu einander sein: Objekte, die als gleich angesehen werden müssen dieselben Werte bei `hashCode()` liefern und bei `equals()` den Wert **`true`**. Bei verschiedenen Objekten sollte `hashCode()` aus Effizienzgründen möglichst verschiedene Werte liefern (vgl. dazu Kap. 12.3).

Algorithmen

Man kann sich bei einer etablierten Programmiersprache darauf verlassen, dass alle Standard-Algorithmen zum Suchen und Sortieren (vgl. Kap. 12) irgendwo effizient implementiert zur Verfügung gestellt werden. Such- und Sortieralgorithmen sollten nicht mehr selbst programmiert werden, sondern es sollten die gut getesteten und in der Regel effizient umgesetzten Bibliotheksfunktionen genutzt werden, auch in Java. Sollte das nicht funktionieren, kann notfalls später noch eine eigene Implementierung erstellt werden.

Die Klasse `Collections` bietet eine binäre Suche (Methode `binarySearch`) an und auch Sortierfunktionen wie die Methode `sort`. Such- und Sortieralgorithmen sind in Java konfigurierbar. Beispielsweise muss der Sortier-Algorithmus wissen, wie er jeweils zwei Objekte in einem Behälter vergleichen soll. Dies ist auch für die binäre Suche wichtig. Über das Interface `Comparator<E>` kann eine Ordnung auf den Objekten einer Klasse definiert werden. Das Interface bietet eine Methode zum Vergleichen `int compare(E arg1, E arg2)`, diese liefert 0 wenn beide Objekte gleich sind, eine negative Zahl wenn $arg_1 < arg_2$ sowie eine positive Zahl wenn $arg_1 > arg_2$. Im Beispiel sollen nun Äpfel nach ihrem Gewicht sortiert werden:

```
public class ApfelComparator implements Comparator<Apfel> {
    public int compare(Apfel a1, Apfel a2) {
        return a2.getGewichtInGramm() - a1.getGewichtInGramm();
    }
}

// Irgendwo im Quelltext
List<Apfel> apfelListe = ...; // Liste mit Aepfeln
Collections.sort(apfelListe, new ApfelComparator());
```

Die Sortierfunktion aus der Klasse `Collections` wird über ein `Comparator`-Objekt parametriert, im Beispiel werden Äpfel nach ihrem Gewicht sortiert. Dieselbe Liste könnte mit einem anderen `Comparator` nach einem anderen Kriterium sortiert werden. Der Sortieralgorithmus ist so sehr flexibel einsetzbar und ist nicht an eine spezielle Ordnung auf der Menge der Objekte im Behälter gebunden.

15.4.2 Ausnahmen und Fehlerbehandlung

Während des Ablaufs eines Programms kann es zu Fehlern bzw. Ausnahmesituationen kommen, die lokal nicht mehr behandelt werden können. In solchen Fällen ist ein Sprung zur nächsten Behandlungsroutine für Fehler notwendig. Java realisiert dies und kommt dabei ohne Sprungbefehle wie etwa `goto` aus. Der Quelltext in dem eine Ausnahmesituation auftreten kann, wird in Java und anderen Sprachen mit `try {...}` eingeschlossen. Die Behandlung möglicher Ausnahmesituationen findet in `catch`-Blöcken statt, in den runden Klammern hinter `catch` ist jeweils die Ausnahme angegeben, welche dort behandelt wird. Eine Ausnahme ist in Java ein Objekt, das von `Throwable` bzw. von einer seiner Subklassen wie `Exception` oder `RuntimeException` erbt. Das speziellste `Throwable` (die am weitesten vererbte Subklasse) wird im ersten `catch`-Block verarbeitet, die späteren Blöcke behandeln allgemeinere Ausnahmesituationen (also die entsprechenden Basisklassen). Abschließend folgt noch ein optionaler `finally`-Block, dieser wird immer ausgeführt, unabhängig davon, ob eine Ausnahme aufgetreten ist, oder nicht. Dieser Block wird häufig verwendet, um eventuell allokierte Betriebsmittel, wie etwa Dateien, wieder freizugeben.

```
try { // Code in dem eine Ausnahme auftreten kann
}
catch( Ausnahme1 a1) { // Behandlung Ausnahme a1
}
catch( Ausnahme2 a2) { // Behandlung Ausnahme a2
}
finally { // Wird immer aufgerufen, z.B. zum Ressourcen freigeben
}
```

Wird innerhalb des Quelltextes eine Ausnahmesituation festgestellt, kann diese mit dem Werfen einer Ausnahme gemeldet werden. Nach dem Werfen der Ausnahme sucht die Laufzeitumgebung die am nächsten gelegene **catch**-Klausel, welche genau diese Ausnahme behandelt. Im nachfolgenden Beispiel wird die nächste **catch**-Klausel angesprungen, welche entweder `MyOwnException` oder eine ihrer Basisklassen fängt:

```
boolean schlimm = true;
if (schlimm)
   throw new MyOwnException("Irgendwas ist passiert!");
```

Ausnahmen können auch in der Signatur einer Methode vorkommen, damit wird der Aufrufer gezwungen, diesen Aufruf in **try/catch** zu verpacken. Somit kann erzwungen werden, dass der Aufrufer bestimmte Ausnahmesituationen behandeln muss. Die Implementierung der Methode wird eventuell einfacher, da intern auf ein **try/catch** verzichtet werden kann:

```
public void myMethod() throws MyOwnException {...}
```

Die Ausnahmen, die in der Methoden-Signatur genannt werden, heißen auch *Checked Exceptions*, da der Aufrufer gezwungen wird, sich um diese zu kümmern. Der Aufrufer muss entweder ein entsprechendes **catch** bereitstellen oder selber die Ausnahme in seine Signatur übernehmen. Die Checked Exceptions sind in der Regel von der Basisklasse `Exception` abgeleitet, die ihrerseits von `Throwable` erbt.

Das Beispiel 15.4 zeigt ein Beispiel für Checked Exceptions. Java abstrahiert Ein- und Ausgaben über die Klassen `InputStream` (Eingaben) und `OutputStream` (Ausgaben). Von diesen Klassen sind dann Klassen beispielsweise für den Zugriff auf Dateien abgeleitet. Im Beispiel ist das `FileOutputStream`, mit welchem ein Byte-Array über die `write`-Methode in eine Datei geschrieben wird. Beim Öffnen der Datei, beim Schreibvorgang und beim Schließen können diverse Fehler auftreten, z. B. fehlen dem Programm eventuell die Schreibrechte auf die Datei. Die Methoden der Klasse `FileOutputStream` zwingen den Aufrufer, sich um die möglichen Ausnahmen zu kümmern.

Laufzeit-Ausnahmen

Alle möglichen Fehler und Probleme können nicht mit einem **try/catch** behandelt werden, sonst müsste beispielsweise bei jedem Zugriff auf ein Array eine OutOfBounds-Exception erwartet werden, oder bei jeder Verwendung einer Referenz eine NullPointer-Ausnahme. Java bietet daher eine zweite Art von Ausnahmen an, die in der Regel von der Klasse `RuntimeException` abgeleitet sind. Beispiele für Laufzeit-Ausnahmen sind die eben genannte `NullPointerException` sowie die `ArrayIndexOutOfBoundsException`. Diese Ausnahmen müssen vom Aufrufer nicht im Rahmen von **try/catch** behandelt werden. Dennoch sollte das Programm an einer zentralen Stelle, z. B. der `main`-Methode, auch diese Ausnahmen abfangen, damit das Programm noch sinnvoll beendet werden kann, wenn eine solche Laufzeit-Ausnahme auftritt. Wird eine Laufzeit-Ausnahme nicht abgefangen, wird das Programm abgebrochen.

15.4.3 Annotationen und Reflection

Annotationen

Seit Version 5 gibt es in Java Annotationen. Eine Annotation ist eine Information, die zum Quelltext ergänzt wird. Diese Information kann zur Laufzeit ausgewertet werden oder zur Übersetzungszeit

Bsp. 15.4 Beispiel: Dateizugriff und Checked Exceptions

Das folgende Beispiel zeigt, wie auf eine Datei in Java zugegriffen wird. Dabei kann sehr viel schief gehen, beispielsweise kann die Datei gar nicht vorhanden sein, Zugriffsrechte können fehlen oder irgendein anderes Problem tritt auf. Da all diese Probleme in der Fehlerbehandlung unterschieden werden sollen, definiert Java eine ganze Reihe von Checked Exceptions. Werden diese Ausnahmen naiv behandelt, führt das zu eher unlesbarem Quelltext in dem vor lauter Fehlerbehandlung kaum noch erkennbar ist, was genau der Quelltext eigentlich tut.

```
FileOutputStream fileOutput = null;
try {
    fileOutput = new FileOutputStream("Dateiname.txt");
}
catch (FileNotFoundException e) {
    // Fehlerbehandlung, wenn Datei nicht da
}
try {
    fileOutput.write("Erste Zeile in der Datei".getBytes());
    fileOutput.flush();
}
catch (IOException e1) {
    // Fehlerbehandlung, wenn Problem beim Schreibzugriff
}
try {
    fileOutput.close();
}
catch (IOException e) {
    // Fehler beim Schliessen der Datei behandeln
}
```

von einem zusätzlichen Werkzeug. Sehr viele Java-Technologien arbeiten mit diesen zusätzlichen Informationen im Quelltext.

Methoden, welche einen Testfall implementieren, werden in JUnit mithilfe von `@Test` gekennzeichnet. Details dazu finden sich im Abschnitt zum Thema testgetriebene Entwicklung. Im Java Persistence API (JPA) wird eine Klasse, deren Objekte in einer relationalen Datenbank gespeichert werden sollen, über Annotationen mit Informationen über die objekt/relationale Abbildung versehen. Im Beispiel wird die Klasse `Mitglied` auf die Tabelle `Mitglieder` mit den Spalten `Nr`, `VName` usw. abgebildet. Dazu werden die Annotationen `@Column` und `@Table` verwendet. Zur Laufzeit werden die Informationen von der JPA-Implementierung interpretiert: Die Informationen genügen zumindest um die `SELECT` Befehle zu erzeugen:

```
@Entity
@Table(name="Mitglieder")
public class Mitglied {
    @Id
    @Column(name="Nr")
    private Integer mitgliedsnummer;

    @Column(name="VName")
    private String vorname;
    // weitere Attribute...
}
```

In den neueren Java-Bibliotheken (seit ca. 2005) werden in der Regel Annotationen verwendet. Großer Vorteil ist, dass sehr flexibel Metainformationen zum Quelltext ergänzt werden können. Zweitens ist es beispielsweise nicht mehr nötig, ein Basisinterface oder Basisklasse zu erben oder sich, wie z. B. noch in JUnit 3, an Namenskonventionen zu halten; dort musste noch jede Testmethode mit `test` beginnen.

Reflection – Informationen zur Laufzeit

Java erlaubt es zur Laufzeit, Informationen zu den Objekten im Hauptspeicher zu erfragen. So kann zu einem Objekt ermittelt werden, welche Annotationen es hat und welche Attribute und Methoden vorhanden sind. Eine Methode kann mithilfe dieser Mechanismen aufgerufen werden, ohne dass ihr Name oder ihre Parameter zur Übersetzungszeit bekannt wären. Das nachfolgende Beispiel nutzt die Methode `getClass` der Klasse `Object` aus. Über das zurückgegebene `Class`-Objekt können nun Annotationen, Methoden und Attribute erfragt werden. Das `Class`-Objekt gewährt damit den Zugriff auf die Implementierung des betreffenden Objekts als Klasse. Methoden werden über Objekte der Klasse `Method` dargestellt und sie können über deren `invoke(...)`-Methode aufgerufen werden.

```
HelloWorld w = new HelloWorld();
Class c = w.getClass();
System.out.println(c.getName());
Method[] methods = c.getDeclaredMethods();
for (Method m: methods) {
    System.out.println(m.getName());
}
```

15.4.4 Testgetriebene Entwicklung mit Java

Mithilfe der Sprache Java wurde auch die *testgetriebene Softwareentwicklung* populär. Das bekannteste Framework für die testgetriebene Entwicklung ist das von K. Beck und E. Gamma entworfene JUnit-Framework. Grundidee ist dabei folgende: Zunächst wird nicht etwa der eigentliche Quelltext, beispielsweise eine neue Methode, implementiert, sondern ein Testtreiber, der prüft, ob die geplante Methode korrekt funktioniert. Der Testtreiber schlägt natürlich beim ersten Aufruf fehl, da ja die Methode noch nicht korrekt funktionieren kann (visualisiert durch einen roten Balken). In einem ersten kleinen Schritt wird ein Teil der Methode implementiert, solange bis der Testtreiber erfolgreich beendet (visualisiert durch grünen Balken).

Im nächsten kleinen Schritt wird der Testtreiber um einen weiteren Testfall erweitert, dann wieder die eigentliche Implementierung, solange bis die Implementierung fertiggestellt ist. Auf diese Weise entsteht neben dem eigentlichen Quelltext eine ganze Testsuite. Mit dieser kann bei jeder Änderung überprüft werden, ob sich die Software noch genauso verhält wie vor der Änderung. Verhaltensänderungen führen bei einer guten Testsuite sofort zu einem Fehlschlag (roter Balken).

```
public class MitgliedTest {
    private Mitglied horst;

    @Before // Initialisierung fuer jeden Testfall aufgerufen
    public void setUp() throws Exception {
        horst = new Mitglied(1,"Horst","Holzbein");
    }
    @Test
    public void testAustreten() {
```

```
        horst.austreten();  // Aufruf der zu testenden Methode
        assertTrue(horst.istAusgetreten()); // Vergl. mit erwartetem Ergebnis
    }
    @Test
    public void testAktivieren() {
        horst.aktivieren(); // Aufruf der zu testenden Methode
        assertTrue(horst.istAktiv()); // Vergleich mit erwartetem Ergebnis
    }
}
```

Das Beispiel zeigt einen Unit-Test mit zwei Testfällen (`testAustreten` und `testAktivieren`), die mit dem Framework JUnit 4 implementiert worden sind. Ein Test findet sich dabei in Methoden mit der Annotation `@Test`. Initialisierungen für jeden Test und Aufräumarbeiten werden durch Methoden mit den Annotationen `Before` (Initialisierungen) und `After` (Aufräumen) erledigt. Eine Testsuite besteht aus einer großen Menge von Testklassen mit Testmethoden. Eine Testsuite wird dann beispielsweise von der Entwicklungsumgebung (Testrunner) ausgeführt. JUnit ist in allen Java-Entwicklungsumgebungen nahtlos integriert, überall ist die Visualisierung mit den roten und grünen Balken vorhanden.

Nun zu den eigentlichen Tests: Ein Test überprüft, ob eine Methode korrekt funktioniert. Dazu geht der Test wie folgt vor: Zunächst finden notwendige Initialisierungen statt, z. B. wird das Objekt instanziiert, dessen Methode geprüft werden soll. Eventuell werden die Attribute des Objekts mit bestimmten Werten belegt. Im eigentlichen Test wird die Methode mit bestimmten Parametern aufgerufen. Das Ergebnis des Methodenaufrufs wird danach über Asserts (sehr einfach: `assertTrue` meldet Fehler, wenn übergebener Wert **`false`**) mit den erwarteten Werten verglichen. Bei einer Abweichung vom Erwartungswert ist der Test fehlgeschlagen. Neben dem Rückgabewert der Methode sollten auch alle anderen Nachbedingungen geprüft werden.

15.4.5 Threads, Streams und parallele Verarbeitung

Mehrere parallele Befehlsstränge mit Threads

Im Kap. 8.3.1 über Betriebssysteme ist von Threads und auch von Semaphoren die Rede. Beides kann in Java mithilfe der Klasse `Thread` und dem Schlüsselwort **`synchronized`** programmiert werden. Ein Thread wird dabei von der JVM ausgeführt, diese verwendet dazu möglicherweise einen Thread des Betriebssystems. Mit **`synchronized`** wird eine Art automatischer Semaphor, ein sog. Monitor umgesetzt.

Die Klasse `Thread` modelliert einen Thread, welcher nebenläufig oder parallel zu anderen Threads ausgeführt werden kann. Um einen Thread zu starten wird dessen `start()`-Methode verwendet. Das führt dazu, dass die `run()`-Methode des Threads nebenläufig bzw. parallel ausgeführt wird. Die `main()`-Methode einer Java-Anwendung wird immer als eigener Thread ausgeführt, zusätzlich gibt es noch den Garbage-Collection Thread.

Der Quelltext, der innerhalb eines Threads ausgeführt werden soll, muss als `run()`-Methode der Schnittstelle `Runnable` vorliegen. In der Regel wird ein Objekt, welches `Runnable` implementiert, an ein `Thread`-Objekt übergeben. Das `Thread`-Objekt sorgt dann für die nebenläufige Ausführung des Quelltextes. Dies wird in Bsp. 15.5 dargestellt. Alternativ kann auch eine eigene Klasse von `Thread` abgeleitet werden, dort muss nur noch die `run()`-Methode überschrieben werden.

Bsp. 15.5 Drei Threads: der `main`-Thread und zwei separat gestartete Threads

Das Beispiel zeigt, wie mit Threads in Java gearbeitet werden kann. Die Klasse `Stadt` implementiert das Interface `Runable`, damit kann die `run()`-Methode von Objekten der Klasse `Stadt` von einem Thread ausgeführt werden. In der `main`-Methode werden zwei Objekte der Klasse `Thread` erzeugt, diesen wird jeweils das auszuführende `Runnable` übergeben. Die Threads werden mit der `start()` Methode gestartet (nicht mit `run()`). Der Aufruf von `join()` sorgt dafür, dass der Thread der `main()`-Methode solange wartet, bis die anderen Threads jeweils terminieren. Ein Thread terminiert genau dann, wenn seine `run()`-Methode beendet wird.

```
public class Stadt implements Runnable {
    private String stadt;
    public Stadt(String s) { this.stadt = s; }

    public void run() {
        for (int i=1; i < 10; i++) {
            System.out.println("Stadt:" + stadt);
            try { Thread.sleep(1000); } catch (InterruptedException e) { }
        }
    }

    public static void main(String args[]) throws InterruptedException {
        Thread t1 = new Thread(new Stadt("Wilhelmshaven"));
        Thread t2 = new Thread(new Stadt("Clausthal"));

        t1.start();
        t2.start();
        t1.join();
        t2.join();

        System.out.println("Ende!");
    }
}
```

Gemeinsame änderbare Daten sind ein Problem

Ein Objekt kann gleichzeitig in der `run()`-Methode mehrerer Threads verwendet werden. Solange keiner der Threads das Objekt ändert, ist diese parallele Nutzung problemlos möglich. Wenn mehrere Threads dasselbe Objekt gleichzeitig ändern, kann das Objekt abhängig von der durch den JVM-Scheduler bestimmten Reihenfolge der Änderungen in einen inkonsistenten Zustand geraten. Damit das nicht geschieht, bietet Java die Möglichkeit, ein Objekt zu sperren, so dass nur ein Thread gleichzeitig auf dieses zugreifen kann.

Idee ist folgende: Jedes Objekt hat so etwas wie einen Semaphor. Dieser kann automatisch mithilfe von **`synchronized`** angefordert und wieder freigegeben werden. Das Bsp. 15.6 zeigt eine Klasse mit zwei Methoden, die den Modifizierer **`synchronized`** enthalten. Wenn ein Thread eine solche Methode aufruft, wird beim Betreten der Methode die Sperre angefordert (vgl. Methode `wait()` eines Semaphors im Kap. 8.3.2) und beim Verlassen der Methode wird die Sperre automatisch wieder freigegeben (vgl. Methode `signal()`). Ein Entwickler muss sich nicht mehr selbst um die Verwaltung der Sperre bzw. des Semaphors kümmern. Wenn ein anderer Thread dasselbe Objekt verwenden will, wird er solange suspendiert, bis der erste Thread das Objekt wieder freigegeben hat.

Bsp. 15.6 Beispiel für Verwendung von **synchronized**

Das Beispiel stellt eine Klasse dar, die eine interne Konsistenzbedingung hat: alle Werte des Attributs `n` müssen immer gerade sein. Wenn die Methoden `naechste` und `diese` nicht geschützt wären, könnte beispielsweise ein Thread `naechste` aufrufen, in dem Moment in dem das erste `n++` ausgeführt wurde, führt ein zweiter Thread die `diese`-Methode aus und erhält als Ergebnis eine ungerade Zahl. Das widerspräche der Konsistenzbedingung. Das **synchronized** sorgt dafür, dass genau ein Thread jeweils die Sperre auf dem jeweiligen `GeradeZahl`-Objekt erhält. Damit kann der eben skizzierte Fall nicht eintreten, da der zweite Thread beim Aufruf von `diese` so lange blockiert wird, bis der erste Thread den **synchronized**-Bereich verlassen hat.
Das Beispiel zeigt zwei verschiedene Varianten, wie **synchronized** eingesetzt werden kann: Bei `diese()` wird mit dem Modifizierer **synchronized** implizit das betreffende Objekt **this** gesperrt. Die Methode `naechste()` enthält nur ein paar Anweisungen, die über **synchronized** einen Block über die Sperre auf **this** absichern. In beiden Fällen wird dasselbe Objekt zum Sperren verwendet.

```
public class GeradeZahl {
    private int n = 0;
    public int naechste() {
        synchronized(this) {
            n++; // Hier inkonsistent!
            n++; // wieder konsistent
        }
        return n;
    }
    public synchronized int diese() {
        return n;
    }
}
```

Allerdings muss beim Programmieren darauf geachtet werden, dass im Zweifel alle Methoden eines Objektes mit **synchronized** versehen werden, hat eine Methode keinen entsprechenden Schutz, kann sie frei von allen Threads gleichzeitig verwendet werden, obwohl eventuell ein Thread dieses Objekt gesperrt hat.

Andererseits sollte im Quelltext mit derartigen Sperren vorsichtig umgegangen werden, da die Sperren dafür sorgen, dass andere Threads suspendiert werden. Das kann zu insgesamt sehr schlechten Antwortzeiten führen, da sich die Ausführung dieser Threads trotz eventuell vorhandener Multi-Core-CPU oder Hyperthreading verzögert. Denn die Sperren erzwingen, dass Threads einen geschützten Bereich streng sequenziell verwenden. Auch Deallocks werden so möglich. Das Verklemmungsverhalten kann beispielsweise mit feinteiliger Synchronisation erfolgen, mit `synchronized(einObjekt) { ... }` kann auch ein Abschnitt innerhalb einer Methode über einen Monitor an `einObjekt` geschützt werden. Mit Version 5 wurden in Java weitere leistungsfähige Konzepte zur Handhabung von Sperren und bestimmte Muster in der parallelen Programmierung ergänzt. Beispielsweise Warteschlangen, die lesende und schreibende Threads synchronisieren, sind in Form von Klassen und Interfaces verfügbar.

Eine zweite Erweiterung in Java 5 (ca. 2005 mit dem Aufkommen von Multi-Core-CPUs), welche die Implementierung eigener Sperren auf paralleler Hardware erst möglich macht, sind spezielle Datentypen wie `AtomicBoolean` mit atomaren Operationen (vgl. Kap. 6.7.3) wie `compareAndSet`.

Datenparallelität mit Streams

Java bot bis zur aktuellen Version 8 keine Möglichkeit, parallele Verarbeitung von Daten im Sinne eines Vektorrechners (SIMD) einfach und explizit zu nutzen. Außerdem ist die Programmierung nebenläufiger / paralleler Software mit Threads aufwendig und fehleranfällig. In Java 8 wurde über die (Parallel) Streams eine Möglichkeit geschaffen, Parallelität in der Verarbeitung von Daten auf einfache Weise zu erreichen. Das Programmiermodell ist dabei eher deklarativ und nicht imperativ, wie man es sonst von Java gewöhnt ist.

Das nachfolgende Beispiel kann lediglich einen Eindruck von dieser neuen Möglichkeit geben: Jeder Behälter hat in Java 8 die beiden Methoden `stream()` und `parallelStream()`. Das daraus erzeugte `Stream`-Objekt repräsentiert die Verarbeitung der Daten aus dem Behälter. Ein *Stream* benötigt eine Datenquelle (source), das ist in unserem Beispiel der Behälter; Datenquelle kann aber auch ein Ein- oder Ausgabestrom, beispielsweise in eine Datei, sein. Auf die Datenquelle kann nun ein Verarbeitungsfließband (Pipeline) programmiert werden. Das Fließband kann mehrere Zwischenschritte enthalten und sollte genau einen terminalen Verarbeitungsschritt besitzen (sonst startet die Verarbeitung nicht.

Zwischenschritte (Methoden) sind beispielsweise `map(...)`, `sorted(...)` oder `filter(...)`. Dabei wird `map(...)` zur Abbildung von Eingabeobjekten auf Ausgabeobjekte verwendet. Im nachfolgenden Beispiel wandelt `map` Strings um in Strings in Großbuchstaben. Mit `filter(...)` kann der Datenstrom im Fließband über ein Kriterium gefiltert werden, im Beispiel werden nur Strings weitergeleitet, die mit „K" beginnen. Es darf nur einen terminalen Verarbeitungsschritt geben, der die Ergebnisse der Zwischenschritte einsammelt, im Beispiel ist dies `forEach`, das die Ergebnisobjekte auf der Konsole ausgibt.

Allen Schritten wird ein sog. Lambda-Ausdruck übergeben. Mehr zu den im Java 8 eingeführten Lambda-Ausdrücken findet sich im Abschnitt 15.4.6.

```
Arrays.asList("Hund","Katze","Maus","Kuh","Papagei","Mamagei")
    .parallelStream()
    .filter(s -> s.startsWith("K"))
    .map(s -> s.toUpperCase())
    .forEach(s -> System.out.println("Tiere mit K" + s));
```

Die Datenparallelität ermöglicht es, die parallelisierten Teile automatisch auf Vektorrechner (z. B. die GPU), mehrere Kerne oder mehrere CPUs zu verteilen, sowie das Ergebnis dieser parallelen Verarbeitung am Ende wieder einzusammeln. Die Java-Laufzeitumgebung kümmert sich selbst darum, die verschiedenen Aufgaben auf Threads zu verteilen und diese zu synchronisieren. Der Entwickler sieht nur den Aufruf `parallelStream()` und nicht die dadurch erzeugten Threads.

Die Verarbeitung in dem dargestellten Fließband geschieht Objekt für Objekt. Der Zwischenschritt `filter` sorgt dafür, dass die nachfolgenden Schritte nur noch für die Objekte ausgeführt werden, die den Filter passiert haben. Ein Objekt aus der Datenquelle durchläuft eventuell alle Zwischenschritte, bis das nächste Objekt verarbeitet wird, die Schritte `map(...)` und `filter(...)` lassen sich gut parallelisieren.

Der Programmieransatz ist mit den Streams eher deklarativ: die Zwischenschritte und der terminale Schritt beschreiben bei den Streams eher den gewünschten Endzustand der Verarbeitung als den Algorithmus, wie die Verarbeitung abgearbeitet werden soll.

15.4.6 Lambda-Ausdrücke und funktionale Programmierung

Java wurde wie schon C# davor um Konzepte ergänzt, die aus den funktionalen Programmiersprachen hervorgegangen sind. Die Konzepte bauen auf den Arbeiten von A. Church und S. C. Kleene aus den 1930er Jahren auf. Church und Kleene haben das Lambda-Kalkül definiert (siehe z. B. [Hof11]). Seit Java 8 bietet auch Java die sog. Lambda-Ausdrücke an. Damit können auf einfache Weise anonyme Funktionen im Quelltext erzeugt werden. Funktionen sind damit leichter als Parameter anderer Funktionen bzw. Methoden möglich, Funktionen können auch Rückgabewert von Funktionen bzw. Methoden sein.

Vor Java 8 mussten solche Funktionen sehr umständlich über anonyme innere Klassen erzeugt werden (siehe erstes Beispiel). Denn Java kannte keinen Datentyp *Funktion* wie JavaScript und auch keine Funktionszeiger wie die Sprache C. Aus Gründen der Kompatibilität haben die Autoren von Java 8 die Lambda-Ausdrücke weitgehend mit den vorhandenen Mitteln umgesetzt.

Das erste Beispiel zeigt die umständliche Möglichkeit in Java eine Art Funktion zu erzeugen. Der Quelltext erzeugt eine anonyme innere Klasse, welche das Interface `Comparator<Apfel>` mit dessen Methode `compare(...)` implementiert. Eigentlich benötigt der Sortieralgorithmus ja nur eine Funktion, die zwei Äpfel vergleichen kann.

```
List<Apfel> apfelListe = ...;
Collections.sort(apfelListe, new Comparator<Apfel>() {
    public int compare(Apfel apfel1, Apfel apfel2) {
        return a2.getGewichtInGramm()-a1.getGewichtInGramm();
                  };
});
```

Ein Lambda-Ausdruck vereinfacht diese Erstellung deutlich. Er wirkt so als ob er eine anonyme Funktion definieren würde, die als Parameter einer anderen Methode dienen kann. Ein Lambda-Ausdruck ist an dem Pfeil -> erkennbar. Er kann gelesen werden als *wird abgebildet auf*. Links stehen die Parameter der anonymen Funktion, im Beispiel sind das `Apfel a1, Apfel a2`. Rechts steht die Implementierung der Funktion, die sich sehr stark vereinfacht schreiben lässt. Im Beispiel konnten die geschweiften Klammern sowie der **`return`**-Befehl weggelassen werden:

```
List<Apfel> apfelListe = ...;
Collections.sort(apfelListe,
    (Apfel a1, Apfel a2) -> a2.getGewichtInGramm() - a1.getGewichtInGramm());

// Zuweisung Lambda-Ausdruck an eine Variable,
// Typ jeweils Interface mit einer Methode
// Comparator<Apfel> comp =
//     (Apfel a1, Apfel a2) -> a2.getGewichtInGramm() - a1.getGewichtInGramm();
// Comparator<Apfel> comp =
//     (Apfel a1, Apfel a2) ->
//         { return a2.getGewichtInGramm() - a1.getGewichtInGramm();};
```

15.4.7 Das Java-Ökosystem

Die Entwickler-Community und Open Source

Um anspruchsvolle Software zu erstellen, ist eine Programmiersprache alleine nicht ausreichend. Notwendig sind zusätzlich eine Entwicklungsumgebung, mit der die Software erstellt werden kann, diese sollte begleitet werden von Werkzeugen zur Qualitätssicherung der Quelltexte, einem

Debugger zum Finden von Fehlerursachen und einem Profiler zum Finden von Laufzeit- oder Speicherproblemen.

Reale Software wird dadurch komplex, dass viele verschiedene Technologien integriert werden müssen:

- Eine interaktive, grafische Oberfläche enthält Bedienelemente wie Buttons oder Menüs sowie Tabellen oder Bäume.
- Der Zugriff auf eine (relationale) Datenbank muss zentral geschehen, eventuell müssen die Objekte der Anwendung auf die Tabellen der Datenbank übersetzt werden.
- Daten und Konfigurationsdateien in CSV, XML, JSON oder YAML sind zu lesen und weiter zu verarbeiten.
- Netzwerkschnittstellen müssen implementiert werden.

Diese vielfältigen Aufgaben werden nicht mehr von der Sprache direkt, sondern über Fremdbibliotheken ermöglicht. Diese werden häufig im Rahmen von Open Source Projekten bereitgestellt, es gibt natürlich auch Angebote, für die Lizenzgebühren gezahlt werden müssen. Bei Java werden beispielsweise viele Bibliotheken und Entwicklungswerkzeuge von der Apache-Foundation[2] bereitgestellt und weiter entwickelt. Ohne die ständige Weiterentwicklung solcher Bibliotheken, wie z. B. der Datenbankzugriffsschicht Hibernate oder des Build-Werkzeugs Maven ist die Umsetzung anspruchsvoller Projekte kaum möglich.

Der Wert einer Programmiersprache hängt damit wesentlich von der Community aus Firmen sowie Entwicklerinnen und Entwicklern ab, welche Bibliotheken und Werkzeuge für diese Sprache zur Verfügung stellen. Möglichst kostenlos und möglichst unter einer Lizenz, die kommerzielle Nutzung dieser Bibliotheken erlaubt. Dies gilt nicht nur für Java sondern in gleichem Maße auch für JavaScript oder PHP.

Der Java Community Process

Java gehört der Firma Oracle, da Oracle im Jahre 2009 die Firma Sun Microsystems mit den entsprechenden Lizenzen gekauft hat. Letztlich entscheidet also Oracle, was mit Java und übrigens auch dem DBMS MySQL passiert. Allerdings arbeitet Oracle nicht alleine an der Sprache: Um die Sprache weiter zu entwickeln, hat Sun schon früh den *Java Community Process* (JCP) ins Leben gerufen. An diesem Prozess können sich Firmen und Privatpersonen beteiligen. Der JCP ist der Prozess um den Sprachumfang von Java zu erweitern. Dazu wird in der Community ein *Java Specification Request* (JSR) dokumentiert und ausgearbeitet. Ein JSR beschreibt die gewünschte Erweiterung der Sprache, der JVM oder anderer Elemente im Umfeld der Sprache. Nach mehreren (erfolgreichen) Abstimmungsschritten wird auch eine Referenzimplementierung erstellt. Die in diesem Kapitel besprochenen Lambda-Ausdrücke werden beispielsweise im JSR 335 beschrieben. Nicht jeder JSR wird sofort in die Sprache integriert, Vorschläge können abgelehnt oder in spätere Releases der Sprache verschoben werden.

[2] `http://www.apache.org/`

Übungsaufgaben zu Kapitel 15.2

A 15.1 (P2) Schreiben Sie eine Java-Applikation zur Verwaltung von Konten. Die Klasse Bank soll folgende Variablen enthalten: Name der Bank, Bankleitzahl und Referenzen auf Konten. Die Klasse Konto soll folgende Variablen enthalten: Name und Adresse des Kontoinhabers, Kontonummer, Saldo, Kreditlinie. Folgende Operationen sollen möglich sein:

- Auflisten aller Konten mit Name, Kontonummer, Saldo und Kreditlinie,
- Angabe der Kontonummer und Ausgabe der gesamten Information zu diesem Konto,
- Einzahlen eines Betrags auf ein Konto,
- Abheben eines Betrags mit Meldung bei Überschreiten der Kreditlinie,
- Überweisen eines Betrags auf ein anderes Konto derselben Bank,
- Anlegen und Löschen eines Kontos.

A 15.2 (P3) In Java können Elemente des Typs `Object` in beliebig langen linearen Listen verkettet werden. Die Listenelemente enthalten jeweils die Daten sowie eine Referenz auf das nächste Listenelement. Das letzte Listenelement enthält die Referenz **`null`**. Auf das erste Element der Liste zeigt die Referenz eines Listenkopfes, der selbst keine Information enthält. Das Paket `java.util` stellt dafür Methoden zur Verfügung. Schreiben Sie eine Java-Applikation zur Verwaltung einer linearen Liste mit folgenden Funktionen:

- Anlegen und Löschen einer linearen Liste,
- Löschen der linearen Liste,
- Ausgabe der Anzahl der Elemente der linearen Liste am Bildschirm,
- Auflisten aller Elemente der linearen Liste am Bildschirm,
- Einfügen eines Elements am Kopf der linearen Liste,
- Suchen eines Elements in der linearen Liste,
- Löschen eines Elements aus der linearen Liste,
- Speichern der linearen Liste in einer Datei,
- Lesen der linearen Liste aus einer Datei.

Literatur

[Apa] Apache Software Foundation. `http://www.apache.org/`.

[Gam95] E. Gamma, R. Helm, R. Johnson und J. Vlissides. *Design Patterns: Elements of Reusable Object-oriented Software*. Addison-Wesley, 1995.

[Gol83] A. Goldberg und D. Robson. *Smalltalk-80: The Language and Its Implementation*. Addison-Wesley, 1983.

[Gos14] J. Gosling, B. Joy und G. Steele. *The Java Language Specification*. Addison Wesley, 2014.

[Gut77] J. Guttag. Abstract Data Types and the Development of Data Structures. *Commun. ACM*, 20(6):396–404, 1977.

[Hof11] D. Hoffmann. *Theoretische Informatik*. Hanser, 2. Aufl., 2011.

[Jav] Java SE Downloads. http://www.oracle.com/technetwork/java/javase/downloads/index.html.

[Par72] D. L. Parnas. On the Criteria to Be Used in Decomposing Systems into Modules. *Commun. ACM*, 15(12):1053–1058, 1972.

[Str13] B. Stroustrup. *The C++ Programming Language*. Addison-Wesley, 4. Aufl., 2013.

[Ull14] C. Ullenboom. *Java ist auch eine Insel: Insel 1: Das umfassende Handbuch*. Galileo-Computing, 11. Aufl., 2014.

Kapitel 16

Anwendungsprogrammierung im Internet

16.1 Client-Server-Systeme

Benutzer von Internet-Anwendungen sind räumlich verteilt, teilweise weltweit. Daten dieser Systeme werden aber zentral an einer oder an wenigen Stellen verwaltet, auch um diese konsistent zu halten. Ein System, das dieses Zusammenspiel von verteilten Benutzern aber zentral verwalteten Daten unterstützt, ist ein Client-Server-System. Die Benutzer haben die verteilten Clients und greifen auf einen oder wenige zentrale Server zu. Typische Server sind die Server eines DBMS, Webserver oder Mailserver.

Unter der Überschrift „Client" und „Server" ist im Folgenden immer eine Software gemeint, d. h. ein Client kann auf einem Smartphone, Tablet-Computer oder einem PC installiert sein. Ein Server kann auf einer virtuellen Maschine auf irgendeiner leistungsfähigen Hardware laufen.

Da der Benutzer den Client verwendet, ist der Client der aktive Teil in dieser Architektur, nur er stellt Anfragen (Requests) an den Server. Der Server antwortet nur, wenn er gefragt wird (Response). Der Server initiiert keine Kommunikation mit den Clients, er reagiert nur auf Anfragen. Dieses Request/Response-Zusammenspiel ist in Abb. 16.1 dargestellt.

Zwischen den Clients und Servern folgen die ausgetauschten Nachrichten einem bestimmten Protokoll, das definiert welche Nachrichten in welcher Reihenfolge und mit welchem Inhalt ausgetauscht werden. Zwischen einem DBMS-Server und einem Anwendungsprogramm könnte dies ein Protokoll des DBMS-Herstellers sein. Zwischen einem Webbrowser und dem Webserver ist dies `http` und zwischen einem Mailserver und einem Mailclient sind dies `pop3`, `imap` oder `smtp`.

In den folgenden Abschnitten werden die aktuellen Technologien vorgestellt, wie derzeit Applikationen im Internet nach dem Client-Server Prinzip erstellt werden. Diese Technologien eignen sich auch, um Software für Smartphones oder Tablet-Computer zu erstellen.

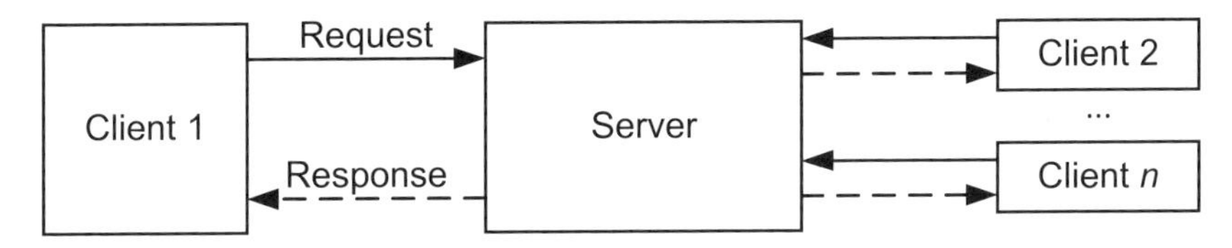

Abb. 16.1 Ein Server und mehrere Clients kommunizieren nach dem Request/Response-Schema

16.2 Grundlegende Technologien

16.2.1 HTML

Die Entwicklung von HTML und HTTP

Die Geschichte von HTML ist untrennbar mit der Geschichte des World Wide Web (WWW) verbunden. Sie begann ab 1989 in Genf, als T. Berners-Lee am Genfer Hochenergieforschungszentrum CERN zusammen mit einigen Kollegen eine Initiative startete, die zum Ziel hatte, die Nutzbarkeit des Internet für den Informationsaustausch zwischen Wissenschaftlern zu verbessern. Entscheidend war neben der Forderung nach einer plattformunabhängigen Erstellung von Text- und Bildinformationen auch die Idee, Hypertext-Funktionalität einzubauen, so dass Dokumente Querverweise auf beliebige andere Dokumente enthalten können, auch wenn diese auf ganz anderen Internet-Servern liegen. Die beiden Säulen des Projekts sollten die neue Dokumentbeschreibungssprache HTML und ein neues Protokoll, http (Hypertext Transfer Protocol), bilden. Neue Endanwender-Software, der Browser, sollte die Dateien online anzeigen und Verweise ausführen können. Wegen des vernetzten Hypertext-Charakters wurde das ganze Projekt World Wide Web getauft.

Große Verbreitung fanden HTML und WWW durch den populären, von M. Andreessen entwickelten Browser *Mosaic* mit einer grafischen Benutzeroberfläche. Andreessen wurde Mitbegründer der Firma Netscape. Hand in Hand mit der Entwicklung von HTML gingen auch Bestrebungen zur Normung. Hierfür ist das W3C (World Wide Web Consortium, siehe `http://www.w3.org`) inzwischen verantwortlich.

Ein *Hypertext* ist ein nichtlineares Dokument, das nicht von vorne bis hinten, also linear, gelesen werden muss. Stattdessen ist das Dokument über Querverweise (Hyperlinks) mit anderen Dokumenten oder Dokumentteilen verbunden. Der Lesefluss kann damit durch Verfolgen der Links beliebig durch den Graphen aus vernetzen Dokumenten geschehen, also nichtlinear. Eine gute Einführung und einen immer aktuellen Überblick gibt die Webseite `http://www.w3schools.com/html/`. Dort finden sich schöne Beispiele, die sofort im Browser getestet werden können.

Grundstruktur einer HTML-Seite

Ein HTML-Dokument besteht aus zwei Teilen: Dem Kopf (Header), der Angaben zum Titel und Informationen über weitere benötigte Dateien sowie Metadaten enthält, und dem Körper (Body), der das eigentliche Dokument beschreibt. Der gesamte Inhalt muss mit den Tags `<html>` und `</html>` eingeschlossen werden. Die Abb. 16.2 zeigt ein Beispiel für ein einfaches HTML-Dokument.

```
<!DOCTYPE HTML>
<html>
<head>
<meta charset="utf-8">
<title>Grundkurs Informatik</title>
</head>
<body>
<h1>Super Buch!</h1>
</body>
</html>
```


Abb. 16.2 Einfache HTML-Datei mit nur einer Überschrift

Der Kopf wird eingeschlossen durch `<head>...</head>` hier findet sich unter anderem der Titel der Seite (`<title>...</title>`). Der Titel wird typischerweise oben in einem Reiter des Browsers dargestellt. Zusätzliche Meta-Informationen werden vom Browser oder auch von Suchmaschinen ausgewertet. Im Listing wird dargestellt, dass die Seite in UTF-8 gespeichert wurde (also nicht in ASCII). Im Körper (`<body>...</body>`) befindet sich der eigentliche Inhalt der Seite, dieser wird mitten im Browser dargestellt.

Das wesentliche Sprachelement von HTML: Markup-Tags

HTML-Dateien bestehen aus gewöhnlichen Texten (ASCII, UTF-8) sowie den Sprachelementen von HTML, den sogenannten Auszeichnungen (Markups). Genau wie das in Kap. 9.8 dargestellte XML. Der Begriff *Markup* stammt aus der Typografie und bezeichnet dort (meist handschriftliche) Hinweise zum Layout eines Textes. Diese Auszeichnungen werden in HTML als *Tags* bezeichnet. Sie bestehen aus in spitzen Klammern < und > eingeschlossenen Schlüsselworten. Groß- und Kleinschreibung spielt bei den Tags keine Rolle. Zur besseren Unterscheidbarkeit wird hier Großschreibung verwendet.

In der Regel markieren Tags den Anfang `<P>` und das Ende `</P>` eines Gültigkeitsbereichs, hier ein Absatz (Paragraph), wobei der End-Tag durch einen vorangestellten Schrägstrich „/" gekennzeichnet ist. Daneben gibt es auch einige Einzel-Tags, etwa `<BR/>` für einen Zeilenumbruch.

Als Dokumentbeschreibungssprache bietet HTML die Möglichkeit, die Struktur eines Dokuments in einer vereinheitlichten, abstrakten Form zu definieren. HTML erlaubt die Auszeichnung typischer Elemente eines Dokuments, wie Überschriften, Unterüberschriften, Absätzen, Listen, Tabellen, Grafiken oder Querverweisen zu anderen Dokumenten. Um etwa eine Überschrift auszuzeichnen, lautet das Schema:

```
<H1> Text der Ueberschrift </H1>
```

Browser beispielsweise von Mozilla, Apple, Google oder Microsoft, die HTML-Dokumente am Bildschirm anzeigen, interpretieren die HTML-Tags, d. h. sie lösen die Auszeichnungsbefehle auf und stellen die damit beschriebenen Elemente am Bildschirm dar. HTML-Dokumente können mit jedem Text-Editor gelesen und bearbeitet werden. Dadurch bleiben HTML-Dokumente uneingeschränkt plattformunabhängig, d. h. dasselbe Dokument kann auf beliebigen Smartphones, auf Apple Macintoshs oder PCs präsentiert werden. Plattformabhängig ist nur der Browser.

Trennung von Layout, Inhalt und Verhalten

Eine vorrangige Aufgabe von HTML besteht auch in der Beschreibung von Texten. Dabei sollen die Inhalte des Textes von der Gestaltung (Layout) getrennt werden. So kann in HTML beispielsweise festgelegt werden, welcher Text ein Absatz ist, dies wird durch das Markup-Tag `<P>` deutlich gemacht: `<P>Ein Absatz</P>`. In HTML wird jedoch nicht festgelegt, welche Farbe der Text hat oder welcher Font in welcher Größe verwendet werden soll. Diese Festlegungen erfolgen in einer eigenen Sprache, den CSS (Cascading Style Sheets). Wenn der Text ein Verhalten aufweisen soll, etwa eine animierte interaktive Grafik, wird dies ebenfalls in einer eigenen Programmiersprache beschrieben, das ist in der Regel JavaScript. Ein in HTML geschriebenes Dokument kann außer Text auch Grafiken und multimediale Elemente wie Audio, Video oder Animationen enthalten. Solche Elemente werden als Referenz auf eine interaktive Grafik- oder Multimedia-Datei notiert.

Mittlerweile gibt es WYSIWYG-Editoren (WYSIWYG = What You See Is What You Get) für HTML auf dem Markt, interessant ist beispielsweise das neue Content Management System

Tabelle 16.1 HTML-Tags zur Textgestaltung

Tag	Wirkung
`<B>...</B>`	Text wird fett dargestellt
`<I>...</I>`	kursiv
`<EM>...</EM>`	hervorgehoben
`<S>...</S>`	durchgestrichen
`<SUB>...</SUB>`	tiefer gestellt
`<SUP>...</SUP>`	höher gestellt
`<SMALL>...</SMALL>`	kleiner
`<STRONG>...</STRONG>`	besonders hervorgehoben
`<SPAN>...</SPAN>`	Textelemente werden zu einer Gruppe zusammengefasst und über CSS gelayoutet

Typo 3 Neos[1]. Das Editieren von HTML-Dateien geschieht damit in einer Umgebung, die sich kaum oder gar nicht vom Präsentationsmodus des Browsers unterscheidet. Viele Profis und auch fortgeschrittene Laien verwenden allerdings zusätzlich das direkte Editieren der HTML-Dokumente mit einem ASCII-basierten Editor, denn nur so ist die volle Freiheit bei der Gestaltung von Webseiten nutzbar, vor allem beim Einbetten von Anweisungen in Skript-Sprachen, auf die in den Abschnitten 16.4 und 16.5 näher eingegangen wird.

Textauszeichnung

Innerhalb eines Textes können bestimmte Worte oder Passagen besonders hervorgehoben werden. Der entsprechende Text wird beispielsweise *kursiv* oder **fett** gesetzt. HTML stellt für diese und weitere Textauszeichnungen eine Reihe von Tags zur Verfügung. Ein in `<b>...</b>` eingeschlossener Text wird z. B. fett gesetzt. Häufig wird auch das `<span>` Tag verwendet. Dem eingeschlossenen Text wird später über CSS das Aussehen wie Font, Font-Farbe oder fett bzw. kursiv zugewiesen. Die Tab. 16.1 gibt eine Übersicht über wichtige HTML-Elemente zur Textauszeichnung.

Strukturierung eines Textes

Es geht bei der Strukturierung eines Textes noch nicht um das Layout, sondern um die Kennzeichnung inhaltlicher Elemente. Dazu gehören Überschriften, sie werden mit `<h1>...</h1>`, `<h2>...</h2>` etc. (Heading) dargestellt. Gefolgt von Absätzen im Text `<p>...</p>` (Paragraph) oder Aufzählungen und anderen Elementen. Sehr häufig wird das `<div>...</div>` Element verwendet. Es dient dazu, mehrere Elemente einer Seite zu einem Bereich zusammen zu fassen. Dieser Bereich kann dann einheitlich mit einem Layout versehen werden. Die `<div>`-Elemente können über CSS direkt adressiert werden. Siehe hierzu die Übersicht in Tabelle 16.2.

Für Aufzählungen (vgl. Abb. 16.3) gibt es die gewohnten Elemente aus der Textverarbeitung: Eine Aufzählung wird in `<ul>... </ul>` (Unordered List) eingeschlossen, eine nummerierte Aufzählung mit `<ol>... </ol>` (Ordered List). Die einzelnen Punkte der Aufzählungen werden durch das Tag `<li>..</li>` (List Item) gekennzeichnet. Außerdem kann eine Begriffsbeschreibung (wie in einem

[1]vgl. `http://neos.typo3.org/`

Tabelle 16.2 HTML-Tags zur Textstrukturierung

HTML-Tag	Wirkung
<H1>...</H1>	Hauptüberschrift
<H2>...</H2>	Unterüberschrift
bis <H6>...</H6>	Unterunterüberschrift
<DIV>...</DIV>	Zusammenfassung mehrerer Elemente zu einem Block
<P>Ein Absatz</P>	Ein Absatz eines Textes

```
<ul> <!-- Aufzaehlung -->
<li>Eins</li>
<li>Zwei</li>
<li>Drei</li>
</ul>

<ol> <!-- Nummerierte Aufz. -->
<li>Eins</li>
<li>Zwei</li>
<li>Drei</li>
</ol>

<dl> <!-- Begriffserklaerung -->
<dt>Eins</dt><dd>Erster Begriff</dd>
<dt>Zwei</dt><dd>Zweiter Begriff</dd>
<dt>Drei</dt><dd>Dritter Begriff</dd>
</dl>
```

- Eins
- Zwei
- Drei

1. Eins
2. Zwei
3. Drei

Eins
    Erster Begriff
Zwei
    Zweiter Begriff
Drei
    Dritter Begriff

Abb. 16.3 Aufzählungen und Beschreibungen in HTML

Glossar) mit `<dl>... </dl>` (Definition List) gekennzeichnet werden, der Begriff ist mit `<dt>` (Definition List Term) und seine Beschreibung in `<dd>` (Definition List Definition) geklammert.

Strukturierung einer Seite

Mit HTML 5 wurden Tags ergänzt, um die typischen Bereiche einer Seite expliziter zu kennzeichnen, auch um diese gezielter mithilfe von CSS adressieren und positionieren zu können. Durch `<nav>` ist jetzt klar erkennbar, wo sich der Navigationsbereich einer Seite befindet. Auch die Fußzeile ist mit `<footer>` explizit kenntlich gemacht. Das Layout wird später definiert mithilfe der CSS, erst dort wird die Position oder die Farbe von Navigation oder Footer festgelegt. Die Tabelle 16.3 zeigt diese neuen HTML-Tags.

Tabellen

Eine Tabelle besteht aus Zeilen und Spalten. Sie kann optional auch eine Kopfzeile besitzen. Gekennzeichnet wird Sie durch `<table>...</table>`. Eine Zeile wird dargestellt über `<tr>...</tr>` (Table Row) und die Spalten innerhalb einer Tabellenzeile durch `<th>...</th>` (Table Header) in der Kopfzeile oder `<td>...</td>` (Table Data) in den anderen Zeilen (vgl. Abb. 16.4).

Tabelle 16.3 HTML5-Tags zur Strukturierung einer Seite

HTML5-Tag	Wirkung
<**header**>...</**header**>	Einleitender Inhalt z. B. in einem <**article**>
<**nav**>...</**nav**>	Navigation, typischerweise am linken Rand
<**menu**>...</**menu**>	(Kontext-) Menü für Webanwendungen (kaum unterstützt)
<**aside**>...</**aside**>	Randbemerkungen
<**main**>...</**main**>	Zentraler Inhalt der Seite
<**article**>...</**article**>	Abgeschlossener inhaltlicher Bereich
<**section**>...</**section**>	Gruppierung von Inhalten
<**footer**>...</**footer**>	Fußzeile einer Seite, hier findet sich z. B. ein Verweis auf das Impressum

```
<table>
<tr>
   <th>Kopfzelle 1. Spalte</th>
   <th>Kopfzelle 2. Spalte</th>
   <th>Kopfzelle 3. Spalte</th>
</tr>
<tr>
   <td>Daten Zeile 2, Spalte 1</td>
   <td>Daten Zeile 2, Spalte 2</td>
   <td>Daten Zeile 2, Spalte 3</td>
</tr>
<tr>
   <td>Daten Zeile 3, Spalte 1</td>
   <td>Daten Zeile 3, Spalte 2</td>
   <td>Daten Zeile 3, Spalte 3</td>
</tr>
</table>
```

Kopfzelle 1. Spalte	Kopfzelle 2. Spalte	Kopfzelle 3. Spalte
Daten Zeile 2, Spalte 1	Daten Zeile 2, Spalte 2	Daten Zeile 2, Spalte 3
Daten Zeile 3, Spalte 1	Daten Zeile 3, Spalte 2	Daten Zeile 3, Spalte 3

Abb. 16.4 Tabelle in HTML

Verweise (Hyperlinks)

Verweise haben die Form:

```
<a href="Verweisziel"> Verweistext </a>
```

Dabei steht `a` für *anchor* (Anker) und `href` für Hypertext-Referenz. Durch das Verweisziel ist die Zieldatei bzw. URI adressiert, der Verweistext ist der Text, den der Anwender sieht. Verweistexte sollten farblich hervorgehoben und/oder durch vorangestellte kleine Symbole gekennzeichnet werden. Verweisziele sind URIs (Uniform Resource Identifier, vgl. Kap. 7.5) und können sein:

- eine Stelle innerhalb derselben HTML-Datei,
- eine andere lokale HTML-Datei,
- eine beliebige lokale Datei (beispielsweise ein Word-Dokument),
- eine beliebige E-Mail-Adresse,

- eine beliebige Adresse eines anderen Netzdienstes (z. B. ftp oder telnet),
- ein beliebiger anderer URI.

Ein Verweisziel kann also auch der Name eines zuvor definierten Ankers innerhalb einer HTML-Seite mit einem vorangestellten # sein. Die Definition eines Ankers geschieht nach folgendem Muster:

```
<a name="Ankername1"> Wort </a>
<a name="Ankername2"> <img src="datei.gif"> </a>
```

Das erste Beispiel definiert ein Wort als Anker, das zweite Beispiel ein Bild.

Bilder, Video und Audio

HTML unterstützt seit Version 5 umfangreiche Funktionen zum Einbinden von Bildern, sowie Video- und Audio-Sequenzen. Als Standard für Bilddateien werden im Internet die Formate `.gif`, `.png` und `.jpg` verwendet. Bilder können mit dem `img` Tag eingebunden werden. Wenn das Bild anklickbar sein soll, kann auch `map` verwendet werden, anklickbare Bereiche werden mit `area` innerhalb des Bildes über ihre Koordinaten gekennzeichnet.

```
<img src="bild.gif" alt="Alternative zum Bild">
```

Einfache Schaubilder und Animationen können durch ein JavaScript-Programm realisiert werden. Hierfür stellt HTML5 als Leinwand das `canvas`-Element bereit.

HTML 5 hat eine deutlich verbesserte Unterstützung von Multimedia-Inhalten. Speziell von Videofilmen, ein besonderes Plugin im Browser, wie der Flash-Player von Adobe, ist häufig nicht mehr erforderlich. Die neueren Browserversionen unterstützen das Tag `video` und können mindestens eines der gängigen Video-Formate abspielen (leider gibt es mehrere):

```
<video controls>
  <source src="film.mp4" type="video/mp4">
  <source src="film.webm" type="video/webm">
  <source src="film.ogg" type="video/ogg">
Ihr Browser unterstuetzt das video-tag noch nicht
</video>
```

Im Beispiel wird ein solches `video`-Tag gezeigt. Es hat abhängig vom dem, was der Browser unterstützt, den Film `film` in den Formaten `.mp4`, `.webm` und `.ogg` zur Verfügung. Ursache für die Verwendung unterschiedlicher Video-Formate sind unter anderem Lizenzprobleme. Die Formate `.webm` und `.ogg` können unterstützt werden, ohne dass der Browser-Hersteller eine Lizenz erwirbt, für `.mp4` muss eine Lizenz erworben werden. Das Attribut `controls` sorgt dafür, dass dem Benutzer die Bedienelemente für das Abspielen des Videos zur Verfügung stehen.

Für Audio-Sequenzen steht ein ähnliches Tag zur Verfügung, das `audio`-Tag. Auch hier können die Mediendateien in mehreren verschiedenen Formaten bereitgestellt werden, damit auf allen (neueren) Browsern das Audio abgespielt werden kann. Auch hier gibt es die Lizenzprobleme: Für die Unterstützung des Formats `.mp3` muss eine Lizenz erworben werden, für andere Formate wie `.ogg` gilt das nicht.

```
<audio controls>
  <source src="geraeusch.ogg" type="audio/ogg">
  <source src="geraeusch.mp3" type="audio/mpeg">
Ihr Browser unterstuetzt das audio-tag noch nicht
</audio>
```

```
<!DOCTYPE HTML>
<html>
<head>
<title>Grundkurs Informatik Home</title>
</head>
<body>
<h1>Grundkurs Informatik</h1>
<p id="autor">
Autor der ersten Auflagen ist
<em>Hartmut Ernst</em>, in der
neuen Auflage ...</p>
</body>
</html>
```

Grundkurs Informatik Homepage

file:///C:/RepoDaten/Projekte/GrundkursInformatik/30_codeb

Grundkurs Informatik

Autor der ersten Auflagen ist *Hartmut Ernst*, in der neuen Auflage ...

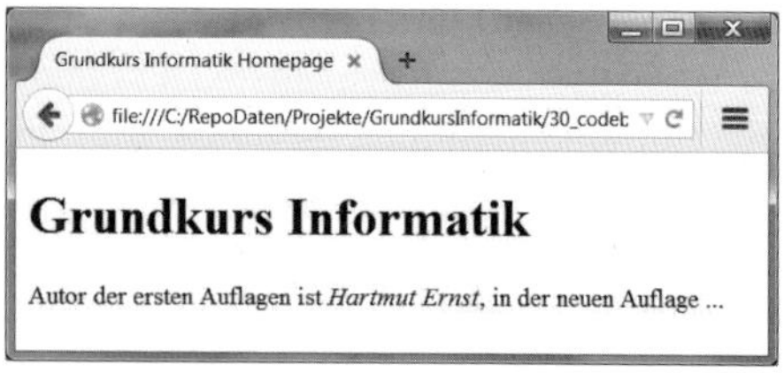

Abb. 16.5 Darstellung HTML zum DOM-Baum in Abb. 16.6

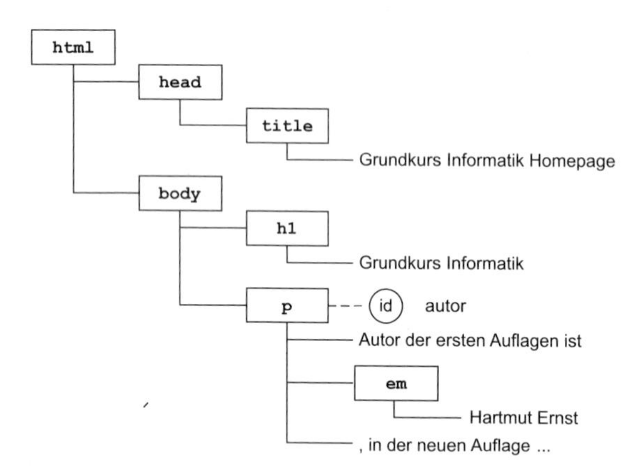

Abb. 16.6 Die Wurzel des Baumes bildet der Knoten `html`, seine Kindknoten sind `head` und `body`. Zum Knoten `body` gibt es wiederum zwei Kinder, `h1` und `p`. Kindknoten desselben Elternknotens werden Geschwister genannt, `h1` und `p` sind also Geschwister. Dem Knoten `p` ist zusätzlich das Attribut `id` zugeordnet

16.2.2 DOM: Domain Object Model

Das W3C hat einen Standard definiert, über den die Inhalte eines HTML-Dokuments einzeln adressiert und über CSS und JavaScript manipuliert werden können. Dieser Standard heißt DOM, für Domain Object Model. Er liegt mittlerweile in der Version 3 vor[2].

Die Inhalte einer Seite werden als Baum dargestellt. Dieser Baum wird DOM-Baum genannt. Eine Baumstruktur bildet ein HTML-Dokument am besten ab, da es aus ineinander geschachtelten HTML-Elementen zusammengesetzt ist (vgl. dazu auch die Ausführungen zu XML in Kap. 9.8). Es gibt verschiedene Typen von Knoten innerhalb des Baumes, genau wie in XML:

`Element` Dieser Knoten stellt HTML-Elemente wie **<body>** oder **<em>** dar. Ein Element kann beliebig viele Kindknoten haben.

`Attribute` Attribut eines Elements (Name und Wert), findet sich nur als spezieller Unterknoten von `Element`, z. B. das Attribut `border` im Element `TABLE` `<TABLE border="1px">`

`Text` Reine Textelemente

In der Abbildung 16.6 ist der DOM-Baum für das Listing in Abb. 16.5 dargestellt.

[2]vgl. http://www.w3.org/DOM/

```
<head> <style>
body {
    background-color: white;
}
p {
    font-family: arial;
    font-size: 24px;
    color: #0000FF;
}
</style> </head>

<body><p> Ein Ein blauer Text
mit Arial-Font in 24 Punkt
</p></body>
```

Abb. 16.7 Verwendung von CSS innerhalb eines HTML Dokuments

16.2.3 CSS: Cascading Style Sheets

Das Layout wird von dem eigentlichen Inhalt einer Webseite getrennt definiert. Hierfür gibt es Cascading Style Sheets, CSS. Diese können jedem HTML-Element innerhalb einer Seite Layout-Informationen zuweisen, wie Schriftart (Font), Schriftgröße, Farbe oder Informationen zur Position. CSS folgt dabei folgender Syntax:

```
Selektor { Eigenschaft1: Wert1; Eigenschaft2: Wert2; ... }
```

Die Stylesheet-Informationen können direkt in eine HTML-Seite eingebunden werden. Hierfür gibt es das `style`-Tag, dieses wird im Kopf eines HTML-Dokuments verwendet, wie in Abb. 16.7 dargestellt. Im Beispiel wird die Hintergrundfarbe der Seite innerhalb des `body`-Tags auf *Weiß* gesetzt. Der gesamte Text innerhalb eines Absatzes (`p`-Tags) hat die Schriftart `Arial` und die Font-Größe 24 Punkte, die Farbe des Textes ist Blau, `#0000FF` stellt dabei den RGB-Wert 0 (Rot), 0 (Grün), 255 (Blau) hexadezimal dar.

Über CSS kann das Layout eines HTML-Dokuments wesentlich beeinflusst werden. Die Tabelle 16.4 fasst einige Eigenschaften zusammen, die über CSS bestimmt werden können. Die in einem HTML-Element dargestellte Schriftart, z. B. `font-family:Arial`, kann ebenso ausgewählt werden wie die Schriftgröße, z. B. `font-size:10pt`, Zeichenabstand, z. B. `letter-spacing:2pt`, Fettdruck, z. B. `font-weight:bold`, oder Kursivdruck `font-style:italic`. Der Text kann unterstrichen oder durchgestrichen werden, z. B. `font-decoration:underline`.

Einbettung von Stylesheets

Es gibt mehrere Möglichkeiten CSS-Informationen in ein HTML-Dokument zu integrieren. Im Kopfbereich des Dokuments kann das Stylesheet direkt eingefügt werden. Alternativ kann auf eine externe Datei verwiesen werden, welche die Layout-Informationen enthält.

```
<head> <style> ... </style> </head>
```

In dem folgenden Beispiel wird auf eine Datei `rosenheim.css` verwiesen, diese enthält das eigentliche Stylesheet. Das `link`-Tag befindet sich im Kopf (`head`) eines HTML-Dokuments; `rel="stylesheet"` zeigt an, dass die geladene Datei als Stylesheet behandelt werden soll:

```
<head><link rel="stylesheet" href="rosenheim.css" type="text/css"></head>
```

Tabelle 16.4 Eigenschaften von HTML-Elementen, die über CSS bestimmt werden können

Eigenschaft	Beschreibung	Beispielwerte
`height`	Höhe des Elements	`200px`
`width`	Breite des Elements	`400px`
`position`	Positionierung des Elements relativ zum Browserfenster, relativ zum ersten Vaterknoten, der eine Position hat oder relativ zur vorgesehenen Position	`fixed`, `absolute` oder `relative`
`top,bottom,left, right`	Koordinaten der entsprechenden Seite des Elements	`left:200px`
`z-index`	Welches Element ist oben?	`-1`
`color`	Vordergrundfarbe	`#000000`
`background-color`	Hintergrundfarbe	`#ffffff`
`border-style`	Rahmen kann verschiedene Linienarten haben	`solid, dashed, dotted`
`border-width`	Breite des Rahmens	`15px`
`border-color`	Farbe des Rahmens	`blue`
`margin`	Seitenränder Beispielwert setzt vier Werte gleichzeitig `margin-top, -right, -bottom` und `-left`	`2cm 4cm 3cm 4cm`
`text-align`	Horizontale Ausrichtung des Textes	`center, left, right, justify`
`font-family`	Schriftart	`arial, "times new roman", "courier new"`
`font-size`	Schriftgröße	`40px`
`font-weight`	Fettdruck?	`normal, bold` oder `extra-bold`
`font-style`	Kursivdruck?	`normal, italic` oder `oblique` (elektronisch verschrägt)
`text-decoration`	Unterstrichen?	`none, underline, overline` oder `line-through`
`letter-spacing`	Zeichenabstand	`0pt` (default)

Eine dritte Alternative ist, direkt in den HTML-Tags Stylesheet Informationen zu hinterlegen über das Attribut `style`. Der im Beispiel gezeigte Absatz wird im Font „Times New Roman“ in 10-Punkt Schrift dargestellt:

```
<p style="font-family:times new roman; font-size: 10px;"> ... </p>
```

Farben

In HTML-Dokumenten können Farben für Hintergrund und Vordergrund, für Texte, Tabellen, Grafik-Elemente und andere Zwecke definiert werden. Dies geschieht durch Angabe von Farbnamen oder durch explizite Spezifikation der RGB-Werte für Rot, Grün und Blau als 24-Bit Hexadezimalzahlen im Format `#xxxxxx` für 16,7 Millionen Farben. Alternativ können auch direkt die RGB-Werte angegeben werden z. B. mit `rgb(255, 0, 0)` für die Farbe Rot. Die Tabelle 16.5 gibt mehrere Beispiele für die Zuordnung von Farbnamen zu RGB-Werten. Die dargestellten Farbnamen können auch in den Stylesheets verwendet werden.

Selektoren

Die Tags innerhalb eines HTML-Dokuments können auf verschiedene Arten gekennzeichnet werden. Diese Kennzeichnung kann mithilfe von CSS genutzt werden um diese Elemente zu identifizieren und ihnen Layout-Informationen zuzuweisen. Dazu werden die Attribute `class` und `id` genutzt.

Tabelle 16.5 CSS-Namen und Hex-Codes für Farben

Farbname	Farbe	Hex-Code	RGB-Code
Black	Schwarz	#000000	0,0,0
Gray	Grau	#808080	128,128,128
White	Weiß	#FFFFFF	255,255,255
Blue	Blau	#0000FF	0,0,255
Yellow	Gelb	#FFFF00	255,255,0
Red	Rot	#FF0000	255,0,0
Lime	Hellgrün	#00FF00	0,255,0
Green	Grün	#008000	0,128,0
Cyan	Zyan	#00FFFF	0,255,255
Purple	Violett	#800080	128,0,128
Orange	Orange	#FFA500	255,165,0

Das Attribut `class` identifiziert Menge von Elementen in einem Dokument, die über CSS gleichartig behandelt werden sollen. Die Elemente werden einer bestimmten „Klasse" zugeordnet. Das Attribut `id` identifiziert genau ein Element innerhalb eines HTML-Dokuments. Über die `id` können für genau dieses Element die Layout-Informationen definiert werden. Das Beispiel zeigt zwei Absätze die einer Layoutklasse `person` zugeordnet werden. Beide Absätze sind über eine eigene `id` eindeutig identifizierbar:

```
<div class="person">
<p id="begruessung">Ich bin Hans Heinerich der Metzgers-Hund.</p>
<p id="beschreibung">Ich bin 3 Jahre alt und 50kg schwer.</p>
</div>
```

Im Beispiel werden die über die `id #begruessung` identifizierten Elemente rot dargestellt und die über die `class.person` zusammengefassten Elemente blau. Auch Attribute innerhalb von HTML-Tags können in Stylesheets adressiert werden:

```
#begruessung {
    background-color:red;
}
.person {
   background-color:blue;
}
```

Maßangaben

Als Maße für Breiten und Höhen sind unter anderem `cm`, `mm` oder `in` (Inch bzw. Zoll) erlaubt, z. B. `left:2.7cm`. Diese Angaben sind allerdings von der Bildschirmgröße und seiner Auflösung abhängig. Günstiger ist daher die Einheit `px` für Pixel, dies entspricht einem Pixel auf dem Bildschirm. Größen von Schriftarten (Fonts) oder Abstände zwischen HTML-Elementen werden in der Regel in Pixel angegeben, z. B. `font-size=20px`. Alternative für Schriftgrößen ist auch die Maßangabe `pt` für Punkt. Dabei entspricht ein Punkt 1/72 Zoll. Bei der Arbeit mit Schriftarten sind zwei weitere Maßangaben hilfreich: `em` ist die Breite eines m in der aktuellen Schriftart und `ex` ist die Höhe eines x. Relative Angaben in Prozent % sind ebenfalls möglich.

```
<button type="button" class="btn btn-primary">
  <span class="glyphicon glyphicon-envelope">
  </span> Senden
</button>
```

Abb. 16.8 Verwendung eines CSS-Frameworks innerhalb eines HTML-Dokuments

Layout über Layer mit <DIV>

In der Anfangszeit wurde das grobe Layout einer Webseite auf zwei Wegen definiert: Die sog. Frames teilten eine Seite in verschiedene Rahmen auf. Jeder Rahmen konnte für sich mit Inhalten gefüllt werden. Das Layout der gesamten Seite wurde durch die Positionierung der Rahmen relativ zueinander bestimmt (neben- oder untereinander). Beispielsweise wurde ein Rahmen mit einer Navigationsstruktur auf der linken Seite in einem Frame angeordnet und im rechten Frame befand sich der eigentliche Inhalt der Seite oder ein Formular; unten fanden sich eventuell noch Standardangaben wie beispielsweise das Impressum in einem weiteren Frame. Zweite Alternative war es, das grobe Layout über eine HTML-Tabelle festzulegen, wo in jeder Zelle jeweils die Bestandteile der Seite relativ zueinander angeordnet wurden, so dass beispielsweise Eingabefelder eines Formulars horizontal oder vertikal bündig unter einander zu finden waren.

Derzeit wird eine andere Technik über die Stylesheets verwendet: Über die Eigenschaften `top`, `bottom`, `left` und `right` können HTML-Elementen Koordinaten zugeordnet werden. Die Eigenschaft `position` legt fest, worauf die Koordinaten bezogen sind: relativ zum Browserfenster (`position:fixed`), relativ zum ersten Elternknoten (`position:absolute`), dem Koordinaten zugeordnet sind oder relativ zu der Position, die eigentlich für das Element vorgesehen war (`position:relative`). In der Regel werden einzelne Bereiche einer Webseite mit einem <DIV>-Tag geklammert und diesem <DIV>-Element werden dann die Koordinaten zugeordnet. Elemente können auch übereinander angelegt werden, dazu dient die Eigenschaft `z-index`: Elemente werden in der durch den z-Index bestimmten Reihenfolge dargestellt, das Element mit dem höchsten z-Index ist vorne.

CSS-Frameworks

Für aufwendige grafische Elemente und Formulare sind mehrere CSS-Frameworks vorhanden. Das bekannteste ist Bootstrap[3]. Bootstrap bietet eine große Fülle grafischer Elemente speziell für Formulare. Dazu gehören Buttons mit kleinen Icons (ein solcher ist in Abb. 16.8 zu sehen), Reiter (Tabs) sowie besondere Elemente für Tabellen oder Listen. Das Beispiel aus Abb. 16.8 nutzt Bootstrap um einen Button mit der Aufschrift *Senden* zu erstellen. Der Button wird in normaler Größe und Blau dargestellt. Er trägt ein Icon mit einem Briefumschlag.

[3] siehe `http://getbootstrap.com`

16.3 Webanwendungen

16.3.1 HTML Formulare

Formulare mit vielen verschiedenen Eingabemöglichkeiten konnten schon in der ersten Version von HTML erstellt werden. Über die Elemente der Formulare können Dialoge zum Buchen von Flügen oder Kaufen von Büchern im Internet erstellt werden. Formulare sind ein wichtiges Werkzeug für die Programmierung interaktiver Webanwendungen. Ein Formular wird durch das `FORM`-Tag in HTML eingeschlossen und enthält die beiden Attribute `action` und `method`. Ein Formular hat damit die allgemeine Syntax:

```
<FORM action= ... method= ...> Formular-Body </FORM>
```

Der Formular-Body enthält im Wesentlichen die weiter unten erläuterten `INPUT`-Tags zur Strukturierung der Eingabe. Unter `action` kann eine URL angegeben werden, beispielsweise die URL eines Programms am Server oder eine E-Mail-Adresse in der Form `"MAILTO:ernst@fh-rosenheim.de"`. An diese URL werden dann die Daten des Formulars gesendet.

Für das Attribut `method` stehen nur zwei Alternativen zur Verfügung, nämlich `method=POST` und `method=GET`. Mit der Methode `POST` werden die im Formular eingegebenen Daten über einen http-POST-Requests an die angegebene URL versendet. Bei Verwendung von `GET` werden die Daten als sog. Query-String direkt an die URL angehängt und in Form eines http-GET-Requests versendet. Am Webserver wird beispielsweise das CGI (Common Gateway Interface) genutzt: Ein Programm wird unter einer bestimmten URL am Webserver angemeldet. Es empfängt die Daten der GET- bzw. POST-Requests über die Standard-Eingabe, die beispielsweise bei der Programmiersprache C `stdin` lautet. Das Programm muss den erhaltenen String analysieren um die gesendeten Daten daraus zu extrahieren. Es interpretiert und verarbeitet die empfangenen Daten und sendet das Ergebnis über die Standard-Ausgabe (in C `stdout`) in Form einer HTML-Seite an den Client zurück. Ein einfaches Formular könnte beispielsweise so aussehen:

```
<FORM action=/CGI/perl/empfangen.pl method=POST>
<INPUT type=text name="Nachricht" value="Guten Morgen">
<INPUT type=SUBMIT value="Absenden">
</FORM>
```

Die Darstellung des Formulars im Browser findet sich beispielhaft in Abb. 16.9. In dem Formular werden zwei der zahlreichen Varianten des `INPUT`-Tags verwendet:

```
<INPUT TYPE=TEXT NAME="Nachricht" VALUE="Guten Morgen">
```

erzeugt ein Texteingabefeld mit dem Namen `Nachricht`, das mit dem Text „Guten Morgen" vorbesetzt ist und Texteingaben durch den Benutzer ermöglicht.

```
<INPUT TYPE=SUBMIT VALUE="Absenden">
```

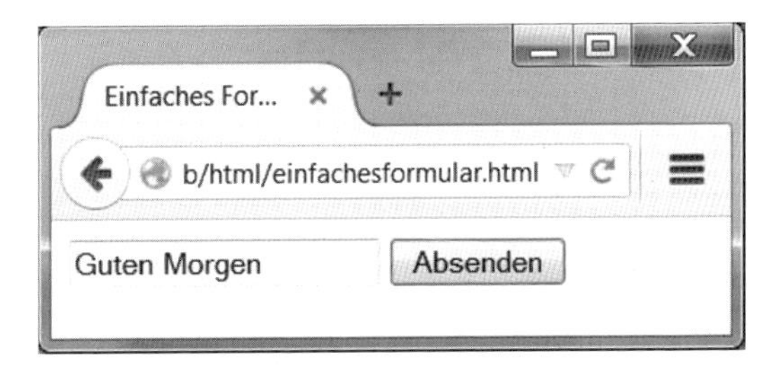

Abb. 16.9 Beispiel für ein einfaches Formular

Tabelle 16.6 Die Typen des `INPUT`-Tags

Befehl	Wirkung
Buttons	
`TYPE=SUBMIT`	Submit: Übermitteln der Formulardaten an das Skript
`TYPE=IMAGE`	Submit Schaltfläche als Bild
`TYPE=BUTTON`	Einfache Schaltfläche (Button)
`TYPE=RESET`	Abbrechen: Formulardaten wieder mit Default-Werten belegen
Textfelder	
`TYPE=TEXT`	Eingabefeld für kurze (einzeilige) Texte und Textfelder
`TYPE=PASSWORD`	Eingabefeld für Passworte (bei Eingabe nicht erkennbar)
`TYPE=URL`	Eingabefeld für URL
`TYPE=EMAIL`	Eingabefeld für Email-Adresse
Komplexere Elemente	
`TYPE=RADIO`	Radio Buttons (Auswahl, nur eine Option ist möglich)
`TYPE=CHECKBOX`	Checkbox (Auswahl, mehrere Optionen sind möglich)
`TYPE=FILE`	Hochladen von Dateien (mit Auswahldialog für Files)
`TYPE=COLOR`	Auswahldialog für Farbe
`TYPE=RANGE`	Slider zur Auswahl eines Zahlenwertes

erzeugt eine mit „Absenden“ beschriftete Submit-Schaltfläche (Submit-Button). Wird diese per Mausklick aktiviert, wird die Nachricht gesendet. Wird anstelle von `POST` die Methode `GET` verwendet, wird die Nachricht folgendermaßen an die URL angehängt: `?Nachricht="Guten Morgen"`.

Neben der oben verwendeten Submit-Schaltfläche kann durch

```
<INPUT TYPE=IMAGE SRC="sende.gif">
```

ein Bild mit dem Namen `sende.gif` als Submit-Schaltfläche dienen. Neben der Submit-Schaltfläche steht auch eine Reset-Schaltfläche zur Verfügung, mit der man alle Werte auf die mit `VALUE=...` spezifizierten Default-Werte zurücksetzen kann:

```
<INPUT TYPE=RESET VALUE="Abbruch">
```

Die wichtigsten Varianten des `INPUT`-Tags sind in Tabelle 16.6 zusammengestellt. Außerdem können durch das `TEXTAREA`-Tag mehrzeilige Textfelder eingebunden werden und durch das `SELECT`-Tag Auswahllisten. Im Laufe der Zeit sind viele neue `INPUT`-Felder für bestimmte Datentypen dazugekommen, diese machen abhängig vom Browser spezielle Dialoge auf oder zeigen besondere GUI-Elemente wie Slider (`RANGE`) oder einen Kalender-Dialog (`DATE`). Spezielle Elemente gibt es für Telefonnummern (`TEL`), Email-Adressen (`EMAIL`) oder auch URLs (`URL`).

Eingabevalidierung

In HTML stehen inzwischen viele Möglichkeiten zur Verfügung, die Eingaben des Benutzers zu überprüfen, bevor diese an ein Skript übergeben werden. Jedem `INPUT`-Tag kann das Attribut `required` zugeordnet werden. Damit kann das Formular erst dann abgeschickt werden, wenn alle Eingabefelder ausgefüllt wurden, die `required` (Muss) sind.

Zweite praktische Möglichkeit zur Eingabevalidierung ist das `pattern`-Attribut für `text`-Eingabefelder. Diesem wird ein regulärer Ausdruck (vgl. Kap. 10.2.5) übergeben. Passt die Benutzereingabe

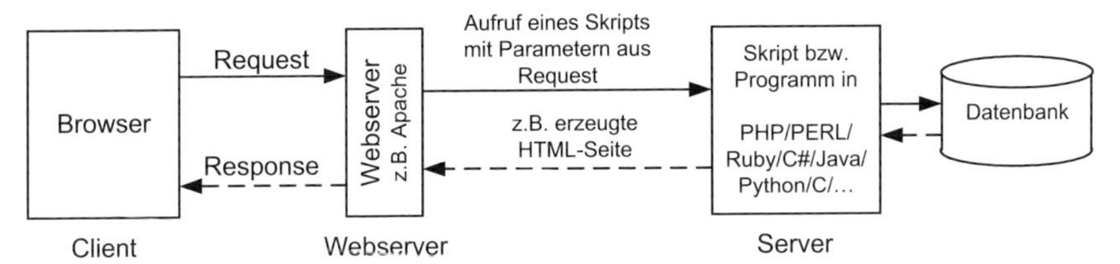

Abb. 16.10 Ein Client kommuniziert mit einem Programm am Webserver

zu dem regulären Ausdruck, wird sie akzeptiert, sonst nicht. Das Beispiel zeigt ein Eingabefeld für eine deutsche Postleitzahl. Der reguläre Ausdruck `[0-9]{5}` akzeptiert nur Ziffernfolgen mit den Ziffern 0 bis 9. Die Ziffernfolge muss die Läge 5 haben:

```
<INPUT NAME="PLZ" TYPE="text" PATTERN="[0-9]{5}">
```

Weitere Möglichkeiten sind die Attribute `min` und `max` bei Eingabefeldern für Zahlen. Im folgenden Beispiel kann die Körpergröße angegeben werden, es werden nur Werte zwischen 50 und 230 akzeptiert:

```
<INPUT NAME="koerpergroesse" TYPE="number" MIN="50" MAX="230">
```

16.3.2 Auswertung von Formularen

Webanwendungen sind Client-Server Anwendungen, wie sie bereits am Anfang dieses Kapitels beschrieben werden. Das grundlegende Funktionsprinzip ist bei den meisten Webanwendungen ähnlich: Die komplette Anwendung oder zumindest ein großer Teil laufen auf dem Webserver, bzw. werden durch diesen auf einem weiteren Server aufgerufen. Auch die grafische Oberfläche wird auf dem Server erzeugt und auf dem Browser nur angezeigt. Typisch ist folgender Ablauf, dieser wird auch in Abb. 16.10 dargestellt:

1. Der Browser fragt über eine URL mithilfe eines HTTP-Requests eine Seite vom Webserver ab.

2. Innerhalb des Webservers wird der HTTP-Request aber nicht durch eine gelieferte Ressource (z. B. eine Webseite) beantwortet, stattdessen wird ein im Webserver für diese URL registriertes Programm aufgerufen. Dieses Programm kann in einer beliebigen Programmiersprache verfasst sein. Typisch sind Sprachen wie PHP, Ruby, C# oder Java. Früher wurde häufig Perl verwendet, gerade entwickelt sich JavaScript auch zu einer Sprache, die am Server Verwendung findet[4].

3. Das Programm erhält die Daten aus dem Request übermittelt, z. B. die Query-Parameter eines GET-Requests (`?name=Gerd&Konto=4711`) oder die Daten eines POST-Requests.

4. Diese verarbeitet das Programm und erzeugt über einfache Textausgabe eine Webseite (ein HTML-Dokument).

5. Die erzeugte Webseite wird dann an den Browser übermittelt (Response). Das angezeigte HTML wird also durch ein Programm erzeugt!

[4] vgl. `http://nodejs.org/`

Als Interface für den Aufruf von Programmen am Server bietet jeder Webserver unter anderem das Common Gateway Interface (CGI) an. Der Client sendet mit den HTML-Requests POST oder GET Strings als Nachricht an den Server, der diese dann beispielsweise mithilfe von Skripten auswertet. Außer CGI sind noch andere Formen möglich, beispielsweise Java-Servlets zusammen mit JSP (Java Server Pages).

Mischungen aus Programmiersprache und HTML

Um die Programmierung auf der Serverseite zu vereinfachen wurden Bibliotheken in vielen Programmiersprachen definiert. Diese erlauben es, HTML und die jeweilige Programmiersprache zu mischen, so dass beispielsweise Formulare leichter mit Daten gefüllt oder gelesen werden können. Auch der dynamische Aufbau einer HTML-Seite kann so einfacher durchgeführt werden.

Dies führt leider zur Vermischung von mehreren Sprachen: mindestens HTML, CSS sowie JavaScript und dazu noch die serverseitige Programmiersprache wie etwa PHP oder Java. Das nachfolgende Skript `first.php` in der Sprache PHP wird durch den PHP-Interpreter am Webserver ausgeführt, dieser Interpreter erzeugt aus dem Skript eine HTML Seite, die als HTTP-Response zurück an den Browser geht und von diesem dargestellt wird.

```
<!DOCTYPE html>
<html>
<body> <!-- Ausgefuehrt am Server -->
<?php echo "My first PHP script!"; ?>
</body>
</html>
```

Vergleichbare Ansätze zu PHP gibt es bei Java unter der Bezeichnung JSP (Java Server Pages) oder bei Microsoft unter ASP (Active Server Pages). Allen Ansätzen gemeinsam ist jedoch, dass diese am Server ausgeführt werden. Der Browser zeigt die erzeugten HTML-Seiten bloß noch an.

Umgekehrt ist es auch möglich große Teile der Anwendung am Client im Browser auszuführen. In diesem Bereich ist JavaScript weit verbreitet, auch wegen der guten Unterstützung auf Smartphone-Browsern. Alternative dazu wäre noch Adobe-Flash[5], dazu muss jedoch im Browser ein Plugin, der Flash-Player, vorhanden sein. Die nachfolgende Datei ist eine HTML-Datei, welche ein kurzes JavaScript enthält. Dieses Skript wird vom Browser ausgeführt.

```
<!DOCTYPE html>
<html><head></head>
<body> <!-- Ausgefuehrt im Browser (Client) -->
<script> alert("Mein erstes Skript!"); </script>
</body>
</html>
```

Mischformen sind natürlich auch möglich, die serverseitigen Skripte liefern nicht zwingend HTML-Seiten zurück, sie können auch Daten in Form von JSON oder XML liefern (vgl. Abschnitt 16.4.4). Ein HTTP-Response kann grundsätzlich jeden MIME-Typ enthalten. Die übermittelten Daten werden dann beispielsweise von einem JavaScript-Programm interpretiert.

[5] vgl. `http://www.adobe.com/de/products/flash.html`

16.4 JavaScript

16.4.1 Grundlegende Eigenschaften

Bei JavaScript handelt es sich um eine von Netscape zunächst unter der Bezeichnung LiveScript entwickelte Skriptsprache, die anfänglich zur Erweiterung und dynamischen Ausgestaltung von HTML-Seiten diente. JavaScript ist von der ECMA (European association for standardizing information and communication systems) unter der Bezeichnung ECMAScript[6] standardisiert und liegt derzeit in der Version 5.1 vor, diese ist inzwischen auch ISO Standard, ISO 16262:2011.

Mittlerweile ist JavaScript eine sehr weit verbreitete Sprache, die es ermöglicht interaktive Anwendungen im Web und auf mobilen Geräten bereitzustellen. JavaScript wird inzwischen auch häufig genutzt, um plattformunabhängige Smartphone- und Tablet-Apps zu programmieren, die dann auf der Android, iOS und Windows 8 Plattform veröffentlicht werden können. Dies wird ermöglicht durch Ansätze wie PhoneGap[7] oder Apache Cordova[8].

Die Syntax von JavaScript ähnelt der von Java, tatsächlich ist JavaScript eine *völlig* andere Sprache, die grundlegend andere Konzepte verfolgt. Das Prefix „Java" ist bei JavaScript eher irreführend. In diesem Abschnitt sollen diese Konzepte kurz vorgestellt werden.

In JavaScript (oder auch in anderen Skriptsprachen) geschriebene Programmabschnitte können durch das `script`-Tag in HTML-Texte eingebettet werden. JavaScript-Code kann im Prinzip an jeder beliebigen Stelle der HTML-Datei stehen. Um sicherzustellen, dass der Code bereits interpretiert ist, wenn er ausgeführt werden soll, ist es jedoch ratsam, JavaScript-Funktionen in den Kopfteil `head` aufzunehmen. Daraus ergibt sich der folgende prinzipielle Aufbau:

```
<!DOCTYPE html>
<html>
<head>
<script> Hier die Funktionsdefinitionen </script>
</head>
<body>
<script> Hier werden die Funktionen verwendet</script>
<noscript> Browser kann/will kein JavaScript</noscript>
</body>
</html>
```

Wenn im Browser JavaScript beispielsweise aus Sicherheitsgründen ausgeschaltet ist, wird der Inhalt des `noscript`-Tags angezeigt. Da es mehrere mögliche Skriptsprachen gibt, die potentiell im `script`-Tag stehen könnten, sollte das Skript noch als JavaScript-Code gekennzeichnet werden:

```
<script type="text/javascript"> ... Ein Skript ... </script>
```

JavaScript-Anweisungen können direkt in HTML-Dokumente eingebettet oder in eigenen Dateien `.js` zu Programmen bzw. Bibliotheken zusammengefasst werden. Die Anweisungen werden erst zur Laufzeit Zeile für Zeile interpretiert und ebenso wie das HTML-Dokument durch den Browser ausgeführt bzw. dargestellt. Bibliotheken und ausgelagerte (Unter-)Programme werden ebenfalls über das `script`-Tag eingebunden:

```
<script src="eine_url/ein_externes_skript.js"></script>
```

[6] JavaScript ist eingetragenes Warenzeichen der Firma Oracle
[7] vgl. `http://phonegap.com/`
[8] vgl. `http://cordova.apache.org/`

Die Programmierung mit JavaScript lebt von, häufig als Open Source zur Verfügung gestellten, externen Bibliotheken. Populär sind derzeit beispielsweise Angular.js[9] oder JQuery[10].

Variablen und Datentypen: Dynamische Typisierung

JavaScript ist eine dynamisch typisierte Sprache. Eine Variable wird jeweils mit dem Schlüsselwort `var` deklariert. In dem Beispiel wird der Variable `wert` zunächst ein String zugewiesen, danach dann eine Ganzzahl, eine Gleitpunktzahl, ein Array und schließlich ein Objekt.

```
var wert = "Ein String";                          // String
wert = 123;                                       // Number
wert = 12.789;
wert = ["eins", "zwei", "drei"];                  // Array
wert = { vorname: "Bernd", nachname: "Brot"};     // Object

var wert2; // wert2 ist 'undefined'
```

In Java geht das nicht: jeder Variablen wird ein fester und nicht mehr veränderlicher Datentyp zugewiesen. Würde in Java einer Variablen vom Typ Ganzzahl ein Kunden-Objekt zugewiesen, würde der Compiler diesen Quelltext nicht übersetzen. Der aktuelle Datentyp einer Variablen kann mit `typeof` erfragt werden.

```
var wert = "Ein String";
alert(typeof wert);
```

JavaScript hat ein relativ einfaches Typsystem mit wenigen grundlegenden Datentypen. Diese Datentypen werden in Tabelle 16.7 dargestellt. Interessant sind besonders zwei Aspekte des Typsystems: erstens gibt es keine Klassen, sondern nur Objekte. Gemeinsame Eigenschaften von Objekten werden über eine gemeinsame Konstruktor-Funktion sowie über ein Prototyp-Objekt dargestellt, das die betreffenden Objekte gemeinsam haben. Zweite Besonderheit ist, dass Funktionen einen eigenen Datentyp darstellen und damit einer Variablen zugewiesen werden können. Zusätzlich können anonyme Funktionen irgendwo im Quelltext definiert werden (in anderen Sprachen heißt das oft Lambda-Ausdruck) damit können die Konzepte funktionaler Programmierung mit JavaScript umgesetzt werden.

Bei scheinbar eigenen Datentypen wie `Array` oder `Date` liefert `typeof` jeweils `Object` zurück, da ein Array oder eine Datumsangabe intern als Objekt behandelt wird. Ein Array kann jedoch wie in anderen Programmiersprachen über numerische Indexe verwendet werden und es steht auch eine komfortable Syntax zur Definition eines Arrays zur Verfügung:

```
var automarken = ["BMW", "MERCEDES"];
alert(automarken[0] + " vs " + automarken[1]);
```

Anweisungen ähnlich zu C

Im Kapitel 14.3 wird die Syntax in der Sprache C von Anweisungen, Operatoren, Verzweigungen und Schleifen dargestellt. Diese Syntax ist auch in Java und JavaScript ähnlich: Anweisungen werden immer mit einem Semikolon „;“ abgeschlossen und Blöcke werden mit geschweiften Klammern „{“ und „}“ gebildet. Es gelten dieselben Regeln für Namen von Variablen, Klassen und Funktionen.

[9] vgl. `https://angularjs.org/`
[10] vgl. `http://jquery.com/`

Tabelle 16.7 JavaScript Datentypen

Datentyp	Beschreibung
`undefined`	Datentyp der Variablen ist nicht definiert
`Boolean`	Wahrheitswert, erlaubt sind hier `true` und `false`
`Number`	Ganzzahl oder Gleitpunktzahl (IEEE 754), z. B. 4711 oder 77.1234
`Function`	Funktion ist in JavaScript ein eigener Datentyp. Damit kann einer Variablen auch eine Funktion als Wert zugewiesen werden, ähnlich wie die Funktionszeiger in der Sprache C.
`String`	Zeichenkette z. B. `"HUHU"`
`Object`	Ein Objekt ist der Grundbaustein in JavaScript. Es gibt nicht wie in C++ oder Java Klassen, sondern nur Prototypen

Grundsätzlich kann ein in C oder Java formulierter Algorithmus ohne größere Anpassungen auch als JavaScript interpretiert werden.

Bei den Schleifen funktionieren **`for`**, **`while`** und **`do ... while`** sowie die Abbruchbedingungen **`break`** und **`continue`** genauso wie in C. Dasselbe gilt für die Verzweigungen **`if`**, **`if .. else`** sowie **`switch .. case`**. Als Bedingung für die Verzweigung in **`if`** oder den Schleifenabbruch in **`while`** können mit den aus C bekannten Operatoren Vergleiche und komplexere boolesche Bedingungen formuliert werden. Achtung: Genau wie in C wird als Bedingung ein beliebiger JavaScript-Ausdruck akzeptiert, nur wenn der Wert des Ausdrucks `null`, **`undefined`** oder „0“ ist, wird der Ausdruck als `false` interpretiert, sonst als `true`. Das folgende Beispiel soll das verdeutlichen:

```
var wert;
if (! wert) alert("Wert war undefined:" + wert);

wert = 7;
if (wert) alert("Wert war true:" + wert);

// Achtung hier wird eine Zuweisung als Bedingung verwendet!
if (wert=8) alert("Zuweisung war true:" + wert);

// Wert (Ganzzahl) wird inhaltlich mit dem String verglichen
// Es findet eine Typ-Konvertierung  statt
if (wert=="8") alert("Wert inhaltlich gleich String 8" + wert);

// Wert (Ganzzahl) wird mit dem String ohne Typ-Konv. verglichen
if (wert==="8") alert("Wert genau gleich String 8" + wert);
```

Auch Zuweisungen wie `wert=8` können als Bedingung verwendet werden, hier nutzt der Interpreter den Seiteneffekt der Zuweisung aus, in unserem Fall ist das „8“. Vermutlich ist die Zuweisung im Beispiel ein Programmierfehler, denn ein Vergleich wird mit „==“ geschrieben. JavaScript führt bei den Vergleichen mit „==“ bei Bedarf eine Typ-Konvertierung durch. Wenn das unterbleiben soll, gibt es dazu den Vergleichsoperator „===“.

16.4.2 Funktionen

An jeder Stelle des Quelltextes kann flexibel eine neue Funktion deklariert werden oder einer Variable in Form eines Ausdrucks zugewiesen werden. Auch innerhalb einer Funktion können innere

Funktionen deklariert oder erzeugt werden. Die Variable `eine_funktion` hat den Typ **`Function`**. Auf diese Weise wurden oben bereits die Methoden eines Objekts definiert.

```
var erste_funktion = function() {...}; // Funktion als Ausdruck (anonym)
function zweite_funktion() {...}; // Deklaration der Funktion

erste_funktion(); // Aufruf
zweite_funktion();
```

Parameter

Leider gibt es in JavaScript keine Garantie dafür, dass eine Funktion mit allen Parametern aufgerufen wird. Sie kann mit zuvielen, aber auch mit zuwenig Parametern aufgerufen werden. Die überschüssigen Parameter können in einem speziellen Array `arguments` später noch verarbeitet werden, fehlt ein Parameter, wird dieser mit **`undefined`** belegt:

```
function max() {
    var i, m = 0;
    for(i = 0; i < arguments.length; i++) {
        if (arguments[i] > m) {
            m = arguments[i];
        }
    }
    return m;
}

var a = max(1,2,3,4);
var b = max(3);
```

Parameter by-value

Alle Argumente werden in JavaScript by-value übertragen. Wenn ein Parameter in der Funktion geändert wird, ist dies außerhalb der Funktion nicht sichtbar, die Funktion hat eine Kopie des Wertes. Objekte werden in JavaScript über ihre Referenz angesprochen, ist ein Objekt Parameter einer Funktion, wird nicht das Objekt selbst kopiert, sondern nur seine Referenz. Damit kann man sagen, dass Objekte quasi by-reference als Parameter übergeben werden. Wird das Objekt innerhalb der Funktion geändert, ist diese Änderung außerhalb sichtbar.

Gültigkeit von Variablen: Funktions-Scope

Eine Besonderheit ist der Gültigkeitsbereich von Variablen. Während in Sprachen wie C oder Java eine (lokale) Variable immer innerhalb eines Blocks (typischerweise begrenzt durch die geschweiften Klammern) gilt, ist eine Variable in JavaScript innerhalb einer ganzen Funktion gültig. Unterblöcke sind damit nicht möglich.

Im Beispiel wird zunächst eine global sichtbare Variable `i` definiert, diese ist im gesamten Programm sichtbar, auf sie kann unbeschränkt von überall her zugegriffen werden. Die Variable `i` in der Funktion `scope` überdeckt die globale Variable. In JavaScript gilt diese Variable dann für die gesamte Funktion, es ist nicht möglich, diese in einem untergeordneten Block zu überdecken. In C oder Java wäre das möglich.

```
var i = 17; // Global sichtbar

function scope() {
   var i = 0; // Ueberdeckt globales i
   if (...) {
      var i = 6; // Keine Ueberdeckung
      ...
   }
}
```

Funktionale Programmierung mit JavaScript

Funktionen sind ein wesentlicher Bestandteil von JavaScript. Funktionen sind auch Objekte. Sie können damit einer Variablen zugewiesen werden, sie können als Parameter verwendet werden oder auch als Rückgabewert einer (anderen) Funktion. Damit ist es möglich mithilfe von JavaScript die Ideen der funktionalen Programmierung umzusetzen.

Für unser Beispiel ist es wichtig zu wissen, dass eine innere Funktion, also eine Funktion, die innerhalb einer anderen Funktion definiert wird, dauerhaft Zugriff auf die lokalen Variablen und die anderen inneren Funktionen der umgebenden Funktion hat. Man spricht hier auch von Closures.

Im Beispiel ist die Funktion `wochentag` dargestellt. Sie erzeugt eine anonyme Funktion als Rückgabewert. Ergebnis des Aufrufs von `wochentag` ist also eine Funktion. Diese akzeptiert den Parameter `i`. Die erzeugte Funktion greift auf das lokale Array `tage` der Funktion `wochentag` zu:

```
function wochentag() {
    var tage = ["Montag", "Dienstag", "Mittwoch", "Donnerstag", "Freitag",
                "Samstag", "Sonntag"];

    return function(i) {
        return tage[i];
    }
}
var gib = wochentag();
alert(gib(3));
```

16.4.3 Objekte und Prototypen

JavaScript kennt keine Klassen. Alles ist ein Objekt. Ein Objekt kann Attribute haben und auch Methoden. Diese sind zunächst alle öffentlich zugreifbar. Sie können jedoch über spezielle Konstruktionen geschützt werden. Auf Attribute und Methoden kann auf mehrere Arten zugegriffen werden: Über die aus Java bekannte `.`-Notation. Auf das Attribut `vorname` der Variable `kunde` wird über `kunde.vorname` zugegriffen. Ebenso kann über den Namen des Attributs (als String) zugegriffen werden. Das Attribut `nachname` wird über seinen Namen adressiert: `kunde["nachname"]`. Auch Methoden werden so verwendet; im Beispiel wird eine Methode `sayhello` definiert:

```
var kunde = new Object();
kunde.vorname = "Willi";
kunde["nachname"] = "Winzig";

kunde.sayhello = function() {
   alert("Hallo " + this.nachname + "," + this.vorname);
}
kunde.sayhello();
```

Auffällig ist hier, dass das Objekt `kunde` um beliebige Attribute und Methoden erweitert werden kann. Es existiert keine Klasse zu diesem Objekt, wie in anderen objektorientierten Sprachen. Zu jedem Objekt, auch zu den mitgelieferten Objekten wie String oder Array, kann jederzeit ein Attribut oder eine Methode ergänzt werden. Genau wie in Java oder C++ kann eine Methode wie die `sayhello`-Methode aus dem Beispiel auf die Attribute des jeweiligen Objektes zugreifen. Hierfür wird die Selbstreferenz **`this`** zur Verfügung gestellt. Die Attribute und Methoden eines Objektes werden mittels einer besonderen Variante der **`for`**-Schleife durchlaufen:

```
var ausgabe = "";
var kunde = {vorname:"Harry", nachname:"Hirsch", alter:25}; // Siehe JSON
var x;
for (x in kunde) {
    txt += kunde[x] + " ";
}
```

Konstruktoren

Um Objekte mit bestimmten Eigenschaften einheitlich zu initialisieren, kann ein Konstruktor dafür angegeben werden. Mithilfe des **`new`**-Präfixes und des Konstruktors können damit neue, entsprechend initialisierte Objekte erzeugt werden:

```
function Kunde(v,n) {
    this.vorname = v;
    this.nachname = n;
    this.sayhello = function() {
      alert("Hallo " + this.nachname + "," + this.vorname);
    };
}

var k = new Kunde("Klaus","Kaiser");
k.sayhello();
```

Die Selbstreferenz **`this`** bezieht sich im Beispiel auf das gerade mit **`new`** erzeugte Objekt, darüber können die Attribute und Methoden dieses Objektes deklariert und initialisiert werden.

Prototypen statt Klassen

Jedes Objekt kennt die Konstruktor-Funktion über die es erzeugt wurde. Jede Konstruktor-Funktion hat ein Attribut **`prototype`**. Diese Mechanik wird verwendet, um ähnliche Eigenschaften wie von Klassen in Java zu erreichen sowie Vererbung nachzubauen: **`prototype`** ist entweder ein allgemeines Objekt vom Typ **`Object`**, das alle Attribute und Methoden speichert, welche alle Objekte, die vom selben Konstruktor erzeugt wurden, gemeinsam haben sollen. Alternativ ist **`prototype`** ein Objekt (einer Art 'Basisklasse'), von dem Eigenschaften geerbt werden sollen.

Der JavaScript-Interpreter arbeitet wie folgt: Er sucht bei einem Attribut oder einer Methode zunächst direkt bei dem Objekt, wo der Aufruf stattgefunden hat. Wird der Interpreter dort nicht fündig, sucht er über das an der Konstruktor-Funktion hängende Prototyp-Objekt weiter. Wird er dort nicht fündig, gibt es eventuell beim Prototyp-Objekt einen Konstruktor, der seinerseits wieder ein Attribut **`prototype`** hat. So kann eine beliebig tiefe Schachtelung entstehen.

Im Beispiel ist der Konstruktor `Kunde` dargestellt. Zunächst werden über den Konstruktor zwei Kunden-Objekte `k1` und `k2` erzeugt. Über das Attribut **`prototype`** des Konstruktors `Kunde` kann das Attribut `alter` zu den bereits erzeugten Objekten `k1` und `k2` ergänzt werden.

```
function Kunde(v,n) {
    this.vorname = v;
    this.nachname = n;
}

var k1 = new Kunde("Klaus","Kienzle");
var k2 = new Kunde("Hugo", "Hauser");

k1.age = 17; // k1 hat Attribut age, bei k2 ist es undefiniert
Kunde.prototype.alter = 32;  // k1 und k2 haben das 'Klassen'-Attribut alter
k2.alter = 13; // Attribut alter nur in k2 geaendert
```

In ähnlicher Weise wird auch Vererbung nachgebaut. Hierbei ist das `prototype`-Objekt das Objekt der „Basisklasse":

```
function Kunde(v,n) {
    this.vorname = v;
    this.nachname = n;
}
function Auslandskunde(l) {
     this.land = l;
}
Auslandskunde.prototype = new Kunde("", ""); // 'Klassen'-Attribut

var a = new Auslandskunde("Schweiz");
alert(a.vorname + " "+ a.nachname );
```

16.4.4 JSON: JavaScript Object Notation

JSON steht für *JavaScript Object Notation* und ist im RFC 4627 der Internet Engineering Taskforce (IETF) dokumentiert. JSON ist sehr weit verbreitet, als Datenformat für das Speichern und Übertragen von Informationen. Es wird beispielsweise eingesetzt als Datenformat für Dokumente in mehreren NoSQL-Datenbanken, vgl. Kap. 9.5. Dieses Datenformat ist wesentlich leichtgewichtiger als etwa XML, vgl. Kap. 9.8. Für praktisch jede Programmiersprache stehen Parser zur Verfügung. Mithilfe der JSON Notation kann eine Variable mit einem neuen Objekt initialisiert werden. Sowohl Attribute wie auch Methoden können mithilfe von JSON zugewiesen werden:

```
var kunde = {
   vorname:  "Willi",
   nachname: "Winzig",
   sayhello:  function() {
      alert("Hallo " + this.nachname + "," + this.vorname);
   }
}

kunde.sayhello();
```

Wenn JSON als Format für Dokumente oder als Übertragungsformat für Nachrichten genutzt wird, werden selten Methoden definiert. JSON-Objekte enthalten dann nur Daten. Alle Datentypen aus JavaScript können auch in JSON verwendet werden. Das folgende Beispiel stellt ein Objekt in Form einer Zeichenkette dar:

Tabelle 16.8 JavaScript Datentypen wie sie sich in der JSON darstellen

Datentyp	Beschreibung	Attribut im Beispiel
`string`	Beliebige Zeichenkette, gekennzeichnet durch doppelte Anführungszeichen „ Erlaubt sind auch die aus C bekannten Zusatzzeichen wie \n (newline) oder \t (formfeed)	`vorname`
`number`	Zahlenwert, möglich sind hier positive und negative Ganzzahlen, Fließkommazahlen, auch in der Exponential-Schreibweise	`groesse`
`boolean`	Wahrheitswert, erlaubt sind hier `true` und `false`	`hatkinder`
`array`	Arrays werden durch eckige Klammern eingefasst `[ ... ]`, darin finden sich die durch Komma getrennten Werte	`hobbies`
`object`	Ein Objekt wird durch geschweifte Klammern eingefasst `{ ... }`, darin finden sich wie oben schon dargestellt, Name-Wert Paare	`adresse`

```
{
   vorname:    "Willi",
   nachname:   "Winzig",
   groesse:    "175.3",
   hobbies:    ["Schach", "Halma", "Doppelkopf"],
   adresse:    { strasse: "Spielstr. 2",
                 plz: "23456",
                 ort: "Oldenburg" },
   hatkinder: false
}
```

Ein Objekt wird begrenzt durch die geschweiften Klammern `{...}`. Die äußeren Klammern sind vergleichbar mit dem Wurzel-Element der Baumstruktur von XML. Auch JSON erlaubt ähnlich wie XML die Darstellung von Daten mithilfe einer Baumstruktur, das wird später noch deutlich. Attribute eines Objekts werden als Name-Wert-Paare dargestellt. Das Objekt aus dem Beispiel hat insgesamt sechs Attribute, das sind `vorname`, `nachname`, `groesse`, `hobbies`, `adresse` und `hatkinder`. Die Werte haben verschiedene Datentypen, wie sie in Tab. 16.8 aufgeführt werden.

Da ein Objekt Attribute haben kann, die ihrerseits wieder Objekte sind, kann daraus wie bei XML eine beliebig tiefe Baumstruktur entstehen. JSON wird oft als leichtgewichtige Alternative zu XML gesehen. Bei JSON wird derzeit versucht, eine Schema-Definition zu standardisieren, wie es diese auch bei XML gibt.

16.4.5 JavaScript und DOM

Finden eines Knotens

Mit JavaScript kann der HTML-DOM-Baum manipuliert werden. Die Eigenschaften der Knoten können gelesen und bei Bedarf modifiziert werden. Der Wurzelknoten des Baumes kann über das `document` Objekt erreicht werden. Ein HTML-Element in dem HTML-Dokument kann auf mehrere Arten adressiert werden:

Navigation im Baum Jeder Knoten im Baum hat als Attribute das Array `childNodes`, um seine Kind-Knoten zu erreichen, `firstChild` und `lastChild` stellen jeweils das erste und letzte

Kind des Arrays dar, `parentNode` ist der Eltern-Knoten. Sogar die Geschwister mit demselben Elternknonten können über `previousSibling` bzw. `nextSibling` erreicht werden. Um über die genannten Methoden im Baum navigieren zu können, muss die Struktur des Baumes bekannt sein. Das ist vergleichbar mit den Möglichkeiten in XPath, welche in Kap. 9.8.4 dargestellt werden.

Suche über Id Jedem Knoten kann über das Attribut `id` eine (möglichst eindeutige) Identifikation zugeordnet werden. Um ein Element mit einer bestimmten Id zu finden, wird die Methode `getElementById` verwendet. Sie liefert den Unterknoten mit der angegebenen Id.

Suche über Elementtyp Über die HTML-Tags kann innerhalb des Baumes gesucht werden. Die Methode `getElementsByTagName` liefert alle Unterknoten (Array) zurück, die das angegebene Tag enthalten.

Das Programm zeigt ein Beispiel für die Suche und Navigation im Baum:

```
<body>
<h1>Grundkurs Informatik</h1>
<p id="autor">Autor der ersten Auflagen ist
<em>Hartmut Ernst</em>, der neuen Auflage ...</p>

<script>
   document.getElementById('autor');     // Liefert <p id="autor">-Element
   document.getElementsByTagName("h1"); // Liefert alle Ueberschriften
   document.lastChild.firstChild;        // Liefert <head>
                                         // wegen document->html->head
</script>
...
```

Manipulieren eines Knotens

Nun soll auf die Inhalte wie Text, Layout und die Struktur des HTML-Dokuments Einfluss genommen werden: Über `innerHTML` oder `nodeValue` (bei Text-Knoten) kann beispielsweise der Text eines Knotens gelesen und geändert werden. Über `style` können die CSS-Eigenschaften angepasst werden. Das Beispiel zeigt, wie der Knoten mit der Id `autor` angepasst wird. Der Text wird geändert auf „Text geändert" und die Farbe des Absatzes wird Rot:

```
...
<p id="autor">Autor der ersten Auflagen ist...</p>

<script>
  var autor = document.getElementById("autor");
  autor.innerHTML= "Text ge&auml;ndert";
  autor.style.color="red";
</script>
...
```

Auch die Manipulation der Baumstruktur selbst ist möglich; neue Knoten können erzeugt und in den Baum eingehängt werden. Andere Knoten können gelöscht oder innerhalb des Baumes umgehängt werden. Über `create`-Methoden können Knoten verschiedener Typen (Textknoten, Element) erzeugt werden. Über `appendChild` wird der neue Knoten in die Struktur integriert.

Auch Attribute können in ähnlicher Weise ergänzt werden. Im Beispiel wird die Id des neu erzeugten Absatzes auf `wichtig` gesetzt:

Tabelle 16.9 JavaScript Event-Typen

Ereignis	Beschreibung
`click`	Mit der linken Maustaste wird ein Element angeklickt.
`keydown`	Eine Taste der Tastatur wird durch den Benutzer betätigt.
`mousseover`	Der Benutzer bewegt die Maus über das entsprechende HTML-Element.
`change`	Das HTML-Element wurde geändert.
`load`	Der Browser hat die Seite nun vollständig geladen.

```
var par = document.createElement("p");
var txt = document.createTextNode("Absatz ist wichtig!");
document.body.appendChild(par);
par.appendChild(txt);
par.setAttribute("id", "wichtig");
```

16.4.6 Ereignisgesteuerte Programmierung mit JavaScript

Die Interaktion eines JavaScript Programms mit einem Benutzer erfolgt in der Regel ereignisgesteuert. Ein Benutzer ruft über die Tastatur, die Maus oder Touch-Gesten ein Ereignis hervor. Dieses wird dann über JavaScript weiter verarbeitet. Im Beispiel kann ein Button, wie jedes andere HTML-Element auch, auf Anklicken mit der Maus reagieren. Wird der Button geklickt, dann wird die über das Attribut `onclick` registrierte Funktion ausgeführt, im Beispiel wird über `alert('HUHU')` ein kleines Nachrichtenfenster dargestellt.

```
<button type="button" onclick="alert('HUHU')">huhu</button>
```

Ereignisgesteuerte Programmierung heißt in diesem Fall, dass für alle Ereignisse, die verarbeitet werden sollen, jeweils (mindestens) eine Funktion registriert wird. Diese Funktion wird aufgerufen, wenn das Ereignis eintritt, etwa der Klick auf einen Button.

Das Ereignis `click` kann an jedem HTML-Element auftreten, auch an Hyperlinks. Wenn ein Benutzer eine Seite über einen Link verlässt kann auf diese Weise eine entsprechende Funktion aufgerufen werden:

```
<a href ="..." onclick="...">
```

Weitere Ereignisse, für die Funktionen angegeben werden können, sind beispielsweise `mouseover` (Maus wird über das Element bewegt) oder `keydown` (Benutzer verwendet die Tastatur), auch Ereignisse für die Bedienung mit den Fingern (Touch-Events) stehen zur Verfügung, beispielsweise `touchstart`, wenn der Benutzer ein Element mit dem Finger berührt. Das Attribut, über welche die Funktionen zur Behandlung eines Ereignisses registriert werden, trägt jeweils das Prefix `on`, das Attribut für das Ereignis `click` heißt entsprechend `onclick`. Die Tabelle 16.9 fasst die Events zusammen.

Typisch ist beispielsweise, ein Ereignis direkt beim `window` Objekt zu registrieren. Das `window`-Objekt repräsentiert das Browser-Fenster:

```
window.onload = function() {
  alert('Bin jetzt geladen');
}
```

Der W3C-DOM-Standard hat die Ereignisverarbeitung über Event-Listener geregelt. Dabei werden über eine `addEventListener` Funktion bei HTML-Elementen eine oder mehrere Funktionen registriert. Im Beispiel werden zwei Funktionen beim Element mit der Id `greeting` registriert, die jeweils auf das `click`-Ereignis reagieren:

```
<body>
<p id="greeting">Klick mich an!</p>
<script>
   function hello()  { alert("Hello"); }
   function servus() { alert("Servus"); }
   document.getElementById("greeting").addEventListener("click", hello);
   document.getElementById("greeting").addEventListener("click", servus);
</script>
</body>
```

Die verfügbare Ereignisverarbeitung ist mächtiger, als im Beispiel dargestellt. Die Funktion zur Ereignisverarbeitung bekommt das Ereignis als eigenes Objekt mit Informationen zu dem Ereignis übergeben. Das Ereignis kann auch von mehreren Knoten innerhalb des DOM-Baumes verarbeitet werden, beispielsweise vom Elternknoten des Elements, an dem das Ereignis aufgetreten ist. Details dazu finden sich beispielsweise bei Koch [Koc11].

16.4.7 AJAX: Asynchronous JavaScript And XML

Um die Benutzbarkeit einer Webseite zu verbessern, reicht oft das einfache Schema nicht mehr aus: Der Browser sendet erst nach der vollständigen Bearbeitung eines Formulars durch den Benutzer einen HTTP-Request und der HTTP-Response wird als neue Seite darstellt. Bereits während der Bearbeitung einer Seite muss Interaktion mit dem Server erfolgen, nur so können Funktionen wie die aus Suchmaschinen gewohnte Auto-Vervollständigung umgesetzt werden.

Diese höhere Interaktivität zwingt jedoch dazu, dass das JavaScript-Programm HTTP-Requests absetzen muss, um z. B. die Vorschläge zur Auto-Vervollständigung zu laden. Ergebnis des HTTP-Requests kann nur im Sonderfall ein neues HTML-Dokument sein, stattdessen werden eher die gewünschten Daten als Text übertragen, und zwar so, dass JavaScript diese Daten leicht interpretieren kann. Hierfür bieten sich zwei Formate für diese Daten an: JSON oder XML.

Damit haben wir alle Elemente zusammen, um den Namen AJAX zu erklären: AJAX steht für „Asynchronous JavaScript And XML“. Asynchronous bedeutet, dass auch während der Browser ein HTML-Dokument darstellt, Requests an den Webserver gemacht werden können. XML ist ein Beispiel für das Format, in dem der Server auf den Request antwortet:

```
function getkunde(nummer) {
   var httpReq = new XMLHttpRequest();
   if (httpReq) { // Browser unterstuetzt AJAX
      httpReq.onreadystatechange = function() {
          if (httpReq.readyState == 4) {
             var kunde = JSON.parse(httpReq.responseText);
             // Kunden weiterverarbeiten ...
          }
      };
      httpReq.open("GET", "http://meinserver.de/kunden/" + nummer, true);
      httpReq.setRequestHeader("Accept", "application/json");
      httpReq.send(null);
   }
   return;
}
```

Die Funktion `getkunde` aus dem Beispiel kann an ein Element in dem HTML-Dokument über ein Event gebunden werden und asynchron einen Datensatz zu einem Kunden mit der Nummer `nummer` nachladen. Über das in den neueren Browsern verfügbare Objekt `XMLHttpRequest` kann ein beliebiger HTML-Request gestartet werden. Über die Methode `open(...)` wird er konfiguriert: Im Beispiel wird ein `GET`-Request auf die URL `http://meinserver.de/kunden/" + nummer` konfiguriert und der angesprochene Webserver wird über den HTTP-Header-Parameter `ACCEPT` gebeten, seine Antwort im JSON-Format zu übersenden (möglich wäre auch XML oder ein anderes Format).

Wenn der Request mit `send` tatsächlich abgeschickt wird, darf das Skript nicht blockieren, weil es auf die Antwort vom Server wartet. Daher wartet die Funktion `getkunde` nicht selbst auf das Ergebnis, sondern registriert eine Funktion, die aufgerufen werden soll, wenn sich der Status der Request-Verarbeitung ändert. Diese Funktion wird `onreadystatechange` zugewiesen. Der `readyState` 4 bedeutet, dass der Server geantwortet hat. Der vom Server gelieferte String in `responseText` wird vom JSON-Parser direkt in ein JavaScript-Objekt umgewandelt, das den geladenen Kunden darstellt.

Während der weiteren Verarbeitung werden typischerweise Elemente des DOM-Baumes modifiziert, um z. B. im bereits dargestellten HTML-Dokument die geladenen Daten in Formularfelder einzutragen oder irgendwo darzustellen.

16.5 Serverseitige Skripte mit PHP

16.5.1 Grundlegende Eigenschaften

PHP ist eine der weltweit führenden Sprachen zur Erstellung von großen Webanwendungen[11], beispielsweise Facebook und Twitter sind großenteils in PHP programmiert. Viele Content Management Systeme wie etwa Typo3 oder Shop-Systeme wie Magento sind in PHP umgesetzt.

Ursprünglich stand PHP für „Private HomePage Tools" und wurde von R. Lerdorf 1995 entwickelt und veröffentlicht. Mit PHP 3 geschah ab 1997 eine komplette Neuentwicklung des PHP-Interpreters. Später erstellten die Autoren ein großes und häufig eingesetztes PHP-Framework, das wie die Laufzeitumgebung den Namen „Zend" trägt. Zend setzt sich zusammen aus den Vornamen der Autoren Andi Gutmans und Zeev Suraski. Am Markt befindet sich gerade PHP in der Version 5.6 (Januar 2015).

Im Umfeld von PHP ist häufig auch von LAMP die Rede. Dies bezeichnet eine Konfiguration, in der sehr häufig mit PHP gearbeitet wird. Das Betriebssystem ist Linux (L) mit einem Apache-Webserver (A) und einer MySQL (M) Datenbank sowie natürlich PHP (P).

Die Syntax von PHP

Ein PHP-Skript wird in der Regel begrenzt von `<?php ... ?>`. Häufig findet sich PHP-Code auch in Kombination mit HTML-Tags, sodass eine Mischung aus PHP und HTML entsteht, die am Server ausgeführt und zu einer HTML-Seite überführt wird:

```
<?php
   // Hier ist das Programm
?>
```

[11]Nach einer aktuellen Studie sollen es über 200 Millionen Websites sein http://news.netcraft.com/archives/2013/01/31/php-just-grows-grows.html

Die Syntax von PHP weist große Ähnlichkeit mit C, C++ und Java auf. Kommentare werden wie in C gekennzeichnet oder durch # wie in Perl eingeleitet. Operatoren und Kontrollstrukturen wie **for**- und **while**-Schleifen sowie die bedingten **if**- und **switch**-Anweisungen folgen gleichfalls der C-Syntax. Als PHP-spezifischer Operator ist `@` zu nennen, der vor einen Ausdruck gesetzt die Fehlerausgabe und den Abbruch unterdrückt: Bei einer Division durch 0 wird dann der Fehler unterdrückt.

Damit PHP-Programme übersichtlich gehalten werden können, besteht die Möglichkeit, den in `Datei.php` enthaltenen Programmteil an die Stelle zu kopieren, an der die **include**-Anweisung steht. Alternativ dazu gibt es noch die **require**-Anweisung.

```
include 'Datei.php';
```

Auf diese Weise können auch globale Variablen definiert werden. Der größte Teil der Funktionalität von PHP liegt, wie auch bei anderen Skriptsprachen, in dem großen Umfang der Funktionsbibliotheken, die über String- und Array-Verarbeitung, Datenbankzugriffe und Administrationsaufgaben alles beinhalten, was man in den unterschiedlichen Umgebungen für die Programmierung von Webapplikationen benötigt.

Variablen: Dynamische Typisierung

Variablennamen beginnen in PHP (wegen der schnelleren Interpretierbarkeit) immer mit dem Dollarzeichen $, gefolgt von einem Namen in der üblichen Konvention, wobei Groß- und Kleinschreibung unterschieden wird. Bei Schlüsselwörtern und Funktionsnamen spielt Groß- und Kleinschreibung dagegen keine Rolle. Variablen und mittels **define** spezifizierte Konstanten können in PHP an beliebiger Stelle dynamisch deklariert werden.

In PHP gibt es die Datentypen Integer, Double, String, Array und Object, aber ohne strenge Typisierung. In PHP existieren wie in Java aus Sicherheitsgründen keine Zeiger, wohl aber Referenzen, beispielsweise bei der Parameterübergabe in Funktionen. Beispiele:

```
<?php
  $i = "Leute";                        // Deklaration eines Strings
  print "<P><B>Hallo $i!</B>";         // Ausgabe: Hallo Leute!

  $i = 2; $k = 3;                      // Deklaration von Integer
  echo $i."+".$k."=".($i+$k);          // Ausgabe: 2+3=5
  define("PI", 3.14159);               // Definition der Konstanten PI
  echo PI;                             // Ausgabe: 3.14159
?>

<?php for($i=1; $i<10; $i++) echo "$i hoch 2 =".($i*$i)." "; ?> // Quadratzahlen
```

Für die Ausgabe am Bildschirm des Client stehen in PHP die Befehle **echo** oder damit gleichbedeutend **print** zur Verfügung. Die Parameter können durch Kommas getrennt werden oder (wie hier) durch den Konkatenations-Operator „.“ zu einem String zusammengefügt werden. Im zweiten Teil des Beispiels werden die ersten 10 Quadratzahlen ausgegeben.

Der Gültigkeitsbereich von Variablen ist lokal auf die Funktion beschränkt, in der sie deklariert ist. Durch das Schlüsselwort **global** können jedoch auch außerhalb einer Funktion definierte Variablen in dieser sichtbar gemacht werden.

Tabelle 16.10 Einige wichtige PHP-Funktionen zur String-Verarbeitung

Funktion	Wirkung
strlen(str)	liefert die Länge des Strings str.
strcmp(str1,str2)	liefert 0, wenn str1 und str2 gleich sind, -1 wenn str1 lexikografisch vor str2 kommt und 1 wenn str2 vor str1 kommt.
substr(str,p,n)	extrahiert einen Teilstring der Länge n aus str, beginnend bei dem Zeichen mit Position p
substr_replace(str,rep,p,n)	entfernt aus dem String str beginnend an Position p n Zeichen und fügt stattdessen den String rep ein.

String-Verarbeitung

Die Übergabe von Daten an PHP-Programme durch Clients erfolgt mithilfe von HTML-Formularen unter Verwendung der POST- oder GET-Requests (siehe Kap. 7.5 und 16.3.2) in Form von Zeichenketten (Strings). Daher ist, wie bei allen serverseitig verwendeten Skriptsprachen, die String-Verarbeitung auch in PHP von essentieller Bedeutung. Dazu kommt, dass auch Ergebnissen als Zeichenketten an den Client gesendet werden. Einige Aspekte wurden im vorangegangenen Abschnitt bereits eingeführt: Die Definition von Strings durch doppelte Anführungszeichen nach dem Muster `"text"` und das Zusammenhängen zweier Strings durch den Punkt-Operator (.), dies führt gerade beim Umstieg von Java oder JavaScript nach PHP zu beliebten Fehlern, die erst zur Laufzeit erkannt werden: Anstelle eines eigentlich gewollten Funktionsaufrufs (in Java / JavaScript mit dem Punkt-Operator) findet eine String-Konkatenation statt.

In Strings können Sonderzeichen wie in C durch Verwendung des rückwärtigen Schrägstrichs (Backslash) ersetzt werden. Wichtig sind: `\n` für neue Zeile, `\$` für $, `\"` für `"` und `\\` für `\` Auch die hexadezimale Codierung von Sonderzeichen nach dem Muster `\x20` für das Leerzeichen wird unterstützt. Für die Verarbeitung von Strings stehen mehr als 50 Funktionen zur Verfügung (siehe beispielsweise `http://www.php.net`). In Tabelle 16.10 sind einige Beispiele genannt.

Zur erweiterten String-Verarbeitung zählt auch der Musterabgleich (Pattern Matching, vgl. Kap. 12.2) und die Mustersetzung mithilfe regulärer Ausdrücke (vgl. Kap. 10.2.5, S. 411). Hier folgt PHP dem POSIX-Standard nach IEEE 1003.2 und den in Perl eingeführten *Perl Compatible Regular Expressions* (PCRE). So ersetzt beispielsweise die Funktion `preg_replace($pattern, $replace, $str)` im String `$str` den Teilstring `$pattern` durch den String `$replace`. Für Details siehe [Skl09].

16.5.2 Arrays

Arrays sind in PHP ein zentraler Datentyp mit dem sehr viel gearbeitet wird. Namen von Arrays beginnen in PHP ebenso wie andere Variablen mit dem Präfix $. Arrays können durch die Funktion **array**() vorbesetzt werden. Enthält **array**() nur eine durch Kommas getrennte Liste von Strings oder Zahlen, so werden diese den Elementen mit bei 0 beginnenden aufsteigenden Indizes zugeordnet. Da die Typen der Elemente von Arrays gemischt sein können, sind Arrays in PHP keine homogenen Datenstrukturen. Die Parameterliste kann auch Konstrukte der Art `index=>value` enthalten, wobei `index` ein ganzzahliger Index ≥ 0 oder ein Textschlüssel (d. h. ein beliebiger String) sein kann und `value` beliebig ist. Der Zugriff auf die Elemente eines Arrays `$a` erfolgt entweder über ganzzahlige

Tabelle 16.11 Die PHP-Funktionen zur Kontrolle von Array-Zeigern

Funktion	Wirkung
current(a)	liefert den Wert des Elementes des Arrays a an der aktuellen Position des Array-Zeigers.
key(a)	liefert den Index bzw. den Schlüssel des Arrays a an der aktuellen Position des Array-Zeigers.
next(a)	inkrementiert den Zeiger um eine Position. War die Endposition bereits erreicht, wird **false** zurückgegeben, sonst **true**.
prev(a)	dekrementiert den Zeiger um eine Position. War die Anfangsposition bereits erreicht, wird **false** zurückgegeben, sonst **true**.
end(a)	positioniert den Zeiger auf das letzte Element von a.
reset(a)	positioniert den Zeiger auf das erste Element von a.

Indizes, beispielsweise `$a[7]`, oder assoziativ über einen Textschlüssel, beispielsweise `$a["key"]`. Auch mehrdimensionale Arrays mit unterschiedlichen Elementzahlen in den Zeilen können deklariert werden. Die folgenden Programmausschnitte vermitteln einen Überblick über den Umgang mit PHP-Arrays:

```
$a[0] = "Konstanten"; // Zuweisung eines Strings an das Element 0
$a[1] = 3.14159;      // Zuweisung von pi, erhaelt Index 1
$a[]  = 2.71828;      // Zuweisung von e, erhaelt Index 2

$n = count($a);       // Anzahl der Elemente von $a bestimmen
$v = array(2,4,6);    // Array v mit 3 Elementen

for($i=0; $i<3; $i++) echo "$v[$i] "; // Ausgabe: 2 4 6
$c = array(1=>"rot", 3=>"gruen", 5=>"blau"); // Array mit drei Strings
$f = $c;              // Zuweisung des Arrays $c an die Variable $f
echo $f[3];           // Ausgabe: gruen

$m = array();                 // leeres Array $m
$m[0] = array(1,2,3);         // Definition einer
$m[1] = array(10,20,30);      // ... zweidimensionalen
$m[2] = array(100,200,300);   // ... Matrix in $m
```

In PHP wird sehr oft mit *assoziativen Arrays* gearbeitet, wo über einen String `"name"` auf einen Wert `"wert"` zugegriffen wird. Im nachfolgenden Beispiel wird ein zweidimensionales Array `g` erstellt. Die Name/Wertpaare werden in der Notation `name=>wert` angelegt:

```
$g = array("shape"   => array("line","circle","rectangle"),
           "color"   => array("red","green","blue","white"),
           "surface"=> array("reflecting","opaque"));
$b = $g["color"][2];          // Element mit Inhalt "blue"
echo "the sky is $b";         // Ausgabe: the sky is blue
```

Weitere Beispiele finden sich im Abschnitt 16.5.3 über Funktionen. Jedem Array ist für einen Zugriff ohne Indizes ähnlich wie einer linearen Liste ein Iterator zugeordnet. Dafür stehen die Funktionen zur Verfügung, wie sie in Tabelle 16.11 dargestellt sind.

In der Server-Programmierung spielen assoziative Arrays eine wichtige Rolle. Oft sind weder die Inhalte noch die Länge oder die Namen der Schlüssel bekannt. Zur Bearbeitung solcher Fälle stellt

Tabelle 16.12 Beispiele für Array-Funktionen

Funktion	Wirkung
`count(a)`	liefert die Anzahl der Elemente von a.
`shuffle(a)`	bringt die Elemente von a in eine zufällige Reihenfolge.
`sort(a)`	sortiert a nach den Werten der Elemente in aufsteigender Reihenfolge und ordnet mit 0 beginnend neue Indizes zu.
`rsort(a)`	sortiert a nach den Werten der Elemente in absteigender Reihenfolge und ordnet mit 0 beginnend neue Indizes zu.
`asort(a)`	sortiert a unter Beibehaltung der Indizes nach den Werten der Elemente in aufsteigender Reihenfolge.
`arsort(a)`	sortiert a unter Beibehaltung der Indizes nach den Werten der Elemente in absteigender Reihenfolge.
`ksort(a)`	sortiert a unter Beibehaltung der Zuordnung der Werte nach den Indizes der Elemente in aufsteigender Reihenfolge.
`krsort(a)`	sortiert a unter Beibehaltung der Zuordnung der Werte nach den Indizes der Elemente in absteigender Reihenfolge.

PHP die Funktionen **list**(namen) und **each**(**array**) zur Verfügung. **each**() liefert für ein Array bei jedem Aufruf die jeweils folgende Komponente und den zugehörigen Schlüssel bzw. ein leeres Element, wenn das Array-Ende erreicht ist. Durch die Funktion **list**() können die Ergebnisse von **each**() „eingesammelt" werden. In der folgenden Programmzeile wird das Array `$info` vom ersten bis zum letzten Element durchlaufen, wobei Schlüssel und Inhalt in `$key` und `$content` übertragen und gleichzeitig ausgegeben werden:

```
while( list($keys, $content) = each($info)) echo "$keys: $content<BR>"; //$keys
```

Darüber hinaus stehen zahlreiche weitere Funktionen zur Verfügung. Einige Beispiele dafür sind in Tabelle 16.12 zusammengestellt.

16.5.3 Funktionen

Funktionen dienen, wie in anderen Programmiersprachen auch, dazu, große Programme zu strukturieren. Sie sind in PHP nach folgendem Schema aufgebaut:

```
function funktionsname() {
   // Anweisungen;
}
```

Parameter

Parameter können by-value übergeben werden, sie fungieren dann nur als Eingabe-Parameter. Durch vorangestelltes & können Parameter auch by-reference übergeben werden. Das Beispiel zeigt die Funktion `swap`, beide Parameter `&$a` und `&$b` werden wegen des vorangestellten & by-reference übergeben. Damit kann die Funktion Werte der übergebenen Variablen verändern:

```
<?php
  function swap(&$a, &$b) {
     $temp = $a; $a = $b; $b = $temp;
  }
  $i= 17; $j= 23;

  echo "<p> Swap Funktion fuer $i und $j </p>";
  swap($i,$j);
  echo "<p> Nach dem Swap $i und $j </p>";
?>
```

Gültigkeitsbereiche von Variablen

Variablen sind lokal in den Funktionen und verlieren ihre Werte nach Verlassen der Funktion, im obigen Beispiel gilt das für die lokale Variable `$temp`. Sollen die Werte von Variablen auch für nachfolgende Funktionsaufrufe erhalten bleiben, so müssen sie in der Funktion durch **static** als statische Variablen deklariert werden:

```
<?php
  function zaehler() {
    static $i=0;
    return $i++;
  }

  echo "Erster Aufruf:".zaehler();
  echo "Zweiter Aufruf:".zaehler();
?>
```

Außerhalb von Funktionen deklarierte Variablen sind normalerweise innerhalb von Funktionen nicht gültig, es sei denn, sie sind global innerhalb der Funktion deklariert. Die Variable `$text` ist ein Beispiel, würde davor das Schlüsselwort **global** fehlen, wäre die Variable `$text` lokal:

```
<?php
  $text="Hallo Welt!";
  function ausgeben() {
      global $text; // $text von aussen
      echo "<p>Ausgabe: $text </p>";
  }

  ausgeben();
?>
```

Generische Programmierung

Ein PHP-Programm kann durch einige Sprachmittel zwar sehr kompakt und auch allgemeingültig geschrieben werden, jedoch wird es wesentlich schwerer lesbar: Über einen String kann eine neue Variable mit demselben Namen erzeugt werden und es ist möglich über einen String eine gleichnamige Funktion aufzurufen. Da der Wert einer String-Variablen teilweise erst zur Laufzeit des Programms feststeht, stehen auch die aufzurufende Funktion bzw. die Variable erst zur Laufzeit fest, dies erschwert natürlich das Testen. Nachfolgend wird ein Beispiel gezeigt, dabei wird über `$$` der String zur gleichnamigen Variable:

```
$x = 'i';            // Zuweisung eines Strings
$$x = 123;           // Ein String wird zur Variablen
echo $i;             // Ausgabe: 123

function rufmichauf() { ... }

$generisch = 'rufmichauf';
$generisch();
```

Unten im Beispiel wird die String-Variable `generisch` verwendet. Wenn eine solche Variable mit runden Klammern versehen wird, versucht der PHP-Interpreter eine Funktion auszuführen, die genauso heißt wie der Inhalt des Strings. Auf diese Weise können beispielsweise Callbacks realisiert werden, denn Funktionen sind nicht wie in JavaScript eigene Objekte.

16.5.4 Objektorientierte Programmierung in PHP

Die Syntax für Klassen und Objekte in PHP folgt weitgehend der von Java. Für Klassen wird das Schlüsselwort **`class`** verwendet, für Vererbung `extends` und für die Instanziierung von Objekten `new`. Methoden werden durch **`function`** gekennzeichnet. Für den Zugriff auf Attribute und Methoden wird der Pfeil `->` verwendet, da der Punkt bereits für die Konkatenation von Strings belegt ist.

Seit PHP Version 5 stehen bei der Definition von Klassen auch die aus Java und C++ gewohnten Möglichkeiten des Information-Hiding bereit. Methoden und Attribute können über **`protected`** und **`private`** vor dem Zugriff von außen geschützt werden. **`public`** hat dieselbe Wirkung wie keine angegebene Zugriffsbeschränkung: Das Attribut bzw. die Methode kann öffentlich ohne Einschränkungen genutzt werden.

Wie in anderen objektorientierten Sprachen steht das Attribut `$this` als Referenz auf das gerade verwendete Objekt zur Verfügung. Für den Konstruktor der Klasse kann entweder eine Methode mit demselben Namen angegeben werden oder allgemeiner die Funktion **`__construct`**, diese hat auch ein Gegenstück **`__destruct`** als Destruktor:

```
<?php
class Str {              // Klasse zur String-Verarbeitung
    private $s;          // Attribut $s

    public function __construct($s) {  // Konstruktor
        $this->s = $s;
    }
    public function concat($x) {       // Methode concat()
        $this->s=$this->s.$x;           // $x wird an $s angehaengt
    }
    public function getstring() {      // Zugriffsmethode
        return $this->s;
    }
}

$str1 = new Str("Hallo ");            // Instanziieren des Objekts str1
$str1->concat("Leute!");              // Konkatenation der Memberv. $s mit "Leute"
echo "<p> Antwort: ".$str1->getstring()."</p>";  // Ausgabe: Hallo Leute!
?>
```

Namensräume

Seit PHP 5.3 steht zur Strukturierung großer Programme noch ein weiteres Mittel zur Verfügung: Namensräume. Jetzt ist es möglich, dass es Funktionen und Klassen mit demselben Namen mehrfach gibt, solange diese in verschiedenen Namensräumen liegen. Ein Namensraum wird am Anfang einer PHP-Datei angegeben, danach befinden sich alle dort definierten Funktionen, Variablen und Klassen im genannten Namensraum:

```
<?php  // Datei ro.php
namespace de\hochschulen;
class Rosenheim {
    static function whoami() {
        echo "Rosenheim";
    }
}
?>

<?php // Zweite Datei
include 'ro.php';
\de\hochschulen\Rosenheim::whoami();
?>
```

Das Beispiel zeigt zwei Dateien, wobei die erste `ro.php` den Namensraum `\de\hochschulen` definiert. In der zweiten Datei wird dann die statische Methode der Klasse `Rosenheim` mit diesem Prefix aufgerufen.

16.5.5 Datenübergabe von HTML-Formularen an PHP-Skripte

Die Interaktion von PHP-Programmen mit der Außenwelt erfolgt über Datenblöcke (aus HTML-Seiten durch POST übermittelt) und Query-Strings, die aus HTML-Seiten durch GET übermittelt bzw. an die URL angehängt werden (siehe Kap. 16.3.2). Beispielsweise wird aus dem HTML-Formular

```
<FORM ACTION="moin.php" METHOD=POST>
<INPUT TYPE=TEXT NAME="Nachricht" VALUE="Guten Morgen">
<INPUT TYPE=SUBMIT VALUE="Senden">
</FORM>
```

durch Anklicken des Submit-Buttons „Senden“ das als URL angegebene Programm `moin.php` aufgerufen. Dadurch wird automatisch die Variable `$_POST` mit den Inhalten des Formulars gefüllt. `$_POST` ist ein assoziatives Array, auf das über den Namen der Variablen des Formulars zugegriffen werden kann. Im Beispielformular ist das das Textfeld `Nachricht`, das als Inhalt zunächst die Default-Eingabe „Guten Morgen“ enthält, bzw. die aktuelle Eingabe des Anwenders. Der nachfolgende Quelltext durchläuft alle in `$_POST` gespeicherten Felder aus dem Formular:

```
<?php // _POST enthaelt alle Eingabedaten des Formulars
foreach($_POST as $key => $value) {
    echo "<p> $key => $value </p>";
}
echo "<p> Nachricht: $_POST['Nachricht'] </p>"
?>
```

Ist im Formular `METHOD=GET` angegeben, werden die Felder des Formulars mithilfe eines HTTP-GET-Requests übertragen, können auch diese ausgewertet werden. Dazu wird das assoziative Array `$_GET` verwendet.

16.5.6 Sitzungsdaten: Session und Cookie

Mit einer Webanwendung ist ein Benutzer normalerweise länger verbunden, dies führt zu mehreren aufeinander folgenden HTTP-Requests. Der Benutzer verwendet seine Login-Daten, dann füllt er eventuell einen virtuellen Einkaufswagen und arbeitet mit der Webanwendung. Während der Arbeit fallen Daten an, diese werden auch Sitzungsdaten genannt. Sie sind nur gültig, solange der Benutzer mit der Webanwendung kommuniziert. Zu den Sitzungsdaten gehören Informationen, ob der Benutzer sich bereits authentifiziert hat, wer genau der Benutzer ist und welche Rechte er hat. Auch der virtuelle Einkaufswagen oder Zwischeninformationen über eine gerade durchgeführte Flugbuchung finden sich in den Sitzungsdaten. Die Verwaltung dieser Sitzungsdaten ist ein zentrales Entwurfsproblem bei Webanwendungen:

Denn HTTP ist ein verbindungsloses Protokoll. Es gibt keine Verbindung, wie z. B. im TCP/IP-Protokoll, die dauerhaft bestehen bliebe. Der Browser verbindet sich bei jedem Aufruf neu mit dem Weberver. Damit ist es nicht so einfach möglich, die Sitzungsdaten zwischen zwei Aufrufen am Server aufzuheben und beim zweiten Request dem Client korrekt zuzuordnen.

Um diese Daten zwischen zwei Aufrufen zu speichern gibt es verschiedene Möglichkeiten am Browser (Client) oder am Server: Am Server gibt es eine Datenstruktur `$_SESSION`, dieses assoziative Array kann genutzt werden, um die Sitzungsdaten über Name/Wert-Paare zu speichern. Das folgende Beispiel könnte sich in einen naiven Login-Dialog befinden:

```
if ($username == 'gerd' && $passwort == 'secret') {
  $_SESSION['angemeldet'] = true; // Sitzungsdaten: $_SESSION
```

Abgefragt wird diese Information in darauf folgenden PHP-Seiten durch einfachen Zugriff auf das Array mit den Sitzungsdaten. Die Funktion **session_start**() startet entweder eine neue Sitzung oder sie nimmt die bestehende Sitzung wieder auf. Wenn die Sitzung beendet wurde, beispielsweise beim Logout, dann sollten die Sitzungsdaten mithilfe der Funktion **session_destroy**() zerstört werden.

```
session_start();
if (isset($_SESSION['angemeldet']) && $_SESSION['angemeldet']) {
   // Hier irgendwelche Aufrufe
}
```

Dieses assoziative Array kann serverseitig auf eine Datei abgebildet sein. Diese Datei wird bei jedem Request neu gelesen und ggf. geschrieben. Für die permanente Speicherung solcher Daten können Datenbanken (z. B. das in Abschnitt 16.5.7 kurz gezeigte MySQL) oder andere Dateien am Server verwendet werden.

Cookies sind dagegen kleine Dateien, welche der Browser Client-seitig speichern kann. In diesen Cookies können Sitzungsdaten oder nur eine Id gespeichert werden, mit der dann die Daten wieder gefunden werden. Nützlich sind sie für geringe Datenmengen, die nur während einer Sitzung gehalten werden müssen. Da hier auf die Ressourcen des Client zurückgegriffen wird, muss im Browser die Verwendung von Cookies ausdrücklich zugelassen werden. Ein Cookie wird in PHP durch die Anweisung

```
setCookie('angemeldet', true, 100);
```

gesetzt. Dabei bezeichnet der Textschlüssel `'angemeldet'` den Namen des Cookie und `true` den gespeicherten Wert, beispielsweise einen String. Der dritte Parameter `10` ist optional; er dient zur Begrenzung der Lebensdauer des Cookie. Üblicherweise setzt man hier `time() + $sec` ein, wobei die Funktion `time()` die aktuelle Zeit liefert und für `$sec` die gewünschte Lebensdauer in Sekunden einzusetzen ist. Zu beachten ist, dass Cookies nur gesetzt werden können, wenn die Einstellungen des Browsers am Client und des PHP-Interpreters am Server dies erlauben. Alle während einer Sitzung gespeicherten Cookies sind in einer Umgebungsvariablen, nämlich dem assoziativen Array `$HTTP_COOKIE_VARS` über den als Textschlüssel verwendeten Namen des Cookies verfügbar. Zum Auslesen eines Cookie mit bekanntem Namen `'angemeldet'` schreibt man wie im folgenden Beispiel, dabei findet sich in `$value` der Inhalt des Cookie:

```
$value = $HTTP_COOKIE_VARS['angemeldet'];
```

16.5.7 Datei- und Datenbankzugriff mit PHP

Dateien

Sofern die erforderlichen Rechte am Server bestehen, können Dateien dort gelesen, angelegt und beschrieben werden. Die entsprechende Syntax orientiert sich wieder an C. Durch **`fopen`** wird eine Datei geöffnet und durch **`fclose`** wieder geschlossen. Als Zugriffsmöglichkeiten gibt es `r` (Lesen, beginnend am Dateianfang), `r+` (Lesen und Schreiben), `w` (Schreiben, beginnend am Dateianfang), `w+` (Schreiben und Lesen), `a` (Anhängen am Dateiende), `a+` (Anhängen und Lesen). Existiert die angegebene Datei nicht, so wird mit `w` und `a` versucht, diese anzulegen.

Das folgende Beispiel öffnet die Datei `quelle.txt` zum Lesen und die Datei `ziel.txt` zum Schreiben. Sodann wird der Inhalt von `quelle.txt` am Dateianfang beginnend bis zum Dateiende in Abschnitten von je 100 Zeichen gelesen, durch **`echo`** ausgegeben und dann in die Datei `ziel.txt` kopiert. Danach werden die beiden Dateien wieder geschlossen. Die Abfrage, ob das Dateiende erreicht ist, erfolgt über die Funktion **`feof`**`(name)`. Anstelle von **`fwrite`**`( $datei_w, $text);` kann auch die Funktion **`fputs`**`( $datei_w, $text);` verwendet werden:

```
<?php
  $datei_r = fopen("quelle.txt","r");
  $datei_w = fopen("ziel.txt","w");
  while (!feof($datei_r)) {
     $text = fgets($datei_r,100);
     echo $text;
     fwrite($datei_w, $text);
  }
?>
```

Datenbankabfragen

Am einfachsten lassen sich Datenbankanwendungen unter Verwendung des Open Source Produktes MySQL (siehe `http://www.mysql.com`) in PHP einbinden. Bevor mit einer Datenbank gearbeitet werden kann, muss eine Verbindung von PHP zum Datenbank-Server hergestellt werden. Dies geschieht beispielsweise mit folgendem Programmabschnitt:

```
$connection = @mysql_connect("hostname", "user", "password");
if(!$connection)
  exit ("Die Verbindung konnte nicht hergestellt werden:".mysql_error());
```

Mit `hostname` wird die Adresse des Datenbankservers angegeben. Ist dies dieselbe Adresse wie die des Servers, auf dem das rufende PHP-Programm läuft, so kann hier `localhost` eingetragen werden. Danach folgt der von der Datenbank-Verwaltung vergebene Name des Benutzers und als dritter Parameter ein Passwort. Ist kein Passwort erforderlich, so kann `""` eingesetzt werden. Durch die Abfrage `if (! $connection)` wird überprüft, ob die Verbindung zu Stande gekommen ist. Ist dies nicht der Fall, so wird durch Aufruf der Funktion `exit("...");` das Programm beendet und eine Fehlermeldung ausgegeben. Als zweiter Schritt wird die Datenbank auf dem Datenbankserver ausgewählt, denn ein Server kann mehrere Datenbanken verwalten:

```
mysql_select_db("datenbankname");
```

Für die Interaktion mit der Datenbank werden, wie am Beispiel JDBC in Kap. 9.4.5 beschrieben, SQL-Strings an das DBMS gesendet und dessen Antwort wird ausgewertet. Zum Senden eines SQL-Strings wird die Funktion `mysql_query` verwendet. Der SQL-String kann beispielsweise eine `INSERT`- oder eine `SELECT`-Anweisung enthalten. Bei `SELECT`-Anweisungen liefert `mysql_query` einen Datenbank-Cursor zurück, der jeweils auf eine Zeile der Ergebnistabelle zeigt, welche vom DBMS zur gesendeten Anfrage erzeugt wurde. Die Zeile kann mit der Funktion `mysql_fetch_array` als Array ausgelesen werden. Der Rückgabewert ist `false`, sobald der Cursor das Ende der Ergebnistabelle erreicht hat, daher kann diese Funktion auch für das Abbruchkriterium einer `while`-Schleife genutzt werden:

```
$query = "SELECT Name, Gehalt FROM Mitarbeiter";
$result = mysql_query($query); // Anfrage absetzen

while($zeile = mysql_fetch_array($result)) {
  // $zeile enthaelt eine Zeile der Ergebnistabelle
  foreach ($zeile as $zelle) {
           // In $zelle steht der Wert einer Spalte
        }
}
mysql_free_result($result);
```

Einfacher kann eine Ergebniszeile mit den Funktionen `list` und `mysql_fetch_row` gelesen und sofort Variablen zugewiesen werden:

```
$result = mysql_query($query); // Anfrage wie oben absetzen

while(list($name, $gehalt) = mysql_fetch_row($result)) {
   echo("Name: $name  ");
   echo("Gehalt: $gehalt  ");
}
mysql_free_result($result);
```

Am Ende jeder Anfrage an die Datenbank muss darauf geachtet werden, alle verwendeten Betriebsmittel wieder freizugeben. Der Datenbank-Cursor muss beispielsweise vom DBMS solange vorgehalten werden, bis die Verbindung zum PHP-Programm beendet wird. Der Cursor sollte daher nach jeder Anfrage mit der Funktion `mysql_free_result` wieder freigegeben werden. Gleichermaßen muss am Ende einer Sitzung die Verbindung zum DBMS getrennt werden:

```
mysql_close($connection); // schliesse $connection
```

Dies ist wichtig, damit alle Betriebsmittel auf der Seite von PHP und des Datenbankservers wieder freigegeben werden, denn beide Server laufen über einen langen Zeitraum und jedes nicht freigegebene Betriebsmittel sorgt irgendwann dafür, dass einem Server die Betriebsmittel gänzlich ausgehen.

Literatur

[Ang] AngularJS. https://angularjs.org/.
[Apa] Apache Cordova. http://cordova.apache.org/.
[Boo] Bootstrap CSS-Framework. http://getbootstrap.com.
[Doc] Document Object Model (DOM). http://www.w3.org/DOM/.
[HTM] HTML Tutorial. http://www.w3schools.com/html/.
[JQu] JQuery. http://jquery.com/.
[Koc11] S. Koch. *JavaScript: Einführung, Programmierung und Referenz*. dpunkt-Verlag, 6. Aufl., 2011.
[MyS] MySQL. http://www.mysql.com.
[Nod] Node.JS. http://nodejs.org/.
[Pho] PhoneGap. http://phonegap.com/.
[PHP] PHP. http://www.php.net.
[Skl09] D. Sklar und A. Trachtenberg. *PHP 5 Kochbuch*. O'Reilly, 3. Aufl., 2009.
[Wor] World Wide Web Consortium (W3C). http://www.w3.org.

Kapitel 17
Software-Engineering

17.1 Überblick

Im Jahr 1997 schlug erstmalig ein Computer namens Deep Blue (IBM) einen amtierenden Schachweltmeister unter Turnierbedingungen[1]. Herr Kasparov hat eigentlich nicht gegen den Computer verloren. Er verlor gegen die vielen Ingenieure, welche die Schach-Software programmiert haben [Wei13]. Weigelt stellt mit diesem schönen Beispiel klar, dass hinter den vielen Systemen, die wir heute verwenden, letztlich Ingenieure stehen, welche in diese Systeme ihre willkürliche Sicht der Dinge mehr oder weniger gut programmiert haben.

Software hat sich in den vergangenen Jahrzehnten zum Innovationsmotor entwickelt: Die Apps auf jedem Smartphone sind Software, sie leisten den eigentlichen Mehrwert dieser Geräte: Multimediaplayer, Navigationssystem, Oberfläche zu Facebook, Browser oder ein Mail-Client. Google, Amazon, Yahoo oder Facebook sind selbst sehr große Software-Systeme. Ein modernes Auto, Flugzeug oder Schiff würde sich ohne Software nicht mehr bewegen, da viele Funktionen nur mithilfe von Software machbar sind. Software wird früher oder später zu autonom fahrenden Fahrzeugen führen. Auch die Infrastruktur unseres täglichen Lebens wie Strom- und Wasserversorgung ist von Software beim Energie- oder Wasserversorger abhängig.

Software ist damit für uns überlebenswichtig. Fehlfunktionen der Software können beträchtliche Schäden auslösen, z. B. den Absturz einen Flugzeugs. Software-Entwicklung ist teuer: Angenommen ein Entwickler kostet € 75 pro Stunde und er arbeitet nur einen Monat an einer Software (das ist vergleichsweise wenig), kostet diese Software bereits € 12.000 ($= 75 \cdot 40 \cdot 4$).

Wegen der großen Bedeutung und der erheblichen Kosten von Software ist es wichtig, dass diese methodisch, qualitäts- und kostenbewusst, kurz ingenieurmäßig, entwickelt wird. F. L. Bauer prägte bereits 1968 mit einer gleichnamigen Konferenz in Garmisch den Begriff des Software-Engineerings [Nau69]. Hier kann nur ein kurzer Überblick über dieses Thema gegeben werden. Für weitere Studien steht eine reichhaltige Literatur zur Verfügung, beispielsweise [Lud13, Som12, Oes12].

17.1.1 Was ist Software?

Betriebssysteme, Datenbankmanagement-Systeme, Tabellenkalkulations-Programme oder Texteditoren sind Software. Software besteht aus einem oder mehreren Programmen, deren Quelltext in einer Programmiersprache wie Java, JavaScript, PHP oder C verfasst wurde. Die Quelltexte setzen eine Reihe von Algorithmen so um, dass sie von Menschen (den Entwicklern) verstanden und geändert werden können. Die Quelltexte werden von (virtuellen) Maschinen entweder interpretiert oder wurden von einem Compiler in eine Form übersetzt, die eine Maschine direkt verarbeiten kann.

[1] vgl. `http://www-03.ibm.com/ibm/history/ibm100/us/en/icons/deepblue/`

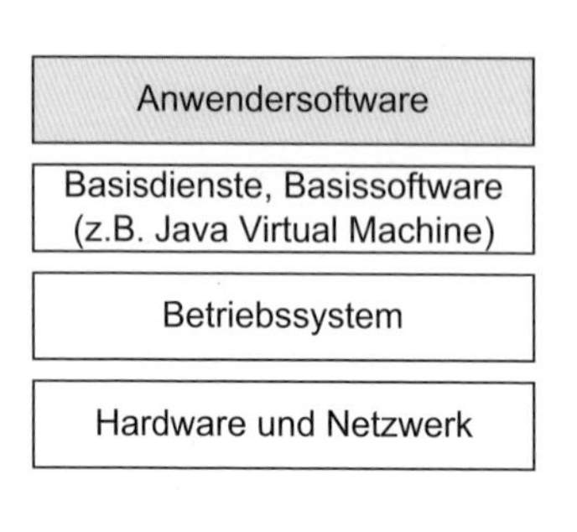

Abb. 17.1 Die Software-Hardware-Hierarchie: Die unterste Ebene bilden die Hardware und die Netzwerkinfrastruktur. Darauf setzt das Betriebssystem auf und kapselt die Details der Hardware. Auf dem Betriebssystem kann eine virtuelle Maschine installiert sein, diese kapselt das Betriebssystem für die darüber liegende Anwendersoftware

Zweiter Bestandteil von Software sind die zugehörigen Daten, das sind Konfigurationsdaten sowie die Daten mit denen die Programme arbeiten.

Die Software/Hardware-Hierarchie

Man kann sich ein Computersystem als eine hierarchische Struktur von Software- und Hardware-Komponenten vorstellen, beispielsweise in der Art, wie es Abb. 17.1 zeigt.

Die Hardware selbst könnte in mehrere Schichten unterteilt werden, angefangen bei den Transistoren im Silizium der CPU, über die damit erstellten logischen Gatter bis hin zu den Mikroprogrammen, welche die Maschinenbefehle der CPU implementieren, vgl. Kap. 6. Das Betriebssystem verwaltet die Betriebsmittel des Rechners und versteckt die Details der Hardware vor den höheren Schichten. Auch die Details der Netzwerkinfrastruktur werden durch das Betriebssystem und die im Netzwerk arbeitende Software gekapselt. Die Details der Ansteuerung von Peripheriegeräten finden sich ebenfalls innerhalb des Betriebssystems, vgl. Kap. 8. Anwendungsprogramme sind entweder direkt gegen das Betriebssystem programmiert, hierfür stehen in jeder Programmiersprache entsprechende Bibliotheken zur Verfügung, beispielsweise die Standard-Bibliothek in C. Um Software unabhängig vom Betriebssystem zu machen setzen sich zunehmend virtuelle Maschinen durch, welche die Details eines Betriebssystems kapseln und für eine Programmiersprache wie Java (Java Virtual Machine), JavaScript (JavaScript Engine im Browser) oder C# (Common Language Runtime) plattformunabhängig zur Verfügung stellen. Damit kann derselbe Quelltext einmalig übersetzt auf verschiedenen Plattformen ausgeführt werden. Die Software mit der ein Benutzer täglich arbeitet, unabhängig davon ob es sich um eine Bürosoftware oder eine Computerspiel-App handelt, setzt auf diese Hierarchie aus Hardware, Betriebssystem und ggf. weiteren Basisdiensten auf.

17.1.2 Was bedeutet Engineering?

Was ist das Besondere an der ingenieurmäßigen Entwicklung von Software im Gegensatz zum Drauflos-Programmieren (Hacking)?

Genaues Verständnis des Problems: Was man nicht verstanden hat, kann man nicht programmieren! Bevor große Mengen von Quelltext entstehen, muss der Software-Ingenieur bzw. die -Ingenieurin zunächst das Problem genauer verstehen, welches mit der Software gelöst werden soll.

Methodisches Vorgehen: Wenn das Problem klarer geworden ist, wird Schritt für Schritt eine Lösung entwickelt. Den Rahmen bildet dabei ein Vorgehensmodell (z. B. das V-Modell XT [V-M14] oder auch Scrum [Sut13]). Das Vorgehensmodell legt fest, wie die beteiligten

Personen bei der Entwicklung zusammenarbeiten sollen und welche Zwischenergebnisse erwartet werden. Eine Systemspezifikation ist beispielsweise ein solches Zwischenergebnis. Die Details der täglichen Arbeit folgen dann einer Methodik, hier gibt es für jeden Teilbereich eigene Methoden; z. B. für das Erstellen einer Systemspezifikation können die Methoden der objektorientierten Analyse und des objektorientierten Designs verwendet werden.

Kostenbewusstsein: Software entsteht im Wesentlichen durch menschliche Arbeit, von den ersten Interviews mit dem Kunden bis zur Inbetriebnahme. Jede Funktion der Software muss besprochen, spezifiziert, programmiert, getestet und ausgeliefert werden. Jede Funktion, die weggelassen wird, reduziert den Arbeitsaufwand. Im Engineering geht es darum, ein zu den Anforderungen des Kunden passendes System zu bauen, dies aber so kostengünstig wie möglich. Dazu gehört insbesondere, nur die Funktionen zu bauen, die tatsächlich gebraucht werden.

Qualitätsbewusstsein: Die Software, die entwickelt oder geändert wird, muss die vorher formulierten Anforderungen erfüllen. Erfüllt die Software alle Anforderungen vollständig, spricht man von „guter“ Qualität. Häufig wird von Software-Qualität im Zusammenhang mit den sog. nichtfunktionalen Eigenschaften der Software gesprochen. Dazu zählen Eigenschaften wie Antwortzeit, Benutzbarkeit oder Änderbarkeit der Software.

Einhalten von Normen: Das Thema Normen kommt im Software-Engineering häufig zu kurz. Die ISO (International Standards Organization), das DIN (Deutsches Institut für Normung) sowie besonders das IEEE (Institute of Electrical and Electronics Engineers), aber auch der deutsche Staat, haben Normen und Richtlinien herausgegeben, die auch für Software relevant sind. Um die Dokumentation der Software klarer zu schreiben, sollten daher Begriffe aus diesen Normen verwendet werden. Die ISO 25010 definiert beispielsweise Begriffe wie *Antwortzeit* oder *Durchsatz* oder die ISO 9241:11 definiert den Begriff *Gebrauchstauglichkeit* (Usability).

Ähnlich beschreiben dies auch Ludewig und Lichter [Lud13]. Im Software-Engineering ist ein planvolles, methodisches, kosten- und qualitätsbewusstes Vorgehen wichtig.

17.1.3 Warum ist Software-Engineering schwierig?

Das Software-Engineering kann abhängig vom Kontext große Schwierigkeiten enthalten, die beispielsweise über geeignete Vorgehensmodelle gemeistert werden müssen. Einige Herausforderungen des Software-Entwicklung werden im Folgenden aufgeführt.

Unklare Anforderungen

Am Anfang eines Projektes und besonders am Anfang einer Produktentwicklung haben die Beteiligten häufig ein eher unklares Bild von der zu erstellenden Software. Bei der Produktentwicklung muss zunächst ermittelt werden, was die potentiellen Kunden brauchen könnten. Das, was Kunden wirklich brauchen, und was sie als Anforderung formulieren können, liegt häufig weit auseinander. Kaum jemand konnte sich beispielsweise vor der Einführung des Apple-iPod vorstellen, dass es sinnvoll ist, seine CD-Sammlung auf einer kleinen Festplatte mit sich herumzutragen.

Da während der Entwicklung der Software erst alle Beteiligten lernen, was sie benötigen könnten, bzw. womit das gegebene Problem zu lösen ist, gibt es ein hohes Risiko an den eigentlichen Bedürfnissen der Kunden oder dem eigentlichen Problem vorbei zu bauen.

Umfangreiche Anforderungen

Mit Software können komplexe Probleme angegangen werden, beispielsweise die Bilanzierung eines Konzerns oder die Steuerung eines Verbrennungsmotors. Um zu verstehen, wie der Konzern bilanziert oder der Motor gesteuert wird, ist eine umfangreiche Analyse des Problems notwendig. Daraus können leicht einige tausend Anforderungen an die zu schreibende Software entstehen. Diese große Menge von Anforderungen muss verstanden, strukturiert, korrigiert und unter den beteiligten Personen abgestimmt werden. Je mehr Anforderungen relevant sind, desto schwieriger ist erkennbar, ob diese vollständig oder widerspruchsfrei sind. F. Brooks bezeichnet dies auch als inhärente Komplexität [Bro08]: Komplexe, umfangreiche Anforderungen führen in der Regel auch zu komplexen und umfangreichen Systemen.

Viele beteiligte Personen

An der Erstellung und Inbetriebnahme einer Software sind viele verschiedene Personen beteiligt. Das können sein: spätere Endanwender, das Marketing, Programmierer, Tester, der IT-Betrieb, der Support oder das Projektmanagement. Wird die Software im Auftrag eines Unternehmens erstellt, wird die Zahl der Personen noch größer, da es beispielsweise das Projektmanagement auf beiden Seiten gibt.

Je mehr Personen beteiligt sind, desto schwieriger wird die Kommunikation zwischen den Beteiligten: Wenn das Team aus nur drei Personen besteht, können diese praktisch am selben Schreibtisch arbeiten und sich informell abstimmen. Besteht das Team aus deutlich mehr als 10 Personen, die eventuell noch weltweit verteilt sind, kennt nicht mehr jeder jeden und direkte Gespräche werden schwierig. Bei n Personen im Projekt gibt es potentiell $n(n-1)/2$ Kommunikationskanäle, bei 10 Personen sind das schon 45 mögliche Gespräche mit jeweils zwei Personen.

Kritikalität (Produktrisiken)

Von einer Software können Menschenleben abhängen und durch Software können große Katastrophen in der Umwelt ausgelöst werden. Eine Software, von der solche Produktrisiken ausgehen, wird als (sicherheits)kritisch bezeichnet (safety critical). Eingebettete Software in Steuergeräten von Autos, Flugzeugen oder Schiffen ist in vielen Bereichen sicherheitskritisch. Ein Airbag in einem Auto könnte wegen eines Softwarefehlers in seinem Steuergerät beispielsweise zu früh oder gar nicht auslösen, beides würde Menschenleben gefährden.

Um diese sogenannten Produktrisiken zu mindern, muss die Software wesentlich systematischer entwickelt werden, als unkritische Software wie beispielsweise ein Webshop. Viele Normen müssen beachtet werden, jeder Schritt ist zu dokumentieren. Beispielsweise muss für jede Anforderung belegt werden können, dass diese auch im fertigen Produkt erfolgreich getestet wurde.

17.2 Tätigkeiten im Software-Lebenszyklus

17.2.1 Anforderungsanalyse und Spezifikation

Jedes Software-Entwicklungs-Projekt beginnt mit einem Problem in der realen Welt: Ein Unternehmen will beispielsweise seine internen Abläufe optimieren, dazu sollen bestimmte Schritte durch Software automatisiert werden. Die Abläufe finden in der realen Welt statt, um diese zu optimieren muss man sie zunächst verstehen. Dazu werden Modelle erstellt, beispielsweise Geschäftsprozessmodelle, welche die Abläufe in Form von Aktivitätsdiagrammen, Flussdiagrammen oder ähnlichen Modellen darstellen [Oes12]. Auf dieser Grundlage findet eine Analyse und ein Verbesserungsvorschlag statt. Die angestrebte Software ist dabei immer nur ein Teil der Lösung, selten besteht die Lösung realer Problem nur aus Software. In unserem Unternehmensbeispiel könnte ein anderer Teil der Lösung auch eine Reorganisation der Verantwortlichkeiten im Unternehmen sein.

Ein Lösungsvorschlag wird über Anforderungen konkretisiert. Anforderungen sind dabei vielfältig: Funktionale Anforderungen beschreiben den geplanten Funktionsumfang der Software, also was ein Benutzer mit der Software tun kann. Die Funktionen des Systems werden dabei häufig in Form von Anwendungsfällen (Use Cases) [Coc00] oder den einfacheren User Storys [Bec04] beschrieben: Ein Benutzer interagiert mit dem geplanten System um ein Ziel bzw. einen Nutzen zu erreichen. Wichtig sind auch Rahmenbedingungen, z. B. welche Hardware vorhanden ist oder welches Betriebssystem genutzt werden muss. Qualitätsanforderungen legen Eigenschaften zur Gebrauchstauglichkeit oder der Ausfallsicherheit fest.

Am Beginn eines Projektes oder einer Produktentwicklung steht häufig eine umfangreiche Phase, in der die Anforderungen gefunden, analysiert, strukturiert und geprüft werden. Dies ist notwendig, um den Erstellungsaufwand für die dazu passende Software zu schätzen.

Die Anforderungen bleiben selten über die Dauer der Entwicklung der Software konstant. Da alle Beteiligten während der Entwicklung lernen und ihr Problem besser verstehen, können sich Anforderungen ändern. Durch erste Prototypen werden eventuell die tatsächlichen Bedürfnisse der Kunden klarer oder der Markt für den das Produkt erstellt wird, ändert sich. Damit muss das Entdecken, Analysieren, Strukturieren und Prüfen der Anforderungen über die gesamte Projektlaufzeit hinweg geschehen. Dies wird auch als Anforderungsmanagement bezeichnet.

Grundsätzlich werden bei der Anforderungsanalyse (dem Requirements Engineering) vier Tätigkeiten unterschieden:

Entdeckung: Über Interviews, Beobachtungen, Prototypen oder die Lektüre vorhandener Dokumentation werden die Anforderungen ermittelt.

Analyse und Strukturierung: Die gefundenen Anforderungen müssen strukturiert werden, beispielsweise werden sie auf verschiedene Komponenten oder Releases der Software aufgeteilt. Außerdem sollten sie nach ihrer Wichtigkeit priorisiert werden, damit die wichtigsten Anforderungen zuerst umgesetzt werden.

Spezifikation: Die Anforderungen liegen am Anfang eventuell nur in Form von ein paar Sätzen und Spiegelstrichen vor. In der Spezifikation werden sie detailliert beschrieben. Die Beschreibung wird in der Regel unterstützt durch UML-Modelle. Bei Systemen mit grafischer Oberfläche ist auch ein Papier-Prototyp der Oberfläche wichtig, häufig in Form einfacher Skizzen, sog. Wireframes.

Validierung: Wenn Fehler in den Anforderungen erst in späteren Phasen entdeckt werden, ist deren Behebung sehr teuer. Daher sollte so früh wie möglich mit der Qualitätssicherung begonnen werden, dies wird im Zusammenhang mit Anforderungen auch als Validierung bezeichnet. Das Review eines Spezifikationsdokuments durch mehrere Gutachter ist ein Beispiel für eine Maßnahme zur Qualitätssicherung.

In agilen Vorgehensmodellen wird die Anforderungsanalyse eher Just-In-Time durchgeführt, Anforderungen werden erst kurz vor ihrer Umsetzung genau festgelegt. In vielen Fällen gibt es nur eine kurze schriftliche Spezifikation der Anforderungen, stattdessen werden die Details in persönlichen Gesprächen geklärt.

17.2.2 Architekturentwurf

Teile und Herrsche, so heißt es häufig, wenn von Software-Architektur die Rede ist. Damit eine umfangreiche, komplexe Software geplant und später programmiert werden kann, muss sie so aufgeteilt werden, dass die Arbeit auf Teilteams oder Einzelpersonen verteilt werden kann. Dazu wird ein Softwaresystem in Schichten sowie Komponenten bzw. Subsysteme zerlegt (Dekomposition).

Dies ist notwendig, um den beteiligten Personen erklären zu können, woraus die Software besteht. Die Software-Architektur ist ein Kommunikationsmittel im Entwicklungsteam und mit dem Auftraggeber.

Von der Software werden besondere Qualitätseigenschaften erwartet, beispielsweise akzeptable Antwortzeiten bei einer größeren Zahl parallel arbeitender Benutzer oder eine Verfügbarkeit von 99%. Zugriffsschutz ist ein drittes Beispiel für eine Qualitätseigenschaft. Mithilfe der Architektur können solche Eigenschaften vor der eigentlichen Implementierung abgesichert werden.

Der Architekturentwurf kann einem Review durch verschiedene Experten unterzogen werden, wenn er zumindest grob schriftlich und/oder als Modell vorliegt. Üblich ist es zu Beginn eines Projektes bereits einen ersten vollständigen technischen Prototypen zu bauen, z. B. mit grafischer Oberfläche, Datenbankzugriff und einem einfachen Anwendungsfall. Dieser Prototyp wird auch *technischer Durchstich* genannt und sichert früh ab, dass die Elemente der technische Infrastruktur sowie die verwendeten Frameworks und Bibliotheken gemeinsam funktionieren.

17.2.3 Implementierung

Der in der Spezifikation festgelegte Funktionsumfang wird Schritt für Schritt in einer Programmiersprache wie Java, PHP oder JavaScript programmiert. Dabei werden die im Architekturentwurf festgelegten Strukturen verwendet, beispielsweise die dort definierten Schichten und Komponenten. Die in der Architektur festgelegten Frameworks und Bibliotheken werden verbaut.

Neben der Programmierung der eigentlichen Software entstehen gleichzeitig häufig auch Testtreiber, sogenannte Modul- oder Unit-Tests. Im Kap. 15 werden beispielsweise JUnit-Tests vorgestellt. Auch andere aus dem Vorgehensmodell XP bekannte Praktiken werden verwendet, beispielsweise permanente Restrukturierung der Quelltexte (Refactoring), Programmierung in Paaren oder die kontinuierliche Integration [Bec04].

17.2.4 Test und Integration

Testen der Software bedeutet, dass die laufende Software mit den am Anfang spezifizierten Anforderungen verglichen wird. Dabei werden die funktionalen Anforderungen getestet, beispielsweise werden alle Anwendungsfälle mithilfe der Software durchgeführt. Auch die Qualitätseigenschaften werden überprüft, beispielsweise Antwortzeiten mithilfe eines Lasttests, oder die Gebrauchstauglichkeit mithilfe eines Usability-Tests.

Kann die Software keinen größeren Schaden anrichten (schlimmstenfalls den Verlust von Geld), kann erfahrungsbasiert bzw. explorativ getestet werden. Der Tester überlegt während des Testens entsprechende Testfälle. Die Güte der Testfälle hängt von der Erfahrung des Testers ab. Bei sicherheitskritischen Systemen muss eine Spezifikation der Testfälle vorliegen, derart dass jede Anforderung in mindestens einem Testfall geprüft wird. Die Ergebnisse aller durchgeführten Tests müssen dokumentiert werden. Solche Dokumente werden beispielsweise später vom TÜV überprüft.

Die Software wird häufig Stück für Stück von einzelnen Klassen oder C-Funktionen hin zum Gesamtsystem, das dann aus verschiedenen Hardware- und Software-Komponenten bestehen kann, integriert. Auf jeder Integrationsstufe finden bestimmte Arten Tests statt. Die Korrektheit von Klassen wird über Modultests geprüft, ihr Zusammenspiel wird im Integrationstest angesehen.

17.2.5 Inbetriebnahme

Die Software wird auf der Zielhardware installiert bzw. in den Produktionsprozess übernommen. Möglicherweise findet nach der Inbetriebnahme noch ein Pilotbetrieb statt, um sicherzustellen, dass in der Software keine schweren Fehler mehr enthalten sind.

17.2.6 Wartung und Weiterentwicklung

Sobald die Software bzw. das System in dem sich die Software befindet, in Benutzung ist, startet die Phase der Wartung und Weiterentwicklung. Dabei geht es keineswegs nur um die Behebung von Fehlern. In der Wartung- und Weiterentwicklung unterscheidet man vier Tätigkeiten [Sne04]:

Korrektive Wartung: Wichtige, in der Software verbliebene Fehler werden entfernt, denn eine Software kann selten fehlerfrei ausgeliefert werden.

Optimierende Wartung: Die Quelltexte der Software werden beispielsweise restrukturiert und überarbeitet, um die Software leichter ändern zu können (Refactoring). Auch die Performance muss in der Regel noch optimiert werden.

Adaptive Wartung: Im Laufe der Zeit werden Hardware, Betriebssysteme, das Netzwerk und die von der Software verwendeten Frameworks und Bibliotheken weiterentwickelt. An diese Änderungen muss die Software kontinuierlich angepasst werden.

Weiterentwicklung: Wenn die Software tatsächlich verwendet wird, entstehen häufig Wünsche nach weiteren Funktionen und Anpassungen der Funktionen an geänderte Anforderungen.

Die Weiterentwicklung einer Software läuft möglicherweise über mehrere Jahrzehnte. Denn es bedeutet häufig ein sehr hohes Risiko und hohe Kosten, eine alte Software gegen eine modernere auszutauschen. Beispielsweise sind selten alle in der alten Software umgesetzten Anforderungen aktuell dokumentiert. Wenn diese Software ersetzt werden soll, müssen zum Teil die Anforderungen mithilfe der alten Software wiederentdeckt werden (Reverse Engineering).

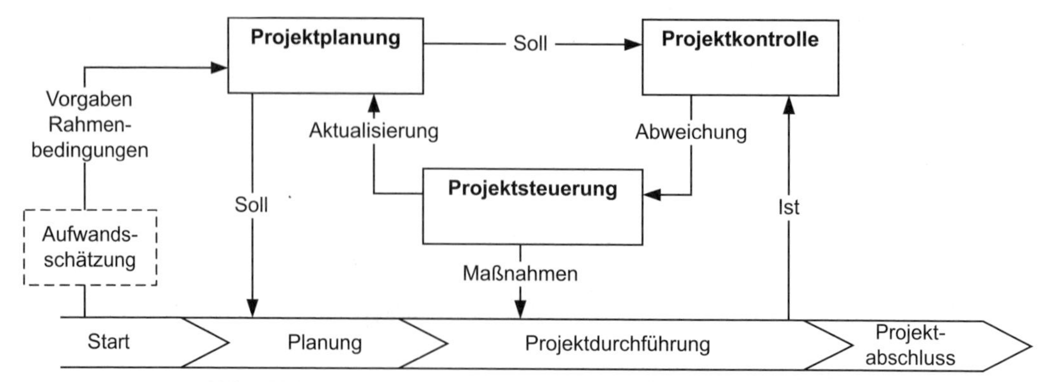

Abb. 17.2 Projektmanagement-Regelkreis nach Hindel et al. [Hin09]

17.3 Querschnittsdisziplinen

Die Querschnittsdisziplinen sind in jeder Phase während der Entwicklung relevant und müssen kontinuierlich betrieben werden. Die wichtigsten Disziplinen sind das Projektmanagement, das Qualitätsmanagement und das Konfigurationsmanagement. Häufig wird noch das Problem- und Änderungsmanagement zu diesen Disziplinen gerechnet [V-M14].

17.3.1 Projektmanagement

Das Projektmanagement enthält die Planung des Projekts, die Kontrolle der Durchführung und das Ergreifen von Maßnahmen zur Steuerung, wenn das Projekt vom Plan abweicht. Dies wird als *Regelkreis des Projektmanagements* bezeichnet. Die Abb. 17.2 stellt diesen Regelkreis dar: Grundlage für die Projektplanung bilden die bis dahin bekannten Anforderungen. Zu den Anforderungen wird geschätzt, wie viel Aufwand die genauere Spezifikation, die Umsetzung und Lieferung des Systems kosten. Der Projektplan legt dann unter anderem fest, in welcher Reihenfolge die Anforderungen umgesetzt werden. Diese Planung geschieht unter Berücksichtigung des festgelegten Liefertermins, des verfügbaren Budgets und der verfügbaren Mitarbeiter und anderer Ressourcen.

Die Umsetzung des Plans wird im Rahmen der Projektkontrolle überwacht. Es wird beispielsweise geprüft, wie viel Prozent der geplanten Ergebnisse zu einem bestimmten Zeitpunkt erzielt wurden. Dies wird auch als Fertigstellungsgrad bezeichnet. Wird im Rahmen der Kontrolle eine Abweichung vom Plan festgestellt, dann wird steuernd in das Projekt eingegriffen oder gegebenenfalls auch der Plan angepasst. Projektkontrolle und -steuerung werden zusammenfassend als Projektcontrolling bezeichnet.

In Entwicklungsprojekten gibt es fünf allgemeine Größen, die durch das Projektmanagement beeinflusst werden können. Das sind: Funktionalität (funktionale Anforderungen), Qualität, Zeit (Liefertermin), Kosten (Budget) und die Produktivität des Teams. Diese Größen hängen voneinander ab. Wenn beispielsweise mehr Funktionalität gewünscht wird und Liefertermin sowie verfügbarer Aufwand (= Kosten) bleiben gleich, kann dies nur zu Lasten der Qualität gehen – solange das Team nicht produktiver arbeitet. Sneed stellt den Zusammenhang dieser Größen als Teufelsquadrat dar [Sne10]. Die Abb. 17.3 zeigt ein Beispiel für das Teufelsquadrat.

Wird im Teufelsquadrat die Produktivität als konstant angenommen, so hat die von ihr aufgespannte Fläche eine konstante Größe. Zuwächse auf einer Achse werden mit Verlusten auf einer anderen

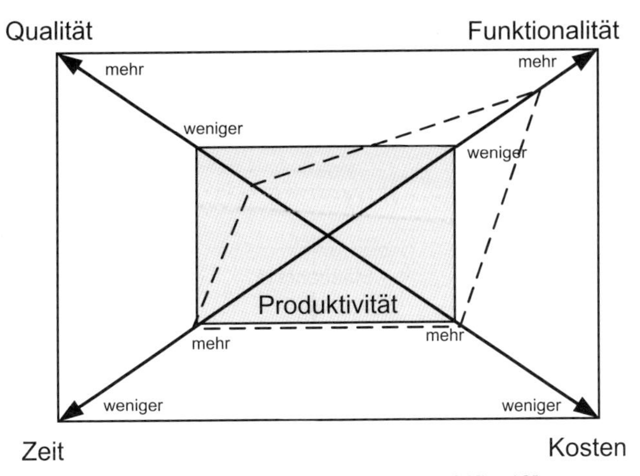

Abb. 17.3 Teufelsquadrat nach Sneed [Sne10]

erkauft: Wenn mehr Funktionalität (= mehr Anforderungen) gewünscht werden, wird entweder die Qualität weniger oder die Projektdauer bzw. die Kosten müssen vergrößert werden. Der Auftraggeber gibt in Projekten in der Regel mehrere der Größen vor, bei anderen Projekten gibt es jeweils noch Verhandlungsspielraum. Wenn ein Auftraggeber ein erstes Angebot für ein Projekt einholt, gibt er beispielsweise den gewünschten Funktionsumfang vor, also die funktionalen Anforderungen. Eventuell wird auch ein Liefertermin gefordert. Potenzielle Auftragnehmer ermitteln nun vor dem Hintergrund ihrer internen Produktivität den notwendigen Aufwand. Daraus ergibt sich dann mit etwaigen Zu- oder Abschlägen der Angebotspreis.

Wenn im Laufe des (Festpreis-)Projekts Probleme auftreten – d. h. eine der fünf Stellgrößen verändert sich negativ (z. B. die Produktivität sinkt oder zeitliche Verzögerungen treten ein) – dann muss das kompensiert werden, d. h. die fünf Stellgrößen müssen verändert werden. Da Liefertermin und Budget in der Regel kaum noch zu ändern sind und die Produktivität sich nicht schnell genug ändern kann [Sne10], bleiben Qualität und Funktionsumfang übrig. Im Zweifelsfall sollte hier der Funktionsumfang reduziert werden. Vermindern der Qualität ist in der Regel keine gute Idee.

17.3.2 Qualitätsmanagement

Qualität spielt in der Software-Entwicklung eine wichtige Rolle: Wenn Anforderungen falsch verstanden wurden oder noch Fehler in der Software verblieben sind, kann dies entweder dazu führen, dass die Software nicht einsetzbar ist oder dass sie während des Einsatzes einen potentiell großen Schaden anrichtet. Maßnahmen um die Qualität der Zwischenergebnisse im Entwicklungsprozess und die Qualität der Software festzustellen und die wichtigsten erkannten Fehler auszubessern, schützen den Benutzer und das Projektteam vor größeren Schäden.

Review von Dokumenten

Zwischenergebnisse sind in dokumentgetriebenen Vorgehensmodellen immer Dokumente. Um deren Qualität festzustellen, werden diese über Gutachter geprüft. Gutachter können Mitglieder des Teams sein. Die Gutachter lesen die Dokumente und versuchen Fehler, Auslassungen oder überflüssige Informationen zu identifizieren. Diese Form der Qualitätsprüfung wird als Review

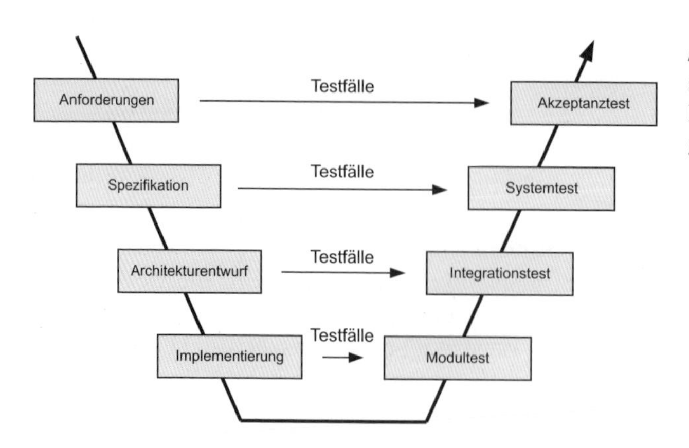

Abb. 17.4 Im V-Modell nach B. Boehm steht jeder Phase der Software-Entwicklung eine Phase mit entsprechenden Tests gegenüber

bezeichnet. Reviews können verschieden aufwendig durchgeführt werden: Ein Walkthrough ist eine einfache Sichtprüfung (= „drüber lesen"), in einer Stellungnahme arbeitet der Gutachter die Dokumente durch und macht Anmerkungen, die später diskutiert werden. Inspektionen folgen einem noch aufwendigeren Ablauf, Details dazu finden sich bei Lichter und Ludewig [Lud13].

Test der Software

Software kann getestet werden. Testen bedeutet, dass die Software ausgeführt wird und ihre Ausgabe wird mit dem erwarteten Ergebnis verglichen. Weicht die Ausgabe vom erwarteten Ergebnis ab, liegt ein Fehler vor. B. Boehm hat für die Qualitätsprüfung das V-Modell definiert [Boe79]. In Abb. 17.4 wird ein Beispiel-V dargestellt: Jeder Phase in der Software-Entwicklung werden passende Tests zugeordnet. Die Modultests prüfen kleine Einheiten wie Klassen oder C-Funktionen auf ihre Korrektheit, die JUnit-Tests gehören zu den Modultests. Im Integrationstest geht es darum, Probleme in den Schnittstellen zwischen den Einheiten zu entdecken. Der Systemtest prüft die laufende Software gegen die Spezifikation, dort werden auch Qualitätseigenschaften wie Antwortzeiten, Verfügbarkeit oder Gebrauchstauglichkeit überprüft. Im Akzeptanztest prüft der Kunde, ob er mithilfe der Software die geplanten Aufgaben erledigen kann, d. h. ob die Software seine Anforderungen erfüllt.

Vorgehensmodelle, welche auf dem V-Modell nach Boehm basieren, fordern für jede Form von Tests entsprechende Testspezifikationen, das sind Programme (JUnit) oder Dokumente (Prüfspezifikation), welche die durchzuführenden Tests mit ihren Eingaben und den erwarteten Ausgaben Schritt für Schritt beschreiben. Auch für die oben beschriebenen Reviews muss es Testfälle (Prüfspezifikationen) geben.

17.3.3 Konfigurationsmanagement

Während der Erstellung einer Software entstehen viele verschiedene Zwischenergebnisse, das sind Dokumente und Quelltexte. Die Software verwendet eventuell externe Bibliotheken und ist auf ein Betriebssystem oder bestimmte Hardware angewiesen. Damit die Software korrekt funktioniert, müssen zur Laufzeit die Versionen von Bibliotheken, Betriebssystem, Hardware und der eigentlichen Software zusammenpassen. Soll die Software geändert werden, ist es wichtig, dass die Versionen der Quelltext-Dateien zur Übersetzungszeit zueinander passen. All diese genannten Elemente werden auch als Konfigurationselemente bezeichnet. Während der Entwicklung und im Betrieb der Software werden zueinander kompatible Versionen der Konfigurationselemente archiviert, dieses wird als

Konfiguration bezeichnet. Die Disziplin Konfigurationsmanagement kümmert sich darum, dass Konfigurationen geplant, dokumentiert und wiederherstellbar archiviert werden.

Teildisziplin des Konfigurationsmanagements ist die Versionskontrolle: Dateien, die im Entwicklungsprozess entstehen, besonders Quelltext-Dateien, werden in einem (oder auch mehreren) zentralen Repositorys verwaltet. Die Teammitglieder synchronisieren die bei ihnen liegenden lokalen Versionen der Dateien mit denen im Repository. Das Repository sorgt dafür, dass Änderungen an Dateien dokumentiert werden und das parallele Änderungen derselben Dateien entweder erkannt oder verhindert werden, so dass „Lost Updates" nicht vorkommen. Ändert eine Entwicklerin beispielsweise ihre lokale Datei `Kunde.java`, muss sie ihre Änderungen in das Repository „committen". Änderungen anderer Entwickler muss sie sich vom Repository holen (update oder checkout). Das Repository führt über die Änderungen Buch. Frühere Versionen der Dateien bzw. Konfigurationen können wieder hergestellt werden. Beispiele für Versionskontrollsysteme sind Subversion (SVN) mit einem einzigen zentralen Repository oder GIT mit dezentralen, verteilten Repositorys, die untereinander synchronisiert werden können.

17.4 Vorgehensmodelle

Ein Vorgehensmodell beschreibt, wie Software im Team erstellt werden kann und wie das Team zusammenarbeiten soll. Wichtig ist dabei, dass das Vorgehen wiederholbar erfolgreich ist. Wenn es wiederholbar ist, sollte es auch optimierbar sein, z. B. in Bezug auf die Qualität oder die Kosten. Ein Vorgehensmodell legt drei wesentliche Elemente fest:

Rollen: Jedes Teammitglied kann eine oder mehrere Rollen haben. Eine Rolle kann auch von mehreren Teammitgliedern belegt sein. Beispiele für Rollen sind Projektleiter(in), Scrum-Master(in), Architekt(in), Tester(in), Product Owner(in) oder Entwickler(in). Die Rolle legt Verantwortlichkeiten und Tätigkeitsschwerpunkte fest. Die Architektin ist beispielsweise für die Dokumentation der Software-Architektur verantwortlich.

Artefakte/Produkte: Während der Entwicklung einer Software entstehen Zwischen- und Endergebnisse, die eventuell im Laufe des Projekts fortgeschrieben werden. Beispiele für solche Artefakte sind: die Systemspezifikation, das Testkonzept, der Projektplan oder der Product Backlog.

Aktivitäten und Workflows: Aktivitäten legen fest, wie die Artefakte erarbeitet werden. Die Workflows verbinden einzelne Aktivitäten zu komplexeren Abläufen.

Bei den Vorgehensmodellen stehen sich derzeit zwei Ansätze gegenüber, die an mehreren Stellen komplementär sind. Sie gehen die oben genannten Probleme während der Software-Entwicklung auf unterschiedliche Art und Weise an: Plangetriebenes und agiles Vorgehen.

Plan- bzw. dokumentgetriebenes Vorgehen

Wenn ein Auftragnehmer eine Software für einen Auftraggeber erstellen soll, geschieht dies häufig im Rahmen eines sog. Festpreisprojektes. Eine vorab definierte Leistung, d. h. eine Software die bestimmte Anforderungen erfüllt, wird zu einem definierten Preis angeboten. Auch der Liefertermin muss bei Vertragsabschluss in der Regel feststehen.

Zu Beginn ist es wichtig, die Anforderungen möglichst vollständig zu kennen und diese zu dokumentieren. Denn auf dieser Basis könnte ein Vertrag über eine zu liefernde Software definiert werden. Um den Liefertermin zu ermitteln und den Aufwand bzw. die Entwicklungskosten kalkulieren zu können, muss am Anfang des Projektes ein Plan erstellt werden. In einem solchen Umfeld helfen plan- bzw. dokumentgetriebene Vorgehensmodelle.

Sie legen detailliert Rollen im Team fest, definieren Aktivitäten im Projekt detailliert und legen entstehende Artefakte fest. Häufig sind das zunächst Dokumente, später dann natürlich auch Software. Beispiel für ein derartiges Vorgehensmodell ist das V-Modell XT [V-M14].

Die plangetriebenen Vorgehensmodelle sind bei Änderungen in den Anforderungen bewusst wenig flexibel. In einem Festpreisprojekt wäre eine solche Anforderungsänderung eventuell eine Vertragsänderung, da ja der vertraglich festgelegte Leistungsumfang geändert wird. Um Änderungen zu ermöglichen, ist in der Regel ein Änderungsmanagement-Verfahren im Projekt definiert, welches regelt, wann wer mit wem entscheidet, ob eine Änderung der Anforderungen umgesetzt wird und wie das bezahlt wird.

Agiles Vorgehen

In einem Umfeld mit unklaren Anforderungen, die erst erforscht werden müssen oder wo sich Anforderungen sehr schnell ändern können, sind die plangetriebenen Vorgehensmodelle weniger geeignet. Wenn beispielsweise ein neues Produkt entwickelt wird, ist zunächst eventuell unklar, ob die Kunden es so akzeptieren und ob die Funktionen so gewählt wurden, dass ein Kunde bereit ist, dafür Geld auszugeben. In einem solchen Umfeld werden in der Regel agile Vorgehensmodelle eingesetzt, meistens Scrum [Sut13].

Scrum ist ein Beispiel für ein agiles Vorgehensmodell. Die Autoren bezeichnen es als Produktmanagement-Framework. Scrum ist bei weitem nicht so detailliert und umfassend wie das V-Modell XT. Scrum kann auf gerade 17 Seiten dargestellt werden [Sut13], während das V-Modell XT (Version 1.4) auch Themen wie das Konfigurationsmanagement oder das Vertragswesen beinhaltet und aktuell auf 932 Seiten beschrieben wird [V-M14].

Scrum gibt ein Verfahren an zum Umgang und der Verwaltung der Anforderungen und wie damit geplant wird. Konkretes Vorgehen während der Entwicklung wird vom Team festgelegt. Das Team lernt während der Entwicklung, mit welchem konkreten Vorgehen es am produktivsten arbeiten kann. In agilen Projekten ist das Team wesentlich stärker in der Verantwortung für das Ergebnis als bei plangetriebenem Vorgehen, wo Verantwortung an den detailliert angegebenen Prozess abgegeben werden kann.

Scrum arbeitet mit sehr kurzen Iterationen, sog. Sprints. Diese dauern ca. 7 – 30 Tage. Für jeden Sprint werden die Anforderungen ausgewählt, welche in diesem Sprint umgesetzt werden. Damit ist es möglich von Sprint zu Sprint Anforderungen auch deutlich zu ändern. Außerdem steht schnell eine laufende Software zur Verfügung, die beispielsweise schon an erste Pilotkunden geliefert werden kann, um schnell Feedback zu bekommen. Die Anforderungen werden nicht (zwingend) schriftlich und langlebig detailliert wie bei den plangetriebenen Vorgehensmodellen, sondern weitgehend im persönlichen Gespräch und flüchtig. Der Kunde soll anhand der laufenden Software beurteilen, ob ihn der Entwickler richtig verstanden hat.

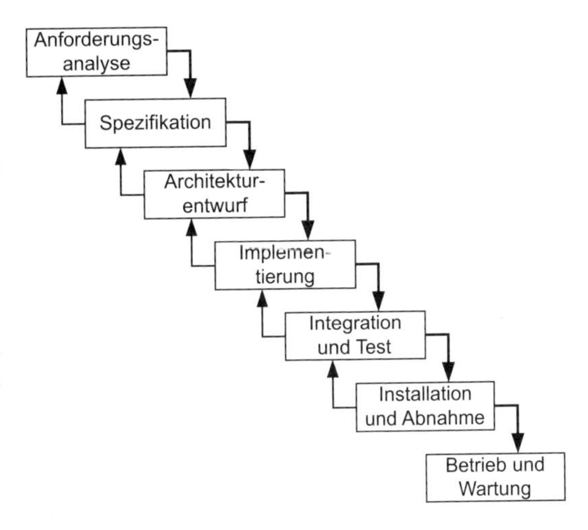

Abb. 17.5 Im Wasserfallmodell werden alle Phasen der Software-Entwicklung einmalig und streng sequenziell ausgeführt. Am Ende jeder Phase findet die Qualitätssicherung der entstandenen Ergebnisse statt. Hier wird auch von Qualitäts-Toren (Quality-Gates) gesprochen. Die Zwischenergebnisse müssen die Qualitätsprüfung bestehen, sonst darf nicht weiter gearbeitet werden. Rücksprünge sind möglich: wenn beispielsweise in der Implementierungsphase festgestellt wird, dass eine Anforderung fehlerhaft war, muss diese Anforderung geändert werden. Danach werden die notwendigen Phasen wieder durchlaufen, einschließlich der Qualitätssicherung

17.4.1 Basismodelle

Hier werden zunächst einige Basismodelle erklärt, die sich so in umfassenden Vorgehensmodellen wiederfinden. Ein Basismodell legt fest, in welcher Reihenfolge und wie oft die Phasen der Software-Entwicklung durchlaufen werden. Details zum Vorgehen werden noch nicht festgelegt, wie beispielsweise die Aufgabenbereiche (Rollen) der Teammitglieder oder die zu erzielenden Zwischenergebnisse (Produkte).

Wasserfallmodell

Der Begriff *Wasserfallmodell* wurde durch einen Artikel von W. Royce 1970 bekannt [Roy70]. Das Wasserfallmodell (vgl. Abb. 17.5) kann immer dann verwendet werden, wenn die Anforderungen am Anfang des Projektes vollständig bekannt sind und wenn sich diese kaum (am besten gar nicht) ändern. Wichtige zweite Voraussetzung ist, dass ein erfahrendes Team mit einer etablierten Technologie die Entwicklung durchführt.

Da im Wasserfallmodell jede Phase genau einmal durchlaufen wird, ist das Lernen während der Durchführung des Projekts behindert. Erkenntnisse, die zur Verbesserung beispielsweise des Anforderungsmanagements beitragen würden, können erst im nächsten Projekt umgesetzt werden. Änderungen in den Anforderungen lassen sich nur schwer berücksichtigen, da solche Änderungen wegen der Qualitätssicherung aufwendige weitere Durchläufe bereits abgeschlossener Phasen zur Folge haben.

Weiteres Problem des Wasserfalls ist, dass der Kunde die entstandene Software erst sehr spät im Projektverlauf sieht und diese Testen kann. Hat das Team die Anforderungen falsch verstanden oder konnte der Kunde seine Bedürfnisse nicht richtig formulieren, sind Änderungen jetzt sehr teuer, da große Teile des Projekts wiederholt werden müssen.

Um diese Nachteile abzufedern wird in der Regel ein Projekt nicht in einem großen Wasserfall sondern in Stufen durchgeführt. Jede Stufe ist ein kleiner Wasserfall. Von Stufe zu Stufe können sich Anforderungen ändern und Gelerntes kann umgesetzt werden. Auch das Feedback vom Kunden erfolgt bereits nach der ersten Stufe und nicht erst am Projektende. Jede Stufe kann als eigenes Projekt zum Festpreis behandelt werden.

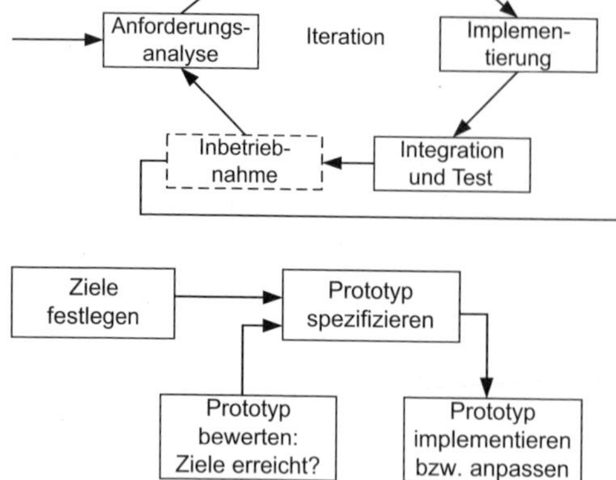

Abb. 17.6 Iteratives Modell: In jeder Iteration werden alle Phasen durchlaufen. Von Iteration zu Iteration ist so Lernen im Team möglich. Das Feedback des Kunden kann sehr schnell erfolgen, da bereits nach der ersten Iteration eine funktionierende Software zur Verfügung steht. Das Projektrisiko ist für alle Partner geringer, da das Projekt nach jeder Iteration abgebrochen werden kann

Abb. 17.7 Prototyping: Software wird als Folge von Prototypen entwickelt. Der letzte Prototyp dieser Folge wird dann installiert und integriert

Iteratives Modell

Iteratives Vorgehen bedeutet, dass das Projekt in mehrere kleine Iterationen zerlegt wird (vgl. Abb. 17.6). Eine Iteration ist noch deutlich kleiner als eine gerade skizzierte Stufe, sie kann beispielsweise einen Monat lang dauern.

Bei iterativem Vorgehen kann zwischen evolutionärem und inkrementellem Entwickeln unterschieden werden. Wird inkrementell entwickelt, wächst die Software Iteration für Iteration an. In jeder Iteration wird neue Funktionalität ergänzt und die Anforderungen bleiben eher unverändert. Im evolutionären Ansatz können sich die Anforderungen von Iteration zu Iteration ändern, auch das System wird eventuell komplett restrukturiert, wenn seine Architektur nicht mehr die geänderten Anforderungen erfüllen kann.

Prototyping

Prototypen können mit verschiedenen Zielen starten: Beispielweise kann über einen einfachen Prototypen der grafischen Oberfläche die Gebrauchstauglichkeit des Systems erhoben und verbessert werden. Ein solcher Prototyp dient auch dazu, die Anforderungen besser zu verstehen. Ein solcher Prototyp kann verglichen mit dem Gesamtaufwand mit wenig Aufwand erstellt werden. Ein technischer Prototyp wird häufig während des Architekturentwurfs erstellt, dieser dient dazu die Qualitätseigenschaften des geplanten Systems frühzeitig ermitteln zu können.

Ein Vorgehen, das auf einer Folge von verschiedenen Prototypen beruht, wird auch Prototyping genannt. Dies wird in Abb. 17.7 skizziert. Im Prototyping werden die einzelnen Phasen eventuell nicht vollständig durchlaufen, stattdessen tastet sich das Entwicklungsteam Prototyp für Prototyp an die Anforderungen des Auftraggebers heran. Mithilfe des Prototypen lernen das Entwicklungsteam und sein Auftraggeber, was tatsächlich gebraucht wird. Beispiel für ein solches Vorgehen ist das Spiralmodell [Boe88].

Prototypen müssen nicht unbedingt in der für das System geplanten Technologie realisiert werden, auch Papier-Prototypen sind möglich. Wenn Prototypen in der Zieltechnologie erstellt werden, stellt sich die Frage, ob ein entwickelter Prototyp weggeworfen wird und der nächste Prototyp völlig neu entwickelt wird oder ob der Prototyp als Grundlage für die Weiterentwicklung dienen kann.

17.4.2 V-Modell XT als plangetriebenes Vorgehensmodell

Das V-Modell XT ist seit 2005 der Vorgehensstandard für Entwicklungsprojekte, bei denen der deutsche Staat der Kunde ist. Eine Betrachtung des V-Modells lohnt sich selbst dann, wenn man sich auf agile Vorgehensweisen konzentrieren will, denn im V-Modell XT sind viele zentrale Begriffe gut definiert und interessante Konzepte realisiert, die auch in anderen Umfeldern nützlich sein können:

Auftraggeber/Auftragnehmer-Schnittstelle: Im V-Modell XT ist detailliert beschrieben, wie ein Auftraggeber mit einem Auftragnehmer zusammenarbeiten soll. Beide interagieren spätestens an bestimmten sog. *Entscheidungspunkten*. Das Projekt wird über eine Menge von Entscheidungspunkten strukturiert, diese dienen in der Projektplanung als Grundlage für Meilensteine (= Entscheidungspunkt mit einem Termin). Zu jedem Entscheidungspunkt müssen bestimmte Produkte in definierter Qualität vorliegen. Die Produkte werden zum Entscheidungspunkt vom Auftraggeber an den Auftragnehmer übergeben, z. B. die Ausschreibungsunterlagen oder das Lastenheft. Oder vom Auftragnehmer an den Auftraggeber wie der Projektstatusbericht, der Projektabschlussbericht oder die Systemspezifikation. Einige Produkte entstehen auch gemeinsam, wie etwa der Vertrag zwischen Auftraggeber und -nehmer. Die entstandenen Ergebnisse werden vor der Übergabe geprüft: Ist es ein Dokument wird dies einem Review unterzogen, eine Software wird getestet. Nach dem Austausch der Ergebnisse entscheiden Auftraggeber und Auftragnehmer gemeinsam, ob und wie das Projekt fortgesetzt wird, daher die Bezeichnung Entscheidungspunkt.

Projektdurchführungsstrategien: Im vorangegangenen Abschnitt wurden das Wasserfallmodell und das iterative Vorgehen vorgestellt. Beides ist kombinierbar, etwa die Erfassung der Anforderungen und die Erstellung der Architektur nach Wasserfallmodell und dann die Implementierung und der Test iterativ. Das V-Modell XT bietet verschiedene Kombinationen der Projektphasen an, dies geschieht über die Festlegung der Reihenfolge sowie ggf. Wiederholung der oben bereits eingeführten Entscheidungspunkte. Dies wird auch als Projektdurchführungsstrategie bezeichnet.

Tayloring: Ein Vorgehensmodell kann nicht gleichzeitig sowohl für sehr kritische Systeme als auch für einen einfachen Webshop geeignet sein. Entweder ist es zu aufwendig für den Webshop oder hinterlässt unbedachte Produktrisiken im kritischen System. Das V-Modell XT bietet eine strukturierte Möglichkeit zur Anpassung auf die Erfordernisse des jeweiligen Projektes, nicht für jedes Projekt müssen alle Produkte erstellt oder alle Rollen besetzt sein. Nicht relevante Teile des V-Modell XT können weggelassen werden.

Grundlegendes Metamodell: Früher waren Vorgehensmodelle eher eine Sammlung von Dokumenten, Dokumentvorlagen und diversen Checklisten. Das V-Modell XT legt für alle seine Elemente ein Metamodell fest, dieses erzwingt die einheitliche Beschreibung und (einen Teil der) Konsistenz der definierten Rollen, Produkte und Aktivitäten.

Vorgehensbausteine

Das V-Modell XT ist ein sehr umfassendes Vorgehensmodell, es beschäftigt sich im Kern mit dem Projektmanagement, dem Problem- und Änderungsmanagement, dem Konfigurationsmanagement und dem Qualitätsmanagement. Diese Themen müssen unabhängig vom Projekttyp immer berücksichtigt werden. Jedes Thema im V-Modell XT wird in einem sog. Vorgehensbaustein zusammengefasst, die nachfolgende Liste zeigt eine Auswahl an Vorgehensbausteinen um den Umfang deutlich zu machen:

- Kaufmännisches Projektmanagement,
- Lieferung und Abnahme,
- Vertragsabschluss,
- Anforderungsfestlegung,
- Systemerstellung,
- HW-Erstellung,
- SW-Erstellung,
- Benutzbarkeit und Ergonomie,
- Sicherheit.

Die Elemente des V-Modell Kerns (Projektmanagement, etc.) sind in Form von Vorgehensbausteinen dokumentiert. Über das Tayloring wird entschieden, welche dieser Bausteine für das jeweilige Projekt relevant sind, damit muss ein großer Teil der über 900 Seiten nicht gelesen werden, um ein Projekt nach dem V-Modell XT durchzuführen.

Produkte, Rollen und Aktivitäten

Als Beispiel für einen Vorgehensbaustein wird hier der Baustein *SW-Erstellung* (SW für „Software“) kurz vorgestellt. Verantwortliche Rollen sind der SW-Architekt und der SW-Entwickler, insgesamt definiert das V-Modell XT 35 Rollen.

Der SW-Architekt ist im Baustein SW-Erstellung unter anderem für folgende Produkte verantwortlich: Datenbankentwurf, Implementierungs-, Integrations- und Prüfkonzept SW und SW-Architektur. Diese werden in Abb. 17.8 mittig als Ovale dargestellt. Der Baustein definiert noch weitere Produkte, für die der SW-Architekt verantwortlich ist. Auch der SW-Entwickler ist für mehrere Produkte verantwortlich. Die Produkte Datenbankentwurf, SW-Architektur und die Prüfkonzepte sind jeweils Dokumente.

Das Dokument SW-Architektur beschreibt die Architektur einer SW-Einheit. Wie genau die Architektur beschrieben wird, hängt vom jeweiligen Projektkontext ab. Es kann beispielsweise die UML verwendet werden, diese ist aber nicht vorgeschrieben. Die SW-Architektur muss folgende Kapitel enthalten:

1. Architekturprinzipien und Entwurfsalternativen
2. Dekomposition der SW-Einheit

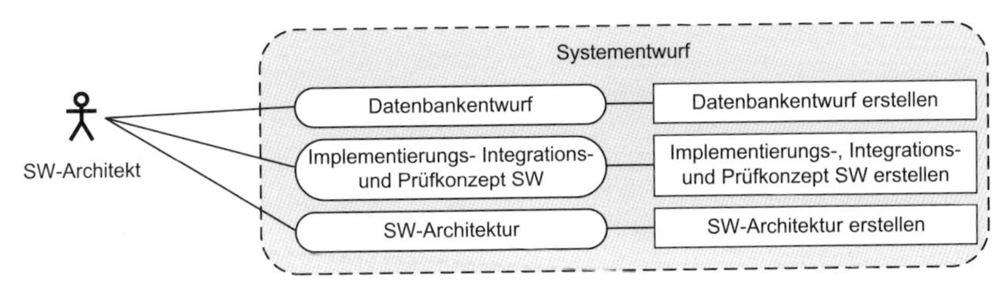

Abb. 17.8 Ausschnitt aus dem Vorgehensbaustein SW-Entwicklung im V-Modell XT [V-M14]

3. Schnittstellenübersicht
4. Datenkatalog
5. Designabsicherung
6. Zu spezifizierende SW-Elemente

Aktivitäten beschreiben, wie ein entsprechendes Produkt erstellt wird (vgl. Abb. 17.8 rechts), hierzu liefert das V-Modell XT teilweise detaillierte Ablaufpläne mit. Zur Erstellung der SW-Architektur ist das beispielsweise die Aktivität *SW-Architektur erstellen*. Diese enthält die Teilaktivitäten *Architekturtreiber identifizieren*, *Architektursichten identifizieren*, *Architektursichten erarbeiten*, *Bewertungskriterien festlegen* und *Architektur bewerten*.

17.4.3 Scrum als agiles Vorgehensmodell (-Framework)

Scrum wird derzeit sehr häufig verwendet. Es handelt sich um ein Framework, das wenige zentrale Festlegungen enthält. Es wird von K. Schwaber und J. Sutherland beschrieben [Sut13]. Da es sich um ein Framework handelt, kann und muss das Team weitere Details zur konkreten Durchführung der Produktentwicklung ergänzen. Scrum definiert drei Rollen:

Product Owner: Der Product Owner ist verantwortlich für den Erfolg des Produkts. Er definiert die Anforderungen und legt fest, welche Anforderungen als nächstes umgesetzt werden. Er bestimmt, wann eine Anforderung als vollständig umgesetzt gilt (Akzeptanztest).

Scrum Master: Der Scrum-Master ist verantwortlich für den Prozess. Er stellt sicher, dass alle Beteiligten sich an die in Scrum und im Team vereinbarten Regeln halten.

Team: Das Team verfeinert die Anforderungen zusammen mit dem Product Owner, es unterstützt den Product Owner im Anforderungsmanagement. Das Team implementiert, testet und integriert die Software. Das Team arbeitet dabei weitgehend selbstbestimmt.

Scrum beschreibt einen strukturierten Prozess um Anforderungen verwalten. Dazu wird der Product Backlog verwendet, im einfachsten Fall ist dieser eine einfache Tabelle, welche alle Anforderungen enthält. Das Team und der Product Owner arbeiten kontinuierlich an den Anforderungen. Sie werden detailliert und präzisiert, um sie einplanen zu können, muss der Aufwand zu ihrer Umsetzung geschätzt sein. Scrum arbeitet mit Time-Boxing. Die Entwicklung findet in Iterationen mit einer festen Dauer von einer bis vier Wochen statt. Diese Iterationen werden als Sprints bezeichnet. Am Ende des Sprints ist ein potentiell lieferbares Inkrement des Produktes entstanden. Die Abb. 17.9 gibt einen Überblick über den Scrum Prozess.

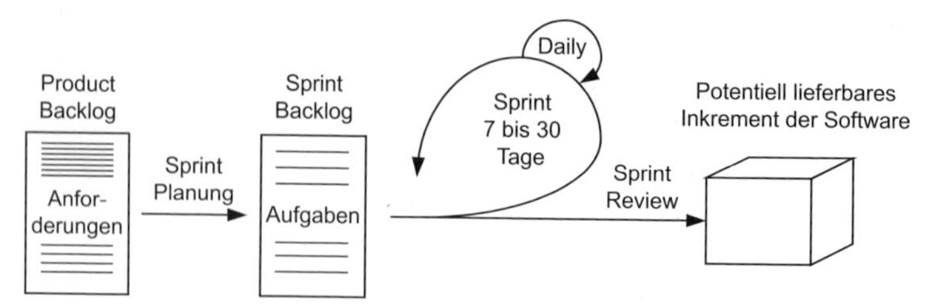

Abb. 17.9 Scrum als agiles Produktmanagement-Framework

Der Product Owner entscheidet über die Priorität von Anforderungen, nach ihrem Wert für das Produkt. Im Sprint Planungsmeeting entscheidet er zusammen mit dem Team, welche Anforderungen im nächsten Sprint umgesetzt werden. Das Team plant dann die Umsetzung in Form von Aufgaben, die dann abgearbeitet werden können. Die Aufgaben werden im Sprint Backlog dokumentiert. Während des Sprints trifft sich das Team einmal pro Tag im sog. Daily Standup Meeting um sich kurz (< 15 Minuten) zu koordinieren. Jedes Teammitglied hat maximal 3 Minuten Redezeit und beantwortet drei Fragen: Was habe ich gestern getan? Was plane ich für heute? Was hat behindert? Am Ende des Sprints werden im Review-Meeting die umgesetzten Anforderungen dem Product Owner und anderen Kunden präsentiert. Im Rahmen der anschließenden Retrospektive überlegt sich das Team, was es im nächsten Sprint besser machen kann. Scrum definiert nur drei Artefakte:

Product Backlog: Im Product Backlog werden alle Anforderungen an das Produkt gesammelt. Die Anforderungen sind priorisiert und der Aufwand zu ihrer Umsetzung ist zumindest grob geschätzt. Anforderungen, die in nächster Zeit umgesetzt werden, sind detaillierter ausgearbeitet wie Anforderungen, deren Umsetzung noch weit in der Zukunft liegt.

Sprint Backlog: Der Sprint Backlog enthält den Arbeitsvorrat für den nächsten Sprint. Die Arbeit an den Anforderungen wurde im Planungsmeeting für den Sprint in einzelne Aufgaben (Tasks) unterteilt. Diese werden im Laufe des Sprints abgearbeitet.

Inkrement: Ergebnis eines Sprints ist ein potentiell lieferbares Inkrement der Software. Das Inkrement umfasst neben den Quelltexten der Software auch die Dokumentation.

Kombination mit eXtreme Programming

Über die Details der Implementierung und des Tests gibt Scrum ebenso wenig Auskunft, wie über die Details der Anforderungsanalyse. Das Team entscheidet, welche Praktiken und Werkzeuge es für geeignet hält. Daher kann Scrum mit den Praktiken des eXtreme Programming (XP) [Bec04] kombiniert werden. XP war eines der ersten agilen Vorgehensmodelle. XP beruht vollständig auf agilen Praktiken, dazu gehören beispielsweise das Programmieren in Paaren, die kontinuierliche Integration oder die testgetriebene Software-Entwicklung. Es wurde von K. Beck und anderen veröffentlicht.

17.5 Modelle im Software-Engineering

17.5.1 Vom Problem zur Lösung

Der Entwurf großer IT-Systeme ist teilweise durch eine hohe algorithmische Komplexität geprägt. Darunter ist in diesem Zusammenhang die Länge der vollständigen Beschreibung des gesamten Systems auf einer feinkörnigen Beschreibungsebene zu verstehen. Generelle Denkansätze zur Lösung derartiger Probleme sind:

1. Partitionierung, also die Zerlegung des Problems in Teilprobleme nach dem Prinzip „Teile und Herrsche",
2. Abstraktion, also die reduzierte Beschreibung unter Weglassung irrelevanter Aspekte, auf die dann später wieder eine Konkretisierung folgen kann und
3. Perspektive, also die Betrachtung des Problems unter verschiedenen Blickwinkeln.

Letztlich erfolgt also die Beschreibung von IT-Systemen durch Modelle, die, wie die Abb. 17.10 zeigt, einen vereinfachten Ausschnitt der Wirklichkeit wiedergeben. Es handelt sich hierbei um eine grundlegende Aufgaben der Informatik überhaupt (siehe Kap. 1.1).

Für die Modellierung stehen zahlreiche, zumeist grafische, Modellierungssprachen zur Verfügung. Die Modellierung erfolgt zunächst auf einer grobkörnigen Beschreibungsebene. Ein solches Grobdesign zur Beschreibung von Strukturen und Beziehungen der Hauptkomponenten eines Systems bezeichnet man auch als Architektur. An dieses Grobdesign muss sich sodann ein Feindesign anschließen, zu dessen Beschreibung sich ebenfalls Modellierungssprachen anbieten. Der Detaillierungsgrad des Feindesigns findet seine Grenze, wenn ein Niveau erreicht ist, auf dem mit der Implementierung unter Verwendung einer Programmiersprache begonnen werden kann.

Beispiel: Entity-Relationship-Modell

Eine vor allem auf Datenbank-Anwendung zugeschnittene Beschreibungssprache ist das Entity-Relationship-Modell. Man definiert Datenelemente (Entitätstypen), die gewisse Eigenschaften (Attribute) aufweisen und miteinander in definierten Beziehungen (Relationships) stehen. Grafisch stellt man Entitätstypen als Rechtecke dar und deren Attribute durch Ovale, die mit den Rechtecken verbunden sind. Beziehungen werden als Verbindungslinien gezeichnet, wobei die Art der Beziehung (z. B. „hat" oder „verwendet") in einer Raute angegeben wird. Man bezeichnet die Anzahl der möglichen Beziehungen als Kardinalität.

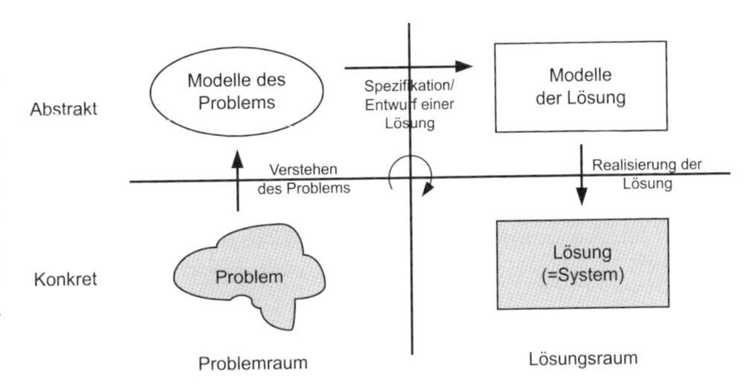

Abb. 17.10 Ein gegebenes Problem wird zunächst mithilfe von Modellen besser durchdrungen. Diese Modelle des Problems dienen als Grundlage zur Erstellung einer möglichen Lösung, z. B. in Form einer neuen Software. Die Lösung wird zunächst über Modelle dargestellt. Die eigentliche Lösung wird auf der Grundlage der Modelle im Lösungsraum erstellt

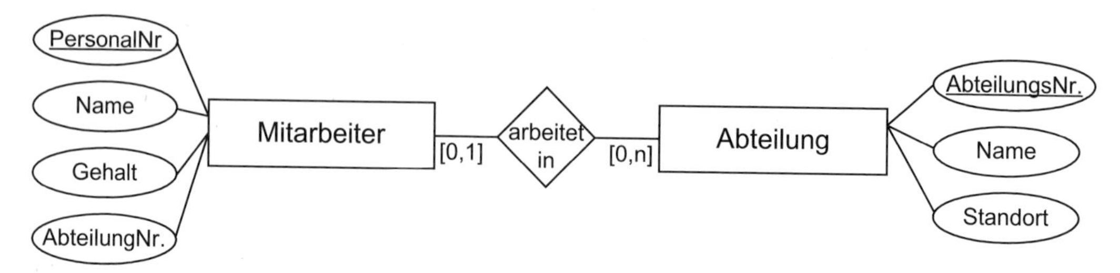

Abb. 17.11 Entity-Relationship-Modell der Relationen Mitarbeiter und Abteilung

Die Abb. 17.11 modelliert zwei Entitätstypen: Mitarbeiter und Abteilung. Beide stehen in der Beziehung (Relationship) „arbeitet in". Der Beziehung sind Kardinalitäten zugeordnet. Im dargestellten Modell arbeitet ein Mitarbeiter in höchstens einer Abteilung. Er muss also nicht zwingend einer Abteilung zugeordnet sein. In einer Abteilung können beliebig viele Mitarbeiter arbeiten, auch keine. Jeder Entitätstyp hat Attribute. Die Attribute, die ihn kennzeichnen, sind unterstrichen. Im Beispiel wird ein Mitarbeiter durch seine Personalnummer identifiziert und die Abteilung durch ihre Abteilungsnummer. Zum Entitätstyp kann es konkrete Entitäten (Objekte) geben, beispielsweise die Mitarbeiter *Lehmann* und *Kunze*. Bei diesen ist jedem Attribut ein konkreter Wert zugewiesen wie `Name="Kunze"`. Damit entspricht ein Entitätstyp in etwa einer Klasse innerhalb objektorientierter Modelle z. B. in UML. In ER-Modellen sind den Attributen leider keine Datentypen zugeordnet. Hier sind UML-Klassendiagramme ausdrucksstärker.

17.5.2 Die Unified Modeling Language

Die Entstehung der UML

Das Entity-Relationship-Modell ist, wie zahlreiche andere Ansätze, nur in Teilbereichen erfolgreich, aber nicht generell einsetzbar. Es gab daher lange währende Bemühungen, eine einheitliche und universelle grafische Modellierungssprache zu entwickeln, die sowohl zur Beschreibung statischer als auch dynamischer Strukturen geeignet ist und möglichst Elemente bewährter Modellierungssprachen mit einschließt.

Als Ergebnis dieser Bemühungen entstand die Unified Modeling Language (UML), deren Entwicklung maßgeblich durch die „drei Amigos" G. Booch, I. Jacobsen und J. Rumbaugh geprägt wurde [Boo98]. 1997 wurde die UML durch die Object Management Group (OMG), einem Zusammenschluss von Unternehmen und Universitäten, zum Industriestandard erklärt[2].

In UML sind die Beiträge von G. Booch (OOD, Object Oriented Design), J. Rumbaugh (OMT, Object Modeling Technique) und I. Jacobson (OOSE, Object Oriented Software Engineering) eingeflossen. Damit ist eine einheitliche Modellierungssprache für die Spezifikation, Visualisierung und Dokumentation von Software-Systemen entstanden. Das ist bei den Entity-Relationship-Modellen nicht gelungen, hier sind verschiedene Varianten im Umlauf [Saa13]. Für das Arbeiten mit UML werden sehr viele Werkzeuge angeboten. Außerdem existieren Programmgeneratoren, welche die Erzeugung von Programmcode aus den Modellen unterstützen. Es besteht dabei eine starke Affinität zu den objektorientierten Sprachen C++ und Java (siehe Kap. 15). Mit der Version 2 ab 2005 wurde die UML deutlich um weitere Diagrammtypen, speziell für den Entwurf von Software-Architekturen

[2] siehe dazu `http://www.omg.org`

Tabelle 17.1 Die 14 in der UML 2.4 unterstützten Diagrammarten

Strukturdiagramme	Verhaltensdiagramme
Klassendiagramm	Anwendungsfalldiagramm
Objektdiagramm	Aktivitätsdiagramm
Paketdiagramm	Zustandsdiagramm
Komponentendiagramm	Sequenzdiagramm
Kompositionsstrukturdiagramm	Kommunikationsdiagramm
Verteilungsdiagramm	Zeitverlaufsdiagramm
Profildiagramm	Interaktionsübersichtsdiagramm

und Modellelemente zur detaillieren Verhaltensbeschreibung erweitert sowie mit einem konsistenten Metamodell versehen. Aktuell ist seit 2011 die Version 2.4 [Uni11].

UML unterstützt die in Tabelle 17.1 in der Reihenfolge ihrer üblichen Anwendung aufgelisteten Diagrammarten. Grob können Diagramme zur Modellierung von Strukturen (Structure Diagrams) von den Diagrammen zur Modellierung des Verhaltens (Behavior Diagrams) unterschieden werden.

Strukturdiagramme

Da die UML ihre Wurzeln in der Objektorientierung hat, wird das unten noch detaillierter dargestellte *Klassendiagramm* sehr häufig verwendet. Die Beziehungen der Objekte zur Laufzeit werden mit *Objektdiagrammen* modelliert.

Mit dem *Verteilungsdiagramm* (Deployment Diagram) wird die Verteilung der verschiedenen Artefakte (= Dateien) des Systems auf Ausführungseinheiten zur Laufzeit beschrieben. Artefakte können neben Bibliotheken und Software-Komponenten auch Daten sein. Ausführungseinheiten sind Web-, Applikations-, Datenbank- oder sonstige Server sowie Browser, virtuelle Maschinen und ähnliches. Auch die Netzwerkverbindungen zwischen den Ausführungseinheiten werden mit den darauf gefahrenen Protokollen dargestellt.

Beschreibungen der Software-Architektur enthalten in der Regel Komponenten, die Schnittstellen nach außen anbieten und die Schnittstellen anderer Komponenten nutzen. Ein System wird in Komponenten zerlegt (Dekomposition) bzw. aus Komponenten zusammengesetzt. Das *Komponentendiagramm* (Component Diagram) stellt die Komponenten, deren Schnittstellen und die Beziehungen zwischen den Komponenten dar: Eine Komponente kann in einer anderen enthalten sein oder deren Schnittstellen nutzen. Auch Klassen können als Bestandteil von Komponenten dargestellt werden.

Die Laufzeitsicht liefert das *Kompositionsstrukturdiagramm* (Composite Structure Diagram), es zeigt die Strukturen zur Laufzeit zwischen Objekten und Instanzen von Komponenten. Das Komponentendiagramm und das Kompositionsstrukturdiagramm wurden mit der Version 2 der UML ergänzt um besser grobe Strukturen darstellen zu können.

Ein *Profildiagramm* zeigt, wie die Modellelemente der UML über sog. Profile um weitere Elemente (Stereotype) erweitert werden und wie diese Erweiterungen zusammenhängen.

Über ein *Paketdiagramm* können Modellelemente (Klassen, Objekte, Komponenten, etc.) und Diagramme ähnlich wie bei den Verzeichnissen in einem Dateisystem oder den Namensräumen bei Programmiersprachen zusammengefasst und strukturiert werden. So können auch wiederverwendbare Bibliotheken mit UML-Modellen erstellt werden.

Verhaltensdiagramme

Die UML bietet verschiedene Diagramme zur Modellierung von Verhalten an, hier finden sich viele schon lange bewährte Diagramme wieder. Das *Zustandsdiagramm* (State Machine Diagram) zeigt das Verhalten des Systems über einen endlichen Automaten (vgl. Kap. 10.1.1). Dieser Automat kann simuliert werden, sodass mit dem Zustandsdiagramm das Verhalten eines Elements (Komponente, Klasse, System, etc.) vollständig beschrieben werden kann.

Zur Modellierung von Abläufen werden *Aktivitätsdiagramme* (Activity Diagram) verwendet, also auch zur Modellierung des Kontrollflusses bzw. Datenflusses. Ein Ablauf setzt sich aus verschiedenen Schritten zusammen, den Aktionen. Aus Aktionen können gröbere Aktivitäten zusammengesetzt werden. Ein Aktivitätsdiagramm hat eine ähnliche Semantik wie ein Petri Netz [Pri03].

Die Interaktionsmöglichkeiten eines Akteurs (Benutzer oder Nachbarsystem) mit dem System werden über *Anwendungsfalldiagramme* (Use Case Diagram) dargestellt. Das Anwendungsfalldiagramm gibt einen Überblick über diese sog. *Anwendungsfälle* und zeigt, welcher Akteur diese jeweils verwenden darf. Außerdem werden Zusammenhänge und Abhängigkeiten zwischen den Anwendungsfällen modelliert.

Die UML bietet insgesamt vier Diagrammtypen an, mit denen Interaktionen zwischen verschiedenen Komponenten-Instanzen bzw. Objekten dargestellt werden können. Das Sequenzdiagramm (Sequence Diagram) zeigt die Reihenfolge ausgetauschter Nachrichten (z. B. Methodenaufrufe) zwischen Objekten an. Die interagierenden Objekte sind horizontal nebeneinander dargestellt. Der Nachrichtenaustausch wird entlang vertikaler Zeitachsen unter den Objekten modelliert. Die Nachrichten sind jeweils als Pfeile zwischen den Zeitachsen visualisiert.

Dieselben Informationen über den Nachrichtenaustausch können im Kommunikationsdiagramm (Communication Diagram) dargestellt werden. Die Objekte können beliebig angeordnet werden, eine Nachricht wird durch einen Pfeil zwischen den Objekten dargestellt. Die Reihenfolge der Nachrichten wird über Ordnungsnummern (1, 2, 2.1. 2.1.1 usw.) angezeigt.

Bei einigen Systemen ist der exakte zeitliche Verlauf besonders wichtig. Hier ist eine Zeitachse erforderlich, an der zeitliche Abstände z. B. in Millisekunden, abgelesen werden können. Solche Interaktionen zwischen Objekten werden über Zeitverlaufsdiagramme (Timing Diagram) dargestellt.

Das Zusammenspiel verschiedener Interaktionen aus Sequenz-, Zeitverlaufs- und Kommunikationsdiagrammen kann über das Interaktionsübersichtsdiagramm modelliert werden. Mit Notationsanleihen aus dem Aktivitätsdiagramm können so mehrere Interaktionsdiagramme kombiniert werden.

17.5.3 Ausgewählte Diagramme der UML im Detail

Anwendungsfalldiagramme (Use Case-Diagramme)

Zur ersten Strukturierung der möglichen Interaktionen zwischen Benutzern sowie Nachbarsystemen mit dem System können Use Case-Diagramme (Anwendungsfalldiagramme) verwendet werden. Ein Anwendungsfalldiagramm stellt die Benutzer und Nachbarsysteme in Form von Akteuren dar. Hierbei werden Benutzer nach ihrer Rolle jeweils zu einem Akteur zusammengefasst. Akteure in einer Vereinsverwaltung sind also eher *Vorstand* oder *Kassenwart*, aber nicht die Person „Herr Lehmann“. Die Anwendungsfälle beschreiben, was ein Akteur mit dem System tun kann, also welche Interaktionen er mit dem System durchführen kann. Der Akteur erreicht dabei mithilfe des Anwendungsfalls ein Ziel, z. B. einen betriebswirtschaftlichen Nutzen. Der Nutzen des Anwendungsfalls *Jahresabschluss durchführen* ist offensichtlich.

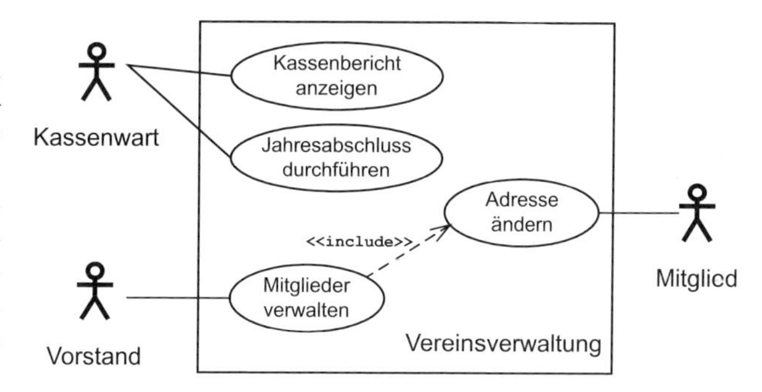

Abb. 17.12 Beispiel für ein Use-Case Diagramm: Drei Akteure (*Kassenwart*, *Vorstand* und *Mitglied*) können das System *Vereinsverwaltung* verwenden. Der Kassenwart darf die Anwendungsfälle *Kassenbericht anzeigen* und *Jahresabschluss durchführen* verwenden, die anderen Akteure dürfen das nicht. Der Anwendungsfall *Mitglieder verwalten* verwendet den Anwendungsfall *Adresse ändern*

Die Akteure werden grafisch als stilisierte Männchen dargestellt, die eigentlichen Anwendungsfälle (Use Cases) als Ovale mit beschreibenden Namen, die ein Verb enthalten sollten. Die Beziehungen zwischen den Anwendungsfällen werden durch Verbindungslinien symbolisiert, die auch gerichtete Pfeile sein können. Die Beziehungen werden oft mit sog. Stereotypen versehen, die Bestandteil sämtlicher in UML gebräuchlichen Diagramme sind. Stereotypen sind kurze, prägnante, möglichst selbsterklärende, in spitze Klammern gesetzte Ausdrücke. Beispiele dafür sind: `<<include>>`, `<<uses>>` oder `<<extends>>` Stereotypen können auch durch vordefinierte sowie durch den Anwender definierte grafische Symbole (Icons) ersetzt werden. In Abb. 17.12 sind die Grafikelemente von Anwendungsfalldiagrammen anhand eines Beispiels dargestellt.

Aus der Abb. 17.12 wird schnell klar, dass diese einfache Grafik nicht ausreicht, um eine Interaktion eines Akteures mit dem System vollständig zu beschreiben [Ham13]. Dazu muss mindestens ein kurzer beschreibender Text für jeden Anwendungsfall verwendet werden (Use Case Brief [Coc00]), mehr Details finden sich in einer tabellarischen Beschreibung, diese enthält mindestens:

- den Auslöser des Anwendungsfalls,
- die Vorbedingungen, welche erfüllt sein müssen, damit der Anwendungsfall ausführbar ist,
- den Standardablauf, also eine Schritt für Schritt Beschreibung, was der Akteur tut und wie das System jeweils darauf antwortet,
- das Ergebnis des Anwendungsfalls: worauf kann sich der Akteur verlassen, wenn der Anwendungsfall erfolgreich durchgeführt wurde?

Eine ausführliche Beschreibung, wie mit Anwendungsfällen gearbeitet wird, findet sich bei A. Cockburn [Coc00]. I. Jacobson gilt als Erfinder der Anwendungsfälle.

Klassendiagramme

Die Klassendiagramme der UML sind universell einsetzbar, einerseits um Konzepte und Begriffe der realen Welt zu modellieren, beispielsweise um eine gegebene Problemstellung und die Fachsprache des Kunden besser zu verstehen. Andererseits können Datenmodelle mit Klassendiagrammen dargestellt werden, sie dienen also als ausdrucksstärkere Alternative zu den bereits beschriebenen Entity-Relationship-Diagrammen. Drittens können auch Elemente der Implementierung wie Java-Klassen damit dargestellt werden (vgl. Kap. 15).

Klassen werden als Rechtecke dargestellt, die einen aussagekräftigen Namen (Hauptwort im Singular) enthalten, z. B. Mitarbeiter. Dazu kommen Attribute und Methoden. Im Beispiel aus Abb.

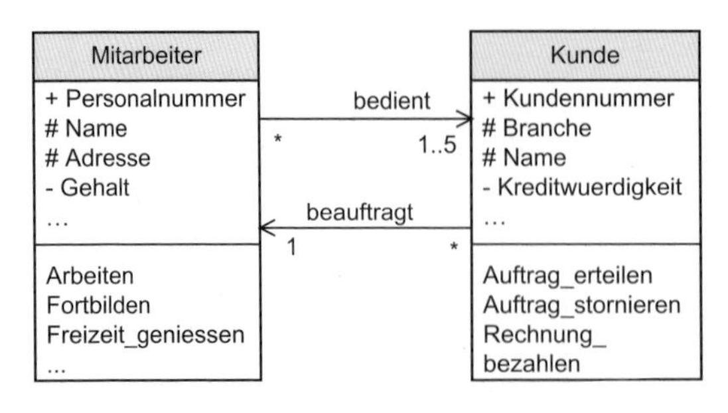

Abb. 17.13 Beispiel zur Assoziation zwischen den beiden Klassen Mitarbeiter und Kunde. Ein Mitarbeiter bedient mindestens einen aber höchstens 5 Kunden. Ein Kunde kann von beliebig vielen Mitarbeitern bedient werden. Ein Kunde beauftragt genau einen Mitarbeiter und jeder Mitarbeiter kann von beliebig vielen Kunden beauftragt werden. Das Attribut `Personalnummer` ist für alle anderen Klassen bzw. Objekte sichtbar, das Attribut `Name` nur für abgeleitete Klassen und `Gehalt` ist nur innerhalb der Klasse `Mitarbeiter` sichtbar

17.13 hat die Klasse `Mitarbeiter` die Attribute `Personalnummer`, `Name`, `Adresse` und `Gehalt` sowie die Methoden `Arbeiten`, `Fortbilden` und `Freizeit_geniessen`. Die Sichtbarkeit der Attribute und Methoden von außen kann wie in vielen objektorientierten Programmiersprachen festgelegt werden:

+ für **`public`** von außen uneingeschränkt sichtbar,
# für **`protected`** außerhalb der Klasse nur in abgeleiteten Klassen sichtbar,
- für **`private`** nur innerhalb der Klasse sichtbar.

Instanzen dieser Klassen sind Objekte, also etwa ein konkreter Mitarbeiter namens *Müller* mit konkreten Attributwerten, beispielsweise `Personalnummer=4711`. Die Klassen wiederum sind Abstraktionen realer Objekte, wobei man Attribute und Methoden zusammenfassen sollte, welche die Klasse möglichst eindeutig und vollständig beschreiben. Die Sichtbarkeiten gelten jeweils für alle Objekte einer Klasse: ein Mitarbeiter-Objekt kann auf die **`private`** Attribute anderer Mitarbeiter-Objekte zugreifen. Ein Objekt der Klasse `Kunde` darf dies jedoch nicht.

Objekte können miteinander kommunizieren, indem sie Nachrichten austauschen, die den Aufruf und die Ausführung von Methoden bewirken. Objekte stehen damit, ebenso wie die Klassen, von denen sie instanziiert werden, miteinander in Beziehung. In einem statischen Modell werden diese Beziehungen durch Assoziation, Aggregation, Komposition und Vererbung beschrieben.

Assoziation

An einer Assoziation sind zwei oder auch mehr Klassen beteiligt. Umgangssprachlich bedeutet eine Assoziation, dass die Objekte der beteiligten Klassen in einer über die Assoziation beschriebenen Beziehung zueinander stehen. Objekte der einen Klasse können beispielsweise die Objekte der assoziierten Klasse zu irgendeinem Zweck benutzen, im Quelltext wäre dies der Aufruf einer Methode. Eine Assoziation ist eine allgemeine Beziehung zwischen zwei Klassen, die unten beschriebene Aggregation sowie die Komposition sind spezieller.

Beispielsweise könnte zwischen den Klassen `Mitarbeiter` und `Kunde` eine Assoziation bestehen, die auf konkrete Objekte übertragen Beziehungen der Art „der Mitarbeiter Müller bedient den Kunden Maier" oder „der Kunde Schneider erteilt dem Mitarbeiter Schulze einen Auftrag" definiert. Offensichtlich kann den Assoziationen auch eine Richtung zugeordnet werden, die grafisch als Pfeil dargestellt wird. Außerdem können in UML beliebigen Beziehungen Kardinalitäten zugeordnet werden, die in der Form `a` oder `a..b` geschrieben werden. So hat beispielsweise `1..5` die Bedeutung „mindestens 1, höchstens 5", `3..*` bedeutet „beliebig viele, aber mindestens 3" und `7` steht für „genau 7". Ferner können den Beziehungen Rollen zugewiesen werden. So kann etwa ein Mitarbeiter, der einen Kunden bedient, für diesen die Rolle des Beraters spielen. Abbildung 17.13 gibt ein Beispiel für Assoziationen zwischen Klassen.

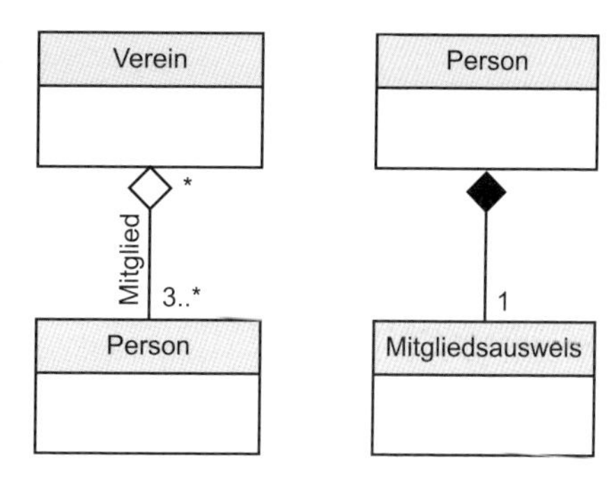

Abb. 17.14 Beispiel zur Aggregation und Komposition. Ein Verein *hat* mindestens drei Personen als Mitglieder (Aggregation). Die Personen sind jedoch nicht existenzabhängig vom Verein und können auch in mehreren Vereinen Mitglied sein. Ein Mitgliedsausweis könnte als Teil einer Person gewertet werden. Der Ausweis muss genau einer Person zugeordnet sein. Wenn die Person aus der Vereins-Datenbank gelöscht wird, wird der Mitgliedsausweis auch gelöscht, da er ohne die Person sinnlos ist

Aggregation und Komposition

Lässt sich eine Beziehung zwischen Klassen bzw. Objekten durch den Ausdruck „hat“ beschreiben, so spricht man von einer Aggregation. Ein Objekt der Klasse `Verein` kann mehrere Objekte der Klasse `Person` in der Rolle `Mitglied` haben (siehe Abb. 17.14). Ist die Kopplung so eng, dass eher von „ist Teil von“ die Rede ist, so sind die Objekte der beteiligten Klassen existenzabhängig voneinander. Dies wird Komposition genannt. Damit ist festgeschrieben, dass die Lebensdauer des Teilobjekts durch die Lebensdauer des Gesamtobjekts begrenzt ist. Aggregationen werden in UML durch Pfeile mit Rautenspitze und Kompositionen durch Pfeile mit ausgefüllter Rautenspitze dargestellt. Die Abb. 17.14 zeigt ein Beispiel für eine Aggregationsbeziehung zwischen den Klassen `Person` und `Verein` sowie eine Kompositionsbeziehung zwischen den Klassen `Person` und `Mitgliedsausweis`.

Vererbung

Wie schon in Kap. 15.3.5 beschrieben wird, ist die Vererbung ein Konzept, das uns im täglichen Leben und in vielen Wissenschaften begegnet. Sie wird auch als Spezialisierungs-Beziehung bzw. umgekehrt als Generalisierung-Beziehung gesehen. Im Beispiel aus Abb. 17.15 fasst die Klasse `Amt` die gemeinsamen Eigenschaften aller Ämter in Vereinen zusammen, beispielsweise den Zeitraum in dem die Amtsträgerin gewählt wurde. Die abgeleiteten Klassen `Vorstand` oder `Kassenwart` sind Spezialisierungen der Klasse `Amt`. Die Klasse `Amt` ist eine Generalisierung bzw. Abstraktion der Klassen `Vorstand` und `Kassenwart`. Eine abgeleitete Klasse fügt Eigenschaften wie Attribute und Methoden zur jeweiligen sog. Vaterklasse (Superklasse, Basisklasse) hinzu, sie erbt die jeweiligen Eigenschaften der Vaterklasse, auch wenn diese als **`private`** gekennzeichnet sind. Objekte der Vaterklasse müssen in jedem Zusammenhang immer durch Objekte irgendeiner abgeleiteten Klasse ersetzt werden können, dies wird auch als Liskovsches Substitutionsprinzip bezeichnet [Lis94]. In UML wird Vererbung durch einen zur Vaterklasse weisenden Pfeil mit geschlossener Spitze symbolisiert.

Betrachtet man als weiteres Beispiel die Klassen `Kreis`, `Dreieck` und `Rechteck` als abgeleitete Klassen der Vaterklasse `Figur` in Abb. 17.16. Die Klasse `Figur` ist eine abstrakte Klasse, d. h. von ihr können keine Objekte instanziiert werden. Nur von abgeleiteten Klassen können Objekte erzeugt werden. Grund dafür ist, dass die Methode `zeichnen` zwar angeboten aber nicht implementiert wird, daher ist sie kursiv dargestellt. Die abgeleiteten und konkreten Klassen überschreiben jeweils die Methode `zeichnen` mit ihrer eigenen Implementierung.

Nach dem bereits erwähnten Liskovschen Substitutionsprinzip kann überall dort, wo mit `Figur`-Objekten gearbeitet wird, auch ein Objekt einer abgeleiteten Klasse, beispielsweise `Kreis`, eingesetzt

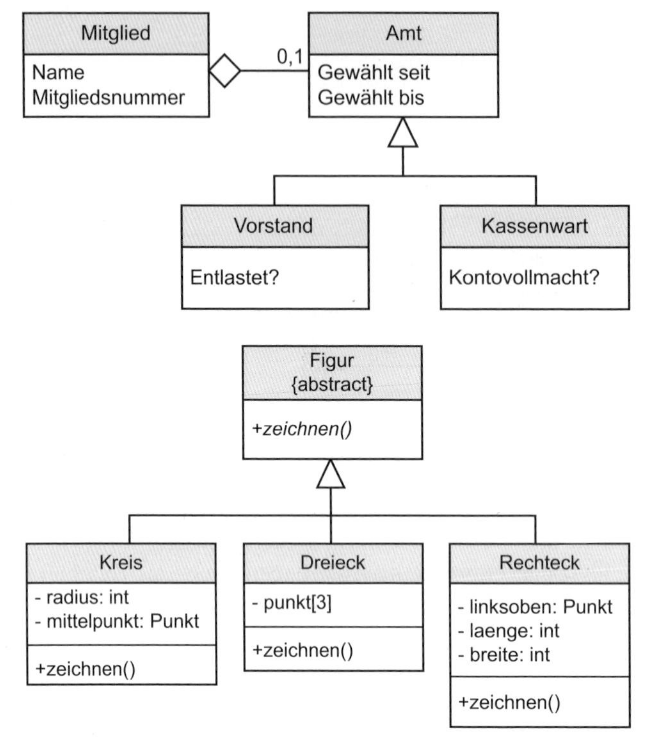

Abb. 17.15 Jedes Mitglied hat höchstens ein Amt (Aggregation). Dabei sind Vorstand und Kassenwart jeweils Spezialisierungen des Amts und Amt ist eine Generalisierung von Kassenwart und Vorstand

Abb. 17.16 Von der abstrakten Basisklasse `Figur` erben die Klassen `Kreis`, `Dreieck` und `Rechteck`

werden. Wenn in der Interaktion zwischen Objekten die Methode `zeichnen` verwendet wird, ändert sich das Verhalten abhängig davon, ob das `Figur`-Objekt eigentlich ein Kreis, ein Dreieck oder ein Rechteck ist. Das ist auch so beabsichtigt, denn jede Figur soll sich selbst zeichnen können. Auf diese Weise kann beispielsweise eine Grafik als Liste von `Figur`-Objekten modelliert werden, in der sich jedes Objekt selbst zeichnen kann. Abhängig von der Klasse des jeweiligen Objekts wird die jeweilige Implementierung von `zeichnen` verwendet, das Verhalten von `zeichnen` ist also polymorph. In diesem Zusammenhang wird von Polymorphie gesprochen. Erst zur Laufzeit entscheidet sich, welche konkrete Implementierung von `zeichnen` jeweils verwendet wird. Dies wird auch als dynamisches Binden bezeichnet.

Schnittstellen (Interfaces) definieren ausschließlich öffentliche Methoden, implementieren jedoch keine davon. In der Regel haben Schnittstellen keine Attribute. Vergleichbar ist dieses Konzept mit einer rein abstrakten Klasse ohne Attribute und nur mit abstrakten Methoden. Wird eine Klasse von der Schnittstelle abgeleitet, ist die Klasse eine Implementierung der Schnittstelle. Eine Schnittstelle wird in UML entweder als Klasse mit der Kennzeichnung <<**interface**>> über dem Namen der Klasse modelliert, alternativ wird eine Schnittstelle auch mit einem Kreissymbol dargestellt.

Sequenzdiagramme

Interaktionen zwischen Objekten können über Sequenzdiagramme modelliert werden. Ein Sequenzdiagramm zeigt dabei ein Beispiel für eine Interaktion bzw. den Nachrichtenaustausch zwischen zwei oder mehr Objekten. Sie ist jedoch keine vollständige Beschreibung des Verhaltens der beteiligten Objekte. Die modellierte Interaktion kann auch zwischen einem Akteur und dem System bzw. seinen

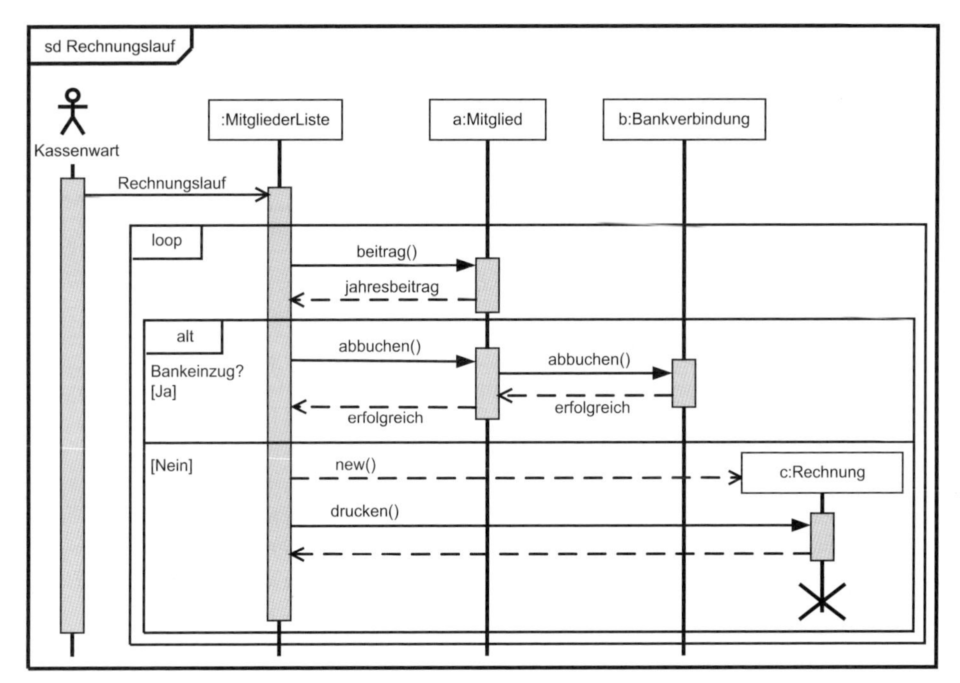

Abb. 17.17 Beispiel für ein Sequenzdiagramm

Objekten geschehen, damit wäre ein Sequenzdiagramm die Verfeinerung eines Anwendungsfalls. Es kann auch den Nachrichtenaustausch (= Methodenaufrufe) zwischen zwei Java-Objekten zur Laufzeit darstellen oder ein Netzwerkprotokoll zwischen einem Sender und einem Empfänger. Sequenzdiagramme sind, wie auch die anderen Sprachelemente der UML universell verwendbar.

Die Lebensdauer von Objekten wird mit einer vertikalen Linie dargestellt, diese sog. Lifeline stellt auch eine Zeitachse von Oben nach Unten dar. Ein X markiert das Lebensende eines Objekts. Horizontal sind die an der Interaktion beteiligten Objekte dargestellt. Diese können *synchron* Nachrichten austauschen bzw. Methoden aufrufen (Dreieck als Pfeilspitze), dabei wartet das Sender-Objekt bis das Empfänger-Objekt geantwortet hat; oder *asynchron* (Pfeil als Pfeilspitze), dort wird der Sender nicht blockiert bis der Empfänger geantwortet hat. Die Zeit, in der ein Objekt mitarbeitet, wird mit einem breiteren Balken auf der Lifeline markiert. Mit der UML 2.0 wurden die Ausdrucksmittel deutlich erweitert, so können auch Schleifen (loop) und Verzweigungen (alt) sowie Unter-Sequenzdiagramme (ref) dargestellt werden.

Abb. 17.17 zeigt ein Beispiel für ein Sequenzdiagramm. Es beschreibt einen Rechnungslauf bei einem Verein: Der Kassenwart startet (asynchron) den Rechnungslauf auf einem Objekt vom Typ `MitgliederListe`. Das Objekt vom Typ `MitgliederListe` geht nun alle Mitglieder-Objekte durch (loop) und ruft synchron dort mit `beitrag()` den aktuellen Beitrag ab. Wenn ein Mitglied dem Bankeinzug zugestimmt hat, wird über das Mitglieds-Objekt auf dessen Bankverbindungs-Objekt abgebucht. Ist kein Bankeinzug möglich (alt), dann wird ein Rechnungs-Objekt mit **`new()`** erzeugt und gedruckt. Danach wird es sofort wieder zerstört.

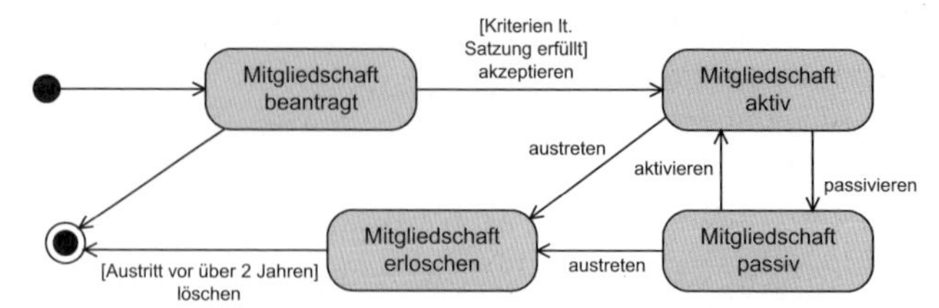

Abb. 17.18 Beispiel für ein Zustandsdiagramm

Zustandsdiagramme

Mithilfe von Zustandsdiagrammen kann man auf übersichtliche Weise den dynamischen Wechsel von Zuständen eines Systems beschreiben. Letztlich handelt es sich bei den in UML verwendeten Zustandsdiagrammen um die von D. Harel eingeführten Statecharts [Har87], die auf endliche Automaten (siehe Kap. 10.1) zurückzuführen sind. Statecharts verwenden ebenso wie die Automaten ohne Zeitverzögerung ausführbare Zustandsübergänge, die hier als Aktionen bezeichnet werden. Um realen Problemstellungen besser gerecht werden zu können, wurden zusätzlich Aktivitäten definiert, die zu ihrer Ausführung eine bestimmte Zeitspanne benötigen. Außerdem werden Ereignisse eingeführt, die bestimmte Übergänge auslösen (triggern) können sowie Bedingungen (Guards) und logische Verknüpfungen zur Einschränkung und Auswahl unterschiedlicher Zustandsübergänge.

Die Abb. 17.18 zeigt ein Beispiel für ein Zustandsdiagramm, das die Mitgliedschaft in einem Verein modelliert. Eine Mitgliedschaft hat dort die vier Zustände *beantragt*, *aktiv*, *passiv* und *erloschen*. Mithilfe von Ereignissen kann ein Übergang von einem Zustand in einen anderen stattfinden. Wenn das Mitglied aus dem Verein austreten will, ist dies ein Ereignis im Zustandsdiagramm, bei aktiven und passiven Mitgliedern wechselt dann der Zustand der Mitgliedschaft auf *erloschen*. Ein Ereignis kann über einen sog. Guard geschützt werden: erst wenn der Guard zutrifft, dann findet der Zustandsübergang beim Ereignis statt. In Abb. 17.18 muss die Mitgliedschaft beispielsweise erst zwei Jahre lang erloschen sein, bevor der Datensatz gelöscht werden darf.

Mit Zustandsdiagrammen kann das Verhalten eines Objekts vollständig modelliert werden, denn das Zustandsdiagramm kann in einen endlichen Mealy- oder einen Moore-Automaten überführt werden, siehe dazu Kap. 10.1.1. Mit dem Automaten kann das Verhalten mathematisch simuliert oder berechnet werden. Die Zustandsdiagramme werden daher häufig zur Modellierung von Steuerungen innerhalb eingebetteter Systeme verwendet: Das Zustandsdiagramm modelliert, wie bei welchen Aktionen (Ausgaben) die Steuerung auf Ereignisse von außen (Eingaben) reagiert.

Aktivitätsdiagramme

Aktivitätsdiagramme dienen wie die in Kap. 17.6.2 beschriebenen Flussdiagramme dazu, allgemeine Abläufe zu modellieren. Ein solcher Ablauf kann ein Geschäftsprozess sein, der modelliert wird um besser zu verstehen, wo in einem betrieblichen Ablauf überhaupt eine neue Software verwendet werden kann. Auch die Details eines Anwendungsfalles oder die einzelnen Schritte eines Algorithmus können mit einem Aktivitätsdiagramm modelliert werden.

Ein Aktivitätsdiagramm modelliert genau einen Ablauf, dabei sind Beginn und Ende durch besondere Symbole gekennzeichnet, genau wie in den Zustandsdiagrammen der Start- und der Endzustand. Die atomaren Schritte des Ablaufs werden als Aktionen bezeichnet und als Ovale dargestellt. Mehrere Aktionen können zu einer Aktivität zusammengefasst werden. Eine Aktivität

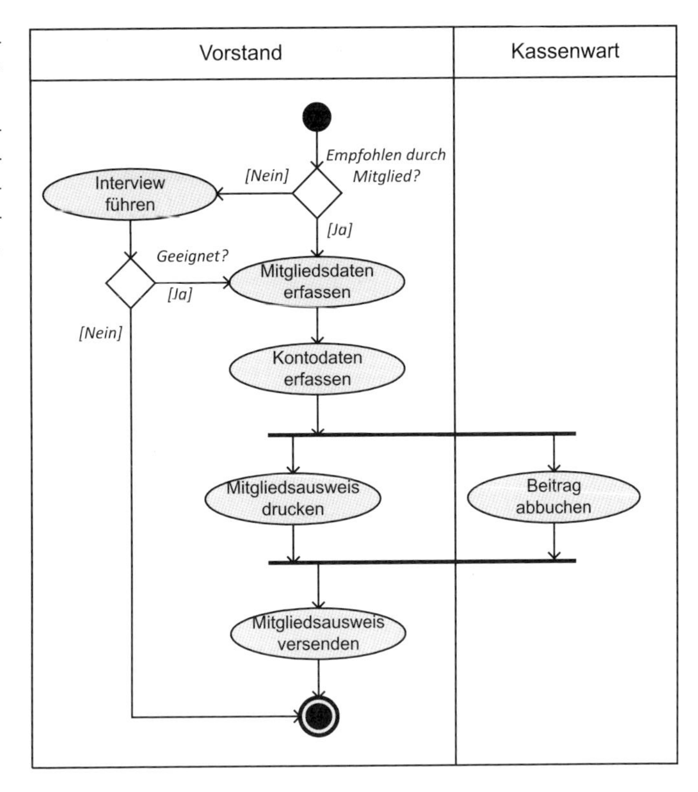

Abb. 17.19 Beispiel für ein Aktivitätsdiagramm: Dargestellt ist der Ablauf zur Aufnahme eines neuen Mitglieds in einem Verein. Der Ablauf wird durchgeführt von den beiden Rollen *Vorstand* und *Kassenwart*. Der Ablauf beginnt beim Startknoten, dem ausgefüllten Kreis und endet immer in einem Endknoten

modelliert damit einen übergeordneten Ablauf. Der Ablauf wird mithilfe von Pfeilen zwischen den Aktionen bzw. Aktivitäten modelliert. Der Ablauf kann Verzweigungen (Fork) enthalten, ab denen mehrere Teilabläufe parallel stattfinden, und entsprechende Zusammenführungen (Join). In Abb. 17.19 werden beispielsweise die Aktionen *Mitgliedsausweis drucken* und *Beitrag abbuchen* parallel ausgeführt. Bedingte Verzweigungen sind auch möglich, so werden alternative Teilabläufe modelliert. In Abb. 17.19 wird beispielsweise geprüft, ob ein Mitglied geeignet ist oder nicht. In Aktivitätsdiagrammen können über sog. Swimlanes handelnde Akteure (Verantwortlichkeiten, Rollen) benannt werden. Das Aktivitätsdiagramm unterscheidet beispielsweise die Rollen Vorstand und Kassenwart.

Aktivitätsdiagramme bieten noch eine Fülle weiterer Elemente, die hier nicht mehr vorgestellt werden können. Beispielsweise können auch die Objekte, mit denen die Aktionen bzw. Aktivitäten arbeiten, modelliert werden. Um dieses Thema zu vertiefen eignet sich beispielsweise [Oes12].

Paketdiagramm

Um Diagramme überschaubar und verständlich zu halten, sollten nicht mehr als etwa 7 Elemente pro Diagramm modelliert werden. Bei größeren Systemen können sich daher sehr viele Klassen und Diagramme ergeben, die insgesamt die logische Struktur des Problems bzw. des Systems abbilden. Diese Modellelemente fasst man in eine Anzahl von Paketen (Packages, Module) zusammen, die in einer an Karteikarten angelehnten grafischen Form dargestellt werden. Zwischen den Paketen sind Beziehungen möglich, Abb. 17.20 verdeutlicht dies.

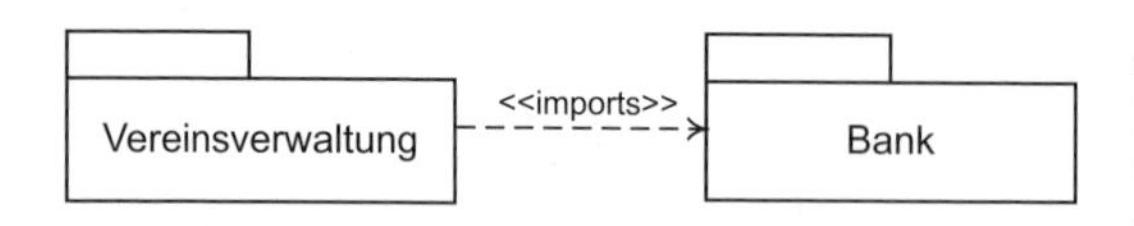

Abb. 17.20 Beispiel für ein Paketdiagramm: Die Klassen oder andere Modellelemente aus dem Paket *Vereinsverwaltung* verwenden die Elemente aus dem Paket *Bank*

Mit dem hier gegebenen kurzen Überblick sind die Feinheiten und die Fülle der Einsatzmöglichkeiten von UML bei weitem nicht erschöpft. Als weiterführende Literatur werden neben den in diesem Abschnitt bereits zitierten Büchern auch [Oes12] sowie [Pil05] empfohlen.

17.6 Hilfsmittel für den Entwurf von Algorithmen

Ist ein Software-Projekt soweit detailliert beschrieben, dass mit der Programmierung begonnen werden kann, so stellt sich noch das Problem des Entwurfs und der Darstellung von Algorithmen. Auch dazu stehen eine Anzahl von Hilfsmitteln zur Verfügung. Einige sollen hier kurz behandelt werden: Pseudocode, Ablauf- oder Flussdiagramme, Struktogramme und Entscheidungstabellen.

17.6.1 Pseudocode

Pseudocode ist eine Kunstsprache, die der natürlichen Sprache ähnelt. Sie ist reduziert und in einer dem Problem angepassten Weise formalisiert. Algorithmen lassen sich damit prägnant und verständlich formulieren. Als Beispiel wird der als „binäres Suchen" bekannte Algorithmus zur Suche eines Elements in einer geordneten Datei zunächst in natürlicher Sprache und dann mithilfe eines Pseudocodes formuliert. Das wird in Bsp. 17.1 dargestellt.

Der Pseudocode aus Bsp. 17.1 steht der natürlichen Sprache so nahe, dass seine reservierten Schlüsselworte wie `WENN`, `SOLANGE`, `ENDE` etc. selbsterklärend sind. Daher wird auch jemand, der keine Programmiersprache beherrscht, diesen so formulierten Algorithmus verstehen können. Die Blockstruktur wird – wie allgemein üblich – durch Einrücken kenntlich gemacht.

Als weitere Abstraktionen von der natürlichen Sprache sind in dem Pseudocode aus Bsp. 17.1 noch mathematische Formeln sowie kursiv gedruckte, abkürzende Namen eingeführt worden. Es sind dies `untergr` für die untere Grenze des betrachteten Intervalls, `obergr` für die obere Grenze, `n` für die Anzahl der Elemente der Datei, `x` für das gesuchte Element und der Index `k`, der die Elemente durchnummeriert.

17.6.2 Flussdiagramme

Mithilfe von Ablaufdiagrammen oder Flussdiagrammen, deren Symbole in DIN 66001 und DIN 66262 normiert sind, lassen sich dynamische Vorgänge auf übersichtliche Weise grafisch darstellen. Die dazu verwendeten Symbole sind direkt aus der erweiterten D-Struktur (siehe Kap. 14.1.3) abgeleitet. Die Abb. 17.21 gibt einen Überblick über die Symbole.

Damit lassen sich alle benötigten Programmkonstrukte, einschließlich Schleifen und Rekursionen, darstellen. Flussdiagramme können auch zur Darstellung von Abläufen außerhalb von Software verwendet werden, alternativ zu den oben beschriebenen Aktivitätsdiagrammen der UML. In Bsp. 17.2 ist das binäre Suchen als Flussdiagramm formuliert.

Bsp. 17.1 Binäres Suchen im Klartext und als Pseudocode

Gegeben sei eine Datei mit n Elementen, die nach einem Ordnungskriterium geordnet sind, z. B. lexikographisch, oder, bei numerischen Werten, der Größe nach. Für ein bestimmtes, vorgegebenes Element x ist nun der Index zu ermitteln, der die Position von x in der Datei kennzeichnet. Dazu wird die Datei in eine untere und eine obere Hälfte unterteilt. Nun wird durch Vergleich von x mit demjenigen Element, das gerade die Grenze zwischen den beiden Hälften bildet, festgestellt, ob es mit diesem Element übereinstimmt, oder ob es in der oberen oder in der unteren Hälfte liegen müsste, sofern es überhaupt in der Datei enthalten ist. Man halbiert nun auf diese Art den Suchbereich, in dem x jeweils vermutet wird, immer weiter, bis entweder x gefunden wurde, oder bis der Suchbereich kein Element mehr enthält. In diesem Fall ist x in der untersuchten Datei nicht enthalten.
Diese Beschreibung des Algorithmus in natürlicher Sprache ist nicht so weitgehend formalisiert, dass eine Übertragung in ein Programm ohne weiteres möglich wäre. Unter Verwendung eines einfachen Pseudocodes lässt sich der Algorithmus jedoch in eine kompakte und dennoch leicht lesbare Form bringen:

```
Gegeben ist ein geordnetes Array mit n Elementen
SETZE untergr auf 1
SETZE obergr  auf n
SOLANGE untergr <= obergr und Element x nicht gefunden
  SETZE k auf den ganzzahligen Teil von (untergr+obergr)/2
  WENN das k-te Element nicht das gesuchte Element x ist
    DANN
      WENN das k-te Element dem Element x vorangeht
        DANN SETZE untergr auf k+1
        SONST SETZE obergr auf k-1
    SONST AUSGABE „Element gefunden an Index k" STOP
ENDE
AUSGABE „Element nicht gefunden"
ENDE
```

17.6.3 Struktogramme nach Nassi-Shneiderman

Neben den Flussdiagrammen sind bisweilen auch Struktogramme oder Nassi-Shneiderman-Diagramme gebräuchlich (siehe DIN 66261). Oft erlauben Struktogramme eine übersichtlichere Darstellung als Flussdiagramme. Dies ist auf den Wegfall der vielen Pfeile und Linien zurückzuführen, die in längeren Flussdiagrammen oft verwirrend wirken. Die Abb. 17.22 zeigt die wichtigsten Struktogramm-Symbole. In Bsp. 17.3 wird die binäre Suche als Struktogramm dargestellt.

Ausgehend von einem Ablaufdiagramm oder einem Struktogramm ist nun die Aufgabe des Umsetzens des Algorithmus in ein Programm wesentlich einfacher und zudem teilweise auch automatisierbar, als dies ohne solche Hilfsmittel möglich wäre. Dies gilt umso mehr, wenn mehrere Personen im Team arbeiten.

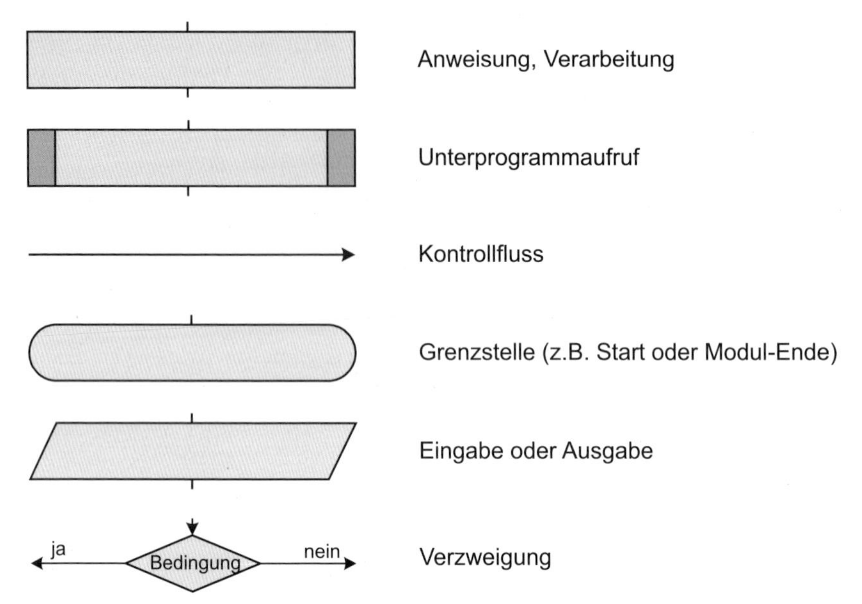

Abb. 17.21 Zusammenstellung der wichtigsten in Flussdiagrammen verwendeten Symbole

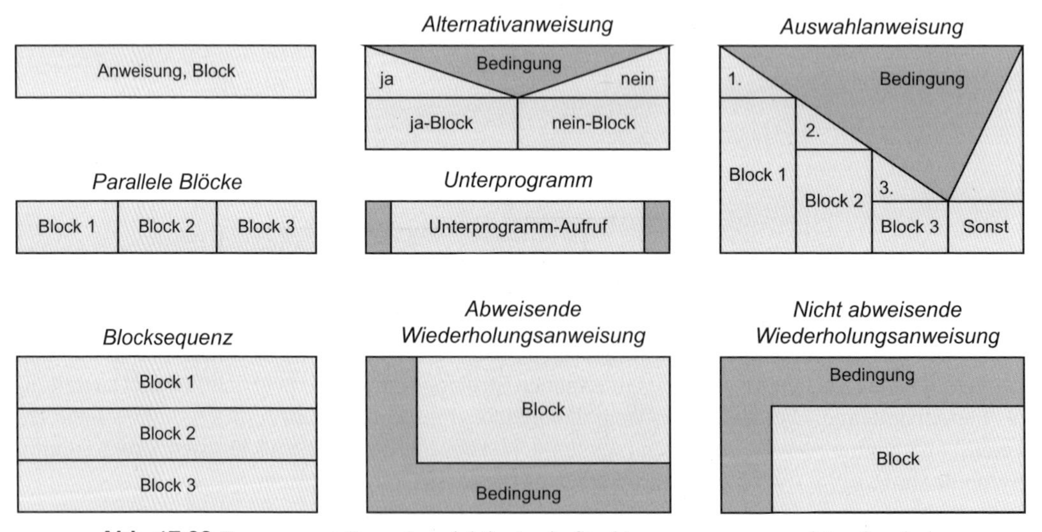

Abb. 17.22 Zusammenstellung der wichtigsten in Struktogrammen verwendeten Symbole

Bsp. 17.2 Binäres Suchen als Flussdiagramm

Als Anwendungsbeispiel wird der in Bsp. 17.1 in Form von Pseudocode eingeführte Algorithmus „binäres Suchen“ nach einem Element in einem Array `a` in ein Flussdiagramm übertragen. Der Hauptablauf wird in folgendem Flussdiagramm dargestellt. Das Diagramm enthält einen Aufruf an ein Unterprogramm `Bin_Such`.

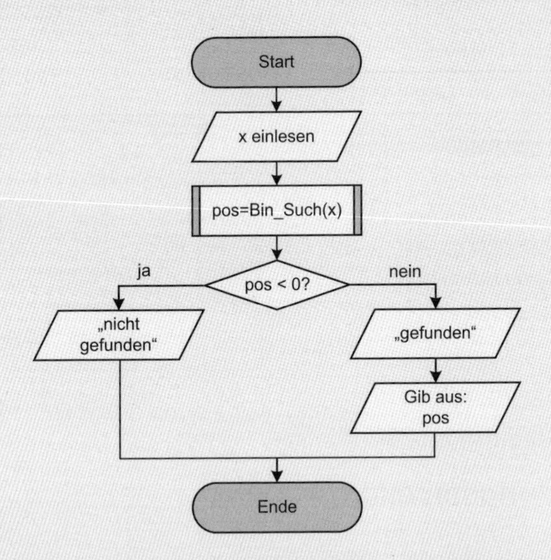

Das Unterprogramm `Bin_Such` wird durch ein eigenes Flussdiagramm veranschaulicht. Durch die Dekomposition eines Algorithmus in verschiedene Teilabläufe können mit Flussdiagrammen auch komplizierte Algorithmen entworfen und dargestellt werden.

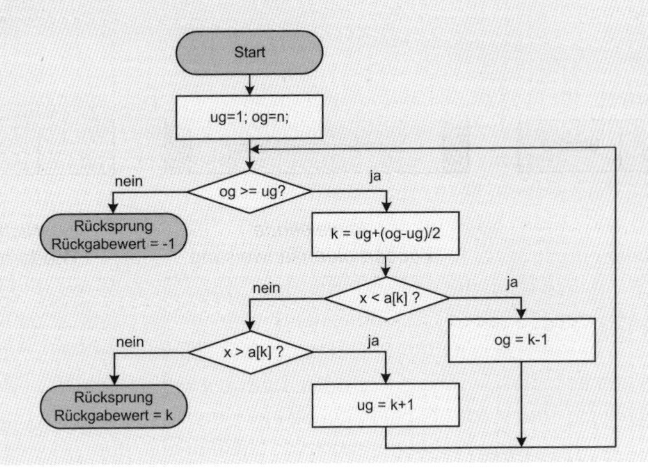

Bsp. 17.3 Binäres Suchen als Struktogramm

Der in Bsp. 17.2 als Flussdiagramm beschriebene Suchalgorithmus zum Auffinden der Position `pos` eines Elementes `x` in einem Array `a` hat als Struktogramm folgende Form:

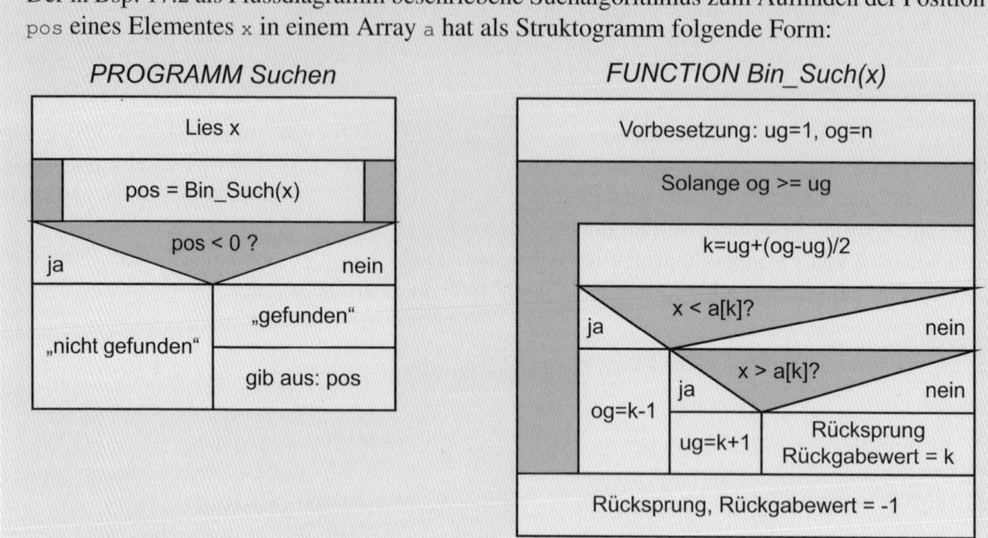

17.6.4 Entscheidungstabellen

Schließlich soll noch ein insbesondere bei der übersichtlichen Darstellung komplizierter logischer Verknüpfungen und bei Testverfahren sehr nützliches Hilfsmittel vorgestellt werden, nämlich Entscheidungstabellen (Decision Tables).

Bedingungstabelle

Eine Entscheidungstabelle besteht aus zwei Komponenten: der Bedingungstabelle und der Aktionstabelle. In die Bedingungstabelle (auch Zustandstabelle genannt), die in der linken Spalte eine Kurzbeschreibung der Bedingungen enthält, werden alle relevanten Kombinationen der Erfüllung oder Nichterfüllung eingetragen. Man erhält damit ein Muster aus den möglichen Einträgen „ja", (Bedingung erfüllt) und „nein" (Bedingung nicht erfüllt). Sind alle Ja/Nein-Kombinationen auch wirklich in die Tabelle eingetragen, so ergeben sich für eine vollständige Entscheidungstabelle mit n Bedingungen und 2^n Spalten (Entscheidungen). Bei einer größeren Zahl von Bedingungen wird also die Anzahl der Entscheidungen sehr rasch unübersichtlich groß. Als Ausweg kann man das Problem in mehrere kleinere Teilprobleme unterteilen und in eine Entscheidungstabelle Verweise auf andere Entscheidungstabellen aufnehmen. Die Anzahl der Einträge reduziert sich in den meisten Fällen auch dadurch, dass die Erfüllung oder Nichterfüllung einer bestimmten Bedingung für die folgende Aktion ohne Belang ist. In diesem Fall kann man zwei Spalten zusammenfassen und an Stelle von „ja" oder „nein" ein Zeichen mit der Bedeutung „egal" eintragen, beispielsweise einen Strich. Dadurch wird aus einer vollständigen Entscheidungstabelle eine unvollständige Entscheidungstabelle, die gleichwohl denselben Sachverhalt beschreibt.

Aktionstabelle

Unter der Bedingungstabelle wird die Aktionstabelle angeordnet, die in der linken Spalte eine Kurzbeschreibung der möglichen Aktionen (Funktionen) enthält. In den zu den Spalten der Bedingungstabelle korrespondierenden Spalten wird für jede Kombination von Erfüllung bzw. Nichterfüllung der Bedingungen die Folge der resultierenden Aktionen gekennzeichnet, und zwar sinnvollerweise in der Reihenfolge ihrer Ausführung. Eine Entscheidung kann zu einer beliebigen Zahl von Aktionen führen und eine Aktion kann zu mehreren Entscheidungen gehören. Auch die Feststellung, dass zu einer bestimmten Entscheidung überhaupt keine Aktion ausgeführt zu werden braucht, ist in diesem Sinne eine Aktion, die notiert werden muss.

Ein Nachteil von Entscheidungstabellen ist ihr statischer Charakter. Dynamische Strukturen, die über eine einfache Iteration hinausgehen, können nicht ausgedrückt werden.

Vollständige Entscheidungstabellen

Eine Entscheidungstabelle mit n Bedingungen wird zunächst mit dem Anlegen einer vollständigen Entscheidungstabelle mit 2^n Entscheidungen begonnen. Dabei kann es geschehen, dass die Tabelle technisch unmögliche Kombinationen von Bedingungen enthält. Bei dem nachstehend beschriebenen Vereinfachungsschritt lösen sich diese Unmöglichkeiten jedoch auf. Gelegentlich wird man auch Bedingungen finden, für die in der Spezifikation gar keine zugehörige Aktion vorgesehen ist oder dass Widersprüchlichkeiten auftauchen. Das Erstellen einer vollständigen Entscheidungstabelle ist damit auch ein gutes Hilfsmittel für die Konsistenz- und Vollständigkeitskontrolle des zu Grunde liegenden Entwurfs.

Vereinfachen von Entscheidungstabellen

Im nächsten Schritt kann man die Vereinfachung bzw. Reduzierung der Entscheidungstabelle in Angriff nehmen. Trifft man zwei Spalten an, welche dieselben Aktionen enthalten und bei denen sich die Bedingungen lediglich in einer Position unterscheiden, so ist die Bedingung an dieser Stelle offenbar nicht relevant. In diesem Fall ersetzt man die Ja/Nein-Einträge an der betreffenden Position durch einen Strich. Da diese Modifikation sowohl in der Spalte durchgeführt wurde, in der an der fraglichen Position „ja" eingetragen war als auch in der Spalte, in der „nein" eingetragen war, hat man nun zwei identische Spalten, wovon eine entfernt werden kann. Auf diese Weise verfährt man, bis keine Vereinfachung mehr möglich ist.

Mit diesem Vereinfachungsverfahren kann man Entscheidungstabellen auf Vollständigkeit prüfen. Man zählt dazu alle Spalten, die keinen Strich als Eintrag haben einfach und alle Spalten mit Strichen 2^k-fach, wobei k die Anzahl der Striche in der Spalte ist. Die Summe muss bei n Bedingungen 2^n ergeben. Anhand des Beispiels 17.4 soll nun das Erstellen und Vereinfachen einer Entscheidungstabelle vorgeführt werden.

Bsp. 17.4 Entscheidungstabellen

Ein Händler führt Artikel, die in Warengruppen kategorisiert sind. Bestellt ein Kunde pro Jahr Waren im Wert von weniger als 5.000,- €, so erhält er keinen Rabatt. Liegt der Bestellwert zwischen 5.000,- und 10.000,- €, so erhält er 8% Rabatt für die Warengruppen 1, 3 oder 6, 10% Rabatt für die Warengruppen 2, 4 oder 5 und 5% Rabatt für alle anderen Warengruppen. Übersteigt der Bestellwert 10.000,- €, so erhält der Kunde 15% Rabatt für die Warengruppen 1, 3 oder 6, 20% Rabatt für die Warengruppen 2, 4 oder 5 und 10% Rabatt für alle anderen Warengruppen. Der Kunde erhält außerdem ein Werbegeschenk zum Jahreswechsel, wenn er einen Rabatt von mindestens 10% erhalten hat.

Zunächst wird aus diesen Angaben eine vollständige Entscheidungstabelle konstruiert. Man erkennt, dass vier Bedingungen ausreichen, um alle Entscheidungen zu erfassen, nämlich Artikelnummer: 1, 3, 6, Artikelnummer: 2, 4, 5, Bestellwert $\geq$ 5.000 € und Bestellwert $\geq$ 10.000 €. Die vollständige Entscheidungstabelle muss also der Anzahl der möglichen Entscheidungen entsprechend $2^4 = 16$ Spalten erhalten. Die Bedingungstabelle der vollständigen Entscheidungstabelle ist damit festgelegt. Sie enthält allerdings einige Kombinationen, die in der Praxis nicht auftreten können. Dies betrifft beispielsweise alle Spalten, in denen sowohl für die Bedingung Warengruppe: 1, 3, 6 als auch für die Bedingung Warengruppe: 2, 4, 5 „j" eingetragen ist. In der Aktionstabelle wird in den betreffenden Spalten kein Eintrag vorgenommen.

Bedingungstabelle

Warengruppe: 1,3,6	j	j	j	j	j	j	j	j	n	n	n	n	n	n	n	n
Warengruppe: 2,4,5	j	j	j	j	n	n	n	n	j	j	j	j	n	n	n	n
Bestellwert ≥ 5000 €	j	j	n	n	j	j	n	n	j	j	n	n	j	j	n	n
Bestellwert ≥ 10000 €	j	n	j	n	j	n	j	n	j	n	j	n	j	n	j	n

Funktionstabelle

Kein Rabatt								x				x				x
Rabatt 5%														x		
Rabatt 8%						x										
Rabatt 10%										x			x			
Rabatt 15%					x											
Rabatt 20%									x							
Weihnachtsgeschenk					x				x	x			x			

Bei der anschließenden Reduzierung werden dann diese Spalten eliminiert:

Bedingungstabelle

Warengruppe: 1,3,6	j	j	n	n	n	n	-
Warengruppe: 2,4,5	n	n	j	j	n	n	-
Bestellwert ≥ 5000 €	j	j	j	j	j	j	n
Bestellwert ≥ 10000 €	j	n	j	n	j	n	-

Funktionstabelle

Kein Rabatt							x
Rabatt 5%						x	
Rabatt 8%		x					
Rabatt 10%				x	x		
Rabatt 15%	x						
Rabatt 20%			x				
Weihnachtsgeschenk	x		x	x	x		

Übungsaufgaben zu Kapitel 17

A 17.1 (T1) Recherchieren Sie im Internet den Begriff „Softwarekrise". Was bedeutet er?

A 17.2 (T2) Gehen Sie die elektronischen Systeme in ihrem Auto durch (Motorsteuerung, ABS, ESP, Navi, Radio, usw.): Überlegen Sie was passiert, wenn das System ausfällt und was passiert wenn das System falsch funktioniert. Sortieren Sie diese Systeme nach dem Schaden, den Fehlfunktionen verursachen könnten. Müssen Sie das Navi genauso gut Testen wie das ABS?

A 17.3 (T2) Wenn nur besonders gut getestet wird, ist die Software in jedem Fall fehlerfrei? Ist eine fehlerfreie Software möglich? Unter welchen Randbedingungen sollten Sie ihre Software besonders intensiv testen und alle Tests auch dokumentieren?

A 17.4 (T1) Beschaffen Sie sich das V-Modell XT als PDF-Dokument [V-M14]. Betrachten Sie den Vorgehensbaustein SW-Entwicklung. Welche Produkte werden gefordert? Welche Rollen sind an der Erstellung und Qualitätssicherung dieser Produkte beteiligt? Was genau ist ein Prüfkonzept?

A 17.5 (T1) Beschaffen Sie sich den Scrum-Guide [Sut13]. Was genau steht im Product Backlog? Wer ist dafür verantwortlich, dass die Anforderungen gepflegt werden? Wer ist verantwortlich für den Sprint Backlog und was genau steht da drin?

A 17.6 (T1) Definieren Sie die Begriffe Konfigurationsmanagement, Versionsmanagement und Qualitätsmanagement in eigenen Worten!

A 17.7 (T2) Definieren Sie den Begriff Produktivität von Entwicklern in eigenen Worten! Diskutieren Sie in einer kleinen Gruppe das Teufelsquadrat nach Sneed. Hat Sneed mit seinen Grundaussagen recht, insbesondere damit, dass die Produktivität der Entwickler quasi als konstant angenommen werden kann?

A 17.8 (T2) Modellieren Sie den Inhalt des Entity-Relationship-Diagramms aus Abb. 17.11 mithilfe eines UML Klassendiagramms! Was sind die Unterschiede und Gemeinsamkeiten beider Modellierungssprachen? Betrachten Sie dazu auch den aktuellen UML Standard 2.4.1 (vgl. `http://www.omg.org/spec/UML/2.4.1/`).

A 17.9 (T2) Modellieren Sie den folgenden Text als Klassendiagramm: *Ein Auto hat genau vier Räder. Ein VW-Käfer ist ein Auto. Ein Auto kann beliebig viele Fahrer haben. Ein Fahrer hat genau einen Führerschein. Ohne Führerschein ist es kein Fahrer.*

A 17.10 (T3) Modellieren Sie die Entscheidungstabelle aus Beispiel 17.4 als Flussdiagramm!

Literatur

[Bec04] K. Beck. *Extreme Programming Explained: Embrace Change*. Addison-Wesley, 2. Aufl., 2004.

[Boe79] B. W. Boehm. Guidelines for Verifying and Validating Software Requirements and Design Specifications. In P. A. Samet, Hg., *Euro IFIP 79*, S. 711–719. North Holland, 1979.

[Boe88] B. W. Boehm. A Spiral Model of Software Development and Enhancement. *Computer*, 21(5):61–72, Mai 1988.

[Boo98] G. Booch, J. Rumbaugh und I. Jacobson. *The Unified Modeling Language User Guide*. Addison-Wesley, 1998.

[Bro08] F. Brooks. *Vom Mythos des Mann-Monats*. mitp-Verlag, 2. Aufl., 2008.

[Coc00] A. Cockburn. *Writing Effective Use Cases*. Addison-Wesley, 2000.

[Ham13] U. Hammerschall und G. Beneken. *Software Requirements*. Pearson Studium, 2013.

[Har87] D. Harel. Statecharts: A Visual Formalism for Complex Systems. *Sci. Comput. Program.*, 8(3):231–274, Juni 1987.

[Hin09] B. Hindel, K. Hörmann, M. Müller und J. Schmied. *Basiswissen Software-Projektmanagement*. dpunkt-Verlag, 3. Aufl., 2009.

[Lis94] B. H. Liskov und J. M. Wing. A Behavioral Notion of Subtyping. *ACM Transactions on Programming Languages and Systems*, 16:1811–1841, 1994.

[Lud13] J. Ludewig und H. Lichter. *Software Engineering: Grundlagen, Menschen, Prozesse, Techniken*. dpunkt-Verlag, 3. Aufl., 2013.

[Nau69] P. Naur und B. Randell, Hg. *Software Engineering: Report of a Conference Sponsored by the NATO Science Committee, Garmisch, Germany, 7-11 Oct. 1968, Brussels, Scientific Affairs Division, NATO*. 1969.

[Obj] Object Management Group. `http://www.omg.org`.

[Oes12] B. Oestereich. *Analyse und Design mit der UML 2.5: Objektorientierte Softwareentwicklung*. Oldenbourg, 10. Aufl., 2012.

[Pil05] D. Pilone und N. Pitman. *UML 2.0 in a Nutshell*. O'Reilly, 2005.

[Pri03] L. Priese und H. Wimmel. *Theoretische Informatik – Petri Netze*. Springer, 2003.

[Roy70] W. W. Royce. Managing the development of large software systems: concepts and techniques. In *Proceedings of IEEE WESTCON*. IEEE Press, August 1970.

[Saa13] G. Saake, K. Sattler und A. Heuer. *Datenbanken: Konzepte und Sprachen*. MITP, 5. Aufl., 2013.

[Sne04] H. Sneed, M. Hasitschka und M. T. Teichmann. *Software-Produktmanagement: Wartung und Weiterentwicklung bestehender Anwendungssysteme*. dpunkt-Verlag, 2004.

[Sne10] H. Sneed, R. Seidel und M. Baumgartner. *Software in Zahlen: Die Vermessung von Applikationen*. Hanser-Verlag, 2010.

[Som12] I. Sommerville. *Software Engineering*. Pearson Studium, 9. Aufl., 2012.

[Sut13] J. Sutherland und K. Schwaber. The Scrum Guide: The Definitive Guide to Scrum – The Rules of the Game, 2013. http://www.scrumguides.org.

[Uni11] Unified Modeling Language, Version 2.4.1, 2011. http://www.omg.org/spec/UML/.

[V-M14] V-Modell XT, Version 1.4, 2014. http://www.v-modell-xt.de/.

[Wei13] L. Weigelt. *Gegen Reizhusten ... Überlebensrezepte für Trainer*. mitp-Verlag, 2013.

Index

B

C

H

L

N

O

Q

R

T

U

Die Autoren

Professor Dr. Hartmut Ernst hat nach drei Jahren Forschungstätigkeit in den USA und Israel ab 1986 als Professor für technische Informatik den Aufbau der Fakultät für Informatik an der Hochschule Rosenheim begleitet. Zehn Jahre lang war er dort Mitglied der Hochschulleitung. Als aktiver Gesellschafter eines mittelständischen Betriebs in der Datenverarbeitungsbranche ist er mit Praxisfragen bestens vertraut.

Professor Dr. Jochen Schmidt studierte Informatik an der FH Nürnberg und der Universität Erlangen-Nürnberg, wo er anschließend lange in Forschung und Lehre auf dem Gebiet der Mustererkennung und Computer Vision tätig war. Es folgte ein mehrjähriger Forschungsaufenthalt an der Auckland University of Technology in Neuseeland als stellvertretender Direktor des Centre for Artificial Intelligence Research. Er hat Industrieerfahrung in der Automotive-Software-Entwicklung für Fahrerassistenzsysteme und ist seit 2010 Professor für Informatik an der Hochschule Rosenheim.

Professor Dr. Gerd Beneken leitet den Studienschwerpunkt Software-Engineering im Studiengang Informatik an der Hochschule Rosenheim. Er begleitet seit 2003 studentische Teams bei der Durchführung von Software-Entwicklungsprojekten, von den ersten Anforderungen bis zur Lieferung an Kunden. Er promovierte an der TU München über das Thema Software-Architektur und Projektmanagement und arbeitete mehrere Jahre als Software-Ingenieur bei der sd&m AG in München.

Printing: Ten Brink, Meppel, The Netherlands
Binding: Ten Brink, Meppel, The Netherlands